Jankovich B. Dénes – Szatmári Imre

Régészeti kutatások az alföldi mikrorégió területén

VARIA ARCHAEOLOGICA HUNGARICA

XXVIII

Redigit
CSANÁD BÁLINT

Publicationes Instituti Archaeologici
Sedes Scientiarum Philosophicarum
Academiae Scientiarum Hungaricae

JANKOVICH B. DÉNES – SZATMÁRI IMRE

RÉGÉSZETI KUTATÁSOK AZ ALFÖLDI MIKRORÉGIÓ TERÜLETÉN

ARCHAEOLINGUA

Budapest 2013

Translation
Magdalena Seleanu

Desktop editing and layout
Rita Kovács

Cover design for the series by
Gyula Mayer

This publication and the research were supported by the following project grants
775/I., 262/II., 231/III., T 018375, K 81935, PUB 106590

OTKA

ISBN 978-963-9911-43-7
HU – ISSN 0237-9090

Produced by Archaeolingua Foundation & Publishing House

Printed in Hungary, by
Prime Rate Kft. Budapest

TARTALOM

BEVEZETÉS

Az MTA Régészeti Intézete 1984-ben határozta el egy komplex településrégészeti kutatás elindítását az Alföldön. A kutatás területéül a Békés megyei Gyomaendrőd térségét választottuk és 1985–1992 között végeztük. E program célja minden régészeti korszakra kiterjedő településtörténeti vizsgálatok végzése volt egy olyan területen, amely régészeti szempontból az országos átlagnál jobban ismert, a lelőhelyek koncentrációja több korszakban is kimagaslóan nagy.[1] A terület kiválasztásakor nem zárt, körülhatárolható földrajzi egységet kerestünk, hanem két szomszédos geomorfológiai kistáj egy-egy részletét, „határvidékét" jelöltük ki.[2]

A mikrorégió vizsgálatával a településszerkezet koronkénti változásait szerettük volna rekonstruálni, az egyes korszakokon belül együtt létező különböző teleptípusokat meghatározni, a környezet és a települések egymásra hatásának jelenségeit vizsgálni. A kutatás időhatára a neolitikumtól a török kor végéig terjedt, helye pedig a Gyomaendrőd déli részén, Szarvas és Örménykút határos vidékén lévő mintegy 144 km^2 nagyságú terület.

A kiválasztásnál fontos szempont volt, hogy viszonylag kis területen sok lelőhely legyen, lehetőleg valamennyi régészeti korszakot képviselve. A Magyarország Régészeti Topográfiája munkálatai ezen a területen 1980-ban fejeződtek be, és ennek eredményei alapján ez a vidék látszott a legalkalmasabbnak. Itt ugyanis 237 új régészeti lelőhelyet fedezett fel a topográfiai kutatás, ami km^2-enként több mint 1,6-os lelőhelyátlagot jelent (*1. térkép*). Ez nemcsak az Alföld, de az egész ország viszonylatában kiemelkedő sűrűségnek számít.[3] A 237 lelőhely között valamennyi régészeti korszak képviselve van.

A program sikere szempontjából fontos körülmény volt, hogy az extenzív jellegű, de lényegében szisztematikusan végzett terepbejárások során minden hozzáférhető régészeti lelőhelyet sikerült lokalizálni. A terület fontosságát a régészet szempontjából az is hangsúlyozza, hogy munkánk megkezdése előtt már 19 lelőhelyen végeztek különböző időkben ásatásokat (*2. térkép*).

A terület kiválasztásánál nem azt az általánosan elfogadott gyakorlatot követtük, hogy egy viszonylag zárt földrajzi egységet jelöltünk ki, hanem két természetföldrajzi kistáj határvidékét, ahol remény mutatkozott arra, hogy a kettő közötti eltérő települési sajátosságok elemzésére is lehetőség nyílhat. A mesterséges határokkal körülvett mikrorégió északi harmada tehát a Hármas-Körös völgyébe, déli, nagyobb része pedig a Maros pleisztocén kori törmelékkúpjára esik. (A két terület geomorfológiai, talajtani, botanikai jellemzőit lásd alább!)

Az 1985–1992 közötti kutatási program célja tehát az volt, hogy a két földrajzi tájegység településszerkezete közötti hasonlóságokat és különbségeket feltárja, és minél több adatot gyűjtsön a korabeli vegetáció, a gazdálkodási formák (földművelés, állattenyésztés) rekonstrukciójához. Ezen felül bizonyos régészeti korszakokban (3–5., 8–10. század) kronológiai kérdések tisztázását, illetve a települési csomópontok, a településszerkezet hierarchiájának tisztázását is reméltük. A munka során 38 lelőhelyen végeztünk ásatásokat, közöttük teljes feltárást is. Lelőhely felméréssel, talajszondával és geofizikai vizsgálatokkal további 12 lelőhelyet vizsgáltunk meg. Ezeknek a kutatásoknak az eredményeként jelentős régészeti, archaeozoológiai, botanikai, és kevesebb antropológiai anyag halmozódott fel.

---

1 MRT 8, 121–258, passim.

2 *Jankovich* (1989). A munkálatok és a feldolgozás során a vizsgálat alá vont terület jelentősen szűkült. Lásd alább.

3 Az MRT 6. kötetében (szeghalmi járás) 0,9, a 8. kötetben (szarvasi járás) 1,5, a 10. kötetben (Békés, Békéscsaba és környéke) 2,0 az 1 km^2 -re eső lelőhelyek száma. Ez is egyik oka volt annak, hogy a feldolgozás során a vizsgált területet mesterséges határokkal leszűkítettük. Erről bővebben lásd alább.

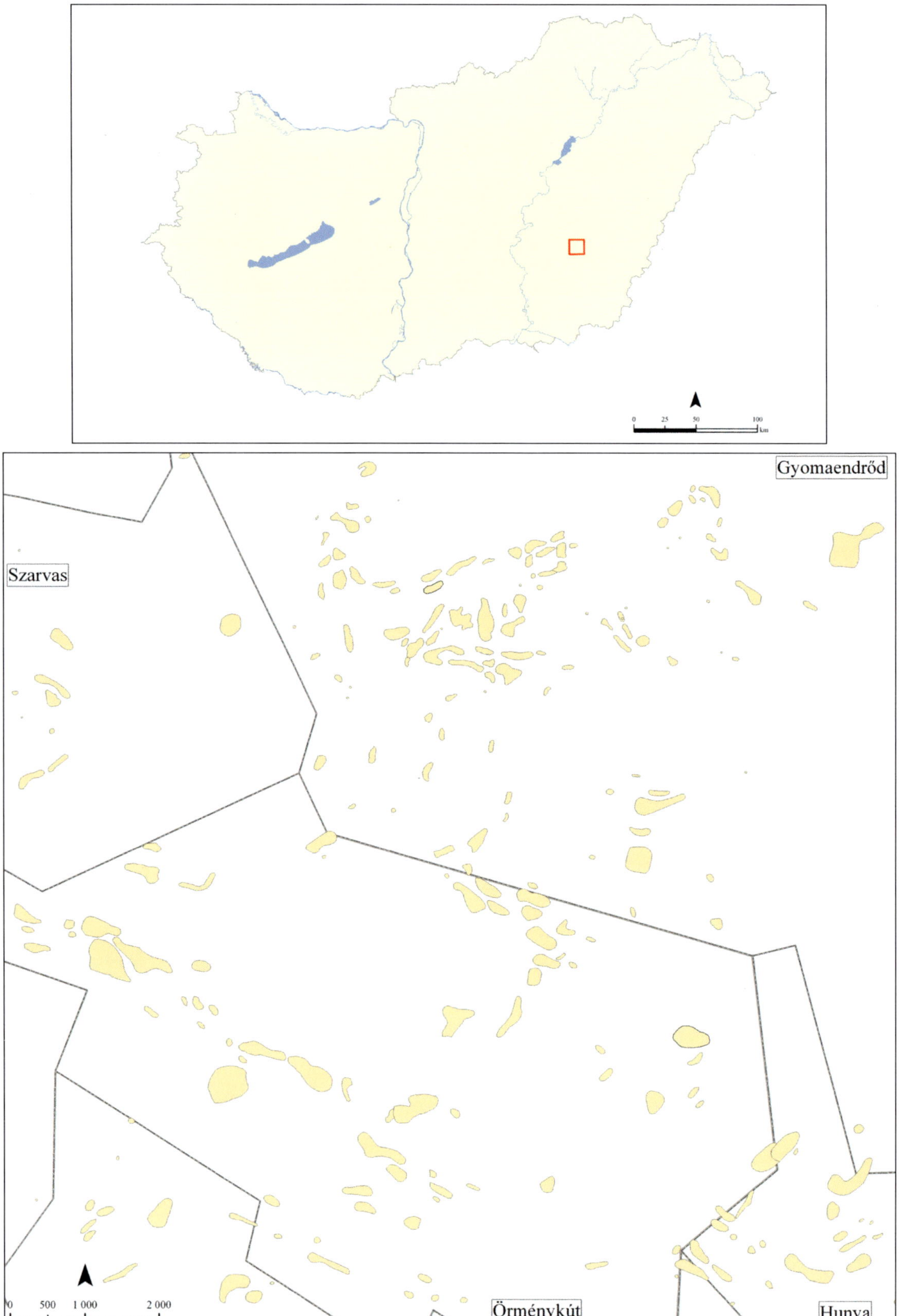

1. térkép: A mikrorégió területe az ismertté vált régészeti lelőhelyekkel.

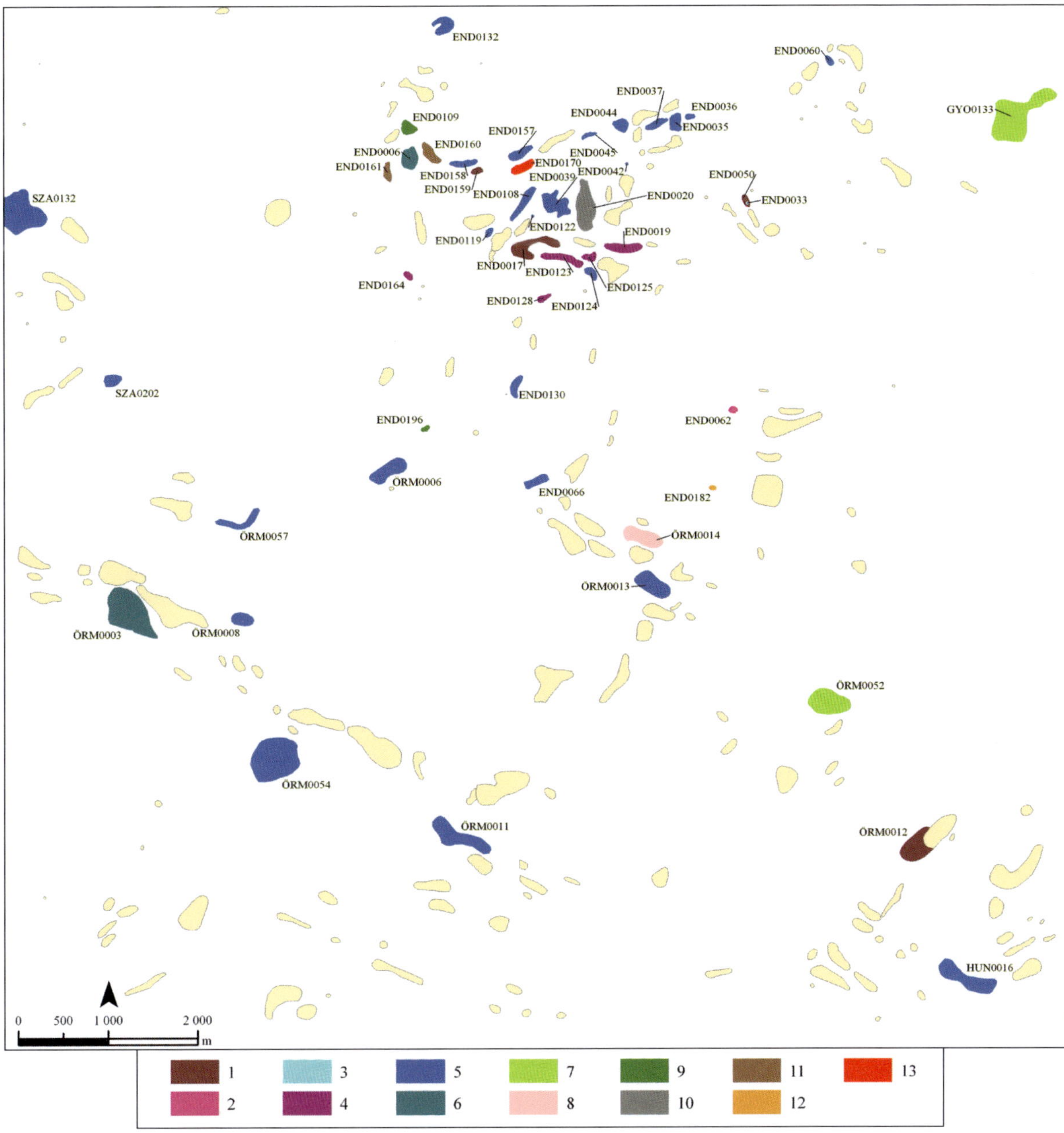

2. térkép: A mikrorégió területén folytatott régészeti kutatások. *Jelkulcs: 1:* Geofizikai mérés. *2:* Talajszonda. *3:* Talajszonda és geofizikai mérés. *4:* Geofizikai mérés és ásatás. *5:* Ásatás. *6:* Légi fényképezés, geofizikai mérés, ásatás. *7:* Talajszonda, geofizikai mérés, ásatás. *8:* Légi fényképezés, talajszonda, geofizikai mérés, ásatás. *9:* Felmérés. *10:* Felmérés, talajszonda, geofizikai mérés. *11:* Felmérés, geofizikai mérés, ásatás. *12:* Felmérés, légi fényképezés, ásatás. *13:* Felmérés, légi fényképezés, talajszonda, geofizikai mérés, ásatás.

A komplex településrégészeti kutatások szükségességét a német régészet már a 30-as években megfogalmazta. Ennek fontos – bár azóta jócskán meghaladott – módszertani alapvetései közé tartozik az 1927-ben megjelent Deutsche Siedlungsforschungen c. tanulmánykötet, melyben még az a stratégia volt az irányadó, hogy az egykori telephelyek teljes, minden részletre kiterjedő feltárására kell törekedni.[4] Ez a stratégia határozza meg azóta is a németországi mikroregionális kutatásokat, melyek a vizsgálati területet térben és időben sokkal szűkebben jelölik ki, és a lehető legteljesebb adatfeltárásra törekszenek. Az ilyen célkitűzésekben a felszíni leletgyűjtéseknek értelemszerűen csak marginális szerep juthat.[5] Ugyanakkor az évszázados múltra visszatekintő Wüstungforschung-nak kezdettől fogva nélkülözhetetlen eleme volt a terepmunka, a helyszíni adat- majd leletgyűjtés is.

A 60-as években viszont az angolszász (angol és amerikai) iskola kezdett olyan extenzív kutatásokba a Mediterraneumban, Közel-Keleten és Közép-Amerikában, amellyel egy évtized alatt – legalábbis mennyiségileg jelentős – előnyre tett szert. Lewis Binfordot tekinthetjük a mikroregionális kutatások „atyjának" abban a tekintetben, hogy ő volt az első, aki a komplex mikrorégiós kutatás elméletét és gyakorlati lefolyását kidolgozta.[6] Ebben a kutatási megközelítésben döntő, legtöbbször egyedüli forrásfeltáró szerepe volt a terepbejárásoknak, felszíni gyűjtéseknek. Az ilyen kutatóprogramok számbeli növekedése szerencsés módon egybeesett a természettudományos eredmények és módszerek térhódításával a régészetben, melynek eredményeként a természettudományok nélkülözhetetlen segédtudományokká léptek elő a régészet számára, ugyanakkor a régészeti módszerekkel nyert adatok bázisául szolgáltak a történeti környezetrekonstrukcióknak. Ezen a ponton az angolszász és a német régészeti irányzat markánsan különvált: az előbbi a gyors, látványos eredményekre törekedett, a módszertant sokszor öncélúan a valós tudományos értékek elébe helyezte, míg a német irányzat a kisebb területek, egyes korszakok alaposabb vizsgálatát célozta meg. Azt azonban kétségtelenül az angolszász mikroregionális kutatások javára írhatjuk, hogy a kutatás elengedhetetlen feltételévé vált a terepjárás, és a felszíni leletgyűjtés világszerte széles körben elterjedt. Bebizonyosodott, hogy az így szerzett, megfelelő kritikával kezelt adatok sok olyan információt nyújthatnak a településszerkezetre, esetleg a gazdasági struktúrára vonatkozólag is, mint amilyenekhez korábban csak évtizedes ásatási tevékenység során lehetett hozzájutni.[7]

Természetesen szó sem lehet arról, hogy a két irányzat módszertani kiindulópontjait egymással szembe kellene állítani, sőt előnyös tulajdonságaik integrálása jelentheti a megfelelő megoldást.

A kelet-európai régészet elzártsága folytán csak jelentős késéssel, a 80-as években kezdhette meg a felzárkózást a kutatásnak ebben a válfajában. Sokáig Lengyelország járt az élen, ahol a hatvanas évek közepe óta kiterjedt terepjárási tevékenység folyt. A munkálatokról évről-évre megjelent beszámolókból az deríthető ki, hogy a legkülönfélébb tudományos programokhoz, leletmentésekhez kapcsolódva végeznek jórészt extenzív jellegű terepbejárásokat.[8] A lengyel kutatás inkább a mikrorégiók szisztematikus terepbejárása felé fordult, és szép számmal jelentek meg ilyen munkák.[9] Csehországban a mikrorégiós kutatások között egyaránt megtaláljuk a fejlesztések nyomán szükségessé váló területi vizsgálatokat és az egyes korszakokra irányuló elemzéseket is.[10]

Magyarország 1985-től kezdve két, egymáshoz hasonló projekttel kísérletezett. E kísérletek közül az egyik Nyugat-Magyarországon, a Zala megyei Hahót térségében 1986–1994 között folyt,[11] a másik pedig az alföldi mikrorégiós program, melynek eredményeiről ez a kötet is szól. 1994-ben angol-

---

4 *Beschomer – Curschmann – Frenzel* (1927).

5 *Fehn – Brandt – Deinecke – Irsigler* (1988).

6 *Binford* (1964).

7 *Dunnel – Dancey* (1983) 267–287; *Foard* (1978) 357–374; *Gallant* (1986) 403–418; *Hope-Simpson* (1984) 115–117; továbbá *Jankovich* (1993).

8 Recherches archeologiques de...L'institut d'archeologie de l'universite de Cracovie. Reports on archaeological researches in 1969. Poznan 1971, 61–70.

9 *Schlette* (1980) 95–101, 103–112.

10 *Meduna – Černá* (1991); *Kuna – Venclová* (1995); *Fridrich et al.* (1996).

11 *Szőke* (1995) 13–33; *Szőke* (1996).

magyar együttműködésben Északkelet–Magyarországon is kezdtek mikroregionális kutatásokat,[12] és 1995–1998 között a Kerka völgyében folytatódott a Zala megyei program.[13] A kilencvenes évek második felében ugrássszerűen megnőtt a hasonló jellegű vizsgálatok, projektek száma hazánkban is, és az ezredforduló idejére kialakult a ma már tájrégészet néven elismert és művelt kutatási irány, jelentős eredményekkel.[14] Közülük több terepbejárási eredményekre, míg mások csak korábbi kutatásokra, kisebb ásatásokra és elszórt adattári adatokra, megint mások inkább történeti forrásokra támaszkodtak. Viszonylag kevés az olyan kutatási program, ahol a terület *teljes körű* terepbejárását több célzott ásatás adataival sikerült kiegészíteni.

Külön ki kell emelni a legutóbbi évtizedben megjelent három tanulmánykötetet, melyekben Kelet-Magyarországról[15] és a Dunántúlról hat-hat mikrorégió,[16] illetve a bátorligeti láp[17] területén a természettudományos vizsgálatok (elsősorban kutatófúrások) nyomán elvégzett környezetrekonstrukció és a régészet által nyújtott településtörténeti eredmények jelentek meg. E kötetek közös vonása, hogy a magas színvonalú természettudományos és régészeti tanulmányok egymástól függetlenek maradnak, kevés kapcsolódási pontot, egymás adatainak figyelembevételét találjuk bennük. Ebből a szempontból a 2000-ben Gödöllőn tartott tájtörténeti konferencia régészeti vonatkozású előadásainak szövegei többet nyújtottak.[18] Mindazonáltal a Sümegi Pál által szervezett kutatási projektek rengeteg új információt hoztak, melyek a jövőbeli kutatásoknál alapként használhatók.

A mikrorégiós kutatások során az END0170. lelőhelyen elsőként alkalmaztuk az úgynevezett intenzív terepbejárás módszerét, azaz a szisztematikus felszíni gyűjtést.[19] A következő években még hat lelőhelyen végeztünk hasonló vizsgálatokat, ezek eredményeit ebben a kötetben közöljük. E vizsgálatok során egyrészt ellenőriztük a korábbi (MRT) extenzív terepbejárás által nyújtott lehatárolásokat, másrészt a felszín alatti jelenségekre kíséreltünk meg adatokat szerezni. Az END0006. lelőhelyen az utolsó évi feltárás során a leleteket szintenként térképeztük, e munka eredményei is ebben a kötetben találhatók. A hasonló módszerrel végzett vizsgálatok azóta széles körben elterjedtek, de részletes publikációra egy esetben került sor: Muhi középkori mezőváros területén Pusztai Tamás vezetésével 1995-ben végeztek intenzív terepbejárásokat.[20] Decs-Etén Miklós Zsuzsa munkatársaival 1997–1999-ben[21] és 2000-ben összesen 496 20 x 20 méteres négyzetet járt be a középkori faluhelyen,[22] de a részletes közlemény még nem jelent meg.[23]

Sajnos a Régészeti Intézet humán és pénzügyi erőforrásai még a viszonylag jelentős külföldi kapacitások bevonása ellenére sem voltak elegendők arra, hogy minden régészeti korszak azonos mélységű vizsgálata megtörténjék. Ennek következtében a tervezéskor éppen kiemelten kezelt neolitikus kutatások álltak le leghamarabb, de hamarosan erre a sorsra jutottak a bronzkori és az avar kori ásatások is.[24] Mind volumenben, mind tudományos eredményekben a szarmata kori kutatások

---

12 *Chapman – Laszlovszky* (1992) 10–13.

13 *Bánffy* (2005).

14 Legutóbbi összefoglalását lásd *Zatykó* (2010) 839–841.

15 *Gál – Juhász – Sümegi* (2005).

16 *Zatykó – Juhász – Sümegi* (2007).

17 *Sümegi – Gulyás* (2004).

18 *Füleky* (2000).

19 *Jankovich et al.* (1992), *Jankovich* (2011). Hasonló módszerrel vizsgálták néhány évvel korábban az öcsödi neolitikus lelőhelyet is: *Raczky* (1985).

20 *Pusztai* (1996) 37–42.

21 *Miklós – Vizi* (1999) 211.

22 *Miklós – Vizi* (2002) 200.

23 Legutóbb összefoglalóan: *Vizi* (2011) 89–93.

24 Ebben jelentős szerepe volt annak a körülménynek, hogy a vállalkozás elindítója, a Régészeti Intézet igazgatója, Bökönyi Sándor akadémikus 1994-ben nyugdíjba vonult. Nem lebecsülendő az sem, hogy

kerültek előtérbe, ugyanakkor leghosszabb ideig az Árpád-kori településszerkezet elemzésére nyílott mód. Az eredmények publikálási lehetőségeivel még mostohábban bánt a sors, legalábbis eddig. A hat évig folyt feltáró tevékenységről az első kötet csupán előzetes közleményeket, jószerével csak ásatási beszámolókat tartalmazott.[25] További hat év szünetnek kellett eltelnie ahhoz, hogy a vállalkozás legnagyobb feltárásának – mely fonák módon egy leletmentés volt – részletes publikációja megjelenjék.[26] Ezután még hosszabb szünet következett, 2007–2008-ban Makkay János Elisabetta Starninivel közösen publikálta a neolitikus ásatások eredményeit és leletanyagát.[27] 2011-ben újabb kötet jelent meg, melyben az END0170 és ÖRM052 lelőhelyeken folytatott ásatások anyagát adtuk közre.[28]

Az eltelt csaknem két évtized során több megszakítással, de folytatódott a középkori anyag feldolgozó munkája, melynek eredményeit tartalmazza ez a kötet. 1996-ra készen állt az END0161 és END0182 lelőhelyekről szóló közlemény, 1998-ra elkészült az ÖRM0003 és ÖRM0014 ásatásainak publikációja (Szatmári Imre), az elmúlt esztendőben pedig az END0006 lelőhely kézirata, továbbá a térinformatikai feldolgozás, melynek eredményeként az elterjedési térképek és helyszínrajzok már digitális módszerrel készültek. Ennek során szükségessé vált a lelőhelyek egységes, könnyen kezelhető számozási rendszerének kialakítása, ezért ebben a kötetben is következetesen az MRT 8 nyomán, a település nevéből és a lelőhely számából képzett azonosítót használjuk. Ez a megoldás teszi lehetővé, hogy az egyes lelőhelyek az MRT-ben könnyen azonosíthatók legyenek.[29] Tekintettel arra, hogy ebben a két évtizedben a környezetrégészet terén rengeteg új eredmény született, melyek miatt a még 2000 előtt elkészült kézirat sok megállapítása, következtetése okafogyottá vált, szükségessé vált a rövidítés, egyszerűsítés. Ennek megfelelően kötetünket elsősorban anyagközlő jellegűnek szánjuk, vagyis inkább a feltárt leletanyag és jelenségek közreadása, mintsem tágabb történeti összefüggések keresése volt a célunk. Reméljük, hogy a fonák módon Magyarországon elsőként indult településtörténeti kutatási program e publikációja mégsem az utolsó lesz a sorban, és hasznára válik a további kutatásoknak.

Ebben a reményben ajánljuk jó szívvel a szakembereknek.

Köszönetnyilvánítás

A kötet alapjául szolgáló kutatásokat és publikációkat – beleértve ezt a kötetet is – összesen hat OTKA pályázat (775/I., 262/II., 231/III., T 018375, K 81935, PUB 106590) tette lehetővé. Köszönettel tartozunk a terepmunkákban részt vett régész munkatársaknak: Kvassay Juditnak és Liska Andrásnak, továbbá azoknak a kollégáknak, akik ásatási anyagaikat e kötet számára közlésre átengedték: Erdélyi Istvánnak és Makkay Jánosnak. A növényi maradványokat és faleleteket Babos Károly és Kertész Éva, a talajmintákat Füleky György professzor (SZITE), a magleleteket Gyulai Ferenc (SZITE), az érmeket Nagy Ádám határozta meg, az archeozoológiai feldolgozásban közreműködött Bartosiewicz László (ELTE) és Vörös István (Magyar Nemzeti Múzeum). A geofizikai méréseket Mauro Cucarzi

1988–1997 között az MTA Régészeti Intézete személyi állománya és költségvetése évről-évre folyamatosan csökkent.

25 *Bökönyi* (1992).

26 *Bökönyi* (1996).

27 *Makkay* (2007); *Makkay – Starnini* (2008).

28 *H. Vaday et al.* (2011).

29 Időközben ugyanis Gyoma és Endrőd összeolvadtak, és a KÖH nyilvántartásában az egyes lelőhelyek már ennek megfelelő új számot kaptak, ezért a KÖH-azonosító alapján az MRT-ben nem kereshetők vissza a lelőhelyek. A kötet végén függelékben közöljük a két rendszer megfeleltetését.

professzor (Fondazione Lerici, Róma), az ELTE Geofizikai tanszéke Puszta Sándor és Székely Balázs vezetésével, illetve Pattantyús Á. Miklós (Eötvös Loránd Geofizikai Intézet) végezte. A terepmunkákban Gábor Gabriella, Kocsor Julianna, Korondán Zoltán és Miklós Gergely volt nélkülözhetetlen segítségünk. A rajzos illusztrációkat Bodnár Katalin és Dukay Bernadette készítette, a fekete-fehér tárgyfelvételeket részben Kádas Tibornak, részben Váradi Zoltánnak, a színes, digitális fotókat Fazekas Fanninak köszönjük. A térinformatikai feldolgozást, a térképeket Redencki Antal (Archeoline Kft.) tervezte és állította elő. A terepi fényképek az ásatók felvételei. Köszönettel tartozunk lektorainknak: Biczó Piroskának és Takács Miklósnak áldozatos munkájukért, értékes tanácsaikért.

1.1. ÁRPÁD-KORI TEMPLOMOS FALUHELY KUTATÁSA AZ END0006 LELŐHELYEN

A lelőhely

Gyomaendrődtől DNy-ra, a Szarvasra vezető út északi oldalán 1977-ig emelkedett a Kápolna-halom, mely a Magyarország Régészeti Topográfiája munkálatai kapcsán vált ismertté a szakirodalomban.[1] Az elmúlt évtizedekben (Décsi) Páskumi-halom névvel illették, míg régebbi elnevezése Kápolnahalom volt, és a 19. századi térképek is ábrázolták, nevét is innen vettük *(1. tábla 1–3.)*. A halom mintegy 1 m magas kiemelkedés közepén ült, és kb. 2,5 m magas lehetett. A kiemelkedést keletről, északról és nyugatról hajdani vízmeder veszi körül, és egyben választja el a környező 160., 109. és 161. lelőhelyektől (*1. ábra*). A halom nem közvetlenül az egykori mederparton, hanem attól mintegy 120 méterre délebbre helyezkedett el. A kiemelkedés ÉK-i oldalában az akkor Gellai- (ma Oláh-) tanyától északra homokbánya bozóttal benőtt maradványait lehetett látni. A topográfiai terepjárások során a dombhát északi oldalán a Körös-kultúra, az Alföldi Vonaldíszes Kerámia, a tiszapolgári és a gávai kultúra, a késő szarmata és a késő avar kor telephelyeit lehetett azonosítani. A legnagyobb mennyiségben gyűjtött Árpád-kori cserepek a lelőhely egész területét elborították, melyből egy jelentősebb településre, falura lehetett következtetni. Ezt erősítették meg a halom tetején talált téglák és embercsontok is, melyek pontosan kijelölték az egykori templom helyét. A halomtól délre, az országútig terjedő szántásban már csak szórványosan lehetett cserepeket gyűjteni, míg a tanya környékén már egyáltalán nem voltak leletek. A faluhelyen késő középkori leletanyagot nem találtunk, ami arra utalt, hogy a település már az Árpád-korban elpusztult. Ennek következtében – középkori írásos források hiányában – a nevét sem lehetett megállapítani.[2]

A lelőhelyen több ásatás is folyt.

A topográfiai terepjárások nyomán 1975-ben Jankovich B. Dénes szondázó ásatást végzett. Az akkor még sértetlen, de később elhordott domb („Kápolna-halom") tetején három kutatóárokkal egy félköríves szentélyzáródású *Árpád-kor*i templom döngölt agyag alapozását tárta fel, körülötte pedig 12 sírt bontott ki *(2. tábla)*. Napvilágra került még az AVK egy tűzhelye is.[3]

1977-ben az említett homokbányát ismét művelés alá fogták, és néhány hónap leforgása alatt a halomnak több mint 80%-át elhordták.[4] Teljesen elpusztult a templom, a templom körüli temető mintegy kétharmada, és ismeretlen számú telepobjektum *(3. tábla)*.

1982 februárjában Makkay János végzett kisebb leletmentést, melynek során az ismét elhagyott homokbánya omladozó északi partfalában a Körös-kultúra és az AVK gödreit tárta fel, valamint a Körös-kultúrához tartozó, legalább 5 csontvázat tartalmazó sírt is. Ugyanebben az évben Szénászky Júlia Makkay J. szelvényéhez csatlakozva hasonló korú telepobjektumokat ásott ki.[5]

1985 júliusában az MTA Régészeti Intézete az alföldi telepkutatási program keretében rendszeres – habár továbbra is csak leletmentő jellegű – ásatásokat kezdett a lelőhelyen. Jankovich B. Dénes és Kvassay Judit a bánya partfalainak körbeásásával igyekezett megmenteni a pusztuló régészeti objek-

---

[1] MRT 8, 126–129. Az MRT alapján még Endrőd 6. lelőhelyként szerepelt, Gyoma és Endrőd 1981-ben egyesült. A KÖH nyilvántartásában a lelőhely a 4607 azonosító szám alatt található.

[2] Minderről részletesen: MRT 8, 127.

[3] RégFüz 29 (1976) 65., MRT 8, 126–127.

[4] A pusztítás körülményeiről részletesen írt Makkay János: MRT 8, 127–129.

[5] RégFüz 36 (1983) No. 20. Azt, hogy a két ásatás szelvényei egymáshoz csatlakoztak, Makkay J. kéziratos ásatási naplójában említi: MTA Dok. 17/87. 1. oldal.

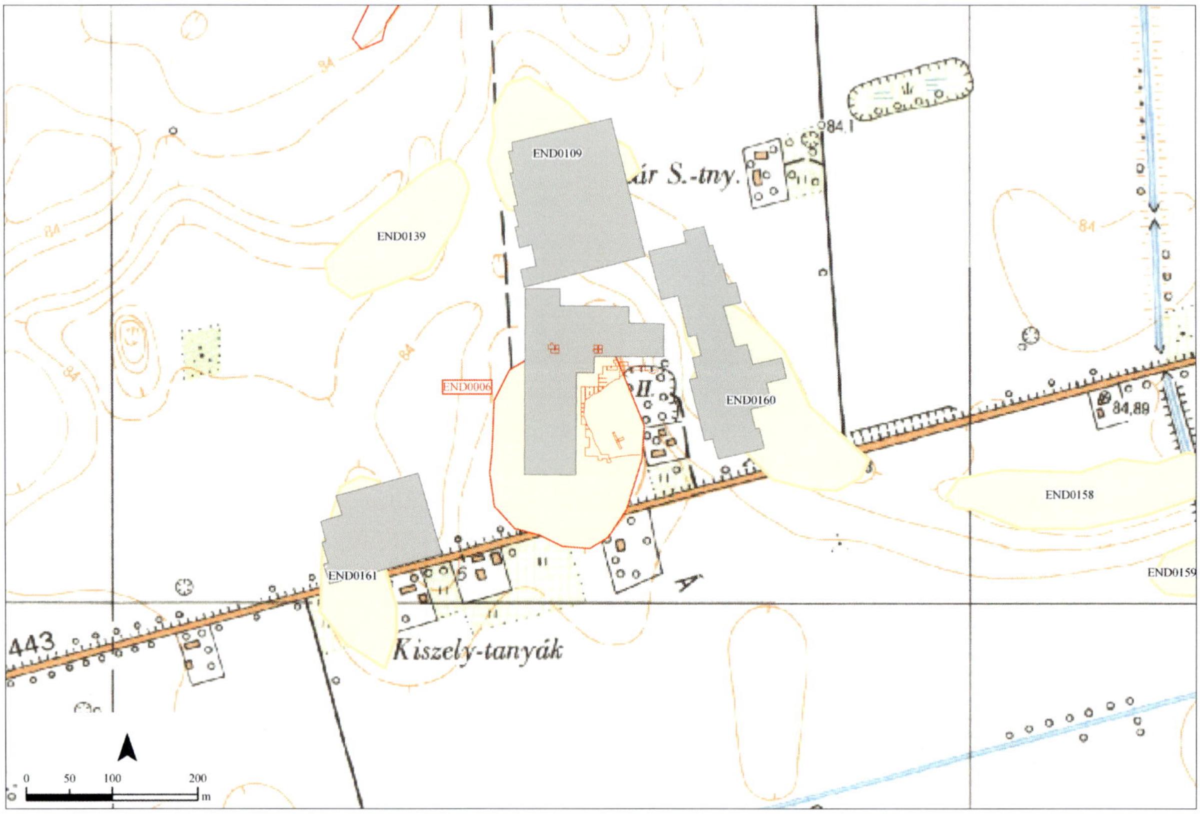

1. ábra: A lelőhely és környezetének helyszínrajza az MRT során megállapított lelőhely-határokkal (sárga) és a mikrorégiós kutatások során megvizsgált területekkel (szürke)

tumokat. A bánya északi partoldalaiban (1–9. szelvények) telepjelenségeket: árkokat, tűzhelyeket és egy vermet bontottak ki, a nyugati oldalon (10–15. szelvények) pedig a templom körüli temetőhöz tartozó sírok egy részét mentették meg. Az őskori objektumokat a bánya északi partfalában Bondár Mária és Makkay János tárta fel.[6]

1985. szeptember 16.–25. között ismét Makkay J. ásott a lelőhelyen. Ez alkalommal a 6–7. szelvények meghagyott, 120 cm-nél mélyebb részeit ásta ki. Itt bukkant a nagyméretű, késő rézkori házra, melynek keltezése Cernavoda III – Boleráz. Ugyanakkor megnyitotta a 6. szelvénytől keletre az általa 16.-nak nevezett (valójában 18.), illetve a 8. szelvény északi oldalán a 17-nek jelölt (valójában 19.) szelvényeket. Utóbbiban 125–130 cm mélységben objektumhoz nem köthetően egy kiegészíthető *Árpád-kor*i bögrét is talált.[7]

1986. július 28.–augusztus 27. között Bondár M. és Makkay J. folytatta az előző évben megkezdett őskori ház északi részének kibontását a 19. szelvényben.[8]

1986. augusztus 11.–28. között Kvassay J. végzett ásatást a bánya északi fala mentén (16–17., 20–25. szelvények), ahol az Árpád-kori település további objektumait tárta fel.[9] Ezzel az ásatással egyidejűleg, 1986. augusztus 20-án[10] Makkay J. a 18. szelvényben két őskori gödröt is feltárt. A keleti gödör valószínűleg csatlakozott az 1982-ben feltárt gödörrendszerhez, és benne az AVK, illetve a

[6] RégFüz 39 (1986) No. 15/2. MTA Dok. 9/85.
[7] MTA Dok. 2/86. 8. p.
[8] RégFüz 40 (1987) No. 22/1., 13. MTA Dok. 11/86.
[9] RégFüz 40 (1987) No. 144. MTA Dok. 11/86.
[10] RégFüz 40 (1987) No. 22/1. MTA Dok 17/87. rajzokkal.

szatmári csoport jellegzetes leletei voltak. A nyugati gödröt nem sikerült teljesen feltárni, mivel nagy és mély (150 cm) volt, és nagyobbik része a szelvénytől nyugatra esett. A két gödör között napvilágra került egy É–D tájolású zsugorított sír is. („A" sír).

1987-ben Jankovich B. D. és Kvassay J. a templom körüli temető megmaradt sírjainak feltárását végezte el. Ez alkalommal sikerült a temető megmaradt részét három oldalról körülhatárolni. Ugyanebben az évben Makkay János a Körös-kultúra, az Alföldi Vonaldíszes Kerámia kultúrája egy-egy hulladékgödrét, továbbá rézkori tapasztott falú kemencét és hulladékgödröt tárt fel.[11]

1988–89-ben az ELTE Geofizikai Tanszéke a lelőhely megmaradt részén geofizikai méréseket végzett, és meghatározta a település legfontosabb feltételezett csomópontjait.

1990-ben a környező lelőhelyeken (109, 160, 161) Jankovich B. Dénes végzett szisztematikus felszíni gyűjtést.

1991-ben sor került a szomszédos, Endrőd 161. lelőhely szondázó ásatására.[12]

1992-ben Jankovich B. D. további szelvényekkel (31–43. és 52–54. szelvények) bővítette a feltárt területet, és a korábbi ásatásokkal együtt sikerült olyan összefüggő részt megmentenie, hogy a további partomlások már nem veszélyeztették a lelőhely megmaradt részét. Két különálló szondával (44–47. és 48–51. szelvények) pedig a geofizikai mérések adatait ellenőrizte. Ezekben a szondákban a Körös-kultúra egy, és az Árpád-kor két lakóháza került napvilágra.[13]

Az ásatással egyidejűleg Füleky György egyetemi tanár szondákkal vizsgálta meg a dombhát és a határoló folyómeder talajszerkezetét.[14]

Ugyancsak az 1992. évi ásatás kapcsán került sor a 160. lelőhely szondázó ásatására is.

Az ásatások során talált neolitikus objektumokat és leleteket Makkay János 2007–2008-ban közölte.[15]

Geomorfológia, talajszerkezet

A lelőhely története szempontjából fontos adatokkal szolgálhatnak a geomorfológiai jelenségek, illetve a talajtípusok, talajszerkezet vizsgálata. A geomorfológiai leírás fontos kiegészítője a lelőhely eredeti (Árpád-kori) felszínének rekonstrukciójához felhasználható adatok számbavétele. A talaj szerkezetének vizsgálatához az 1992. évi ásatás során kutatószelvényeket ástunk, melyek elemzését Füleky György végezte el.

A lelőhelyet alkotó plató, tehát az a csaknem sík terület, melyet három oldalról vesz körül egy hajdani vízmeder, K–Ny irányban mintegy 250 m széles, É–D irányban pedig, az országútig, ugyanilyen hosszú. Ennek megfelelően, ha feltételezzük, hogy a lelőhely az egész platót elfoglalta, akkor az legfeljebb 6,25 hektár területű lehetett. Tengerszint feletti magassága 84,5 méter, az egykori mederhez viszonyítva tehát mindössze egy méterrel magasabb. A felszínét tagoló további kisebb, 25–50 cm-es terephullámok jelentéktelenek, a plató felszínét síknak tekinthetjük. Az ásatási tapasztalatok szerint ugyanis ezek a terephullámok a település rendjét egyetlen korszakban sem befolyásolták.

---

[11] RégFüz 41 (1988) No. 168/a–b. MTA Dok. 20/87. Az Árpád-kori temetőt tekintve ténylegesen csak a nyugati széléről van szó, a déli és északi oldalt csak a nyugati alapján lehet kikövetkeztetni. Az AVK-gödör a 28. szelvényben, a sírok alatt került elő, a többi objektumot az 1986-ban megkezdett felületen tárta fel Makkay János. Vö. *Makkay* (2007) 72–73., 39. ábra 2–3.

[12] RégFüz 45 (1993) No. 99/1. MTA Dok. 14/91. Az őskori leleteket Bondár Mária közölte: *Bondár* (1999).

[13] RégFüz 46 (1994) No. 99/1. MTA Dok. 6/93.

[14] MTA Dok. 5/94.

[15] *Makkay* (2007) 72–94., *Makkay – Starnini* (2008) 214–236., 525., 581., 583., 590. A Körös-kultúra madácsont leleteit Gál Erika publikálta. *Gál* (2009) 35–44.

A lelőhely platója fölé 1976-ig egy 2,5 méter magas halom emelkedett, melynek alapátmérője mintegy 80 m lehetett. A halom teteje 12,5 x 15 m átmérőjű, É–D irányban kissé megnyúlt, viszonylag egyenes terület volt, és itt állt az Árpád-kori templom.

Az eredeti felszín rekonstrukciójához a következő régészeti adatokat használhatjuk fel: a domb tetején a templom alapozását 55 cm mélyen találtuk meg, alja 110–125 cm mélyen volt. A templom közvetlen környékén lévő sírok 70–97 cm közötti mélységből kerültek elő, egyetlen sír sem hatolt a templom alapozásánál mélyebbre. Ebből az a következtetés adódik, hogy az egykori járószint a maihoz közeli magasságban lehetett, vagyis a domb tetején nem számolhatunk jelentős erózióval.

Más a helyzet a templomtól távolabb, attól mintegy 25 méterre nyugatra feltárt sírokkal. Ezek a sírok ugyanis a jelenlegi felszínhez sokkal közelebb voltak, következésképpen itt nagyobb eróziót kellene feltételeznünk. A 146 sír átlagos mélysége 44 cm, melyek közül hármat 13 cm, kettőt 17 cm mélyen találtunk. 90–96 cm közötti mélységben csak hat sír feküdt.

Nehezebb az egykori felszín rekonstrukciója a telepobjektumok segítségével. Az ásatások során 60 cm mélységben mindenütt meg lehetett figyelni az Árpád-kori objektumokat, vagyis 60 cm mélyen már bizonyosan szubhumusz volt az Árpád-korban is. Az egykori felszín tehát ennél mindenképpen magasabban lehetett. Ehhez az alábbi adatokat használhatjuk fel: a házak körvonalai például 60 cm mélységben minden esetben kivehetők voltak, de előfordult az is, hogy már közvetlenül a szántás alatt (30 cm) rögzíteni lehetett az objektum széleit. A házak padlóinak mélysége már nagyobb szóródást mutat: 75 és 157 cm között váltakozik. A gödrök esetében már többször fordult elő, hogy csak 90–100 cm mélységben lehetett körvonalaikat meghatározni, aljuk pedig 75 és 180 cm között váltakozott. Az árkok esetében hasonló a helyzet: többségük 60 cm mélységben jelentkezett, a felszíntől számított mélységük 64 és 140 cm közé esett, többségük alja azonban a jelenlegi felszíntől számítva egy méter körül bukkant elő.

Árpád-kori járószint-megfigyelések:

A 39. szelvényben, a 15. gödör környékén a szántás alatt, 40 cm mélységben figyeltünk meg világosszürke, hamus réteget, mely 10–15 cm vastag volt, a gödör ebből indult. Az alatta lévő, 20 cm vastag, fekete földből már csak őskori cserepek jöttek.

A 43. szelvény keleti oldalfalán azt láthattuk, hogy a 12. és 14. árok minden bizonnyal egykorú, hiszen azonos magasságról indulnak a sötétbarna, kemény szubhumuszból. Szinte perdöntő bizonyítéknak számít továbbá a téglaégető 2. blokkjának letapasztott teteje, mely közvetlenül a szántás alatt, 30 cm mélységben volt észlelhető.

A mai szántott réteg aljának környékén lehetett az Árpád-kori járószint annak alapján is, hogy mélység szerint miként oszlottak meg az Árpád-kori szórványleletek:

0–30 cm	45 szelvényben 1059 db
30–60 cm	35 szelvényben 763 db
60–90 cm	9 szelvényben 93 db

Mindezekből az adatokból mégsem adódik egyértelmű következtetés az egykori felszínt illetően. A templom alapozása és a telepobjektumok biztos adatai alapján arra gondolhatunk, hogy sem a dombon, sem az azt körbevevő platón nem volt számottevő erózió, de akkumuláció sem, vagyis az Árpád-kori járószint a mai felszínnel lényegében azonos lehetett. Ennek a sírok csekély mélysége viszont ellentmond, ezért itt kb. fél méteres erózióval számolhatunk.

1992-ben szondákkal vizsgáltuk meg a lelőhely talajszerkezetét (*2. ábra*). Ez a 31–36. szelvények nyugati oldalát is jelentő É–D-i és az ezt keresztező, a 42–43. szelvények északi oldalát jelentő vonal mentén, 25 méterenként történt. A szondákban megfigyelt régészeti jelenségek a következők:

A **00 jelű szonda** egyben ásatásunk alappontja. A sárga altalajt 90 cm mélységben értük el. Leleteket, paticsszemek formájában, a felszíntől számítva 50 cm mélységig lehetett látni, és eddig

2. ábra: A lelőhely a feltárt területek határaival és a talajtani szondák helyeivel

sűrű fekete föld van. Alatta még további, kb. 30 cm képez egy átmeneti réteget, és világosabb szürke színű, sárga foltokkal, állatjárásokkal kevert. A szonda teljes mélysége a felszíntől 105 cm.

Az **1. szonda** az alapponttól északra 25 méterre található, teljes mélysége 125 cm. Itt valószínűleg objektumot vágtunk át, tekintettel arra, hogy 120 cm mélységig fekete a föld, benne paticsszemek láthatók, és a szondából kikerült cserepek a Körös-kultúra csípett díszű, bár erősen kopott darabjai. A paticsszemcsés réteg a felszíntől számítva mintegy 40 cm mélységben kezdődik, és ezt a fekete réteget teljes egészében ez jellemzi, azzal a különbséggel, hogy 90–120 cm között már több állatjárás sárga földdel betöltött ürege tarkítja.

A **2. szonda** teljes mélysége 90 cm. Még ez a szonda is a lelőhelyen található, bár a dombhátnak már igencsak az északi lejtőjében. A szántott réteg alatt fekete, igen kemény, tömör földet találunk, amelyben fehér szemcsék, alighanem löszkoncentrátumok vannak. A rétegből őskori és Árpád-kori cserepek, állatcsontok kerültek elő. A sárga altalajt itt is 90 cm mélységben értük el.

A **3. szonda** mélysége 95 cm. Ez a szonda már az egykori mederben található, noha nem egészen a közepén, annak inkább még a déli oldalán. Ennek megfelelően a rétegek is egészen másként néznek ki. A fekete föld 80 cm mélységig található, lelet nincs benne, teljesen homogén, kőkemény, kotús sár. A sárga altalaj színe is sötétebb, mint a felsőbb területeken, sokkal jobban repedezik, mintha inkább szappanos lenne.

A **4. szonda** 90 cm mély, már a meder északi lejtőjén van, de még mindig a mederben. Ennek megfelelően az előzőhöz hasonló rétegviszonyokat találunk benne: mintegy 70–75 cm vastag, sűrű, fekete földet minden lelet nélkül, alatta pedig a sötétsárga iszapos réteget, amely lassú, fokozatos átmenettel megy át a feketébe.

Az **5. szonda** az É–D alapvonalon a legutolsó, mélysége csak 80 cm. Már a meder északi oldalán található, tehát tulajdonképpen már a 109. lelőhelyhez tartozik. Egyetlen kis paticsszemen kívül nem találtunk leletet. A fekete föld kb. 55 cm mélységben fokozatosan kezd átmenni a sárga altalajba, amely már valamivel világosabb, mint a mederfenéken talált sárga réteg. Tömörsége, összetétele azonban semmiben sem különbözik az előzőektől.

A **6. szonda** a 00 alapponttól Ny-ra található 25 méterre, mélysége 125 cm. A fekete réteg ebben a szondában talán a legvastagabb: 100 cm. Ez alatt mintegy 10–15 centiméteres vegyes, sárga-fekete réteg található, utána pedig a tömör, sárga altalaj. A szondából csak egy Árpád-kori cserép került ki, a metszetfalban is csak a szántott rétegben láthatók paticsszemek, cseréptöredékek. A fekete réteg egyébként teljesen homogén, kőkemény, rendkívül száraz, kotús talaj, benne egyéb elváltozást nem lehet megfigyelni.

A **7. szonda** 90 cm mély. A szürke talaj vastagsága a felszíntől számítva 60, az átmeneti réteg kb. 20 cm, utána a sárga altalaj következik. Leleteket a metszetfalban csak a szántott rétegben láttunk, annak ellenére, hogy a kiásott földből nagy bográcsdarabok és állatcsontok kerültek ki.

A **8. szonda** 70 cm mély. Pontosan a sárga altalaj jelentkezési szintjéig ástuk ki. Ez a 70 cm homogénnek látszó fekete föld, leletet nem láttunk. A szonda fenekén viszont egy ÉK–DNy irányú keskeny árkot találtunk, mélysége a sárga altalajban mindössze 20 cm. Lefelé elkeskenyedő, alja lekerekített. Az árokból kikerült cserepek és állatcsontok Árpád-koriak. Az árok ÉK felé mélyül, a szonda nyugati falánál még alig 10 cm mély.

A keresztirányú alapvonal keleti szakaszán csak két szondát ástunk ki. Az első kettőt, a 9. és a 10. számút kihagytuk. A kilencest azért, mert elég közel esik ásatási szelvényeinkhez, a tizest pedig azért, mert pontosan ráesett a 43. szelvény északi falára, itt tehát külön szondát ásni szükségtelen volt.

A **11. szonda** tehát az alapponttól 75 méterre található K-re. A fekete talaj vastagsága a felszíntől számítva 60 cm, és éles határozott kontúrral megy át nem sárga löszbe, hanem zöldesszürke, kemény agyagba. Ez képezi itt az altalajt. A fekete réteg homogénnek tűnik, ez azonban valószínűleg csak a szárazság miatt van így. Belőle őskori cserepek állatcsontok kerültek ki. A metszetben néhány paticsszem látszott.

A **12. szonda** a legkeletibb. Ez a lelőhelyet körülvevő vízmeder fenekén található, a 160. lelőhely felé eső részen, teljes mélysége 110 cm. Egy-két paticsszem látható a fekete, kőkemény, tömör kotúban, kb. 60 cm mélységben. A sárga altalaj kb. 90 cm mélységben jelentkezik, fokozatos, nem túl éles átmenettel. Érdekes módon paticsokat 70 cm mélyen is lehet látni, a legtöbb azonban 0–30 cm között van, bár ez sem nevezhető soknak. A kiásott földben talált leletek: egy erősen kopott szarmata kori cserép és egy öklömnyi patics.

Összefoglalva tehát: a lelőhely egész területén a szántott rétegben valamennyi korszak lelete megtalálható. A felszíntől számított 60 cm mélységig mindenütt tömör, fekete agyagos földet (kotú) találunk, melyben ugyancsak mindenütt vannak régészeti leletek. Az avar és az Árpád-kori objektumokban, illetve környékükön – melyet az őskori humusz szintjének tekinthetünk – ez a talajréteg lazává, porhanyóssá, esetenként világosszürkévé változott, ezen objektumok egy részének körvonalait már 30 cm mélységben meg lehetett állapítani.

A 60–90 cm közötti réteget tekinthetjük a holocén kori szubhumusznak, mely bolygatatlan állapotában lefelé haladva fokozatosan megy át a sárga altalajba. Értelemszerűen ebbe mélyed valamennyi korszak földbe ásott objektuma, de ennek tetején találjuk a Körös-kultúra népe által az egykori felszínre épített házat is. Bizonyos területeken ebben a rétegben már csak kizárólag őskori leletek fordultak elő, míg másutt (pl. 42. és 43. szelvények) a későbbi korszakok emberi tevékenységei ezt a réteget is teljesen elpusztították. Ezekben az esetekben az objektumok körvonalait csak ezen mélység alatt lehetett rögzíteni.

A lelőhelyen végzett valamennyi kutatás során a sárga altalaj 90 cm körüli mélységben jelentkezett. Ez alól csak a templom közvetlen környéke kivétel, ahol 150-170 cm mélységben bukkantunk az altalajra. Ennek oka a templom környékén évszázadok alatt végzett bolygatások sorozata lehet. A régészeti objektumoknak természetesen nem mindegyike hatolt az altalajba, az Árpád-kori sírok például sohasem, de az őskori temetkezések sem. E tekintetben tehát nem lehet az egyes korok létesítményei között különbséget tenni.

Geofizikai mérések

1988-ban az ELTE Geofizikai Tanszéke Puszta Sándor és Székely Balázs vezetésével magnetométeres méréseket végzett a lelőhelyen. 220 m hosszú, 160 m széles területet, gyakorlatilag a lelőhely teljes, még bolygatatlan részét mérték fel[16] (*3. ábra*).

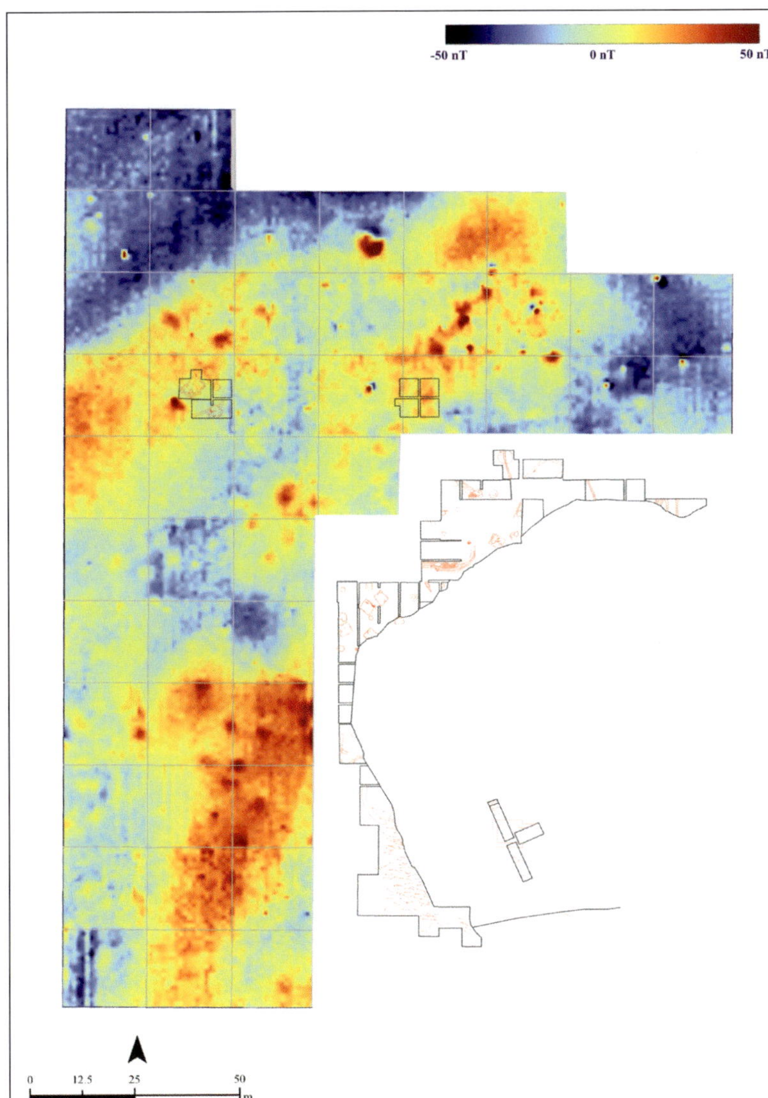

3. ábra: A lelőhely a feltárt területek határaival és a geofizikai mérés térképével (Fractal Bt., Székely Balázs)

[16] Jelentésük: MTA RI adattára Tj 216/88.

A mérések eredményeként készült reziduális térképet régészeti szempontból értékelve a következő megállapításokat tehetjük:

A felmért terület ÉNy-i sarkában jól kirajzolódik az egykori vízmeder, itt alacsony nT értékeket találunk. Markáns foltokban jelentkeznek az anomáliák a meder déli partján, mintegy 30 méter széles sávban. A kiugró értékek tömbszerű jelentkezése régészeti objektumcsoportokat sejtet. Ugyanez a helyzet a felmért területnek a homokbányától északra eső részében is, itt 60 x 40 m nagyságú területen, megint csak foltokban jelentkeznek anomáliák. Különösen a 160–180 méter közötti négyzetben látszó ÉK–DNy irányú anomália-lánc lehet érdekes régészeti szempontból. A homokbányától nyugatra eső területnek az ÉK-i sarkában, illetve a keleti szélén félkör alakú foltban jelentkeztek magasabb értékek, melyek alapján arra lehet következtetni, hogy itt mintegy 25–30 m széles területen rejtőzhetnek telepobjektumok a föld alatt. Ha ez valóban így van, akkor a mágneses térkép alapján *arra a következtetésre lehet jutni, hogy a települési objektumok három, ÉK–DNy irányú, nagyjából egymással párhuzamos, egyenként 30 m széles sávban helyezkedtek el a lelőhelyen.*

Sajnos ennek maradéktalan bizonyításához a lelőhelyen teljes feltárást kellene végezni. Az 1992. évi szezonban azonban csak arra volt mód, hogy a reziduális térkép által kiemelkedő értékekkel jelzett két sáv egy-egy pontján végezzünk ellenőrző ásatást. Mindkét kísérlet sikerrel járt: egyik esetben (44–47. szelvények) két Árpád-kori házat, a másik helyen (48–51. szelvények) pedig a Körös-kultúra házát tártuk fel.[17] Mindkét helyen különös gazdagságban fordultak elő kerámiatöredékek, illetve paticsok. Mindebből az a következtetés adódik, hogy a kiemelkedő mágneses anomáliák valóban különösen gazdag objektumokat jeleznek, és ezek alapján valószínű, hogy a magas nT-értékek a lelőhely különböző korokban intenzíven bolygatott részeit jelölhetik. Az azonban egyáltalán nem állítható, hogy az alacsony mágneses értékek területén nincsen semmilyen régészeti objektum.

Felszíni gyűjtés

Az END0006 számú lelőhelyen a topográfiai terepjárást, illetve több, időközben végrehajtott helyszíni szemle során összeszedett leleteket leszámítva, nem végeztünk felszíni gyűjtést. Az intenzív gyűjtést azért sem láttuk indokoltnak, mivel feltételeztük, hogy a lelőhely felszíne erősen bolygatott. Nem lehetett ugyanis tudni, hogy a homokbányászás közben mennyire tették tönkre a látszólag sértetlen, szántott, eredeti felszínt. Ezért leletgyűjtéseket csak a szomszédos, a lelőhelyet körülvevő érmeder ellentétes oldalain elhelyezkedő END0160, END0109 és END0161 lelőhelyen végeztünk. Ebben a fejezetben az előző két lelőhelyen végzett munkálatok eredményeit ismertetem, míg az END0161 lelőhelyen végzett kutatások közlése külön tanulmányban olvasható.

Az *END0109* lelőhelyen a topográfiai terepbejárás alkalmával más korszakok leletei mellett Árpád-kori cserepeket is találtunk, melyek arra utaltak, hogy a tőle délre eső END0006 lelőhely falujához tartozott a település.[18] A lelőhely annak az egykori érmedernek a külső, északi partján terül el, amely félkörben veszi körül az END0006 lelőhelyet. DK-i szélén nincsen határozott geomorfológiai elkülönülés az END0160 lelőhelytől, a fokozatosan ellaposodó magaslatnak ez a része nem lehetett vízjárta terület (*1. ábra*). Ennek megfelelően a leletanyag is nagy területen, ritkásan szóródott. Négyzethálónkat e körülmény figyelembevételével tűztük ki: a magasabban fekvő részeken 5 x 5 méteres, az alacsonyabb területeken pedig 25 x 25 méteres négyzeteket alkalmaztunk, utóbbi esetben a gyűjtött leletanyagot a középső négyzet koordinátáival csomagoltuk el. A leletanyag a lelőhely centrumát jelentő magaslat felé haladva fokozatosan szaporodott, és többségében Árpád-kori volt (*4–5. ábra*). A centrumban viszont szinte kizárólag szarmata kori cserepek fordultak elő. A centrumot egy újkori

[17] Az első helyszínen valószínűleg mérési hiba okozza a mintegy 5 méteres eltérést DNy felé.

[18] MRT 8, 164.

tanyarom is borítja, ami ugyancsak zavarta a látást, és szürke, porhanyós talajával elfedte a dombocskát. A táblának ezen a részén egyébként talajjavítás nyomait is látni lehetett sárga rögöcskék formájában. Úgy tűnik azonban, hogy ez nem befolyásolta jelentősen a leletanyag elhelyezkedését, hiszen nem volt sok kopott cserép, és nem találtunk leleteket váratlan és szokatlan helyeken. A felmérés nyugati határát az út, déli és északi szélét a folyómeder jelentette. E két utóbbi megegyezik a topográfiai határral, kelet felé viszont a növényzet miatt volt a további terület hozzáférhetetlen. A leletek csökkenő száma azonban a lelőhely szélének közelségét sejtette.

Az átvizsgált összes terület 23200 m^2. A számszerű eredmények:

	5 x 5	25 x 25	5 x 5-re számolva
Összes négyzet:	178	31	
Összes lelet:	1434	347	
Összes súly:	9702	2638	
Lelet/négyzet:	8,05	11,19	0,44
Súly/négyzet:	54,50	85,09	3,40
Lelet/súly:	6,76	7,60	

	5 x 5	%	25 x 25
	négyzet	négyzet	négyzet
0 lelet	2	1,10	0
5=> lelet	64	35,95	11
10=> lelet	65	36,51	7
20=> lelet	43	24,15	7
20 < lelet	4	2,24	6

A leletek szóródása egyértelműen jelzi a lelőhely centrumát, sőt a 25 x 25 méteres szelvényekben a település külső területe, „udvara" is jól kirajzolódik. A centrum egy gazdagabb szarmata kori objektumcsoportot jelöl, és a leletanyagban szinte „elvesznek" az Árpád-kori cserepek, minek következtében objektumcsoportokat sem lehetett meghatározni. Az a helyzet állt tehát elő, hogy a korábbi, ám sokkal gazdagabb emlékanyag „nyomja el" a későbbi, szegényes leletcsoportosulásokat. A 25 x 25-ös szelvények alkalmazása a nagyobb területek átvizsgálását teszi lehetővé anélkül, hogy a munka üteme lényegesen csökkenne, illetve a nagy területeken a terepjárók „elvesznének", és sok lelet maradna el. A 31 négyzet mindegyikében négy ember végezte a gyűjtést, és fél nap alatt készültünk el vele.

A topográfiai kötetben *Endrőd 160.* szám alatt rögzített lelőhelyen 1977 óta nem jártunk. A kötet szerint csak egy-két Árpád-kori objektum volt itt, melyek az END0006 lelőhelyen lévő falu részei lehettek.[19] Az END0006 lelőhelyet körülvevő érmeder alacsony keleti partján terül el, a részletes szintvonalas felmérés két kisebb kiemelkedést is rögzített a dombháton, közülük az egyik talaja világosabb szürke, porhanyós volt, és észrevehető leletkoncentrációt is mutatott. A topográfiai terepjárás óta nem történt érzékelhető bolygatás. Felülete szántott, vetett, azonban rendkívül száraz, poros, göröngyös volt. A lelőhelynek az országúttól délre eső részén a friss vetés olyan poros volt, hogy ott nem volt érdemes felmérést végezni. A lelőhely széle észak felé jelentős mértékben túlnyúlik a

[19] MRT 8, 174.

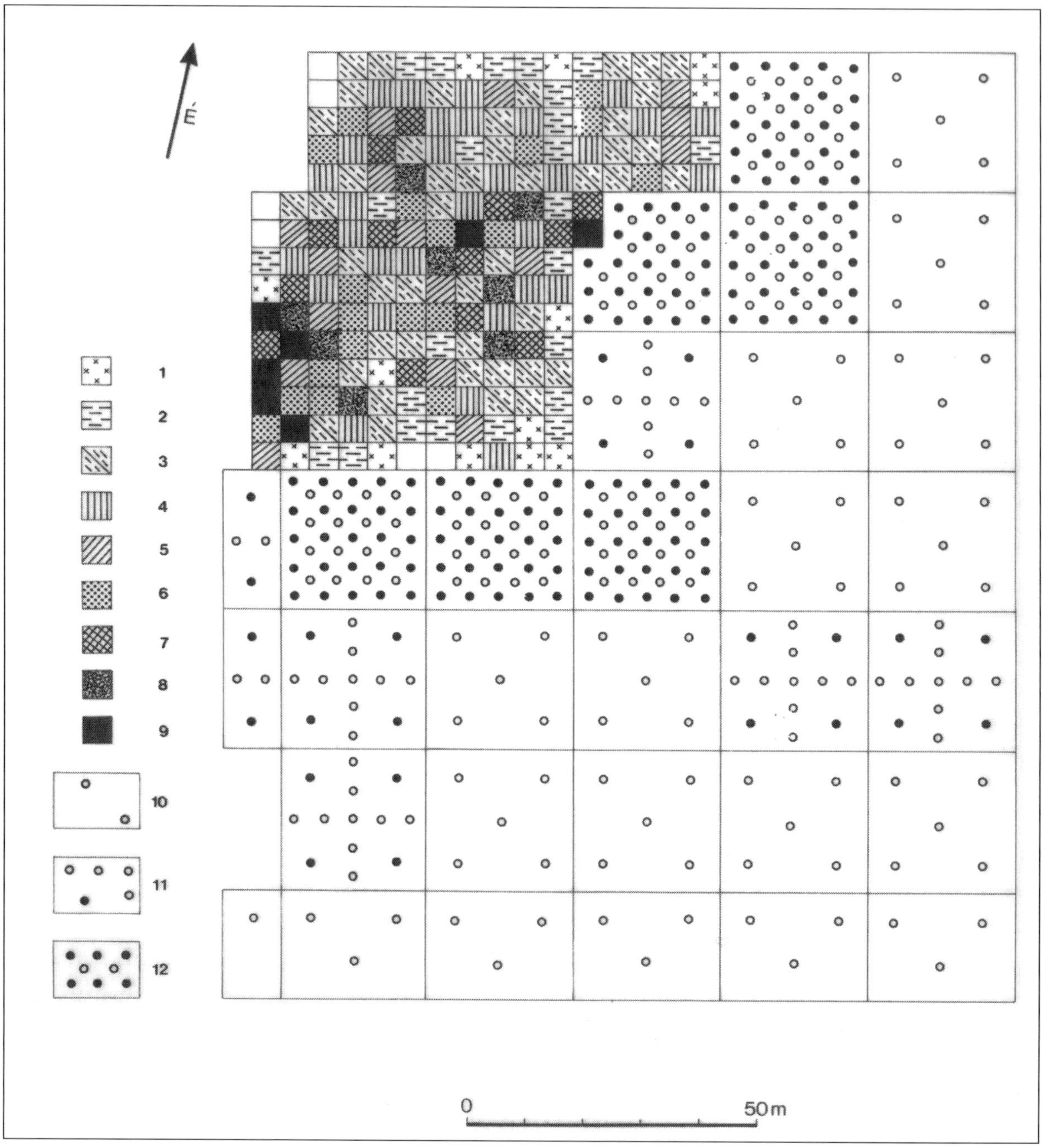

4. ábra: END0109 lelőhely. Az összes lelet eloszlása. *Jelkulcs*: *1:* 0–2 *2:* 3–4 *3:* 5–6 *4:* 7–8 *5:* 9–10 *6:* 11–12 *7:* 13–14 *8:* 15–16 *9:* 17–40 *10:* 0–10 *11:* 11–18 *12:* 19–45 db

topográfia során rögzített határon, kelet felé viszont pontosan ugyanaz. Nyugati irányban a meder alján is vannak szórványos töredékek. Centruma pedig egyértelműen az említett kiemelkedésen van.

A gyűjtést a lelőhely hosszirányára keresztben, a vetés irányával megegyezően folytattuk. A nagyon rossz látási viszonyok miatt háromszor jártuk be a területet. Kétszer a négyzetháló kitűzése előtt, majd a felszedés során, már az 5 x 5 méteres négyzetekben újabb alapos szemlélődést végeztünk, és újfent találtunk elsősorban Árpád-kori, kisebb részben szarmata kori, és néhány erősen kopott őskori cserepet. Azt is tapasztalnunk kellett, hogy még ezek után is maradt töredék, amely

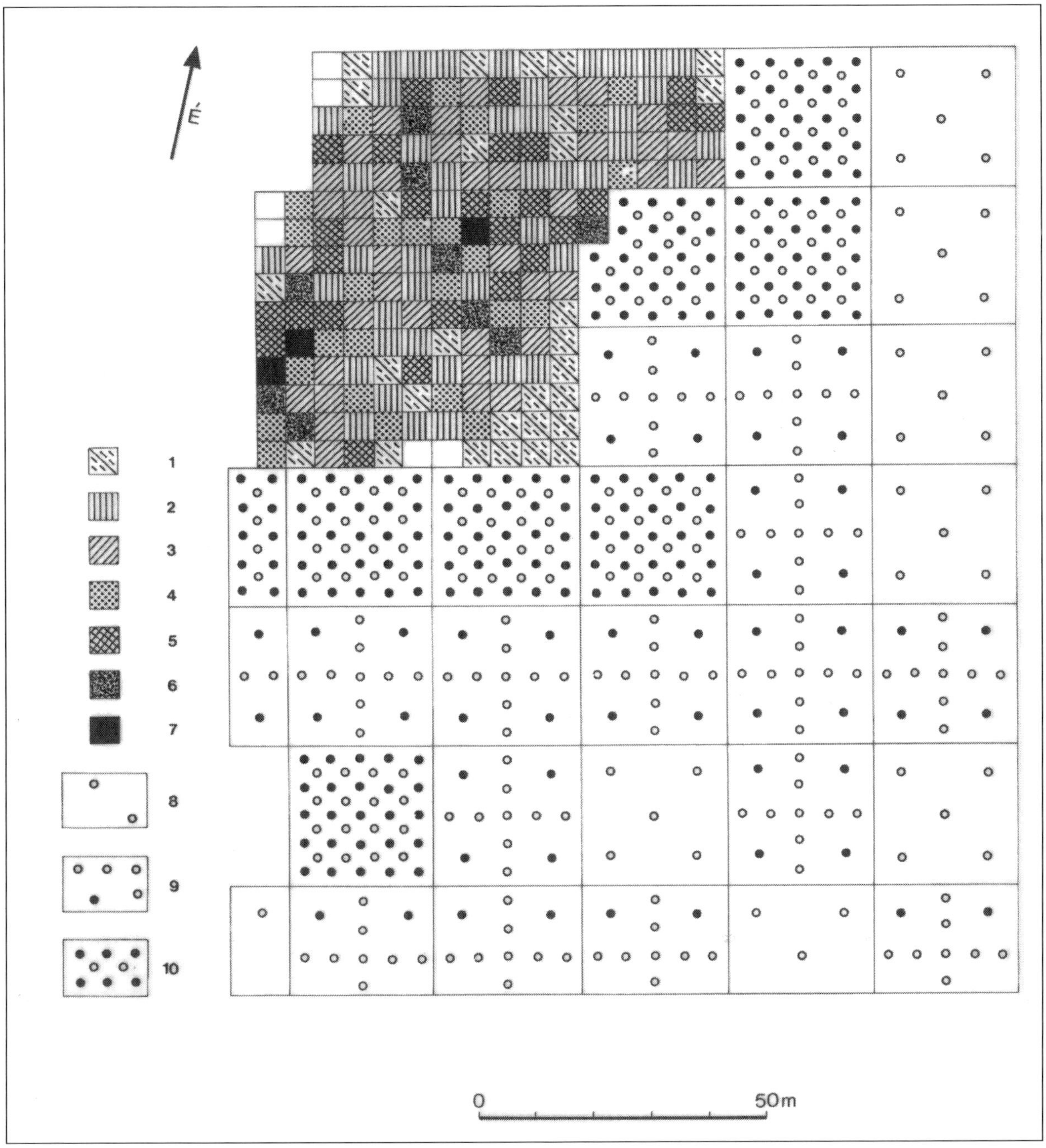

5. ábra: END0109 lelőhely. Súlyeloszlás. *Jelkulcs: 1:* 0–20 *2:* 21–40 *3:* 41–60 *4:* 61–80 *5:* 81–100 *6:* 101–150 *7:* 151–200 *8:* 0–40 *9:* 41–150 *10*: 151–300 gramm

elkerülte a figyelmünket. Ennek ellenére a rossz látás csak a leletek abszolút számában okozott csökkenést, arányaiban nem. Ennek megfelelően a 0 tartalmú négyzetek többsége jó viszonyok között is legfeljebb az egyhez közeli értékeket mutathat (*6–7. ábra*).

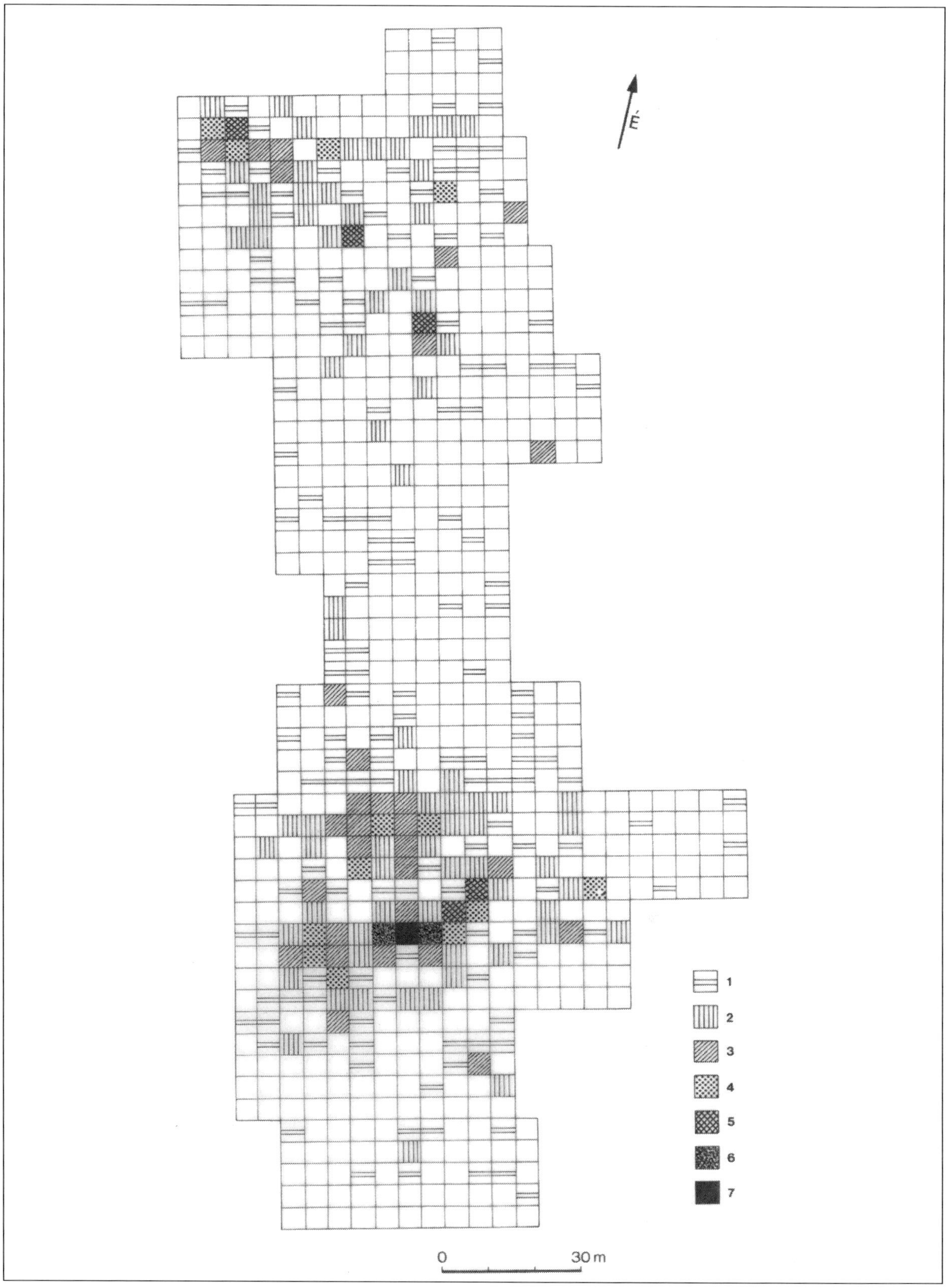

6. ábra: END0160 lelőhely. Az összes lelet eloszlása.
Jelkulcs: 1: 0–2 *2:* 3–4 *3:* 5–6 *4:* 7–8 *5:* 9–10 *6:* 11–15 *7:* 15–20 db

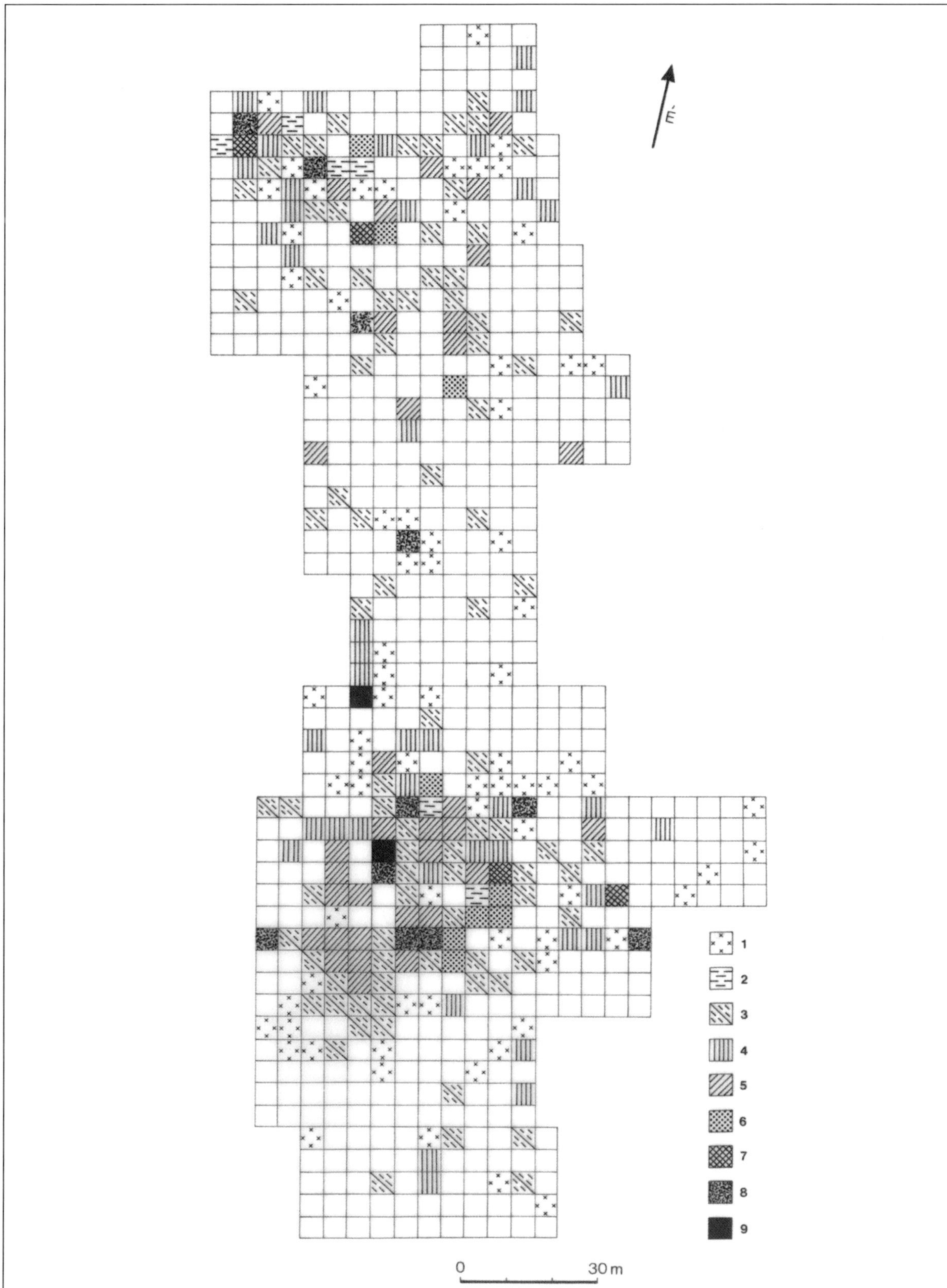

7. ábra: END0160 lelőhely. Súlyeloszlás. *Jelkulcs: 1:* 0–10 *2:* 10–15 *3:* 16–20 *4:* 20–40 *5:* 40–60 *6:* 60–80 *7:* 80–100 *8:* 100–200 *9:* 200–400 gramm

A látást az éles napfény is zavarta, mely reggel, illetve délután már ugyancsak nehézséget okozó éles súrlófénybe ment át. Három teljes munkanap alatt 22500 m^2 területet vizsgáltunk át.

Összes négyzet:	900
Összes lelet:	823
Összes súly:	8166
Lelet/négyzet:	0,90
Súly/négyzet:	9,07
Súly/lelet:	9,92

Leletszám	Négyzet	%
0 lelet	627	69,6
5=> lelet	240	26,60
10=> lelet	30	3,23
20=> lelet	3	0,33
20< lelet	0	

A lelőhelyen 1992. tavaszán az ELTE Geofizikai Tanszéke is végzett felmérést, ennek végleges eredményei azonban nem ismeretesek. 1992 augusztusában a lelőhely északi szélén lévő, bizonytalan körvonalú, de kétségtelenül megmutatkozó leletcsoportosulás területét három kutatóárokkal átvágtuk. Az árkokban 30–60 cm mélységben újkori tanyahelytől, illetve talajlazítástól származó bolygatásokra bukkantunk. A lelőhely ÉNy-i peremén, az egykori vízmederhez egészen közel a Körös-kultúra egy szegényes leletanyagú gödrét találtuk. A rossz viszonyok között, ismétlés nélkül végzett felszíni gyűjtés alapján tehát itt nem lehetett ebből a leletcsoportból pozitív következtetésekre jutni.

Az 1975. évi ásatás

Az első, szondázó jellegű ásatást a topográfiai munkák keretében 1975 augusztusában végeztem. A kéthetes munka célja az volt, hogy az akkor még sértetlen halom tetején a feltételezett Árpád-kori templomot és templom körüli temetőt hitelesítsük. Szükséges volt annak eldöntése is, hogy a mintegy 2,5 m magas kiemelkedés őskori kurgán-e, vagy sem.

Az ásatás során a halom tetején három kutatóárkot nyitottunk, a negyediket pedig a dombot északról övező egykori meder déli partján, K–Ny irányban. Utóbbi helyen a településre szerettünk volna adatokat szerezni, de ez a próbálkozás eredménytelen volt.

Az **1. kutatóárkot** a halom tetején és északi lejtőjén nyitottuk 10,5 x 2,5 m nagyságban, megközelítőleg É–D irányban.[20] Ennek közepén, 55 cm mélységben bukkantunk rá a templom északi falának döngölt agyagból készült alapozására. Az árok nyugati falában 10–15 cm vastag, 1,5 m széles murvás, kőporos réteget találtunk, melyben sok, összevissza dobált tégla is feküdt. A réteg felülnézetben négyzet alakú, és a templom alapozása átvágja. Ebből a rétegből került elő az a buzogányfej, melyről később lesz szó. A templom falától északra 8 erősen bolygatott sírt tártunk fel, melyek 72–97 cm mélységben feküdtek. A sírok az árok északi végében csoportosultak, a templom északi falához legközelebb eső sír is több mint másfél m távolságra volt az alapozástól. A kutatóárok déli felét 150, északi felét pedig 161 cm-re mélyítettük, a bolygatatlan altalajig.

[20] Az 1. és 2. kutatóárkok hossztengelye 15 fokkal tér el az É–D iránytól Ny felé, mivel így lehetett a halmot hosszában átvágni. (Az előzetes közleményben csak sematikus rajz jelent meg, ahol az árkok elnevezése is szelvény. MRT 8, 126–128).

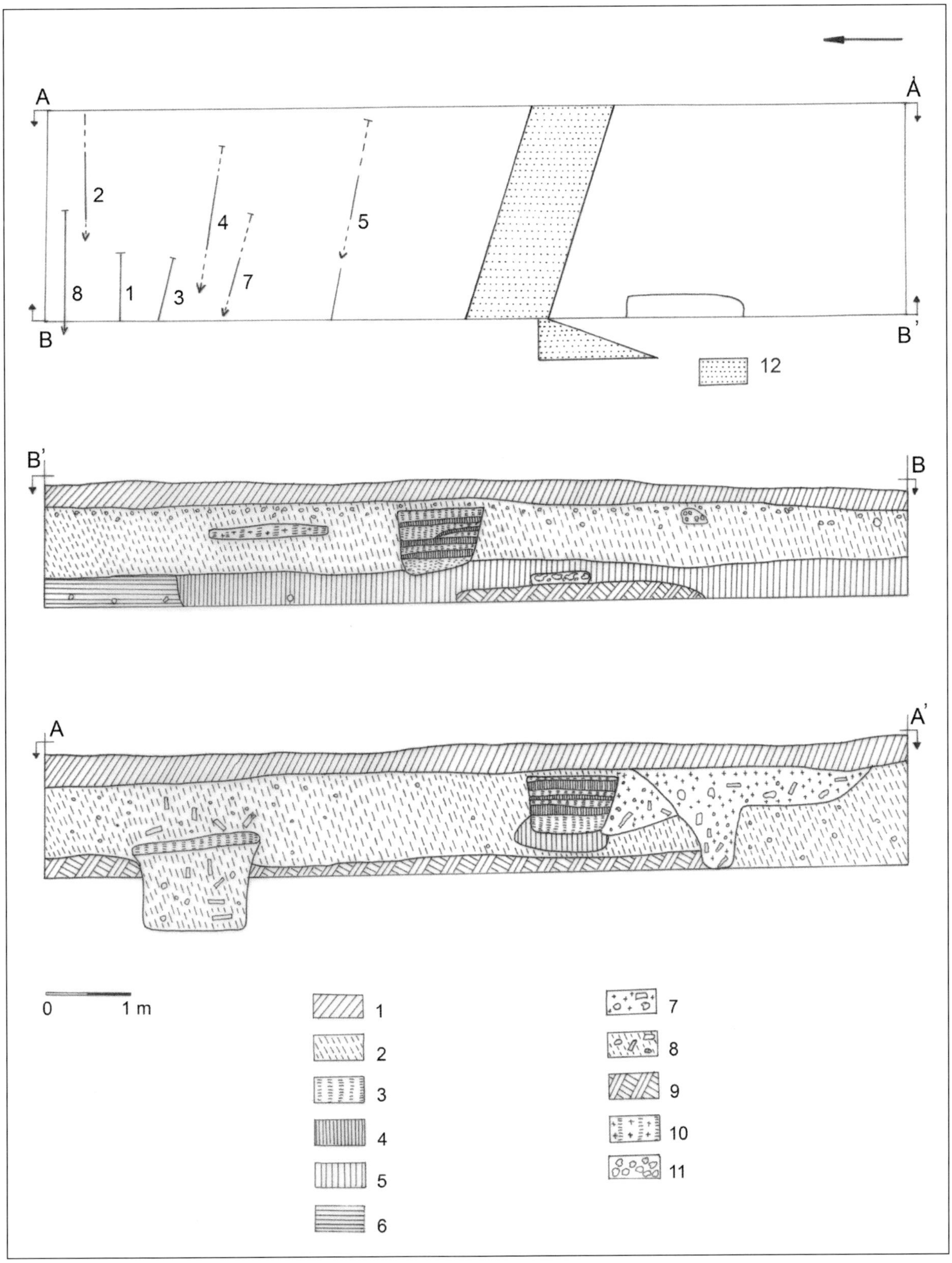

8. ábra: Az 1975. évi ásatáson feltárt 1. kutatóárok alaprajza és metszetei. *Jelkulcs: 1:* szántás *2:* sötétszürke, tömör *3:* sárga agyag *4:* fekete, tömör *5:* fekete, laza *6:* világosbarna, tömör *7:* téglatörmelékes *8:* sötétszürke, téglákkal, csontokkal *9:* sárga altalaj *10:* murvás, kőporos *11:* kövek, csontok *12:* a templom alapárka

A templom alapárkát sötétszürke, tömör földrétegbe ásták, és egy hasonló, bár tömörebb, fekete talajréteg tetején nyugodott. Ez utóbbi lehet az őskori kultúrák (neolit, bronzkor) nyomán képződött humuszréteg (*8. ábra*). A sírok beásását, és így a sírfoltokat sem lehetett megfigyelni az egységesen kevert, tömör, sötétszürke földben.

Az árokban talált Árpád-kori leletanyag:

30–40 cm mélységben: szürke, törésében szürke, kívül kormos, tört kaviccsal soványított fazék vállrésze.[21] Lapos, szögletes átmetszetű vasszeg, feje hiányzik.[22]

40–60 cm mélységben:

Szürke, egyenletes égetésű, apró kaviccsal soványított, kihajló, lekerekített szélű fazékperem[23] *(34. tábla 5.)*.

Szürkésbarna, szürke törésű, homokkal soványított, kihajló, lekerekített szélű fazékperem két összeillő darabja, vállán körbefutó kettős fogaskerék mintával díszítve[24] *(34. tábla 3.)*.

Fehér, helyenként koromfoltos, vékonyfalú, apró kaviccsal soványított nagyobb fazék oldalrésze, melyet mélyen bevágott csigavonal-minta díszít.[25]

Kívül szürke, belül fehér, vékonyfalú, apró kaviccsal soványított nagyobb fazék oldalrésze, melyet mélyen bevágott, ritka közű csigavonal-minta díszít.[26]

Világosbarna, szürke törésű, homokkal soványított, külső oldalán síkozott, és beszurkálások sorával díszített hurkafül darabja. A beszurkálások a két oldalsó síkban kettős, a középsőben egyágú szerszámmal készültek[27] *(43. tábla 3.)*.

Belül fehér, kívül szürke, apró kaviccsal soványított fazék aljrésze, oldalát körbehaladó fogaskerék-minta díszítette.[28] Világosbarna, koromfoltos, szürke törésű, tört kaviccsal soványított, vastag falú, nagyobb fazék alj- és oldalrészei.[29]

Négyzet, illetve tégla átmetszetű, T-fejű vasszegek.[30] Téglalap átmetszetű, lapos, aszimmetrikus fejű vaszszeg.[31] Négyzet átmetszetű vasszeg, feje hiányos, valószínűleg T-alakú volt. Hegye begörbített.[32]

Ismeretlen rendeltetésű kisebb vasdarabok.[33]

Enyhén lapított gömb alakú vasbuzogány, a dudorok romboid alakúak[34] *(47. tábla 5.)*.

60–80 cm mélységben:

Barna, szürke törésű, tört kaviccsal soványított, kívül kormos, mindkét irányba megvastagodó, karéjos lyukkiképzésű bográcsperem[35] *(25. tábla 2.)*.

Barna, szürke törésű, tört kaviccsal soványított, kihajló, erősen sérült fazékperem.[36]

---

21 Munsell 5YR 5/2. ltsz.: 91.3.1. A leleteket 1993-ban a TSM gyűjteményébe leltároztam be. Az edényeket a topográfiai munkák során az MMM-be leltároztuk, ezeket külön jelölöm.

22 ltsz.: 91.3.2.

23 Munsell 5YR 3/1. ltsz.: 91.3.3. A kiszerkeszthető szá.: 20,8 cm.

24 Munsell 5YR 4/4. ltsz.: 91.3.4. A kiszerkeszthető szá.: 16,2 cm.

25 Munsell 5YR 8/1. ltsz.: 91.3.5.

26 Munsell 5YR kívül 4/1, belül 8/1. ltsz.: 91.3.6.

27 Munsell 5YR 5/4. ltsz.: 91.3.7.

28 Munsell 5YR kívül 4/1, belül 8/1. ltsz.: 91.3.8.

29 Munsell 5YR 7/4. ltsz.: 91.3.9.

30 ltsz.: 91.3.10. 2 db.

31 ltsz.: 91.3.11.

32 ltsz.: 91.3.12.

33 ltsz.: 91.3.13.–14. Összesen 7 db.

34 ltsz.: 91.3.15. A kőporos rétegből. Átm.: 5,8, m.: 4,8, lyuk átm.: 2,6 cm.

35 Munsell 5YR 5/4 ltsz.: 91.3.16. szá.: 32 cm.

36 Munsell 5YR 5/3 ltsz.: 91.3.17.

Barna, szürke törésű, csillámos homokkal soványított, díszítetlen oldalak.[37]

Barna, szürke törésű, tört kaviccsal soványított, díszítetlen fenékdarabok.[38]

80–100 cm mélységben:

Barna, szürke törésű, tört kaviccsal soványított, kifelé megvastagodó bográcsperem.[39]

Barna, szürke törésű, homokkal soványított, kihajló, kissé felhúzott szélű, fedőhornyos fazékperemek. Lehet, hogy egy edényből származnak.[40]

Barna, szürke törésű, tört kaviccsal soványított, kissé felhúzott szélű, fedőhornyos fazékperem[41] *(34. tábla 2.)*.

Barna, szürke törésű, tört kaviccsal soványított, kissé felhúzott szélű, fedőhornyos fazékperem[42] *(34. tábla 4.)*.

Barna, egyenletesen átégett, de külső részén egy foltban feketére oxidálódott, csillámos homokkal soványított fazékperem. A vízszintesen kihajló perem fedőhornyos[43] *(34. tábla 1.)*.

Barna, szürke törésű, tört kaviccsal soványított fazékváll.[44]

Fehér, szürke törésű, tört kaviccsal soványított, csigavonalas díszítésű oldal.[45]

Fehér, egyenletesen átégett, vékonyfalú, tört kaviccsal soványított, csigavonalas díszítésű oldal.[46]

Fehér, szürke törésű, vékonyfalú, tört kaviccsal soványított, csigavonalas díszítésű oldalak, valószínűleg egy edényből valók.[47]

Barna, szürke törésű, tört kaviccsal soványított, kívül kormos, ívelt bográcsoldalak, nem egy edényből valók.[48]

Négyzet átmetszetű, T-fejű vasszögek.[49] Négyzet átmetszetű, egészen vékony, fej nélküli vasszeg. Vége elgörbült.[50] Négyzet átmetszetű, fej nélküli vasszegdarabok.[51]

100–120 cm mélységben:

Négyzet átmetszetű, négyzetes fejű vasszeg, hegye begörbült.[52] Négyzet, illetve téglalap átmetszetű vaszszegek, fejük letört, hegyük begörbült[53] *(47. tábla 3.)*.

33 x 17 x 6 cm méretű, ép tégla.[54]

A **2. kutatóárkot** az előzőtől délre nyitottuk 10 x 2,5 méteres méretben (*9. ábra*). Itt az árok északi végében, 69 cm mélységben bukkant elő a templom déli falának döngölt agyag alapozása. Ebben az árokban 75–80 cm mélyen csak négy (9–12.) sírt találtunk, közülük három egymáshoz közel, a negyedik kissé távolabb, dél felé került elő. Az árok egésze tele volt azonban összevissza

---

37 Munsell 5YR 5/3 ltsz.: 91.3.18. 2 db.
38 Munsell 5YR 5/4 ltsz.: 91.3.19. 3 db.
39 Munsell 5YR 6/4 ltsz.: 91.3.20.
40 Munsell 5YR 5/6. ltsz.: 91.3.21. 2 db.
41 Munsell 5YR 5/4. ltsz.: 91.3.22. A kiszerkeszthető szá.: 17,8 cm.
42 Munsell 5YR 6/4. ltsz.: 91.3.23. A kiszerkeszthető szá.: 17 cm.
43 Munsell 5YR 5/6 ltsz.: 91.3.24. A kiszerkeszthető szá.: 15 cm.
44 Munsell 5YR 6/3. ltsz.: 91.3.25.
45 Munsell 5YR 7/3. ltsz.: 91.3.26.
46 Munsell 5YR 8/1. ltsz.: 91.3.27.
47 Munsell 5YR 8/1. ltsz.: 91.3.28. 2 db.
48 Munsell 5YR 5/4. ltsz.: 91.3.29. 2 db.
49 ltsz.: 91.3.30. 3 db.
50 ltsz.: 91.3.31.
51 ltsz.: 91.3.32. 3 db.
52 ltsz.: 91.3.53.
53 ltsz.: 91.3.54. 2 db.
54 ltsz.: 91.3.131.

dobált embercsontokkal. Az előző árokhoz képest lényegesen kevesebb volt a patics és a téglatörmelék. A boygatatlan altalajt a templom alapozása környékén 175, a kutatóárok déli végében 126 cm mélységben értük el.

Ebben az árokban a nagyszámú őskori cserép mellett[55] 80–100 cm mélységben találtunk Árpád-kori leleteket:

Barna, szürke törésű, tört kaviccsal soványított, kifelé megvastagodó bográcsperem.[56]

Szürke, egyenletesen (valószínűleg másodlagosan) átégett, kaviccsal soványított, kifelé megvastagodó bográcsperem.[57] Négyzet átmetszetű, T-fejű vasszeg, csaknem teljesen ép, csupán a hegye tört le[58] *(47. tábla 2.)*.

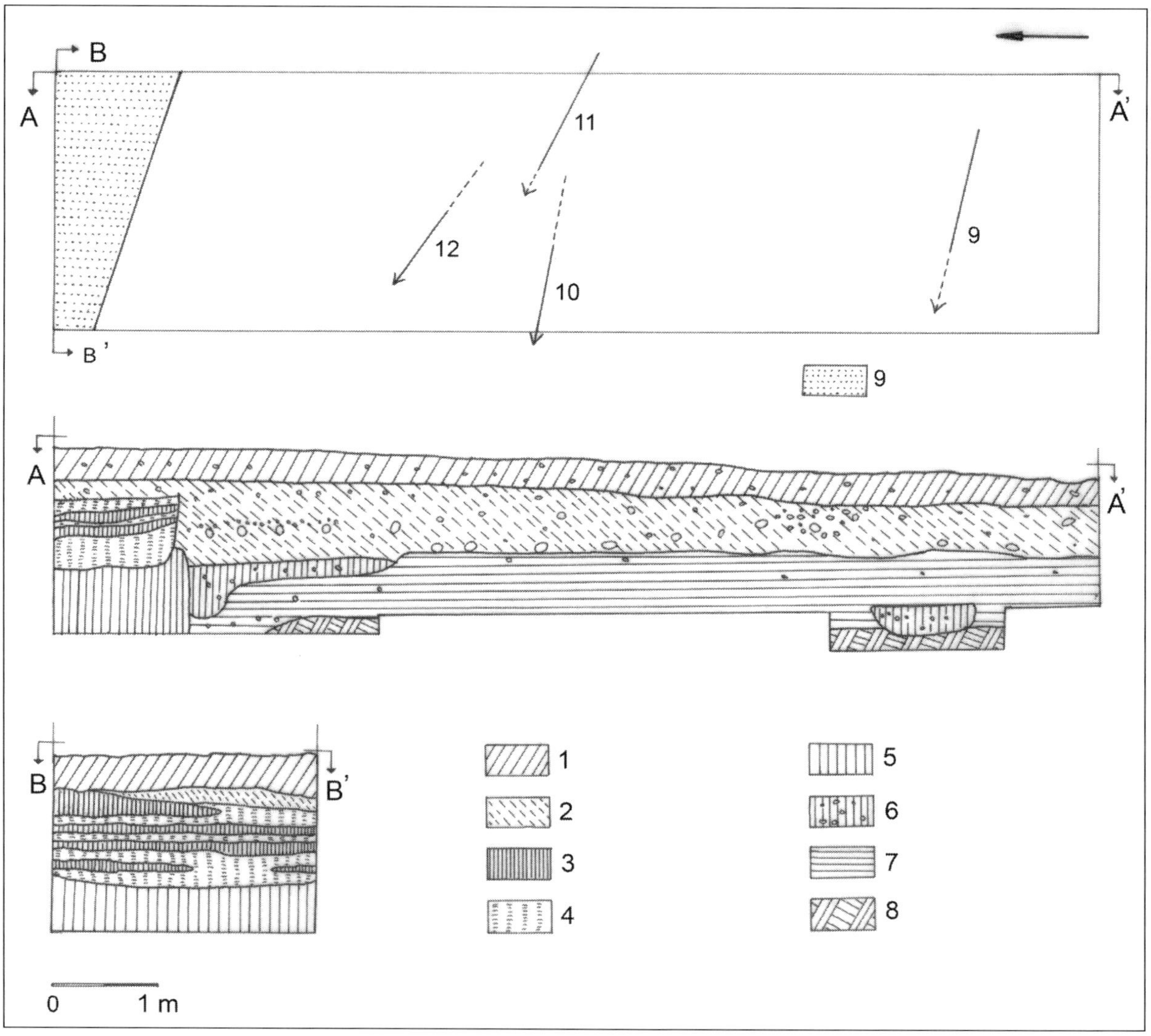

9. ábra: Az 1975. évi ásatáson feltárt 2. kutatóárok alaprajza és metszetei.
Jelkulcs: 1: szántás *2:* sötétszürke, tömör *3:* fekete, tömör *4:* sárga agyag *5:* fekete, laza *6:* fekete, tömör, paticsos *7:* világosbarna, tömör *8:* sárgásbarna altalaj *9:* a templom alapárka

55 ltsz.: 91.3.58.–93.
56 Munsell 5YR 6/4 ltsz.: 91.3.94.
57 Munsell 5YR 5/1 ltsz.: 91.3.95.
58 ltsz.: 91.3.112.

A **3. kutatóárkot** már a templom szentélyének meghatározására nyitottuk a két előző árok érintkezési pontjától keletre, 3 x 7 méteres nagyságban (*10. ábra*). Itt sikerült feltárni az apszis ívének egy szakaszát. Az alapozás 55 cm mélységben bukkant elő, de megfigyelését nehezítette, hogy ezen a szakaszon a fekete földréteg volt felül. Az apszison kívül és belül egyaránt törmelékkel betöltött rablógödrök voltak, de ezek feltárására már nem kerülhetett sor. Csupán arra maradt idő, hogy az apszis belsejében még 20 cm-t mélyítsünk, és az alapozás felső részét a kutatóárok északi fala mentén átvágjuk. Ennek során csak azt tudtuk megállapítani, hogy az alapozás belső része mintegy 75 cm szélességben maradt meg, mindkét oldalát a rablógödrök tönkretették. Ezt a kutatóárkot összességében 85 cm-re mélyítettük.

A 40–60 cm mélységből származó szórványleletek őskoriak.[59]

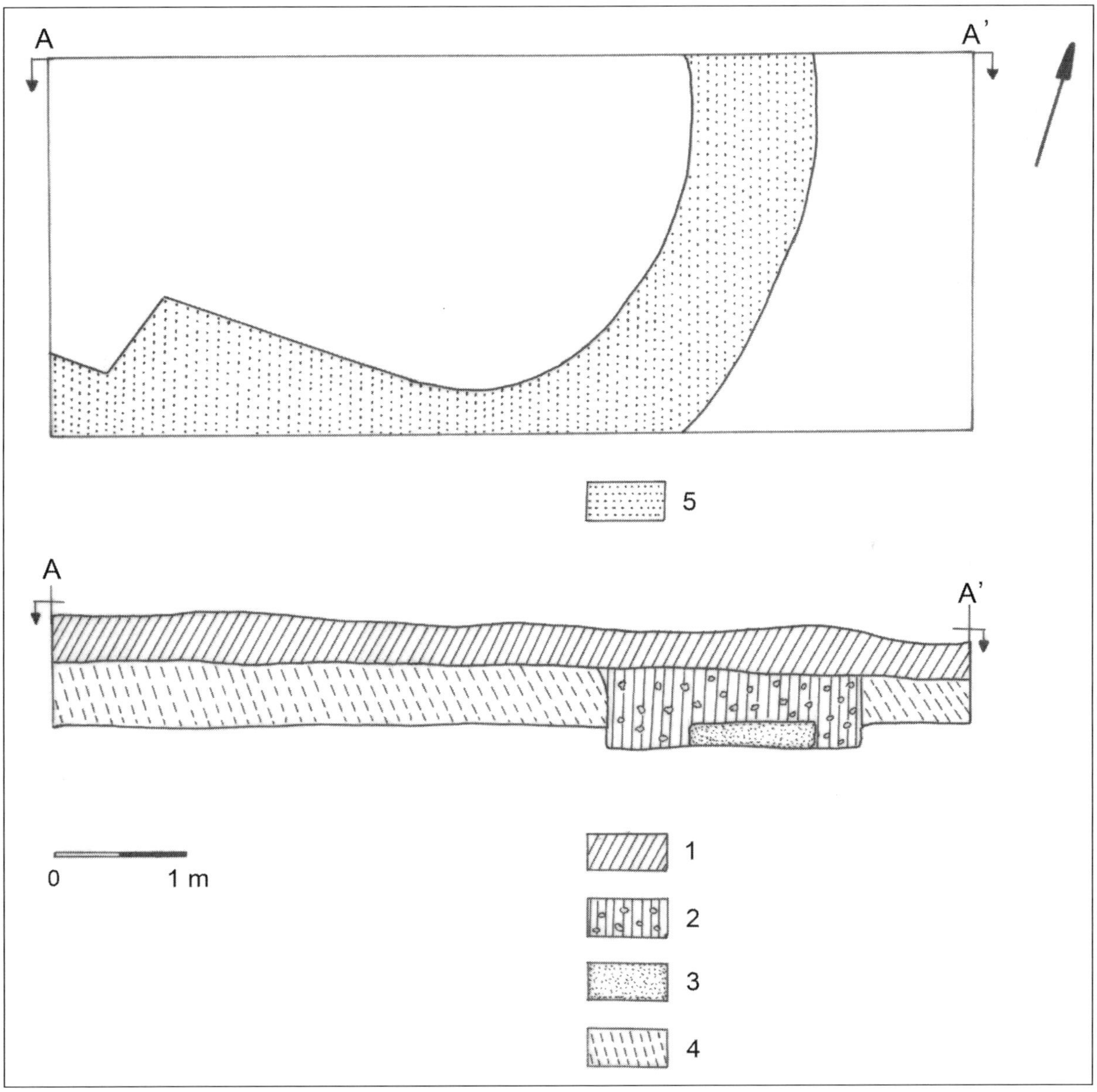

10. ábra: Az 1975. évi ásatáson feltárt 3. kutatóárok alaprajza és metszete.
Jelkulcs: 1: szántás *2:* fekete, paticsos *3:* alapfal *4:* barnásfekete betöltés *5:* a templom alapárka

[59] ltsz.: 91.3.120.–122.

A **4. kutatóárkot** az 1. ároktól északra 120 méterre, 10 x 3 méteres nagyságban, az egykori vízmeder déli partján nyitottuk. Itt a településre szerettünk volna adatokat szerezni. Sajnos csak szórványos cserépanyagot találtunk a sziklakemény, fekete agyagos talajban, míg 100 cm-es mélységben a déli fal mellett egy alig 10 cm mély őskori gödör részletét tárhattuk fel.

0–20 cm mélységben az őskori leleteken kívül[60] egy barna, szürke törésű, tört kaviccsal soványított, befelé megvastagodó, karéjos lyukkiképzésű bográcsperem[61] és egy barna, szürke törésű, tört kaviccsal soványított, ívelt profilú bográcsoldal került elő.[62]

A sírok, illetve a középkori bolygatott szintek alatt egy neolitikus tűzhely maradványait figyeltük meg az őskori humuszréteg tetején. Az őskori leleteket Makkay János közölte.[63]

A sírok

1. sír (1. kutatóárokban).[64]

T: - M: 75 cm, VH: - cm.

Csak az alsó lábszárak estek a kutatóárok területére.

Melléklete nem volt.

2. sír (1. kutatóárokban). (*11. ábra*)

T: 46',[65] M: 72 cm, VH: - cm.

Hanyatt fekvő adultus. Karok a test mellett kinyújtva. Csak a bal felkar, a két alkar, a két legalsó csigolya, a bal oldali medencecsont és a jobb oldali combcsont felső része maradt meg eredeti helyzetében.

Melléklete nem volt.

3. sír (1. kutatóárokban).

T: 49', M: 79 cm, VH: - cm.

Hanyatt fekvő adultus. Csak a jobb alsó lábszár és lábfej, illetve a bal lábszár egyharmadának in situ helyzete alapján lehetett azonosítani. A váz többi része elpusztult.

Melléklete nem volt.

4. sír (1. kutatóárokban).

T: 46', M: 80 cm, VH: - cm.

Hanyatt fekvő adultus. A bal medencecsont és a mellette kinyújtott bal oldali alkarcsontok maradtak eredeti helyzetükben.

Melléklete nem volt.

5. sír (1. kutatóárokban).

T: 48', M: 90 cm, VH: - cm.

Hanyatt fekvő adultus, melynek csupán alsó lábszárait lehetett rögzíteni eredeti helyzetében, a többi elpusztult.

Melléklete nem volt.

6. sír (1. kutatóárokban).

T: 48', M: 97 cm, VH: - cm.

---

[60] ltsz.: 91.3.123.–127.

[61] Munsell 5YR 6/6 ltsz.: 91.3.128.

[62] Munsell 5YR 3/2 ltsz.: 91.3.129.

[63] *Makkay* (2007) 72-93.

[64] A sírrajz elveszett.

[65] A sírok tájolási értékei (vonás) a 64-es beosztású skálán értendők.

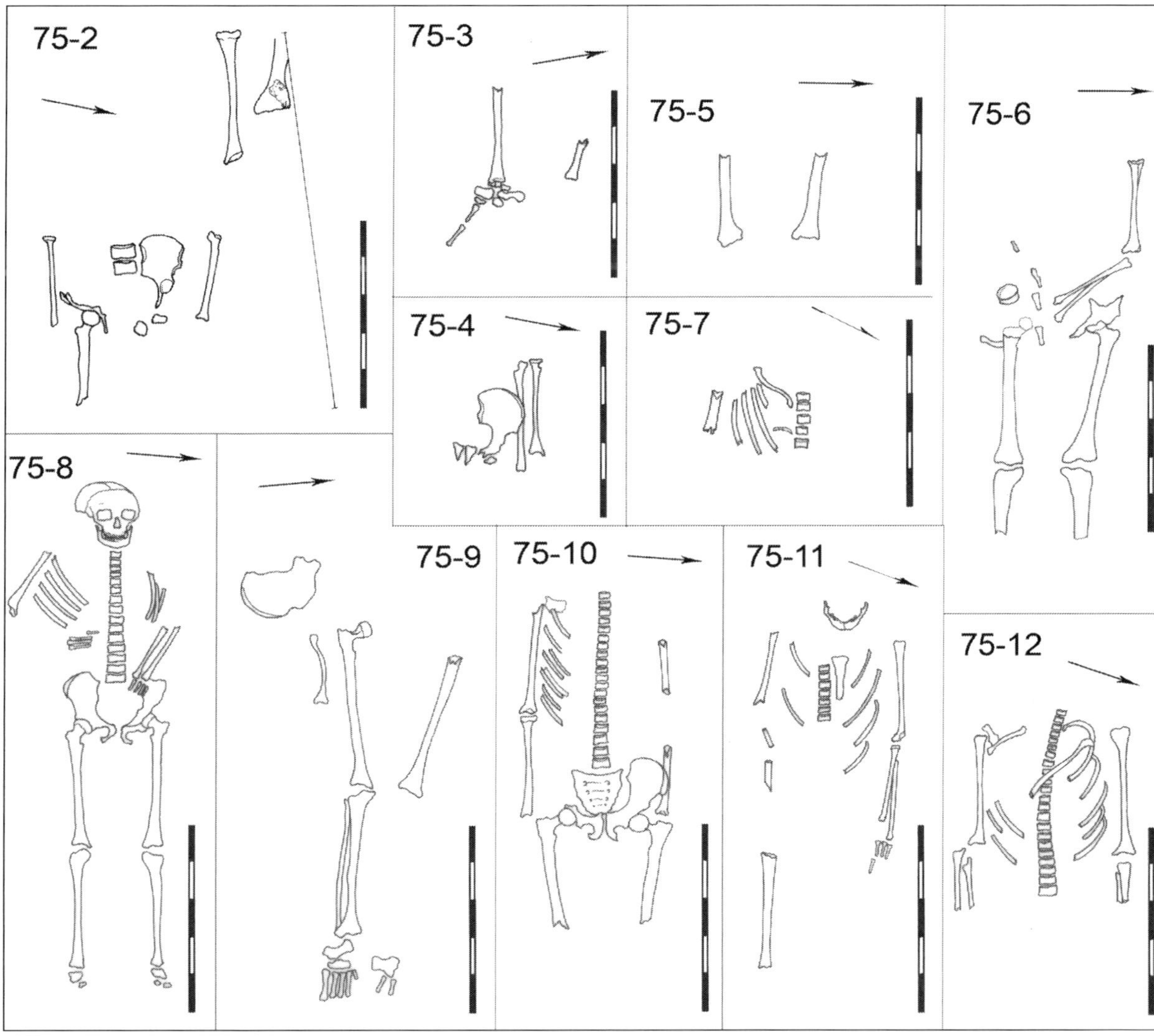

11. ábra: Az 1975. évi ásatás során feltárt sírmaradványok

Hanyatt fekvő adultus. Koponya, felsőtest csontjai hiányoznak. A bal alkar a medencére hajlítva. A lábszár alsó harmada is hiányzik.

Melléklete nem volt.

7. sír (1. kutatóárokban).

T: 43', M: 80 cm, VH: - cm.

Hanyatt fekvő adultus. A jobb felsőtest néhány csontját (kulcscsont, csigolyák, bordák, a felkar középső harmadát) sikerült eredeti helyzetében rögzíteni.

Melléklete nem volt.

8. sír (1. kutatóárokban).

T: 47', M: 86 cm, VH: 129 cm.

Hanyatt fekvő infans II? váza. A bal felkar és a jobb oldali alkarcsontok hiányoznak. A bal alkar a medencére hajlítva.

Melléklete nem volt.

9. sír (2. kutatóárokban).

T: 49', M: 80 cm, VH: - cm.

Hanyatt fekvő adultus. Csak a jobb oldali lábcsontok maradtak eredeti helyzetükben, a jobb oldali medencecsont eredeti helyéről kifordulva feküdt. A bal combcsont töredékes, a váz többi része teljességgel hiányzik.

Melléklete nem volt.

10. sír (2. kutatóárokban).

T: 47', M: 75 cm, VH: - cm.

Hanyatt fekvő adultus. Karok a test mellett kinyújtva. Koponya, bal oldali bordák és az alsó lábszárak hiányoznak, a bal oldali karcsontok töredékesek.

Melléklete nem volt.

11. sír (2. kutatóárokban).

T: 44', M: 75 cm, VH: -cm.

Hanyatt fekvő infans II. Karok a test mellett kinyújtva. Koponya, medence, alsó lábszárak hiányoznak.

Melléklete nem volt.

12. sír (2. kutatóárokban).

T: 44,5', M: 73 cm, VH: - cm.

Hanyatt fekvő adultus. A felsőtest csontjai viszonylag sértetlenek, de a koponya és medencétől lefelé minden csont hiányzik.

Melléklete nem volt.

A sírok rendkívül bolygatottak, ez részben egykorú bolygatás, részben újkori kincskeresés következménye lehet. Ezt támasztja alá a felsőbb rétegekben talált nagyszámú szórvány csont is. A 12 sír mélység szerinti megoszlása a következő:

Mélység (cm)	Sírszám	%
72	2	8,33
73	12	8,33
75	1, 10, 11	25
79	3	8,33
80	4, 7, 9	25
86	8	8,33
90	5	8,33
97	6	8,33

A sírok tájolás szerinti megoszlása a következő:

Tájolás	Sírszám	%
43	7	8,33
44	11	8,33
44,5	12	8,33
46	2, 4	16,66
47	8, 10	16,66
48	5, 6	16,66
49	3, 9	16,66

A templom alapozásának alja 110–125 cm mélységben található. A döngölt agyag alapozás a szántott réteg alatt 25 cm-el kezdődött, így tetejét és az eredeti járószintet tehát nem ismerjük.[66] Az átlagos sírmélység (75–97 cm) sehol nem hatolt el az alapozás aljáig.

[66] Az alapozás felső szintje és a szántás között a templom egész területén megfigyelt bolygatott, pusztulási réteget találtuk. A szentély területén már ez sem volt, a szántás elérte az alapozás legfelső szintjét. Vö. 8–10. ábrák.

A templom

A kicsiny Árpád-kori templom minden valószínűség szerint félköríves szentélyzáródású lehetett, döngölt agyag alapozású volt, s téglából épült. Felmenő falaiból semmi sem maradt, és a részleges ásatás során nem lehetett egyértelműen tisztázni a szentély alakját és méretét, sőt az esetleges diadalív alapozása és a nyugati zárófal helye sem teljesen biztos. Az alaprajzi bizonytalanságok miatt tájolása is csak hozzávetőlegesen[67] állapítható meg: 95 fokkal tér el az É-i iránytól kelet felé.

A templomhajó alapozásának szélessége az észlelés szintjén 100–110 cm, az alján 75–90 cm. Mélysége 75 cm. Keményre döngölt sárga agyag és fekete földrétegek váltakozásából áll. Legalulra az előbbi került mintegy 20–25 cm vastagságban, majd ezt követően átlagosan 10 cm vastag rétegekben egymást váltva a fekete föld és a sárga agyag. A fekete rétegek azonban korántsem egyenletesen helyezkedtek el mindenütt, az átmetszett helyeken számuk 2–5 között változott. Mivel a sírok átlagos mélysége 75 cm körüli, így az eredeti, templom körüli járószint nem lehetett túlságosan magasabban, ennek nyomaira azonban sehol sem bukkantunk.[68] Az is megfigyelhető, hogy a sírok, de a szórvány csontok többsége is zömmel az alapozás aljának szintjén került elő.

Ettől eltérő volt a szentély alapozásának szerkezete. Mindenekelőtt keskenyebb, 75 cm szélességű maradványt tárhattunk fel. Ez azonban a jelentős mértékű rombolás, bontás következménye is lehet, habár ennek ellene mond a határozott szélekkel jelentkező íve. A metszeten viszont azt láthatjuk, hogy az alapárkot 2 m szélességben teljesen kitermelték, és csak ennek közepén, 75 cm mélyen bukkantunk egy kisebb eredeti alapozás maradványra. Ezt a részt nem tártuk fel teljes mélységben, de a fekete agyaggal kevert sárga szerkezetet, ha nem is egymásra rétegződve, de kevert foltokban itt is meg lehetett figyelni. Az alapozás tehát a szentélyrésznél sokkal nagyobb károkat szenvedett, mint a hajónál.

Az 1. kutatóárokban sikerült egy ponton kibontani a templomhajó alapozásának ÉNy-i sarkát. Ez a kicsiny részlet tette lehetővé a templomhajó kiszerkesztését is, feltételezve, hogy ez a sarok nem egy esetleges karzat-alapozás részlete volt. Amennyiben mégis, akkor nyugati irányban további bővítménnyel kellene számolnunk. Ezt azonban a templom pusztulása miatt már sohasem fogjuk megtudni. Nem sikerült tisztázni annak a murvás-kőporos rétegnek az eredetét sem, amelyet a nyugati zárófal vágott át (*12. ábra*).

A templom hajójának kiszerkeszthető belső mérete 4,5 x 5,2 m, tehát 23,4 m^2 alapterületű, a szentély hossza pedig mintegy 3,5 m lehetett. A szentély feltárt alapozás-részlete és a hajó tengelye nem esik egybe, ez azonban csak a nem teljes feltárás, illetve a szétszántott alapozás miatt lehetett így. A szentély félkörívesen záródott, azt azonban már nem sikerült megállapítani, hogy a diadalív alapozásának kiképzése miképpen történt.

A Békés megyei Árpád-kori templomokat Szatmári Imre évtizedes igen intenzív feltáró munkája, és az összegző monográfia nyomán jól ismerjük.[69] Ezért a korábbi feltárásokkal együtt tekintélyes számú összehasonlító anyag áll rendelkezésünkre. Vegyük először tehát szemügyre, hogy akadnak-e hasonló, kicsiny méretű falusi egyházak a környéken.

---

[67] 1–5 fokos hiba lehetséges az alapfalak bizonytalanságai miatt.

[68] Az a tény, hogy az alapozás bolygatatlan részére csak 55 cm mélységben bukkantunk, a sok bolygatás, mélyszántás miatt nem hozható összefüggésbe az eredeti felszínnel. Szatmári I. a Kamut 27. lelőhely feltárásánál tapasztalta, hogy a főfalak alapozása 92–94 cm-re mélyedt a jelenlegi felszín alá. Megfigyelése szerint „Ez szinte eredeti állapotot jelöl, hiszen az alapozás tetején több helyen előkerültek az alapozást lezáró habarcsos réteg részletei." *Szatmári* (1995) 45.

[69] A feltárt templomok felsorolására vö. *Szatmári* (1996e) 209., *Szatmári* (1996a) 359., *Szatmári* (2005a) 26–53.

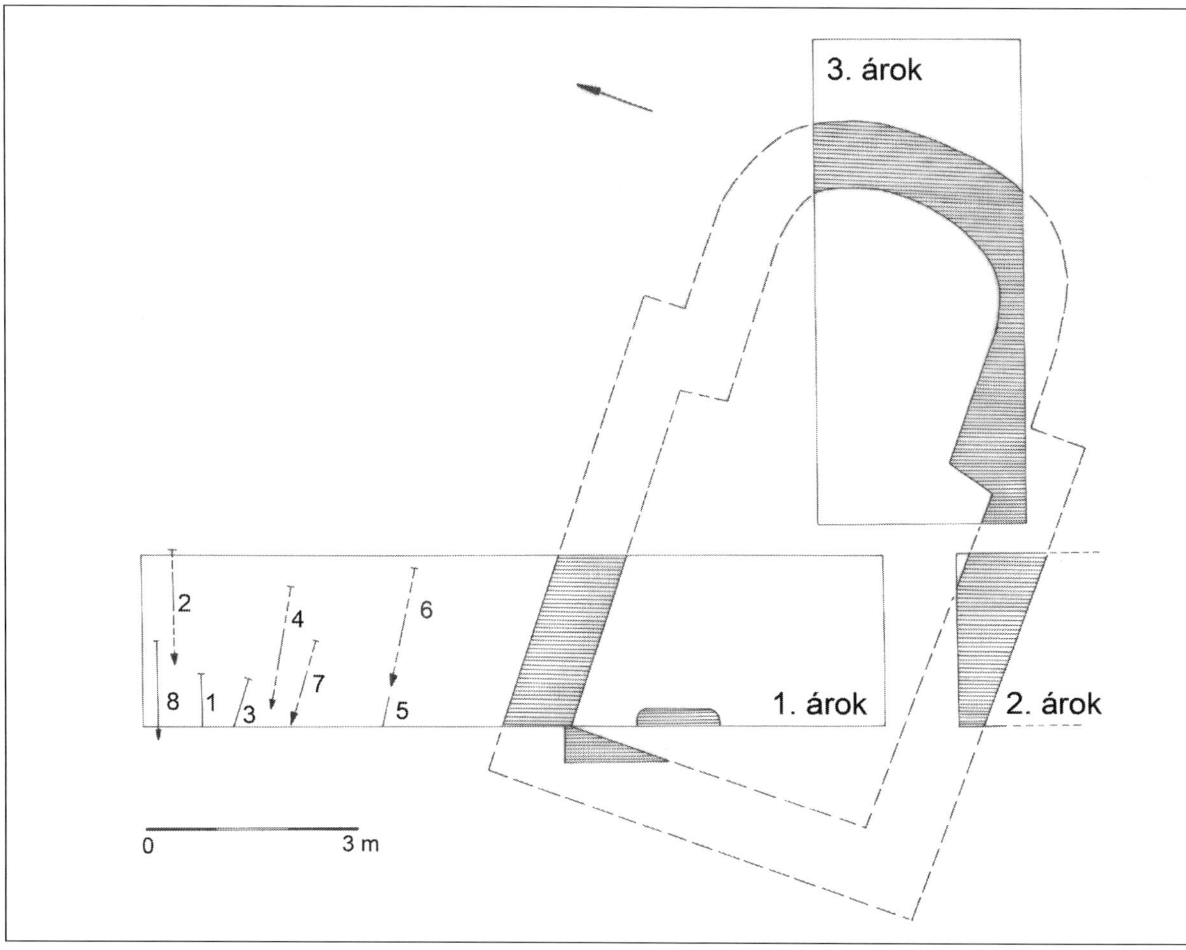

12. ábra: A templom kiszerkesztett alaprajza

A közeli Bercsényegyháza kívül félköríves, belül patkóíves szentélyű templom hajójának alapterülete 15,5 m^2, a kardoskúti, egyenes szentélyzáródású templom hajója 17 m^2, a később ráépült félköríves szentélyű „hatablaki kápolna" 21,2 m^2 alapterületű.[70] A szentbenedeki, ugyancsak patkóíves szentélyű első templom hajója 17,5 m^2 nagyságú.[71] Murony 25. lelőhelyen a patkóíves szentélyű templom hajójának alapterülete 18,48 m^2.[72] A 11. század első felében megépült fövenyesi rotunda 18,08 m^2-es.[73] A telekgerendási félköríves szentélyzáródású templom hajójának belmérete 5,5 x 3,85 m, vagyis 21,1 m^2 alapterületű.[74] A sarkadkeresztúri, egyenes szentélyzáródású, döngölt agyag alapozású templom hajója 25,34 m^2.[75] Kamut 120. lelőhelyen 24,75 m^2, Kamut 27. lelőhelyen pedig 34,34 m^2 alapterületű, félköríves szentélyzáródású Árpád-kori templom alapfalait tárta fel Szatmári

70 Bercsényegyháza: Szatmári Imre e kötet 1.6. fejezetében; Kardoskút: *Méri* (1964) 5–6.

71 *Szatmári* (1996c) 47.

72 MRT 10, 624.

73 *Szatmári* (1996c) 30.

74 *Szatmári* (1996e) 212–213., MRT 10, 674–675. Szatmári I. párhuzamként említi Kardoskút, Hatablak II. periódusát, a csabacsűdi templom I. periódusát és az END0006 lelőhely templomát. Legfőképpen azonban Csökmő, Peterd templomával mutat azonosságot.

75 *Szatmári* (1997) 348.

Imre.[76] A Doboz, faluhelyi egyház hajójának alapterülete 32,5 m^2.[77] A Nagyszénás határában talált, az Árpád-korban épült, de a késő középkorban is használt egyik templom 10,45 m hosszú és 6,96 m széles, a hajó belső alapterülete 33 m^2.[78]

A Csorváson kiásott, és a 12. századra keltezett, félköríves szentélyzáródású templom hajója a nagyobbak közé tartozik: alapterülete több mint 52 m^2.[79] A Gyula határában feltárt névtelen Árpád-kori falusi templom ugyancsak félköríves szentélyzáródású volt, a hajó alapterülete 44 m^2.[80] Szintén a nagyobbak közé tartozik a békési,[81] békéscsabai,[82] és a csabacsűdi[83] Árpád-kori templom. Medgyesegyházán, a bánkúti Libics-halmon feltárt egyenes szentélyzáródású, még az Árpád-korban elpusztult templom 10,7 m hosszú és 6 m széles.[84] Az endrődi templomos faluhellyel délről szomszédos Décse falu temploma a jelenleg ismertek közül a legnagyobb, a hajó alapterülete 74,7 m^2.[85]

Az összeállításból az tűnik ki, hogy Békés megye területén egyáltalán nem ritka az olyan kicsiny Árpád-kori falusi templom, melynek alapterülete 30 m^2 alatt van, de találunk 20 m^2-nél kisebbeket is. Többségük még az Árpád-korban elpusztult, de akad köztük olyan is, melyet a 14 században valamilyen módon kibővítettek. Valamennyi alaprajzi típus megtalálható közöttük, és megépítésük egységesen a 11. sz. első felétől a 12. század közepéig terjedő időszakra tehető. Csupán érdekesség, hogy az endrődi templommal délről szomszédos egyházak között találjuk az eddig ismertek közül a legkisebbet (Bercsényegyháza) és a legnagyobbat (Décse). Hasonlóképpen Cegléd környékén, illetve Pest megyében is akadnak 30 m^2 alatti hajó-alapterülettel épült falusi egyházak: Budajenő, Cegléd Nyúlfüle-halom, Gödöllő Babat, Nagykáta Kender-halom, Nagykáta Kőhatár, Tápiógyörgye Ilike-part első periódusa, Újszilvás Gólya-járás,[86] továbbá Visegrád Várkert, Visegrád Váralja,[87] és legújabban Kána.[88] Az ország más részein csak példaként: Hajdúdorog Szállás-földek,[89] Edelény Cseb,[90] vagy Tőketerebes[91] Szlovákiában.

A Békés megyei Árpád-kori templomok többségére jellemző a félköríves szentélyzáródás. Szatmári Imre összeállításából tudjuk, hogy 21 templomnak volt félköríves szentélye (54%), nyolcnak egyenes (21%), 6 templom kívül félköríves, belül patkóíves kialakítású volt (15%).[92] E sorozat alapján tehát azt mondhatjuk, hogy az endrődi templom az átlagos kategóriába tartozott. Hasonlóképpen a fekete és sárga döngölt agyagrétegekből álló alapozás technikája sem árul el semmilyen különle-

---

76 MRT 10, 467, 483., *Szatmári* (1995) 40., 45., *Szatmári* (2005a) 34.
77 *Kovalovszki* (1989) 144.
78 *Szatmári* (1996a) 23.
79 Az épület alapozása kőből készült, és a 14. században támpillérekkel erősítették meg. A feltárás csak részleges volt, így további épületrészek lehetnek még ismeretlenek. *Szatmári Imre*: Ásatás a középkori Csorvás templomának felkutatására. Múzeumi Híradó, Békéscsaba. (1997)/2. 10–12., *Szatmári* (1999).
80 Gyula 144. lelőhely. Még az Árpád-korban elpusztult, alapozása kőből készült. *Szatmári* (1996a) 354.
81 Békés 67. lelőhely: 48,26 m^2. MRT 10, 76.
82 Békéscsaba 78. lelőhely: 39,65 m^2. MRT 10, 176.
83 Csabacsűd, 1. lelőhely: 48,75 m^2. MRT 8, 102.
84 *Szatmári* (1993) 18.
85 *Szatmári* (2005a) 34., és e kötet 1.7. fejezete.
86 *Tari* (2000) 5., 38., 52., 67., 68., 103., 110. kép.
87 *Kovalovszki* (1986b) 62., *Kovalovszki* (1995).
88 *Terei* (2010) 82–83.
89 *Fodor* (2005) 6. tábla.
90 *Szekeres* (2005) 2. kép.
91 *Kaminská* (1982) 429., *T. Ruttkay* (2005) 44.
92 *Szatmári* (2005a) 41.

gességet, még akkor sem, ha a környékbeli templomok esetében elég nagy változatosságot találunk a döngölt agyag, kő és tégla kombinációival készült alapozásokban.[93]

Az ásatási eredmények alapján joggal feltételezhetjük, hogy az endrődi templom teljes egészében téglából épült. Ez természetesen Békés megyében – a döngölt agyagból készült alapozással együtt – a legkevésbé sem számít különlegességnek. Az ásatás során talált (egyetlen) ép tégla mérete 33 x 17 x 6 cm.[94] A templomépítéshez használt, eddig megismert téglaméretek között ez a nagyobbak közé tartozik.[95] Néhány apró lelet arra utal, hogy az endrődi templom esetében is bizonyos díszítő jellegű építészeti tagozatokat képeztek ki téglákból:

Pelyvás tégla élszedett sarokrésze került elő a 36. szelvény szántott rétegéből, további két élszedettre, illetve háromszög alakúra faragott, valamint egy hosszú, keskeny idomtégla a 9. házból[96] *(57. tábla)*. Mindegyik viszonylag messze esik a templomtól, de a bolygatásokat ismerve ez nem tekinthető különösnek.

Idomtéglák, vagy faragott téglák ugyanis sok falusi templomhelyről ismertek Békés megyéből. Kardoskútról szép számban, változatos formában és méretben ismerünk ilyeneket. Ezek között egyaránt vannak előre gyártott, illetve utólag faragott darabok.[97] Telekgerendáson élszedett téglák, a környéken faragott kövek kerültek elő.[98] Kamut 27. lelőhelyen egy élszedett és két kör alakúra faragott téglát találtak.[99] Gyula 144. lelőhelyén egyik sarkán félkörívesre faragott tégla került elő.[100] Nagyszénás 1. lelőhelyről ugyancsak kör alakúra faragott példányok kerültek múzeumba.[101] A sarkadkeresztúri templom feltárásakor – a faragott kőelemeken kívül – kör, félkör, ék alakúra faragott idomtéglákat is találtak. Az ásatási megfigyelésekből Szatmári Imre arra következtetett, hogy a templom karzatát kerek idomtéglákból felrakott oszlopok tartották, de az épületen más díszítőelemeket (ajtó- és ablakkereteket, párkányokat, falpilléreket is készítettek téglából.[102] Megfigyelhető, hogy e templomok többségénél, talán a kardoskútit leszámítva, nem előre gyártott, hanem utólag faragott idomtéglákat használtak. Ez a körülmény egyrészt utalhat az olcsóbb kivitelre, másrészt a belső vakolásra, mellyel a faragás egyenetlenségeit elrejtették. Feltűnő jelenség, hogy míg Pest megye közel négyszáz középkori temploma esetében mindössze két helyen (Cegléd Birincsek és Nagykőrös, Boldogasszony-halom) történik említés idomtéglákról, addig Békés megye tizedannyi templománál kilenc esetben ismert ilyen lelet.[103]

Még egy lehetőség van, amiben más korabeli egyházakkal össze tudjuk hasonlítani az endrődi templomot. Ez a tájolás, még akkor is, ha nem volt pontosan mérhető. Az endrődi templom ugyanis 5 fokkal tért el a kelet–nyugati iránytól dél felé. A Szatmári Imre által ilyen szempontból vizsgált 25 Békés megyei templom többsége inkább valamelyest észak felé tért el a K–Ny iránytól. Szatmári Imre az endrődin kívül három olyan egyházat említ (Békéssámson Cigánd, Gyula 144., Szentbenedek), melyeket az endrődihez hasonlóan inkább dél felé, míg kettőt (Csorvás, illetve a gyulai

93 *Szatmári* (2005a) 36–37.

94 ltsz.: 91.3.131. Ennél sokkal több tégla került elő a lelőhelyen feltárt telepobjektumokból.

95 Szatmári Imre szerint legnagyobb számban 26–27 cm hosszú, 14–16,5 cm széles és 4,5–5,5 cm magas darabok fordulnak elő. *Szatmári* (2005a) 38.

96 ltsz.: 95.28.155., ltsz.: 95.28.1155–1157.

97 *Méri* (1964) 6. IV. t. 1–5.

98 *Szatmári* (1996e) 214.

99 *Szatmári* (1995) 47., 16. kép 3–5.

100 *Szatmári* (1996a) 355., 10. kép 2.

101 *Szatmári* (1996a) 27.

102 *Szatmári* (1997) 351–352.

103 *Tari* (2000) 220., *Szatmári* (2005a) 35–37.

ferences rendház), melyeket pontosan kelet felé irányítottak.[104] Ezzel összefüggésben viszont azt is érdemes megemlíteni, hogy az endrődi templom körül feltárt sírok közül a legtöbb tájolása pontosan 48 vonás, vagyis 90 fok az É–D irányhoz képest.

Tari Edit 83 Pest megyei templom tájolási adatait gyűjtötte össze. Az adatok alapján megállapította, hogy azok több mint 78%-ának tájolása eltér a pontos K–Ny-i iránytól, többségük (62%) ÉK–DNy-i, és mindössze 13 egyházat irányítottak pontosan K–Ny-i irányba. Hasonló eredményre jutott K. Németh András a Tolna megyei templomok vizsgálata során: a 25 vizsgálható egyház körül 14 (58,3%) ÉK–DNy-i, 9 (37,5%) K–Ny-i, és mindössze egyetlen DK–ÉNy-i tájolású.[105] Úgy tűnik tehát, hogy országos viszonylatban is helytálló az a megállapítás, hogy az Árpád-kori templomok többsége ÉK–DNy irányba tájolt, kisebb részük DK–ÉNy felé, és elenyésző a pontosan K–Ny irányítású templomok száma. Tari Edit ez utóbbi esetben a ±5 fokos eltérést megengedhetőnek tartja, ami azt jelentené, hogy az endrődi templomocska is ebbe a legcsekélyebb számú csoportba sorolható. A tájolásból a régészek eddig nem tudtak egyéb következtetést levonni, mint hogy a templom kitűzésének időpontjában észlelt keleti irányhoz tájolták az egyházakat, ami általában a tavaszi időszakra esik. E kézenfekvő magyarázattal szemben jelen pillanatban aligha hozható fel ellenérv, hiszen szemlátomást az ország minden pontján, változatos birtokviszonyok között, hasonló tendenciák mutathatók ki.[106]

Mivel az Endrőd határában feltárt kicsiny templom és a hozzá tartozó település a korabeli forrásokban nem szerepelt, sőt olyan földrajzi nevek sem maradtak fenn, melyek esetleg segítették volna az azonosítást, ezért sem nevét, sem védőszentjét megállapítani nem lehet. Ezek a körülmények tovább nehezítik a keltezést is, melyben ilyenformán nem lehet egyértelműen állást foglalni. A fentebb elsorolt sajátosságok alapján egyedül a félköríves szentéllyel kapcsolatban merülhet fel halvány lehetőség. A szomszédos Bercsényegyháza kétperiódusú templománál ugyanis az első periódus a belül patkóíves szentélykiképzés, a második a félköríves. Tekintettel arra, hogy a szakirodalom egyre inkább hajlik a patkóíves szentélykiképzés korábbi, 11–12. századi datálására,[107] így adódhatna a következtetés, hogy az endrődi templom ennél későbbi. Ez azonban jelen pillanatban csak elméleti lehetőség.

Az 1975. évi ásatás leletanyaga

Az ásatás szórvány leletanyagát az egyes kutatóárkoknál ismertettem. A kerámiatöredékekből három edényt sikerült összeállítani, mindhárom az 1. kutatóárokból való:

1. Szürkésbarna színű, tört kaviccsal soványított fazék legömbölyített peremmel, hangsúlyozott vállal. Fenekén zegzugmintás fenékbélyeg[108] (*30. tábla 1.*).

---

[104] *Szatmári* (2005a) 28.

[105] *K.Németh András*: A középkori Tolna megye templomai. Doktori értekezés kézirata. Bp. 2006. A besorolásnál a szerző Tari Edit gyakorlatát követve ±5 fok eltérést hibahatárként számolt. Ezúton is köszönöm a szerzőnek, hogy kéziratát használhattam. Vö. még *K. Németh* (2011) 211.

[106] *Tari* (2000) 224–226. A szerző feltételezi, hogy a templom tájolása a kegyúr társadalmi helyzetével lehet összefüggésben. Vö. *Szatmári* (2005a) 28–30.

[107] *Szatmári* (2005a) 40., 173.

[108] ltsz.: MMM 78.106.1. szá.: 14,6 m.: 12,5, fá.: 8,2 cm. MRT 8, 79. t. 1–1a, 80. t. 23. Fényképe: MTA RI 92049. Lehetséges, hogy ehhez az edényhez tartozik a TSM ltsz.: 91.3.1. számú darabja is. Neg. szám: 172793. A fenékbélyeges töredék a 30–40 cm-es rétegből való, a többi darab mélysége nem ismert. Ez ugyanis még a restaurálás előtt le lett fényképezve: MTA RI 84877.

2. Barna színű, tört kaviccsal soványított fazék, függőlegesen levágott szélű peremmel és vállán kettős vonalba rendezett fogaskerék díszítéssel[109] (*30. tábla 2.*).
3. Szürkésbarna színű, tört kaviccsal soványított, díszítetlen edény. Pereme enyhén kihajló, lekerekített szélű, hengeres nyakán és vállán egy-egy borda fut körbe[110] (*16. tábla 5.*).

Egyéb leletek:

Buzogányfej. Vasból öntött tömör, a gömb, vagy hordó alakú típusba tartozik, nyéllyuka ívelt oldalú. A külső felületet borító dudorok eredetileg talán rombusz alakúak lehettek, a tárgy erősen kopott, sérült[111] (*47. tábla 5.*). A templom kőporos omladékában, az 1. kutatóárokban találtuk.

Az 1985–1992. közötti ásatások

Tekintettel arra, hogy ezekben az években végzett ásatásaink már egységes rendszerben, vagyis folytatólagos szelvény- és objektumszámozással történtek (*13. ábra*), az alábbiakban együtt ismertetjük a feltárások eredményeit. Az ásatási megfigyelések mellett az objektumhoz nem köthető szórvány leletanyag avar és Árpád-kori részének részletes leírását is itt adjuk. Az objektumok és a hozzájuk tartozó leletanyag leírása külön fejezetben történik.

1985

1985-ben a homokbánya folyamatosan omló partfalainak körbeásása volt a célunk annak érdekében, hogy a veszélyeztetett objektumokat megmentsük. Az ásatást a bánya ÉK-i sarkában kezdtük, ahol a felszín magassági adatai alapján (a lelőhely platójának tetejéhez képest -191 cm) már régészeti objektumokat lehetett sejteni.

Az **1. szelvényt** 10 m szélességben a homokbánya akkori északi szélén nyitottuk. Szelvényünk déli oldalát a bánya partfala jelentette. 60 cm mélységben bukkant elő a sárga altalaj, melyben két árok (1. és 2. árok) foltja mutatkozott.

A szelvényből mélységadathoz nem köthetően, egy erősen kopott, barna, szürke törésű, korongolt, kifelé megvastagodó, karéjos lyukkiképzésű bográcsperem[112] és egy világosbarna, szürke törésű, korongolt, vékonyfalú bográcsoldal[113] került elő. 0–30 cm mélységben csak különféle kődarabokat találtunk,[114] a 30–50 cm közötti mélységből egy barna, szürke törésű, tört kaviccsal soványított, korongolt bográcsperemet írhatunk le, melynél a perem kifelé megvastagodó, szögletesre levágott, a függesztőlyuk pedig csúcsos.[115] Egy ugyanilyen anyagú, vékonyfalú kicsiny oldaltöredéket vékony csigavonal díszít.[116] Három barna, szürke törésű, tört kaviccsal soványított, díszítetlen oldalt is találtunk.[117]

A **2. szelvény** 5 méter hosszúságban az előző szelvény nyugati oldalához csatlakozott, és mivel itt a bánya oldala már jelentős darabon leszakadt, szélessége nem volt több három méternél, de nyu-

---

[109] ltsz.: MMM 78.106.2. szá.: 13,8 m: 12,3 fá.: 8,1 cm. Neg. szám: 172792. MRT 8, 79. t. 2., 80. t. 17. MTA RI 92050.

[110] ltsz.: MMM 78.106.3. m: 20, szá: 11, fá: 11 cm. .MRT 8, 79. t. 4–4a. Neg. szám: 172791.

[111] ltsz.: 91.3.15. átmérő: 5,8 cm, magasság: 4,8 cm, nyéllyuk átmérője: 2,6 cm. A típust először Kovács László írta le: V. típus. *Kovács* (1971) 178–179. 6. ábra 5.

[112] Munsell 5YR 4/3. ltsz.: 91.4.2.

[113] Munsell 5YR 5/4. ltsz.: 91.4.3.

[114] ltsz.: 91.4.5.–8.

[115] Munsell 5YR 4/3. ltsz.: 91.4.12.

[116] Munsell 5YR 3/1. ltsz.: 91.4.13.

[117] Munsell 5YR 5/4. ltsz.: 91.4.14.

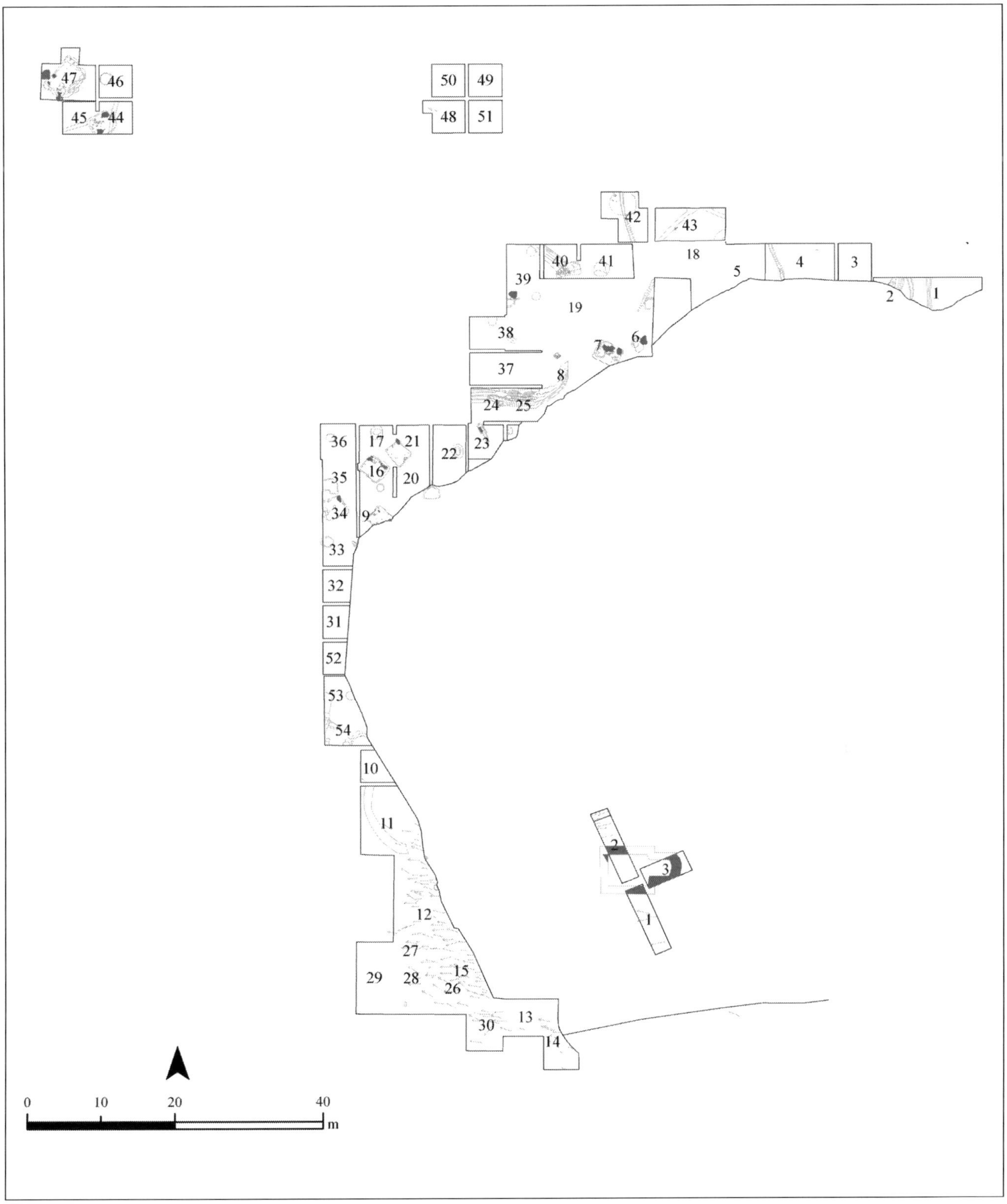

13. ábra: A feltárások összesített alaprajza a szelvények számaival

gati végénél egy méter alá csökkent. Itt is két, az előzőkkel párhuzamos árok (3. és 4. árok) részletét tárhattuk fel, melyek 50–60 cm közötti mélységben jelentkeztek.

A 0–30 cm mélységben talált szórványleletek közül egy fekete, cseréppel soványított, kézikorongolt, vékonyfalú, kihajló kicsiny fazékperem avar kori,[118] a sárga, homokkal soványított, szürke törésű, vízszintesen kihajló fazékperem[119] (*35. tábla 4.*), és a barna, szürke törésű, tört kaviccsal soványított, korongolt, díszítetlen oldalak[120] Árpád-koriak. Egy barna, szürke törésű, csillámos homokkal soványított, korongolt bográcsperem mindkét irányba megvastagodó, lekerekített tetejű.[121] Barna, szürke törésű, csillámos homokkal soványított, díszítetlen oldalak is vannak a leletanyagban.[122] 30–60 cm-es mélységben két szarmata kori cserép[123] mellett barna, szürke törésű, csillámos soványítású, korongolt, kifelé megvastagodó bográcsperemek kerültek elő.[124]

A **3. szelvényt** 5 m hosszúságban a bánya beomlása miatt már három méterrel észak felé eltolva nyitottuk. Ebben a szelvényben 60 cm mélységben már a sárga altalaj jelentkezett, régészeti objektumot nem találtunk, csupán szórványleleteket.

30–60 cm mélységből barna, szürke törésű, csillámmal és kaviccsal soványított, vízszintes vonallal díszített oldal,[125] barna, szürke törésű, csillámos homokkal soványított, kifelé megvastagodó bográcsperem,[126] egy másik, csillámos kaviccsal soványított, mindkét irányba megvastagodó bográcsperem, ahol a függesztőlyuk karéjos,[127] továbbá barna, szürke törésű, csillámos kaviccsal soványított, díszítetlen, apró oldalak származnak.[128]

A **4. szelvény** 10 m hosszú, és benne egy ÉNy–DK irányú árok (5. árok), továbbá egy sír (1. sír) került napvilágra. A szántott rétegben, az árok feletti területen feltűnően sok paticsot figyeltünk meg.

Az innen származó szórványleletek közül egy világosbarna, szürke törésű, csillámmal és tört cseréppel soványított, kézikorongolt oldal, vonalköteg díszítés indításával,[129] egy vörösesbarna, szürke törésű, tört cseréppel soványított, korongolatlan, ferdén levágott szélű (fedő?)perem,[130] egy barna, szürke törésű, tört cseréppel soványított, korongolatlan, pecsételt díszítésű oldal,[131] *(13. tábla 4.)* továbbá barna, szürke törésű, tört cseréppel, illetve nagyszemű kaviccsal soványított, korongolatlan, díszítetlen oldalak és egy fenékdarab[132] az avar korba sorolható. Árpád-kori egy barna, szürke törésű, tört kaviccsal soványított, korongolt, befelé megvastagodó és ferdén levágott szélű bográcsperem,[133] két barna, szürke törésű, tört kaviccsal soványított, mindkét irányba megvastagodó, karéjos lyukkiképzésű bográcsperem[134] és két ugyanilyen, de függesztőlyuk nélküli

118 Munsell 5YR 2.5/1 ltsz.: 91.4.16.
119 Munsell 5YR 7/6. ltsz.: 91.4.15. A kiszerkeszthető szá.: 9 cm.
120 Munsell 5YR 4/3, 5/6. ltsz.: 91.4.17. 2 db.
121 Munsell 5YR 6/6. ltsz.: 91.4.22.
122 Munsell 5YR 5/4, 6/6. ltsz.: 91.4.23. 10 db.
123 ltsz.: 91.4.18.
124 Munsell 5YR 5/4 ltsz.: 91.4.19. 2 db.
125 Munsell 5YR 5/2 ltsz.: 91.4.24.
126 Munsell 5YR 6/6 ltsz.: 91.4.25.
127 Munsell 5YR 6/8. ltsz.: 91.4.26.
128 Munsell 5YR 3/2, 5/2, 6/8. ltsz.: 91.4.27. 5 db.
129 Munsell 5YR 6/2. ltsz.: 91.4.28.
130 Munsell 5YR 5/6. ltsz.: 91.4.29.
131 Munsell 5YR 5/4. ltsz.: 91.4.30.
132 Munsell 7.5YR 6/2, Munsell 5YR 5/4. ltsz.: 91.4.31. 5 db.
133 Munsell 5YR 5/4. ltsz.: 91.4.32.
134 Munsell 5YR 6/4, 6/6. ltsz.: 91.4.33.

peremtöredék.[135] A gyűjteményhez tartoznak még barna, szürke törésű, tört kaviccsal soványított, korongolt, díszítetlen oldalak[136] és fenékdarabok.[137]

30–60 cm mélységből két barna, szürke törésű, csillámmal és tört cseréppel, illetve cseréppel soványított, kézikorongolt, díszítetlen oldal tartozik az avar korba.[138] Az Árpád-kori leletek között barna, szürke törésű, tört kaviccsal soványított, kifelé megvastagodó bográcsperem,[139] barna, szürke törésű, tört kaviccsal soványított, mindkét irányba megvastagodó, karéjos lyukkiképzésű bográcsperem,[140] barna, szürke törésű, tört kaviccsal soványított, mindkét irányba megvastagodó, vékonyfalú bográcsperem,[141] ívelt bográcsoldal,[142] barna, szürke törésű, tört kaviccsal soványított, díszítetlen oldalak[143] és szemcsés felületű fenékdarab[144] találhatók. Külön kiemelhető egy barna, szürke törésű, csillámos homokkal soványított, kívül fehérre átégett, kihajló, ívelt tetejű, fazék alakú bogrács (?) peremrésze, a belső függesztőlyuk indításával[145] (*27. tábla 4.*).

Az **5. szelvény**ben, mely 5 m hosszú, és a bányához igazodóan alig több mint 2 m széles, nem találtunk régészeti objektumot.

A szántott rétegből származó világosbarna, szürke törésű, homokkal soványított, kézikorongolt, díszítetlen oldalak,[146] barna, szürke törésű, tört cseréppel soványított, korongolatlan oldalak és fenékdarab avar koriak.[147] Az Árpád-kori leletek között barna, szürke törésű, tört kaviccsal soványított, kifelé megvastagodó bográcsperemek,[148] barna, szürke törésű, tört kaviccsal soványított, mindkét irányba megvastagodó, karéjos lyukkiképzésű bográcsperemek vannak.[149] Világosbarna, egyenletes égetésű, csillámos homokkal soványított, gyorskorongolt, kihajló fazékperem nem rekonstruálható töredéke,[150] vörösesbarna, szürke törésű, tört kavicscsal soványított, *kívül bordázott,* felül vízszintesre levágott *tálperem*,[151] vörösesbarna, szürke törésű, csillámos homokkal soványított, vékony, bekarcolt csigavonallal díszített oldalak[152] (*41. tábla 2.*), világosbarna, szürke törésű, csillámos homokkal soványított, ívelt bográcsoldal,[153] valamint világosbarna, szürke törésű, tört kaviccsal soványított, díszítetlen oldalak[154] és egy barna, szürke törésű, tört kaviccsal soványított, vastag falú fenékrész[155] található még az anyagban.

30–60 cm mélységből barna, szürke törésű, tört cseréppel és nagyszemű kaviccsal soványított, kézikorongolt, kopott, díszítetlen oldalakat,[156] barna, szürke törésű, tört cseréppel soványított, korongolatlan, pecsételt díszítésű oldalt[157] *(13. tábla 6.)*, barna, szürke törésű, tört cseréppel és nagyszemű kaviccsal soványított, ko-

---

135 Munsell 5YR 5/3, 5/4. ltsz.: 91.4.34.
136 Munsell 5YR 4/2, 3/1, 5/6. ltsz.: 91.4.35. 18 db.
137 Munsell 5YR 4/2, 3/1, 5/6. ltsz.: 91.4.36. 4 db.
138 Munsell 5YR 5/2, 5/3. ltsz.: 91.4.45.
139 Munsell 5YR 6/4. ltsz.: 91.4.38.
140 Munsell 5YR 6/4. ltsz.: 91.4.41.
141 Munsell 5YR 4/1. ltsz.: 91.4.39.
142 Munsell 5YR 4/1. ltsz.: 91.4.42.
143 Munsell 5YR 3/1, 5/4. ltsz.: 91.4.40. 8 db.
144 Munsell 5YR 6/2. ltsz.: 91.4.43.
145 Munsell 5YR 6/2. ltsz.: 91.4.44.
146 Munsell 5YR 6/1. ltsz.: 91.4.49. 2 db.
147 Munsell 5YR 6/6. ltsz.: 91.4.50. 3 db.
148 Munsell 5YR 6/4. ltsz.: 91.4.51. 2 db.
149 Munsell 5YR 6/4. ltsz.: 91.4.52. 2 db.
150 Munsell 5YR 6/4. ltsz.: 91.4.53.
151 Munsell 5YR 5/8. ltsz.: 91.4.54.
152 Munsell 5YR 6/6. ltsz.: 91.4.55. 2 db.
153 Munsell 5YR 6/4. ltsz.: 91.4.56.
154 Munsell 5YR 5/4, 6/4. ltsz.: 91.4.57. 5 db.
155 Munsell 5YR 5/4. ltsz.: 91.4.58.
156 Munsell 5YR 5/1. ltsz.: 91.4.59. 3 db.
157 Munsell 5YR 5/2. ltsz.: 91.4.60.

rongolatlan, díszítetlen oldalakat[158] sorolhatunk az avar korba. Árpád-kori egy barna, szürke törésű, csillámmal és tört kaviccsal soványított, korongolt, egész felületet borító sűrű csigavonalas díszítéssel ellátott oldal[159] *(40. tábla 3.)*, barna, szürke törésű, csillámmal és tört kaviccsal soványított, ívelt bográcsoldalak,[160] továbbá barna, szürke törésű, csillámmal és tört kaviccsal soványított, díszítetlen oldalak.[161]

Az 5. és a 6. szelvények között 1985-ben 15,75 m hosszú területet nem tudtunk feltárni. Erre a későbbi években került sor, mivel itt őskori leletek voltak.

A **6. szelvény** 5 x 6 m-es, és benne két objektum (4/a–b gödör és 1. tűzhely) került elő, sőt a DNy-i sarokban az 1. ház is átnyúlt ebbe a szelvénybe. Az 1. tűzhely a szántott réteg alján, 40 cm mélységben, míg a 4/b gödör részben a tűzhely alatt helyezkedett el, és körvonalait csak 107 cm mélyen lehetett meghatározni. Az alatta lévő őskori objektum (4/a gödör) 203 cm mélyen hatolt az altalajba.

Árpád-kori szórványleleteket csak 60–90 cm mélységből tudtunk megőrizni: barna, szürke törésű, tört kaviccsal soványított, mindkét irányba megvastagodó, erősen kopott, töredezett bográcsperem,[162] vörösesbarna, szürke törésű, homokkal soványított, oldaltöredék, mélyen bekarcolt, keskeny csigavonal díszítéssel,[163] továbbá vörösesbarna és barna, szürke törésű, homokkal soványított, díszítetlen oldaltöredékek[164] származnak innen. Van ezenkívül egy barna, szürke törésű, tört kaviccsal soványított, bekarcolt keskeny vízszintes vonallal díszített fazékoldal[165] és néhány barna, szürke törésű, tört kaviccsal soványított, díszítetlen oldal is.[166]

A 6–7. szelvénynél a bánya partfalának tisztításából az alábbi leletek kerültek elő: barna, szürke törésű, tört kaviccsal soványított, kifelé megvastagodó, befelé ferdén levágott szélű bográcsperem,[167] barna, szürke törésű, tört kaviccsal soványított, kifelé megvastagodó, vékonyfalú, kicsiny tál- vagy bográcsperem, mely kívül kormos.[168] Ide valók még: barna, szürke törésű, tört kaviccsal soványított, kihajló, vízszintesre levágott tetejű fazékperem[169] (*35. tábla 3.*), barna, szürke törésű, homokkal soványított, zsíros tapintású, csigavonalas díszítésű oldal, melyen a vonalak a korongnyomokra merőlegesen futnak[170] (*41. tábla 3.*), barna, szürke törésű, tört kaviccsal soványított, díszítetlen oldalak[171] és egy barna, szürke törésű, tört kaviccsal soványított fenékdarab.[172] Ezek a leletek minden valószínűség szerint az 1. ház leomlott részéből származnak.

A **7. szelvény** 5 x 8 m nagyságú, és itt már a szántott rétegből sok cserép jött elő. Ez minden bizonnyal az itt 60 cm mélységben, a szelvény DK-i sarkában észlelt 1. háznak köszönhető.

A sárgásbarna, tört cseréppel soványított, korongolatlan sütőharangperem, továbbá az ugyanilyen anyagú és színű, talán sütőharangból származó oldalak[173] valószínűleg avar koriak. Árpád-kori a barna, szürke törésű, tört kaviccsal soványított, mindkét irányba[174] *(26. tábla 4.)*, illetve kifelé megvastagodó[175] *(26. tábla 5.)*, karéjos lyukkiképzésű bográcsperem. Ide tartozik egy vörösesbarna, szürke törésű, tört kaviccsal soványí-

[158] Munsell 5YR 5/8. 6/4. ltsz.: 91.4.61. 7 db.
[159] Munsell 5YR 4/2. ltsz.: 91.4.62.
[160] Munsell 5YR 4/2. ltsz.: 91.4.63. 2 db.
[161] Munsell 5YR 4/1, 5/3. ltsz.: 91.4.64. 3 db.
[162] Munsell 5YR 6/3 ltsz.: 91.4.66.
[163] Munsell 5YR 6/6. ltsz.: 91.4.67.
[164] Munsell 5YR 5/6, 4/2. ltsz.: 91.4.68. 9 db.
[165] Munsell 5YR 5/1. ltsz.: 91.4.69.
[166] Munsell 5YR 3/1, 5/3. ltsz.: 91.4.70. 3 db.
[167] Munsell 5YR 5/4. ltsz.: 91.4.71.
[168] Munsell 5YR 4/3. ltsz.: 91.4.72.
[169] Munsell 5YR 5/3. ltsz.: 91.4.73. A kiszerkeszthető szá.: 22,4 cm.
[170] Munsell 5YR 6/4. ltsz.: 91.4.74.
[171] Munsell 5YR 2.5/1, 6/6. ltsz.: 91.4.75. 6 db.
[172] Munsell 5YR 5/2 ltsz.: 91.4.76.
[173] ltsz.: 91.4.78.–79. Összesen 5 db.
[174] Munsell 5YR 5/4. ltsz.: 91.4.80.
[175] Munsell 5YR 4/1. ltsz.: 91.4.81. szá.: 34 cm.

tott, kifelé megvastagodó bográcsperem,[176] továbbá néhány barna, szürke törésű, tört kaviccsal soványított, mindkét irányba megvastagodó bográcsperem,[177] egy barna, szürke törésű, tört kaviccsal soványított, kifelé vízszintesen kihúzott, lapos, síkozott bográcsperem[178] *(28. tábla 2.)* és egy barna, szürke törésű, tört kaviccsal soványított, kifelé megvastagodó bográcsperem.[179] A díszített fazéktöredékek között az alábbiakat találjuk: barna, szürke törésű, csillámos homokkal soványított, kívül erősen kormos, kihajló, lekerekített szélű fazék perem- és vállrésze. Az edény vállán ferde bevágások sora fut körbe[180] *(36. tábla 1.)*. Barna, szürke törésű, csillámos homokkal soványított, kívül erősen kormos, kihajló, lekerekített szélű fazék perem- és vállrésze. Az edény vállán beszurkált pontsor fut körbe[181] *(36. tábla 2.)*. Barna, szürke törésű, tört kaviccsal soványított, kihajló, elkeskenyedő szélű fazékperem. A csaknem vízszintesen kihajló perem tetején horony látható[182] *(35. tábla 5.)*. Ide tartozik továbbá egy barna, szürke törésű, tört kaviccsal soványított, kihajló, függőlegesen levágott szélű kicsiny fazékperem,[183] egy barna, szürke törésű, tört kaviccsal soványított edény vállrésze, körbefutó széles, sekély vízszintes, párhuzamos vonalakkal díszítve,[184] egy másik barna, szürke törésű, tört kaviccsal soványított edény vállrésze, körbefutó keskeny, mély csigavonallal díszítve,[185] egy szürke, egyenletesen átégett, tört kaviccsal soványított edény vállrésze, körbefutó széles, egyes hullámvonallal díszítve[186] *(43. tábla 5.)*, továbbá barna, szürke törésű, tört kaviccsal soványított fazekak vállrészei, beszurkált pontsorral díszítve. Nem egy edényből valók.[187] Az egyéb töredékek között barna, szürke törésű, tört kaviccsal soványított, ívelt bográcsoldalt,[188] szürke, korongolt szarmata cserépből faragott, erősen kopott orsókarikát,[189] barna, szürke törésű, csillámos homokkal soványított díszítetlen oldalakat,[190] szürke, egyenletes égetésű, csillámos homokkal soványított díszítetlen oldalakat[191] és barna, szürke törésű, tört kaviccsal soványított, díszítetlen oldalakat[192] találunk.

Háromszög átmetszetű vasreszelő, egyik vége tűhegyes, a másik törött. Mintázata az egyik oldalon kis darabon jól kivehető[193] *(47. tábla 1.)*.

30–60 cm mélységben az avar korba sorolható leletek: barna, szürke foltos, fekete törésű, tört cseréppel soványított, belül igen kormos, egyenes peremű, korongolatlan bogrács peremrésze a belső függesztőfül indításával. Felülete huzigálásokkal durvított[194] *(12. tábla 3.)*. Világosbarna, tört cseréppel soványított, korongolatlan sütőharang darabja, kissé megduzzadó peremmel. Fala a közép felé haladva vastagszik[195] *(15. tábla 3.)*. Sötétbarna, fekete törésű, tört cseréppel soványított, korongolatlan oldaltöredék, egész felületét rácsmintás pecsétlés fedi. Belül erősen kormos[196] *(13. tábla 5.)*. Barna, szürke törésű, tört cseréppel és homokkal soványított,

---

176 Munsell 5YR 5/8. ltsz.: 91.4.82.
177 Munsell 5YR 5/4. ltsz.: 91.4.83. 2 db.
178 Munsell 5YR 5/6. ltsz.: 91.4.84.
179 Munsell 5YR 5/4. ltsz.: 91.4.85.
180 Munsell 5YR 5/6 ltsz.: 91.4.86. A kiszerkeszthető szá.: 14 cm.
181 Munsell 5YR 5/3 ltsz.: 91.4.87. A kiszerkeszthető szá.: 16 cm.
182 Munsell 5YR 5/2. ltsz.: 91.4.88.
183 Munsell 5YR 5/6. ltsz.: 91.4.89.
184 Munsell 5YR 5/2. ltsz.: 91.4.90.
185 Munsell 5YR 4/4. ltsz.: 91.4.91.
186 Munsell 5YR 3/1. ltsz.: 91.4.92.
187 Munsell 5YR 5/4, 5/8. ltsz.: 91.4.93. 2 db.
188 Munsell 5YR 5/4. ltsz.: 91.4.94.
189 ltsz.: 91.4.95.
190 Munsell 5YR 5/3, 5/4, 5/8, 6/3. ltsz.: 91.4.96. 11 db.
191 Munsell 5YR 3/1. ltsz.: 91.4.97. 4 db.
192 Munsell 5YR 4/1, 5/1, 5/4, 5/8. ltsz.: 91.4.98. 16 db.
193 ltsz.: 91.4.585. H.: 13, v.: 0,6 cm.
194 Munsell 5YR 6/4. ltsz.: 91.4.103.
195 Munsell 5YR 7/4. ltsz.: 91.4.104.
196 Munsell 5YR 3/2. ltsz.: 91.4.105.

korongolatlan, díszítetlen fazék vállrésze. Az előző tételektől simára dolgozott felületével is különbözik.[197] Barna, szürke törésű, tört cseréppel soványított, korongolatlan, durvított felületű, díszítetlen oldalak.[198] Barna, szürke törésű, tört cseréppel soványított, korongolatlan, durvított felületű, vastag falú díszítetlen oldalak.[199] Barna, szürke törésű, illetve egyenletes szürkére égetett, tört cseréppel soványított, korongolatlan, durvított felületű, vastag falú fenékdarabok.[200] Szürke, fekete törésű, tört cseréppel és csillámos homokkal soványított, kézikorongolt, kívül sima, belül egyenetlen felületű fazék vállrésze. Díszítetlen.[201] Szürke, fekete törésű, csillámos homokkal és kaviccsal soványított, kézikorongolt, kívül-belül sima felületű fazék vállrésze. Díszítetlen.[202] Szürke, egyenletes égetésű, tört kaviccsal soványított, kézikorongolt, fazekak fenékdarabjai. Esetleg Árpád-koriak is lehetnek.[203]

Biztosan Árpád-kori egy barna, szürke törésű, tört kaviccsal soványított, mindkét irányba megvastagodó bográcsperem.[204] Barna, szürke törésű, tört kaviccsal soványított, mindkét irányba megvastagodó, karéjos lyukkiképzésű bográcsperem.[205] Barna, szürke törésű, tört kaviccsal soványított, kifelé megvastagodó bográcsperem.[206] Szürke, egyenletesen átégett, tört kaviccsal soványított, kihajló elkeskenyedő szélű, fedőhornyos fazékperem[207] *(36. tábla 5.)*. Szürke, egyenletesen átégett, tört kaviccsal soványított, kihajló, elkeskenyedő szélű fazékperem[208] *(35. tábla 1.)*. Barna, szürke törésű, tört kaviccsal soványított, kihajló, hornyolt szélű, fedőhornyos fazékperem[209] *(35. tábla 2.)*. Barna, szürke törésű, csillámos homokkal soványított, széles, sekély csigavonallal díszített oldal. Kívül kormos.[210] Barna, szürke törésű, tört kaviccsal soványított, ferde bevágások sorával díszített oldal[211] *(42. tábla 6.)*. Barna, szürke törésű, tört kaviccsal soványított fenékdarab, a fenék felett körbehaladó kettős bekarcolt hullámvonallal díszítve[212] *(35. tábla 6.)*. Barna, szürke törésű, csillámos homokkal soványított díszítetlen oldal.[213] Barna, szürke törésű, tört kaviccsal soványított, ívelt bográcsoldalak. Egyik kerek lyukkal utólag át lett fúrva.[214] Barna, szürke törésű, tört kaviccsal soványított, díszítetlen oldalak.[215]

Egyenes hátú, nyéltüskés vaskés[216] darabja *(47. tábla 4.)*.

A **8 szelvény** ugyancsak 5 x 8 méteres és déli felében 80 cm mélyen két, egymással párhuzamos, Ny–K irányban kanyargó árok (6. és 7. árok) részleteit tárhattuk fel, melyeket kelet felé, a 6. szelvényben már nem lehetett megfigyelni. Ezektől északra, 60 cm mélyen a 2. tűzhelyet találtuk.

A szelvény szántott rétegében talált Árpád-kori leletek: Barna, szürke törésű, tört kaviccsal soványított, kifelé megvastagodó, karéjos lyukkiképzésű bográcsperemek[217] *(26. tábla 3.)*. Barna, szürke törésű, tört kaviccsal

197 Munsell 5YR 6/4. ltsz.: 91.4.106.
198 Munsell 5YR 4/2, 6/4. ltsz.: 91.4.107. 7 db.
199 Munsell 5YR 7/4. ltsz.: 91.4.108. 2 db.
200 Munsell 5YR 3/1, 6/4. ltsz.: 91.4.109. 2 db.
201 Munsell 5YR 4/1. ltsz.: 91.4.110.
202 Munsell 5YR 4/2. ltsz.: 91.4.111.
203 Munsell 5YR 5/1. ltsz.: 91.4.112. 2 db.
204 Munsell 5YR 5/4. ltsz.: 91.4.113.
205 Munsell 5YR 5/4. ltsz.: 91.4.114.
206 Munsell 5YR 5/4. ltsz.: 91.4.115.
207 Munsell 5YR 4/1. ltsz.: 91.4.116. A kiszerkeszthető szá.: 13,4 cm.
208 Munsell 5YR 4/1. ltsz.: 91.4.117. A kiszerkeszthető szá.: 14,4 cm.
209 Munsell 5YR 5/3. ltsz.: 91.4.118. A kiszerkeszthető szá.: 13 cm.
210 Munsell 5YR 4/1. ltsz.: 91.4.119.
211 Munsell 5YR 5/3. ltsz.: 91.4.120.
212 Munsell 5YR 4/2. ltsz.: 91.4.121.
213 Munsell 5YR 5/6. ltsz.: 91.4.122.
214 Munsell 5YR 5/3, 5/4, 5/6. ltsz.: 91.4.123. 4 db.
215 Munsell 5YR 5/3, 5/4, 5/6. ltsz.: 91.4.124. 15 db.
216 ltsz.: 91.4.586. H.: 11,5, v.: 0,6 cm.
217 Munsell 5YR 5/4. ltsz.: 91.4.170. 5 db. Egyik átmérője kiszerkeszthető: 35,6 cm.

soványított, kifelé megvastagodó bográcsperemek.[218] Barna, szürke törésű, tört kaviccsal soványított, ferdén levágott és felhúzott szélű fazékperemek.[219] Barna, szürke törésű, tört kaviccsal soványított, lekerekített szélű fazékperem.[220] Barna, szürke törésű, tört kaviccsal soványított, hornyolt szélű, fedőhornyos fazékperem.[221] Barna, szürke törésű, tört kaviccsal soványított, benyomkodással díszített oldal.[222] Szürkésbarna, egyenletes égetésű, tört kaviccsal és kvarchomokkal soványított, finoman befésült vízszintes vonalköteggel díszített oldal.[223] Barna, szürke törésű, tört kaviccsal soványított, széles, ritka közű csigavonallal díszített oldalak.[224] Világosbarna, szürke törésű, homokkal soványított, széles, ritka közű csigavonallal díszített oldalak.[225] Barna, szürke törésű, tört kaviccsal soványított kicsiny oldal, belső oldalán sűrűn bekarcolt párhuzamos vízszintes vonalakkal.[226] Barna, szürke törésű, tört kaviccsal soványított, ívelt bográcsoldalak.[227] Barna, szürke törésű, tört kaviccsal soványított, díszítetlen oldalak.[228] Barna, szürke törésű, kvarcos homokkal soványított fenékdarab.[229] Ép, felületén fehér, törésében sárga, pelyvás anyagú tégla.[230]

30–60 cm mélységből: barna, szürke törésű, tört kaviccsal soványított, kifelé megvastagodó, karéjos lyukkiképzésű bográcsperem.[231] Barna, szürke törésű, tört kaviccsal soványított, gyorskorongolt, lekerekített szélű, fedőhornyos fazékperem[232] *(36. tábla 8.)*. Barna, szürke törésű, tört kaviccsal soványított, gyorskorongolt, ferdén levágott és felhúzott szélű, fedőhornyos fazékperem[233] *(36. tábla 7.)*. Szürke, egyenletes égetésű, kaviccsal soványított, elkeskenyedő szélű, kihajló fazékperem.[234] Szürke, egyenletes égetésű, tört kaviccsal soványított, vállán ferde bevágások sorával díszített fazékperem.[235] Barna, szürke törésű, továbbá szürke, egyenletes égetésű, tört kaviccsal soványított, díszítetlen oldalak.[236] Szürke, egyenletes égetésű, tört kaviccsal soványított, díszítetlen fenékdarab.[237]

Egyenes hátú vaskés, nyéltüskéje és hegye hiányzik.[238]

A **9. szelvény**t 19 méterrel nyugatabbra és 10 méterrel délebbre, az akkori bánya ÉNy-i sarkában nyitottuk. Csak északi és nyugati oldala érte el az 5 métert. Itt bukkantunk a 2. házra.

A 0–30 cm mélységben talált szórványleletek között egy barna, szürke törésű, homokkal soványított, zsíros tapintású, keskeny vízszintes vonalköteggel díszített oldalt,[239] ugyanilyen színű és anyagú, széles sekély

[218] Munsell 5YR 6/6. ltsz.: 91.4.171. 5 db.
[219] Munsell 5YR 5/3. ltsz.: 91.4.172. 2 db.
[220] Munsell 5YR 5/4. ltsz.: 91.4.173.
[221] Munsell 5YR 5/3. ltsz.: 91.4.174.
[222] Munsell 5YR 5/2. ltsz.: 91.4.175.
[223] Munsell 5YR 3/1. ltsz.: 91.4.176.
[224] Munsell 5YR 5/1. ltsz.: 91.4.177. 2 db.
[225] Munsell 5YR 6/4. ltsz.: 91.4.178. 2 db.
[226] Munsell 5YR 6/6. ltsz.: 91.4.179.
[227] Munsell 5YR 5/4. ltsz.: 91.4.180. 4 db.
[228] Munsell 5YR 3/1, 4/1, 5/3, 5/4. ltsz.: 91.4.181. 33 db.
[229] Munsell 5YR 7/6. ltsz.: 91.4.182.
[230] ltsz.: 91.4.184.
[231] Munsell 5YR 6/6. ltsz.: 91.4.186.
[232] Munsell 5YR 5/3. ltsz.: 91.4.187. A kiszerkeszthető szá.: 16,2 cm.
[233] Munsell 5YR 5/3. ltsz.: 91.4.188. A kiszerkeszthető szá.: 14,8 cm.
[234] Munsell 5YR 3/1. ltsz.: 91.4.189.
[235] Munsell 5YR 3/1. ltsz.: 91.4.190.
[236] Munsell 5YR 3/1, 5/1, 5/3, 5/4. ltsz.: 91.4.191. 13 db.
[237] Munsell 5YR 3/1. ltsz.: 91.4.192.
[238] ltsz.: 91.4.590. 6,9 x 0,7 cm.
[239] Munsell 5YR 6/6. ltsz.: 91.4.198.

csigavonallal díszített oldalakat,[240] továbbá barna, szürke törésű, tört kaviccsal soványított, díszítetlen oldalakat[241] és egy kisebb pelyvás tégladarabot[242] találtunk.

30–60 cm mélységben vörösesbarna, szürke törésű, homokkal soványított, zsíros tapintású, kihajló fazékperemek kerültek napfényre, az ép darab széle ferdén levágott[243] *(36. tábla 9.)*. Ezenkívül barna, szürke törésű, kettő tört kaviccsal soványított, három zsíros tapintású, széles, sekély csigavonallal díszített oldalak,[244] barna, szürke törésű, egy tört kaviccsal soványított, három zsíros tapintású, díszítetlen oldal,[245] barna, szürke törésű, homokkal soványított, zsíros tapintású, díszítetlen fenékdarab,[246] továbbá egy lapos, szögletes átmetszetű vastárgy, talán eszköznyél van a gyűjteményben.[247]

A 9-es szelvénytől keletre (a későbbi 20. és 22. szelvények közötti szakaszon) a bánya leomlott partfalában egy verem maradványait bontottuk ki (1. verem).

A **10. szelvényt** már a bánya nyugati oldalán nyitottuk. 64 cm mélységben még kevert, szürke, illetve tömör fekete talaj jelentkezett, melyről feltételeztük, hogy az őskori járószinttel azonos, ezért itt nem folytattuk a mélyítést, holott a 11. szelvényben észlelt 8. ároknak itt kellett volna folytatódnia. 30–60 cm mélységből barna, szürke törésű, tört kaviccsal soványított, díszítetlen kisebb oldalak[248] és kisebb-nagyobb tégladarabok kerültek elő,[249] melyek Árpád-koriak lehetnek.

A **11. szelvényben** 30–60 cm mélyen az őskori és szarmata cserepek mellett[250] barna, szürke törésű, tört kaviccsal soványított, befelé megvastagodó bográcsperemet,[251] barna, szürke törésű, tört kaviccsal soványított, díszítetlen fazékvállat és kisebb oldalt találtunk.[252] A szelvény DK-i sarkában jelentkeztek a templom körüli temető sírjai.

12. szelvény a bánya nyugati szélén, az előző szelvénytől délre, 10 m hosszú, északi széle 2,7 m, déli 6,7 m. Ebben a szelvényben már csak a sírokat tártuk fel.

A **13. szelvényt** 5 x 5 méteres méretben a bánya DNy-i sarkánál nyitottuk, ahol további sírokat tártunk fel. 30 cm mélységben a szelvény középső részén 110 cm széles és 320 cm hosszú foltban paticsszemekkel, égett agyagrögökkel és sok őskori cseréppel teli foltot rögzítettünk, melybe Árpád-kori sírok voltak beleásva. A sírokat feltártuk, a minden bizonnyal őskori ház maradványait jelző foltot viszont visszatemettük.

14. szelvény keletről csatlakozott az előző szelvényhez, a bánya szélén. Nyugati fala 10 m, keleti 2,5 m hosszú, szélessége 5 m. DNy-i sarkában, 25–30 cm mélységben, a 13. szelvényben megfigyelt őskori házmaradványhoz hasonló, paticsokkal és őskori cserepekkel teli elszíneződést rögzítettünk, melyet az előzőhöz hasonlóan nem tártunk fel.

A **15. szelvényben** a szántott rétegből egy barna, szürke törésű, tört kaviccsal soványított, befelé megvastagodó, karéjos lyukkiképzésű bográcsperem,[253] négy barna, szürke törésű díszítetlen oldal, közülük három tört kaviccsal soványított, egy homokos,[254] továbbá egy négyszög átmetszetű bronz-

[240] Munsell 5YR 6/3, 6/4. ltsz.: 91.4.199. 2 db.
[241] Munsell 5YR 5/2, 5/3, 5/6. ltsz.: 91.4.200. 4 db.
[242] ltsz.: 91.4.201.
[243] Munsell 2.5YR 5/6, Munsell 5YR 6/3. ltsz.: 91.4.207. A kiszerkeszthető szá.: 14 cm.
[244] Munsell 5YR 4/2, 5/4, 7/4. ltsz.: 91.4.208. 5 db.
[245] Munsell 5YR 6/4, 6/6. ltsz.: 91.4.209. 4 db.
[246] Munsell 5YR 6/4. ltsz.: 91.4.210.
[247] ltsz.: 91.4.213.
[248] Munsell 5YR 6/4, 7/4. ltsz.: 91.4.227. 2 db.
[249] ltsz.: 91.4.228. 10 db.
[250] ltsz.: 91.4.217.–223.
[251] Munsell 5YR 5/4. ltsz.: 91.4.224.
[252] Munsell 5YR 5/4, 5/6. ltsz.: 91.4.225.
[253] Munsell 5YR 5/4. ltsz.: 91.4.229.
[254] Munsell 5YR 5/3, 6/6, 5/4. ltsz.: 91.4.230.

huzalból hajlított, sima, szélesre kalapált S-végű hajkarika[255] *(48. tábla 15)*, valamint egy lapos, szögletes átmetszetű, T-fejű vasszeg származik.[256]

1986

1986-ban került sor a 16–25. szelvények feltárására a bánya északi oldalán, és ezzel sikerült az előző évi leletmentés szelvényeivel együtt összefüggő feltárási területet kialakítani. Ebben a szezonban Kvassay Judit vezette az ásatást, a 18. és 19. szelvények őskori objektumait pedig Bondár Mária és Makkay János tárta fel.

A **16. szelvény** 5 x 5 méter alapterületű, és északról csatlakozott az előző évi 9. szelvényhez. A szelvény északi fala mentén 60 cm mélységben bukkantunk a 3. ház foltjára, tőle délre kb. 40 cm-re pedig a 9. gödör jelentkezett. A szelvényben talált leletek:

0–30 cm mélységben barna, szürke törésű, tört kaviccsal soványított, kifelé megvastagodó bográcsperem, külső oldalán vörös festés? nyomaival,[257] és egy ugyanilyen anyagú, kifelé megvastagodó bográcsperem. Kívül kormos.[258] Barna, szürke törésű, tört kaviccsal soványított fazék vállrésze, a kihajló perem indításával,[259] egy másik hasonlóan kicsiny kihajló fazékperem, széle elkeskenyedő.[260] Barna, szürke törésű, tört kaviccsal és csillámmal soványított oldal, egész felületét vízszintesen bekarcolt vonalak borítják[261] *(40. tábla 6.)*. Barna, szürke törésű, tört kaviccsal és csillámmal soványított, széles, sekély csigavonallal díszített oldalak.[262] Barna, szürke törésű, tört kaviccsal és csillámmal soványított, csigavonallal díszített oldalak.[263] Barna, szürke törésű, tört kaviccsal soványított oldal, fogaskerék díszítés csekélyke nyomával.[264] Barna, szürke foltos, szürke törésű, csillámos homokkal soványított, zsíros tapintású oldal, csigavonalas díszítéssel.[265] Barna, szürke törésű, tört kaviccsal soványított, díszítetlen oldalak. Egyikük zsíros tapintású.[266] Barna, szürke törésű, tört kaviccsal soványított, széles, sekély csigavonallal díszített fazékoldalból faragott orsókarika.[267] Barna, szürke törésű, tört kaviccsal soványított fenékdarabok.[268]

30–60 cm mélységben egyetlen barna, szürke törésű, tört kaviccsal soványított, mindkét irányba megvastagodó, karéjos lyukkiképzésű bográcsperem volt.[269] Barna, szürke törésű, csillámos homokkal soványított, zsíros tapintású fazékperem. Kihajló, a perem széle lekerekített. Kicsiny darab.[270] Barna, szürke törésű, csillámos homokkal soványított, zsíros tapintású fazékperem. Kihajló, a perem széle lekerekített és kissé felhúzott. Kicsiny darab.[271] Barna, szürke törésű, csillámos homokkal soványított, zsíros tapintású kicsiny fazék-, tál- vagy fedőperem. Teteje lekerekített, nagyon kicsiny darab.[272] Fekete, egyenletesen átégett, tört kaviccsal sová-

---

[255] ltsz.: 91.5.1.
[256] ltsz.: 91.4.231.
[257] Munsell 5YR 6/6. ltsz.: 91.4.233.
[258] Munsell 5YR 6/6. ltsz.: 91.4.234.
[259] Munsell 5YR 5/4. ltsz.: 91.4.235.
[260] Munsell 5YR 6/4. ltsz.: 91.4.236.
[261] Munsell 5YR 6/4. ltsz.: 91.4.237.
[262] Munsell 5YR 5/3. ltsz.: 91.4.238. 2 db.
[263] Munsell 5YR 6/4. ltsz.: 91.4.239. 3 db.
[264] Munsell 5YR 6/6. ltsz.: 91.4.240.
[265] Munsell 5YR 6/3. ltsz.: 91.4.241.
[266] Munsell 5YR 5/3, 6/6. ltsz.: 91.4.242. 6 db.
[267] Munsell 5YR 5/4. ltsz.: 91.4.243.
[268] Munsell 5YR 5/8, 6/6. ltsz.: 91.4.244. 3 db.
[269] Munsell 2.5YR 5/8. ltsz.: 91.4.250.
[270] Munsell 5YR 4/2. ltsz.: 91.4.251.
[271] Munsell 5YR 4/2. ltsz.: 91.4.252.
[272] Munsell 5YR 4/2. ltsz.: 91.4.253.

nyított fazékváll. A vállvonal élesen hangsúlyozott, alatta egyes hullámvonal fut körbe[273] *(43. tábla 6.)*. Barna, szürke törésű, csillámos tört kaviccsal soványított vékonyfalú oldal, melynek egész felületét mélyen bekarcolt, keskeny, vízszintes vonalak díszítik[274] *(40. tábla 1.)*. Barna, szürke törésű, csillámos tört kaviccsal soványított vékonyfalú oldal, melynek egész felületét bekarcolt, keskeny, vízszintes vonalak díszítik[275] *(40. tábla 2.)*. Vörösesbarna, egyenletes égetésű, tört kaviccsal soványított vékonyfalú oldal, melynek egész felületét sűrű csigavonal-díszítés fedi.[276] Barna, szürke törésű, csillámos tört kaviccsal soványított oldal, melyet csigavonalminta díszít.[277] Barna, szürke törésű, tört kaviccsal soványított, széles, sekély, ritka közű csigavonallal díszített oldalak.[278] Barna, szürke törésű, tört kaviccsal soványított, keskeny és mély csigavonallal díszített oldalak.[279] Barna, szürke törésű, csillámos homokkal soványított, zsíros tapintású, részben díszítetlen, részben csigavonallal díszített oldalak.[280] Barna, szürke törésű, tört kaviccsal soványított, díszítetlen oldalak.[281]

A **17. szelvény**t 5 x 5 méteres felületen a 16. szelvénytől északra nyitottuk. 60 cm mélységben a szelvény északi fala mellett a 10. gödör, a DK-i sarokban pedig a 4. ház foltja jelentkezett.

Szántott rétegében egy barna, szürke törésű, tört kaviccsal soványított, kifelé megvastagodó, karéjos lyukkiképzésű bogrács peremének két össze nem illő darabja,[282] barna, szürke törésű, tört kaviccsal soványított, kicsiny fazékperemek,[283] ugyanilyen anyagú, széles, sekély csigavonallal díszített oldalak,[284] barna, szürke törésű, tört kaviccsal soványított, csigavonalas díszítésű oldal,[285] barna, szürke törésű, csillámos homokkal soványított,[286] illetve tört kaviccsal soványított, díszítetlen oldalak,[287] továbbá barna, szürke törésű, tört kaviccsal soványított fenékdarabok voltak.[288]

A 30–60 cm mélységben talált barna, szürke törésű, tört cseréppel soványított, díszítetlen oldalak valószínűleg avar koriak.[289] A vörösesbarna, szürke törésű, csillámos homokkal soványított, kifelé megvastagodó bográcsperem,[290] a barna, szürke törésű, csillámos homokkal soványított, széles, sekély csigavonallal díszített,[291] illetve a tört kaviccsal soványított, díszítetlen oldalak[292] az Árpád-korba tartoznak. Meg kell említeni még egy barna, szürke törésű, csillámos homokkal soványított fenékrészt, rajta kivehetetlen fenékbélyeg részleteivel.[293]

A **18. szelvény**t Makkay János tárta fel, mintegy körülásva az előző évi 5. szelvényt. Itt még a felsőbb rétegekből sem került őskorinál fiatalabb leletanyag múzeumba.[294]

---

273 Munsell 5YR 2.5/2. ltsz.: 91.4.254.
274 Munsell 5YR 4/1. ltsz.: 91.4.255.
275 Munsell 5YR 5/4. ltsz.: 91.4.256.
276 Munsell 5YR 5/4. ltsz.: 91.4.257.
277 Munsell 5YR 7/4. ltsz.: 91.4.258.
278 Munsell 5YR 6/3. ltsz.: 91.4.259. 2 db.
279 Munsell 5YR 5/4, 5/6, 6/4. ltsz.: 91.4.260. 5 db.
280 Munsell 5YR 5/4, 5/6. ltsz.: 91.4.261. 4 db.
281 Munsell 5YR 4/2, 5/3, 5/4, 5/6. ltsz.: 91.4.262. 14 db.
282 Munsell 5YR 5/4 ltsz.: 91.4.303.
283 Munsell 5YR 5/4 ltsz.: 91.4.304.
284 Munsell 5YR 5/1, 5/4, 6/1. ltsz.: 91.4.305. 3 db.
285 Munsell 5YR 5/3. ltsz.: 91.4.306.
286 Munsell 5YR 4/3, 5/4. ltsz.: 91.4.307. 10 db.
287 Munsell 5YR 5/3, 5/4, 6/4, 6/6. ltsz.: 91.4.308. 19 db.
288 Munsell 5YR 6/3. ltsz.: 91.4.309. 2 db.
289 ltsz.: 91.4.313. 2 db.
290 Munsell 5YR 5/8. ltsz.: 91.4.314.
291 Munsell 5YR 5/3, 5/4. ltsz.: 91.4.315. 2 db.
292 Munsell 5YR 4/2, 5/3, 5/4. ltsz.: 91.4.316. 5 db.
293 Munsell 5YR 6/4. ltsz.: 91.4.317.
294 Pedig a 9., 10. és 11. árkok minden bizonnyal áthaladtak rajta.

A **19. szelvényt** 1985-ben Bondár M. és Makkay J. kezdte el feltárni, s 1986-ban Kvassay Judittal közösen fejezték be. Az L-alakú, nagy szelvényben, mellyel az előző évi 6–8. szelvények területét ásták körül, sok őskori lelet és objektum volt, de ÉK-i sarkában a 9. árok, északi fala mentén a 10. és 11. árok, nyugati szélénél a kút, keleti fala mellett pedig a 7. gödör került elő.

A felsőbb rétegekből származó Árpád-kori leletek a következők: 0–30 cm mélységben egy barna, szürke törésű, tört kaviccsal soványított, befelé megvastagodó,[295] egy ugyanilyen anyagú, de mindkét irányba megvastagodó bográcsperem,[296] egy barna, szürke törésű, csillámos homokkal soványított, ívelt bográcsoldal,[297] egy barna, szürke törésű, csillámos homokkal soványított, díszítetlen oldal,[298] továbbá egy barna, szürke törésű, tört kaviccsal soványított edényoldalból faragott orsókarika.[299]

30–60 cm mélységben sok cserép jött elő, közülük az Árpád-koriak:

Barna, szürke törésű, tört kaviccsal soványított, mindkét irányba megvastagodó, karéjos lyukkiképzésű bográcsperem,[300] barna, szürke törésű, kívül kormos, tört kaviccsal soványított, kifelé megvastagodó bográcsperem,[301] barna, szürke törésű, tört kaviccsal soványított, kifelé megvastagodó bográcsperem,[302] barna, szürke törésű, tört kaviccsal soványított, kifelé vízszintesen kihúzott bográcsperem,[303] barna, szürke törésű, tört kaviccsal soványított, mindkét irányba megvastagodó bográcsperem.[304] Barna, szürke törésű, tört kaviccsal soványított kihajló fazékperem, melynek elkeskenyedő széle kissé felhúzott.[305] Barna, szürke törésű, homokkal soványított, zsíros tapintású, csigavonalas díszítésű oldal,[306] barna, szürke törésű, tört kaviccsal soványított, ívelt bográcsoldalak,[307] barna, szürke törésű, tört kaviccsal soványított, díszítetlen oldalak.[308] Szürke, korongolt, valószínűleg szkíta kori cserépből faragott orsókarika, nincs átfúrva[309] *(46. tábla 8.)*.

A szelvény keleti feléből, 50–80 cm mélységből az alábbi Árpád-kori cserepek származnak:

Egyenletesen szürkére égetett, nagyszemű kaviccsal soványított tál vagy fedő töredéke. A perem széle vízszintesre levágott, külső oldala ferde bevágások alatt vízszintes vonalkötegekkel díszített.[310] Barna, szürke törésű, csillámos homokkal soványított, zsíros tapintású, kívül kormos bogrács? oldalrésze[311] Barna, szürke törésű, tört kaviccsal soványított oldal, melyen hullámvonalköteg alatt kettős csigavonal-minta látható.[312] Barna, szürke törésű, tört kaviccsal soványított, csigavonallal díszített,[313] ugyanilyen anyagú, de díszítetlen oldal,[314] valamint egy barna, szürke törésű, tört kaviccsal soványított fazék kicsiny nyakrésze.[315]

A szelvény nyugati felében, 50–70 cm mélységben talált leletek közül valószínűleg avar kori egy kívül szürke, belül barna, kézikorongolt, nagyszemű kaviccsal soványított, enyhén kihajló, lekerekített szélű fazék-

[295] Munsell 5YR 5/4. ltsz.: 91.4.385.
[296] Munsell 5YR 5/4. ltsz.: 91.4.386.
[297] Munsell 5YR 6/3. ltsz.: 91.4.387.
[298] Munsell 2.5YR 5/6. ltsz.: 91.4.388.
[299] Munsell 5YR 6/4. ltsz.: 91.4.389.
[300] Munsell 5YR 5/4 ltsz.: 91.4.335.
[301] Munsell 5YR 6/4 ltsz.: 91.4.336.
[302] Munsell 5YR 5/4 ltsz.: 91.4.337.
[303] Munsell 5YR 5/4 ltsz.: 91.4.338.
[304] Munsell 5YR 6/4 ltsz.: 91.4.339.
[305] Munsell 5YR 5/4. ltsz.: 91.4.340.
[306] Munsell 5YR 6/4. ltsz.: 91.4.341.
[307] Munsell 5YR 3/1, 5/2. ltsz.: 91.4.342. 2 db.
[308] Munsell 5YR 3/1, 5/4. ltsz.: 91.4.343. 6 db.
[309] ltsz.: 91.4.326.
[310] Munsell 5YR 3/1. ltsz.: 91.4.354.
[311] Munsell 5YR 6/6. ltsz.: 91.4.355.
[312] Munsell 5YR 6/6. ltsz.: 91.4.356.
[313] Munsell 5YR 3/2. ltsz.: 91.4.357.
[314] Munsell 5YR 3/2. ltsz.: 91.4.358.
[315] Munsell 5YR 6/8. ltsz.: 91.4.359.

perem. Nyakrészét alig látható vízszintes vonal alatt ferdén bekarcolt párhuzamos vonalak díszítik.[316] Barna, szürke törésű, tört cseréppel soványított, korongolatlan, díszítetlen, nagyméretű fenék és oldalak. Felületük egyenetlen, lehet, hogy a legvastagabb darab sütőharangból való.[317] Barna, szürke törésű, tört cseréppel soványított, korongolatlan, kihajló és elkeskenyedő szélű fazékperemek[318] *(14. tábla 2., 5.)*. Barna, szürke törésű, tört cseréppel soványított, korongolatlan, egyenes peremdarabka, talán sütőtepsiből való[319] *(12. tábla 7.)*. Sárgásbarna, gyengén átégett, tört cseréppel soványított, korongolatlan sütőharang peremrésze és össze nem illő darabkái.[320] Barna, vörösre átégett, tört cseréppel soványított, korongolatlan sütőharang elkeskenyedő szélű peremrésze[321] *(15. tábla 1.)*.

Valószínűleg már az Árpád-korba tartozik két orsókarika, egyiket szürke, korongolt, szarmata cserépből faragták, szélei kopottak,[322] a másik barna, szürke törésű, csillámos homokkal soványított, egész felületén vízszintes vonalakkal díszített edényoldalból faragott példány, mely nincs átfúrva[323] *(46. tábla 6.)*.

A hiteles Árpád-kori leletek között van egy barna, szürke törésű, tört kaviccsal soványított, kihajló, ferdén levágott és felhúzott szélű fazékperem. A felhúzás oly erőteljes, hogy fedőhornyot képez.[324] Fekete, egyenletesen átégett, tört kaviccsal soványított fazék oldala, mélyen bevésett egyes hullámvonal alatt csigavonal díszítéssel[325] *(43. tábla 4.)*. Barna, szürke törésű, tört kaviccsal soványított oldalak, egyiken csigavonal díszítés látható.[326] Barna, szürke törésű, tört kaviccsal soványított ívelt bográcsoldal.[327]

A **20. szelvény** keletről csatlakozott a 16. szelvényhez. Keleti oldala a bánya beomlott széle következtében rövidebb, mint 5 m. A szelvényben, az ÉNy-i sarokban, 30–60 cm mélységben szürke hamus folt formájában a 4. ház jelentkezett. Az elmosódott körvonalak miatt további 20 cm-es mélyítés vált szükségessé.

0–30 cm mélységben barna, szürke törésű, tört kaviccsal soványított, mindkét irányba megvastagodó, nagyon kopott bográcsperemek,[328] barna, szürke törésű, csillámos homokkal soványított, csigavonalas díszítésű fazékváll,[329] barna, szürke törésű, továbbá egyenletesen szürkére égetett, csillámos homokkal, illetve tört kaviccsal soványított, csigavonalas díszítésű oldalak,[330] valamint egy vörösesbarna, szürke törésű, tört kaviccsal soványított, sűrű, mélyen bevésett csigavonallal díszített kisebb oldal kerültek elő.[331] Van még egy barna, szürke törésű, tört kaviccsal soványított, ívelt profilú bográcsoldal[332] és barna, szürke törésű, csillámos homokkal soványított díszítetlen oldalak is.[333]

30–60 cm mélységből egy barna, szürke törésű, tört kaviccsal soványított, mindkét irányba megvastagodó bográcsperem erősen kopott, összeillő két töredéke,[334] barna, szürke törésű, homokkal soványított, zsíros

316 Munsell 5YR 6/6 (belül) 6/1 (kívül) ltsz.: 91.4.373.
317 Munsell 5YR 4/2 ltsz.: 91.4.374. 5 db.
318 Munsell 5YR 4/2 ltsz.: 91.4.375. 2 db.
319 Munsell 5YR 4/2 ltsz.: 91.4.376.
320 Munsell 7.5YR 6/6. ltsz.: 91.4.377. 5 db.
321 Munsell 5YR 5/6. ltsz.: 91.4.378.
322 ltsz.: 91.4.372.
323 Munsell 5YR 4/1. ltsz.: 91.4.379.
324 Munsell 5YR 4/1. ltsz.: 91.4.380.
325 Munsell 5YR 2.5/1. ltsz.: 91.4.381.
326 Munsell 5YR 3/1, 5/4. ltsz.: 91.4.382. 3 db.
327 Munsell 5YR 5/4. ltsz.: 91.4.383.
328 Munsell 5YR 5/6. ltsz.: 91.4.425. 2 db.
329 Munsell 5YR 5/4. ltsz.: 91.4.426.
330 Munsell 5YR 3/1, 6/3. ltsz.: 91.4.427. 5 db.
331 Munsell 2.5YR 5/6. ltsz.: 91.4.428.
332 Munsell 5YR 5/4. ltsz.: 91.4.429.
333 Munsell 5YR 6/3. ltsz.: 91.4.430. 5 db.
334 Munsell 5YR 5/4. ltsz.: 91.4.435.

tapintású, kihajló, lekerekített szélű fazékperemek kerültek elő.[335] Egyenletesen szürkére égetett, nagyszemű kaviccsal soványított tál- vagy fedőperem. A perem széle egyenesre levágott, külső oldala ferde bevágások alatt vízszintes vonalkötegekkel díszített.[336] Barna, szürke törésű, tört kaviccsal soványított, széles, sekély csigavonallal díszített oldalak,[337] barna, szürke törésű, tört kaviccsal, illetve csillámos homokkal soványított és zsíros tapintású, ritka közű csigavonallal díszített,[338] illetve díszítetlen oldalak[339] és egy barna, szürke törésű, csillámos homokkal soványított, zsíros tapintású fazékalj.[340]

60–80 cm mélységből egy barna, szürke törésű, csillámos homokkal soványított, zsíros tapintású, kicsiny ívelt fazékváll,[341] egy másik barna, szürke törésű, csillámos homokkal soványított, vékonyfalú fazékváll, melyet ferde bevágások sora alatt ritka közű, széles, sekély csigavonal díszít,[342] továbbá egy ugyanilyen díszítésű oldal.[343] Ebben a mélységben a sárga altalaj bukkant elő.

21. szelvény, 5 x 5 méteres felületen a 17. és a 20. szelvényhez csatlakozott. Ebben a szelvényben sikerült feltárni a 4. ház nagyobb részét.

A szántott rétegből származó leletek: barna, szürke törésű, tört kaviccsal soványított, mindkét irányba megvastagodó, szögletes átmetszetű bográcsperem. A függesztőlyuk karéjos lehetett.[344] Barna, szürke törésű, tört kaviccsal soványított, kifelé megvastagodó bográcsperem.[345] Barna, szürke törésű, tört kaviccsal soványított bográcsperem-roncsok. Töredékes voltuk miatt alakjuk nem határozható meg.[346] Barna, szürke törésű, tört kaviccsal soványított, csigavonalas díszítésű oldalak.[347] Barna, szürke törésű, csillámos homokkal soványított, széles, sekély csigavonallal díszített oldal.[348]

30–60 cm mélységből: barna, szürke törésű, tört kaviccsal soványított, ívelt bográcsoldal.[349] Barna, szürke törésű, csillámos homokkal soványított, zsíros tapintású, díszítetlen oldalak.[350] Barna, szürke törésű, tört kaviccsal soványított, díszítetlen oldalak.[351]

22. szelvény. A 20–21. szelvényektől keletre, 5 m szélességben nyitottuk. Nyugati fala 8,6 m, keleti oldala 6,6 m, délről a bánya határolja. A szelvény keleti fala mellett a 11. gödörre bukkantunk.

0–30 cm mélységben talált leletek: barna, szürke törésű, tört kaviccsal soványított, vízszintesen kihúzott bográcsperem[352] *(27. tábla 1.)*. Barna, szürke törésű, tört kaviccsal soványított, kifelé megvastagodó bográcsperemek.[353] Barna, szürke törésű, csillámos homokkal soványított, befelé megvastagodó, szögletes átmetszetű bográcsperem.[354] Barna, szürke törésű, tört kaviccsal soványított, kívül kormos, profilált fazékperem. Szögfejperem, fedőhornyolással[355] *(36. tábla 6.)*. Barna, szürke törésű, csillámos homokkal soványított, vízszintes

[335] Munsell 5YR 5/2. ltsz.: 91.4.436. 2 db.
[336] Munsell 5YR 3/1. ltsz.: 91.4.437.
[337] Munsell 5YR 5/3. ltsz.: 91.4.438. 2 db.
[338] Munsell 5YR 5/3. ltsz.: 91.4.439. 6 db.
[339] Munsell 5YR 5/2, 5/4. ltsz.: 91.4.440. 8 db.
[340] Munsell 5YR 5/3. ltsz.: 91.4.441.
[341] Munsell 5YR 5/1. ltsz.: 91.4.444.
[342] Munsell 5YR 5/6. ltsz.: 91.4.445.
[343] Munsell 5YR 7/3. ltsz.: 91.4.446.
[344] Munsell 5YR 5/4. ltsz.: 91.4.463.
[345] Munsell 5YR 5/4. ltsz.: 91.4.464.
[346] Munsell 5YR 5/3, 5/6. ltsz.: 91.4.465. 2 db.
[347] Munsell 5YR 3/1, 4/2, 6/3. ltsz.: 91.4.466. 5 db.
[348] Munsell 5YR 6/6. ltsz.: 91.4.467.
[349] Munsell 5YR 5/2. ltsz.: 91.4.474.
[350] Munsell 5YR 4/1, 6/4. ltsz.: 91.4.475. 3 db.
[351] Munsell 5YR 5/4, 6/4. ltsz.: 91.4.476. 4 db.
[352] Munsell 5YR 5/4. ltsz.: 91.4.483. szá.: 28,4 cm.
[353] Munsell 5YR 5/4. ltsz.: 91.4.484. 2 db.
[354] Munsell 5YR 7/4. ltsz.: 91.4.485.
[355] Munsell 5YR 3/3. ltsz.: 91.4.486. A kiszerkeszthető szá.: 13 cm.

vonalköteggel díszített oldalak.[356] Kívül barna, belül fekete és kormos, tört kaviccsal soványított, kettős vonalból álló vízszintes vonalköteggel díszített oldal.[357] Barna, szürke törésű, tört kaviccsal soványított, keskeny és mély bekarcolású csigavonallal díszített oldalak.[358] Barna, szürke törésű, tört kaviccsal, illetve csillámos homokkal soványított, széles, sekély, ritka közű csigavonallal díszített oldalak.[359] Barna, szürke törésű, tört kaviccsal, illetve csillámos homokkal soványított, díszítetlen oldalak.[360] Barna, szürke törésű, homokkal soványított edényalj.[361]

30–60 cm mélységben: barna, szürke törésű, tört kaviccsal soványított, lekerekített bográcsperem.[362] Barna, szürke törésű, csillámos homokkal soványított, ritka közű, széles, sekély csigavonallal díszített oldal.[363] Barna, szürke törésű, tört kaviccsal, illetve csillámos homokkal soványított díszítetlen oldalak.[364] Barna, szürke törésű, tört kaviccsal soványított aljtöredékek.[365]

23. szelvény. A előzőtől keletre, a bánya szélén elhelyezkedő, északon 5, nyugaton 6,6, keleten 2,8 m hosszú oldalakkal. A szelvény ÉNy-i sarkában az 1. kemence foltja bukkant elő.

0–30 cm: barna, szürke törésű, tört kaviccsal soványított, mindkét irányba megvastagodó, pereme alatt átfúrt bográcsperem.[366] Barna, szürke törésű, tört kaviccsal soványított, kifelé megvastagodó bográcsperemek.[367] Barna, szürke törésű, tört kaviccsal soványított, vízszintesen kihúzott bográcsperem.[368] Barna, szürke törésű, csillámos homokkal soványított, kicsiny fedőperem.[369] Barna, szürke törésű, csillámos homokkal soványított, díszítetlen oldalak.[370] Barna, szürke törésű, csillámos homokkal soványított fazékalj.[371] Barna, szürke törésű, tört kaviccsal soványított, díszítetlen oldalak.[372]

30–60 cm között néhány őskori cserép mellett egyetlen Árpád-kori barna, szürke törésű, tört kaviccsal soványított, díszítetlen oldal volt.[373]

24. szelvény az előző szelvény északi oldalához csatlakozik. 30–60 cm mélységben a 6. és 7. árkok nyugat felé haladó további szakaszait bonthattuk ki.

0–30 cm: barna, szürke törésű, tört kaviccsal soványított, díszítetlen oldalak.[374] 30–60 cm mélységben avar kori cserepeket is találtunk: barna, szürke törésű, tört cseréppel soványított, korongolatlan, kisebb darabok, az egyik egy egyenes perem.[375] Árpád-kori egy barna, szürke foltos, egyenletesen szürkére égetett, csillámos homokkal soványított, kézikorongolt fazék perem- és vállrésze. A kihajló perem széle lekerekített.[376] Szürke, egyenletesen szürkére égetett, csillámos homokkal soványított, kézikorongolt fazék lekerekített szélű

356 Munsell 5YR 6/4. ltsz.: 91.4.487. 2 db.
357 Munsell 7.5YR 6/2. ltsz.: 91.4.488.
358 Munsell 5YR 5/4, 5/8. ltsz.: 91.4.489. 3 db.
359 Munsell 5YR 5/8, Munsell 7.5YR 6/2, 6/4. ltsz.: 91.4.490. 9 db.
360 Munsell 5YR 4/1, 5/2, 5/4. ltsz.: 91.4.491. 21 db.
361 Munsell 7.5YR 5/4. ltsz.: 91.4.492.
362 Munsell 5YR 5/3. ltsz.: 91.4.501.
363 Munsell 7.5YR 5/2. ltsz.: 91.4.502.
364 Munsell 5YR 3/1, 5/4, 6/4. ltsz.: 91.4.503. 5 db.
365 Munsell 5YR 4/3, 6/3. ltsz.: 91.4.504. 2 db.
366 Munsell 5YR 6/6. ltsz.: 91.4.518.
367 Munsell 5YR 5/4. ltsz.: 91.4.519. 3 db.
368 Munsell 5YR 5/4. ltsz.: 91.4.520.
369 Munsell 5YR 5/4. ltsz.: 91.4.521.
370 Munsell 5YR 5/4, Munsell 7.5YR 6/2, 7/4. ltsz.: 91.4.522. 6 db.
371 Munsell 7.5YR 7/6. ltsz.: 91.4.523.
372 Munsell 5YR 3/1, 5/4, Munsell 7.5YR 5/2, 6/2. ltsz.: 91.4.524. 15 db.
373 Munsell 5YR 5/3. ltsz.: 91.4.528.
374 ltsz.: 91.4.540. 4 db.
375 Munsell 5YR 6/3. ltsz.: 91.4.542. 4 db.
376 Munsell 5YR 4/1. ltsz.: 91.4.543.

peremdarabkája, és valószínűleg ugyanennek az edénynek csigavonallal díszített vállrésze.[377] Barna, szürke törésű, tört kaviccsal soványított, ritka közű, széles, sekély csigavonallal díszített oldalak.[378] Barna, szürke törésű, csillámos homokkal soványított, zsíros tapintású edény oldaldarabjai, egyiken egyes hullámvonal részlete látható.[379] Barna, szürke törésű, tört kaviccsal soványított, díszítetlen oldalak.[380]

25. szelvény A 23–24. szelvények keleti oldalán, nyugati széle 7,8 m keleti 3,65 m. 60 cm mélységben a 6. és 7. árok, a DNy-i sarokban pedig a 8. gödör foltja jelentkezett.

A felső 0–30 cm avar kori leletei: barna, tört cseréppel soványított, korongolatlan, egyenes perem, sütőharang vagy fedő darabja lehet.[381] Barna, tört cseréppel soványított, korongolatlan, belsőfüles bogrács oldaltöredéke, a fül indításával.[382] Barna, szürke törésű, tört cseréppel soványított, korongolatlan oldalak, egyik ujjbenyomkodásos bordával díszítve.[383] Fekete, egyenletes égetésű, nagyszemű kaviccsal soványított kézikorongolt oldalak, egyik vízszintes vonalköteggel díszítve.[384] Árpád-kori egy barna, szürke törésű, tört kaviccsal soványított, kifelé megvastagodó peremű bogrács kiegészíthető profilja[385] *(27. tábla 5.)*. Barna, szürke törésű, tört kaviccsal soványított, kifelé megvastagodó bográcsperemek.[386] Barna, szürke törésű, tört kaviccsal soványított, kifelé megvastagodó, karéjos lyukkiképzésű bográcsperemek.[387] Barna, szürke törésű, tört kaviccsal soványított töredékes bográcsperem.[388] Barna, szürke törésű, tört kaviccsal soványított, kihajló, lekerekített szélű fazékperem.[389] Barna, szürke törésű, csillámos homokkal soványított, zsíros tapintású fazék vállrésze, rajta ferde bevagdosások sorával[390] *(42. tábla 3.)*. Barna, szürke törésű, csillámos homokkal soványított, zsíros tapintású, csigavonalas díszítésű oldal.[391] Barna, szürke törésű, csillámos homokkal soványított, zsíros tapintású, díszítetlen oldalak.[392] Barna, szürke törésű, tört kaviccsal soványított, ívelt bográcsoldalak.[393] Barna, szürke törésű, tört kaviccsal soványított, díszítetlen oldalak.[394] Barna, szürke törésű, tört kaviccsal soványított fazékaljak.[395]

30–60 cm: a barna, tört cseréppel soványított, korongolatlan peremek,[396] továbbá a barna, tört cseréppel soványított, kézikorongolt, díszítetlen oldal[397] avar koriak. Árpád-kori egy barna, szürke törésű, tört kaviccsal soványított, kihajló, ferdén levágott szélű, fedőhornyos kicsiny fazékperem,[398] egy tégla színű, egyenletesen

---

[377] Munsell 5YR 3/1. ltsz.: 91.4.544.–545. Összesen 4 db.
[378] Munsell 5YR 4/2. ltsz.: 91.4.546. 5 db.
[379] Munsell 5YR 6/4. ltsz.: 91.4.547. 2 db.
[380] Munsell 5YR 4/1, 5/3, 5/4. ltsz.: 91.4.548. 5 db.
[381] Munsell 5YR 6/6. ltsz.: 91.4.557.
[382] Munsell 5YR 6/4. ltsz.: 91.4.558.
[383] Munsell 5YR 5/2. ltsz.: 91.4.559. 2 db.
[384] Munsell 5YR 2.5/1. ltsz.: 91.4.560. 2 db.
[385] Munsell 5YR 5/4. ltsz.: 91.4.561. szá.: 32 cm.
[386] Munsell 5YR 5/4. ltsz.: 91.4.562. 4 db.
[387] Munsell 5YR 5/4. ltsz.: 91.4.563. 3 db.
[388] Munsell 5YR 5/4. ltsz.: 91.4.564.
[389] Munsell 5YR 5/3. ltsz.: 91.4.565.
[390] Munsell 5YR 6/4. ltsz.: 91.4.566.
[391] Munsell 5YR 6/4. ltsz.: 91.4.567.
[392] Munsell 7.5YR 6/4. ltsz.: 91.4.568. 2 db.
[393] Munsell 5YR 5/4. ltsz.: 91.4.569. 2 db.
[394] Munsell 5YR 3/1, 5/4. ltsz.: 91.4.570. 22 db.
[395] Munsell 5YR 5/2. ltsz.: 91.4.571. 2 db.
[396] Munsell 7.5YR 6/4. ltsz.: 91.4.575. 2 db.
[397] Munsell 5YR 5/4. ltsz.: 91.4.576.
[398] Munsell 5YR 4/2. ltsz.: 91.4.577.

átégett, homokkal soványított edényoldal, melyet ritka közű, sekély, széles csigavonal díszít,[399] továbbá barna, szürke törésű, tört kaviccsal soványított, díszítetlen oldalak.[400]

A 24–25. szelvények közötti tanúfalból egy barna, szürke törésű, tört kaviccsal soványított, mindkét irányba megvastagodó bográcsperem,[401] és egy ugyanilyen anyagú, díszítetlen oldal jött elő.[402]

1987

1987-ben a bánya nyugati oldalán dolgoztunk, és öt szelvényben (26–30. szelvények) a templom körüli temető megmaradt sírjait tártuk fel. A sírok leírása és a temető értékelése külön fejezetben történik.

Az ásatás során a **26. szelvény**ben szórványként talált 3 db ép téglát[403] és a 30. szelvényben a szántott rétegből előbukkanó csapott hátú, nyéltüskés vaskést[404] *(50. tábla 1.)*. leszámítva csak sírleleteket gyűjtöttünk be. A sírok alatt jelentkező őskori objektumokat visszatemettük, kivéve egyet, a 28. szelvényben talált AVK gödröt, melyet Makkay János ugyanebben az évben feltárt.[405]

1992

1992-ben szelvényeinket úgy jelöltük ki, hogy a korábbi feltárások szélei mentén egységes határvonal és összefüggő feltárt terület jöjjön létre. Ezenkívül két ponton szondával hitelesítettük a geofizikai méréseket.

A leletanyagot természetesen mélységenként (0–30 cm, 30–60 cm, illetve esetenként 60–90 cm) külön kezeltük. A 30 cm alatti szinteken az előkerülő leleteket egyenként bemértük és lelettérképet is készítettünk. Az avar és Árpád-kori cserepekből nem selejteztünk.

A szelvényekben megfigyelt jelenségek mellett az avar és Árpád-kori kerámia részletes leírását is ebben a fejezetben adom. A leletanyag táblázatos összefoglalásában *(1. táblázat)* a leletszámokban a kerámián kívüli leletek (patics, salak, tégla, stb.) is benne foglaltatnak.

A **31. szelvény** É–D irányban 5 m, kelet felé viszont csak 2,2 illetve 4,5 m széles a bánya széléig.

A szántott rétegben egy barna, szürke törésű, tört kaviccsal soványított, befelé megvastagodó bográcsperem,[406] továbbá barna, szürke törésű, tört kaviccsal (2), illetve csillámos homokkal soványított díszítetlen oldalak voltak.[407]

30–60 cm mélységben az őskori leletek a szelvény közepén csoportosultak, de objektum körvonalait nem lehetett megfigyelni a kőkemény, prizmásan törő fekete talajban. Az avar és Árpád-kori leletek szórványosan jelentkeztek. Közülük egy barna, szürke törésű, korongolatlan, tört cseréppel és kaviccsal soványított, mindkét irányba megvastagodó bográcsperem[408] *(12. tábla 4.)* és egy barna, szürke törésű, korongolatlan, tört cseréppel és kaviccsal soványított, kihajló fazékperem[409] az avar korba tartozik. Árpád-koriak azok a barna, szürke

---

[399] Munsell 2.5YR 5/8. ltsz.: 91.4.578.
[400] Munsell 5YR 4/3. ltsz.: 91.4.579. 5 db.
[401] Munsell 5YR 5/4. ltsz.: 91.4.581.
[402] Munsell 5YR 5/4. ltsz.: 91.4.582.
[403] ltsz.: 91.5.28.
[404] ltsz.: 95.28.1413. H.: 11,8, v.: 0,4 cm.
[405] *Makkay* (2007) 72–73, 39. ábra 2–3.
[406] Munsell 5YR 4/4. ltsz.: 95.28.4.
[407] Munsell 5YR 4/2, 5/4. ltsz.: 95.28.5. 3 db.
[408] Munsell 7.5YR 6/4. ltsz.: 95.28.11.
[409] Munsell 5YR 5/8. ltsz.: 95.28.12.

törésű, csillámos homokkal soványított díszítetlen oldalak, melyek egy edényből valók,[410] illetve egy barna, szürke törésű, tört kaviccsal soványított, díszítetlen oldal.[411]

32. szelvény 4,5 x 5 méteres méretben északról csatlakozik az előző szelvényhez.

A 0–30 cm közötti anyagból egy barna, szürke törésű, tört kaviccsal soványított, mindkét irányba megvastagodó bográcsperem[412] és ugyanilyen anyagú díszítetlen oldalak tartoznak az Árpád-korba.[413] 30–60 cm között sem tapasztaltunk objektumra utaló csoportosulást. Egy barna, egyenletes égetésű, csillámos kaviccsal soványított, korongolt, vízszintes vonalkötegekkel díszített kicsiny oldal avar kori,[414] a barna, szürke törésű, tört kaviccsal soványított, díszítetlen oldalak, ívelt profillal,[415] illetve egy barna, szürke törésű, csillámos tört kaviccsal soványított, díszítetlen oldal Árpád-kori.[416]

33. szelvény 5 x 5 méteres szelvény az előzőtől északra és a 9. szelvénytől délnyugatra.

A 0–30 cm közötti mélységben gyűjtött leletek között a barna, szürke törésű, tört cseréppel soványított, díszítetlen oldalak őskoriak,[417] a szürke, korongolt, díszítetlen oldalak pedig szarmata koriak.[418] Árpád-kori egy barna, szürke törésű, tört kaviccsal soványított, befelé,[419] egy mindkét irányba megvastagodó bográcsperem,[420] egy barna, egyenletesen átégett, csillámos kaviccsal soványított, gyorskorongolt, elkeskenyedő szélű fedőperem,[421] a barna, szürke törésű, tört kaviccsal soványított, széles, sekély csigavonallal díszített,[422] továbbá az ugyanilyen anyagú, díszítetlen oldalak,[423] valamint egy barna, szürke törésű, csillámos homokkal soványított fenékdarab.[424]

30–60 cm között a leletek többsége a szelvény nyugati felében csoportosult, az Árpád-kori darabok pedig az ÉNy-i sarok közelében koncentrálódtak. A leletek között van egy barna, szürke törésű, tört kaviccsal soványított, kihajló, elkeskenyedő szélű fazékperem,[425] barna, szürke törésű, csillámos kaviccsal soványított, az egész felületet fedő vízszintes vonalakkal díszített oldalak,[426] barna, egyenletesen átégett, tört kaviccsal soványított, az egész felületet fedő finom vízszintes vonalakkal díszített kicsiny oldal,[427] továbbá barna, szürke törésű, tört kaviccsal soványított, csigavonallal díszített oldalak.[428] Barna, szürke törésű, tört kaviccsal soványított, díszítetlen oldalak[429] és egy fenéktöredék tartozik még ide.[430]

Mivel az egységes szürke, száraz, poros, kőkemény talajban semmit sem lehetett látni, ezért tovább mélyítettünk. Barna, egyenletesen átégett, gyorskorongolt, csillámos homokkal soványított, kihajló ferdén

---

410 Munsell 5YR 7/6. ltsz.: 95.28.13. 2 db.
411 Munsell 5YR 5/4. ltsz.: 95.28.14.
412 Munsell 5YR 5/4. ltsz.: 95.28.21.
413 Munsell 5YR 3/1, 5/3, 5/4, 5/6. ltsz.: 95.28.22. 11 db.
414 Munsell 5YR 3/1 ltsz.: 95.28.30.
415 Munsell 5YR 4/3, 6/4. ltsz.: 95.28.31. 2 db.
416 Munsell 7.5YR 7/2. ltsz.: 95.28.32.
417 ltsz.: 95.28.35.–36.
418 ltsz.: 95.28.37.
419 Munsell 5YR 4/3. ltsz.: 95.28.38.
420 Munsell 5YR 5/4. ltsz.: 95.28.39.
421 Munsell 5YR 4/2. ltsz.: 95.28.40.
422 Munsell 5YR 5/3. ltsz.: 95.28.41. 4 db.
423 Munsell 5YR 5/3, 5/4. ltsz.: 95.28.42. 7 db.
424 Munsell 5YR 5/4. ltsz.: 95.28.43.
425 Munsell 5YR 5/4. ltsz.: 95.28.47.
426 Munsell 5YR 5/2. ltsz.: 95.28.48. 2 kisebb darab, melyek egy edényből származnak.
427 Munsell 5YR 6/1. ltsz.: 95.28.49.
428 Munsell 5YR 5/4, 6/4. ltsz.: 95.28.50. 2 db.
429 Munsell 5YR 4/1, 5/2, 5/4, 5/6, Munsell 7.5YR 5/2. ltsz.: 95.28.51. 10 db, és ltsz.: 95.28.62. 6 db.
430 Munsell 5YR 3/1. ltsz.: 95.28.52.

levágott,[431] illetve lekerekített szélű,[432] fedőhornyos fazékperem, barna, szürke törésű, csillámos homokkal soványított díszítetlen oldalak,[433] barna, szürke törésű, tört kaviccsal soványított díszítetlen oldal[434] származik innen.

80 cm mélységben jelentkezett a sárga altalaj, és a szelvény nyugati fala mentén, ott, ahol az Árpád-kori leletek sűrűsödtek, a 12. számú gödröt bonthattuk ki.

34. szelvény 5 x 5 méteres, a 9. szelvény nyugati oldalán.

A szántott rétegből gyűjtött szórványos őskori,[435] népvándorlás kori[436] és szarmata kori[437] cserepek mellett az Árpád-kori kerámialeletek az alábbiak: barna, szürke törésű, tört kaviccsal soványított, vízszintesen kihajló, lekerekített szélű fazékperem,[438] barna, szürke törésű, csillámos homokkal soványított, gyorskorongolt, kihajló, elkeskenyedő szélű fazékperem,[439] ugyanilyen anyagú, lekerekített szélű fazékperem,[440] barna, szürke törésű, csillámos homokkal soványított, zsíros tapintású, gyorskorongolt, kihajló, függőlegesen levágott és felhúzott szélű fazékperem[441] *(36. tábla 3.)*. Barna, szürke törésű, tört kaviccsal soványított, fogaskerékmintával díszített kicsiny oldaltöredék,[442] barna, szürke törésű, csillámos tört kaviccsal soványított, egészen finom, alig látható, keskeny, sekély, csigavonallal díszített oldal,[443] barna, szürke törésű, csillámos tört kaviccsal soványított, csigavonallal díszített oldalak,[444] barna, szürke törésű, csillámos homokkal soványított, széles, sekély csigavonallal díszített[445] és díszítetlen[446] oldalak. Barna, szürke törésű, csillámos homokkal soványított fenékdarabok. Egyik zsíros tapintású, a másikon vízszintes vonal halad körbe a fenék felett.[447]

30–60 cm mélységben is voltak újkőkori és szkíta kori[448] cserepek. Az őskori és az Árpád-kori leletek is a szelvény északi felében csoportosultak, ott, ahol 60 cm mélységben, puha, porhanyós, világosszürke talaj formájában a 6. ház körvonalai rajzolódtak ki *(33. ábra)*. A leletek között feltűnően sok az állatcsont is.

Az avar korba sorolható egy barna, szürke törésű, csillámos tört kaviccsal soványított fazék vállrésze, egymásba fésült hullámvonalköteg díszítéssel[449] *(14. tábla 3.)* és egy barna, szürke törésű, csillámos tört kaviccsal soványított oldal, háromágú eszközzel bekarcolt vízszintes vonalkötegekkel díszítve.[450] Árpád-kori lelet egy barna, szürke törésű, tört kaviccsal soványított, vízszintesen kihúzott bográcsperem,[451] egy barna, szürke törésű, csillámos homokkal soványított, gyorskorongolt, kihajló, függőlegesen levágott szélű fazékperem,[452]

431 Munsell 5YR 5/1. ltsz.: 95.28.55.
432 Munsell 5YR 5/2. ltsz.: 95.28.56.
433 Munsell 5YR 4/1, 5/2. ltsz.: 95.28.57. 2 db.
434 Munsell 5YR 5/4. ltsz.: 95.28.58.
435 ltsz.: 95.28.75.–76.
436 ltsz.: 95.28.77.
437 ltsz.: 95.28.78.
438 Munsell 5YR 5/4. ltsz.: 95.28.79.
439 Munsell 5YR 6/6. ltsz.: 95.28.80.
440 Munsell 5YR 5/3. ltsz.: 95.28.81.
441 Munsell 5YR 6/4. ltsz.: 95.28.82. A kiszerkeszthető szá.: 19,8 cm.
442 Munsell 5YR 5/4. ltsz.: 95.28.83.
443 Munsell 5YR 5/1. ltsz.: ltsz.: 95.28.84.
444 Munsell 5YR 3/1, 4/2. ltsz.: 95.28.85. 2 db.
445 Munsell 5YR 5/4, 6/4. ltsz.: 95.28.86. 2 db.
446 Munsell 5YR 5/4, 6/4. ltsz.: 95.28.87. 3 db.
447 Munsell 5YR 5/4, 6/4. ltsz.: 95.28.89.
448 ltsz.: 95.28.90.–97.
449 Munsell 5YR 4/2. ltsz.: 95.28.104.
450 Munsell 5YR 5/1. ltsz.: 95.28.105.
451 Munsell 5YR 5/8. ltsz.: 95.28.98.
452 Munsell 5YR 4/2. ltsz.: 95.28.99.

egy barna, szürke törésű, tört kaviccsal soványított, kihajló, függőlegesen levágott szélű fazékperem,[453] egy ugyanilyen anyagú, gyorskorongolt, egyenesre levágott szélű fedőperem,[454] egy kihajló, lekerekített szélű, kívül bordával tagolt fazékperem.[455] Sok a díszített oldal is: barna, szürke törésű, csillámos tört kaviccsal soványított fazék vállrésze, az egész felületet fedő vízszintes vonaldíszítéssel[456] *(40. tábla 9.)*. Barna, szürke törésű, csillámos homokkal soványított, széles, sekély csigavonallal,[457] csigavonallal díszített,[458] illetve díszítetlen oldalak.[459] Barna, szürke törésű, tört kaviccsal soványított fenékdarabok.[460]

35. szelvény. 5 x 5 méteres a 16. szelvény nyugati oldalán. A szelvény nagyobb részében 60 cm mélyen is nagyon száraz, rögös és kevert a talaj. A DNy-i sarokban különösen sűrű, kemény, fekete föld van, ahonnan több őskori lelet is származik. A DNy-i sarokban 90 cm mélyen jelentkezett a sárga altalaj, illetve a 14. számú gödör foltja.

A szántott rétegből egy avar kori, kívül barna, belül szürke, tört cseréppel soványított, korongolatlan, rácsmintás pecsétlésű oldal mellett[461] *(13. tábla 7.)* egy barna, szürke törésű, tört kaviccsal soványított fazékváll származik, melyet az egész felületét fedő vízszintes vonaldíszítésbe karcolt egyes hullámvonallal díszítettek[462] *(40. tábla 11.)*. Ezt, és a további töredékeket az Árpád-korra keltezzük. Van két barna, szürke törésű, csillámos homokkal soványított, zsíros tapintású oldaltöredék, csigavonalas díszítéssel,[463] barna, szürke törésű, tört kaviccsal soványított, díszítetlen oldalak,[464] barna, szürke törésű, csillámos homokkal soványított, zsíros tapintású kicsiny fenékdarab, rajta fenékbélyeg részletével,[465] továbbá egy barna, szürke törésű, tört kaviccsal soványított fenékdarab.[466]

30–60 cm mélységben az újkőkori és rézkori cserepek[467] mellett egy világosbarna, vízszintesre vágott szélű sütőharang peremdarabkája valószínűleg avar kori,[468] a barna, szürke törésű, csillámos homokkal soványított, csigavonalas díszítésű oldalak pedig Árpád-koriak.[469]

36. szelvény 5 x 5 méretben az előzőtől északra és a 17. szelvénytől nyugatra található.

0–30 cm mélységben csak néhány újkőkori cserép volt.[470] Árpád-kori egy barna, szürke törésű, csillámos homokkal soványított, zsíros tapintású, kifelé megvastagodó, szögletesre formázott bográcsperem[471] *(27. tábla 2.)*, egy barna, szürke törésű, tört kaviccsal soványított, kifelé megvastagodó,[472] egy kifelé megvastagodó, karéjos lyukkiképzésű,[473] és egy mindkét irányba megvastagodó, karéjos lyukkiképzésű bográcsperem.[474] Van

---

453 Munsell 5YR 4/2. ltsz.: 95.28.100.
454 Munsell 5YR 3/1. ltsz.: 95.28.101.
455 Munsell 5YR 4/2. ltsz.: 95.28.102.
456 Munsell 5YR 3/1. ltsz.: 95.28.103.
457 Munsell 5YR 5/2, 6/3. ltsz.: 95.28.106. 2 db.
458 Munsell 5YR 5/4. ltsz.: 95.28.107.
459 Munsell 5YR 3/1, 5/2, 5/4, 5/6. ltsz.: 95.28.108. 10 db.
460 Munsell 5YR 4/2. ltsz.: 95.28.109. 2 db.
461 Munsell 5YR 6/6. ltsz.: 95.28.133.
462 Munsell 5YR 4/2. ltsz.: 95.28.134.
463 Munsell 5YR 5/2, 5/6. ltsz.: 95.28.135.
464 Munsell 5YR 5/4, 6/4. ltsz.: 95.28.136. 2 db.
465 Munsell 5YR 6/4. ltsz.: 95.28.137.
466 Munsell 5YR 5/2. ltsz.: 95.28.138.
467 ltsz.: 95.28.139.–143.
468 ltsz.: 95.28.144.
469 Munsell 5YR 3/1, 5/4. ltsz.: 95.28.145. 2 db.
470 ltsz.: 95.28.146. 5 db.
471 Munsell 5YR 5/4. ltsz.: 95.28.147. szá.: 22,2 cm.
472 Munsell 5YR 5/4. ltsz.: 95.28.148.
473 Munsell 5YR 5/3. ltsz.: 95.28.149.
474 Munsell 5YR 5/4. ltsz.: 95.28.150.

egy barna, szürke törésű, tört kaviccsal soványított, elkeskenyedő szélű, felhúzott, fedőhornyos fazékperem,[475] csigavonallal díszített,[476] illetve díszítetlen oldalak.[477]

30–60 cm mélységben a szelvény keleti felében szórványos leletek, míg az ÉNy-i sarokban erősebb leletkoncentráció volt megfigyelhető. Világosabb szürke, porhanyós föld mindkét helyen mutatkozott a tömör, fekete kotúban, de objektum körvonalait csak az ÉNy-i sarokban lehetett kivenni. Ebben a mélységben is volt néhány töredék különböző korábbi korszakokból.[478] Az Árpád-korba tartozik egy barna, szürke törésű, tört kaviccsal soványított, kifelé megvastagodó peremű bogrács perem- és vállrésze. Hasvonala sajnos nem maradt meg, így alakja nem szerkeszthető ki[479] *(26. tábla 1.)*. Találtunk egy másik, hasonló peremdarabot is, melyről nem kizárt, hogy az előző példányhoz tartozik, de nem illenek össze.[480] A széles, tagolatlan perem és a vékony fal miatt egyedi darabnak számít egy barna, szürke törésű, csillámos homokkal soványított, kihajló, ferdén levágott szélű fazékperem[481] *(37. tábla 6.)*. Van még egy hasonló anyagú, ferdén levágott szélű fedőperem,[482] egy barna, szürke törésű, csillámos homokkal soványított, gyorskorongolt, kihajló, függőlegesen levágott szélű fazékperem,[483] továbbá barna, szürke törésű, tört kaviccsal soványított, díszítetlen oldalak.[484]

További 20 cm-es szintsüllyesztést végeztünk, ebben a mélységben értük el a sárga altalajt. Az ÉNy-i sarokban ekkor jelentkezett pontosan a 13. számú gödör kontúrja. A keleti fal mellett is kisebb leletkoncentráció mutatkozott, azonban semmilyen objektumot itt nem találtunk, noha a talaj világosabb szürke és porhanyósabb volt. A leletek között már csak egy barna, szürke törésű, tört cseréppel soványított, díszítetlen népvándorlás kori oldaltöredék,[485] egy barna, egyenletesen átégett, tört kaviccsal soványított, díszítetlen Árpád-kori oldal,[486] továbbá üvegesre égett agyagdarabok[487] és kisebb téglatöredékek[488] kerültek elő, melyek Árpád-koriak.

37. szelvény Az 1986-ban kiásott 8. szelvény nyugati, illetve a 24. és 25. szelvények északi oldalán nyitottuk. Mivel a 19. szelvény pontos körvonalai a különböző időpontokban végzett rábontásokból álltak össze, és a 8. és 19. szelvények partfalait az ásatás végeztével 1986-ban leomlasztották, ezért szelvényünknek csak a nyugati oldala 5 méteres, a déli 9,1 m, az északi pedig 6,6 m. Így értük el, hogy nem maradt feltáratlan terület a két szelvény között. A szelvényben nem találtunk régészeti objektumot.

A szántott rétegben a szkíta és szarmata kori cserepek[489] mellett talált Árpád-kori leletek: barna, szürke törésű, tört kaviccsal soványított, kifelé megvastagodó, karéjos lyukkiképzésű bográcsperem,[490] ugyanilyen anyagú, kifelé megvastagodó bográcsperemek,[491] barna, szürke törésű, csillámos homokkal soványított,

475 Munsell 5YR 4/2. ltsz.: 95.28.151.
476 Munsell 5YR 3/1, 5/3. ltsz.: 95.28.152. 2 db.
477 Munsell 5YR 4/2, 5/2, 5/4. ltsz.: 95.28.153. 5 db.
478 ltsz.: 95.28.156.–158. Összesen 6 db.
479 Munsell 5YR 5/4. ltsz.: 95.28.159. szá.: 28,6 cm.
480 Munsell 5YR 5/4. ltsz.: 95.28.160.
481 Munsell 5YR 5/4. ltsz.: 95.28.161. A kiszerkeszthető szá.: 20 cm.
482 Munsell 5YR 5/1. ltsz.: 95.28.162.
483 Munsell 5YR 5/4. ltsz.: 95.28.163.
484 Munsell 5YR 3/1, 5/3, 5/4. ltsz.: 95.28.164. 11 db.
485 ltsz.: 95.28.167.
486 Munsell 2.5YR 5/6. ltsz.: 95.28.168.
487 ltsz.: 95.28.169. 2 db.
488 ltsz.: 95.28.170.–171.
489 ltsz.: 95.28.176.–179.
490 Munsell 5YR 5/4. ltsz.: 95.28.180.
491 Munsell 5YR 5/2, 6/4. ltsz.: 95.28.181. 2 db.

egyenes peremdarabka,[492] barna, szürke törésű, tört kaviccsal soványított, díszítetlen oldalak[493] és egy fenékdarab.[494]

30–60 cm mélységben már sokkal több volt az őskori cserép,[495] melyek különböző korszakokból származtak, és elsősorban a szelvény nyugati fala mentén csoportosultak, és kelet felé haladva ritkultak. Avar kori lehet egy barna, szürke törésű, tört cseréppel és nagyszemű kaviccsal soványított, korongolatlan, egyenes perem.[496] Az Árpád-korba tartozik egy barna, szürke törésű, csillámos homokkal soványított, befelé vízszintesen és szélesen kihúzott bográcsperem[497] *(29. tábla 3.)*, egy ugyanilyen anyagú, kifelé egészen kicsit megvastagodó peremű bogrács kiegészíthető profilja[498] *(26. tábla 2.)*, barna, szürke törésű, illetve barna, egyenletesen átégett (2 db) tört kaviccsal soványított, kifelé megvastagodó bográcsperemek,[499] barna, szürke törésű, tört kaviccsal soványított, befelé megvastagodó bográcsperem,[500] barna, szürke törésű, tört kaviccsal soványított, kihajló lekerekített szélű, belső oldalán síkozott fazékperem[501] *(37. tábla 2.)*, ugyanilyen anyagú, ferdén levágott szélű,[502] továbbá kihajló, ferdén levágott szélű fazékperem.[503] Barna, szürke törésű, nagyszemű tört kaviccsal soványított, kihajló, ferdén levágott szélű fazékperem, külső oldalán ferde bevágások sorával díszítve[504] *(42. tábla 8.)*. Barna, szürke törésű, csillámos homokkal soványított fedőperem,[505] barna, szürke törésű, tört kaviccsal soványított, vízszintes vonalkötegekkel díszített oldal,[506] ívelt bográcsoldalak[507] és díszítetlen oldalak,[508] továbbá fenékdarabok.[509]

60–90 cm közötti mélységben a leletek szinte már csak az ÉNy-i sarokban fordultak elő, és ebben a mélységben jelentkezett a sárga altalaj. A korábbi korszakok leletein[510] túl még mindig előfordultak Árpád-kori cserepek, de megemlíthetünk két barna, szürke törésű, tört cseréppel soványított, díszítetlen népvándorlás kori oldalt is.[511] Az Árpád-korba tartozik egy barna, szürke törésű, tört kaviccsal soványított, kifelé megvastagodó bográcsperem,[512] egy barna, szürke törésű, tört kaviccsal soványított, egész felületet fedő vízszintes vonaldíszítésű oldal,[513] díszítetlen oldalak,[514] továbbá egy barna, szürke törésű, csillámos homokkal soványított, ívelt bográcsoldal.[515]

38. szelvény. Az előző szelvény északi és a 19. szelvény nyugati oldalán nyitottuk, nyugati és keleti oldala 5 méter hosszú, északi és déli pedig 6,6 m.

---

492 Munsell 5YR 5/4. ltsz.: 95.28.182.
493 Munsell 5YR 3/1, 4/4, 5/4, 6/6. ltsz.: 95.28.183. 18 db.
494 Munsell 5YR 5/6. ltsz.: 95.28.184.
495 ltsz.: 95.28.185.–203.
496 Munsell 5YR 5/4. ltsz.: 95.28.204.
497 Munsell 5YR 6/6. ltsz.: 95.28.205.
498 Munsell 5YR 5/6. ltsz.: 95.28.206.
499 Munsell 5YR 4/2, 5/4. ltsz.: 95.28.207. 6 db.
500 Munsell 5YR 5/4. ltsz.: 95.28.208.
501 Munsell 5YR 5/8. ltsz.: 95.28.209. A kiszerkeszthető szá.: 16,8 cm.
502 Munsell 5YR 5/4. ltsz.: 95.28.210.
503 Munsell 5YR 5/4. ltsz.: 95.28.211.
504 Munsell 5YR 4/1. ltsz.: 95.28.212. A kiszerkeszthető szá.: 18 cm.
505 Munsell 5YR 5/6. ltsz.: 95.28.213.
506 Munsell 5YR 5/4. ltsz.: 95.28.214.
507 Munsell 5YR 4/3, 5/4. ltsz.: 95.28.215. 2 db.
508 Munsell 5YR 3/1, 4/3, 5/4, 6/4. ltsz.: 95.28.216. 29 db.
509 Munsell 5YR 3/1, 4/3, 5/4. ltsz.: 95.28.217. 3 db.
510 ltsz.: 95.28.218.–224.
511 ltsz.: 95.28.225.
512 Munsell 5YR 5/4. ltsz.: 95.28.226.
513 Munsell 5YR 3/1. ltsz.: 95.28.227.
514 Munsell 5YR 5/4. ltsz.: 95.28.228.
515 Munsell 5YR 5/4. ltsz.: 95.28.229.

0–30 cm között néhány őskori lelet volt.[516] Árpád-kori egy barna, szürke törésű, tört kaviccsal soványított, mindkét irányba megvastagodó bográcsperem,[517] egy barna, szürke törésű, tört kaviccsal soványított, kihajló, lekerekített szélű fazékperem,[518] díszítetlen oldalak.[519]

30–60 cm mélységben a Körös-kultúra gazdag leletanyagát találtuk,[520] mely a szelvény keleti és déli felében csoportosult. A talaj fekete, nagyon kemény, prizmásan törő kotú. 60–90 cm közötti mélységben az őskori leletek feltűnően nagy számban jelentkeztek a szelvény keleti széle közelében, de még mindig akadt lelet a későbbi korszakokból is. Utóbbiak azonban inkább az északi szelvényfal közeléből származtak. A talaj fekete, prizmásan törő kőkemény kotú, és ebben voltak az őskori cserepek, melyek több korszakból valók.[521]

Esetleg avar kori lehet egy barna, szürke törésű, csillámos homokkal soványított, enyhén kihajló, bevagdosott szélű, erősen kopott fazékperem.[522] Az Árpád-korba tartozik egy barna, szürke törésű, csillámos homokkal soványított, befelé vízszintesen kihúzott, lapos, éles metszésű bográcsperem, mely a függesztőlyuk közül karéjosan kiszélesedik.[523] Barna, szürke törésű, tört kaviccsal soványított, kifelé vízszintesen kihúzott, lapos bográcsperem,[524] egy másik, vele egyező forma, de csillámos homokkal soványított,[525] továbbá egy barna, szürke törésű, tört kaviccsal soványított, kifelé megvastagodó, kopott bográcsperem.[526] Barna, szürke törésű, csillámos homokkal soványított, kihajló, ferdén levágott szélű, vékonyfalú fazékperem. Helyenként foltosan fehérre égett.[527] Barna, szürke törésű, csillámos homokkal soványított, kihajló, ferdén levágott szélű, vékonyfalú fazékperem.[528] Barna, szürke törésű, tört kaviccsal soványított, keskeny, csigavonallal díszített oldal.[529] Barna, szürke törésű, homokkal soványított, zsíros tapintású, ferde bevágásokkal és csigavonallal díszített oldal.[530] Barna, szürke törésű, csillámos homokkal soványított, díszítetlen oldalak.[531] Szürke, egyenletesen átégett, gyorskorongolt, szemcsés anyagú, ritka közű csigavonallal díszített oldal.[532] Barna, szürke törésű, tört kaviccsal soványított, díszítetlen oldalak.[533] Barna, szürke törésű, csillámos homokkal soványított fenékrész.[534]

A szelvény keleti végén még további 10–20 cm vastag kultúrréteg maradt a sárga altalajon. Ez minden bizonnyal az 1986-ban feltárt alfa jelű gödör nyugati széle lehet. Betöltése fekete, kotús föld, melyben négy zsugorított csontvázra (148–151. sírok) is ráakadtunk. A csontokat nagyon nehéz volt a sziklakemény földből kibontani. A szelvény északi fala mentén pedig egy kisebb őskori gödör jelentkezett (18. gödör).

---

516 ltsz.: 95.28.230.–232.
517 Munsell 5YR 6/4. ltsz.: 95.28.233.
518 Munsell 5YR 5/4. ltsz.: 95.28.234.
519 Munsell 5YR 5/4, 6/4. ltsz.: 95.28.235. 3 db.
520 ltsz.: 95.28.237.–253.
521 Körös, AVK, szkíta: ltsz.: 95.28.254.–278.
522 Munsell 5YR 6/6. ltsz.: 95.28.279.
523 Munsell 5YR 5/4. ltsz.: 95.28.280,
524 Munsell 5YR 5/4. ltsz.: 95.28.281.
525 Munsell 5YR 5/4. ltsz.: 95.28.282.
526 Munsell 5YR 5/4. ltsz.: 95.28.283.
527 Munsell 5YR 7/3. ltsz.: 95.28.284,
528 Munsell 5YR 5/4. ltsz.: 95.28.285.
529 Munsell 5YR 3/1. ltsz.: 95.28.286.
530 Munsell 5YR 5/4. ltsz.: 95.28.287.
531 Munsell 5YR 5/4. ltsz.: 95.28.288. 3 db.
532 Munsell 5YR 6/1. ltsz.: 95.28.289.
533 Munsell 5YR 3/1, 5/1, 5/4, 5/8. ltsz.: 95.28.290. 19 db.
534 Munsell 5YR 6/4. ltsz.: 95.28.291.

39. szelvény. Az előzőtől északra nyitottuk, nyugati oldala 10 m hosszú, északi széle pedig 5 m. Keleten a 40. és a 19. szelvényhez csatlakozik olyan módon, hogy a 19. szelvény ÉNY-i sarkát mintegy körülveszi.

A legfelső, korábban szántott réteg kb. 30–40 cm mély, hatalmas tömbökben szakadt fel, és benne sok, különféle őskori cserépanyag fordult elő.[535] Egyetlen barna, szürke törésű, tört kaviccsal soványított fazékváll, melyen egymást keresztező egyes hullámvonalakból álló díszítés látható, keltezhető az avar korra[536] *(14. tábla 6.)*. Az Árpád-kori leletek között barna, szürke törésű, tört kaviccsal soványított, kifelé megvastagodó bográcsperemeket,[537] és egy mindkét irányba megvastagodó bográcsperemet[538] is találunk. Egy barna, szürke törésű, tört kaviccsal soványított, tölcséres nyakú, egyenes peremű töredéken a nyak kívül bordával díszített[539] *(16. tábla 1.)*. Van egy egyenletesen szürkére égetett, csillámos homokkal soványított, gyorskorongolt, kihajló, lekerekített szélű fazékperem[540] és egy barna, sárga törésű, csillámos homokkal soványított korsónyak. Belső részét hurkatechnikával, szája környékét gyorskorongon formázták. A nyak hengeres és vörös polírozású, a perem kihajló, elkeskenyedő szélű, kívül borda fut körbe[541] *(39. tábla 3; 56. tábla 6.)*. Barna, szürke törésű, tört kaviccsal soványított, elkeskenyedő szélű, kicsiny fazékperem,[542] barna, szürke törésű, csillámos homokkal soványított fazékváll, rajta ferde beszurkálások sora[543] *(42. tábla 2.)*. Barna, szürke törésű, csillámos homokkal soványított,[544] illetve egyenletes szürkére égetett, tört kaviccsal soványított, díszítetlen oldalak,[545] továbbá barna, szürke törésű, tört kaviccsal soványított, díszítetlen oldalak[546] fordulnak elő az anyagban.

30–60 cm mélységben a szelvény déli sarkában igen sok Árpád-kori cserép jött elő, köztük nagy fazékdarabok is. Észak felé haladva viszont az egyéb korok leletanyaga került túlsúlyba, köztük is elsősorban a szkíta jellegű darabok, míg az ÉK-i sarokban ismét előfordult néhány Árpád-kori lelet. Utóbbi területen a talaj is világosszürke, porhanyós. A szelvény DK-i sarka leletek szempontjából üresnek bizonyult, itt helyezkedik el ugyanis az a kút, melyet 1986-ban már megtaláltunk, de akkor nem tártunk fel.

A korábbi korszakok vegyes leletei között a szkíta kori cserepek voltak többségben.[547] Az Árpád-korba tartozhat egy kívül szürke, belül barna, vékonyfalú, egyenesre levágott szélű sütőharang darabja. Kívül jól elsimított, belül kevésbé, és seprűszerű eszközzel karcolt felületű[548] *(15. tábla 2.)*. A barna, szürke törésű, tört kaviccsal soványított, kifelé megvastagodó, lekerekített bográcsperem[549] és a barna, szürke törésű, csillámos homokkal soványított, mindkét irányba megvastagodó, szögletesen kiképzett bográcsperem[550] már biztosan Árpád-kori. Barna, szürke törésű, tört kaviccsal soványított, kívül erősen kormos fazék csaknem teljes profilja. A kihajló perem széle ferdén levágott[551] *(37. tábla 3.)*. Barna, szürke törésű, csillámos homokkal soványított

535 ltsz.: 95.28.304.–316.
536 Munsell 5YR 6/4. ltsz.: 95.28.324.
537 Munsell 5YR 5/4, 5/6. ltsz.: 95.28.317. 2 db.
538 Munsell 5YR 5/6. ltsz.: 95.28.318.
539 Munsell 5YR 5/2. ltsz.: 95.28.319.
540 Munsell 5YR 4/1. ltsz.: 95.28.320.
541 Munsell 5YR 5/8. ltsz.: 95.28.321. A kiszerkeszthető átm.: 5 cm.
542 Munsell 5YR 5/4. ltsz.: 95.28.322.
543 Munsell 2.5YR 5/8. ltsz.: 95.28.323.
544 Munsell 5YR 6/4. ltsz.: 95.28.325. 2 db.
545 Munsell 5YR 4/1. ltsz.: 95.28.326. 2 db.
546 Munsell 5YR 4/1, 5/4, 5/6, 6/3, 6/4. ltsz.: 95.28.327. 41 db.
547 ltsz.: 95.28.330.–349.
548 Munsell 7.5YR 5/4. ltsz.: 95.28.350.
549 Munsell 5YR 5/4. ltsz.: 95.28.351.
550 Munsell 5YR 6/4. ltsz.: 95.28.352.
551 Munsell 5YR 5/4. ltsz.: 95.28.353. A kiszerkeszthető szá.: 15,6 cm.

fazékperem. A kihajló perem széle ferdén levágott, alul kicsit lelógó[552] *(37. tábla 5.)*, és egy másik hasonló edényből származó darab.[553] Barna, szürke törésű, tört kaviccsal soványított fazék perem- és vállrésze. A kihajló perem széle lekerekített[554] *(37. tábla 4.)*. Egyenletes sötétszürkére égetett, csillámos tört kaviccsal soványított, kettős vízszintes, illetve hullámvonallal díszített kicsiny oldal.[555] Barna, szürke törésű, tört kavicscsal soványított, ívelt bográcsoldalak.[556] Barna, szürke törésű, durva, csillámos kaviccsal soványított edény két kis oldaldarabkája.[557] Barna, szürke törésű, csillámos homokkal soványított, zsíros tapintású, díszítetlen oldalak.[558] Barna, szürke törésű, csillámos homokkal soványított, díszítetlen oldalak.[559] Barna, szürke törésű, tört kaviccsal soványított, díszítetlen oldalak.[560] Barna, szürke törésű, tört kaviccsal soványított, díszítetlen fenéktöredékek.[561] Két téglalap átmetszetű vasszeg. A nagyobb T-fejű, a kisebb kúpos fejű lehetett[562] *(50. tábla 2–3.)*.

85 cm mélységben a szelvény északi végében világosszürke, hamus, kerek folt jelentkezett, ez a 15. gödör. A gödör K–ÉK-i szélén még továbbra is bolygatott, világosszürke talaj található, ami a szelvény keleti metszetfalában is jól megfigyelhető. Ez jelezte a 10. és 11. árkokat, melyek betöltött földjébe ásták a 15. gödröt. A szelvény keleti metszetfalában, a szántás alatt 40 cm mélyen volt megfigyelhető a világosszürke, hamus, Árpád-kori réteg, ami esetenként 15, átlagban azonban csak 10 cm vastag. Ezt tekinthetjük az Árpád-kori járószintnek. Ez alatt lévő 20 cm vastag fekete, prizmás kotúból viszont már csak őskori cserepek származtak.

A szelvény DNy-i sarkában azonban, ott, ahol a gazdag Árpád-kori leletanyagot találtuk, és ami alapján objektumra lehetett következtetni, a föld nem volt szürke, hamus, sőt a fekete, kőkemény talajban gyakorlatilag semmit sem lehetett látni. Ezért itt 110 cm mélységig mélyítettünk, és a 19. számú őskori gödör szélébe ásva a 2. számú Árpád-kori kemencét tárhattuk fel.

A DK-i sarokban feltártuk a már említett kutat. Ez az omlásveszély miatt nem volt egyszerű feladat, ezért nyugati felét 275 cm mélységig körbeástuk, majd innen kezdve tisztítottuk ki a talajvíz szintjéig.

A **40. szelvény**t 5 x 5 méteres méretben a 19. szelvény északi oldalán tűztük ki. Végeredményben azonban déli oldala mintegy 1 méterrel rövidebb lett, mivel a 19. szelvény feltárása nyomán ezen a területen a metszetfal leomlott.

A szántott rétegben a vegyes őskori leletanyag volt többségben,[563] ezenkívül barna, szürke törésű, tört kaviccsal soványított, kifelé megvastagodó bográcsperem,[564] hasonló anyagú, de kifelé megvastagodó, szögletesre kiképzett bográcsperem,[565] barna, szürke törésű, tört kaviccsal soványított, ritka közű csigavonallal

552 Munsell 5YR 5/6. ltsz.: 95.28.354. A kiszerkeszthető szá.: 18 cm.
553 Munsell 5YR 5/6. ltsz.: 95.28.355.
554 Munsell 5YR 5/3. Kívül erősen kormos. ltsz.: 95.28.356. A kiszerkeszthető szá.: 18 cm.
555 Munsell 5YR 2.5/1. ltsz.: 95.28.357.
556 Munsell 5YR 5/2, 5/3. ltsz.: 95.28.358. 3 db.
557 Munsell 5YR 5/2. ltsz.: 95.28.359. 2 db.
558 Munsell 5YR 6/3. ltsz.: 95.28.360. 2 db,
559 Munsell 5YR 6/8. ltsz.: 95.28.361. 2 db.
560 Munsell 5YR 4/2, 5/3, 5/4. ltsz.: 95.28.362. 31 db.
561 Munsell 5YR 4/1, 5/4. ltsz.: 95.28.363. 2 db.
562 ltsz.: 95.28.1414.
563 ltsz.: 95.28.389.–396.
564 Munsell 5YR 5/4. ltsz.: 95.28.397.
565 Munsell 5YR 6/4. ltsz.: 95.28.398.

díszített,[566] továbbá díszítetlen oldalak,[567] valamint egyenletes szürkére égetett, tört kaviccsal soványított fenékdarabok kerültek elő.[568]

30–60 cm mélységben a leletek csaknem egyenletes sűrűségben oszlottak el a szelvény egész területén, noha annak közepe táján egy négyszögletes, világosszürke, hamus foltot lehetett észlelni. A leletek ezen a részen avar koriak, köztük van egy rácsmintás pecsétlésű oldal is. Nyesés után viszont ettől a folttól délre, a szelvény déli szélén egy másik világosszürke, hamus foltot figyeltünk meg, amely az 5. számú házat jelezte. Ennek nagyobb részét 1986-ban, a 19. szelvényben már rábontással feltárták. A leletek hiánya kirajzolta az 1986. évi rábontás területét, illetve a cserepek sűrűsödése a ház megmaradt részének a helyét. A háztól ÉNy-ra a 10. és 11. árkok részleteit tártuk fel, melyek betöltött szakasza fölé a házat építették.

A vegyes őskori leletek[569] mellett szürke, korongolt, szarmata kori díszítetlen oldalak,[570] barna, tört cseréppel soványított, korongolatlan, díszítetlen oldaltöredékek[571] is előfordultak, melyek egyaránt lehetnek szarmata vagy avar koriak. Az avar korba tartozik egy szürke, tört cseréppel soványított, vékonyfalú, kicsiny egyenes perem,[572] barna, szürke törésű, tört cseréppel soványított, rácsmintás pecsétlésű oldalak[573] *(13. tábla 3.)* és egy barna, vékony falú, lekerekített szélű sütőharang peremdarabkája.[574] Árpád-kori egy barna, szürke törésű, tört kaviccsal soványított, kifelé,[575] illetve egy mindkét irányba megvastagodó bográcsperem,[576] egy barna, szürke törésű, tört kaviccsal soványított, kihajló, lekerekített szélű fazékperem,[577] egy egészen finom mintájú, többsoros fogaskerék mintával díszített oldal[578] *(43. tábla 1.)*, egy ritka közű csigavonallal díszített, kopott oldal,[579] egy ívelt bográcsoldal,[580] továbbá díszítetlen oldalak.[581]

Az objektumok feltárása után a szelvényt tovább mélyítettük a sárga altalajig (90 cm). Feltételeztük ugyanis, hogy ebben az alig 30 cm vastag rétegben esetleg még lehet objektum (talán avar kori?), mivel teteje szürke, hamus, laza, kevert volt és erről a területről kerültek elő a rácsmintás pecsétléssel díszített avar cserepek. Ilyen objektumra sajnos nem bukkantunk, a réteg alja rögös fekete, és csak néhány cserepet tartalmazott, melyek különböző korokból származtak. Az őskori cserepek[582] mellett itt is előfordultak barna és szürke, tört cseréppel soványított, díszítetlen avar kori oldalak,[583] továbbá az ÉNY-i sarokban 65 cm mélyen egy vésett vonalakból álló díszítésű bronzlemez, mely Árpád-kori[584] *(50. tábla 4.)*. Mindebből arra lehet következtetni, hogy ezt a réteget még az Árpád-korban többször bolygatták, és így a járószint ebben a magasságban, vagy e fölött lehetett.

566 Munsell 5YR 6/4. ltsz.: 95.28.399.
567 Munsell 5YR 4/3, 5/3, 5/4. ltsz.: 95.28.400. 10 db.
568 Munsell 5YR 3/1. ltsz.: 95.28.401. 2 db.
569 ltsz.: 95.28.402.–405.
570 ltsz.: 95.28.406. 3 db.
571 ltsz.: 95.28.407. 8 db.
572 ltsz.: 95.28.408.
573 ltsz.: 95.28.409. 2 db.
574 ltsz.: 95.28.410.
575 Munsell 5YR 5/4. ltsz.: 95.28.411.
576 Munsell 5YR 5/4. ltsz.: 95.28.412.
577 Munsell 5YR 5/2. ltsz.: 95.28.413.
578 Munsell 5YR 5/4. ltsz.: 95.28.414.
579 Munsell 5YR 6/3. ltsz.: 95.28.415.
580 Munsell 5YR 5/4. ltsz.: 95.28.416.
581 Munsell 2.5YR 5/6, Munsell 5YR 4/1, 4/3, 5/4, 6/4, Munsell 7.5YR 6/6. ltsz.: 95.28.417. 17 db.
582 ltsz.: 95.28.419.–422.
583 Munsell 5YR 4/2, 5/3, Munsell 7.5YR 6/6. ltsz.: 95.28.423. 5 db. A köztük lévő két agyagbevonatos darab egy edényből való.
584 ltsz.: 95.28.1415. H.: 4,2, sz.: 2 cm. Az ábráról részletesen az Egyéb leletek című alfejezetben. Egyik széle felhajlított.

A **41. szelvény** a szokásos 5 x 5 méternél 1,8 méterrel hosszabb lett keleti irányban, mivel itt a 18. szelvénnyel való csatlakozásnál feltáratlan területre bukkantunk. A leletek a szántott rétegben és 30–60 cm mélységben is egyenletesen szóródtak és zömmel őskoriak voltak. 90 cm mélységben a szelvény déli fala mentén, az 5. háztól kb. másfél méterre keletre a 16. gödör foltja mutatkozott.

A szántott réteg leletanyagában néhány bronzkori és szarmata kori cserép is volt.[585] Árpád-kori egy barna, szürke törésű, tört kaviccsal soványított, kifelé szélesen, laposan kihúzott, de nem szögletesre levágott, karéjos lyukkiképzésű bográcsperem,[586] egy azonos anyagú, de kifelé megvastagodó bográcsperem,[587] egy kihajló, lekerekített szélű fazékperem,[588] ívelt bográcsoldalak,[589] egy barna, szürke törésű, homokkal soványított, zsíros tapintású, díszítetlen oldal,[590] továbbá barna, szürke törésű, tört kaviccsal soványított, díszítetlen oldalak[591] és egy fenékdarab.[592] A leletanyaghoz tartozik két téglalap átmetszetű vasszeg is[593] *(50. tábla 5–6.)*.

A 40. és 41. szelvények közötti tanúfalból megemlíthetünk egy avar kori barna, szürke törésű, tört cseréppel soványított, korongolatlan, díszítetlen oldalt[594] és egy Árpád-kori, barna, szürke törésű, tört kaviccsal soványított, mindkét irányba megvastagodó bográcsperemet, mely a függesztőlyuk körül alig észrevehetően szélesedik ki.[595]

A 30–60 cm között talált vegyes őskori kerámiaanyagban a szkíta kori töredékek voltak többségben.[596] Egy barna, szürke törésű, tört cseréppel soványított korongolatlan bogrács oldala a belső függesztőfül csonkjával[597] *(12. tábla 5.)* viszont már avar kori, a barna, szürke törésű, tört cseréppel soványított, rácsmintás pecsétlésű oldallal[598] és a barna, szürke törésű, tört cseréppel soványított, díszítetlen oldalakkal[599] együtt. Árpád-kori egy barna, szürke törésű, tört kaviccsal soványított, mindkét irányba megvastagodó, karéjos lyukkiképzésű bográcsperem[600] *(27. tábla 3.)*, egy barna, szürke törésű, tört kaviccsal soványított, kifelé megvastagodó bográcsperem[601] és egy ugyanilyen anyagú, de befelé megvastagodó bográcsperem.[602] Barna, szürke törésű, tört kaviccsal soványított, kihajló, függőlegesre levágott szélű fazékperem.[603] Barna, szürke törésű, tört kaviccsal soványított, kihajló, lekerekített szélű fazékperemek.[604] Barna, egyenletesen átégett, csillámos tört kaviccsal soványított, egyenes, befelé ferdén levágott szélű perem. Külső oldalán az egész felületet fedő vízszintesen bekarcolt vonalak díszítik[605] *(40. tábla 8.)*. Barna, szürke törésű, csillámos homokkal soványított, kihajló, lekerekített szélű fazékperem.[606] Világosbarna, szürke törésű, csillámos homokkal soványított, gyorskorongolt,

---

585 ltsz.: 95.28.443.–444.
586 Munsell 5YR 4/3. ltsz.: 95.28.445.
587 Munsell 5YR 5/4. ltsz.: 95.28.446.
588 Munsell 5YR 5/2. ltsz.: 95.28.447.
589 Munsell 5YR 5/4, 5/6. ltsz.: 95.28.448. 2 db.
590 Munsell 2.5YR 5/6. ltsz.: 95.28.449.
591 Munsell 5YR 3/1, 5/6. ltsz.: 95.28.450. 10 db.
592 Munsell 5YR 6/4. ltsz.: 95.28.451.
593 ltsz.: 95.28.1416.
594 ltsz.: 95.28.489.
595 Munsell 5YR 5/4. ltsz.: 95.28.491.
596 ltsz.: 95.28.454.–464.
597 Munsell 5YR 5/3. ltsz.: 95.28.463.
598 Munsell 5YR 6/1. ltsz.: 95.28.464.
599 Munsell 5YR 5/4, 6/3. ltsz.: 95.28.465. 3 db.
600 Munsell 5YR 6/4. ltsz.: 95.28.466. szá.: 35 cm.
601 Munsell 5YR 5/6. ltsz.: 95.28.467.
602 Munsell 5YR 5/4. ltsz.: 95.28.468.
603 Munsell 5YR 5/3. ltsz.: 95.28.469.
604 Munsell 5YR 4/2, 6/4. ltsz.: 95.28.470. 2 db.
605 Munsell 5YR 4/1. ltsz.: 95.28.471.
606 Munsell 2.5YR 5/6. ltsz.: 95.28.472.

zsíros tapintású, kívül bordázott, kiszélesedő szélű fazékperem.[607] Barna, szürke törésű, tört kaviccsal soványított, vízszintes vonalakkal díszített kicsiny oldalak.[608] Barna, szürke törésű, tört kaviccsal soványított, ferde bevágásokkal díszített fazékváll[609] *(42. tábla 1.)*. Barna, szürke törésű, csillámos homokkal soványított, ívelt bográcsoldal.[610] Barna, szürke törésű, csillámos homokkal soványított, zsíros tapintású, díszítetlen oldalak.[611] Barna, szürke törésű, tört kaviccsal soványított, díszítetlen oldalak.[612]

60–90 cm mélységben már csak néhány őskori cserép fordult elő,[613] a leletek többsége Árpád-kori: barna, szürke törésű, tört kaviccsal soványított, kifelé megvastagodó bográcsperem,[614] barna, szürke törésű, tört kaviccsal soványított, kihajló függőlegesen levágott szélű fazékperem. Az edény vállát ferde bevágások sora, alatta vízszintes vonalak díszítették[615] *(37. tábla 1.)*. Barna, szürke törésű, tört kaviccsal soványított, vízszintes vonalköteggel díszített oldal.[616] Barna, szürke törésű, tört kaviccsal soványított oldal, az egész felületét vízszintes vonalak borítják[617] *(40. tábla 4.)*. Barna, szürke törésű, tört kaviccsal soványított kicsiny oldal, egészen finom hullámvonalkötegekkel díszítve.[618] Barna, szürke törésű, tört kaviccsal soványított, díszítetlen oldalak.[619]

A **42. szelvény**t a 18. számú szelvénytől északra nyitottuk azért, hogy ezen a szakaszon is hitelesen le lehessen zárni a feltárás széleit. Az 5 x 5 méteres szelvény ÉNy-i sarkánál keleti és nyugati irányban 2 x 2 méteres rábontást nyitottunk a 8. ház feltárása érdekében. Míg a 8. számú (szkíta kori) házat az újkőkori járószintbe mélyítették, az avar és Árpád-kori cserepek minden bizonnyal az itt feltárt 9. árokból származnak.

A szántott rétegben újkőkori,[620] szkíta kori[621] cserepek mellett Árpád-kori kerámiát is találtunk. Az utóbbiak között van barna, szürke törésű, tört kaviccsal soványított, kifelé megvastagodó, karéjos lyukkiképzésű bográcsperem,[622] vízszintesre levágott szélű, teljesen egyenes oldal,[623] szürke, egyenletesen átégett, tört kaviccsal soványított, az egész felületet fedő vízszintes vonalakkal díszített oldal,[624] barna, szürke törésű, tört kaviccsal soványított, ritka közű csigavonallal díszített oldal,[625] valamint barna, szürke törésű, homokkal soványított, zsíros tapintású,[626] csillámos homokkal soványított,[627] továbbá tört kaviccsal soványított, apró, díszítetlen oldalak.[628]

30–60 cm mélységben a leletek csaknem egyenletes sűrűségben jelentkeztek a szelvény egész területén, ugyanakkor a szelvény ÉNy-i sarkában szürke hamus folt bukkant elő, amely a 8. ház helyét

---

607 Munsell 5YR 7/4. ltsz.: 95.28.473.
608 Munsell 5YR 5/4, 6/3. ltsz.: 95.28.474. 3 db.
609 Munsell 5YR 5/4. ltsz.: 95.28.475.
610 Munsell 5YR 5/4. ltsz.: 95.28.476.
611 Munsell 5YR 5/4. ltsz.: 95.28.477. 3 db.
612 Munsell 5YR 3/1, 5/3, 5/4. ltsz.: 95.28.478. 13 db.
613 ltsz.: 95.28.480.–481.
614 Munsell 5YR 5/4. ltsz.: 95.28.482.
615 Munsell 5YR 5/1. ltsz.: 95.28.483. A kiszerkeszthető szá.: 19 cm.
616 Munsell 5YR 3/2. ltsz.: 95.28.484.
617 Munsell 5YR 4/2. ltsz.: 95.28.485.
618 Munsell 5YR 4/2. ltsz.: 95.28.486.
619 Munsell 5YR 5/1, 6/4. ltsz.: 95.28.487. 2 db.
620 ltsz.: 95.28.517.–519.
621 ltsz.: 95.28.520.–524.
622 Munsell 5YR 5/4. ltsz.: 95.28.525.
623 Munsell 5YR 6/4 ltsz.: 95.28.526. A kis méret miatt az edény alakját nem lehet meghatározni.
624 Munsell 5YR 3/1 ltsz.: 95.28.527.
625 Munsell 5YR 5/1 ltsz.: 95.28.528.
626 Munsell 5YR 5/4, 5/8. ltsz.: 95.28.529.
627 Munsell 5YR 5/4, 6/4. ltsz.: 95.28.530.
628 Munsell 5YR 4/1, 5/4, 5/6, 6/1, 6/4. ltsz.: 95.28.531.

jelezte. A Körös-kultúra[629] és az AVK[630] jellegzetes töredékei mellett a szkíta kori cserepek[631] voltak többségben. Közülük is ki kell emelni egy szürke, korongolt, behúzott peremű tálat.[632]

Az avar korra keltezhető cserepek között van egy barna, szürke törésű, tört cseréppel soványított, korongolatlan, durva felületű, kihajló, lekerekített szélű perem,[633] rácsmintás pecsétlésű oldalak[634] *(13. tábla 2.)*, korongolatlan bogrács hurka formájúra kiképzett függesztőfülének darabja,[635] korongolatlan bográcsok kicsiny peremdarabjai,[636] korongolatlan, díszítetlen oldalak[637] és fenékdarabok.[638]

Árpád-kori egy barna, szürke törésű, tört kaviccsal soványított, kifelé vízszintesen kihúzott, csúcsos lyukkiképzésű bográcsperem[639] *(28. tábla 4.)*, egy befelé megvastagodó, karéjos lyukkiképzésű, kopott bográcsperem,[640] egy szürke, egyenletesen átégett, tört kaviccsal soványított, egész felületet fedő vízszintes vonalakkal díszített apró oldal,[641] egy hasonló anyagú, keskeny vízszintes vonalkötegekkel díszített oldal,[642] egy barna, szürke törésű, tört kaviccsal soványított, vízszintes vonalkötegek közé befésült egyes hullámvonallal díszített oldal,[643] egy ritka közű csigavonallal díszített oldal,[644] továbbá barna, szürke törésű, csillámos homokkal soványított, zsíros tapintású[645] és tört kaviccsal soványított, díszítetlen oldalak[646] valamint fenékdarabok.[647]

60–90 cm mélységben a leletek hiánya már pontosan mutatja a 8. ház helyét, és ettől délre és keletre már csak újkőkori cserepeket és más leleteket,[648] közöttük egy állatcsontból faragott, kerek lyukkal átfúrt, kopott amulettet[649] találtunk.

43. szelvény. Keletről csatlakozik a 43. szelvényhez, szélessége itt 5 m, Ny–K irányban pedig 10 m. Déli széle pontosan illeszkedik az 1986. évi 18. szelvény északi oldalához.

A szántott réteg őskori cserepei több korszakból származnak.[650] Árpád-kori egy barna, szürke törésű, tört kaviccsal soványított, mindkét irányba megvastagodó, karéjos lyukkiképzésű bográcsperem, és egy hasonló edényből származó kisebb darab.[651] Van egy-egy barna, szürke törésű, tört kaviccsal soványított, kifelé megvastagodó,[652] mindkét irányba megvastagodó,[653] illetve kifelé vízszintesen kihúzott bográcsperem.[654] Bar-

629 ltsz.: 95.28.534.–538.
630 ltsz.: 95.28.539.–544.
631 ltsz.: 95.28.545.–550., ltsz.: 95.28.552.–553.
632 ltsz.: 95.28.551.
633 Munsell 5YR 5/2. ltsz.: 95.28.554.
634 Munsell 5YR 3/1, 4/1. ltsz.: 95.28.555.
635 Munsell 5YR 3/1. ltsz.: 95.28.556.
636 Munsell 5YR 4/1, 5/3. ltsz.: 95.28.557.
637 Munsell 5YR 4/1, 5/3, 6/4. ltsz.: 95.28.558.
638 Munsell 5YR 4/1, 6/4. ltsz.: 95.28.559.
639 Munsell 5YR 6/4. ltsz.: 95.28.560. szá.: 32 cm.
640 Munsell 5YR 5/4. ltsz.: 95.28.561.
641 Munsell 5YR 3/1. ltsz.: 95.28.562.
642 Munsell 5YR 3/1. ltsz.: 95.28.564.
643 Munsell 5YR 4/1. ltsz.: 95.28.563.
644 Munsell 5YR 5/1. ltsz.: 95.28.565.
645 Munsell 5YR 5/4, 6/3. ltsz.: 95.28.566.
646 Munsell 5YR 5/1, 5/4, 5/6. ltsz.: 95.28.567.
647 Munsell 5YR 4/3. ltsz.: 95.28.568.
648 ltsz.: 95.28.572.–576.
649 ltsz.: 95.28.1432.
650 Körös-kultúra, bodrogkeresztúri kultúra, szkíta kor: ltsz.: 95.28.651.–662.
651 Munsell 5YR 5/4. ltsz.: 95.28.663.
652 Munsell 5YR 5/4. ltsz.: 95.28.664.
653 Munsell 5YR 5/4. ltsz.: 95.28.665.
654 Munsell 5YR 5/4. ltsz.: 95.28.666.

na, szürke törésű, tört kaviccsal soványított, kihajló ferdén levágott szélű, fedőhornyos fazékperem,[655] ugyanilyen anyagú fazékváll és ívelt bográcsoldal.[656] Barna, szürke törésű, csillámos tört kaviccsal soványított oldal, az egész felületet fedő vízszintes vonaldíszítéssel,[657] barna, egyenletesen átégett, tört kaviccsal soványított, külső oldalán simára eldolgozott felületű oldal, vízszintes vonalakkal díszítve.[658] Barna, szürke törésű, csillámos homokkal soványított, díszítetlen oldalak,[659] Barna, szürke törésű, tört kaviccsal soványított, vízszintes vonalköteggel díszített kicsiny oldal.[660] Barna, szürke törésű, tört kaviccsal soványított, vízszintes vonalakkal díszített apró oldalak.[661] Barna, szürke törésű, tört kaviccsal soványított, díszítetlen oldalak[662] és fenéktöredékek.[663]

30–60 cm közötti mélységben ugyancsak szépszámmal akadtak a különböző őskori kultúrák cserepei, melyek csaknem egyenletes sűrűségben oszlottak el a szelvény egész területén.[664] Kivéve azt az őskori cserépcsomót, melyre a szelvény közepén, 40 cm mélységben bukkantunk, ezek azonban nem egy edényből származnak. A föld ebben a mélységben is teljesen szurokfekete, semmilyen elszíneződést nem mutat, bár nem kemény. Az Árpád-kori leletek sávos elrendeződése már jól jelzi a csak 80 cm mélységben kivehető árkok helyét.

A leletek élére kívánkozik egy barna, szürke törésű, csillámos kaviccsal soványított, korongolt belsőfüles edény darabja. Pereme kihajló, elkeskenyedő szélű, belül síkozott. A belső, kerek függesztőfülből kettő lehetett, de csak egy van meg[665] *(29. tábla 2.)*. Mindössze egy barna, szürke törésű, tört kaviccsal soványított, kifelé megvastagodó bográcsperem[666] van a leletanyagban. Barna, szürke törésű, tört kaviccsal soványított, kívül erősen kormos, egymásba fésült hullámvonalköteggel díszített kisebb oldalak,[667] ugyanilyen anyagú, vízszintes vonallal díszített,[668] továbbá az egész felületet fedő vízszintes vonalakkal díszített oldal.[669] A díszítetlen oldalak között találunk barna, szürke törésű, csillámos homokkal,[670] illetve tört kaviccsal soványított töredékeket.[671] Barna, szürke törésű, tört kaviccsal soványított fenékdarabok.[672] Az ÉK-i sarokban egy csomóban több tégladarabot is találtunk.

60–90 cm közötti mélységben jelentkezett a sárga altalaj, benne egy ÉK–DNy irányú keskeny árok (13. árok) foltjával. Az árok szélén kívül, de annak közvetlenül a keleti oldalán egy ló teljes alsó állkapcsa feküdt. Az ÉK-i sarokban egy, az előbbire csaknem merőleges irányú kisebb árok részletét találtuk (12. árok), ezek nem tisztázott módon a szelvény északi fala alatt csatlakoznak. A 14. árkot csak a szelvény keleti metszetfalában észleltük, a szelvény alján, 80 cm mélységben már egy állatjáráson kívül semmi nyoma sem volt. Csak a metszet iránya alapján következtethettünk arra, hogy az árok dél felé kikanyarodott szelvényünkből. Sajnos a délre eső 18. szelvényben az őskori leletekkel

[655] Munsell 5YR 5/1. ltsz.: 95.28.667.
[656] Munsell 5YR 4/1, 5/4. ltsz.: 95.28.668.
[657] Munsell 5YR 6/3. ltsz.: 95.28.669.
[658] Munsell 5YR 5/4. ltsz.: 95.28.670.
[659] Munsell 5YR 5/4, 6/6. ltsz.: 95.28.671. 7 db.
[660] Munsell 5YR 6/3 ltsz.: 95.28.672.
[661] Munsell 5YR 4/1, 5/3. ltsz.: 95.28.673. 3 db.
[662] Munsell 5YR 4/1, 5/3, 5/4, 6/6. ltsz.: 95.28.674. 33 db.
[663] Munsell 5YR 6/4. ltsz.: 95.28.675. 2 db.
[664] ltsz.: 95.28.678.–703.
[665] Munsell 5YR 5/4 ltsz.: 95.28.704.
[666] Munsell 5YR 5/4 ltsz.: 95.28.705.
[667] Munsell 5YR 3/1. ltsz.: 95.28.706. 2 db.
[668] Munsell 5YR 4/2. ltsz.: 95.28.707.
[669] Munsell 5YR 5/2. ltsz.: 95.28.708,
[670] Munsell 5YR 5/3, 5/4. ltsz.: 95.28.709. 6 db.
[671] Munsell 5YR 3/1, 5/2, 5/3, 5/4, 5/6. ltsz.: 95.28.710. 22 db.
[672] Munsell 5YR 4/1, 5/4, 5/8. ltsz.: 95.28.711. 3 db.

teli szurokfekete földben nem lehetett ezeket az árkokat megfigyelni, ezért sem a 9., sem a 13., sem a 14. árok déli folytatásait, egymással való összefüggéseiket nem tudtuk tisztázni.

A többségben lévő őskori leletek mellett[673] megjelentek az avar kori cserepek is: barna, szürke törésű, tört cseréppel soványított, korongolatlan, rácsmintás pecsétlésű,[674] illetve díszítetlen oldalak,[675] és egy barna, szürke törésű, tört cseréppel és durva csillámos kaviccsal soványított, korongolt fenékrész.[676] Az Árpád-kori cserepek között van egy szürke, egyenletesen átégett, csillámos kaviccsal soványított, korongolt, vízszintesre levágott szélű tálperem. Külső oldalát vízszintes vonalkötegek és ferde bevagdosások sora díszíti[677] *(38. tábla 5.)*. Barna, szürke törésű, tört kaviccsal soványított, bordás nyakú edény nyakrésze, két borda részletével[678] *(16. tábla 4.)*. Barna, szürke törésű, tört kaviccsal soványított, ritka közű, sekély csigavonallal díszített,[679] illetve díszítetlen oldalak.[680]

A 44–47. számú szelvényeket a bánya körüli ásatási területünktől ÉNy-ra kb. 50 méterre nyitottuk. Ezen a területen a geofizikai mérés során ugyanis kiugróan erős anomáliákat rögzítettek az ELTE Geofizikai Tanszék munkatársai. Szelvényeinkkel ezt a helyet sikerült feltárni, és megállapíthattuk, hogy az anomáliát a 47. szelvényben talált 9. ház különösen gazdag leletanyaga okozta.

44. szelvény. A szántott rétegben csak néhány szórványos szkíta kori cserép képviselte az őskort.[681] Barna, szürke törésű, tört kaviccsal soványított, mindkét irányba megvastagodó,[682] illetve karéjos lyukkiképzésű bográcsperemek,[683] kihajló, szögfejperemű fazékdarab[684] és díszítetlen oldalak[685] jelentik az Árpád-kori leletanyagot.

30–60 cm mélységben a szelvény közepén, laza, hamus földet figyeltünk meg, és 60 cm mélységben a szelvény közepén, a nyugati fal mellett jelentkezett a 7. ház foltja. A leletek szóródása majdnem egyenletesnek mondható, az Árpád-kori cserepek ugyanakkor a házfolt felett csoportosultak.

A tiszapolgári kultúra és a szkíta kor szórványleletei[686] mellett megjelentek az avar korba sorolható töredékek is: barna és szürke, tört cseréppel soványított, vastag falú, korongolatlan oldalak és egy egyenes perem.[687] Barna, szürke törésű, csillámos homokkal és cseréppel soványított, kézikorongolt nagyobb, ívelt oldal, mely akár bográcsoldal is lehet, egy egyenes perem és egy díszítetlen fazékoldal.[688] Árpád-kori egy barna, szürke foltos, szürke törésű, csillámos homokkal soványított, vízszintesre levágott szélű tál peremrésze. Egyenes oldalát kívül az egész felületet fedő vízszintes vonalak díszítik[689] *(38. tábla 3.)*. Barna, szürke foltos, szürke törésű, tört kaviccsal soványított, csaknem vízszintesen kihajló, függőlegesen levágott és kicsit felhúzott szélű fazékperem.[690] Barna, szürke törésű, csillámos homokkal soványított, mindkét irányban kiszélesedő, függőle-

[673] ltsz.: 95.28.713.–724.
[674] Munsell 5YR 5/2, 5/4, 5/6. ltsz.: 95.28.725. 7 db.
[675] Munsell 5YR 3/1, Munsell 7.5YR 5/4. ltsz.: 95.28.726. 4 db.
[676] Munsell 5YR 4/2. ltsz.: 95.28.727.
[677] Munsell 5YR 3/1. ltsz.: 95.28.728. A kiszerkeszthető szá.: 21,2 cm.
[678] Munsell 5YR 4/2. ltsz.: 95.28.729.
[679] Munsell 5YR 4/2. ltsz.: 95.28.730.
[680] Munsell 5YR 5/3, 5/4. ltsz.: 95.28.731. 7 db.
[681] ltsz.: 95.28.745.–746.
[682] Munsell 5YR 5/4. ltsz.: 95.28.747.
[683] Munsell 5YR 5/4, 5/6. ltsz.: 95.28.748. 2 db.
[684] Munsell 5YR 5/4. ltsz.: 95.28.749.
[685] Munsell 5YR 5/4, 5/6, 6/4. ltsz.: 95.28.750. 7 db.
[686] ltsz.: 95.28.752.–755.
[687] ltsz.: 95.28.756. 4 db. Lehet, hogy sütőharang részei.
[688] Munsell 5YR 5/2, 5/4. ltsz.: 95.28.757.
[689] Munsell 7.5YR 5/2. ltsz.: 95.28.758. A kiszerkeszthető szá.: 12,4 cm.
[690] Munsell 7.5YR 5/2. ltsz.: 95.28.759.

gesen levágott szélű kicsiny fazékperem.[691] Szürke, egyenletesen átégett, tört kaviccsal soványított, vékonyfalú oldalak, az egész felületet fedő finom, vékony vízszintes vonaldíszítéssel.[692] Barna, szürke törésű, csillámos homokkal soványított, az egész felületet fedő széles, sekély vonalakkal díszített oldal.[693] Szürke, egyenletesen átégett, tört kaviccsal soványított, széles, sekély csigavonalakkal díszített oldal.[694] Barna, szürke törésű, tört kaviccsal soványított, díszítetlen oldalak.[695] Ehhez a korszakhoz soroltunk egy szemcsés anyagú, lapos malomkő-darabot is, mely erősen kormos.[696]

A 7. ház kibontása során sikerült feltárnunk a 15. árkot is.

60–90 cm mélységben a cserepek száma erőteljesen lecsökkent, és már nem volt Árpád-kori lelet. Egy szürke, tört cseréppel soványított, vékonyfalú sütőharang-perem[697] és egy szürke, erősen kopott kisebb darab[698] avar kori lehet.

45. szelvény A szántott rétegben az őskori szórványok[699] mellett talált barna, szürke törésű, tört cseréppel soványított, korongolatlan oldalak[700] avar koriak. Árpád-kori egy barna, szürke törésű, tört kaviccsal soványított, befelé megvastagodó bográcsperem,[701] illetve egy másik, amelyen a perem a függesztőlyuk körül csúcsosan kiszélesedik.[702] Barna, szürke törésű, tört kaviccsal soványított, kihajló, függőlegesen levágott szélű fazékperem,[703] ugyanilyen anyagú, díszítetlen oldalak.[704]

30–60 cm mélységben a leletek elszórtan jelentkeztek. Az őskori cserepeken[705] kívül egy avar kori, szürke, tört cseréppel soványított sütőharang vagy fedő peremdarabját,[706] továbbá Árpád-kori, barna, szürke törésű, tört kaviccsal soványított, díszítetlen oldalakat[707] és egy kerek átmetszetű vasszeget, hatalmas kúpos fejjel, említhetünk meg[708] *(50. tábla 7.)*.

Ebben a szelvényben tártuk fel a 7. ház nyugati sarkát, és a 16. árok egy szakaszát.

46. szelvény. Itt 0–30 cm között is kevés őskori lelet volt,[709] az Árpád-korba tartozó barna, szürke törésű, tört kaviccsal soványított bográcsperemek között kifelé,[710] befelé,[711] illetve mindkét irányba megvastagodó[712] típusok egyaránt előfordulnak. Barna, szürke törésű, tört kaviccsal soványított, kihajló, lekerekített szélű fazékperem,[713] barna, szürke törésű, csillámos homokkal soványított, szé-

691 Munsell 7.5YR 5/2. ltsz.: 95.28.760.
692 Munsell 5YR 5/1. ltsz.: 95.28.761. 2 db.
693 Munsell 5YR 5/4. ltsz.: 95.28.762.
694 Munsell 5YR 4/1. ltsz.: 95.28.763.
695 Munsell 5YR 3/1, 4/1, 5/4, 6/2. ltsz.: 95.28.764. 9 db.
696 ltsz.: 95.28.765.
697 Munsell 5YR 3/1. ltsz.: 95.28.768.
698 ltsz.: 95.28.769.
699 ltsz.: 95.28.773.–775.
700 ltsz.: 95.28.776. 2 db.
701 Munsell 5YR 5/4. ltsz.: 95.28.778.
702 Munsell 2.5YR 5/4. ltsz.: 95.28.779.
703 Munsell 5YR 5/3. ltsz.: 95.28.780.
704 Munsell 5YR 5/3, 5/4. ltsz.: 95.28.781. 11 db.
705 ltsz.: 95.28.784.–788.
706 Munsell 5YR 3/1. ltsz.: 95.28.789.
707 Munsell 5YR 4/1, 5/4. ltsz.: 95.28.790. 7 db.
708 ltsz.: 95.28.1417. Hegye hiányzik.
709 ltsz.: 95.28.836.–838.
710 Munsell 5YR 5/4. ltsz.: 95.28.839. 2 db.
711 Munsell 5YR 5/4, 5/6, 6/1. ltsz.: 95.28.840. 4 db.
712 Munsell 5YR 5/2, 5/6. ltsz.: 95.28.841. 2 db.
713 Munsell 5YR 5/4. ltsz.: 95.28.842.

les, sekély csigavonallal díszített,[714] illetve ugyanilyen anyagú, díszítetlen oldalak.[715] A barna, szürke törésű, tört kaviccsal soványított oldaltöredékek közül egy csigavonallal díszített,[716] a többi díszítetlen.[717] Innen való egy szürke, szemcsés anyagú malomkő, melynek egyik oldala sima.[718]

30–60 cm között már észlelni lehetett azt a lelőhelycsoportosulást, mely a 17. gödröt jelezte a szelvény nyugati fala közelében. Ebben a mélységben kevés őskori lelet akadt.[719] A szürke, tört cseréppel soványított, korongolatlan, díszítetlen oldalak[720] avar koriak.

Az Árpád-kori leletek között egyetlen barna, szürke törésű, tört kaviccsal soványított, kifelé megvastagodó bográcsperem van.[721] Barna, szürke törésű, csillámos homokkal soványított, kihajló, lekerekített szélű fazékperem.[722] Téglavörös, egyenletesen átégett, csillámos homokkal soványított, kihajló, elkeskenyedő szélű fazékperem.[723] Barna, szürke törésű, tört kaviccsal soványított, kihajló, mindkét irányba kiszélesedő és ferdén levágott szélű fazékperem.[724] Barna, szürke törésű, csillámos homokkal soványított fazékváll, ferde bevágásokkal díszítve[725] *(42. tábla 5.)*. Barna, szürke törésű, tört kaviccsal soványított, belül kormos, széles, sekély csigavonallal díszített oldal.[726] Barna, szürke törésű, tört kaviccsal soványított, csigavonallal díszített oldal, melynek belső felületét is vízszintes vonalak fedik.[727] Barna, szürke törésű, tört kaviccsal soványított, keskeny, ritka közű csigavonallal díszített oldalak.[728] Barna, szürke törésű, tört kaviccsal soványított, díszítetlen oldalak.[729] Barna, szürke törésű, csillámos homokkal soványított, díszítetlen oldalak.[730]

60–90 cm között néhány őskori,[731] egy barna, szürke törésű, tört cseréppel soványított, korongolatlan, díszítetlen avar kori oldal[732] fordult elő. Az Árpád-kori cserepek között van egy barna, szürke törésű, tört kaviccsal soványított, ívelt bográcsoldal,[733] csigavonalas díszítésű oldal,[734] továbbá egy olyan csigavonalas díszítésű oldal, melynek belső felületét is vízszintes vonalak díszítik.[735]

47. szelvény. Nyugati felében már 30 cm mélységben hatalmas szürke folt rajzolódott ki, amelyből rengeteg Árpád-kori lelet és állatcsont került elő. A folt – és a leletanyag is – a 9. ház maradványait jelezte.

---

714 Munsell 5YR 5/6. ltsz.: 95.28.843.
715 Munsell 5YR 5/4, 6/3. ltsz.: 95.28.844. 4 db.
716 Munsell 5YR 5/3. ltsz.: 95.28.845.
717 Munsell 5YR 4/1, 5/1, 5/3, 5/4, 5/6. ltsz.: 95.28.846. 20 db.
718 ltsz.: 95.28.849.1.
719 ltsz.: 95.28.850.–854.
720 ltsz.: 95.28.855. 3 db.
721 Munsell 5YR 5/4. ltsz.: 95.28.856.
722 Munsell 7.5YR 6/4. ltsz.: 95.28.857.
723 Munsell 5YR 5/6. ltsz.: 95.28.858.
724 Munsell 5YR 5/3. ltsz.: 95.28.859.
725 Munsell 7.5YR 6/4. ltsz.: 95.28.860.
726 Munsell 5YR 3/1. ltsz.: 95.28.861.
727 Munsell 5YR 4/2. ltsz.: 95.28.862.
728 Munsell 5YR 3/1, 6/4. ltsz.: 95.28.863. 2 db.
729 Munsell 5YR 3/1, 5/2, 5/4, 5/6. ltsz.: 95.28.864. 5 db.
730 Munsell 5YR 5/4, 6/4. ltsz.: 95.28.865. 2 db.
731 ltsz.: 95.28.867. 7 db.
732 Munsell 5YR 6/4. ltsz.: 95.28.868.
733 Munsell 5YR 5/4. ltsz.: 95.28.869.
734 Munsell 5YR 5/3. ltsz.: 95.28.870.
735 Munsell 5YR 4/2. ltsz.: 95.28.871.

A leletanyagban előfordult néhány szkíta[736] és népvándorlás kori[737] cserép is. Avar kori egy barna, szürke törésű, tört cseréppel soványított, korongolatlan, vékonyfalú, kihajló, ujjbenyomkodásos perem,[738] valamint három barna, szürke törésű, tört cseréppel soványított, korongolatlan, díszítetlen oldal.[739] Árpád-kori leletek: barna, szürke törésű, tört kaviccsal soványított, befelé megvastagodó bográcsperemek. A függesztőlyuk karéjos.[740] Barna, szürke törésű, tört kaviccsal soványított, befelé megvastagodó bográcsperem. A függesztőlyuk körül karéjos, belső oldalán foltokban vörös festés[741] *(22. tábla 2; 54. tábla 1–3.)*. Barna, szürke törésű, csillámos tört kaviccsal soványított, befelé megvastagodó, de szögletesre levágott szélű bográcsperem[742] *(28. tábla 1.)*. Barna, szürke törésű, tört kaviccsal soványított, befelé megvastagodó bográcsperem[743] *(20. tábla 3.)*. Barna, szürke törésű, tört kaviccsal soványított, kifelé megvastagodó bográcsperem[744] *(20. tábla 4.)*. Barna, szürke törésű, tört kaviccsal soványított, mindkét irányba megvastagodó bográcsperemek. A függesztőlyuk körül éppen hogy karéjos, viszont mindkét esetben egy kicsit kifelé is türemkedik.[745] Barna, szürke törésű, tört kaviccsal soványított, mindkét irányba megvastagodó, karéjos lyukkiképzésű, kívül-belül erősen kormos bográcsperem.[746] Barna, szürke törésű, tört kaviccsal soványított, mindkét irányba megvastagodó bográcsperemek.[747] Barna, szürke törésű, tört kaviccsal soványított, kifelé megvastagodó bográcsperemek.[748] Barna, szürke törésű, tört kaviccsal soványított, kisebb bográcsperem töredékek.[749] Barna, szürke törésű, tört kaviccsal soványított, kihajló, ferdén levágott szélű fazékperem.[750] Barna, szürke törésű, tört kaviccsal soványított, kihajló, függőlegesen levágott és kissé felhúzott szélű fazékperemek.[751] Barna, szürke törésű, tört kaviccsal soványított, vízszintesen kihajló, függőlegesen levágott szélű, fedőhornyos fazékperem.[752] Barna, szürke törésű, tört kaviccsal soványított, kihajló, síkozott kicsiny fazékperem.[753] Barna, szürke törésű, tört kaviccsal soványított, kihajló, felhúzott szélű fazékperem.[754] Barna, szürke törésű, tört kaviccsal soványított, vízszintes vonalköteggel díszített kicsiny oldal.[755] Barna, szürke törésű, tört kaviccsal soványított, ívelt bográcsoldalak.[756] Barna, szürke törésű, tört kaviccsal soványított, díszítetlen oldalak.[757] Téglalap átmetszetű, nagyobb szeg darabja, hegye és feje hiányzik.[758]

---

736 ltsz.: 95.28.883.–887., ltsz.: 95.28.1050.–1051.
737 ltsz.: 95.28.1017.–1018.
738 Munsell 5YR 6/2. ltsz.: 95.28.888.
739 Munsell 5YR 5/4, 6/2, 7/3. ltsz.: 95.28.889.
740 Munsell 5YR 5/4. ltsz.: 95.28.890. 3 db.
741 Munsell 5YR 5/4. ltsz.: 95.28.1020.
742 Munsell 7.5YR 5/4. ltsz.: 95.28.893. szá.: 25 cm.
743 Munsell 5YR 5/4. ltsz.: 95.28.1022., 95.28.1053. szá.: 26 cm.
744 Munsell 5YR 5/4. ltsz.: 95.28.916. szá.: 30 cm.
745 Munsell 5YR 4/2. ltsz.: 95.28.1019. 2 db.
746 Munsell 5YR 5/4. ltsz.: 95.28.1052.
747 Munsell 5YR 4/1, 5/2, 5/3, 5/4, 5/6, Munsell 10YR 5/3. ltsz.: 95.28.892. 5 db, ltsz.: 95.28.1021. 4 db, ltsz.: 95.28.1054.
748 Munsell 2.5YR 5/6, Munsell 5YR 5/1, 5/4. ltsz.: 95.28.891. 7 db.
749 Munsell 5YR 5/4. ltsz.: 95.28.1023. 3 db.
750 Munsell 5YR 5/4. ltsz.: 95.28.894.
751 Munsell 5YR 5/4. ltsz.: 95.28.1024.–1025.
752 Munsell 5YR 5/4. ltsz.: 95.28.1055.
753 Munsell 5YR 5/4. ltsz.: 95.28.895.
754 Munsell 7.5YR 5/2. ltsz.: 95.28.896.
755 Munsell 5YR 5/4. ltsz.: 95.28.897.
756 Munsell 5YR 5/4, Munsell 7.5YR 5/2. ltsz.: 95.28.898. 2 db, ltsz.: 95.28.1056. 2 db.
757 Munsell 5YR 3/1, 4/1, 4/2, 4/3, 5/4, 5/6, 5/8, Munsell 10YR 6/3. ltsz.: 95.28.899. 68 db, ltsz.: 95.28.1026. 22 db, ltsz.: 95.28.1057. 14 db.
758 ltsz.: 95.28.1418.

30–60 cm mélységben már csak a világosszürke, hamus földet ástuk, az így kialakult gödörből rengeteg Árpád-kori cserép, hasonlóan sok állatcsont, egész állatkoponyák, és feltűnő számban téglák kerültek elő. Az ásás során nyilvánvalóvá vált, hogy az objektum szélei nyugat és észak felé túlhaladnak a szelvény határain, ezért az előbbi oldalon 5 x 2,5 méteres rábontást nyitottunk, majd ezt észak felé egy méterrel meghosszabbítottuk. Az eredeti szelvény észak felé nyitott rábontása 2,3 x 2,2 m. Ezen a szinten is voltak még szkíta[759] és avar kori cserepek.

Utóbbiak barna, szürke törésű, tört cseréppel soványított, korongolatlan, tölcséres nyakú, lekerekített szélű fazékperem és két díszítetlen oldal.[760] Az Árpád-korba tartozó leletek barna, szürke törésű, tört kaviccsal soványított, befelé megvastagodó, karéjos lyukkiképzésű bográcsperemek.[761] Barna, szürke törésű, tört kaviccsal soványított, mindkét irányba megvastagodó, karéjos lyukkiképzésű bográcsperemek.[762] Barna, szürke törésű, tört kaviccsal soványított, kifelé megvastagodó bográcsperem, kívül erősen kormos.[763] Barna, szürke törésű, tört kaviccsal soványított, mindkét irányba megvastagodó bográcsperemek.[764] Barna, szürke törésű, tört kaviccsal soványított, kihajló, függőlegesen levágott szélű fazékperem.[765] Barna, szürke törésű, tört kaviccsal soványított, kihajló, lekerekített szélű fazékperemek.[766] Barna, szürke törésű, tört kaviccsal soványított, kihajló, ferdén levágott szélű fazékperem.[767] Barna, szürke törésű, tört kaviccsal soványított, kihajló, elkeskenyedő szélű, belül síkozott fazékperem.[768] Barna, szürke törésű, tört kaviccsal soványított, levágott, illetve elkeskenyedő szélű apró fedőperem darabok.[769] Barna, szürke törésű, tört kaviccsal soványított, ferde bevágások sorával díszített oldalak[770] *(42. tábla 7.)*. Barna, szürke törésű, csillámos homokkal soványított, egyes hullámvonalakkal díszített oldal.[771] *(43. tábla 2.)*. Barna, szürke törésű, tört kaviccsal soványított, vízszintes vonalköteggel díszített oldal.[772] Barna, szürke törésű, tört kaviccsal soványított, ívelt bográcsoldalak. Kívül mindegyik kormos.[773] Barna, szürke törésű, csillámos homokkal soványított, díszítetlen oldalak.[774] Barna, szürke törésű, tört kaviccsal soványított, díszítetlen oldalak.[775] Téglaszínű, egyenletesen átégett, tört kaviccsal soványított, vörös polírozású oldalak[776] *(56. tábla 1–2.)*. Szürke, egyenletesen átégett, tört kaviccsal soványított, díszítetlen oldal.[777] Barna, szürke törésű, tört kaviccsal soványított fenékdarabok.[778] Szürke, szemcsés anyagú malomkő nagyobb és kisebb darabja.[779] Barna, szürke törésű, tört kaviccsal soványított cserépből faragott lapos orsóka-

---

[759] ltsz.: 95.28.1027.–1029., ltsz.: 95.28.1049., ltsz.: 95.28.1059.
[760] Munsell 5YR 6/4. ltsz.: 95.28.1060.
[761] Munsell 5YR 5/4. ltsz.: 95.28.1031., ltsz.: 95.28.1061.
[762] Munsell 5YR 5/4. ltsz.: 95.28.1030. 2 db.
[763] Munsell 5YR 5/4. ltsz.: 95.28.1032.
[764] Munsell 5YR 5/4. ltsz.: 95.28.1033. 4 db.
[765] Munsell 7.5YR 6/4. ltsz.: 95.28.1034.
[766] Munsell 5YR 5/3. ltsz.: 95.28.1035., ltsz.: 95.28.1063.
[767] Munsell 5YR 5/4. ltsz.: 95.28.1062.
[768] Munsell 5YR 6/1. ltsz.: 95.28.1036.
[769] Munsell 5YR 4/2, 5/4. ltsz.: 95.28.1037. 2 db.
[770] Munsell 5YR 5/3, 5/4. ltsz.: 95.28.1038., ltsz.: 95.28.1064.
[771] Munsell 5YR 5/4. ltsz.: 95.28.1039.
[772] Munsell 5YR 6/2. ltsz.: 95.28.1040.
[773] Munsell 5YR 5/4. ltsz.: 95.28.1041. 7 db, ltsz.: 95.28.1065.
[774] Munsell 7.5YR 6/4. ltsz.: 95.28.1042. 2 db.
[775] Munsell 5YR 4/3, 5/4, 5/6, Munsell 7.5YR 6/4. ltsz.: 95.28.1043. 43 db, ltsz.: 95.28.1067. 28 db.
[776] Munsell 5YR 6/6. ltsz.: 95.28.1044. 4 db.
[777] Munsell 5YR 4/1. ltsz.: 95.28.1045.
[778] Munsell 5YR 4/2, 5/3. ltsz.: 95.28.1046. 4 db, ltsz.: 95.28.1068.
[779] ltsz.: 95.28.1047.

rika.[780] Vaskés töredéke, melyből gyakorlatilag csak az egyenes, és a hegyénél lecsapott hát van meg, nyéltüskéje és pengéje hiányzik[781] *(50. tábla 8.)*.

Mindezen leletek a 9. ház legfelső rétegéhez tartoztak.

A 48–51. szelvényeket egy különálló blokkban jelöltük ki, ahol a geofizikai mérés jelentős leletkoncentrációt sejtetett.

48. szelvény. A szántott rétegben talált nagy mennyiségű áglenyomatos patics és cserép igazolta várakozásainkat. Az őskori cserepek különböző korszakokból származnak.[782] A Körös-kultúra leletei közé sorolhatók a nagyobb, vesszőnyomatos, illetve egyik oldalukon elsimított tapasztásdarabok.[783] A kisebb darabokat, 183-at, melynek együttes súlya 3,5 kg volt, kiselejteztük.

Árpád-kori egy barna, szürke törésű, tört kaviccsal soványított, befelé megvastagodó bográcsperem,[784] ugyanilyen anyagú, de mindkét irányba megvastagodó, vékonyfalú, kicsiny bogrács peremdarabja[785] és egy másik kicsiny bográcsperem.[786] Barna, szürke törésű, tört kaviccsal soványított, vízszintesen kihúzott, lekerekített szélű fazékperem. Erősen kormos[787] *(36. tábla 4.)*. Barna, szürke törésű, tört kaviccsal soványított, kisebb fazékperemek.[788] Barna, szürke törésű, csillámos homokkal soványított, díszítetlen oldal.[789] Barna, szürke törésű, tört kaviccsal soványított, díszítetlen oldalak.[790]

30–60 cm között a szelvény nyugati felében sűrűsödtek az őskori cserepek, a keleti oldalon fokozatosan ritkultak, és a Körös-kultúra leletei voltak többségben,[791] de még szépszámmal akadtak szkíta kori cserepek is.[792] A szelvény közepe táján az őskoriak között néhány Árpád-kori cserép is akadt ebben a rétegben. A Körös-kultúra emlékei közé kell sorolnunk a barna, szürke törésű, pelyvás anyagú, nagyméretű, áglenyomatos házfal-darabokat is, melyeknek többségét, 393 db, 11,5 kg, kiselejteztük.[793] Az Árpád-korba tartozik egy egyenletes szürke, tört kaviccsal soványított, kihajló, lekerekített és felhúzott szélű fazékperem,[794] barna, szürke törésű, homokkal soványított, zsíros tapintású, díszítetlen oldal[795] és barna, szürke törésű, tört kaviccsal soványított, díszítetlen oldalak.[796]

Itt tártuk fel a 152. számú őskori sírt.

60–90 cm közötti mélységben már csak a Körös-kultúra cserepeit találtuk.[797]

49. szelvény. A szántott rétegben vegyes leletanyag volt, de a Körös-kultúra cserepei voltak a legjellegzetesebbek.[798] A vesszőlenyomatos háztapasztás-darabok a Körös-kultúra emlékei, melyek többségét, 207 db, 7,6 kg, kiselejteztük. Árpád-kori egy barna, szürke törésű, homokkal soványított,

---

780 Munsell 5YR 5/4. ltsz.: 95.28.1066.

781 ltsz.: 95.28.1419. H.: 10, v.: 0,5 cm

782 Körös-kultúra, rézkor, szkíta kor. ltsz.: 95.28.1178.–1187.

783 ltsz.: 95.28.1202. 7 db.

784 Munsell 5YR 5/4. ltsz.: 95.28.1188.

785 Munsell 5YR 5/4. ltsz.: 95.28.1189.

786 Munsell 5YR 5/4. ltsz.: 95.28.1190.

787 Munsell 5YR 5/4. ltsz.: 95.28.1191.

788 Munsell 5YR 5/4. ltsz.: 95.28.1192. 3 db.

789 Munsell 5YR 6/6. ltsz.: 95.28.1193.

790 Munsell 5YR 4/2, 5/4, 5/6, 6/2. ltsz.: 95.28.1194. 17 db.

791 ltsz.: 95.28.1203.–1223.

792 ltsz.: 95.28.1224.–1233.

793 ltsz.: 95.28.1237. 8 db.

794 Munsell 5YR 4/1. ltsz.: 95.28.1234.

795 Munsell 5YR 6/4. ltsz.: 95.28.1235.

796 Munsell 5YR 5/2, 5/4. ltsz.: 95.28.1236. 2 db.

797 ltsz.: 95.28.1238.–1248.

798 ltsz.: 95.28.1249.–1258. Tapasztás-darabok: ltsz.: 95.28.1269. Ezen kívül gávai (ltsz.: 95.28.1259.–1260.) és szarmata kori (ltsz.: 95.28.1261.–1263.) leletek fordultak még elő.

zsíros tapintású, kihajló, lekerekített szélű,[799] egy barna, szürke törésű, tört kaviccsal soványított, kihajló, levágott szélű kicsiny fazékperem,[800] egy barna, szürke törésű, homokkal soványított, zsíros tapintású, csigavonalas díszítésű oldal,[801] továbbá tört kaviccsal soványított, díszítetlen oldalak.[802]

30–60 cm közötti mélységben már csak őskori cserepeket[803] és vesszőlenyomatos háztapasztás-darabokat találtunk. Utóbbiak többségét, 115 db, 2,8 kg, kiselejteztük. A felsőbb szinten talált rengeteg patics itt tehát a felére csökkent, és szórványos formában a szelvény nyugati felében, illetve DK-i sarkában csoportosult. 60 cm mélységben a sárga altalaj jelentkezett.

50. szelvény. A szántott réteg leletanyagában az őskor majdnem minden szakaszának szórványanyagát megtaláljuk.[804] Az Árpád-korba tartozik egy világosbarna, csillámos homokkal soványított, korongolt, nagyméretű edény hurkafülének darabja,[805] egy barna, szürke törésű, tört kaviccsal soványított, vízszintesen kihúzott lapos bográcsperem,[806] egy ugyanilyen anyagú, hullámvonalköteggel díszített fazékváll,[807] valamint díszítetlen oldalak.[808]

30–60 cm közötti mélységben rengeteg cserép és még több patics volt. A leletek kb. 40 cm mélységben szinte egy rétegben feküdtek. Ez a réteg határozottan az északi fal mellett jelentkezett, és az őskori ház romjairól van szó. A szelvény keleti és nyugati metszetfalán egészen enyhe, világosabb szürke csík jelezte a ház szélét, de felülnézetben semmilyen elszíneződés nem volt látható, még 60 cm-es mélységben sem. A ház észak felé túlnyúlik szelvényünkön, ezt nem tártuk fel. A leleteken kívül más jelenség nem volt tapasztalható, a föld fekete, prizmásan tört, bár nem volt kemény. A szelvény ÉNy-i sarkában, a paticsréteg tetején Árpád-kori cserepek jöttek elő. A leletanyag egyébként vegyes, melyben a Körös-kultúra, a bodrogkeresztúri kultúra és a szkíta kor cserepei a jellegzetesebbek.[809] Egy barna, szürke törésű, tört kaviccsal soványított, ritka közű csigavonallal díszített oldal[810] és egy szürke, egyenletesen átégett, tört kaviccsal soványított, díszítetlen oldal[811] Árpád-kori. Ugyancsak ebbe a korba tartozik egy barna, szürke törésű, kívül kormos, csillámos homokkal soványított, nagyméretű, vödör alakú bogrács perem és oldalrésze. A perem enyhén kihajló, vízszintesre levágott. A belső függesztőfül a perem alatt van. Széles, sekély csigavonalak díszítik[812] *(29. tábla 1.)*.

60–90 cm között már csak a Körös-kultúra[813] cserepeit, valamint egy barna, szürke törésű, csillámos homokkal soványított, díszítetlen Árpád-kori oldaltöredéket[814] találtunk.

A Körös-kultúra emlékanyagához tartozó háztapasztás-darabok, közöttük némelyik vesszőlenyomatos a szántott rétegben és 30–60 cm közötti mélységben egyaránt nagy számban fordultak elő.[815]

---

799 Munsell 5YR 6/3. ltsz.: 95.28.1264.

800 Munsell 5YR 5/4. ltsz.: 95.28.1265.

801 Munsell 5YR 7/4. ltsz.: 95.28.1266.

802 Munsell 5YR 4/2, 5/4. ltsz.: 95.28.1267. 4 db.

803 ltsz.: 95.28.1270.–1279., ltsz.: 95.28.1280. Közülük csak két darab bronzkori, a többi a Körös-kultúra lelete.

804 ltsz.: 95.28.1281.–1290. Körös, AVK, rézkor, szkíta.

805 Munsell 5YR 6/6. ltsz.: 95.28.1291.

806 Munsell 5YR 5/4. ltsz.: 95.28.1292.

807 Munsell 5YR 4/3. ltsz.: 95.28.1293.

808 Munsell 5YR 5/3, 5/4. ltsz.: 95.28.1294. 5 db.

809 ltsz.: 95.28.1297.–1314.

810 Munsell 5YR 6/4. ltsz.: 95.28.1315.

811 Munsell 5YR 3/1. ltsz.: 95.28.1316.

812 Munsell 5YR 6/4. ltsz.: 95.28.1436. szá.: 29 cm.

813 ltsz.: 95.28.1320.–1322.

814 Munsell 5YR 5/2. ltsz.: 95.28.1323.

815 ltsz.: 95.28.1324.–1325. A kisebb darabokat 237 db, 8,8 kg, illetve 572 db, 15 kg, kiselejteztük.

51. szelvény. A szántott réteg vegyes leletanyagában újkőkori, rézkori és szkíta kori cserepek egyaránt előfordultak.[816] Egy barna, tört cseréppel soványított, korongolatlan, egészen kicsi, vékonyfalú bogrács peremdarabkája a függesztőlyuk felével az avar korba sorolható[817] *(12. tábla 2.)*. Árpád-koriak a barna, szürke törésű, tört kaviccsal soványított, kifelé megvastagodó bográcsperemek. Egyiken a függesztőlyuk kiképzése karéjos.[818] Van egy barna, szürke törésű, tört kaviccsal soványított, befelé megvastagodó,[819] és egy ugyanilyen anyagú, kifelé megvastagodó, vékonyfalú bográcsperem is.[820] Barna, szürke törésű, tört kaviccsal soványított, ferdén levágott szélű, vékonyfalú fazékperem,[821] barna, szürke törésű, csillámos homokkal soványított díszítetlen oldal,[822] barna, szürke törésű, tört kaviccsal soványított, díszítetlen oldalak,[823] szürke, egyenletesen átégett, tört kaviccsal soványított fenékdarab,[824] továbbá egy orsókarika tartozik a leletanyaghoz, melyet barna, szürke törésű, tört kaviccsal soványított cserépből faragtak és oldalait csaknem kerekre csiszolták.[825]

30–60 cm közötti mélységben a leletek száma csökkent és szóródásuk is egyenletesnek mondható. A Körös-kultúra edénytöredékei és áglenyomatos háztapasztás darabjai mellett sok, a rézkorba sorolható cserepet is találtunk.[826] Avar koriak a barna, belül szürke, tört cseréppel soványított, korongolatlan oldalak, egyiken rácsmintás pecsétlésű díszítéssel,[827] továbbá egy barna, szürke törésű, tört cseréppel és nagyszemű kaviccsal soványított, kézikorongolt, díszítetlen oldal.[828]

60–90 cm közötti mélységben már csak vegyes – közöttük szkíta kori – őskori cserepeket találtunk.[829]

Az 52–54. számú szelvényeket 5 x 5 méteres méretben a bánya nyugati szélén, a 31. szelvénytől délre nyitottuk. Ezzel értük el azt, hogy a bánya széleit teljes mértékben körbeástuk, és megteremtettük a kapcsolatot az 1986–1987-ben feltárt részek között. Az 54. szelvényünk keleti széle tehát a 10. szelvény nyugati oldalához kapcsolódik. A szelvények között nem hagytunk tanúfalat.

52. szelvény. A 0–60 cm közötti mélység leleteit itt együtt csomagoltuk el, 60 cm mélységben már a sárga altalaj jelentkezett. Ebben a szelvényben a szkíta kori cserépcsomót[830] leszámítva nem találtunk régészeti objektumot, de egy barna, szürke törésű, tört kaviccsal soványított, mindkét irányba megvastagodó Árpád-kori bográcsperemet begyűjtöttünk. A perem belső oldalán jól látszik a vörös festés. Kívül kormos[831] *(28. tábla 5; 52. tábla 1.)*. Van ezen kívül egy barna, szürke törésű, tört kaviccsal soványított, kifelé megvastagodó bográcsperem[832] és ugyanilyen anyagú, díszítetlen oldalak.[833]

---

816 ltsz.: 95.28.1326.–1332.
817 Munsell 5YR 6/4. ltsz.: 95.28.1337.
818 Munsell 5YR 3/1, Munsell 7.5YR 6/4. ltsz.: 95.28.1338. 2 db.
819 Munsell 5YR 5/4. ltsz.: 95.28.1339.
820 Munsell 5YR 5/4. ltsz.: 95.28.1340.
821 Munsell 5YR 5/4. ltsz.: 95.28.1341.
822 Munsell 5YR 6/2. ltsz.: 95.28.1342.
823 Munsell 5YR 4/1, 5/3, 5/4. ltsz.: 95.28.1343. 11 db.
824 Munsell 5YR 3/1. ltsz.: 95.28.1344.
825 Munsell 5YR 5/4. ltsz.: 95.28.1345.
826 ltsz.: 95.28.1346.–1360., ltsz.: 95.28.1363.
827 Munsell 7.5YR 6/2. ltsz.: 95.28.1361. 2 db.
828 Munsell 7.5YR 6/2. ltsz.: 95.28.1362.
829 ltsz.: 95.28.1365.–1370.
830 ltsz.: 95.28.1371.–1373.
831 Munsell 5YR 6/4. ltsz.: 95.28.1374. szá.: 28 cm.
832 Munsell 7.5YR 6/4. ltsz.: 95.28.1375.
833 Munsell 5YR 5/4. ltsz.: 95.28.1376. 2 db.

53. szelvény. A nyugati fal mellett téglalap alakú, szürke, hamus folt jelentkezett, a keleti szélén pedig, a bánya partvonala által kissé átvágva a 20. gödröt tártuk fel. A szelvényből, 0–60 cm közötti mélységből, a két őskori cserépen kívül[834] barna, szürke törésű, tört kaviccsal soványított, ívelt Árpád-kori bográcsoldalt,[835] ugyanilyen anyagú díszítetlen oldalakat,[836] továbbá tégladarabokat leltározhattunk be.[837]

54. szelvény. 60 cm mélységben a nyugati szelvényfal mentén egy téglaégető kemence két, téglalap alakú, tapasztott oldalú aknájának ÉK-i sarkát tárhattuk fel. Az aknák keleti oldalán 250 cm szélesen, és majdnem ugyanilyen hosszúságban, 60 cm mélységben sárga földréteget találtunk, melyben sok tégladarab és paticsszem volt. Ennek feltárására már nem volt idő. A szelvény DK-i sarkában talált 21. számú, kettős gödör feltárását viszont elvégeztük. A szelvényben 0–60 cm között talált leletek közül néhány szkíta kori cserép mellett[838] a szürkésbarna, tört cseréppel soványított, korongolatlan perem és oldal[839] az avar korba sorolható. Árpád-kori egy barna, szürke törésű, tört kaviccsal soványított, kihajló lekerekített szélű fazékperem, a belső oldalon körbefutó horonnyal,[840] ugyanilyen anyagú díszítetlen oldalak,[841] továbbá fazekak aljrészei. A nagyobb edény belső oldalán csigavonalban futó keskeny bekarcolás látható.[842]

1. táblázat: a szelvényekben talált szórványleletek megoszlása:

Szelvény	0–30 cm			30–60 cm			60–90 cm		
	Összes lelet	avar	Árpád-kor	Összes lelet	avar	Árpád-kor	Összes lelet	avar	Árpád-kor
1	6	0	3	13	0	5	0	0	0
2	15	1	14	0	0	0	0	0	0
3	0	0	0	8	0	8	0	0	0
4	46	8	38	19	2	14	0	0	0
5	23	5	13	18	11	6	0	0	0
6	0	0	0	0	0	0	0	0	0
7	61	0	58	64	20	37	0	0	0
8	63	0	62	22	0	20	0	0	0
9	8	0	8	20	0	16	0	0	0
10	0	0	0	0	0	0	0	0	0
11	0	0	0	28	0	3	0	0	0
12	0	0	0	0	0	0	0	0	0
13	0	0	0	0	0	0	0	0	0
14	0	0	0	0	0	0	0	0	0
15	6	0	6	0	0	0	0	0	0
16	34	0	31	50	0	42	0	0	0
17	50	0	45	14	0	9	0	0	0
18	0	0	0	0	0	0	0	0	0

[834] ltsz.: 95.28.1379.–1380.

[835] Munsell 5YR 5/4. ltsz.: 95.28.1381.

[836] Munsell 5YR 5/4. ltsz.: 95.28.1382. 7 db.

[837] ltsz.: 95.28.1383. 4 db.

[838] ltsz.: 95.28.1392.–1394.

[839] ltsz.: 95.28.1394.

[840] Munsell 5YR 5/4. ltsz.: 95.28.1395.

[841] Munsell 5YR 3/1, 5/2, 5/4. ltsz.: 95.28.1396. 7 db.

[842] ltsz.: 95.28.1397. 3 db.

Szelvény	0–30 cm			30–60 cm			60–90 cm		
	Összes lelet	avar	Árpád-kor	Összes lelet	avar	Árpád-kor	Összes lelet	avar	Árpád-kor
19	5	0	5	58	0	15	0	0	0
20	31	0	21	36	0	24	0	0	0
21	47	0	30	16	0	9	0	0	0
22	72	0	58	27	0	10	0	0	0
23	50	1	32	7	0	1	0	0	0
24	19	0	10	25	4	21	0	0	0
25	55	6	41	18	3	7	0	0	0
26	0	0	0	0	0	0	0	0	0
27	0	0	0	0	0	0	0	0	0
28	0	0	0	0	0	0	0	0	0
29	0	0	0	0	0	0	0	0	0
30	1	0	1	0	0	0	0	0	0
31	23	0	5	31	2	4	0	0	0
32	25	0	16	13	1	5	0	0	0
33	33	0	23	37	0	24	8	0	6
34	28	0	20	53	0	31	0	0	0
35	9	1	7	11	1	2	0	0	0
36	19	0	14	27	0	21	7	0	6
37	33	0	23	137	1	17	37	0	5
38	13	0	6	27	0	0	212	1	32
39	115	0	59	118	0	54	0	0	0
40	34	0	15	60	4	26	13	5	0
41	32	0	24	66	5	36	15	0	10
42	52	0	32	98	15	33	12	0	0
43	95	0	56	107	0	38	62	12	16
44	19	0	14	39	7	20	3	2	0
45	23	2	17	24	1	11	0	0	0
46	46	0	40	38	3	17	12	1	4
47	179	4	150	144	3	124	0	0	0
48	63	0	25	69	0	4	28	0	0
49	21	0	8	19	0	0	0	0	0
50	33	0	8	73	0	2	5	0	1
51	40	1	19	39	3	0	8	0	0
52	0	0	0	13	0	4	0	0	0
53	0	0	0	14	0	12	0	0	0
54	0	0	0	17	2	11	0	0	0
Összesen	1527	29	1057	1717	88	743	422	21	80
Százalék		1,90	69,22		5,13	43,27		4,98	18,96

Az objektumok leírása

Az ásatások során a templom körüli temetőből 147 sírt tártunk fel, de ezenkívül a telep területén is bukkantak elő sírok, melyek a Körös-kultúra temetkezései. A településen összesen 9 földbeásott ház, 21 gödör, 2 épített kemence, 2 szabadtéri tűzhely, 1 verem, 16 árokrészlet, egy kút és egy téglaégető részlete került napvilágra. Az objektumok között volt őskori, avar kori, többségük azonban Árpád-kori.

Sírok

1. sír (4. szelvény, 1985). T: 46',[843] M: 60 cm, VH: 35 cm. Csecsemőcsontváz szántással bolygatott részei. A csontok nem eredeti helyzetükben voltak. Melléklete nem volt.

2. sír (11. szelvény, 1985). T: –, M: 20 cm, VH: 98 cm. Fiatal egyén csontváza. Arckoponya sérült, jobb kar a test mellett kinyújtva, bal kar, combcsontok hiányoztak. Melléklete nem volt.

3. sír (13–14. szelvény, 1985). T: 44', M: 60 cm, VH: 150 cm. Jó megtartású, csak állatjárással bolygatott felnőtt váza. Koponya bal oldalára előre billent, karok a test mellett kinyújtva. Bal lábszár 13 cm-el mélyebbre billent. A váz bal oldalán, a koponyától az alsó lábszár közepéig, 13 cm széles, függőlegesen álló koporsódeszka igen porózus maradványait; a jobb oldalon több helyen igen elmosódottan fanyomokat, a mellkas alsó részétől a comb végéig a sír közepe felé lejtő, 10–15 cm széles deszkanyomokat; a medence körül pedig a sír fenekén figyeltük meg a koporsó deszkájának maradványait. Egyéb melléklete nem volt.

4. sír (13–14. szelvény, 1985). T: 46,5', M: 94 cm, VH: 155 cm. Jó megtartású felnőtt váza. A koponya előre billent, karok a test mellett kinyújtva. A jobb oldali bordákat és a bal alkart valószínűleg rágcsáló, lábfejeit pedig a bánya pusztította el. A váz fölött kisebb foltokban találtuk koporsó nyomait. Egyéb melléklete nem volt.

5. sír (13. szelvény, 1985). T: 45,5', M: 57 cm, VH: – cm. Felnőtt váz, a szántás erősen megbolygatta. Koponya töredékei, csigolyák és a bal oldali bordák valamint felkar maradt csak eredeti helyzetében. Melléklete nem volt.

6. sír (14. szelvény, 1985). T: 43,5', M: 88 cm, VH: 75 cm. Felnőtt, a bánya által erősen bolygatott váz. Csak a test mellett nyújtott helyzetű jobb kar, medencelapát és néhány borda maradt eredeti helyzetében. Közvetlenül a váz fölött, és mellette a bal oldalon több foltban figyeltünk meg fanyomokat. A koponya fölött egy kődarab volt, mely alatt ugyancsak megtaláltuk a koporsó nyomait. Egyéb melléklete nem volt.

7. sír (14. szelvény, 1985). T: 44,5', M: 57 cm, VH: – cm. Csecsemő szétszántott vázának maradványai. A koponya töredékei és a csigolyák voltak eredeti helyzetükben Melléklete nem volt.

8. sír (14. szelvény, 1985). T: 45,5', M: 35 cm, VH: 50 cm. Csecsemő viszonylag jó megtartású váza. A koponya összetört, bal alkar, medencelapát, és az alsó lábszárak hiányoztak. Melléklete nem volt.

9. sír (14. szelvény, 1985). T: 44', M: 57 cm, VH: 155 cm. Felnőtt jó megtartású váza. Karok a test mellett kinyújtva. Jobb lábszára és lábfejei hiányoztak. A váz bal oldalán, a bordák fölött tenyérnyi foltban találtunk fanyomokat, egyéb melléklete nem volt.

10. sír (14. szelvény, 1985). T: 47', M: 95 cm, VH: 120 cm. Felnőtt jó megtartású váza. A bal oldalára fordult koponya összeroppant. Karok könyökben kissé felhúzva, kezek a combcsontra fektetve. Alsó lábszárak hiányoztak. A sír részben a 3. sír alatt feküdt. Jobb oldalán három összefüggő foltban figyeltük meg koporsó nyomát. A bal alkarcsonton, valószínűleg állat által eredeti helyéről kimozdított filigrándíszes, két gyöngykoszorús fülbevaló töredékét találtuk[844] *(48. tábla 16.).*

11. sír (13–14. szelvény, 1985). (*14. ábra*) T: –, M: 55 cm, VH: – cm. A 3. sír bal oldalán, fölötte mintegy 5 cm-el csecsemő hosszúcsontjai. Jobb felkar, combcsont és alsó lábszár. Az sem dönthető el, hogy eredeti helyzetben voltak-e. Melléklete nem volt.

---

[843] A sírok tájolási értékei (vonás) a 64-es beosztású skálán értendők.

[844] ltsz.: 91.5.2. 22 x 02; 12 x 01. A töredékes darab értelmezéséért Somlósi Évának és Kovács Lászlónak tartozom köszönettel.

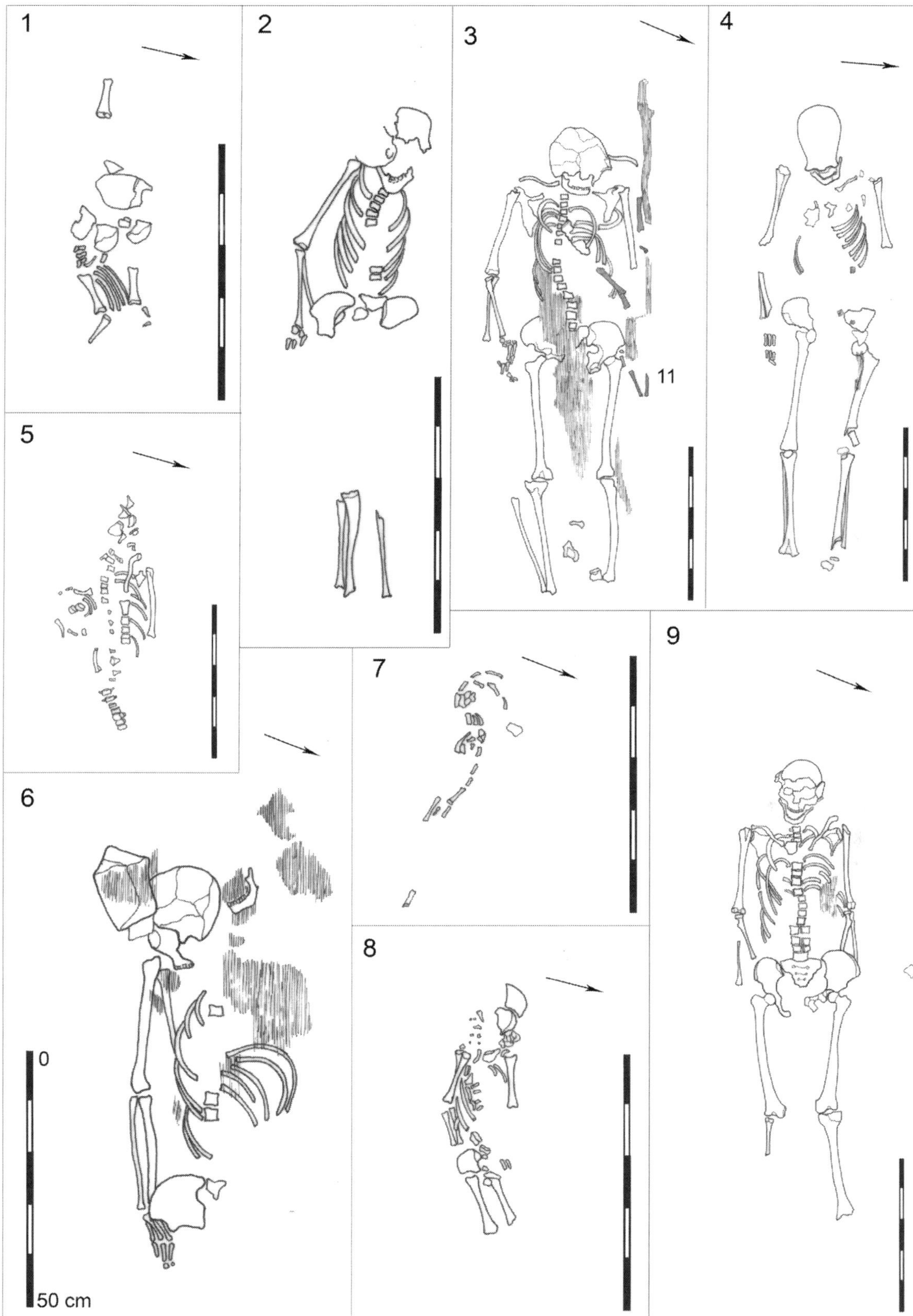

14. ábra: 1–9. és 11. sírok

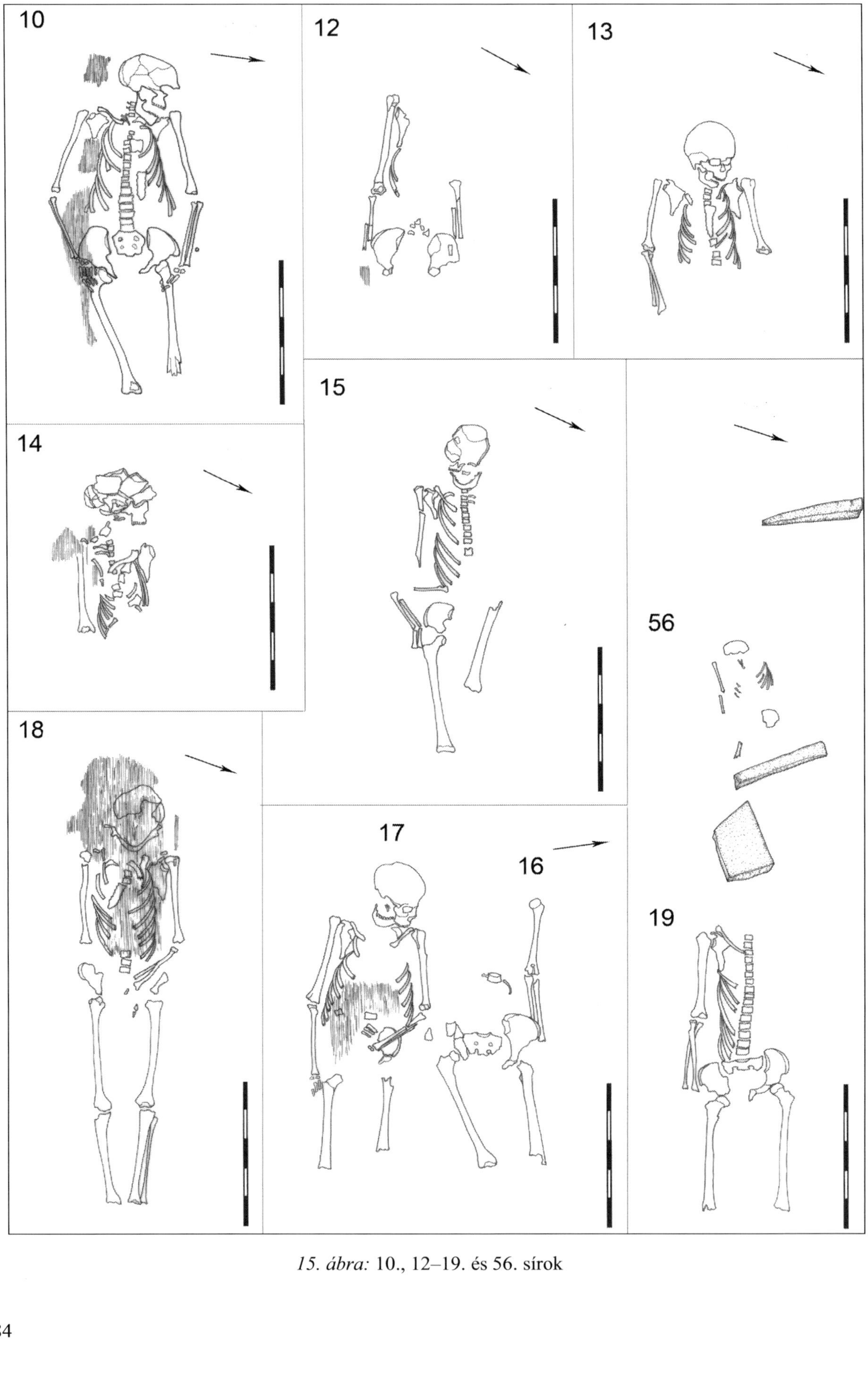

15. ábra: 10., 12–19. és 56. sírok

12. sír (11. szelvénytől keletre, a bányában. 1985). T: 42,5', M: – cm, VH: – cm. Felnőtt erősen bolygatott váza. Koponya, bal felkar, bordák és csigolyák, mindkét láb hiányzott. Karok a test mellett kinyújtva. A jobb oldali medencelapát mellett koporsó csekély nyomai. Egyéb melléklete nem volt.

13. sír (11. szelvénytől keletre, a bányában 1985). T: 43,5', M: 70 cm, VH: – cm. Felnőtt váza, koponya bal oldalára fordult, karok a test mellett kinyújtva. Bal alkar, és medencétől lefelé az egész váz hiányzott: a bányában pusztult el. Melléklete nem volt.

14. sír (11. szelvény, 1985). T: 43', M: 61 cm, VH: – cm. Felnőtt vázának töredékei. Az összetört koponya bal oldalára fordult. Jobb felkar a test mellett nyújtva, néhány csigolya, borda és a jobb lapocka eredeti helyzetében, a váz többi része a bányában pusztult el. A jobb vállnál koporsónyomok. Egyéb melléklete nem volt.

15. sír (12. szelvény, 1985). T: 43', M: 62 cm, VH: – cm. Felnőtt, hiányos váz. A koponya, jobb karcsontok összetörve, de valószínűleg a test mellett nyújtva voltak. Alsó lábszárak hiányoztak, teljes bal oldala hiányzott, illetve bolygatott. Melléklete nem volt.

16. sír (12. szelvény, 1985). T: 49', M: – cm, VH: – cm. Felnőtt váza, melyből a bal karcsontok és medencelapát, illetve a combcsontok maradtak eredeti helyzetükben. Az alsó lábszárakat a bánya, a test felső részének jobb oldalát feltehetően a 17. sír pusztította el. Melléklete nem volt.

17. sír (12. szelvény, 1985). T: 46,5', M: – cm, VH: – cm. Felnőtt hiányos váza. Koponya összetört, jobb kar a test mellett nyújtott helyzetben volt, a bal alkar a medencére hajlítva. Alsó lábszárakat a bánya pusztította el. A váz fölött, deréktájékon koporsónyomokat figyeltünk meg. Egyéb melléklete nem volt.

18. sír (15. szelvény, 1985). T: 44,5', M: 36 cm, VH: 150 cm. Felnőtt csaknem bolygatatlan váza. A koponya összetört, jobb alkar hiányzott, bal a medencére hajlítva. A felsőtest alatt koporsónyomok, egyéb melléklete nem volt.

19. sír (15. szelvény, 1985). T: 45', M: 30 cm, VH: – cm. Felnőtt váz, koponya, a felsőtest bal oldala és az alsó lábszárak hiányoztak. Jobb kar a test mellett kinyújtva. Melléklete nem volt.

20. sír (15. szelvény, 1985). T: 48', M: 17 cm, VH: – cm. Felnőtt hiányos váza. A koponyát a szántás bolygatta meg, jobb alkart, medencét és lábakat a bánya pusztította el. Bal kar a test mellett kinyújtva. Melléklete nem volt.

21. sír (15. szelvény, 1985). T: 47', M: 34 cm, VH: – cm. Felnőtt hiányos váza. A jobb oldalra fordult koponya rágcsáló által bolygatva, jobb kar a test mellett kinyújtva. Bal kar, és a medencétől lefelé eső többi vázrész a bányában pusztult el. Melléklete nem volt.

22. sír (15. szelvény, 1985). T: 49,5', M: 13 cm, VH: – cm. Felnőtt váz, felsőteste bolygatatlan, lábait a bányaművelés során pusztították el. Karok a felsőtest mellett kinyújtva. A temetéskor az 58. sír bal oldalát elpusztították. Melléklete nem volt.

23. sír (15. szelvény, 1985). T: 46,5', M: cm, VH: – cm. Felnőtt hiányos váza. A jobb oldalra fordult koponyát feltehetően a szántás pusztította el, a medencétől lefelé eső része pedig a bányában veszett. Alkarok – melyek közül a jobb oldali hiányzott – a mellen keresztbe téve. A váz jobb oldalán egy sorban tégladarabokat találtunk.

24. sír (15. szelvény, 1985). T: 45', M: – cm, VH: – cm. Kisgyermek vázrészei közvetlenül a 23. sír jobb oldalán. Alsó állkapocs, felkarcsontok és néhány borda volt eredeti helyzetében. Melléklete nem volt.

25. sír (15. szelvény, 1985). T: 42', M: – cm, VH: – cm. Felnőtt vázának roncsai. A koponya néhány darabja van meg, eredeti helyzetében pedig csak a nyújtott jobb kar csontjait találtuk. Melléklete nem volt.

26. sír (15.. szelvény, 1985). T: 46,5', M: – cm, VH: – cm. Felnőtt váztöredék. A gerincoszlop, a test mellett nyújtott bal kar és néhány borda volt eredeti helyzetben, a koponyát minden bizonnyal a szántás bolygatta meg. Melléklete nem volt.

27. sír (15. szelvény, 1985). T: 43,5', M: – cm, VH: 150 cm. Felnőtt, csak rágcsáló által bolygatott váza. Koponya hiányos, karok a test mellett kinyújtva. Melléklete nem volt.

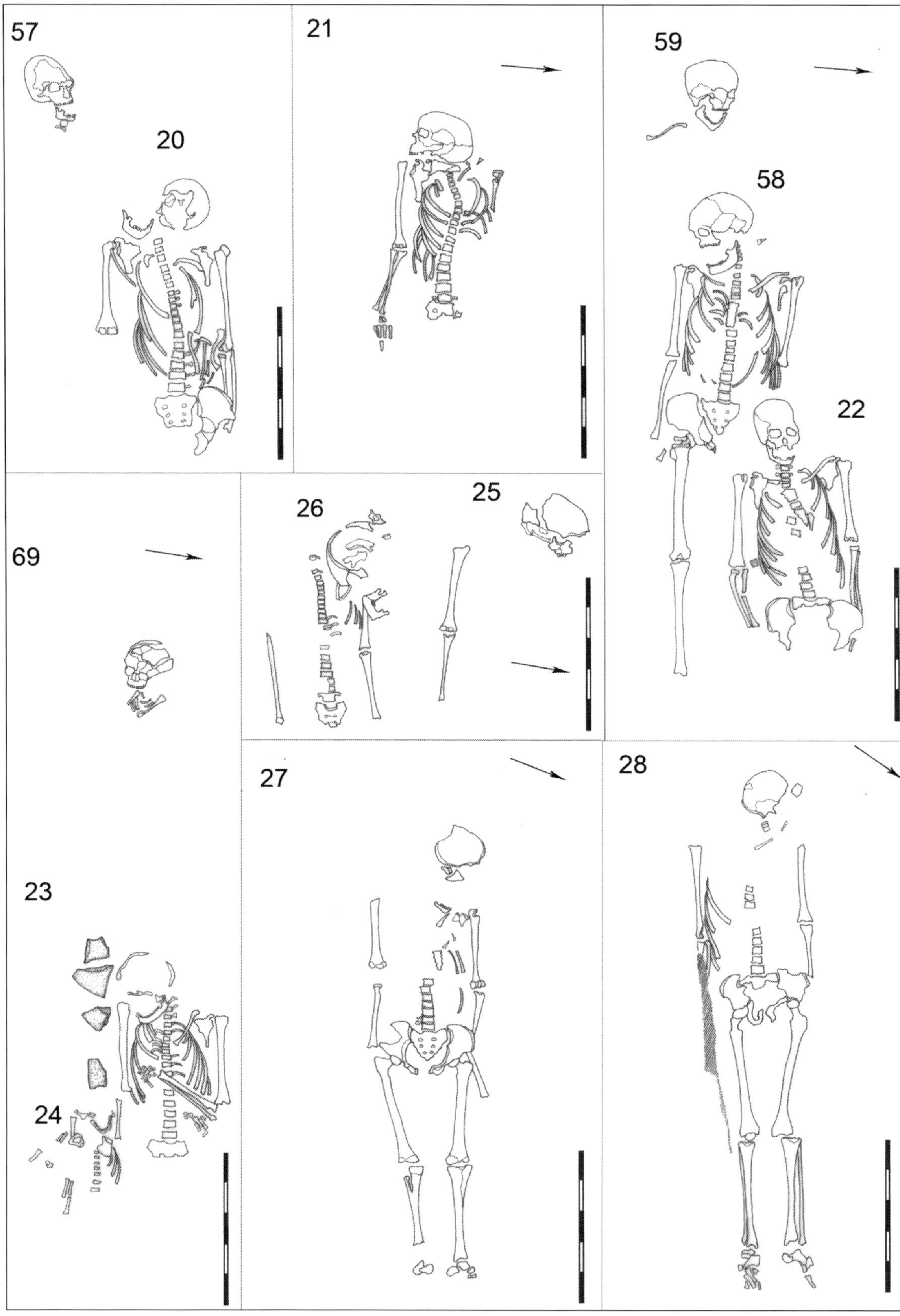

16. ábra: 20–28. és 57–59., 69. sírok

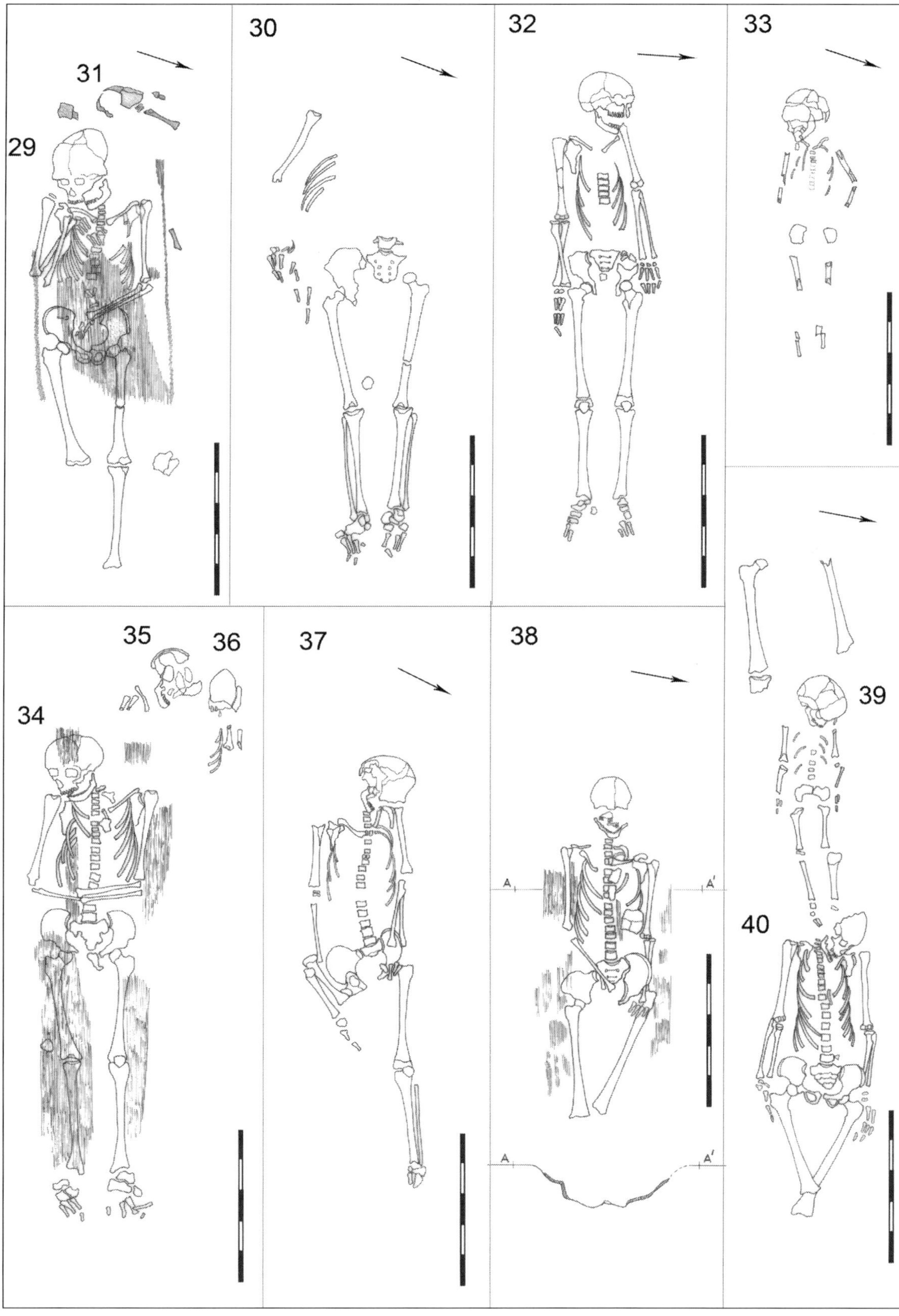

17. ábra: 29–40. sírok

28. sír (14. szelvény, 1985). T: 41,5', M: 64 cm, VH: 160 cm. Közepes megtartású felnőtt váz. Koponya, csigolyák, bordák hiányosak. Karok a test mellett kinyújtva. A jobb alkartól a térdig ferdén álló koporsódeszka nyomait rögzítettük. Más melléklete nem volt.

29. sír (11. szelvény, 1985). T: 44', M: 50 cm, VH: 145 cm. Felnőtt jó megtartású, alig bolygatott váza. Mindössze a jobb alsó lábszár pusztult el a bányában. A koponya jobbra, kissé előre billent. Jobb alkar a kulcscsonthoz felhúzva, bal alkar a medencére hajlítva. Temetésekor a 31. sírt bolygatták meg. A váz felett, deréktájékon koporsó maradványait figyeltük meg. Más melléklete nem volt.

30. sír (A bánya déli partfalában, a 14. szelvénytől keletre, kb. 24 m-re. 1985). T: 43,5', M: 76 cm, VH: – cm. Felnőtt váza, a felsőtest csontjai – a jobb felkar kivételével – a bányában pusztultak el. Melléklete nem volt.

31. sír (11. szelvény, 1985). T: –, M: – cm, VH: – cm. A 29. sír fejénél talált csecsemőcsontváz részei: koponyatöredékek, hosszúcsont-darabok. A sírt a 29. sír ásásakor dúlhatták szét. Melléklete nem volt.

32. sír (11. szelvény, 1985). T: 47', M: 60 cm, VH: 144 cm. Felnőtt, kevéssé bolygatott váza. A bal oldalára fordult koponya sérült, karok a test mellett kinyújtva. Melléklete nem volt.

33. sír (11. szelvény, 1985). T: 44', M: 69 cm, VH: 86 cm. Kisgyermek bolygatatlan sírja. A koponya jobb oldalra fordult, jobb kar a test mellett kinyújtva, bal alkar könyökben felhúzva. Melléklete nem volt.

34. sír (11. szelvény, 1985). T: 44,5', M: 96 cm, VH: 145 cm. Felnőtt, bolygatatlan váz. A koponya jobbra fordult, és kissé előre billent. Alkarok a hason keresztbe téve. Temetésekor a 35. sír nagy részét megsemmisítették. A csontváz felett koporsódeszkák nyomait figyeltük meg. Egyéb melléklete nem volt.

35. sír (11. szelvény, 1985). T: –, M: 90 cm, VH: – cm. Gyermek sírja, melyből csak a jobb oldalra fordult, összetört koponya és jobb váll csontja maradtak eredeti helyzetükben. A sír többi részét a 34. sír ásásakor semmisítették meg. Ez a sír pedig a jobb oldalán lévő 36. sírt pusztította el. Melléklete nem volt.

36. sír (11. szelvény, 1985). T: –, M: 90 cm, VH: – cm. Gyermek csontvázrészei: koponyatöredékek, a bal kar csontjai maradtak meg, többé-kevésbé eredeti helyzetükben. A sír többi részét a 35. sírral pusztították el. Melléklete nem volt.

37. sír (11. szelvény, 1985). T: 42,5', M: 92 cm, VH: 140 cm. Felnőtt bolygatatlan váza. Az összetört koponya a felhúzott bal vállra hajlott. Karok a felsőtest mellett kinyújtva, a jobb láb térdben magasra felhúzva helyezkedett el. A szokatlan testhelyzetet a hajlott gerinc és a ferde állású medence is hangsúlyozza. A sír földjéből barna, szürke törésű, tört kaviccsal soványított, díszítetlen kisebb cseréptöredék került elő, rajta átfúrás nyomával.[845]

38. sír (12. szelvény, 1985). T: 46', M: 44 cm, VH: – cm. Felnőtt részben bolygatott váza. A koponya hiányos, jobb alkar a medencére hajlítva, bal kar a test mellett kinyújtva. Alsó lábszárak hiányoznak: a bányaművelés során pusztították el. A váz fölött, több helyen, foltokban figyeltünk meg koporsónyomokat. Melléklete nem volt.

39. sír (12. szelvény, 1985). T: 47', M: 44 cm, VH: 75 cm. Kisgyermek bolygatatlan váza. A koponya bal oldalára és előre billent. Karok a test mellett kinyújtva. Temetésekor megbolygatták a 40. sír koponyáját, illetve egy tőle nyugatra eső felnőtt váz lábait. Melléklete nem volt.

40. sír (12. szelvény, 1985). T: 46', M: 49 cm, VH: – cm. Felnőtt váza. A koponya nem volt eredeti helyzetében (a 39. sír bolygatta meg), karok a test mellett kinyújtva, lábszárak térdnél keresztbe téve. Alsó lábszárak hiányoznak. Melléklete nem volt.

41. sír (12. szelvény, 1985). T: 47,5', M: 22 cm, VH: – cm. Gyermek bolygatott váza. Koponya és a felsőtest teljes bal oldala hiányzik, melyet valószínűleg egy mélyebben fekvő sírral pusztítottak el. Jobb kéz a medencére helyezve. Melléklete nem volt.

[845] Munsell 5YR 5/6. ltsz.: 91.4.226.

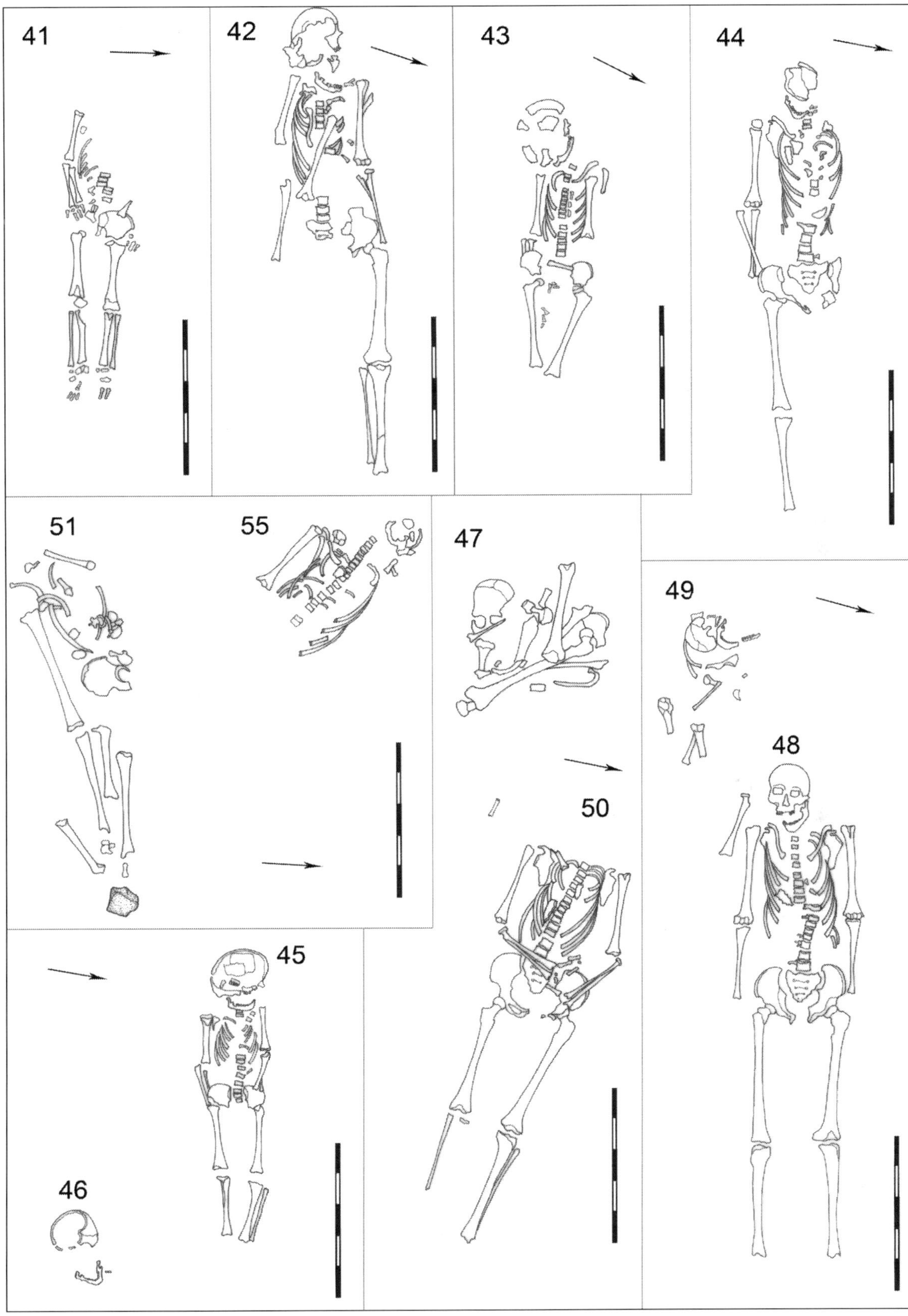

18. ábra: 41–51. és 55. sírok

42. sír (12. szelvény, 1985). T: 45', M: 38 cm, VH: 154 cm. Felnőtt váza. Koponyáját és jobb karját feltehetően rágcsáló mozdította el, de az megállapítható, hogy a karok a test mellett nyújtva helyezkedtek el. A jobb medencét és lábszárat pedig egy mélyebben fekvő sírral pusztították el. Melléklete nem volt.

43. sír (12. szelvény, 1985). T: 43', M: 25 cm, VH: – cm. Kisgyermek csontváza. A koponya töredékes, az alsókar csontjai hiányoznak, vagy töredékesek. Úgy tűnt, hogy a jobb kar a test mellett nyújtva helyezkedett el. Alsó lábszárak hiányoznak. Melléklete nem volt.

44. sír (12. szelvény, 1985). T: 46', M: 40 cm, VH: 150 cm. Felnőtt váza. A koponya töredékes, hiányos, jobb kar a test mellett kinyújtva, bal kar-, medence- és lábcsontok hiányoznak. Melléklete nem volt.

45. sír (12. szelvény, 1985). T: 46,5', M: 38 cm, VH: 95 cm. Kisgyermek bolygatatlan váza. A koponya összenyomódott, karok a test mellett kinyújtva. Melléklete nem volt.

46. sír (12. szelvény, 1985). T: –, M: 27 cm, VH: – cm. Felnőtt váza, melyből csak a töredékes koponya maradt eredeti helyén. Melléklete nem volt.

47. sír (12. szelvény, 1985). T: –, M: 46 cm, VH: – cm. Felnőtt váz egy csomóba összerakott csontjai. Melléklete nem volt.

48. sír (12. szelvény, 1985). T: 44,5', M: 39 cm, VH: 161 cm. Felnőtt váza. A karok a test mellett kinyújtva, a lábfej csontjai a bányában vesztek. Temetésekor a 49. sírt feldúlták. Melléklete nem volt.

49. sír (12. szelvény, 1985). T: –, M: 39 cm, VH: – cm. Felnőtt bolygatott váza. Egyetlen csontja sem maradt eredeti helyzetében, mikor a 48. sír ásásakor feldúlták. Melléklete nem volt.

50. sír (12. szelvény, 1985). T: 44', M: 42 cm, VH: – cm. Felnőtt bolygatott váza. A koponya, jobb tibia hiányzott. Jobb alkar a hason keresztbe, bal alkar a medencére helyezve. Melléklete nem volt.

51. sír (12. szelvény, 1985). T: 47', M: 65 cm, VH: – cm. Felnőtt bolygatott és hiányos váza. Csupán az egyik medencetányér, néhány borda és a lábcsontok maradtak meg, közülük is legfeljebb a jobb combcsont és a bal tibia volt eredeti helyzetében. A lábfejnél egy tégladarabot találtunk.

52. sír (12. szelvény, 1985). T: 47', M: 45 cm, VH: 146 cm. Felnőtt hiányos váza. A koponya sérült, a hosszúcsontok eredeti helyükön voltak, a többi csont elporladt. Karok a test mellett kinyújtva. Temetésekor megbolygathatták a mellette lévő 53. sírt. A jobb láb mentén koporsónyomok.

53. sír (12. szelvény, 1985). T: 46', M: 37 cm, VH: – cm. Felnőtt erősen bolygatott váza. Csak a jobb oldalára fordult, töredékes koponya maradt eredeti helyzetében. A sír földjében néhány tégladarabot találtunk, a láb felőli végénél pedig egy másodlagos helyzetű koponyát. Melléklete nem volt.

54. sír (12. szelvény, 1985). T: 49', M: 47 cm, VH: – cm. Gyermek rossz megtartású, bolygatott váza. A koponyát a nyugatra lévő felnőtt sír temetésekor összetörték, félretolták. A jobb karcsontok hiányoznak. A bal kar a test mellett kinyújtva. Mellékletei: A bal váll fölött két egymásba kapcsolt S-végű hajkarika. Egy nagyobb, négyszög átmetszetű bronzhuzalból, sima, széles S-végű[846] *(48. tábla 18.)*, és egy kisebb, kerek átmetszetű bronzhuzalból, sima, széles S-végű, melynek egyik fele letört. Teljesen zárt[847] *(48. tábla 12.)*. Párjaikat a sír felszedésekor a koponya alatt találtuk meg, a nagyobbik a kisebbik s-végébe volt beakasztva[848] *(48. tábla 19–20.)*.

55. sír (12. szelvény, 1985). *(18. ábra)*. T: 38', M: 57 cm, VH: – cm. Felnőtt, hiányos váz. Az összetört koponya egyes darabjai, a jobb felkar, bordák és csigolyák maradtak eredeti helyzetükben. Melléklete nem volt.

56. sír (15. szelvény, 1985). *(15. ábra)*. T: 48', M: 13 cm, VH: – cm. Csecsemő szántás által feldúlt váza. A koponya kis darabja, a test mellett nyújtott jobb karcsontok és néhány borda maradt eredeti helyzetében. Melléklete nem volt.

57. sír (15. szelvény, 1985). *(16. ábra)*. T: –, M: 17 cm, VH: – cm. Felnőtt sírjából csak az eke által roncsolt koponya maradt eredeti helyén. Melléklete nem volt.

---

846 ltsz.: 91.5.3. 21 x 17 x 04 cm.

847 ltsz.: 91.5.4. 18 x 14 x 03 cm.

848 A nagyobb ltsz.: 91.5.5. 2,1 x 1,8 x 0,3 cm, a kisebb ltsz.: 91.5.6. 1,7 x 1,4 x 0,3 cm.

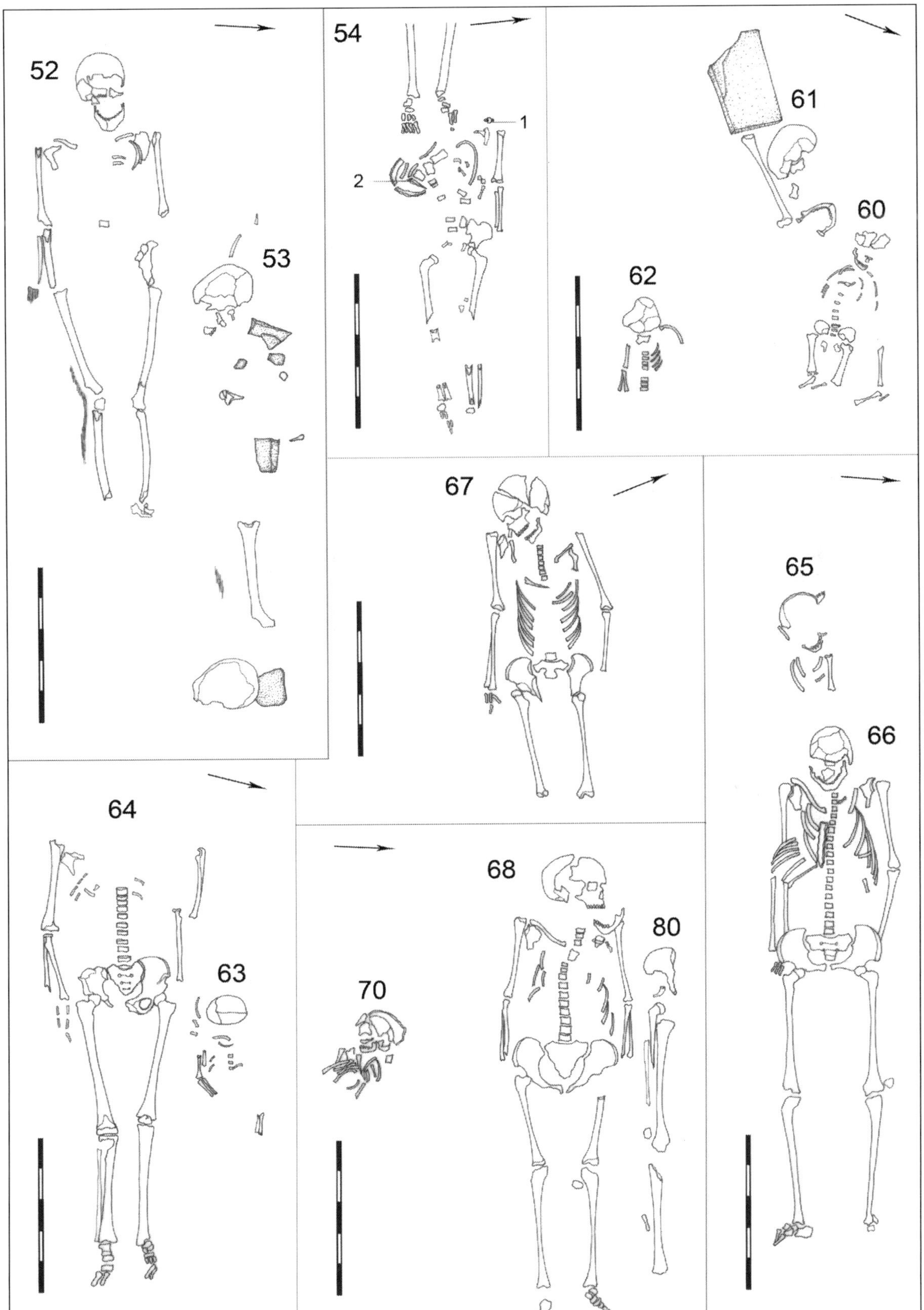

19. ábra: 52–54., 60–68., 70., 80. sírok

58. sír (15. szelvény, 1985). *(16. ábra)*. T: 47,5', M: 13 cm, VH: 163 cm. Felnőtt sírnak a 22. sír által megbolygatott váza. A koponya jobb oldalára fordult, jobb kar a test mellett kinyújtva, bal alkar, medence és lábcsontok a 22. sír ásásakor pusztultak el. Melléklete nem volt.

59. sír (15. szelvény, 1985). *(16. ábra)*. T: –, M: 26 cm, VH: – cm. Felnőtt váz töredékei. A bal oldalára fordult, törött koponya és a jobb kulcscsont maradt eredeti helyén. Melléklete nem volt.

60. sír (15. szelvény, 1985). T: 44,5', M: 40 cm, VH: – cm. Csecsemő hiányos csontváza. Az összetört koponya darabjai szétszóródtak, az alsó lábszárakat feltehetően eke húzta el. Karok kissé széttárva a test mellett. Melléklete nem volt.

61. sír (15. szelvény, 1985). T: –, M: 39 cm, VH: – cm. Szinte teljesen megsemmisült felnőtt váz darabjai. A koponya kifordult helyéből, a jobb felkar hasonlóképpen. Többi része megsemmisült. Melléklete nem volt.

62. sír (15. szelvény, 1985). T: 48', M: 40 cm, VH: – cm. Bolygatott csecsemőcsontváz részei. Az összetört koponya darabjai, a test mellett nyújtott jobb kar és a csigolyák, valamint néhány borda maradt eredeti helyzetében. Melléklete nem volt.

63. sír (15. szelvény, 1985). T: 45,5', M: 44 cm, VH: – cm. Csecsemő vázának töredékei. Mindössze a jobb kar maradt eredeti helyzetben, melyet könyökben a medencére hajlították. Alatta találtuk meg a 64. sír vázrészeit. Melléklete nem volt.

64. sír (15. szelvény, 1985). T: 39,5', M: 43 cm, VH: – cm. Felnőtt váza. A koponyát és a bal felkart a bal oldali medence mellett, a 63. sír alatt találtuk meg. A bal alkar csontjai elmozdultak eredeti helyükről, a jobb alkar a test mellett kinyújtva feküdtek. Bordák elpusztultak. Melléklete nem volt.

65. sír (15. szelvény, 1985). T: 47,5', M: 27 cm, VH: – cm. Csecsemő részben megsemmisült váza. A koponya egyes töredékei, a bal felkar és néhány borda maradt eredeti helyzetében. Melléklete nem volt.

66. sír (15. szelvény, 1985). T: 46', M: 24 cm, VH: 164 cm. Felnőtt csaknem bolygatatlan váza. A koponya összetört, karok a test mellett kinyújtva, jobb oldali bordák kifordulva. Melléklete nem volt.

67. sír (15. szelvény, 1985). T: 50', M: 39 cm, VH: – cm. Felnőtt hiányos váza. Koponya a jobb vállra billent, karok a test mellett kinyújtva, alsó lábszárak hiányoztak. Melléklete nem volt.

68. sír (15. szelvény, 1985). T: 47,5', M: 48 cm, VH: 143 cm. Felnőtt bolygatatlan váza. Az összetört koponya bal oldalára fordult. Karok a test mellett kinyújtva. Temetésekor megbolygatták a 67. és a 80. sírokat. Melléklete nem volt.

69. sír (15. szelvény, 1985). *(16. ábra)*. T: 45', M: 31 cm, VH: – cm. Csecsemő bolygatott vázának maradványai. A jobb oldalára fordult koponya darabokra tört, néhány borda és csigolya, valamint a felkarcsontok maradtak meg. Melléklete nem volt.

70. sír (15. szelvény, 1985). *(19. ábra)*. T: 44', M: 43 cm, VH: – cm. Csecsemő hiányos csontváza. Az összetört koponya, bordák és a jobb felkarcsont maradt meg. Melléklete nem volt.

71. sír (15. szelvény, 1985). T: 45', M: 43 cm, VH: – cm. Felnőtt vázának maradványai. Mindössze a két alsó lábszárat találtuk eredeti helyzetében. Melléklete nem volt.

72. sír (15. szelvény, 1985). T: 46,5', M: 25 cm, VH: 160 cm. Felnőtt bolygatatlan váza. Karok a test mellett kinyújtva. A váz bal oldalán tégladarabokból kirakott sort találtunk.

73. sír (15. szelvény, 1985). T: 44', M: 75 cm, VH: – cm. Felnőtt, hiányos váz. Koponya a jobb vállra billent, karok a test mellett kinyújtva, a medencétől lefelé eső részét a 76. sír ásásakor pusztították el. Mellékletei: a jobb alkar mellett koporsómaradványok; a koponya alatt, a jobb oldali járomív alatt egy kerek átmetszetű bronzhuzalból készült, sima, széles S-végű hajkarika,[849] a koponya bal oldalán pedig egy hasonló, de nyitott végű bronz karika feküdt[850] *(48. tábla 21–22.)*.

74. sír (15. szelvény, 1985). T: 42', M: 34 cm, VH: – cm. Fiatal egyén közepes megtartású váza. Koponya összetört, a felkar csontjai néhány borda és a csigolyák maradtak meg eredeti helyzetükben, a váz többi részét

[849] ltsz.: 91.5.7. 3 x 2,4 x 0,3 cm. Kissé összenyomódott.
[850] ltsz.: 91.5.8. 2,4 x 2,1 cm.

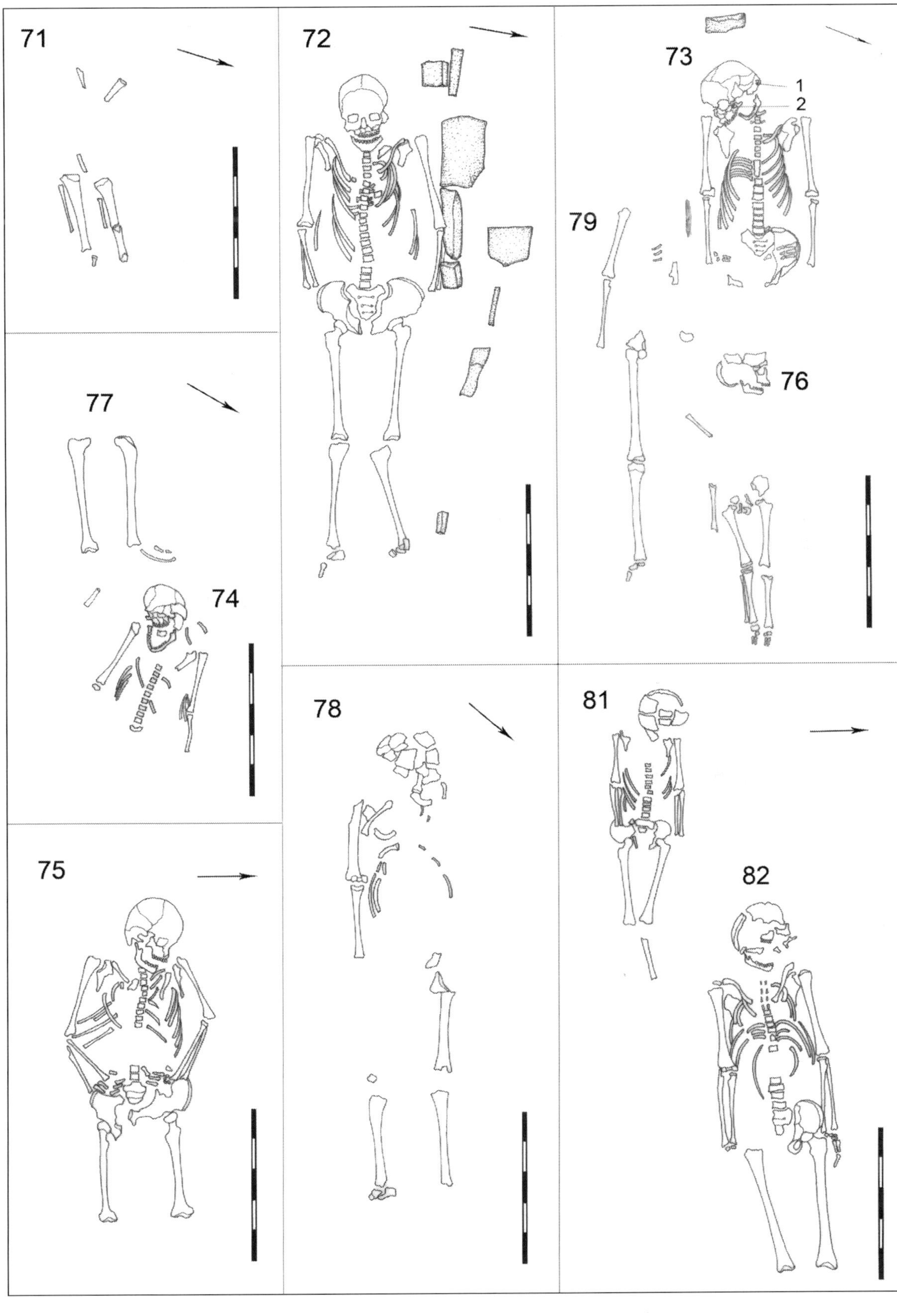

20. ábra: 71–79., 81–82. sírok

a bánya vitte el. Temetésekor a 77. sír lábfejét megbolygatták. Függőlegesen álló koporsódeszka 10 cm hosszú és 5 cm magas maradványát találtuk a felkar mellett.

75. sír (15. szelvény, 1985). T: 48', M: 36 cm, VH: – cm. Felnőtt hiányos váza. Koponya bal oldalára fordult, vállai felhúzva, karok könyökben behajlítva, kezek a hason. Alsó lábszárak a bányában pusztultak. Melléklete nem volt.

76. sír (15. szelvény, 1985). T: 44', M: 49 cm, VH: 93 cm. Gyermek hiányos váza. A bal oldalra fordult koponya összetört, a felsőtest csontjai szinte teljesen hiányoznak, jobb alkar a test mellett nyújtva. Temetésekor a 73. és a 79. sírokat bolygatták meg. Melléklete nem volt.

77. sír (15. szelvény, 1985). T: 45,5', M: 23 cm, VH: – cm. Felnőtt alsó lábszárcsontjai, többi részét a 68. illetve 77. sírok ásásakor pusztították el. Melléklete nem volt.

78. sír (15. szelvény, 1985). T: 40', M: 40 cm, VH: 152 cm. Felnőtt rossz megtartású, hiányos váza. Koponya összetört, jobb kar a test mellett kinyújtva, jobb combcsont, bal kar, csigolyák és medencék hiányoztak. Melléklete nem volt.

79. sír (15. szelvény, 1985). T: 44,5', M: 45 cm, VH: – cm. Felnőtt, hiányos, bolygatott váza. Csak a test mellett nyújtott jobb kar, továbbá a jobb láb csontjai maradtak eredeti helyzetükben, a váz többi részét a 73. és a 76. sír pusztította el. Melléklete nem volt.

80. sír (15. szelvény, 1985). *(19. ábra)*. T: 46,5', M: 43 cm, VH: – cm. Felnőtt váza, melyet a 68. sír ásásakor pusztítottak el, és az egyik medencelapát, továbbá a lábcsontok maradtak meg belőle, bolygatott helyzetben. Melléklete nem volt.

81. sír (12. szelvény, 1985). *(20. ábra)*. T: 45,5', M: 52 cm, VH: – cm. Gyermek hiányos váza. Koponya összetört, karok a test mellett kinyújtva, alsó lábszárak elvesztek. Melléklete nem volt.

82. sír (15. szelvény, 1985). *(20. ábra)*. T: 48,5', M: 55 cm, VH: – cm. Gyermek hiányos váza. Koponya összetört, karok a test mellett kinyújtva, jobb medence és az alsó lábszárak elvesztek. Melléklete nem volt.

83. sír (26. szelvény, 1987.) *(4. tábla 1.)*. T: 44,5', M: 50 cm, VH: 110 cm. Gyermek bolygatatlan váza. A koponya összetört, jobb kar a test mellett nyújtva, a bal alkar a medencére hajlítva. Mellékletei: 1. A bal halántékon kerek átmetszetű ezüst huzalból hajlított, négyszer bordázott S-végű hajkarika[851] *(48. tábla 3.)*; 2. A bal halántékon sima, nyitott végű hajkarika kerek átmetszetű bronzhuzalból[852] *(48. tábla 4.)*; 3. A bal halántékon kerek átmetszetű bronzhuzalból készült hajkarika. S-végű lehetett, de csak letört csonkja van meg. Végei összenyomódtak[853] *(48. tábla 7.)*; 4. A jobb fültájékon négyszer bordázott S-végű hajkarika kerek átmetszetű ezüsthuzalból[854] *(48. tábla 8.)*; 5. A jobb fültájékon hajkarika kerek átmetszetű bronzhuzalból, sima, nyitott végű lehetett[855] *(48. tábla 9.)*; 6. A jobb fültájékon hajkarika kerek átmetszetű bronzhuzalból, sima, nyitott végű lehetett. Végei össze vannak nyomva, egyik törött[856] *(48. tábla 6.)*; 7. Zöld és zöldessárga, jórészt lapított gömb, néhány esetben kúp alakú mészkőgyöngyökből álló gyöngysor. Közepén lehetett az egyetlen hengeres fehér darab. Nyaktájékon csomóban a mandibula alatt[857] *(49. tábla 1.)*. A váz felett és alatta koporsómaradványok.

84. sír (26. szelvény, 1987). T: 43,5', M: 45 cm, VH: 155 cm. Felnőtt váz, a jobbra fordult koponyát feltehetően szántással bolygatták meg. Karok a medencén keresztbe téve. Melléklete nem volt.

85. sír (26. szelvény, 1987). T: 40', M: 56 cm, VH: 150 cm. Felnőtt bolygatatlan váza. A koponya összetört, bal oldalára fordult. Karok a test mellett kinyújtva. A fej mögött két-két élére, illetve lapjára állított tégla.

---

[851] ltsz.: 91.5.9. 2,5 x 2 x 0,5 cm.
[852] ltsz.: 91.5.10. 1,3 x 0,1 cm.
[853] ltsz.: 91.5.11. 1,9 x 1,6 cm.
[854] ltsz.: 91.5.12. 2,3 x 1,7 x 0,5 cm.
[855] ltsz.: 91.5.13. 1,1 x 0,1 cm.
[856] ltsz.: 91.5.14. 1 x 0,9 cm.
[857] ltsz.: 91.5.15. 122 db. 0,5 x 0,1 cm.

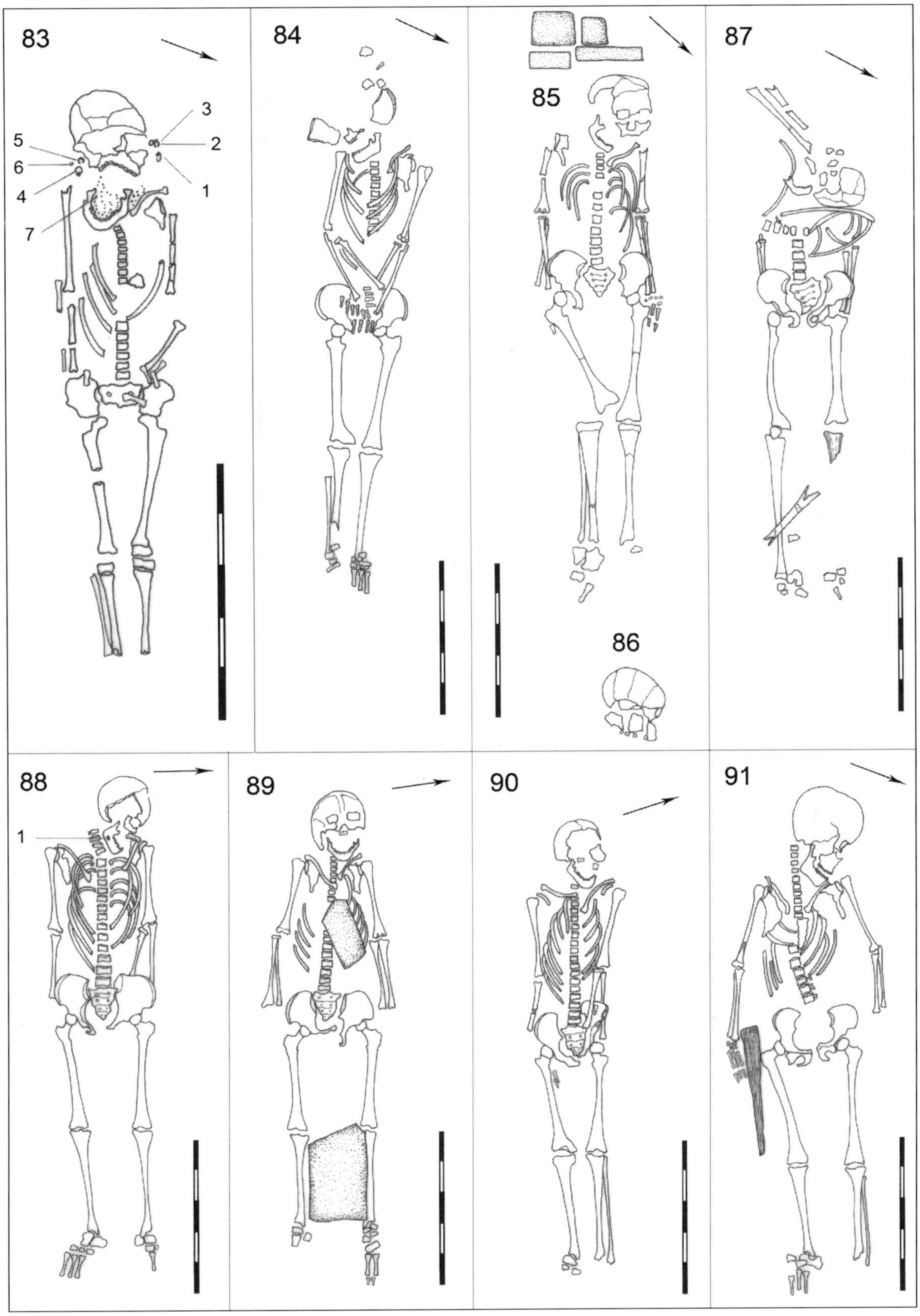

21. ábra: 83–91. sírok

86. sír (26. szelvény, 1987). T: –, M: 38 cm, VH: – cm. Gyermek összetört koponyája a 85. sír lábától keletre 40 cm-re. A váz többi része elveszett. Melléklete nem volt.

87. sír (26. szelvény, 1987). T: 43,5', M: 35 cm, VH: – cm. Felnőtt váza. A felsőtest csontjait, illetve a bal alsó lábszárat a szántás során bolygatták meg. A karok a test mellett nyújtott helyzetben voltak. Melléklete nem volt.

88. sír (26. szelvény, 1987). *(4. tábla 2.)*. T: 49', M: 55 cm, VH: 150 cm. Felnőtt bolygatatlan váza. A koponya bal oldalára fordult, karok a test mellett kinyújtva. Melléklete: A szájban 12. századi ezüst érem[858] *(48. tábla 24.)*. Koporsómaradványok a váz felett és alatt.

89. sír (26. szelvény, 1987). *(4. tábla 3.)*. T: 49,5', M: 55 cm, VH: 140 cm. Fiatal egyén bolygatatlan váza. Arckoponya összenyomva, karok a test mellett kinyújtva. A mellkason és az alsó lábszárakon egy-egy tégla.

90. sír (26. szelvény, 1987). T: 51', M: 60 cm, VH: 140 cm. Felnőtt váza, koponya balra néz, karok a test mellett kinyújtva. Koporsómaradványok a váz felett és alatt.

91. sír (26. szelvény, 1987). T: 45', M: 40 cm, VH: 152 cm. Felnőtt váza, a koponyát eke fordította el bal oldalára. Karok test mellett nyújtott helyzetben voltak. A jobb kéz és a medence között koporsódeszka maradványai.

92. sír (27. szelvény, 1987). *(4. tábla 4.)*. T: 46', M: 34 cm, VH: 60 cm. Csecsemő bolygatatlan váza. Karok nyújtott helyzetben, a jobb combcsont hiányzott. A fej élére állított égetett téglákkal volt körülrakva, a test két oldalán pedig égetetlen téglákat helyeztek el.

93. sír (26. szelvény, 1987). *(5. tábla 1.)*. T: 49', M: 58 cm, VH: 150 cm. Felnőtt bolygatatlan váza. Koponya jobbra néz, karok a test mellett kinyújtva. Mellékletei: 1. A koponya alatt a jobb halántéknál, kerek átmetszetű ezüsthuzalból hajlított, kétszer bordázott S-végű hajkarika[859] *(48. tábla 10.)*; 2. A bal lapocka alatt ezüst, kétszer bordázott S-végű hajkarika. A karika teljesen hiányzik.[860] *(48. tábla 5.)*. Koporsómaradványok a bal vállnál.

94. sír (27. szelvény, 1987). T: 49', M: 48 cm, VH: – cm. Felnőtt váza. A koponyából csak az alsó állkapocs maradt meg, a csigolyák és a jobb medence hiányzik. Karok a test mellett nyújtva, kissé terpeszben, a lábak úgyszintén. A csontváz felett koporsó nyomai, alatta mindenütt faszénmaradványok.

95. sír (27. szelvény, 1987). T: 45,5', M: 42 cm, VH: – cm. Gyermek váza. A koponyát eke forgatta ki a helyéből. A felsőtest jobb oldala hiányzik. Bal kar a test mellett kinyújtva. Melléklete nem volt.

96. sír (27. szelvény, 1987). T: 44', M: 60 cm, VH: 140 cm. Felnőtt váza. A koponya bal oldalára fordult, jobb alkar a medencére, bal kéz a combtőre hajlítva. A bordák és csigolyák egy részét feltehetően rágcsáló mozdította el. A váz fölött és körül összefüggő vonalban koporsó 1 cm vastag fakorhadékát lehetett megfigyelni. Szegek nyomait nem találtuk benne, és a jelek szerint alja sem volt.

97. sír (26. szelvény, 1987). T: 45', M: 60 cm, VH: 135 cm. Gyermek váza. A jobb oldalára fordult koponyát az eke összetörte. Karok a test mellett kinyújtva. Koporsómaradványok a váz alatt.

98. sír (26. szelvény, 1987). T: 48', M: 55 cm, VH: 145 cm. Felnőtt bolygatatlan váza. A jobb oldalra fordult koponyát az eke összetörte. Karok a test mellett kinyújtva. A fej mögött téglák.

99. sír (27. szelvény, 1987). *(5. tábla 2.)*. T: 49', M: 40 cm, VH: – cm. Felnőtt váz. A koponya bal oldalára fordult, karok a test mellett kinyújtva, alsó lábszárakat a szántás pusztította el. Mellékletei: 1. A jobb medencelapáton nagyméretű, aszimmetrikus vasszög, lapos fejjel.[861] 2. A koponya alatt, középen, kerek átmetszetű, vaskos bronzhuzalból hajlított, S-végű hajkarika-pár, mely négyszer bordázott[862] *(48. tábla 11.)*; a koponya

---

[858] CNH I. 69. Szigla: egyik félhold mellett négy pont. ltsz.: 91.5.16. 1,1 x 1 cm. A meghatározást Kovács Lászlónak köszönöm.

[859] ltsz.: 91.5.17. 2,1 x 1,6 x 0,3 cm.

[860] ltsz.: 91.5.18.

[861] ltsz.: 91.5.19.

[862] ltsz.: 91.5.20. 1,7 x 1,3 x 0,4 cm.

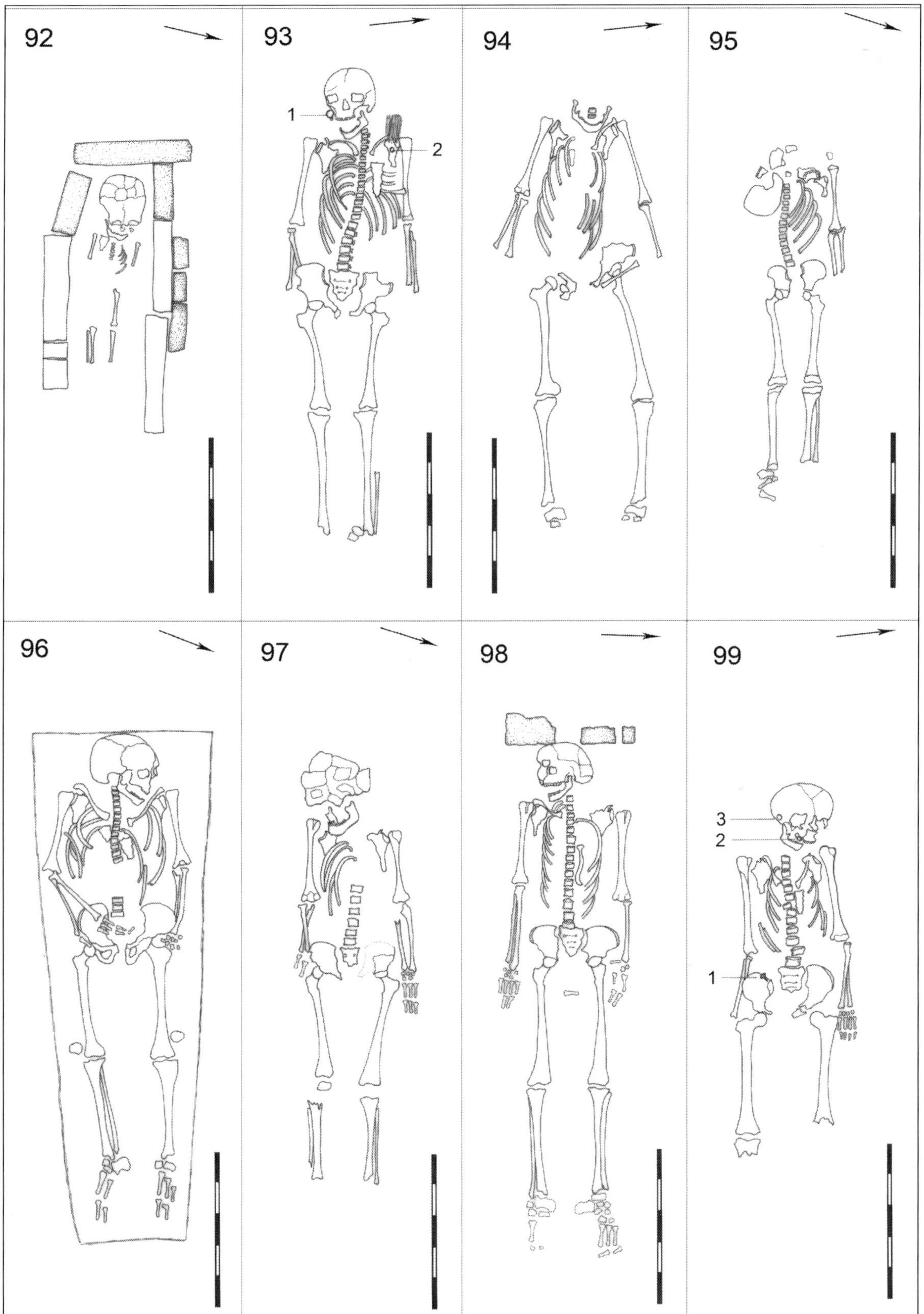

22. ábra: 92–99. sírok

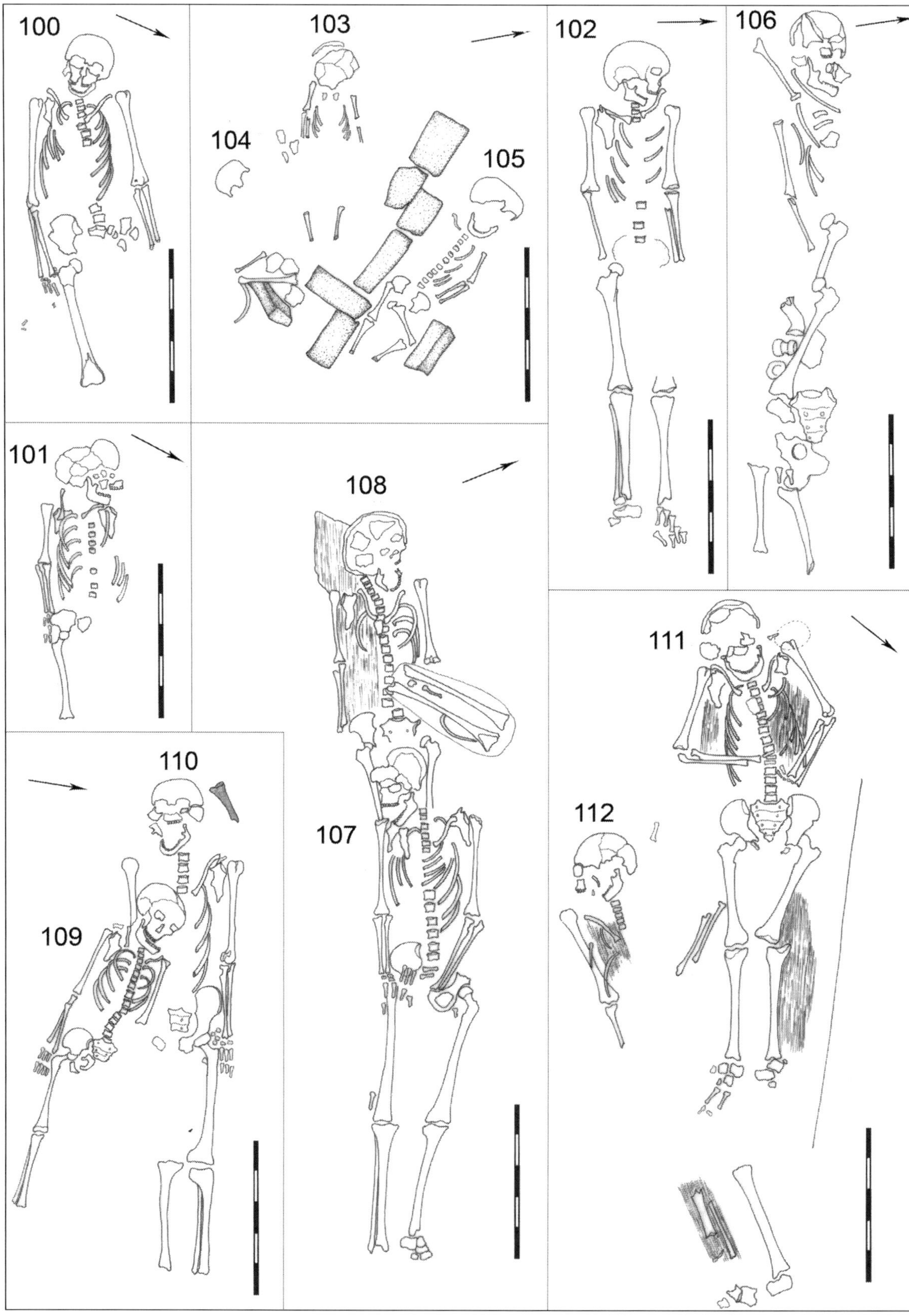

23. ábra: 100–112. sírok

alatt, középen, kerek átmetszetű, az előbbinél vékonyabb bronzhuzalból hajlított hajkarika, s-vége háromszor bordázott, vége letört[863] *(48. tábla 13.)*. 3. Kerek átmetszetű, kisebb vaskarika össze nem illő töredékei. A koponya alatt, a jobb oldalon[864] *(48. tábla 17.)*.

100. sír (27. szelvény, 1987). T: 44', M: 40 cm, VH: – cm. Felnőtt hiányos váza. Karok a test mellett kinyújtva. A bal medence és teljes lábszár, a jobb alsó lábszár valószínűleg a szántás következtében veszett el. Melléklete nem volt.

101. sír (27. szelvény, 1987). T: 43', M: 45 cm, VH: – cm. Gyermek hiányos váza. A bal oldalára fordult koponya összetört, jobb kar a test mellett kinyújtva, a bal kar, medence és combcsont, továbbá mindkét alsó lábszár hiányzott. Melléklete nem volt.

102. sír (27. szelvény, 1987). T: 48', M: 50 cm, VH: 150 cm. Felnőtt hiányos váza. A szántás következtében összetört koponya bal oldalára fordult, karok a test mellett kinyújtva. Medence, csigolyák, bordák elporladtak, bal combcsont elveszett. Koporsónyomok a váz alatt.

103. sír (25. szelvény, 1987). T: 50', M: 50 cm, VH: 63 cm. Csecsemő hiányos váza. A koponya töredékes, karok a test mellett kinyújtva, medence- és combcsontok hiányoztak. Temetésekor bolygathatták meg feltehetően a magasabban fekvő, szomszédos 104. sírt. Koporsó maradványait figyeltük meg.

104. sír (27. szelvény, 1987). T: –, M: 35 cm, VH: – cm. Teljesen feldúlt gyermeksír csekély maradványai. Az arckoponya egyes töredékei, továbbá csomóba rakott hosszúcsontok (melyek nem is biztos, hogy ehhez a vázhoz tartoznak) valamint tégladarabok maradtak belőle. Minden bizonnyal a 103. sír temetésekor kotorták félre a csontokat. Melléklete nem volt.

105. sír (27. szelvény, 1987). T: 47', M: 48 cm, VH: 70 cm. Csecsemő csontváza. A koponya összetört, jobb oldali karcsontok hiányoznak, a bal kar a test mellett, könyökben kissé felhúzva helyezkedett el. A bal láb térdben ugyancsak felhúzva. A csontváz jobb oldalán, teljes hosszában téglák feküdtek egy sorban, a bal oldalon csak egy tégla volt.

106. sír (27. szelvény, 1987). T: 49', M: 40 cm, VH: – cm. Szinte teljesen feldúlt felnőtt váz. A jobb oldalra fordult koponya összetört, a jobb kar csontjai voltak csak kétségtelenül eredeti helyzetben, a test mellett kinyújtva. A medencék és a lábcsontok minden bizonnyal egy későbbi rátemetkezés során lettek félretolva. Melléklete nem volt.

107. sír (27. szelvény, 1987). T: 50', M: 65 cm, VH: 160 cm. Felnőtt váza. A jobb vállra hajló koponya összetört. Jobb kar a test mellett kinyújtva, bal a medencére hajlítva. Temetésekor megbolygatták az alatta fekvő 108. sírt. Melléklete nem volt.

108. sír (27. szelvény, 1987). T: 52', M: 70 cm, VH: – cm. Felnőtt váza. Az összetört koponya bal oldalára fordult. Karok a test mellett kinyújtva. A combcsontokra fektették a 107. sír halottját, és ennek során az alsó lábszárakat a 107. sírnál is 10 cm-el magasabban a medence fölé kotorták. Koporsó maradványait figyeltük meg a felsőtest jobb oldala alatt.

109. sír (27. szelvény, 1987). T: 44,5', M: 50 cm, VH: 113 cm. Fiatal egyén váza. A koponya bal oldalára fordult, jobb kar a test mellett kinyújtva, a bal alkar csontjai elvesztek a medencével és a bal oldali lábcsontokkal együtt. Közvetlenül a 110. sír fölé temették. Melléklete nem volt.

110. sír (27. szelvény, 1987). T: 46,5', M: 55 cm, VH: 159 cm. Felnőtt bolygatott váza. Bal kar a test mellett kinyújtva, jobb alkar, medence és combcsont hiányoznak, minden bizonnyal a 109. sír rátemetésekor pusztították el. Melléklete nem volt.

111. sír (30. szelvény, 1987). T: 41', M: 58 cm, VH: 150 cm. Felnőtt bolygatatlan váza. A lábak bal oldalán a sírgödör szélét is meg lehetett figyelni. Vállak felhúzva, alkarok a hasra hajlítva. A jobb váll felett néhány csecsemőcsont. Temetésekor megbolygatták az azonos mélységre temetett 112. sírt. Koporsómaradványok a váz felett és a jobb lábszár alatt.

[863] Ltsz.: 91.5.21.

[864] Ltsz.: 91.5.22. 1,7 x 1,6 x 0,3 cm.

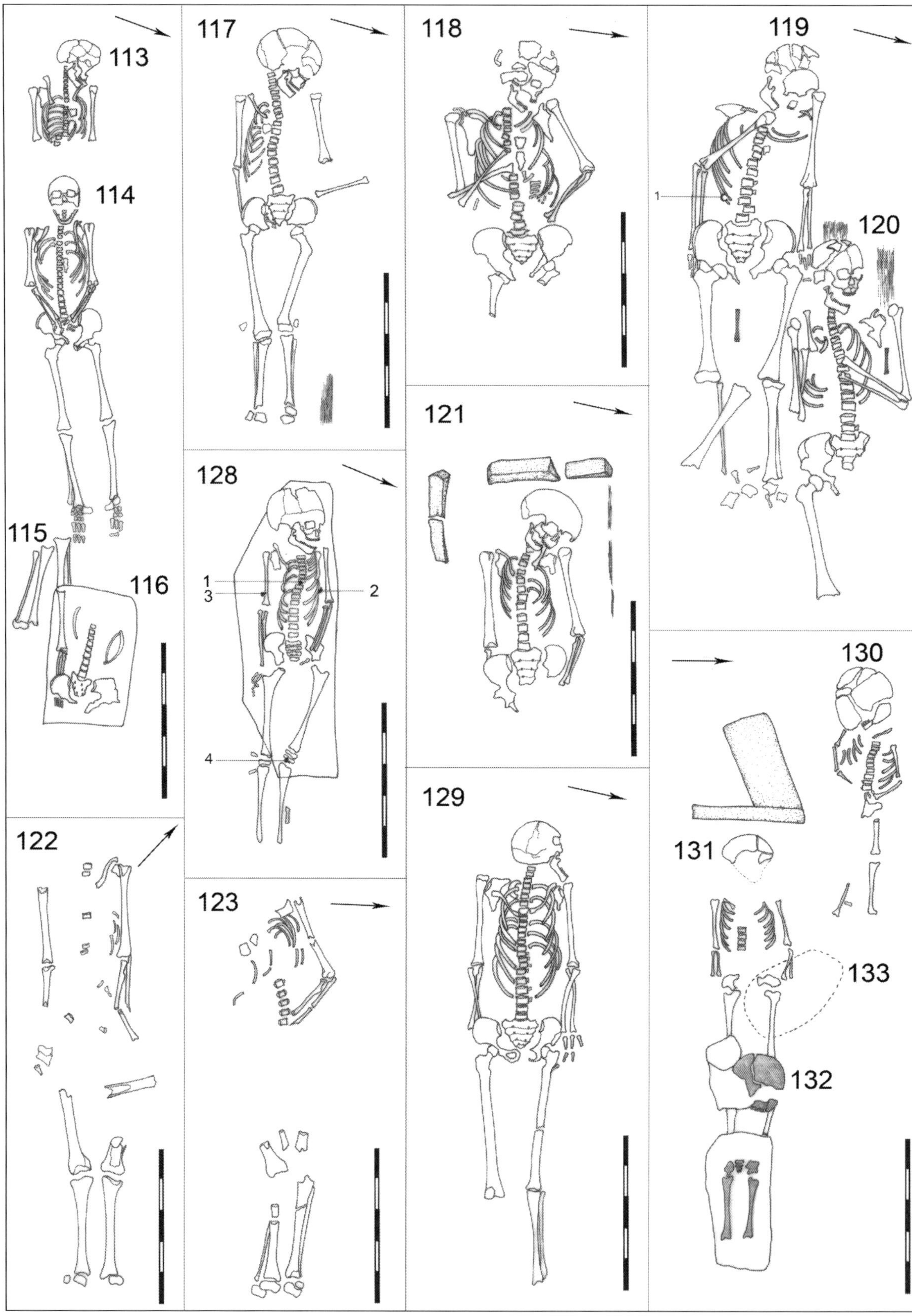

24. ábra: 113–123., 128–133. sírok

112. sír (30. szelvény, 1987). T: 45,5', M: 58 cm, VH: 155 cm. Felnőtt hiányos váza. A jobb oldalára fordult koponya összetört, jobb kar a test mellett kinyújtva, a test teljes bal oldala, a medencetájék és a felső combcsontok a 111. sír rátemetésekor megsemmisültek. Koporsónyomokat figyeltünk meg a jobb mellkas és alsó lábszár tájékán.

113. sír (30. szelvény, 1987). T: 44,5', M: 35 cm, VH: – cm. Felnőtt hiányos váza. A koponya jobb oldalára fordult. Könyöktől lefelé valamennyi vázcsont hiányzik, minden bizonnyal a 114. sír rátemetésekor semmisültek meg. Koporsó maradványait figyeltük meg.

114. sír (30. szelvény, 1987). T: 46', M: 46 cm, VH: 150 cm. Felnőtt bolygatatlan váza. Alkarok a medencére hajlítva. A sír ásásakor semmisítették meg a 113. sír alsó, illetve a 115. sír felső részét. Koporsó maradványait figyeltük meg.

115. sír (30. szelvény, 1987). T: 45', M: 33 cm, VH: – cm. Felnőtt vázmaradvány. Mindössze a két alsó lábszárat találtuk eredeti helyzetében, a többit a 114. sír ásásakor pusztították el. Melléklete nem volt.

116. sír (30. szelvény, 1987). T: 43,5', M: 25 cm, VH: – cm. A fiatal egyén vázmaradványai a bánya lejtőjében a csodával határos módon maradtak meg. A jobb kar csontjai a test mellett nyújtott helyzetben, a gerincoszlop és a medencék voltak bolygatatlanok. Kétségtelen, hogy rátemették a 115. sírra, de az is lehetséges, hogy a koponyát viszont a 114. sír temetésekor bolygatták meg. Melléklete nem volt.

117. sír (30. szelvény, 1987). T: 45', M: 44 cm, VH: 120 cm. Gyermek váza. A koponya bal oldalára fordult, jobb kar a test mellett kinyújtva, a bal alkar csontjai bolygatottak. Koporsó nyomát a bal lábszár mellett figyeltük meg.

118. sír (30. szelvény, 1987). T: 47', M: 50 cm, VH: – cm. Felnőtt hiányos váza. A koponya bal oldalára fordult. Jobb alkar a mellkasra, bal a csípőtájékra hajlítva. A lábcsontok hiányoznak. Melléklete nem volt.

119. sír (30. szelvény, 1987). T: 45', M: 54 cm, VH: 140 cm. Felnőtt kissé bolygatott váza. A koponya a bal vállra billent, a jobb felkar elmozdult helyéről, alkarok a test mellett kinyújtva. A jobb alsó lábszárat feltehetően rágcsáló mozdította el. Nem lehetett nyomát észlelni annak, hogy a föléje temetett 120. sírral megbolygatták volna. Melléklete: kerek átmetszetű ezüsthuzalból készült hajkarika, letört s-vége egyszer bordázott lehetett. Szétnyomódott. A jobb oldali bordák alatt[865] *(48. tábla 14.).*

120. sír (30. szelvény, 1987). T: 46,5', M: 50 cm, VH: – cm. Felnőtt hiányos váza. Az összetört koponya balra fordult. Jobb alkar könyökben visszahajlítva, bal alkar a mellkasra helyezve. Bal medence, combcsont és mindkét alsó lábszár csontjai hiányoznak. Melléklete nem volt.

121. sír (30. szelvény, 1987). T: 46', M: 48 cm, VH: – cm. Felnőtt váza. A koponya a bal vállra billent, jobb alkar csontjai hiányoztak, a bal alkar a medencére hajítva. Lábcsontok hiányoztak. A fej körül élükre állított téglák voltak. A váz bal oldalán koporsó maradványait figyeltük meg.

122. sír (30. szelvény, 1987). T: 56,5', M: 34 cm, VH: – cm. Felnőtt igen rossz megtartású, hiányos váza. Koponya elveszett, az alkar csontjai és a bal combcsont összetörve, helyéről kimozdítva. Bordák, csigolyák, medencék elporladtak. Melléklete nem volt.

123. sír (30. szelvény, 1987). T: 47,5', M: 34 cm, VH: – cm. Felnőtt rossz megtartású, hiányos váza. Koponya, jobb karcsontok, medence- és combcsontok elvesztek. A bal alsó kar a deréktájékra hajlítva. Melléklete nem volt.

124. sír (26. szelvény, 1987). T: –, M: 30 cm, VH: – cm. Csecsemő koponyacsontjai. A váz többi része elporladt. Melléklete nem volt.

125. sír (26. szelvény, 1987). T: –, M: 30 cm, VH: – cm. Csecsemő koponyacsontjai. A váz többi része elporladt. Melléklete nem volt.

126. sír (27. szelvény, 1987). T: –, M: 30 cm, VH: – cm. Csecsemő csontmaradványai. Melléklete nem volt.

---

[865] ltsz.: 91.5.23. 2,2 x 1,7 cm.

127. sír (28. szelvény, 1987). T: –, M: 65 cm, VH: – cm. Két, É–D irányú, egymással párhuzamos téglasor, élére állított féltéglákból, melyeket felülről is tégladarabokkal fedtek le. A két téglasor között nem volt több mint 10 cm távolság, és itt, fekete, kőkemény, iszapos agyagban egy csecsemő, vagy koraszülött félmaréknyi, szétporladt váztöredékeit találtuk. Melléklete nem volt.

128. sír (27. szelvényben). T: 43', M: 45 cm, VH: 115 cm. Gyermek bolygatatlan váza. Az összenyomódott koponya bal oldalára fordult. Jobb kar a test mellett nyújtva, bal a medencére hajlítva. Mellékletei: koporsó fakorhadékának nyomai a váz felett és körül. Benne vaskos, kerek, lapos, illetve kúpos, aszimmetrikus fejű koporsószögek. Három a melltájékon, egy a bal térdnél[866] *(49. tábla 2–10.)*.

129. sír (27. szelvény, 1987). T: 46', M: 31 cm, VH: 148 cm. Felnőtt kissé bolygatott váza. A koponyát az eke fordította ki eredeti helyzetéből. Karok a test mellett nyújtva, jobb alsó lábszár hiányzik. Melléklete nem volt.

130. sír (28. szelvény, 1987). T: 46', M: 45 cm, VH: 80 cm. Kisgyermek hiányos váza. A koponya összenyomódott, alkarok a hasra hajlítva. Jobb medence és combcsont hiányzott. Melléklete nem volt.

131. sír (28. szelvény, 1987). T: 48', M: 45 cm, VH: 104 cm. Kisgyermek váza. A koponya hiányos. Karok a test mellett kinyújtva. Lábai fölött a 132. sír, bal karja és medencéje fölött pedig a 133. sír szétszórt csontjai voltak. A fej mögött két téglát helyeztek el.

132. sír (28. szelvény, 1987). T: 48', M: 40 cm, VH: – cm. Kisgyermek hiányos váza. Koponya töredékei, medence- és combcsontok voltak eredeti helyzetükben. A 131. sír fölé temették. Melléklete nem volt.

133. sír (28. szelvény, 1987). T: –, M: 38 cm, VH: – cm. A 131. sír fölött néhány cm-re szétszórt gyermekcsontokat (felkar, alkar, bordák) találtunk, melyek egy, minden bizonnyal a 131. sír temetésekor feldúlt sírból származhattak. Melléklete nem volt.

134. sír (28. szelvény, 1987). T: 48', M: 42 cm, VH: 148 cm. Felnőtt bolygatatlan váza. A koponya előre billent. Kezek a hason keresztbe téve. Koporsó nyomai figyeltük meg.

135. sír (28. szelvény, 1987). T: –, M: 40 cm, VH: – cm. Kisgyermek szétszórt csontjai, talán néhány borda maradt eredeti helyzetében. Melléklete nem volt.

136. sír (26. szelvény, 1987). T: 45', M: 42 cm, VH: 154 cm. Felnőtt bolygatatlan váza. A koponya kissé balra fordult. Karok a test mellett kinyújtva. Koporsó nyomai a jobb váll környékén.

137. sír (28. szelvény, 1987). T: 49', M: 55 cm, VH: 160 cm. Felnőtt bolygatatlan, de szinte teljesen szétporladt váza. Jobb kar a test mellett nyújtva, bal alkar a medencére hajlítva. Melléklete nem volt.

138. sír (28. szelvény, 1987). T: 44', M: 75 cm, VH: 150 cm. Felnőtt bolygatatlan váza. A koponyát a föld szétnyomta, karok a test mellett kinyújtva. Koporsó maradványai a váz fölött és alatt.

139. sír (28. szelvény, 1987). T: –, M: 50 cm, VH: – cm. Felnőtt váz töredékei. A nyújtott helyzetű bal karcsontok voltak csak eredeti helyzetükben, ezen kívül egy alsó állkapocs töredéke tartozhatott még ehhez a sírhoz, melyet a 141. sír temetésekor pusztítottak el. Melléklete nem volt.

140. sír (28. szelvény, 1987). T: 49', M: 50 cm, VH: 64 cm. Csecsemő vázmaradványai. A jobbra fordult koponya szétnyomva, karok a test mellett kinyújtva, jobb lábcsontok hiányoztak. Melléklete nem volt.

141. sír (26. szelvény, 1987). T: 48', M: 50 cm, VH: 145 cm. Felnőtt bolygatatlan váza. A bal oldalára fordult koponyát a föld szétnyomta, karok a test mellett kinyújtva, jobb láb térdben kissé felhúzva. Temetésekor a 139. és 141. sírokat megsemmisítették. Melléklete: kerek átmetszetű, bronz huzalból hajlított hajkarika, nyitott végű. Végei egy kissé összenyomódtak. A koponya alatt, bal oldali fültájékon[867] *(48. tábla 23.)*.

142. sír (28. szelvény, 1987). *(5. tábla 3.)*. T: 43', M: 60 cm, VH: 142 cm. Felnőtt kissé bolygatott váza. A koponya bal oldalára fordult. Jobb alkar a hastájékra hajlítva, bal kar a test mellett kinyújtva. Melléklete: Két tégla a fej jobb oldalán. Koporsónyomok a váz felett és alatt. Kerek átmetszetű, bronz huzalból hajlított, sima

[866] ltsz.: 91.5.24. Összesen 9 db töredék.
[867] ltsz.: 91.5.25. 1,6 x 1,4 cm.

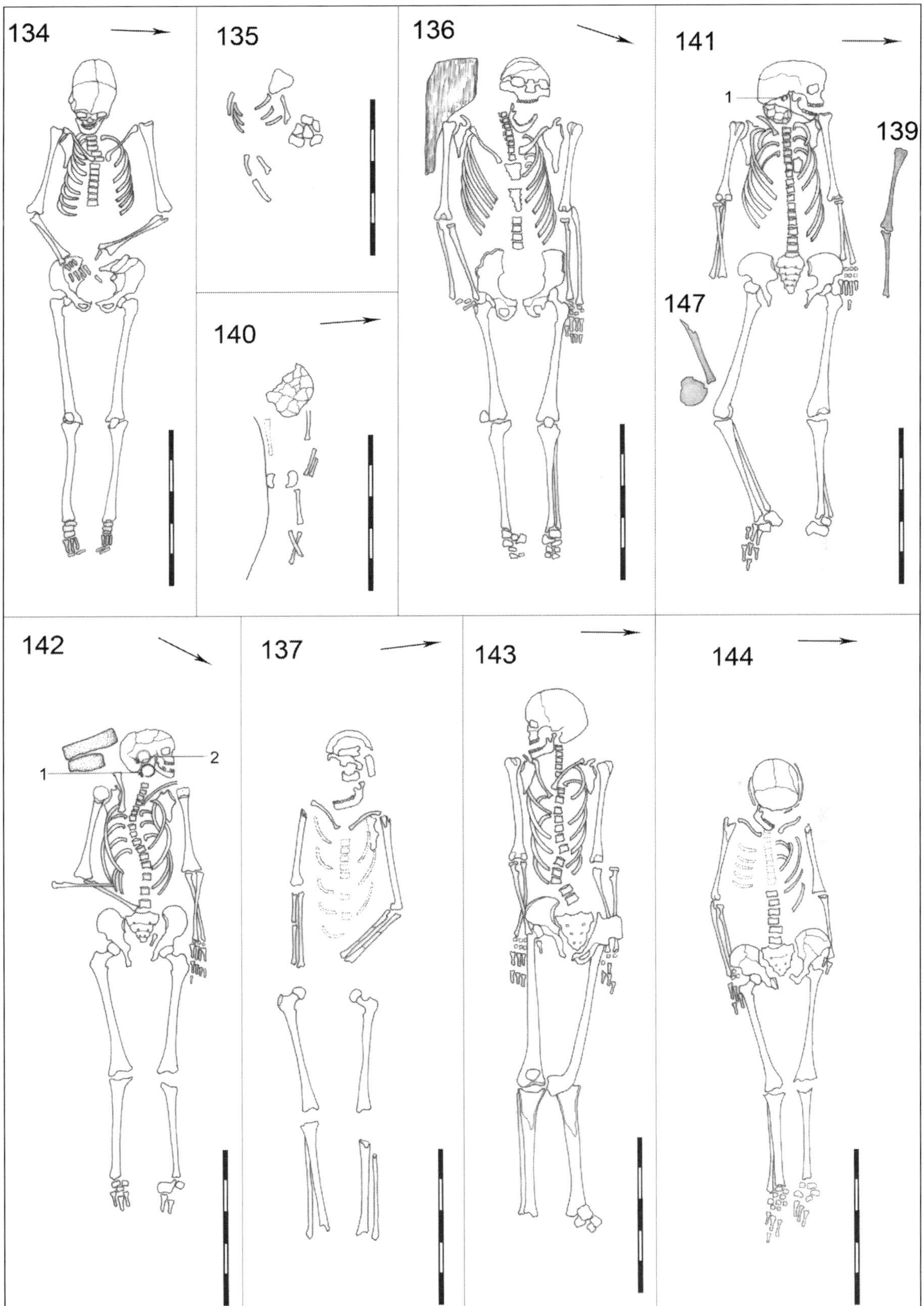

25. ábra: 134–137., 139–144., 147. sírok

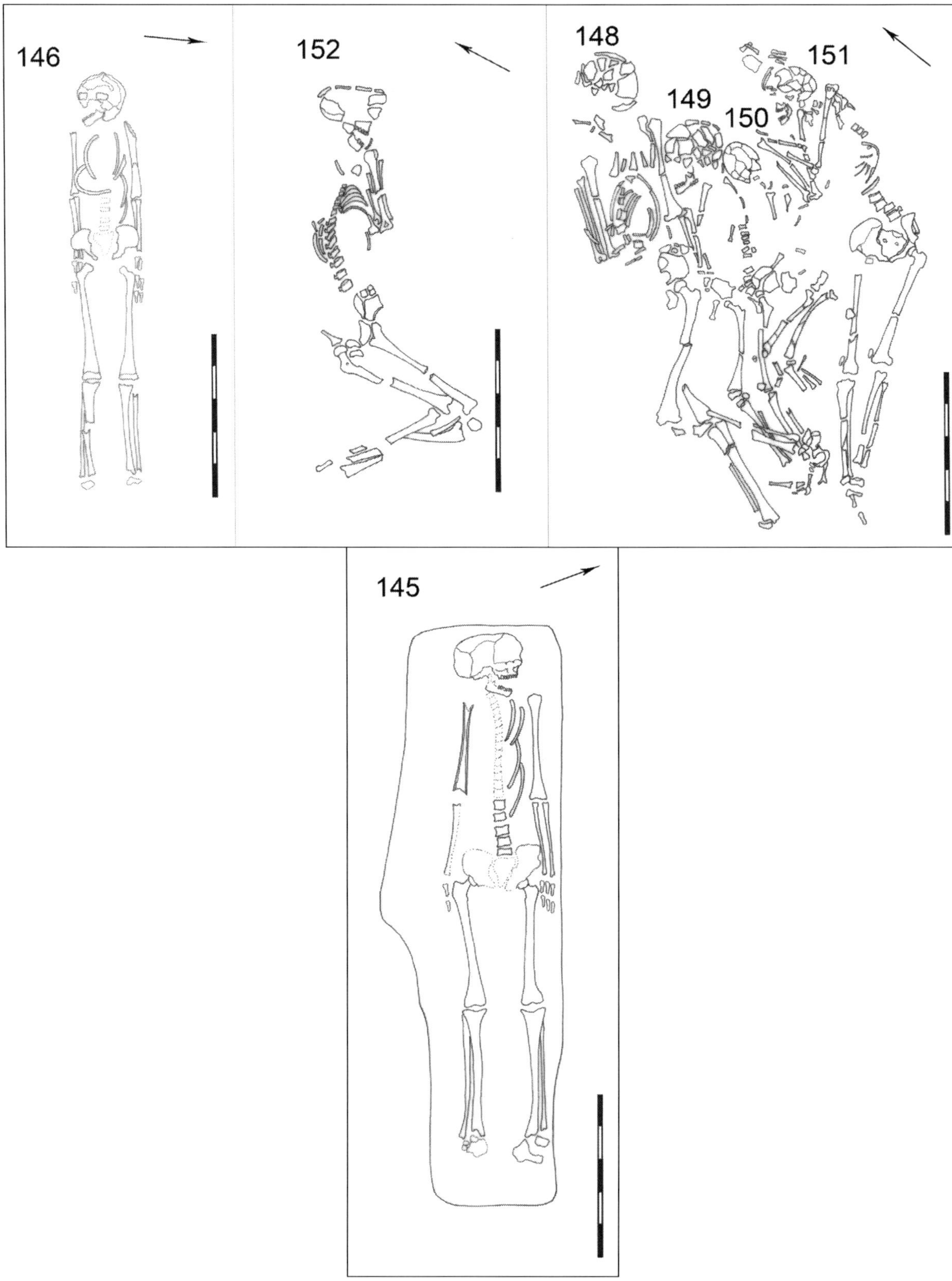

26. ábra: 145–146., 148–152. sírok

S-végű, nagyméretű hajkarika-pár. Egyik szabályos, a koponya alatt, a másik, kissé megnyomódott, a jobb fültájékon[868] *(48. tábla 1–2.).*

143. sír (28. szelvény, 1987). T: 48', M: 45 cm, VH: 168 cm. Felnőtt bolygatatlan váza. A koponya jobb oldalára fordult, karok a test mellett kinyújtva. Koporsómaradványok a váz felett és alatt.

144. sír (26. szelvény, 1987). T: 48', M: 46 cm, VH: 135 cm. Felnőtt bolygatatlan váza. A koponya előre billent, karok a test mellett kinyújtva. Melléklete nem volt.

145. sír (28. szelvény, 1987). *(26. ábra. 5. tábla 4.).* T: 52', M: 88 cm, VH: 153 cm. Felnőtt bolygatatlan, de szinte teljesen szétporladt váza. A koponya bal oldalára fordult, karok a test mellett kinyújtva. A sírgödör széleit rögzíteni lehetett. Melléklete nem volt.

146. sír (27. szelvény, 1987). *(26. ábra).* T: 47', M: 75 cm, VH: 121 cm. Fiatal egyén gyenge megtartású, rágcsáló által bolygatott váza. Karok a test mellé szorítva, kinyújtva. Melléklete nem volt.

147. sír (26. szelvény, 1987). *(26. ábra).* T: –, M: 50 cm, VH: – cm. A 141. sírban fekvő váz jobb térde mellett egy töredékes medence- és combcsontot találtunk, a váz többi csontja felette, összedobálva volt. A 141. sír ásásakor tették tönkre. Melléklete nem volt.

148–151. sírok (38. szelvény 1992) *(26. ábra).* T: DK–ÉNy 8', M: 105 cm, VH: – A négy sír mindegyike többé-kevésbé zsugorított, két felnőtt és két fiatalabb gyermek váza van szorosan egymás mellett. Mellékletet a gödörhöz tartozó cserepeken kívül nem találtunk, de bizonyosan őskoriak.

152. sír (48. szelvény 1992) *(26. ábra).* T: DK–ÉNy 9,5', M: 60 cm, VH: 120 cm. Bal oldalára fektetett, felhúzott térdekkel és felfelé hajlított alsó karokkal zsugorított felnőtt csontváza. Kezében kicsi edényke volt.[869] Neolitikus sír.

Házak

1. ház (7. szelvény, 1985). *(6. tábla 1.).* Sarkaival É–D-i tájolású földbemélyített ház *(27. ábra).* Pontos alakját és méreteit csak rekonstruálni lehet, mivel DK-i oldala és sarka a bányagödörbe omlott. Mindenesetre ÉNy-i oldala eléri a 300 centimétert, DNy-i oldala pedig legalább 280 cm hosszú volt. Falai függőlegesek, sarkai lekerekítettek. Relatív mélysége 40 cm, az ÉNy-i fal hosszában lévő gödörben 92 cm. Padlója a jelenlegi felszíntől 100 cm mélyen került elő. Épített agyagkemencéje a DK-i sarokban volt, és teknőszerűen mélyülő alját a padló szintjénél 20 cm-el mélyebben alakították ki (*28. ábra*, E–E' metszet). A tapasztásban összetört malomkődarabokat találtunk. A szétrombolt kemence hossza kb. 80 cm, szélessége mintegy 60 cm lehetett. Nem kizárt, hogy boltozata a ház lerombolásakor pusztult el, erre utalnak a ház gödrében, hamuval keverten mindenütt előforduló sárga agyagtömbök. A szelementartó ágasfák helyét nem találtuk meg. A DNy-i fal mentén lehetett megfigyelni a kemény, sárga agyag-tapasztású padlót is, mely a ház széle felé emelkedett. Betöltésében világosszürke, egészen laza szerkezetű, hamus és sötétebb szürke, keményebb rétegek voltak, melyekben szétszórtan hevertek a kemencéből származó, részben átégett agyagrögök. A világosszürke hamus felületet az ÉK-i fal mentén, tehát a kemence mögött, 160 x 120 cm-es területen lehetett rögzíteni.

Leletanyaga:

Barna, szürke törésű, tört kaviccsal soványított, kifelé kihúzott, lapos bográcsperem[870] *(25. tábla 4.).* Barna, szürke törésű, tört kaviccsal soványított, mindkét irányba megvastagodó bográcsperem[871] *(25. tábla 3.).*

---

[868] ltsz.: 91.5.26. 5 x 4 x 0,5; 4,7 x 3,8 x 0,5 cm.

[869] ltsz.: 95.28.1440. Nem lehetett megállapítani, hogy melyik kezében.

[870] Munsell 5YR 6/4 ltsz.: 91.4.131. szá.: 28 cm.

[871] Munsell 5YR 5/4 ltsz.: 91.4.132.

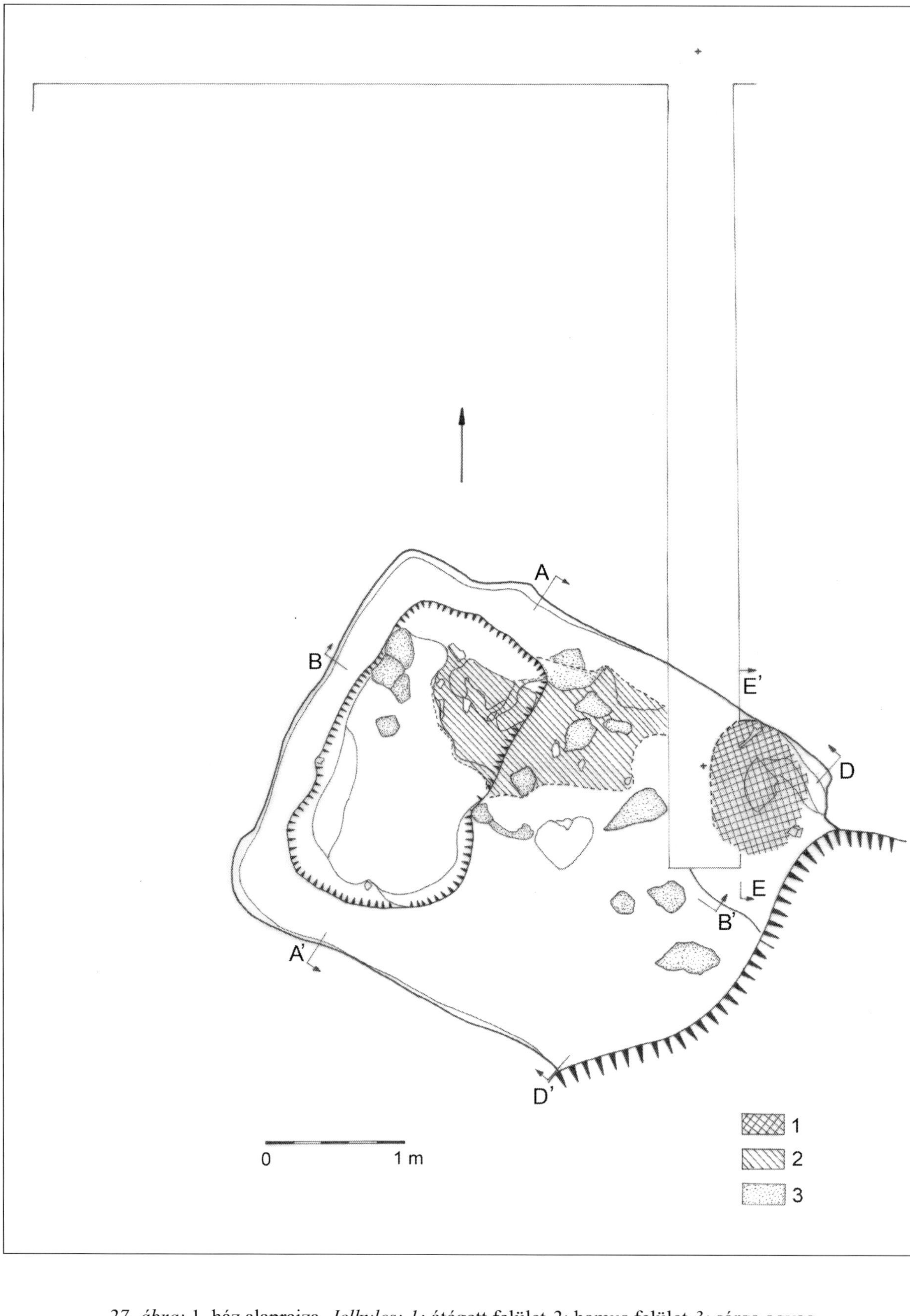

27. ábra: 1. ház alaprajza. *Jelkulcs: 1:* átégett felület *2:* hamus felület *3:* sárga agyag

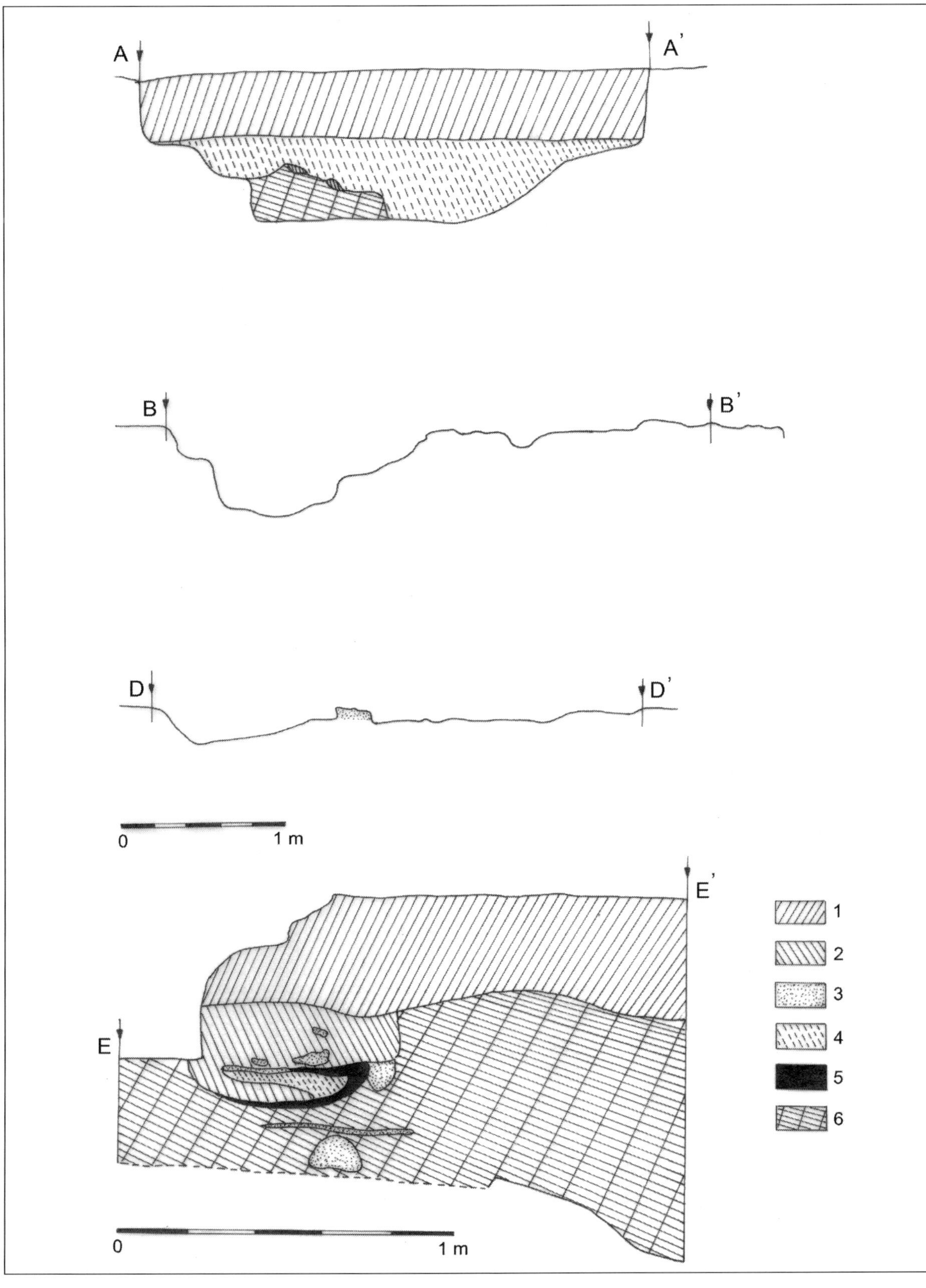

28. ábra: 1. ház metszetei. *Jelkulcs: 1:* szántás *2:* finom hamus betöltés *3:* gyengén átégett agyagrög *4:* szürke, szemcsés betöltés *5:* átégett agyag *6:* szürke, prizmás törésű

Barna, szürke törésű, tört kaviccsal soványított, egyenesre vágott tetejű, vállánál *hornyolt bordával hangsúlyozott tál* oldalrésze[872] *(38. tábla 1.)*. Barna, szürke törésű, tört kaviccsal soványított, befelé ferdén levágott tetejű, *kívül két bordával hangsúlyozott tálperem*[873] *(38. tábla 2.)*.

Barna, egyenletesre égetett, tört kaviccsal soványított, gyorskorongolt, kihajló fazékperem. A perem széle függőlegesen levágott, tetején fedőhornyos[874] *(33. tábla 8.)*. Barna, egyenletesre égetett, tört kaviccsal soványított, gyorskorongolt, kihajló fazékperem. A perem széle ferdén levágott és hornyolt, teteje fedőhornyos.[875] *(33. tábla 2.)*. Barna, szürke törésű, tört kaviccsal soványított, gyorskorongolt, kihajló, függőlegesre levágott szélű, tagolatlan fazékperem.[876] *(33. tábla 4.)*. Barna, szürke törésű, tört kaviccsal soványított, gyorskorongolt, kihajló, függőlegesre levágott szélű, tagolatlan fazékperem.[877] *(33. tábla 1.)*. Szürke, egyenletes égetésű, tört kaviccsal soványított, kézikorongolt, kihajló, függőlegesre levágott szélű, tagolatlan fazékperem.[878]

Szürke, egyenletes égetésű, tört kaviccsal soványított, kézikorongolt, széles, sekély csigavonallal díszített oldalak.[879] Barna, szürke törésű, tört kaviccsal soványított, kézikorongolt, keskeny, három vonalból álló vízszintes vonalköteggel díszített oldal[880] *(41. tábla 4.)*. Barna, szürke törésű, csillámos homokkal soványított, csigavonallal díszített oldalak[881] *(33. tábla 7.)*. Barna, szürke törésű, tört kaviccsal soványított, öblös fazék váll- és hasrésze.[882] Díszítetlen. Barna, szürke törésű, tört kaviccsal soványított, díszítetlen oldalak.[883]

2. ház (9. szelvény, 1985). *(6. tábla 2.)*. Sarkaival É–D irányba tájolt, minden bizonnyal megközelítőleg négyzet alakú, lekerekített sarkú földbemélyített ház, melynek DK-i harmada a bányába omlott (*29. ábra*). ÉNy-i oldala 280 cm, az ÉK-i is legalább ennyi lehetett. Relatív mélysége 20 cm, padlója a jelenlegi felszíntől számítva 80 cm mélyen volt. A kb. 15 cm-re a padló szintje alá mélyedő, kicsiny tűzhelye (mérhető nagysága 30 x 30 cm) a DK-i sarokban volt. A maradványokból nem tudtuk eldönteni, hogy épített kemence, vagy nyílt tüzelőhely lehetett-e. Kétséges az is, hogy az északi sarokban, a ház padlója fölött kb. 20 cm-nyire a betöltésben, mintegy 30 x 30 cm nagyságú területen megfigyelt másik vörösre égett folt (az alaprajzon A, B-vel jelölt paticsok) esetleg egy másik tüzelőberendezés lehetett volna. Az ÉNy-i oldal közepén nagyméretű cölöplyuk került elő, mely az egyik szelementartó ágasfa helye. Alját sárga agyaggal keményre tapasztották. A házban összesen 23 kisebb-nagyobb cölöplyukat bontottunk ki, melyek elsősorban a falak mentén sorakoztak.

Betöltésében a sok állatcsont mellett egy barna, szürke törésű, tört kaviccsal soványított, díszítetlen fazékváll,[884] barna, szürke törésű, tört kaviccsal soványított, széles, sekély csigavonallal díszített oldal,[885] továbbá, barna, szürke törésű, homokkal soványított, zsíros tapintású, díszítetlen oldal és fenékdarab volt.[886]

3. ház (16–17. szelvény, 1986). *(6. tábla 3.)*. Sarkaival É–D irányba tájolt, közel négyzet alakú veremház (*30. ábra*). ÉK-i és DNy-i oldala 330 cm, ÉNy-i és DK-i 300 cm hosszú. Relatív mélysége

872 Munsell 5YR 4/3. ltsz.: 91.4.133. A kiszerkeszthető szá.: 18 cm.
873 Munsell 5YR 5/2. ltsz.: 91.4.134. A kiszerkeszthető szá.: 10 cm.
874 Munsell 5YR 5/6. ltsz.: 91.4.135. A kiszerkeszthető szá.: 13,8 cm.
875 Munsell 5YR 5/4. ltsz.: 91.4.136. A kiszerkeszthető szá.: 18 cm.
876 Munsell 5YR 5/6. ltsz.: 91.4.137. A kiszerkeszthető szá.: 14,6 cm.
877 Munsell 5YR 5/3. ltsz.: 91.4.138. A kiszerkeszthető szá.: 15 cm.
878 Munsell 5YR 3/1. ltsz.: 91.4.139.
879 Munsell 5YR 4/3. ltsz.: 91.4.140. 2 db.
880 Munsell 5YR 5/6. Kívül kormos. ltsz.: 91.4.141.
881 Munsell 5YR 5/2. ltsz.: 91.4.142. 2 db.
882 Munsell 5YR 5/3. Kívül erősen kormos. ltsz.: 91.4.143.
883 Munsell 5YR 3/1, 5/3, 5/4, 5/6. ltsz.: 91.4.144. 13 db.
884 Munsell 5YR 6/4. ltsz.: 91.4.214.
885 Munsell 5YR 5/4. ltsz.: 91.4.215.
886 Munsell 5YR 6/4, 6/6. ltsz.: 91.4.216.

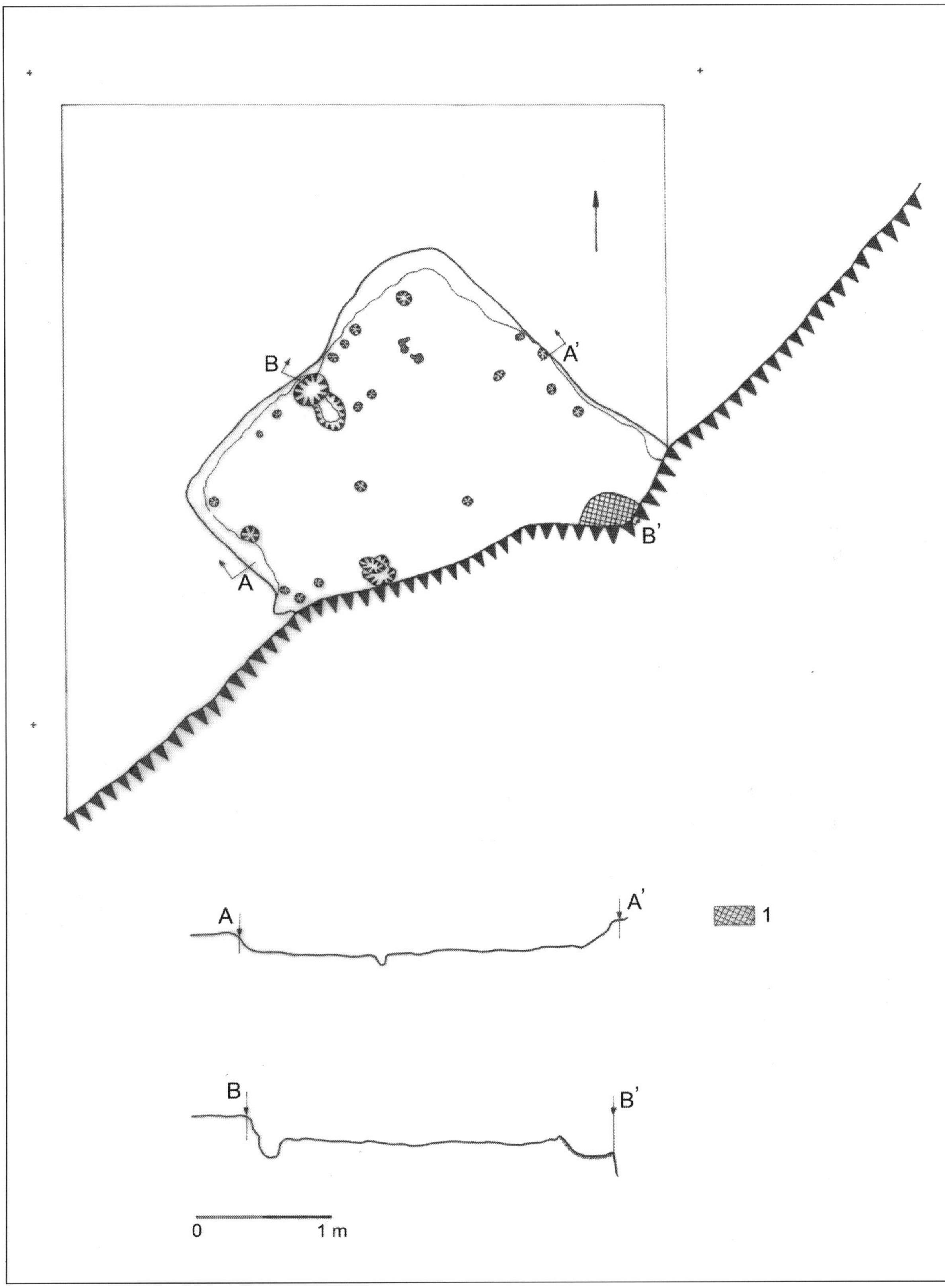

29. ábra: 2. ház alaprajza és metszete. *Jelkulcs: 1:* átégett felület

70 cm, padlója a jelenlegi felszíntől 130 cm mélységben volt. A falak majdnem függőlegesek, egészen enyhén rézsűsek a fenék felé, melyhez ívesen kapcsolódnak. A sarkok lekerekítettek. A tűzhelyet az É-i sarokba, az ÉK-i és részben az ÉNy-i falhoz építették, az ÉNy-i fal mentén 15 x 20 cm es, az ÉK-i fal mentén 25 x 20 cm-es területen. Oldala kb. 2 cm vastagságban halványpirosra, alja pedig vörösesbarnára égett. Tengelye a ház közepe felé mutat. Előtte, a ház ÉK-i fala mentén, gyengén átégett szélű, 25 cm átmérőjű, hamus betöltésű gödör. A tűzhely alján omladékdarabot találtunk: sárga, kemény, agyagos tömb, alsó része gyengén átégve. A tűzhelytől Ny-ra, az ÉNy-i fal mentén még további sárga, kemény agyagrögök és egy marhakoponya hevertek. Az omladék elbontása után igen laza, hamus, sok faszén- és paticsszemmel kevert földet találtunk, mely egy másik, későbbi tűzhely betöltéséből származott, melyet az előbb leírt helyére, de annál mélyebbre építettek.[887] A második tűzhely 50 x 45 cm, a száj átmérője 20 cm, az elsőnél 20 cm-rel mélyebben helyezkedik el. Boltozatának indításából 5 cm magas darab maradt meg. Oldala gyengén égett át, alját sok faszén és néhány égett rög jelezte. Előtte 20 cm átmérőjű kis hamusgödör. Az omladékdarabok valószínűleg ehhez a második tűzhelyhez tartoztak. A két szelementartó cölöp lyukát a DNy-i és az ÉK-i fal közepén bontottuk ki, előbbi kiugrik a fal síkjából. Mindkét cölöplyuk alja keményre tömörült, felette viszont laza szerkezetű, morzsalékos, sőt az ÉK-i betöltésében sok faszénszemcse is volt. A padló felett kb. 2–4 cm vastag, kétrétegű, igen kemény, erősen lesározódott járószint volt, a kettő között vékony sárga réteget figyeltünk meg. Az alsóbb járószint több kisebb-nagyobb foltban enyhén vörösre égett. Betöltése sárga agyagszemcsékkel kevert, szürke, keményebb és lazább rétegekből állt, a ház É-i felében sok apró faszénszemcse volt. A ház keleti sarkában nagyobb tömegű állatcsont hevert összedobálva, alattuk 70 x 90 cm-es, a járószintbe 10 cm-re mélyedő, laza, morzsalékos, faszenes betöltésű mélyedést találtunk.

Leletei:

Avar kori egy fekete, egyenletesen átégett, tört kaviccsal soványított oldaltöredék, alig láthatóan bekarcolt hármas vízszintes vonalkötegek indítását lehet rajta megfigyelni[888] *(14. tábla 1.)*, továbbá egy barna, szürke törésű, tört cseréppel soványított, kihajló, elkeskenyedő szélű fazékperem és egy díszítetlen oldal.[889]

Barna, szürke törésű, tört kaviccsal soványított, bordás nyakú edény nyakrésze.[890] *(16. tábla 3.)*. Barna, szürke törésű, homokkal soványított, zsíros tapintású fazekak vállrészei. Két teljesen azonos ívelésű darab, de nem egy edényből származnak. Az egyik szokatlanul vékonyfalú.[891] Barna, szürke törésű, homokkal soványított, zsíros tapintású fazékoldal, melyet ferde bevágások sora alatt ritka közű csigavonal díszít.[892] Barna, szürke törésű, tört kaviccsal soványított fazékoldal, melyet sekély és széles, alig látható csigavonal díszít.[893]

Barna, szürke törésű, tört kaviccsal soványított, kifelé vízszintesen kihúzott bográcsperem.[894] Barna, szürke törésű, csillámos tört kaviccsal soványított, gyorskorongolt, vékonyfalú, ferdén levágott szélű kicsiny fazékperem.[895] Barna, szürke törésű, tört kaviccsal soványított, lekerekített szélű kicsiny fazékperem.[896] Barna, szürke törésű, csillámos kaviccsal soványított fazékoldal, melyet egyes hullámvonal alatt az egész felületet

---

[887] A kemencékről nem maradt fenn metszetrajz.
[888] Munsell 5YR 2.5/1. ltsz.: 91.4.287.
[889] Munsell 5YR 4/3, Munsell 5YR 5/4. ltsz.: 91.4.291.–292.
[890] Munsell 5YR 6/3. ltsz.: 91.4.266.
[891] Munsell 5YR 5/4. ltsz.: 91.4.267.
[892] Munsell 5YR 6/4. ltsz.: 91.4.268.
[893] Munsell 5YR 5/1. ltsz.: 91.4.269.
[894] Munsell 5YR 5/4. ltsz.: 91.4.279.
[895] Munsell 5YR 4/2. ltsz.: 91.4.280.
[896] Munsell 5YR 4/2. ltsz.: 91.4.281.

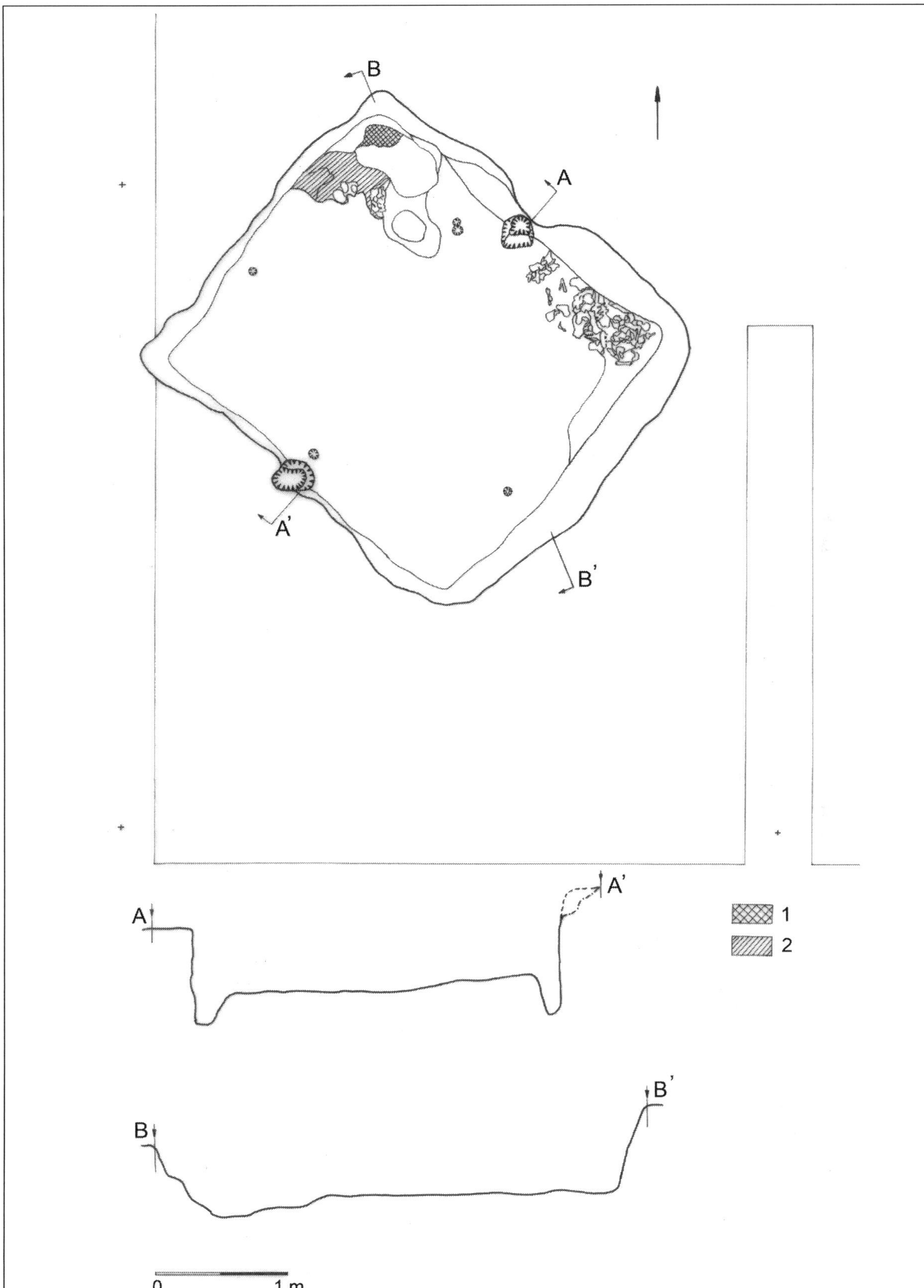

30. ábra: 3. ház alaprajza és metszete. *Jelkulcs: 1:* átégett felület *2:* szürke hamu

fedő vízszintes vonaldíszítés látható[897] *(40. tábla 7.)*. Fekete, egyenletes égetésű, csillámos kaviccsal soványított fazékoldal, melyet az egész felületet fedő vízszintes keskeny vonaldíszítéssel láttak el, majd utóbb orsókarika készítéséhez kerekre faragták. Átfúrva azonban nincs[898] *(46. tábla 7.)*. Fekete, egyenletes égetésű, csillámos kaviccsal soványított fazékoldal, melyet az egész felületet fedő vízszintes keskeny vonaldíszítéssel láttak el. Az előző tételen leírt darabnál vastagabb falú edényből származik.[899] Barna, szürke törésű, tört kaviccsal soványított, vízszintes vonalak közé bekarcolt egyes hullámvonallal díszített kisebb oldaltöredék.[900] Kívül barna, belül fekete, tört kaviccsal soványított, kettős vízszintes vonalkötegekkel díszített kisebb oldaltöredék.[901] Barna, szürke törésű, csillámos homokkal soványított, zsíros tapintású, ritka közű, sekély és széles csigavonallal díszített nagyobb edény oldalrésze.[902] Barna, szürke törésű, illetve fekete, egyenletes égetésű, tört kaviccsal soványított, díszítetlen oldalak.[903] Barna, szürke törésű, tört kaviccsal soványított fenékdarab.[904] Barna, szürke törésű, csillámos homokkal soványított, zsíros tapintású, díszítetlen oldal.[905] Barna, szürke törésű, tört kaviccsal soványított, díszítetlen oldal.[906]

4. ház (20–21. szelvény, 1986). *(6. tábla 4.)*. Sarkaival É–D irányba tájolt kissé trapéz alakú veremház (*31–32. ábra*). ÉK–DNy-i oldalai 300–310 cm, ÉNy–DK-i oldalai 230–265 cm hosszúak, sarkai lekerekítettek. Relatív mélysége mindössze 15 cm, padlója a felszíntől 75 cm mélyen volt. Földbe vágott kemencéje az északi sarokban található, és mintegy egyharmad részében a ház alapnégyszögén kívülre esett. Alja 13 cm-re mélyedt a padlószint alá. Alján és oldalán a gyengén átégett réteget sok állatjárás bolygatta meg. Felső része nyomtalanul elpusztult. Méretei h.: 55, sz.: 40, szája: 35 cm. Előtte 30 cm átmérőjű hamus gödör. A kemence betöltése laza szerkezetű volt, faszén- és paticsszemekkel kevert. A szelementartó ágasok a rövidebb oldalak közepén, a ház gödrének oldalán belül állottak. A padlószint a cölöplyukak körül 3–4 cm-rel megemelkedett, annak jeléül, hogy körbe tapasztották a cölöpöt. A ház betöltése a szürke, hamus, sárga agyag- és paticsszemcsés. A ház sárga agyaggal keményre letapasztott padlója az altalaj fölött 0,5–0,8 cm vastag piszkossárga réteg formájában jelentkezett. A ház padlójába mélyedő 12 karólyuk közül az 1., 2., 3., és 10. ferde irányú, elhegyesedő végű. A 4., 5., 6., 9., és 11. számúak ugyancsak hegyesedő végűek, de sekélyek. A 8. és a 12. számúak viszont nagyobbak, aljuk íves.[907]

Avar kori leletei:

Barna, szürke törésű, csillámos homokkal soványított, korongolatlan fazékváll. A kihajló perem széle lekerekített, díszítése vízszintes vonalkötegek közé durván bekarcolt egyes hullámvonal[908] *(12. tábla 9.)*. Barna, szürke törésű, tört cseréppel soványított, apró, díszítetlen oldalak.[909] Korongolatlanok. Vörösesbarna, egyenletesen átégett, tört cseréppel soványított, egyenes, lekerekített szélű perem.[910]

---

897 Munsell 5YR 5/4. ltsz.: 91.4.282.
898 Munsell 5YR 2.5/1. ltsz.: 91.4.283.
899 Munsell 5YR 2.5/1. ltsz.: 91.4.284.
900 Munsell 5YR 5/3. ltsz.: 91.4.285.
901 Munsell 5YR 5/4. ltsz.: 91.4.286.
902 Munsell 5YR 5/3. ltsz.: 91.4.288.
903 Munsell 5YR 2.5/1, 5/3, 5/4. ltsz.: 91.4.289. 5 db.
904 Munsell 5YR 4/3. ltsz.: 91.4.290.
905 Munsell 5YR 6/4. ltsz.: 91.4.293.
906 Munsell 5YR 7/4. ltsz.: 91.4.294.
907 A karólyukakról és a kemencéről nem maradt fenn rajz.
908 Munsell 5YR 6/4. ltsz.: 91.4.447.
909 Munsell 5YR 6/4. ltsz.: 91.4.448. 2 db.
910 Munsell 5YR 6/6. ltsz.: 91.4.449.

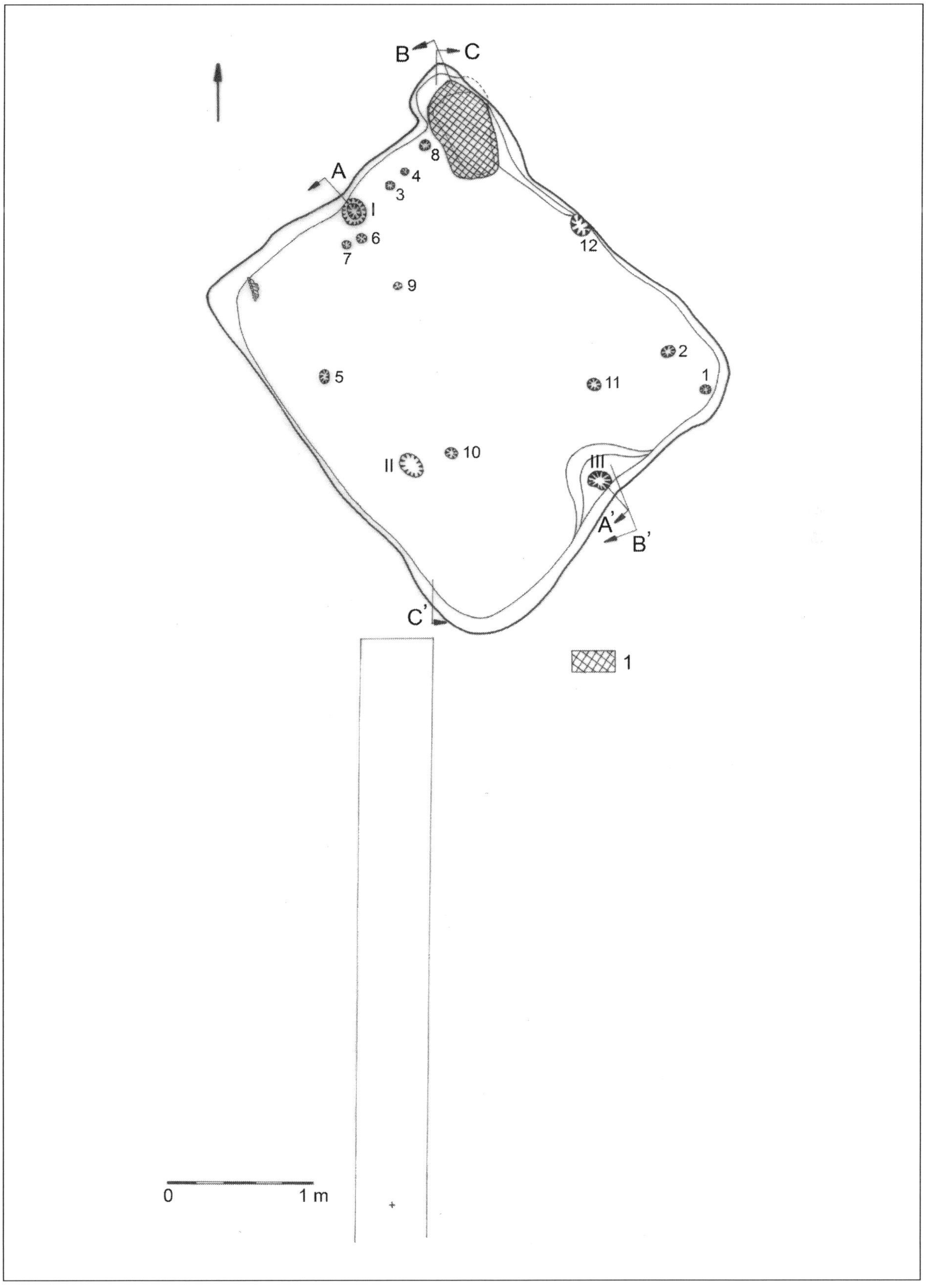

31. ábra: 4. ház alaprajza *Jelkulcs: 1:* átégett felület

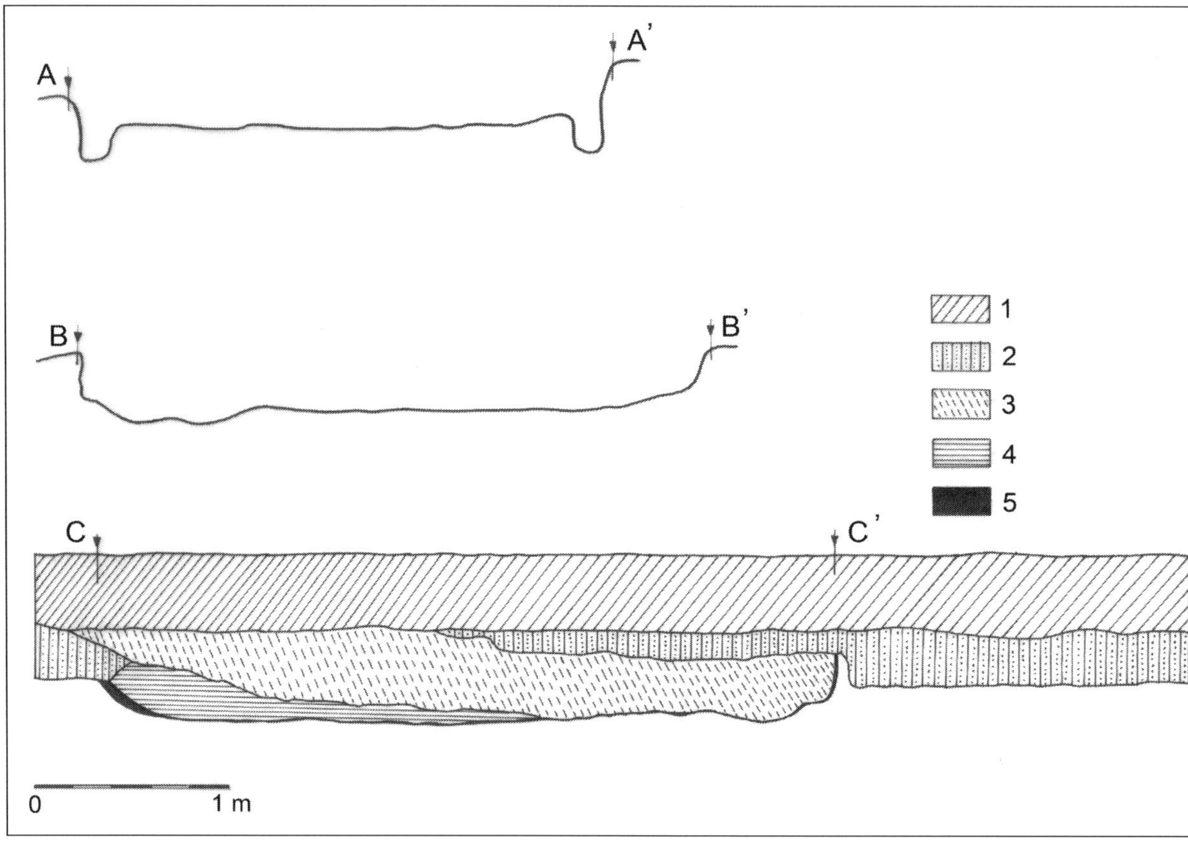

32. ábra: 4. ház metszetei. *Jelkulcs: 1:* szántás *2:* fekete humusz
3: szürke, hamus, erősen kevert paticsos réteg *4:* állatjárás *5:* fekete, tömör

Árpád-kori leletei:

Barna, szürke törésű, kívül kormos, tört kaviccsal soványított tál vagy fedőperem. Széle egyenesre levágott, külső oldala díszített lehetett, de olyan kicsi darab, hogy ebből semmi sem látszik.[911] Barna, szürke törésű, tört kaviccsal, illetve homokkal soványított, széles, sekély csigavonallal díszített,[912] illetve díszítetlen oldalak.[913] Barna, szürke törésű, csillámos homokkal, illetve tört kaviccsal soványított fenékdarabok.[914]

A ház ÉNy-i fala mellett egy barna, szürke törésű, csillámos homokkal soványított, kihajló, elkeskenyedő szélű fazékperem és vállrész került elő. A vállvonalán csigavonal nyoma látszik[915] *(33. tábla 5.)*. Ugyaninnen származik egy barna, kicsiny agyaggolyó fele.[916]

5. ház (19. és 40. szelvény, 1986, 1992.). *(6. tábla 5.)*. 1986-ban az őskori gödör feltárása során találtak a ház padlójára a 19. szelvény északi szélén, 63 cm mélységben, rajta kb. 15 cm átmérőjű gyengén átégett folttal. Kisebb rábontást is végeztek, de sajnos a házat nem tárták fel, és rajz sem készült.[917] 1992-ben már csak a megmaradt északi szélét sikerült megtalálnunk (*33. ábra*). A doku-

911 Munsell 5YR 6/4. ltsz.: 91.4.450.
912 Munsell 5YR 5/2, 5/4, 7/3. ltsz.: 91.4.451.–452. 9 db.
913 Munsell 5YR 4/1, 5/4. ltsz.: 91.4.453. 9 db.
914 Munsell 5YR 4/1, 5/4. ltsz.: 91.4.454. 3 db.
915 Munsell 5YR 5/8. ltsz.: A kiszerkeszthető szá.: 17 cm.
916 ltsz.: 91.4.456.
917 Csak az ásatási napló (Dok. 11/86) 11. oldalán van részletes leírás a tapasztalt jelenségekről.

mentálhatóan feltárt rész – mely az egész háznak mintegy harmada lehet – alapján a szokásosnál nagyobb lehetett, hiszen K–Ny irányú szélessége 340 cm, ÉNy–DK irányban megmaradt része pedig 160 cm. A ház szürke, hamus foltja már 60 cm mélységben jelentkezett, innen számítva még 30 cm mélységben értük el padlóját, tehát az a jelenlegi felszíntől számítva 90 cm mélyen volt. Oldala teknőszerűen mélyült, sarkai lekerekítettek. Nem találtuk meg egyetlen szelementartó cölöp helyét sem, így csak feltételezhetjük, hogy azok az ÉK-i és a DNy-i oldalon lehettek. Padlója két rétegben volt letapasztva, mindkettő kb. 3 cm vastagon. A tapasztás hozzásimult a ház oldalához, és sok helyen feltöredezett. A felső tapasztásréteg közvetlenül az alsó tetejére került, közöttük nem volt föld. Ugyanakkor csak az alsó tapasztásba mélyedt az a tojásdad alakú, 25 x 20 cm nagyságú és 15 cm mély cölöplyuk, melyet a megmaradt házrész DK-i sarkában találtunk. A ház padlója a 11. árok alja felett 18 cm-re összefüggő réteget alkotott.

Épített vagy földbevájt kemencéje minden bizonnyal nem volt, mert az 1986. évi ásatás során semmilyen erre utaló jelet nem találtak, csupán egy 15 cm átmérőjű, gyengén átégett foltról, illetve a padló fölött helyenként megfigyelhető faszenes, paticsos foltokról tettek említést. Az ÉK-i sarokban talált 50 x 60 cm átmérőjű, kis mélyedés déli oldalán, a padlórétegek felszedése után egy további, 20 cm átmérőjű, kerek, egészen gyengén átégett foltot figyeltünk meg. Erről azonban nem bizonyítható, hogy a házhoz tartozott.

A sárga, kemény, de állatjárásokkal feldúlt padlón és a felette talált hamus, helyenként faszenes- paticsos betöltésben elég sok lelet volt. 85 cm mélyről, szürke, egyenletesen átégett, csillámos, apró szemű kaviccsal soványított fazék oldalrésze került elő, melyet négyágú szerszámmal bekarcolt vízszintes vonalkötegek díszítenek.[918] Hasonló egy sötétszürke, mindenütt erősen átégett, finom kaviccsal soványított, kívül-belül erősen kormos oldal, mely finoman bekarcolt vízszintes vonalakkal van díszítve.[919] Egy barna, szürke törésű, tört cseréppel soványított, korongolatlan, kihajló és elkeskenyedő szélű fazékperem is van az anyagban.[920] Barna, szürke törésű, tört cseréppel soványított, korongolatlan, díszítetlen oldalak,[921] barna, szürke törésű, tört cseréppel és csillámmal soványított, kézikorongolt fenékdarab,[922] világosbarna, tört cseréppel soványított kisebb oldal, valószínűleg sütőharang darabja,[923] továbbá barna, szürke törésű, tört cseréppel soványított, korongolatlan oldalak kerültek még elő, utóbbiak közül kettő fazékból való, a másik kettő talán sütőharangból.[924] A cserepek egy másik csoportja tört kaviccsal soványított: van egy kívül barna, belül fekete, kicsiny oldaltöredék, melynek egész felületét vízszintes vonalak borítják.[925] Egy másik, fekete, egyenletesen átégett oldaltöredéken csigavonal díszítés látható.[926] Az anyagot barna, szürke törésű, tört kaviccsal soványított díszítetlen oldalak egészítik ki.[927] Meg kell említeni még egy fekete, egyenletesen átégett, finom kaviccsal soványított fedőperem darabkáját, melynek széle vízszintesre levágott és kissé kiszélesedik.[928]

[918] Munsell 5YR 5/1. ltsz.: 91.4.390.
[919] Munsell 5YR 2.5/1. ltsz.: 91.4.403.
[920] Munsell 5YR 7/6. ltsz.: 91.4.405.
[921] Munsell 5YR 3/1, 7/6. ltsz.: 91.4.406. 3 db.
[922] Munsell 5YR 5/3. ltsz.: 91.4.407.
[923] Munsell 5YR 6/4. ltsz.: 91.4.408.
[924] Munsell 5YR 3/1, 4/3. ltsz.: 91.4.391.
[925] Munsell 5YR 3/2. ltsz.: 91.4.409.
[926] Munsell 5YR 2.5/1. ltsz.: 91.4.410.
[927] Munsell 5YR 5/4. ltsz.: 91.4.411. 2 db.
[928] Munsell 5YR 3/1. ltsz.: 91.4.412.

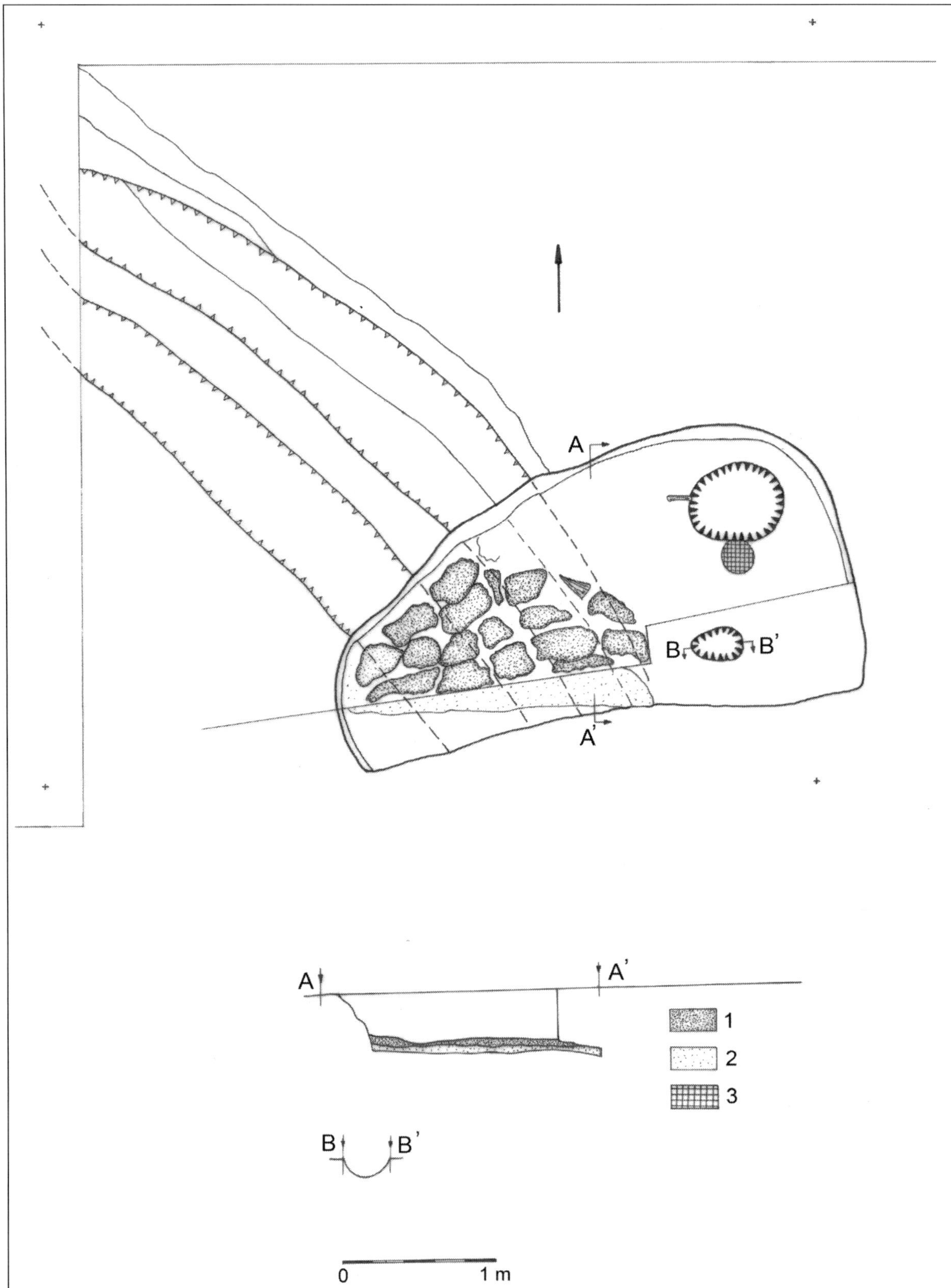

33. ábra: 5. ház alaprajza és metszete *Jelkulcs: 1:* házpadló, második tapasztás
2: házpadló, első tapasztás *3:* átégett felület

Talán csapott hátú vaskés, de olyannyira rozsdás, hogy semmit se lehet róla mondani.[929] Lemezesen rozsdásodott, apró darabokra tört vasdarab. A szegecsnyomok és a mellette lévő kis csontdarabka alapján talán késnyél lehetett.[930] Lemezesre tört apró vasalásdarabkák, szegecsek maradványaival.[931]

A ház padlójáról származik egy barna szürke foltos, szürke törésű, csillámos homokkal soványított fazék oldalrésze, melyet nyakán sekély, széles árok, vállán és oldalán pedig az egész felületet fedő vízszintes vonalak közé befésült kettős hullámvonal díszíti[932] *(12. tábla 8.)*.

A ház 1992. évi ásatásából néhány újkőkori és szarmata kori cserepet is megőriztünk.[933] Avar koriak a barna, tört cseréppel soványított, korongolatlan, díszítetlen oldalak,[934] továbbá egy barna, tört cseréppel soványított lapos sütőtepsi egyenes peremrésze[935] *(12. tábla 10.)*. Az egyenletes szürkére égetett, tört kaviccsal soványított, vízszintes vonalakkal díszített kicsiny oldalakat is az avar kori kerámia körébe sorolhatjuk. Egyik csigavonalas, a másik lehet, hogy egész felületet borító mintával van ellátva.[936] A barna és szürke, szürke törésű, tört kaviccsal soványított, díszítetlen oldalak anyaguk alapján akár Árpád-koriak is lehetnek, de nem kizárt az avar kori keltezés sem.[937]

6. ház (34. szelvény, 1992.). *(7. tábla 1.)*. ÉK–DNy tájolású veremház. Alakja négyszög, sarkai lekerekítettek, oldalai enyhén lejtősek. 280 cm széles, DNy-i fala a szelvényfal alá esik, ezt nem bontottuk ki, ezért hosszát mintegy 340 cm-re becsülhetjük (*34. ábra*). Relatív mélysége 45 cm, padlója a jelenlegi felszíntől számítva 100 cm mélyen volt. Aháznak nem volt kemencéje, hanem az északi sarokban egy 70 x 50 cm nagyságú, tojásdad alakú, 2–3 centiméterrel a padló szintje alá mélyedő tüzelőteknőt bontottunk ki, mely kb. 1,5 cm vastagon, és 15 cm magasan volt átégve. A szelementartó ágasfák cölöplyukai a rövidebb oldalon kerültek elő, 40 cm mélyek és 15, illetve 20 cm átmérőjűek, aljuk lépcsős, illetve lekerekített. A ház közepén, a nyugati ágasfa közelében, továbbá az északi fal mentén is volt egy-egy kisebb mélyedés a padlóban. A ház északi falához simuló peremén halcsontokat találtunk *(7. tábla 2.)*. A ház padlója nem egyéb, mint keményre letaposott fekete földréteg, amely alig észrevehetően vált el a fekete, sáros altalajtól. A ház betöltése két rétegre bontható (*34. ábra*, B–B' metszet). A felső tömörebb, szürke, az alsó pedig valamivel lazább, állatjárásokkal összevissza turkált, sárgaszemcsés földdel van betöltve. A felső rétegben, a padlótól 40 cm-el magasabban, nagy mennyiségű állatcsontot találtunk. A padlón egyetlen csigavonalas edénytöredék feküdt.

A leletek között vannak nyilvánvalóan másodlagos helyzetű őskori cserepek is.[938] Az Árpád-kori töredékek között találjuk egy barna, szürke törésű, tört kaviccsal soványított, behúzott peremű tál körömnyi, nagyon kopott peremrészét,[939] barna, szürke törésű, csillámos, tört kaviccsal soványított, gyorskorongolt, kihajló, lekerekített szélű, apró fazékperemet,[940] egy hasonló anyagú fazék vállrészét, melyen az egész felületet fedő vízszintes vonaldíszítésbe kétágú eszközzel bekarcolt hullámvonalköteg látható[941] *(40. tábla 10.)*. Barna,

---

929 ltsz.: 91.4.587.
930 ltsz.: 91.4.588. 7 db.
931 ltsz.: 91.4.589. 10 db.
932 Munsell 5YR 6/1. ltsz.: 91.4.415.
933 ltsz.: 95.28.424.–426.
934 Munsell 5YR 6/3, 7/6. ltsz.: 95.28.427. 3 db.
935 Munsell 5YR 5/2. ltsz.: 95.28.428.
936 Munsell 5YR 3/1. ltsz.: 95.28.429. 2 db.
937 Munsell 5YR 3/1, 5/1. ltsz.: 95.28.430. 6 db.
938 ltsz.: 95.28.114.–119.
939 Munsell 5YR 5/4. ltsz.: 95.28.120.
940 Munsell 5YR 3/1. ltsz.: 95.28.121.
941 Munsell 5YR 3/1. ltsz.: 95.28.122.

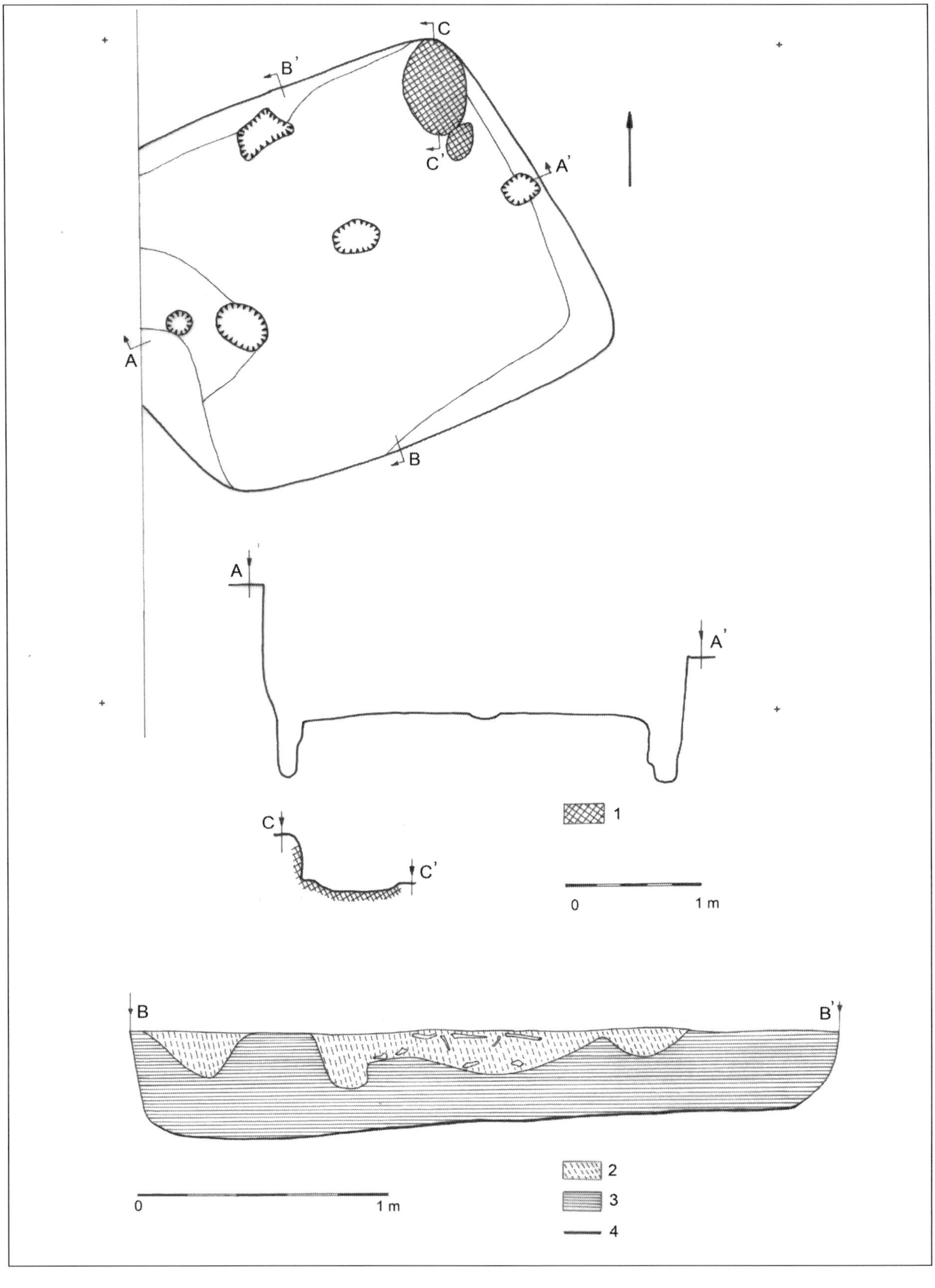

34. ábra: 6. ház alaprajza és metszetei. *Jelkulcs: 1: tüzelőhely 2:* világosszürke, tömör, állatcsontokkal *3:* sárga, szemcsés, laza *4:* padló szürke törésű, tört kaviccsal soványított fazék vállrésze, csigavonalas díszítéssel[942] *(41. tábla 5.)*, vízszintes vonalköteggel,[943] csigavonallal díszített apró oldalak.[944] Barna, szürke törésű, csillámos homokkal soványított, csigavonalas díszítésű apró oldal.[945] Barna, szürke törésű, tört kaviccsal soványított fenékdarab.[946]

7. ház (44–45. szelvényben, 1992.). *(8. tábla)*. 340 x 330 cm nagyságú, közel négyzet alakú, sarkaival É–D irányban tájolt veremház (*35–36. ábra*). Oldalai teknőformájúan lejtősek, sarkai lekerekítettek. Relatív mélysége 40 cm, a padló szintje a jelenlegi felszíntől 100 cm-re volt. Kemencéje nincs, noha két tüzelőberendezés is volt a házban. Az északi sarokban félkör alakú, 100 cm széles, 75 cm hosszú, nyílt, letapasztott aljú tüzelőhelyre bukkantunk. A déli sarokban pedig egy sárga agyagból épített négyszögű tüzelőhelyet találtunk, mely Ny felé nyitott. Déli széle a szelvényfal alatt van, ezt nem bontottuk ki. Felmenő fala alig 5 cm magas, boltozata nem is volt, átégve egyáltalán nincsen, csupán a sárga agyaggal „bekerített" rész közepén, 30 cm átmérőjű, gyengén átégett barna folt volt látható. „Mögötte", vagyis keleti oldalán pedig kb. 30 cm átmérőjű faszenes foltot figyeltünk meg a padlón. A szelementartó ágasfák ovális alakú cölöplyukai az ÉK-i, illetve a DNy-i oldalon kerültek elő, átmérőjük 20–25 cm, mélységük a padló szintjétől számítva 20 cm. A keleti függőleges, a nyugati lépcsős oldalú. Jól kitapasztott sárga padlóján kb. 3–5 cm vastag – habár nem mindenütt egyenletesen – ráhordott, letaposott, rögös, kemény, fekete sár volt. A padló túlnyomó részét azonban az állatjárások tönkretették.

A ház közepén, világosszürke, hamus földben, a betöltés tetején, kb. 60 cm mélységben, sok állatcsont volt, közöttük egy teljes ló(?)lábszár is a déli sarokban. A betöltésben felváltva találhatók kemény, fekete sárrögök, és puha, hamus, faszenes zárványok, réteget egyikből sem lehetett megfigyelni. A ház szélei felé haladva a hamu elfogyott, a talaj kemény, rögös összetételűre változott. Feltűnően sok apró csontszilánk volt a betöltésben. A ház nyugati felében, a betöltésben és a padlón, agyagból készült, gömb alakú, de alig-alig, vagy sehogyan sem átégett nehezékeket találtunk. A nagyon gyenge megtartású tárgyakból csak néhányat sikerült a ház ÉNy-i sarkában eredeti helyzetében meghagyni. Többségük azonban a ház padlóján, a középtájon helyezkedett el. Összesen 18 agyagból készült nehezék kisebb-nagyobb maradványait rögzítettük a padlón, de legalább ugyanennyi ment tönkre a ház töltésében. Párhuzamos sorokban helyezkedtek el, de háromnál többet egy sorban nem sikerült megtalálni, és vastag penészréteggel ágyazódtak a fekete rögök közé. Az állatjárások igen sok kárt tettek a padlóban és a nehezékekben egyaránt.

A leletek között vannak másodlagos helyzetű őskori[947] cserepek, továbbá egy barna, szürke törésű, tört cseréppel soványított, korongolatlan, kihajló, lekerekített szélű fazékperem,[948] barna, szürke törésű, tört cseréppel soványított, korongolatlan, egyenes perem,[949] valamint egy barna, szürke törésű, kettőskúpos orsógomb töredéke[950] *(14. tábla 7.)*, melyek avar koriak. Az Árpád-kori leletek között van egy barna, szürke törésű, tört kaviccsal soványított fazék csigavonalas díszítésű oldala. Kívül kormos, szürkésbarnára átégett[951] *(41. tábla 6.)*. Barna, szürke törésű, tört kaviccsal soványított, kettős, illetve hármas vízszintes vonalköteggel díszített

942 Munsell 5YR 4/1. ltsz.: 95.28.123.
943 Munsell 5YR 4/1. ltsz.: 95.28.124. 2 db.
944 Munsell 5YR 4/1. ltsz.: 95.28.125. 4 db.
945 Munsell 5YR 5/4. ltsz.: 95.28.126.
946 Munsell 5YR 3/1. ltsz.: 95.28.127.
947 ltsz.: 95.28.803.–805.
948 Munsell 5YR 4/1. ltsz.: 95.28.806.
949 Munsell 5YR 6/2. ltsz.: 95.28.807.
950 Munsell 5YR 5/6. ltsz.: 95.28.808.
951 Munsell 5YR 5/4. ltsz.: 95.28.809.

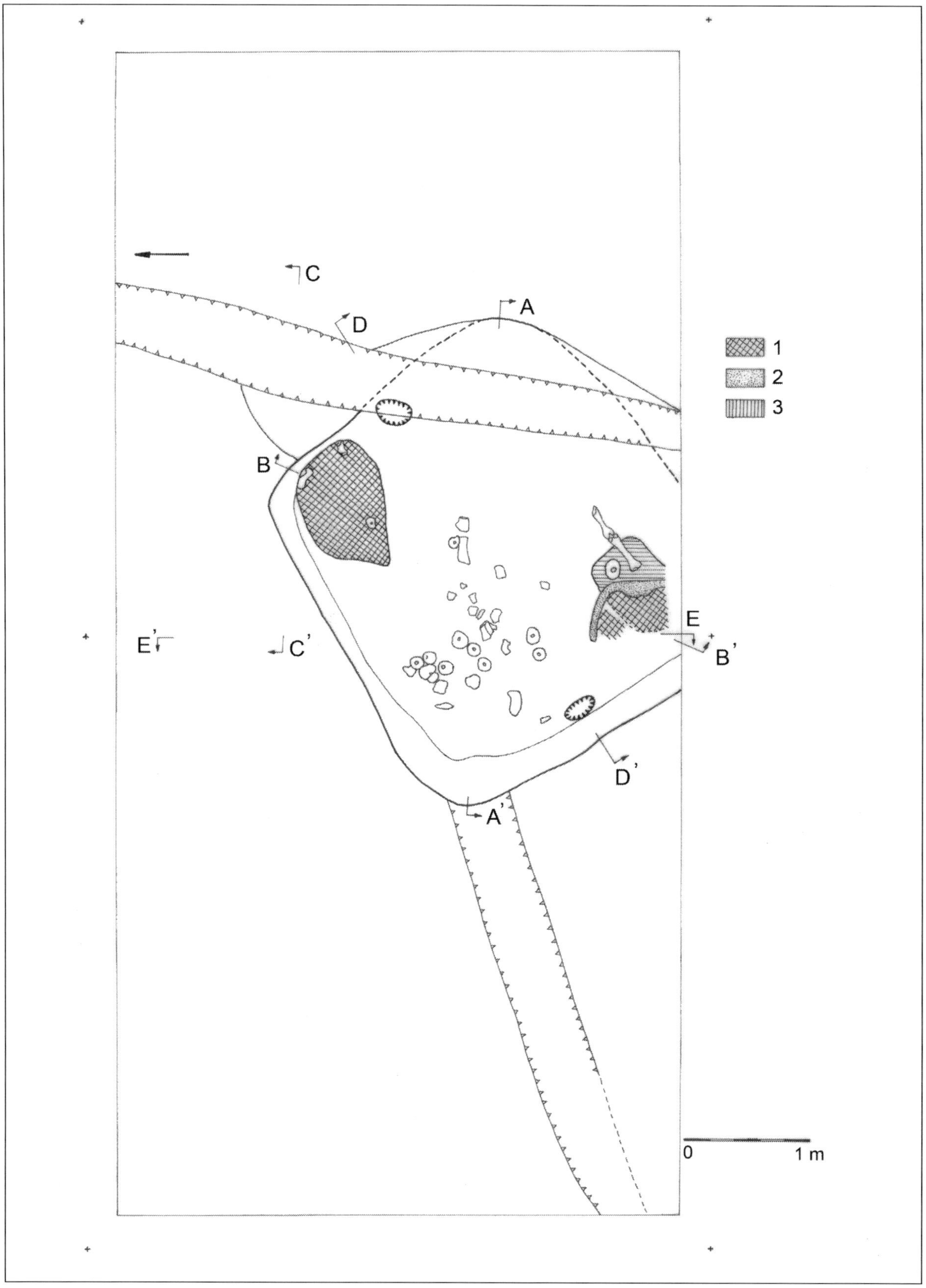

35. ábra: 7. ház alaprajza. *Jelkulcs: 1:* átégett felület *2:* sárga agyag *3:* faszenes

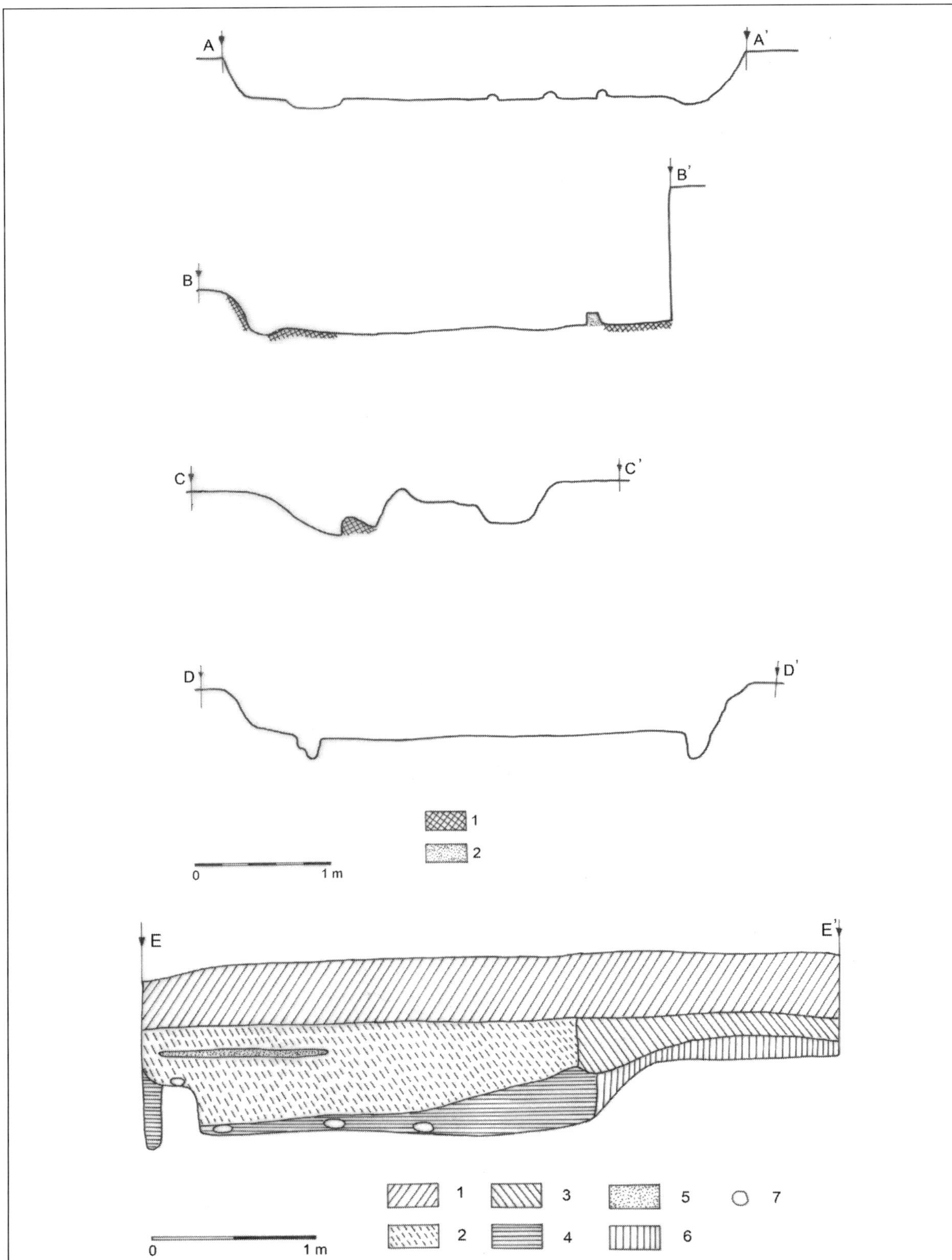

36. ábra: 7. ház metszetei. *Jelkulcs: 1:* átégett felület *2:* sárga agyag. E–E' metszet: *1:* szántás *2:* szürke, laza, hamus *3:* világosszürke, tömör, leletekkel *4:* szürke, barna foltos, leletekkel *5:* sárga agyag *6:* sárgásszürke, kemény őskori járószint *7:* nehezékek

kisebb oldalak. Kívül mindegyik erősen átégett és kormos.[952] Barna, szürke törésű, tört kaviccsal soványított, széles, sekély csigavonallal díszített kisebb oldalak.[953] Barna, szürke törésű, tört kaviccsal soványított, díszítetlen oldalak.[954] Barna, szürke törésű, tört kaviccsal soványított, nagyobb fazék egyenes aljrésze.[955] Szürke, szemcsés anyagú, minden bizonnyal malomkőből származó kisebb darabok,[956] továbbá vörösesszürke, finomszemcsés, nagyobb, lapos homokkövek, mindkét oldaluk simára csiszolt vagy koptatott, és benne mélyen bevágott, valószínűleg zsinegtől származó kopásnyomok.[957]

A 44–45. szelvények közötti tanúfalból származó cserepek a házhoz tartozó leletek: Közülük egy barna, szürke törésű, tört cseréppel soványított, korongolatlan, nagyobb edény fenékrésze, alján behuzigált vonalakkal, az avar korba sorolható.[958] Árpád-kori egy barna, szürke törésű, tört kaviccsal soványított, csigavonalas díszítésű fazékoldal,[959] barna, szürke törésű, csillámos tört kaviccsal soványított, egész felületet fedő vízszintes vonalakkal díszített oldalak,[960] barna, szürke törésű, tört kaviccsal soványított, kettős vízszintes vonallal díszített oldal,[961] szürke, egyenletesen átégett, keskeny vonalakból álló vízszintes vonalköteggel díszített oldal,[962] barna, szürke törésű, tört kaviccsal soványított, díszítetlen oldalak.[963] Egy orsókarika, melyet barna, szürke törésű, tört kaviccsal soványított cserépből faragtak.[964] *(46. tábla 5.).*

A nehezékek leírása:

1. Sárgásszürke, kaviccsal kevert agyagból készült, lapított gömb alakú, mindössze egyik oldalának kis része van egészen gyengén átégve, a többi sárga, égetetlen. Alsó részének mintegy negyede hiányzik.[965]

2. Sárgásszürke, kaviccsal és pelyvával kevert agyagból készült, lapított gömb alakú, de az előzőnél magasabb, és oldalai két helyen is egyenesre benyomottak. Egyáltalán nincs égetve. Kisebb részei hiányoznak[966] *(45. tábla 3.).*

3. Sárgásszürke, kaviccsal és pelyvával kevert agyagból készült, lapított gömb alakú, az előzőknél laposabb, három helyen törött, ragasztott. Egyáltalán nincs égetve. Kisebb részei hiányoznak[967] *(45. tábla 1.).*

4. Sárgásszürke, kaviccsal és pelyvával kevert agyagból készült, lapított gömb alakú. Domborúbb felén, mintegy féltenyérnyi darabon egy kicsit átégett. Mintegy negyede hiányzik.[968]

5. Sárgásszürke, kaviccsal és pelyvával kevert agyagból készült, lapított gömb, majdnem henger alakú, oldalai több helyen síkozottra nyomottak. Egyáltalán nincs égetve. Kisebb része hiányzik[969] *(45. tábla 2.).*

6. Sárgásszürke, kaviccsal és pelyvával kevert agyagból készült, lapított gömb alakú, mintegy fele hiányzik[970] *(45. tábla 4.).*

---

952 Munsell 5YR 5/2, 5/4. ltsz.: 95.28.810. 4 db.
953 Munsell 5YR 5/4. ltsz.: 95.28.811. 2 db.
954 Munsell 5YR 3/1, 4/2. ltsz.: 95.28.812. 2 db.
955 Munsell 5YR 5/4. ltsz.: 95.28.813. A kiszerkeszthető fenékátmérő 18 cm.
956 ltsz.: 95.28.816. 2 db.
957 ltsz.: 95.28.817. 2 db.
958 Munsell 5YR 6/4. ltsz.: 95.28.795.
959 Munsell 5YR 4/2. ltsz.: 95.28.796.
960 Munsell 5YR 3/1, 5/4. ltsz.: 95.28.797. 2 db.
961 Munsell 5YR 5/4. ltsz.: 95.28.798.
962 Munsell 5YR 5/1. ltsz.: 95.28.799.
963 Munsell 5YR 4/3, 5/4. ltsz.: 95.28.800. 9 db.
964 Munsell 5YR 5/4. ltsz.: 95.28.801.
965 ltsz.: 95.28.818.1. átm.: 13, m.: 8, lyuk átm.: 3 cm.
966 ltsz.: 95.28.819.1. átm.: 10, m.: 8, lyuk átm.: 2 cm.
967 ltsz.: 95.28.820.1. átm.: 11, m.: 4,5, lyuk átm.: 1,5 cm.
968 ltsz.: 95.28.821.1. átm.: 11,5, m.: 7, lyuk átm.: 2 cm.
969 ltsz.: 95.28.822.1. átm.: 10,7, m.: 6,5, lyuk átm.: 1,7 cm.
970 ltsz.: 95.28.823.1. átm.: 10,5, m.: 6, lyuk átm.: 2 cm.

7. Sárgásszürke, kaviccsal és pelyvával kevert agyagból készült, lapított gömb alakú, kisebb részei hiányoznak[971] *(44. tábla 1.)*.

8. Sárgásszürke, kaviccsal és pelyvával kevert agyagból készült, lapított gömb alakú, de az előbbieknél magasabb. Csaknem ép, kisebb darabok töredeztek csak le belőle[972] *(44. tábla 4.)*.

9. Sárgásszürke, kaviccsal és pelyvával kevert agyagból készült, magas, majdnem gömb alakú, szélét a rágcsáló tönkretette. Tenyérnyi darabon enyhén égetett[973] *(44. tábla 3.)*.

10. Sárgásszürke, nagyszemű kaviccsal és pelyvával kevert agyagból készült, lapított gömb alakú, alsó részének közel fele hiányzik. Nincs átfúrva, csak felső oldalán van egy benyomott lyuk.[974]

11. Sárgásszürke, nagyszemű kaviccsal és pelyvával kevert agyagból készült, henger alakú, teteje a lyuk környékén kissé megégett. A lyuk mentén, hosszában tört el, csak egyik fele van meg.[975]

12. Barna, nagyszemű kaviccsal és pelyvával kevert agyagból készült, nagyméretű, lapított gömb alakú példány fele része lenne, ha a lyuk helyén nem lenne sima, egyenes felületre eldolgozva. Az egész át van égve, de ennek ellenére morzsalékos.[976]

13. Sárgásszürke, nagyszemű kaviccsal és pelyvával kevert agyagból készült, lapított gömb alakú példány egyharmadnyi része. Egyáltalán nincs átégve.[977]

14. Sárgásszürke, nagyszemű kaviccsal és pelyvával kevert agyagból készült, lapított gömb alakú példány, nincs átfúrva, csak felül van egy benyomott lyuk. Kb. egyharmada hiányzik. A félkész állapot jól tanulmányozható.[978]

15. Sárgásszürke, homokkal és pelyvával kevert agyagból készült, lapított gömb alakú példány, az előző összesnél finomabb anyagú, sima felületű. Átégve egyáltalán nincs, de a soványító anyag feltűnően finom.[979]

16. Sárgásszürke, kaviccsal és pelyvával kevert agyagból készült, lapított gömb alakú példány, közel felét ásóval vágták le.[980]

17. Sárgásszürke, kaviccsal és pelyvával kevert agyagból készült, lapított gömb alakú példány össze nem illő darabjai.[981]

18. Sárgásszürke, kaviccsal és pelyvával kevert agyagból készült, lapított gömb alakú, de magas, oldalt síkozott példány, mely oldalán köröskörül gyengén átégett.[982] *(44. tábla 2.)*.

8. ház (42. szelvény, 1992.). 350 x 340 cm átmérőjű, nagyjából kör alakú, földbe mélyített ház (*37. ábra*). Relatív mélysége alig haladja meg a 40 cm-t, alja a felszíntől számítva 90 cm mélyen volt. Oldalai csaknem függőlegesek, egyedül az ÉK-i oldalon volt egy kisebb bemélyedés. A ház közepén feltárt egyetlen cölöplyuk közel 30 cm átmérőjű, és mintegy 50 cm mély, alja lekerekített. Tüzelőberendezés nyomát nem találtuk. Betöltése helyenként puhább, másutt keményebb, szürke, hamus föld volt, sok lelettel. Padlója kemény, fekete letaposásból állt, melyet az állatjárások csaknem teljes egészében tönkretettek. A házat fekete, apró morzsás, keményebb, bár korántsem bolygatatlan rétegbe ásták. A házat átvágta a 9. számú Árpád-kori árok (*38. ábra*).

---

971 ltsz.: 95.28.824.1. átm.: 12, m.: 5,5, lyuk átm.: 1,7 cm.
972 ltsz.: 95.28.825.1. átm.: 12, m.: 8,5, lyuk átm.: 2 cm.
973 ltsz.: 95.28.826.1. átm.: 11,5, m.: 9,8, lyuk átm.: 2,5 cm.
974 ltsz.: 95.28.827.1. átm.: 12, m.: 8,8 cm.
975 ltsz.: 95.28.828.1. átm.: 10,5, m.: 9,2 cm.
976 ltsz.: 95.28.829.1. átm.: 14, m.: 9,5 cm.
977 ltsz.: 95.28.830.1. átm.: 10,5, m.: 8,2 cm.
978 ltsz.: 95.28.831.1. átm.: 13, m.: 6,5 cm.
979 ltsz.: 95.28.832.1. átm.: 11,5, m.: 7,5, lyuk átm.: 1,8 cm.
980 ltsz.: 95.28.833.1. átm.: 11, m.: 7, lyuk átm.: 1,8 cm.
981 ltsz.: 95.28.834.1–3.
982 ltsz.: 95.28.835.1. átm.: 11,7, m.: 8,8, lyuk átm.: 2,2 cm.

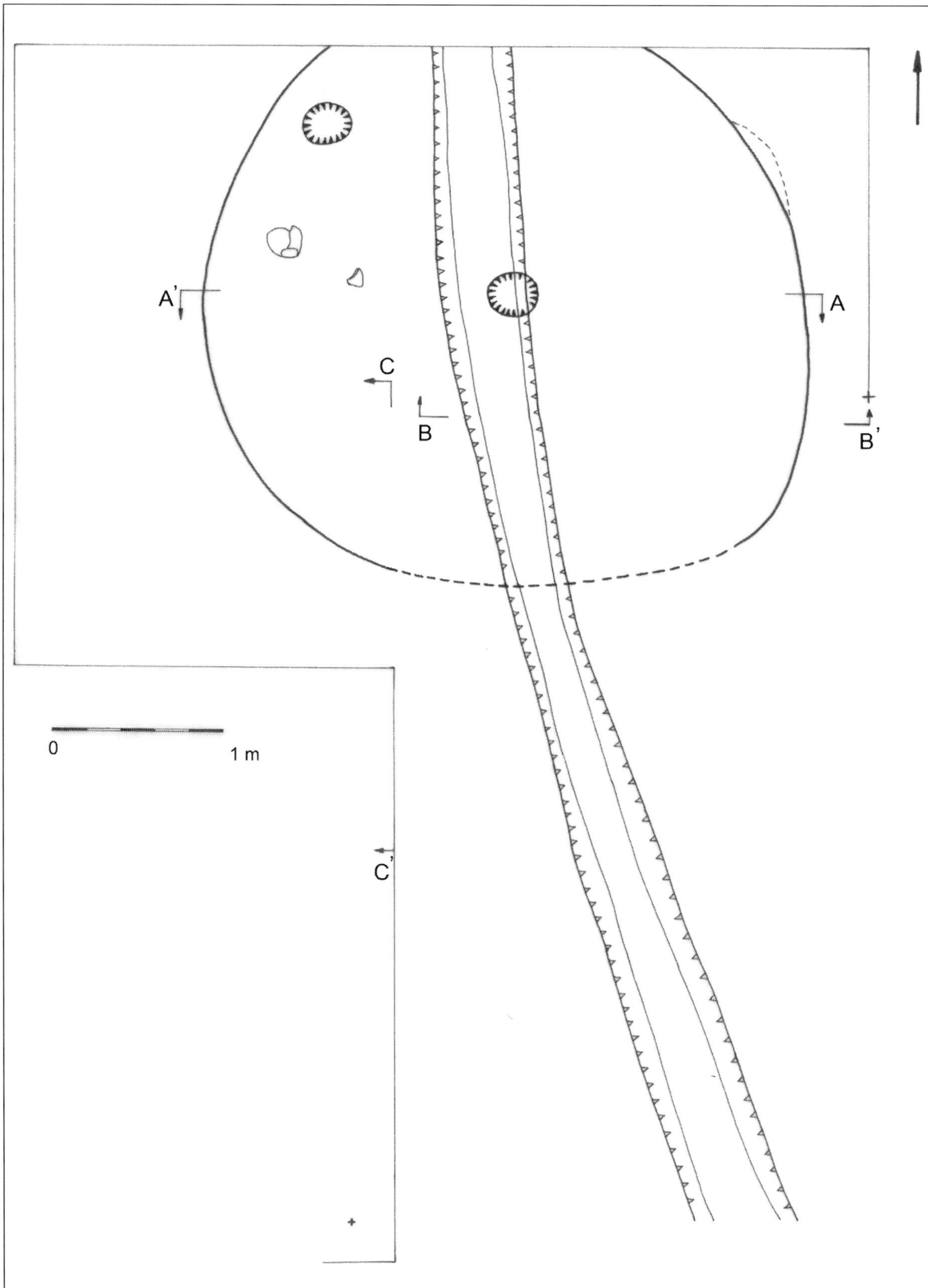

37. ábra: 8. ház alaprajza

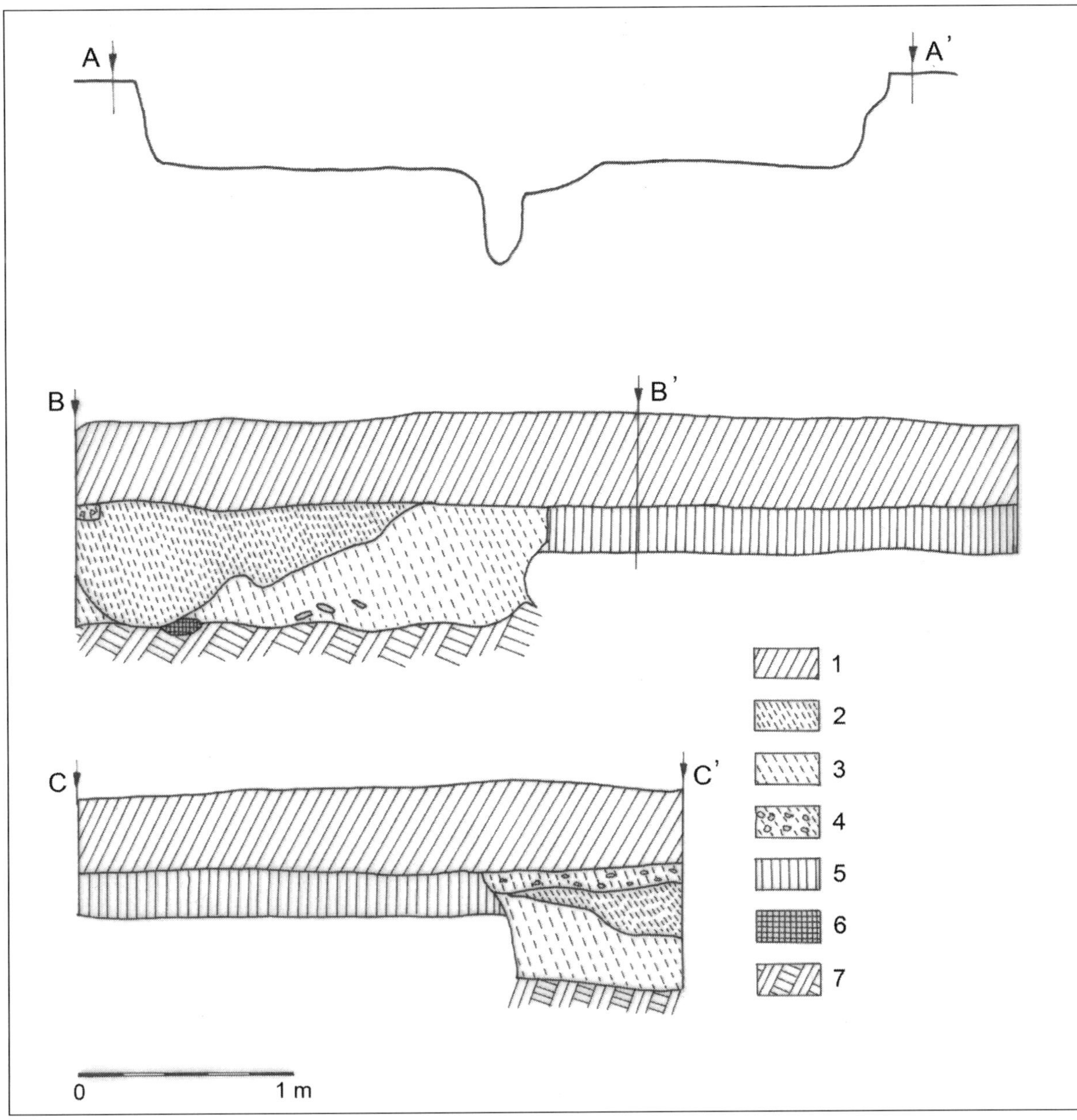

38. ábra: 8. ház metszetei. *Jelkulcs: 1:* szántás *2:* sötétszürke, kevert, hamus, a 9. árok betöltése *3:* világosszürke, kevert, hamus *4:* világosszürke, hamus, paticsos *5:* fekete, apró göröngyös *6:* fekete, kemény rögös *7:* altalaj

Leletei között több korszak cserépanyagát megtaláltuk, azonban túlnyomó többségük szkíta kori, ezért a házat is ebbe a korba soroltuk. A későbbi korszakok cserepei minden bizonnyal a 9. árokból származnak, ezért azokat ott ismertetem.

Az őskori leletek részletes ismertetésére nem vállalkozhatom. Egyaránt megtalálhatók közöttük a Körös-kultúra,[983] az AVK[984] tipikus leletei. A legtöbb azonban szkíta kori,[985] melyek közül ki kell

983 ltsz.: 95.28.584, ltsz.: 95.28.594.–596., ltsz.: 95.28.618.–619.

984 ltsz.: 95.28.601., ltsz.: 95.28.620.

985 ltsz.: 95.28.585.–588., ltsz.: 95.28.602.–607., ltsz.: 95.28.609.–610., ltsz.: 95.28.622.–644.

emelni egy barna, fényes felületű, korongolatlan, behúzott peremű tálat, külső oldalán két lapos, lelógó bütyökkel,[986] továbbá egy hasonló anyagú, behúzott peremű tál teljes profilját.[987]

9. ház (47. szelvény, 1992). *(9–10. tábla)*. Sarkaival É–D irányba tájolt nagyméretű, téglalap alakú veremház (*39. ábra*). Hossza ÉK–DNy irányban 510 cm, szélessége 410 cm. Oldalai csaknem függőlegesek, sarkai lekerekítettek. Oldalát a padlótól számítva 90 cm magasságig sárga agyaggal keményre kitapasztották. Padlóját a jelenlegi felszíntől számítva 157 cm mélységben találtuk meg. A déli fal több kiugrással, illetve mélyedéssel tagolt.

A szelementartó ágasfák helyeit a rövidebb oldalak közepén találtuk meg. Az északi 40 x 30, a déli 40 x 20 cm átmérőjű, mindegyik a ház falával párhuzamosan nyújtott ovális alakú. Mélységük ugyanakkor viszont csekély, az északié 15, a délié 28 cm.

A házhoz tartozó tüzelőberendezés teljes épségben a déli sarokban található. Ez 80 x 50 cm nagyságú, 50 cm magasságú, földbevájt *kemence*, szájnyílásának mindkét oldalát 60 cm hosszúságban sárga agyaggal kitapasztották, és a tapasztások közötti szakaszon a hamuzógödör felé lejtő padló 3 cm vastagon pirosra átégett. A kemence boltozata viszont nincsen nagyon átégve, több helyen egyáltalán nincsenek benne égési nyomok. A háromszög alakú hamuzógödör tengelyirányban 140 cm hosszú, a kemence szájánál 120 cm széles. Alja 30 cm-re a padló szintje alá mélyed, és több kisebb gödörre tagolódik. Tömör betöltésében téglákat, csontokat és barna, szürke törésű, tört kaviccsal soványított, díszítetlen oldalakat[988] találtunk, hamut nem. Felette a sárga padló és a fekete rátaposott sár egyaránt hiányzott.

A ház északnyugati falába egy másik *kemence* mélyed be. Patkó alakú, legnagyobb szélessége 150 cm, hosszúsága 120 cm. Boltozata a szájánál 40, belső végénél 50 cm magas. Tapasztott és 6 cm vastagon átégett alja a 4. rétegnél mélyebben van, a szájrészt a sárga rögök teljesen elfedték. Szája ugyanakkor a ház padlószintjénél 30 cm-el magasabban nyílik. Tapasztásában nem észleltünk cserepeket, töltelékföldjéből viszont egy barna, szürke törésű, tört kaviccsal soványított, mindkét irányba megvastagodó, csúcsos lyukkiképzésű bográcsperem,[989] barna, egyenletesen átégett, tört kaviccsal soványított, befelé megvastagodó bográcsperem[990] *(23. tábla 1.)*. továbbá barna, szürke törésű, tört kaviccsal soványított, díszítetlen oldalak[991] kerültek elő.

A ház bejárata a nyugati sarokban lévő kisebb mélyedés lehetett, bár ez is 60 cm-el magasabban van a padló szintjétől.

A ház töltésében egymástól jól elkülöníthető, de nehezen értelmezhető *rétegződéseket* találtunk.

A legfelső, világosszürke, laza hamus rétegben volt a legtöbb lelet: kerámiatöredékek, mindenekelőtt bográcsdarabok, továbbá sok tégla és állatcsont. Ez volt a beomlott tetőzetű ház gödrének utolsó betöltése, melynek körvonalait már a szántás alján észlelni lehetett, és a leletek eloszlása is világosan kijelölte határait (*40. ábra*). Ez a réteg a ház közepén a legvastagabb, itt a 70 cm-t is elérte (*40. ábra* A–A' metszet, 2. réteg).

A rétegből (a ház töltelékföldjéből) származó leletek: Barna, egyenetlenül átégett, pelyvával és tört cseréppel soványított vastagfalú sütőharang peremdarabja, a perem széle lekerekített[992] *(15. tábla 5.)*. Szürke, egyenletesen átégett, apróra tört kaviccsal soványított, valószínűleg bordás nyakú edény perem- és nyakrésze.

---

[986] ltsz.: 95.28.650.
[987] ltsz.: 95.28.608.
[988] Munsell 5YR 3/1, 5/3, 5/4. ltsz.: 95.28.1127. 5 db.
[989] Munsell 5YR 5/3. ltsz.: 95.28.1121.
[990] Munsell 5YR 5/4. ltsz.: 95.28.1122. Kívül durván elsimogatott, a vörös festés nyomaival.
[991] Munsell 5YR 3/1, 5/4, 6/4. ltsz.: 95.28.1123. 4 db.
[992] Munsell 5YR 5/2. ltsz.: 95.28.1434.

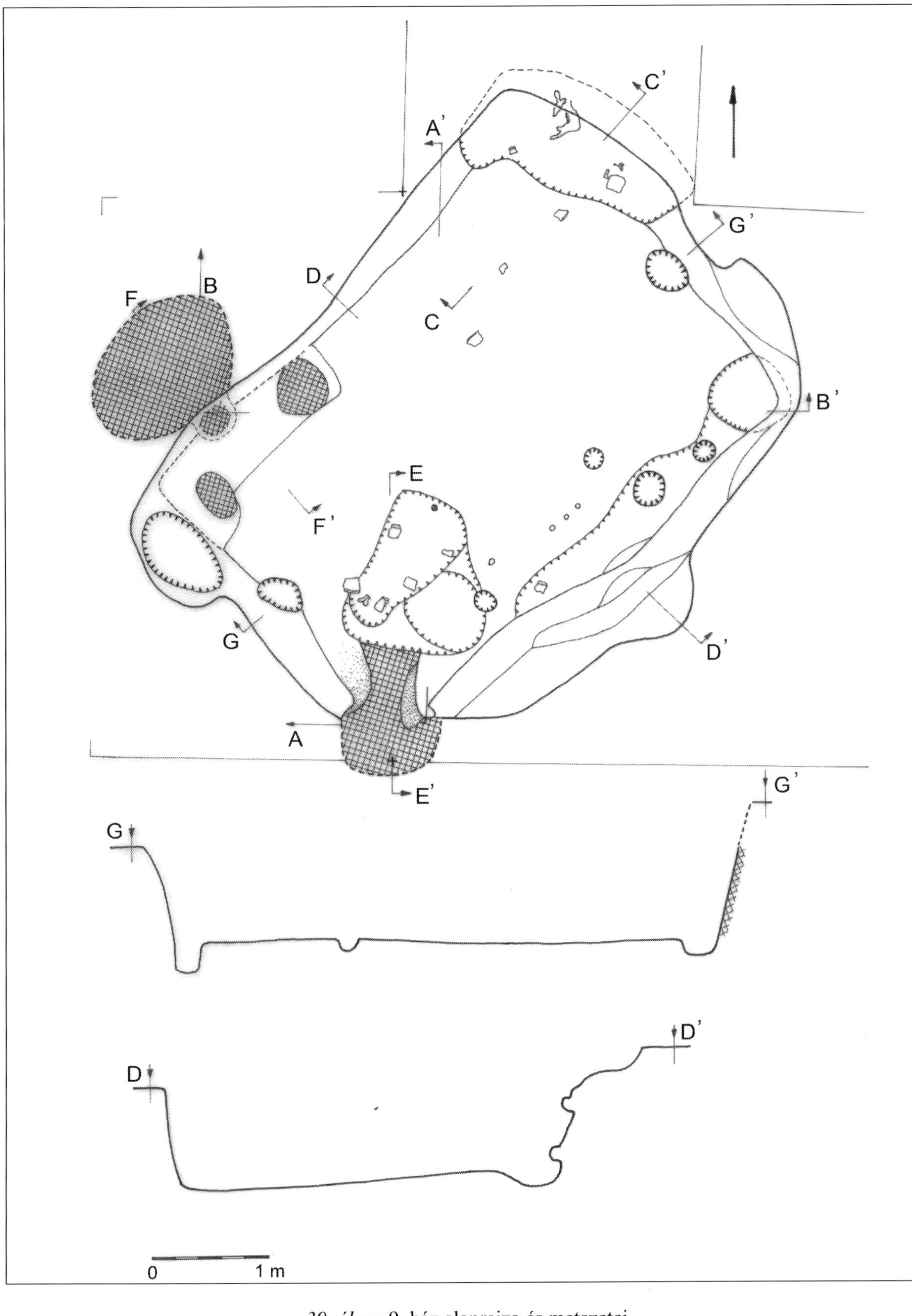

39. ábra: 9. ház alaprajza és metszetei

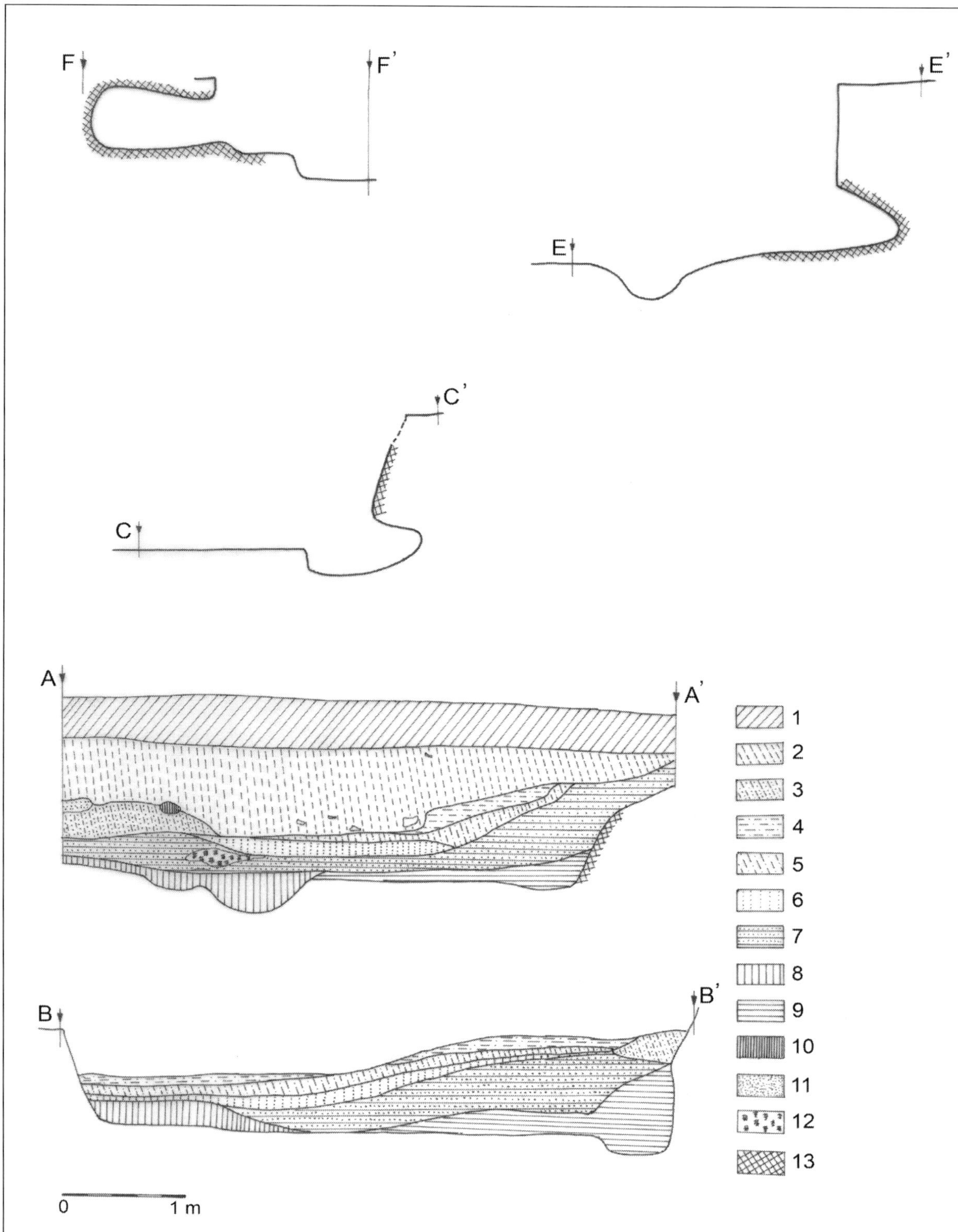

40. ábra: 9. ház metszetei. *Jelkulcs: 1:* szántás *2:* világosszürke, laza, hamus *3:* világosszürke, hamus. Sárgaszemcsés földdel kevert *4:* sárga rögös, néhol hamus föld *5:* szürke, laza hamu *6:* sárga tapasztás *7:* citromsárga rögökkel kevert barna házföld *8:* barnásfekete betöltés leletekkel, téglákkal *9:* barna házföld *10:* alsó részén enyhén átégett, szürke hamuval kitöltött *11:* világossárga, kemény, kevert *12:* sötétbarna, tömör, kemény, faszénnel *13:* tapasztás

A perem enyhén kihajló, a nyakon lévő két borda inkább enyhe hullám formájában jelentkezik[993] *(16. tábla 2.)*. A rétegből 52 darab bográcsperemet leltározhattunk be: Barna, szürke törésű, tört kaviccsal soványított, befelé megvastagodó peremű bogrács. A keskeny perem a függesztőlyukak körül karéjosan kiszélesedik. Kívül kormos[994] *(17. tábla 1.)*. Barna, szürke törésű, tört kaviccsal soványított, befelé megvastagodó peremű bogrács fele része. A keskeny perem a függesztőlyukak körül alig szélesedik ki karéjosan. A magas oldalú, lapos aljú típusú edény egyes darabjai a széttörés után átégtek[995] *(17. tábla 2.)*. Barna, szürke törésű, tört kaviccsal soványított, befelé megvastagodó peremű bogrács fele része. A keskeny perem a függesztőlyukak körül kifelé nyomódott. Kívül kormos, de egyes darabjai belül is[996] *(17. tábla 3.)*. Barna, szürke törésű, tört kaviccsal soványított, kifelé megvastagodó peremű bogrács kiszerkeszthető profilja. Kívül kormos[997] *(18. tábla 1.)*. Barna, szürke törésű, tört kaviccsal soványított, kifelé megvastagodó peremű bogrács kiszerkeszthető profilja. A függesztőlyuk körül karéjos. Kívül barnára égett[998] *(18. tábla 2.)*. Barna, szürke törésű, tört kaviccsal soványított, befelé megvastagodó peremű bogrács kiszerkeszthető profilja[999] *(18. tábla 3.)*. Barna, szürke törésű, tört kaviccsal soványított, kifelé megvastagodó peremű bogrács kiszerkeszthető profilja[1000] *(18. tábla 4.)*. Barna, szürke törésű, tört kaviccsal soványított, kifelé megvastagodó peremű bogrács kiszerkeszthető profilja. Kívül-belül kormos[1001] *(18. tábla 5.)*. Barna, szürke törésű, tört kaviccsal soványított, befelé megvastagodó bográcsperem, mely a függesztőlyuk körül karéjos, de a keskeny perem miatt kifelé nyomódott[1002] *(19. tábla 1.)*. Barna, szürke törésű, tört kaviccsal soványított, befelé megvastagodó bográcsperem, kívül-belül átégett, kormos.[1003] Barna, szürke törésű, tört kaviccsal soványított, kifelé megvastagodó szögletes profilú bográcsperem, a függesztőlyuk karéjos. Kívül átégett, kormos, a perem belső oldalán vörös festés[1004] *(19. tábla 2; 55. tábla 1–2.)*. Barna, szürke törésű, tört kaviccsal soványított, befelé megvastagodó peremű bogrács majdnem kiszerkeszthető profilja. Kívül-belül több helyen foltosra égett[1005] *(19. tábla 3.)*. Barna, szürke törésű, tört kaviccsal soványított, kifelé megvastagodó bográcsperem, a függesztőlyuk karéjos. Kívül vörös festés látszik[1006] *(19. tábla 4.)*. Barna, szürke törésű, tört kaviccsal soványított, mindkét irányba megvastagodó bográcsperem[1007] *(20. tábla 1.)*. Barna, szürke törésű, tört kaviccsal soványított, kifelé enyhén megvastagodó bográcsperem[1008] *(21. tábla 1.)*. Barna, szürke törésű, tört kaviccsal soványított, mindkét irányba megvastagodó bográcsperem, kívül kormos, belső oldalán vörös festés[1009] *(21. tábla 2.)*. Barna, szürke törésű, tört kaviccsal soványított, mindkét irányba megvastagodó bográcsperem. A függesztőlyuk körül karéjos, kívül kormos[1010] *(21. tábla 3.)*. Barna, szürke törésű, tört kaviccsal soványított, mindkét irányba megvastagodó bográcsperem[1011] *(21. tábla 4.)*. Barna, szürke törésű, tört kaviccsal soványított, befelé megvastagodó bográcsperem. A függesztőlyuk kö-

993 Munsell 5YR 2.5/1. ltsz.: 95.28.1433. Tanúfalból.
994 Munsell 5YR 5/4. ltsz.: 95.28.902. szá.: 25,7, m.: 17,8 cm.
995 Munsell 5YR 5/4. ltsz.: 95.28.903. szá.: 27, m.: 21,4 cm.
996 Munsell 5YR 5/4. ltsz.: 95.28.904. szá.: 24, m.: 17,8 cm.
997 Munsell 5YR 5/4. ltsz.: 95.28.908. szá.: 25 cm.
998 Munsell 5YR 5/4. ltsz.: 95.28.906. szá.: 24 cm.
999 Munsell 5YR 4/2. ltsz.: 95.28.909. szá.: 26 cm.
1000 Munsell 5YR 6/3. ltsz.: 95.28.907. szá.: 24 cm.
1001 Munsell 5YR 5/4. ltsz.: 95.28.905. szá.: 22 cm.
1002 Munsell 5YR 5/4. ltsz.: 95.98.911. szá.: 23 cm.
1003 Munsell 5YR 6/4. ltsz.: 95.28.912. szá.: 23 cm.
1004 Munsell 5YR 5/4. ltsz.: 95.28.913. szá.: 24 cm.
1005 Munsell 5YR 5/4. ltsz.: 95.28.910. szá.: 26 cm.
1006 Munsell 5YR 5/4. ltsz.: 95.28.914. szá.: 24,4 cm.
1007 Munsell 5YR 5/3. ltsz.: 95.28.918. szá.: 27 cm.
1008 Munsell 5YR 5/6. ltsz.: 95.28.920. szá.: 27,2 cm.
1009 Munsell 5YR 5/4. ltsz.: 95.28.952. szá.: 26,8 cm.
1010 Munsell 5YR 5/4. ltsz.: 95.28.921. szá.: 25,8 cm.
1011 Munsell 5YR 5/3. ltsz.: 95.28.919. szá.: 30,6 cm.

rül karéjos, kívül kormos.[1012] Barna, szürke törésű, tört kaviccsal soványított, befelé megvastagodó bográcsperem. A függesztőlyuk körül enyhén karéjos, belső oldalán vörös festés[1013] *(23. tábla 6.)*. Barna, szürke törésű, tört kaviccsal soványított, befelé megvastagodó bográcsperem, belső oldalán vörös festés[1014] *(23. tábla 8.)*. Barna, szürke törésű, tört kaviccsal soványított, befelé megvastagodó bográcsperem. A függesztőlyuk körül enyhén karéjos.[1015] Barna, szürke törésű, tört kaviccsal soványított, befelé megvastagodó bográcsperem. A függesztőlyuk körül csúcsos, kívül kormos.[1016] Barna, szürke törésű, tört kaviccsal soványított, befelé megvastagodó bográcsperem. A függesztőlyuk körül enyhén kiszélesedő, kinyomódott.[1017] Barna, szürke törésű, tört kaviccsal soványított, befelé megvastagodó bográcsperemek.[1018] Barna, szürke törésű, tört kaviccsal soványított, befelé megvastagodó bográcsperemek, kívül mindegyik kormos.[1019] Szürke, egyenletesen átégett, tört kaviccsal soványított, befelé megvastagodó bográcsperem.[1020] Barna, szürke törésű, tört kaviccsal soványított, kifelé megvastagodó bográcsperem. A függesztőlyuk körül karéjos.[1021] Barna, szürke törésű, tört kaviccsal soványított, kifelé megvastagodó bográcsperem. A függesztőlyuk körül karéjos, kívül kormos.[1022] Barna, szürke törésű, tört kaviccsal soványított, kifelé megvastagodó bográcsperemek. A függesztőlyuk körül karéjos, másodlagosan megégett darabok.[1023] Barna, szürke törésű, tört kaviccsal soványított, kifelé megvastagodó bográcsperem. A függesztőlyuk körül csúcsos.[1024] Barna, szürke törésű, tört kaviccsal soványított, kifelé megvastagodó bográcsperemek.[1025] Barna, egyenletesen átégett, tört kaviccsal soványított, kifelé megvastagodó bográcsperem.[1026] Barna, szürke törésű, tört kaviccsal soványított, kifelé megvastagodó bográcsperem.[1027] Barna, szürke törésű, tört kaviccsal soványított, kifelé megvastagodó bográcsperem.[1028] Barna, szürke törésű, tört kaviccsal soványított, kifelé megvastagodó bográcsperemek.[1029] Barna, szürke törésű, tört kaviccsal soványított, kifelé megvastagodó bográcsperemek, kívül kormosak.[1030] Barna, szürke törésű, tört kaviccsal soványított, kifelé megvastagodó bográcsperemek, belül vörös festés nyomával, kívül kormosak[1031] *(22. tábla 1, 4.)*. Barna, szürke törésű, tört kaviccsal soványított, kifelé megvastagodó bográcsperemek, a perem belső oldalán vörös festés nyomával [1032] *(23. tábla 2–4., 7.; 53. tábla 1.)*. Barna, szürke törésű, tört kaviccsal soványított, mindkét irányba megvastagodó bográcsperem, kívül kormos, belső oldalán vörös festés[1033] *(23. tábla 5.)*. Barna, szürke törésű, tört kaviccsal soványított, mindkét irányba megvastagodó bográcsperem. Kívül-belül átégett, erősen kormos[1034] *(22. tábla 6; 53. tábla 2.)*. Barna, szürke törésű, tört kaviccsal soványított, kifelé

[1012] Munsell 5YR 5/4. ltsz.: 95.28.922.
[1013] Munsell 5YR 5/4. ltsz.: 95.28.923.
[1014] Munsell 5YR 5/4. ltsz.: 95.28.928.
[1015] Munsell 5YR 4/2. ltsz.: 95.28.924.
[1016] Munsell 5YR 5/4. ltsz.: 95.28.925.
[1017] Munsell 5YR 5/4. ltsz.: 95.28.926.
[1018] Munsell 5YR 5/4. ltsz.: 95.28.927. 2 db.
[1019] Munsell 5YR 4/3, 5/4. ltsz.: 95.28.929. 3 db.
[1020] Munsell 5YR 3/1. ltsz.: 95.28.930.
[1021] Munsell 5YR 5/4. ltsz.: 95.28.931.
[1022] Munsell 5YR 5/8. ltsz.: 95.28.932.
[1023] Munsell 5YR 5/2. ltsz.: 95.28.933. 2 db.
[1024] Munsell 5YR 5/4. ltsz.: 95.28.934.
[1025] Munsell 5YR 5/4. ltsz.: 95.28.935. 2 db.
[1026] Munsell 5YR 6/4. ltsz.: 95.28.937.
[1027] Munsell 5YR 5/6. ltsz.: 95.28.938.
[1028] Munsell 5YR 5/4. ltsz.: 95.28.939.
[1029] Munsell 5YR 4/2, 5/3, 5/4. ltsz.: 95.28.940. 4 db.
[1030] Munsell 5YR 5/4. ltsz.: 95.28.941. 4 db.
[1031] Munsell 5YR 5/4. ltsz.: 95.28.942. 2 db.
[1032] Munsell 5YR 5/4, 5/8. ltsz.: 95.28.936. 4 db. szá.: 22, 23,6, 25 cm.
[1033] Munsell 5YR 6/3. ltsz.: 95.28.951. szá.: 21,2 cm.
[1034] Munsell 5YR 5/4. ltsz.: 95.28.915. szá.: 24 cm.

megvastagodó bográcsperem[1035] *(22. tábla 7.)*. Barna, szürke törésű, tört kaviccsal soványított, kifelé megvastagodó bográcsperemek, kívül-belül kormosak.[1036] Barna, szürke törésű, tört kaviccsal soványított, kifelé megvastagodó vékonyfalú bográcsperem.[1037] Barna, szürke törésű, tört kaviccsal soványított, kifelé megvastagodó vékonyfalú bográcsperem, kívül kormos.[1038] Barna, szürke törésű, tört kaviccsal soványított, mindkét irányba megvastagodó bográcsperem, a függesztőlyuk körül kissé karéjos, illetve kitüremkedő.[1039] Barna, szürke törésű, tört kaviccsal soványított, mindkét irányba megvastagodó bográcsperem, a függesztőlyuk körül kissé karéjos, kívül, a perem tetején és belső oldalán is vörös festés nyomai[1040] *(22. tábla 3.)*. Barna, szürke törésű, tört kaviccsal soványított, mindkét irányba megvastagodó bográcsperem, a függesztőlyuk körül kissé karéjos, kívül kormos.[1041] Barna, szürke törésű, tört kaviccsal soványított, mindkét irányba megvastagodó bográcsperemek, a függesztőlyuk körül karéjos kiképzésűek, kívül kormosak.[1042] Barna, szürke törésű, tört kaviccsal soványított, mindkét irányba megvastagodó bográcsperem, a függesztőlyuk körül karéjos, kívül kormos, belső oldalán vörös festés.[1043] Barna, szürke törésű, tört kaviccsal soványított, mindkét irányba megvastagodó bográcsperemek, kívül kormosak.[1044] Barna, szürke törésű, tört kaviccsal soványított, mindkét irányba megvastagodó bográcsperem.[1045] Barna, szürke törésű, tört kaviccsal soványított, mindkét irányba megvastagodó bográcsperem, kívül kormos, de belül is szürkére átégett.[1046] Szürke, egyenletesen átégett, tört kaviccsal soványított, mindkét irányba megvastagodó bográcsperem.[1047]

A peremeken kívül természetesen bográcsokból származó oldalrészek is kerültek elő: Barna, szürke törésű, tört kaviccsal soványított bogrács aljrésze. Kívül-belül kormos[1048] *(22. tábla 5.)*. Barna, szürke törésű, tört kaviccsal soványított bogrács aljrésze. Kívül kormos.[1049] Barna, szürke törésű, tört kaviccsal soványított bogrács aljrésze. Kívül kormos.[1050] Barna, szürke törésű, tört kaviccsal soványított bogrács ívelt oldalrésze. Kívül kormos.[1051] Barna, szürke törésű, tört kaviccsal soványított bogrács ívelt oldalrésze. Kívül kormos.[1052] Barna, szürke törésű, tört kaviccsal soványított bogrács ívelt oldalrészei. Kívül-belül kormos.[1053] Barna, szürke törésű, tört kaviccsal soványított bogrács ívelt oldalrésze. Kívül kormos.[1054] Barna, szürke törésű, tört kaviccsal soványított bogrács ívelt oldalrésze.[1055] Barna, szürke törésű, tört kaviccsal soványított, vékonyfalú bogrács ívelt oldalrésze.[1056] Barna, szürke törésű, tört kaviccsal soványított, vékonyfalú bogrács ívelt oldalrésze. Kívül

[1035] Munsell 5YR 5/3. ltsz.: 95.28.917. szá.: 20,6 cm.
[1036] Munsell 5YR 5/4. ltsz.: 95.28.943. 2 db.
[1037] Munsell 5YR 5/4. ltsz.: 95.28.944.
[1038] Munsell 5YR 5/4. ltsz.: 95.28.945.
[1039] Munsell 5YR 5/6. ltsz.: 95.28.946.
[1040] Munsell 5YR 5/4. ltsz.: 95.28.947.
[1041] Munsell 5YR 6/3. ltsz.: 95.28.948.
[1042] Munsell 5YR 5/3, 5/4. ltsz.: 95.28.949. 4 db.
[1043] Munsell 5YR 5/4. ltsz.: 95.28.950.
[1044] Munsell 5YR 6/2, 6/3, 5/4. ltsz.: 95.28.953. 4 db.
[1045] Munsell 5YR 5/4. ltsz.: 95.28.954.
[1046] Munsell 5YR 5/4. ltsz.: 95.28.955.
[1047] Munsell 5YR 4/1. ltsz.: 95.28.956.
[1048] Munsell 5YR 5/4. ltsz.: 95.28.957.
[1049] Munsell 5YR 5/4. ltsz.: 95.28.958.
[1050] Munsell 5YR 6/4. ltsz.: 95.28.959.
[1051] Munsell 5YR 5/4. ltsz.: 95.28.960.
[1052] Munsell 5YR 5/4. ltsz.: 95.28.961.
[1053] Munsell 5YR 5/4. ltsz.: 95.28.962.
[1054] Munsell 5YR 5/4. ltsz.: 95.28.963.
[1055] Munsell 5YR 5/4. ltsz.: 95.28.964.
[1056] Munsell 5YR 5/4. ltsz.: 95.28.965.

kormos.[1057] Barna, szürke törésű, tört kaviccsal soványított, vékonyfalú bogrács oldalrésze. Kívül kormos.[1058] Szürke, egyenletesen átégett, tört kaviccsal soványított bogrács ívelt oldalrésze. Kívül kormos.[1059] Barna, szürke törésű, tört kaviccsal soványított bográcsok ívelt oldalrészei. Kívül kormosak, és nem egy edényből valók.[1060] Barna, szürke törésű, tört kaviccsal soványított bogrács ívelt oldalrésze. Kívül kormos, illetve vörösre égett. Belül is másodlagos égés okozott foltokat.[1061] Barna, szürke törésű, tört kaviccsal soványított bogrács ívelt oldalrésze. Kívül kormos.[1062] Barna, szürke törésű, tört kaviccsal soványított bográcsok ívelt oldalrészei.[1063] Barna, szürke törésű, tört kaviccsal soványított bográcsok ívelt oldalrészei.[1064] Barna, szürke törésű, tört kaviccsal soványított bogrács ívelt oldalrésze. Kívül kormos.[1065] Szürke, egyenletesen átégett, tört kaviccsal soványított bogrács ívelt oldalrésze.[1066]

A fazekakból származó darabok száma jóval kevesebb:

Barna, szürke törésű, tört kaviccsal soványított fazékperem. A kihajló perem széle lekerekített és felhúzott, miáltal fedőhornyos. Kívül-belül szürke foltos[1067] *(31. tábla 1.)*. Szürke, egyenletesen átégett, tört kavicscsal soványított fazékperem. A kihajló perem széle levágott, fedőhornyos. Kívül feketére égett[1068] *(31. tábla 2.)*. Barna, szürke törésű, tört kaviccsal soványított fazékperem. A vízszintesen kihajló perem széle levágott és felhúzott, miáltal fedőhornyos. Kívül feketére égett[1069] *(31. tábla 3.)*. Barna, szürke törésű, tört kavicscsal soványított fazék csaknem teljes profilja. A kihajló perem tagolatlan, széle ferdén levágott. A rövid nyak erős vállvonallal hangsúlyozott. Díszítetlen, kívül erősen kormos[1070] *(31. tábla 4.)*. Barna, szürke törésű, tört kaviccsal soványított, kihajló, elkeskenyedő szélű fazékperem. Kívül foltosra égett[1071] *(31. tábla 5.)*. Barna, szürke törésű, csillámos homokkal soványított, kihajló, ferdén levágott szélű fazékperem. Vállán ferde bevágások sora halad körbe[1072] *(32. tábla 1.)*. Barna, szürke törésű, tört kaviccsal soványított, vastagfalú, tömzsi fazék kihajló, lekerekített szélű pereme. Kívül foltosra égett[1073] *(32. tábla 2.)*. Barna, szürke törésű, csillámos homokkal soványított, kihajló, lekerekített szélű fazékperem.[1074] Barna, szürke törésű, tört kaviccsal soványított, kihajló, lekerekített szélű, fedőhornyos fazékperemek.[1075] Barna, szürke törésű, tört kaviccsal soványított, kihajló, elkeskenyedő szélű fazékperemek.[1076] Barna, szürke törésű, tört kaviccsal soványított, kihajló, függőlegesen levágott és felhúzott szélű, fedőhornyos fazékperemek.[1077] Barna, szürke törésű, csillámos homokkal soványított, felhúzott és elkeskenyedő szélű, fedőhornyos fazékperemek.[1078]

[1057] Munsell 5YR 5/4. ltsz.: 95.28.966.
[1058] Munsell 5YR 5/4. ltsz.: 95.28.967.
[1059] Munsell 5YR 4/1. ltsz.: 95.28.968.
[1060] Munsell 5YR 5/4. ltsz.: 95.28.969.
[1061] Munsell 5YR 5/4. ltsz.: 95.28.970.
[1062] Munsell 5YR 5/8. ltsz.: 95.28.971.
[1063] Munsell 5YR 5/4. ltsz.: 95.28.972.
[1064] Munsell 5YR 4/3. ltsz.: 95.28.973.
[1065] Munsell 5YR 4/3. ltsz.: 95.28.974.
[1066] Munsell 5YR 4/1. ltsz.: 95.28.975.
[1067] Munsell 5YR 4/2. ltsz.: 95.28.988. A kiszerkeszthető szá.: 16 cm.
[1068] Munsell 5YR 4/1. ltsz.: 95.28.990. A kiszerkeszthető szá.: 14,8 cm.
[1069] Munsell 5YR 4/2. ltsz.: 95.28.989. A kiszerkeszthető szá.: 13 cm.
[1070] Munsell 5YR 6/4. ltsz.: 95.28.987. A kiszerkeszthető szá.: 14 cm.
[1071] Munsell 7.5YR 6/4. ltsz.: 95.28.991. A kiszerkeszthető szá.: 16 cm.
[1072] Munsell 7.5YR 6/6. ltsz.: 95.28.994. A kiszerkeszthető szá.: 11 cm.
[1073] Munsell 7.5YR 6/4. ltsz.: 95.28.992.
[1074] Munsell 5YR 4/2. ltsz.: 95.28.996.
[1075] Munsell 5YR 4/2, 5/2, 5/4. ltsz.: 95.28.997.
[1076] Munsell 5YR 5/2, 5/3. ltsz.: 95.28.998.
[1077] Munsell 5YR 4/2, 5/4. ltsz.: 95.28.999.
[1078] Munsell 5YR 5/2, 6/4. ltsz.: 95.28.1000.

Az oldalak között kevés a díszített: barna, szürke törésű, tört kaviccsal soványított, vízszintes vonalköteggel díszített oldal inkább avar kori[1079] *(14. tábla 4.)*. Szürke, egyenletesen átégett, tört kaviccsal soványított, széles, sekély csigavonallal díszített oldal[1080] *(41. tábla 1.)*. Barna, szürke törésű, tört kaviccsal soványított, fogaskerékmintával díszített oldalak. Egy edényből valók, de nem illenek össze[1081] *(32. tábla 3–4.)*. Barna, szürke törésű, tört kaviccsal soványított, vékonyfalú nagyobb fazék vállrésze, rajta hét sorban (csigavonalban?) körbefutó fogaskerék minta díszítéssel[1082] *(43. tábla 7.)*. Barna, szürke törésű, tört kaviccsal soványított, ferde bevágással díszített oldal.[1083] Barna, szürke törésű, tört kaviccsal soványított, keskeny, az egész felületet fedő vízszintes vonalakkal díszített oldal.[1084] Szürke, egyenletesen átégett, tört kaviccsal soványított fenékbélyeges edényalj, mely keresztet ábrázol[1085] *(32. tábla 5–6.)*.

A díszítetlen oldalak: barna, szürke törésű, tört kaviccsal soványított díszítetlen fazekak válltöredékei.[1086] Szürke, egyenletesen átégett, tört kaviccsal soványított fazék oldal- és fenékrésze. Részben összeillő darabok.[1087] Barna, szürke törésű, csillámos homokkal soványított fazék oldal- és fenékrésze.[1088] Barna, szürke törésű, tört kaviccsal soványított nagyobb fazék oldal- és fenékrésze.[1089] Barna, szürke törésű, tört kaviccsal soványított fazék oldal- és fenékrészei, részben összeillő darabok. Kívül kormos.[1090] Barna, szürke törésű, tört kaviccsal soványított, vastag falú fazékalj.[1091]

Egyéb oldaltöredékek, melyekről nem lehetett megállapítani, hogy milyen edényből származnak: barna, szürke törésű, tört kaviccsal soványított edény részben összeillő oldalrészei. Kívül kormos, belül csak szürke foltos.[1092] Barna, szürke törésű, csillámos homokkal soványított, vékonyfalú edény össze nem illő oldalrészei. Kívül koromfoltos.[1093] Barna, szürke törésű, tört kaviccsal soványított, vékonyfalú edény össze nem illő oldalrészei. Belső oldala szürkére égett.[1094] Barna, szürke törésű, tört kaviccsal soványított, vékonyfalú edények össze nem illő oldalrészei. Kívül koromfoltosak.[1095] Barna, szürke törésű, tört kaviccsal soványított, vékonyfalú edény oldalrésze. Belül kormos.[1096] Szürke, egyenletesen átégett, tört kaviccsal soványított edények össze nem illő oldalrészei.[1097] Barna, szürke törésű, tört kaviccsal soványított edényoldal, kívül pirosra égett.[1098] Barna, szürke törésű, tört kaviccsal soványított, vastag falú, díszítetlen oldalak.[1099] Barna, szürke törésű, tört kaviccsal soványított, vékonyfalú, díszítetlen oldalak.[1100] Barna, szürke törésű, tört kaviccsal soványított, vé-

---

[1079] Munsell 5YR 5/3. ltsz.: 95.28.1003.
[1080] Munsell 5YR 3/1. ltsz.: 95.28.1004.
[1081] Munsell 5YR 5/8. ltsz.: 95.28.1005.
[1082] Munsell 5YR 4/2. ltsz.: 95.28.1001.
[1083] Munsell 5YR 5/3. ltsz.: 95.28.1006.
[1084] Munsell 7.5YR 6/4. ltsz.: 95.28.1007.
[1085] Munsell 5YR 4/1. ltsz.: 95.28.1012.
[1086] Munsell 5YR 4/1, 5/4. ltsz.: 95.28.1002.
[1087] Munsell 5YR 4/1. ltsz.: 95.28.983.
[1088] Munsell 7.5YR 6/4. ltsz.: 95.28.984.
[1089] Munsell 5YR 5/4. ltsz.: 95.28.985.
[1090] Munsell 7.5YR 6/4. ltsz.: 95.28.986.
[1091] Munsell 5YR 5/3. ltsz.: 95.28.1011.
[1092] Munsell 7.5YR 6/4. ltsz.: 95.28.976.
[1093] Munsell 5YR 5/3. ltsz.: 95.28.977.
[1094] Munsell 5YR 5/4. ltsz.: 95.28.978.
[1095] Munsell 5YR 5/4. ltsz.: 95.28.979.
[1096] Munsell 5YR 6/2. ltsz.: 95.28.980.
[1097] Munsell 5YR 4/1. ltsz.: 95.28.981.
[1098] Munsell 5YR 5/4. ltsz.: 95.28.982.
[1099] Munsell 5YR 5/2, 5/4, Munsell 7.5YR 6/4. ltsz.: 95.28.1008.
[1100] Munsell 5YR 5/4, Munsell 7.5YR 5/4. ltsz.: 95.28.1009.

konyfalú, díszítetlen oldalak. Többségük kívül, némelyik belül kormos.[1101] Barna, szürke törésű, csillámos homokkal soványított, díszítetlen oldal.[1102]

Téglaszínű, egyenletesen átégett, csillámos homokkal soványított, korongolatlan? edény darabjai, belső oldalán a durván eldolgozott felület ujjlenyomataival.[1103]

Barna, szürke törésű, tört cseréppel soványított, korongolatlan, kihajló, lekerekített szélű fazékperem.[1104] Barna, szürke törésű, tört cseréppel soványított, korongolatlan oldal, külső oldalán rátett fül nyomával.[1105]

Barna, szürke törésű, csillámos homokkal soványított, egyenes, elkeskenyedő szélű korsóperem és -nyak[1106] *(39. tábla 4.)*. Kívül világosbarna, belül szürke, csillámos homokkal soványított, kézikorongolt oldalak, valószínűleg egy edényből valók.[1107] Kívül vörösesbarna, belül szürke, csillámos homokkal soványított, kézikorongolt oldalak, valószínűleg egy edényből valók. Külső oldaluk függőleges, vörös polírozással díszített. Egyedi, import darabok.[1108] *(39. tábla 5–7., 56. tábla 1–2.)*.

Barna, szürke törésű, tört kaviccsal soványított, kívül-belül erősen kormos edényoldalból faragott kerek orsókarika[1109] *(46. tábla 1.)*. Barna, szürke törésű, tört kaviccsal soványított edényoldalból faragott orsókarika, alakja lekerekített sarkú négyszög[1110] *(46. tábla 2.)*. Barna, szürke törésű, csillámos homokkal soványított, vastagfalú edényoldalból faragott orsókarika, alakja szabálytalan, széle töredezett[1111] *(46. tábla 3.)*. Barna, szürke törésű, tört kaviccsal soványított edényoldalból faragott orsókarika, alakja szabályos kerek, oldalai lecsiszoltak, kopottak[1112] *(46. tábla 4.)*.

Sarkantyú, gúla alakú hegye ép, szárai aszimmetrikusra görbültek. Felerősítő karikái közül a hosszabb száron lévő téglalap alakú, a másik talán kerek lehetett, törött, kopott[1113] *(51. tábla 3.)*. Nyélnyújtványos, egyenes hátú vaskés. Pengéje keskeny, hosszú, mindkét vége hiányos.[1114] *(51. tábla 4.)*. Téglalap átmetszetű, kicsiny karika[1115] *(51. tábla 2.)*. Lapos, egyik végén kiszélesedő ládaveret, a széles végében szeg maradványával[1116] *(51. tábla 1.)*. Vaslemezből kovácsolt ládaveret, széle visszahajlított, három nagyobb, kerekfejű szeg nyoma látszik benne[1117] *(51. tábla 5.)*. Vékony bronzlemez[1118] *(51. tábla 7.)*. Téglalap átmetszetű, T-fejű vasszegek[1119] *(51. tábla 6., 8.)*. Szarvasmarha jobb kézközépcsont, két végén, azonos oldalon átfúrva[1120] *(46. tábla 9.)*.

Pelyvás és kavicsos anyagú, nagy mészszemekkel kevert, jól égetett, illetve mállékony féltéglák. Némelyik kormos.[1121]

1101 Munsell 5YR 4/1, 5/3, 5/4, 5/8, Munsell 7.5YR 5/4. ltsz.: 95.28.1010.
1102 Munsell 7.5YR 5/6. ltsz.: 95.28.1013.
1103 Munsell 5YR 5/8. ltsz.: 95.28.1014.
1104 Munsell 5YR 6/4. ltsz.: 95.28.1015.
1105 Munsell 5YR 6/4. ltsz.: 95.28.1016.
1106 Munsell 5YR 6/6. ltsz.: 95.28.995. A kiszerkeszthető átm.: 4,6 cm.
1107 Munsell 5YR 7/6. ltsz.: 95.28.1143.
1108 Munsell 5YR 7/6. ltsz.: 95.28.1144.
1109 Munsell 5YR 3/1. ltsz.: 95.28.1147.
1110 Munsell 5YR 5/4. ltsz.: 95.28.1146.
1111 Munsell 5YR 6/3. ltsz.: 95.28.1149.
1112 Munsell 2.5YR 5/2. ltsz.: 95.28.1148.
1113 ltsz.: 95.28.1423.
1114 ltsz.: 95.28.1426. H.: 16, v.: 1 cm.
1115 ltsz.: 95.28.1421.
1116 ltsz.: 95.28.1422. H.: 8,2, sz.: 0,9 cm.
1117 ltsz.: 95.28.1425. H.: 7,6, sz.: 2,5 cm.
1118 ltsz.: 95.28.1429. H.: 7, sz.: 2,2 cm.
1119 ltsz.: 95.28.1424. ltsz.: 95.28.1430.
1120 ltsz.: 95.28.1153. A meghatározást Bartosiewicz Lászlónak köszönöm, aki szerint talán hálónehezék lehetett.
1121 ltsz.: 95.28.1158., ltsz.: 95.28.1160–1166.

Világosszürke színű, csillámos homokkal erősen kevert, porózus anyagú vakolatdarab. Egyik oldala simított felületű.[1122]

A következő réteg a felszíntől számított 70–90 cm közötti mélységben volt észlelhető (*40. ábra* A–A' metszet). Sárga agyagrögökből álló, helyenként hamus földből álló rétegről van szó, mely átlagosan 10 cm vastag. A sárga rögök közötti hamus, pernyés, laza földben, mely lényegében azonos volt a felette lévő réteggel, sok lelet volt. Közepén kb. 50 cm átmérőjű foltban hiányoztak a sárga rögök és itt vastag, egyenetlen felületű fekete rátaposást figyeltünk meg. Déli szélén kisebb, háromszög alakú foltban átégett felületet találtunk, felette sárga rögökből, paticsokból, téglákból álló omladékkal. A szinthez tartozó sárga rögökön egyébként több helyen figyeltünk meg piros, vagy barna égett foltokat, ezek azonban mindenütt kis felületűek és összefüggéstelenek voltak. Ez a réteg aligha tekinthető járószintnek, noha a kemény, de hepehupás felszínű réteg jól elvált a felette lévő laza, hamuszürke betöltéstől. Felületét a ház keleti és nyugati sarka közötti mintegy átlós irányban húzódó, két méter széles sávban sikerült in situ megfigyelni. Ennek alapján – amit a metszet is megerősít – a szint a ház közepe, pontosabban az északi kemence felé mélyült (*40. ábra* B–B' metszet, 4. réteg). A téglák többsége ezen felület fölött helyezkedett el, noha mellette és alatta is előfordultak téglák.

A rétegből származó leletek: barna, szürke törésű, tört kaviccsal soványított, kifelé megvastagodó, karéjos lyukkiképzésű bográcsperem. Koromfoltos.[1123] Barna, szürke törésű, tört kaviccsal soványított, kifelé megvastagodó, karéjos lyukkiképzésű bográcsperem.[1124] Barna, szürke törésű, tört kaviccsal soványított, kifelé megvastagodó, karéjos lyukkiképzésű, kívül erősen kormos bográcsperem.[1125] Barna, szürke törésű, tört kaviccsal soványított, ívelt bográcsoldal.[1126] Barna, szürke törésű, tört kaviccsal soványított, díszítetlen oldalak.[1127] Barna, szürke törésű, tört kaviccsal soványított cserépből faragott lapos orsókarika fele.[1128]

A következő réteg egy töltés a felette lévő sárga rögös 4., és az ugyancsak sárga, de sima felületű, tapasztott, 6. réteg között, amely jórészt hamus, pernyés földből állt. Vastagsága változó, de a ház közepe felé haladva egyre vastagodott. Vékony, fehéresszürke réteg jelezte a tetejét, mely jól elvált a felette lévő 4. réteg anyagától. (*40. ábra* B–B' metszet, 5. réteg). Ebben a hamus rétegben is voltak több helyen öklömnyi, citromsárga agyagrögök. Egy helyen 40 cm hosszú, 10 cm széles faszenes nyomot is találtunk, melynek alakja fadarabra illetve fakéregre utal. A szinthez sorolható leletanyagban voltak másodlagos eredetű újkőkori (AVK) és szkíta kori cserepek is.[1129]

Árpád-kori egy barna, szürke törésű, csillámos homokkal soványított, kifelé megvastagodó, szögletes tetejű bográcsperem, és két, különleges anyaga alapján hozzá tartozó ívelt oldal[1130] *(20. tábla 5.)*. Van egy barna, egyenletesen átégett, tört kaviccsal soványított, kifelé megvastagodó, karéjos lyukkiképzésű bográcsperem,[1131] barna, szürke törésű, tört kaviccsal soványított, mindkét irányba kiszélesedő, lapos, karéjos lyukkiképzésű bográcsperem,[1132] továbbá barna, szürke törésű, tört kaviccsal soványított, kifelé megvastagodó, karéjos lyuk-

---

1122 ltsz.: 95.28.1152. A házhoz tartozó leletanyagból az alábbi tételeket selejteztük ki: a 47. szelvény 0–30 cm-es rétegéből 58 db paticsot, 1,5 kg súlyban. A felső betöltésből (2. réteg): Árpád-kori díszítetlen oldalak: 377 db, 2,5 kg, tégla: 72 db, 15,5 kg., patics: 189 db, 12,5 kg.

1123 Munsell 5YR 5/4. ltsz.: 95.28.1071.

1124 Munsell 5YR 5/4. ltsz.: 95.28.1072.

1125 Munsell 5YR 5/4. ltsz.: 95.28.1073.

1126 Munsell 5YR 3/1. ltsz.: 95.28.1074.

1127 Munsell 5YR 3/1, 4/1, 4/2, 5/4, 5/6. ltsz.: 95.28.1075. 28 db.

1128 Munsell 5YR 4/1. ltsz.: 95.28.1076.

1129 ltsz.: 95.28.1080.–1083.

1130 Munsell 7.5YR 5/4. ltsz.: 95.28.1084. szá.: 27,6 cm.

1131 Munsell 5YR 5/4. ltsz.: 95.28.1085.

1132 Munsell 5YR 5/4. ltsz.: 95.28.1086.

kiképzésű bográcsperemek, melyek közül egyik kívül kormos.[1133] Barna, szürke törésű, tört kaviccsal soványított, kifelé megvastagodó bográcsperemek. Kettőn vörös festés.[1134] Barna, szürke törésű, tört kaviccsal soványított, mindkét irányba megvastagodó bográcsperem. Kívül nagyon kormos.[1135] Barna, szürke törésű, tört kaviccsal soványított, befelé megvastagodó bográcsperemek. Egyik kívül kormos.[1136] Barna, szürke törésű, tört kaviccsal soványított, ívelt bográcsoldalak. Többségük kívül, némelyik kívül-belül kormos.[1137] Barna, szürke törésű, tört kaviccsal soványított, kihajló, lekerekített szélű, fedőhornyos peremű fazék vállrésze. Nyaka rövid, válla hangsúlyos. Kívül-belül kormos.[1138] Barna, szürke törésű, tört kaviccsal soványított, kihajló, ferdén levágott szélű, fedőhornyos fazékperem.[1139] Barna, szürke törésű, tört kaviccsal soványított, kihajló, lekerekített és felhúzott szélű, fedőhornyos fazékperemek.[1140] Barna, szürke törésű, tört kaviccsal soványított, kihajló, lekerekített szélű, gyorskorongolt, fedőhornyos fazékperem.[1141] Barna, szürke törésű, tört kaviccsal soványított, kihajló, ívelten levágott és kiszélesedő, gyorskorongolt, fedőhornyos fazékperem.[1142] Barna, szürke törésű, tört kaviccsal soványított, kihajló, ferdén levágott szélű fazékperem.[1143] Világosbarna, egyenletesen átégett, csillámos homokkal soványított, egyenesre levágott szélű, gyorskorongolt fedőperem.[1144] Barna, szürke törésű, tört kaviccsal soványított, galléros korsó ívelt nyakrésze, vízszintes vonalak közé húzott egyes hullámvonalakkal díszítve[1145] *(39. tábla 2.)*. Barna, szürke törésű, tört kaviccsal soványított oldal, vízszintes vonal alatt ferde bevágással díszítve[1146] *(42. tábla 4.)*. Barna, szürke törésű, tört kaviccsal soványított oldal, beszurkált pontsor alatt széles, sekély csigavonallal díszítve.[1147] Szürke, egyenletesen átégett, durva kavicscsal soványított, vékonyfalú oldal, ritka közű csigavonalas díszítéssel. A fehér kerámia körébe sorolható.[1148] Világosbarna, egyenletesen átégett, tiszta homokkal soványított, zsíros tapintású, kívül fényezett felületű, különleges edény kicsi oldaltöredéke.[1149] Barna, szürke törésű, csillámos homokkal soványított, vörös polírozású korsók kisebb nyak- illetveválldarabjai[1150] *(56. tábla 3–4.)*. Belül világos rózsaszín, homokkal soványított, kívül szürkészöld mázzal fedett edényláb. Különleges, minden bizonnyal import darab[1151] *(39. tábla 8., 56. tábla 5.)*. Barna, szürke törésű, tört kaviccsal soványított, díszítetlen oldalak.[1152] Barna, szürke törésű, tört kaviccsal soványított, kisebb fenékdarab.[1153]

A 6. számú, a második sárga réteg kétségkívül padló, vagy járószint. Sima, kemény felületű, rajta apró szemcsés törmelékes réteg, majd vastag, fekete, kemény rátaposott sár. A ház keleti sarkához közel eső részében igen nagy koncentrációban találtunk hamut, faszenet, sárga rögöket. Itt a réteg fokozatosan elvékonyodott, és még mielőtt a ház keleti sarkát elérné, megszűnt (*40. ábra*

1133 Munsell 5YR 5/4. ltsz.: 95.28.1087. 2 db.
1134 Munsell 5YR 5/4, 5/6. ltsz.: 95.28.1088. 3 db.
1135 Munsell 5YR 5/4. ltsz.: 95.28.1089.
1136 Munsell 5YR 5/4, 5/6. ltsz.: 95.28.1090. 2 db.
1137 Munsell 5YR 5/3, 5/4, 5/6. ltsz.: 95.28.1091. 12 db.
1138 Munsell 5YR 5/2. ltsz.: 95.28.1092.
1139 Munsell 5YR 5/3. ltsz.: 95.28.1093.
1140 Munsell 5YR 3/1, 5/4. ltsz.: 95.28.1094. 2 db.
1141 Munsell 5YR 5/4. ltsz.: 95.28.1095.
1142 Munsell 5YR 5/4. ltsz.: 95.28.1096.
1143 Munsell 5YR 5/4. ltsz.: 95.28.1097.
1144 Munsell 7.5YR 7/4. ltsz.: 95.28.1098.
1145 Munsell 10YR 6/4. ltsz.: 95.28.1099.
1146 Munsell 10YR 6/3. ltsz.: 95.28.1100.
1147 Munsell 5YR 5/4. ltsz.: 95.28.1101.
1148 Munsell 5YR 6/1. ltsz.: 95.28.1102.
1149 Munsell 10YR 6/4. ltsz.: 95.28.1103.
1150 Munsell 5YR 5/4. ltsz.: 95.28.1104. 5 db. Mindegyik másik edényből származik.
1151 A máz: Munsell 5Y 4/4 (olive), a cserép: Munsell 10R 6/4 (pale red). ltsz.: 95.28.1435.
1152 Munsell 5YR 3/1, 5/2, 5/4, Munsell 10YR 5/4. ltsz.: 95.28.1105. 76 db.
1153 Munsell 5YR 5/3. ltsz.: 95.28.1106.

B–B' metszet, 6. réteg). Felülete itt puha, porhanyós, töredezős, és nem is teljesen sík, egyenes. A ház széleinél sehol sem találtuk meg ez a sárga réteget, nem tapasztották tehát hozzá annak széléhez. Megállapíthattuk, hogy a ház ÉK-i szélétől indulva fokozatos lejtéssel mintegy odakanyarodott az északi kemence szájához. Nem kétséges tehát, hogy ez a járószint az északi kemencéhez tartozott. A 6. réteg lényege, hogy 5 cm vastag, sárga réteg került az eredeti ház mintegy 20–40 cm magas betöltésére. Az északi kemence szájánál felülete több helyen pirosra, keményre át van égve. A kemence szájától keletre egy olyan átégett felületet is találtunk, ahol a ház tapasztott fala ezen a részen fekete, kormosra égett.

Az alatta lévő 7. és 8. réteg jelenti az eredeti ház első betöltődését. A 7. számú helyenként kemény, tömör, fekete rögökből, másutt citromsárga rögökkel kevert barna házföldből (*40. ábra* A–A' és B–B' metszet) álló réteg. Benne barna és szürke, tört cseréppel soványított, korongolatlan, díszítetlen szkíta kori oldaltöredékeket,[1154] barna, szürke törésű, tört kaviccsal soványított, kerekre faragott Árpád-kori edényoldalt, melyet valószínűleg orsókarikának szántak,[1155] továbbá barna, szürke törésű, tört kaviccsal soványított, díszítetlen oldalakat[1156] találtunk.

A 8. számú szint jellegzetessége abban van, hogy néhány mm vastag, de összefüggő, fehér hamurétegből áll. A felette lévő fekete föld nagy darabokban vált le róla. Ahol eltűnt, ott a felette lévő fekete földréteg összemosódott az alatta lévő világosbarna, sárga szemcsés puha házfölddel. A szint tetejét jelző, 1 mm vastag, penészes, hamus réteg sok helyen előkerült, nem mindenütt függött össze, és több helyen egymás alá is rétegződött (*40. ábra* B–B' metszet, 9. réteg).

A 9. réteg a 8. számú alatti barna, alig kevert házföld. Leletanyagában is vannak másodlagos helyzetű szkíta kori cserepek.[1157] Az Árpád-kori leletek között van egy barna, szürke törésű, tört kaviccsal soványított, mindkét irányba megvastagodó, karéjos lyukkiképzésű bográcsperem, vörös festés nyomaival,[1158] barna, szürke törésű, tört kaviccsal soványított, kihajló, lekerekített szélű, fedőhornyos fazékperem,[1159] barna, szürke törésű, tört kaviccsal soványított, vékonyfalú, ferde bevágásokkal díszített oldal,[1160] továbbá ugyanilyen anyagú, díszítetlen oldalak.[1161]

A padlót számos *mélyedés* tagolta. A keleti fal mentén 30–40 cm széles, 10–15 cm mély árok húzódott, több ponton a fal síkja alá is benyúlva. ÉK-i vége kerek gödörré szélesedik. Felette hiányzott a fekete rátaposott sárréteg. Az árokban talált leletek: barna, szürke törésű, csillámos homokkal soványított, kifelé megvastagodó, vízszintesre levágott tetejű bográcsperem.[1162] Barna, szürke törésű, tört kaviccsal soványított, kifelé megvastagodó, vízszintesre levágott tetejű, belül vörös festésű, kívül kormos bográcsperem.[1163] Világosbarna, szürke törésű, csillámos kaviccsal soványított, kívül vörös festésű kisebb oldal.[1164] Barna, szürke törésű, tört kaviccsal soványított, díszítetlen oldalak.[1165]

Az északi sarokban kibontott 200 cm hosszú és 100 cm széles gödör átlagosan 30 cm-re nyúlik be a ház fala alá, mélysége 20 cm. Szélét jól jelezte a fekete padló hiánya, melyet talán hozzá is tapasztottak a gödör széléhez. Benne a kerámián kívül lókoponya részei feküdtek. Barna és szürke, tört

[1154] ltsz.: 95.28.1111. 2 db.
[1155] Munsell 2.5YR 4/4. ltsz.: 95.28.1112.
[1156] Munsell 5YR 3/1, 5/3, 5/4. ltsz.: 95.28.1113. 7 db.
[1157] ltsz.: 95.28.1114.–1115.
[1158] Munsell 5YR 5/4. ltsz.: 95.28.1116.
[1159] Munsell 5YR 5/2. ltsz.: 95.28.1117.
[1160] Munsell 5YR 5/3. ltsz.: 95.28.1118.
[1161] Munsell 5YR 4/3, 5/4, 5/6. ltsz.: 95.28.1119. 11 db.
[1162] Munsell 5YR 5/4. ltsz.: 95.28.1133.
[1163] Munsell 5YR 5/4. ltsz.: 95.28.1134.
[1164] Munsell 7.5YR 7/4. ltsz.: 95.28.1135.
[1165] Munsell 5YR 3/1. ltsz.: 95.28.1136. 2 db.

cseréppel soványított, korongolatlan, díszítetlen, szkíta kori oldalak.[1166] Barna, szürke törésű, tört kaviccsal soványított, mindkét irányba megvastagodó, karéjos lyukkiképzésű bográcsperem. Kívül kormos.[1167] Barna, szürke törésű, tört kaviccsal soványított, kihajló, ferdén levágott szélű, fedőhornyos fazék perem- és vállrésze.[1168] Világosbarna, szürke törésű, tört kaviccsal soványított, „galléros" korsó nyakrésze, vízszintes vonalak közé behúzott hullámvonalakkal díszítve[1169] *(39. tábla 1.)*. Barna, szürke törésű, tört kaviccsal soványított, díszítetlen oldalak.[1170]

A keményre tapasztott *padlón* három rétegben figyeltünk meg fekete rögökből álló, egyenetlen felületű, de keményre taposott járószintet, melynek egyes rétegei jól elváltak egymástól. A fekete rátaposott réteg helyenként hiányzott, másutt egy, vagy kettő, megint másutt három rétegben volt észlelhető. Az északi sarok felé haladva fokozatosan elvékonyodott, és a ház fala felé emelkedett. A legalsó fekete réteg alatt, vagyis a tényleges házpadlón több helyen faszéndarabkákat és halcsontokat találtunk.

A ház padlójáról viszonylag kevés lelet származik. Közöttük is vannak barna, szürke törésű, tört cseréppel soványított, korongolatlan, díszítetlen szkíta kori oldaltöredékek[1171] és egy világosbarna, szürke törésű, csillámos homokkal soványított, négyzet átmetszetű fültöredék, mely anyaga alapján lehet avar, ámbár a forma inkább újkőkori edényre hasonlít[1172] *(12. tábla 1.)*. A biztosan Árpád-kori cserepek között van egy barna, szürke törésű, tört kaviccsal soványított, mindkét irányba megvastagodó bográcsperem, belső oldalán vörös sávos festéssel[1173] *(20. tábla 2., 52. tábla 2.)*. Barna, szürke törésű, tört kaviccsal soványított, kifelé megvastagodó bográcsperem.[1174] Barna, szürke törésű, tört kaviccsal soványított, mindkét irányba megvastagodó bográcsperem.[1175] Barna, szürke törésű, tört kaviccsal soványított, díszítetlen oldalak.[1176]

Összesen hét cölöplyukat fedeztünk fel a padlón, melyek mind a keleti fal mentén húzódó árok, illetve a kemence hamuzógödre körül csoportosultak.

A ház története a feltárás nyomán az alábbiak szerint rekonstruálható: az eredeti házat 157 cm-re mélyítették a talajba, oldalait 90 cm magasan sárga agyaggal kitapasztották, kemencéjét a déli sarokban alakították ki. Bejárata a nyugati oldalon lehetett, de nem tisztázott, hogy a 60 cm magasan lévő mélyedés szolgált volna erre, vagy létrán közlekedtek. Valószínű, hogy az ágasfás-szelemenes szerkezetű tető héjazatát kívülről agyaggal letapasztották, erre utalnak a betöltésben talált – sok helyen pirosra égett felületű – sárga agyagrögök. Később a ház alját valószínűleg feltöltötték, ekkor keletkeztek a 7–9. rétegek *(40. ábra)*. A feltöltést mintegy 5 cm vastagon letapasztották. Az ilyen módon félig feltöltődött házgödör még szabadon álló ÉNy-i oldalfalába mélyítették ezután a második kemencét, és a hozzá vezető lejtős járószintet ez a 6. réteg jelenthette. Valószínű, hogy ekkor még állt az eredeti ház tetőszerkezete, ugyanis a leégett és beszakadt tetőzet maradványainak vélem a betöltésben elkülönített 4–5. rétegeket, melyek hamut, faszenet és sárga agyagrögöket tartalmaztak.

[1166] ltsz.: 95.28.1128. 2 db.

[1167] Munsell 5YR 5/4. ltsz.: 95.28.1129.

[1168] Munsell 7.5YR 6/4. ltsz.: 95.28.1130.

[1169] Munsell 10YR 6/4. ltsz.: 95.28.1131. A kiszerkeszthető átm.: 7 cm. Teljesen azonos a "B" szinten talált (ltsz.: 95.28.1099.) darabbal, de annál vastagabb falú edényből származik.

[1170] Munsell 5YR 5/4. ltsz.: 95.28.1132. 3 db.

[1171] ltsz.: 95.28.1137. 2 db.

[1172] Munsell 7.5YR 7/4. ltsz.: 95.28.1138.

[1173] Munsell 5YR 5/4. ltsz.: 95.28.1139. szá.: 22,8 cm.

[1174] Munsell 5YR 5/4. ltsz.: 95.28.1140.

[1175] Munsell 5YR 5/4. ltsz.: 95.28.1141.

[1176] Munsell 5YR 5/3, 5/4. ltsz.: 95.28.1142. 6 db.

A házgödör eme másodlagos felhasználásának végeztével, a tető beomlása után került a gödörbe a sok tégla, rengeteg külső oldalán erősen kormos bográcstöredék, és más leletek (2. réteg).

Az eredeti ház méretei alapján az úgynevezett mélygödrű veremházak csoportjába tartozik, már amennyiben csoportnak nevezhetjük, hiszen nagyon kevés ilyen házat tart számon a szakirodalom. Sabján Tibor a veremházak rekonstrukciós kísérlete kapcsán csak hármat hoz fel példaként.[1177] Sály, Váralja településen került elő egy 190 cm mély, függőleges falú, négyzet alakú ház (3. ház), melynek oldalfalát 80–90 cm magasságig márga (az altalaj) alkotta. A tetőszerkezetet az oldalfalak közepénél mélyen leásott négy vaskos oszlop tartotta. Bejáratot nem találtak, az ásató feltételezése szerint csak létrával lehetett közlekedni. A benne talált leletek alapján fúvócső-készítő műhelyt feltételezett itt Mesterházy Károly, és a 10. századra keltezte.[1178] Tiszafüred, Majoroson Fodor István egy 3,7 x 3,4 m alapterületű, 150–155 cm-re mélyített, 12. századra keltezett házat tárt fel, melyet lakóházként értelmezett.[1179]

Az ásatások során két őskori (újkőkori) házra bukkantunk: a 13. szelvényben, illetve az 50. szelvényben. Ezeket nem tártuk fel, csupán a napvilágra került részeiket dokumentáltuk.[1180]

Tűzhelyek

1. tűzhely (6. szelvény, 1985). 80 x 115 cm nagyságú, háromszög formájú, néhány mm vastagon világossárgára átégett felület 40 cm mélységben jelentkezett (*41. ábra*). Az egykori (avar vagy Árpád-kor) járószinthez közeli objektum lehetett, minden bizonnyal nyílt, szabadtéri tüzelőhely. Korát kerámia hiányában pontosabban meghatározni nem tudjuk, tény, hogy alatta és környékén egyaránt voltak őskori és Árpád-kori cserepek.

2. tűzhely (8. szelvény, 1985). Valószínűleg felszíni tüzelőhelyről van szó, melyre 60 cm mélységben bukkantunk. Itt egyetlen 30 x 40 cm-es sárga agyagtömb feküdt, környékén pedig mintegy 80 x 90 cm nagyságú körben, de a sárga agyagtömbnél 10–20 cm-el mélyebben, a fényes, fekete rögökből álló őskori gödör tetején vörösre égett tapasztásdarabok, sárga agyagrögök és szürke hamus föld volt, néhány egészen apró Árpád-kori cserép, őskori és szarmata kori töredékek kíséretében (*42. ábra*).[1181] Az omladékok elbontásakor azt lehetett megfigyelni, hogy 3–7 cm vastagon volt a föld egészen enyhén átégve. Az egyik tapasztásdarab peremrész, amely akár sütőharang is lehet. Az Árpád-kori leletek: barna, szürke törésű, tört kaviccsal soványított, mindkét irányba megvastagodó, karéjos lyukkiképzésű bográcsperem[1182] *(25. tábla 5.)*, díszítetlen oldal,[1183] barna, pelyvás, erősen átégett kisebb paticsdarab.[1184]

1. kemence (23–24. szelvény, 1986). Téglalap alakú földbevájt kemence (*43. ábra*). Sütőterének hossza 70 cm, legnagyobb szélessége 50 cm. Szája patkó alakú, 40 cm magas, 45 cm széles. A boltozat teteje 100 cm mélységben jelentkezett, az előtér alja 150 cm-re van a felszíntől. Alja egyen-

[1177] *Sabján* (1999) 146. A felsorolt három lelőhely (Kardoskút, Tiszafüred és Szendrő) közül Kardoskúton nem találtak mélygödrű házat, a Szendrő, Gacsalon feltárt ház viszont késő középkori.

[1178] *Mesterházy* (1986) 89–91. Ugyanezt a házat említi *Wolf* (1989) 49. is, de az ott felsorolt hivatkozásokban nincs említve a szóban forgó ház mélysége.

[1179] *Fodor* (1989) 23–25.

[1180] A sírok keresése során talált további őskori objektumokat sem tártuk fel, és nem is számoztuk be. Vö. 11. szelvény, továbbá 13. szelvény. Dok. 9/85. Ásatási napló 8. oldal.

[1181] ltsz.: 91.4.194.–195.

[1182] Munsell 5YR 5/4. ltsz.: 91.4.196. szá.: 33 cm.

[1183] ltsz.: 91.4.204.

[1184] ltsz.: 91.4.197.

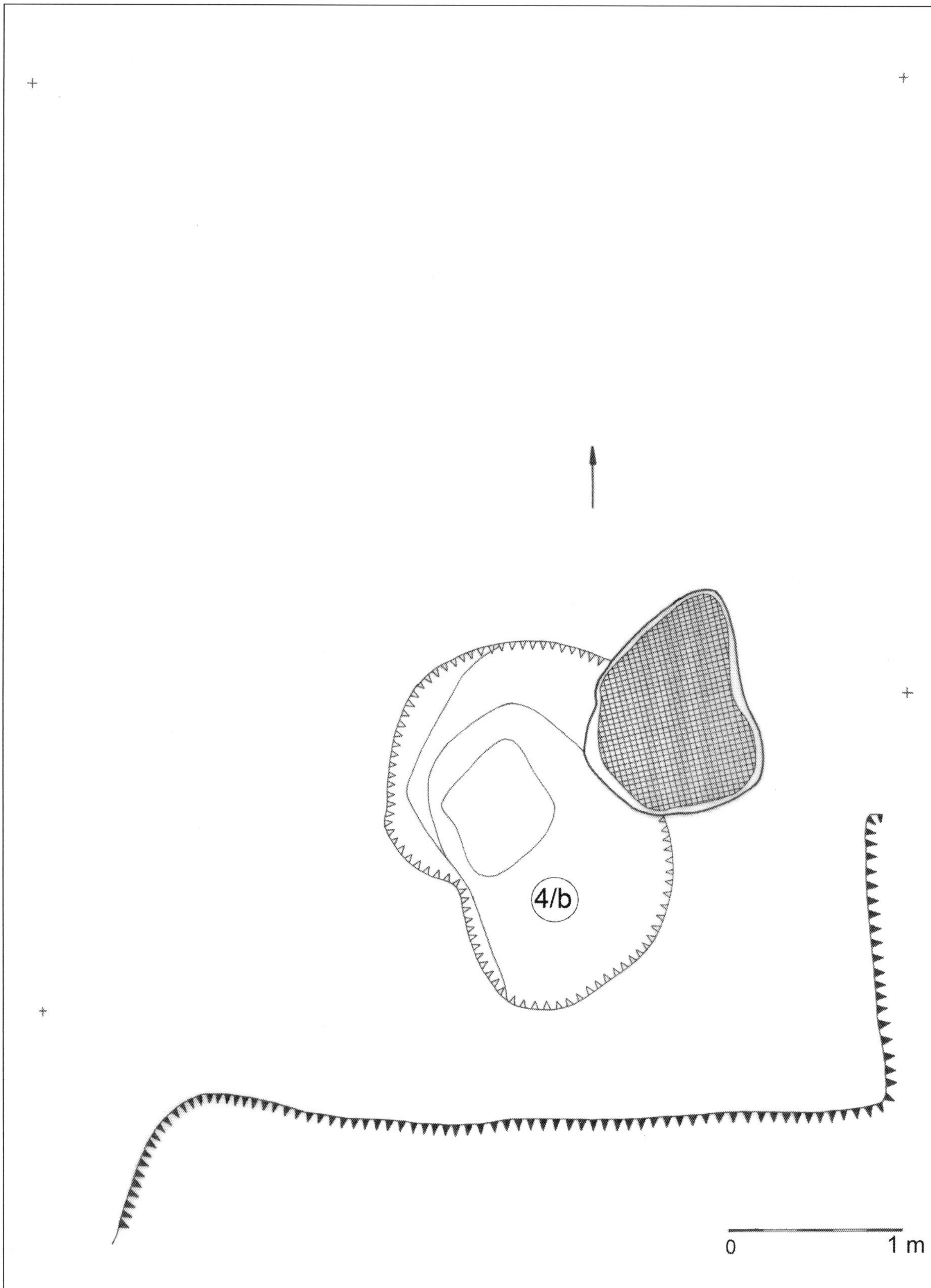

41. ábra: 1. tűzhely alaprajza

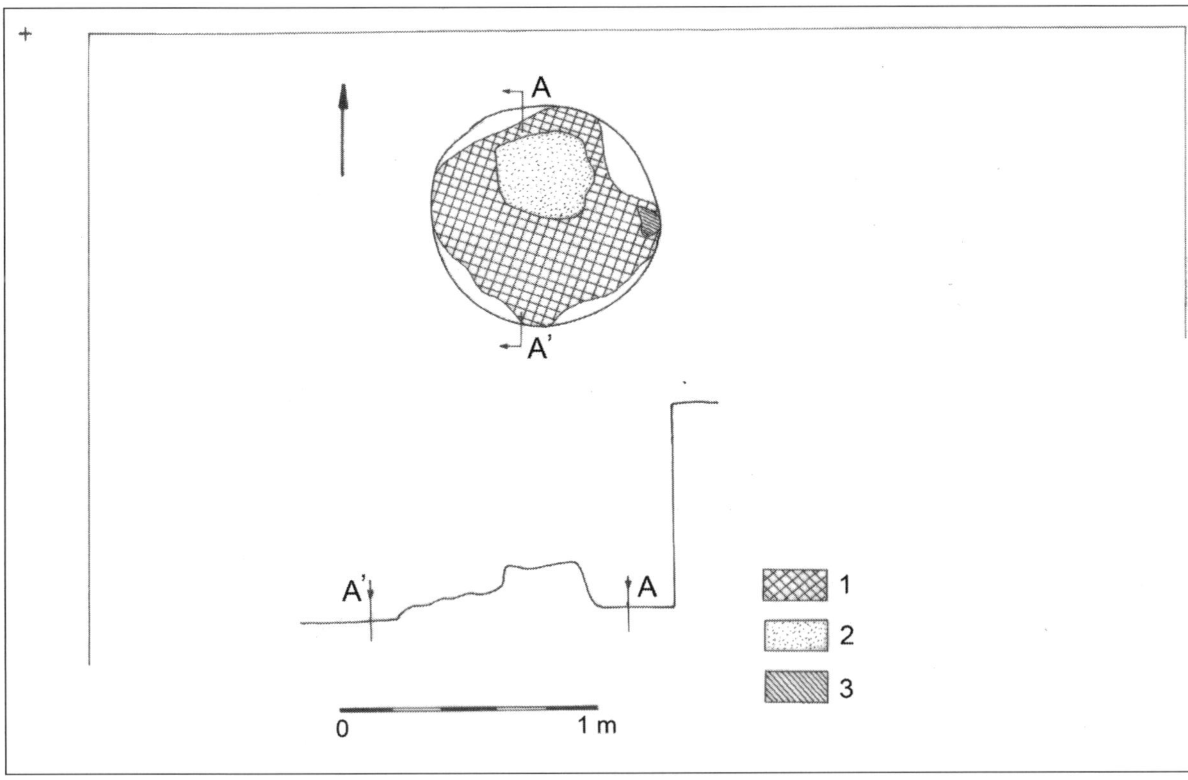

42. ábra: 2. tűzhely alaprajza és metszete. *Jelkulcs: 1:* átégett felület *2:* sárga agyag *3:* sütőharang?

letesen lejt hátsó széléig, és – oldalaihoz hasonlóan – igen keményre átégett. Oldalain jól látszanak a kemencét kivájó szerszám nyomai, 3 cm széles, változó hosszúságú csíkokban. A szájtól a palack alakú előtér felé lejtően még további 25 cm-es szakasz igen keményre átégett. Ezen a részen kétoldalt, a fenék fölött 35 cm-el, 30 cm magas, 45 cm hosszú, 15, illetve 22 cm-re az oldalba mélyedő kis üreget bontottunk ki (*43. ábra*, A–A' metszet). A kemence betöltése igen kemény, fekete talaj volt. Keskeny, 120 cm hosszú előterében a fenék fölött 15 cm-re faszénnel, paticcsal kevert réteg feküdt. A kemencében a korábbi korszakok leletei mellett egy barna, szürke törésű, kézikorongolt, egészen finom hullámvonalköteggel díszített oldal avar kori,[1185] míg a barna, szürke törésű, csillámos homokkal soványított, díszítetlen oldalak Árpád-koriak.[1186]

2. kemence (39. szelvényben, 1992.). *(11. tábla 1.)*. A kúttól nyugatra, Árpád-kori, szabadban álló kemence, melyre 95 cm mélységben bukkantunk (*44. ábra*). A 19. számú (őskori) gödör szélébe ásták. Helyét jól jelezték a 30–60 cm közötti mélységben feltűnő számban csoportosuló Árpád-kori cserepek *(78. ábra)*. A legyező alakú sütőlap 110 x 95 cm nagyságú. Boltozatából mindössze 10–15 cm-es szakasz maradt meg a nyugati oldalon. Ez egyáltalán nem csoda, hiszen itt megállapíthattuk, hogy alig 2 mm vastagon égett át. Nem így az alja, ami közel 5 cm vastagon volt átégve, és sok Árpád-kori fazék és bográcsperem volt beletapasztva. Ezek egy része ki is látszott a tapasztásból, tehát nem sározták le rendesen a tetejét. Hamuzógödre érdekes: a kemence szájára keresztben elhelyezkedő keskeny, teknő alakú vályú, melyben félkör alakú, sárga agyagtapasztás is volt, amely egy kisebb „rekeszt" alkotott (*44. ábra*). Wolf Mária a borsodi földvárban tapasztaltak és néprajzi

[1185] Munsell 5YR 5/2. ltsz.: 91.4.534.

[1186] Munsell 5YR 5/4. ltsz.: 91.4.535. 2 db.

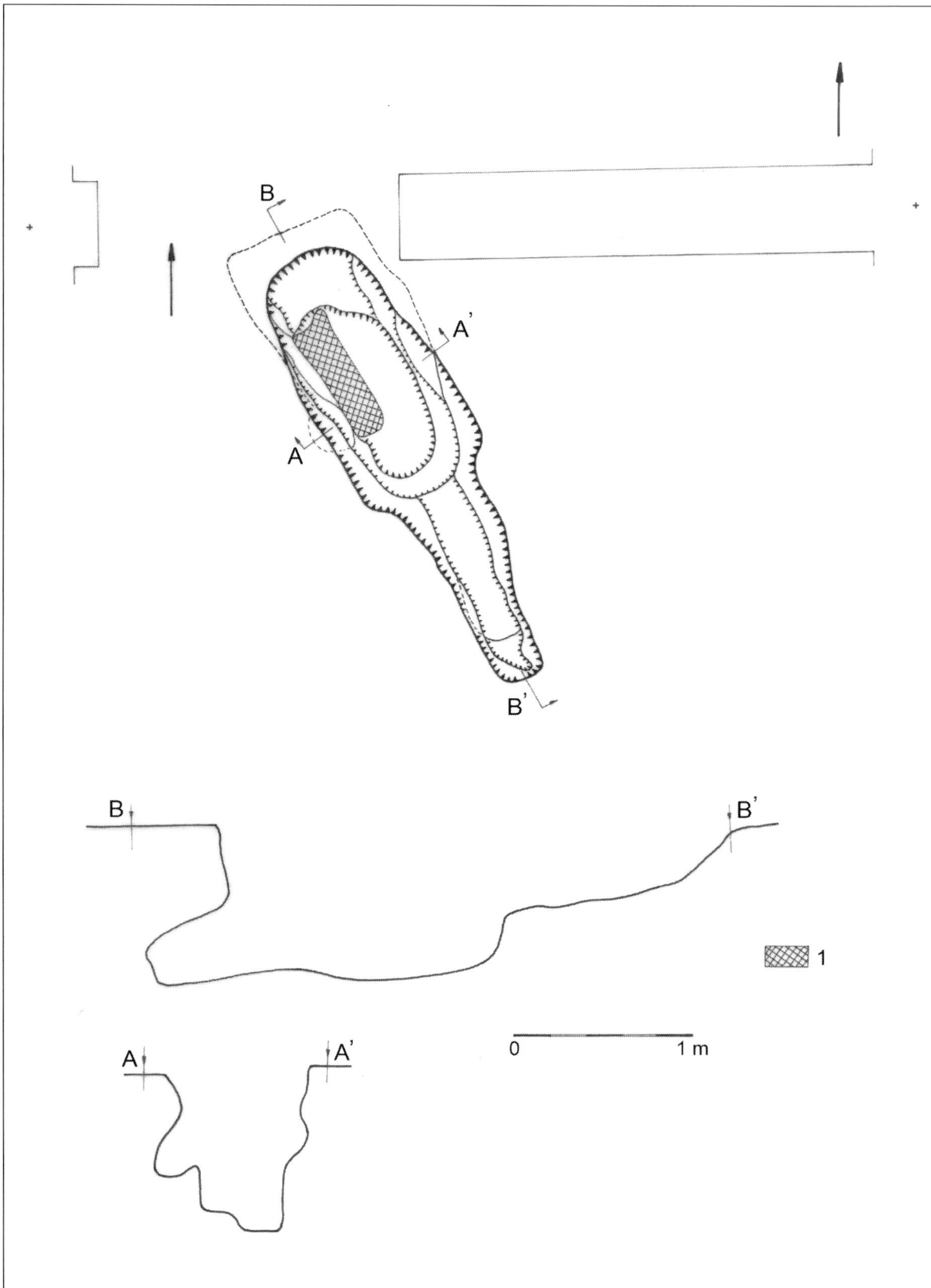

43. ábra: 1. kemence alaprajza és metszetei. *Jelkulcs: 1:* átégett felület

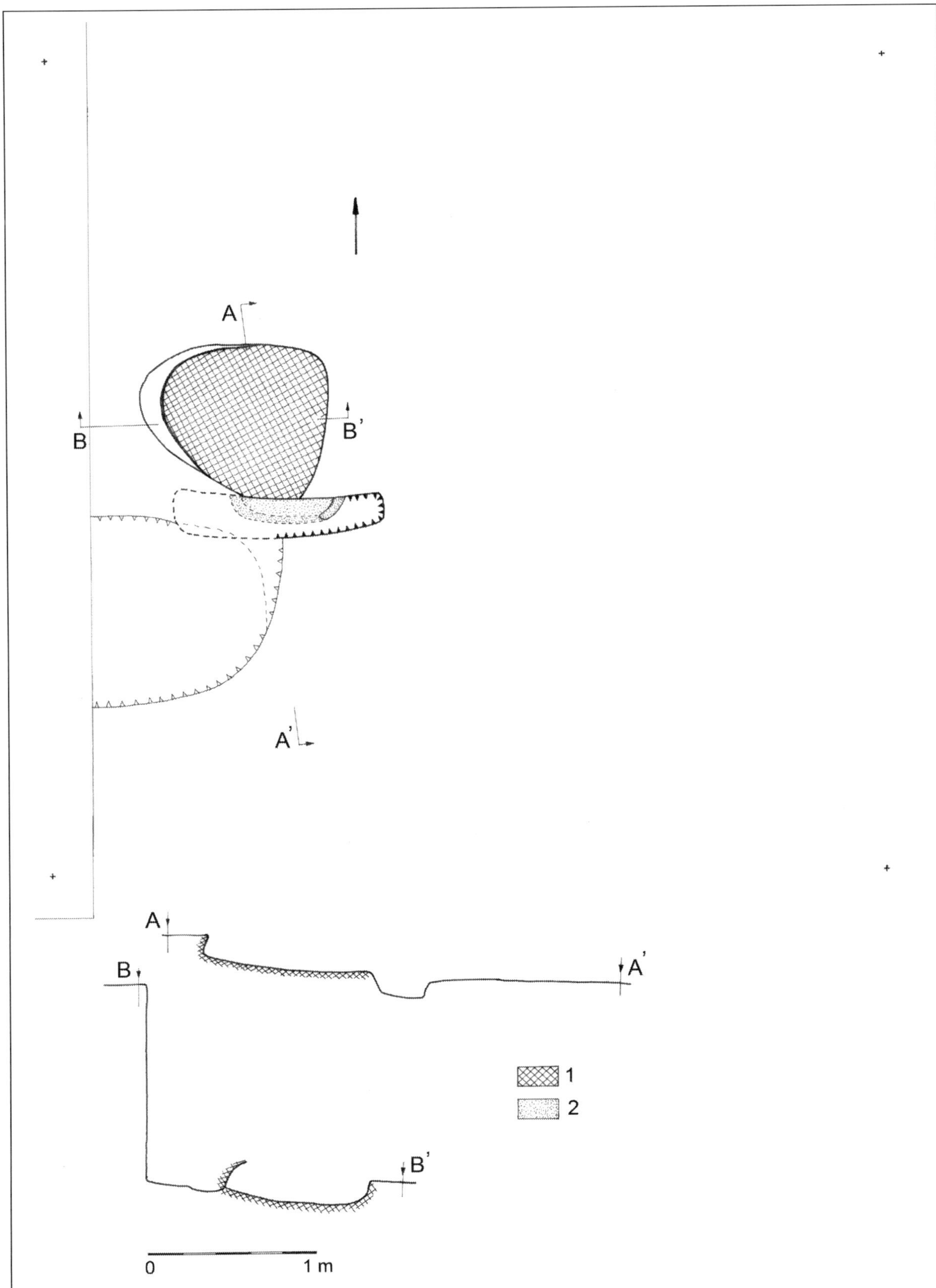

44. ábra: 2. kemence alaprajza és metszetei. *Jelkulcs: 1:* átégett felület *2:* sárga agyagtapasztás

párhuzamok alapján feltételezi, hogy a fazekakban oly módon főztek, hogy a kemence padkára, vagy a kemence elé kihúzott parázzsal rakták körül a fazekat.[1187]

Leletek csak a tapasztásból származnak. Vannak köztük őskoriak is,[1188] de többségük Árpád-kori. Közülük is kiemelkedik az öt bogrács: Barna, szürke törésű, tört kaviccsal soványított, kifelé megvastagodó peremű, kívül erősen kormos bogrács kiegészíthető profilja[1189] *(25. tábla 1.)*. Barna, szürke törésű, tört kaviccsal soványított, kifelé megvastagodó peremű, lapos testű bogrács oldalrésze. A függesztőlyuk csúcsos[1190] *(24. tábla 1.)*. Barna, szürke törésű, tört kaviccsal soványított, kifelé megvastagodó peremű, lapos testű bogrács csaknem teljes profilja[1191] *(24. tábla 2.)*. Barna, szürke törésű, tört kaviccsal soványított, kifelé megvastagodó peremű, lapos testű bogrács teljes profilja. A függesztőlyuk karéjos. Több helyen sötétbarnára átégett[1192] *(24. tábla 3.)*. Barna, szürke törésű, tört kaviccsal soványított, kifelé megvastagodó peremű, lapos testű bogrács teljes profilja. Több helyen sötétbarnára átégett[1193] *(24. tábla 4.)*. A további töredékek: barna, szürke törésű, tört kaviccsal soványított, kifelé vízszintesen kihúzott bográcsperem,[1194] barna, szürke törésű, csillámos homokkal soványított, zsíros tapintású, díszítetlen oldal,[1195] barna, szürke törésű, tört kaviccsal soványított, díszítetlen oldal.[1196]

Gödrök

1. gödör (1985). A bánya nyugati metszetfalán felfedezett 80 x 90 cm nagyságú gödör, melynek mintegy harmada már leomlott. A bánya bolygatott felszínétől számítva 80 cm mélyen értük el enyhén szűkülő, egyenes alját. Betöltése fekete, erősen leiszapolódott volt. Kizárólag bronzkori cserepek[1197] és viszonylag nagyszámú állatcsont került elő belőle (*45. ábra*) Az objektum a későbbi 33. szelvény területére esik.

2. gödör (12. szelvény, 1985.). A szelvény keleti szélén, a leomlott bányafalban 100 x 60 cm nagyságú területen az AVK[1198] körébe tartozó hulladékgödör maradványait találtuk, melynek csak a bányába eső, pusztuló részét bontottuk ki, ennek relatív mélysége 60 cm volt (*46. ábra*).

3. gödör (12. szelvény, 1985.). A szelvény keleti szélén, a leomlott bányafalban 80 x 50 cm nagyságú területen a szakálháti csoport[1199] gödrének maradványait találtuk, melynek csak a bányába eső, pusztuló részét bontottuk ki, és ez 50 cm mély volt (*47. ábra*).

A **4. gödör** nagyméretű gödörkomplexum a 6–7. szelvényekben, melynek őskori részeit több fázisban tárták fel 1986–1987-ben. Egyik része, a

4/b. gödör (6. szelvény, 1985.). Árpád-kori. 210 x 160 cm nagyságú, lefelé teknőszerűen szűkülő gödör, melyet egy mélyebb (203 cm), sárga-fekete betöltésű őskori gödörbe (4/a gödör) ástak bele. Attól csak a talaj szerkezete (fekete, lazább föld) különböztette meg. Relatív mélysége 40 cm, alja a

1187 *Wolf* (2003) 94.
1188 ltsz.: 95.28.372. 5 db.
1189 Munsell 5YR 5/4. ltsz.: 95.28.373. szá.: 32 cm.
1190 Munsell 5YR 5/4. ltsz.: 95.28.1403. szá.: 27 cm.
1191 Munsell 5YR 5/4. ltsz.: 95.28.1404. szá.: 28 cm.
1192 Munsell 5YR 5/4. ltsz.: 95.28.1405. szá.: 33 cm.
1193 Munsell 5YR 5/4. ltsz.: 95.28.1406. szá.: 22,8, m.: 15 cm.
1194 Munsell 5YR 4/1. ltsz.: 95.28.374.
1195 Munsell 7.5YR 5/4. ltsz.: 95.28.375.
1196 Munsell 5YR 5/4. ltsz.: 95.28.376.
1197 ltsz.: 91.4.148.–155.
1198 ltsz.: 91.4.156.–159.
1199 ltsz.: 91.4.160.–168.

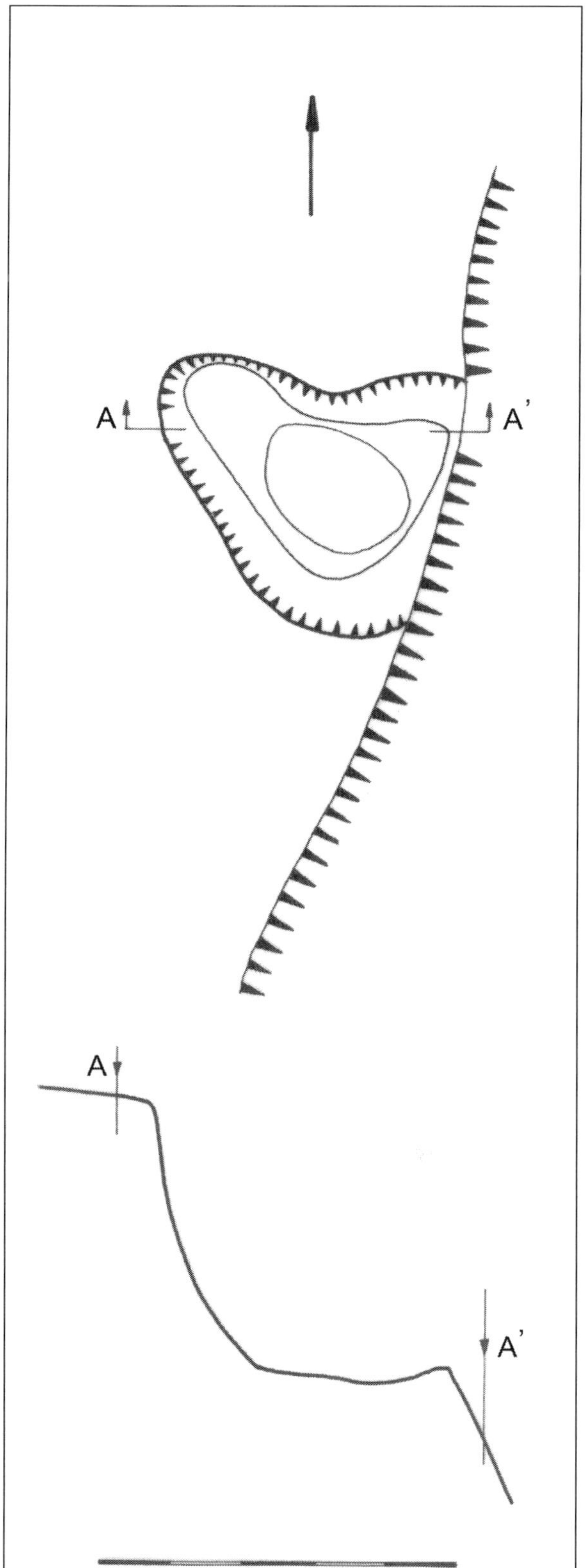

45. ábra: 1. gödör alaprajza és metszete

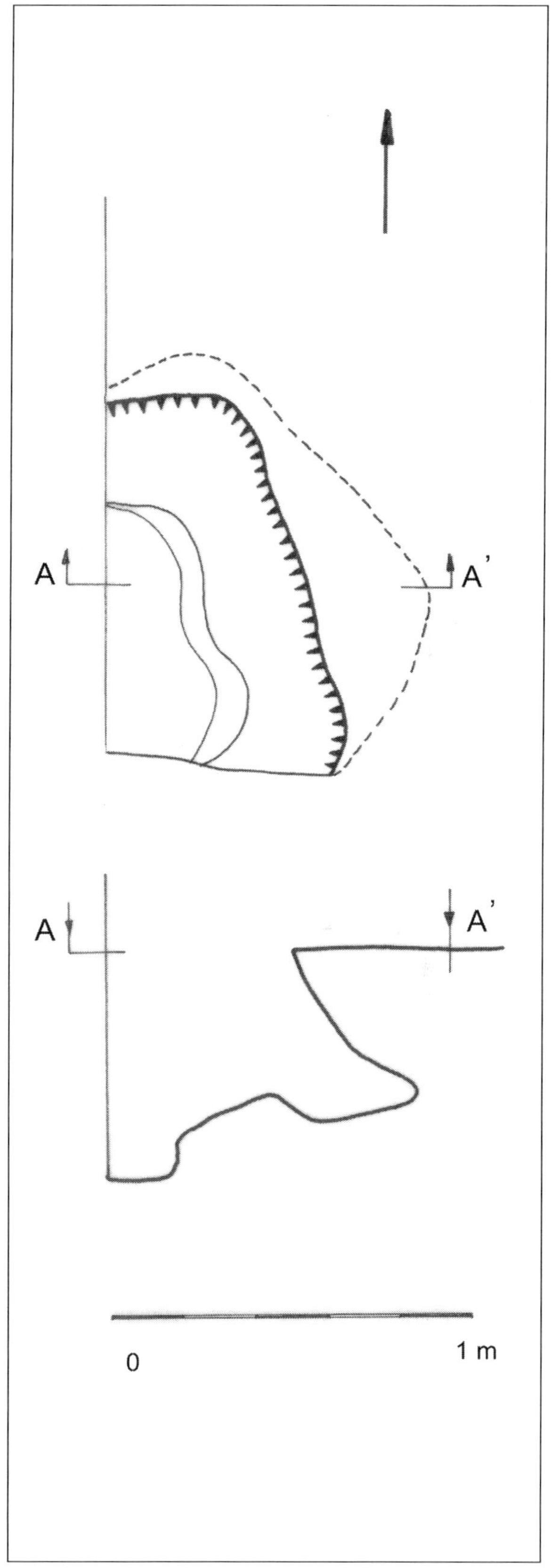

46. ábra: 2. gödör alaprajza és metszete

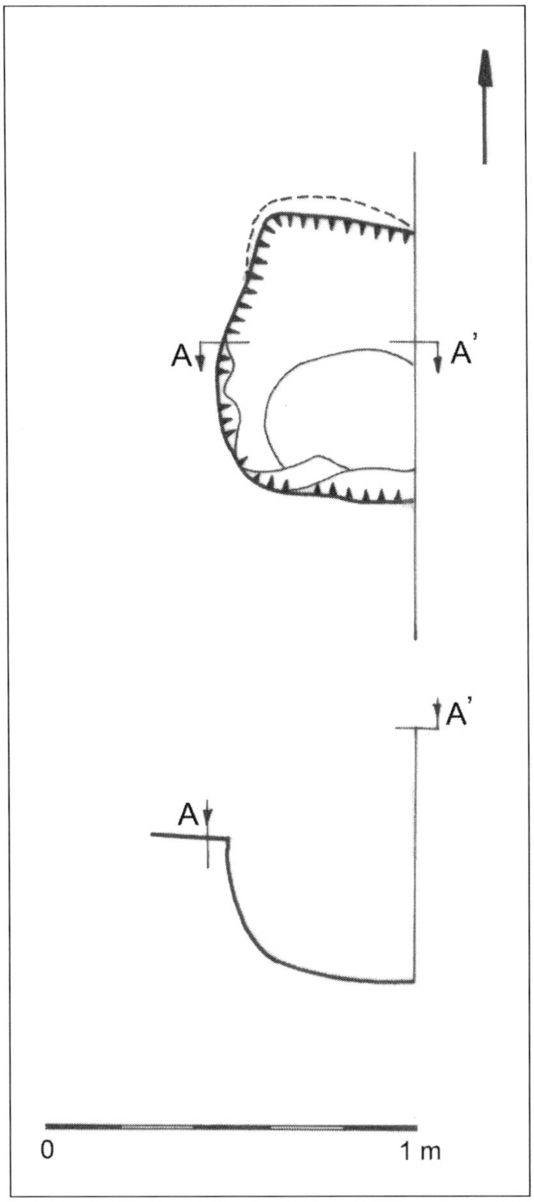

47. ábra: 3. gödör alaprajza és metszete

jelenlegi felszíntől számítva 147 cm mélységben volt. Néhány őskori cserepet és állatcsontot találtunk benne (*48. ábra*).

5. gödör (19. szelvény alfa jelű gödör. Őskori).

6. gödör (19. szelvény béta jelű gödör. Őskori).

7. gödör (19. szelvény, 1986.). 100 x 100 cm átmérőjű, nagyjából kerek gödör, melynek keleti széle a szelvény fala alá nyúlt. Relatív mélysége 32 cm, a felszíntől számítva 139 cm. Szája erősen szűkül, lapos alja viszont kiszélesedik, itt átmérője 180 cm. Méhkas alakú gödörről van tehát szó.[1200] Szürke, laza szerkezetű betöltésében egy avar kori, barna, szürke törésű, tört cseréppel soványított, korongolatlan, kicsiny oldal,[1201] továbbá egy barna, szürke törésű, tört kaviccsal soványított, kisebb szögletes peremdarabka[1202] volt, mely Árpád-kori.

8. gödör (25. szelvényben, 1986.). 80 x 100 cm nagyságú, 15 cm relatív mélységű, kerek aljú gödör, melyre 60 cm mélységben bukkantunk (*49. ábra*). Betöltése igen kemény, fekete föld, és mindössze két barna, szürke törésű, tört cseréppel soványított, erősen kopott, díszítetlen, népvándorlás kori oldaltöredék volt benne.[1203]

9. gödör (16. szelvény, 1986.). 100–110 cm átmérőjű, 15 cm relatív mélységű kerek gödör, közvetlenül a 3. ház mellett (*50. ábra*). Betöltése hamus, faszenes, laza szerkezetű. Benne állatcsontokat, és cserépdarabokat találtunk. A kívül barna, belül szürke, tört cseréppel és nagyszemű kaviccsal soványított, rácsmintás pecsétlésű kicsiny oldalak késő avar koriak.[1204] Árpád-kori a barna, szürke törésű, tört kavicscsal soványított, ívelt bográcsoldal,[1205] az ugyanilyen anyagú, széles, sekély csigavonallal díszített kicsiny oldal,[1206] a barna, szürke törésű, homokkal soványított, zsíros tapintású, vízszintes vonalakkal díszített kicsiny oldal,[1207] és barna, szürke törésű, illetve egyenletes égetésű, homokkal soványított, zsíros tapintású, díszítetlen oldalak.[1208]

[1200] Dok 11/86, Ásatási napló 9. oldala. A gödörről részletes rajz nem maradt fenn, a méretadatokat az összesítő térképről vettem.

[1201] Munsell 5YR 4/2. ltsz.: 91.4.394.

[1202] Munsell 5YR 5/3. ltsz.: 91.4.395.

[1203] ltsz.: 91.4.583.

[1204] Munsell 5YR 6/2. Egy edény két össze nem illő darabja. ltsz.: 91.4.295.

[1205] Munsell 5YR 5/4. ltsz.: 91.4.296.

[1206] Munsell 5YR 5/3 ltsz.: 91.4.297.

[1207] Munsell 5YR 6/3 ltsz.: 91.4.298.

[1208] Munsell 5YR 5/4, 6/3, 7/1. ltsz.: 91.4.299.

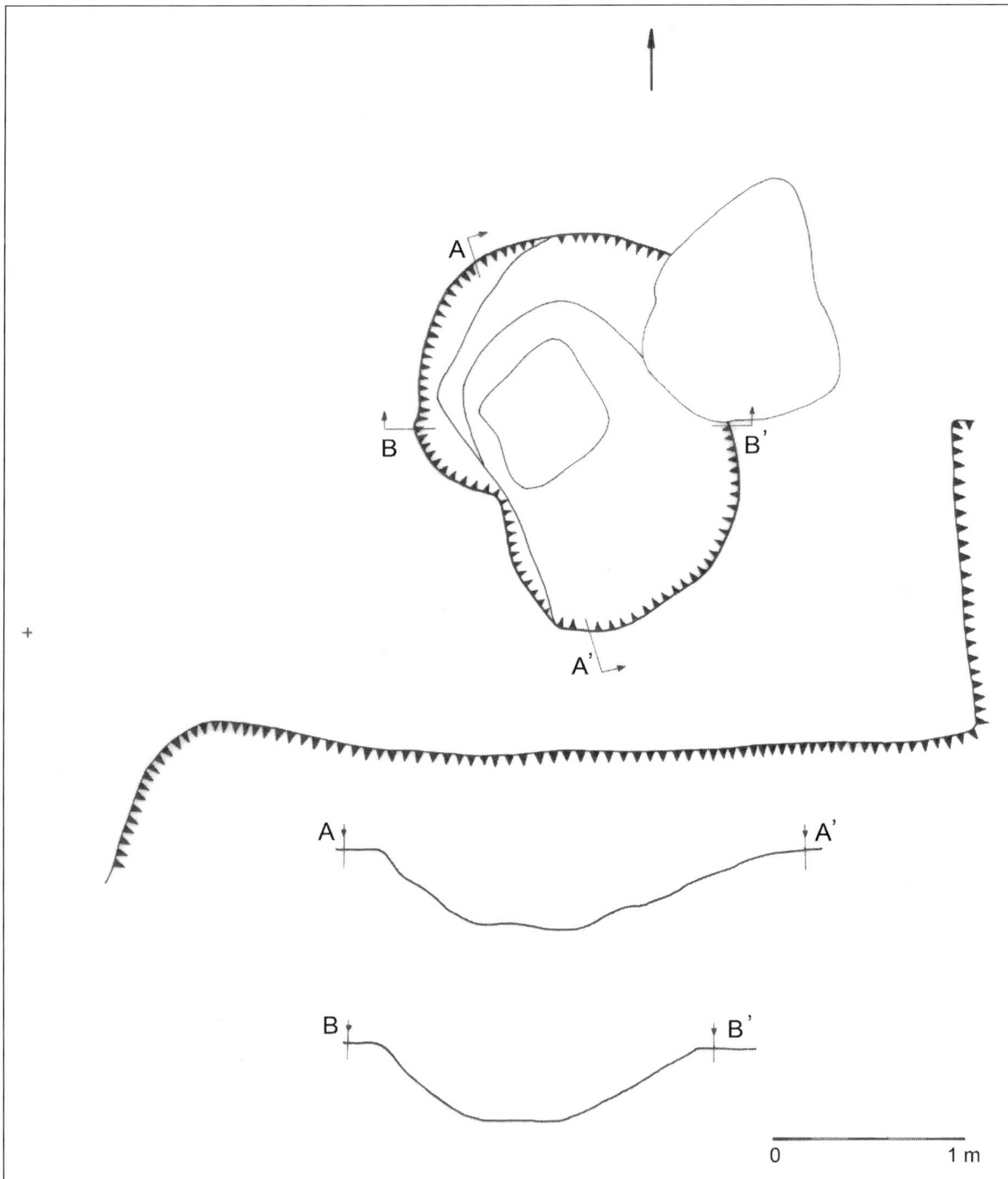

48. ábra: 4/b gödör alaprajza és metszetei

10. gödör (17. szelvény, 1986.). 160 x 200 cm átmérőjű, 40 cm relatív mélységű gödör, melynek alja a felszíntől számítva 100 cm mélyen volt. Alja egyenes, a keleti oldalon egy kissé kiöblösödik (*51. ábra*). Az igen laza, porszerű, faszén- és kevés paticsszemes betöltésből sok állatcsont, egy erő-

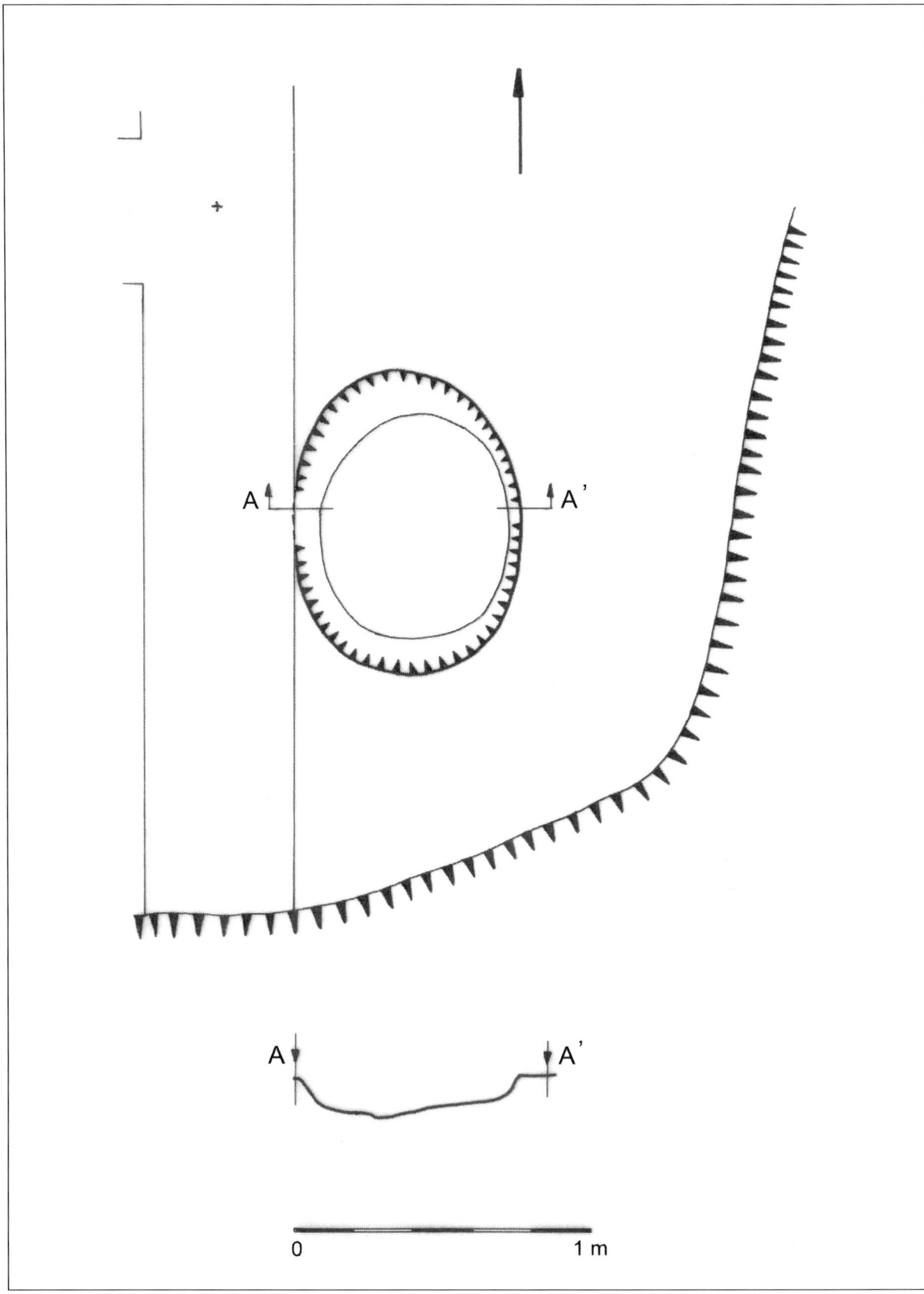

49. ábra: 8. gödör alaprajza és metszete

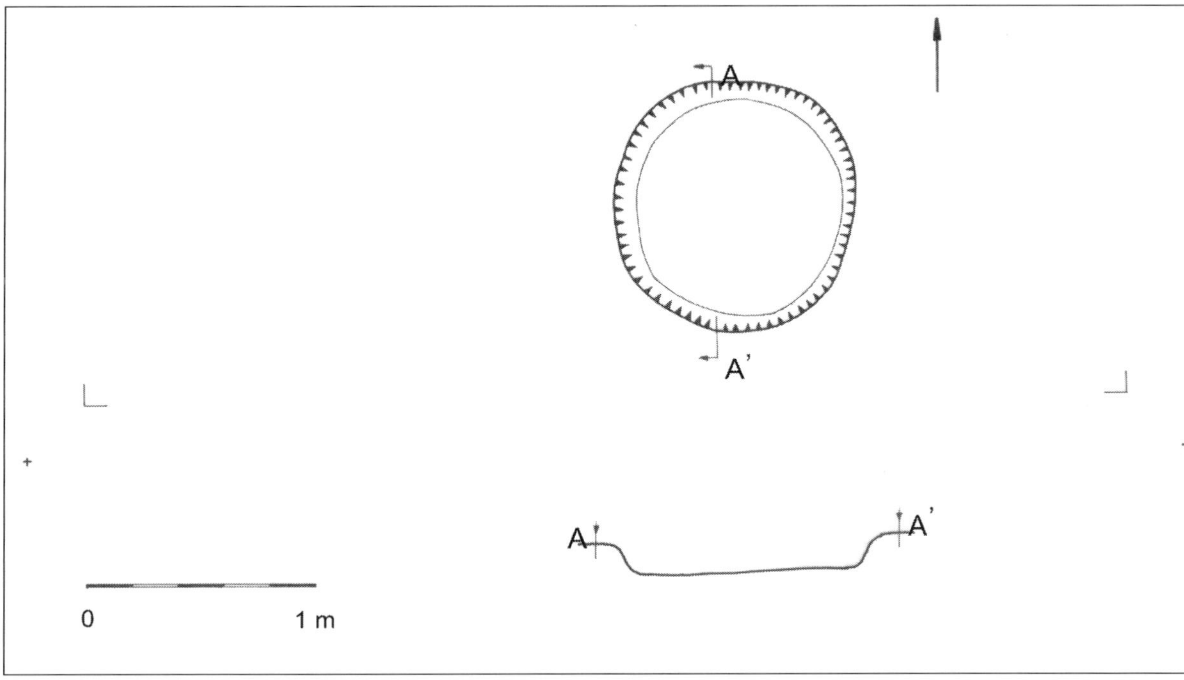

50. ábra: 9. gödör alaprajza és metszete

sen korrodált vaspánt töredék és vízszintes vonalakkal díszített, Árpád-kori fazéktöredékek kerültek elő.[1209]

11. gödör (22. szelvény, 1986.). 160 x 190 cm-es, ovális, közepe felé enyhén lejtő oldalú gödör (*52. ábra*). Relatív mélysége 40 cm, alja a felszíntől számítva 100 cm mélységben volt. Betöltése igen kemény, fekete föld, benne kevés állatcsont és őskori cserép mellett egyetlen barna, szürke törésű, tört kaviccsal soványított, díszítetlen oldal tartozik az Árpád-korba.[1210]

12. gödör (33. szelvény, 1992.). A szelvény nyugati fala mellett egy a szokásosnál kissé laposabb, de méhkas alakú verem. Szájátmérője 150 x 130 cm, felülnézetben enyhén tojásdad alakú. Felszíntől számított mélysége 157 cm, relatív mélysége 86 cm. Öblének magassága 60 cm, mélysége sehol sem több 40 cm-nél. Benne a föld feketésszürke volt, és elég kemény, sáros (*53. ábra*).

Leletei: barna és szürke, díszítetlen, őskori oldalak,[1211] kívül vörösesbarna, hamus, belül teljesen sárga, alig átégett Árpád-kori sütőharang peremrésze. A perem lapos, széles, belső kupolája szinte alig van, fogójának csonkja maradt csak meg.[1212] A többi lelet is Árpád-kori: szürke, egyenletesen átégett, csillámos homokkal soványított fazék perem- és vállrésze. A kihajló perem elkeskenyedő szélű, kívül bordával tagolt, belül fedőhornyos[1213] *(33. tábla 6.)*. Barna, szürke törésű, csillámos homokkal soványított, gyorskorongolt fazékperem. Széle elkeskenyedő.[1214] Barna, szürke törésű, tört kaviccsal soványított oldal, sűrű csigavonalmintával díszítve.[1215] Barna, szürke törésű, tört kaviccsal soványított, csigavonalas díszítésű oldalak.[1216] Barna, szürke

---

[1209] Dok 11/(1986). Ásatási napló 3–4. oldal. A leletek elvesztek.
[1210] Munsell 5YR 5/4. ltsz.: 91.4.510.
[1211] ltsz.: 95.28.63. 4 db.
[1212] ltsz.: 95.28.64.
[1213] Munsell 5YR 3/1. ltsz.: 95.28.65. A kiszerkeszthető szá.: 8,8 cm.
[1214] Munsell 5YR 5/4. ltsz.: 95.28.66.
[1215] Munsell 5YR 4/1. ltsz.: 95.28.67.
[1216] Munsell 5YR 4/3, 6/1, 6/4. ltsz.: 95.28.68. 6 db.

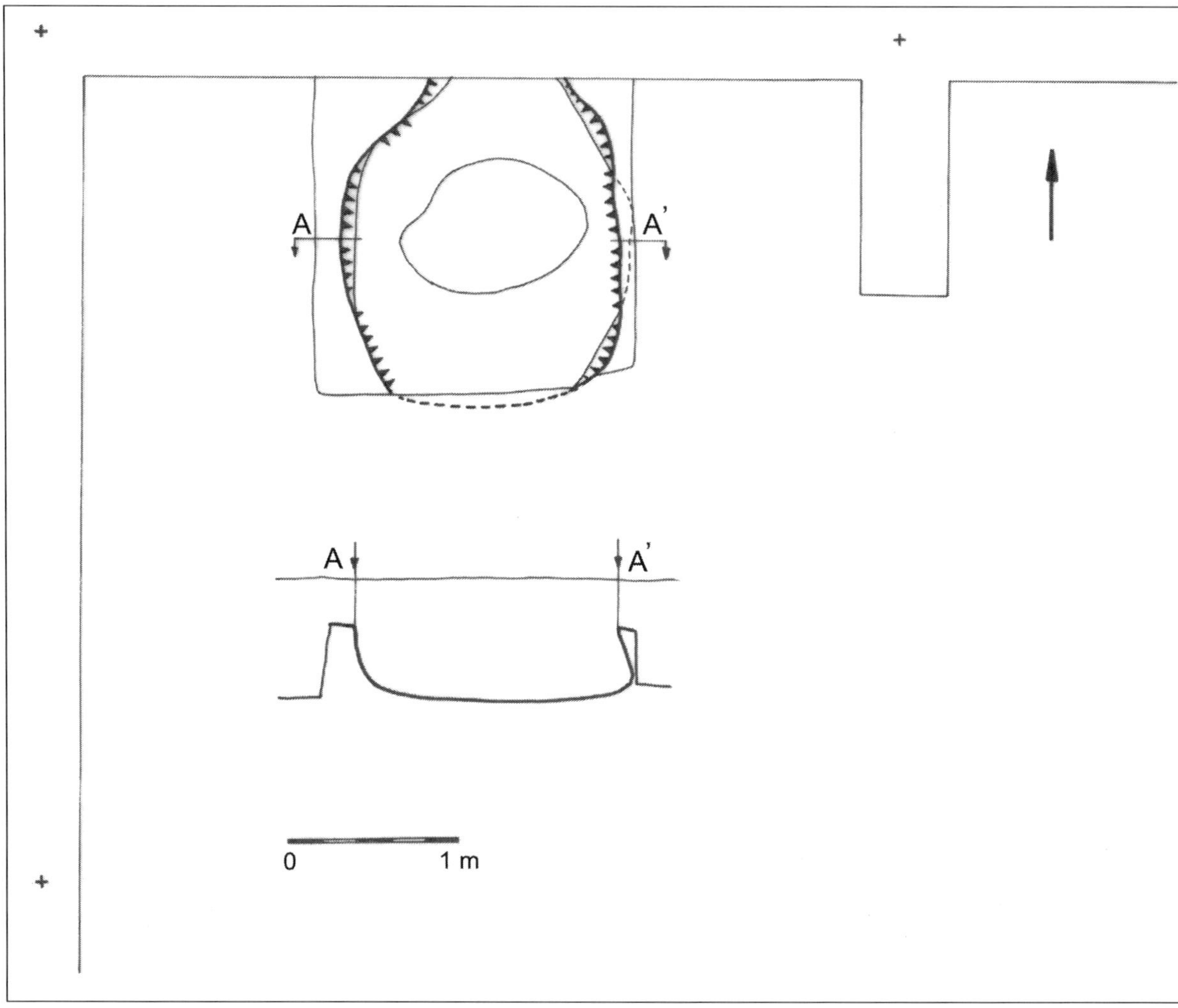

51. ábra: 10. gödör alap- és metszetrajza

törésű, csillámos tört kaviccsal soványított, fogaskerékmintával díszített kis oldal.[1217] Barna, szürke törésű, csillámos homokkal,[1218] illetve tört kaviccsal soványított,[1219] díszítetlen oldalak. A leletekhez tartozik még egy barna, lapított kettős csonkakúpos orsógomb[1220] *(14. tábla 8.),* mely avar kori, és egy nagyobb, szemcsés anyagú malomkő darabja, egyik síkjának részletével.[1221]

13. gödör (36. szelvény, 1992.). Kerek, teknő alakú gödör, átmérője 100 x 110 cm, relatív mélysége 40 cm, a jelenlegi felszíntől számítva 120 cm (*54. ábra*). Oldala körös-körül, és kisebb mértékben a feneke is át volt égve. Az átégés tapasztással is párosult, mely tenyérnyi felületeken maradt meg. Sokkal vastagabb ez az átégés a gödör oldalain, mint a fenekén. Két rétegben figyeltünk meg hamus réteget a gödör betöltésében. Leletei Árpád-koriak: barna, szürke törésű, csillámos homokkal

[1217] Munsell 5YR 6/4. ltsz.: 95.28.69.
[1218] Munsell 5YR 5/4. ltsz.: 95.28.70. 2 db.
[1219] Munsell 5YR 3/1, 5/2, 5/4. ltsz.: 95.28.71. 11 db.
[1220] Munsell 5YR 6/4. ltsz.: 95.28.72.
[1221] ltsz.: 95.28.73.

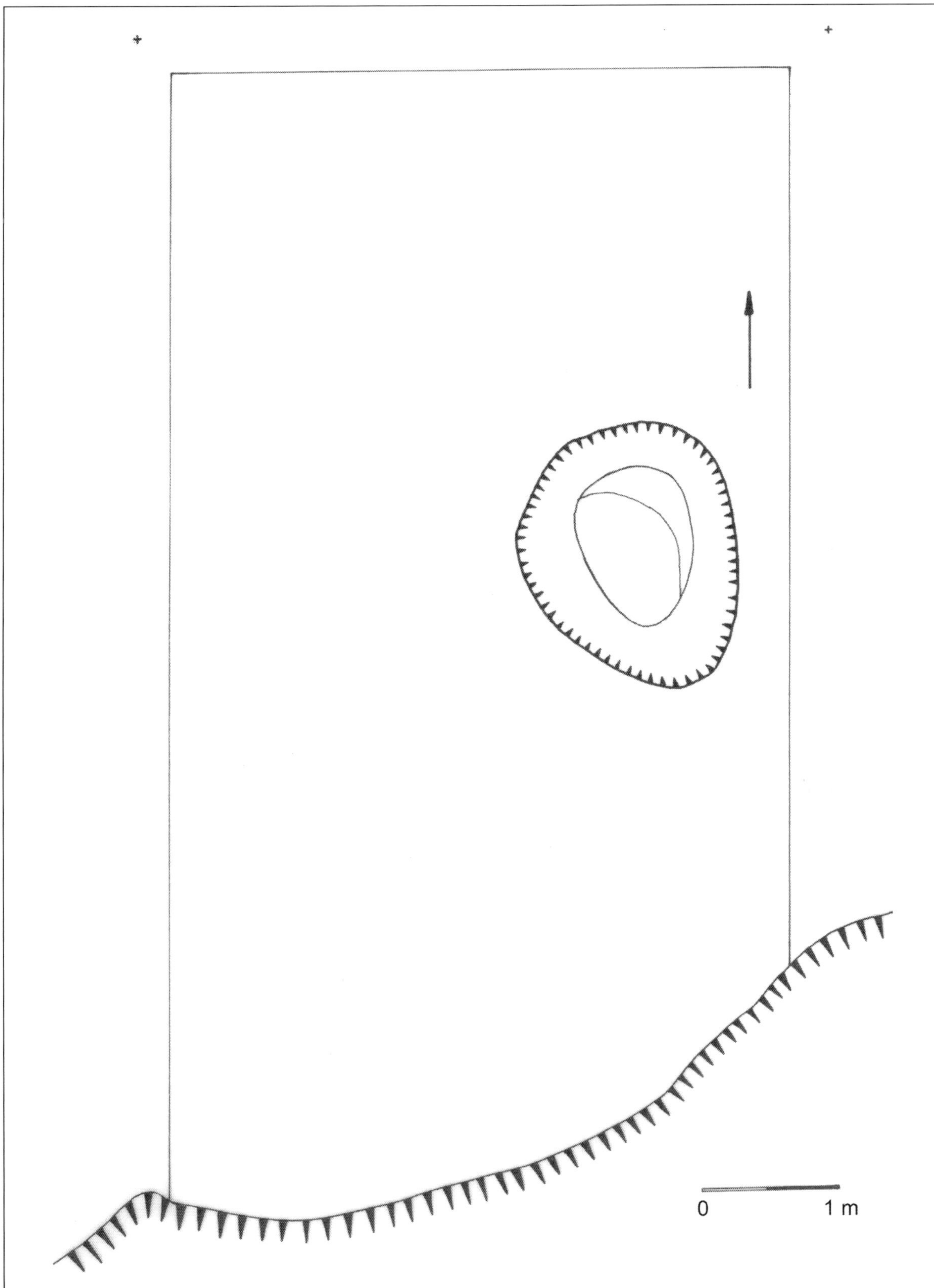

52. ábra: 11. gödör alaprajza

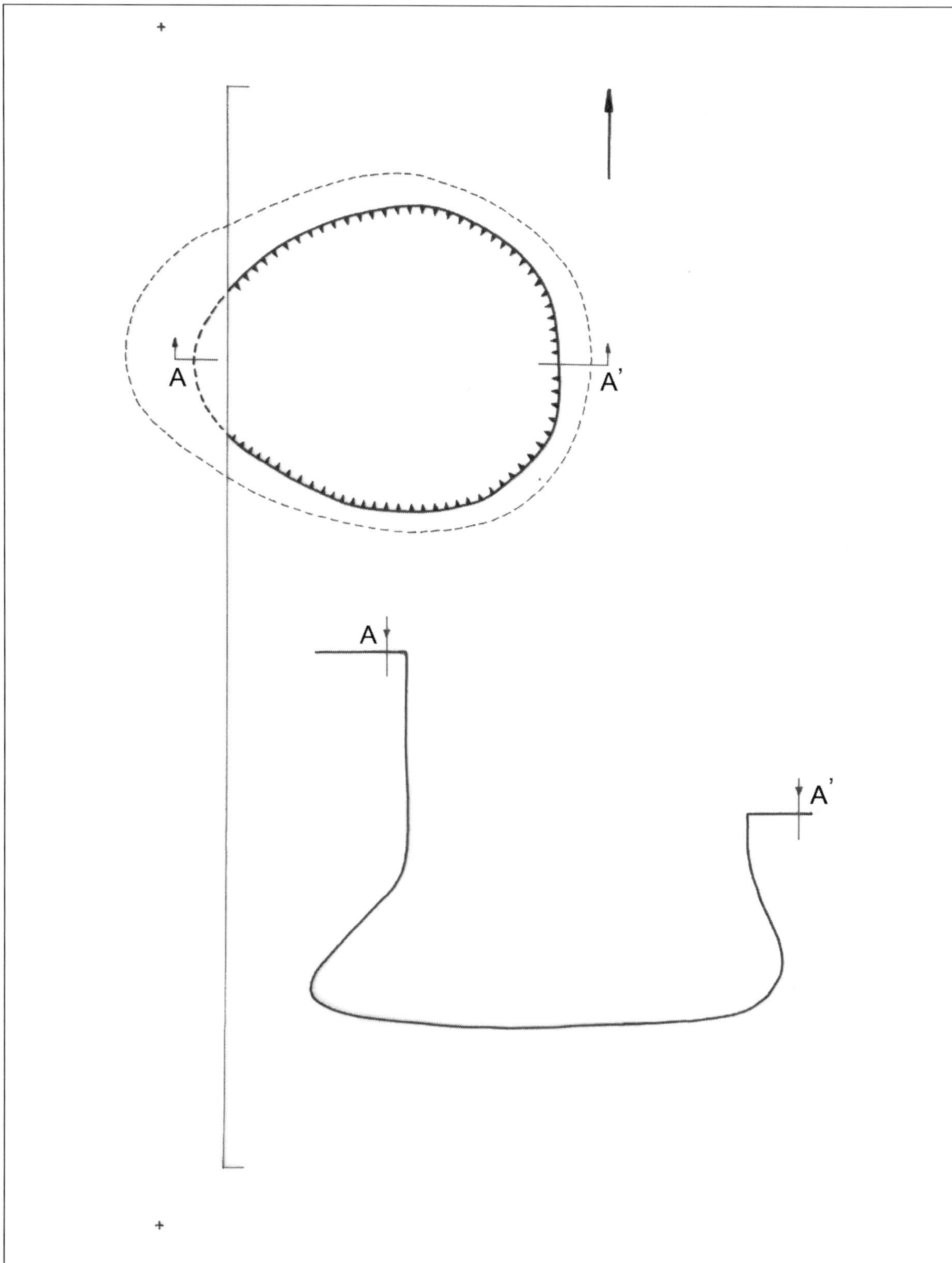

53. ábra: 12. gödör alap- és metszetrajza

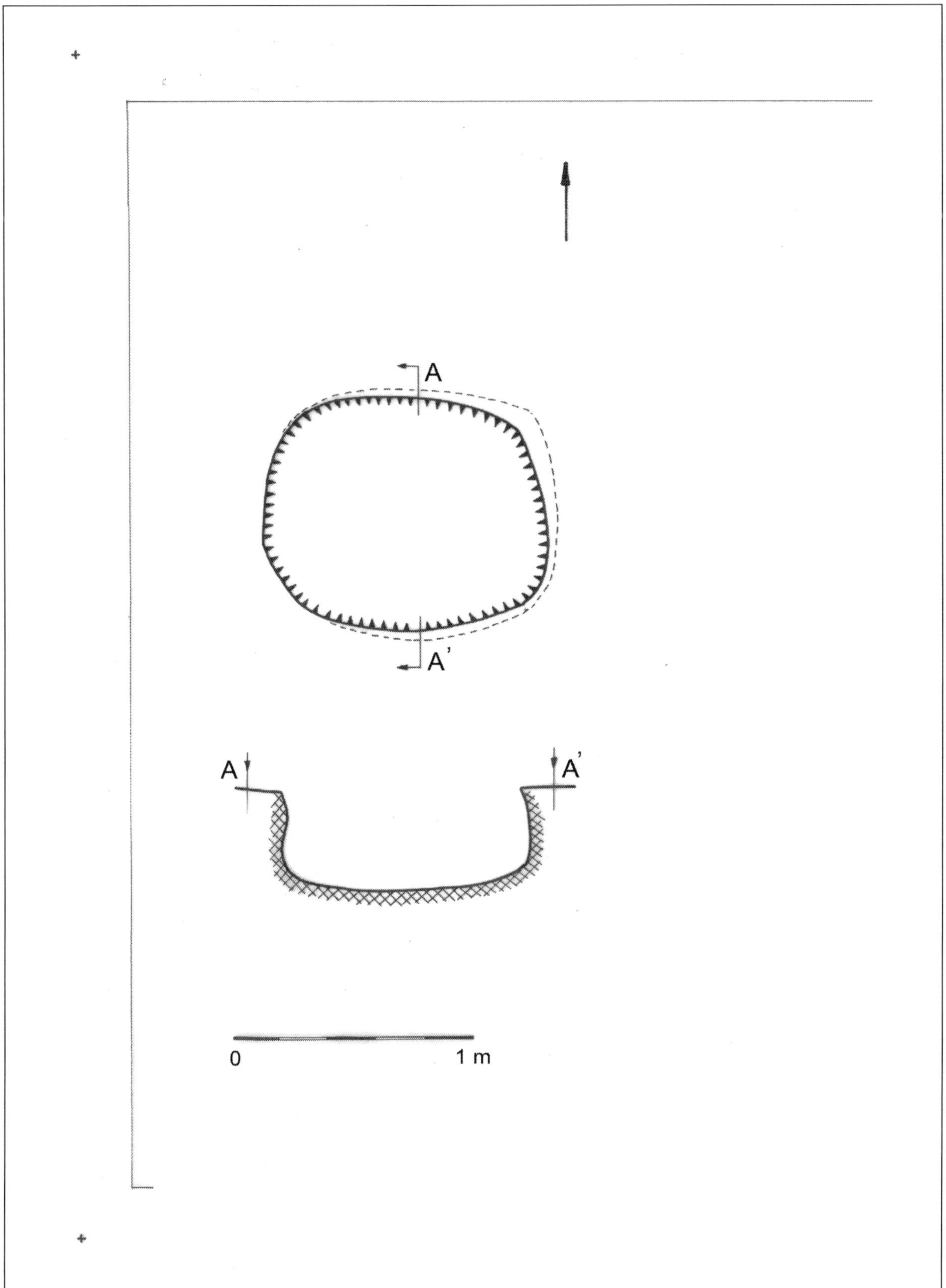

54. ábra: 13. gödör alap- és metszetrajza

soványított, ritka közű, széles, sekély csigavonallal díszített oldalak,[1222] barna, szürke törésű, tört kaviccsal soványított, díszítetlen oldal,[1223] továbbá két tégladarab.[1224]

14. gödör (35. szelvény, 1992.). Szabálytalan patkó alakú gödör, legnagyobb szélessége 220 x 200 cm, relatív mélysége 90 cm, a jelenlegi felszíntől pedig 155 cm. Oldala enyhén lejtős, alja egyenes (*55. ábra*). A leletanyag vegyes őskori kerámiából áll, melyek között sok a tört cseréppel soványított darab, de van néhány szürke, korongolt cserép is, melynek alapján a gödör talán szkíta kori lehet.[1225]

15. gödör (39. szelvény, 1992.). A szelvény északi végében 120 cm átmérőjű, teknő alakú kerek gödör, melynek relatív mélysége 30 cm, alja a felszíntől 115 cm-re volt. Betöltése világosszürke, hamus föld, mindössze 4–5 kis cserép volt benne. Átvágta a 10. és 11. árkokat (*56. ábra*). Leletei között vannak másodlagos helyzetben lévő őskori cserepek,[1226] és mindössze egy Árpád-kori, barna, szürke törésű, tört kaviccsal soványított, egyenes perem keltezi.[1227]

16. gödör (41. szelvényben, 1992.). Kerek gödör a szelvény déli fala mentén, az 5. háztól kb. másfél méterre keletre. Átmérője 210 x kb. 210 cm, déli szélét az 1985–1986. évi őskori feltárás (vö. 19. szelvény) során ásták ki. Relatív mélysége 90 cm, a felszíntől számítva pedig 170 cm (*57. ábra*). Déli oldala lépcsőzetes, keleti oldala pedig fülkeszerűen mélyül. Őskori, ezen belül zömmel a Körös-kultúra kopott cserepei jöttek ki belőle, de előfordultak az AVK-ra jellemző darabok, sőt a bodrogkeresztúri kultúra díszített cserepei mellett szkíta korit is találtunk.[1228] A gödröt a legkevesebb, de legkésőbbi, avar kori keramika keltezi: barna, szürke törésű, tört cseréppel és durva kaviccsal soványított, egyenesre levágott szélű peremek,[1229] díszítetlen oldalak és fenekek.[1230] Van egy barna, szürke törésű, tört cseréppel soványított, belsőfüles bográcsból származó fültöredék[1231] *(12. tábla 6.)*, továbbá egy szürke, szemcsés anyagú, feltehetően malomkő szélének darabja.[1232]

17. gödör (46. szelvényben, 1992.). Kerek, 150 cm átmérőjű, alul öblös (átmérője 175 cm) verem. Relatív mélysége 90 cm, alja a jelenlegi felszíntől számítva 180 cm mélyen volt. Oldala kopogós keményre ki volt tapasztva, de kiégetés nyomai nem mutatkoztak (*58. ábra*). A verem betöltésének alsó részében sok apró faszénszemecskét is megfigyeltünk. Nem kizárt, hogy a faszén jelenléte összefügg az itt talált sütőharang-darabokkal[1233] *(15. tábla 4.)*. A gödör kronológiája szempontjából fontos szerepe lehet annak az egy edényből származó három cserépnek, melynek egy-egy összeillő darabját a szelvényben 30–60, illetve 60–90 cm mélységben, a harmadikat, mely az előbbi kettővel nem illeszthető, de kétségtelenül ugyanabból az edényből származik, a gödörben találtuk.[1234]

A néhány őskori cserép mellett[1235] egy avar kori, barna, kívül erősen átégett, pelyvás soványítású, síkozott peremű sütőharang össze nem illő darabjait említhetjük meg.[1236] Az Árpád-kori cserepek között vagy egy barna, szürke törésű, homokkal soványított, kihajló, lekerekített szélű fazékperem. Vállát ferde bevagdosások

---

[1222] Munsell 5YR 3/1, 5/6. ltsz.: 95.28.172. 2 db.

[1223] Munsell 5YR 5/4. ltsz.: 95.28.173.

[1224] ltsz.: 95.28.174.–175.

[1225] A leletanyag leltározatlan.

[1226] ltsz.: 95.28.365.–366.

[1227] Munsell 5YR 4/2. ltsz.: 95.28.367.

[1228] Őskori: ltsz.: 95.28.507., 513.–514., Körös-kultúra: ltsz.: 95.28.492.–500., AVK ltsz.: 95.28.501.–502., bodrogkeresztúri kultúra: ltsz.: 95.28.503.–506., szkíta: ltsz.: 95.28.508.

[1229] Munsell 5YR 6/4, 6/6. ltsz.: 95.28.509. 2 db.

[1230] Munsell 5YR 5/2, 5/2, 5/4. ltsz.: 95.28.510. 5 db.

[1231] Munsell 5YR 6/4. ltsz.: 95.28.511.

[1232] ltsz.: 95.28.512.

[1233] ltsz.: 95.28.874.

[1234] ltsz.: 95.28.862, 871, 880.

[1235] ltsz.: 95.28.873.

[1236] Munsell 5YR 5/6. ltsz.: 95.28.874. 3 db.

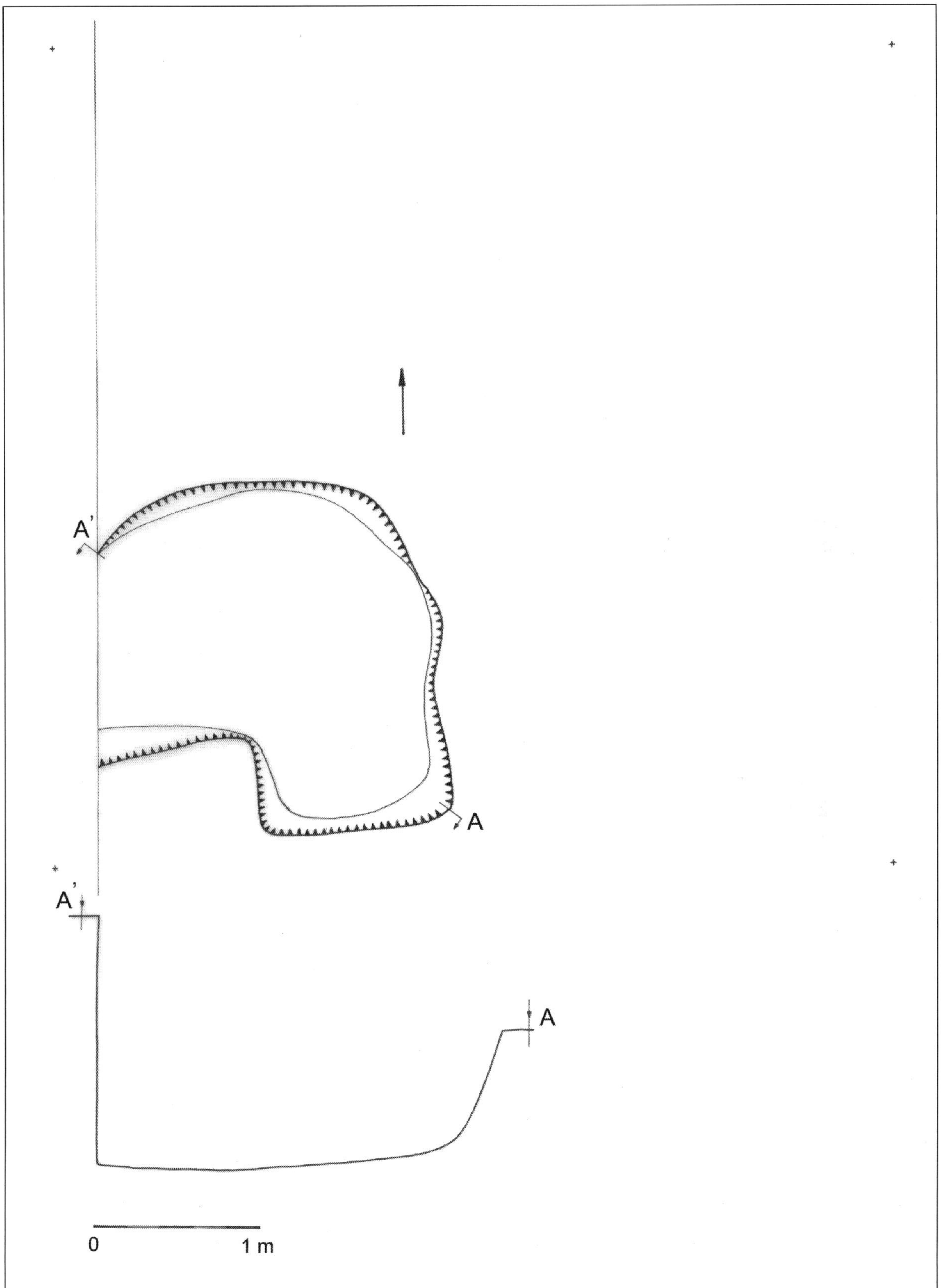

55. ábra: 14. gödör alaprajza és metszete

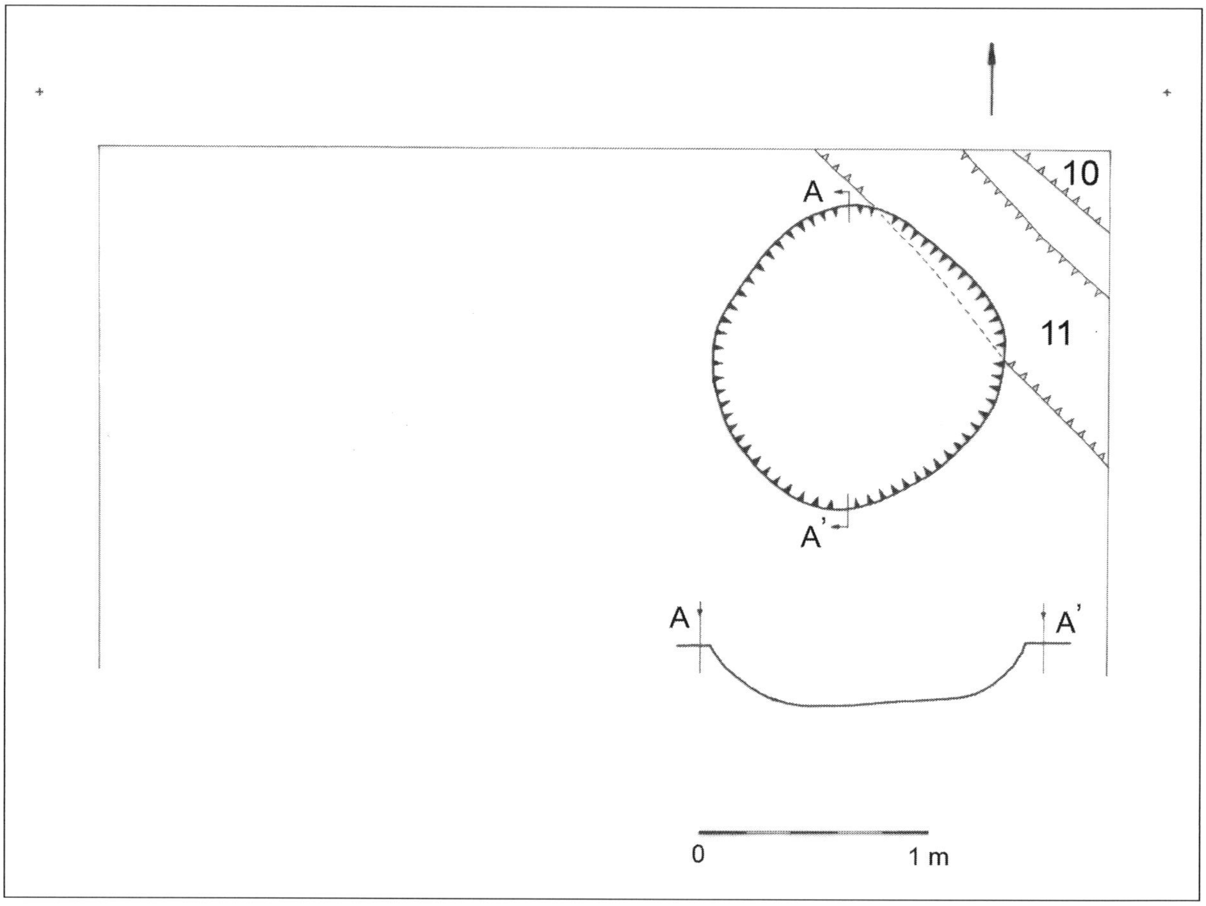

56. ábra: 15. gödör alaprajza és metszete

díszítik, alatta széles, sekély csigavonaldísz látható[1237] *(33. tábla 3.)*. Barna, szürke törésű, homokkal soványított, kihajló, elkeskenyedő szélű fazékperem.[1238] Barna, szürke törésű, homokkal soványított oldalak, egyiken ritka közű keskeny és mély csigavonal díszítéssel.[1239] Barna, szürke törésű, kívül kicsit kormos, tört kaviccsal soványított fazék oldalrésze, ritka közű, sekély és széles csigavonal díszítéssel.[1240] Szürke, egyenletesen átégett, tört kaviccsal soványított kicsiny oldal, ferde bevágással és vízszintes hullámvonalköteggel díszítve.[1241] Barna, szürke törésű, tört kaviccsal soványított oldal, csigavonalas díszítéssel. Belső felét is vízszintes vonalak díszítik.[1242] Barna, szürke törésű, tört kaviccsal soványított, díszítetlen oldalak.[1243] Barna, szürke törésű, tört kaviccsal soványított fenékdarabok.[1244] Téglalap átmetszetű vasszeg, T-feje hiányos, hegye görbült[1245] *(50. tábla 9.)*.

1237 Munsell 5YR 5/8. ltsz.: 95.28.875. A kiszerkeszthető szá.: 11 cm.
1238 Munsell 7.5YR 6/4. ltsz.: 95.28.876.
1239 Munsell 5YR 6/6, Munsell 7.5YR 5/4. ltsz.: 95.28.877. 2 db.
1240 Munsell 7.5YR 5/6. ltsz.: 95.28.878.
1241 Munsell 5YR 3/1. ltsz.: 95.28.879.
1242 Munsell 5YR 4/2. ltsz.: 95.28.880. A ltsz.: 95.28.862. és 871. számú darabbal azonos edényből származik, de nem illik össze az előző kettővel.
1243 Munsell 5YR 3/1, 4/2, 5/3, 5/4, 6/3. ltsz.: 95.28.881. 8 db.
1244 Munsell 5YR 4/2, 5/8. ltsz.: 95.28.882. 2 db.
1245 ltsz.: 95.28.1420.

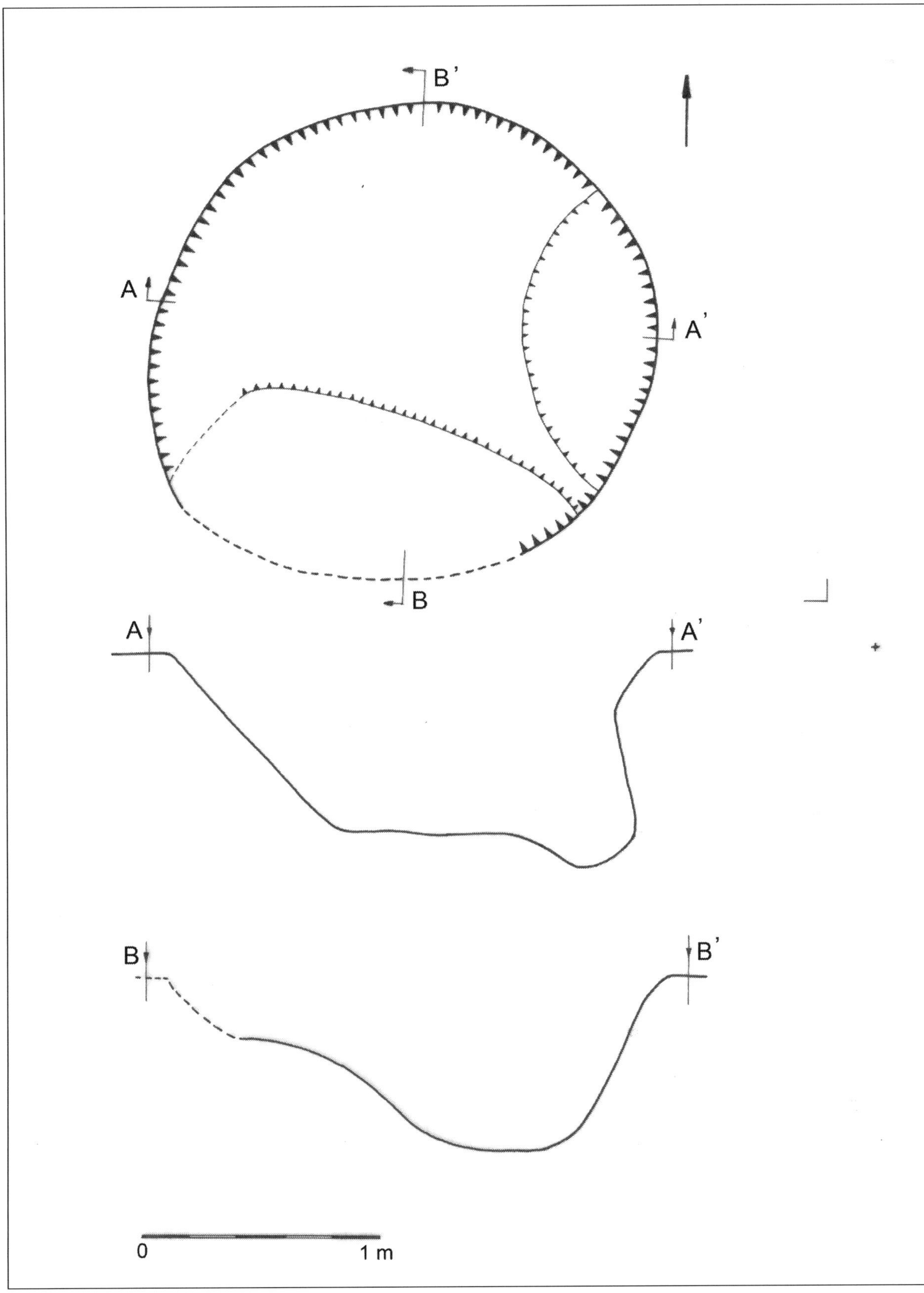

57. ábra: 16. gödör alap- és metszetrajzai

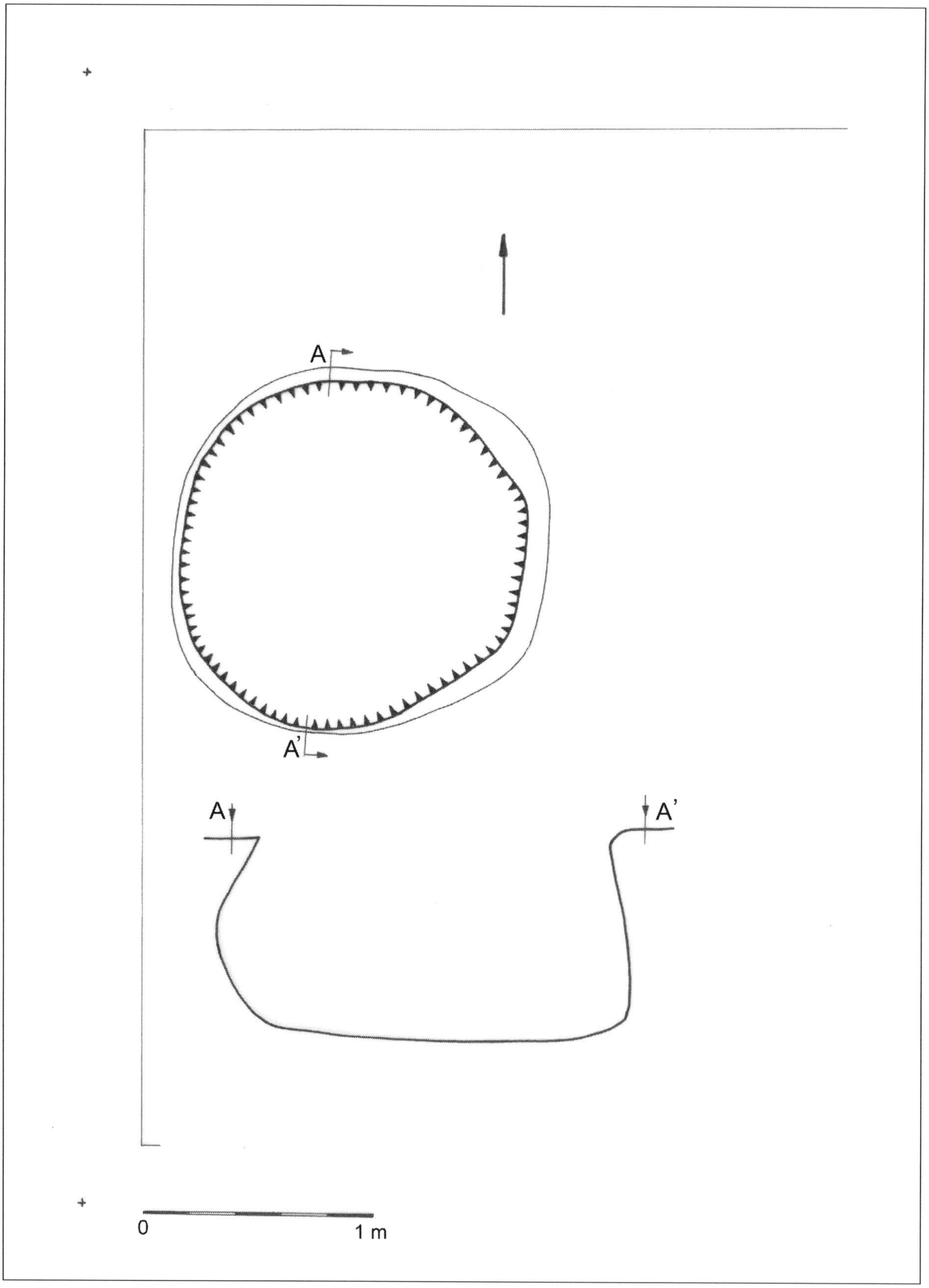

58. ábra: 17. gödör alap- és metszetrajza

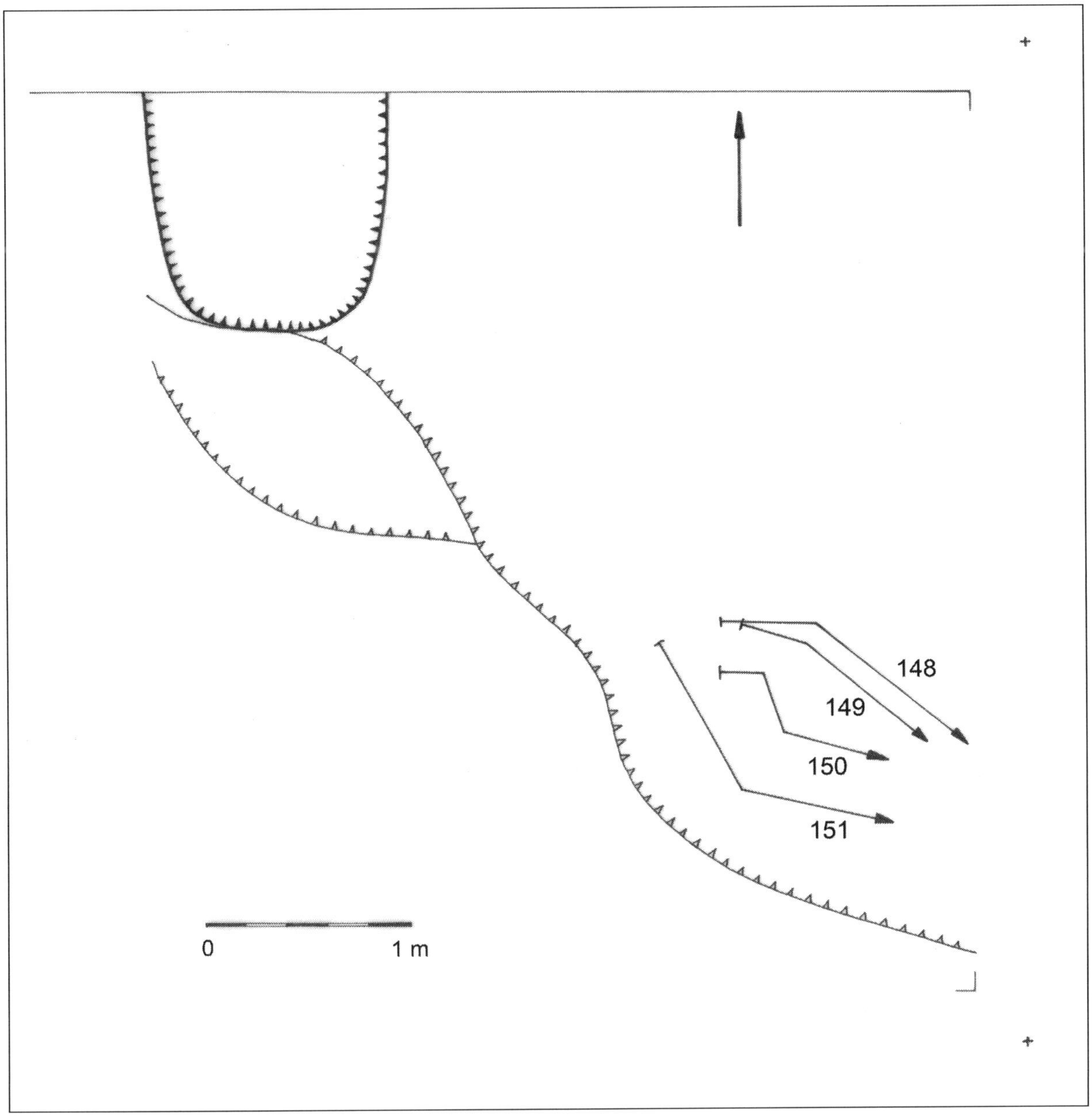

59. ábra: 18. gödör és a 148–151. őskori sírok

18. gödör (38. szelvényben, 1992.). Sekély, alig 20 cm mély őskori gödör, melyre a szelvény északi oldala mentén, 105 cm mélységben bukkantunk. Része lehet annak az őskori gödörkomplexumnak, melyet 1986-ban tártak fel a keletre eső 19. szelvényben, és amelynek nyugati széleit, a bele temetett négy őskori zsugorított sírral együtt, most bontottuk ki (*59. ábra*). Feltárt része 120 x 110 cm, de a szelvény északi fala alatt folytatódik, melyet nem tártunk fel. A gödörből előkerült néhány cserép újkőkori, közöttük van egy szürke, vékonyfalú, kopott, csőtalpas edény egyenes peremrésze is, mely az AVK-ba sorolható.[1246]

19. gödör (39. szelvényben, 1992.). 100 x 120 cm nagyságú, ovális gödör a szelvény nyugati fala mellett, melynek csak egy részét tártuk fel. Teknő alakú, alja egyenes, relatív mélysége 30 cm, a

[1246] ltsz.: 95.28.301.–302.

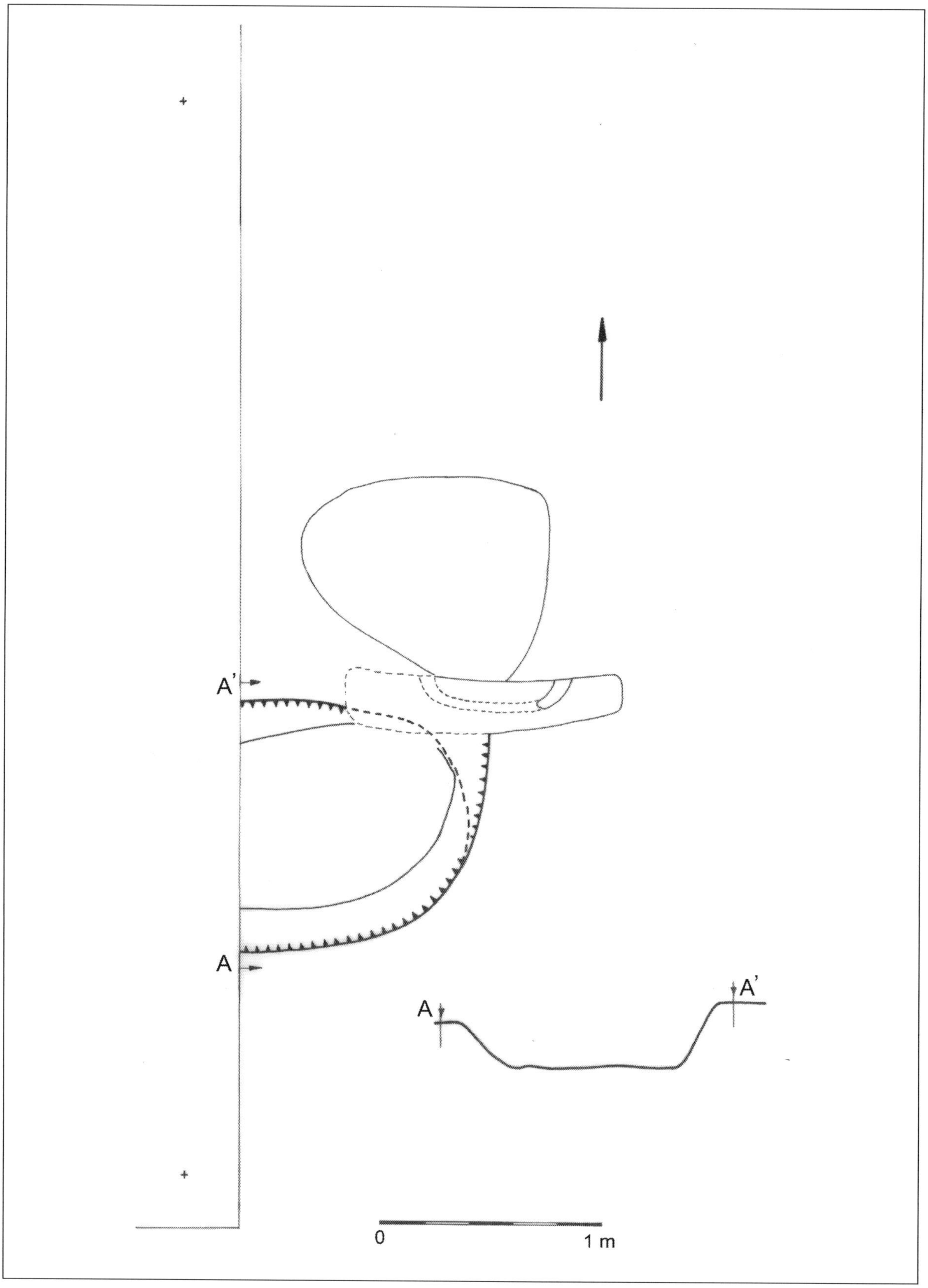

60. ábra: 19. gödör alaprajza és metszete a ráépült Árpád-kori kemencével

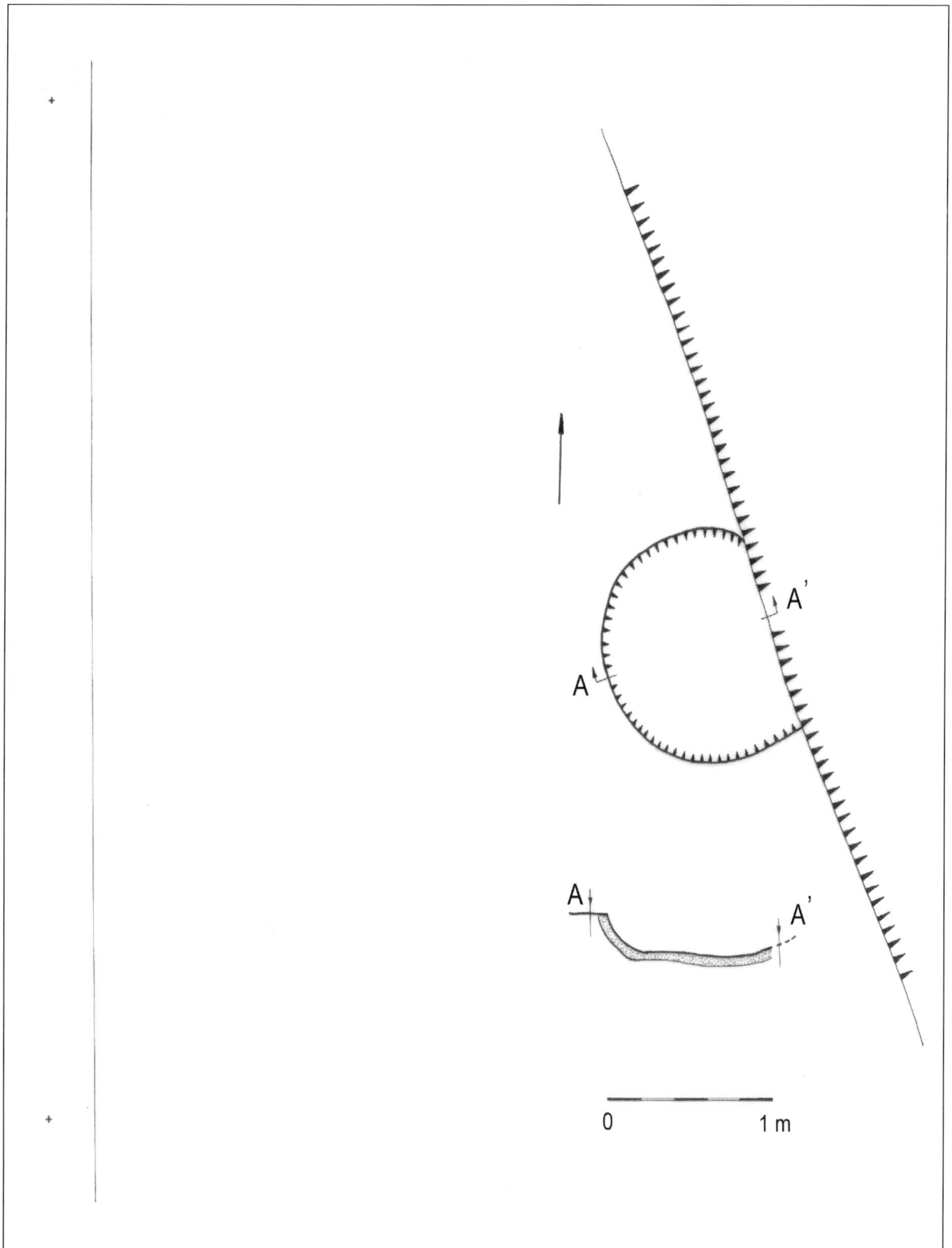

61. ábra: 20. gödör alaprajza és metszete

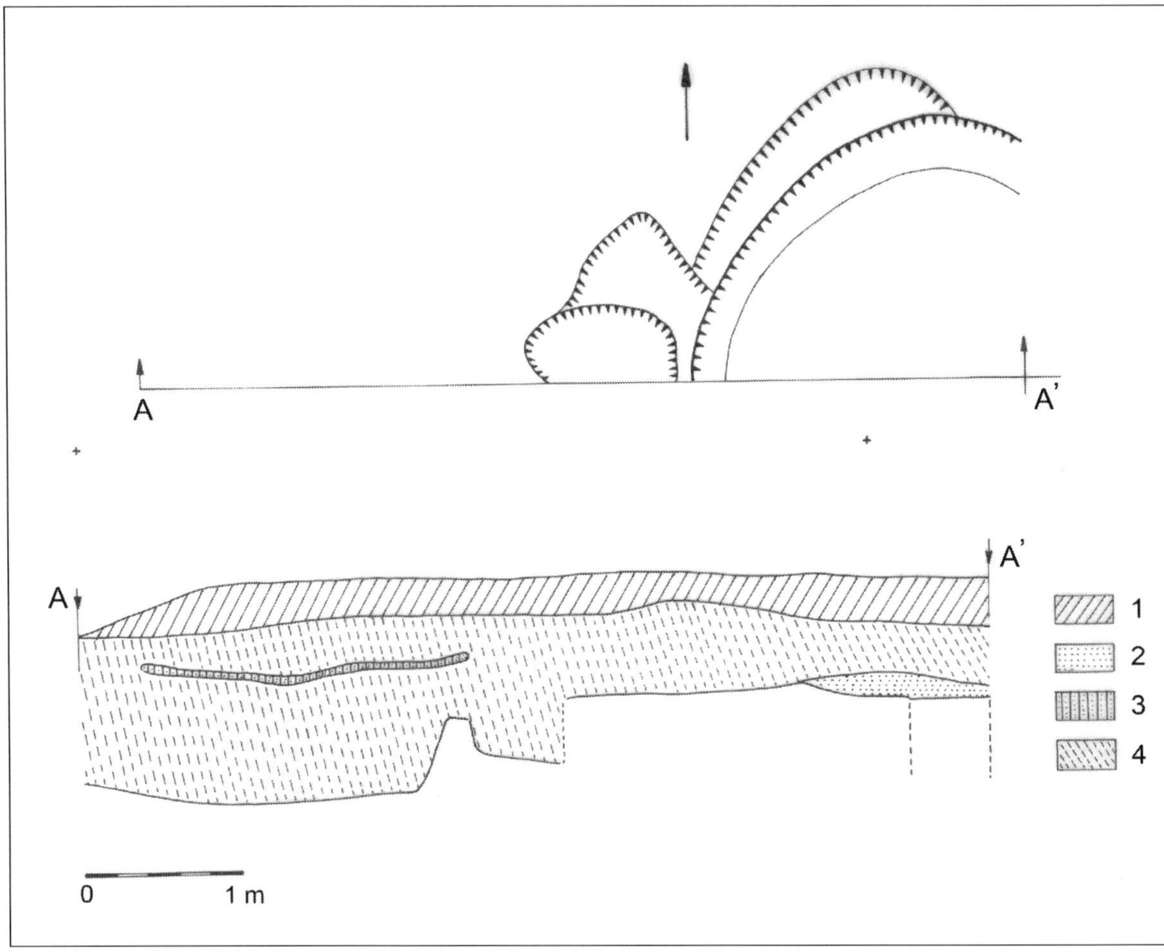

62. ábra: 21. gödör és az 54. szelvény déli falának metszete. *Jelkulcs: 1:* szántás *2:* tömör sárga (a téglaégető 2. blokkjának fedőrétege) *3:* sárga agyagrögök fekete földben (21. gödör fedőrétege) *4:* szürke, kemény, apró sárga szemcsékkel és tégladarabokkal

felszíntől számítva pedig 150 cm. ÉK-i sarkát a ráépített 2. számú kemence megsértette (*60. ábra*). Leletet nem találtunk benne, ezért csak feltételezhető, hogy őskori.

20. gödör (53. szelvényben, 1992.). Megmaradt része 110 x 100 cm, relatív mélysége 20 cm, a felszíntől számítva pedig 80 cm. A teknőszerűen kiképzett gödör alját 5 cm vastagon kitapasztották (61. ábra). A barna, szürke törésű, tört kaviccsal soványított, sekély, széles csigavonallal díszített fazékváll,[1247] az ugyanilyen anyagú díszítetlen oldalak[1248] alapján a gödör Árpád-kori. A leletek között van még egy barna, szemcsés-csillámos anyagú malomkő darabja[1249] is.

21. gödör (54. szelvényben, 1992.). Kettős gödör, mely a szelvény déli fala alatt folytatódik, keleti széle pedig a bányában pusztult el. Feltárt része 310 x 170 cm, a nagyobb gödör relatív mélysége 50 cm, a kisebbé 30 cm. Előbbi alját a jelenlegi felszíntől számítva 140, utóbbiét 120 cm mélységben találtuk meg. A kisebb, hamuval betöltött gödör széleit az északi és a nyugati oldalon sem tudtuk pontosan megállapítani, mivel a már említett, fel nem tárt sárgaföld terítés alá húzódik. Úgy tűnik, hogy teljesen bolygatatlan agyagnyerőhely lehetett, hiszen a sárga szemcsés fedőréteget mintegy

[1247] Munsell 5YR 5/3. ltsz.: 95.28.1389.

[1248] Munsell 5YR 5/2, 6/8. ltsz.: 95.28.1390. 3 db.

[1249] ltsz.: 95.28.1391.

35 cm mélységben megtaláltuk (*62. ábra*, A–A' metszet). A leletanyagban az AVK kopott töredékei mellett[1250] barna, szürke törésű, tört kaviccsal soványított, díszítetlen Árpád-kori oldalak[1251] és egy lókoponya töredéke volt.

Árkok

1. árok (1. szelvény, 1985.). É–D-i irányú, 40–80 cm széles, 20 cm mély, alja felé enyhén elkeskenyedő, kerek aljú (*63. ábra*). Betöltésében apró neolitikus cserép, állatcsont és paticsszemek voltak.[1252]

2. árok (1–2. szelvény, 1985.). A tanúfal alatt, íveléssel fordul ÉNy felől DNy-i irányba. Szélessége 30–60 cm között van, észak felé haladva szélesedik. Mélysége 8–12 cm, alja lekerekített (*63. ábra*). Lelet nem volt benne, de betöltésének összetétele az előzőével azonos volt.

3. árok (2. szelvény, 1985.). A 2. árokkal azonos irányú, a feltárt terület északi határán túl a két árok minden bizonnyal összefut. Szélessége 60 cm, mélysége 21 cm, alja kerek (*63. ábra*). A betöltésben csak egy szürke, csillámos kődarabot[1253] találtunk, de a talaj összetétele az előzőekével azonosnak tűnt, ezért koruk is egyező lehet.

4. árok (2. szelvény, 1985.). ÉK–DNy irányú, és így minden bizonnyal a 2. és a 3. árokkal öszszefut. Alig két méteres szakaszát tártuk fel, alja sekély végénél lekerekített, a mélyülő szakaszon szögletes, kissé elkeskenyedő. A szelvény É-i felében 60 cm széles és 6 cm mély, dél felé szélesedik, a szelvény közepe táján már 1 m széles és itt egy lépcsővel mélyül, kb. 50 cm mélységig (*63. ábra*). Betöltése az előző árkoknál valamivel lazább szerkezetű volt, de lehet , hogy ez amiatt van, mert nem a szürke, agyagos altalajba volt beásva, hanem a sárga, homokos löszbe.

Hiteles leletanyaga mindössze egyetlen szürke, egyenletes égetésű, csillámos homokkal soványított, vízszintes vonallal díszített körömnyi méretű Árpád-kori oldaltöredék.[1254]

5. árok (4. szelvény, 1985.). Iránya ÉNy–DK, 35–40 cm széles, mindössze néhány cm mély, alja valószínűleg lekerekített (*64. ábra*). Betöltése laza szerkezetű fekete föld volt, szélei elmosódottak. Alján 1–2 cm vastag, keményre iszapolódott réteget figyeltünk meg. A betöltésben állatcsontokat és őskori cserepeket találtunk.

6. árok (8. szelvény, 1985., 24–25. szelvény, 1986.). Ny–K irányú árok, mely a 8. szelvényben É felé kanyarodik, majd ismét K felé fordulva feltehetően a 7. szelvény déli szélénél érte el a bánya szélét. Szélessége a keleti végén 30 cm, a 8. szelvény nyugati szélénél 80 cm, a 24. szelvényben eléri a 100 cm-t is. A feltárt szakasz középtáján déli oldala kiöblösödik. Padkás, majd lefelé meredeken szűkülő fenekű. Alja lapos, 20–25 cm széles (*65–66. ábra*). A felszíntől számított mélysége keleti végén 110, középen 120 cm, a 24. szelvény közepe táján lépcsősen emelkedik és a nyugati végénél már csak 85 cm. Relatív mélysége 30 cm. Betöltése a felső rétegben állatjárásokkal tarkított sárga-fekete föld volt, az oldala és az alja fekete, erősen leiszapolódott. Benne állatcsont, és vegyesen őskori, és egészen apró Árpád-kori leletanyag volt, melyből egy szürke, egyenletes égetésű, csillámos kavicscsal soványított, korongolt, díszítetlen oldal került leltárba.[1255] (A 24. szelvényben a 6. és a 7. árok anyaga keverten került elő, és egyaránt vannak közte őskori és szarmata kori cserepek.[1256])

[1250] ltsz.: 95.28.1398.–1400.

[1251] Munsell 5YR 3/1, 4/3, 5/2. ltsz.: 95.28.1401. 12 db. Többségük kívül-belül kormos.

[1252] Ezek nem kerültek leltárba.

[1253] ltsz.: 91.4.21.

[1254] Munsell 5YR 5/1 ltsz.: 91.4.20.

[1255] Munsell 5YR 5/1. ltsz.: 91.4.202.

[1256] ltsz.: 91.4.550.–555.

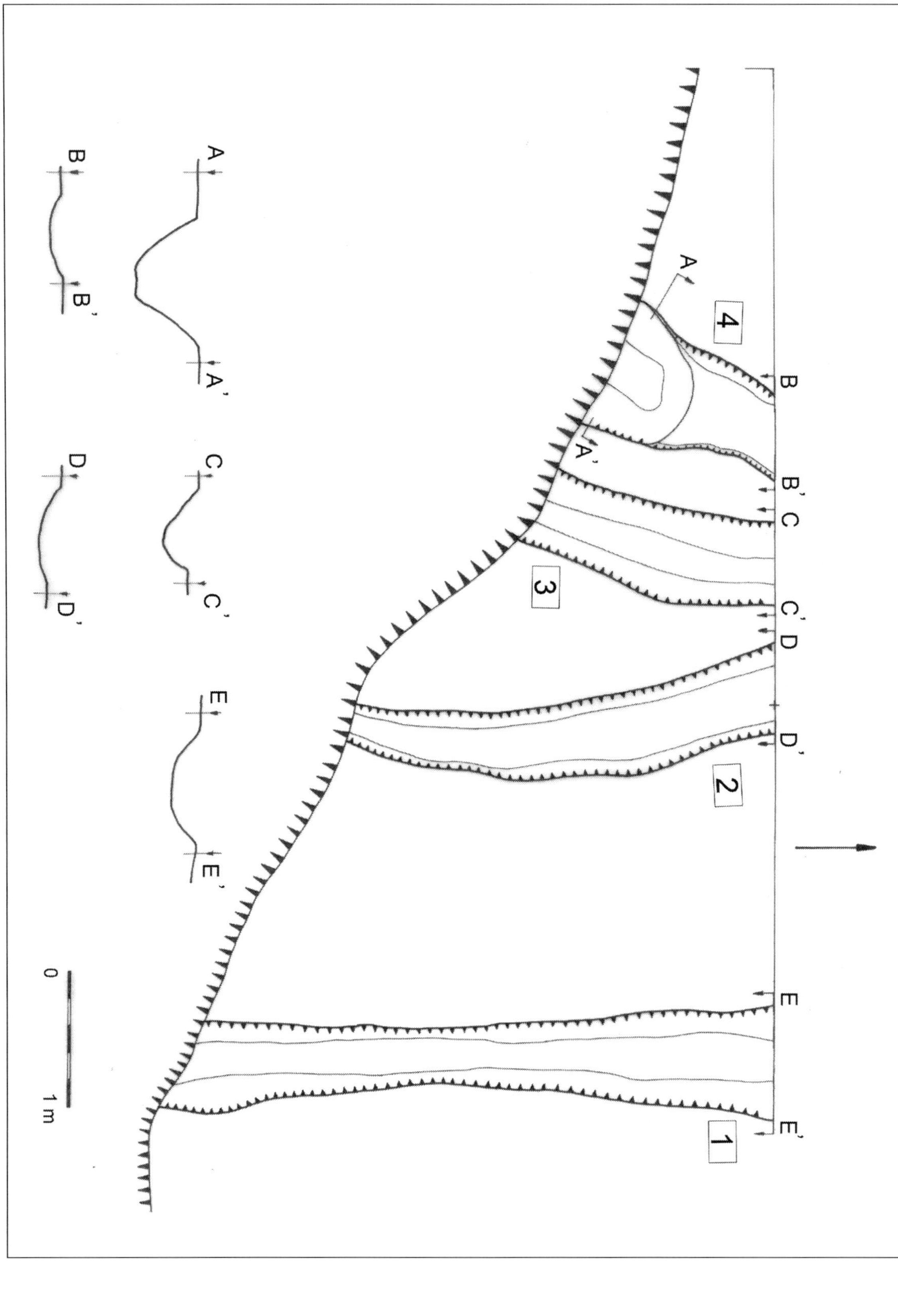

63. ábra: 1–4. árkok alaprajza és metszetei

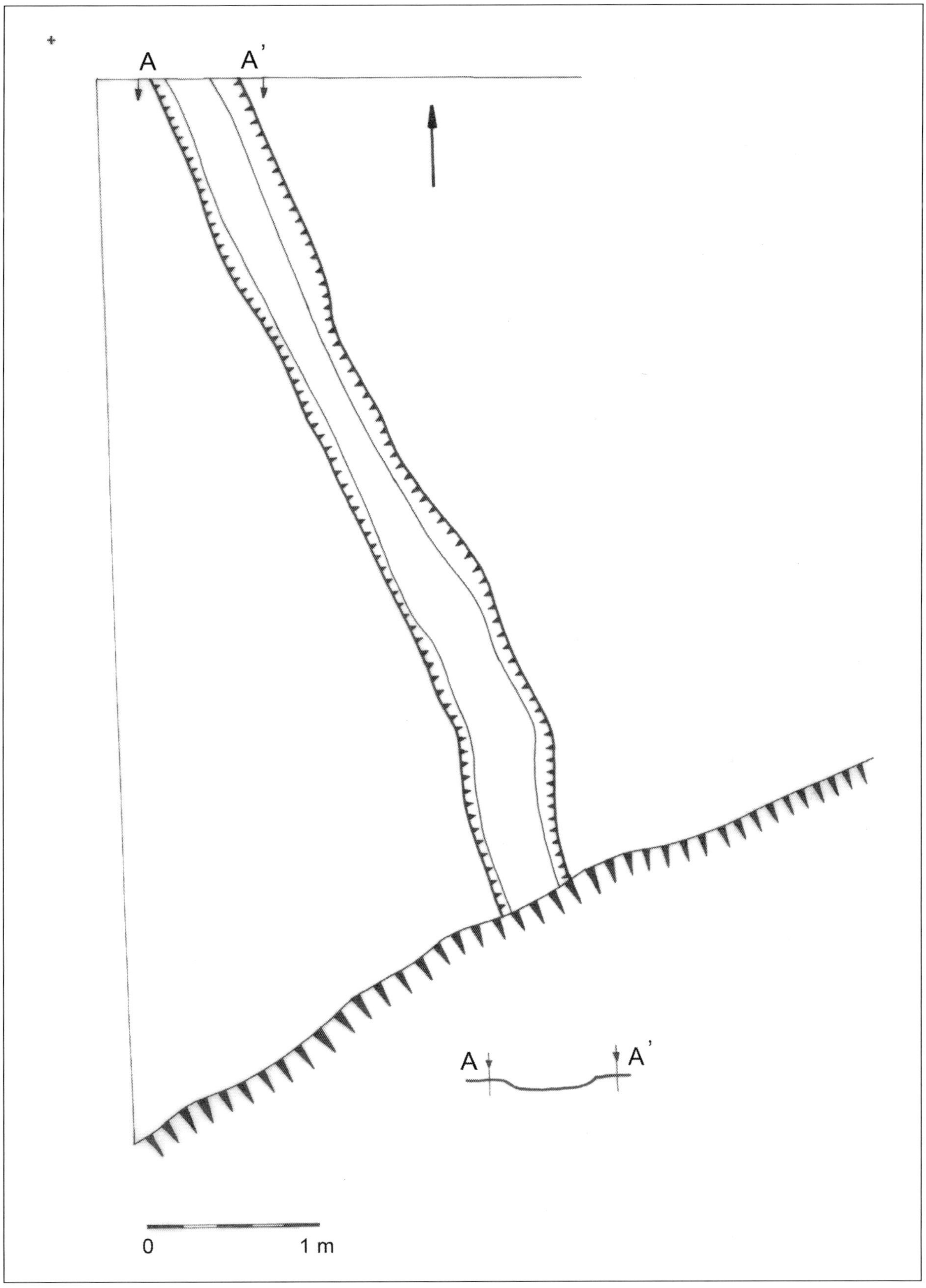

64. ábra: 5. árok alaprajza és metszete

7. árok (8., 24–25. szelvény, 1985., 1986.). Közvetlenül a 6. árok mellett, attól északra. Szélessége 40 és 120 cm között váltakozott, több helyen kisebb beöblösödések, gödrök tagolták az északi szélét. A feltárt szakasz középső részét két lefelé szélesedő borda három részre osztotta. Oldala rézsűs, alja lapos, itt szélessége 25–35 cm (*65–66. ábra*). A felszíntől számított mélysége 140 cm, relatív mélysége 60 cm, mely nyugat felé haladva fokozatosan csökken. Betöltése a keleti végén laza szerkezetű, puha, sötétbarna színű, a nyugati oldalon fekete, keményre iszapolódott talaj. A leletek őskoriak, szarmata koriak[1257] és állatcsontok. Mivel a 6. számú árok felett van több rétegben sárgával kevert töltés (*66. ábra* B–B' és D–D' metszetek.) ezért nagyon valószínű, hogy a két árok nem egyidőben létezett, hanem a 7. árok ásásakor a 6. árkot betemették, és a kidobott földet a helyére hányták.

8. árok (11. szelvény, 1985.). Félkör alakban húzódik végig a szelvényen, és déli végénél keleti irányba fordul, és a bányában vész el (*67. ábra*). Északi irányú folytatását a 10. szelvényben nem tudtuk feltárni. Szélessége a szelvény északi végénél 110 cm, DK-i végénél pedig 130 cm. Oldalai rézsűsek, alja egyenes. Relatív mélysége 40 cm, a felszíntől számítva 100 cm. Lelet nem volt benne.

9. árok (19. szelvény, 1986., 42. szelvény, 1992.). A 19. szelvény ÉK-i sarkában bukkantak rá, itt iránya ÉK–DNy volt (*68. ábra*). Szélessége a szelvényfal közelében 45 cm, vége 35 cm-re keskenyedett el, amiből arra lehet következtetni, hogy ezen a részen végződhetett. Relatív mélysége 15 cm, a felszíntől számítva 94 cm mély, alja lapos, oldalai enyhén íveltek. Folytatását az 1992. évi ásatás során a 42. szelvényben találtuk meg (nincsen arra adat, hogy a közbülső 18. szelvényben is sikerült volna észlelni, következésképpen az sem zárható ki, hogy a 19. szelvényben talált részlet a 13. árok folytatása), ahol 7 méter hosszan lehetett követni észak felé, miközben átvágta a 8. számú, szkíta kori ház betöltését, sőt padlóját is. Szélessége ezen a szakaszon 40–60 cm között ingadozott, relatív mélysége 50 cm, a felszíntől számítva 100 cm, oldalai rézsűsek, lekerekített alját fekete iszapcsík jelezte. Az árok metszete jól megfigyelhető a 8. házról annak végleges kibontása előtt készült metszeten (*38. ábra*, B–B') is, és ennek alapján több mint 160 cm széles volt, keleti oldala pedig lépcsőzetesen mélyült. Azon a területen, ahol a 8. ház földjén haladt keresztül, betöltése sötétszürke, hamus föld volt, egyebütt viszont kemény, fekete agyag. Iszapos betöltésében néhány állatcsont, egy barna, szürke törésű, tört cseréppel soványított, korongolatlan, avar kori kicsiny oldal,[1258] továbbá egy barna, szürke törésű, homokkal soványított, felhúzott, lekerekített szélű tálperem[1259] *(38. tábla 4.).* és egy barna, szürke törésű, tört kaviccsal soványított, díszítetlen, kicsiny oldal volt,[1260] melyek Árpád-koriak.

A 8. ház betöltéséből származó, és minden bizonnyal ehhez az árokhoz tartozó leletek közül avar kori egy barna, szürke törésű, tört cseréppel soványított, korongolatlan bogrács hurkaszerűen kiképzett függesztőfülének darabja,[1261] barna, szürke törésű, tört cseréppel soványított, korongolatlan, díszítetlen oldalak,[1262] továbbá egy ugyanilyen anyagú, de függőleges huzigálásokkal díszített oldal.[1263] Valószínűleg ugyanebbe a korszakba tartozik egy barna, szürke törésű, tört cseréppel és durva kaviccsal soványított, kézikorongolt, egyenes,[1264] illetve egy kihajló perem,[1265] továbbá díszítetlen oldalak.[1266] Egyaránt lehet avar kori vagy Árpád-kori egy

---

[1257] ltsz.: 91.4.203. 2 db.

[1258] Munsell 5YR 6/2 ltsz.: 91.4.398.

[1259] Munsell 5YR 6/4. ltsz.: 91.4.399. A kiszerkeszthető szá.: 18,6 cm.

[1260] Munsell 5YR 6/3. ltsz.: 91.4.400.

[1261] Munsell 5YR 4/1. ltsz.: 95.28.611.

[1262] Munsell 5YR 4/1, 5/2, 7/4. ltsz.: 95.28.612.

[1263] Munsell 5YR 5/4. ltsz.: 95.28.613.

[1264] Munsell 5YR 5/4. ltsz.: 95.28.645.

[1265] Munsell 5YR 7/8. ltsz.: 95.28.646.

[1266] Munsell 5YR 6/4. ltsz.: 95.28.647.

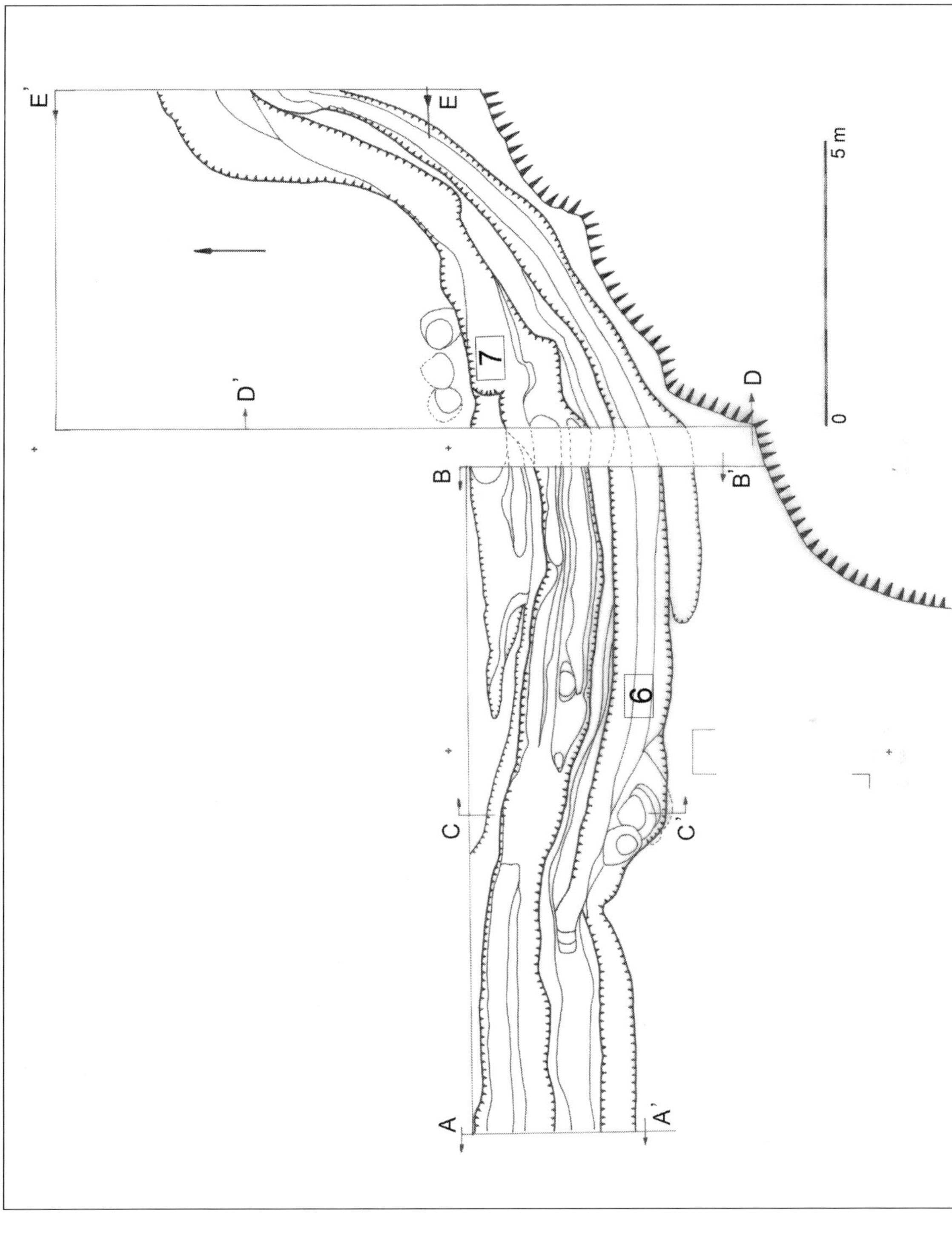

65. ábra: 6–7. árkok alaprajza

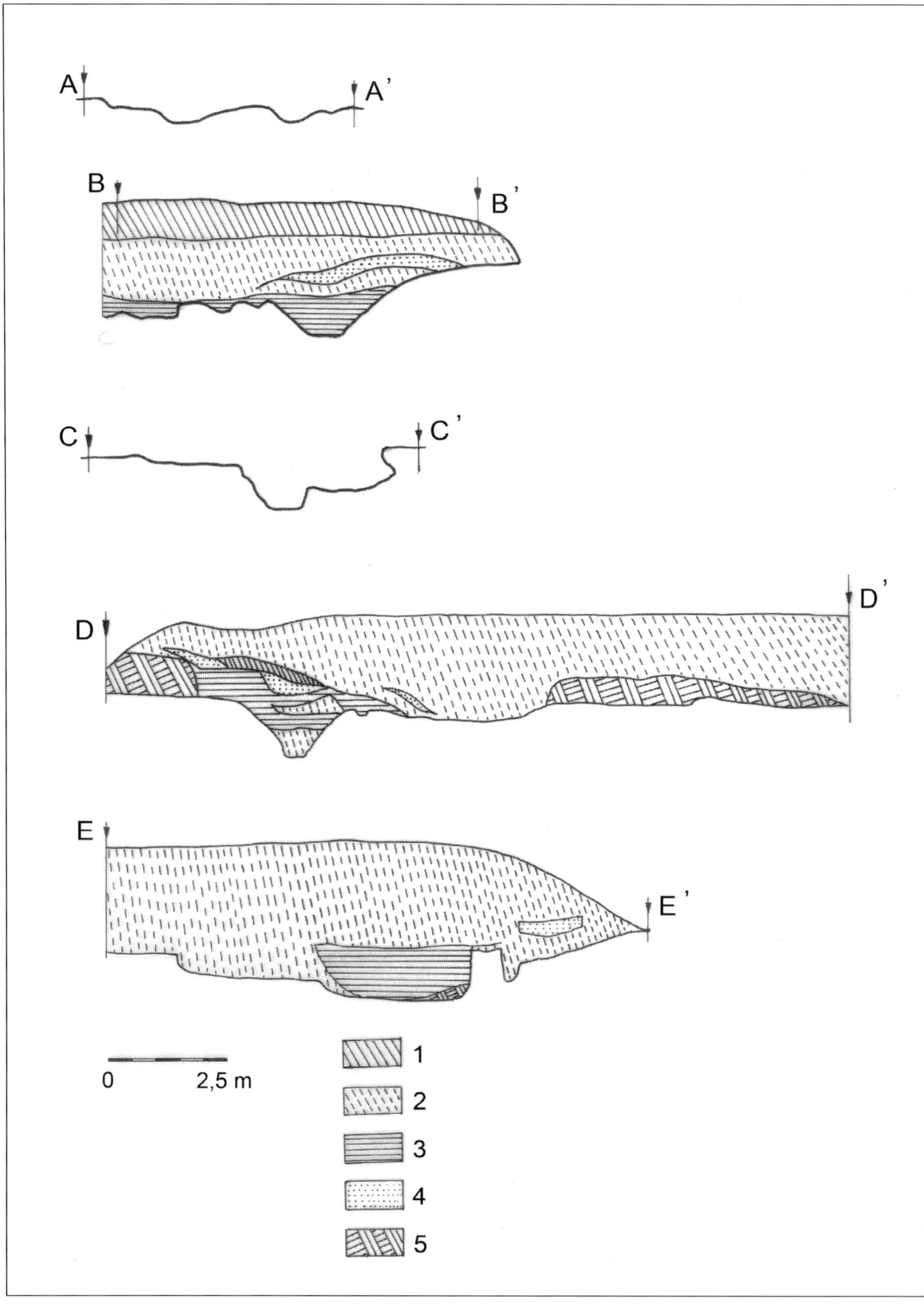

66. ábra: 6–7. árkok metszetei. *Jelkulcs: 1:* szántás *2:* szürke *3:* barna *4:* sárga *5:* altalaj

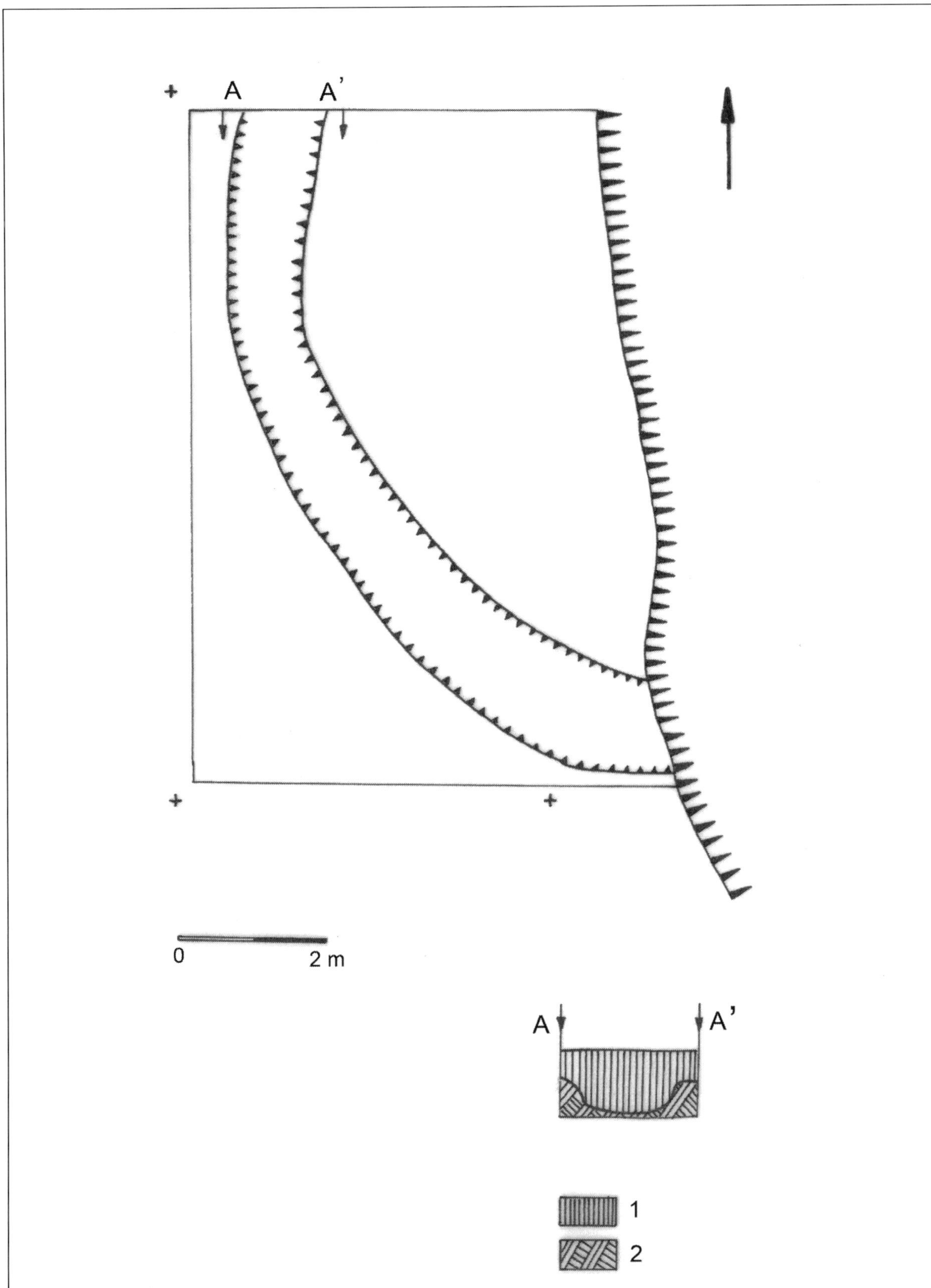

67. ábra: 8. árok alaprajza és metszete. *Jelkulcs: 1:* fekete humusz *2:* sárga altalaj

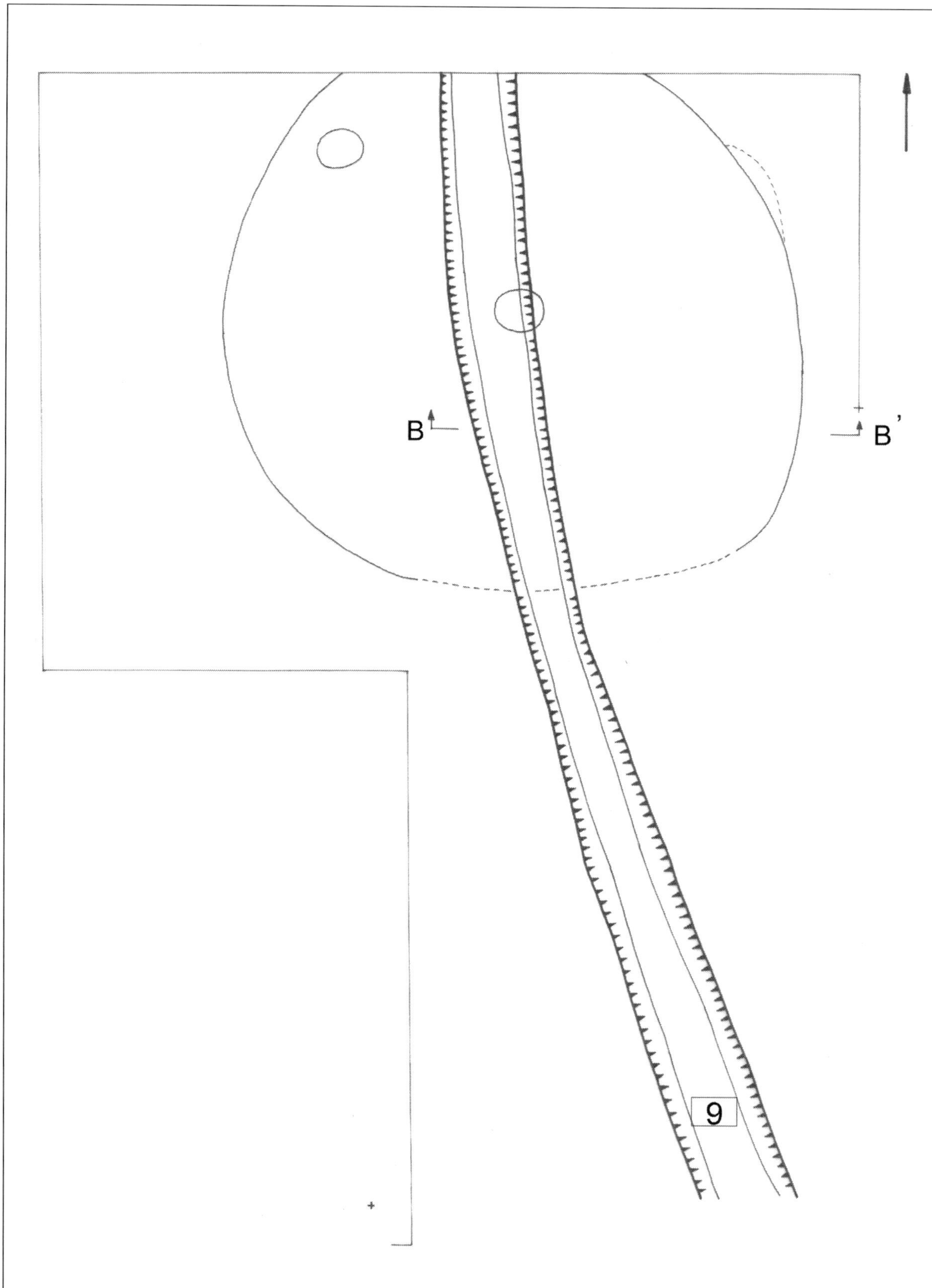

68. ábra: 9. árok alaprajza

barna, jól átégett, lekerekített szélű sütőharang-perem[1267] *(15. tábla 6.)*, továbbá egy szürke, csillámos anyagú, kopott darab.[1268] Ugyanígy nehezen keltezhető egy szürke, egyenletesen átégett, tört kaviccsal soványított, egész felületet fedő vízszintes vonalakkal díszített apró oldal,[1269] egy hasonló anyagú, vízszintes vonalkötegek közé befésült hullámvonallal díszített,[1270] továbbá más díszítetlen oldalak.[1271]

Biztosan Árpád-kori viszont egy barna, szürke törésű, tört kaviccsal soványított, befelé megvastagodó, szögletesre kiképzett bográcsperem,[1272] ugyanilyen anyagú, díszítetlen oldalak,[1273] egy barna, szürke törésű, csillámos homokkal soványított, ívelt bográcsoldal,[1274] egy fenékdarab,[1275] továbbá kövek és téglatöredékek.[1276]

10. árok (19. szelvény, 1986., 39–40. szelvények, 1992.). 1986-ban, a 19. szelvényben talált nagy őskori gödör feltárása során bukkantak rá, de vonalát az őskori rétegekben nem lehetett megfigyelni. A szelvény északi metszetfalában szélessége 55–80 cm-nek látszott. Ny-i oldala meredek, tölcséresen szűkül, K-i oldala lépcsős. Lapos feneke 25 cm széles. Relatív mélysége 40 cm, a felszíntől számítva pedig 103 cm. 1992-ben ÉK felé haladó szakaszát sikerült kibontanunk, mintegy 4 m hosszúságban. Itt átlagos szélessége 60 cm, mélysége nem változott. A 40. szelvényben feltárt szakaszon viszont a felszíntől mért mélység már elérte a 128 cm-t. Az 5. háznál korábbi, hiszen annak padlóját az árok betöltése felett összefüggő rétegekben találtuk meg. A 40. szelvényben készült metszet (*69. ábra*) tanúsága szerint a 11. ároknál is korábbi, amire a fölötte elhelyezkedő laza sárga, fekete rögökkel kevert rétegből lehet következtetni. Igen valószínű ugyanis, hogy ez a 11. árok ásása során került ide. Az árok betöltése az alján rögös fekete föld, feljebb szürke, hamus, laza, de ugyancsak fekete rögökkel kevert rész, és ebbe van beágyazódva az említett sárga réteg. Fekete, kemény betöltésében barna, szürke törésű, tört cseréppel soványított, kézikorongolt, kihajló fazékperem, és egy ugyanilyen anyagú, korongolatlan, díszítetlen oldal volt.[1277]

A leletek egy részét nem lehetett szétválasztani, ezek 10–11. árok néven kerültek leltárba. Vannak közöttük őskori,[1278] neolit és szkíta,[1279] továbbá avar kori cserepek. Utóbbiak: barna, tört cseréppel soványított, korongolatlan, kihajló fazékperem, széle lekerekített.[1280] Barna, tört cseréppel soványított, kézikorongolt, vízszintes vonalköteggel díszített oldal.[1281] Barna, tört cseréppel soványított, korongolatlan, egyenes perem.[1282] Barna, tört cseréppel soványított, korongolatlan, díszítetlen oldalak.[1283] Barna, tört cseréppel soványított, korongolatlan, rácsmintás pecsétlésű oldal[1284] *(13. tábla 8.)*. Árpád-kori, és minden bizonnyal szórványlelet egy egyenletes szürkére égetett, tört kaviccsal soványított, elkeskenyedő szélű, fedőhornyos, kívül bordával tagolt kicsiny

---

1267 Munsell 5YR 6/4. ltsz.: 95.28.648.
1268 ltsz.: 95.28.649.
1269 Munsell 5YR 3/1. ltsz.: 95.28.589.
1270 Munsell 5YR 4/1. ltsz.: 95.28.590.
1271 Munsell 5YR 5/4, 5/8, 6/4. ltsz.: 95.28.591.
1272 Munsell 5YR 5/4. ltsz.: 95.28.614.
1273 Munsell 5YR 5/3, 5/4, 5/6. ltsz.: 95.28.615.
1274 Munsell 5YR 6/4. ltsz.: 95.28.616.
1275 Munsell 5YR 5/1. ltsz.: 95.28.617.
1276 ltsz.: 95.28.592–593.
1277 Munsell 5YR 5/1, Munsell 5YR 6/4. ltsz.: 91.4.401.–402.
1278 ltsz.: 95.28.368.–371., ltsz.: 95.28.515.–516.
1279 ltsz.: 95.28.433.–435.
1280 Munsell 5YR 5/2. ltsz.: 95.28.436.
1281 Munsell 5YR 4/2. ltsz.: 95.28.437.
1282 Munsell 5YR 6/3. ltsz.: 95.28.438.
1283 Munsell 5YR 3/1, 5/4, 6/2, 6/4. ltsz.: 95.28.439. 6 db.
1284 Munsell 5YR 5/4. ltsz.: 95.28.440.

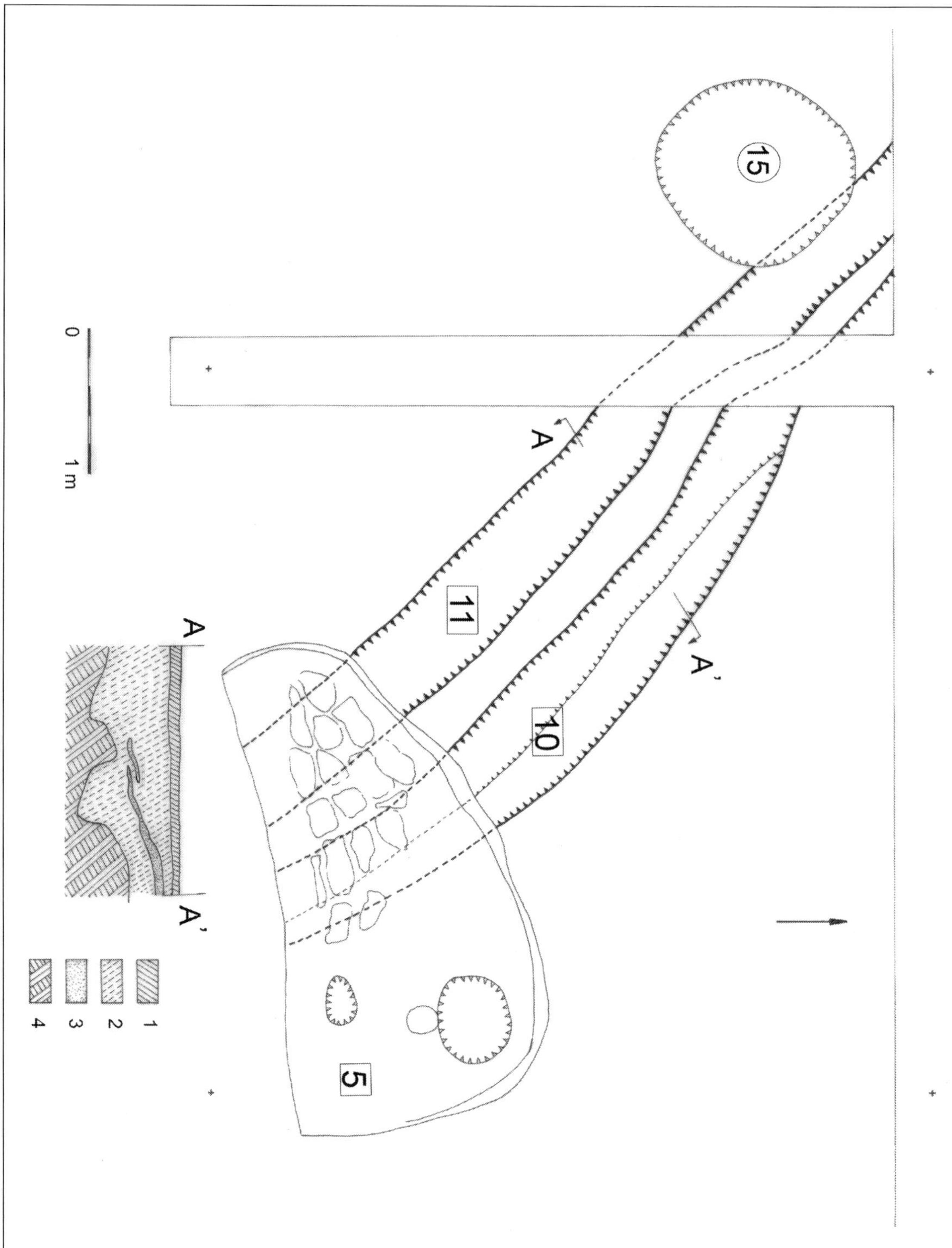

69. ábra: 10–11. árkok alaprajza és metszete. *Jelkulcs: 1:* szántás *2:* szürke betöltés *3:* sárga agyag, fekete rögökkel *4:* altalaj fazékperem,[1285] továbbá barna, szürke törésű, csillámos homokkal soványított, erősen kopott, apró, díszítetlen oldalak.[1286]

11. árok (19. szelvény, 1986., 39–40. szelvények, 1992.). A 10. számú árokkal párhuzamos, de úgy tűnik, annál későbbi (vö. az ott írottakkal is!). A 19. szelvény északi falánál 50 cm széles volt, relatív mélysége 30 cm, a felszíntől számítva 93 cm. A 40. szelvényben feltárt szakasz sem szélesebb, viszont mélysége 115 cm mély. Oldalai menetelesen szűkülnek kerek alja felé. Betöltése az előzőéhez hasonló, leletet nem találtunk (*69. ábra*).

12. árok (43. szelvény, 1992.). A szelvény ÉK-i sarkába esik kb. 3 m hosszú, ÉNy–DK irányú szakasza. Szélessége – az észlelés szintjén – a keleti falnál 60 cm, az északinál 130 cm. Ennél pontosabb méreteit rekonstruálhatjuk azonban metszetben (*70. ábra*). Erről az látszik, hogy 160 cm széles és 50 cm mély volt. Mindkét oldala lépcsős, alja lekerekített. Ugyancsak a metszet alapján feltételezhető, hogy a 14. árokkal egyidejű. Nem kizárt az sem, hogy összefügg az 1985-ben feltárt 5. árokkal is. Egyetlen Árpád-kori, barna, egyenletesen átégett, tört kaviccsal soványított, díszítetlen oldal keltezi.[1287]

13. árok (43. szelvény, 1992.). ÉK–DNy irányban halad át a szelvényen, és a szelvény északi fala alatt nem tisztázott módon keresztezi a 12. árkot (*70. ábra*). Azt sem lehet tudni, hogy dél felé hogyan halad tovább, irányát tekintve ugyanis megfelelhet a 19. szelvényben talált 9. ároknak, azonban a közbülső 18. szelvényben ezeket az összefüggéseket nem sikerült megfigyelni. 80 cm mélységben 60 cm széles és 15 cm mély, de a 12. árok metszete alapján ez is hasonló méretű és alakú lehetett. Betöltése szürke, kemény föld, az alján fekete iszap. A feltárt részben talált másodlagos helyzetű őskori cserepek[1288] ellenére minden bizonnyal Árpád-kori.

A **14. árkot** (43. szelvény, 1992.) csak a szelvény keleti metszetfalában észleltük, a szelvény alján, 80 cm mélységben már egy állatjáráson kívül semmi nyoma sem volt. Csak a metszet iránya alapján következtethettünk arra, hogy az árok dél felé kikanyarodott szelvényünkből. A metszet alapján 1 m széles, 50 cm mély árok lehetett, melynek déli fala meredek oldalú, míg az északi lejtős, alja lekerekített. A metszetből az is látszik, hogy a 12. és 14. árok minden bizonnyal egykorú, hiszen azonos magasságról indulnak a sötétbarna, kemény szubhumuszból. Ennek alapján a korszakhoz tartozó járószintet is itt rögzíthetjük (*70. ábra*).

15. árok (44. szelvény, 1992.). É–D irányú, déli végén 35, északi végén 50 cm széles. (A 46. szelvényben rekonstruált folytatása újból 35 cm széles.) Oldala lejtős, alja egyenes, relatív mélysége 35–40 cm, alja a jelenlegi felszíntől tehát 75–80 cm-re lehetett (*71. ábra*). Ásásakor a 7. ház gödre már be volt töltődve, hiszen az árok rajta halad keresztül, sőt alja jól látható a ház padlójába vágva (*36. ábra* A–A'). Alja észak felé haladva emelkedik, ezért nem sikerült meglelni a 46. szelvényben. A kibontás után azonban a szelvény déli és keleti metszetfalán jól fel lehet ismerni: éppen a sárga altalaj szintjéig ásták. Leletanyagában vannak őskori töredékek,[1289] továbbá egy Árpád-kori, szürke, egyenletesen átégett, tört kaviccsal soványított, vékonyfalú, ívelten kihajló, ferdén levágott szélű fazékperem két össze nem illő darabja.[1290]

16. árok (45. szelvény, 1992.). A 7. ház Ny-i sarkától indul és halad a szelvény DNy-i sarka felé. Szélessége 50 cm, feltárható relatív mélysége alig 10 cm, vagyis alja a felszíntől számítva 70 cm

---

[1285] Munsell 5YR 3/1. ltsz.: 95.28.441.
[1286] Munsell 5YR 5/1, 6/3. ltsz.: 95.28.442. 4 db.
[1287] Munsell 5YR 5/6. ltsz.: 95.28.743.
[1288] ltsz.: 95.28.744. 3 db.
[1289] ltsz.: 95.28.770.–771. Összesen 3 db.
[1290] Munsell 5YR 3/1. ltsz.: 95.28.772.

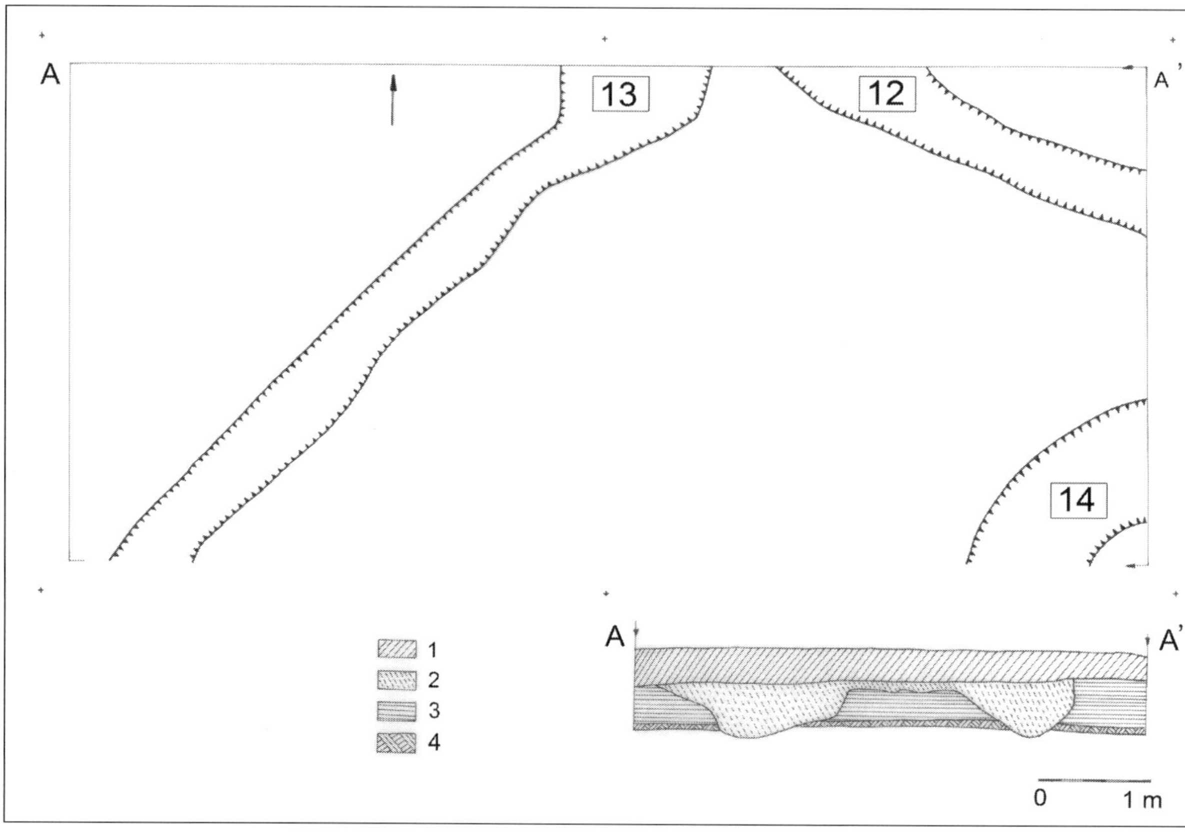

70. ábra: 12–14. árkok alaprajza és metszete. *Jelkulcs: 1:* szántás *2:* világosszürke, kemény, kavicsos *3:* sötétbarna, kemény szubhumusz *4:* sárga altalaj

mély lehetett. Későbbi lehet a 7. háznál, noha nyomait a ház betöltésében nem sikerült felfedezni, de minden bizonnyal a 15. árokhoz csatlakozik, vagyis abból ágazik ki (*71. ábra*). Alja lekerekített, betöltésében egy barna, tört cseréppel soványított, erősen kopott kicsiny őskori oldalt és egy kisebb, kopott, Árpád-kori cserépdarabot[1291] találtunk.

Egyéb objektumok

1. verem (21. szelvény, 1985.). A szelvénytől délre, a leomló bányafal oldalában bukkantunk rá. Szája a jelenlegi felszíntől számítva már 20 cm mélységben látható volt. Felső részének mintegy 80 százaléka már leomlott, de fenekét teljes egészében ki lehetett bontani, és ennek alapján alja 200 x 220 cm nagyságú, szabálytalan, inkább háromszög alakú (*72. ábra*). Metszetéből csak következtetni lehet arra, hogy méhkas alakú verem lehetett. Mélysége mindenesetre pontosan mérhető, 140 cm, melyből a verem szája mintegy 60 cm-t tehetett ki, tehát a verem tényleges mélysége nem volt több mint 80 cm. Betöltése sárga és majdnem fekete, laza földrétegekből állt. Fenekén egészen vékony tapasztásnyomok, illetve elszenesedett réteg jelentkezett. Lelete egyetlen szarmata kori, szürke, korongolt, kopott, kicsiny oldal[1292] és néhány állatcsont.

Kút (19. szelvény, 1986., 1992). Átmérője 100, illetve 110 cm, bélelve nem volt. Oldalai függőlegesek. A felszíntől számítva 410 cm mélységig sikerült kibontanunk oly módon, hogy nyugati

[1291] ltsz.: 95.28.792.–793.

[1292] ltsz.: 91.4.147.

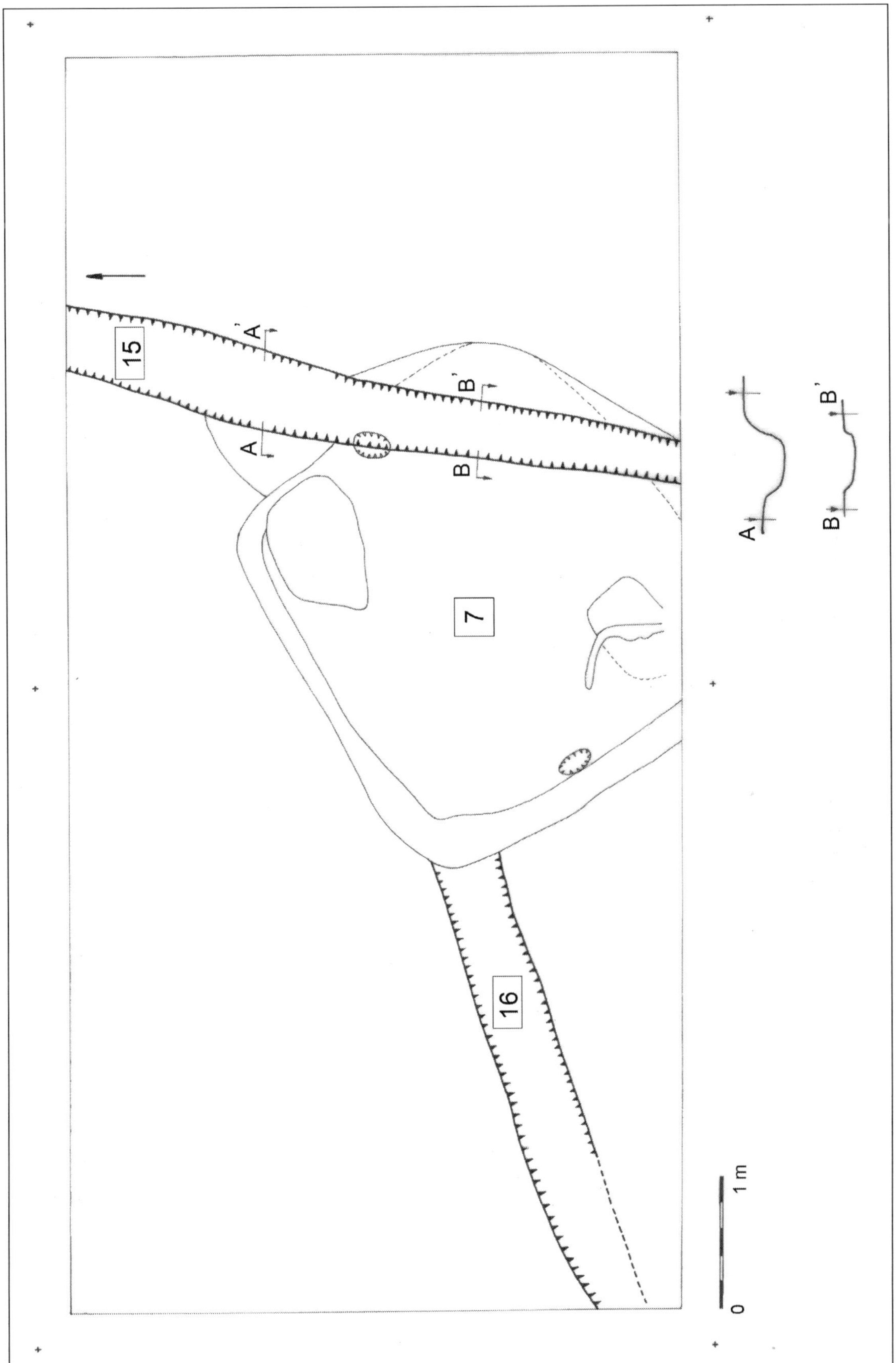

71. ábra: 15–16. árkok alaprajza és metszetei

felét 280 cm mélységig elásva, metszetet készítettünk (*73. ábra*). A talajvíz jelenlegi szintjét 320 cm mélységben értük el, és innen már csak 90 cm-t tudtunk mélyíteni, ugyanis ekkor abba kellett hagyni a bontást, mert oldalról nagy erővel áramlott be a talajvíz, és a magával hozott homokkal ismét teljesen betöltötte az üreget.

A kútból 230 cm mélységből barna, pelyvás anyagú, erősen kopott, díszítetlen neolitikus oldalak,[1293] bronzkori barna, szürke törésű, tört cseréppel soványított, vastag falú, korongolatlan oldalak és egy fenék származik. Az egyik oldal belül fényes fekete.[1294] A barna, szürke törésű, tört cseréppel soványított, vastag falú, korongolatlan fenékdarabok,[1295] a barna, szürke törésű, tört cseréppel soványított, vastag falú, korongolatlan oldal, melyen egészen finom, függőleges irányú befésült vonalkötegek látszanak[1296] *(13. tábla 1.)*, avar kori.

Téglaégető (54. szelvény, 1992.). *(11. tábla 2–3.)*. Az ásatás utolsó napjaiban két, É–D irányú, téglalap alakú, belül tapasztott oldalú akna ÉK-i sarkát találtuk meg. (**1. és 2. akna**) Szélességüket egyáltalán nem tudtuk megállapítani, a hosszúságra csak az 1. akna feltárt részletéből lehet következtetni, és az aligha lehetett 560 cm-nél hosszabb (*74. ábra*). Az 1. akna 30 cm mélységben, hamus folt formájában mutatkozott. Külső peremén körös-körül jól látszottak a tetejét letapasztó sárga agyagréteg „kifolyási" peremei, vagyis a téglaégetőnek ez a része teljes, bolygatatlan épségben maradt meg. Belsejében rengeteg vörösre átégett, de mállékony, spaknival szeletelhető tégladarabot találtunk. Közöttük laza fekete föld volt. Az akna belső oldala abban a magasságban, ahol a téglák voltak, vörösre átégett. A kibontott legmélyebb szakaszon az akna alja is hasonlóképpen vastagon átégett (*74. ábra*, A–A' metszet). Az akna északi vége függőleges, keményre tapasztott, déli vége viszont lépcsőzetesen lejt, és nem volt kemény, kopogós, sárga agyaggal kitapasztva. Ezen a részen kelet felé egy téglalap alakú, ugyancsak lépcsős aljú nyúlványa volt, melyben nem találtunk semmit. Vele szemben, az akna közepén viszont a mintegy 40 cm vastag omladékos téglaréteg alatt, a fekete földből néhány bográcsperem és állatcsont került elő. Lényeges, hogy a téglarakás nem az akna fenekén volt, hanem attól 40–60 cm-el magasabban. A fenék és a közötte lévő „űrt" laza, nedves, fekete föld töltötte ki.

A leletek: barna, szürke törésű, tört kaviccsal soványított, befelé megvastagodó bográcsperem. Kívül kormos[1297] *(28. tábla 3.)*. Barna, szürke törésű, tört kaviccsal soványított, mindkét irányba megvastagodó bográcsperem, a függesztőlyuk kiképzése karéjos.[1298] Szürke, egyenletesen átégett, tört kaviccsal soványított, kihajló, lekerekített szélű fazékperem.[1299] Barna, szürke törésű, tört kaviccsal soványított, díszítetlen oldalak. Némelyik kívül kormos.[1300] Barna, szürke törésű, tört kaviccsal soványított, egyenes aljú nagyobb fazék darabja. Külső felülete a másodlagos hőhatás következtében lepattogzott.[1301]

A 2. aknának csak az ÉK-i sarkát tártuk fel, mivel ez esett a szelvénybe. Itt is megfigyelhető volt az *érintetlen* sárga agyagfedés, mely csak az északi végén, egy kis darabon hiányzott. Itt bontottunk alá egy kicsit, és ennek alapján úgy tűnt, hogy több tégla van benne, mint az előző aknában, és belül is jobban ki van égve.

A feltárt részlet alapján úgy tűnik, hogy az 1. aknából már kiszedték a kiégetett téglákat, és szétbontották, majd később maradék téglákat dobáltak vissza az üresen álló, fokozatosan betöltődő

1293 ltsz.: 91.4.417. 3 db.
1294 ltsz.: 91.4.418. 8 db.
1295 ltsz.: 91.4.419. 2 db.
1296 ltsz.: 91.4.420.
1297 Munsell 5YR 5/4. ltsz.: 95.28.1384. szá.: 22,8 cm.
1298 Munsell 5YR 5/6. ltsz.: 95.28.1385.
1299 Munsell 5YR 5/1. ltsz.: 95.28.1386.
1300 Munsell 5YR 3/1, 5/4, 5/6, 6/2. ltsz.: 95.28.1387. 16 db.
1301 Munsell 5YR 4/4. ltsz.: 95.28.1388.

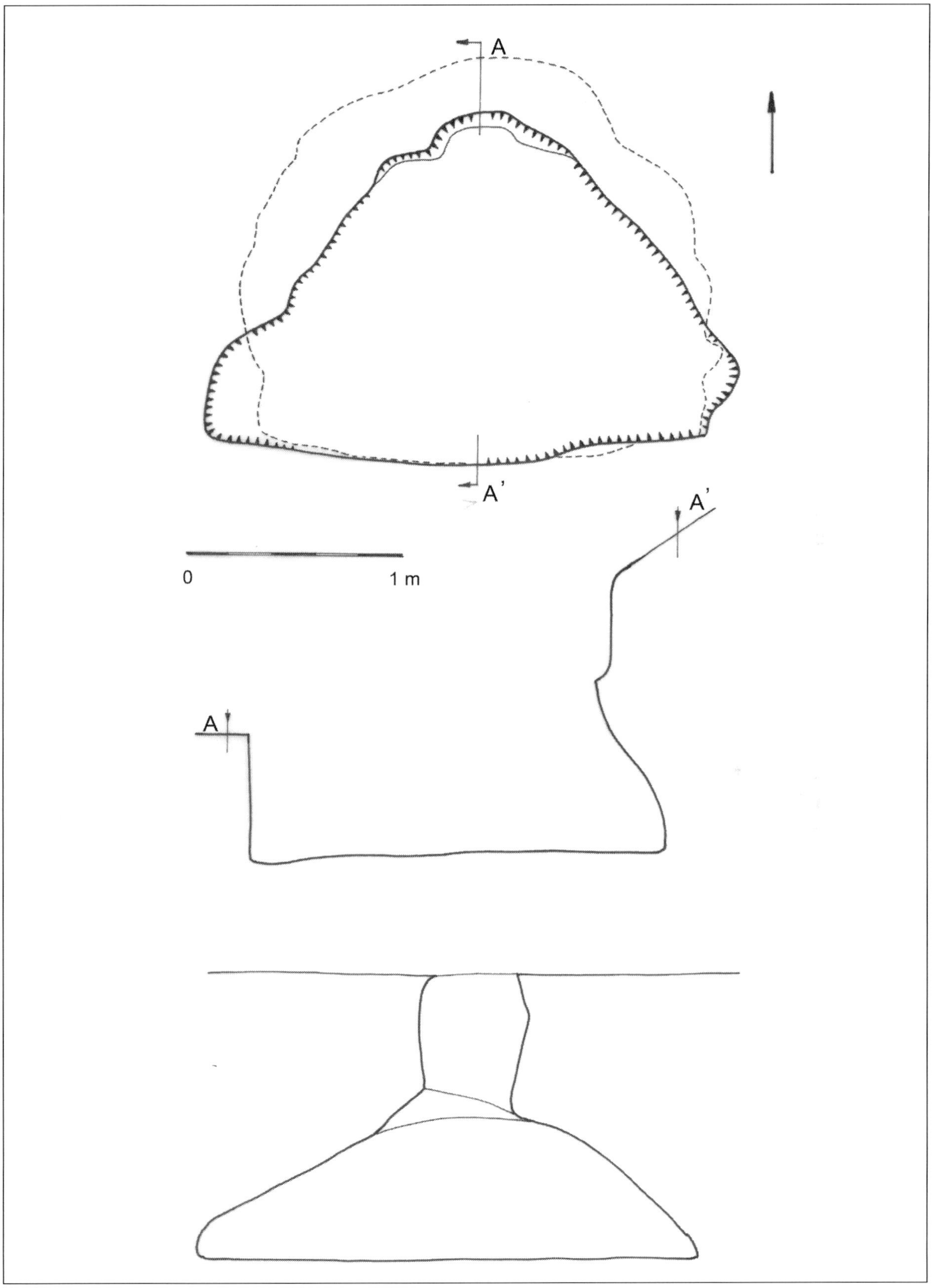

72. ábra: Az 1. verem alaprajza és metszetei

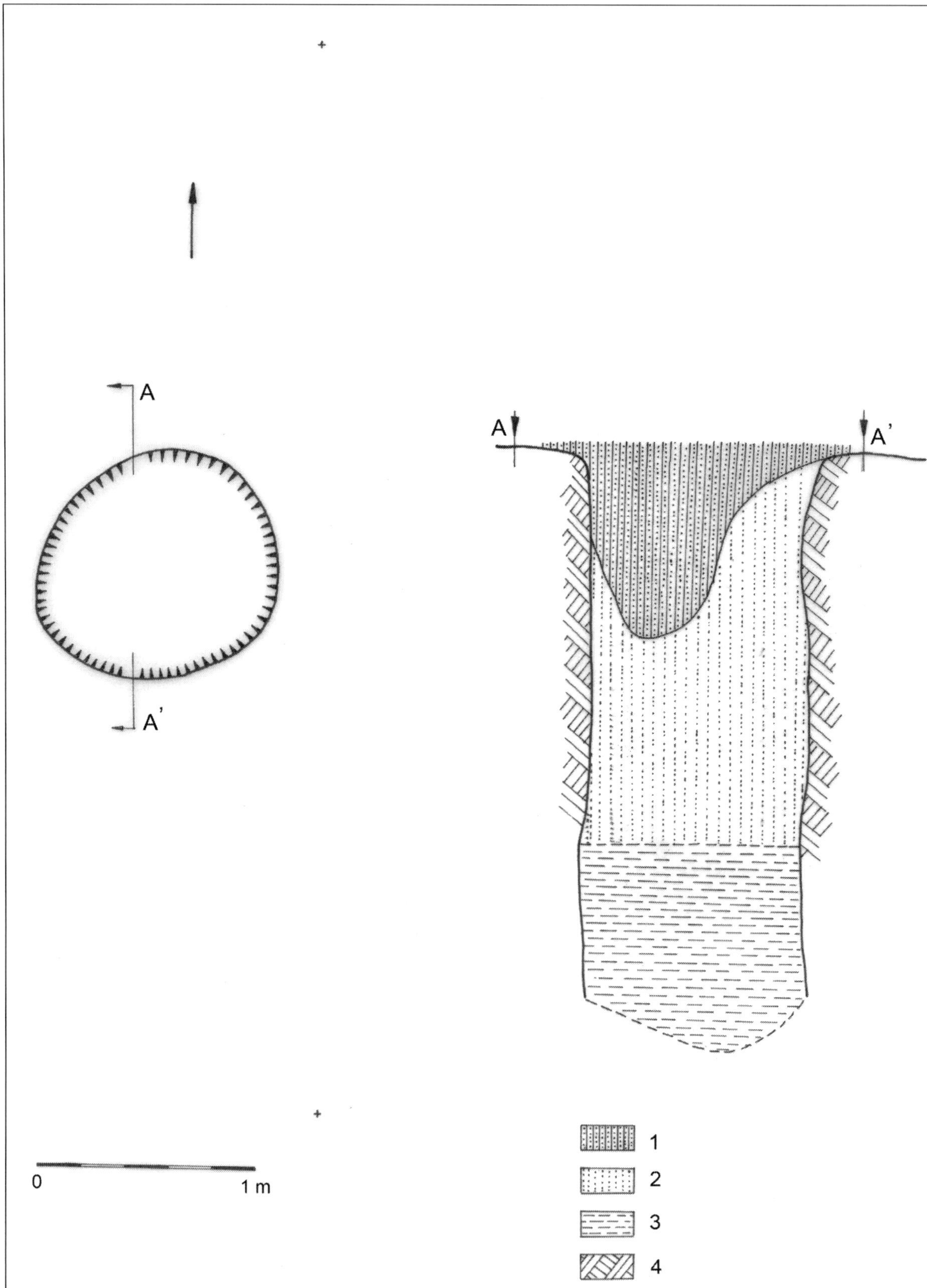

73. ábra: A kút alaprajza és metszete. *Jelkulcs: 1:* fekete betöltés *2:* sárga betöltés *3:* talajvíz *4:* sárga altalaj

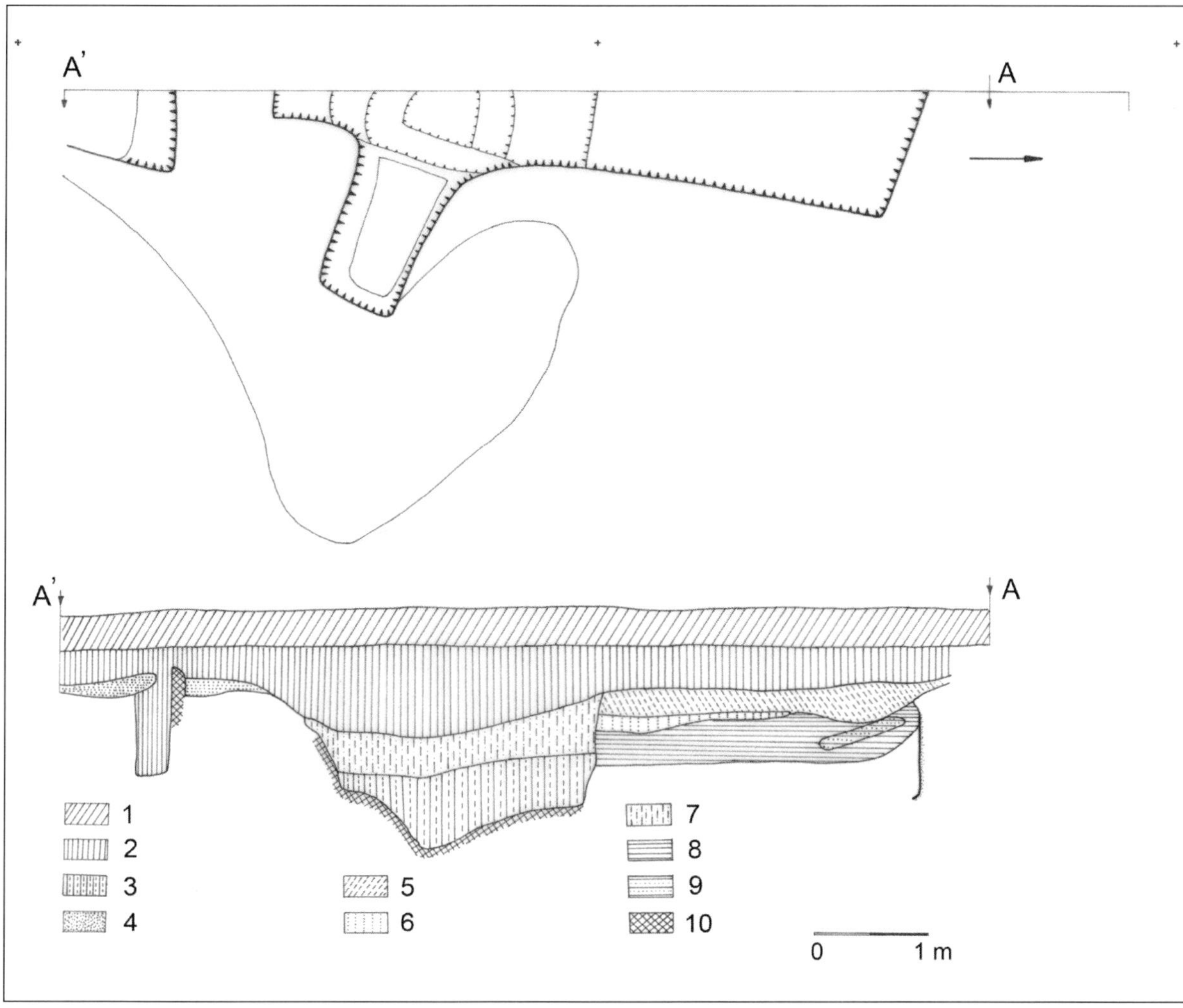

74. ábra: A téglaégető alaprajza és metszete. *Jelkulcs: 1:* szántás *2:* fekete, tömör, téglákkal és apró agyagrögökkel kevert *3:* téglák, laza fekete földben *4:* sárga agyagtapasztás (2. akna fedőrétege) *5:* szürke, laza hamus *6:* sárga, kemény, nagy rögökkel *7:* fekete, laza nedves föld néhány téglával *8:* barna töltés apró sárga rögökkel és téglákkal *9:* sárga, barnával kevert, kemény *10:* átégett felület

üregbe. Nem kizárt viszont, hogy 2. aknával mindez még nem történt meg, és teljes épségben rejtőzik a föld alatt.

1987-ben az addig ismertté vált alig tucatnyi téglaégetőt Valter Ilona az őriszentpéteri késő középkori kemence közlése alkalmával sorolta típusokba. E szerint a középkori téglaégetők között vannak rostélyos kiképzésű példányok, melyek az edényégető kemencék elvei szerint működtek. A másik típus, így pl. az őriszentpéteri is, az úgynevezett boksakemencék csoportja, melyeknél az agyagpadokból kiképzett tüzelőtér fölé, megfelelő légrést hagyva halmozták fel az égetendő téglákat, és az egészet letapasztották. Az égetés végeztével a tapasztást az agyagpadok szintjéig elbontották. A harmadik típus a német szakkifejezésből szó szerint fordított mezei kemence azt jelenti, hogy az égetőteret az agyagpadokhoz hasonlóan szilárd anyagból (földbe vájt és tapasztott agyag, gyakran tégla) időtállóan megépítették, és ezt nem bontották el minden égetés után.[1302] Az úgynevezett rostélyos szerkezetű típus az 1974-ben napvilágra került pókaszepetki 15,62 m^2 alapterületű,

[1302] *Valter* (1987) 143–148.

négyszög alakú, két tűzterű kemence alapján tanulmányozható a legjobban, melynek 120 cm magas tűztere mélyedt a talajba, az égetésre szánt nyers terméket a talajfelszín fölé halmozták, és agyaggal beboltozták. Az égetés végeztével a boltozatot lebontották, de a jelek szerint ily módon többször is megismételhették az égetést. Ezt a kemencét Vándor László a 13. századra keltezte.[1303] Tiszalök, Köves-telken 1981–82-ben Lőrinczy Gábor három téglaégető kemencét tárt fel, melyek egy Árpád-kori templom körüli temetőn kívül helyezkedtek el. Az agyagpados szerkezetű kemencékben agyagból épült boltozattal, illetve téglákkal fedték le a fűtőjáratokat. Az ásató ezeket a kemencéket ugyancsak a 13. századra keltezte.[1304] Lőrinczy Gábor 1987-ben Csongrád, Vár-hát lelőhelyen hitelesített egy 1929 óta ismert téglaégetőt, és ennek kapcsán újra számba vette az immáron tíz fölé emelkedett középkori téglaégetőket. Lőrinczy arra a következtetésre jutott, hogy az úgynevezett agyagpados típusú kemencék is tulajdonképpen rostélyos kiképzésűek lehettek, legfeljebb a rostély nem maradt meg. Következtetése arra a megfigyelésre alapul, hogy azoknál a kemencéknél, ahol az égetőtér alja épségben megmaradt (pl. Pókaszepetk, Csongrád, Zenta) a kiképzett áttörések rostélyként értelmezhetők, illetve a késő középkori égetőkemencéknél (Őriszentpéter, Békéscsaba) a téglákkal kirakott fűtőtér tetején is előfordulnak téglák, illetve téglákból kirakott „hevederívek". Ezen túl Lőrinczy egy újabb típussal gyarapította a listát, mégpedig a Kovalovszki Júlia által Dobozon feltárt objektummal. Ez nem áll egyébből, mint a föld felszínén egy 5 m átmérőjű, kör alakú, tapasztott, átégett platniból, melyet az ásató néprajzi analógiák alapján gondol téglaégető helynek.[1305]

1999-ben Miklós Zsuzsa Dombóvár, Sziget-erdő lelőhelyen, Árpád-kori kisvár tornya mellett tárt fel téglaégetőt, melyet V. István érméi kelteztek. A téglaégető alapterülete 16,38 m^2. A feltárt konstrukció alapján a négyszögű kemence alján kiképzett négy fűtőcsatorna fölé halmozták az égetendő téglákat.[1306] 2008–2009-ben, az M6 autópálya megelőző feltárásai kapcsán Paks, Cseresznyés lelőhelyen, a középkori Akalacs falu templomának szentélyétől kb. 15–20 méterre tártak fel négy fűtőcsatornás, agyagpados téglaégető kemencét. A lelőhely érdekessége, hogy ugyancsak a templom közelében mészégető kemence is napvilágra került.[1307]

Békés megyéből az időben legközelebbi „párhuzamnak" a Gyula, Szeregyházán 1933-ban talált két téglaégető kemence látszik. Ezek ugyanis egy templom körüli temető közelében kerültek elő, és az ásatás során a benne készült téglákat azonosítani lehetett egy Kálmán-éremmel keltezett sírban a koponya köré rakott téglákkal, míg a másik kemencében talált, kisebb méretű téglákat egy másik sírból előkerült pénzérme – Implom J. szerint – „mintegy száz esztendővel későbbi időre" keltezte.[1308] A leírás alapján biztosra vehetjük, hogy Árpád-kori téglaégetőkről van szó, melyek termékeit a síroknál biztosan, de minden valószínűség szerint a templom építésénél is felhasználták. Nagy kár, hogy sem részletes leírás, sem rajzos dokumentáció nem maradt fenn ezekről a téglaégető kemencékről, így szerkezetük rekonstrukciójánál tág tere nyílik a feltételezéseknek.[1309] Mindössze annyi látszik biztosnak, hogy az endrődinél fejlettebb, épített konstrukciók lehettek. Földrajzi értelemben ugyancsak közeli példa lehet a dobozi téglaégető, ez azonban szerkezetét tekintve minden bizonnyal

[1303] *Vándor* (1981) 73–75.

[1304] RégFüz 35 (1982) No. 145., RégFüz 36 (1983) No. 126., *Lőrinczy* (1984) 155., *Lőrinczy* (1990) 172., 177., továbbá a 9. ábra a 176. oldalon.

[1305] *Kovalovszki* (1986a) 113., *Kovalovszki* (1989) 142.

[1306] *Miklós* (1999) 155–163. Az ásató szerint a kemence szerkezete fűtőcsatornás és nem rostélyos típusú volt. Ezúton is köszönöm Miklós Zsuzsa szóbeli felvilágosításait.

[1307] *Oláh – Kele – Ács* (2010) 197–202.

[1308] *Szatmári* (1996c) 14. Vö. még *Lőrinczy* (1990) 174., 28. lj.

[1309] Implom József beszámolója szerint egy „hatalmas" háromosztatú kemencét találtak, melyben a nagyobb, azaz a korai téglákat égették, és egy kisebb, „kétnyílású" boltozott kemence is napfényre került, melyben a kisebb méretű, azaz későbbi téglák készültek. *Szatmári* (1996c) 14.

0
3.75
7.5
15
m

kizárható a párhuzamok közül.[1310] Mindent egybevetve az endrődi kemence-részlet a Valter Ilona által meghatározott mezei – helyesebben talán épített – típusba sorolható, melynek szerkezetét, azaz a fűtő- és égetőtér elválasztásának megoldási módját nem ismerjük.

Az Árpád-kori temető

1975-ben a templom körül, illetve a további két ásatási szezonban összesen 159 Árpád-kori sírt tártunk fel, és megnyugtatóan sikerült tisztázni a templom körüli temető nyugati szélét. A templomtól délre a homokbánya partfalában már csak egy sír akadt, amiből joggal következtethetünk arra, hogy a temető ebben az irányban nem terjedt túl a bánya jelenlegi szélén. Sajnos a templom körül csak 12 sír maradványait találtuk. Ennek oka egyrészt a kutatóárkokkal végzett rövid ásatás, melynek eredményeként például a keleti oldalon nem nyílt mód sírok feltárására. A templom körüli nagyfokú bolygatások is sok sírt elpusztíthattak, erre utal, hogy az alapfalak közelében egyetlen sírt sem találtunk. A templomdombon végbement eróziónak és talajművelésnek is minden bizonnyal sok, nem túl mélyre ásott sír eshetett áldozatul.

A templom belsejében nem találtunk sírt. Ez teljességgel megfelel Szatmári Imre azon megfigyelésének, hogy a Békés megyében eddig feltárt Árpád-kori templomok egyikének belsejébe sem temetkeztek, ez a szokás csak a 14. század után fordul elő.[1311]

A temetőtérképen (*75. ábra*) látható sírok elhelyezkedése azt sugallja, hogy a megmentett sírok majdnem kör alakban veszik körül a templomot. Nincs okunk abban kételkedni, hogy a templomtól nyugatra és délre eső területeken ez így is volt. Sőt, a templom északi oldalán még 1975-ben feltárt néhány sírmaradvány alapján az északi oldalon is sok sír pusztulhatott el. Semmilyen adatunk sincs az épülettől keletre eső területekről, de nem látjuk annak indokát, hogy ezt a részt kihagyták volna a temetkezésekből. Ennek megfelelően tehát valószínűleg nem követünk el nagy hibát, ha feltételezzük, hogy a sírok valóban körbevették a templomot. A temető határait és nagyságát azonban csak a nyugati oldalon végzett feltárás eredményeiből kiindulva lehet megbecsülni, hiszen a déli oldalon feltárást nem végeztünk, mindössze egyetlen sírt (30. sír) mentettünk meg a bánya oldalában. Nem tekinthetjük a temetőhöz tartozónak a telep ÉK-i szélébe ásott 1. számú sírt, bár minden valószínűség szerint ez is Árpád-kori lehetett. Hasonlóképpen a temető ÉNy-i szélétől kissé távolabb esik a 2. sír is.

Hasonló jelenséget tapasztalunk a közeli Décse, továbbá Boldogfalva, Murony és Nagyszénás határában feltárt Árpád-kori templomok esetében, ahol a temető bővítése a templomtól kiindulva, koncentrikus körök formájában történt.[1312] Erre a jelenségre már Méri István felfigyelt a kardoskúti templom kapcsán, több párhuzamot említve az ország más területéről is.[1313] A Visegrád, várkerti kora Árpád-kori templom körüli temetőben a legszélső sírokat a templomtól nyugatra 17–20 méterre találták meg, és ennek alapján alapos okkal feltételezhető, hogy azok nagyjából szabályos körben, ilyen távolságban vették körül a templomot.[1314] A négyszállási jász temetőben hasonlóképpen, a

[1310] *Kovalovszki* (1986a) 113. Ez ugyanis nem állt egyébből, mint egy szabálytalan kör alaprajzú, mintegy 5 m átmérőjű, vörösre átégett földterület a templomtól É-ra 20 méternyire. *Kovalovszki* (1989) 142.

[1311] *Szatmári* (1996a) 357. Ez minden bizonnyal igaz Doboz, Faluhely esetében is, bár erre a rövid közleményben nem találunk adatot: *Kovalovszki* (1989) 142.

[1312] Ezeken a lelőhelyeken Szatmári Imre a temető kerítéséül szolgáló körárkokat figyelt meg. Décsén a halom lábánál, Muronyban az első kör 5–7, Nagyszénáson átlagosan 10 méterre húzódott a templomtól. MRT 10, 625–626., *Szatmári* (1996a) 28–29., 10. kép.

[1313] *Méri* (1964) 8.

[1314] *Kovalovszki* (1986b) térképmelléklet.

75. *ábra*: Az Árpád-kori templom és temető összesített térképe

templom közepétől számított 20 méteres sugarú körben, árokkal körülvett területen voltak a sírok.[1315] Az endrődi templom esetében viszont a temető nyugati széle az előbbiekhez képest igen távol, 31,75 méterre esik a templomtól. Az itt feltárt 333 m^2 területen 145 sírt találtunk, ami azt jelenti, hogy egy m^2-re 0,43 sír esik. Ha feltételeznénk, hogy a temető többé-kevésbé szabályos körben vette körül a templomot, akkor az elpusztult területtel együtt a temető nagysága 4000 m^2-re, a sírok száma pedig 1720-ra jönne ki. Ez nyilván túlzás egy még az Árpád-korban elpusztult templomnál. Ha a feltárt sírok által biztosan elfoglalt legkisebb területet vesszük alapul, akkor is 1446 m^2 legkisebb, illetve 2100 m^2 legnagyobb nagyságú területet kapunk, az említett sűrűséggel számolva ez legalább 622 és legfeljebb 903 sírt jelent. Úgy tűnik, az alacsonyabb szám látszik reálisabbnak, vagyis a templom köré eltemetett sírok száma 700 körül lehet, hiszen a temető nem volt szabályos kör alakú, és valószínűleg nem volt minden oldalon azonos sűrűségű.[1316]

A temetőben számos alkalommal megfigyeltük az utántemetkezést, vagyis a később ásott sírgödörrel feldúlták a korábbi sírt, de többrétegű, vagyis egymásra fektetett temetkezésekkel nem találkoztunk.

A sírok mélysége igen csekély. A legkisebb mélység 13 cm, de a legmélyebb sírt sem ásták a mai felszíntől számítva 76 cm-nél mélyebbre.[1317] Ebből arra következtetünk, hogy a templom dombján legalább 50 cm-es erózióval számolhatunk. Ezt támasztják alá az 1970-es években tett terepbejárási, továbbá az ásatási megfigyelések is, miszerint sok sír esett a szántás áldozatául.

2. táblázat: a temető sírjainak adatai:

Sírok			
Mélység (cm)	Eset	Tájolás	Eset
13	3	38	1
17	2	39,5	1
20	1	40	2
22	1	41	1
23	1	41,5	1
24	1	42	2
25	3	42,5	2
26	1	43	6
27	2	43,5	7
30	3	44	10
31	2	44,5	9
33	1	45	11
34	5	45,5	7
35	4	46	11
36	2	46,5	9
37	1	47	9
38	4	47,5	5
39	4	48	12
40	10	49	9
42	4	49,5	2

[1315] *Selmeczi* (1992a) XVIII. tábla.

[1316] Az Árpád-kori Kána falu temetője 48 x 56 m (2688 m^2) nagyságú területet foglalt el, és itt 1077 sírt találtak, vagyis 2,4 sír jut egy m^2-re. *Terei* (2010) 84.

[1317] A templom közvetlen közelében 95 cm-es sírmélységet is tapasztaltunk. Mivel a templom dombján nagyobb erózióval kell számolnunk mint egyebütt, úgy tűnik, hogy a templomtól távolabb eső sírokat nem ásták olyan mélyre.

Sírok			
Mélység (cm)	Eset	Tájolás	Eset
43	4	50	3
44	4	51	1
45	8	52	2
46	3	56,5	1
47	1		
48	4		
49	2		
50	10		
52	1		
54	1		
55	7		
56	1		
57	4		
58	3		
60	7		
61	1		
62	1		
64	1		
65	3		
69	1		
70	2		
75	2		
76	1		

A sírok tájolása természetesen Ny–K, az ettől való eltéréseket, illetve gyakoriságot a fenti táblázat és a túloldali grafikon mutatja:

Mint a grafikonból is jól látszik, a sírok többsége a 244–278 fok közé esik, ami a 64-es beosztású tájolókon használatos vonásra átszámolva 43,5 és a 49 vonások közötti tartománynak felel meg. Az abszolút számokat tekintve a legtöbb (12) 48 vonást, azaz 270 fokot mutat, vagyis *pontosan Ny–K irányítású*, míg a sírok többsége inkább a DNy–ÉK mezőbe esik, és mindössze néhány akad, melyet ÉNy–DK felé irányítottak. Szatmári Imre a Békés megyei templom körüli temetők ásatásai során azt tapasztalta, hogy a sírgödröket következetesen a templom falaival azonos irányban ásták.[1318]

Tekintettel arra, hogy a sírokat kivétel nélkül kevert földbe, vagyis őskori kultúrrétegbe ásták, így semmi csodálkozni való nincs azon, hogy elvétve sikerült a sírgödör széleit megállapítani. Csupán a 145. sír esetében rögzíthettük teljes egészében a sírgödör méreteit és alakját, ez lekerekített sarkú volt, és a felsőtest jobb oldalán kiszélesedett. Megfigyelhető mélysége 12 cm.

Tényleges egymásra temetkezést nem találtunk, viszont később beásott sír által többé-kevésbé bolygatott korábbi sírokat összesen 28 esetben figyeltünk meg (3-11; 16-17; 19-56; 20-57; 22-58-59; 23-24-69; 25-26; 29-31; 34-35-36; 39-40; 47-50; 48-49; 52-53; 60-61-62; 63-64; 65-66; 68-70-80; 73-76-79; 74-77; 85-86; 103-104-105; 106-107; 109-110; 111-112; 113-114-115-116; 119-120; 130-131-132-133; 139-141-147. számú sírok).

A halottak alkarjának elhelyezésében 12 féle változatot rögzítettünk (csak azokat vettem számításba, ahol mindkét alkar megvan, illetve nem kétséges, hogy eredeti helyzetben vannak):

[1318] Sarkadkeresztúron a legtöbb sír a templommal azonos, 49,5' tájolást mutatott. *Szatmári* (1997) 354. Hasonlóképpen a telekgerendási templomhelyen a sírok többsége a templommal azonos irányba (49–50 vonás közé) volt tájolva. *Szatmári* (1996e) 219.

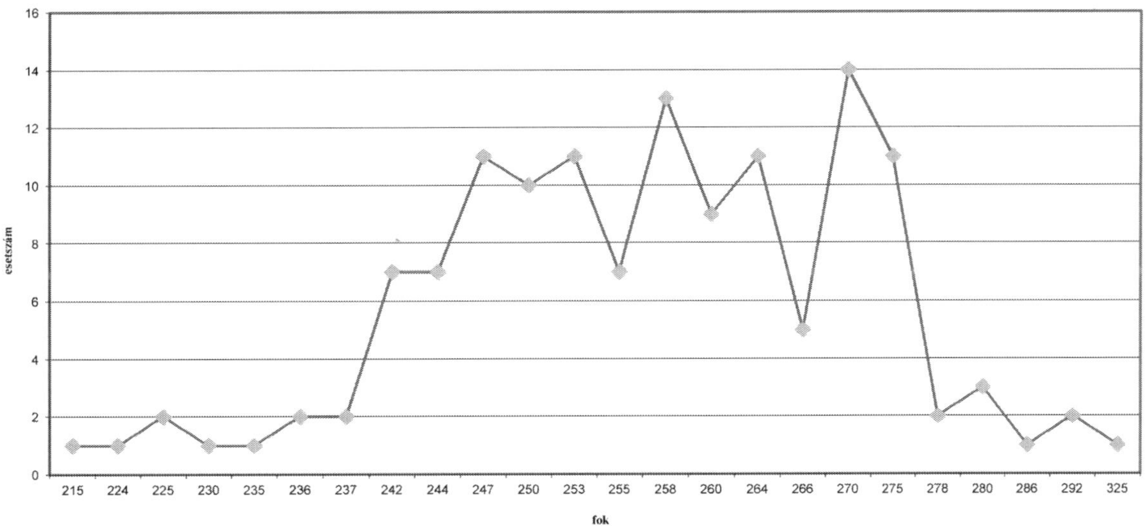

Alkarok a test mellett kinyújtva: 75/10, 75/12, 9, 10, 11, 22, 27, 28, 32, 33, 37, 39, 40, 45, 48, 66, 67, 68, 72, 73, 81, 82, 85, 87, 88, 89, 90, 91, 93, 94, 97, 98, 99, 100, 102, 119, 121, 122, 129, 131, 136, 138, 141, 143, 144, 145, 146. (47 eset, 31,9%)

Jobb alkar a test mellett, bal a medencére hajlítva: 17, 107, 128, 137.

Jobb alkar az áll alá, bal a medencére hajlítva: 29.

Jobb alkar a medencére hajlítva, bal a test mellett: 96.

Jobb alkar a hasra hajlítva, bal a test mellett kinyújtva: 142.

Mindkét alkar a hasra hajlítva: 34, 111, 130, 134.

Mindkét alkar a derékra hajlítva: 75.

Mindkét alkar a lágyékra hajlítva: 84, 114.

Jobb alkar a lágyékra hajlítva, bal alkar a test mellett: 38.

Jobb alkar a hasra, bal a medencére hajlítva: 50.

Jobb alkar a mellre, bal alkar a hasra hajlítva: 118.

Jobb alkar könyökben függőlegesen felhúzva, bal alkar a mellre hajlítva: 120.

Rendellenes lábtartások:

Jobb láb térdben hajlítva és derékig felhúzva: 37.

Jobb láb térdben kissé felhúzva: 141.

Lábak térdnél egymásra keresztbe fektetve: 40.

Az endrődi temetőben szépszámmal akadtak koporsós sírok is, összesen 38 sírban (23,8%) figyeltük meg koporsó nyomát (3., 4., 6., 9., 10., 12., 14., 17., 18., 28., 29., 34., 38., 52., 73., 74., 83., 88., 90., 93., 94., 96., 97., 102., 103., 108., 111., 112., 113., 114., 117., 121., 128., 134., 136., 138., 142., 143. sírok). Közülük 34 felnőtt és csak 4 gyermek. A koporsók tekintetében a legrészletesebb megfigyeléseket a 96. sír esetében lehetett tenni. Itt ugyanis 1 cm vastag összefüggő fakorhadék formájában teljes körvonala megmaradt, sőt nyomokban a váz fölött is megfigyelhető volt. Ezzel szemben a csontváz alatt semmilyen nyomát sem találtuk, amiből az a következtetés adódik, hogy nem is volt alja. A trapéz alakú koporsó szinte pontosan a váz méretéhez illeszkedett, a fejnél 55, a lábnál 35 cm széles volt. Szeget, vagy más vastárgyat nem találtunk benne, vagyis ez esetben az elhunyt köré és fölé legfeljebb csapolással összeillesztett deszkákat helyeztek. Hasonló formára enged következtetni a 111. sírban, a bal lábszár mellett megfigyelt koporsórészlet is. Sajátos helyzet adódott a 128. sír esetében. Itt ugyanis a váz körül és felett megfigyelt koporsómaradványok kisebbek, mint a csontváz maga. Annak ellenére, hogy az oldalak összefüggő fakorhadék formájában jelentkeztek, az alsó lábszárak ebből a „keretből" kilógnak. Sem a sír mélysége (46 cm) sem helyzete (magányosan, gyakorlatilag a temető szélén) nem engedi meg, hogy ezt a koporsót egy másik sír tartozékának gondoljuk. Csupán azt feltételezhetjük, hogy a 96. sírhoz hasonlóan az oldaldeszkákból és fedélből álló tákolmányt annak dacára rátették a holttestre, hogy a mérete nem volt megfelelő. Ez a koporsó egyébként a váz jobb oldalán sikeredett trapéz alakúra, a fejnél 15, a mell tájékán 30, a térdnél ismét csak 20 cm széles. Abban is különbözik a 96. sírban talált másiktól, hogy négy vaskos, kúpos fejű szöget találtunk benne. Ezzel kapcsolatban megint csak különlegesség, hogy valamennyi a csontváz felett volt, vagyis a fedélbe voltak ütve, így nem a fedél és az oldalak összeerősítésére szolgáltak. Ez a három eset azonban kivételes megoldásnak látszik, hiszen a többi esetben a kisebb-nagyobb koporsórészletek a csontvázak alatt is előbukkantak.[1319]

Külön kell szólnunk a temető DNy-i szélétől kissé távolabb napvilágra került 127. számú sírról. Ez ugyanis nemcsak különállásával, hanem eltérő (É–D) tájolásával, és az összes többi téglasírnál jobban kiépített voltával hívja fel magára a figyelmet. Az a körülmény, hogy ebbe, az alig 10 cm széles! téglasírba egy koraszülött csecsemőt temettek, a kor hasonló jellegű temetkezései között nem számít különlegességnek.

Sajnos a temető antropológiai feldolgozása még nem történt meg, így a nemek és az életkor szerinti vizsgálattól el kell tekintenünk.[1320]

Sírleletek

Az Árpád-kori temető 159 sírjából mindössze 11 sírban (6,9%) volt lelet, ami templom körüli temető esetében nem meglepő jelenség.

Éremlelet mindössze egyetlen akadt: a 88. sírban fekvő felnőtt szájába egy 12. századi ezüst anonim dénárt helyeztek.[1321] Ezt a típusú érmet az eddigi adatok alapján a század folyamán folyamatosan használták, és sírba kerülése is erre az időre tehető.[1322]

Az *ékszerek* élére kívánkozik a 10. sírban talált filigrándíszes, két gyöngykoszorús fülbevaló három darabja.

Gyöngysor mindössze egyetlen akadt. A 83. sírból került elő: zöld és zöldessárga, jórészt lapított gömb, néhány esetben kúp alakú mészkőgyöngyökből áll, és a közepén lehetett az egyetlen hengeres fehér darab.

A sírleletek legtöbbje *S-végű karika*, közöttük is feltűnően nagy számban (9 db) vannak a *bordázott* végűek: a 83. gyermeksírból három darab, kerek átmetszetű ezüsthuzalból készült, négyszer bordázott darab került elő.[1323] Hasonlóképpen négyszer bordázott, de kerek átmetszetű, vaskos bronzhuzalból hajlított karikapár származik a 99. számú felnőttsírból. Ugyanebből a sírból egy harmadik, kerek átmetszetű, az előbbinél vékonyabb bronzhuzalból hajlított példány is előkerült, melynek s-vége háromszor bordázott. Kétszer bordázott végű, kerek átmetszetű ezüsthuzalból hajlított, karikapár volt a 93. sírban. A 119. sírban egyszer bordázott, kerek átmetszetű ezüsthuzalból készült karika töredékét találtuk.

1319 Az Árpád-kori koporsós temetkezésekről összefoglalóan írt *Pap* (2010).

1320 A feldolgozást Pap Ildikó végzi.

1321 CNH I. 69. Szigla: egyik félhold mellett négy pont. A meghatározást Kovács Lászlónak köszönöm.

1322 *Kovács* (1997) 308–309.

1323 Ugyanebből a sírból egy kerek átmetszetű, bronzhuzalból készült karika is származik, melynek – feltehetően – s-vége letört.

A vastag vagy vékony huzalból készült, bordázott S-végű karikákat Szőke Béla a 11. század második felétől a 12. század első feléig terjedő időre keltezte, és úgy vélte, hogy viselete csak a Felvidéken, illetve a Dunántúl északi részén terjedt el.[1324] Azóta természetesen a lelőhelyek száma sokszorosára bővült, és a Körös–Maros közötti területen is több lelőhelyről ismertek: Csanádpalota (Kálmán denárával),[1325] Deszk-D,[1326] Gyulavarsánd, Pusztaföldvár, Klárafalva B., Kiszombor B, Hódmezővásárhely Hunyadi-halom,[1327] Orosháza Kriston-téglagyár.[1328] A korábbi lelőhelykataszterek adatait a közvetlen környékről az alábbi újabb lelőhelyekkel egészíthetjük ki: Endrőd 39. lelőhely,[1329] Örménykút 13. lelőhely,[1330] Szarvas 31. lelőhely,[1331] Szarvas 42. lelőhely,[1332] Békés Povád, Békéscsaba 223. lelőhely, Mezőberény 137. lelőhely,[1333] Murony 25. lelőhely,[1334] stb.

A kutatás ma egységesnek látszik abban, hogy a bordázott S-végű karikák az egész Kárpát-medencében egységesen a 11. sz. végén terjedtek el, és használatuk felső időhatára minden bizonnyal egybeesik a köznépi temetők megszűnésének idejével.[1335] A nagyméretű S-végű karikák jelentik a legkésőbbi típust, melyek alsó időhatárául a 11–12. század fordulóját jelölhetjük meg.[1336]

Sima S-végű hajkarikát négy sírban találtunk, összesen 7 darabot. Az 54. számú sírban összesen négy darab volt, valamennyi bronzhuzalból, széles s-véggel. Párosával, egy-egy négyszög, illetve kerek átmetszetű példányra bukkantunk a bal váll fölött, illetve a koponya alatt. A 73. sírban a koponya alatt egy darab, ugyancsak kerek átmetszetű bronzhuzalból készült, széles S-végű karika volt. A 142. sírban, a jobb fültájékon kerek átmetszetű, bronzhuzalból hajlított karikapárra bukkantunk, melyek átmérője feltűnően nagy: 3,5 cm.

A sima S-végű hajkarika az Alföldön a 11. században jelenik meg, és hamarosan olyan mértékben válik tömegessé, mint sehol az országban.[1337]

Nyitott végű hajkarikát összesen hat darabot találtunk, melyek három sírban fordultak elő. Közülük egy esetben (73. sír) S-végűvel együtt. Ez utóbbi kerek átmetszetű bronzhuzalból készült és a koponya alatt volt. A 83. sírban három is volt, kettő a jobb fültájékon, egy pedig a bal halántékon. Mindhárom kerek átmetszetű bronzhuzalból készült. Ugyanilyen típusú volt a 141. sírban a bal oldali fültájékon talált példány is.

1324 *Szőke* (1962) 89. Vannak benne ugyanis ilyenek, melyeket *Bóna* (1964) 166. és *Bakay* (1978) 174. a 11. második felére kelteznek. Vö. *Mesterházy* (1994) 194. Mesterházy K. megjegyzi, hogy legkorábban I. András pénzeivel fordul elő. *Mesterházy* (1994) 233.

1325 *Fehér – Éry – Kralovánszky* (1962) No. 163.

1326 *Fehér – Éry – Kralovánszky* (1962) No. 222.

1327 *Mesterházy* (1962–64) 99–103.

1328 *Majláth* (1890) 418.

1329 172., 175., és 176. sírokban. Jankovich B. Dénes, Makkay János és Szőke Béla Miklós ásatása 1978–1979. Közöletlen.

1330 A 19. sírban két db. *Liska* (1996) 187.

1331 A 2. sírban két nagyméretű, a 3. sírban ugyancsak kettő, ezüstből készült, bordázott hajkarika volt. MRT 8, 411. A TSM-ben lévő leltározatlan leleteket nem közölte: *Juhász* (1996) 160.

1332 6. sír: MRT 8, 419.

1333 MRT 10, 84–85., 224., 598–601.

1334 MRT 10, 625.

1335 *Mesterházy* (1962–64) 14., *Szőke – Vándor* (1987) 51–52., 79.

1336 *Szőke* (1962) 89. Túrócszentmártonban Kálmán pénzével fordul elő. *Mesterházy* (1962–64) 99–103., *Bende – Lőrinczy* (1997) 229.

1337 *Mesterházy* (1962–64) 14., *Szőke – Vándor* (1987) 51–52., 79., *Bende – Lőrinczy* (1997) 227. Viszonylag ritka leletnek számít Észak-Magyarországon: *Révész* (2008) 405.

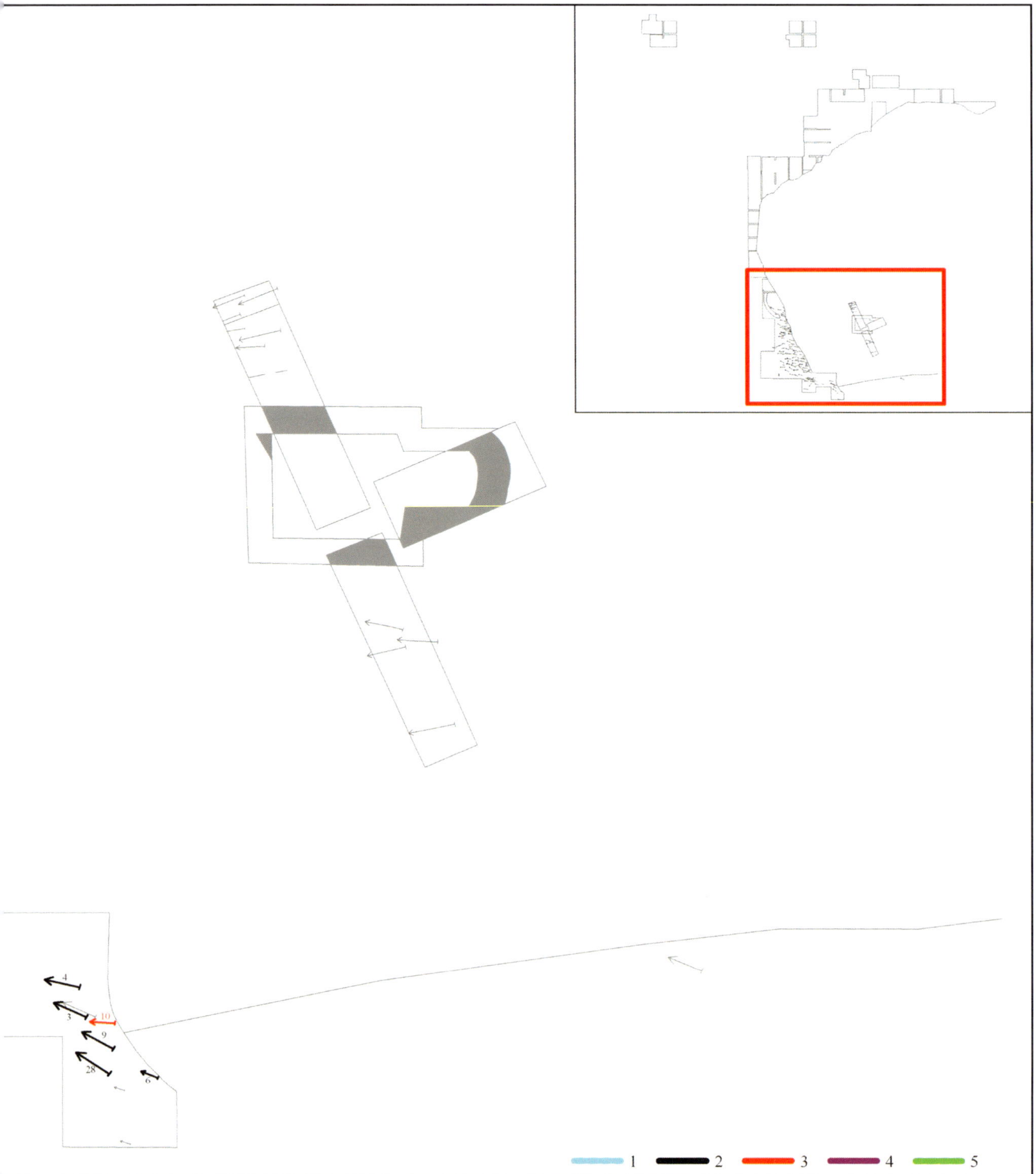

76. ábra: A mellékletes sírok elhelyezkedése. *Jelkulcs: 1:* téglamellékletes sírok, *2:* koporsós sírok, *3:* sírok egyéb mellékletekkel, *4:* koporsós sírok egyéb mellékletekkel, *5:* koporsós sír tégla- és egyéb mellékletekkel

A sima, nyitott végű karikák a legelterjedtebb honfoglalás kori ékszernek számítanak, és minden társadalmi réteg sírjában megtalálhatók, de a 11. században is folyamatosan jelen van az emlékanyagban.[1338]

Mindössze három sírból került vastárgy leltárba. A 99. sírban egy nagyméretű, lapos fejű, aszimmetrikus vasszög, a 128. sírból négy vaskos, kerek, lapos, illetve kúpos, aszimmetrikus fejű koporsószög származik, három a melltájékon, egy a térdnél volt. A 99. sírban a koponya alatt még egy kerek átmetszetű, kisebb karika össze nem illő töredékeit találtuk.

A 11 mellékletes sír elhelyezkedése alapján csak annyi mondható, hogy a feltárt temetőrészben mindenütt megtalálhatók (*76. ábra*).

Téglás sírok

A halottak köré sírba helyezett téglák az endrődi temetőben is előfordultak, ha nem is túlságosan nagy számban, de annál változatosabb formákban:

- a fej mögött két-két élére, illetve lapjára állított tégla (85., 98. és 131. sír);
- a fej élére állított égetett téglákkal volt körülrakva („koponyafülkés"), a test két oldalán pedig égetetlen téglákat helyeztek el (92. sír);
- a mellkason és az alsó lábszárakon egy-egy tégla (89. sír);
- a csontváz jobb oldalán, teljes hosszában téglák feküdtek egy sorban, a bal oldalon csak egy tégla volt (105. számú csecsemősír.);
- tégladarabok egy sorban: 23. sír felnőtt váz jobb oldalán; 72. sírban a felnőtt váz bal oldalán;
- a sír földjében néhány tégladarab (53. sír);
- a lábfejnél egy tégladarab (51. sír);
- a 127. sírban két, párhuzamos téglasor volt élükre állított féltéglákból, melyeket felülről is tégladarabokkal fedtek le. E sír tájolása É–D.

Bizonytalan a 104. csecsemősírban talált tégladarabok hovatartozása és jelentősége.

Látható, hogy a 10 biztos és két bizonytalan téglás sírban nyolcféle változattal találkoztunk. A nem és életkor alapján történő csoportosításuk – embertani feldolgozás híján – még nem oldható meg. A téglás sírok közül csak egyben volt más lelet is, és ebben az egy esetben fordult elő, hogy koporsó nyomait is megtaláltuk. Kovács László az ilyen típusú sírokkal foglalkozó tanulmányában a téglákat sírmellékletként értelmezte. Részletes és alapos tanulmánya felment a kutatástörténeti összefoglaló alól, és a temetkezési szokás rituális hátterével kapcsolatban sincs hozzátenni valóm fejtegetéseihez.[1339] Kovács László a szokás kilencféle változatát írta le. A kilenc változatból a III. csoportba tartoznak azok a sírok, ahol a fej mögé állították a téglá(ka)t. Ezt Endrődön három esetben, a 85., 98. és 131. számú, melléklet nélküli sírokban tapasztaltuk, közülük kettő felnőtt, egy pedig gyermek. A IV. csoportban találjuk azokat a sírokat, ahol a fej mellett (egyik oldalon) helyezték el a téglákat. Endrődön a 142. számú felnőttsírban a fej jobb oldalán volt két tégla. A sír további melléklete két sima S-végű, nagyméretű hajkarika. A VI. csoportba tartozik az 51. számú felnőttsír, ahol a lábfejnél volt egy tégladarab. A VII. csoportban ismét több sírt találunk: a 23. számú felnőttsír jobb, a 72. számú felnőttsír bal oldalán, egy sorba kirakott tégladarabokat figyeltünk meg, míg a 105. számú csecsemősírban, a csontváz jobb oldalán teljes hosszában, a bal oldalon pedig egy téglát találtunk. A VIII. csoportba tartozik a 127. csecsemősír. Végezetül a IX. csoportba sorolható a 89. sír, melyben fiatal egyén nyugodott, itt a mellkason és az alsó lábszárakon volt egy-egy tégla. Bizonytalan

[1338] *Szőke* (1962) 35., *Révész* (2008) 402.

[1339] *Kovács* (1998) 26–39.

a helyzete az 53. és 104. sírok földjében talált tégladaraboknak. Koporsós sírokban egy kivétellel (142. sír) nem fordult elő téglamelléklet. Egyébként ez az egyetlen olyan sír a temető nyugati szélén (*76. ábra*), amelyben koporsómaradványokat, tégla- és egyéb mellékleteket is találtunk.

Kovács László lelőhelykataszterében a Körös–Maros közből az alábbi téglamellékletes sírokat találtam:

Békéssámson, Cigánd: Az 1. sírban fekvő férfi fejénél két db élére állított tégla, melléklete egy 12. századi anonim dénár. A 3. sír gyermekcsontvázának fejét három élére állított téglával rakták körül, és a lábak végéhez két féltéglát fektettek lapjával.

Békéssámson, Szárazér-part: A 2. sír női csontvázának feje alatt tégla, a szájban Kálmán király H37 jelű dénára.

Elek, Téglagyár köznépi temető 44. számú női sírja élükre állított téglákkal volt körberakva. Mellékletei: varkocskarika, nyitott, hegyesedő végű függőpár, sodrott bronz karperecpár és sodrott ezüstgyűrű.

Kamut 27. lelőhely három téglás sír, közülük az egyik mellékletes.

Kardoskút, Fehértó, 6 téglás sír.

Kardoskút, Hatablak, 7 téglás sír.

Kaszaper, Templom-halom, 2 téglás sír.

Makó, Mezőkopáncs ismeretlen számú, de sok téglás sír.

Orosháza, Rákóczi-telep (Gellértegyháza) 55 téglás sír.

Tótkomlós, Szárazér-part egy sír, melyben S-végű hajkarika is volt.[1340]

Ez eddig összesen 78 sír, ami az országos adatgyűjtésben leírt 152 eset 51%-a. Ezt kiegészíthetjük Orosháza Kriston-téglagyár hat,[1341] Gyula Török-zug[1342] egy, Gyula Szeregyháza legalább négy,[1343] Nagyszénás Dózsa-erdő két[1344] esetével és az endrődi 12 példával, ami közel 66%-ra növelte e temetkezési szokás előfordulási arányát a Körös–Maros közben.

Kovács László a téglás temetkezések számbavétele után megállapította, hogy „ez a „halottas" gyakorlat nagyon sokszínű, de sem nem, sem életkor szerinti sajátosságokat nem mutató sírokat foglal magába. E síroknak mindössze nagyjából az ötödrésze volt mellékletes, de ezek jellegtelen tárgyi anyaga Kálmán ... valamint II. István ... dénáraival kiegészülve elégséges e gyakorlat 11–12. századi meglétének bizonyításához, de ellene mond a korábban feltételezett rang- és vagyonjelző szerepének". A továbbiakban Kovács László megállapítja, hogy a szokás 11. századi keltezését már négy köznépi temetőből ismert adat is támogatja, sőt a 10. században is előfordulhat. Felső időhatárára egyelőre nincsen adat, viszont a szokás elsősorban az Alföldön terjedt el.[1345]

Pap Ildikó Katalin kifejezetten a Békés és Csongrád megyei téglás sírokat vette számba. A két megyéből 304 sírra gyűjtött adatokat, és a téglák elhelyezkedése, illetve a téglakeretek tipológiai osztályozása során 15 csoportot különített el. A jelentősen megnövekedett esetszám alapján a temetkezési szokás aránya az ország más területeihez viszonyítva a Körös–Maros–Tisza vidékén 80% fölé

[1340] *Kovács* (1998) 26–39.

[1341] *Majláth* (1890) 421.

[1342] Jankovich B. D. ásatása 1978–1979. Közöletlen. 177. sír.

[1343] Implom József 1933. évi ásatásán, templom körüli temetőben két éremmel keltezett sírról tudunk, melyekben "kezdetleges sírboltféleképpen" élére állított téglákkal rakták körül a fejet. Az egyik érem Könyves Kálmáné, a másik "mintegy száz esztendővel későbbi időre mutat." Idézi *Szatmári* (1996c) 14. Szatmári Imre 1986-ban végzett hitelesítő ásatásán további két sírban (3. és 9.) bukkantak téglás temetkezésekre. A szerző szíves közlése, melyért ezúton is köszönetet mondok.

[1344] A 18. sírban a koponya és a jobb könyök között négy élére állított tégla volt, a 28 sír pedig a fej körül ki volt téglázva. *Szatmári* (2000) 58., 62.

[1345] *Kovács* (1998) 42.

emelkedett.[1346] Kovács Lászlóval ellentétben a sírokba helyezett téglákat alapvetően sírépítményekként kezelte, mely alól szerinte csak a koponya alá, vagy a holttestre helyezett egy-két darab tégla lehet kivétel, előbbieknek „párna" funkciója, utóbbiaknak rontást visszatartó szerepe lehetett.[1347] Kétségtelen, hogy a téglás temetkezések zöme olyan sírépítmények része, melyek tégla vagy deszka fedéssel a halottat a temetés során rázúduló földtől voltak hivatva megvédeni. A több sor téglából épített, lapos vagy nyeregtetős fedéssel ellátott sírépítmények képviselik e jellegzetesség legfejlettebb formáját. Utóbbiak értelemszerűen többnyire nagyobb templomnál, illetve kolostorokban a gyakoribbak. Kronológiai elkülönítésnek továbbra sem látszik sok alapja. Az endrődi temetőben a templomtól legtávolabb eső, ráadásul ellentétes tájolású csecsemősír volt az egyetlen, ahol téglával fedett „sírépítményt" találunk. Azonban erre is, mint az összes többire, jellemző, hogy a téglák kisebb-nagyobb darabok, legfeljebb féltéglák.[1348]

A sírleletek segítségével tehát a temetőt az alábbiak szerint keltezhetjük: a nyitott karikák, illetve a sima S-végű karikák alapján a temető kezdetét a 11. század közepére tehetjük. A legtöbb lelet, közöttük a bordázott S-végű karikák, a téglás sírok, a 11–12. század fordulójára helyezhetők a legvalószínűbben. Az egyetlen érem, valamint a nagyméretű hajkarikák viszont a 12. század előtt nem kerülhettek sírba.

Az avar kori telep

A lelőhelyen már az első terepjárások alkalmával felfigyeltünk arra, hogy az Árpád-kori leletek mellett (késő) avar kori cserepek is gyűjthetők. Az ásatások annyiban támasztották alá ezt a megfigyelést, hogy további avar kori kerámiatöredékek kerültek múzeumba, és négy feltárt objektumrészletről: egy házról, egy gödörről és két árokról lehet több-kevesebb bizonyossággal állítani, hogy avar koriak. A bizonytalanság okai sokrétűek. Egyrészt nincsen értékelhető stratigráfiai elkülönülés az avar és az Árpád-kori objektumok között. Azonos mélységben, azonos talajszerkezetben és azonos összetételű betöltésekkel jelentkeztek a két korszak létesítményei. Az egyetlen háznak (5. ház) csak egy részét sikerült hitelesen feltárni, fontos részletek megfigyelésére nem került sor. A leletanyag az egész lelőhelyen, sőt az objektumokon belül is kevert, szinte valamennyi korábbi korszak kerámiatöredékei megtalálhatók a betöltésekben. Csupán egyetlen szempont maradt az avar kori jelenségek elkülönítésére: a jellegzetes Árpád-kori leletek hiánya.

Az egyes cserepek avar korra való keltezésének alapjául három ismérvet választottam. Mai ismereteink szerint már vitathatatlan, hogy a rácsmintás pecsétlésű cserepek avar koriak.[1349] A szakirodalom megítélése szerint nem ilyen egyértelmű a helyzet a korongolatlan bográcsok, illetve a tört cseréppel soványított kerámia esetében, holott az eddigi tapasztalatok nem igazolják, hogy akár a tárgytípus, akár a technika jelen lett volna az Árpád-kor kerámiájában.[1350] Az ásatás során előkerült leletanyagból tehát az említett díszítést, tárgytípust, továbbá a tört cseréppel soványított edénytöredékeket mindig avar korinak határoztam meg. Utóbbiak esetében természetesen alkalmanként szóba

---

[1346] *Pap* (2002) 177., 188. A megjelent munkában nincs lelőhely-katalógus, így nem tudni, milyen Békés megyei adatokkal bővült. A gyakorisági százalék a minden bizonnyal gyarapodó országos esetszámhoz viszonyítva értelemszerűen csökkenhet.

[1347] *Pap* (2002) 178.

[1348] A téglás temetkezésekről legutóbb, összefoglalóan *Ritoók* (2010) 483.

[1349] A lassanként növekvő számú darabok ugyanis mind ebbe a korba tartoznak: Veresegyház, Szentjakab: *Mesterházy* (1985) 152., Gyoma-133. lh.: *Vida* (1996) 336., Sajópetri, Hosszúréten (M3-as leletmentés, Lovász E.) feltárt avar temető 65. sírjában rácsmintás pecsétlésű teljes fazék került elő. *Raczky et al.* (1997) 195., 42. kép.

[1350] *Herold* (2004) 72–74., a korábbi irodalommal.

jöhet korábbi: szarmata, szkíta vagy bronzkori meghatározás is, ezt rendszerint a forma, a díszítés, az anyagkezelés és a leletösszefüggések alapján döntöttem el. Nyilvánvaló persze az is, hogy nemcsak a tört cseréppel soványított cserepek lehetnek avar koriak, hiszen mindenütt találunk tört kaviccsal soványított darabokat is.

Az 1992. évi ásatás során a leleteket szelvényenként és szintenként külön tartva megszámoltuk. Ennek tanulságai a következők *(1. táblázat)*: 0–30 cm mélységben kilenc szelvényben találtunk összesen 29 db avar kori cserepet, melyek közül három szelvényben (4. 5. és 25.) volt öt, vagy annál több darab. 30–60 cm közötti mélységben 18 szelvényben fordult elő avar kori cserép, kiugró számban az 5. (11 db) a 7. (20 db), és a 42. (15 db) szelvényekben. 60–90 cm között már csak öt szelvényben fordult elő ilyen korú cserép, közülük a 43. emelkedik ki 12 darabbal. Ami az objektumokat illeti, négy objektumot lehetett az avar korba sorolni (5. ház, 16. gödör, 10. és 11. árok), ezek egy helyen, a 40. és 41. szelvényekben találhatók (*77. ábra*). További 13 más korú (Árpád-kori) objektumban fordultak elő ezen kívül avar kori cserepek, nyilván másodlagos helyzetben. Külön magyarázatra szorul a szkíta kori 8. házban talált feltűnően sok avar kori cserép (16 db) amelyet csak nehezen lehet indokolni a házon áthaladó Árpád-kori árok okozta bolygatásokkal. Igaz az is, hogy a ház betöltésében szinte minden régészeti korszak leleteit megtaláltuk (őskor: 3 db, újkőkor 6 db, Körös-kultúra: 8 db, AVK 4 db).

Ha a leletek eloszlását az objektumokkal összefüggésben nézzük, akkor az látható, hogy a szántott rétegben egyáltalán nem fedezhető fel kapcsolat az avar kori objektumok és a leletsűrűség között. 30–60 cm közötti mélységben a kiugróan magas leletszámok olyan szelvényekben jelentkeztek, ahol később nem találtuk objektum nyomát, sőt az avar kori objektumok helyén átlag alatti leletszám mutatkozott. 60–90 cm között egyedül a 40. szelvényben fordult még elő lelet az avar kori objektum környékén, viszont két olyan szelvényben (38. és 43.) kerültek elő ilyen korú cserepek, ahol a felsőbb rétegekben egyáltalán nem voltak. Közülük a 43. szelvényben egyedül 12 db. Mindezekből arra lehet következtetni, hogy az Árpád-kori település teljesen szétzilálta az avar kori járószintet, melyet érintetlenül talán csak egyedül a 40. szelvényben találtunk meg. Az Árpád-kori „rombolást" bizonyítja az is, hogy az avar kori objektumok körüli Árpád-kori objektumok szinte mindegyikében (pl. 7. gödör, 9. árok, kút) előfordult egy-két avar kori cserép is.

Ennek fényében nem tulajdoníthatunk nagy jelentőséget annak, hogy 30–60 cm mélységben az avar kori leletek „foltokban" helyezkedtek el, vagyis voltak olyan, egymással szomszédos szelvények, melyekben egyáltalán nem volt ilyen korú lelet. Eltekintve attól, hogy feltárásunk ebből a szempontból nem túlságosan nagy felületet érintett, figyelembe kell venni azt a körülményt is, hogy a 18–19. szelvények felsőbb rétegeiben nem történt meg az őskorinál későbbi leletanyag elkülönítése. Az avar kor szempontjából hitelesen leletmentes területnek tehát csak a 9. 16–17. és 20–23. szelvények által határolt rész tekinthető (*vö. 13. ábra*).

Avar kori objektumnak bizonyult végső soron az 5. ház és a 16. gödör, mert nem volt bennük kétségtelenül Árpád-kori cserép, annál több avar. Ebből következik, hogy az először az 5. ház alatt megfigyelt 10. és 11. árkoknak is avar koriaknak kell lenniük. A 10. árok leletei ezt alátámasztják, a 11. árokban nem volt lelet, a két árok felső, egymástól el nem különíthető betöltésében előforduló Árpád-kori cserepek későbbi bolygatásból származhatnak.

Az ásatások során leltárba került 5932 leletdarabból 233 db (3,9%) avar kori, ebből 227 db (97,4%) a kerámia. A többi patics, kő, melyekről a kísérőleletek alapján lehet azt gondolni, hogy ebbe a korszakba tartoznak. Mindössze két orsógomb van, amely nem az edények kategóriájába tartozik.

77. ábra: Az Árpád-kori (piros), avar kori (kék) és az őskori (fekete) telepjelenségek összesített térképe

A cserepek körül csak 27 db (11,8%) kézikorongolt, 158 db (69,6%) korongolatlan. Az égetés módja redukciós, vagyis az edények külső és belső oldala a barna valamilyen árnyalatát mutatja,[1351] belső része viszont szürke. Mindössze 10 olyan töredék van, mely egyenletesen átégett.

Összesen 14 db korongolatlan bográcsdarabot ismertünk fel, melyek egy kivételével (16. gödör) szórványok, és hét különböző szelvényből származnak.[1352] A felismerés akkor volt lehetséges, ha peremtöredéket, a belső függesztőfül darabját, esetleg jellegzetes ívelésű oldalt találtunk.

A fazékból származó peremek száma 12, melyhez még négyválltöredéket számíthatunk. Közülük hat kézikorongolt, a többi korongolatlan. A peremek többsége kihajló, elkeskenyedő vagy lekerekített szélű. Egyetlen kopott darab van, melynek széle bevagdosott, és ugyancsak egyetlen tölcséres nyakú peremet találtunk.

Viszonylag kevés a sütőharang. A biztos példányok száma hét, a bizonytalanoké hat. Utóbbiak közé azok a töredékek tartoznak, melyekről nem dönthető el, hogy esetleg fedők voltak-e, vagy perem híján csupán jellegzetes anyaguk alapján lehet őket sütőharangnak gondolni. A kevés darabnak csak egyik oka lehet, hogy többek között éppen az endrődi ásatások tették bizonytalanná azt a vélekedést, miszerint a sütőharang is csak a késő avar kor (9. század) jellegzetes edénytípusa lenne,[1353] és a fentieken kívül további négy darabot az Árpád-korra kelteztem. Mindazok a példányok, melyek nem mutattak olyan jellegzetességeket, mint amilyeneket a környező, hiteles Árpád-kori sütőharangok, az avar kori leletek közé tettem. Így került ide például a 17. számú Árpád-kori gödörben talált peremtöredék is. Nem lehet vita az 5. házból származó daraboknál, sőt a 19. szelvény szórványleleteinél sem, melyekről gyanítható, hogy ugyanehhez a házhoz tartozhattak.[1354]

A díszített cseréptöredékek között vezet a rácsmintás pecsétlés, ilyet 21 darabot találtunk. Ezek is talán egy kivételével (10–11. árok) szórványok és tíz különböző szelvényből származnak.[1355] A második leggyakoribb díszítőelem a vízszintes vonalköteg, mely hat edényen fordul elő. Két darabon találunk hullámvonalköteget és egy-egy cserép van díszítve vízszintes- és hullámvonalköteg kombinációjával, illetve ferde vonalakkal, vagy ujjbenyomkodásos bordával. Egy-két töredéken lehetett csak agyagbevonatot megfigyelni.

Az avar kori telepkerámia elkülönítése az utóbbi két évtized eredménye a hazai szakirodalomban. Elsőként Szőke Béla Miklós a pecsételt kerámia, a korongolatlan bográcsok és a sütőharangok esetében mutatta ki a késő avar kori emlékanyagot.[1356] Bálint Csanád az eperjesi leletanyag közlése kapcsán újabb adatokkal bővítette az avar kori telepkerámia jellegzetességeit.[1357] Vida Tivadar a sírkerámiából kiindulva eddig példátlan méretű tipológiai áttekintéssel segítette az emlékanyag el-

---

[1351] Munsell 5YR 3/1 (10 db), 4/1 (8 db), 4/2 (9 db), 5/1 (7 db) 5/2 (11 db), 5/4 (15 db), 6/4 (25 db), 6/6 (9 db) A számok csak tájékoztató jellegűek, mert az avar kori cserepek esetében nem készítettem következetes és teljes felmérést. A színskála használatáról lásd alább.

[1352] 7. szelvény, 30–60 cm; 25. szelvény, 0–30 cm; 31. szelvény, 30–60 cm; 41. szelvény, 30–60 cm; 42. szelvény, 30–60 cm; 44. szelvény, 30–60 cm; 51. szelvény, 0–30 cm.

[1353] A környékbeli Árpád-kori telepásatások (END0157, END0160, END0170, END0182) mindegyikén került elő Árpád-kora keltezhető sütőharang: *Jankovich* (2011) 116. Vö. még *Vályi* (1986) 234., *Bálint* (1991b) 60., *Takács* (1996a) 170.

[1354] 19. szelvény, 50–70 cm (3 db); 25. szelvény, 0–30 cm; 35. szelvény, 30–60 cm; 40. szelvény, 30–60 cm; 42. szelvény, 8. ház; 44. szelvény, 30–60 cm; 44. szelvény, 60–90 cm; 45. szelvény, 30–60 cm.

[1355] 4. szelvény 0–30 cm (1 db); 5. szelvény, 30–60 cm (1 db); 7. szelvény, 30–60 cm (1 db); 16. szelvény, 9. gödör (2 db); 35. szelvény, 0–30 cm (1 db); 40. szelvény, 30–60 cm (2 db); 41. szelvény, 30–60 cm (1 db); 42. szelvény, 30–60 cm (2 db); 43. szelvény, 60–90 cm (7 db); 51. szelvény, 30–60 cm (2 db).

[1356] *Szőke* (1980) 181–203.

[1357] *Bálint* (1991b) 69–76.

különítését.[1358] Az említett munkák részletes kutatástörténetet is tartalmaznak, ezért itt nincs értelme, hogy ezzel részletesen foglalkozzam. Összefoglalóan annyit lehet mondani, hogy a pecsételt kerámia és a korongolatlan bográcsok[1359] tekintetében egybehangzóan avar kori keltezést állapíthatunk meg, míg a sütőharang az a kerámiatípus, mely az avar korban és az Árpád-korban egyaránt előfordul, így keltezésre önmagában alkalmatlan.

Az Árpád-kori település

Az 1975-ben, illetve 1985–1992. között végzett ásatások során feltárt terület 1900 m^2, melyből 1500 m^2 esik a településre és 400 m^2 a temetőre. Ha feltételezzük, hogy az Árpád-kori település, templomával és temetőjével együtt az egész lelőhelyet (kb. 4,2 ha) elfoglalta – ami korántsem biztos – akkor annak 4,52 százalékát tártuk fel. A kiásott telepobjektumok száma 53, melyből négy avar kori (7,5%) és 38 Árpád-kori (71,6%), a többi korábbi: az őskor különböző szakaszaiba tartozik.[1360] A 38 objektumból esetleg bizonytalan lehet a kora az 1. veremnek és a kútnak, mert ezekben nem volt Árpád-kori lelet, és más adatok (stratigráfia, jellegzetes betöltés) sem támogatja egyértelműen az Árpád-kori kormeghatározást. (Ennek ellenére ezt a két objektumot az Árpád-koriak között szerepeltetem.) Hasonlóképpen, az avar korra keltezett objektumokban ugyan túlnyomórészt avar kori (vagy korábbi) töredékeket találtunk, de akadtak olyan cserepek is, melyek esetleg Árpád-koriak is lehetnek.

A telepfeltárások során a szelvényenként és szintenként külön tartott leletanyagot teljes egészében megőriztük, és 1992-ben a 30–60, illetve 60–90 cm mélységben talált leletdarabokat egyedileg térképeztük is. Tekintettel arra, hogy a lelőhelyen nem volt szisztematikus felszíni gyűjtés, így most csak az ásatási adatok birtokában lehet a leletanyag szóródása és az objektumok közötti összefüggéseket megvizsgálni, és a település belső rendjére esetleg következtetéseket levonni. A vizsgálatból értelemszerűen kiesnek azok az objektumok, melyeket a bánya metszetfalaiban találtunk (pl. 1. és 2. ház, 1. verem). Pontos statisztikai elemzést azért nem lehet végezni, mert a szelvények nem azonos méretűek, továbbá vannak olyan helyek is, ahol két ásatási szint leletei együtt szerepelnek. Mindenesetre az egyes szelvények között kiugró eltérések mutatkoznak, melyeket érdemes megvizsgálni.

Ha a szántott réteg adatait nézzük, szembetűnő a leletszám ingadozása. Az összes Árpád-kori lelet ezen a szinten 1057 darab, ez az összes lelet közel hetven százaléka. Ebből egyedül a 47. szelvényben volt száznál több (150), ott, ahol a 9. házat találtuk, különösen gazdag leletanyagával. Sorrendben utána 8. szelvény következik 62 darabbal, itt a 2. tűzhelyet és a 6. és 7. árkot tártuk fel. Ezzel majdnem azonos a leletszám a 7. (58 db) szelvényben, itt került elő az 1. ház. 40 és 50 közötti számú leletdarabot a 46. (40 db) a 25. (41 db) és a 17. (45 db) szelvényben gyűjtöttünk. A 46. szelvényben volt a 17. gödör, de lehetséges, hogy a szomszédos 9. ház is szerepet játszott a magas leletszámban. A 25. szelvényben a 6. és 7. árok további részleteit bontottuk ki, a 17. szelvény magas leletszáma a 3. és 4. ház, továbbá a 10. gödör közelségével lehet összefüggésben. A 3. és 4. házzal hozható kapcsolatba a két szomszédos, a 16. (31 db) és a 21. (30 db) szelvények, az 1. kemencével pedig a 23. szelvény (32 db) leletsűrűsége. Feltűnően sok a lelet (32 db) a 42. szelvényben is, az egyébként szkíta kori 8. ház környékén. Igaz, hogy itt haladt át a 9. számú Árpád-kori árok is. Ugyancsak közel azonos a leletszám a 39. (30 db) a 22. (30 db) és a 43. (28 db) szelvényben.[1361] Az első északkeleti sarkában

---

[1358] *Vida* (1999). A hatalmas anyag láttán úgy tűnik, hogy a korongolatlan bográcsok és a Szőke Béla Miklós által elkülönített pecsételt kerámia 8. századnál korábbi keltezését kizárhatjuk.

[1359] *Vida* (1991) 390–391.

[1360] Az őskori objektumok között több olyan is van, melyek teljes feltárása nem történt meg.

[1361] A 10 m hosszú szelvényeket a pontosabb összehasonlítás kedvéért visszaszámoltam 5 méteresre, vagyis a táblázatban szereplő leletszámot kettővel osztottam.

Árpád-kori gödröt tártunk fel, és itt került elő a 2. kemence is. A 22. szelvényben a 11. gödröt találtuk. A 43. szelvény ugyancsak tíz méter hosszú, viszont három Árpád-kori árok részlete került itt elő. A 4. szelvényben talált 38 db Árpád-kori lelet 10 méter hosszú területen oszlik el, de itt is volt objektum: 5. árok. 20–30 közötti darabszámú cserepet találtunk a 20., 33–34., 37., 41. és 48. szelvényekben. Közülük a 41. szelvényt kivéve mindegyikben volt egy-egy Árpád-kori objektum. A húsz darabnál kevesebb Árpád-kori leletet adó szelvények száma 19. Ezek közül nyolcban objektumok is kerültek elő ebből a korból, van, ahol több is.[1362] Az 54 feltárt szelvényből tizenötben a szántott rétegben egyáltalán nem volt Árpád-kori lelet. Ezek közül egyedül a 6. szelvény az, ahol mégis került elő Árpád-kori objektum.[1363]

30–60 cm mélységben (*78. ábra*) az Árpád-kori leletek száma 743 darab, ami az összes lelet 43,2 százaléka. Itt ismét a 47. szelvény vezet 124 darabbal, a 9. ház egyértelmű jeleként. Több szelvényben nem is találunk száznál több leletet, ötvennél több is csak a 39.-ben fordul elő. Itt a 2. kemence és a 15. gödör került napvilágra ebből a korszakból. Egy szelvényben találtunk 20–30 darab közötti leletet, húsznál kevesebb Árpád-kori lelet 22 szelvényben volt, itt már 12 szelvényben nem találtunk ezeken a szórványleleteken kívül semmit.

60–90 cm mélységre (*79. ábra*) már csak 13 szelvényt mélyítettünk. Közülük is már csak hétben fordult elő Árpád-kori tárgy, összesen 80 darab, ami az ebből a mélységből származó összes lelet 18,9 százaléka. Itt említésre érdemes a 37–38. szelvény, ahol a kiugróan sok őskori lelet között még több darab Árpád-kori is akadt, noha ilyen korú objektum nem volt. Még egy esetben (41. szelvény) fordul elő, hogy az ebben a mélységben talált leletek nem hozhatók összefüggésbe itt lévő azonos korú objektumokkal.[1364]

A leleteloszlások kétféle módon vizsgálhatók. A vertikális leleteloszlás arra a kérdésre adhat választ, hogy lehetséges-e összefüggést találni a felsőbb rétegekben mutatkozó leletkoncentrációk és a föld alatti objektumok között. Lelőhelyünk esetében ennek eredménye a következőképpen alakul: az 54 szelvényből 25-ben találtunk Árpád-kori telepobjektumokat (46,3%), a felettük lévő kevert rétegekben 24 esetben (72,7%) találtunk különböző mennyiségben leleteket ugyanebből a korból. Mindössze egyetlen szelvény volt (6.) ahol nem jelezték leletek a föld alatti objektumot (1,8%).[1365] Olyan szelvényt, ahol a kimagaslóan több lelet több objektumot is jelzett volna, csak négy esetben lehet kimutatni: a 8., 39., 43. szelvényekben, illetve a 47. szelvényben, ahol ugyan csak egy ház került elő, de az a telep feltárt részének legjelentősebb objektuma volt. Az 54 szelvény viszonylatában ez 12,1%-os, a 25-ben talált Árpád-kori telepjelenségek arányában pedig 16%-os egyezés. Ha olyan szempontból vizsgáljuk a leletkoncentrációkat, hogy az egyes szelvények különböző mélységekben hasonlóan magas arányban jelzik-e az objektumokat, akkor ez ugyanolyan mértékben, négy szelvény esetében mutatható ki 30–60 cm mélységben, és két alkalommal, a 33. és 46. szelvényben 60–90 cm mélységben. Másképpen mondva, ezen az ásatáson nem sikerült alátámasztani azt a feltételezést, hogy mélységben lefelé, a zárt objektum felé haladva a leletek száma és koncentrációja növekszik. Egyezésnek kell tekintenünk a negatív egyezést is, vagyis ahol sem szórványlelet, sem objektum nem került elő: ez 9 esetben fordult elő, ami az 54 szelvényre számítva 27,2 százalékot tesz ki. Ezzel szemben az 54 közül húsz szelvényben fordult elő, hogy a felszíni rétegekben volt lelet, azonosítható

[1362] A 19. szelvény ilyen szempontból azért nem vehető számításba, mert első feltárásakor még nem végeztek ilyen vizsgálatokat.

[1363] Ez ugyancsak az első ásatási évben történt, amikor ilyen vizsgálatot nem végeztünk. Az 54. szelvényt, ahol két objektum került elő, ebből a szempontból azért nem lehet figyelembe venni, mert itt 0–60 cm mélységből együtt gyűjtöttük a leletanyagot.

[1364] Fontos megjegyezni, hogy a feltárás közben térképezett, illetve tisztított és leltározott számok általában nem egyeznek, eltérés lefelé és felfelé is előfordul.

[1365] Meg kell jegyezni, hogy valószínűleg itt is voltak, de csak az őskori anyagot őrizték meg.

telepobjektumot viszont egyáltalán nem találtunk (37%), és mindössze egy alkalommal tártunk fel olyan objektumot, amelyet a felsőbb rétegekben nem jelzett lelet.

3. táblázat: a leletanyag és az objektumok összefüggése:

Összes szelvény	54	
	Eset	%
Szelvény, Árpád-kori objektummal	25	46,30
Objektum és szórványlelet	24	72,73
Ebből mennyiségileg is egyezett	4	12,12
Nincs szórványlelet, nincs objektum	9	27,27
Egyezés összesen	33	61,11
Objektum nélküli szórványlelet	20	37,04
Szórványlelet nélküli objektum	1	1,85
Eltérés összesen	21	38,89

Összefoglalva tehát az 54 feltárt szelvény közül 33-ban (61,1%) a felső, kevert rétegekben talált (vagy nem talált) Árpád-kori leletek telepobjektumokat vagy azok hiányát jelezték. 21 alkalommal (38,8%) az eredmény ettől eltérő volt, vagyis a szántott és a szubhumusz jellegű rétegben talált Árpád-kori leletek nyomán nem sikerült ilyen korú telepobjektumot feltárni. Figyelemre méltó az Árpád-kori és az avar kori leletanyag közötti jelentős számbeli és aránybeli eltérés is:

Avar és Árpád-kori leletek aránya szintenként az összes lelet százalékában

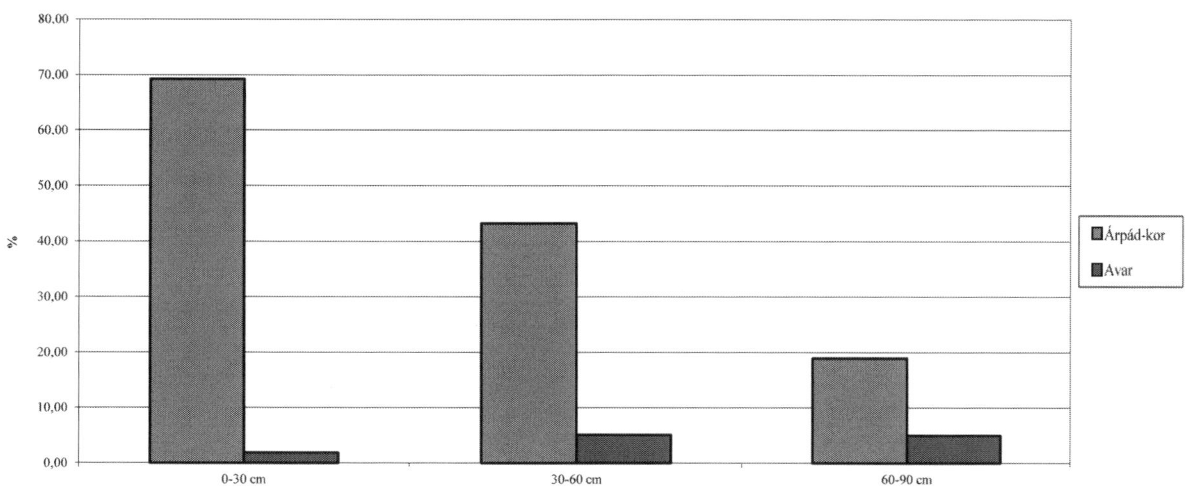

A telep szerkezetének elemzése szempontjából fontosabb a horizontális stratigráfia. Ez különösen akkor van így, ha, mint láttuk, a szelvények közel negyven százalékában csak a felszíni, bolygatott rétegekben fordulnak elő a leletek. Sajnos csak az utolsó ásatási évadban térképeztük pontosan a bolygatott rétegek leleteit, így az összes szelvény összehasonlító vizsgálatára már nincs mód. A leltározott leletanyag adatai alapján az állapítható meg, hogy a nagyobb leletkoncentrációk mégiscsak a felismert objektumokhoz kötődnek: az 1. ház, a 2. tűzhely és a 6–7. árok a 6–7. szelvényben, illetve a 9. ház a 47. szelvényben. Előbbi esetben a 2. tűzhely felszínhez közeli volta is erősíti e jelenséget, miszerint itt nemcsak az objektumokból másodlagosan kikerült leletanyagot találtuk meg, hanem esetleg felszíni objektumok is lehettek. Sajnos több helyen ezt a feltételezést nem sikerült igazolni nagyobb leletkoncentrációval, hiszen a több lelet szinte mindenütt összefüggésbe hozható valamelyik, az altalajba is mélyedő objektummal. Az „üres területek" alapján tehát nem lehet a település szerkezetére vonatkozóan olyan következtetést levonni, hogy ott felszíni objektumok lehettek. Inkább úgy tűnik, hogy a 0–60 cm mélységben összegyűlt leletanyag az egykori objektumok élete során szétszóródott szemétből, illetve a pusztulásuk után történt bolygatásokból került a felsőbb rétegekbe. Mindössze egyetlen adatunk van a leletanyag nagy területen való szóródásának bizonyítására: a restaurálás során két összeillő cserépdarabot találtunk a 19. illetve a 20. szelvényekből, elég távol egymástól.[1366]

A feltárt kilenc házból hét bizonyosan Árpád-kori. A 8. ház szkíta korához sem férhet kétség, míg az 5. ház a kerámialeletek összetétele miatt inkább avar korinak látszik. A hét ház közül hatnak meghatározható a tájolása, mivel megtaláltuk a szelementartó ágasfák cölöplyukait. A házak mindegyike *sarkaival* van a fő égtájak felé tájolva, eltérés csupán abban mutatkozik, hogy az ágasfák melyik oldalon helyezkedtek el. Ennek alapján azonos csoportba tartozik a 3., 6., 7. és 9. ház, vagyis ezeknél a házaknál a tető gerince ÉK–DNy irányú volt. Ezzel ellentétes a 2. és a 4. ház, melyeknek ÉNy–DK irányba állt a szelemenje. Nem ismerjük az 1. ház tájolását. Ennek alapján a 3., 6., 7. és 9. ház tartozhat a település egyik rétegéhez, vagyis feltehető, hogy egykorúak, és ettől a csoporttól elkülönül a 2. és 4. ház, utóbbinak közelsége a 3. házhoz ugyancsak kizárja azt, hogy azzal egyidejű legyen (*80. ábra*). A tájolás azonosságán túl szembetűnő a soros elrendezés is, amely akkor nyer különös jelentőséget, ha emlékezünk a geofizikai felmérés eredményére, miszerint a dombhát ÉNy-i oldalán három párhuzamos sávban lehet sejteni jelentős településkoncentrációkat.

Ami a földházak azonos tájolását és soros elrendezését illeti, lelőhelyünk nem áll egyedül az Árpád-kori falutelepülések sorozatában. Veresegyház, Ivacs hat földháza épült ilyen módon, ami azért is fontos körülmény, hiszen közülük kettő egymásba volt ásva, de a többiek szoros közelsége is kizárja egyidejűségüket.[1367] Lényegesen nagyobb esetszámmal tett hasonló megfigyeléseket Lébény, Bille-dombon Takács Miklós, kiegészítve azzal, hogy ezen a településen hiányoztak az árkok.[1368]

Különlegesnek számít a 9. ház, mely az úgynevezett „mély házak" csoportjába tartozik. A néprajzi szakirodalom az ilyen típusú házakat általában bélelt, de legalább tapasztott oldalfalakkal képzeli el, Sabján Tibor szerint csak ezeknél lehetséges, hogy a tető a ház gödrének szélére támaszkodjon.[1369]

A tüzelőberendezéseket vizsgálva, a 9. házat leszámítva, valamennyiben kisméretű (80 cm-nél kisebb) agyagkemence vagy nyílt tüzelőhely volt a házakban. A kemencék alja a ház padlószintje alá mélyedt az 1. és a 4. házban. Az alapnégyszögön belül épített kemence volt az 1. 2. 3. és 7. házakban, míg a 4. és 9. házak kemencéit a ház oldalfalába vájták be, a 6. házban pedig ugyancsak a padló szinte alá mélyedő, de boltozat nyomát nem mutató „tüzelőteknőre" bukkantunk.

Szabadon álló tüzelőhelyet négyet találtunk. Közülük kettő, az 1. és 2. tűzhely leginkább nyílt tűzhelyeknek tűnnek, amire nem elsősorban abból lehet következtetni, hogy nem maradt fenn oldalfaluk, hanem inkább abból, hogy nem túl mélyen, vagyis a szántott réteg alján (1. kemence), illetve közvetlenül az őskori kultúrréteg tetején kerültek elő. Különlegesnek számít az 1. kemence a maga téglalap alakjával. A hasonló típusú kemencéket pörzsölőnek nevezi a szakirodalom, de azok ennél lényegesen nagyobb méretűek. Egyetlen „klasszikus" szabadban lévő sütőkemencét tártunk

---

1366 ltsz.: 91.4.354. és 437.

1367 Nemcsak a házak vannak sarkaikkal észak felé tájolva, de a kemencék is mindig ugyanabban a (keleti) sarokban találhatók. *Mesterházy* (1983) 135.

1368 *Takács* (2010b) 18., és 11. ábra. Az ábra a település csekély részletét mutatja csak be (90 ház!), és ezen az látszik, hogy a „sorba rendezett" veremházak tájolása azonos (ÉK–DNy), de egymáshoz való közelségük esetenként kizárja egyidejűségüket.

1369 *Sabján* (1999) 139.

fel, melynek érdekessége egészen kicsi, sárga földdel kitapasztott hamuzógödre. Pontos párhuzamát, mondhatni párját a közeli END0170 lelőhelyen találtuk.[1370] A szabadban lévő tüzelőberendezések térbeli elhelyezkedése semmilyen rendszert sem mutat a település egészével összefüggésben (*81. ábra*).

A feltárt Árpád-kori gödrök száma tizenegy. Szokványos gödröknek tűnnek, 60 és 100 cm közötti mélységben 100–150 cm közötti átmérővel. A 17. gödör tapasztása miatt nyilván veremként funkcionált, a 21. gödör pedig a téglaégető mellett agyagnyerő helynek tűnik. Figyelemre méltó az is, hogy minden ház közvetlen közelében találunk egy-egy gödröt.

Az árkok elhelyezkedése sem mutat különösebb újdonságot az Árpád-kori telepeken megszokottakhoz képest. A telep keleti szélén párhuzamosan futó négy rövid árokszakaszból nem szabad különösebb következtetést levonni, a 42–43. szelvényekben lévő árkokkal ugyanez a helyzet. Érdekes a 6. és 7. árkok vonalvezetése: a hirtelen észak felé kanyarodó erősen tagolt szélű árokpár elkeskenyedik, majd teljesen váratlanul az 1. ház előtt véget ér. Lehetséges persze, hogy folytatásuk a bányába, vagy a nagy őskori gödörkomplexumba veszett.

Az egyedi objektumok közül a kútról mindössze annyit lehet mondani, hogy semmilyen bélés, vagy építmény nyomára nem bukkantunk, de sajnos nem tudtuk fenékig feltárni a magas talajvíz, illetve az omlás miatt. Térbeli helyzetét tekintve csak annyit mondhatunk, hogy az ismert házaktól távolabb helyezkedett el.[1371]

Nyilván a település és a temető határára esik a téglaégető kemence, melynek csak igen kis részét tudtuk feltárni. Így nem állapítható meg egyelőre, hogy kizárólag a templom építéséhez égettek benne téglákat, ami nem tűnik valószínűnek, hiszen akkor közelebb lenne a templomhoz, és feltehetően sírok is kerülhettek volna föléje. Sokkal inkább úgy tűnik, hogy a település egyéb céljait is kiszolgálta. Erre utal a 9. házban talált sok tégla is.

A telep belső (relatív) időrendje szempontjából feltétlenül figyelembe kell venni az egyes objektumok egymáshoz viszonyított időrendjét. Az Árpád-kori telepeken megszokottakhoz képest lelőhelyünkön ilyen tekintetben minimális adattal rendelkezünk:[1372]

Az 1. tűzhely későbbi a 4/b gödörnél, mert előbbi széle a gödör fölé nyúlik.

A 15. árok a 7. ház betöltésén haladt keresztül.

A 16. árok keleti „végébe" ásták a 7. házat.

Több esetben (6. és 9. házak, 13 gödör) megfigyeltük, hogy a már felhagyott objektumot (házat, gödröt) annak részleges betöltődése vagy betöltése után újra használták. Ennek különleges példája a 9. ház, melyben a részlegesen feltöltött házgödörben újabb szintet alakítottak ki, és ehhez kemencét is létesítettek, majd pedig a tető beszakadása után jelentős mennyiségű törmeléket hordtak a mélyedésbe.

Az első látásra „egyrétegűnek" látszó településen tehát a 7. ház kapcsán lehet bizonyítani azt, hogy legalább két, egymásba ásott objektum pusztulása és betöltődése után is létesítettek újakat. Ezen felül a 4. ház tájolása és a 3. házhoz való közelsége miatt biztosan más horizonthoz tartozik, de tényleges szuperpozíció nem állapítható meg.

Három objektumban találtunk anatómiai rendben lócsontváz-részeket: a 7., a 9. házban és a 21. gödörben.

Összességében tehát elmondható, hogy a feltárt teleprészlet jelentős méretű, több hektár területet elfoglaló falu része, melyben a földbe ásott házak, ha nem is utcás, de mindenképpen soros elrendezésben, azonos tájolással épültek a templomtól és a temetőtől északra és nyugatra, és legalább hetven

---

[1370] *Jankovich* (2011) 49.

[1371] A kutakra vonatkozó ismereteinket legutóbb Takács Miklós gyűjtötte össze: *Takács* (2010b) 13–14.

[1372] Nem számítva természetesen a korábbi korszakokkal kapcsolatos szuperpozíciókat.

méter széles sávban övezték a templom dombját. A feltárt házak közül a legközelebbi 35 méterre esett a temető legszélső sírjától. A házakat a temetőtől elválasztó „üres” területen bukkantunk a téglaégető kemencére.[1373]

Leletanyag

A lelőhelyen folyt ásatások 5932 darab beleltározott leletéből 3218 db (54,1%) tartozik az Árpád-korba. A többi lelet többsége az őskor különböző szakaszaiba sorolható, és viszonylag csekély a szarmata, illetve az avar kori leletek száma. Az összes lelet közül 1845 db (31%) származik hiteles objektumból és 4087 db (68%) szórványból.

4. táblázat: A leletek megoszlása koronként és típusonként.

Korok	Db	%
Összes lelet	5932	
Árpád-kor	3218	54,25
avar	233	3,93
szarmata	84	1,42
egyéb	2397	40,41

Típusok	Db	%
Összes lelet	5932	
Objektum	1845	31,10
Szórvány	4087	68,90
Kerámia	5137	86,60
Patics	210	3,54
Kő	181	3,05
Vas	77	1,30
Tégla	70	1,18
Salak	18	0,30
Egyéb	239	4,03

Mint látható, a leletek túlnyomó többsége kerámia. Az egyéb leletek között találhatók a telepről származó csontból, cserépből, kőből, üvegből készült használati eszközök, továbbá a sírleletek. A kőeszközöket leszámítva, melyek között sok őskori lehet, a tárgyak többsége Árpád-kori.

Az alábbiakban az Árpád-kori telepről származó leleteket ismertetem, a sírleletekkel és az avar kori leletanyaggal külön fejezetben foglalkoztam.

Az Árpád-kori kerámia

Az összes Árpád-kori leletből 2576 darab (80,2%) a cseréptöredék, mely a lelőhelyről leltárba került kerámia (5137 db) felét jelenti. Az avar kori cserepek aránya 4,4%, a többi cserép korábbi korszakok emlékanyaga. Az Árpád-kori cserepek közül 809 származott objektumokból, és 1880 db szórványból.

Nem tudtunk Árpád-kori cserepet kötni összesen 12 objektumhoz: vagy, mert nem volt (1. tűzhely, 2. árok, 3. árok, 8. árok, 14. árok), vagy elveszett (10. gödör), vagy csak más korú lelet volt (4/b

[1373] Az Árpád-kori Kána településén 25–30 méteres üres sávot figyeltek meg a temető és a telep között. *Terei* (2010) 84.

gödör, 1. árok, 5. árok, 13. árok) benne. Az érdekesség kedvéért jegyzem meg, hogy a 39 objektumból csak hétben (1. ház, 2. ház, 13. gödör, 20. gödör, 4. árok, 12. árok, téglaégető) nem volt az Árpád-kornál korábbi cserép, és kilenc objektumban (3. ház, 4. ház, 7. ház, 9. ház, 1. kemence, 7. gödör, 9. gödör, 17. gödör, 9. árok) találtuk az avar kori és az Árpád-kori cserepeket együtt. Hozzáteszem, utóbbi esetekben mindig előfordult több-kevesebb, az avar korinál korábbi cserép is a betöltésekben. A 37 biztosan Árpád-korra datált objektum közül tehát 25 objektum kerámiaanyaga vizsgálható.

A leletanyagból további elemzésre azok a kerámiatöredékek választhatók ki, melyek az Árpád-kor szempontjából tipikusnak tekinthetők. Ezek pedig a jellegzetes soványító anyag (tört kavics vagy homok), legalább a perem alapján meghatározható edénytípus (pl. bogrács, fazék, stb.) esetleg az oldaltöredékek díszítése alapján választhatók ki. Ha a kor eldöntéséhez a három ismérv közül csak egy, esetleg kettő (pl. soványítás vagy díszítés, vagy bizonyos fazékformák) határozható meg, akkor természetesen fennáll a hibás datálás veszélye, vagyis elképzelhető, hogy ezek közül egyes darabok esetleg avar koriak lehetnek. Az alábbi adatsorokból azonban világos, hogy az ilyen bizonytalanságok aránya nagyon csekély lehet. A továbbiakban tehát tipikus Árpád-kori leletnek nevezem azokat a cserepeket, ahol legalább az apró szemű, tört kaviccsal való soványítás a jellegzetes oxidációs-redukciós égetési móddal párosult. Ennél biztosabb alapon nyugszik a keltezés abban az esetben, ha az edény típusa, és/vagy díszítése is megállapítható. A 25 objektumban a tipikus leletcsoportok megoszlása a következő:

5. táblázat: Az Árpád-kori objektumok leleteinek megoszlása:

Objektum	Objektumok kerámialelettel	Összes cserép	Tipikus cserép	Perem	Díszített oldal
37	25	1450	809	130	74

6. táblázat: A leletanyag objektumonkénti megoszlása:

Objektum	A	B	A/B	C	B/C	D	B/D
	Összes cserép	Tipikus cserép	%	Perem	%	Díszített	%
1. ház	28	28	100,00	7	25,00	5	17,86
2. ház	4	4	100,00	0	0,00	1	25,00
3. ház	45	23	51,11	3	13,04	7	30,43
4. ház	27	23	85,19	1	4,35	9	39,13
6. ház	34	12	35,29	1	8,33	9	75,00
7. ház	38	24	63,16	0	0,00	12	50,00
9. ház	559	539	96,42	100	18,55	14	2,60
1. kemence	9	2	22,22	0	0,00	0	0,00
2. kemence	14	9	64,29	6	66,67	0	0,00
2. tűzhely	5	2	40,00	1	50,00	0	0,00
7. gödör	3	1	33,33	0	0,00	0	0,00
9. gödör	10	8	80,00	1	12,50	1	12,50
11. gödör	8	1	12,50	0	0,00	0	0,00
12. gödör	27	23	85,19	2	8,70	8	34,78
13. gödör	3	3	100,00	0	0,00	2	66,67
15. gödör	6	1	16,67	0	0,00	0	0,00
17. gödör	25	17	68,00	2	11,76	4	23,53
20. gödör	4	4	100,00	0	0,00	1	25,00
21. gödör	16	12	75,00	0	0,00	0	0,00

Objektum	A	B	A/B	C	B/C	D	B/D
	Összes cserép	Tipikus cserép	%	Perem	%	Díszített	%
4. árok	1	1	100,00	0	0,00	1	100,00
6. árok	1	0	0,00	0	0.00	0	0,00
7. árok	2	0	0,00	0	0,00	0	0,00
9. árok	24	4	16,67	0	0,00	0	0,00
12. árok	1	1	100,00	0	0,00	0	0,00
13. árok	3	0	0,00	0	0,00	0	0,00
15. árok	5	2	40,00	1	50,00	0	0,00
16. árok	1	0	0,00	0	0,00	0	0,00
téglaégető	20	20	100,00	3	15,00	0	0,00
Összesen	923	764	82,77	128	16,75	74	9,69
Szórványból	3687	1767	47,93	296	16,75	191	10,81

A táblázat alapján a 25 objektum összes leletének 82 százaléka volt tipikus Árpád-kori cserép. Mindössze hét olyan objektum volt, amelynek minden kerámiatöredéke Árpád-kori (1. ház, 2. ház, 13. gödör, 20. gödör, 4. árok, 12. árok és a téglaégető). Ezen felül az átlagot meghaladó arányban további három objektumban (4. ház, 9. ház és 13. gödör) találtunk Árpád-kori leletet. Ugyanakkor a cserepek több mint a fele négy további objektumban (3. ház, 7. ház, 2. kemence, 21. gödör) bizonyult Árpád-korinak. Összességében tehát a 25 objektumból 14-ben volt a cserepek több mint a fele Árpád-kori, ugyanakkor négy olyan objektum volt – valamennyi árok –, ahol egyáltalán nem fordult elő Árpád-kori cserép. Ez utóbbi jelenség nem tekinthető különösnek, hiszen kis felületen feltárt árokrészletekről van szó. A korábbi korszakok leleteinek viszonylag magas aránya pedig azzal magyarázható, hogy a lelőhely területén korábban megtelepedett kultúrák emlékanyaga az Árpád-kori posztdepozicionális hatások következtében került bele ezekbe az objektumokba. Ugyanakkor a tipikus cserepeknek viszonylag kisebb része áll peremekből (16%), és még kevesebb a díszített darabok aránya (9,6%). Összehasonlításul az END0170 lelőhelyen a peremek 20,2 a díszített oldalak pedig 28 százalékát tették ki az Árpád-kori cserepeknek.[1374]

Az Árpád-kori kerámia leírásánál a színt, a soványító anyagot, az edény típusát, díszítését vettem figyelembe, mindig ebben a sorrendben. Az elemzésnél azonban a logika más sorrendet kíván, az alábbiakban ezt fejtem ki. A részletes elemzést típusok szerint végzem el, azonban minden esetben az egyes jellemzők kölcsönhatásait is megpróbálom vizsgálni.

1. A kerámia típusai

A leletanyagban döntő túlsúlyban vannak a főzőedények az asztali edényekkel, illetve a más, cserépből készült használati tárgyakkal (sütőharangok, nehezékek, orsókarikák, stb.) szemben. A főzőedények pedig két nagy csoportra oszthatók: bográcsokra és fazekakra. Az asztali edények az előbbiekhez képest egészen elenyésző számban vannak: tálak, korsók kisebb töredékei. Külön foglalkozom a bordás nyakú edényekkel, illetve a cserépből készült más használati tárgyakkal: sütőharangokkal, orsókarikákkal, stb.

2. A cserép anyaga (soványítása)

A Körösök vidékén az Árpád-kori kerámia jellegzetes soványító anyaga a tört kavics. Ritkábban fordul elő a tiszta homokos soványító anyag, és esetenként a csillámos-kavicsos, vagy csillámos-

[1374] *Jankovich* (2011) 118.

homokos megoldással is találkozunk. A két jellegzetes anyagcsoportot az alábbiakban külön-külön is meg fogom vizsgálni.

Korongolatlan, illetve tört cseréppel soványított kerámiát – a sütőharangokat kivéve – nem soroltam az Árpád-korba. A kerámia döntő többsége kézi korongon készült, ezért ezt a körülményt a leírásokban külön nem említem. Mindössze 26 db gyorskorongolt töredék fordult elő, melyek közül az 1. házban négy darab, a 3. házban, a 12. gödörben és a 6. házban egy-egy, míg a 9. házban ismét négy db volt. A szórványok az 5., a 8. (2 db), a 33. (3 db), a 34. (6 db), a 36., 38. és 39. szelvényben kerültek elő. Közülük a 33. és a 34. szelvény leletei minden bizonnyal összefüggésben vannak a 12. gödörrel, illetve a 6. házzal. Valamennyi fazék- illetve fedőperem.

3. Az égetés minősége

Erre leginkább az edény színéből lehet következtetni. Sajnos a kerámia színének egységes fölvétele még nincs kidolgozva, és nemcsak a módszertani alapvetések, hanem a következetes leírások, és így az összehasonlító anyag is teljességgel hiányzik. Magam az anyagfelvételnél igyekeztem legalább egységes szempontok szerint eljárni, és minden egyes cserépdarabnak a Munsell-skála szerinti színét meghatározni. Természetesen sok bizonytalanság adódik: a foltosra égetett, kormos, esetleg másodlagosan átégett darabok színét úgy igyekeztem eldönteni, hogy az a lehető legközelebb álljon az eredeti színhez.

A cserepek többsége, kb. 80 %-a kívül sötétszürke színű, ami a hosszabb használatra utal. Az edények eredeti színét tehát a belső oldalon lehetett inkább megfigyelni, ezért legtöbbször ennek Munsell-kódját adtam meg. A leírásban csak azt jegyzem meg külön, ha friss koromlerakódás látható a külső vagy a belső oldalon.

A kerámia színének már az ilyen, egzaktnak nem éppen nevezhető meghatározása is sok tanulsággal szolgál. Kitűnik belőle például az, hogy a színskála viszonylagos merevsége, a meghatározás szubjektív volta ellenére a cserepek színe jól elkülöníthető csoportokra osztható, és bizonyos típusoknál meglepően egységes színeket találunk, ami az égetési technika azonos voltára utal.

4. Díszítés

A telep leletanyagában az alábbi díszítőelemeket lehetett megfigyelni:

hullámvonal
hullámvonalköteg
vízszintes vonalköteg
csigavonal
bevagdosás
beszurkált pontsor
teljes felületet fedő vízszintes vonalak (E díszítőelem jellemzőivel és jelentőségével az END0170 lelőhely kapcsán foglalkoztam. Az egész lelőhelyen 34 db olyan oldalt találtunk, melyeken az egész felületet fedő vízszintes vonalak díszítik.)
vörös festés
polírozás
benyomkodás
kombinációk.

5. Perem kiképzése

Itt természetesen edénytípusonként más és más szempontokat szükséges alkalmazni. Bográcsok esetében például a perem állása és a függesztőfül kiképzésének módja, fazekaknál pedig a perem állásán kívül a peremszél kiképzése, a tagolóelemek (borda, horony) alkalmazása azok az osztályozási lehetőségek, melyeket az eddigi tapasztalatok alapján érdemes volt figyelembe venni.

Bográcsok

A településen összesen 287 bográcsperemet találtunk, ami az Árpád-kori cserepek 11,1 százalékát jelenti. Közülük 88 db származik hiteles objektumból, a többi szórványlelet. Ebben természetesen nincsenek benne az oldaltöredékek, melyek közül csak a jellegzetes ívelt darabokat lehet felismerni (91 db), de ezek egyik, vagy másik edényhez való tartozását a legritkább esetben lehet bizonyítani.

Egy teljes, több kiegészíthető példány, továbbá olyan darab van, ahol legalább a peremátmérő kiszerkeszthető.

7. táblázat: A bográcsperemek összesített adatai:

	Objektumból		Szórványból		Összesen	
	db	%	db	%	db	%
Összes db	**88**		**199**		**287**	
2.1.Homokos	0	0,00	9	4,52	**9**	3,14
2.2.Csillámos	2	2,27	3	1,51	**5**	1,74
2.3.Kavicsos	86	97,73	187	93,97	**273**	95,12
3.1.Barna, belül szürke	83	94,32	194	97,49	**277**	96,52
3.2.Vörösesbarna, belül szürke	0	0,00	2	1,01	**2**	0,70
3.3.Kívül szürke, belül barna, törése szürke	0	0,00	0	0,00	**0**	0,00
3.4.Barna, egyenletes	3	3,41	2	1,01	**5**	1,74
3.5. Szürke, egyenletes	2	2,27	0	0,00	**2**	0,70
4.1.Hullámvonal	0	0,00	0	0,00	**0**	0,00
4.2.H.vonalktg	0	0,00	0	0,00	**0**	0,00
4.3.Vonalktg	0	0,00	0	0,00	**0**	0,00
4.4.Csigavonal	0	0,00	0	0,00	**0**	0,00
4.4.1.Keskeny	0	0,00	0	0,00	**0**	0,00
4.4.2.Széles	0	0,00	0	0,00	**0**	0,00
4.5.Bevagdosás	0	0,00	0	0,00	**0**	0,00
5.1.1.Kifelé megvastagodó	44	50,00	108	54,27	**152**	52,96
5.1.2.Befelé megvastagodó	17	19,32	28	14,07	**45**	15,68
5.1.3.Mindkét irányba megvastagodó	24	27,27	61	30,65	**85**	29,62
5.2.1.Csúcsos függesztőlyuk	4	4,55	3	1,51	**7**	2,44
5.2.2.Karéjos függesztőlyuk	28	31,82	46	23,12	**74**	25,78
5.3.Lapos perem	2	2,27	6	3,02	**8**	2,79

Lelőhelyünkön – csakúgy mint a többi endrődi lelőhelyen – a bográcsok képezik a leletanyag leginkább egyöntetű részét. Ez azt jelenti, hogy az égetés és az agyag minősége, a perem és a függesztőlyuk kiképzése tekintetében csekély változatosságot mutatnak, pontosabban egy bizonyos anyagkezelés, égetési mód és – kisebb mértékben – forma határozott túlsúlya figyelhető meg. Mint az alábbi diagramokból is látszik, ez a kavicsos soványítású, kívül barna, törésében szürke színű, azaz redukált égetésű, kifelé megvastagodó peremű típus. A soványító anyag csak elenyésző arányban volt csillámos-kavicsos, illetve homokos. Az utóbbiak mind szórványok. Noha ez az összetétel általában jellemző a Körös-vidék Árpád-kori kerámiájára, csak a bográcsok esetében mutatható ki ilyen nagyarányú egyöntetűség. Hasonló a helyzet az égetésnél is.[1375] A barna, belül szürke darabok mellett szinte véletlen kivételnek tűnnek az egyenletesen átégett töredékek.

Bográcstöredékek megoszlása soványító anyag szerint.

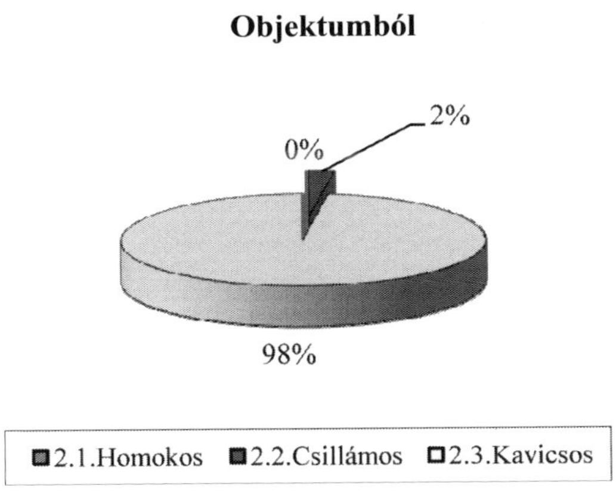

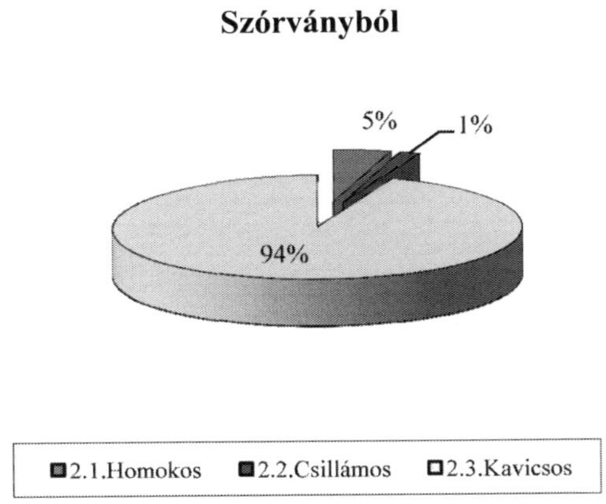

Bográcstöredékek megoszlása szín szerint.

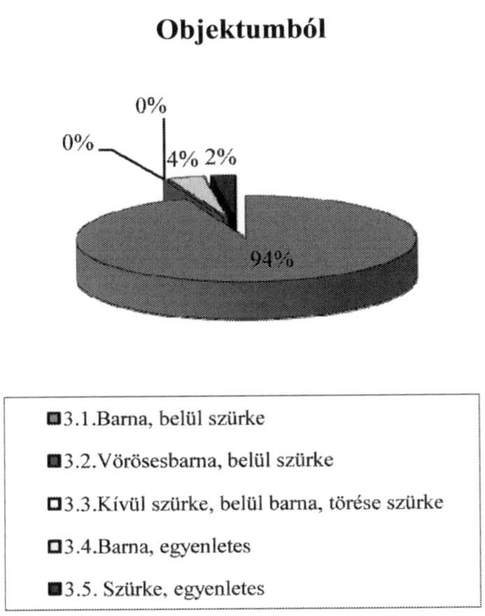

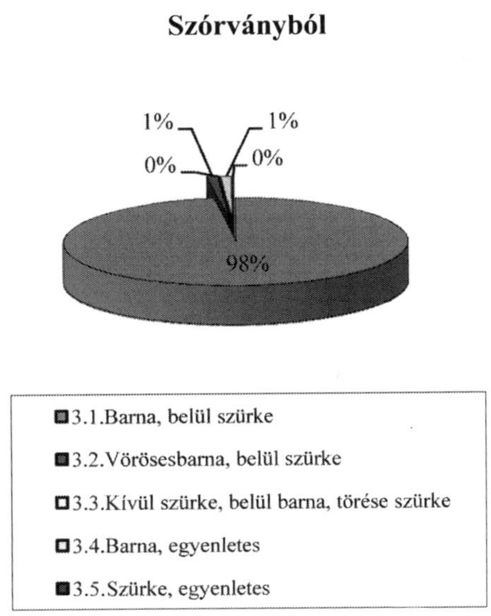

A peremkiképzés tipológiai osztályzásánál eddig időtállónak bizonyult ismérv a perem állása, nevezetesen az, hogy a perem kifelé *(pl. 18. tábla 1.)*, befelé *(pl. 20. tábla 3.)*, vagy mindkét irányba *(pl. 18. tábla 3–4.)* megvastagszik-e, illetve újabban az úgynevezett lapos perem (erről bővebben alább). A Körös-vidéken, de az ország más területein is mindegyik forma megtalálható, lelőhelyünkön is többé-kevésbé kiegyenlített arányban van képviselve mindegyik típus, függetlenül attól, hogy objektumból, vagy szórványból származnak-e.

[1375] Legtöbbjük (177 db – 61%) a Munsell 5YR 5/4 árnyalatnak felel meg.

Bográcstöredékek megoszlása a perem kiképzése szerint

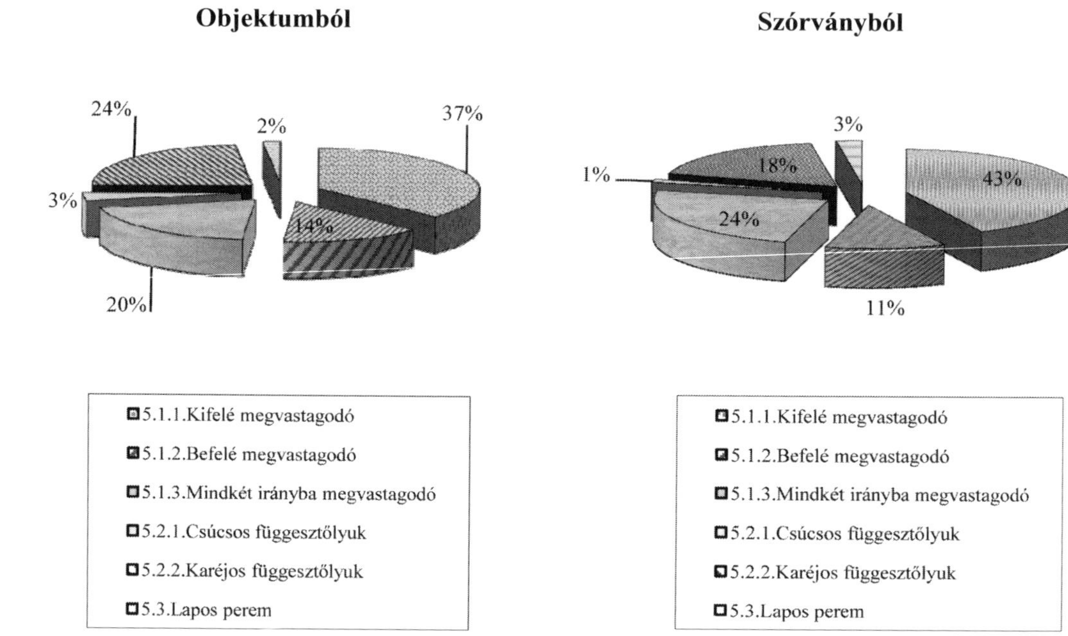

Különleges, és lelőhelyünkön ritka a bográcsperemeknek az a jellegzetes formája, melyet Takács Miklós a pontosabb keltezésre alkalmasnak vélt. Ez, az általam az egyszerűség kedvéért laposnak nevezett perem *(pl. 27. tábla 1.)* abban különbözik a fentebb leírt, szokásos négyszög vagy kerek metszetű formától, hogy az edény falával egyező vastagságú, ám a szokásosnál jobban kihúzott, és minden esetben vízszintes állású. Takács Miklós az ilyen típusú bográcsokat aszerint választotta szét két időrendi horizontra, hogy a perem széle csak kifelé (c típus), vagy mindkét irányba kihúzott-e (d típus). Előbbit a 10–11. századra, utóbbit a 13–14. századra keltezte.[1376] Míg az END0170 lelőhelyen kiugróan magas számban találtuk ezt a típust, és a korai keltezést erősítő érvek közé lehetett sorolni, itt az alacsony arány és a típus újabb formaváltozatai alapján ezt nem lehet megtenni.[1377]

Ugyancsak egyedi darabnak számít az a két peremtöredék, melynek belső oldala síkozott. Lelőhelyünkön kettő ilyen került elő: az egyik a fenti típusú bográcsperemek közé tartozik,[1378] a másik korongolt belsőfüles edény darabja[1379] *(29. tábla 2.)*. Hasonló darabok a környékbeli endrődi lelőhelyekről nem ismertek.

A függesztőlyuk körüli peremkiképzésben két formaváltozatot különböztettem meg: a csúcsos elnevezést akkor használtam, ha a függesztőlyuk körül megvastagodó peremszél élesen metszett szöget formáz *(pl. 24. tábla 1.)*, a karéjos kifejezés pedig azt jelenti, hogy a kiszélesedő peremszél lekerekített, ívelt formájú *(pl. 19. tábla 2.)*. Figyelemre méltó, hogy míg egy endrődi lelőhely (END0170) anyagában a két forma nagyjából kiegyenlített arányban van jelen, másutt,[1380] és itt is, a karéjos kiképzési mód fölénye vitathatatlan. Ez arra figyelmeztet, hogy a függesztőlyuk kiképzési

[1376] A korábban közölt egész edényekből ilyen látható pl. Kardoskút, Hatablakról: *Takács* (1986) 58. t. 1., *Takács* (1993b) 456–457., 477–478., *Jankovich* (2011) 112., 11. tábla 1., 13. tábla 1–2.

[1377] Ugyanis az ilyen peremkiképzésű daraboknál is megtalálható a kifelé (6), befelé (1), illetve mindkét irányba (1) kihúzott változat.

[1378] ltsz.: 91.4.84. 7. szelvény szántott rétegéből.

[1379] ltsz.: 95.28.704. 43. szelvény 30–60 cm. szá.: 28 cm.

[1380] END0170 lelőhely 12,5 illetve 18,7 százalék; END0182 lelőhely: 3,5 illetve 25 százalék; END0161 lelőhely: 0,9 illetve 14,7 százalék.

módja is vizsgálatra és összehasonlításra érdemes sajátosság, de csak a jövő döntheti el, hogy milyen következtetésekre lehet belőle jutni.

A lelőhelyen előkerült bográcsok között egyetlen díszített példány sem akadt. Ez is különlegességnek számít, hiszen a környező lelőhelyeken, a sokkal kevesebb leletanyag ellenére mindig akadt egy-két díszített darab is. Az egyre szaporodó példák ellenére még mindig bizonytalan a bográcsperemek egy részén feltűnt vörös festés, mely rendszerint a perem tetején és külső oldalán van. Lelőhelyünkön 24 ilyen darabot találtunk, többet, mint *az eddigi összes lelőhelyen együttvéve*. Ezek, két szórványleletet kivéve, a 9. házból származnak. Valamennyi peremtípus képviselve van közöttük. Többségükön a perem belső oldalán lehet észlelni a festést, mivel az edény külső oldala kormos. Egy esetben fordul elő, hogy a perem tetején is láthatók a festéknyomok, és öt olyan darab van, ahol csak a külső oldalát festették be. Egy darabon a vörös sávos festés semmi mással sem magyarázható, döntő bizonyítékai láthatók. Megfigyelhető az is, hogy a festés a belső oldalon igen gyakran határozott vízszintes vonallal zárul, rendszerint mintegy fél cm-re a perem tetejétől. Persze vannak olyanok is, ahol a belső oldalon sávokban, vagy „cseppek" formájában látható (*49–52. tábla*). A bográcsok vörös festésére már Méri István felfigyelt, megemlítve, hogy az orosházi leletanyagból „igen sokat közülük kívül vörösre festettek." Hasonló darabokat említ Csongrád, Felgyőről és Visegrád, Várkertből.[1381] Nagymágocsról Béres Mária említ sok, külső oldalán vörösre festett bográcsot és fazekat, egy a 12–13. század fordulójára keltezett telepről, megemlítve, hogy a Csongrád megyei múzeumokban számos ilyen akad.[1382]

A leltárba került bográcsperemek közül csak négynek sikerült teljes profilját összeállítani, míg összesen 49 darab olyan peremtöredék van, ahol legalább a perem átmérője kiszerkeszthető, és így mérhető volt.

8. táblázat: A bográcsok méretadatai a perem átmérője szerint rendezve:

Leltári szám	Objektum	Perem átmérő	Fal magasság	Fenék magasság	Legnagyobb magasság	Legnagyobb átmérő
95.28.917.	9. ház	20,6				
95.28.951.	9. ház	21,2				
95.28.905.	9. ház	22	11,9		0	28,8
95.28.936.	9. ház	22				
95.28.147.	36. szelvény 0–30 cm	22,2				0
95.28.1139.	9. ház	22,8	0	0	0	
95.28.1384.	téglaégető	22,8	0	0	0	
95.28.1406	2. kemence	22,8	9,6	5,4	15	26
95.28.911.	9. ház	23			0	
95.28.912.	9. ház	23				
95.28.936.	9. ház	23,6				
95.28.902.	9. ház	24	10,5	6,6	17,9	30
95.28.904.	9. ház	24	10	7,8	17,8	29
95.28.906.	9. ház	24	11,3		0	33
95.28.907.	9. ház	24	11,1		0	30
95.28.913.	9. ház	24			0	
95.28.915.	9. ház	24			0	
95.28.914.	9. ház	24,4			0	

1381 *Méri* (1964) 46.

1382 *Béres* (1989) 67., 12. lábjegyzet. Vö. még *Béres* (1982) 15. p., továbbá e kötet 1.4. fejezetében felsorolt példákat.

Leltári szám	Objektum	Perem átmérő	Fal magasság	Fenék magasság	Legnagyobb magasság	Legnagyobb átmérő
95.28.893.	47. szelvény 0–30 cm	25				0
95.28.908.	9. ház	25	11,2		0	35,4
95.28.936.	9. ház	25				
95.28.921.	9. ház	25,8				
95.28.1053.	47. szelvény 0–30 cm	26				0
95.28.909.	9. ház	26	14,3		0	36
95.28.910.	9. ház	26	11		0	32,8
95.28.952.	9. ház	26,8				
95.28.1403.	2. kemence	27			0	
95.28.903.	9. ház	27	14,5	6,8	21,4	35
95.28.918.	9. ház	27				
95.28.920.	9. ház	27,2				
95.28.1084.	9. ház	27,6	0	0	0	
91.4.131.	1. ház	28				0
95.28.1374.	52. szelvény 0–60 cm	28	0	0	0	
95.28.1404.	2. kemence	28			0	
95.28.704.	43. szelvény 30–60 cm	28				0
91.4.483.	22. szelvény 0–30 cm	28,4				0
95.28.159.	36. szelvény 30–60 cm	28,6				0
95.28.1436.	50. szelvény 30–60 cm	29				0
95.28.916.	9. ház	30				
95.28.919.	9. ház	30,6				
91.3.16.	1. árok 60–80 cm	32				0
91.4.561.	25. szelvény 0–30 cm	32	8,5			38
95.28.373.	2. kemence	32	9,8			39
95.28.560.	42. szelvény 30–60 cm	32				0
91.4.196.	2. tűzhely	33	9			35
95.28.1405.	2. kemence	33	9,5		0	37,6
91.4.81.	7. szelvény 0–30 cm	34				0
95.28.466.	41. szelvény 30–60 cm	35				0
91.4.170.	8. szelvény 0–30 cm	35,6				0

Egyetlen fazék alakú bogrács darabja származik a 4. szelvényből, és két belső függesztőfüles vödör, vagy virágcserép alakú edény darabjait találtuk meg a 43. szelvényben, illetve az 50. szelvényben. Utóbbi jelentős méretű darab, és így – vélhetnénk – könnyebb analógiákat találni hozzá *(29. tábla 1.)*. Takács Miklós katalógusában azonban mindössze hat ilyen típusú edény szerepel – közülük kettő Örménykútról – és egyik sem tekinthető pontos párhuzamnak.[1383] Formai szempontból a régóta ismert bashalmi edénnyel[1384] való kapcsolat látszik kézenfekvőnek, azonban durva soványítása és kezdetleges korongolása miatt ez sem vethető össze az endrődi darabbal. A topolai (Bulgária) példány díszítése és a függesztőfül kiképzése ugyan némileg eltér, formailag mégis híven tükrözi a hasonlóságot.[1385]

Ha az egyes objektumokban vizsgáljuk a bográcsok számát, akkor azt látjuk, hogy míg hat objektumban általában 1–2 töredék, addig a 9. házban ehhez képest rengeteg (106) felismert bográcstö-

[1383] *Takács* (1986) 30–32., 2–4. tábla.

[1384] *Kovalovszki* (1980) 32. tábla 1.

[1385] *Dončeva-Petkova* (1990) 109., Taf. 3b.

redék volt. Nyilvánvaló, hogy a sok perem és oldal közül, melyek külön leltári tételként szerepelnek, néhány egy edényből származik, de mivel nem illenek össze, ezt nem lehet bizonyítani. A ház nem réteghez kötött anyagában 111 bográcsdarabot és 35 db, fazékból származó töredéket ismertünk fel. A díszített oldalak száma viszont mindössze 5 apró töredék.

Az endrődi lelőhelyeken végzett ásatások, és az azonos szempontok szerinti feldolgozás a bográcsok tekintetében más vonatkozásban is figyelemre méltó összehasonlítást kínál.

Bográcstöredékek összehasonlítása négy endrődi lelőhelyen.

Bográcsok aránya az összes Árpád-kori cserép százalékában egyes lelőhelyeken

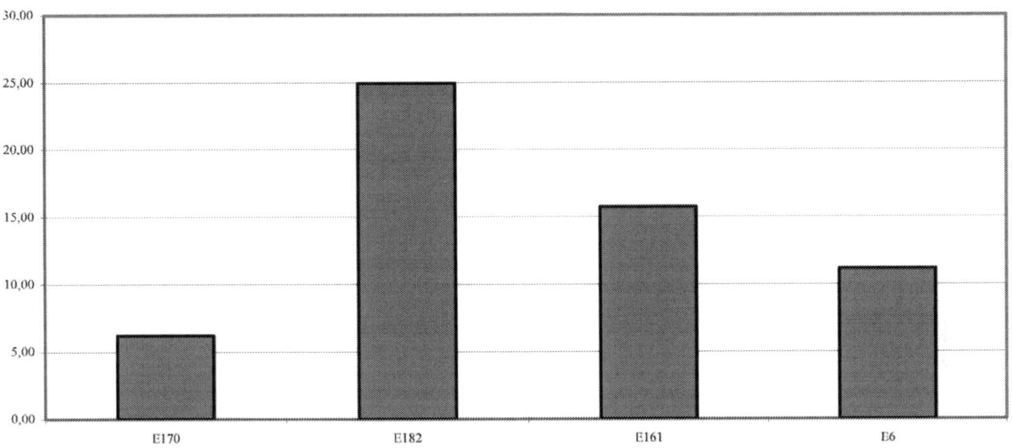

Bográcsperemek kiképzése egyes lelőhelyeken

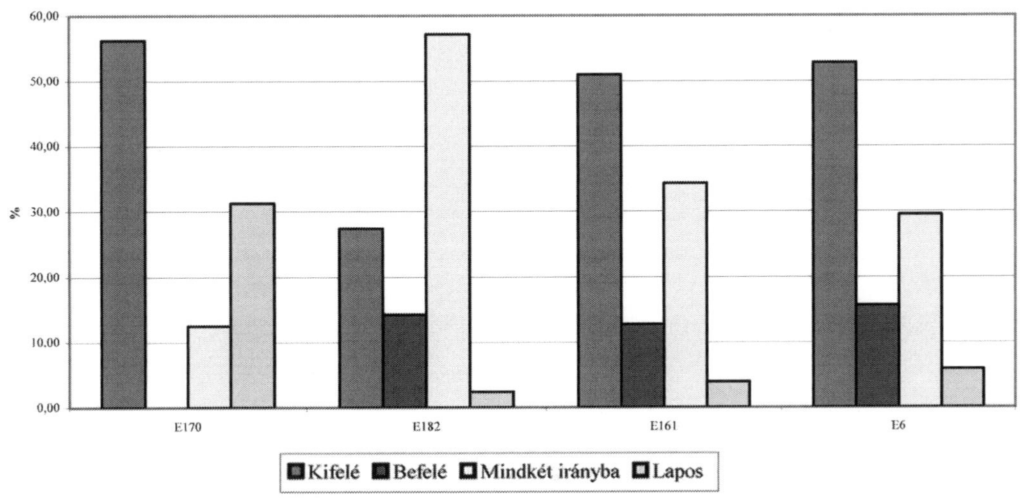

Látható tehát, hogy nemcsak a bográcsok számában, hanem azon belül a peremkiképzésben kevésbé, a függesztőlyuk kialakításában viszont szignifikáns különbségek mutatkoznak az egyes lelőhelyek között. A bográcsok számát tekintve például az END0006 templomos faluhelye megelőzi a korai keltezésű END0170-es lelőhelyet, viszont alatta marad a „satellit"-telepként értékelhető

Függesztőlyuk kiképzése egyes lelőhelyeken.

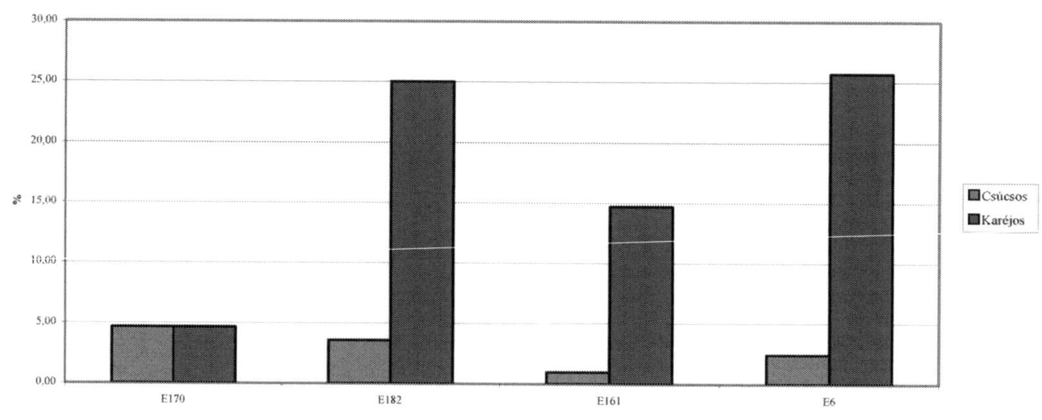

Bográcsok méreteinek összehasonlítása négy lelőhelyen.

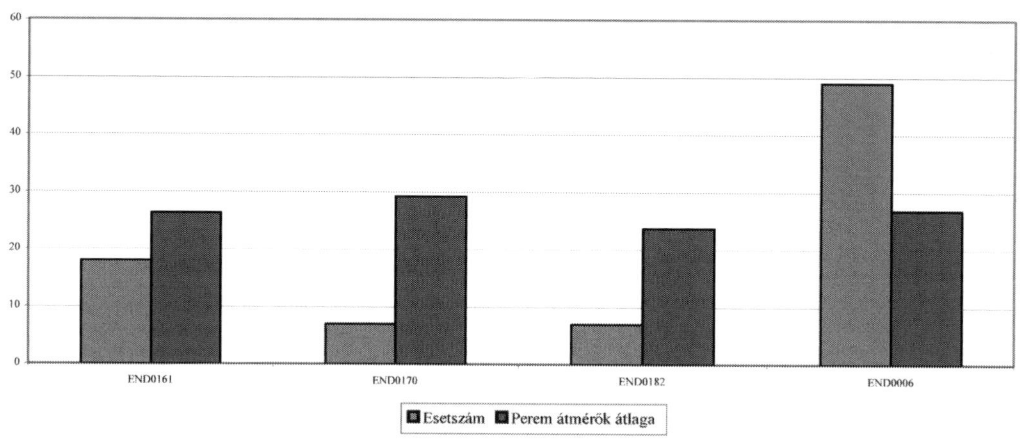

END0161-nek míg az „udvarház jellegű" magányos telepecske, END0182 bográcsleleteinek száma kiugróan magas. Ugyanakkor a méretek (és ez esetben csak a perem-átmérő jöhetett számításba) vonatkozásában nem fedezhető fel érdemi különbség.

Takács Miklós tipokronológiai besorolásában a fémbogrács alakú cserépüstöket formájuk szerint kúpos, illetve kerek aljú típusokba sorolta. Ezen belül pedig megkülönböztetett lapos, közepes és mély variánsokat.[1386] Az endrődi telepen talált kiegészíthető bográcsok közül négynek mérhető a teljes magassága, közülük az egyik ívelt oldalú (903) magas (IID1c), míg a másik (902) egyenes oldalú, és ugyanúgy, mint az 1405, 1406 közepesnek számít (IID1b). Hitelesen nem mérhető a teljes magassága a 906, 908, 909, 910 számú daraboknak (csak a falmagasság), de ezek leginkább a lapos (IID1a), legfeljebb a közepes mélységű (IID1b) példányok közé tartozhatnak. Úgy tűnik, az új besorolás sem ad még biztos fogódzókat a pontosabb keltezéshez, ezért egyelőre meg kell elégednünk a típus szerinti osztályozással.

[1386] *Takács* (2010a) 142–143.

Fazekak

Két egész fazék az 1975. évi ásatáson került elő *(30. tábla)*, a további feltárásokból csak kisebb-nagyobb töredékek származnak.

9. táblázat: A fazékperemek összesített adatai.

Fazékperemek	Objektumból		Szórványból	
Összes db	**40**	%	**97**	%
2.1.Homokos	2	5,00	5	5,15
2.2.Csillámos-kavicsos	2	5,00	1	1,03
2.3.Kavicsos	29	72,50	65	67,01
2.4.Csillámos-homokos	7	17,50	26	26,80
3.1.Barna, törése szürke	34	85,00	81	83,51
3.2.Vörösbarna, törése szürke	0	0,00	2	2,06
3.3.Kívül szürke, belül barna törése szürke	0	0,00	0	0,00
3.4.Téglavörös, törése szürke	0	0,00	0	0,00
3.5.Egyenletes szürke	4	10,00	7	7,22
3.6.Egyenletes barna	2	5,00	4	4,12
Sárga, szürke törésű	0	0,00	1	1,03
Téglavörös, egyenletes	0	0,00	1	1,03
3.7.Barna, törése vörös	0	0,00	0	0,00
4.1.Hullámvonal	0	0,00	0	0,00
4.2.Hullámvonalköteg	0	0,00	0	0,00
4.3.Vonalköteg	0	0,00	0	0,00
4.4.Csigavonal	1	2,50	2	2,06
4.4.1.Keskeny	0	0,00	0	0,00
4.4.2.Széles	0	0,00	0	0,00
4.5.Bevagdosás és csigavonal	1	2,50	3	3,09
Beszurkált pontsor	0	0,00	1	1,03
5.1.1.Egyenes	0	0,00	1	1,03
5.1.2.Kihajló	40	100,00	88	90,72
5.1.3.Vízszintes	0	0,00	4	4,12
5.1.4.Behúzott	0	0,00	0	0,00
5.1.5.Tölcséres	0	0,00	0	0,00
5.2.1.Lekerekített	17	42,50	32	32,99
5.2.2.Levágott	14	35,00	38	39,18
5.2.3.Felhúzott	7	17,50	12	12,37
5.2.4.Lelógó	0	0,00	2	2,06
5.2.5.Megvastagodó	1	2,50	2	2,06
5.2.6.Elkeskenyedő	10	25,00	11	11,34
Hornyolt szélű	1	2,50	2	2,06
5.2.7.Fedőhornyos	23	57,50	17	17,53
5.2.8.Bordával tagolt	1	2,50	1	1,03
5.2.9. Belül síkozott	0	0,00	3	3,09
6.1. Gyorskorongolt	9	22,50	11	11,34
Fehér kerámia	0	0,00	0	0,00
Szögfejperem	0	0,00	2	2,06

A fazekak felismert töredékei (peremek) együttes száma 138 db, ami az Árpád-kori cserepek 5,3%-át teszi ki. Közülük 41 (29,7%) származik hiteles objektumból, és 97 (70,2%) pedig szórvány. Érdekes, hogy mind a hiteles, mind a szórványleleteket tekintve, a bográcsok száma kétszerese a felismert fazékdaraboknak. (Véleményem szerint ez az arány akkor sem változna meg jelentősen, ha valamennyi cserépdarabot összeillesztve a pontos darabszámot meg lehetne mondani, hiszen mindkét típusnál ugyanannyival lenne több az azonosítható edények száma.)

A soványító anyag a fazekak esetében is elsősorban a tört kavics, de kisebb arányban, mint a bográcsoknál. A csillámos, illetve a csillámos-homokos soványítású darabok száma ennek megfelelően növekedett.

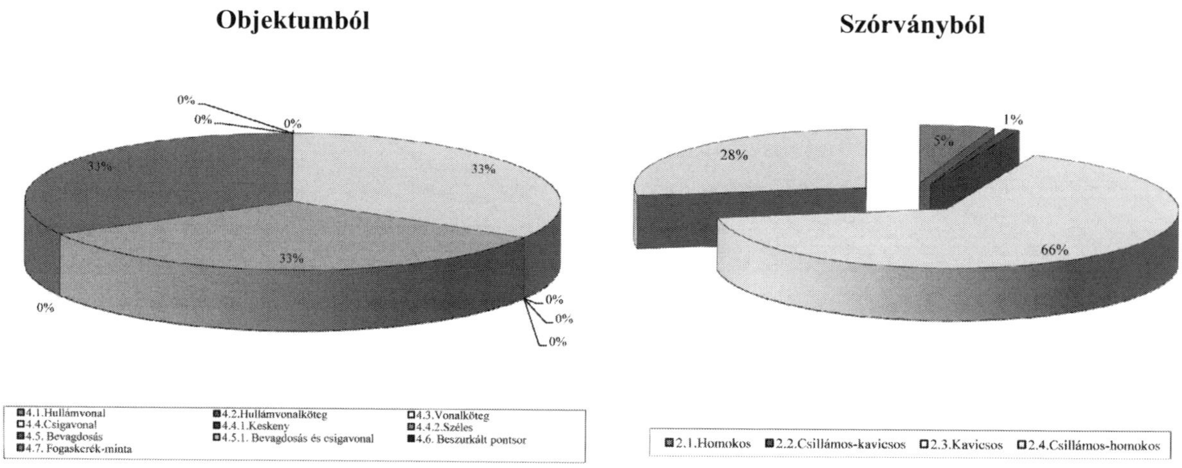

Fazéktöredékek megoszlása soványító anyag szerint.

Az égetés minőségét tekintve azt tapasztaljuk, hogy a barna színű, szürke törésű darabok száma a legtöbb, rajtuk kívül az egyenletesen átégett példányok együttes száma is csekély, és közöttük a szürkéből van a legtöbb, de előfordul barna, téglavörös, sőt sárga is.

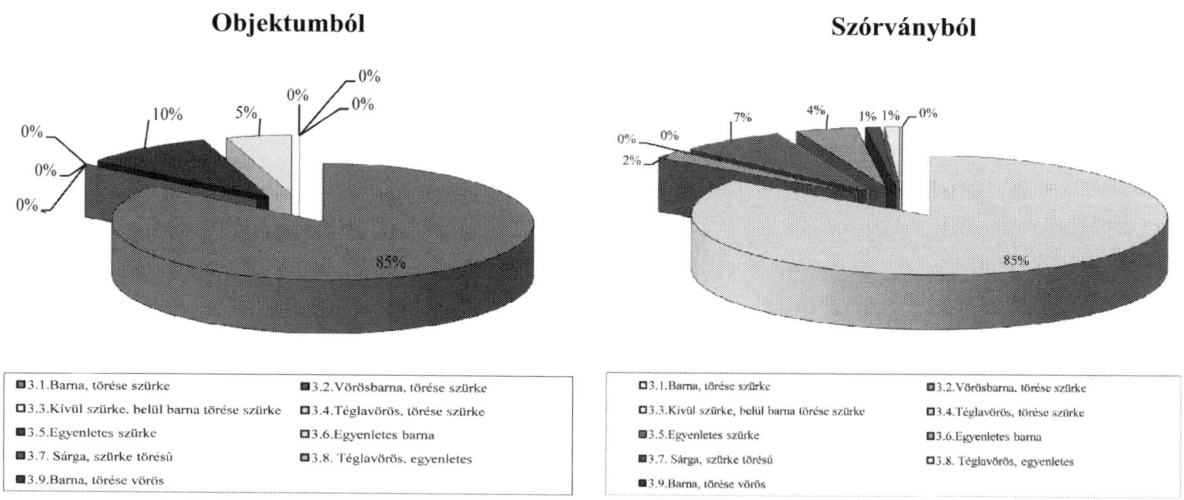

Fazéktöredékek megoszlása az égetés minősége szerint.

Meglepően kevés a díszített fazekak száma, és a díszítőelemek sem változatosak: a csigavonal és bevagdosás (körömbenyomkodás) a leggyakoribbak *(41–42. tábla)*.

Objektumból

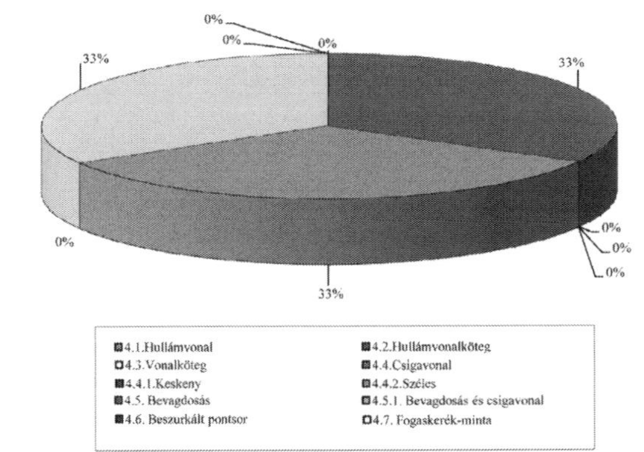

Szórványból

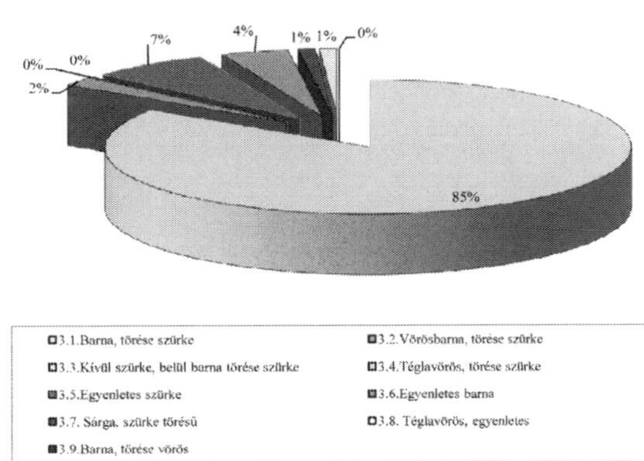

Fazéktöredékek megoszlása díszítőelemek szerint.

A peremek túlnyomó többsége kihajló, mindössze a szórványok között akad egy egyenes, illetve néhány vízszintes állású perem. A perem széle a legtöbb esetben lekerekített, vagy levágott, néha elkeskenyedő, és gyakran fedőhornyos. Ugyanakkor a peremkiképzés változatosságát, a profilált peremeket biztosító egyéb formaelemeket ritkábban, és akkor is rendszerint külön-külön alkalmazták. Ezért ezeknél az elemeknél nem végeztem külön egyedi vizsgálatot, a kiugró arányban jelen lévő megoldási változatok jól érzékeltetik a jellemző típusválasztékot.

Objektumból

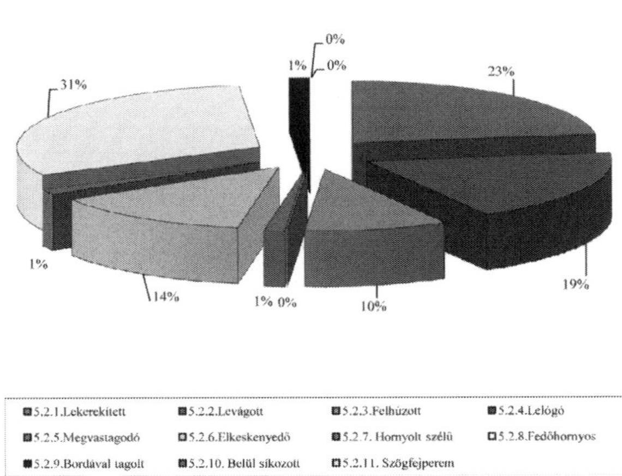

Szórványból

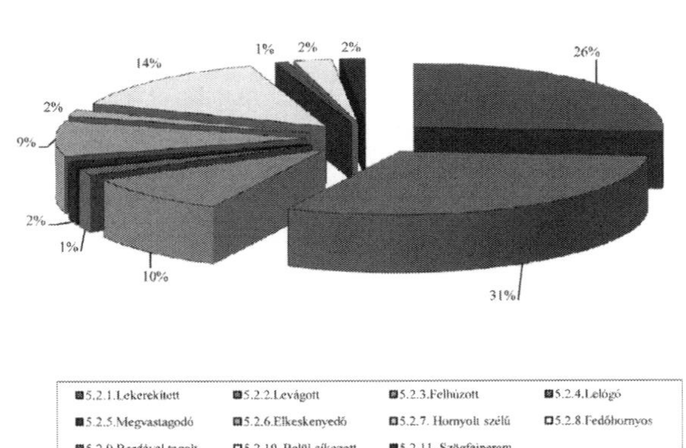

Fazéktöredékek megoszlása a perem kiképzése szerint.

10. táblázat: Fazékperemek a kiszerkeszthető szájátmérő szerint rendezve:

Leltári szám	Lelőhely	Szá
95.28.65.	12. gödör	8,8
91.4.15.	2. szelvény 0–30 cm	9
95.28.875.	17. gödör	11
95.28.994.	9. ház	11
91.4.118.	7. szelvény 30–60 cm	13
91.4.486.	22. szelvény 0–30 cm	13
91.4.116.	7. szelvény 30–60 cm	13,4
78.106.2.	1. kutatóárok	13,8
91.4.135.	1. ház	13,8
91.4.86.	7. szelvény 0–30 cm	14
91.4.207.	9. szelvény 30–60 cm	14
95.28.1098.	9. ház	14
91.4.117.	7. szelvény 30–60 cm	14,4
78.106.1.	1. kutatóárok	14,6
91.4.137.	1. ház	14,6
91.4.138.	1. ház	15
91.3.24.	1. árok 80–100 cm	15
95.28.353.	39. szelvény 30–60 cm	15,6
91.4.87.	7. szelvény 0–30 cm	16
95.28.988.	9. ház	16
91.4.187.	8. szelvény 30–60 cm	16,2
91.3.4.	1. árok 40–60 cm	16,2
95.28.209.	37. szelvény 30–60 cm	16,8
91.4.455.	4. ház	17
91.3.23.	1. árok 80–100 cm	17
91.3.22.	1. árok 80–100 cm	17,8
91.4.136.	1. ház	18
95.28.354.	39. szelvény 30–60 cm	18
95.28.356.	39. szelvény 30–60 cm	18
95.28.483.	41. szelvény 60–90 cm	19
95.28.82.	34. szelvény 0–30 cm	19,8
95.28.161.	36. szelvény 30–60 cm	20
91.3.3.	1. kutatóárok	20,8
91.4.73.	6. szelvény	22,4

A fazekakkal kapcsolatosan kell említést tenni a díszített oldalakról, melyekről ugyan nem dönthető el teljes bizonyossággal, hogy valóban fazekak oldaltöredékei-e, de feltételezhető, hogy többségük mégiscsak az volt. A másik figyelemre méltó bizonytalansági tényező a korhatározás. A gyakran egészen kicsi oldaltöredékek esetében ugyanis előfordulhat, hogy késő avar kori darabok is közéjük kerültek, hiszen a két korszak leletanyagának szerkezetében mutatkozó „átfedések" (tört kavicsos soványítás, oxidációs-redukciós égetés) miatt ezt nem lehet teljesen kizárni.

A díszített oldaltöredékek együttes száma 265 db, ami az összes Árpád-kori kerámia 10,2 százaléka. Közülük 74 db (27,9%) származik objektumból, és 191 db (72%) szórványból. A tört kavicsos soványítás ezeknél a töredékeknél is általánosnak mondható, de a többi technikához képest aránya a bográcsokénál és a fazekakénál is kisebb. Ugyanez a helyzet az égetés minősége tekintetében. A barna, szürke törésű darabok többsége mellett az egyenletesen átégett, többféle színárnyalatú töredékek aránya minden esetben 10 százalék alatt van.

A díszített oldaltöredékek között ezen a lelőhelyen is megtaláljuk azokat a darabokat, melyek teljes felületét sűrűn bekarcolt vízszintes vonalak fedik *(40. tábla)*, esetenként hullámvonallal keresztezve is. Az összesen 26 ilyen cserép közül a hiteles objektumból valók kizárólag házak betöltéséből származnak: a 3. házban három, a 7. házban kettő, a 6. és 9. házban egy-egy darabra bukkantunk. Ezek után aligha lehet véletlen, hogy ebből a típusból egynél több a 16., 33. és 44. szelvényekben, vagyis a szóban forgó házak környezetében került elő. Erről a díszítésről, melyet a hazai szakirodalomban újabban „szaltovói"-nak is neveznek,[1387] bővebben írtam az END0170 lelőhely kapcsán.[1388] Keltezése, már amennyiben domináns elem a teljes leletanyag arányában, a 8–11. századra tehető. Esetünkben azonban erről aligha lehet beszélni, a magam részéről másodlagos leleteknek vélem az említett objektumok betöltésében, bár a 11. századi keltezés sem kizárt.

Tálak

A táltöredékek *(38. tábla)* száma csekély, mindössze három objektumban fordultak elő ilyenek. Az 1. házban egy egyenesre vágott tetejű, vállánál hornyolt bordával hangsúlyozott tál oldalrésze és egy befelé ferdén levágott tetejű, kívül két bordával hangsúlyozott tálperem került elő, a 6. házban egy behúzott peremű tál körömnyi, nagyon kopott peremrészét, a 9. árokban pedig egy felhúzott, lekerekített szélű tálperemet találtunk. Valamennyi barna, szürke törésű, és tört kaviccsal soványított, kivéve az utolsót, melynek anyagához homokot használtak.

A szórványleletek között van egy vörösesbarna, szürke törésű, tört kaviccsal soványított, kívül bordázott, felül vízszintesre levágott perem (5. szelvény), egy szürke, egyenletesen átégett, csillámos kaviccsal soványított, vízszintesre levágott szélű perem, melynek külső oldalát vízszintes vonalkötegek és ferde bevagdosások sora díszíti (43. szelvény), továbbá egy barna, szürke foltos, szürke törésű, csillámos homokkal soványított, vízszintesre levágott szélű tál peremrésze, melynek egyenes oldalát kívül az egész felületet fedő vízszintes vonalak díszítik (44. szelvény).

A 4. házból, illetve a 6., 16., 19., 20., és 41. szelvényekből származó egy-egy kis töredékről nem lehet határozottan megállapítani, hogy tálból, vagy más edényből származnak-e.

Összességében tehát a biztosan tálakból származó töredékek száma hét, melyekhez esetleg további hat darab társulhat.

Fedők, jobbára kisebb töredékeit a 4., 5. és 9. ház leletanyagából ismerjük. Többségben vannak a jobb kivitelű, egyenletesen átégett, gyorskorongolt darabok, bár kiegészíthető méretű töredéket nem találtunk. A szórványból származó fedőtöredékek a 33., 34., 36., 37. és 47. szelvényből származnak. A töredékek kicsiny volta miatt bizonytalan, hogy a 4., 16., 19., 20., 23. szelvényekből előkerült darabok egyáltalán fedőkből származnak-e.

Korsók, palackok

A három, kétségtelenül korsóból származó darab közül kettő a 9. házban volt: az északi gödörben, illetve az 1. szinten egy-egy galléros korsó, melyek két különböző, vízszintes vonalak közé behúzott hullámvonalakkal díszített edényből származnak. A harmadik szórványlelet, és a 39. szelvényből

---

[1387] *Wolf* (2003) 91., ahol a 3.2. képen közölt edény nem ebbe a típusba tartozik, egyértelműen csigavonalas díszítése van. Vö. még *Herold* (2004) 50. Az elnevezést azért nem tartom helytállónak, mert ez a díszítésmód nem csak a szaltovói kultúra edényeire, hanem Délkelet-Európa számos hasonló korú edényművességére jellemző, és egyéb vonatkozásokban nem azonos a szaltovói kultúra kerámiájával. Hasonlóképpen *Tomka* (2011) 274.

[1388] *Jankovich* (2011) 123–125.

való. Különleges darab, a hazai leletanyagban eddig egyedülálló: barna, sárga törésű, csillámos homokkal soványított. Belső részét hurkatechnikával, szája környékét gyorskorongon formázták. A nyak egyenes és hengeres, vörös polírozású, a perem kihajló, elkeskenyedő szélű, kívül borda fut körbe, a perem egy részének törése alapján innen induló fülre is következtethetünk.[1389] A 41. szelvényben talált barna, szürke törésű, csillámos homokkal soványított, zsíros tapintású, gyorskorongolt, kívül bordázott, kiszélesedő szélű töredéktől nem lehet megállapítani, hogy tál- vagy korsóperem *(39. tábla 1–4.)*.

Bordás nyakú edények

Lelőhelyünkön összesen öt darabot találtunk ebből az edénytípusból. Közülük kétségtelenül az a teljes példány a legjelentősebb, amelynek peremdarabjai az 1975. évi ásatás 1. kutatóárkából származnak, pontosabban a templom belsejéből, abból a rétegből, melybe a templom alapjait ásták. A fazék formájú edénynek alacsony hengeres nyakát egyetlen borda tagolja. Pereme enyhén kihajló. Alja középen lyukas. Díszítetlen.[1390] *(16. tábla 5.)*.

A többi darab sajnos kicsiny töredék, további vizsgálatra alig alkalmas. A 3. házban talált kis darab barna, szürke törésű, tört kaviccsal soványított edény nyakrésze. Az egyetlen borda egy rövid, hengeres nyakat tagol *(16. tábla 3.)*. A 9. házból származó töredék szürke, egyenletesen átégett, apróra tört kaviccsal soványított perem- és nyakrész. A perem befelé ferdén levágott, a nyakon egy borda határozottan látható, de ezt az edény falának belülről történő kinyomásával alakították ki *(16. tábla 2.)*. A két szórvány darab közül a 39. szelvény szántott rétegében talált töredék barna, szürke törésű, tört kaviccsal soványított, tölcséres nyakú, egyenes peremű, a nyak ugyan kívül bordával díszített, de túl kicsi a darab ahhoz, hogy egyértelműen bordás nyakú lehessen *(16. tábla 1.)*. A 43. szelvényből, 60–90 cm mélységből előkerült példány az előzővel azonos színű és anyagú nyakrész, két borda részletével *(16. tábla 4.)*.

A fenti töredékek közül egyedül az a darab értékelhető, mely a templom környékéről származik, és kiegészíthető volt. A megmaradt részletek alapján a további két, objektumhoz köthető példányt ehhez egészen közel álló, mondhatni azonos típusba sorolhatjuk. A templom környezetében talált töredékekből összeállított edény pontos datálása sajnos nem oldható meg a templom építésével összefüggésben. Nem azért, mert az egyes darabok előkerülésére vonatkozóan nincs pontos ásatási megfigyelés, hanem azért, mert a cserepek a sírok és rablógödrök által többszörösen bolygatott földbe sokféle módon és időben kerülhettek. Ezért edényünket sajnos nem keltezhetjük pontosabban, mint a templomot magát, és így az azt körülvevő települést.

A környező lelőhelyekről viszonylag sok olyan töredéket ismerünk, mely ebbe az edénytípusba tartoznak. Alig értelmezhető kicsiny darab származik a szomszédos END0161 számú lelőhelyről.[1391] A közeli END0170 lelőhely ásatásán a több kisebb darab mellett előkerült egy ugyancsak kiegészíthető példány.[1392] Jellegzetes a közeli rózsási telepen talált peremdarab.[1393] Utóbbiak közös jellemzője, hogy az itteniekkel ellentétben mindegyik gazdagon díszített.

[1389] Csak távoli hasonlóság érzékelhető a Szerről ismert, bolgár eredetű 10. századi kerámiának meghatározott korsóval. *Vályi* (1996) 58. oldal, rajzos tábla 9. Lásd még az e kötet 1.4. fejezetében felsorolt párhuzamokat is.

[1390] MRT 8, 79. tábla 4.

[1391] Lásd e kötet 1.4. fejezetében.

[1392] *Jankovich* (2011) 148.

[1393] MRT 8, 455., *Jankovich* (1994) 408., 5. kép 8.

A mikrorégió területéről a fentieken túl felszíni leletekből több helyről ismert ez az edénytípus: END0157, END0195,[1394] ÖRM0019,[1395] ÖRM0056,[1396] SZA0179.[1397] A terepbejárások eredményeként Békés megye más területeiről is szaporodtak az ilyen típusú szórványleletek.[1398]

Az ország, sőt a Kárpát-medence területén az utóbbi harminc évben jelentősen megnövekedett a bordázott (hengeres) nyakú edényleletek száma. Míg ezen edényforma első hazai leírója, Mesterházy Károly alig egy tucat sírleletet vehetett számításba,[1399] napjainkban – a felszíni leleteket nem számítva – már száz körüli lelőhelyről legalább 150 darabot ismerünk, és közülük mindössze 20 származik sírból, a többi telepről, illetve bizonytalanok a lelőkörülményei.[1400] A lelőhelyek a Kárpát-medence minden pontján előfordulnak, nagyjából azonos arányban oszlanak meg a mai Magyarország területe és a környező utódállamok között. Esztergom több lelőhelye (Szentgyörgymező,[1401] Szentkirály,[1402] Vár[1403]) mellett megtalálhatók közöttük az ispáni központok (Bihar,[1404] Borsod,[1405] Doboka,[1406] Nyitra,[1407] Vác,[1408] Zalavár,[1409] Zemplén[1410]) éppúgy, mint a korai Árpád-kori falvak (Kajárpéc,[1411]

1394 MRT 8, 181.

1395 MRT 8, 346.

1396 MRT 8, 354.

1397 MRT 8, 465.

1398 MRT 10, 24.

1399 *Mesterházy* (1975).

1400 Legutóbb Takács Miklós tette a közzé a lelőhelyek jegyzékét és elterjedési térképét. Hálásan köszönöm Takács Miklósnak, hogy kéziratát tanulmányozhattam.

1401 Lázár Sarolta igen gazdag típusválasztékot, 14 darabot, köztük kiegészített edényt közöl: *Lázár* (1998), passim.

1402 Bálint Alajos ásatásából származik egy nagyméretű, kiegészített edény, mely barna színű, az egyenes peremű hengeres nyak két bordával tagolt. Válla erőteljesen kiugró, testét ritka közű, széles szerszámmal bekarcolt vízszintes vonalkötegek díszítik. EBM 74.127.1. Az esztergomi Vármúzeum új régészeti kiállításán látható. Az EBM 56.16.1. szám alatt is őriz „Esztergom környéke" megjelöléssel egy sárgásfehér színű, szemcsés anyagú edényt. Pereme kihajló, a hengeres nyak egyetlen széles, belülről kinyomott bordával tagolt. Válla kiugró, oldalát körömbenyomások illetve bekarcolt egyes hullámvonalak díszítik. Szá: 11, fá: 10, m: 13 cm. Mindkét adatot Horváth Istvánnak köszönöm.

1403 Lázár Sarolta említi publikációjában, hogy Nagy Emese megmutatta neki a vár ásatásaiból származó kerámiaanyagot, „melyben ugyancsak nagy gyakorisággal fordultak elő a változatos kiképzésű és bordásnyakú edények." *Lázár* (1998) 79., 77. jegyzet. Az esztergomi Vármúzeum állandó régészeti kiállításán látható még egy bordás nyakú edény perem- és vállrésze: a barna színű az enyhén kihajló peremű tölcséres nyakat két borda tagolja. A töredék egész felületét, beleértve a nyakrészt is, hullámvonalkötegek díszítik.

1404 *Dumitrașcu* (1994) 203., 206., XVI. T. 4., 5., 9.

1405 *Wolf* (1992) 398., 408., 419., 421., 428–429.

1406 Közöletlen darabot említ Horedt a kolozsvári múzeumból. *Horedt* (1984) 46., 58. jegyzet.

1407 Bordásnyakú edény lelőhelyeként említi Takács Miklós: *Takács* (1997) 214.

1408 Tettamanti Sarolta a váci vár publikációjában közöl egy szórvány peremtöredéket (15. t. 5.) mely vékony falú, egyenes pereme vízszintesre levágott szélű, két borda látszik rajta. Váci Könyvek 7 (1994) 107.

1409 A kápolna melletti kútból. *Cs. Sós* (1963) 148., 89. t. 1., *Mesterházy* (1975) 106–107.

1410 A zempléni vár ásatásából közölt "szláv" kerámialeletek között van egy vékonyfalú bordásnyakú edény peremdarabja is. *Benadík* (1964) 154. (2. ábra 6.).

1411 *Takács* (1993c) 86/1. ház.

Lébény,[1412] Malomfalva,[1413] Muzsla,[1414] Óbecse,[1415] Tatabánya,[1416] Tiszalök Rázom,[1417] és számos más helyen[1418]) is. Az Alföldön a szisztematikus terepbejárások jelentősen növelték az ilyen típusú edényekből származó töredékek számát, de felszíni leletek formájában ismerjük a Kisalföld pereméről (Bakonykoppány, Nemesgörzsöny[1419]) is. A számbeli növekedés természetesen együtt jár a típusválaszték növekedésével, de még mindig korai lenne tipológiai osztályozást készíteni. Az azonban már látható, hogy a teljesen szembetűnő formai jegyeken túl[1420]– csakúgy, mint a többi edénytípusnál – fontos szempont lesz a díszítés, sőt minden bizonnyal az anyag minősége is. Az endrődi példányok esetében például feltűnő az E0170 és a SZA0132 lelőhelyeken talált darabok hasonlósága szemben a lelőhelyünkről származó, egyszerűbb kivitelű, teljesen díszítetlen darabokkal.

A bordás nyakú edényekkel kapcsolatban a szakirodalom eddig leginkább az edénytípus eredetét firtatta.[1421] Annak ellenére, hogy ezt a kerámiát ma még nem lehet a Kárpát-medencében a 10. századnál korábbra keltezni, tehát kézenfekvőnek látszik a magyarsághoz való kötése, a keleti eredetet eddig nem sikerült meggyőzően bizonyítani. Az utóbbi évek kutatásai nyomán ugyanis ma már egyértelműnek látszik az edényforma antik eredete, mely mindenütt megtalálható az 5–7. századig.[1422] Következésképpen számos közvetítő útján kerülhetett a magyarság használatába. Tény azonban az is, hogy a Kárpát-medence avar kori keramikájában nem ismerjük ezt az edénytípust, tehát hazai „kontinuitása" nem mutatható ki. Mindezek ellenére nézetem szerint még sok jól keltezhető leletegyüttesre van szükség a Kárpát-medencén kívül is ahhoz, hogy ebben a kérdésben meggyőzően lehessen állást foglalni. Ahogy nem tisztázott az edénytípus eredete, úgy megkérdőjelezhető etnospecifikus volta is, hiszen a Kárpát-medencén kívül is sorra kerülnek elő újabban nemcsak szórványleletek, hanem olyan telepek, ahol jellegzetes edényformának számít a bordázott nyakú edény.[1423] Azt mindenesetre

---

1412 *Takács* (1997) 216.

1413 *Horedt* (1984) 46., Abb. 4.3., 5.1–2., Abb. 7.8, Abb. 7.8.

1414 *Hanuliak – Kuzma – Salkovsky* (1993) 227., 42. t. 2.

1415 *Stanojev* (1980) VII. t. 11., 12., 13. Röviden újraközölve: *Stanojev* (1996) 33–37.

1416 RégFüz. 47 (1996) No. 87., továbbá 48 (1997) No. 110. Lásd még *Vékony* (1996) 12–15.

1417 Kovalovszki Júlia három peremdarab fényképét közli Méri István ásatásából. Egy házból, kettő kemencéből való. *Kovalovszki* (2000) 117., 55. kép 4–6.

1418 Közülük most Vaday Andrea szívességéből csak az eddig ismeretlen füzesabonyi leletet említem: tégla színű, alsó fele erősen kormos, homokos, szemcsés anyaggal soványított, gyorskorongolt nagyobb edény nyak- és vállrésze. A perem kihajló, a magas nyak felfelé szűkül és három erőteljes bordával tagolt.Válla enyhén kiugró, az edény egész testét ritka közű, körbefutó fogaskerék mintából álló vonalak díszítik. Szá: 10 cm. Füzesabony Berek nevű határrészében találta 1990-ben Barnáth K. Füzesabonyi Helytörténeti Gyűjtemény, ltsz.: 90.9.76.

1419 MRT 4, 5/6.lh.: 31. oldal, 55/2. lh.: 179. oldal. A darabokra Takács Miklós hívta fel figyelmemet, melyért köszönettel tartozom.

1420 *Takács* (1997) 65.

1421 *Mesterházy* (1975), *Fodor* (1985) 165–170., *Jankovich* (1994) 408–409. Takács Miklós tette elsőként vizsgálat tárgyává az edénytípus időrendjét: *Takács* (1993b) 450., *Takács* (1996a) 148., 156–157., 14. ábra. Vö. még *Takács* (1997) 65–66.

1422 *Dannheimer* (1962) 108. összesen öt bordázott nyakú edényt közöl a 7. század második felére keltezett németországi temetőkből. Az adatot Vida Tivadarnak köszönöm. Lásd még *Maier* (1994) 68–69., továbbá *Reiß* (1994) 167–168., további irodalommal. A Kárpát-medencében egyetlen, germán temetőből származó edényről tudunk: *Gubitza* (1902) 338–342., 11. ábra. Vö. még *Jankovich* (1994) és *Takács* (1997) 66.

1423 Ukrajnában *Baran* (1983) 23–24., 10. ábra 2–3. Kazakov az Igimszki temető 2. sírjából közöl gömbtestű, hengeres nyakú, fésű- illetve zsinegmintával díszített edényt, 8–10. századra keltezve. *Kazakov* (1978) 13–14. oldal, (3. ábra 26). Ugyanilyen formájú, és hasonló díszítésű edényeket közölt Halikova a Bolsije Tigani temetőből. *Halikova* (1976) 68. Morvaországban és Lengyelországban a 10–11. században gyakori a németföldi, 6–7. századi formai előzményekre visszavezethető kettős csonkakúpos, vagy kihangsúlyozott

leszögezhetjük, hogy a lelőhelyünkön talált edény és a további töredékek az egész település fennállását tekintve nem keltezhetők a 11. század közepénél korábbra.

Import kerámia

A 9. házból származnak olyan egyedi anyagkezelésű és különleges edényformákra utaló töredékek, melyek esetében – azok ritka volta, vagy hazai párhuzam híján – importra kell gondolnunk. Ilyen az a két, kívül világosbarna, belül szürke, csillámos homokkal soványított, kézikorongolt oldal, melyek valószínűleg egy edényből valók.[1424] Van három hasonló, kívül vörösesbarna, belül szürke, csillámos homokkal soványított, kézikorongolt oldal is, melyek ugyancsak egy edényből származhatnak. Külső oldaluk függőleges, vörös polírozással díszített *(56. tábla 1–4.)*. A polírozott kerámia nem ismeretlen, de nem is általános az Árpád-kori leletanyagban, általában palackokon, ritkábban bordásnyakú edényeken találjuk ezt a díszítést, és már a 9. században is alkalmazták. Takács Miklós a kisalföldi leletek kapcsán külön tanulmányban[1425] gyűjtötte össze az addig ismertté vált leleteket, melyek azóta – értelemszerűen – tovább szaporodtak.[1426] Takács Miklós adatai alapján egy olyan kerámiatípus rajzolódik ki, melynek díszítésmódja – a polírozás – lassanként az Árpád-kor minden szakaszában, és a Kárpát-medence egész területén jelen van. Eredetét tekintve az avar kori sárga kerámiával, illetve a 9. századi hasonló leletekkel hozza összefüggésbe. Takács Miklós magától értetődőnek gondolja, hogy helyi fazekasmesterek munkáiról van szó, azonban az endrődi leletek oly mértékben egyediek és különállók a helyi együttesekben, hogy jelen tudásunk szerint importra kell gondolnunk. Egy barna, szürke törésű, csillámos kaviccsal soványított kicsiny oldal valószínűleg gyorskorongolt. Külső oldalát függőleges irányú, az egész felületet fedő párhuzamos vonalak díszítik, és ez a díszítésmód teljesen idegen a hazai leletanyagban *(40. tábla 5.)*. Bizonyosan importtárgy töredéke az ugyancsak a 9. házban talált zöldmázas edényláb *(39. tábla 8., 56. tábla 5.)*. Figyelemre méltó, hogy hasonló mázas darabok – más hazai lelőhelyek mellett – a közeli END0170 és a régóta ismert rózsási (SZA0132) lelőhelyen is előkerültek.[1427]

Sütőharangok

Sajnos nincsen egész, vagy kiegészíthető példány. Objektumból a 9. házból és a 12. gödörből került elő. Kívül vörösesbarna, hamus, belül teljesen sárga, alig átégett peremrésze. A perem lapos, széles, belső kupolája szinte alig van, fogójának csonkja maradt csak meg. A 7. szelvényből származó

---

vállú, hengeres nyakú edényforma, de megtaláljuk közöttük a magyarországi edényforma pontos mását is, igaz, bordák nélkül. *Hilczer-Kurnatowska – Kara* (1994) 138., 13. ábra.

1424 Hasonló töredékeket mutatott be a Csongrád megyei Sáp leletanyagából, 10–11. századra keltezve *Béres* (1998) 177., 4. kép.

1425 *Takács* (2000) 28–33.

1426 *Lázár* (2004) 114–115., *Mersdorf* (2007) 206. Felsőzsolca, Várdombról, a kisvár lakóépületéből Simonyi Erika közli egy „élénkbarna színű, fényes felületű, tölcséresen kiszélesedő szájú palack" két peremtöredékét, melyet külső oldalán öt, mélyen árkolt borda tagol. (192. tábla 8.) Kézikorongon, finom, csillámos, tiszta vöröses agyagból készült, felülete polírozott. *Simonyi* (2010) 29. Ezúton is köszönöm Simonyi Erikának, hogy kéziratos doktori értekezését tanulmányozhattam.

1427 *Jankovich* (1994) 409–410., *Jankovich* (2011) 117., korábbi irodalommal és párhuzamokkal. A Balatonmagyaród, Hídvég-puszta 113. lelőhelyről származó barna-zöld mázas kétfülű kancsó import voltát sem lehet ma még kétségbe vonni (*Vándor* (1996) 113., 148.). A Gyál 3. lelőhelyről származó zöldmázas, rátett zsinórdíszes palack (RKM 2003, 219., *Simon* (2006) 27.) valószínűleg az Árpád-kornál későbbi. A mázas kerámia megjelenését egy Tiszafüred, Morotva-partról származó orsógomb kapcsán Laszlovszky József a 13. századra teszi. *Laszlovszky* (1991) 345. Ezt a vélemény elfogadva, a Békés megyei és délalföldi leletegyüttesekben felbukkanó, 10–11. századra keltezett mázas kerámiát jelenleg teljes egészében importnak gondoljuk.

szórványok között egy peremdarabot és néhány oldaltöredéket találunk, melyek sárgásbarna, tört cseréppel soványított, vastag falú példányból származnak. A 39. szelvényben talált kívül szürke, belül barna, vékonyfalú, egyenesre levágott szélű peremdarab kívül jól elsimított, belül kevésbé, és seprűszerű eszközzel karcolt felületű.

Gyorskorongolt kerámia

A teljes kerámiaanyaghoz viszonyítva elenyésző számban került elő az ebbe a kategóriába sorolható lelet, közülük 11 darabot találtunk objektumban.

A legtöbb az 1. házból származik, és mindegyik fazékperem: barna, egyenletesre égetett, tört kaviccsal soványított, kihajló, függőlegesen levágott szélű peremmel, tetején fedőhornyos,[1428] egy másik azonos anyagú, de a perem széle ferdén levágott és hornyolt, teteje fedőhornyos.[1429] A tagolatlan peremek redukált égetésűek, és mindkettőnek függőlegesre levágott széle van.[1430] A 3. és 6. házban egy-egy töredék volt. Előbbi barna, szürke törésű, csillámos tört kaviccsal soványított, vékonyfalú, ferdén levágott szélű kicsiny fazékperem,[1431] utóbbi barna, szürke törésű, csillámos, tört kaviccsal soványított, kihajló, lekerekített szélű, apró fazékperem.[1432] A 9. házban ismét négy töredék volt: barna, szürke törésű, tört kaviccsal soványított, kihajló, lekerekített, illetve ívelten levágott és kiszélesedő szélű, fedőhornyos fazékperem.[1433] Világosbarna, egyenletesen átégett, csillámos homokkal soványított, egyenesre levágott szélű, fedőperem.[1434] Barna, szürke törésű, csillámos kaviccsal soványított kicsiny oldal. Külső oldalát függőleges irányú, az egész felületet fedő párhuzamos vonalak díszítik. Egyedi, valószínűleg import darab[1435] *(40. tábla 5.)*. A fentieken kívül mindössze a 12. gödörben volt egyetlen barna, szürke törésű, csillámos homokkal soványított, fazékperem. Széle elkeskenyedő.[1436]

A szórványból származó gyorskorongolt töredékek száma 15 db: világosbarna, egyenletes égetésű, csillámos homokkal soványított, kihajló fazékperem nem rekonstruálható töredéke az 5. szelvény szántott rétegéből származik.[1437] A 8. szelvényből 30–60 cm mélységből két, barna, szürke törésű, tört kaviccsal soványított, fedőhornyos fazékperemet őriztünk meg, egyik lekerekített, a másik ferdén levágott és felhúzott szélű.[1438] A 33. szelvény szántott rétegéből egy barna, egyenletesen átégett, csillámos kaviccsal soványított, elkeskenyedő szélű fedőperem,[1439] a 60–90 cm közötti mélységből egy-egy ugyanilyen anyagú, kihajló, ferdén levágott, illetve lekerekített szélű, fedőhornyos fazékperem került gyűjteményünkbe.[1440] A legtöbb, szám szerint hat gyorskorongolt cserépdarab a 34. szelvényben volt. Három a szántott rétegben, három 30–60 cm mélységben került elő. Barna, szürke törésű, csillámos homokkal soványított, kihajló, elkeskenyedő, lekerekített, illetve függőlegesen levágott és felhúzott szélű fazékperem.[1441] Barna, szürke törésű, csillámos homokkal soványított,

1428 ltsz.: 91.4.135. Munsell 5YR 5/6. A kiszerkeszthető szá.: 13,8 cm.
1429 ltsz.: 91.4.136. Munsell 5YR 5/4.
1430 Barna, szürke törésű, tört kaviccsal soványított. ltsz.: 91.4.137. Munsell 5YR 5/6. A kiszerkeszthető szá.: 14,6 cm, ltsz.: 91.4.138. Munsell 5YR 5/3. A kiszerkeszthető szá.: 15 cm.
1431 ltsz.: 91.4.280. Munsell 5YR 4/2.
1432 ltsz.: 95.28.121. Munsell 5YR 3/1.
1433 ltsz.: 95.28.1095. Munsell 5YR 5/6., ltsz.: 95.28.1096. Munsell 5YR 5/4.
1434 ltsz.: 95.28.1098. Munsell 7.5YR 7/4.
1435 ltsz.: 95.28.1145. Munsell 7.5YR 6/2.
1436 ltsz.: 95.28.66. Munsell 5YR 5/4.
1437 ltsz.: 91.4.53. Munsell 5YR 6/4.
1438 ltsz.: 91.4.187–188. Munsell 5YR 5/3.
1439 ltsz.: 95.28.40. Munsell 5YR 4/2.
1440 ltsz.: 95.28.55–56. Munsell 5YR 5/1, illetve Munsell 5YR 5/2.
1441 ltsz.: 95.28.80–82. Munsell 5YR 6/6, Munsell 5YR 5/3, Munsell 5YR 6/4.

kihajló, függőlegesen levágott szélű fazékperem,[1442] továbbá barna, szürke törésű, tört kaviccsal soványított, egyenesre levágott szélű fedőperem és egy ugyanilyen anyagú, lekerekített szélű, kívül bordával tagolt fazékperem.[1443] Egy-egy töredék származik a 36., 38. és 39. szelvényből: barna, szürke törésű, csillámos homokkal soványított, kihajló, függőlegesen levágott szélű fazékperem.[1444] Szürke, egyenletesen átégett, szemcsés anyagú, ritka közű csigavonallal díszített oldal.[1445] Egyenletesen szürkére égetett, csillámos homokkal soványított, kihajló, lekerekített szélű fazékperem.[1446]

A gyorskorongolt kerámia túlnyomó többsége fazékperem, mindössze két fedő és két oldaltöredék található köztük. Jellemző még az égetés jobb minősége, többségben vannak az egyenletesen átégett darabok. A csekély mennyiségen túl a területi szétszórtság is arra utal, hogy ez az edényfajta nem játszott jelentős szerepet a település keramikájában.

Egyéb leletek

Fegyverek

Egyetlen fegyvert találtunk: a templom omladékrétegében egy vasbuzogányt. A lapított gömb alakú buzogánytípust Kovács László a 12. századra, 13. század elejére keltezte. Fontos körülmény, hogy a Magyar Nemzeti Múzeum fegyvertárában lévő egyetlen – és leletünkhöz teljesen hasonló – példány éppen vidékünkről, Endrőd határából, a Hármas-Körös vidékéről származik.[1447] A legutóbb Kánán előkerült buzogányt Terei György és Horváth Antónia ugyanebbe a csoportba helyezték, és a Magyar Nemzeti Múzeumban őrzött endrődi szórványleletet is megemlítették párhuzamként.[1448] A közölt rajz alapján a kánai lelet azonban a legcsekélyebb hasonlóságot sem mutatja a lelőhelyünkön talált példánnyal.

A fegyverek között említhetjük meg a 9. házban előkerült sarkantyút is, melynek gúla alakú hegye rövid nyéllel kapcsolódik ívelt száraihoz. A szakirodalom ennek a típusnak a használatát a 12. századra, 13. század első felére helyezi.[1449] Hasonló került elő Karos, Tobolykán a 2. házból trapéz alakú hevedercsattal együtt. Ennek kapcsán Wolf Mária áttekintette a Kárpát-medence sarkantyúleleteit, és a telepekről (Alsózsebes – Nizná Sebastovce, Petőszinye – Svinica, Szabolcs, Kisfalud) származó, illetve általában a 12. századra keltezett párhuzamok ellenére, egy nem hiteles bodrogvécsi analógia alapján a 10. századi keltezés mellett foglalt állást.[1450] Istvánovits Eszter két Szabolcs megyei párhuzamot (Beszterec Földvár, Nagyhalász) közölt, és újólag a 12. századi keltezéshez csatlakozott.[1451] A négyszállási jász temetőből szórványként ismerünk egy példányt, a temető legkorábbi

[1442] ltsz.: 95.28.99. Munsell 5YR 4/2, Munsell 5YR 4/2.

[1443] ltsz.: 95.28.101–102. Munsell 5YR 3/1.

[1444] ltsz.: 95.28.163. 36. sz. 30–60 cm. Munsell 5YR 5/6.

[1445] ltsz.: 95.28.289. 38. sz. 60–90 cm. Munsell 5YR 6/1.

[1446] ltsz.: 95.28.320. 39. sz. 0–30 cm. Munsell 5YR 4/1.

[1447] *Kovács* (1971) 178–179. 6. ábra 5. V. csoport: Gömb vagy hordó alakú buzogányok. Kovács László módosította Kalmár János keltezését, mely szerint a „keleti eredetű" buzogánytípus a 14–15. században volt használatos, és az oszmán-török hadak által került Európába. *Kalmár* (1971) 21. oldal, 7. kép. Kovács László álláspontját fogadta el Alexander Ruttkay is, noha ezt szlovákiai leletekkel nem tudta alátámasztani. *Ruttkay* (1976) 315–317.

[1448] *Terei – Horváth* (2007b) 162.,13. kép 5.

[1449] *Kalmár* (1971) 359–360., 55. kép, *Ruttkay* (1976) 72. ábra és 349. (B2 típus).

[1450] *Wolf* (1985) 590–591., 600–601. oldal, 16–17. kép.

[1451] *Istvánovits* (2003) 351–352.

részét III. Béla pénze keltezi.[1452] A nemrégiben közölt baráthelyi (Bratei, Ro.) telepen egyszerre öt darab került elő, melyek ugyancsak a 12. századi keltezést erősítik.[1453]

Csonteszközök

Az 1975. évi ásatás során a 3. kutatóárokból, tehát a templom szentélyéből egy csontár és két kisebb faragott csontdarab került elő. A 9. házban találtunk egy marhacsontból készült csontkorcsolyát, egyik oldala lefaragott, gyengén kopott, két végén az átfúrás azonos oldalon van.[1454]

Malomkövek

Egész malomkövet nem találtunk, de több olyan kisebb darab került elő, melyeken az egykori malomkőnek legalább egy eredeti síkja megfigyelhető volt. Ilyenek származnak a 4., 7. és 9. házakból, utóbbiból összesen három. A házakon kívül a 12. és a 20. gödörből került elő hasonló lelet.

Szórványleletek a 7., 8., 34., 37., 42., 44., 46., 47., 49. szelvényekből származnak, közöttük esetleg előfordulhat korábbi korszakok emléke is. A kövek két vörösesszürke darabot leszámítva, mind jellegzetes szürke, szemcsés anyagukról is felismerhetők.

Vastárgyak

Összesen négy vaskés került gyűjteményünkbe, kettő objektumból, kettő szórványból. Az 1. házban talált esetleg csapott hátú lehetett, a 9. házból való nyélnyújtványos, egyenes hátú. Pengéje keskeny, hosszú. A két szórványlelet (30., 47. szelvény) hegye felé csapott hátú, nyéltüskés példányból származik. Az 1. házban kerültek elő olyan lemezesen rozsdált töredékek, melyekről a szegecsnyomok és a mellette lévő kis csontdarabka alapján azt lehet gondolni, hogy talán késnyél lehetett.

A 7. szelvényből egy háromszög átmetszetű, egyik végén tűhegyes vasreszelő került gyűjteményünkbe[1455] *(47. tábla 1.)*.

A legtöbb vastárgy szeg. Közülük mindössze négy darab származik objektumból (9. ház, 2. gödör, 18. gödör), és 23 db szórványból. Előbbiek mind téglalap, illetve négyzet átmetszetűek, T-fejűek. A szórványok többsége négyzet, kisebb része téglalap átmetszetű, és ahol a fej is megmaradt, az az esetek nagy többségében T-fejű. Ez alól két kivétel van: az 1975-ös ásatáson egy téglalap átmetszetű, lapos, aszimmetrikus fejű, egy négyzet átmetszetű, négyzetes fejű, a 39. szelvényben talált egyik darab pedig kúposfejű lehetett. Egyedi példány a 45. szelvényből származó kerek átmetszetű, hatalmas kúpos fejű lelet.

A 9. házból egy téglalap átmetszetű, kicsiny vaskarika és egy lapos, egyik végén kiszélesedő ládaveret, a széles végében szeg maradványával, került még elő. Ládaveret lehetett az a 9. házban talált vasból kovácsolt, visszahajlított szélű lemez is, melyben három nagyobb, kerekfejű szeg nyoma látszik.

Ismeretlen rendeltetésű kisebb vasdarabok származnak még az 1975. évi ásatásból, illetve a 43. szelvényből.

[1452] *Selmeczi* (1992a) 9. kép.

[1453] *Ioniță* (2009) 16. t. 24., 130. t. 38–39., 147. t. 46., 186. t. 155, 156; 192. t. 29.

[1454] Bartosiewicz L. szerint inkább hálónehezék.

[1455] ltsz.: 91.4.585.

Bronztárgyak

A 40. szelvényből származik egy kisebb bronzlemezke, vésett vonalakból álló díszítéssel, mely egy erény-vagy bűntál darabja lehet.[1456] A 9. házból egy vékony bronzlemez került elő, amely valamilyen vastagabb tárgyra volt ráhajlítva. A hajlításnál vastagsága kétszeres. Díszítés nem maradt.

Orsókarikák

Egy lapított kettős csonkakúpos orsógomb kivételével (12. gödör) valamennyi lapos, cserépből faragott karika. Az említett gödörből való darabon kívül a 7. házból egy, a 9. házból pedig öt került elő. Valamennyit barna, szürke törésű, egy kivétellel tört kaviccsal soványított Árpád-kori cserépből faragták. Egyformán előfordulnak közöttük lekerekített, kopott szélűek, illetve töredezett szélű, esetleg négyzet alakú is.

A hat szórványlelet már vegyesebb képet mutat. Van közöttük szarmata kori cserépből faragott (19. szelvény), egy másik barna, szürke törésű, csillámos homokkal soványított, egész felületét vízszintes vonalakkal díszített edényoldalból faragott, és nincs átfúrva, van egy melyet széles, sekély csigavonallal díszített fazékoldalból készítettek, míg a másik három szokványos Árpád-kori cserépből készült.

Nehezékek

A 4. házból származó egyetlen, kisebb agyagnehezék mellett kiemelkedő lelet a 7. ház padlóján és betöltésében talált agyagnehezék-gyűjtemény.

Ezeket kézzel gyúrták, több helyen felfedezhetők az ujjnyomok. Hosszabb használatra semmiképpen sem voltak alkalmasak, de még az sem biztos, hogy egyetlen egyszer is használták őket. Erre utalhat pl. a 10. és 14. nehezék, melyek át sincsenek fúrva, vagy az a körülmény, hogy egyes daraboknak csak egyik oldala van egy kicsit megégve, ami akár véletlen tűzhatás következménye is lehet. Az égetetlen, mállékony anyag sok igénybevételt nem bírhatott ki. A 18 darab, a ház padlóján eredeti helyzetében sikerrel rögzített nehezékek legalább három sorba rendeződtek, de figyelembe kell venni, hogy a feltárás során még annyi töredéket találtunk a ház földjében, hogy ugyanennyi széttört, elpusztult példányra lehet következtetni. Hasonló alakú, de át nem fúrt agyaggolyókat ismerünk a pusztaszentlászlói 11. századi köznépi temetőhöz tartozó telepről.[1457] Kvassay Judit Zala megyében 35 lelőhelyet említ, ahol az ilyen tárgyak elfordulnak, és megjegyzi, hogy a megyén kívül más helyről nem ismertek.[1458] A zalai és az endrődi leletek között két nem lebecsülendő különbség van: míg a zalai példányok keményre égetettek és nincsenek átfúrva, addig az endrődiek pont fordítva: át vannak fúrva, de nincsenek, vagy alig vannak kiégetve. Kvassay Judit sem tudott megfejtést adni e tárgyak funkcióját illetően, és ebben a kérdésben még most sem jutottunk előbbre. Formájukat tekintve párhuzamba állíthatók a prágai várból ismert, viszont kőből készült, a 10–11. századra keltezett hálónehezékek.[1459] A ház padlóján párhuzamos sorokban elhelyezkedő nehezékek, valamint gyengén kiégetett állapotuk alapján leginkább álló szövőszékre gondolhatunk. A magyar kutatás ugyan – az egyetlen tiszalök-rázomi rekonstrukció, illetve nyugat-európai szakirodalom alapján – eddig természetesnek tekintette, hogy az Árpád-korban már csak a korszerűbb, vízszintes állású lábítós szövőszékek voltak használatban, azonban ezt a rekonstrukciót végző Endrei Walter

1456 *Biczó* (1992). Az ábrázolás egy emberalak válla lehet. Ezúton is köszönöm lektorunk, Biczó Piroska segítségét a töredék meghatározásáért és értelmezéséért.

1457 *Szőke – Vándor* (1987) 90. kép 8–9.

1458 *Kvassay* (2003) 146., 151., 3. kép 1.

1459 ArchRozhl 24 (1981) 660. Színes képen közölve: *Wieczorek, Alfred – Kretzschmer, Ulrike* (hrsg.): Europas Mitte um 1000. 1. Stuttgart 2000, 72., 03.02.12. kép.

sem állította,[1460] ezen felül Európában, ha szórványosan is, de találunk példákat az álló szövőszékek használatára. Németországban a 6–9. század jellegzetes leletének számít a gyakran pecsételéssel is díszített agyagnehezék, de 12. századra keltezett házban is találtak az endrődiekkel teljesen egyező alakú, ugyanolyan rosszul kiégetett szövőszéknehezékeket.[1461] A Baltikumban a 13. századra teszik az álló szövőszék végleges elhagyását.[1462] Következésképpen a 11–13. században fennálló endrődi telepen minden további nélkül használhatták a kétségtelenül kezdetlegesebb szövő alkalmatosságot.

Téglák

Árpád-kori településeken szokatlan mennyiségben kerültek elő téglák. Összesen 70 különféle nagyságú darab került leltárba, de a 36. szelvényből 8, a 39. szelvényből pedig 49 kisebb darabot kiselejteztünk. A tégladarabok több mint a fele (38 db) a 9. ház betöltésében volt. Ezenkívül csak a 13. gödörben találtunk egy téglatöredéket. A szórványleletek megoszlása: 10 szelvény (10 db) 36. szelvény (4 db) 39. szelvény (7 db) 43. szelvény (3 db) továbbá a 8., 9., 25., 26. és 45. szelvényekben (1–1 db)

A templomnál végzett feltárásból az ott előkerült egyetlen egész téglát őriztük meg, illetve a 26. szelvényben talált három szórvány, ugyancsak egész tégla került leltárba.

Ha a téglákat méret szerint csoportosítjuk, megállapítható, hogy lényegében véve valamennyi azonos méretű, 33 cm hosszú, 16 cm széles és átlagosan 5 cm vastag. Mint a táblázatból is látszik, 5–10 mm-es ingadozásokat gyakran találunk, de ezeket a méretkülönbségeket nem szabad figyelembe venni, hiszen a kézzel vetett téglák alakja szinte sohasem szabályos, az égetés előtt mindegyik többé-kevésbé deformálódott, szétlapult, vagy összenyomódott. Ekkora méretkülönbségeket tehát mindegyik téglán, különböző mérési pontokon meg lehet figyelni. Éppen ezért leszögezhetjük, hogy a lelőhelyen talált téglák azonos méretűek, függetlenül attól, hogy a templom környékén, a temető sírjai között, vagy a házakban találtuk. Természetesen jó lett volna a téglaégetőből legalább egy egész téglát kiemelni, de erre sajnos nem kerülhetett sor. Ami a téglák anyagát illeti, a kép sokkal változatosabb. Többségük természetesen pelyvás anyagból készült, de van néhány igen rossz megtartású, kaviccsal, illetve mészszemekkel soványított darab is, melyek állaga nagyon romlékony. Az égetés minősége is közepesnek mondható, a világos vörösessárgára (Munsell 7.5YR 7/6) égett darabok a leggyakoribbak.

11. táblázat: Téglaméretek összehasonlító adatai (mm-ben):

Leltári szám	**Lelőhely**	**Objektum**	**Hosszúság**	**Szélesség**	**Vastagság**
91.3.131.	Endrőd 6.	1. árok	330	170	60
91.5.28.A.	Endrőd 6.	26. szelvény	330	170	70
91.5.28.B.	Endrőd 6.	26. szelvény	330	170	60
91.5.28.C.	Endrőd 6.	26. szelvény	340	170	60
95.28.364.	Endrőd 6.	39. szelvény		160	40
95.28.1154.	Endrőd 6.	9. ház	330	160	45
95.28.1154.	Endrőd 6.	9. ház		160	50
95.28.1155.	Endrőd 6.	9. ház		160	40
95.28.1157.	Endrőd 6.	9. ház	330	170	45
95.28.1060.	Endrőd 6.	9. ház		166	45
95.28.1061.	Endrőd 6.	9. ház		160	50

[1460] *Endrei* (1957) 310., 315.

[1461] *Maier* (1994) 68–69., 29. tábla 5–8., *Sporbeck* (2001) 476.

[1462] *Kirjavainen – Riikanen* (2007) 171. Finnországi és litvániai példákkal.

Leltári szám	Lelőhely	Objektum	Hosszúság	Szélesség	Vastagság
95.28.1162.	Endrőd 6.	9. ház		160	55
95.28.1162.	Endrőd 6.	9. ház		155	50
95.28.1163.	Endrőd 6.	9. ház		160	55
95.28.1163.	Endrőd 6.	9. ház		160	50
95.28.1163.	Endrőd 6.	9. ház		160	55
95.28.1163.	Endrőd 6.	9. ház		170	50
95.28.1164.	Endrőd 6.	9. ház		160	50
95.28.1165.	Endrőd 6.	9. ház		160	50
95.28.1165.	Endrőd 6.	9. ház		160	50
95.28.1165.	Endrőd 6.	9. ház		160	55
Átlag			331,67	162,90	51,67
91.1.112.	Endrőd 182	7. objektum	310	130	45
91.1.113.	Endrőd 182	7. objektum	310	132	47
91.1.113.	Endrőd 182	7. objektum	305	130	45
88.46.1.	Csongrád, Várhát	téglaégető		145	45
88.46.1.	Csongrád, Várhát	téglaégető		165	50
	Tiszalök, Köves-telek	1. kemence		150	45
	Tiszalök, Köves-telek	2. kemence	310	150	45
	Tiszalök, Köves-telek	3. kemence	260	140	50
	Békés 67	templom	280	150	50
	Nagyszénás	templom	277	155	51
	Nagyszénás, Dózsa-erdő	templom	270	150	50
	Sarkadkeresztúr	templom	280	160	45
	Kamut 27	templom	280	145	45
	Telekgerendás 8	templom	284	151	50
86.32.120.	Szeregyháza	templom	275	155	50
86.32.117.	Szeregyháza	templom	270	160	45
	Kardoskút I.	templom	280	160	50
	Kardoskút, Hatablak	templom	300	150	55
	Örménykút 14.		295	155	35

Ha az END006 lelőhely téglaméreteit más lelőhelyek adataival hasonlítjuk össze, azt tapasztaljuk, hogy ha nem is lényeges, de érzékelhető eltérés mutatkozik. Az END182 lelőhelyen például a téglák rövidebbek és keskenyebbek, ugyanakkor vastagságuk közel azonos. Más a helyzet távolabbi lelőhelyeken, ahol elsősorban a templomásatásokból származó téglákkal nyílik összehasonlítási lehetőség. A legtöbb Békés megyei Árpád-kori templomfeltáráson többféle méretű tégla került elő, ezek között esetenként 3–5 cm-es méretbeli eltérések lehetnek. A Kamut 27. lelőhelyen például a templom szentélyét és hajóját is különböző méretű téglákkal alapozták.[1463]

A 9. házban több idomtéglát is találtunk. Közülük első helyre kívánkozik egy három darabból összeragasztott, pelyvás és kavicsos anyagú, mészszemcsékkel kevert, két oldalán kormos, hosszú, keskeny tégla *(57. tábla 3.)*. További négy darabot faragással formáztak háromszög alakúra, illetve

[1463] *Szatmári* (1995) 47.

élszedettre, egyiken jól kivehetők a keskeny véső nyomai. Az idomtéglák koncentrációja a 9. házban megint arra enged következtetni, hogy itt jelentősebb objektum állhatott.

Üvegek

A 9. ház töltelékföldjéből származik egy barna, vékonyfalú, kisebb töredék, valamint két fehér színű, vékony, síküveg darabkája. Sajnos értékelhetetlenül apró töredékek.

Szórványleletek

A 15. szelvényben egy S-végű hajkarikát találtunk.

Összegzés

A Gyomaendrődtől DNy-ra, a Szarvasra vezető országút északi oldalán emelkedő Kápolna-halmot 1975 óta tartja számon a régészeti szakirodalom. A 19. századból származó névvel egy kb. 2,5 m magas dombot jelöltek, mely egykoron vízjárta mélyedésekkel nyugatról, északról és keletről körülvett kiemelkedés tetején ült. A kiemelkedés egész területén az őskortól az Árpád-korig terjedő időszakokból gazdag felszíni leletanyagot lehetett gyűjteni, a vízjárta részek túloldalán pedig Árpád-kori lelőhelyek sorakoztak, mintegy körülvéve a Kápolna-halom területét, ahol Árpád-kori templom maradványait is dokumentálni lehetett. Már a felszíni leletek alapján is egyértelmű volt, hogy – számos korábbi korszak telepei mellett – egy Árpád-kori templomos faluhely maradványai rejtőznek a föld alatt, s hogy a település a késő középkort nem érte meg.

1975-ben – az utolsó pillanatban – sikerült rövid szondázó ásatással tisztázni a templom alaprajzát. 1977-ben ugyanis homokbányászással a kiemelkedés mintegy 80%-át elhordták: elpusztult a templom, a templom körüli temető mintegy kétharmada és ismeretlen számú telepobjektum.

A rövidesen ismét felhagyott homokbánya partfalaiban pusztuló régészeti jelenségek dokumentálása és megmentése érdekében a lelőhelyen 1982 és 1992 között összesen tíz ásatást végeztünk, közülük nyolcat az MTA Régészeti Intézetében 1985-ben elkezdett alföldi mikroregionális program keretében. Az ásatások eredményeként sikerült a bánya partfalainak körbeásásával megmenteni a pusztuló objektumokat, és a csatlakozó szelvények, továbbá szondák segítségével jelentős nagyságú (1900 m^2) területet feltárni. Az akadémiai tudományos program lehetővé tette, hogy talajszondákkal is megvizsgáljuk a lelőhelyet képező partvonulat felszíni szerkezetét. A Füleky György által elvégzett elemzés bizonyos helyeken jelentős foszfátfeldúsulást mutatott, ami emberi aktivitásra utal. A kiásott szondák talajtani és régészeti elemzése során arra a megállapításra lehetett jutni, hogy az Árpád-kori templomot rejtő dombot leszámítva a természetes erózió és a több évezredes antropogén hatások következtében létrejött akkumuláció többé-kevésbé kiegyenlítette egymást, vagyis az Árpád-kori talajfelszín kisebb-nagyobb ingadozásokkal, de a jelenlegi közelében lehetett.

A talajtani vizsgálat mellett a lelőhely érintetlenül megmaradt részén az ELTE Geofizikai Tanszéke végzett magnetométeres méréseket. A Puszta Sándor és Székely Balázs által készített térkép és az ellenőrző régészeti szondák alapján megállapítható, hogy az intenzív megtelepedésre utaló nyomok három, ÉK–DNy irányú sávban húzódnak a kiemelkedés tetején, és különböző korszakok objektumait rejtik, gazdag leletanyaggal.

A négy ásatási szezonban végzett feltárások eredményeként az Árpád-kori templomos faluhelyre vonatkozó ismeretek az alábbiakban foglalhatók össze. A Kápolna-halom tetején állt kisméretű, félköríves szentélyzáródású templom döngölt agyag alapozással, téglából épült, de felmenő falaiból, eredeti járószintjéből az ásatás idejére semmi sem maradt, sőt azóta mindenestül nyomtalanul elpusztult. Az alapfalak 75 cm-re mélyedtek a talajba, alatta őskori telepjelenségek voltak, a feltételezett rézkori kurgán nyomára azonban nem akadtunk. A templom tájolása 95 fokkal tér el az É-D-i iránytól kelet felé, és ebben a tekintetben a ritkábban elforduló templomtájolások közé tartozik a hasonló korú egyházak sorában, a többségnél ugyanis inkább a 90 fok alatti értékek a jellemzők. A templomhajó kb. 23 m^2 alapterületű lehetett, és ezzel az egészen kisméretű, de nem párhuzam nélkül álló – és nem is a legkisebb – falusi templomok közé tartozik. Építészeti jellegzetességeiből sajnos semmi sem maradt: a feltárásokon – nem a templom romjai között – talált néhány idomtégladarab ebben nem segít. Sem a templom, sem a hozzá tartozó település a középkori forrásokban nem bukkan fel, tehát sem nevét, sem a templom védőszentjét megállapítani nem lehet. Mindezek alapján a templom keletkezésének és pusztulásának ideje egyéb adatok bevonása nélkül nem állapítható meg. 1975-ben a templom északi és déli oldalán 12 sír maradványait találtuk. 1985-ben és 1987-ben további 147 sírt tártunk fel a templom helyétől nyugatra. Ezen a területen sikerült a templom körüli temető szélét is megtalálni, ennek megfelelően a temető nyugati széle 31,75 méterre esik a templomtól. Az ismert párhuzamok segítségével okkal feltételezhető, hogy a sírok körbevették a templomot, és ennek alapján a temető teljes területe 1446 és 2100 m^2 közötti nagyságú lehetett, a sírok száma pedig a 622–903 közötti tartományba becsülhető. A temetőben 28 alkalommal megfigyeltük az utántemetkezést, vagyis a később ásott sírgödörrel feldúlták a korábbi sírt, de többrétegű, vagyis egymásra fektetett temetkezésekkel nem találkoztunk. A temető teljesen feltárt nyugati részében 0,43 sír esik egy m^2-re. A sírok mélysége 13 és 76 cm között mozgott, a templom dombján 50 cm-es erózióval számolhatunk. A sírok közül 12 pontosan Ny–K irányítású, többségüket viszont DNy–ÉK-i irányba tájolták. A halottak alkarjainak elhelyezésében 12 féle változatot rögzítettünk, rendellenes lábtartás három esetben fordult elő. Koporsó maradványait 38 sírban (23,8%) figyeltük meg, közülük 34 felnőtthöz tartozott és csak négy gyermekhez. Három koporsós temetkezésnél figyeltük meg, hogy a koporsó valójában egy alj nélküli dobozból állt, melyet a halott fölé helyeztek, sőt egy alkalommal (128. sír) ez a fedél nem fedte el az egész holttestet, az alsó lábszárak kilógtak alóla.

A temető 11 sírjában (6,9%) volt lelet. Egyetlen 12. századi anonim dénár, egy – a jelek szerint másodlagos felhasználású – filigrános-gyöngykoszorús fülbevaló töredéke, egy gyöngysor, 6 db nyitott végű, 7 db sima, 9 db bordázott S-végű hajkarika alapján a temető a 11. század második fele és a 12. század közepe közötti időszakban biztosan létezett.

Jelentős számban fordultak elő koporsós és téglamellékletes sírok is. Utóbbiak számát jelentős mértékben gyarapítottuk, melynek nyomán megállapítható, hogy ez a szokás Körös–Maros-köz Árpád-kori temetőiben különösen elterjedt szokás volt. Lelőhelyünkön a tíz eset alapján a sírokban talált téglákat inkább mellékletként kell értelmeznünk, csupán a 127. sír köré és tetejére rakott téglák látszanak sírépítménynek. Fontos körülmény az is, hogy a tíz téglamellékletes sírban csak egy alkalommal fordult elő más lelet is.

Már a felszíni leletanyag alapján látható volt, hogy számos korszak embere megtelepedett a lelőhelyen, a terepjárás során gyűjtött kerámiát hét korszakba lehetett sorolni.[1464] Ásatásaink során – az őskori leletek pontosabb keltezése következtében – ez a szám tízre emelkedett. Az általunk feltárt 53 telepobjektumból négy bizonyult avar korinak és 38 Árpád-korinak, a fennmaradó 11 az őskor különböző szakaszaiba sorolható. Nem szerepelnek közöttük azok az objektumok, melyeket Makkay János és Bondár Mária külön feltárás keretében ásott ki, és azok sem, melyeket a temető sírjai alatt megfigyeltünk, de nem tártunk fel. A 11 objektum között találjuk a 8. számú (szkíta kori) házat, a többi általában kisebb gödör, melyek között egy a bronzkorra, egy népvándorlás korra keltezhető, a

[1464] MRT 8, 126.

többi a neolitikum és a rézkor különböző kultúráiba tartozik. Meg kell említeni ezen felül öt zsugorított őskori sírt, melyeket a telepobjektumok között találtunk.

Az avar kori telepobjektumok stratigráfiailag nem különültek el a többi korszak létesítményeitől. A leletek alapján sem könnyű a kiválasztás, hiszen a korábbi korszakok másodlagos leleteit, gyakran döntő többségben, mindenütt megtaláltuk. Egyetlen lehetőség maradt az avar kori és az Árpád-kori telepobjektumok szétválasztására: a jellegzetes, egyértelműen Árpád-kori leletek hiánya. Ennek alapján lehetett az 5. házat, a közelében lévő 16. gödröt, illetve a ház alatt húzódó 10. és 11. árkot késő avar korinak meghatározni. Ezek az objektumok egy csoportban, egymáshoz közel, illetve egymás fölött találhatók. Az objektumokon kívül, a feltárási rétegekből szórványként begyűjtött leletek 30 cm alatti mélységben mutatnak jelentős leletcsoportosulásokat az 5. a 7. a 42. és a 43. szelvényekben, viszont ezek egyikében sem volt azonosítható objektum, bár mindegyik szelvény a lelőhely keleti felében, az avar korinak meghatározott objektumok tágabb környezetében található. A kiugró értékek mellett *(1. táblázat)* az ásatás egész területén, szinte minden szelvényben találtunk néhány avar kori cserepet is, melyből arra lehet következtetni, hogy az Árpád-kori település – az őskori objektumokhoz képest nagyobb mértékben – szétzilálta az avar kori járószintet. A késő avar kori keltezést a rácsmintás pecsétlésű oldaltöredékek, a korongolatlan bográcsok és a cseréppel soványított kerámia alapján lehetett eldönteni. Sem a sütőharangok, sem a vonalköteg-díszítés önmagában nem bizonyult elegendőnek arra, hogy egyes leletekről eldöntsük: avar kori, vagy Árpád-kori.[1465]

A lelőhely becsült egész területének feltárt 4,52 %-án hét földbeásott ház, négy szabadon álló tüzelőhely, 11 gödör és 14 árokrészlet tartozik az Árpád-kori településhez. A hét ház mindegyike sarkaival volt a fő égtájak felé tájolva, és a szelementartó ágasok elhelyezkedése alapján négynél a tető gerince ÉK–DNy irányú volt (az uralkodó szélirány ÉNy–DK), velük ellentétes a 2. és 4. ház, melyeknek ÉNy–DK irányban állt a szelemenje, míg az 1. ház tájolása bizonytalan. A 4. ház nemcsak ellentétes tájolása, hanem a 3. házhoz való közelsége miatt is a település egy másik rétegéhez tartozik. A házak nemcsak tájolásukat tekintve mutatnak azonosságot, hanem a soros elrendezésben is *(80. ábra)*, ami a geofizikai eredményekkel összevetve érdemel különös figyelmet, miszerint a dombhát ÉNy-i oldalán három párhuzamos sávban lehet sejteni jelentős koncentrációkat. Az általunk feltárt hét ház két ilyen sorba illeszthető.

A házak tüzelőberendezései alakjukat és elhelyezésüket tekintve változatosak, míg méreteik meglepően egységesek. Hat esetben ugyanis kisméretű (80 cm-nél kisebb átmérőjű) objektumokat találtunk, egyedül a 9. ház oldalfalába mélyített két kemence mutat az Árpád-korban megszokott, közismert formát és méretet. Hasonlóan készült a 4. ház kemencéje is, de méretében és formájában jelentősen eltér a 9. házétól. Négy házban az alapnégyszögön belüli épített kemencére bukkantunk (1., 2., 3., 7.), a 6 házban pedig boltozat nélküli, a padlóba mélyedő tüzelőhely volt. Ami a házon belüli elhelyezkedésüket illeti, megint változatos megoldásokat találunk: az 1. és 2. házban a keleti, a 3. 4. és 6. házban az északi, a 7. házban az északi és a déli, a 9. házban pedig a déli sarokban bontottuk ki az eredeti házhoz tartozó kemencét.

A házaktól külön álló négy tüzelőhely közül kettő felszíni, nyílt tüzelőhely lehetett, ezen felül pedig egy pörzsölőnek meghatározható, illetve egy általános formájú, szabadban lévő sütőkemence került napvilágra.

A hasonló korú telepeken megszokott gödrök és árkok mellett egy béleletlen kút feltárását végeztük el a lehetséges mélységig, ezen felül mindenképpen figyelemre méltó objektum a telep és a teme-

---

[1465] A sütőharangok keltező értékének csekély voltára legutóbb Vida Tivadar hívta fel a figyelmet: ez az eszköztípus a bronzkortól kezdve az újkorig változatos formában ismert, a főzéssel-sütéssel kapcsolatos többféle funkcióban használták az Árpád-korban is. *Vida* (2011) 730–731.

tő határán előkerült téglaégető kemence részlete, melyet sajnos már nem volt módunkban feltárni, de reményeink szerint a földben érintetlenül várja a jövő kutató nemzedékeit.

A feltárás és anyagközlés során különös gondot fordítottunk a leletanyag 80%-át kitevő kerámia egységes leírására, függetlenül attól, hogy objektumokból származó „hiteles lelet" (809 db), vagy a feltárt területen előkerült szórvány (1880 db). A kerámia két fő típusa a bogrács (11,1%) és a fazék (5,3%), az előbbi döntő számbeli fölényével. A környező telepeken végzett ásatásokkal összehasonlítva olyan számottevő eltérések mutatkoznak, melynek alapján úgy tűnik, hogy jelentősége van e két típus egymáshoz viszonyított számbeli arányának. A soványítóanyag, az égetés minősége és az esetleges díszítések egységes szempontú leírása, majd összehasonlítása pedig arra az eredményre vezetett, hogy a bográcsok e tekintetben egységesek nemcsak az END006-os, hanem a környező lelőhelyeken is. A fazekakról már nem mondható el ugyanez, a soványítóanyag és az égetés tekintetében itt már nagyobb változatosságot találunk. A díszítés alkalmazása tekintetében ismét a közeli END0170 lelőhellyel való összehasonlítás bizonyult eredményesnek: utóbbi helyen sokkal több volt a peremtöredék és a díszített darab.

A belső időrend pontosítása szempontjából nem hozott eredményt a bográcsok formai elemzése. A három kiegészített, és a több kiegészíthető vagy legalább átmérőjét tekintve kiszerkeszthető példány *(17–19. tábla)* mindegyike a 9. házból származik, és a kúpos aljú típusba tartozik, változatos oldalmagassággal. A peremkiképzés tekintetében hasonlóképpen, egyetlen peremfajta túlsúlya sem mutatható ki, nem így a függesztőlyukak körüli peremkialakításban: itt oly mértékű egységesedés látszik, ami nem lehet véletlen, és a további szériák összevetése során esetleg hozhat eredményt. A lelőhelyen talált bográcsok díszítetlenek, ellenben immáron nem hagyható figyelmen kívül a perem külső és belső oldalán megfigyelt vörös festés *(52–55. tábla)*, melyből 24 darabot találtunk, kettő kivételével a 9. házból származnak. A szakirodalom eddig nem tanusított különösebb érdeklődést a jelenség iránt, praktikus okát és párhuzamait sem kutatta még senki, pedig tagadhatatlan, hogy szándékos színezésről van szó.

Lelőhelyünkön egy kiegészíthető edény és néhány peremtöredék került elő abból az edénytípusból, melyet bordásnyakúnak vagy hengeres nyakúnak nevezünk. Míg a kiegészített edény darabjai a templom omladékából kerültek elő, addig a többi kisebb töredék a telep területén szétszórva fordult elő. Hovatovább általánossá válik, hogy az Árpád-kori telepeken számítani lehet ennek az edénytípusnak legalább egy-két darabjára. A mikrorégió területén nyolc, a Békés megyei topográfiai terepbejárásokon pedig még további kilenc lelőhely felszíni leletanyagából ismerünk ilyen darabokat. A Kárpát-medence viszonylatában már a százat is meghaladta a lelőhelyek száma, és egyre bizonytalanabbak az edénytípus eredetére, még inkább etnikumjelző szerepére vonatkozó korábbi elképzelések. Sőt az új leletek a korábban általánosan elfogadott 10. századi keltezést is egyre inkább feszegetik, egyelőre csak fölfelé. A lelőhelyünkről származó példány sem keltezhető a 11. századnál korábbra, és egyszerű, díszítetlen kivitelében különbözik is a szomszédos endrődi (END0170) és rózsási (SZA0132) daraboktól, melyeket a 10. századra kelteztünk.

Az ásatás során előkerült egyéb kerámiatípusok (tálak, korsók, palackok, sütőharangok) néhány darabja – azon túl, hogy jelenlétüket ebben az Árpád-kori faluban is tényként rögzíthetjük – nem nyújt további információt. Hasonlóképpen, az Árpád-kori lelőhelyeken nem ritka vörös polírozású edények néhány darabja, de a még ritkaságszámba menő mázas töredékek egy újabb típusa sem.

Említést kell tenni a 7. házban talált agyagnehezék-sorozatról, melynek ugyan már van távoli párhuzama Zala megyéből, de sem funkciója, sem a 7. házba kerülésének körülményei nem tisztázottak teljes mértékben.

A telep keltezésében a leletanyag túlnyomó többségét kitevő kerámia nem sokat segít, többet nyom a latba a szórványként napvilágra került ép vasbuzogány és sarkantyú. Az ismert párhuzamok alapján mindkettőt a 12. századra, vagy a 13. század első felére keltezhetjük. Előbbi a templom omladékából, utóbbi a 9. házból származik.

Az ásatás során – tudomásom szerint – elsőként alkalmaztuk a szórványleletek térképezését és számolását *(78–79. ábra, 1. táblázat)*. Arra kerestük a választ, hogy kimutatható-e összefüggés a felső, bolygatott rétegekben tapasztalható leletkoncentrációk és a mélyebben lévő objektumok között. Megállapítható, hogy a szántott rétegben az Árpád-kori leletek az összes lelet hetven, 30–60 cm mélységben pedig több mint negyven százalékát tették ki. Legtöbb a 9. ház környékén volt, ami azért fontos, mert ezt az objektumot tekintem a település eddig megismert utolsó létesítményének. A vizsgált esetek (szelvények) több mint 60%-ában bizonyítható, hogy a felső rétegekben talált (vagy nem talált) Árpád-kori leletek telepobjektumokat, vagy azok hiányát jelezték. A horizontális stratigráfia szempontjából fontos adat, hogy a szelvények közel negyven százalékában csak a felső bolygatott rétegekben volt Árpád-kori lelet, észlelhető objektum viszont nem. A lelőhely talaj-adottságai csak abban az esetben tették lehetővé az objektumok azonosítását eddig a mélységig, ha tapasztott felületre bukkantunk. Szerencsére két ilyen alkalom is volt (1. és 2. tűzhely), amely bizonyítékul szolgált arra, hogy a mai felszíntől számított legalább 40–60 cm mélységben is lehettek Árpád-kori objektumok. Sajnos a leletkoncentrációk arra nem adtak alkalmat, hogy ezeket az objektumokat legalább megközelítőleg körül lehessen határolni.

Az egymásba ásott objektumok alapján legalább három idősíkot lehet elkülöníteni a település belső időrendjében. Nem nevezném sem periódusnak, sem horizontnak, hiszen nem bizonyítható ezen felülrétegződéseknek a település többi objektumához viszonyított kronológiai rendje, csupán az, hogy két, egymásba ásott objektum pusztulása és betöltődése után is létesítettek újakat. Ebbe a folyamatba minden további nélkül beilleszthetők a felszíni tüzelőhelyek, vagy a 4. ház tájolása és a 3. házhoz való közelsége miatti elkülönülése, vagy a 9. ház gödrének sütőkemenceként való „újrahasznosítása", majd ennek felhagyása után a gödör feltöltése – sok-sok kormos bográccsal és téglával.

Ami a település abszolút keltezését illeti, a temetőt leletei alapján a 11. század közepe és a 12. század közepe közötti időre lehetett datálni. A szórványleletek: a sarkantyú és a buzogány előkerült típusainak használatát a szakirodalom a 12–13. századra helyezi. Ezek alapján arra a következtetésre juthatunk, hogy az END0006 lelőhelyen feltárt teleprészlet egy jelentős méretű, több hektár területet elfoglaló templomos falu része, melyben a földbe ásott házak, ha nem is utcás, de mindenképpen soros elrendezésben, azonos tájolással épültek a templomtól és az azt körülvevő temetőtől északra és nyugatra, illetve legalább hetven méter széles sávban övezték a templom dombját. A feltárt házak közül a legközelebbi 35 méterre esett a temető legszélső sírjától. A házakat a temetőtől elválasztó „üres" területen bukkantunk a téglaégető kemencére.[1466] A templom, temetője és a falu a 11. század első felében létesült, és a 13. század közepén oly módon szűnt meg, hogy neve sem maradt fenn.

[1466] Az Árpád-kori Kána településén 25–30 méteres üres sávot figyeltek meg a temető és a telep között. *Terei* (2010) 84.

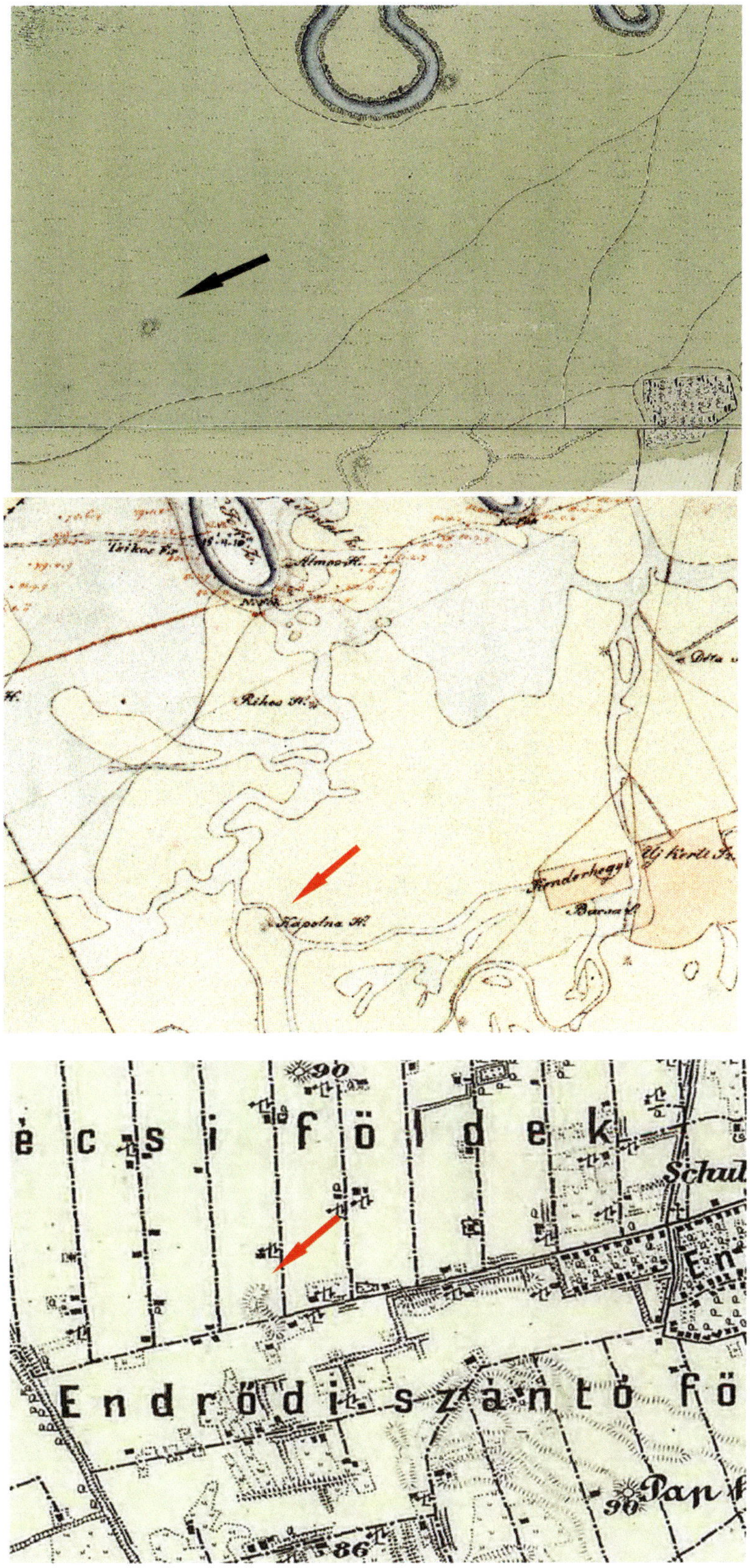

1
2
3

1. tábla: A lelőhely és környezete kéziratos térképeken.
1: I. katonai felmérés XXI.23. 1784. *2*: Huszár Mátyás térképén 1822.39. *3*: III. katonai felmérés 1884

2. tábla: Az 1975. évi ásatás képei: *1–2*: A halom eredeti állapotában, délről, az ásatás idején.
3: A kibontott apszis és az alapozás metszete *4*: Az északnyugati sarok alapozása
5: Az északi fal alapozásának metszete *6*: A déli fal alapozásának metszete

1

2

3. tábla: Az 1977. évi pusztítás képei

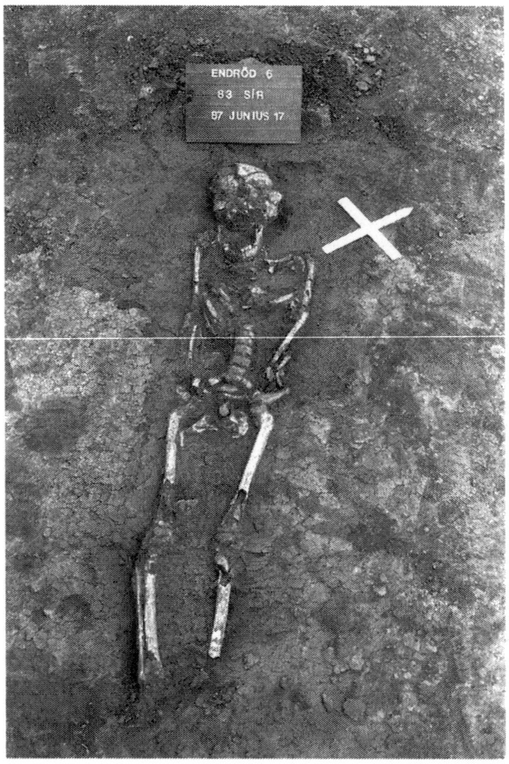

1

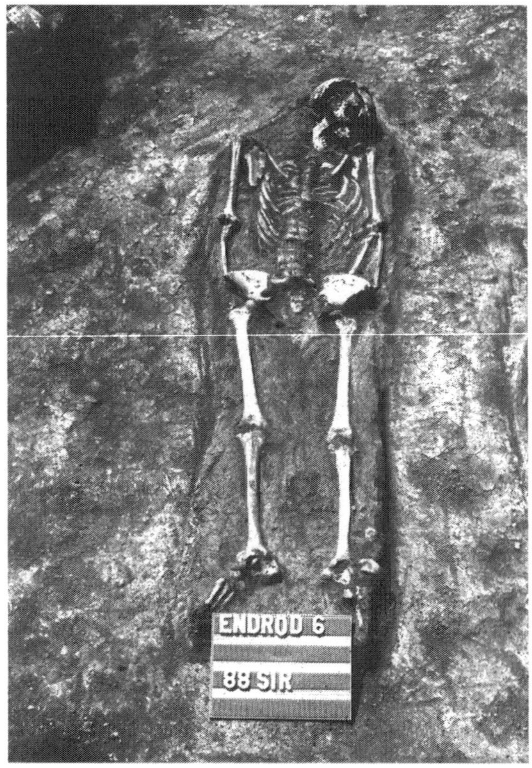

2

3

4

4. tábla: Sírok. *1*: 83. sír *2*: 88. sír *3*: 89. sír *4*: 92. sír

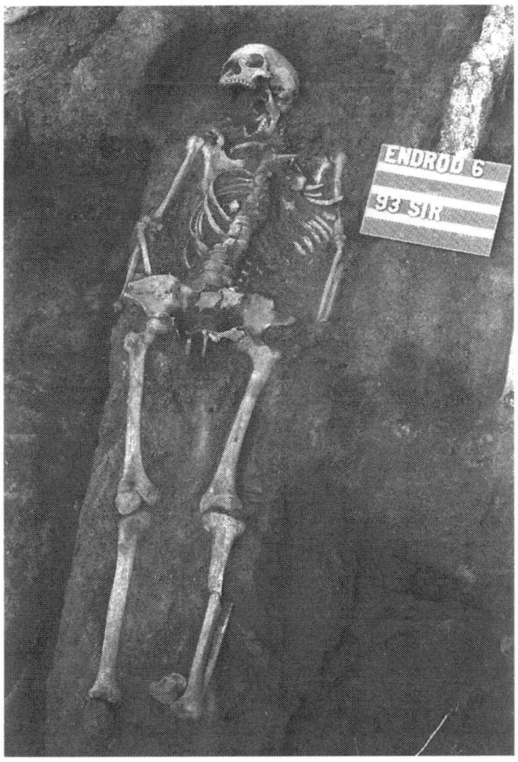

1

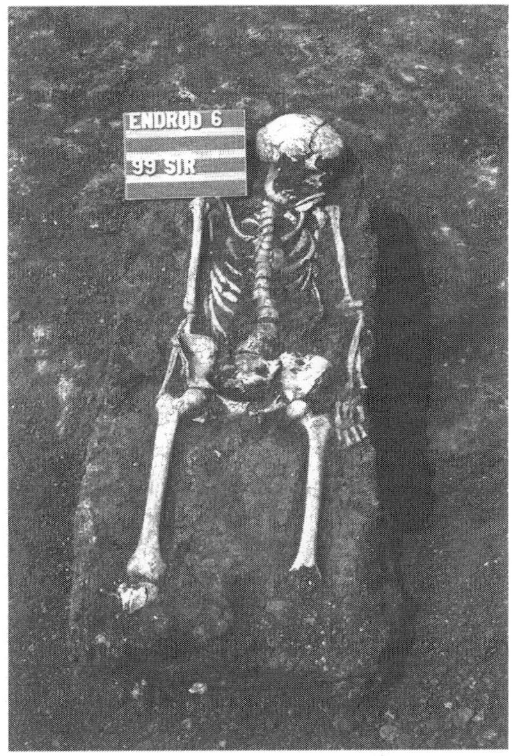

2

3

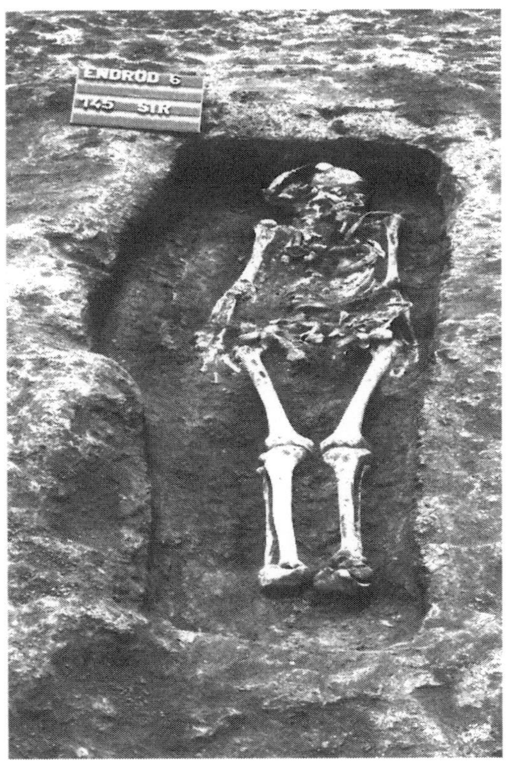

4

5. tábla: Sírok. *1*: 93. sír *2*: 99. sír *3*: 142. sír *4*: 145. sír

1

2

3

4

5

6. tábla: Házak: *1*: 1. ház *2*: 2. ház *3*: 3. ház *4*: 4. ház *5*: 5. ház

1

2

7. tábla: A 6. ház és halcsontok a padlón

1

2

8. tábla: A 7. ház és nehezékek a padlóján

1

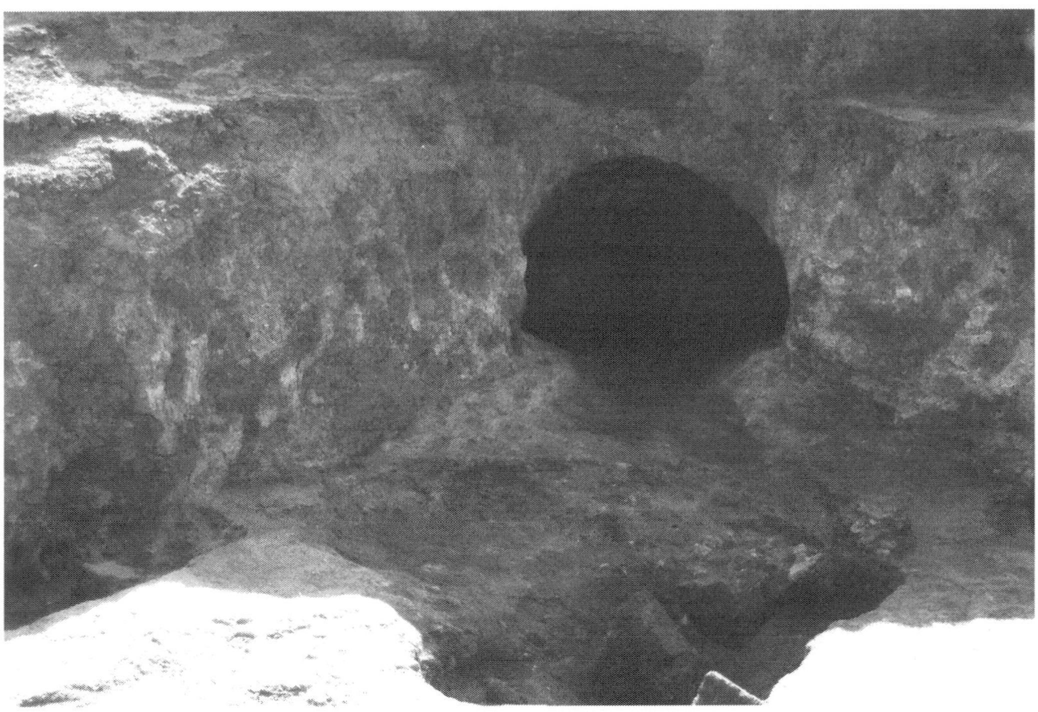

2

9. tábla: A 9. ház keletről, és a déli kemence

1

2

10. tábla: 9. ház, az északi kemence bontás közben a hozzá vezető letaposott réteggel, és a kemence teljesen kibontva

1

2

3

11. tábla: 1: a 2. kemence délről *2*: a téglaégető délről *3*: az aknában lévő téglák

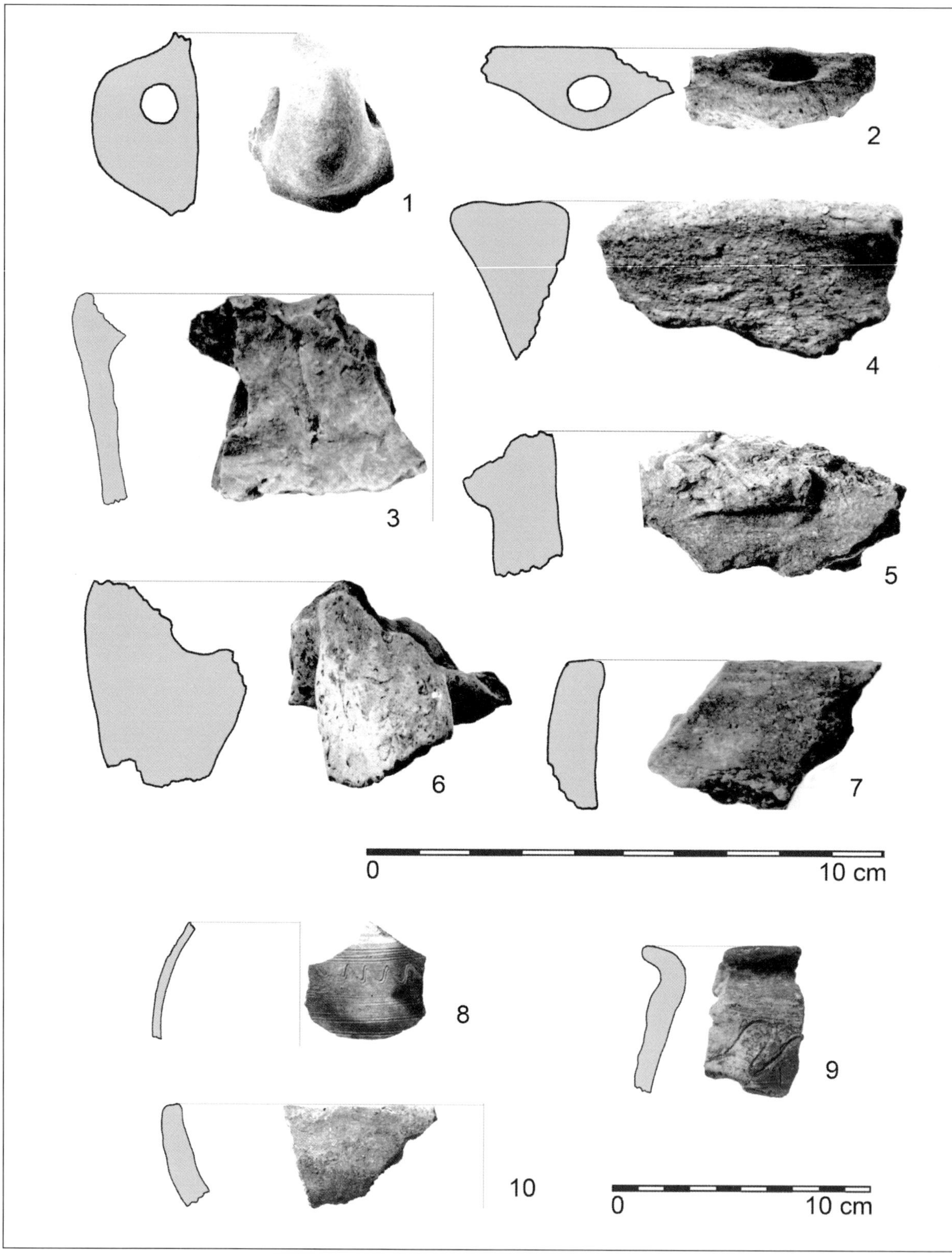

12. tábla: Avar kori edénytöredékek. *1*: 9. ház, ltsz.: 95.28.1138. *2*: 51. szelvény 0–30 cm, ltsz.: 95.28.1337. *3*: 7. szelvény 30–60 cm, ltsz.: 91.4.103. *4*: 31. szelvény 30–60 cm, ltsz.: 95.28.11. *5*: 41. szelvény 30–60 cm, ltsz.: 95.28.463. *6*: 16. gödör, ltsz.: 95.28.511. *7*: 19. szelvény 50–70 cm, ltsz.: 91.4.376. *8*: 5. ház padlójáról, ltsz.: 91.4.415. *9*: 4. ház, ltsz.: 91.4.447. *10*: 5. ház, ltsz.: 95.28.428

13. tábla: Avar kori díszített, korongolatlan oldaltöredékek. *1*: 19. szelvény kút, ltsz.: 91.4.420. *2*: 42. szelvény 30–60 cm, ltsz.: 95.28.555. *3*: 40. szelvény 30–60 cm, ltsz.: 95.28.409. *4*: 4. szelvény 0–30 cm, ltsz.: 91.4.30. *5*: 7. szelvény 30–60 cm, ltsz.: 91.4.105. *6*: 5. szelvény 30–60 cm, ltsz.: 91.4.60. *7*: 35. szelvény 0–30 cm, ltsz.: 95.28.133. *8*: 10–11. árok, ltsz.: 95.28.440

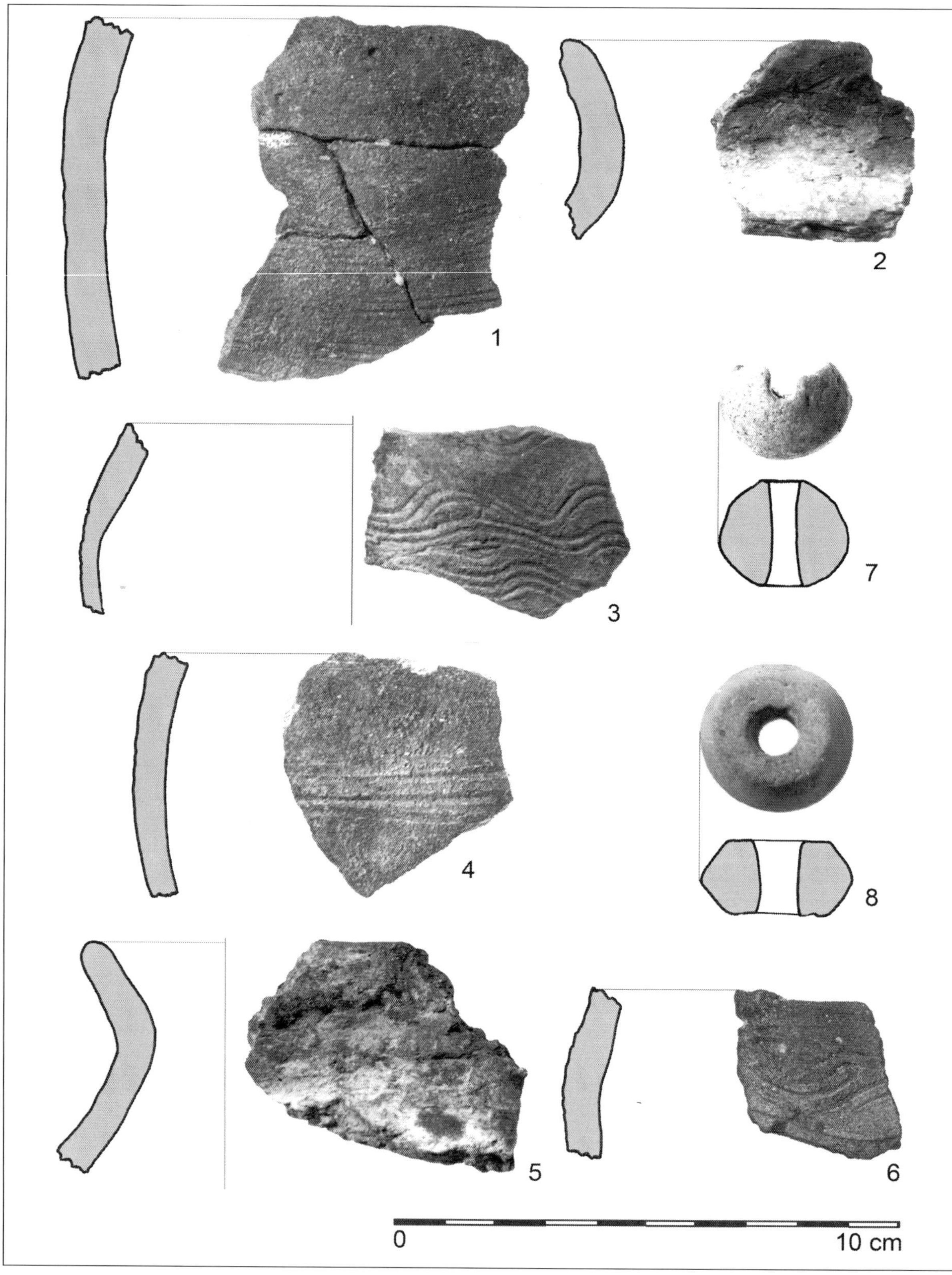

14. tábla: Avar kori kerámia töredékek. *1*: 3. ház, ltsz.: 91.4.287. *2*: 19. szelvény 50–70 cm, ltsz.: 91.4.375. *3*: 34. szelvény 30–60 cm, ltsz.: 95.28.104. *4*: 9. ház, ltsz.: 95.28.1003. *5*: 19. szelvény 50–70 cm, ltsz.: 91.4.375. *6*: 39. szelvény 0–30 cm, ltsz.: 95.28.324. *7*: 7. ház, ltsz.: 95.28.808. *8*: 12. gödör, ltsz.: 95.28.72

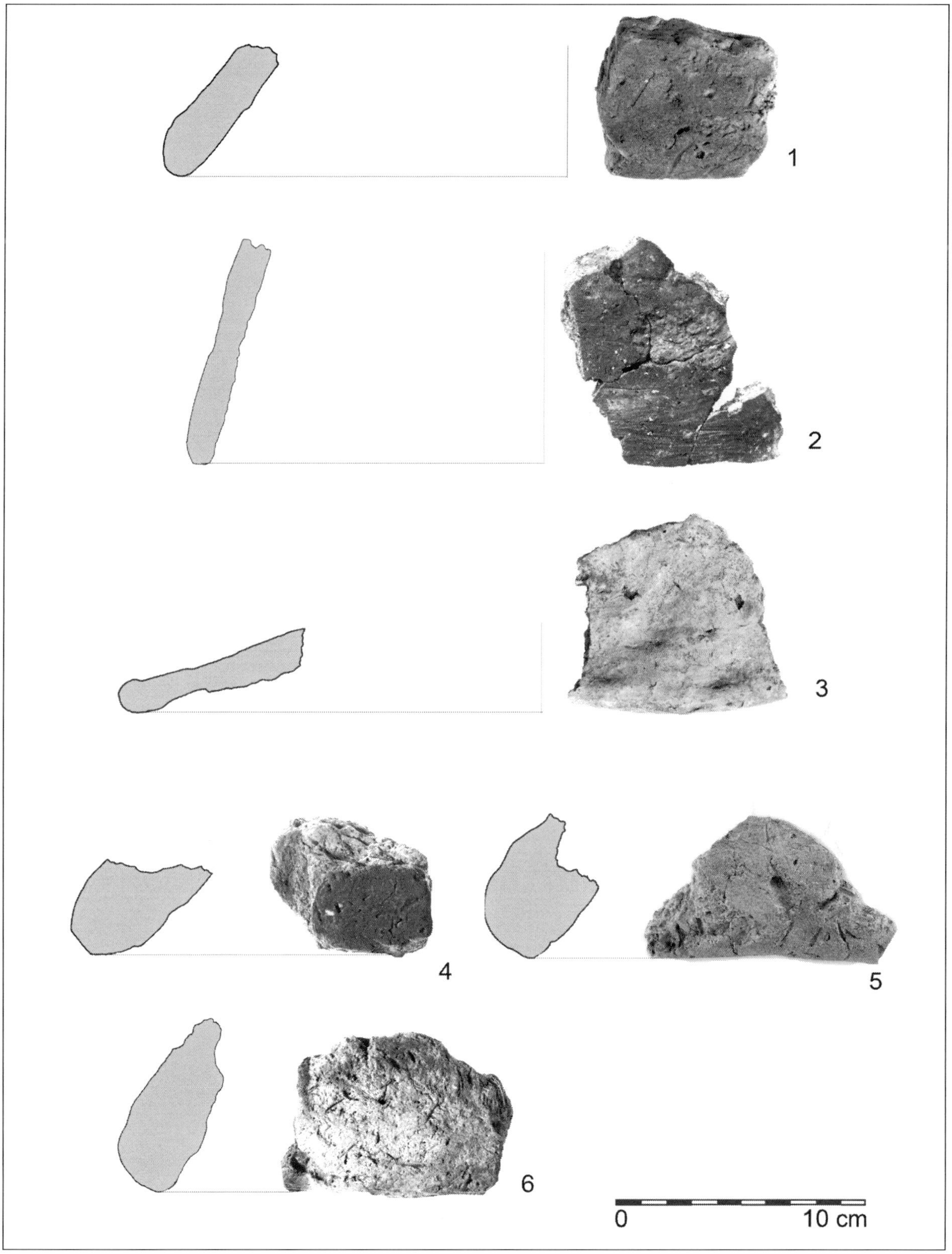

15. tábla: Sütőharang-töredékek. *1*: 19. szelvény 50–70 cm, ltsz.: 91.4.378. *2*: 39. szelvény 30–60 cm, ltsz.: 95.28.350. *3*: 7. szelvény 30–60 cm, ltsz.: 91.4.104. *4*: 17. gödör, ltsz.: 95.28.874. *5*: 9. ház, ltsz.: 95.28.1434. *6*: 8. ház, ltsz.: 95.28.648

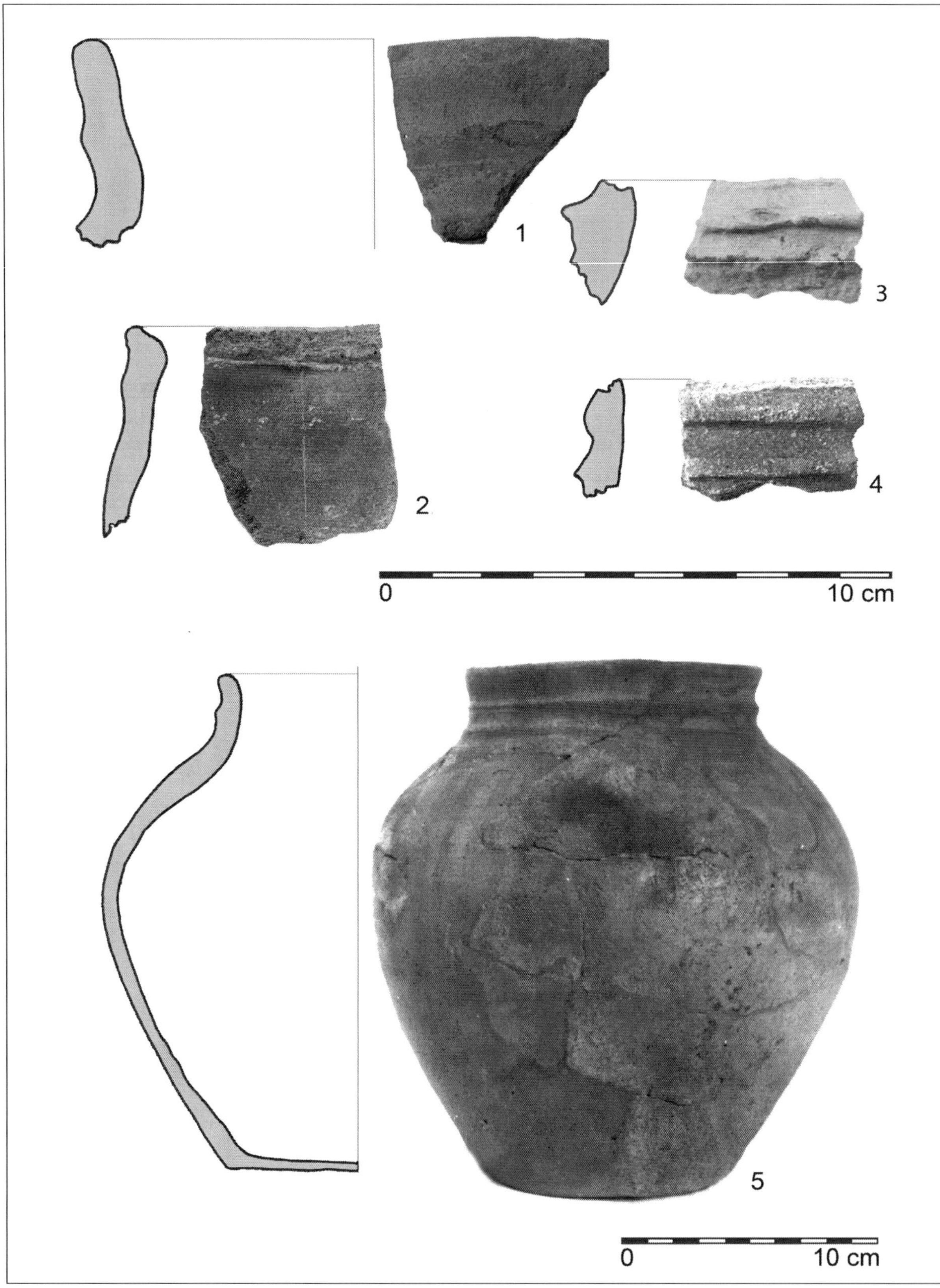

16. tábla: Bordás nyakú edények. *1*: 39. szelvény 0–30 cm, ltsz.: 95.28.319. *2*: 9. ház, ltsz.: 95.28.1433. *3*: 3. ház, ltsz.: 91.4.266. *4*: 43. szelvény 60–90 cm, ltsz.: 95.28.729. *5*: 1. kutatóárok, ltsz.: BMM 78.106.3

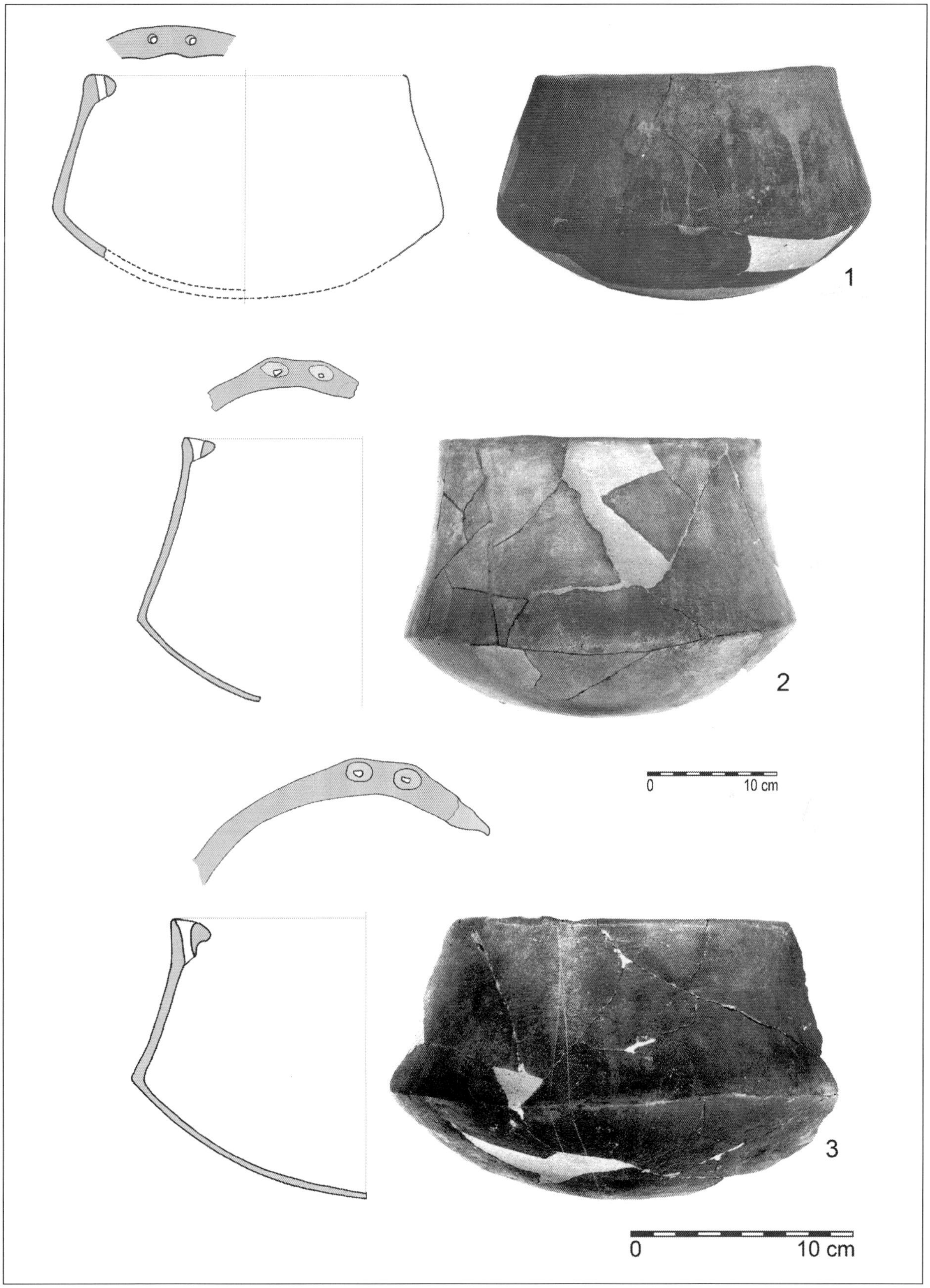

17. tábla: Bográcsok a 9. házból. *1*: ltsz.: 95.28.902. *2*: ltsz.: 95.28.903. *3*: ltsz.: 95.28.904

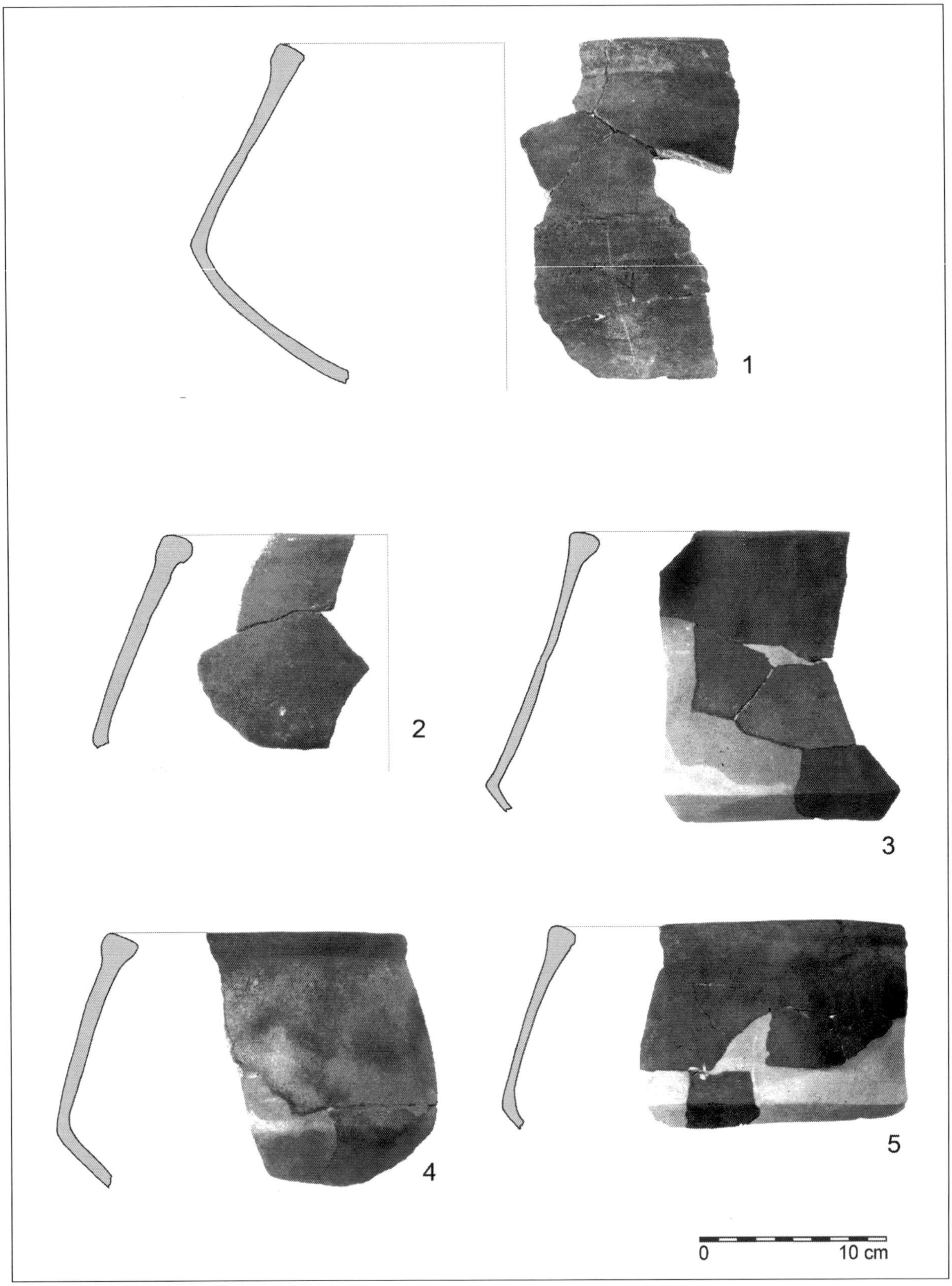

18. tábla: Bográcsok a 9. házból. *1*: ltsz.: 95.28.908. *2*: ltsz.: 95.28.906. *3*: ltsz.: 95.28.909. *4*: ltsz.: 95.28.907. *5*: ltsz.: 95.28.905

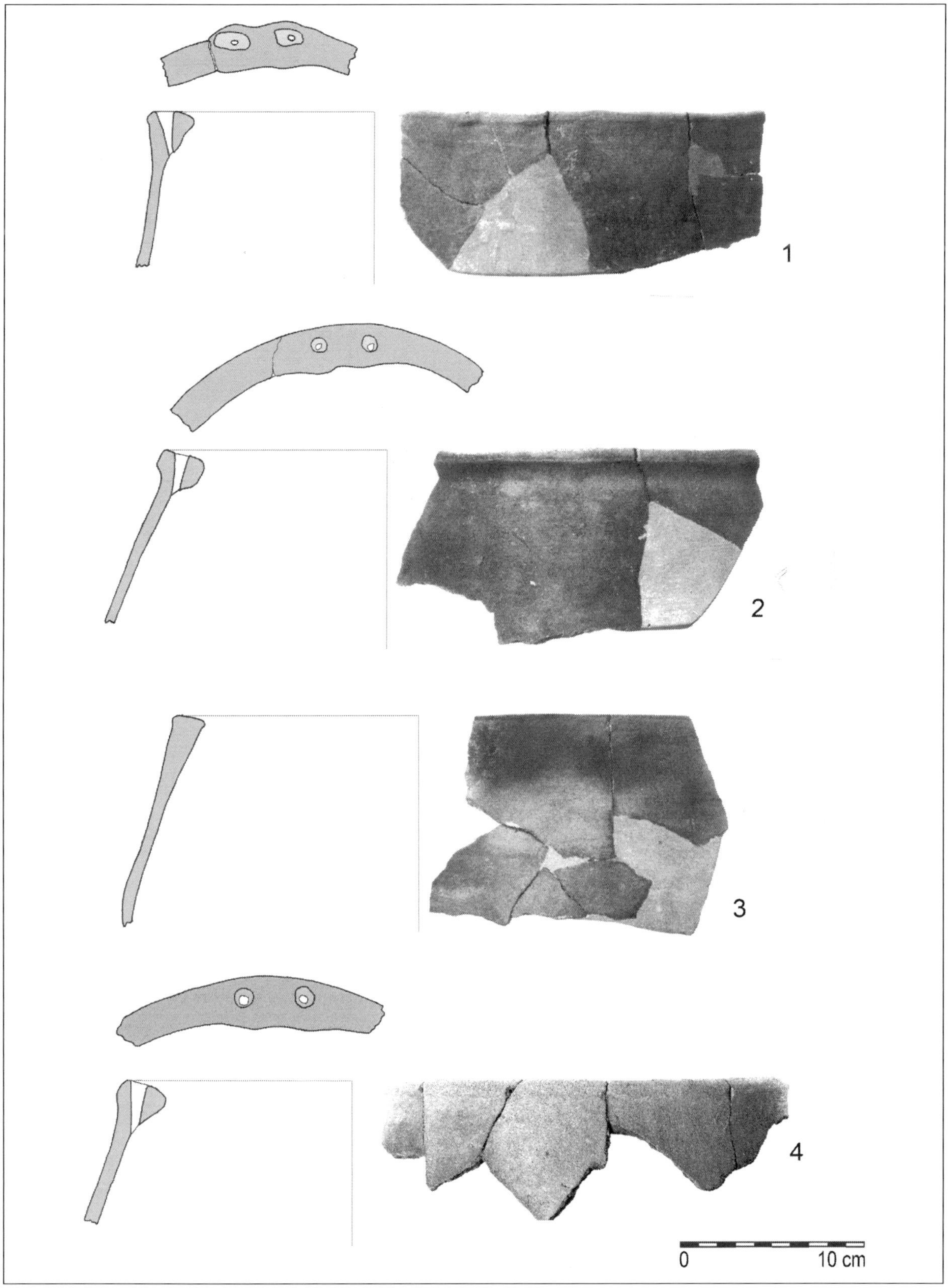

19. tábla: Bográcsok a 9. házból. *1*: ltsz.: 95.28.911. *2*: ltsz.: 95.28.913. *3*: ltsz.: 95.28.910. *4*: ltsz.: 95.28.914

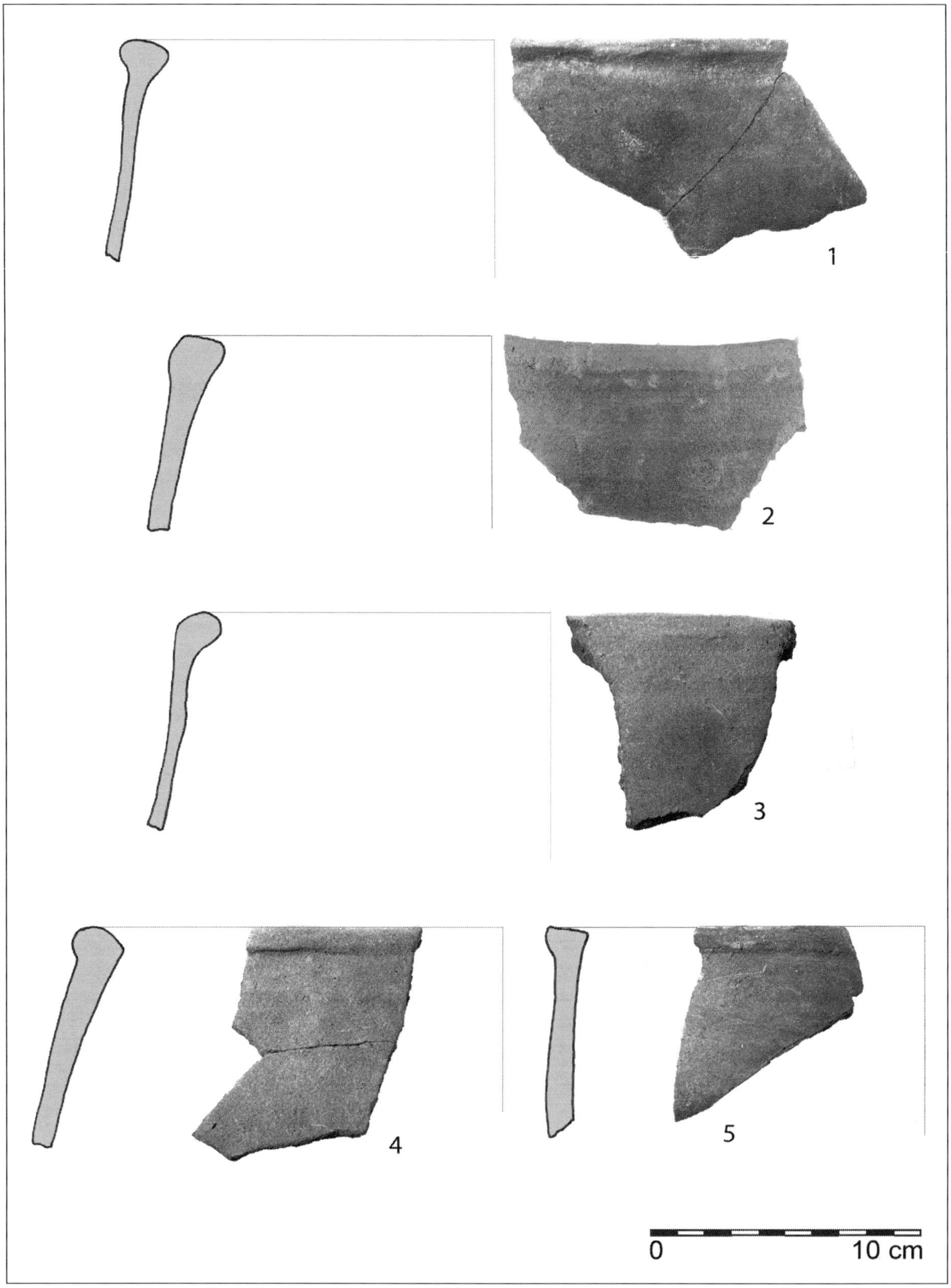

20. tábla: Nem kiegészíthető bográcsok a 9. házból. *1*: ltsz.: 95.28.918. *2*: ltsz.: 95.28.1139. *3*: ltsz.: 95.28.1053. *4*: ltsz.: 95.28.916. *5:* ltsz.: 95.28.1084

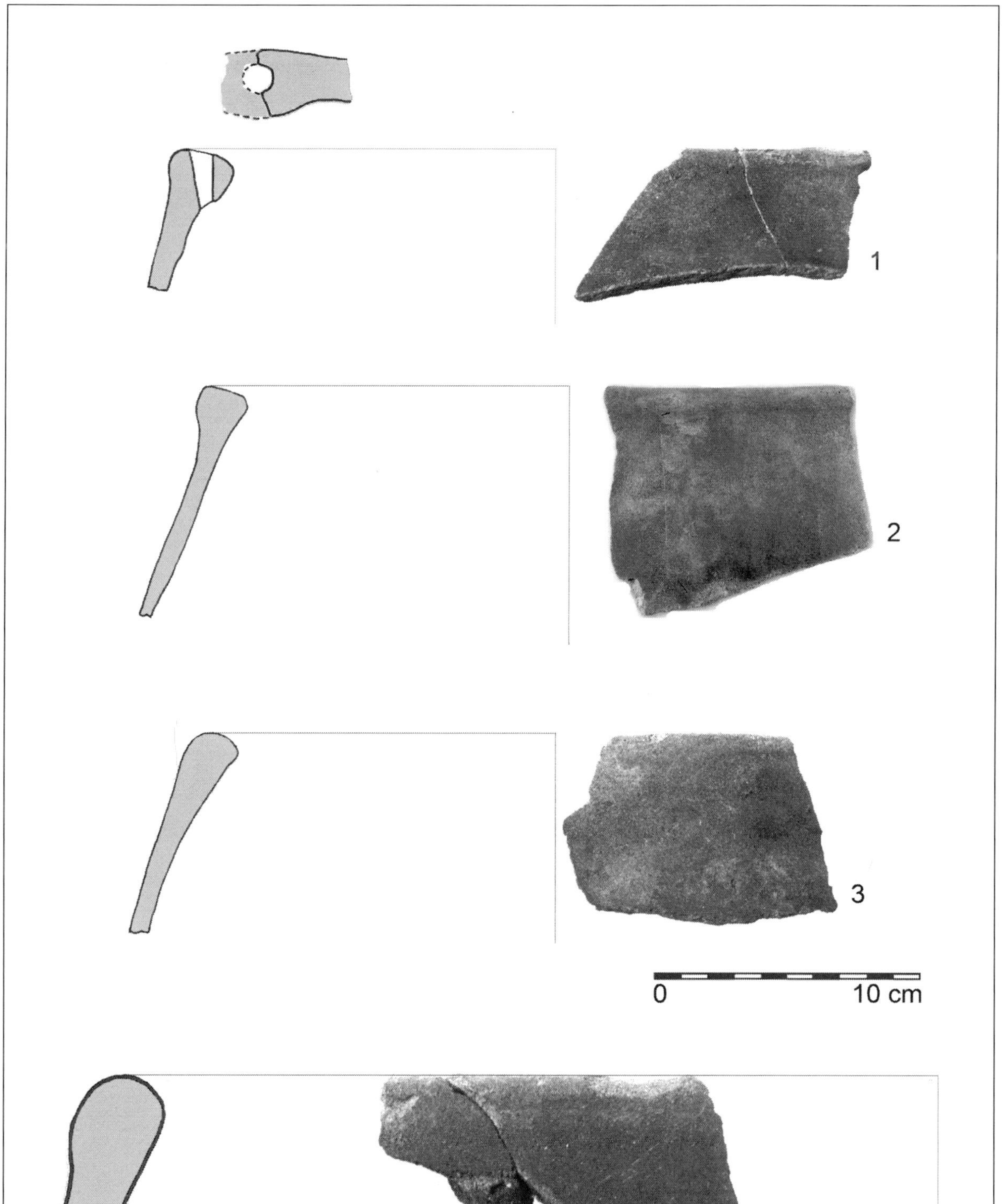

21. tábla: Nem kiegészíthető bográcsok a 9. házból. *1*: ltsz.: 95.28.920. *2*: ltsz.: 95.28.952. *3*: ltsz.: 95.28.921. *4*: ltsz.: 95.28.919

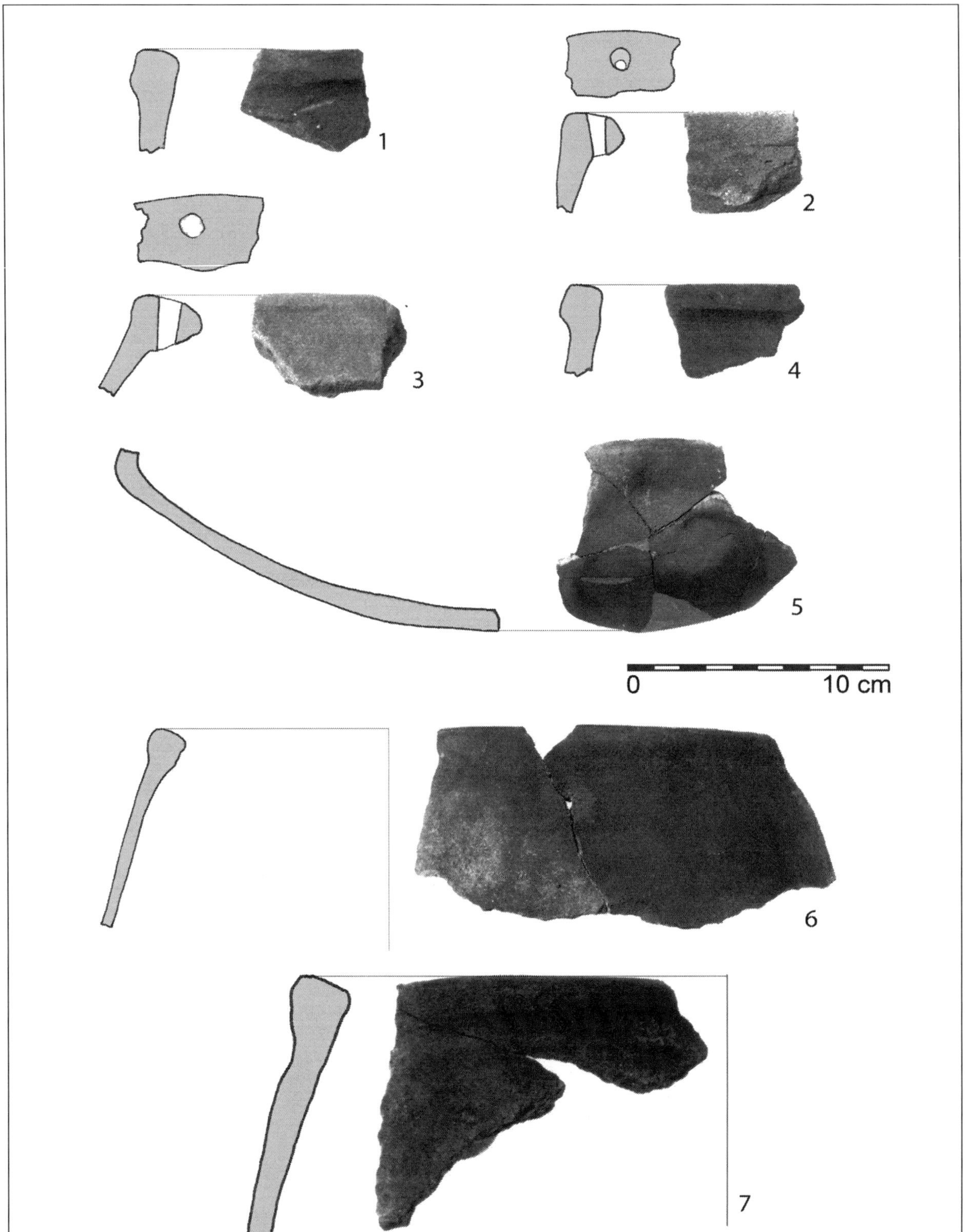

22. tábla: Nem kiegészíthető bográcsok a 9. házból. *1*: ltsz.: 95.28.942. *2*: ltsz.: 95.28.1020. *3:* ltsz.: 95.28.947. *4*: ltsz.: 95.28.942. *5*: ltsz.: 95.28.957. *6*: ltsz.: 95.28.915. *7*: ltsz.: 95.28.917

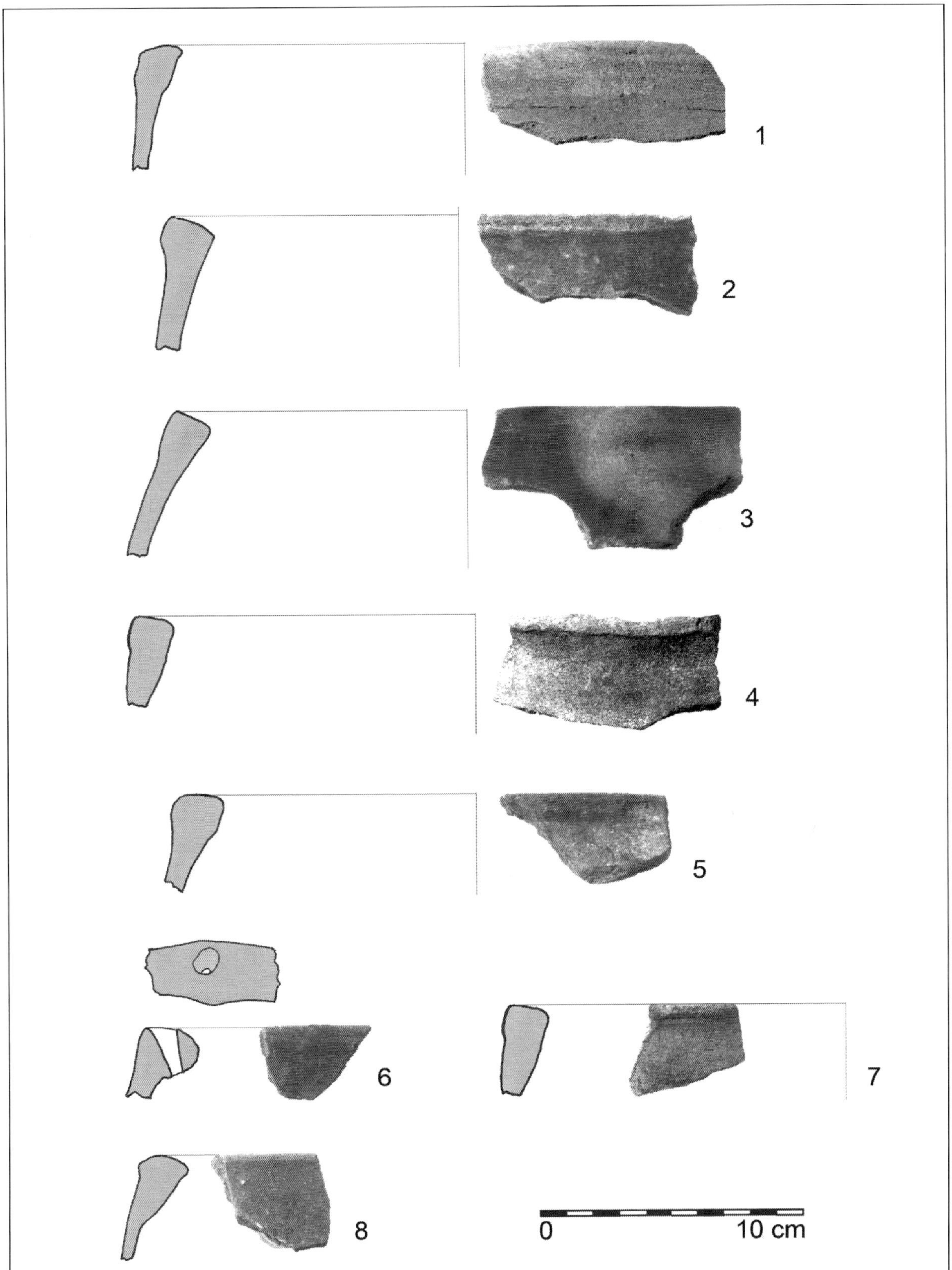

23. tábla: Festett bográcstöredékek a 9. házból. *1*: ltsz.: 95.28.1122. *2–4*: ltsz.: 95.28.936. *5*: ltsz.: 95.28.951. *6*: ltsz.: 95.28.923. *7*: ltsz.: 95.28.936. *8*: ltsz.: 95.28.928

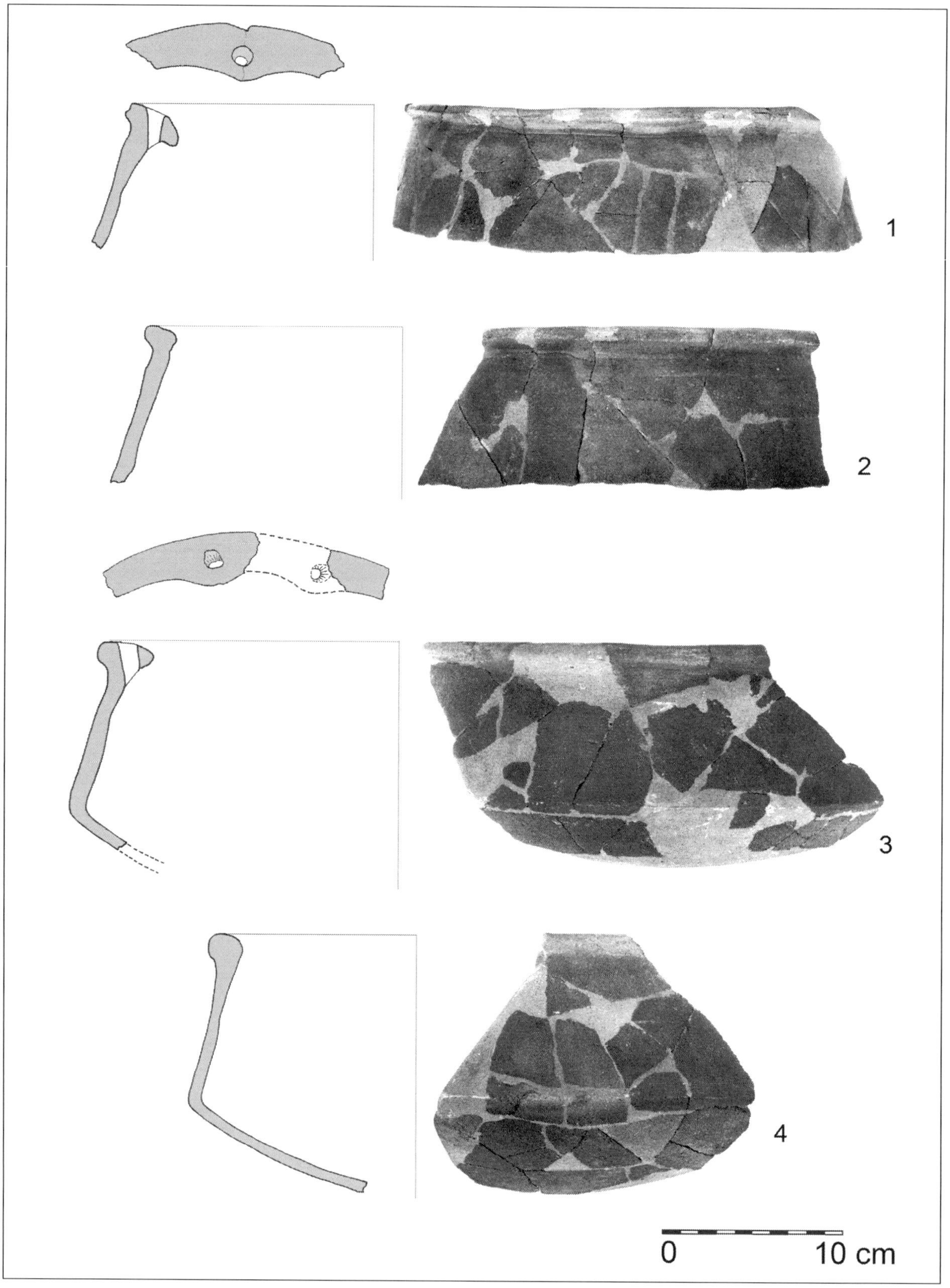

24. tábla: Bográcsok a 2. kemencéből. *1*: ltsz.: 95.28.1403. *2*: ltsz.: 95.28.1404.
3: ltsz.: 95.28.1405. *4*: ltsz.: 95.28.1406

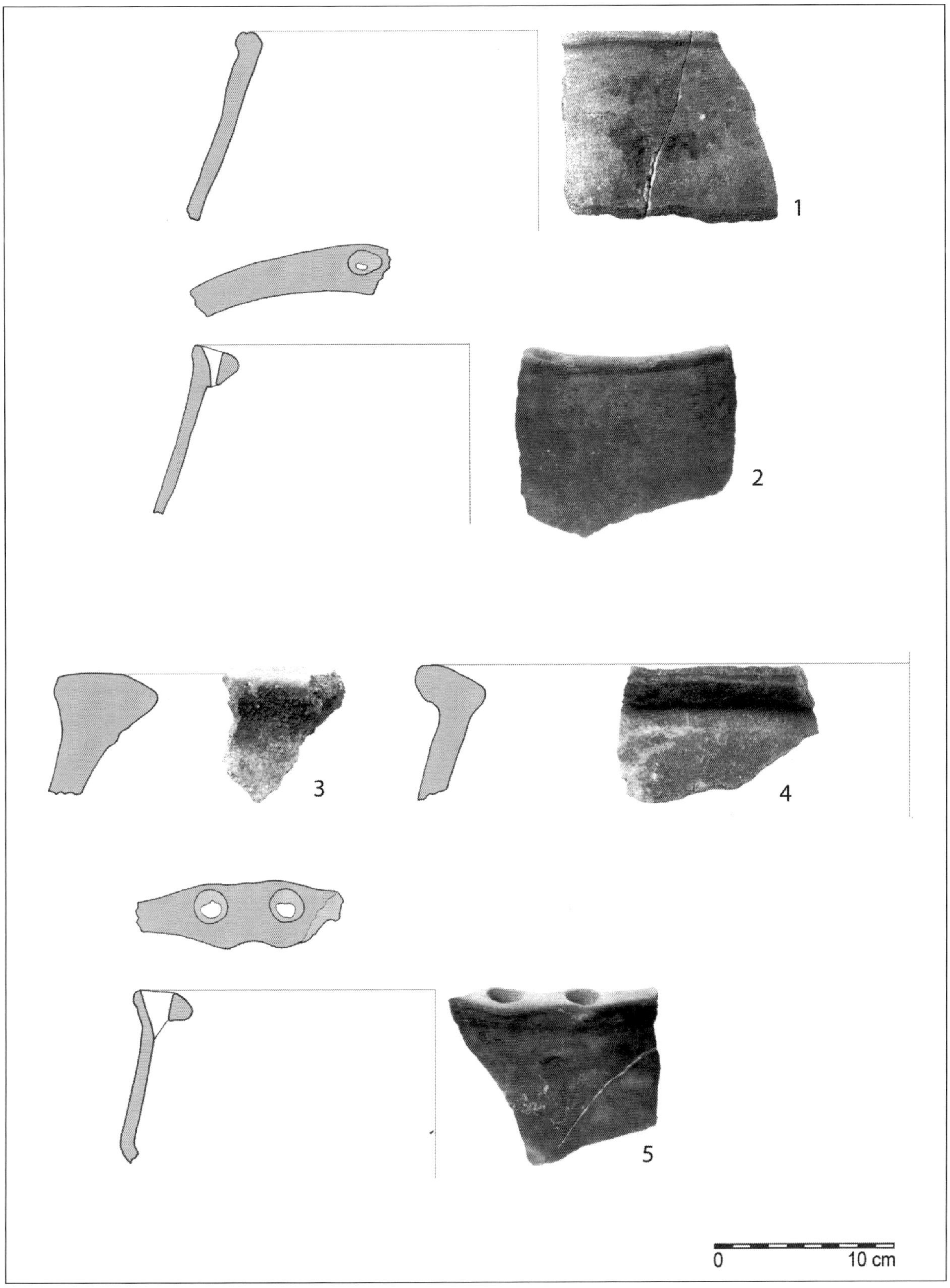

25. tábla: Bográcsok objektumokból. *1*: 2 kemence, ltsz.: 95.28.373. *2*: 1. kutatóárok (templom) 60–80 cm ltsz.: 91.3.16. *3*: 1. ház, ltsz.: 91.4.132. *4*: 1. ház, ltsz.: 91.4.131. *5*: 2. tűzhely, ltsz.: 91.4.196

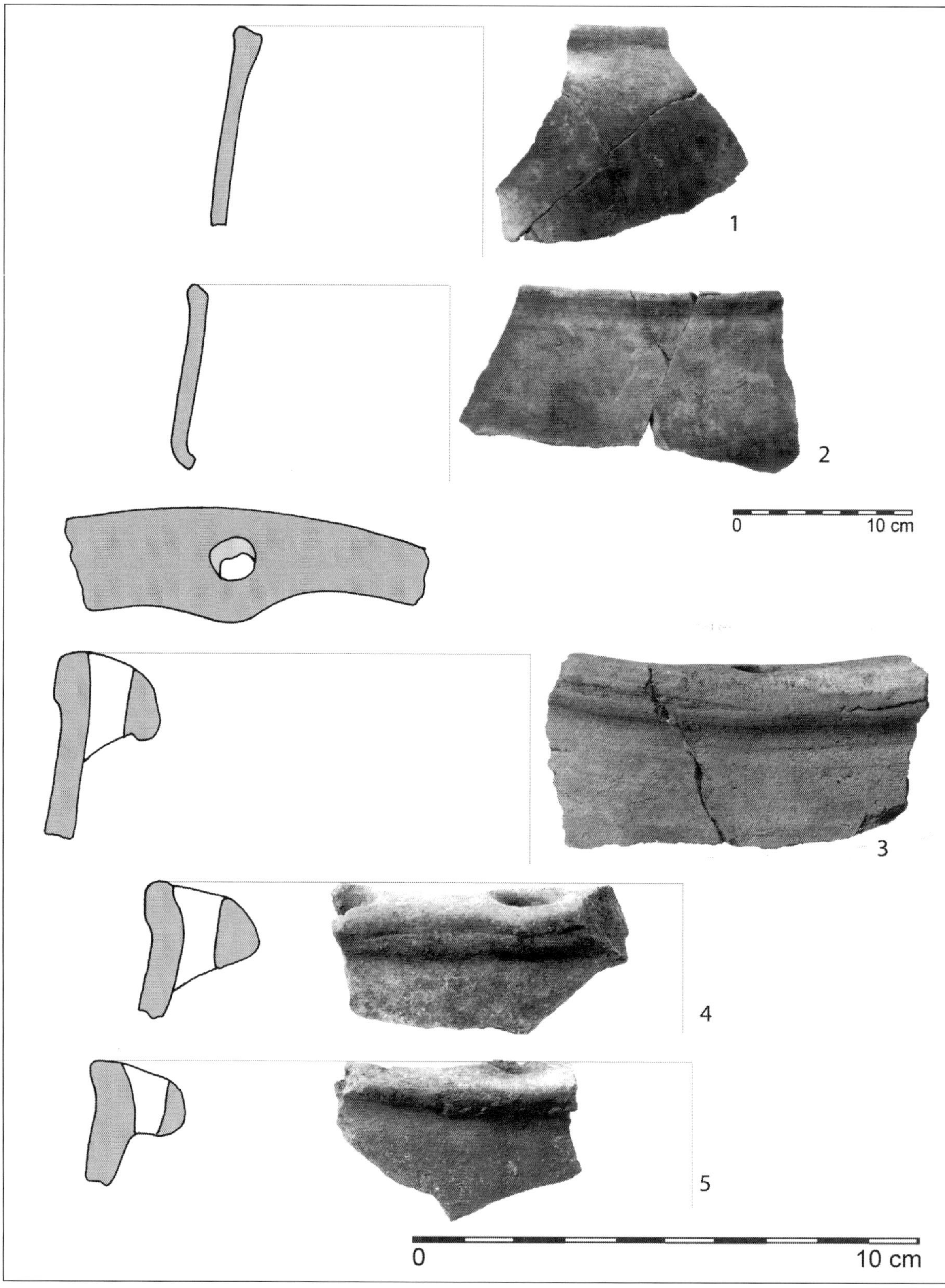

26. tábla: Bográcsok szórványból. *1*: 36. szelvény, 30–60 cm, ltsz.: 95.28.159., *2*: 37. szelvény, 30–60 cm, ltsz.: 95.28.206. *3*: 8. szelvény 0–30 cm, ltsz.: 91.4.170. *4*: 7. szelvény 0–30 cm, ltsz.: 91.4.80. *5*: 7. szelvény 0–30 cm, ltsz.: 91.4.81

27. tábla: Bográcsok szórványból. *1*: 22. szelvény 0–30 cm, ltsz.: 91.4.483. *2*: 36. szelvény 0–30 cm, ltsz.: 95.28.147. *3*: 41. szelvény 30–60 cm, ltsz.: 95.28.466. *4*: 4. szelvény 30–60 cm, ltsz.: 91.4.44. *5*: 25. szelvény 0–30 cm, ltsz.: 91.4.561

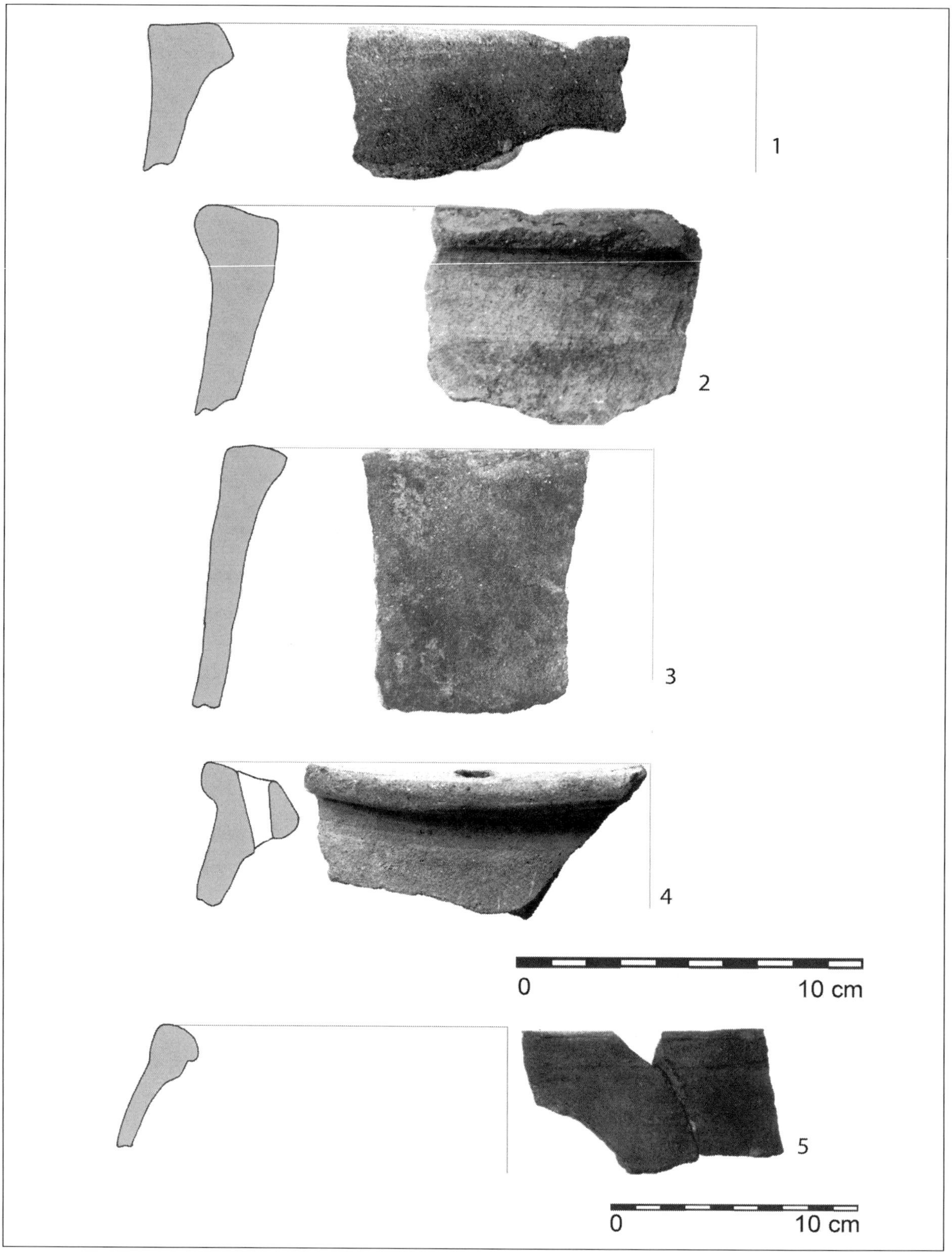

28. tábla: Bográcsok szórványból. *1*: 47. szelvény 0–30 cm, ltsz.: 95.28.893. *2*: 7. szelvény 0–30 cm, ltsz.: 91.4.84. *3*: 53. szelvény, ltsz.: 95.28.1384. *4*: 42. szelvény 30–60 cm, ltsz.: 95.28.560. *5*: 52. szelvény 0–60 cm, ltsz.: 95.28.1374

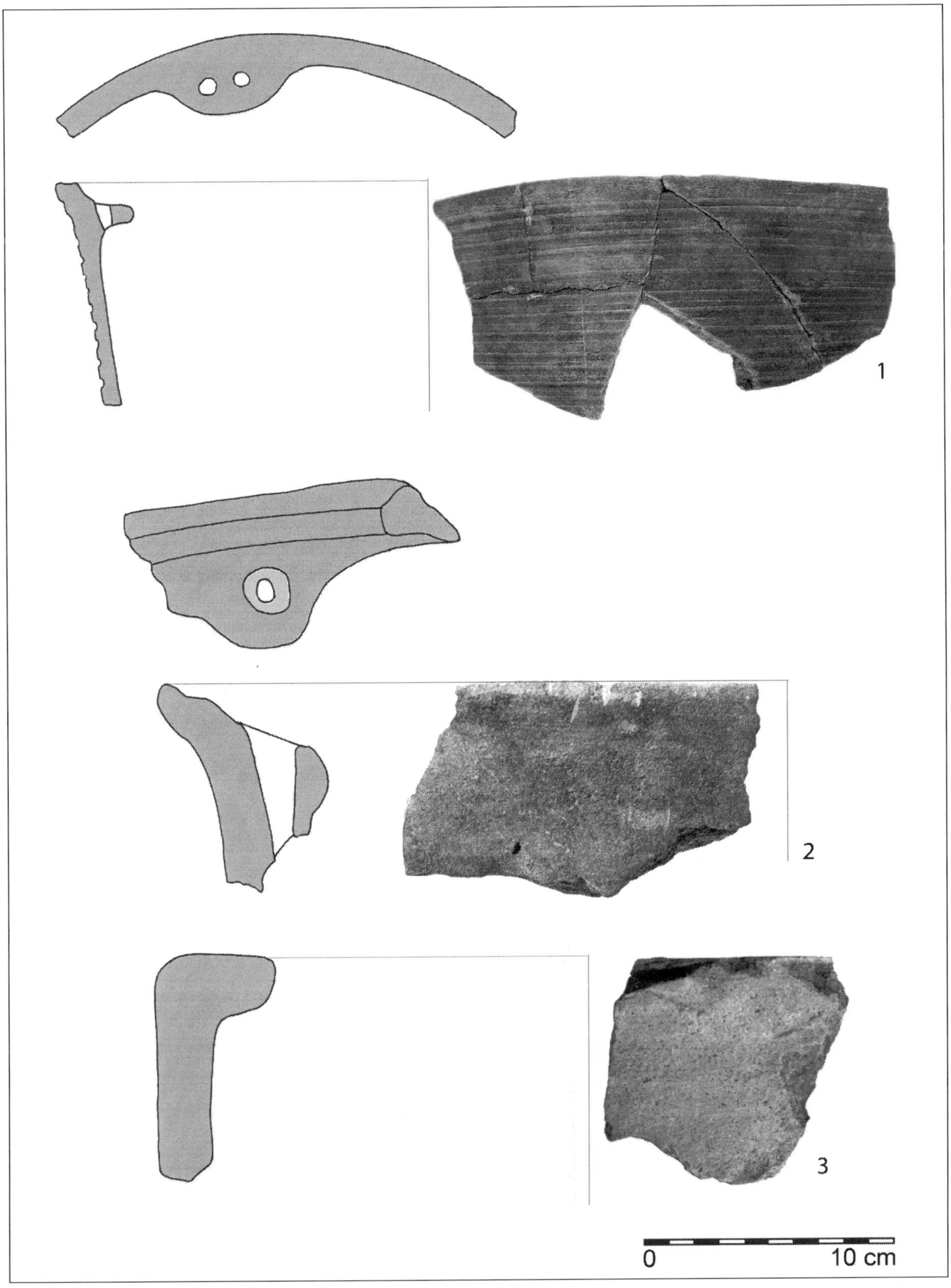

29. tábla: Bográcsok szórványból. *1*: 50. szelvény 30–60 cm, ltsz.: 95.28.1436. *2*: 43. szelvény 30–60 cm, ltsz.: 95.28.704. *3*: 37. szelvény 30–60 cm, ltsz.: 95.28.205

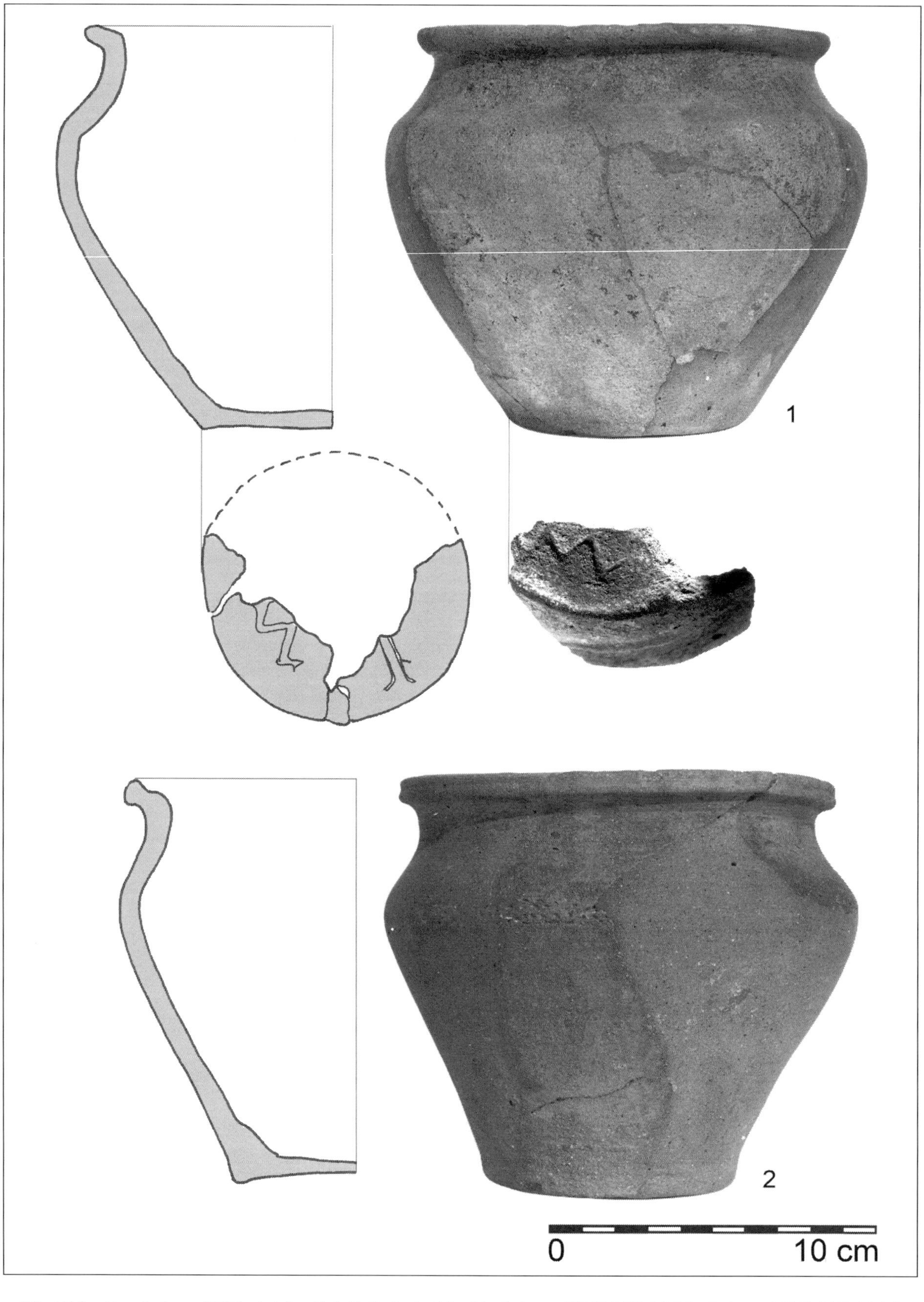

30. tábla: Fazekak az 1975. évi ásatásból (1. kutatóárok). *1*: ltsz.: BMM 78.106.1. *2*: ltsz.: BMM 78.106.2

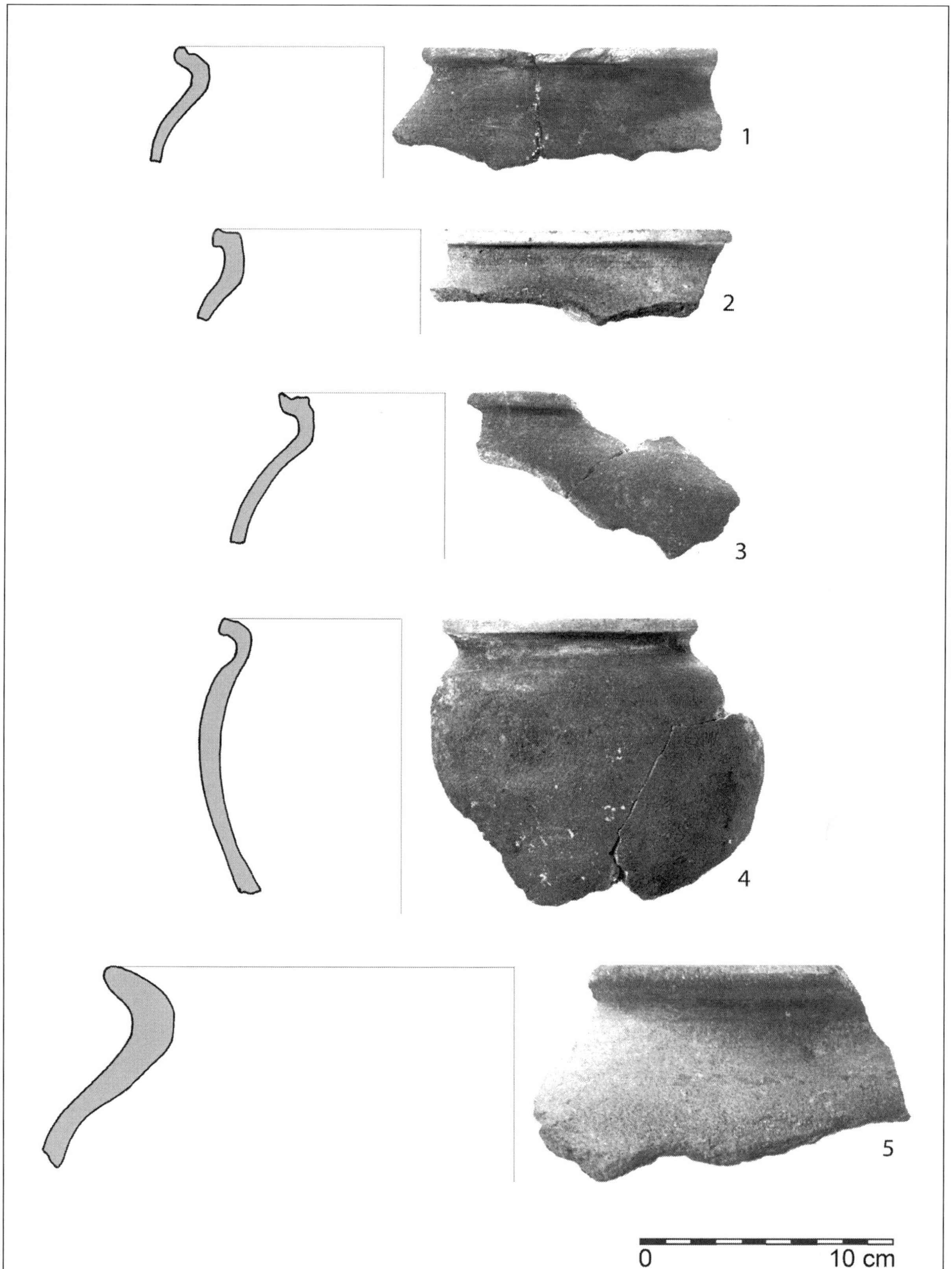

31. tábla: Fazekak a 9. házból. *1*: ltsz.: 95.28.988. *2*: ltsz.: 95.28.990. *3*: ltsz.: 95.28.989. *4*: ltsz.: 95.28.987. *5*: ltsz.: 95.28.991

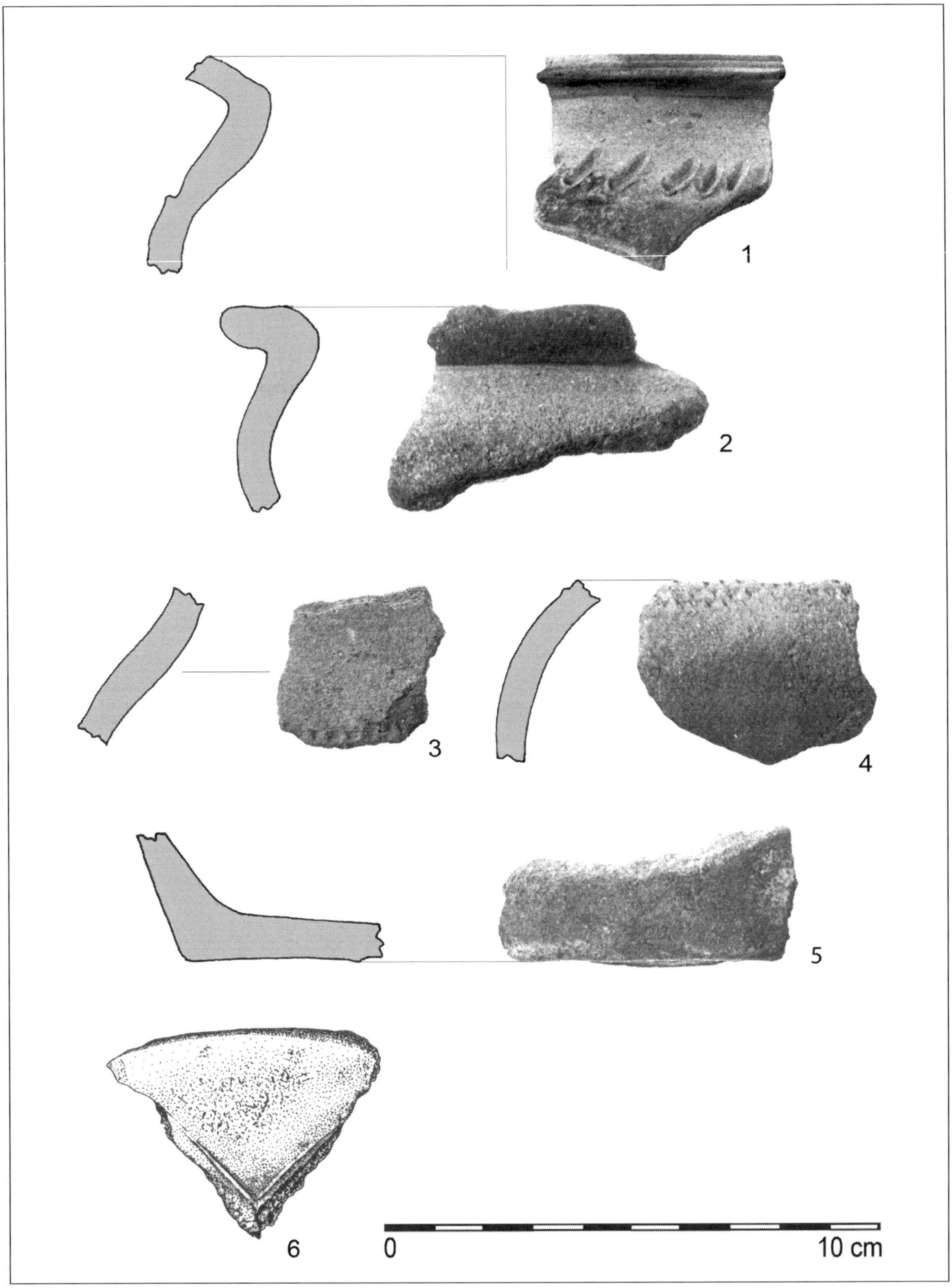

32. tábla: Fazekak a 9. házból. *1*: ltsz.: 95.28.994. *2*: ltsz.: 95.28.992.
3–4: ltsz.: 95.28.1005. *5–6*: ltsz.: 95.28.1012

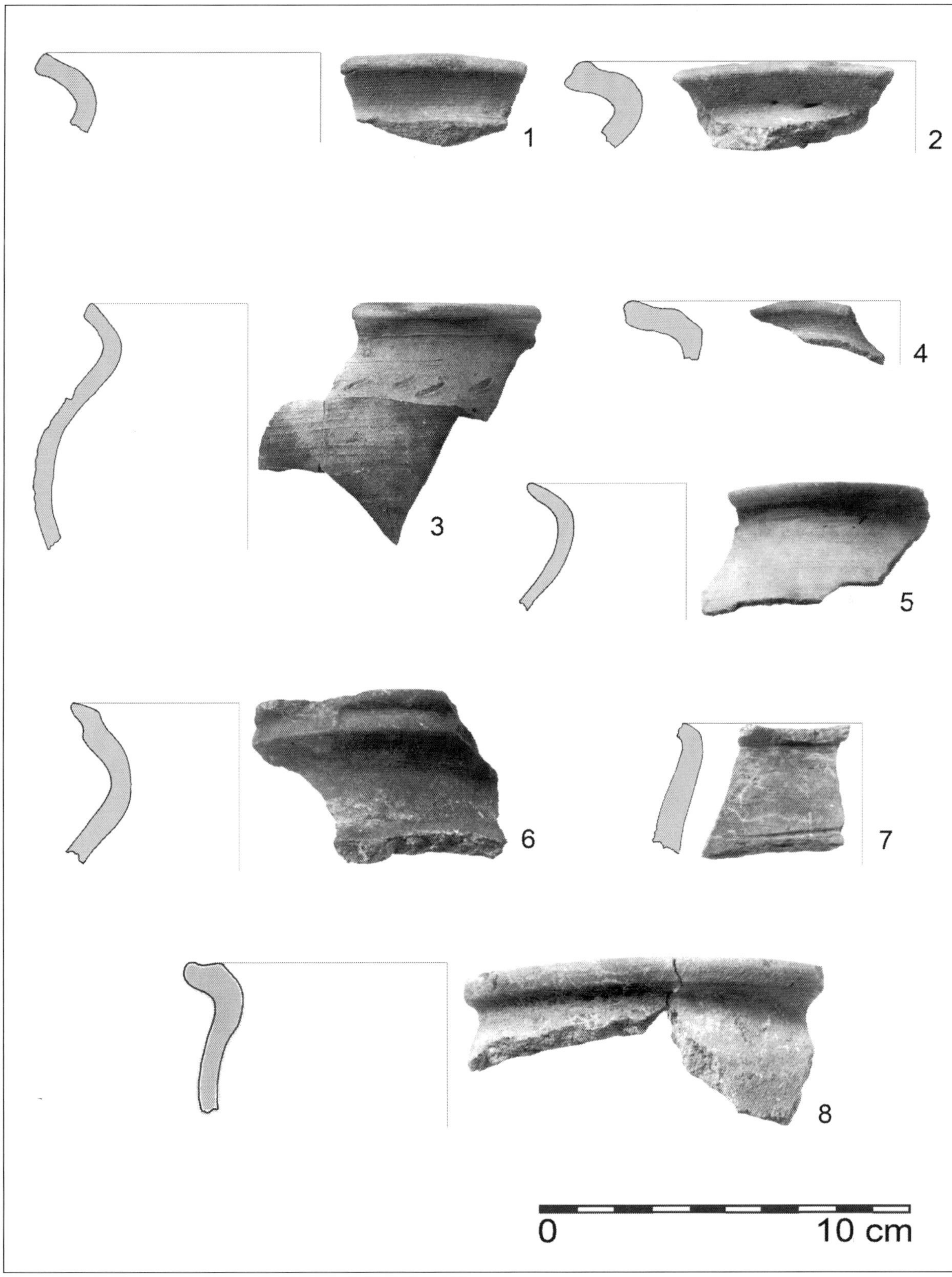

33. tábla: Fazekak objektumokból. *1*: 1. ház, ltsz.: 91.4.138. *2*: 1. ház, ltsz.: 91.4.136. *3*: 17. gödör, ltsz.: 95.28.875. *4*: 1. ház, ltsz.: 91.4.137. *5*: 4. ház, ltsz.: 91.4.455. *6*: 12. gödör, ltsz.: 95.28.65. *7*: 1. ház, ltsz.: 91.4.142. *8*: 1. ház, ltsz.: 91.4.135

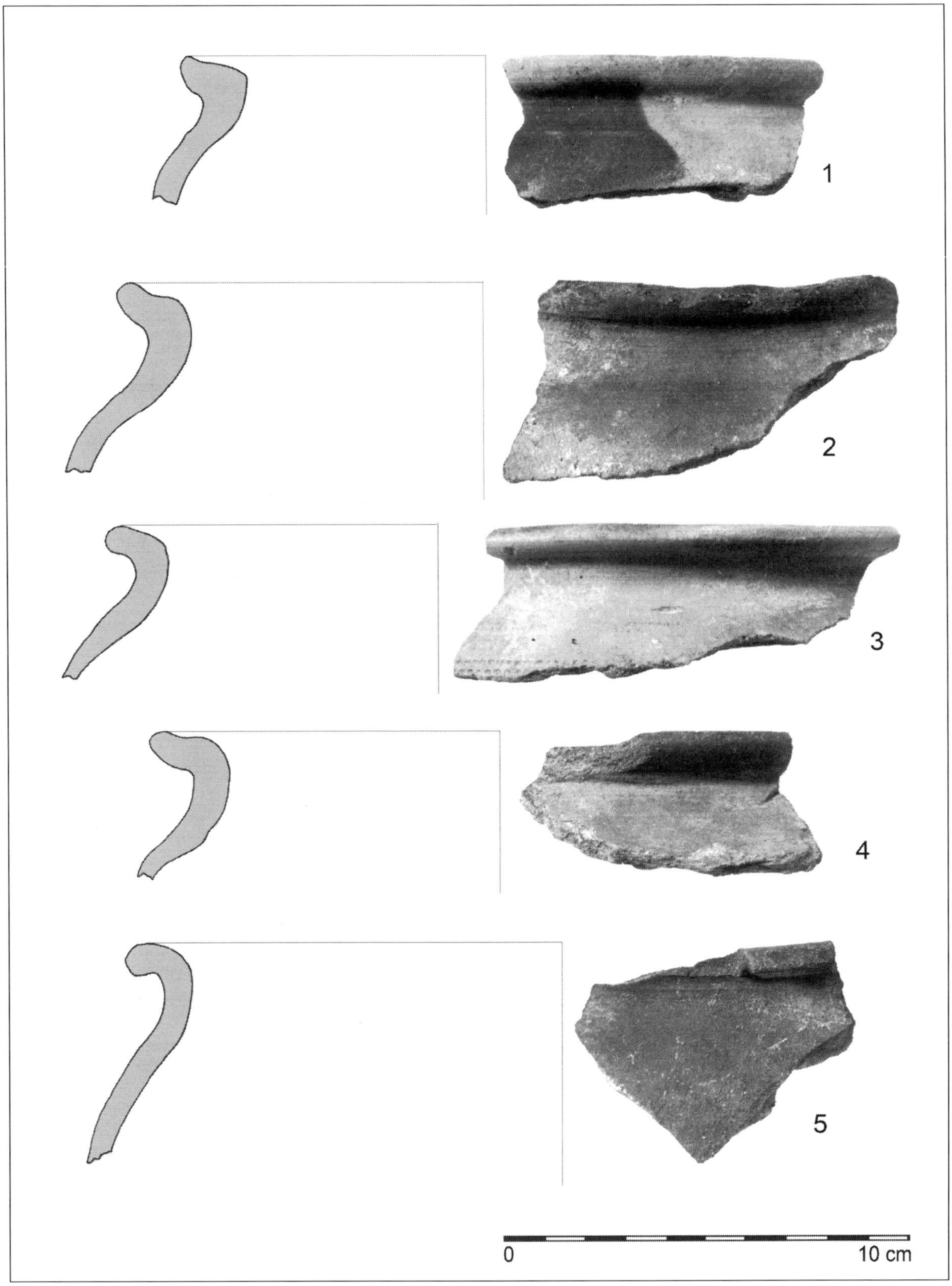

34. tábla: Fazekak az 1975. évi 1. kutatóárokból. *1*: ltsz.: 91.3.24. *2*: ltsz.: 91.3.22. *3*: ltsz.: 91.3.4. *4*: ltsz.: 91.3.23. *5*: ltsz.: 91.3.3

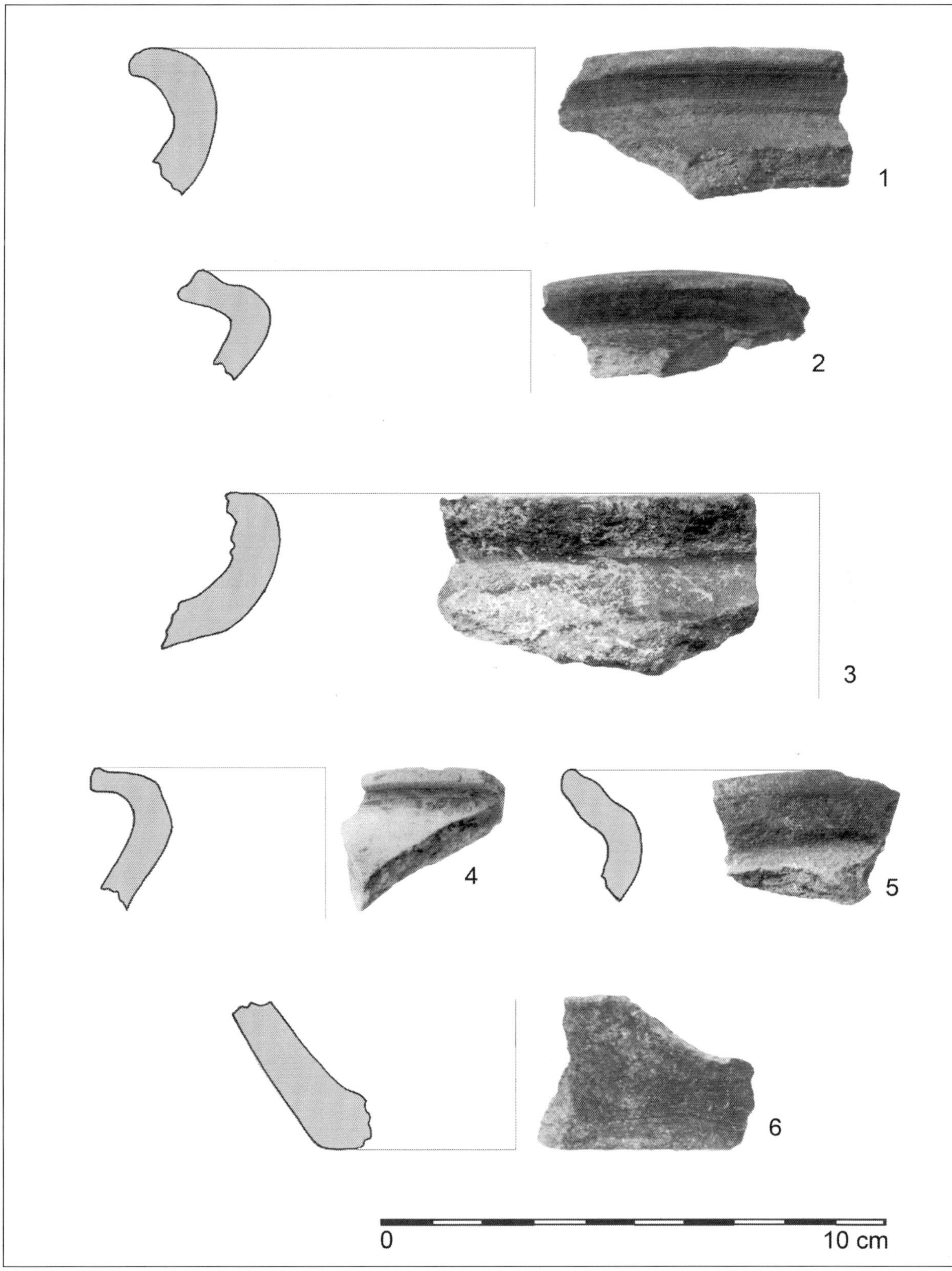

35. tábla: Fazéktöredékek szelvényekből. *1*: 7. szelvény 30–60 cm, ltsz.: 91.4.117. *2*: 7. szelvény 30–60 cm, ltsz.: 91.4.118. *3*: bánya partfalából a 6. szelvénynél, ltsz.: 91.4.73. *4*: 2. szelvény 0–30 cm, ltsz.: 91.4.15. *5*: 7. szelvény 0–30 cm, ltsz.: 91.4.88. *6*: 7. szelvény 30–60 cm, ltsz.: 91.4.121

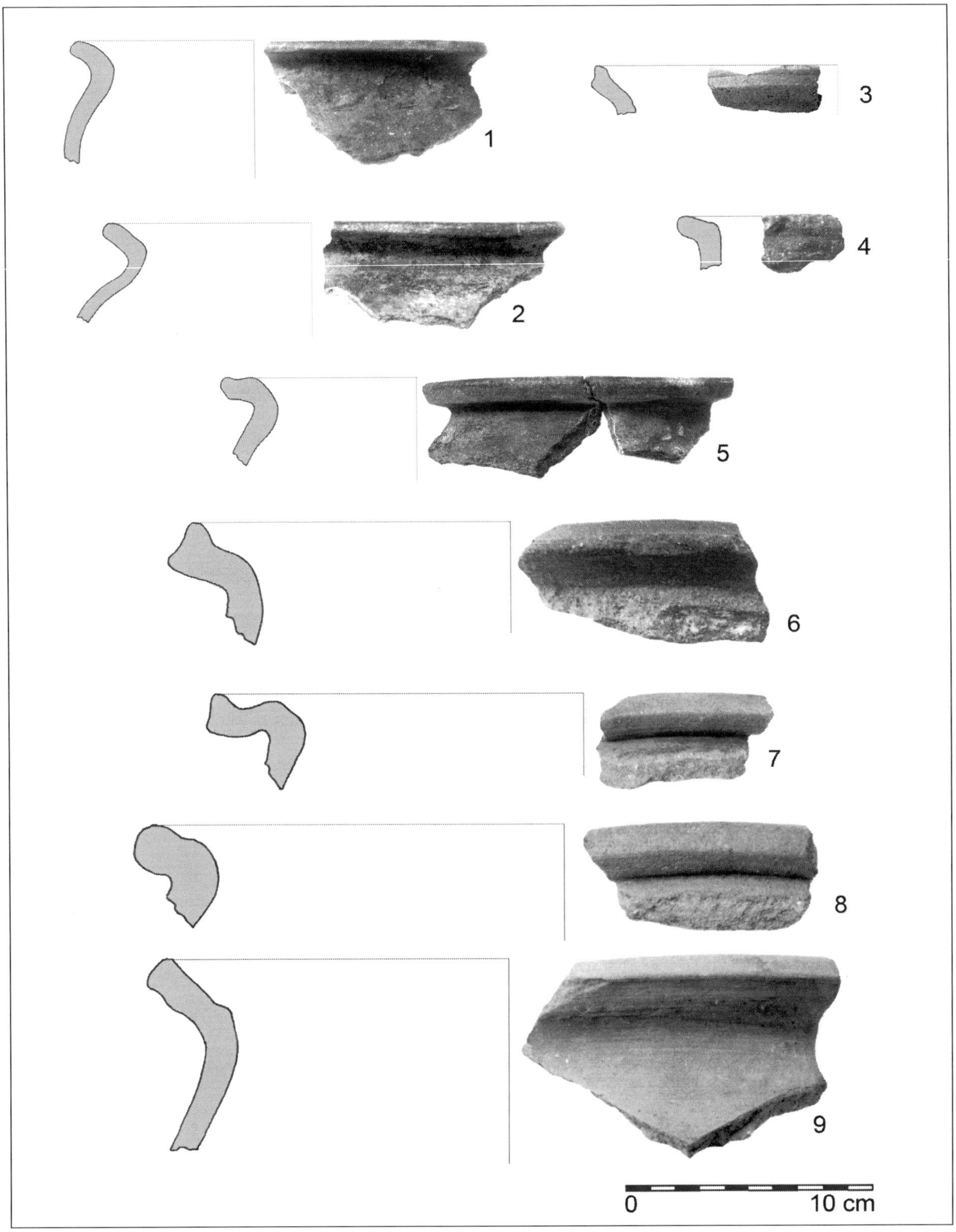

36. tábla: Fazéktöredékek szelvényekből. *1*: 7. szelvény, 0–30 cm, ltsz.: 91.4.86. *2*: 7. szelvény, 0–30 cm, ltsz.: 91.4.87. *3*: 34. szelvény 0–30 cm, ltsz.: 95.28.82. *4*: 48. szelvény 0–30 cm, ltsz.: 95.28.1191. *5*: 7. szelvény 30–60 cm, ltsz.: 91.4.116. *6*: 22. szelvény 0–30 cm, ltsz.: 91.4.486. *7*: 8. szelvény 30–60 cm, ltsz.: 91.4.188. *8*: 8. szelvény 30–60 cm, ltsz.: 91.4.187. *9*: 9. szelvény 30–60 cm, ltsz.: 91.4.207

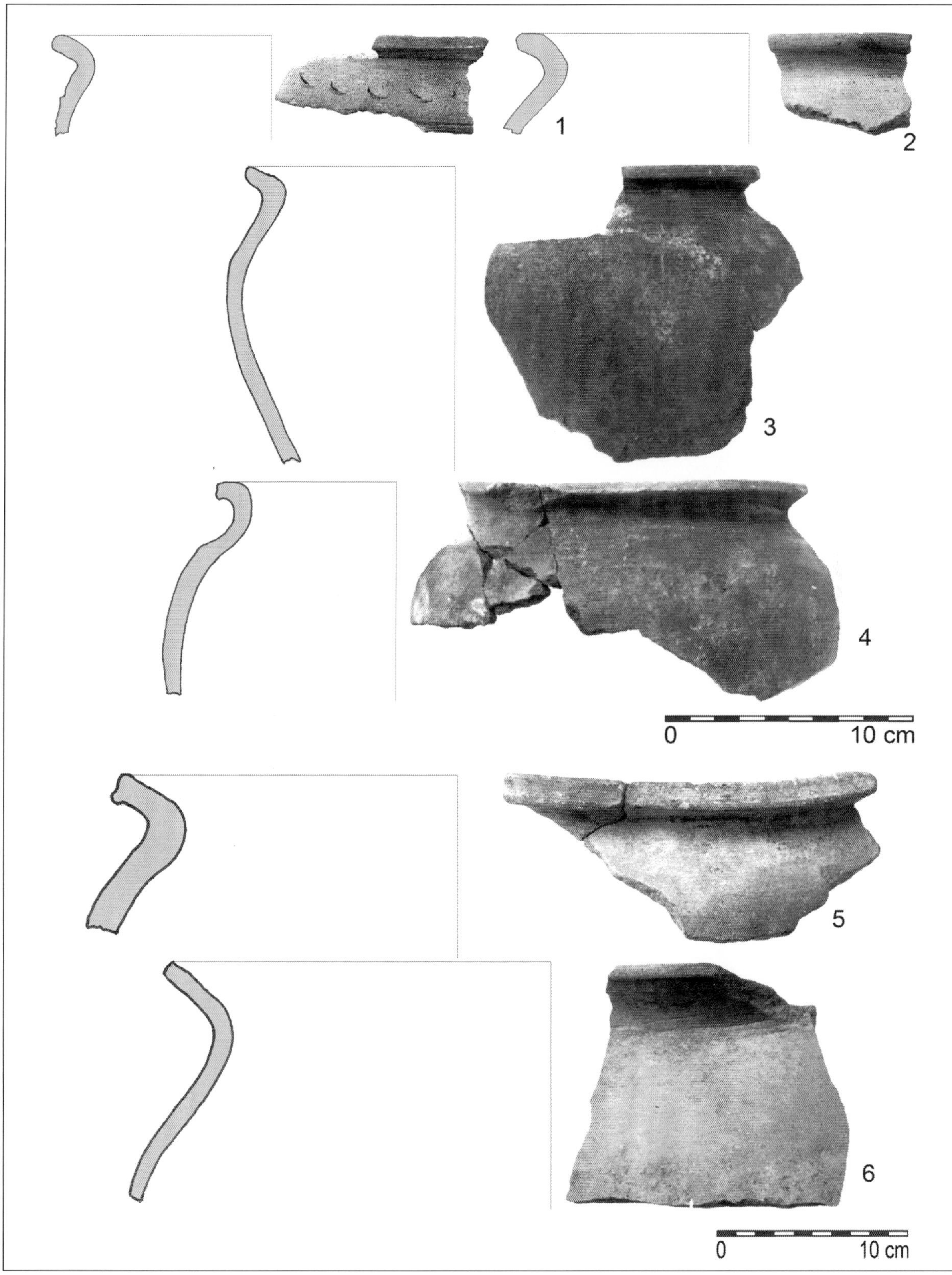

37. tábla: Fazéktöredékek szelvényekből. *1*: 41. szelvény 60–90 cm, ltsz.: 95.28.483. *2*: 37. szelvény 30–60 cm, ltsz.: 95.28.209. *3*: 39. szelvény 30–60 cm, ltsz.: 95.28.353. *4*: 39. szelvény 30–60 cm, ltsz.: 95.28.356. *5*: 39. szelvény 30–60 cm, ltsz.: 95.28.354. *6*: 36. szelvény 30–60 cm, ltsz.: 95.28.161

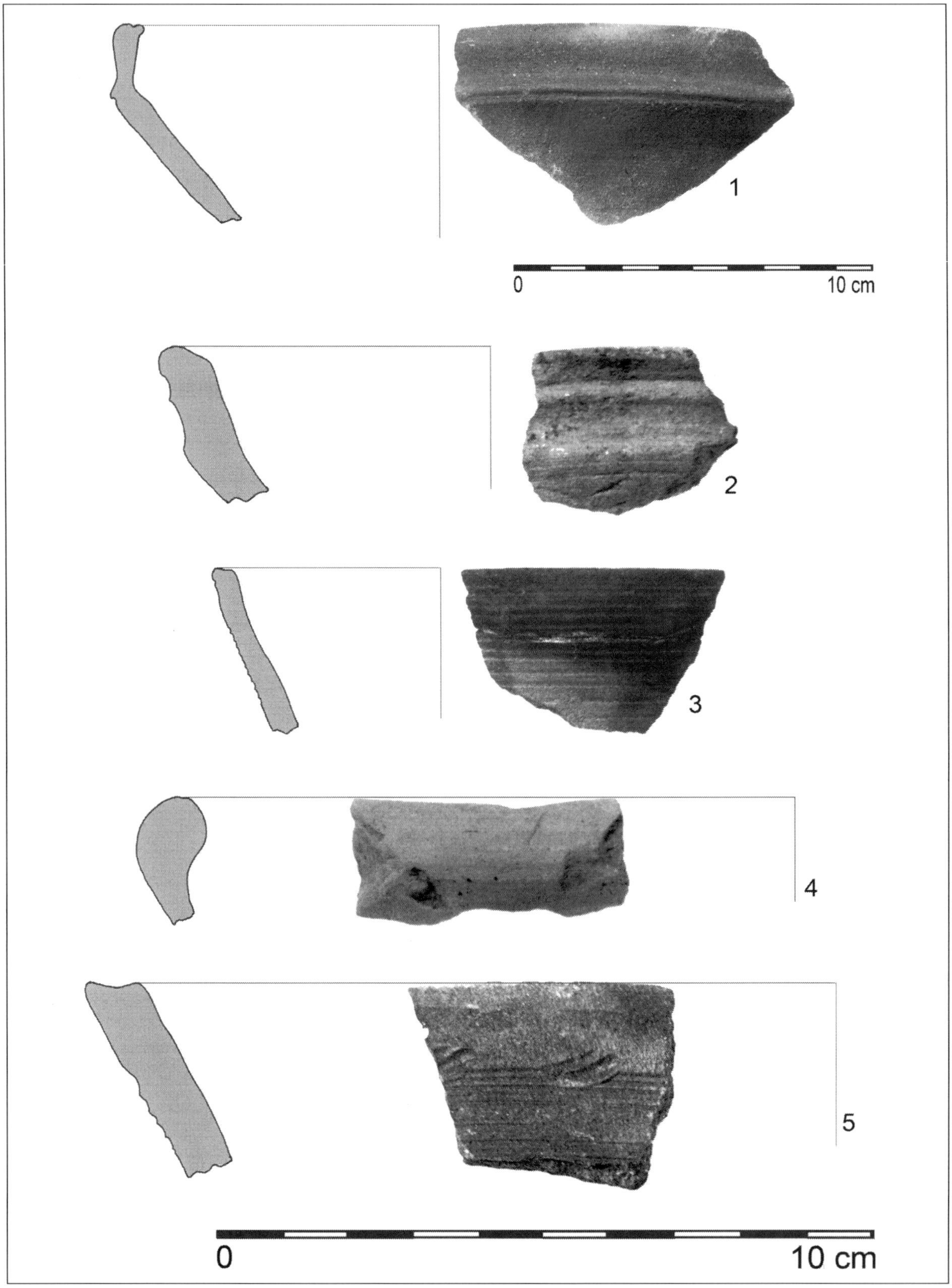

38. tábla: Tálak. *1*: 1. ház, ltsz.: 91.4.133. *2*: 1. ház, ltsz.: 91.4.134. *3*: 44. szelvény 30–60 cm, ltsz.: 95.28.758. *4*: 19. szelvény 9. árok, ltsz.: 91.4.399. *5*: 43. szelvény 60–90 cm, ltsz.: 95.28.728

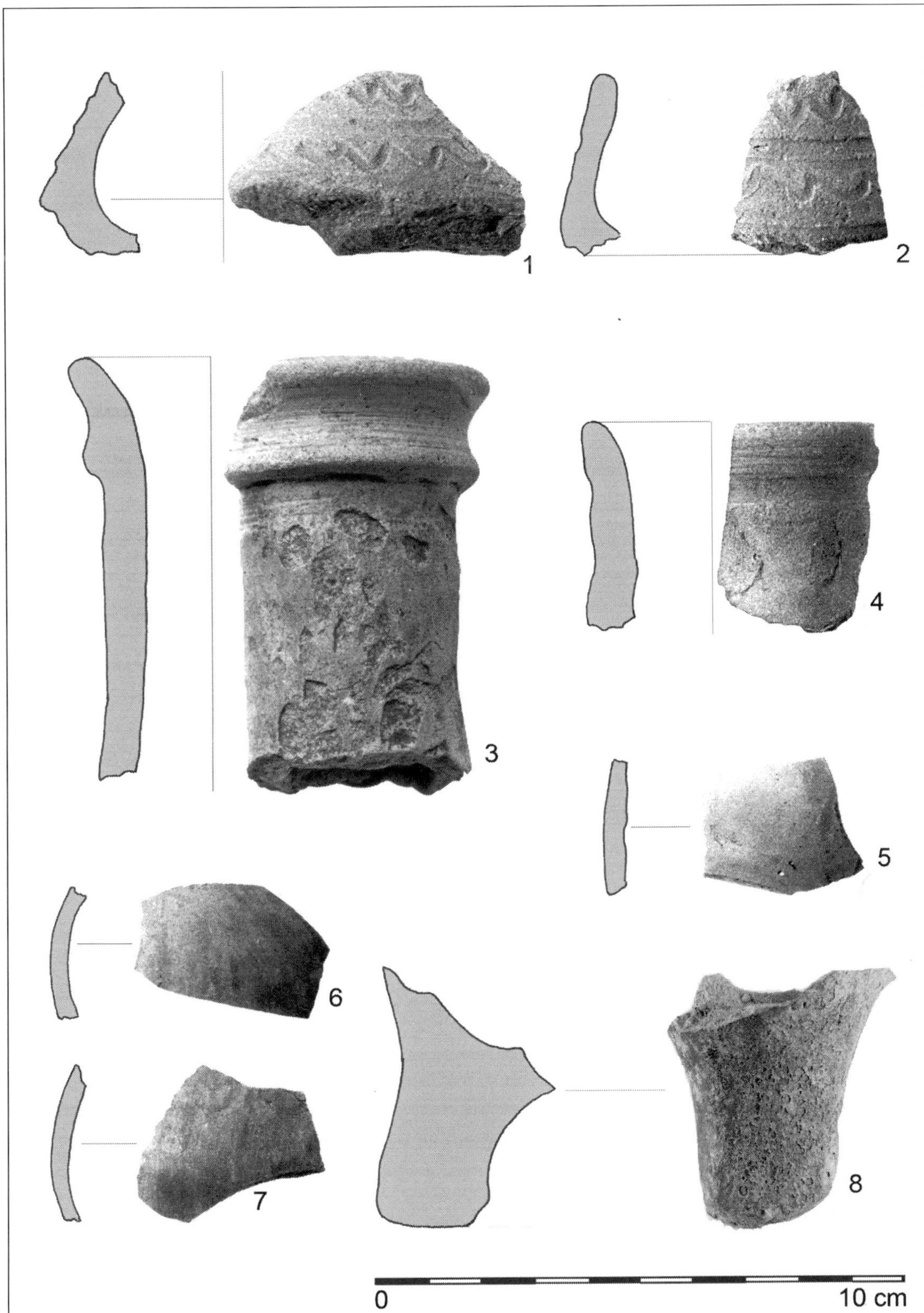

39. tábla: Korsótöredékek és import kerámia. *1*: 9. ház, ltsz.: 95.28.1131. *2*: 9. ház, ltsz.: 95.28.1099. *3*: 39. szelvény 0–30 cm, ltsz.: 95.28.321. *4*: 9. ház, ltsz.: 95.28.995. *5*: 9. ház, ltsz.: 95.28.1143. *6–7*: 9. ház, ltsz.: 95.28.1144. *8*: 9. ház, ltsz.: 95.28.1435

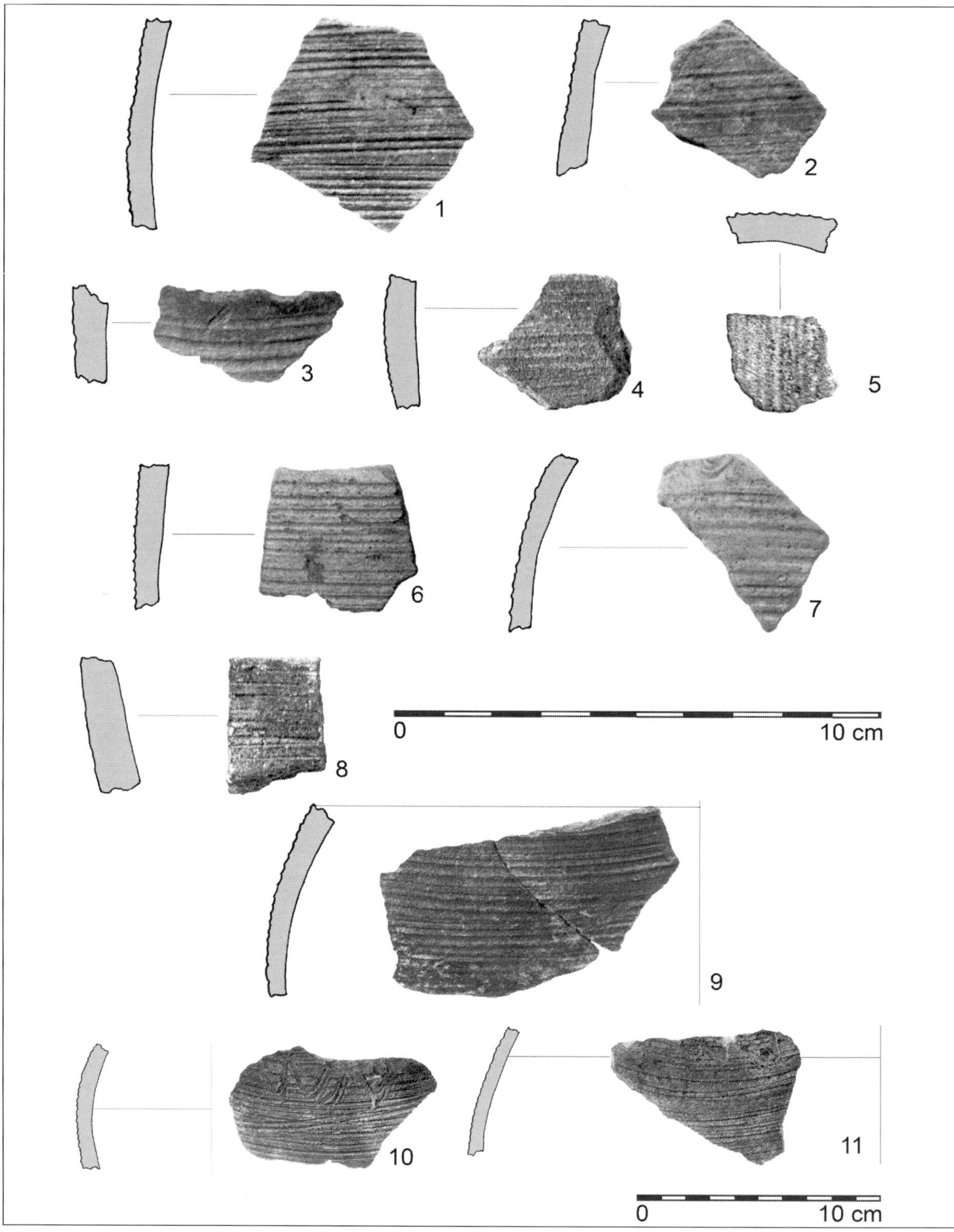

40. tábla: Teljes felületükön vonaldíszes oldaltöredékek. *1*: 16. szelvény 30–60 cm, ltsz.: 91.4.255. *2*: 16. szelvény 30–60 cm, ltsz.: 91.4.256. *3*: 5. szelvény 30–60 cm, ltsz.: 91.4.62. *4*: 41. szelvény 60–90 cm, ltsz.: 95.28.485. *5*: 9. ház, ltsz.: 95.28.1145. *6*: 16. szelvény 0–30 cm, ltsz.: 91.4.237. *7*: 3. ház, ltsz.: 91.4.282. *8*: 41. szelvény, 30–60 cm, ltsz.: 95.28.471. *9*: 34. szelvény, 30–60 cm, ltsz.: 95.28.103. *10*: 6. ház, ltsz.: 95.28.122. *11*: 35. szelvény 0–30 cm, ltsz.: 95.28.134

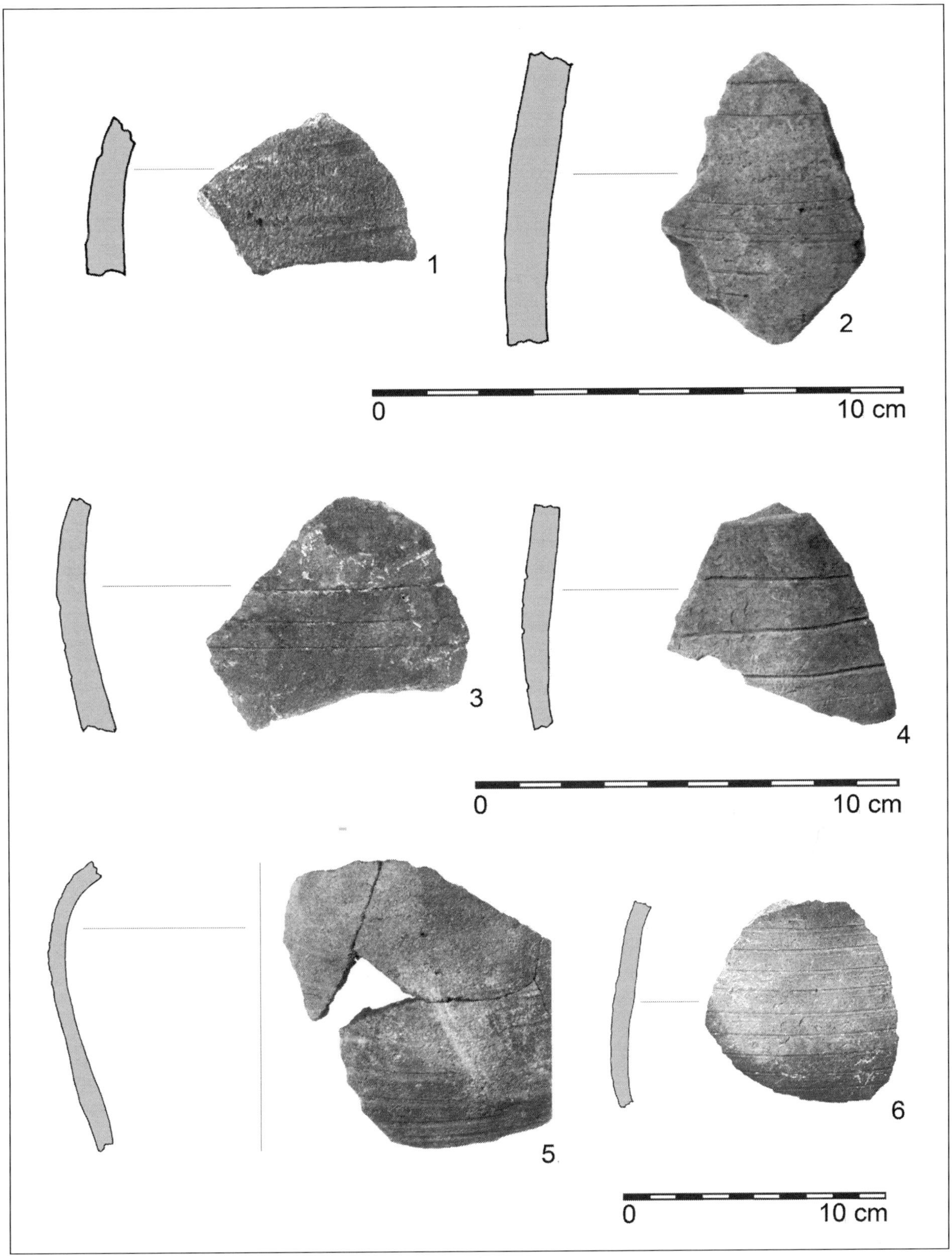

41. tábla: Vonaldíszes oldaltöredékek. *1*: 9. ház, ltsz.: 95.28.1004. *2*: 5. szelvény 0–30 cm, ltsz.: 91.4.55. *3*: 6–7. szelvénynél a bánya partfalának tisztításából, ltsz.: 91.4.74. *4*: 1. ház, ltsz.: 91.4.141. *5*: 6. ház, ltsz.: 95.28.123. *6*: 7. ház, ltsz.: 95.28.809

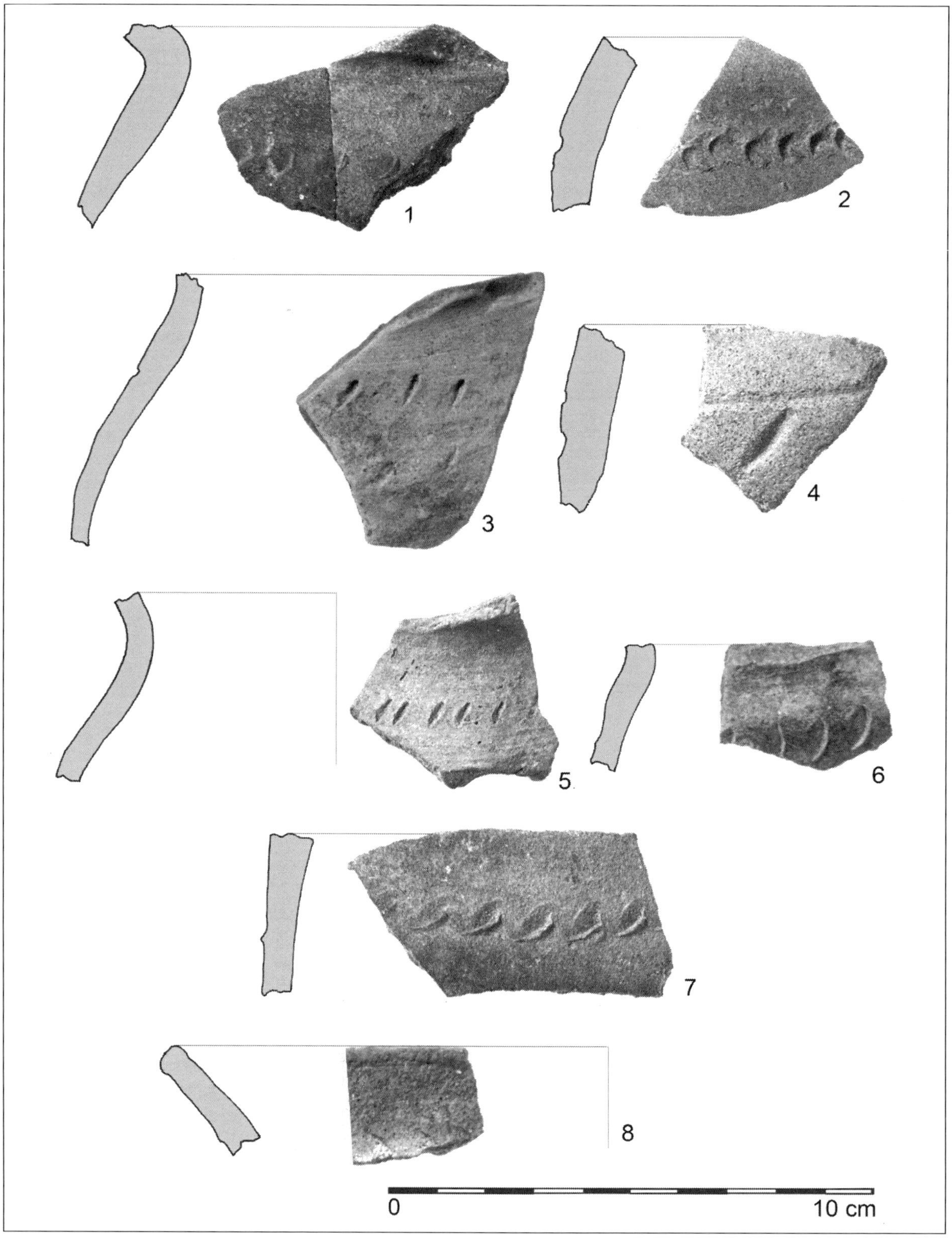

42. tábla: Ferde benyomkodásokkal díszített oldaltöredékek. *1*: 41. szelvény 30–60 cm, ltsz.: 95.28.475. *2*: 39. szelvény 0–30 cm, ltsz.: 95.28.323. *3*: 25. szelvény 0–30 cm, ltsz.: 91.4.566. *4*: 9. ház, ltsz.: 95.28.1100. *5*: 46. szelvény 30–60 cm, ltsz.: 95.28.860. *6*: 7. szelvény 30–60 cm, ltsz.: 91.4.120. *7*: 47. szelvény 30–60 cm, ltsz.: 95.28.1038. *8*: 37. szelvény 30–60 cm, ltsz.: 95.28.212

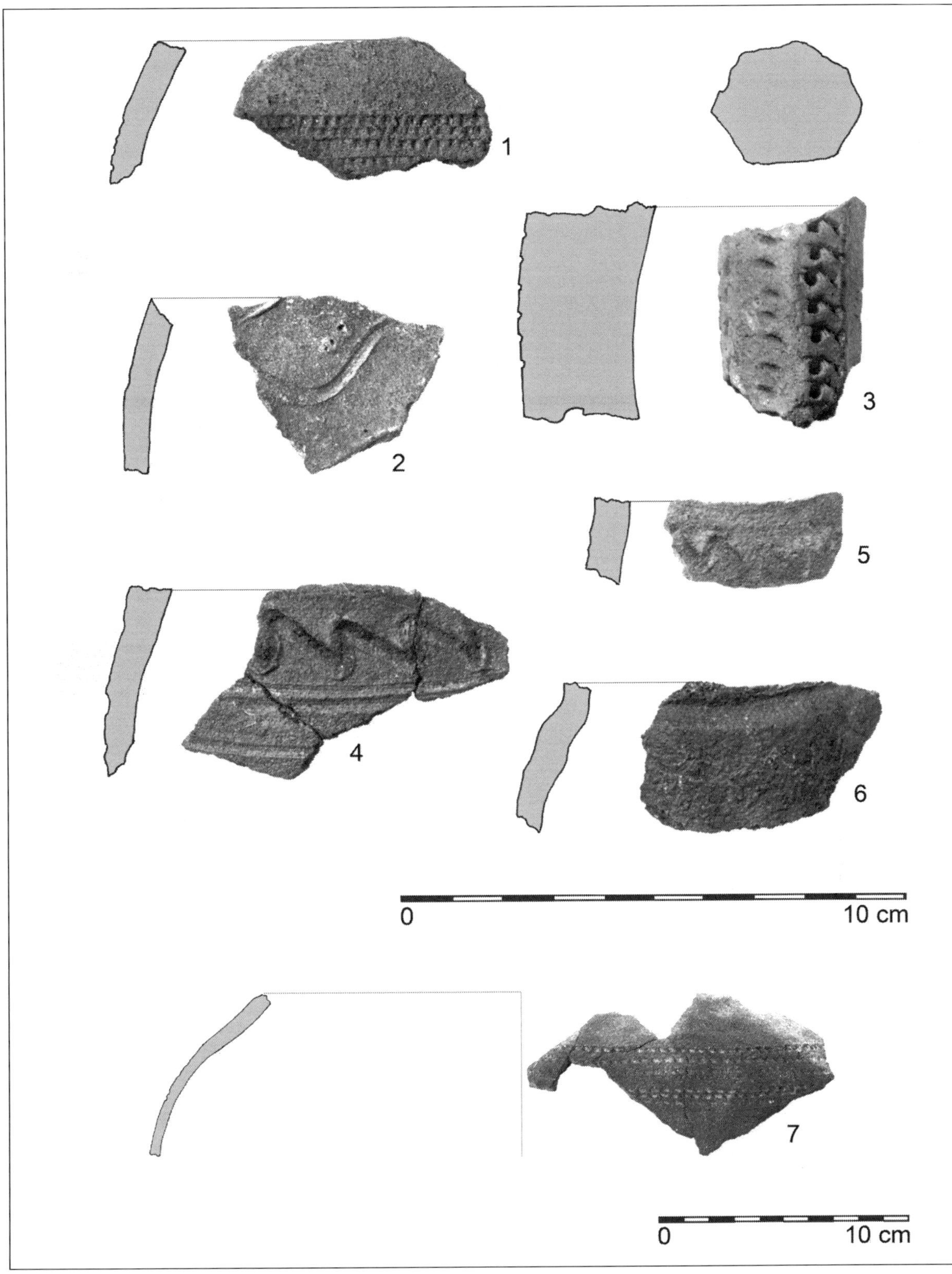

43. tábla: Hullámvonallal, illetve fogaskerék-mintával díszített töredékek. *1*: 40. szelvény 30–60 cm, ltsz.: 95.28.414. *2*: 47. szelvény 30–60 cm, ltsz.: 95.28.1039. *3*: 1. kutatóárok 40–60 cm, ltsz.: 91.3.7. *4*: 19. szelvény 50–70 cm, ltsz.: 91.4.381. *5*: 7. szelvény 0–30 cm, ltsz.: 91.4.92. *6*: 16. szelvény 30–60 cm, ltsz.: 91.4.254. *7*: 9. ház, ltsz.: 95.28.1001

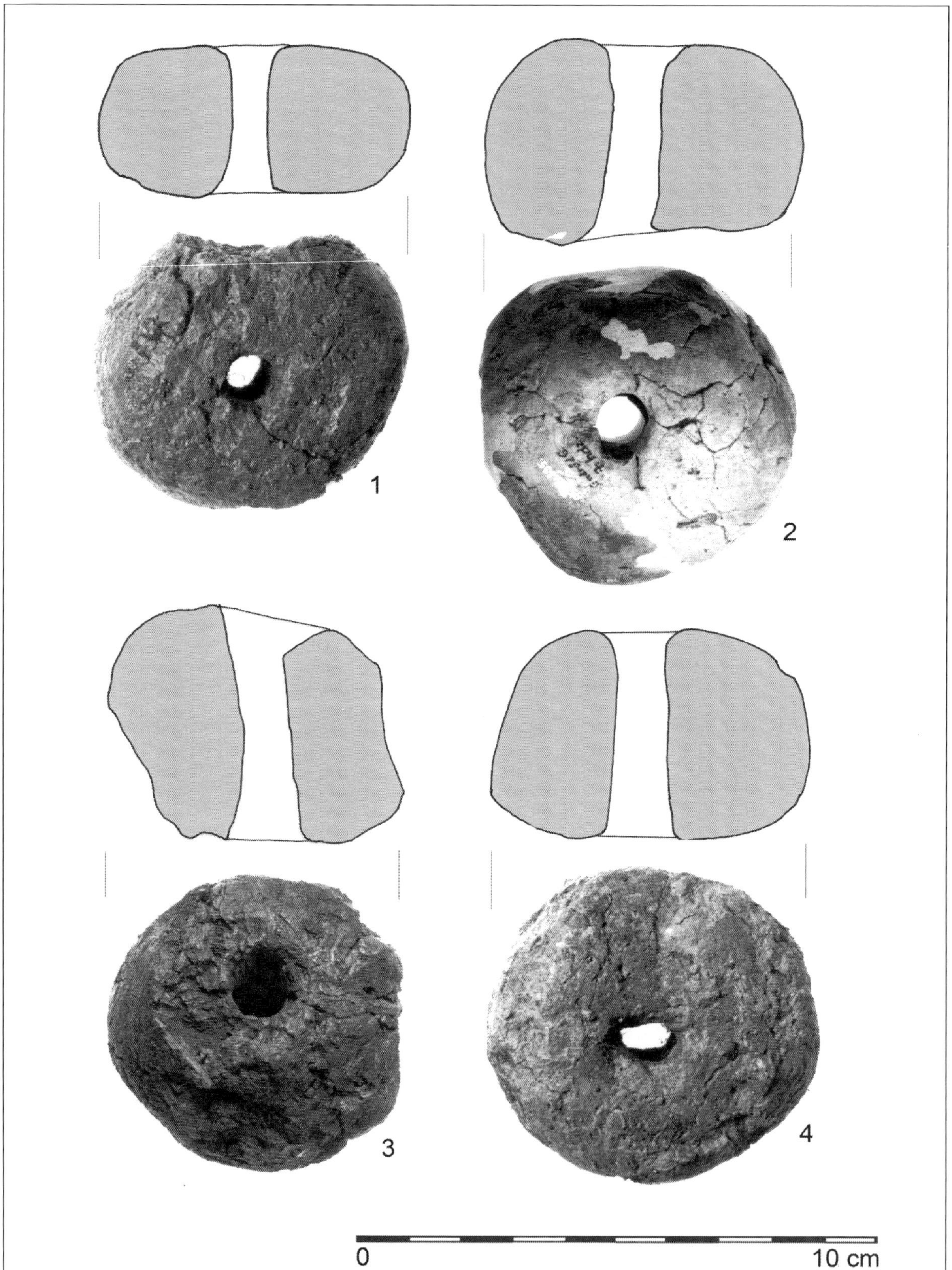

44. tábla: Agyagnehezékek a 7. házból. *1*: 7. nehezék, ltsz.: 95.28.824. *2*: 18. nehezék, ltsz.: 95.28.835. *3*: 9. nehezék, ltsz.: 95.28.826. *4*: 8. nehezék, ltsz.: 95.28.825

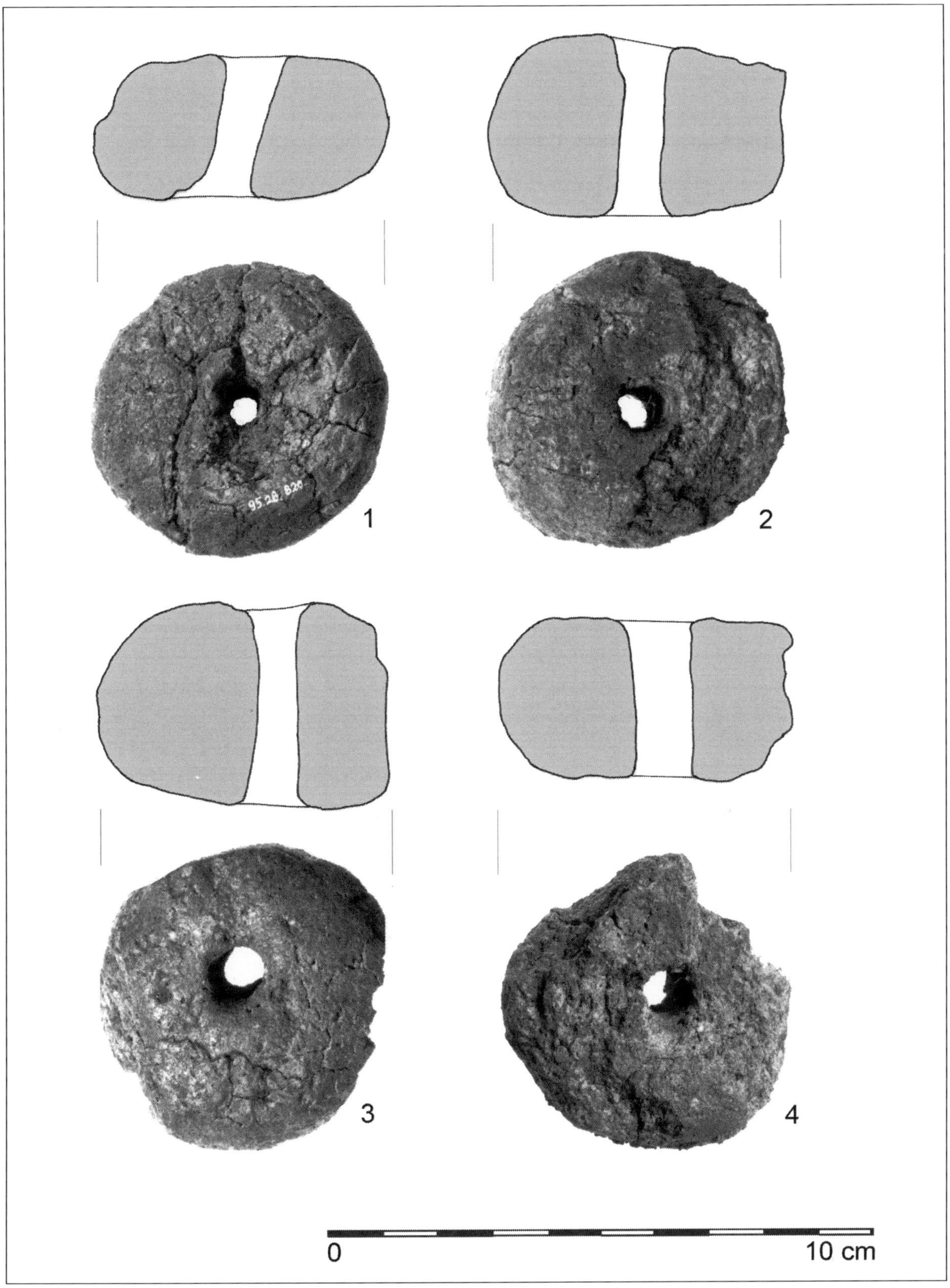

45. tábla: Agyagnehezékek a 7. házból. *1*: 3. nehezék, ltsz.: 95.28.820. *2*: 5. nehezék, ltsz.: 95.28.822. *3*: 2. nehezék, ltsz.: 95.28.819. *4*: 6. nehezék, ltsz.: 95.28.823

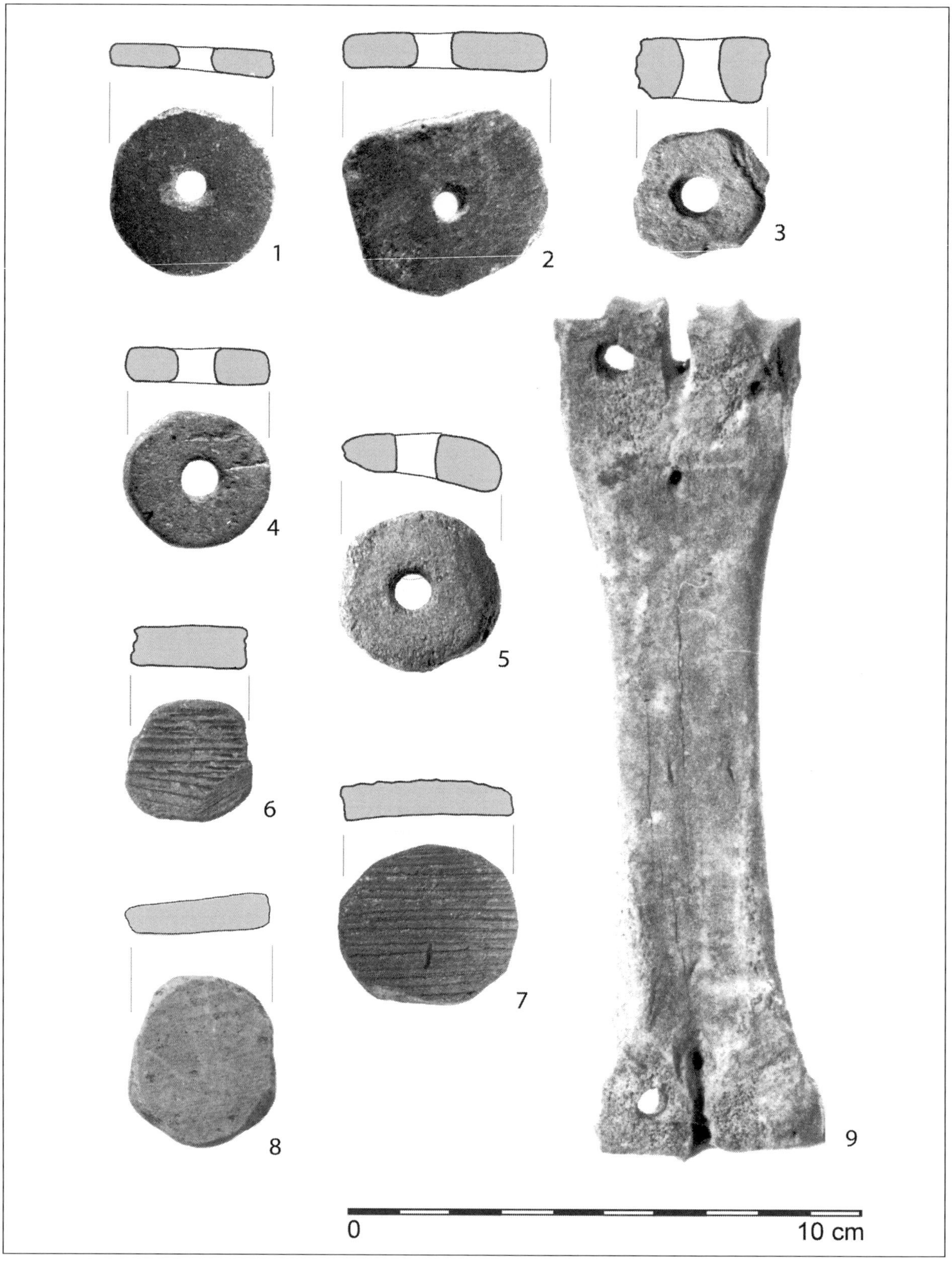

46. tábla: Egyéb leletek. *1*: 9. ház, ltsz.: 95.28.1147. *2*: 9. ház, ltsz.: 95.28.1146. *3*: 9. ház, ltsz.: 95.28.1149. *4*: 9. ház, ltsz.: 95.28.1148. *5*: 7. ház, ltsz.: 95.28.801. *6*: 19. szelvény 50–70 cm, ltsz.: 91.4.379. *7*: 3. ház, ltsz.: 91.4.283. *8*: 19. szelvény 30–60 cm, ltsz.: 91.4.326. *9:* 9. ház, ltsz.: 95.28.1153

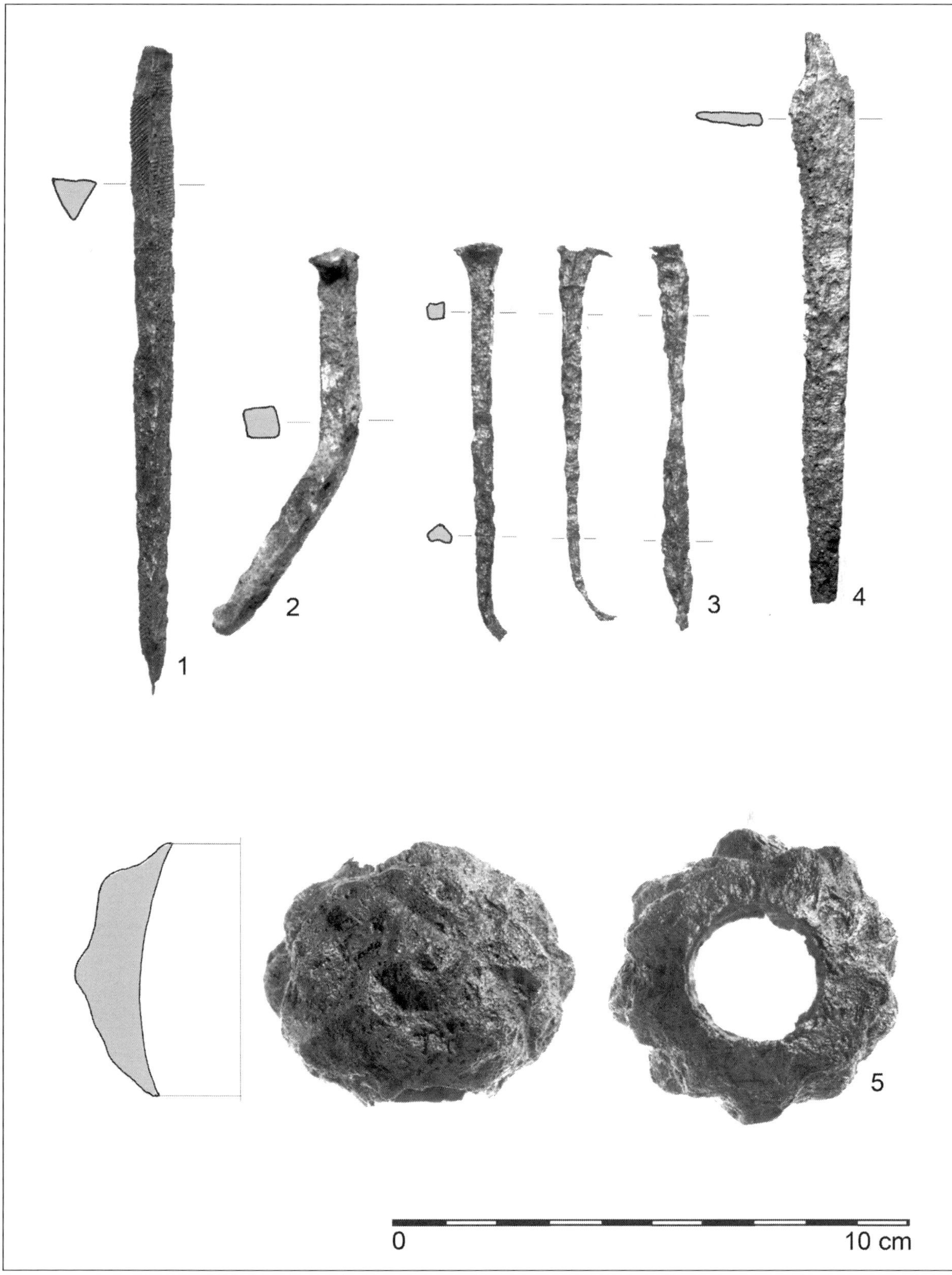

47. tábla: Fémleletek. *1*: 7. szelvény 0–30 cm, ltsz.: 91.4.585. *2*: 2. kutatóárok 100 cm, ltsz.: 91.3.112. *3*: 1. kutatóárok 100–120 cm, ltsz.: 91.3.54. *4*: 7. szelvény 30–60 cm, ltsz.: 91.4.586. *5*: 1. kutatóárok, ltsz.: 91.3.15

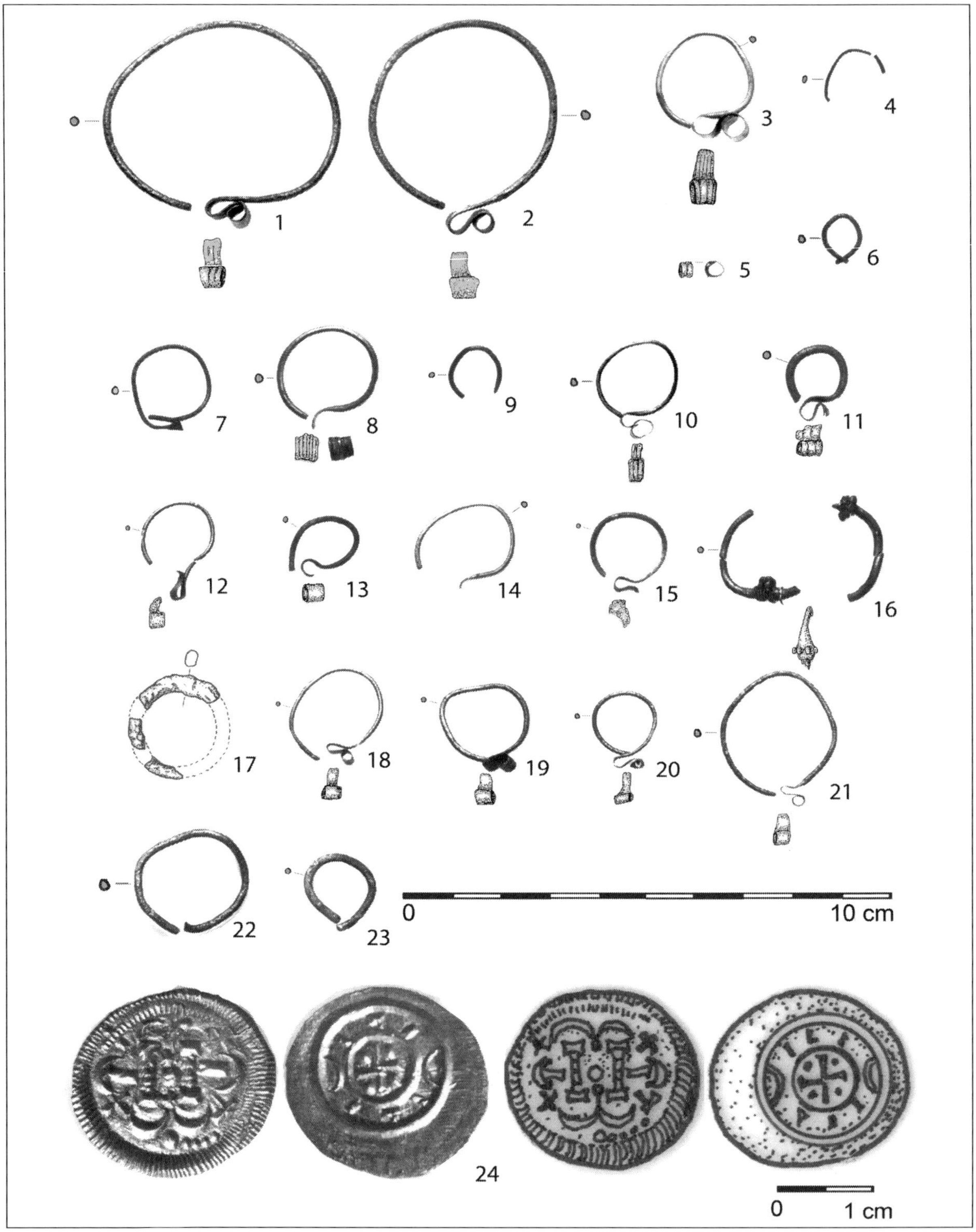

48. tábla: Sírleletek. *1–2*: 142. sír, ltsz.: 91.5.26. *3*: 83. sír, ltsz.: 91.5.9. *4*: 83. sír, ltsz.: 91.5.10. *5*: 93. sír, ltsz.: 91.5.18. *6*: 83. sír, ltsz.: 91.5.14. *7*: 83. sír, ltsz.: 91.5.11. *8*: 83. sír, ltsz.: 91.5.12. *9*: 83. sír, ltsz.: 91.5.13. *10*: 93. sír, ltsz.: 91.5.17. *11*: 99. sír, ltsz.: 91.5.20. *12*: 54. sír, ltsz.: 91.5.4. *13*: 99. sír, ltsz.: 91.5.21. *14*: 119. sír, ltsz.: 91.5.23. *15*: 15. szelvény, szórvány, ltsz.: 91.5.1. *16*: 10. sír, ltsz.: 91.5.2. *17*: 99. sír, ltsz.: 91.5.22. *18*: 54. sír, ltsz.: 91.5.3. *19*: 54. sír, ltsz.: 91.5.5. *20*: 54. sír, ltsz.: 91.5.6. *21*: 73. sír, ltsz.: 91.5.7. *22*: 73. sír, ltsz.: 91.5.8. *23*: 141. sír, ltsz.: 91.5.25. *24*: 88. sír, ltsz.: 91.5.16

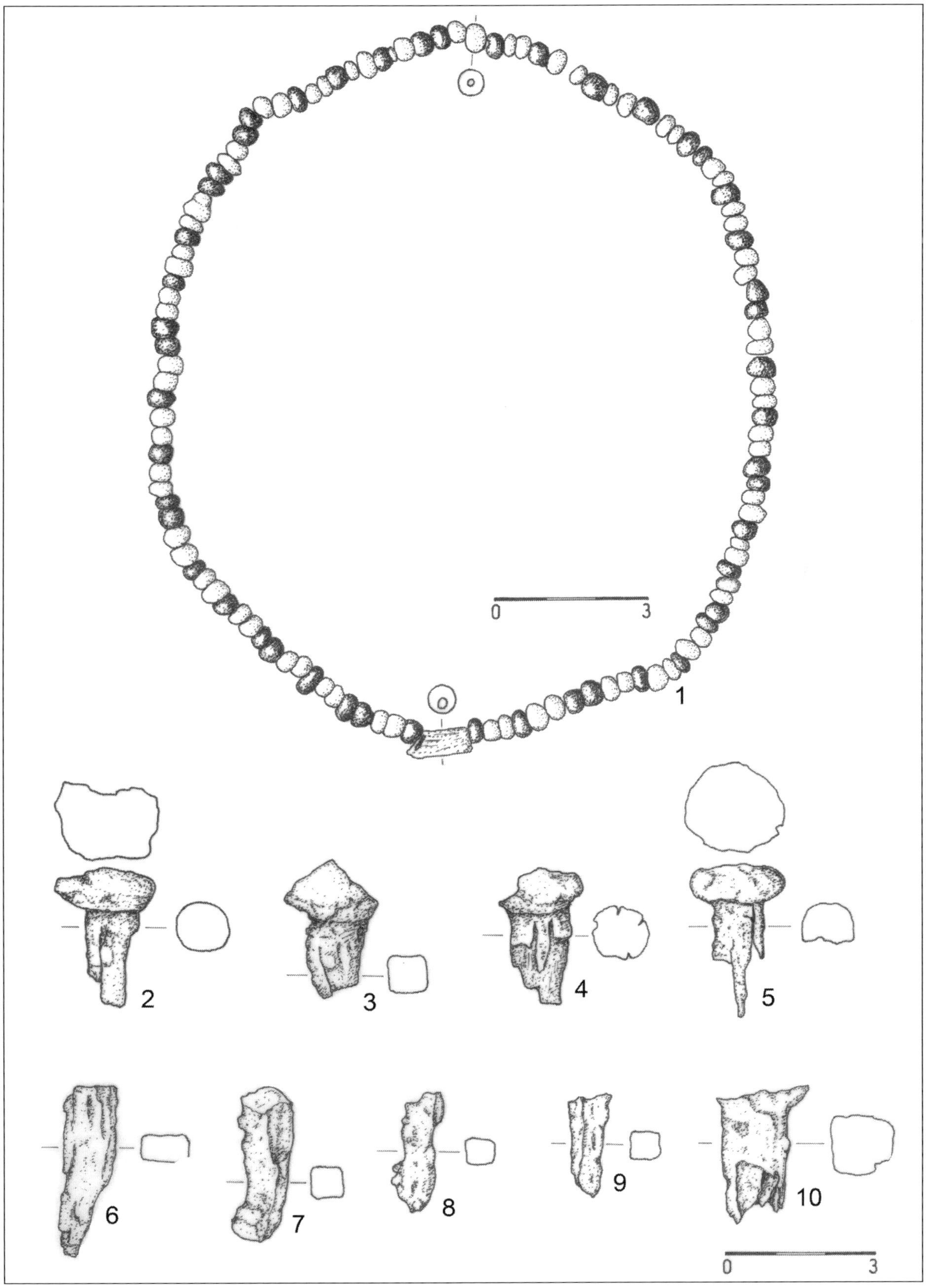

49. tábla: Sírleletek. *1*: 83. sír, ltsz.: 91.5.15. *2–10*: 128. sír, ltsz.: 91.5.24

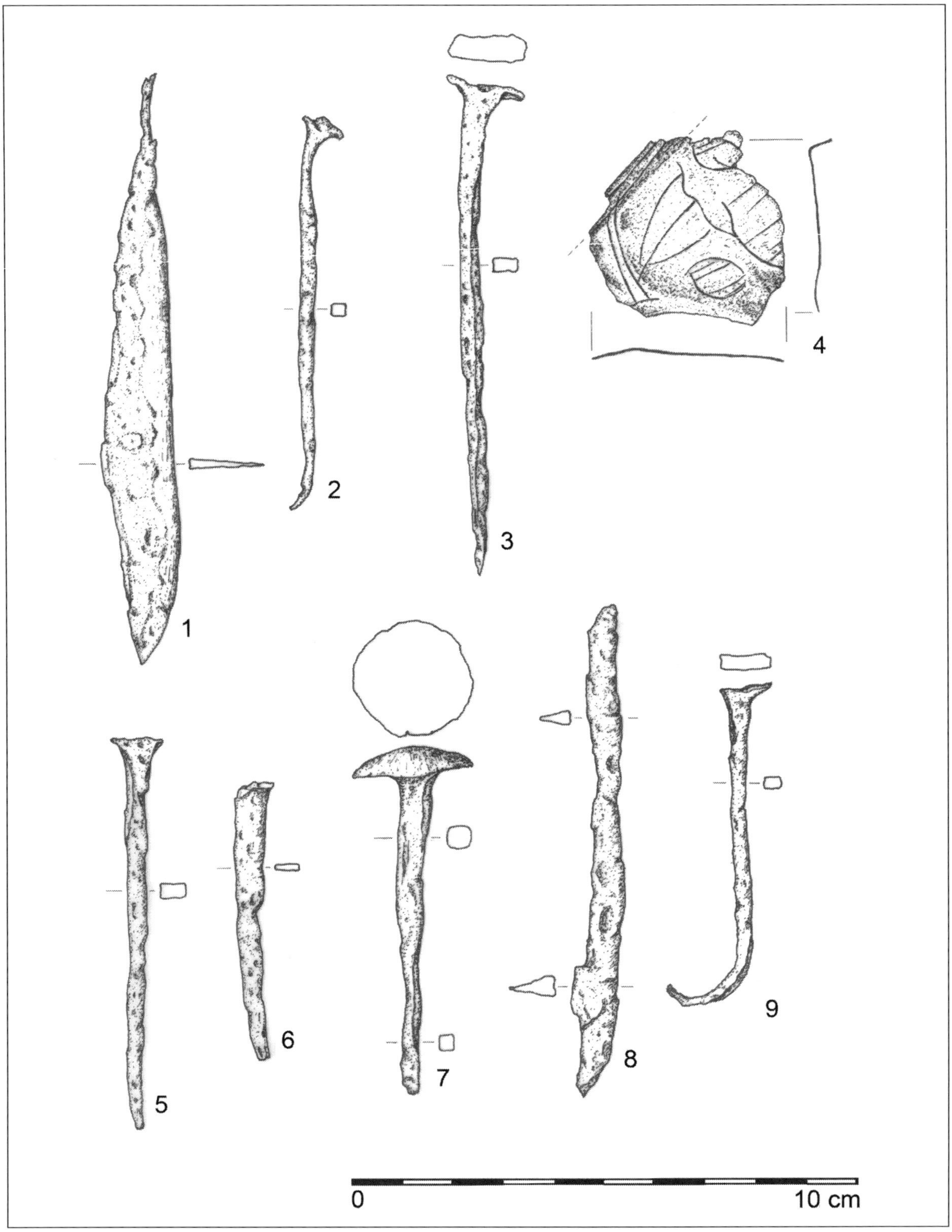

50. tábla: Fémleletek. *1*: 30. szelvény 0–30 cm, ltsz.: 95.28.1413. *2–3*: 39. szelvény 30–60 cm, ltsz.: 95.28.1414. *4*: 40. szelvény 65 cm, ltsz.: 95.28.1415. *5–6*: 41. szelvény 0–30 cm, ltsz.: 95.28.1416. *7*: 45. szelvény 30–60 cm, ltsz.: 95.28.1417. *8*: 47. szelvény 60 cm, ltsz.: 95.28.1419. *9*: 17. gödör, ltsz.: 95.28.1420

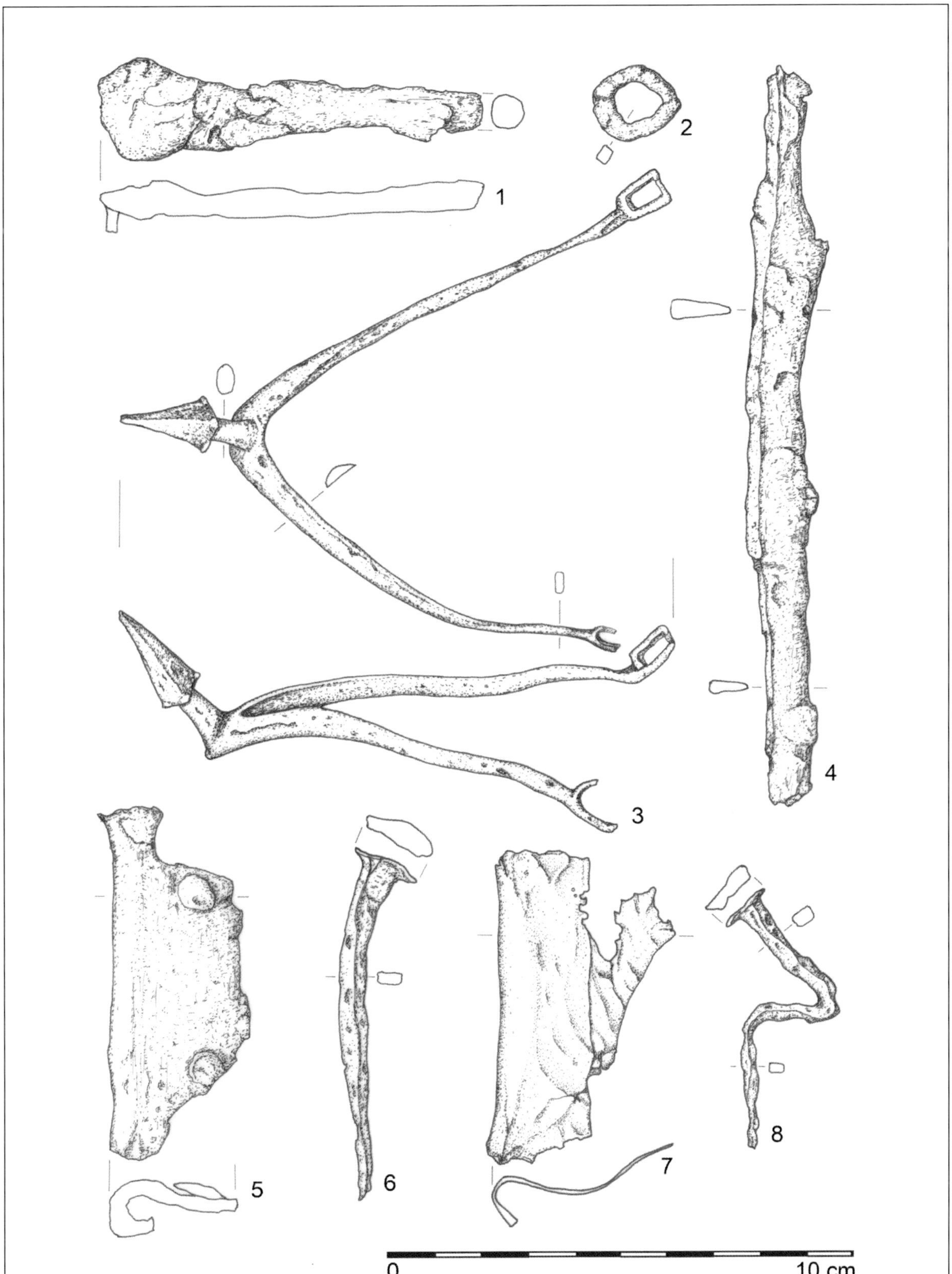

51. tábla: Fémleletek a 9. házból. *1*: ltsz.: 95.28.1422. *2*: ltsz.: 95.28.1421. *3*: ltsz.: 95.28.1423. *4*: ltsz.: 95.28.1426. *5*: ltsz.: 95.28.1425. *6*: ltsz.: 95.28.1424. *7*: ltsz.: 95.28.1429. *8*: ltsz.: 95.28.1430

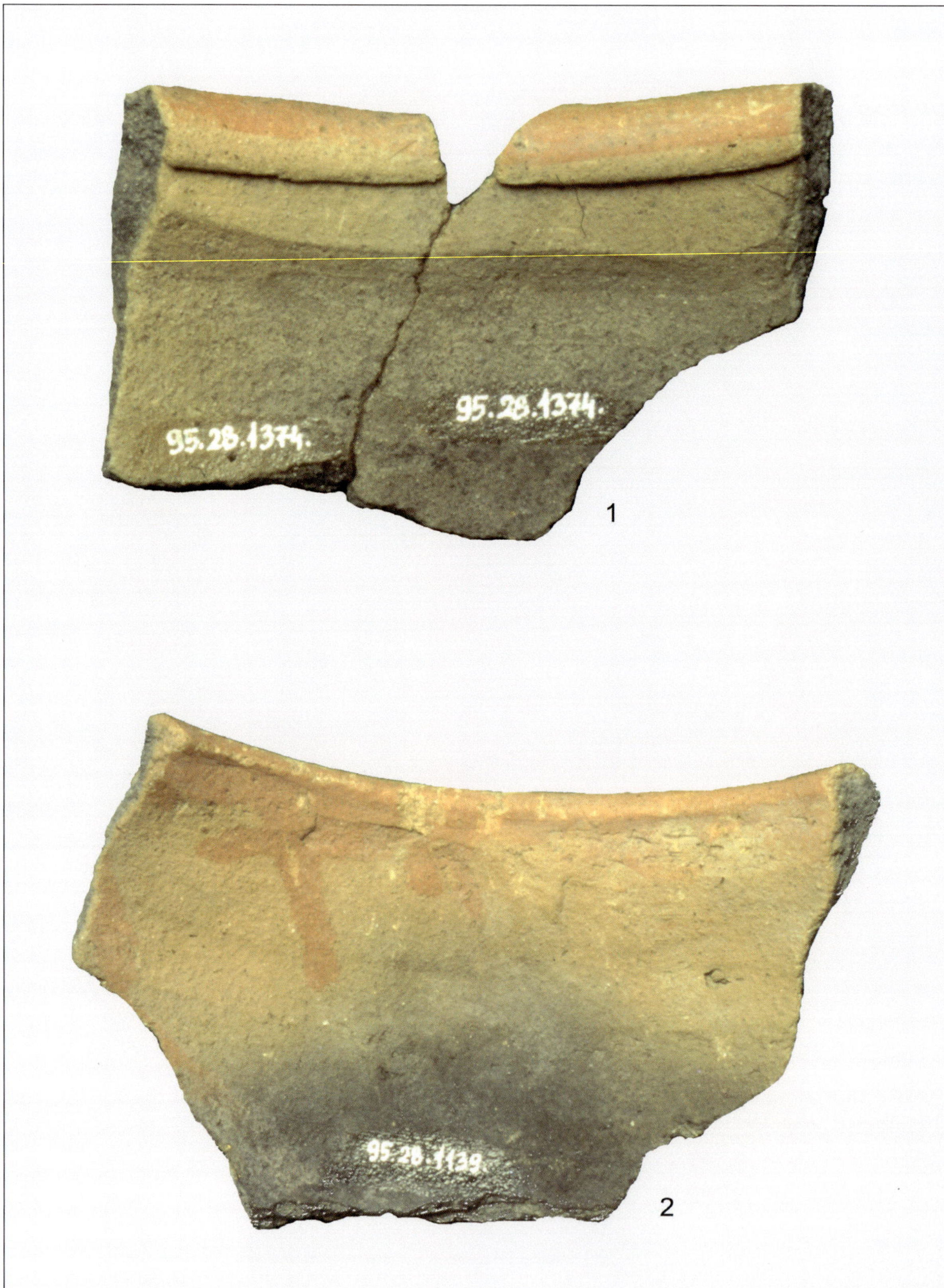

52. tábla: Festett bográcsok. *1*: 52. szelvény 0–60 cm, ltsz.: 95.28.1374. *2*: 9. ház, ltsz.: 95.28.1139

53. tábla: Festett bográcsok a 9. házból. *1*: ltsz.: 95.28.936. *2*: ltsz.: 95.28.915

1

2

3

54. tábla: Festett bogrács és mikroszkopikus felvételei. *1–3*: 47. szelvény 0–30 cm, ltsz.: 95.28.1020

1

2

55. tábla: Festett bogrács és mikroszkopikus felvétele. *1–2*: 9. ház, ltsz.: 95.28.913

56. tábla: Vörös festésű, mázas és polírozott edénytöredékek. *1–2*: 47. szelvény 30–60 cm, ltsz.: 95.28.1044. *3–4*: 9. ház, ltsz.: 95.28.1104. *5*: 9. ház, ltsz.: 95.28.1435. *6:* 39. szelvény 0–30 cm, ltsz.: 95.28.321

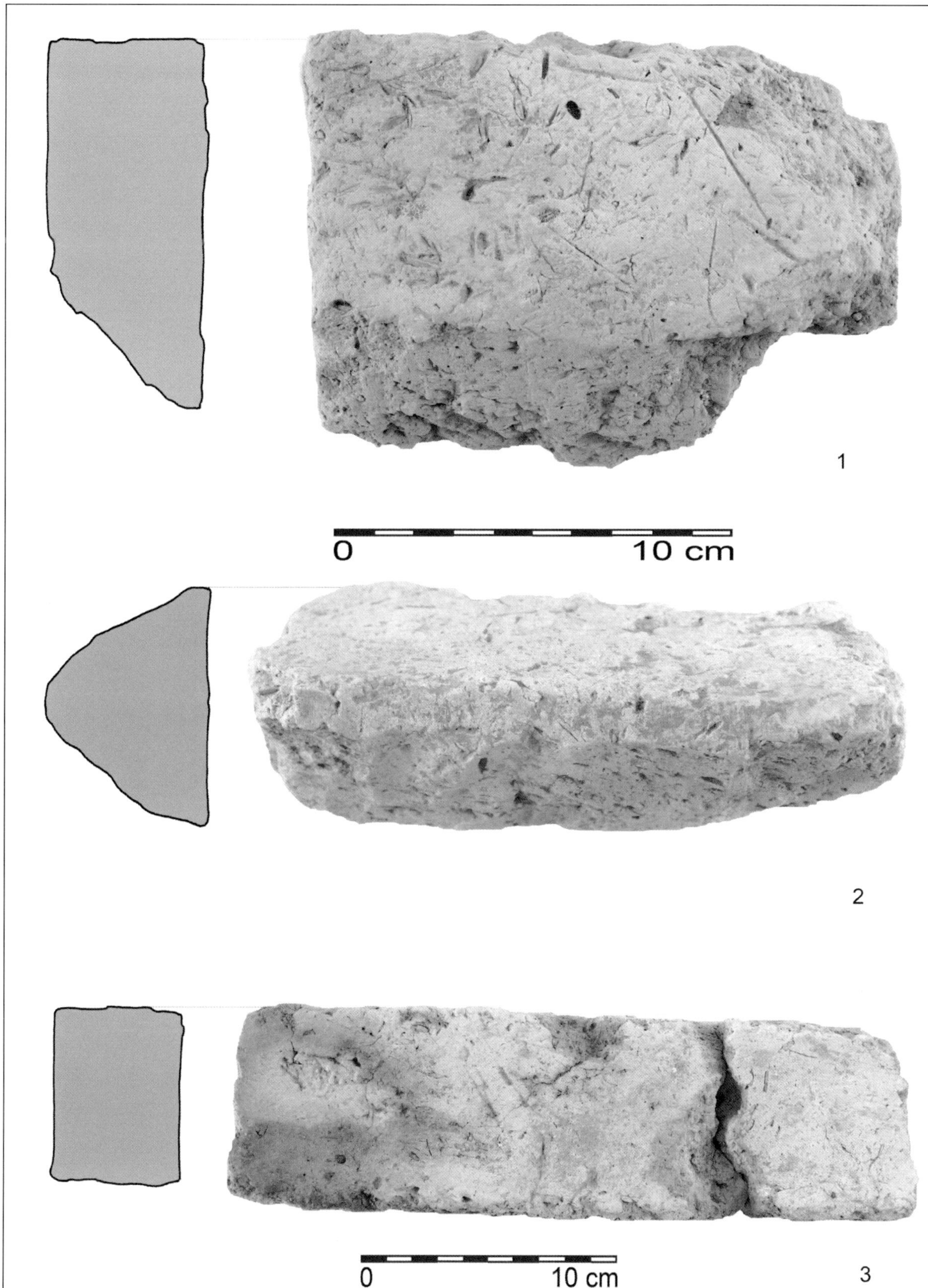

57. tábla: Faragott idomtéglák a 9. házból. *1:* ltsz.: 95.28.1155. *2*: ltsz.: 95.28.1156. *3*: ltsz.: 95.28.1157

1.2. END0006 LELŐHELY ÁRPÁD KORI CSONTLELETEINEK ZOOLÓGIAI VIZSGÁLATA

Bevezetés

1975 és 1992 között több ásatás helyszíne volt a Gyomaendrődtől délnyugatra elhelyezkedő Kápolna-halom és környéke. Az ásatások során széles kronológiai sor volt megfigyelhető, őskori, avar kori, szarmata és Árpád-kori régészeti jelenségekkel. A terepbejárások során nagy mennyiségű Árpád-kori cserepet lehetett gyűjteni a területen, ami egy elpusztult település, falu jelenlétére utalt. A falu templomának helyét azonosítani lehetett már a terepbejárás során. A késő középkori leletanyag hiánya arra enged következtetni, hogy az Árpád-korban lakott település később elpusztult.

Az END0006 lelőhelyen folytatott ásatások nagy mennyiségű állatcsontot hoztak felszínre. Az Árpád-kori rétegekből előkerült 952 állatmaradványból 676 volt pontosan, fajra vagy legalább rendszertani nemre meghatározható. A meghatározható állatleletekből 633 emlős, 14 madár és 29 hal maradványa. Jelen tanulmányban a lelőhely Árpád-kori objektumaiból előkerült állatmaradványok vizsgálatát mutatjuk be.

Tafonómiai megfigyelések

Az állatcsont anyag legnagyobb része (539 töredék) a feltárt házakból került elő, a dévérkeszeg maradványai pedig a 6. ház kemencéjéből. A feltárt gödrök meglepően kevés lelettel szolgáltak (a 12. gödörből 22, a 17. gödörből 26, a 18. gödörből 3, míg a 13. gödörből csupán 2 állatcsont lelet került felszínre).

Az állatcsont anyag meglehetősen töredékes, ezért nehezen határozható. A leletek átlagos hossza 7,8 cm, de 20 cm-es és 1 cm-es töredékek egyaránt előfordulnak. A leletek 79%-a az 1–10 cm-es mérettartományba esik, ami erős töredezettséget jelez. Az anyagban dominálnak a spirálisan törött hosszúcsont diaphysis darabok, nagyon kevés az ép csont, a leletek felszíne azonban nem vagy alig szenvedett károsodást, ami valószínűsíti, hogy a töredezettség nagyrészt depozíció előtti, vagyis a csontvelő kinyeréséhez köthető.

A csontok megtartása változó, több darabon kutyától vagy sertéstől származó rágásnyom (45 esetben) ill. égésnyom (9 esetben) volt megfigyelhető, ami a konyhai szemét kitettségére utal. A csontok kompakt állománya helyenként lemezesen levált, ami szintén azt jelzi, hogy a lelet hosszabb ideig temetetlenül feküdt. Három esetben volt megfigyelhető a lemezes leválásnak és az erős töredezettségnek egy előrehaladottabb foka, mégpedig három rövidcsonton (egy ugrócsont, egy ujjperc és egy kéztőcsont esetében). Ez azért érdekes, mert ezek a kisebb, erős kompakt állományú csontok általában lassabban töredeznek,[1] így éppen az ő esetükben nem várnánk rossz megtartást.

Az azonosított fajok és megoszlásuk

Az emlősfajok között – a vártnak megfelelően – a háziállatok dominálnak; a vad emlősök háziállatokhoz viszonyított aránya igen alacsony (628 házi emlős csonttal szemben csupán 5 vad emlős maradvány került elő). A morfológiai ill. anatómiai jegy hiányában rendszertanilag pontosan nem azonosítható csonttöredékek túlnyomó többsége nagy valószínűséggel szintén a lelőhelyen jelen lévő

---

[1] *Behrensmeyer* (1978) 152.

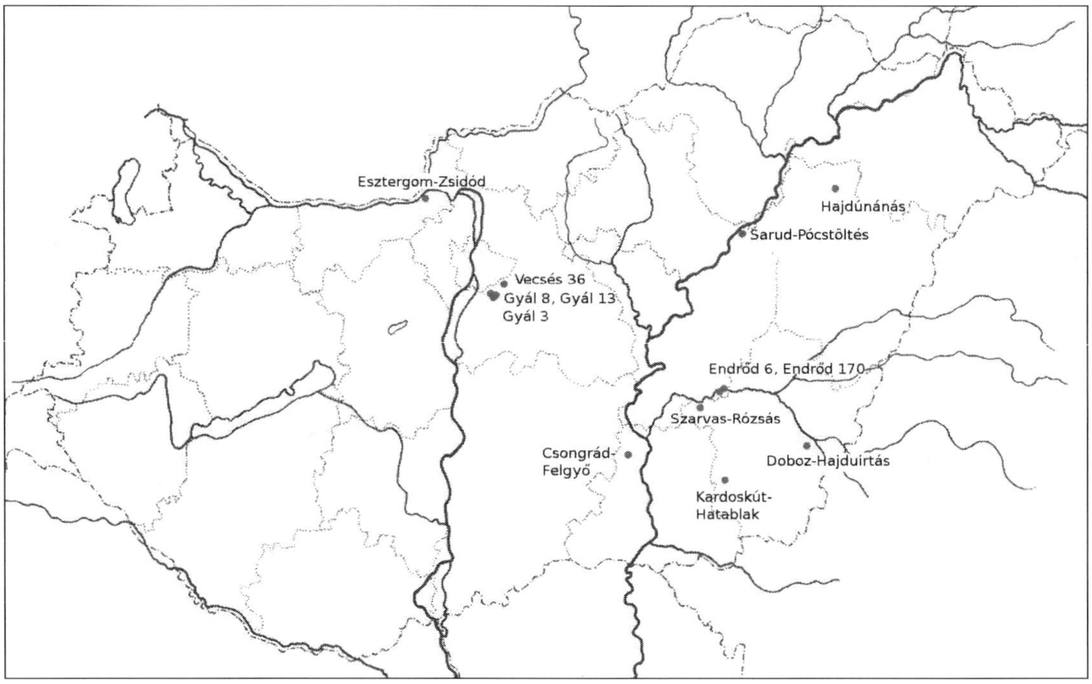

1. ábra: A tanulmányban említett Árpád-kori régészeti lelőhelyek földrajzi elhelyezkedése a modern ország- és megyehatárokkal

háziállatok maradványa, ám mivel egyértelmű faji hovatartozásuk nem volt megállapítható, a statisztikai számításokhoz ezeket a leleteket nem használhatjuk fel.

A háziállatok között a szarvasmarha dominál (202=29,88%), a fontossági sorrendben a második helyen a kiskérődzők állnak (182=26,92%); azonban ha az állkapocsból kihullott, egyedül álló fogleletektől eltekintünk, a szarvasmarhák és kiskérődzők száma megegyezik (174 lelet). A kiskérődzők között négy lelet volt alkalmas a két faj elkülönítésére, ezek közül kettő kecskéből, kettő pedig juhból származik. A lovak (131 lelet) a meghatározott maradványok 19,38%-át teszik ki. A sertések aránya a korszak más lelőhelyeihez viszonyítva magas (91=13,46%). A házi madarak közül a házi tyúk volt jelen a lelőhelyen (9=1,33%). A kutyák aránya igen alacsony, mindössze 22 kutyamaradványt azonosítottunk (3,25%).

A vadállatok között az európai őz (2=0,3%) és a mezei nyúl (2=0,3%) húshasznosítása igazolható, a gímszarvast mindössze egy agancs töredék képviseli (1=0,15%). Ez utóbbi leletről nem lehet megállapítani, hogy elejtett állat maradványa vagy hullajtott, gyűjtögetett agancs töredéke. Öt madárleletet fajra nem, csak rendszertani nemre lehetett azonosítani; ezek a récefélék lehetnek házi kacsa vagy vadon élő tőkés réce maradványai is.[2]

A közeli vizekben folyó halászatra utalnak a halmaradványok (29=4,29%): dévérkeszeg, csuka és pontyfélék csontjait határoztuk meg.[3]

A fajok megoszlását az *1. táblázat*ban foglaltuk össze.

[2] A lelőhely madárleleteinek értékelésében dr. Gál Erika segítségét köszönöm.

[3] A halmaradványok értelmezésében nyújtott segítségért Dr. Bartosiewicz Lászlónak tartozom köszönettel.

1. táblázat: Az állatfajok megoszlása END0006 lelőhely Árpád-kori objektumaiban. NISP (number of identified specimens) = a meghatározott töredékek száma, MNI (minimum number of individuals) = az adott fajhoz tartozó legkisebb lehetséges egyedszám. Ilyen kevés, töredezett és szórt leletnél legkisebb egyedszámot (MNI)[4] csak tájékoztató jelleggel indokolt számolni, mivel az egy állatból származó, de különböző objektumokból előkerült maradványokról nem állapítható meg, hogy egy egyedhez tartoznak-e.

Állatfaj	**NISP**	**MNI**	**NISP %**
Szarvasmarha – *Bos taurus* Linnaeus, 1758	202	9	29,88
Ló – *Equus caballus* Linnaeus, 1758	131	6	19,38
Sertés – *Sus domesticus* Erxleben, 1777	91	7	13,46
Kecske – *Capra aegagrus hircus* Linnaeus, 1758	2	10	26,92
Juh – *Ovis aries* Linnaeus, 1758	2		
Kiskérődzők – *Caprinae*: juh – *Ovis aries aries* Linnaeus, 1758 és kecske – *Capra aegagrus hircus* Linnaeus, 1758	178		
Kutya – *Canis familiaris* Linnaeus, 1758	22	2	3,25
Házi tyúk – *Gallus domesticus* Linnaeus, 1758	9	3	1,33
Háziállatok összesen	**637**		**94,22**
Európai őz – *Capreolus capreolus* Linnaeus, 1758	2	1	0,30
Gímszarvas – *Cervus elaphus* Linnaeus, 1758	1	1	0,15
Mezei nyúl – *Lepus europaeus* Pallas, 1778	2	1	0,30
Dévérkeszeg – *Abramis brama* Linnaeus, 1758	25	1	3,70
Csuka – *Esox lucius* Linnaeus, 1758	1	1	0,15
Pontyféle – *Cyprinida sp.*	3	1	0,44
Réceféle – *Anas sp.*	5	1	0,74
Vadállatok összesen	**39**		**5,78**
Meghatározható leletek (NISP)	**676**		**100,00**
Madár (fajra nem meghatározható)	2		
Nagytestű emlős (szarvasmarha méret; fajra nem meghatározható)	202		
Kistestű emlős (juh / sertés méret; fajra nem meghatározható)	72		
Összesen (n)	**952**		

Az állatmaradványok megoszlása életkor szerint

Az emlősmaradványok között mindössze 62 fiatal egyed került elő, ez az alacsony szám azonban a töredezettségnek is betudható, hiszen egy diaphysis szilánkból az állat életkora nem állapítható meg. 45 esetben lehetett pontosabban meghatározni az állat elhullási életkorát az epiphysisek elcsontosodása ill. a fogak váltódása alapján. Az epiphysis hiánya alapján az életkor csak körülbelül határozható meg, a lehetséges legmagasabb életkor (az adott epiphysis elcsontosodásának ideje) megadásával; pontos életkor meghatározásra csupán az éppen elcsontosodás alatt álló epiphysisek, illetve a váltódó fogak kínálnak lehetőséget.

A háziállatok kor szerinti megoszlását a *2. táblázat*ban foglaltuk össze.

A fiatal egyedek aránya némileg atipikus képet mutat. Általában a sertések között találjuk a legtöbb fiatal állatot, hiszen ez a faj szapora és gazdaságosan tartható, így az ő esetükben ésszerűbb a fiatal állatok levágása, mint a csupán egyet ellő, hosszú reprodukciós idejű fajok esetében. A kiskérődzők között várnánk a második legmagasabb arányt a fiatalon levágott állatok szempontjából, itt azonban a fiatalon elpusztult szarvasmarhák aránya meghaladja a kiskérődzőkét. A leletek viszony-

4 *Reitz-Wing* (1999) 205–210.

lag kis száma miatt azonban ebből az arányból nem feltétlenül következtethetünk szokatlan stratégiára az állatok vágására vonatkozóan.

2. táblázat: A háziállatok életkor szerinti megoszlása END0006 lelőhely Árpád-kori objektumaiban.

Életkor	Marha	%	Kiskérődző	%	Ló	%	Sertés	%	Kutya	%	Tyúk	%
Embrio / Neonatus	0	0	0	0	0	0	0	0	0	0	0	0
Infantilis / Juvenilis	15	7,43	8	4,40	6	4,58	9	9,89	0	0	3	33,3
Subadultus	5	2,48	5	2,75	3	2,29	2	2,20	0	0	0	0
Adultus	58	28,71	32	17,58	51	38,93	15	16,48	5	22,72	0	0
Maturus / senilis	0	0	0	0	1	0,76	1	1,10	4	18,18	0	0
Nem meghatározható	124	61,38	137	75,27	70	53,44	64	70,33	13	59,10	6	66,7
Összesen	202	100,00	182	100	131	100	91	100	22	100	9	100

A fiatal állatok maradványainak csaknem a fele (26 töredék) a 14. szelvényből, ezen belül 13 maradvány a 6. házból került elő. Hasonló koncentrálódást figyelhetünk meg az 47. szelvény ill. a 9. ház esetében is, innen 19 fiatal állat maradványa volt meghatározható.

Az állatmaradványok anatómiai megoszlása

Az egyes testrégiókba tartozó maradványok aránya fontos információt ad az állatok hasznosításáról, vágásuk módjáról. A húshasznú gazdasági állatok, ill. a valószinűsíthetően ló / szarvasmarha és kiskérődző / sertés maradványként azonosított csontleletek anatómiai eloszlását a *3. táblázat*ban foglaltuk össze.

3. táblázat: Az állatmaradványok anatómiai eloszlása.

	szarvasmarha	ló	juh és kecske	sertés	nagytestű emlős	kistestű emlős
Koponya	31	2	7	16	5	–
Szarvcsap	3	–	2	–	–	–
Alsó állkapocs	13	8	10	20	8	4
Egyedül álló fog	28	21	8	3	–	–
Nyakcsigolya	11	3	1	5	3	1
Hátcsigolya	2	11	1	1	4	–
Ágyékcsigolya	1	2	1	–	1	–
Keresztcsont és farokcsigolyák	1	2	–	1	–	–
Lapocka	4	5	7	6	19	3
Karcsont	4	2	7	5	17	13
Orsó- és singcsont	20	10	17	7	9	2
Kéztőcsontok	2	3	1	–	1	–
Kézközépcsont	14	8	23	1	–	–
Borda	6	2	19	3	49	8
Medence	5	6	3	3	8	2
Combcsont	4	2	21	3	24	24
Térdkalács	1	–	–	–	2	–
Sípcsont	6	6	28	13	30	14
Fibula	–	–	–	1	–	–
Lábtőcsontok	11	6	11	2	2	1
Lábközépcsont	15	12	14	–	–	–
Kapocscsont	–	5	–	–	–	–
Ujjpercek	20	15	1	1	–	–
Hosszúcsont					20	–
Összesen	202	131	182	91	202	72

A tény, hogy minden vázelem jelen van a lelőhelyen, és nem fedezhető fel egyik testrégió térbeli koncentrálódása sem, valamint az, hogy a töredékeknek csupán kis számán fedezhető fel vágás- ill. darabolásnyom, arra utal, hogy az állatokat háznál vágták le, és nem működött standard darabolási módszerekkel dolgozó mészárosokra épülő húselosztás. Ez utóbbi esetben az állatoknak csak hús-hasznosítási szempontból értékes részei kerülnek a háztartásokhoz, míg az egyéb nyersanyagként felhasznált vázrészek (szarvcsapok, ujjpercek) nem. A testrégiók azonosításához Vörös István csoportosítását vettem alapul, aki Kretzoi Miklós módszerét finomította a történeti korokból ismert állatbontási gyakorlat figyelembe vételével, ami a közepes és nagytestű állatok esetében némileg eltérő csoportosítást indokol[5] (*4. táblázat*). A mederből kiesett, egyedül álló fogakat figyelmen kívül hagytam, mivel ezek indokolatlanul megnövelték volna a fej régióba eső maradványok számát.

4. táblázat: A húshasznú állatok maradványainak megoszlása testrégiók szerint.

	szarvasmarha		ló		kiskérődzők		sertés	
	töredékszám	%	töredékszám	%	töredékszám	%	töredékszám	%
Fej	47	27,01	10	9,09	19	10,92	36	40,91
Törzs	18	10,34	20	18,18	22	12,64	10	11,36
Húsos végtag	33	18,97	25	22,73	83	47,71	38	43,18
Száraz végtag	56	32,18	40	36,36	49	28,16	3	3,41
Bőrben maradó csontok	20	11,50	15	13,64	1	0,57	1	1,14
összesen	174	100	110	100	174	100	88	100

Feltűnik a húsos végtag (lapocka, karcsont, orsó- és singcsont, illetve medence, combcsont és sípcsont) és a fejrégióba tartozó csontok töredékeinek magas, ill. a törzs régióba tartozó csontok alacsony aránya az egyes testrégiókba tartozó csontok természetes (a csontvázon belül anatómiailag adott) arányaihoz képest. Lovak és szarvasmarhák esetében a száraz végtag csontjai vannak túlsúlyban a lelőhely anyagában. Ez a testrégió a húsos végtaghoz képest kevésbé jó minőségű húst képvisel, meg kell azonban jegyeznünk, hogy egy-egy húsrész értéke nem *ab ovo* adott, hanem kulturálisan meghatározott jellegzetesség, ami az adott népesség húsfogyasztási szokásainak fényében változhat. A fajra pontosan nem meghatározható nagytestű emlősök maradványai között viszont a húsos végtag régió csontjai vannak túlsúlyban, ami azt jelezheti, hogy az ebből a régióból származó csontokat intenzívebben darabolták, így ezek a testtájak több, nehezen azonosítható töredéket eredményeztek.

A kiskérődzők és sertések esetében a húsos végtagot képviselő töredékek dominálnak; a sertés-maradványok között meglepően magas a fej régióhoz tartozó töredékek száma. Az ún. bőrben maradó vagy terminális csontok (ujjpercek, szezámcsontok, farokcsigolyák) csoportja azokat a csontokat jelöli, amelyek az állat lenyúzott bőrével együtt kerülnek a bőrfeldolgozás helyére. Ezek száma a szarvasmarhák és lovak esetében kb. megegyezik a csontvázon belüli természetes aránnyal, így az ezeknek a csontoknak a felhalmozódásáról ill. az ezekkel a leletekkel hagyományosan összefüggésbe hozható ipari tevékenységre (bőrfeldolgozás, enyvkészítés) utaló jelekről nem beszélhetünk. A kiskérődzők és sertések maradványai között csupán egy-egy bőrben maradó csontot találtunk. Nagyobb leletegyüttes esetén a terminális csontok hiánya a bőr elszállítását, máshol végzett feldolgozását jelentheti, ám ez esetben a leletek száma nem elég ahhoz, hogy ilyen következtetést vonjunk le.

A Vörös I. által megadott, középkori vágóállatonkénti hasznos húsmennyiség adatokat[6] és a minimális egyedszámot felhasználva az END0006 lelőhelyen előkerült maradványok által reprezentált

[5] *Vörös* (2007) 31–35.
[6] *Vörös* (2000) 98.

hús mennyisége a következőképpen alakul: 1350 kg marhahús, 900 kg lóhús, 350 kg sertéshús, ill. 250 kg juh- és kecskehús. Ezek az adatok természetesen csak tájékoztató jellegűek, viszont arra felhívják a figyelmet, hogy az egyes fajok által természetszerűleg képviselt húsmennyiséget is figyelembe kell vennünk a húsfogyasztási szokások rekonstruálásakor. Egy szarvasmarha levágása jóval több húst eredményezett, mint egy sertés vagy egy juh leölése, így a kisebb testű állatok magasabb aránya a csontanyagban nem feltétlenül jelenti azt, hogy a húsukat nagyobb mennyiségben fogyasztották, mint a szarvasmarhákét vagy lovakét.

Vágás- és darabolás nyomok

Összesen mindössze 14 leleten látható vágásnyom, ebből nyolc a 9. házból került elő. A különböző típusú vágásnyomok a leölt állat feldarabolásának, feldolgozásának különböző fázisait jelzik.

Egy szarvasmarha orsócsont töredéken valószínűleg az elsődleges darabolás nyoma volt megfigyelhető: a proximalis epiphysis cranialis oldalán vékony, éles szerszámmal húzott vágások, illetve egy nagyobb, fejszével ütött darabolásnyom (ami az orsócsont szalagdudorjának ill. ízületi felszínének egy darabját leütötte) látszódott. Ezekkel valószínűleg az orsócsontot a karcsonttal összekötő *ligamentum obliquum*ot ill. az izületi tokot vágták el a mellső végtag darabolása közben. Hasonló nyomot figyelhetünk meg egy másik szarvasmarha orsócsont-töredékén is; a vágás itt a csont medialis oldalára irányult. Bárddal ütött darabolásnyom látszódik két szarvasmarha medencecsont ízületi vápájánál (*acetabulum*); ezek esetében több erős vágásra volt szükség, amíg a csontot sikerült átvágni. Ennél tompább vágóeszközre utal egy sertés sípcsonton látható, V-alakú vágásnyom, ami a csontot nem üti át. Szintén erőteljes darabolás nyomokat láthatunk két sertés nyakcsigolyán; a csigolyatest jobb oldalán, oldalról illetve alulról (ventrolateralis irányból), bárddal ütött vágásnyom figyelhető meg. Hasonló irányból ejtett vágások látszódnak egy juh vagy kecske epistropheus töredékén is; ezek a darabolásnyomok az állat nyakának átvágásakor keletkeztek.

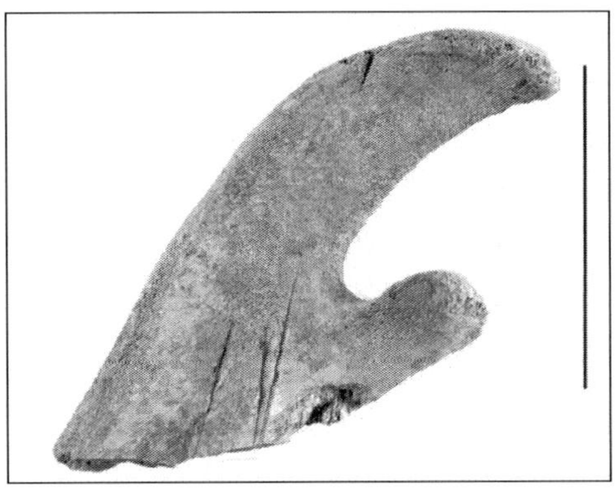

2. ábra: Éles, vékony eszközzel ejtett vágásnyomok egy kiskérődző alsó állkapocs töredékén. END0006, 9. ház. (A mérce 5 cm-t jelöl.)

Egy kiskérődző alsó állkapcsának ramusán erős, vízszintes, párhuzamos vágásokat láthatunk, amit vékony eszközzel ejtettek, talán a pofa izomzatának (*musculus masseter*) átvágásakor. Hasonló, bár függőleges vágásnyomokat figyelhetünk meg egy kiskérődző alsó állkapcsán is, a *processus condylaris* magasságában. Szintén egy vékonyabb, éles eszközzel ejtettek ferde vágásnyomot egy kiskérődző lapockáján, ami a *musculus supraspinatus* átvágásakor keletkezhetett.

Két szarvasmarha koponyatöredék esetben a szaru levételére utaló vágásnyomot fedeztünk fel. Az agykoponya szétdarabolása a velő kinyerését is szolgálta.

Mindössze egy lómaradványon, egy sípcsonton lehetett vágásnyomot megfigyelni; ez a diaphysis medialis oldalára irányuló, tompább eszközzel ütött vágás; sajnos a lelet töredékes, így a vágásnyom nem látható egészében.

Bár ennyi leletből általános következtetéseket nem tudunk levonni, úgy tűnik, az állat bontásának kezdeti fázisát (medence szétvágása, a mellső végtag leválasztása a karcsont-orsócsont találkozásánál, a fej leválasztása) bárddal végezték, majd a további feldolgozás során vékonyabb késeket használtak. A római korból ill. a későbbi középkorból jól ismert, mészárszéki darabolásra utaló húsolás nyomokkal nem találkozunk. A csontok túlnyomó többsége nem vágott, hanem tört, és bár a szándékosan feltört hosszúcsontok töredékeit nehéz megkülönböztetni a depozíció után összetöredezett daraboktól, a vágásnyomok meglepően alacsony száma azt jelzi, hogy a hosszúcsontok egyszerű feltörése a csontvelő kinyerése céljából bevett szokás lehetett. Mindez a háznál lebonyolított, nem mészárszéki vágások gyakorlatát támasztja alá, vagyis valószínűleg saját tartású és helyben levágott állatok maradványaival van dolgunk.

Állatfajonkénti jellegzetességek

Szarvasmarha

Bár az igen töredezett szarvasmarha koponya maradványok nem voltak mérhetőek, a leletek az Árpád-korban általános elterjedt brachyceros típusú marha jelenlétére utalnak, hullámos fejéllel, kifejezett *tuber frontalé*val; ugyanez a szarvasmarha típus került elő a közeli END0170 lelőhely Árpád kori rétegeiből is.[7] Két szarvasmarha maradvány, egy kéz- és egy lábközépcsont volt alkalmas marmagasság számításra; ezek egy 113 (közepes) és egy 107 cm (alacsony) marmagasságú tehénből származnak.[8] Az előbbi megfelel a 10–13. században a Kárpát-medencében megfigyelt átlagnak (ezt Bökönyi Sándor kétféle módszerrel számolva 107,22 ill. 112,13 cm-re adta meg; 94–122 cm-es mérettartománnyal kalkulálva). [9] A két vizsgált egyed mérete egybeesik a Gál E. által Hajdúnánáson meghatározott tehenek mérettartományával,[10] és a Vörös I. által összegyűjtött adatok között is az Árpád-korban általánosan megfigyelt tehén méretek közé illeszkedik.[11] Az Árpád-kori szarvasmarhák igen kis méretűek voltak, az állománynak csupán alig az ötöde volt 120 cm-nél magasabb.[12]

A két mérhető szarvasmarha szarvcsap töredék is enyhe méret ill. aránybeli eltéréseket mutat: az egyik szarvcsapnál a bázis körmérete 170 mm, a szélesség-vastagság arány pedig 41,3 mm x 53,1 mm; a másik szarvcsap töredéknél a bázis körmérete 165 mm, a szélesség 39,6 mm, a vastagság pedig 53,6 mm (a szarvcsap hosszát egyik lelet esetében sem lehetett mérni). A szarvcsapok méretéből és a szarvasmarháknál általában kifejezett szexuális dimorfizmusból kiindulva ezek valószínűleg bikák maradványai. Hasonló bázis körmérettel rendelkező szarvcsapok Óbudán és Szabolcs–Kisfaludon kerültek elő.[13]

A szarvasmarha maradványok 9,9%-a származott fiatal állatból, ami a lelőhelyen a többi fajnál tapasztalt arányhoz képest meglepően magas. A szarvasmarha nem csak húshasznú állat, hanem tejét

---

7 *Bartosiewicz* (2011) 325.

8 Az állatok marmagasságának és nemének meghatározása Matolcsi ill. Nobis módszerével történt: *Matolcsi* (1970); *Nobis* (1954).

9 *Bökönyi* (1974) 138.

10 *Gál* (2010) 427–428.

11 *Vörös* (2000) 85–86.

12 *Matolcsi* (1982) 261.

13 *Vörös* (2000) 82–83.

és igavonó erejét is hasznosították, így fiatal kori levágása ritka volt. Bár a leletek többsége nem tette lehetővé a szarvasmarhák nemének megállapítását, az általános középkori tapasztalat a tehenek túlsúlyát mutatja a felnőtt állományban, vagyis leginkább a fiatal bikák estek áldozatul a fiatal kori vágásnak, a tehenek – későbbi tejhasznosításuk illetve reprodukciójuk miatt – nem.

5. táblázat: Szarvasmarha csontméretek END0006 lelőhelyről.[14]

csont	oldal	életkor	nem	GL	BP	DP	SB	SD	BD	DD
metacarpus	dex	adultus	♀	188	50	30,9	26,9	18,6	50,7	27,3
metacarpus	dex	juvenilis			48,4	29,1	27			
metacarpus	sin	adultus							54,2	
metatarsus	dex	adultus	♀	201	39,7	38,4	22,1	20,7	46,8	27,2
metatarsus	dex				39	36,7				
metatarsus	sin				44,8	40,8	23,1			
radius	dex	adultus			70,9	38,1				
radius	sin	subadultus			67,6	36	34,5	19,5		
radius	sin	adultus				39,1				
radius	sin	adultus							66,32	42,5
radius	sin	adultus							79,3	51,1
tibia	sin	adultus							53,4	37,9
tibia	dex	adultus							60,8	47,2
phalanx 1				56,9	24,5	26,6				
phalanx 1				55,2	25,2	27,6				
phalanx 1				57	25,4	29				
phalanx 1				57,7	24,9	28,5				
phalanx 1				59,1	34,3	34,2				
phalanx 1				63	28,8	33				
phalanx 1				64,4	33,8	35,3				
mandibula	dex	adultus		**3**: 98,3, **13**: 136,5; **15a**: 61,4						
processus cornualis			♂	**bázis körméret:** 170, **a bázis legnagyobb szélessége**: 40,3, **a bázis legnagyobb mélysége**: 53,1						
processus cornualis			♂	**bázis körméret:** 165, **a bázis legnagyobb szélessége**: 39,6, **a bázis legnagyobb mélysége**: 53,6						

Ló

Három lómaradvány, két épen maradt lábközépcsont és egy kézközépcsont volt alkalmas marmagasság becslésére. A három állat marmagassága valamelyest eltér, az egyik egyedé 134 cm-re (alacsony), a másodiké 136 cm-re (alacsony), a harmadiké 142 cm-re (közepes) adódik.[15] Ez a szórás heterogén állományt jelez. Hasonló méretű lovak kerültek elő a régióból Kardoskúton és Szarvas–Rózsáson.[16]

Egy leletnél lehetett az állat nemét meghatározni, ez egy 8–9 éves kanca állkapocs töredéke volt.

A lóhús fogyasztása nem vonható kétségbe, egyrészt a lovaknak a hulladékban képviselt magas aránya (az összes meghatározott lelet 19,38%-a; a húsos végtag testrégióba eső maradványok aránya

14 A méretek mm-ben értendők. GL: a csont legnagyobb (medián-szagittális) hossza, BP: a proximális epifízis legnagyobb szélessége, DP: a proximális epifízis legnagyobb mélysége, SB: a diafízis legkisebb szélessége, SD: a diafízis legkisebb mélysége, BD: a disztális epifízis legnagyobb szélessége, DD: a disztális epifízis legnagyobb mélysége, GB: rövidcsont legnagyobb szélessége; a többi mérethez ld.: *Driesch* (1976).

15 A marmagasság számítása Kiesewalter módszerével történt *Kiesewalter* (1888).

16 *Bökönyi* (1974) 372, 400; *Vörös* (2000) 94.

azonban magasabb, mint a szarvasmarhák esetében!), másrészt a lelőhelyen előkerült vágott ló sípcsont töredék miatt. A lóhús fogyasztásának kifejezett tiltására vonatkozó szabályozás a középkori Magyarországról nem ismert. Bár gyakorta szokás idézni a Képes Krónika Vata-féle lázadásról szóló passzusát, amely a lóhús evését bűnös cselekedetnek állítja be,[17] a lóhúsevés tiltására nincs más írásos utalás, ennek a szövegnek a kontextusa pedig inkább azt valószínűsiti, hogy az áldozati ló húsának fogyasztásáról,[18] vagy általában a pogány szokások metaforájáról van szó, és nem a hétköznapi lóhús fogyasztásról. A régészeti állattani tapasztalat az Árpád kori lelőhelyeken a lócsontok átlagosan 11% körüli arányát mutatja,[19] e tekintetben azonban jelentős eltérések lehetnek. Míg Gyál 13 lelőhelyen mindössze egyetlen lócsont került elő,[20] az ehhez közeli Vecsés 36 és Gyál 8 lelőhelyen a lovak aránya meghaladja a 30%-ot,[21] Sarud–Pócstöltés 12–13. század fordulóján lakott településen pedig a lómaradványok csaknem a csontleletek felét (45,4%) adják.[22]

6. táblázat: Ló csontméretek END0006 lelőhelyről.

csont	**oldal**	**életkor**	**GL**	**BP**	**DP**	**SB**	**SD**	**BD**	**DD**	**GB**
metacarpus	dex		218	50,6	35,1	36,5	22,4	51,7	38,1	
metacarpus	sin							47,6	38,1	
metacarpus	sin						25,8	50,2	37,2	
metacarpus	sin	adultus					25,9	52,7	38,2	
metatarsus	sin	adultus	257	50,8	43,1	31,5	26,2	49,3	40,3	
metatarsus	sin	adultus	272	50,6	46,8	30,7	26,2	48	37,9	
metatarsus	sin	adultus					25,6	50,2	38,9	
radius	sin	adultus						73	45,9	
radius	sin	adultus						74,4	43,8	
radius	dex	adultus		82,5	45,2					
radius	dex	adultus						76,7	46,3	
tibia	sin	adultus						75,2	46,7	
tibia	dex	adultus						71,4	43,9	
astragalus	sin		52,5							53,6
astragalus	sin		57,8							59,9
calcaneus	dex	adultus	109,1							52,6
phalanx 1	sin		85	56,4	36	36,7	19,6	49,8	24,6	
phalanx 1	sin		82,9			33,7	19,1	44,3	25,3	
phalanx 1	dex		86,1	55,4	35,9	36,5	21,4	46,4	25,5	
phalanx 1	dex		82,9	55,8	37,7	35,9	19,8	48,2	24,2	
phalanx 1	dex		82,1	53,9	40,2	32,9	20,9	43,1	25,3	
scapula	dex	adultus	**DHA**: 345, **SLC**: 66,2; **GLP**: 93,6; **LG**: 62,7; **BG**: 45							
scapula	dex		**LG**: 58,9; **BG**: 49,1							
epistropheus		subadultus	**Bpacd**: 61,5; **Lcde**: 123,6; **SBV**: 45,2; **BFCR**: 81,5							
atlas			**Bfcd**: 81,9; **H**: 73,7							

[17] *Matolcsi* (1982) 252.
[18] *Vörös* (2000) 97.
[19] *Vörös* (2000) 77.
[20] *Biller* (2007) 47–48.
[21] *Biller* (2007) 48.
[22] *Matolcsi* (1982) 253.

Kiskérődzők

A lelőhely anyagában marmagasság számítására alkalmas kiskérődző csont nem volt. A juhokat és kecskéket csak négy esetben lehetett elkülöníteni: két astragalus juhból származik, két hosszú, szablya alakú (*aegagrus* típusú) szarvcsap pedig kecske maradványa. Csak az egyik szarvcsap volt mérhető, hossza 205 mm, a bázis körmérete 110 mm (24,5 mm x 34 mm); ez a lelet a Bökönyi által közölt középkori kecske szarvcsap méreteknél[23] valamivel nagyobb egyedet jelez. A kecske a juhnál ellenállóbb, igénytelenebb faj, amely a rossz minőségű, más állat takarmányozására alkalmatlan legelőn is tartható, és testtömegéhez képest kiemelkedő mennyiségű tejet ad; ennek ellenére középkori lelőhelyeinken a juhok mennyiségének csak 10–15%-át érik el.[24]

Bökönyi S. szerint a korszakban a Kárpát-medencében több juhtípus élt egymást mellett,[25] ezeket azonban nem lehetett a lelőhelyen elkülöníteni, mivel juh szarvcsap egyáltalán nem került elő.

A lelőhely érdekessége a fiatalon levágott kiskérődzők igen alacsony aránya (7,15%); ez mindenképpen az állatok másodlagos hasznosítását, tej- és gyapjútermelését igazolja. A kecske magas tejhozamáról már szót ejtettünk. A juhtej a tehéntejnél nagyobb zsírtartalmú, tejtermékek készítésére kiválóan alkalmas,[26] így kihasználása kézenfekvő.

7. táblázat: Kiskérődző csontméretek END0006 lelőhelyen.

csont	oldal	életkor	GL	BP	DP	SB	SD	BD	DD	GB
astragalus	sin		28,6						19,3	
astragalus	sin		30						19,2	
astragalus	dex		25,3						16,8	
astragalus	dex		28						18,1	
astragalus	dex		28,2						19,3	
astragalus	dex		31,3						21	
astragalus	dex		32,2						19,9	
calcaneus	sin	adultus	59,1							16,5
humerus	dex	adultus						32,4	26,4	
metacarpus	sin			23,7	17,2	13,6				
metacarpus	dex			26,3	18,4					
metatarsus	sin	juvenilis		21,7	20,7	12,9	11,6			
radius	sin	adultus						26,4	18,4	
tibia	dex	adultus						25,7	19,8	
tibia	dex	adultus						26,8	21,6	
tibia	dex	adultus						27,7	22,2	
mandibula	sin	adultus	**7**: 70,6; **8**: 50,7; **15a**: 35,7; **15b**: 24,5; **15c**: 18,							
processus cornualis	sin	adultus	**Hossz**: 205, **bázis körméret:** 110, **a bázis legnagyobb szélessége**: 24,5, **a bázis legnagyobb mélysége**: 34							

Sertés

A lelőhelyről nem került elő ép sertéscsont, így marmagasság becslésére nincs lehetőségünk. A kizárólag húshasznú sertés esetében a csontok nagyfokú töredezettsége megszokott jelenség. A fiatal sertések vágása az Árpád-kori lelőhelyeken megszokott; END0006 esetében is a sertések adták a leg-

[23] *Bökönyi* (1974) 517–518.
[24] *Bartosiewicz* (2006) 99–100.
[25] *Bökönyi* (1974) 182.
[26] *Bartosiewicz* (2006) 97.

több fiatalon levágott állat maradványát. Két hím és egy nőstény maradványát lehetett nemre meghatározni. A koponya maradványok igen töredezettek, mivel a sertés minden részét feldolgozták. Egy agykoponya töredék esetében kifejezett, erős *protuberantia occipitalis externát* és *crista nuchae*-t, valamint mély *fossa temporalist* lehetett megfigyelni.

8. táblázat: Sertés csontméretek END0006 lelőhelyen.

csont	oldal	életkor	GL	BP	BD	SB	SD	BD	DD	GB
radius	dex	adultus		33	23,1					
tibia	sin	adultus						29,9	22,4	
tibia	dex	adultus				22,1	14,9	30,9	27	
mandibula	sin	adultus	**9a**: 33,3; **16b**: 31,4							
mandibula	sin	adultus	**10**: M3 hossza 29,6; szélessége 14,5							
mandibula	sin	adultus	**10**: M3 hossza 31,2, szélessége 15,5							
mandibula	sin	adultus	**10**: M3 hossza 35,5, szélessége 14,5							

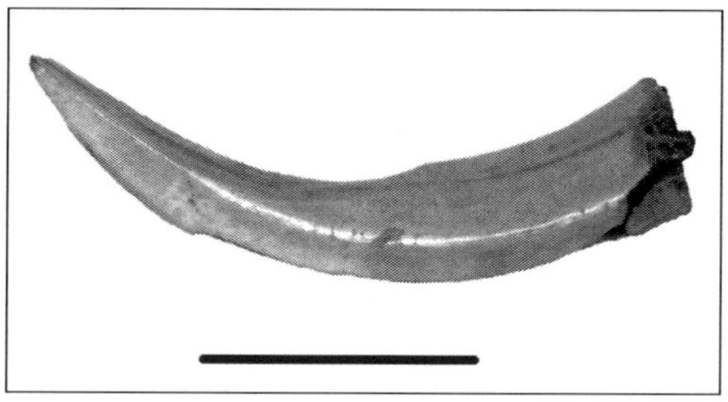

3. ábra: Kifejlett kan disznó agyara END0006 lelőhelyről, 9. ház. (A mérce 5 cm-t jelöl.)

Kutya

END0006 lelőhelyről csak kisszámú (3,25%) kutyamaradvány került felszínre; ez csupán mintegy a fele a korszakban általánosan megfigyelt aránynak (6,6%)[27]. A kutyamaradványok meglepő módon nagyon töredékesek, egyáltalán nem volt köztük mérhető végtagcsont. A 9. ház mellett található 17. gödörből egy idős kutya igen töredékes koponyája, a hozzá tartozó állkapcsok, és ugyanezen állat első nyakcsigolyája került elő. Az állkapcsok méretei alapján a koponya hossza 157 mm-re (Brinkmann módszerével)[28] ill. 160 mm-re (Dahr módszerével)[29] adódik. Az állat fogazata nagyon kopott, a baloldali mandibulában a szemfog zománca sérült, az első premoláris fog (P1) pedig hiányzik, a helye becsontosodott; a jobb oldali alsó állkapocsból pedig az utolsó moláris fog (M3) hullott ki, ennek a medre szintén becsontosodott. A 9. házból is előkerült egy kifejlett kutya töredékes koponyája.

A lelőhelyen talált kutyamaradványok alig mérhetőek, ezért az állatok morfológiai jegyeiről csak óvatosan nyilatkozhatunk. A 17. gödör kutyája valószínűleg a Matolcsi által – főképp a felgyői anyag alapján – leírt Árpád-kori típusok közül a közepesen rövid koponyájú, a *putiatini* alakkörbe sorolható páriakutyák közé tartozik; Matolcsi J. ezeket az állatokat terrier jellegű, a ház körül tartott kutyáknak tartotta,[30] amelyekből azonban – a jelentős vérkeveredés következtében és a tudatos szelekció hiánya miatt – hiányzott a határozott fajtajelleg.

[27] *Vörös* (2000) 77.
[28] *Brinkmann* (1924).
[29] *Dahr* (1937).
[30] *Matolcsi* (1982) 283.

Az Árpád-kori Magyarország gyakorlatilag minden régiójából ismert kutya csontváza, részleges váza ill. feje különböző kontextusban (sírban, kemencében, gödörben, veremben). Lelőhelyünk régiójának településásatásai során Csongrád–Felgyőről kerültek elő részleges kutyacsontvázak (ezen a lelőhelyen Matolcsi J. az Árpád-kori páriakutyák több típusát is azonosította);[31] Doboz–Hajdúirtás 10–11. századi falujában az árkokból két kutyafej (koponya a hozzá tartozó alsó állkapcsokkal), illetve egy kutyakoponya került napvilágra.[32] Kardoskút–Hatablak 12. századi faluból három részleges kutyacsontvázat tártak fel; itt, akárcsak END0006 esetében, lakóházhoz köthető kontextusból kerültek elő maradványok (földbe ásott házban lévő gödörből).[33] Hasonló jelenség volt megfigyelhető Szarvas–Rózsás 10–12. századi faluban is: ez esetben lakóházból egy, veremből két kutyafej került elő; emellett két részleges kutyaváz, illetve az egyik kemencéből kutya fog (*caninus*) és egy lúd koponyája került felszínre.[34] Úgy tűnik, END0006 esetében ugyanennek a jelenségnek egy újabb példáját látjuk. A szintén a dél-magyarországi régióba tartozó Jánosszálláson egy gödörben talált részleges kutyacsontvázat Bálint Csanád a kutyára tett eskü régészeti emlékeként azonosította.[35]

9. táblázat: Kutya csontméretek END0006 lelőhelyről.

csont	**oldal**	**életkor**	**méretek**
mandibula	sin	senilis	**1**: 135,3; **2**: 130,4; **3**: 129,2; **4**: 115,6; **5**: 109,3; **6**: 113,6; **7**: 76; **8**: 73,7; **9**: 67,3; **10**: 34,5; **11**: 38,4; **12**: 33,6; **13**: 20,9; **14**: 19,5; **15**: M2 hossz: 7,8; M2 szél.: 6,1; **17**: 10,7; **18**: 49,3; **19**: 24,7; **21**: 34,1; **22**: 157,8; **23**: 158,4; **24**: 160; 26: 169,7
mandibula	dex	senilis	**1**: 135,1; **3**: 129,3; **4**: 116,2; **5**: 109,9; **11**: 39,9; **12**: 33,5; **13**: 21; **14**: 19; **15**: M2 hossz: 8,3; M2 szél.: 6,2; **17**: 11,1; **19**: 23,8; **20**: 20,1; **21**: 35,7; **23**: 159,2; **24**: 160,5
koponya		senilis	**20**: M1 hossz: 12,4, szél.: 14,8; **25**: 35,3; **27**: 19,2; **28**: 15,5
koponya		adultus	**20:** M1 hossz: 18,3; szél.: 8,6; **21:** M2 hossz: 10,6; szél.: 16,4

Házi szárnyasok

Bár Árpád-kori lelőhelyeinken a házityúk, a házi kacsa és a házi lúd is előfordul, END0006 lelőhelyen csak házi tyúk maradvány volt azonosítható. Öt lelet származhat házi kacsából vagy tőkés récéből is. Összesen 9 házi tyúk maradvány került elő, ebből három csont fiatal egyedhez tartozott, egy pedig tojóból származott. A tyúkot, húshasznosítása mellett, tojástermelésre is használhatták, bár ennek intenzív gyakorlata a baromfik nagyobb arányát eredményezné. A baromfitartás urbáriumok alapján is adatolható: a tyúk, a tojás, a csirke, a kappan ill. a lúd gyakran szerepelt a kisebb ajándékok, szolgáltatások („victualiák") között.[36]

Az egyetlen mérhető házi tyúk csont egy tojó 64,1 mm hosszú tarsometatarsusa volt.

Halak

A lelőhelyről pontyfélékből származó csigolya, hátúszó sugár és suboperculum, egy csuka cleitrum, valamint egy részleges dévérkeszeg csontváz (csigolyák és garatfog) került elő. A lelőhely közelé-

---

31 *Matolcsi* (1982) 282–283.

32 *Vörös* (1990) 136.

33 *Vörös* (1990) 137.

34 *Vörös* (1990) 137.

35 *Bálint* (1971) 308.

36 *Paládi-Kovács* (1993) 116.

ben futó Körös bőséges lehetőséget kínált a halászatra. A halászat rekesztés (vejszézés) formájában történhetett, ami a középkor folyamán általánosan elterjedt halászati módszer volt; erre a gyakorlatra utal a Békés vármegyei Vesze falunév is.[37]

A területen Árpád-kori halastavakra is találunk okleveles utalást: Endrődtől nem messze, északra helyezkedett el a Quhti vagy Kuhte nevű halastó (*piscina*), amely 1138-ból adatolható, később pedig a dömösi prépostság tulajdonába kerül adományozás útján.[38] A halastavak többsége mesterségesen elgátolt vagy természetes úton lefűződött folyóág volt, s a hozzájuk fűződő halászati jog fontos jövedelmi forrás lehetett.[39]

Paleopatológiás elváltozások

A lelőhelyen hat olyan maradványt azonosítottunk, amin betegségre vagy traumára utaló jelek láthatóak.

A 9. házból két patológiás csont került a felszínre. Az egyik töredék fajra nem volt pontosan meghatározható, de valószínűleg ló vagy szarvasmarha combcsontjából való. A csonton félig gyógyult repedés nyomai látszanak, a velőüreg felőli oldalon jól látszik az új csontállomány (endostealis csontképződés), tehát a sérülés nem volt új keletű az állat pusztulásakor, és a csonthártya nem sérült meg. Az új csontszövet képződésének üteme nagyban függ az állat életkorától, takarmányozásától és általános állapotától, de általában 5–10 nap alatt indul meg a callus képződése;[40] ennek alapján az állat a sérülés megszerzése után 2–2,5 héttel pusztulhatott el.

Szintén a 9. házból került elő egy juh vagy kecske második nyakcsigolyája (*epistropheus*), melynek hátsó izületi nyúlványain (*processus articularis caudalis*) gyulladásos folyamatra utaló apró, sűrűn elhelyezkedő, tüskeszerű csontkinövések (*exostosisok*) láthatók.

A 10–11. árokból került elő egy juh vagy kecske patológiás második ujjperce (*phalanx media*). A proximalis ízfelszín kiszélesedett, cranialis oldalán vastag, kompakt csontfelrakódás volt megfigyelhető, valószínűleg ízületi gyulladás jele.

A 44. szelvényből, 30–60 cm-es mélységből került elő egy juh vagy kecske borda, amelyen gyógyult törés nyomai fedezhetők fel. A csont nem diszlokálódott, a callus képződéstől enyhén megvastagodott. Az ilyen típusú törés általában magától gyógyul, emberi beavatkozás nélkül is.

A 34. szelvényből került felszínre egy ló három, összetartozó csigolyája (valószínűleg a 2–4. ágyékcsigolya), amelyek a *processus articularis*oknál és a *processus transversus*oknál összecsontosodtak, ami esetleg kezdődő *spondylosis ankylopoetica* vagy *spondylitis deformans* kórképre utalhat. Ez arra vezethető vissza, hogy a porckorong – folyadékvesztesége miatt – már nem képes rugalmas ütközőként funkcionálni, ezt a szerepet a csigolyák közötti szalagok veszik át, amelyek a megterhelés következtében tapadási helyükön erősen *vongálódnak*, és így csontosodó csontgyulladás alakul ki.[41] Az END0006 lelőhelyen talált példány esetében a csigolyatestek nem fuzionáltak, csupán az ízületi nyúlványok, illetve a szomszédos csigolyák íveit áthidaló ív közötti szalagok (*ligg. interarcualiák*); ez a Bartosiewicz László és Bartosiewicz Gábor által felállított elbírálási rendszer szerint csupán az első súlyossági fokot (score 1) jelzi.[42] Ilyen elváltozás egyaránt lehet idős kor és megterhelő munkavégzés következménye (az Árpád-korban a lovat hátas és igás állatként egyaránt használták). Hason-

---

37 *Jankovich* (1996) 307.
38 *Györffy* (1963) 510.
39 *Jankovich* (1996) 325.
40 Dr. Papp Georgina szíves személyes közlése.
41 *Karsai* (1982) 644.
42 *Bartosiewicz* (2002) 821.

4. ábra: Összecsontosodott ló ágyékcsigolyák END0006 lelőhelyről. (A mérce 5 cm-t jelöl.)

ló, de súlyosabb elváltozásokat azonosított Seetah, Pluskowski és Maltby lovaglás következtében kialakult megterhelés jeleként középkori ill. kora újkori példányokban.[43] Az ágyékcsigolyák összenövése az ágyéki gerincszakasz merevségét okozza. Ilyen jellegű patológiás elváltozások gyakran fordulnak elő régészeti anyagban; nem ritkán társul hozzájuk a többek között szintén megerőltető munkavégzés ill. idős kor következményeképpen, a lábvégeken kialakuló ízületi gyulladás, ami az állat számára különösen fájdalmas, így a használhatóságát erősen befolyásolja.[44] Az END0006 lelőhelyen talált egyedből sajnos a csigolyákon kívül nem maradt meg más vázrész, így nem állapítható meg, hogy a kórkép kiegészült-e a lábvégek elváltozásaival.

Csonteszközök

A 34. szelvényből egy valószínűleg árként használt ló kapocscsont került elő, melynek teljes felületén lekerekedés és felfényeződés volt megfigyelhető, bár faragásnak, modifikációnak nyoma nem volt. Ugyanennek a szelvénynek a lelete egy ló vagy marha combcsont töredék, amelynek egyik éles törési felszínén lekerekedés látszik, és a töredék enyhén felfényeződött; ehhez hasonló *ad hoc* eszközöket szinte minden középkori falusias lelőhelyről ismerünk. Szintén a 34. szelvényből került felszínre egy vágásnyom nélküli, de erősen felfényezett és kopott, valószínűleg játéknak használt juh astragalus. Hasonló astragalus lelet volt a 9. ház anyagában is; ennek oldalait egyenesre vágták, hogy szabályosabb legyen. A négyszögletes juh astragalusok „kockaként", játékként való használata az egész középkori Európából ismert. A lelőhelyen előkerült csonteszközök alighanem az önellátó háztartások termékei, melyek elkészítéséhez nem volt szükség különösebb gyakorlatra vagy speciális szerszámokra.

A szaru felhasználására utal két szarvasmarha koponyatöredék, melyeknél a szarvcsap bázisán vékony, párhuzamos, a szaru leválasztására utaló vágásnyomok figyelhetők meg. A lelőhelyről két olyan szarvcsap lelet is előkerült, amin vágásnyomot ugyan nem látunk, de a koponya hosszanti ill. keresztirányú kettévágásának eredménye, és a szarvak későbbi felhasználása ill. megmunkálása céljából történő elkülönítésére utalhat.

A lelőhelyről előkerült egy szarvasmarha kézközépcsontjából készített, lateralis oldalon mindkét végén fúrt eszköz is. Ezt sajnos csak fotón tudtam szemügyre venni, így tipológiai besorolásáról és a

[43] *Pluskowski et al.* (2010) 340–341.

[44] *Rackham* (1995) 173.

használat módjáról csak kevés információval tudok szolgálni. A kissé elvékonyodott diaphysis alapján talán simítócsontnak, a bőr kikészítésénél, puhításánál használt eszköznek tarthatjuk, de megfelelő leírása nyilván csak mikroszkópos vizsgálat után végezhető el. Az mindenesetre bizonyos, hogy ez az eszköz is házi készítésű, vagyis nem csontmegmunkáló műhely és mester terméke.

5. ábra: Játéknak használt juh astragalus a 9. ház anyagából. (Fazekas Fanni fotója. A mérce 1 cm-t jelöl.)

A házak anyaga

A házak és a hozzájuk tartozó gödrök anyagát érdemes külön is áttekinthetünk, hiszen ezáltal némi bepillantást nyerhetünk egy-egy háztartás gazdálkodásába.

A 7. és a 9. ház egymástól csupán néhány méterre, a lelőhely északnyugati sarkában helyezkedett el. A házak közül a legtöbb csontleletet a 9. ház szolgáltatta: innen 324 csontmaradvány került elő. A ház anyagában 65 szarvasmarha, 37 ló, 7 kutya, 88 juh vagy kecske, 30 sertés, 3 házi tyúk, 1 őz ill. 2 mezei nyúl maradvány volt fajra pontosan meghatározható. Az anyagban 19 fiatal állat maradványát azonosítottuk, ezek között szarvasmarhát, kiskérődzőt, sertést és lovat is találunk. Gyakorlatilag minden vázrész előfordul; a szarvasmarha maradványok közül mindössze 20 tartozik húsfogyasztás szempontjából értékesebb vázrészhez (húsos végtaghoz vagy a törzs régiójához). Ez megerősíti a feltevést, hogy aháznál nevelt és helyben levágott állatok maradványaival van dolgunk. A fentebb tárgyalt vágásnyomok nagy részét a 9. ház anyagában figyelhettük meg, s bár a rendelkezésre álló lelet kevés, valószínűnek tűnik, hogy a levágott állat feldolgozásának több fázisa helyben történt, az elsődleges bontástól a szalagok átvágásáig és a hús lefejtéséig.

A ház anyagában 19 maradványon lehetett megfigyelni kutyához köthető rágásnyomot. Egy pontosan nem azonosítható töredék (nagytestű emlős sípcsont töredéke) erős hőhatásra sötétbarnára – feketére színeződött. Egy ló sípcsont töredéken és egy ló első ujjpercén kis foltban hasonló égésnyom volt megfigyelhető.

A lelőhely hat patológiás csontmaradványából kettő a 9. házból került elő: a gyógyult repedést mutató ló vagy szarvasmarha combcsont, illetve a juh vagy kecske epistropheus.

A 9. háztól mindössze néhány méterre keletre elhelyezkedő 17. gödör anyagát is itt kell tárgyalnunk. A gödörből összesen 26 csontmaradvány került elő, köztük az idős kutya töredékes koponyája, állkapcsai és első nyakcsigolyája. A gödör többi kutyamaradványáról (egy karcsont, egy orsócsont és egy sípcsont töredék) nem állapítható meg egyértelműen, hogy ehhez az idős egyedhez tartoztak-e. A gödörben még két szarvasmarha, három sertés (köztük egy 12–21 hónapos, fiatal egyed), valamint két ló (köztük az egyik egy 24 hónaposnál fiatalabb csikó) maradványait tárták fel.

A 7. házból jóval kevesebb, összesen 69 csontmaradvány került felszínre. 7 sertés, 8 kiskérődző, 7 ló, 3 kutya, 14 szarvasmarha és 3 házi tyúk maradvány volt pontosan meghatározható ebben az objektumban; utóbbiak között találjuk az egyetlen tojót. A húshasznú állatok minden testrégiója képviseltetve van a ház anyagában. Érdekes, hogy ebből a házból egyáltalán nem került elő vágásnyomot mutató töredék, holott a legtöbb vágott leletet szolgáltató 9. ház csupán néhány méterre helyezkedett el.

Az ásatás keleti részén fekvő 6. ház feltárása 115 csontmaradványt eredményezett; ezek között 8 sertés, 13 kiskérődző, 29 ló, 3 kutya és 20 szarvasmarha csonttöredék, illetve a ház kemencéjéből egy dévérkeszeg részleges csontváza (25 töredék, egy állatból) volt pontosan meghatározható. A 6. ház közvetlen szomszédságában lévő 12. gödörből 20 maradvány került felszínre, melyek között szarvasmarhát, kiskérődzőt, sertést, lovat és egy pontyfélét találunk. Ennek aháznak az esetében is megfigyelhető, hogy a húshasznú állatok minden testrégiójából előfordulnak csontok. Vágásnyomot egy, kutyarágás nyomait hét esetben lehetett megfigyelni.

Gazdaság- és környezettörténeti vonatkozások

Vörös István a 2000-ben megjelentetett, az Árpád-kori állattartást taglaló tanulmányában a középkori Magyarországot hat régióra osztotta fel; END0006 lelőhely a dél-magyarországi régióba tartozik. Erről a területről Bökönyi Sándor, Matolcsi János, Bartosiewicz László és Vörös István munkái nyomán több Árpád-kori település állatcsont anyaga ismert. Az alábbiakban megvizsgáljuk az END0006 lelőhelyen előkerült leleteket a régió többi lelőhelyének tükrében.

A dél-magyarországi régióban a szarvasmarha – ló – kiskérődző – sertés fontossági sorrend a megszokott;[45] az END0006 közelebbi környezetében lévő lelőhelyek faji megoszlása azonban változatos képet mutat. Sertéstartás szempontjából két tendencia látszik kirajzolódni: Szarvas–Rózsás és Doboz–Hajdúirtás lelőhelyen a sertések aránya magas; END0170, Csongrád–Felgyő és Kardoskút–

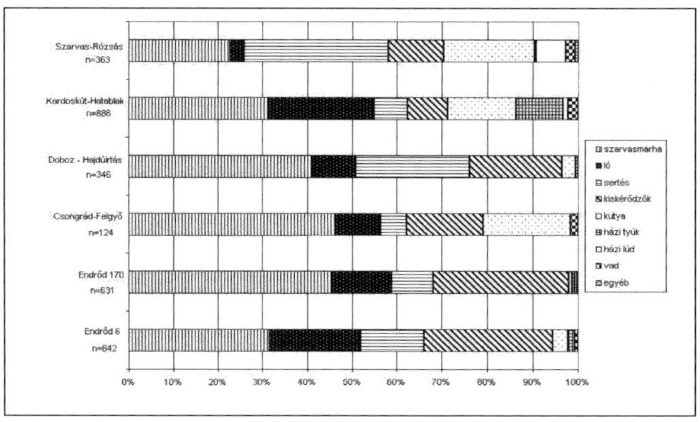

6. ábra: END0006 lelőhely a régió más lelőhelyeinek tükrében. (A halleleteket az összehasonlításból kihagytam, mert ezek előkerülése nagyban függ a feltárási módszerek finomságától, így nagy számuk vagy éppen hiányuk félrevezető lehet.)

Hatablak lelőhelyen viszont arányuk 10% alatt marad, ami egybevág a Vörös I. által a Közép-Tisza vidéken és a dél-magyarországi régióban megfigyelt arányokkal.[46] Az Árpád-kori Magyarországon minden régióból adatolható a sertéstartás, habár ismert olyan Árpád-kori lelőhely is, ahol a sertés gyakorlatilag nem volt jelen: Kőrösi Andrea mindössze 0,78% sertéscsontot azonosított Gyál 3 lelőhely csontanyagában,[47] a Vörös István által feldolgozott Esztergom–Zsidód Árpád-kori falurészlet anyagában pedig csupán 3,9% volt a sertéscsontok aránya.[48] END0006 ebből a szempontból egyik regionális tendenciába sem illeszthető; a sertések száma 10% felett van, de Szarvas–Rózsáshoz és

45 *Vörös* (2000) 79.
46 *Vörös* (2000) 80.
47 *Kőrösi* (2009) 105.
48 *Vörös* (2009) 132.

Doboz–Hajdúirtáshoz nem hasonlítható. Ezek a lokális eltérések minden bizonnyal a lelőhelyek közvetlen közelében rendelkezésre álló, makkoltatásra alkalmas mocsári tölgyesek, vizes területek jelenlétével ill. hiányával függhetnek össze. A folyami árterek gazdasági hasznosításának legelterjedtebb módja a réti sertéstartás volt, és a Kárpát-medence egyes részein a középkor folyamán fő ágazattá lépett elő az ökológiai adottságokat kihasználó sertés nevelés.[49] Dobozról a 11. századból oklevéllel is adatolható a sertések legeltetése; a falut a királyi kondások falujaként tartották számon, ami ideális környezeti feltételekre enged következtetni.[50] A mai Vésztőtől egykor nyugatra elterülő Fás nevű mocsár gazdasági hasznát jelzi, hogy 1221-ben a méhesi várnépek és várjobbágyok perben követelték a terület felét.[51] A Tiszántúl déli feléről több néprajzi ill. kora újkori adatot is ismerünk a vizenyős területek réti sertéstartására.[52]

END0006 esetében feltűnő a szarvasmarhák alacsony és a kiskérődzők magas száma; más Árpád kori lelőhelyek tapasztalatai alapján a marhacsontok nagyobb fölényét várnánk. END0170 lelőhelyen Bartosiewicz László némileg más arányokat figyelt meg: ott a szarvasmarhák dominanciája egyértelmű volt (46%), a lovak (13%) és a sertések aránya pedig alacsonyabb (9%). A kiskérődzők viszont a leletek hasonló arányát képviselték, mint END0006 esetében (30%).[53] A kiskérődzők hangsúlyosabb szerepére utaló arányokat figyelt meg egy teljesen más földrajzi régióban, Gyál 13 Árpád-kori lelőhelyen Biller Anna (ott a juh/kecske maradványok a gazdasági haszonállatoknak 58,2%-át, míg a szarvasmarhák csupán 39,2%-át tették ki).[54] Vörös I. megfigyelései szerint a kiskérődzők dominanciája és a viszonylag kevés szarvasmarha maradvány elsősorban a Közép-Tisza vidéken jellemző;[55] ebből a szempontból END0006 atipikusnak tűnik a régió többi lelőhelyéhez képest. A juhok és kecskék másodlagos hasznosítása az elhullási életkorok alapján egyértelműen kijelenthető. Gaál L. szerint a juhok másodlagos hasznosítása ebben az időszakban inkább a tejtermékek előállítását célozta, mint a gyapjútermelést.[56] Szintén az ő nézőpontja szerint a tejtermelésre elsősorban a juhokat és nem a szarvasmarhákat tartották, az utóbbit leginkább mint igavonó állatot hasznosították.[57] Bár ez a kijelentés leegyszerűsítésnek tűnik, és nem veszi figyelembe a gazdálkodásban nyilván jelen lévő regionális különbségeket, END0006 lelőhely esetében a fiatalon levágott marhák aránylag magas és a fiatal kiskérődzők alacsony száma miatt feltételezhetjük, hogy a tejtermelésben inkább az utóbbiak domináltak.

A régió három lelőhelyének (Szarvas–Rózsás, Kardoskút, Doboz) összehasonlítása nyomán Jankovich B. D. megjegyzi, hogy Kardoskút esetében a természetföldrajzi adottságok kedvezőek voltak a lótartásra, s valószínűleg ezzel hozható összefüggésbe a két másik lelőhelyhez képest magas lócsont-arány.[58] END0006 esetében is hasonlóan magas volt a lócsontok száma a régió többi lelőhelyéhez képest. A lovak, szarvasmarhák és sertések aránya Endrődön a Kardoskúton megfigyeltekéhez hasonlóan alakul, a nagy számú kiskérődző azonban az utóbbi lelőhelyről hiányzik, míg END0006 esetében szembetűnő. Úgy tűnik, egy mikrorégión belül is változatos állattartási szokások éltek egymás mellett.

---

[49] *Paládi-Kovács* (1993) 105–106.
[50] *Györffy* (1963) 505.
[51] *Györffy* (1963) 506.
[52] *Szabadfalvi* (1991) 59–60.
[53] *Bartosiewicz* (2011) 323.
[54] *Biller* (2007) 47.
[55] *Vörös* (2000) 80–81.
[56] *Gaál* (1966) 81.
[57] *Gaál* (1966) 78.
[58] *Jankovich* (1991) 165.

A lelőhelyen gyűjtött adatok megerősítik a képet, miszerint a korabeli húsfogyasztás gerincét a háziállatok, elsősorban pedig a szarvasmarha és a kiskérődzők adták, de a lóhús fogyasztása is bevett szokás volt. A vadállatok húsa csak alkalmanként egészítette ki a falu lakóinak étrendjét. Bár a vadállat maradványok elenyésző száma miatt ezekből messzemenő környezettörténeti következtetést nem vonhatunk le, az őz és a szarvas jelenléte (nem csupán agancslelet formájában, amely hullajtott és gyűjtögetett is lehet, hanem húshasznosításra utaló, vagyis valószínűleg a közelben elejtett példányokból származó töredékek által reprezentáltan) a település közelében lévő erdős területekre utal.

Zárszóként meg kell azonban jegyeznünk, hogy a területről ismert állatcsont anyagok mind viszonylag kevés lelettel szolgáltak, így a szóban forgó helyi sajátosságok pontosabb megértéséhez nagyobb, statisztikailag jobban értelmezhető anyagok feltárására és vizsgálatára van szükség.

1.3. LELŐHELY FELMÉRÉS ÉS SZONDÁZÓ ÁSATÁS AZ END0161 SZÁMÚ LELŐHELYEN

A lelőhely

A lelőhely Endrőd községtől DNy-ra, a Szarvasra vezető országút két oldalán terül el *(1. ábra)*, melyet a régészeti topográfia 1977-ben végzett terepjárásai alkalmával fedeztek fel. Az akkori megfigyelések szerint a kevés felszíni leletanyag többsége Árpád-kori volt.[1]

A lelőhelyet egy kiszáradt vízfolyás határozott, mély medre választja el a tőle keletre eső 6. lelőhelytől, ahonnan Árpád-kori templomot, templom körüli temetőt és falut ismerünk. A két lelőhely közötti távolság 150 m *(2. ábra)*. Felületét az újkorban sok bolygatás érte: déli harmadán halad keresztül a szarvasi országút, melynek déli oldala ezen a területen tanyákkal volt beépítve. Ezekből az épületekből napjainkra csak egy maradt, az országúttól délre eső felszínt mindenütt romok és szemét borítja. 1990-ben a lelőhely északi szélét legyalulták, nem sokkal később azonban az eltávolított humuszréteget ismételt földgyalulással igyekeztek az eredeti állapot szerint pótolni.

Az alföldi mikroregionális kutatási program keretében azért esett választásunk erre a lelőhelyre is, hogy a felszíni leletanyag alapján a 6. lelőhely Árpád-kori falujához tartozó satellit-település belső szerkezetéről is további adatokat szerezzünk. Kutatásaink során felszíni leletgyűjtést, geofizikai méréseket, talajfoszfát analízist és szondázó ásatást végeztünk.

Felszíni gyűjtés

A felszíni gyűjtésre 1990 őszén került sor. A felmérésből kihagytuk azokat a területeket, ahol szemmel látható volt a friss bolygatás: így kimaradt a lelőhely északi széle a már említett földgyalulás, továbbá az országúttól délre eső rész a sok újkori szemét miatt *(3. ábra)*. Négyzethálónkat az országúttal párhuzamosan tűztük ki, ami nagyjából megfelel az É–D-i iránynak és a szántás irányának is.[2] Az 5 x 5 méteres négyzeteket a korábbi gyakorlatnak megfelelően kettős számmal jelöltük meg. A számozás kiindulópontja a felmért terület DK-i sarka volt, az első szám az innen észak felé haladó sorokat, a második pedig a nyugat felé növekvő oszlopokat jelenti.

A gyűjtés idején a felszín teljesen sima, de száraz, poros búzavetés volt, noha a gabona még nem kelt ki. Két teljes munkanap alatt 11975 m^2 nagyságú felületről gyűjtöttük fel a leleteket.

A leletek számának térbeli eloszlása elég változatos volt, de tény, hogy a felmért terület északi felében egy 15 x 15 méteres területen (11–15/11–15. szelvények között) környezetétől határozottan elkülönülő foltban kiugró számok csoportosultak, és a leletek súlya is ezen a területen mutatott magasabb értékeket *(4–5. ábra)*. Ugyancsak ide esik a lelőhely legmagasabb része is *(3. ábra)*. A leletek túlnyomó többsége Árpád-kori volt, néhány szarmata kori, és még kevesebb, erősen kopott őskori darabbal.

---

1 MRT 8, 175.

2 A szántás irányát elég problematikus ezen a területen megállapítani, hiszen a tábla elég széles ahhoz, hogy mindkét irányban művelni lehessen. Bizonyos, hogy a nagyüzemi gazdálkodás előtt K–Ny volt a szántás iránya, és a gyűjtés időpontjában is így helyezkedtek el a vetéssorok.

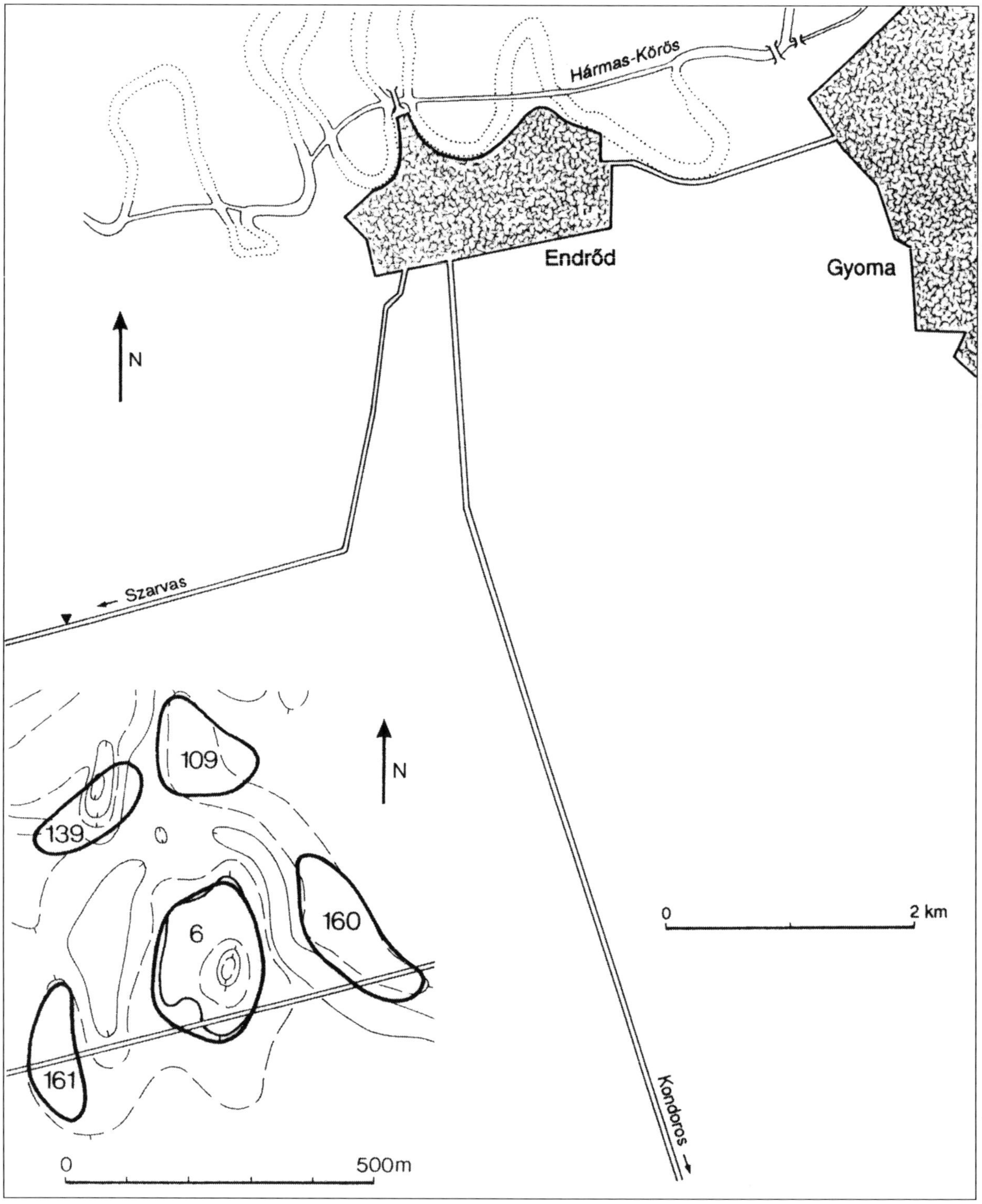

1. ábra: A lelőhely helyszínrajza a környező Árpád-kori lelőhelyekkel

2. *ábra*: A lelőhely és környéke szintvonalas helyszínrajza a felszíni leletgyűjtések határaival

Összes négyzet	479
Összes lelet:	1359
Összes súly (g):	11497
Lelet/négyzet:	2,83
Súly/négyzet:	24,0
Súly/lelet:	11,80

Leletszám	Négyzet	%
0 lelet	179	37,36
5=> lelet	213	44,46
10=> lelet	63	13,15
20=> lelet	24	5,01
20< lelet	0	

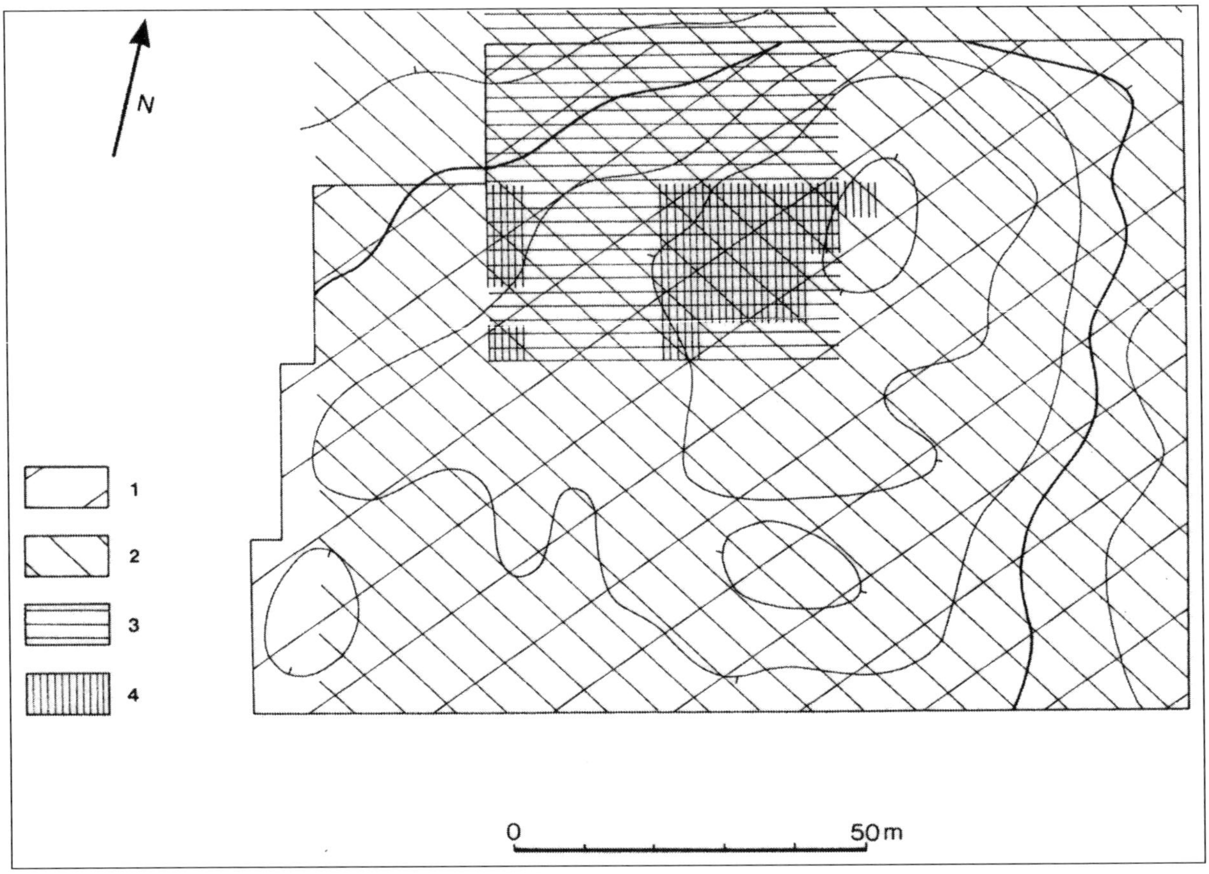

3. ábra: A lelőhelyen végzett műveletek.
Jelkulcs: *1:* Felszíni gyűjtés. *2:* Foszfát analízis. *3:* Geofizikai mérés. *4:* Ásatás határai

Foszfát analízis, geofizikai mérés

A felméréssel egyidőben a felszínről, 20, egyenként 25 x 25 méteres négyzetből talajmintákat is vettünk, melyek foszfát analízisét a Gödöllői Agrártudományi Egyetem Talajtani Tanszékén Dr. Füleky György egyetemi tanár végezte el. Szakvéleményéből idézünk:

„A vizsgálati eredmények szerint a talajminták homok és homokos vályog fizikai féleségek, reakcióállapotuk semleges, kalcium-karbonát tartalmuk 1–2 %. A terület homogénnek tekinthető, vagyis ha különbségeket kapunk a foszfortartalomban, az nem talajtani okokkal, hanem eltérő antropogén hatásokkal magyarázható. ... Az összes foszfortartalom 1000 ppm-nél nagyobb értékei határozottan az egykori emberi tevékenység hatását mutatják, de még a kisebb értékek is huzamosabb növénytermesztés, esetleg legeltetés nyomait őrzik.”[3]

A 20 talajminta közül tizenháromban volt az összes ppm 1000-nél magasabb, és ezek mind arra a területre estek, ahol a leletek száma is magasabb volt. A kiugró, 1600 fölötti ppm értékek pedig a kiemelkedő leletsűrűségű terület környékén csoportosultak *(6. ábra)*.

Geofizikai mérésekre is sor került a felmért terület egy kiválasztott, 50 x 50 méteres részén *(3. ábra)*. A méréseket Mauro Cucarzi professzor (Fondazione Lerici, Róma) végezte, de sajnos eredményei ásatásunk megkezdésekor még nem álltak rendelkezésünkre, így a feltárási helyek kije-

[3] Ezúton is megköszönöm *Dr. Füleky Györgynek*, hogy az MTA Régészeti Intézet Adattárában őrzött szakvéleményét (TTj 1/2012.) munkámban felhasználhattam.

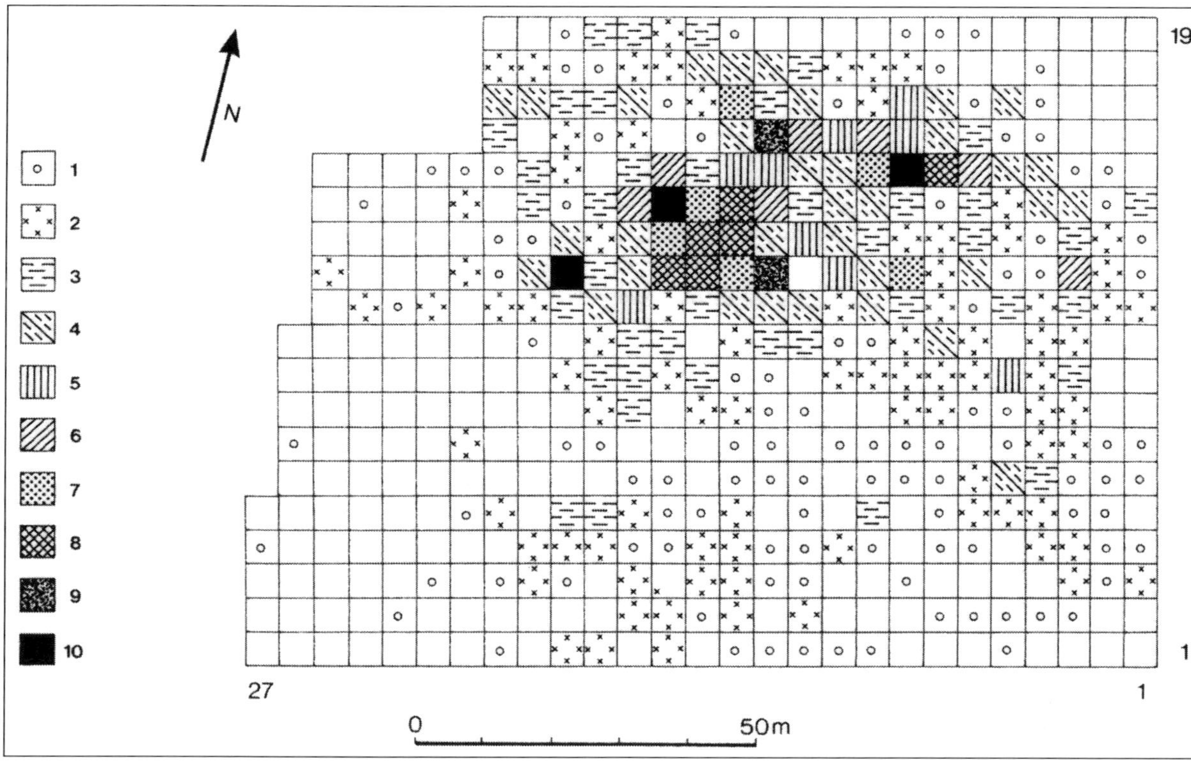

4. ábra: A felszíni gyűjtés leleteinek raszteres ábrázolása.
Jelkulcs: *1:* 0–2 *2:* 3–4 *3:* 5–6 *4:* 7–8 *5:* 9–10 *6:* 11–12 *7:* 13–14 *8:* 15–16 *9:* 17–18 *10:* 19–20 darab

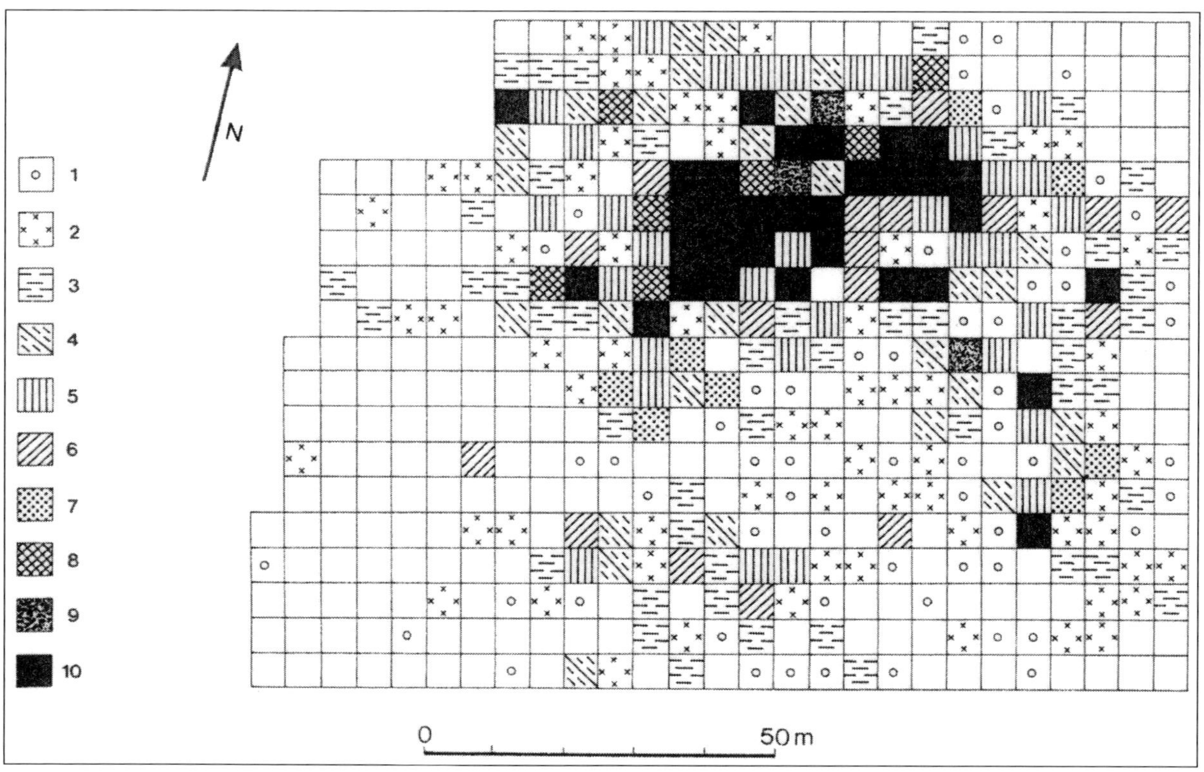

5. ábra: A felszíni gyűjtés leleteinek súlyeloszlása. *Jelkulcs*: *1:* 0–10 *2:* 11–20 *3:* 21–30 *4:* 31–40 *5:* 41–50 *6:* 51–60 *7:* 61–70 *8:* 71–80 *9:* 81–90 *10:* 91–200 gramm

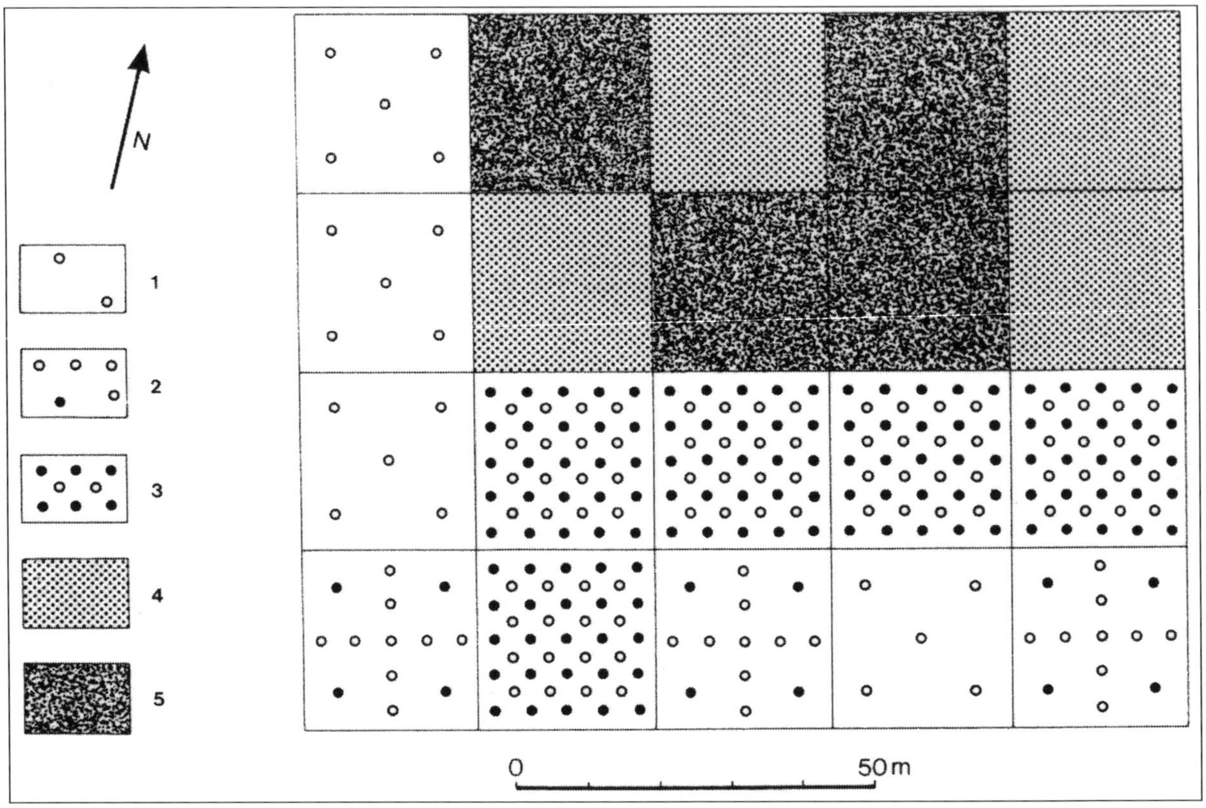

6. ábra: A talaj foszfortartalmának eltérései. *Jelkulcs*: *1:* 700–900 *2:* 900–1000 *3:* 1000–1100 *4:* 1100–1400 *5:* 1400–2000 összes P-tartalom

lölésénél nem használhattuk. Az előzetes jelentéséhez[4] mellékelt térkép alapján az állapítható meg, hogy a felmérés során négy erősebb, és egy gyengébb mágneses anomáliát sikerült rögzíteni. A terület északi széléhez közel eső, kör alakú, legnagyobb jelenséget Cucarzi professzor 2,5 m átmérőjű, mintegy 3,5 m mély kútként interpretálta, és valamennyi anomália átlagos jelentkezési szintjét 50 cm-es mélységben állapította meg.[5] Az említett okok miatt sajnos ásatási területünkre ezek közül csak két jelentősebb mágneses anomália esett: egyik a 15/15., a másik a 12/13. szelvénybe *(7. ábra)*. Előbbiben a feltárás során az 1. objektum (árok) kiszélesedő szakaszára bukkantunk, a második ponton azonban semmit sem találtunk. Míg az első eset pozitív egyezésnek tekinthető, hiszen az ásatási területen kívül eső, kiszélesedő árokszakaszban bármi lehet, a második eset egyértelműen negatív eredmény. Ennek egyik magyarázata az lehet, hogy az anomáliák helyének bemérésekor hiba történt. A geofizikai mérés sarokpontjainak kijelölése ugyanis a felszíni gyűjtéssel egyidőben, közös pontok alkalmazásával történt, de az ezen belüli távolságokat már csak lépéssel határozták meg. A jelzett anomália mind kiterjedésében, mind intenzitásában leginkább ugyanis a 6. objektumra illene. Más kérdés természetesen, hogy a geofizikai mérések az összes többi feltárt objektumból egyetlenegyet sem jeleztek.

[4] *Cucarzi* (1992).

[5] *Cucarzi* (1992) 13–14.

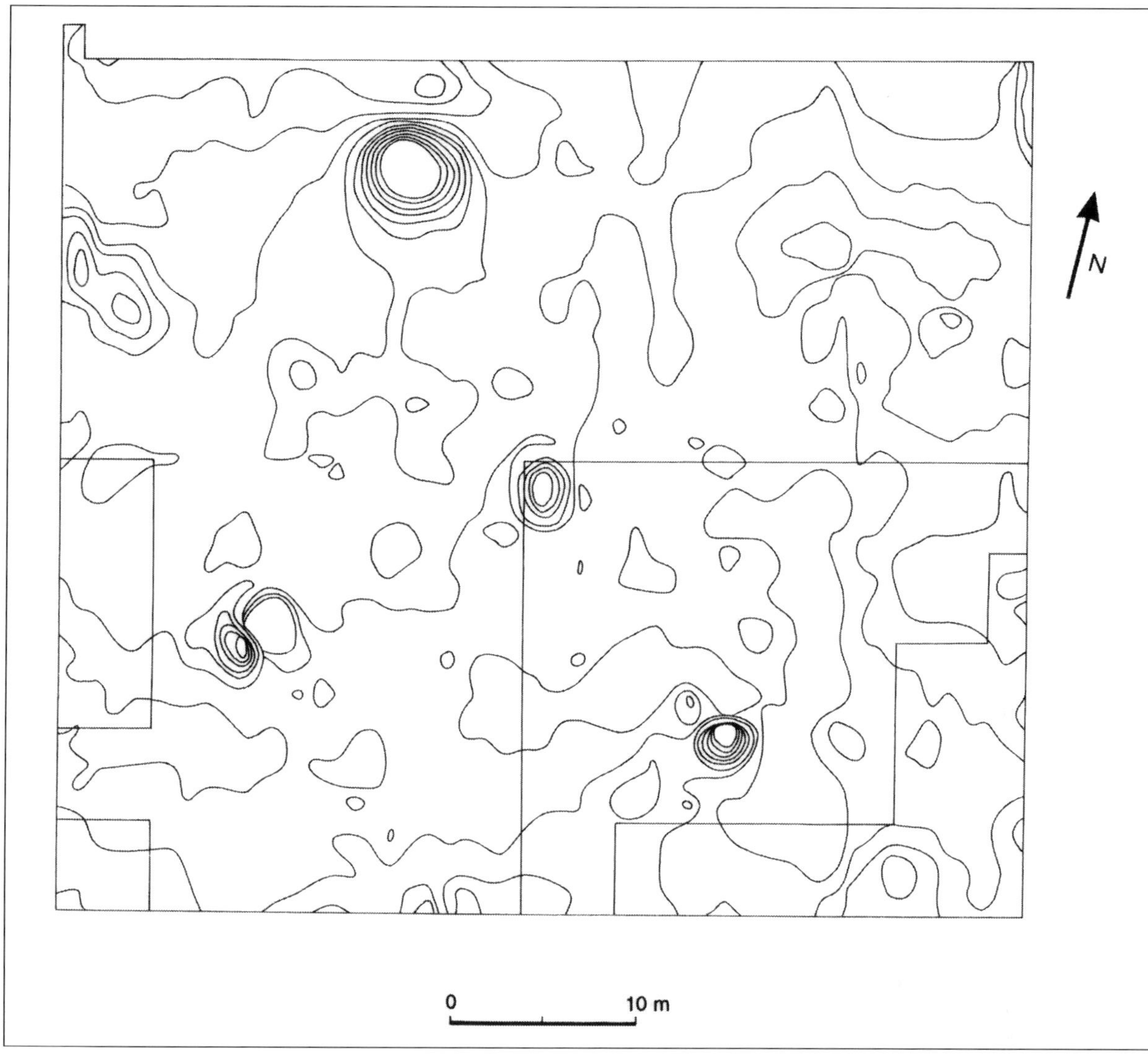

7. ábra: A geofizikai mérés eredményei, a feltárt terület bejelölésével.
(Prof. Mauro Cucarzi, Fondazione Lerici nyomán.)

Ásatás

Az ellenőrző ásatásra 1991 augusztusában nyílt alkalom.[6] Az ásatás előtti felszíni gyűjtés csekély eredményt hozott, mivel a munkát lábon álló gabonában kezdtük, ahol a felszín gyakorlatilag hozzáférhetetlen volt *(8. ábra)*. A szántott réteg leletanyagát viszont lelettípusok szerint számoltuk, a 30 cm-nél mélyebb feltárási szinteken pedig minden egyes leletdarab térbeli elhelyezkedését térképeztük is.

Ásatási szelvényeinket a felszíni gyűjtés és a foszfátvizsgálat adatainak ismeretében jelöltük ki *(3. ábra)*. A 11–15/20. szelvénysorban kitűzött öt szelvénnyel a felszíni anyag negatív eredményét próbáltuk meg igazolni, nevezetesen azt, hogy ahol a felszíni leletek száma ötnél kevesebb, ott nem számíthatunk régészeti objektumra. A kijelölt öt szelvényből négyet tártunk fel (15/20, 14/20, 13/20,

[6] RégFüz 45 (1993) No. 99/1.

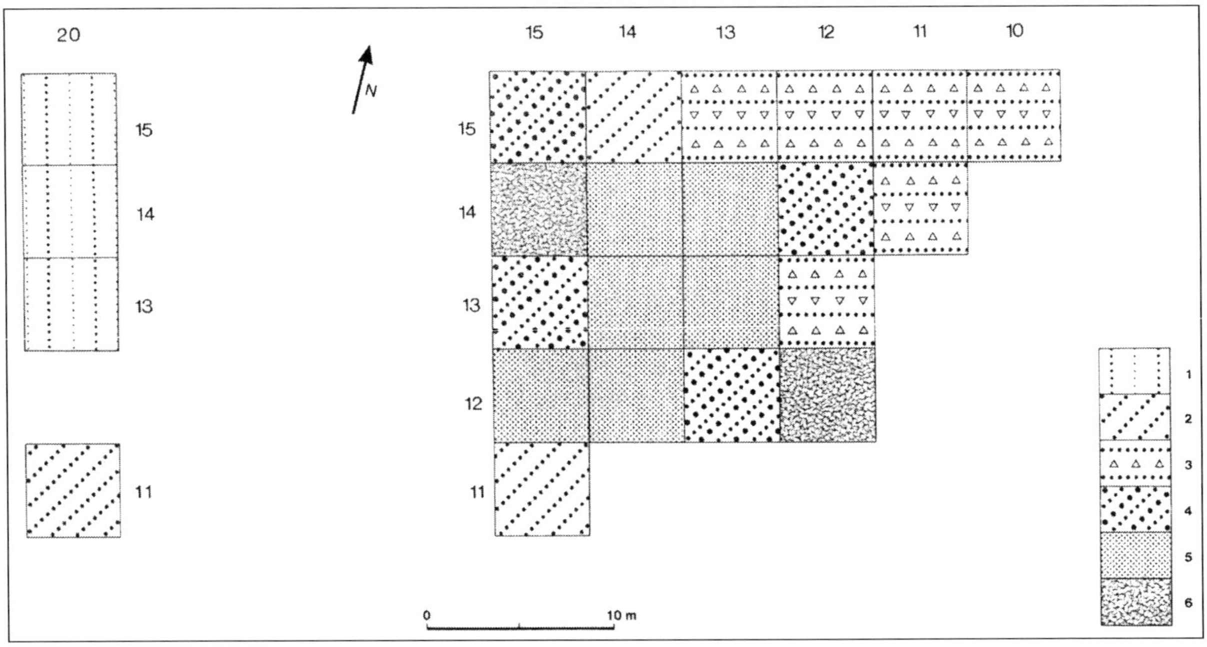

8. ábra: Az ásatási terület részletes ábrázolása. Felszíni összes lelet.
Jelkulcs: *1:* 0–2 *2:* 3–5 *3:* 6–10 *4:* 11–13 *5:* 14–15 *6:* 16–20 darab

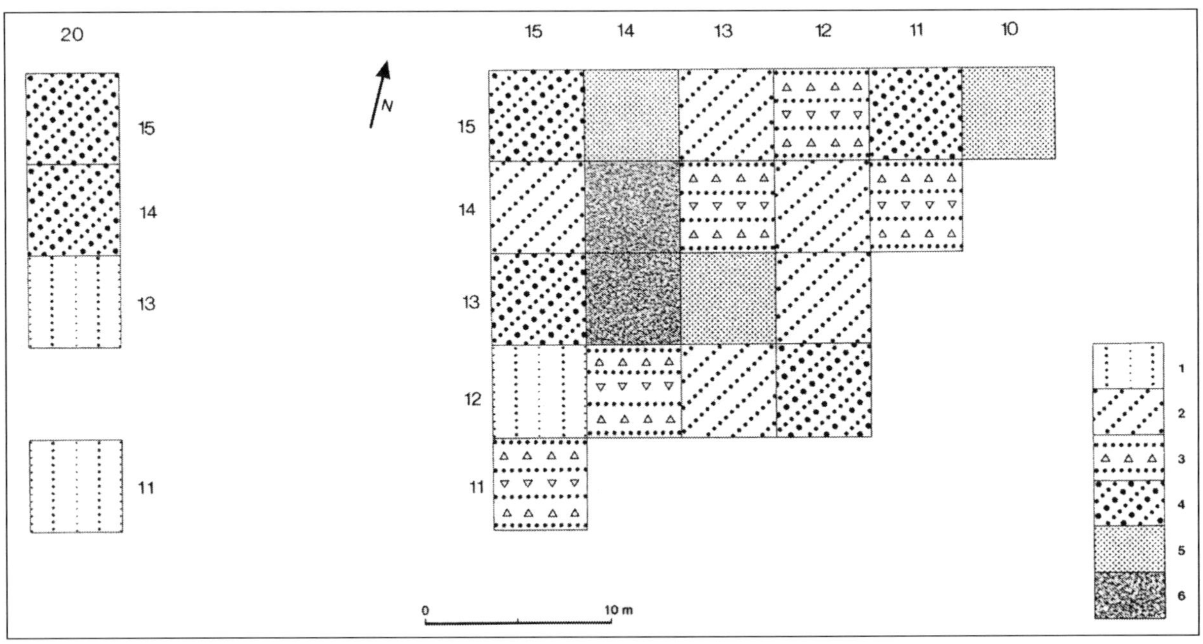

9. ábra: Az ásatási terület részletes ábrázolása. Összes lelet 0–30 cm mélységben.
Jelkulcs: *1:* 0–10 *2:* 11–20 *3:* 21–30 *4:* 31–50 *5:* 51–100 *6:* 101–150 darab

11/20), közülük háromban kétségkívül semmi sem volt. Pontosabban a szántott rétegben (0–30 cm) 50 alatt mozgott a leletek száma *(9. ábra)*, a 30–60 cm-es mélységben viszont ez a szám több, mint a felére csökkent, kivéve a 13/20. szelvényt, ahol ugrásszerűen megnövekedett *(10. ábra)*, és a szelvény ÉNy-i sarka közelében két bronzkori edény összetört darabjait találtuk egy csomóban. Beásás

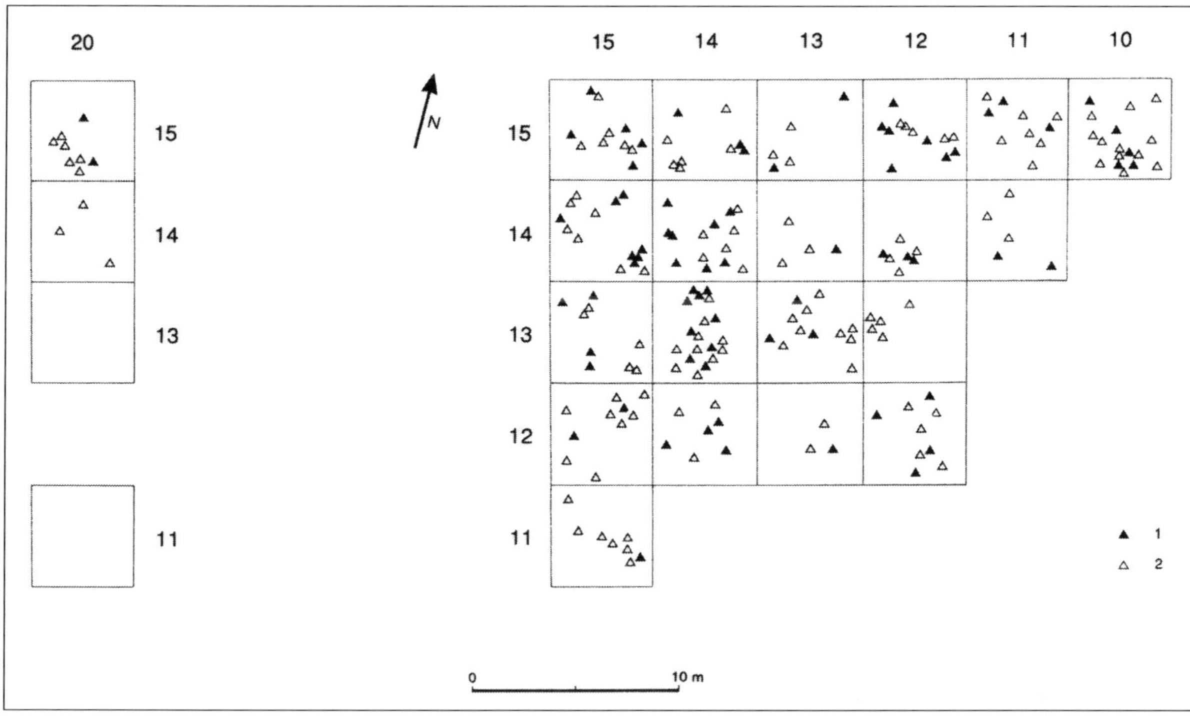

10. ábra: Az ásatási terület részletes ábrázolása. Összes lelet 30–60 cm mélységben.
Jelkulcs: *1:* Árpád-kori lelet *2:* őskori lelet

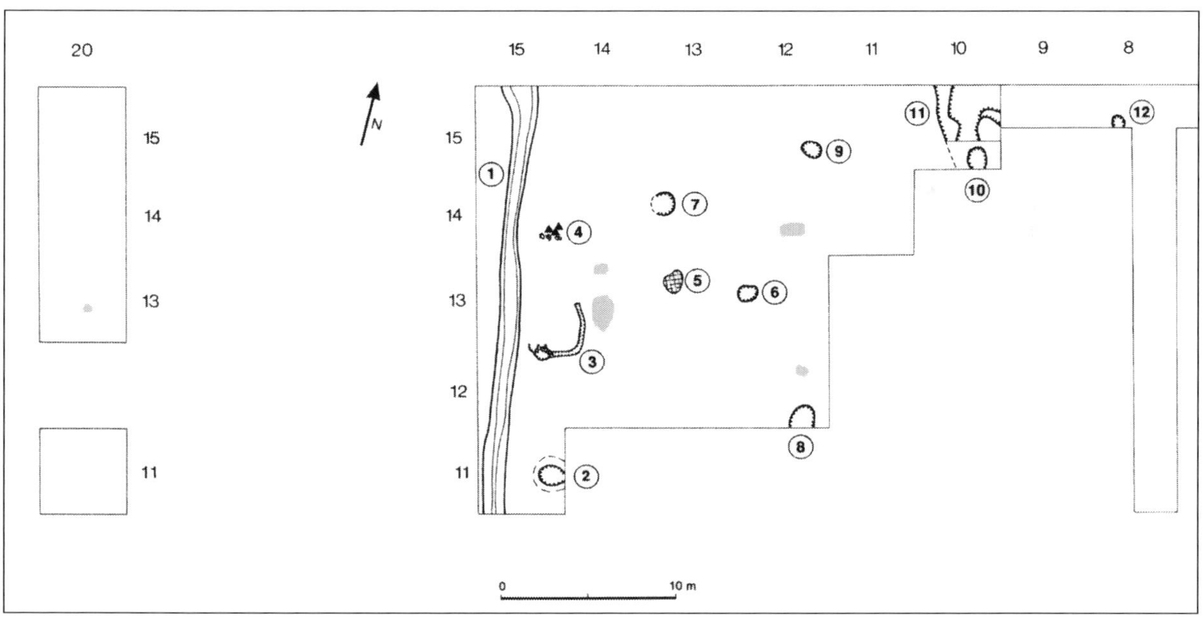

11. ábra: A feltárt objektumok összesítő rajza. A szám nélküli szürke foltok leletkoncentrációkat jeleznek

(gödör) vagy egyéb objektum szélét nem lehetett megfigyelni *(11. ábra)*. Ez a leletegyüttes magyarázza meg a felette, illetve a szomszédos (15/20) szelvényben mutatkozó magas leletszámot.

Ennél természetesen lényegesebbnek tartottuk azt, hogy megvizsgáljuk azt a területet, ahol a legtöbb felszíni anyagot gyűjtöttük. Ez a terület pedig a 11–15/11–15-ös szelvényeket tartalmazó, 25 x 25 méteres terület *(11. ábra)*.

A 11–15/15. szelvénysorban nagyjából É–D irányú, lekerekített aljú Árpád-kori árkot bontottunk ki (1. objektum). 30–60 cm-es mélységben három szelvényben szórványos Árpád-kori leletanyag utalt az árokra, a 14–15/15. szelvényekben mutatkozó nagyobb leletszám magyarázatát a 14/15. szelvényben talált Árpád-kori tűzhelymaradványban kereshetjük (4. objektum). A nagyobb területen szétszórt leletanyag minden bizonnyal egy vagy több, az elmúlt évtizedekben végzett talajlazítás következménye lehet, melynek nyomait sikerült a szelvény alján megfigyelni. A leletek ennek ellenére nem kerültek messze származási helyüktől.

A 12/15. szelvény ÉK-i sarkában a badeni kultúra[7] egy hulladékgödrét találtuk (3. objektum). A gödör felső részében, annak tetején sok kerámia és állatcsont, a betöltésben viszont igen kevés lelet volt. A 30–60 cm-es mélységben talált kevés lelet arra utal, hogy a gödröt még nem bolygatták meg, így nem sok lelet került ki belőle. Ez a kevés töredék viszont egyértelműen fölötte helyezkedett el. Hasonlóképpen, még határozottabban érvényesült ez a 11/15. szelvényben, ahol csak néhány lelet került ki abból az ugyancsak badeni gödörből, melyet a keleti fal mellett tártunk fel (2. objektum).

A 14–15/14. szelvényekben semmilyen objektumot sem találtunk. Ez már 30–60 cm-es mélységben észlelhető volt, hiszen a kevés lelet nem mutatott határozott csoportosulást. A 13/14. szelvényben viszont már 0–30 cm-es mélységben kiugró értékek jelentkeztek, a 30–60 cm-es szinten pedig határozott Árpád-kori leletcsoportosulásokat lehetett felfedezni. E koncentrációk két, jelentősebb csoportja Árpád-kori objektumot jelez, hiszen túlsúlyban vannak benne az ilyen korú leletek, közöttük egészen nagy bográcsdarabok, egy teljesen ép, szimmetrikus ekevas és más vastárgyak. A szurokfekete földben azonban semmilyen beásás vagy objektum foltja nem mutatkozott. A további mélyítés során (60–80 cm) a leletek teljesen elfogytak, és a sárga altalaj bukkant elő. Ennek alapján csak arra következtethetünk, hogy a 0–60 cm-es mélységben egy vagy két Árpád-kori objektum lehetett, mely a talajművelés következtében elpusztult. Maradványaikat csak a gondos lelettérkép segítségével rögzíthettük, de azok jellegét már nem lehetett meghatározni *(10. ábra).*

A 14–15/13. szelvényekben ismét kevés lelet volt, és az utóbbiban nem is találtunk semmit, az előbbiben viszont a nyugati fal mellett 60 cm-es mélységben egy badeni gödör halvány foltja mutatkozott. Sikerült feltárni egy teljesen zárt leletanyagú, ép vermet (7. objektum), mely egyben magyarázza azt is, hogy miért nem került innen cserép a felsőbb rétegekbe. A gödör metszete azt is igazolja, hogy az őskori járószint a mai felszíntől számított 30–60 cm-es mélységben lehetett, az Árpád-kori objektumok pedig erre települtek. Ez a humuszréteg a rézkor végén keletkezhetett, mert a szomszédos, 13/13. szelvényben a bronzkori makói kultúra gödre (6. objektum) már átvágta, hiszen leletanyagát bőséges számban megtaláltuk 30–60 cm-es mélységben. Az Árpád-kori település eróziós pusztulását is ez a szelvény bizonyította a legjobban. Alig 40 cm mélységben ugyanis egy szétszántott Árpád-kori tűzhely maradványait sikerült kibontanunk, melyben sütőharang töredéke is előfordult. Sajnos a szántás okozta pusztítások miatt a tűzhely alakját nem lehetett megállapítani, a sütőharang jelenléte és más körülmények arra utalnak, hogy szabadtéri nyílt tűzhely lehetett itt (5. objektum). Ebben az esetben pedig az Árpád-kori járószintet a mai felszíntől számított legfeljebb 40 cm-es mélységben rögzíthetjük.

A 15/12. szelvényben a felszínen, illetve a szántott rétegben talált kevés lelet a 30–60 cm-es szintben hirtelen kétszeresére nőtt, de csaknem egyenletesen szétszórva jelentkezett a szelvényben. A DK-i sarok közelében egy nagyon határozatlan körvonalú, kis kerek folt jelentkezett, melyről bebizonyosodott, hogy alig 50 cm mély, alul kissé kiöblösödő, kerek, Árpád-kori gödör (9. objektum). A szelvényben szétszórtan talált Árpád-kori leletanyag minden bizonnyal az elpusztított felső, 20 cm-es részéből származik.

---

[7] Az őskori leletanyagot Bondár Mária közölte: *Bondár* (1999).

A szomszédos 14/12. szelvényben a DNY-i sarok közelében rögzítettünk olyan leletcsoportot, amely ugyancsak elpusztult Árpád-kori objektumra utalhat. A 60 cm alatti mélységben ugyanis már nem volt semmi. A 13/12. szelvény nyugati fala mellett a 13/13. szelvényben észlelt bronzkori gödör (6. objektum) jelentkezett.

A 12/12. szelvényben 35 cm mélységben egy csomóban sárga agyagtömböket találtunk. A többi lelet: apróra zúzott paticsok és kevés Árpád-kori cserép viszont már egyenletesen szóródott a szelvény egész területén. Ennek ellenére feltételezhető, hogy ezek az agyagtömbök is egy szétszántott Árpád-kori kemence maradványai lehettek. Alatta egy badeni hulladékgödör foltja mutatkozott (8. objektum). A metszeten jól látszik, hogy a betöltődött gödör eredeti zártságában érte meg a feltárást, így érthető, hogy belőle származó leleteket nem találtunk a felsőbb rétegekben.

A 15/10. szelvényt azok után nyitottuk, hogy az ásatási terület keleti szélén ásott két kutatóárok közül a K–Ny-i irányú nyugati végében jelentősebb cserépkoncentrációt figyeltünk meg, és 30–60 cm-es mélységben a talaj is kevert, puha volt, amiből objektumra lehetett következtetni. A szelvényben 30–60 cm-es mélységben sok leletet találtunk, és a nyesés után a déli fal mellett egy kisebb ovális gödör (10. objektum) foltja jelentkezett. A szelvény nagyobb részét kitöltő kemény, fekete földrétegbe a 11. objektum volt beásva.

Összefoglalva az eredményeket, a lelőhelyen a badeni kultúra négy, a makói kultúra egy gödrét tártuk fel. Az Árpád-korba tartozik hat azonosított objektum, melyek közül kettő tűzhely, kettő gödör és egy árok. Ugyancsak Árpád-kori jelenség még további négy, régészeti objektumnak nem nevezhető leletcsoport, melyek közül kettőt a 13/14. szelvényben, egyet-egyet pedig a 12/12., illetve a 14/12. szelvényben rögzíthettünk. Ismeretlen a kora a 13/14. szelvényben talált csecsemősírnak, illetve a 12. objektumnak, és végül ismét a makói kultúrába tartozik az a cserépcsomó, melyet a 13/20. szelvényben, 30–60 cm mélységben találtunk.

A rézkori objektumok csaknem teljesen zártak, bolygatatlanok voltak, belőlük leletanyag még nem került a felszínre. A korszakhoz tartozó egykori járószintet a mai felszíntől számított 60 cm-es mélységben lehetett rekonstruálni. A bronzkori gödör maradványai már magasabban, 50–60 cm-es mélységben határozott leletcsoportok formájában jelentkeztek. A korszakhoz tartozó felszín tehát ebben a mélységben húzódhatott. Ez a réteg azonban fekete, keményen beiszapolódott agyagos vályog, melyben a beásások egyáltalán nem látszanak. Bizonyos jelek arra mutattak, hogy a modern talajművelés időszakosan ebbe a mélységbe is lehatolt. Az Árpád-kori felszín ennél is magasabban, a jelenlegi felszín közelében lehetett. Határozott körvonalú objektumot ezért csak ott lehetett találni, ahol ezek az objektumok 60 cm-nél mélyebbre nyúltak. A magasabban lévő létesítményeket csak a leletkoncentráció pontos térképezése alapján lehetett rögzíteni. Amennyiben a 12/12. szelvényben talált kemence maradványok tényleg földbevájt kemencéből származnak (a sárga agyag erre utal), akkor ezen a részen jelentős, legalább 30 cm-es erózióval is számolhatunk az Árpád-kort követő időszakban.

A felszíni leletanyag intenzitása tehát olyan Árpád-kori objektumokat jelzett, melyek a jelenlegi felszínhez közel lévén, már jórészt elpusztultak. Ezek megfigyelésére pedig csak a felszíni és a föld alatti leletek gondos térképezése nyújt lehetőséget. Az adatok egybevetéséből az látszik, hogy a felszíni horizontális leletmozgás 5–10 m között van, a vertikális pedig zömmel csak a szántott rétegre (0–30 cm) korlátozódik. Ennek megfelelően a felszínen talált leletanyag a művelésnek megfelelően „forog", vagyis megjelenik, eltűnik, majd ismét felbukkan a felszínen.

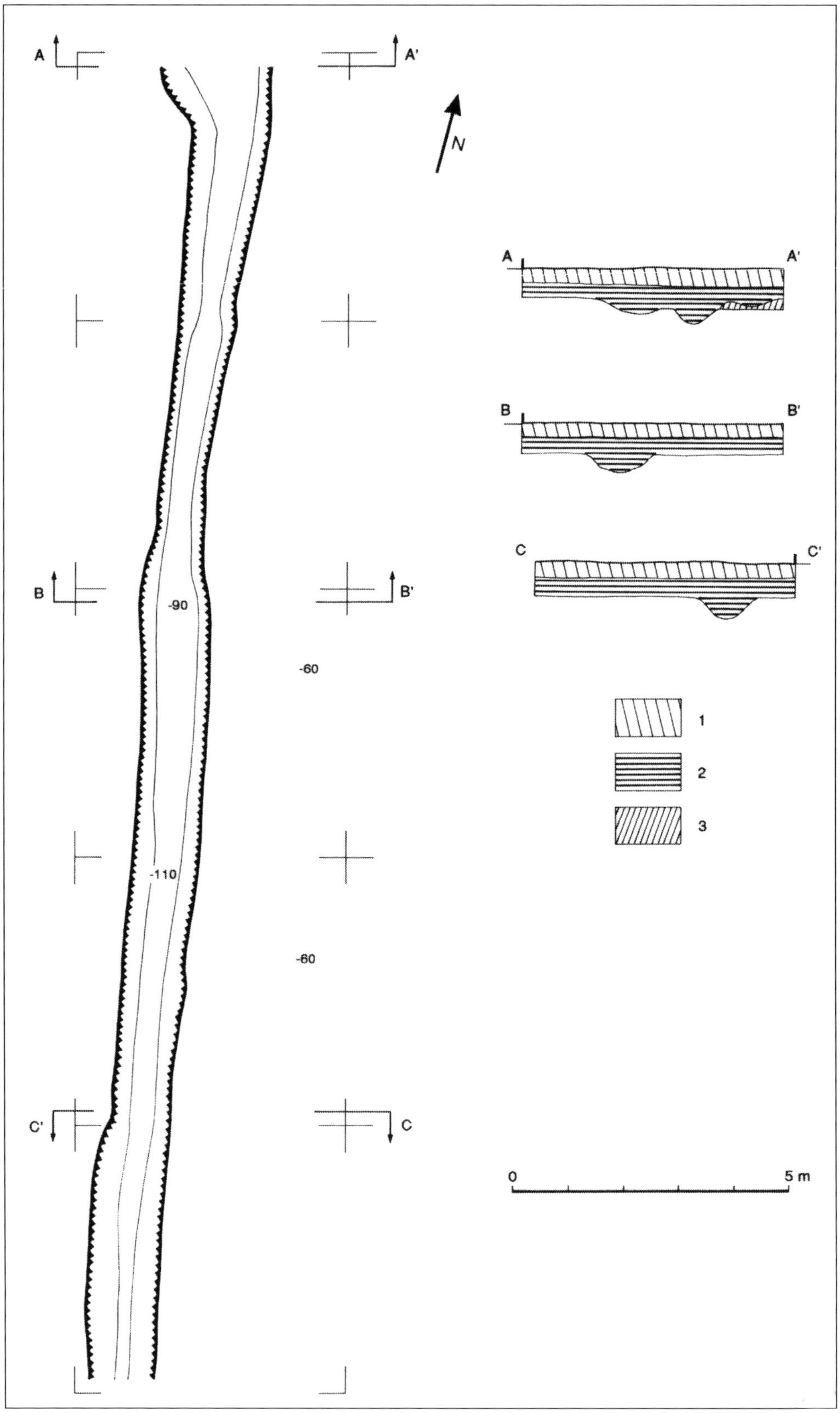

12. ábra: 1. objektum (Árpád-kori árok) rajza.
Jelkulcs: *1:* szántás *2:* fekete, tömör szubhumusz *3:* sárga altalaj

A feltárt objektumok

1. objektum (11–15/15. szelvényben, *12. ábra*). Majdnem pontosan É–D irányú, egyenes futású árok, melynek 60 cm mélységben mért átlagos szélessége 120 cm, legkeskenyebb szakaszán 90 cm. A feltárt terület északi végén kiszélesedik, itt eléri a 2 métert is. Tölcséresen szűkül, alja lekerekített. A felszíntől számított 60 cm-es mélységtől mérhető mélysége 30–35 cm. Ha feltételezzük, hogy az árkot az előző fejezetben rekonstruált rétegviszonyok szerint, az egykori felszínről mélyítették, akkor legalább 70 cm mély, és kb. 140 cm széles lehetett. Ezzel szemben a szubhumuszban nemcsak körvonalai nem látszottak, hanem a leletanyag térbeli elhelyezkedése *(10. ábra)* alapján sem lehet bizonyosra venni, hogy mélyebb lett volna annál, mint amit ténylegesen mérni lehetett.

Az árok betöltéséből összesen 41 db lelet került leltárba. Ezek többsége különböző korból (őskor, szarmata kor) származó cserép, de a 9 db (21,9%) Árpád-kori töredék a keltező értékű. Ezek az alábbiak:

Barna, egyenletes égetésű, finomra őrölt kaviccsal soványított, díszítetlen oldalak,[8] barna és szürke, szürke törésű, tört kaviccsal soványított oldal és fenék,[9] ugyanilyen anyagú díszítetlen oldal,[10] továbbá egy hasonló díszítetlen oldal.[11] A gyűjteményhez tartozik még egy barnásszürke kézimalom kövének peremdarabja[12] és egy másik szürke kézimalom-kő egyik oldalán faragott része.[13]

2. objektum (11/15. szelvényben, *13. ábra*). Rézkori (badeni) gödör. Kerek, tölcséresen szűkülő méhkas alakú verem, kis részben a szelvény keleti fala alá húzódik, mely feltáratlan maradt. Legnagyobb mérhető szájátmérője 200 cm, mely nyakánál 120–140 cm-re szűkül, míg az alja ismét 220 cm-re szélesedik ki. Alja a mai felszíntől mérve 195 cm mélyen van, a gödör mérhető mélysége 140 cm. Betöltése fekete iszappal váltakozó sárga lösz.

3. objektum (12/15. szelvényben, *14. ábra*). Meghatározhatatlan alakú gödör, melybe keletről egy keskeny árok csatlakozik. Északi széle a szelvény tanúfala alatt zárul. A gödör mérhető legnagyobb szélessége É–D irányban 125, K–Ny irányban 135 cm. A becsatlakozó kis árok szélessége 35–40 cm. Nyugati és keleti oldala lépcsőzetesen mélyül, déli széle viszont teknőszerű (B–B' és C–C' metszetek). A kis árok falai egyenesek, két oldalán, az Árpád-kori bolygatásoktól mentes kis szakaszon a sárga altalaj is megfigyelhető volt (A–A' metszet). A gödör alja a mai felszíntől 135 cm-re volt, legnagyobb mérhető mélysége 45 cm. A kis árok alját 90 cm mélyen találtuk, mérhető mélysége mindössze 25 cm. A gödör betöltése igen keményen beiszapolódott sárgával kevert szürke agyag, melyben csak kevés, kopott őskori (badeni) cserép volt. Figyelemre méltó viszont, hogy 60–65 cm mélységben a betöltésben igen sok állatcsontot találtunk.

4. objektum (14/15. szelvényben, *15. ábra*). Szétszántott Árpád-kori kemence maradványai 50–55 cm mélységben, a szelvény DK-i sarkában. Sikerült egy rövidke szakaszon (40 cm) megfigyelni a jellegzetes, 4 cm vastag sárga agyagréteget, melynek iránya ÉNy–DK. Ezenkívül csak paticsdarabokat és feltűnő koncentrációban Árpád-kori cserepeket találtunk. Jelentős átégés, vagy letapasztott kemencealj nem volt, inkább csak földdel kevert paticsszemek összefüggő rétege mintegy két tenyér-

[8] Munsell 5YR 4/4. ltsz.: 91.2.21. A 11/15. szelvényből. 2 db. Ehhez a korhoz soroltunk még egy kisebb paticsdarabot is. A leletanyagot a szarvasi múzeum (TSM) őrzi.

[9] ltsz.: 91.2.97. 2 db.

[10] ltsz.: 91.2.115. 14/15. szelvényből.

[11] Munsell 2.5YR 5/8. ltsz.: 91.2.132. 15/15. szelvényből.

[12] ltsz.: 91.2.80. A 12/15. szelvényből.

[13] ltsz.: 91.2.98. 13/15. szelvényből.

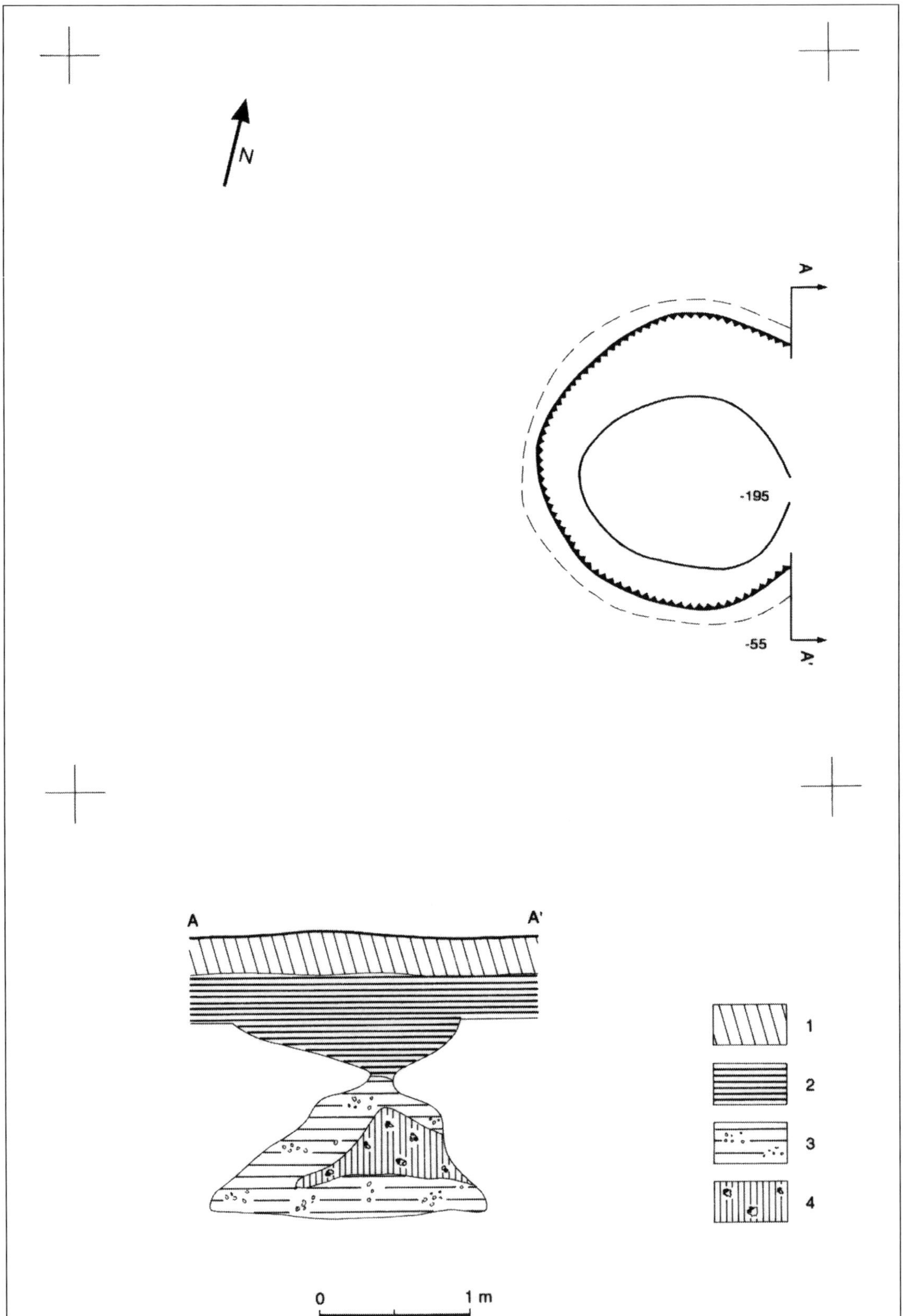

13. ábra: A 2. objektum (badeni gödör) rajza. *Jelkulcs*: *1:* szántás *2:* fekete, tömör szubhumusz *3:* fekete, tömör, helyenként kavicsszemekkel *4:* sárga, kemény, apró mészszemekkel és kevés feketével kevert

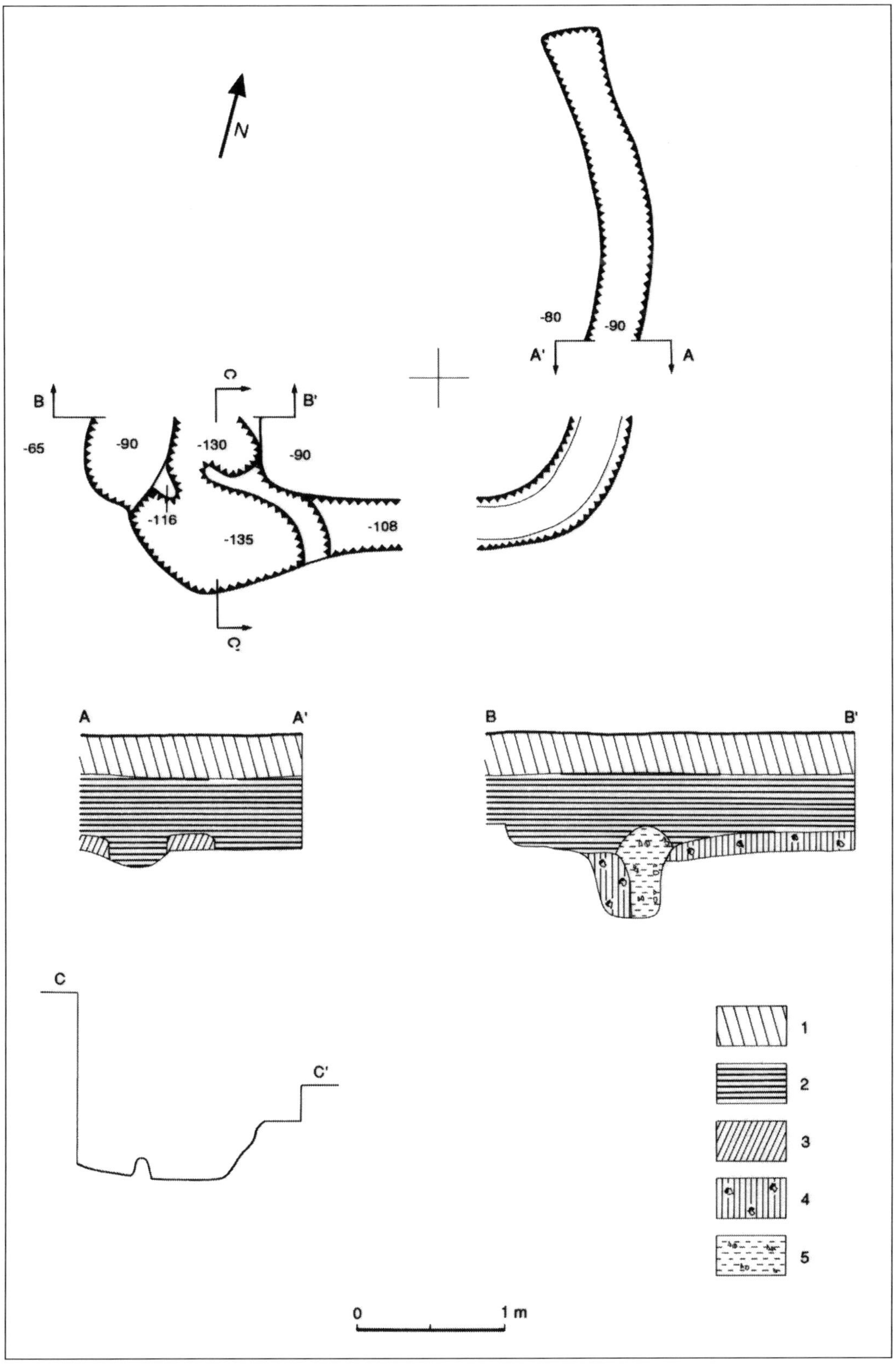

14. ábra: A 3. objektum (badeni gödör) rajza. *Jelkulcs*: *1:* szántás *2:* fekete, tömör szubhumusz *3:* sárga altalaj *4:* sárga, kemény, apró mészszemekkel és kevés feketével kevert *5:* világosszürke, kemény, apró paticsokkal és sárga rögökkel kevert

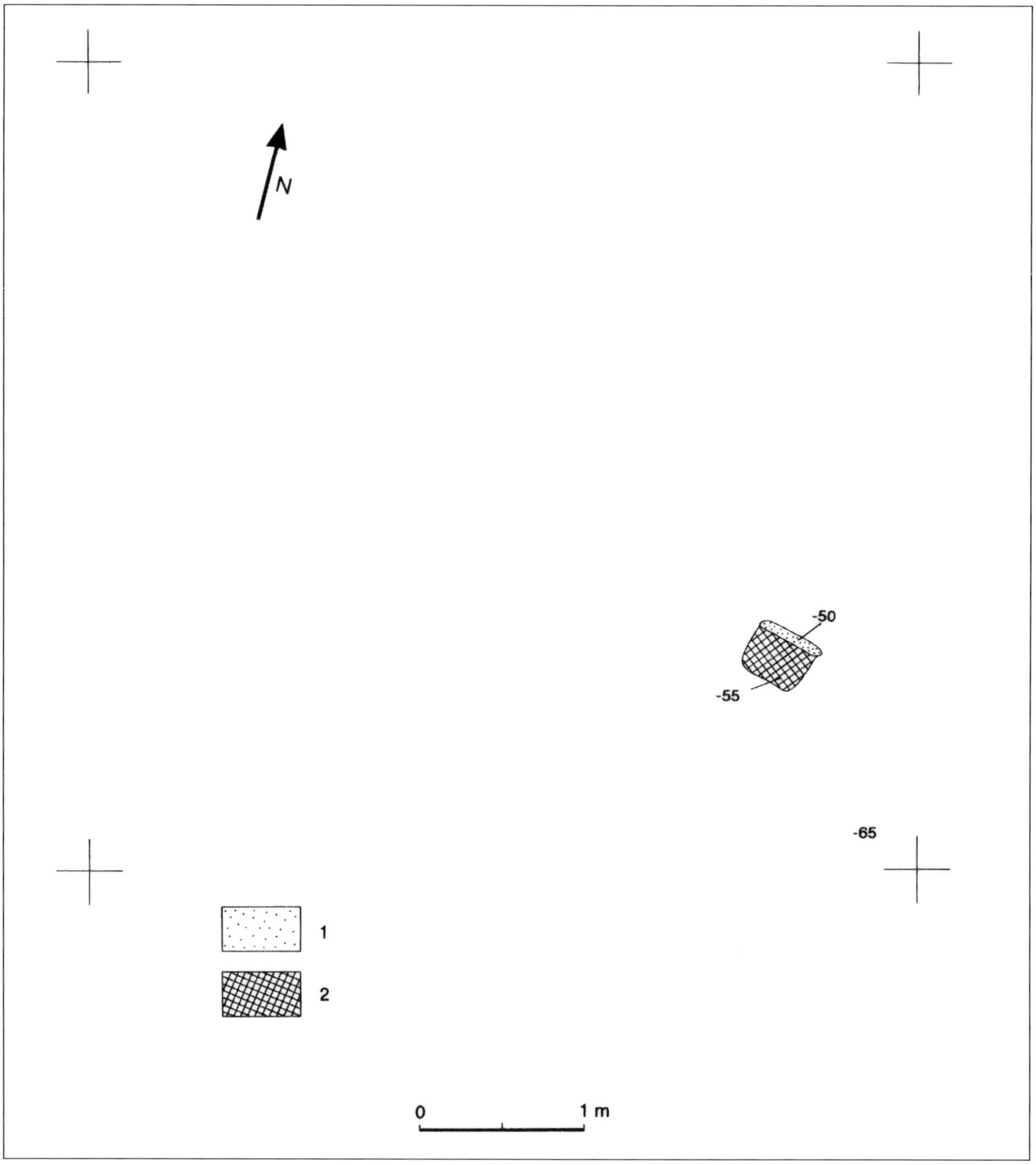

15. ábra: A 4. objektum (Árpád-kori kemence) rajza. *Jelkulcs*: *1:* sárga agyag *2:* átégett felület

nyi szélességben és 15 cm vastagságban. A cserepek e réteg felett, illetve tőle keletre, a szelvény fala mellett csoportosultak. (A leleteket a szórványok között ismertetem.)

5. objektum (13/13. szelvényben, *16. ábra*). A szelvény ÉNy-i sarkában, 35–40 cm mélyen, 110 x 150 cm nagyságú, ellipszis alakú területen szétszántott Árpád-kori tűzhely maradványait találtuk. Tenyérnyi tapasztásdarabok, Árpád-kori cserepek és állatcsont koncentrálódtak itt, de semmi sem utalt arra, hogy akár egyetlen darab is az eredeti helyén lett volna. Elbontásakor kiderült, hogy a tapasztásdarabok jelentős része egy szétmállott sütőharangból származik, ezenkívül a Körös-kul-

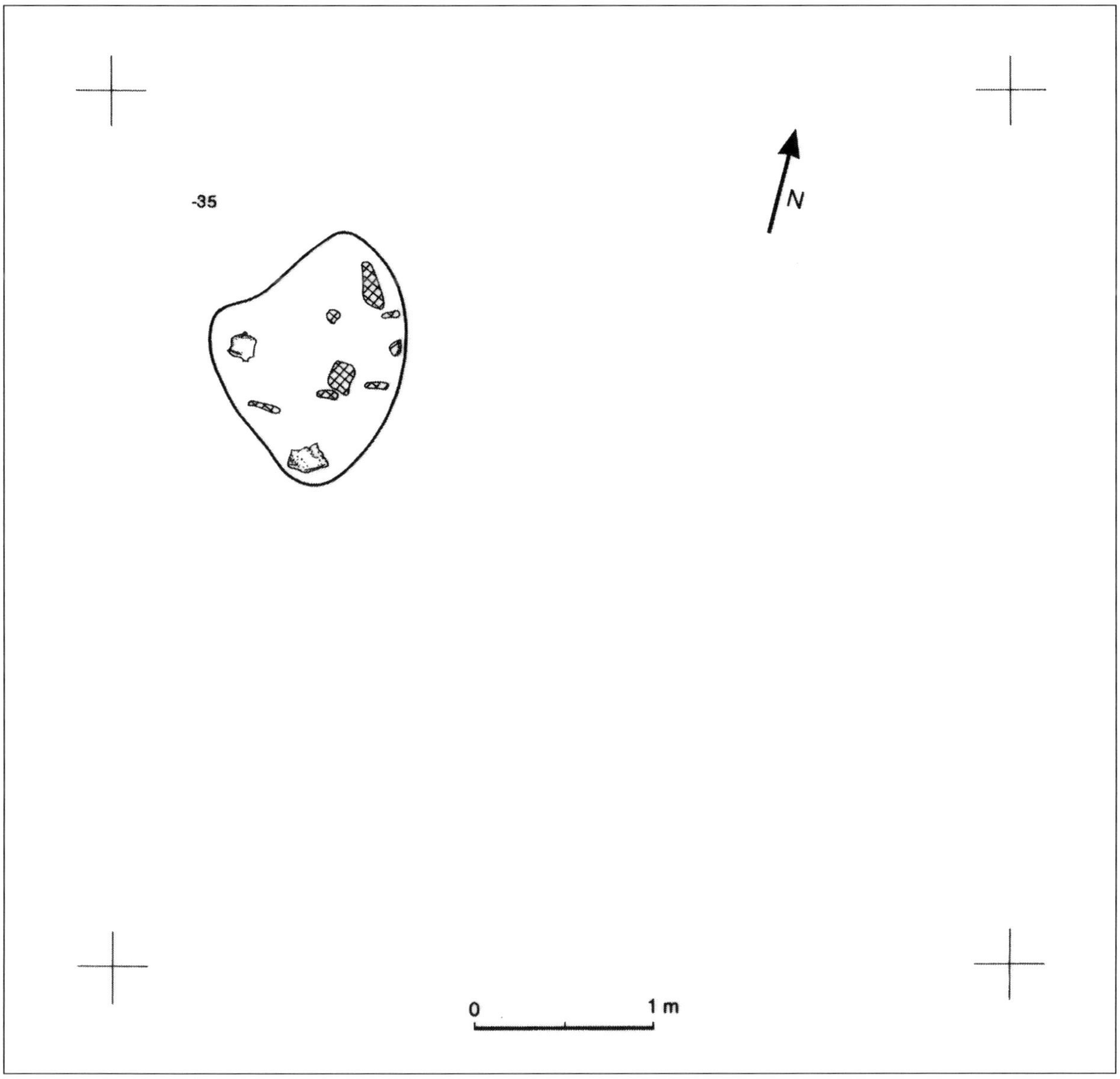

16. ábra: Az 5. objektum (Árpád-kori tűzhely) maradványainak felülnézeti rajza

túra egy nagyobb edényének díszített oldalfala is a gyűjteményhez tartozik, melyet minden bizonnyal a szomszédos 6. lelőhelyről hozhattak, és építettek be a tapasztásba. Tekintettel arra, hogy sárga agyagdarabokat nem találtunk, és a tulajdonképpeni paticsok száma is nagyon kevés, inkább nyílt tüzelőhelyre gondolhatunk.

Árpád-kori leletei:

Barna, szürke törésű, tört kaviccsal soványított, kifelé megvastagodó bográcsperem,[14] továbbá ugyanilyen anyagú, díszítetlen oldalak.[15] Világosbarna, durva kaviccsal és pelyvával soványított sütőharang perem- és oldaldarabjai. Füléből semmi sem maradt. Sajnos nem volt sem összeállítható, sem kiegészíthető[16] *(4. tábla 6.)*.

[14] Munsell 5YR 3/1. ltsz.: 91.2.220.

[15] Munsell 5YR 5/1, 5/3, 5/4. ltsz.: 91.2.221. 4 db.

[16] ltsz.: 91.2.222. 7 db.

6. objektum (13/12. és 13/13. szelvényben, *17. ábra*). Nagyjából kerek, 140 x 120 cm legnagyobb átmérőjű, teknőszerűen szűkülő aljú gödör, melyben a makói kultúra sok cserepét találtuk. Alja a jelenlegi felszíntől 145 cm mélyen volt, mérhető legnagyobb mélysége 80 cm. A leletek főleg a gödör tetején, 30–60 cm mélységben, illetve a betöltés felső részében, 90 cm mélyen, egy kisebb területen koncentrálódtak. Eddig a mélységig a betöltés fekete, keményre iszapolódott agyag volt, és ezért a gödör körvonalait csak a leletek elhelyezkedése alapján utólag lehetett rekonstruálni. Ez alatt, az állatjárásokkal nagyon átforgatott, és fokozatosan sárguló földben viszont már csak kevés cserepet találtunk.

7. objektum (14/13. szelvényben, *18. ábra*). A badeni kultúra méhkas alakú verme a szelvény nyugati fala mellett. Szájátmérője 135 cm, mely a nyakánál 95 cm-re szűkül. Alsó legnagyobb szélessége ismét 130 cm, alja nem egyenes, hanem teknőszerű. A felszíntől mért mélysége 200 cm, mérhető legnagyobb mélysége 135 cm. Nagy mennyiségű állatcsont és cserép került ki belőle, betöltésében a sárga és fekete rétegek váltakoznak.

8. objektum (12/12. szelvényben, *19. ábra*). A szelvény déli fala mellett részben kibontott, ovális alakú, 140 x 80 cm nagyságú gödör. Jellegzetessége, hogy csak 85 cm mélységben lehetett a körvonalait megfigyelni. A gödör zárt jellegére utal az a körülmény is, hogy a felette lévő szinteken semmilyen leletkoncentráció sem utalt jelenlétére. Nyugati oldala egyenes, keleti széle viszont alul a fal alá mélyed, az itt mérhető legnagyobb átmérő 150 cm. Alja is szinte egyenes, a felszíntől számítva 160 cm mélyen találtunk rá. Betöltése keményre iszapolódott, sárgával kevert szürke agyag. A leletanyag alapján a badeni kultúra idején keletkezett.

9. objektum (15/12. szelvényben, *20. ábra*). Ovális, 100 x 120 cm átmérőjű Árpád-kori vermecske, melynek kerek alja 105 cm-re volt a jelenlegi felszíntől. Mérhető mélysége 50 cm. Oldalai függőlegesek, csak az alsó 20 cm-es magasságban szélesedik ki.

Árpád-kori leletei:

Barna, kívül egészen fekete, szürke törésű, tört kaviccsal soványított bogrács ívelt oldala,[17] barna, szürke törésű, tört kaviccsal soványított, díszítetlen oldalak,[18] továbbá kisebb, alaktalan paticsdarabok.[19] Kisebb, egyik végén hegyes vasdarab *(6. tábla 4.)*.[20]

10. objektum (15/10. szelvényben, *21. ábra*). A szelvény déli fala mellett, 60 cm mélységben 100 x 110 cm-es, alig 30 cm mély gödör, melyben barna, laza, hamus föld volt, melyet a rágcsálók járatai erősen megbolygattak. A gödör érdekessége, hogy nem a bolygatatlan altalajba, hanem egy tömör, fekete, paticcsal és őskori cserepekkel kevert rétegbe ásták. A gödör egyetlen korhatározó lelete egy barna, kívül kormos, szürke törésű, tört kaviccsal soványított, díszítetlen oldal.[21]

11. objektum (15/10. szelvényben, *21. ábra*). Legalább 360 cm széles, meghatározhatatlan objektum, melynek egyedül a nyugati széle biztos, minden más irányban túlhaladt a szelvény szélein. Közepe felé lépcsőzetesen mélyülő, legmélyebb pontján 45 cm mély, hepehupás, gidres-gödrös, állatjárásokkal keresztül-kasul bolygatott alját ezért teljes bizonyossággal meghatározni nem lehet. A felszíntől számított legnagyobb mélysége 105 cm. A betöltés keménysége, a mélyedés alaktalan volta, a padló nyomainak teljes hiánya kizárja ház voltát. A benne talált leletanyag száma is elenyésző, a felette gyűjtött cserepek pedig vegyesen őskoriak és Árpád-koriak.

17 Munsell 5YR 4/3. ltsz.: 91.2.347.

18 Munsell 5YR 4/3, 5/2, 5/4, 5/8, 6/1, 6/4. ltsz.: 91.2.348. 17 db.

19 ltsz.: 91.2.349. 5 db.

20 ltsz.: 91.2.350.

21 Munsell 5YR 5/4. ltsz.: 91.2.404.

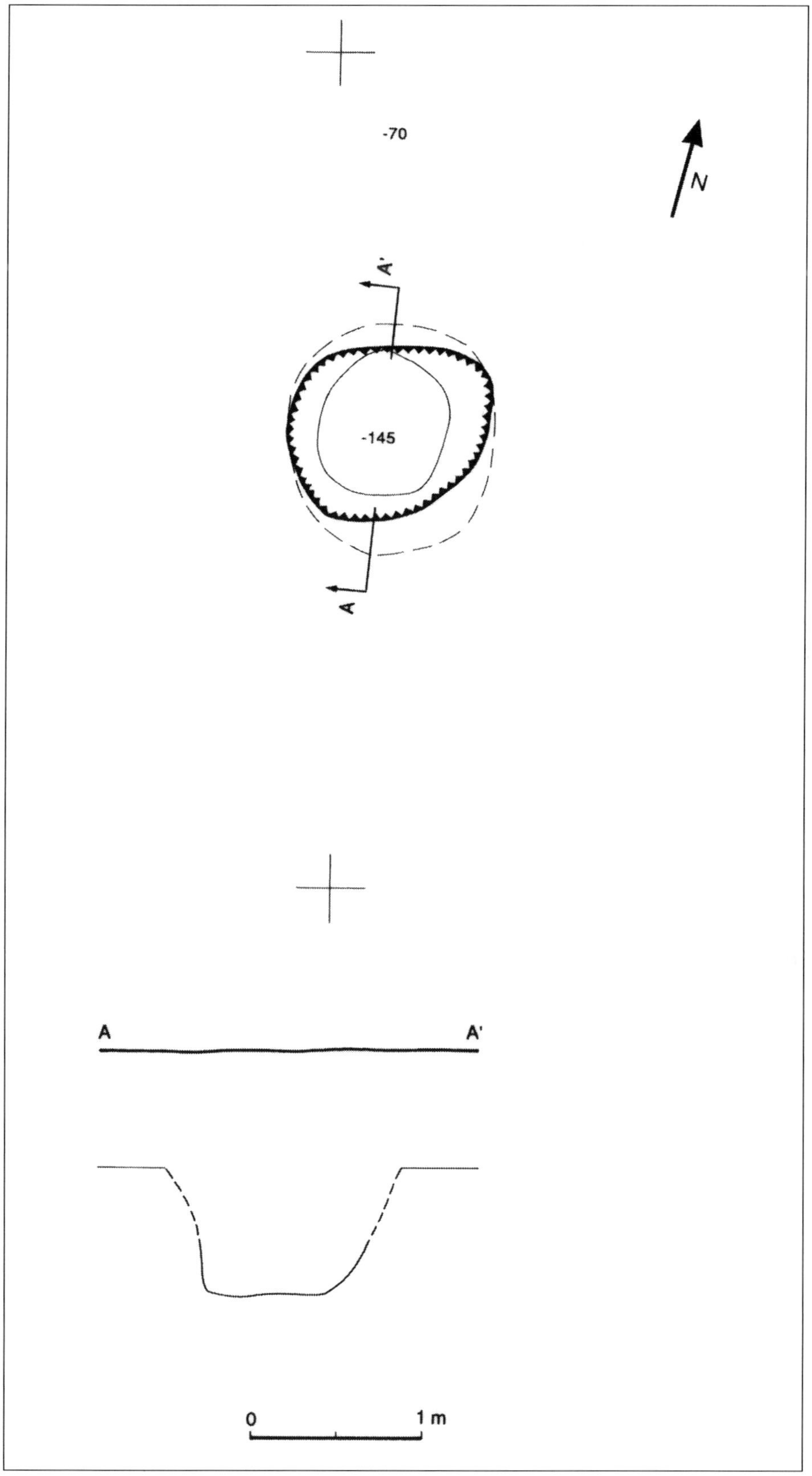

17. ábra: A 6. objektum (bronzkori gödör) rajza

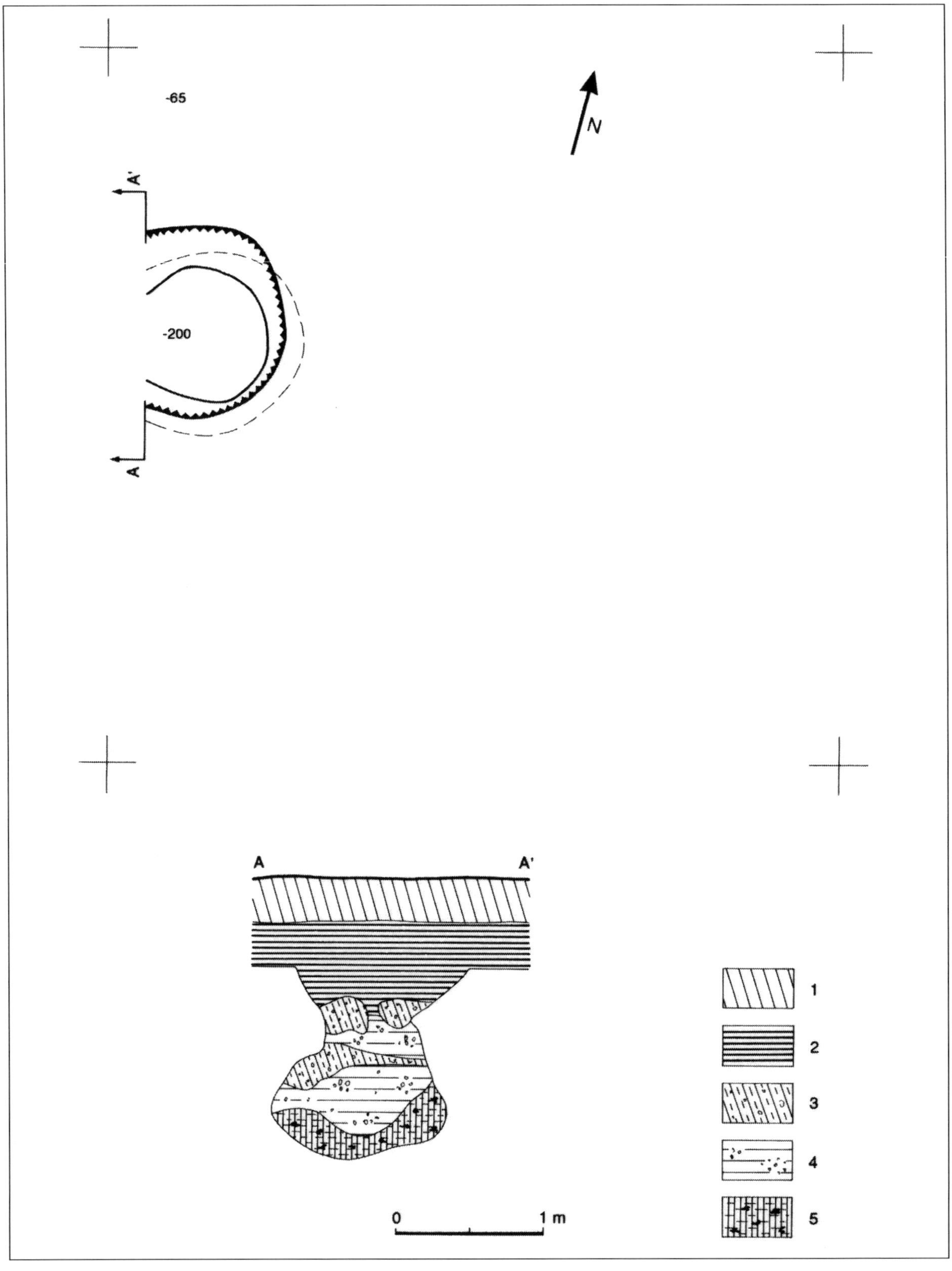

18. ábra: A 7. objektum (badeni gödör) rajza. *Jelkulcs*: *1:* szántás *2:* fekete, tömör szubhumusz *3:* sárga löszcsomó, apró kaviccsal kevert *4:* fekete, tömör, helyenként kavicsszemekkel *5:* szürkéssárga, kemény, apró faszénszemekkel kevert

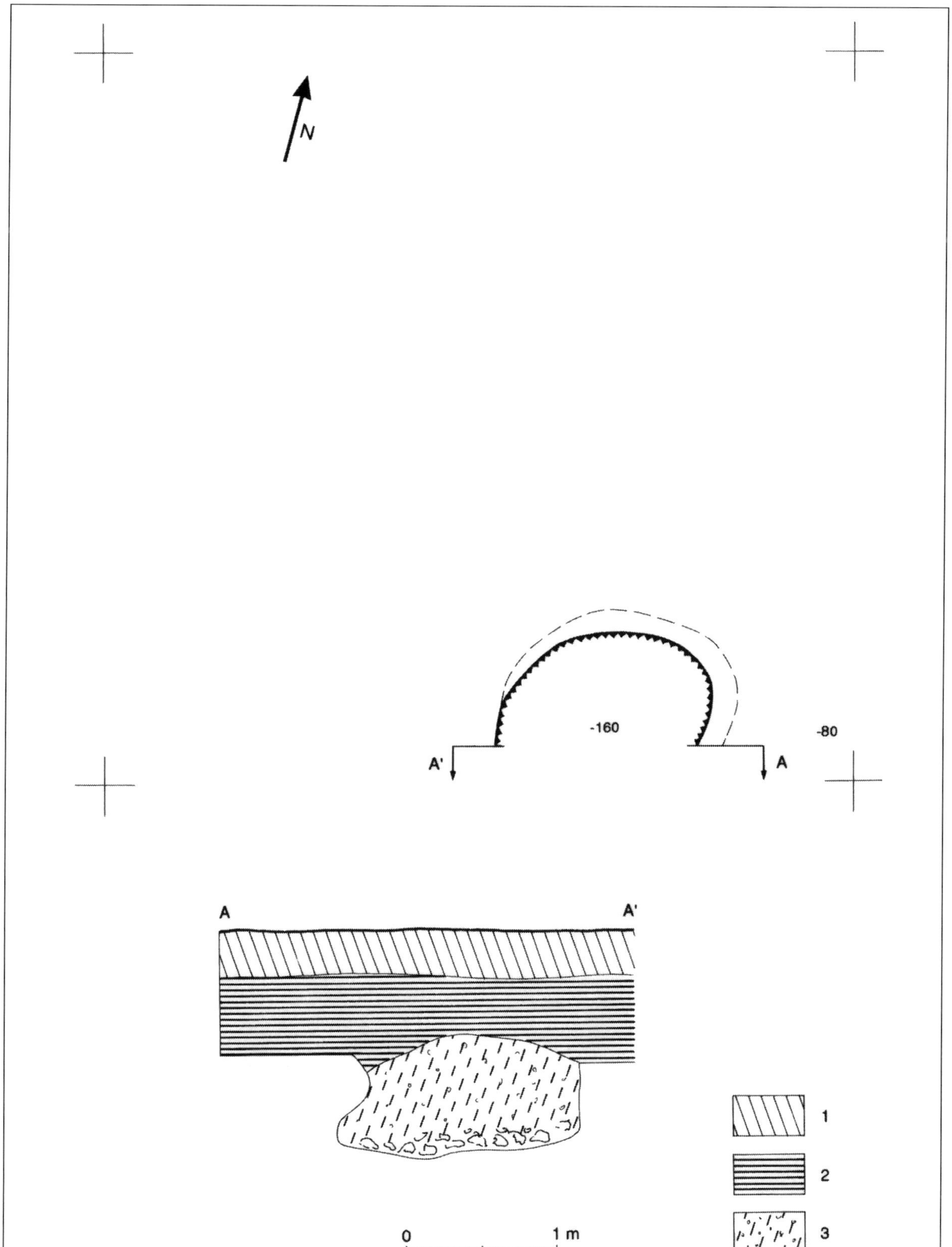

19. ábra: A 8. objektum (badeni gödör) rajza. *Jelkulcs*: *1:* szántás *2:* fekete, tömör szubhumusz *3:* szürke, tömör, sárga szemcsével, alján sárga rögökkel kevert

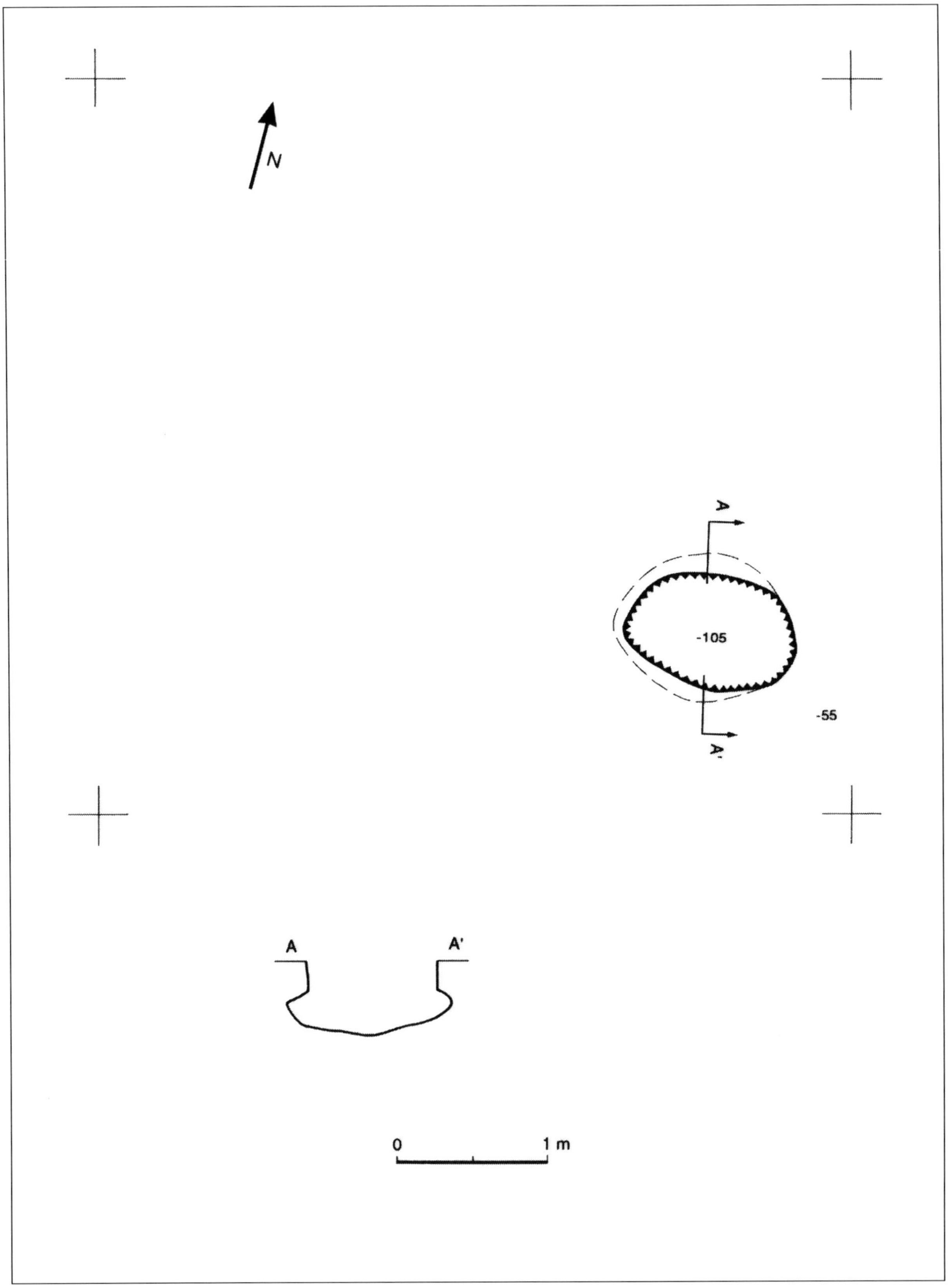

20. ábra: A 9. objektum (Árpád-kori gödör) rajza

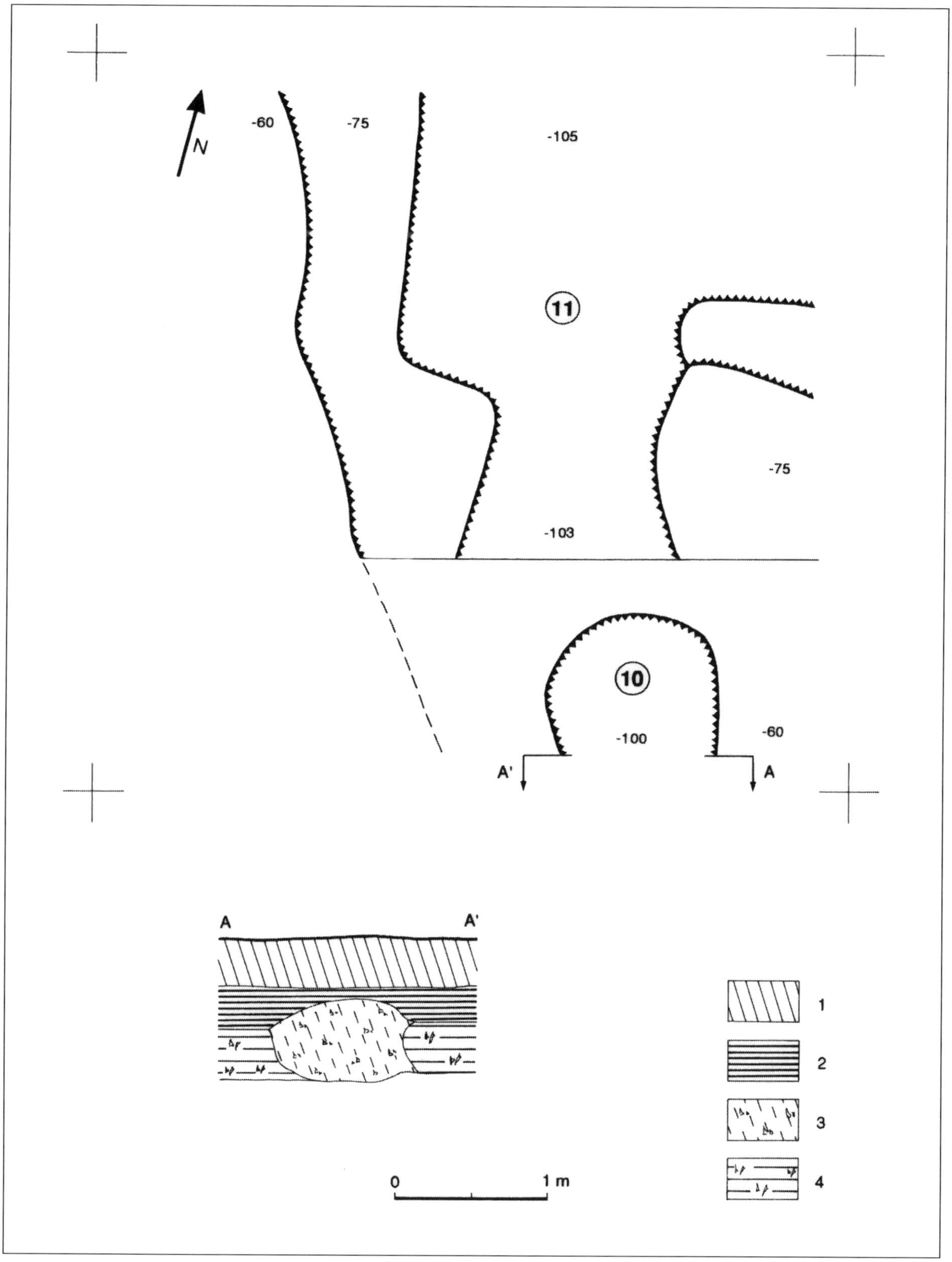

21. ábra: A 10. és 11. objektum (Árpád-kori gödrök) rajza. *Jelkulcs*: *1:* szántás *2:* fekete, tömör szubhumusz *3:* világosbarna, igen laza, apró paticsszemekkel kevert, állatjárásokkal sűrűn tarkított *4:* fekete, tömör, paticcsal és cseréppel kevert őskori járószint

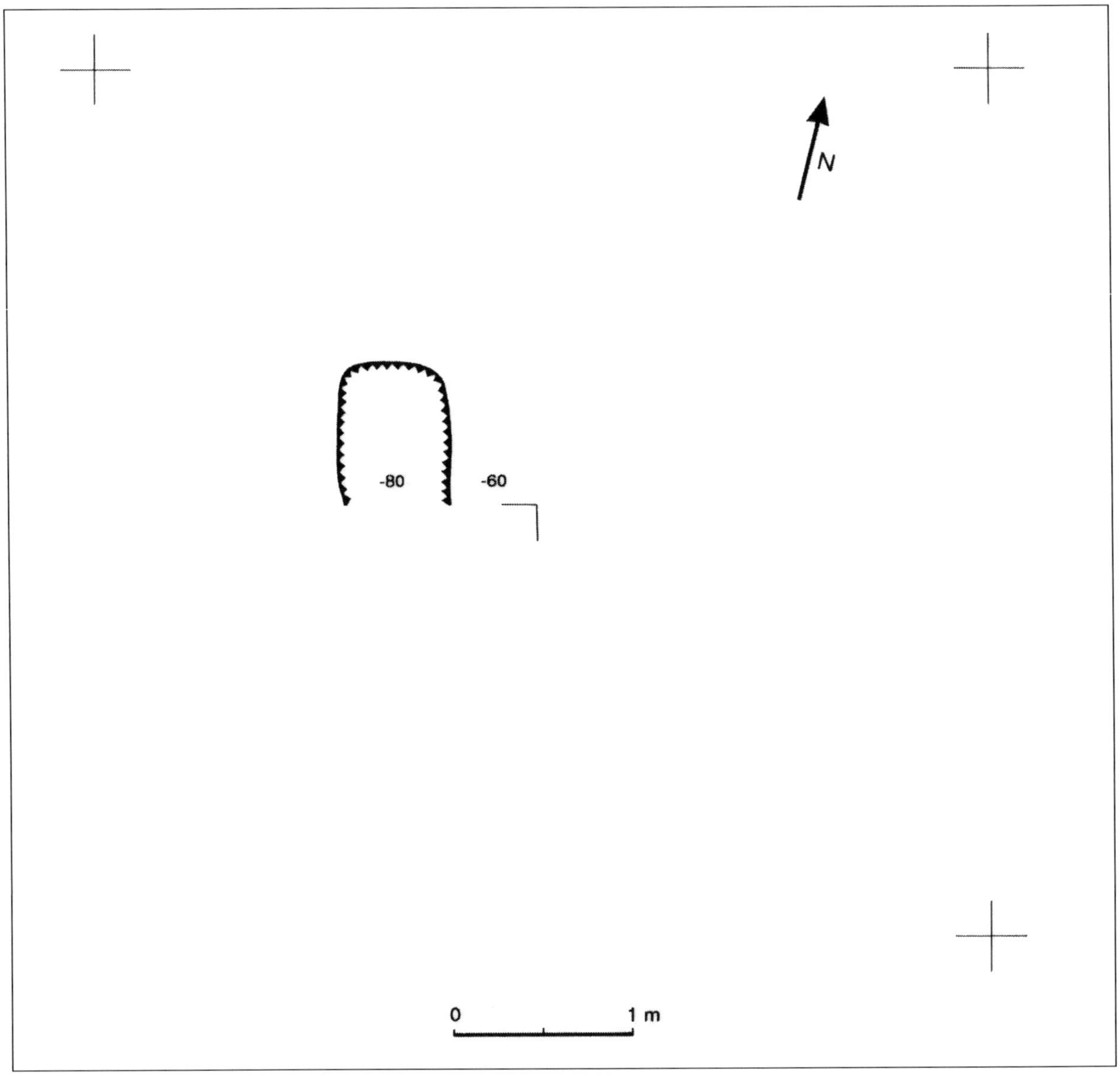

22. ábra: A 12. objektum (Árpád-kori árok) rajza

Az objektumból előkerült barna, szürke törésű, tört kaviccsal soványított, másodlagosan átégett, díszítetlen oldalak[22] azonban kétségtelenül az Árpád-korra keltezik, de az is bizonyos, hogy a 10. objektumot ennek a betöltésébe ásták bele.

12. objektum (15/8. szelvényben, *22. ábra*). A szelvény déli fala alá húzódó 65 cm széles, 80 cm hosszú, minden bizonnyal árok részlete, melynek alját a felszíntől számítva 80 cm mélységben találtuk. Ennek megfelelően mérhető mélysége mindössze 20 cm. Benne keltező értékű leletet nem találtunk, csak feltételezhető, hogy Árpád-kori.

[22] ltsz.: 91.2.407. 4 db.

Objektumhoz nem köthető leletcsoportosulások

Egy csecsemő csontvázdarabkái kerültek elő a 13/14. szelvényből, 30–60 cm-es mélységből. A csekély maradványok alapján a sír pontos elhelyezkedését nem lehetett rögzíteni.

A 13/14. szelvényben 30–60 cm mélységben két olyan leletcsoportosulást sikerült megfigyelni, melyekben az átlagosnál több Árpád-kori kerámia volt, így joggal következtethetünk arra, hogy egy vagy két ismeretlen objektum maradványairól van szó. Az északi, kisebb koncentrációban egy vas ládika darabjait, a déli, lazább csoportban pedig cserepeket találtunk. Az ekepapucs a két csoport között helyezkedett el, 0–30 cm közötti mélységben.

A 14/12. szelvényben 30–60 cm mélységben kisebb Árpád-kori leletcsoport.

A 12/12. szelvényben 30–60 cm mélységben kemence maradványai, mely minden bizonnyal ugyancsak Árpád-kori lehetett.

A 13/20. szelvényben 30–60 cm mélyen, egy csomóban a makói kultúra edénydarabjait találtuk minden egyéb, objektumra utaló jelenség nélkül.

Objektumhoz nem köthető szórványleletek

Ebben a fejezetben az egyes szelvényekben talált Árpád-kori szórványleleteket ismertetem, mélységek szerint.

11/8. szelvényben, 0–30 cm.

Vörösesbarna, szürke törésű, tört kaviccsal soványított bográcsperem. Mindkét irányba kiszélesedő, lapos átmetszetű, karéjos lyukkiképzésű.[23] Világosbarna, szürke törésű, tört kaviccsal soványított bográcsperem. Kifelé megvastagodó, szögletes átmetszetű.[24] Vörösesbarna, szürke törésű, (bár csak igen keskeny csíkban a közepén), tört kaviccsal soványított díszítetlen oldalak.[25]

11/15. szelvényben, 0–30 cm.

Vörösesbarna, szürke törésű, csillámos homokkal soványított, alig megvastagodó, lekerekített bográcsperem.[26] Sötétszürke, fekete törésű, tört kaviccsal soványított, mindkét irányba megvastagodó bográcsperem.[27] Vörösesbarna, szürke törésű, tört kaviccsal soványított, díszítetlen oldalak.[28]

11/15. szelvényben, 30–60 cm.

Szürke, finom csillámos homokkal soványított, gyorskorongolt, ívelt falú, bordadíszes oldal.[29] Vörösesbarna, egyenletes égetésű, tört kaviccsal soványított, díszítetlen oldal.[30]

11/20. szelvényben, 0–30 cm.

Vörösesbarna, szürke törésű, tört kaviccsal soványított díszítetlen oldal.[31]

11/20. szelvényben, 30–60 cm.

Vörösesbarna, szürke törésű, finomra őrölt kaviccsal soványított, bordásnyakú edény nyak- és vállrésze. Sajnos nincs meg a perem, csak egy borda[32] *(4. tábla 3.).*

---

[23] Munsell 5YR 6/4. ltsz.: 91.2.1.

[24] Munsell 5YR 7/4. ltsz.: 91.2.2.

[25] Munsell 5YR 6/4–7/4. ltsz.: 91.2.3. 3 db.

[26] Munsell 5YR 6/6. ltsz.: 91.2.9. 5,5 x 1,2 cm.

[27] Munsell 5YR 4/2. ltsz.: 91.2.10. 4,5 x 2 cm.

[28] Munsell 5YR 6/4–5/6. ltsz.: 91.2.11. 9 db. 4,5 x 3,5; 2,7 x 1,5 cm.

[29] ltsz.: 91.2.17. 5,5 x 2,7 cm.

[30] Munsell 5YR 6/4. ltsz.: 91.2.18. 4,5 x 2 cm.

[31] Munsell 5YR 5/4. ltsz.: 91.2.28. 4,4 x 1,8 cm.

[32] Munsell 5YR 6/6. ltsz.: 91.2.30. 7,5 x 5 cm.

12/8. szelvényben, 0–30 cm.

Barna, szürke törésű, finom kaviccsal soványított bográcsperem. Mindkét irányba kiszélesedik és karéjos kiképzésű.[33] Vörösesbarna, szürke törésű, durva kaviccsal soványított bográcsperem. Kifelé megvastagszik és karéjos kiképzésű.[34] Vörösesbarna, szürke törésű, kaviccsal soványított bográcsperem. Kifelé megvastagszik.[35] Barnásszürke, szürke törésű, kaviccsal soványított bográcsperem. Kifelé megvastagszik.[36] Barna és vörös, szürke törésű, kaviccsal soványított, díszítetlen oldalak.[37]

12/8. szelvényben, 30–60 cm.

Barna, szürke törésű, tört kaviccsal soványított, díszítetlen oldalak és egy fazék egyenes aljának darabja.[38]

12/12. szelvényben, 0–30 cm.

Barna, szürke törésű, tört kaviccsal soványított, díszítetlen oldalak.[39]

12/12. szelvényben, 30–60 cm.

Barna, szürke törésű, csillámos homokkal soványított, kifelé megvastagodó, karéjos lyukkiképzésű bográcsperem[40] *(1. tábla 1.)*. Barna, szürke törésű, tört kaviccsal soványított, kifelé megvastagodó, szögletes átmetszetű bográcsperem.[41] Barna, szürke törésű, tört kaviccsal soványított, díszítetlen oldalak[42] és fenékdarabok.[43]

12/13. szelvényben, 30–60 cm.

Kisebb, lapos vaslemezből térd alakúra kovácsolt, ismeretlen rendeltetésű vastárgy[44] *(6. tábla 7.)*.

12/14. szelvényben, 0–30 cm.

Barna, szürke törésű, tört kaviccsal soványított, befelé megvastagodó bográcsperem,[45] ugyanilyen anyagú orsókarika[46] *(4. tábla 1.)*, díszítetlen oldalak[47] és fazékaljak.[48]

12/14. szelvényben, 30–60 cm.

Barna, szürke törésű, tört kaviccsal soványított, kifelé megvastagodó, lapos bográcsperemek[49] *(1. tábla 3., 6.)*. Barna, szürke törésű, tört kaviccsal soványított, kifelé megvastagodó, négyzet átmetszetű bográcsperem. A peremen körben és a külső oldalon, a korom alatt vörös festés nyomai[50] *(1. tábla 12.)*. Barna, szürke törésű, tört kaviccsal soványított, mindkét irányban megvastagodó bográcsperem.[51] Szürke és barna, szürke törésű, tört kaviccsal soványított, díszítetlen oldalak.[52] Szürke kézimalom-kő darabja.[53]

12/15. szelvényben, 0–30 cm.

---

33 Munsell 5YR 4/4. ltsz.: 91.2.32.
34 Munsell 5YR 6/4. ltsz.: 91.2.33.
35 Munsell 5YR 6/4. ltsz.: 91.2.34.
36 Munsell 5YR 4/2. ltsz.: 91.2.35.
37 Munsell 5YR 3/1–6/6. ltsz.: 91.2.36. 10 db.
38 Munsell 5YR 4/4, 5/4, Munsell 7.5YR 6/4. ltsz.: 91.2.447. 3 db.
39 Munsell 5YR 3/1, 4/1, 5/3, 5/4. ltsz.: 91.2.278. 13 db.
40 Munsell 5YR 4/6. ltsz.: 91.2.286. A kiszerkeszthető szá.: 27 cm.
41 Munsell 5YR 5/4. ltsz.: 91.2.287.
42 Munsell 5YR 3/1. 5/4. ltsz.: 91.2.281., 288. 4 db.
43 Munsell 5YR 4/1, 6/4. ltsz.: 91.2.289. 2 db.
44 ltsz.: 91.2.324.
45 Munsell 5YR 5/4. ltsz.: 91.2.134.
46 Munsell 5YR 5/3. ltsz.: 91.2.135.
47 Munsell 5YR 3/1, 3/2, 5/4, 5/6. ltsz.: 91.2.136. 12 db.
48 Munsell 5YR 5/4. ltsz.: 91.2.137. 2 db.
49 Munsell 5YR 5/4, 5/6. ltsz.: 91.2.140. 2 db. A kiszerkeszthető szá.: 20, illetve 26 cm.
50 Munsell 5YR 5/4. ltsz.: 91.2.141. A kiszerkeszthető szá.: 24 cm.
51 Munsell 2.5YR 4/4. ltsz.: 91.2.142.
52 Munsell 5YR 2.5/1, 4/1, 4/4. ltsz.: 91.2.143. 4 db.
53 ltsz.: 91.2.144.

Barna, szürke törésű, tört kaviccsal soványított, mindkét irányba megvastagodó bográcsperem és díszítetlen oldalak.[54]

12/15. szelvényben, 30–60 cm.

Barna, szürke törésű, tört kaviccsal soványított díszítetlen oldalak, az egyik bográcsból való.[55]

13/8. szelvényben, 30–60 cm.

Vörösesbarna, szürke törésű, finomra őrölt csillámos kaviccsal soványított kicsiny bográcsperem[56] és egy világosbarna, csigavonalas oldal.[57] Barna és vörösesszürke, szürke törésű, csillámos kaviccsal soványított csigavonalas, illetve díszítetlen oldal.[58]

13/12. szelvényben, 0–30 cm.

Barna, szürke törésű, tört kaviccsal soványított, kifelé megvastagodó bográcsperem[59] és ugyanilyen anyagú oldalak. Egyiken vízszintes vonal részlete látszik, a másik az átfúrás alapján bogrács lehet.[60] Barna, szürke törésű, tört kaviccsal soványított fenékdarab.[61]

13/13. szelvényben, 0–30 cm.

Téglavörös, egyenletesre átégett, csillámos homokkal és tört kaviccsal soványított, kifelé megvastagodó, vízszintes tetejű bográcsperem kis darabja. A perem alatt kívül mélyen benyomott széles, vízszintes vonaldísz[62] *(1. tábla 2.)*. Téglavörös, szürke törésű, tört kaviccsal soványított, befelé megvastagodó, lapos bográcsperem.[63] Barna, szürke törésű, tört kaviccsal soványított, befelé megvastagodó, vízszintesre levágott tetejű bográcsperem.[64] Barna, szürke törésű, tört kaviccsal soványított, felhúzott és elkeskenyedő szélű fedőhornyos fazékperem.[65] Barna, szürke törésű, tört kaviccsal soványított, díszítetlen oldalak.[66]

13/13. szelvényben, 30–60 cm.

Barna, szürke törésű, tört kaviccsal soványított, díszítetlen oldalak.[67]

13/14. szelvényben, 0–30 cm.

Egy-egy barna, szürke törésű, tört kaviccsal soványított, kifelé megvastagodó,[68] karéjos lyukkiképzésű,[69] lekerekített,[70] mindkét irányba megvastagodó bográcsperem.[71] Vörösesbarna, szürke törésű, tört kaviccsal soványított, mindkét irányba megvastagodó bográcsperemek. Egyik a másodlagos átégéstől deformálódott.[72] Fekete, egyenletes égetésű, tört kaviccsal soványított, befelé megvastagodó bográcsperem.[73] Barna, szürke törésű, tört kaviccsal soványított, vékonyfalú, ferdén levágott szélű, fedőhornyos fazékperem.[74] Fehér, szürke

---

[54] Munsell 5YR 5/4. ltsz.: 91.2.67. 3 db.
[55] Munsell 5YR 3/1, 4/3. ltsz.: 91.2.71. 3 db.
[56] Munsell 5YR 5/6. ltsz.: 91.2.48.
[57] Munsell 7.5YR 6/4. ltsz.: 91.2.49.
[58] Munsell 5YR 3/1, Munsell 2.5YR 5/8. ltsz.: 91.2.50. 2 db.
[59] Munsell 5YR 6/4. ltsz.: 91.2.298.
[60] Munsell 5YR 4/2. 5/2, 5/3. ltsz.: 91.2.299. 3 db.
[61] Munsell 5YR 4/2. ltsz.: 91.2.300.
[62] Munsell 5YR 6/8. ltsz.: 91.2.211.
[63] Munsell 5YR 5/6. ltsz.: 91.2.212.
[64] Munsell 5YR 5/4. ltsz.: 91.2.213.
[65] Munsell 5YR 5/3. ltsz.: 91.2.214.
[66] Munsell 5YR 2.5/1, 5/2, 5/3, 5/4, 5/6, 6/6. ltsz.: 91.2.215. 17 db.
[67] Munsell 5YR 5/2, 6/8. ltsz.: 91.2.227. 3 db.
[68] Munsell 5YR 5/4. ltsz.: 91.2.147.
[69] Munsell 5YR 5/4. ltsz.: 91.2.148.
[70] Munsell 5YR 4/2. ltsz.: 91.2.149.
[71] Munsell 5YR 4/2. ltsz.: 91.2.150.
[72] Munsell 5YR 6/8, 6/4. ltsz.: 91.2.151.–152.
[73] Munsell 5YR 3/1. ltsz.: 91.2.153.
[74] Munsell 5YR 6/4. ltsz.: 91.2.154.

törésű, vékonyfalú, csillámos homokkal soványított, vízszintes vonallal díszített oldaltöredék.[75] Barna, szürke törésű, tört kaviccsal soványított fenékdarabok[76] és oldalak.[77] Barna és vörösesbarna, szürke törésű, tört kaviccsal soványított, díszítetlen oldalak.[78]

Vasból kovácsolt szimmetrikus ekevas, pengéje háromszög alakú, csúcsa lekerekített, széle hátrahajló. Köpűje alig van behajlítva[79] *(7. tábla 1.)*.

13/14. szelvényben, 30–60 cm.

Barna, szürke törésű, tört kaviccsal soványított bogrács darabja. A perem befelé vastagszik meg, törésvonala mentén további töredékeket lehetett hozzá ragasztani[80] *(2. tábla 5.)*. Ennek megfelelően kiszerkeszthető, és a lapos felső részű típusba tartozik. Szürke, szürke törésű, tört kaviccsal soványított bográcsperem, négyszög átmetszetű, karéjos lyukkiképzésű. A perem tetején kereszt alakban bekarcolt vonalak[81] *(3. tábla 1.)*. Barna, szürke törésű, tört kaviccsal soványított, befelé megvastagodó bográcsperem[82] *(2. tábla 4.)*. Barna, szürke törésű, tört kaviccsal soványított, mindkét irányba megvastagodó bográcsperemek. Valószínűleg egy edényhez tartoznak.[83] Barna, szürke törésű, tört kaviccsal soványított, kifelé megvastagodó bográcsperem.[84] Barna, szürke törésű, tört kaviccsal soványított, kifelé megvastagodó, lekerekített tetejű bográcsperem. Külső széle nincs rendesen eldolgozva, ezért letüremkedik, „galléros".[85] Sötétszürke, egyenletes égetésű, tört kaviccsal soványított, befelé megvastagodó bográcsperem.[86] Szürke, barna foltos, egyenletes égetésű, tört kaviccsal soványított, díszítetlen oldalak.[87] Barna és szürke, szürke törésű, tört kaviccsal soványított, díszítetlen oldalak.[88] Sötétszürke, szürke törésű, tört kaviccsal soványított fazékalj, a fenék fölött körbefutó vonallal.[89]

Háromszög alakú vasalások. Egyik szélesebb végén kampó, másikon ugyanitt karika, viszont az ellenkező, elhegyesedő vége van kampószerűen visszahajlítva. Mindegyiken két szeglyuk, a kampósban a szegek is megvannak. Kisebb fa szekrényke vagy láda zárópántjai lehetnek[90] *(5. tábla 2–3.)*.

Az előzőhöz hasonló hurkos-kampós pár. A különbség annyi, hogy a hurkos rész keskenyebb a másiknál, és csak a fele van meg[91] *(5. tábla 1.)*.

Háromszög alakú, domborított vasalások. Egyik hegyes csúcsban végződő része ép, itt egy szeg is van benne. A további két kisebb darab ugyanilyen vasalás része lehet[92] *(6. tábla 5–6., 7. tábla 2.)*.

Széles, vékony vas pántrészek, szegecs nyomokkal. Az épebb darabok alapján úgy tűnik, egyik végük egyenesen, a másik ívelten záródott[93] *(6. tábla 3., 8–11.)*.

Vaslemezből készült kisebb zár burkolata a kulcslyukkal és a zárszerkezet részletével[94] *(5. tábla 4.)*.

---

75 Munsell 5YR 8/1. ltsz.: 91.2.155.
76 Munsell 5YR 3/1, 5/4. ltsz.: 91.2.156. 2 db.
77 Munsell 5YR 6/4, 7/6. ltsz.: 91.2.157. 3 db.
78 Munsell 5YR 2.5/1, 5/2, 5/6, 6/4. ltsz.: 91.2.158. 43 db.
79 ltsz.: 91.2.161. H: 24, váll sz.: 15, köpű h.: 8, köpű sz.: 11, v.: 0,7 cm.
80 Munsell 7.5YR 6/4. ltsz.: 91.2.163. A 91.2.170. számról öt darabot, a 171.-ről pedig kettőt.
81 Munsell 5YR 2.5/1. ltsz.: 91.2.164.
82 Munsell 5YR 5/1. ltsz.: 91.2.165. A kiszerkeszthető szá.: 26 cm.
83 Munsell 5YR 3/1. ltsz.: 91.2.166. 2 db.
84 Munsell 5YR 4/1. ltsz.: 91.2.167.
85 Munsell 5YR 5/4. ltsz.: 91.2.168.
86 Munsell 5YR 2.5/1. ltsz.: 91.2.169.
87 Munsell 5YR 3/1. ltsz.: 91.2.170. 5 db. Valamennyi a 91.2.163. szám alatt leírt bográcshoz tartozik.
88 Munsell 5YR 2.5/1, 4/2, 5/4, 5/8, 6/4. ltsz.: 91.2.171. 24 db.
89 Munsell 5YR 2.5/1. ltsz.: 91.2.172.
90 ltsz.: 91.2.175. 2 db. 9,4 x 2; 8,2 x 1,5 cm.
91 ltsz.: 91.2.177. 2 db. 9 x 2; 4 x1,5 cm.
92 ltsz.: 91.2.176. 3 db. 4,7 x 1,7; 2 x 1 cm.
93 ltsz.: 91.2.178. 5 db. 12,4 x 2,5; 3 x 2,4 cm.
94 ltsz.: 91.2.179. 7 x 3,5 cm.

Vaskarika, lapos átmetszetű[95] *(6. tábla 2.)*.

13/15. szelvényben, 0–30 cm.

Barna, szürke törésű, tört kaviccsal soványított, befelé megvastagodó bográcsperem.[96] Barna, szürke törésű, tört kaviccsal soványított, mindkét irányba megvastagodó bográcsperemek. Egyiknek a függesztőlyuka is megvan, mely karéjos.[97] Barna, illetve téglavörös, szürke törésű, tört kaviccsal soványított, kifelé megvastagodó bográcsperemek.[98] Világosbarna, szürke törésű, tört kaviccsal soványított, kifelé megvastagodó, szögletes átmetszetű, karéjos lyukkiképzésű vaskos bográcsperem.[99] Világosbarna, szürke törésű, tört kaviccsal soványított, lekerekített szélű, fedőhornyos fazékperem.[100] Világosbarna, illetve sötétbarna, szürke törésű, tört kaviccsal soványított, díszítetlen oldalak.[101] Kis szürke malomkődarab, egyik oldala faragott.[102]

13/15. szelvényben, 30–60 cm.

Barna, szürke törésű, tört kaviccsal soványított, kifelé megvastagodó bográcsperem.[103] Barna és szürke, szürke törésű, tört kaviccsal soványított, díszítetlen oldalak.[104] Belül barna, kívül szürke, szürke törésű, tört kaviccsal soványított, igen kezdetlegesen korongolt fenékdarabok.[105]

13/20. szelvényben, 0–30 cm.

Barna, szürke törésű, tört kaviccsal soványított, kifelé,[106] illetve mindkét irányba megvastagodó, lekerekített tetejű bográcsperem[107] és egy díszítetlen oldal.[108]

14/8. szelvényben, 0–30 cm.

Vörösesbarna, szürke foltos, szürke törésű, tört kaviccsal soványított bográcsperem. Mindkét irányba megvastagszik, karéjos kiképzésű.[109] Barna, szürke törésű, tört kaviccsal soványított bográcsperem. A befelé megvastagodó perem négyzetes átmetszetű.[110] Barna és szürke, szürke törésű, tört kaviccsal soványított díszítetlen oldalak.[111]

14/8. szelvényben, 30–60 cm.

Barna, egyenletesen átégett, kavicsos soványítású körömnyi oldaltöredék.[112]

14/11. szelvényben, 0–30 cm.

Vörösesbarna, kívül vörös festésű, szürke törésű, tört kaviccsal soványított, kifelé megvastagodó bográcsperem, hegyes karéjjal körülvett függesztőlyukkal[113] *(1. tábla 4.)*. Barna, szürke törésű, tört kaviccsal soványí-

---

95 ltsz.: 91.2.180. 5 x 4 cm.

96 Munsell 5YR 4/1. ltsz.: 91.2.83.

97 Munsell 5YR 4/4, 6/4. ltsz.: 91.2.84. 2 db.

98 Munsell 2.5YR 6/8,Munsell 5YR 5/4. ltsz.: 91.2.85. 3 db.

99 Munsell 5YR 6/4. ltsz.: 91.2.86.

100 Munsell 5YR 5/4. ltsz.: 91.2.87.

101 Munsell 5YR 3/1, 4/2, 5/4. ltsz.: 91.2.88. 20 db.

102 ltsz.: 91.2.90.

103 Munsell 5YR 4/2. ltsz.: 91.2.92.

104 Munsell 5YR 3/1, 5/4, 6/8. ltsz.: 91.2.93. 6 db.

105 Munsell 5YR 3/1, 4/2. ltsz.: 91.2.94. 2 db.

106 Munsell 5YR 3/2. ltsz.: 91.2.449.

107 Munsell 5YR 5/4. ltsz.: 91.2.450.

108 Munsell 5YR 5/4. ltsz.: 91.2.451.

109 Munsell 5YR 5/6. ltsz.: 91.2.40.

110 Munsell 5YR 4/2. ltsz.: 91.2.41.

111 Munsell 5YR 3/2, 5/4, Munsell 2.5YR 6/8. ltsz.: 91.2.42, 7 db.

112 Munsell 5YR 5/4. ltsz.: 91.2.46.

113 Munsell 5YR 5/6, kívül Munsell 2.5YR 5/6. ltsz.: 91.2.351. A kiszerkeszthető szá.: 28,6 cm.

tott, mindkét irányba megvastagodó kicsiny bográcsperem.[114] Barna, szürke törésű, tört kaviccsal soványított, kifelé megvastagodó bográcsperem.[115] Barna, szürke törésű, tört kaviccsal soványított, díszítetlen oldalak.[116]

14/11. szelvényben, 30–60 cm.

Vörösesbarna, szürke törésű, tört kaviccsal soványított, díszítetlen oldal.[117]

14/12. szelvényben, 0–30 cm.

Barna, szürke törésű, tört kaviccsal soványított, kifelé megvastagodó bográcsperem.[118] Barna, kívül fekete, szürke törésű, tört kaviccsal soványított, egészen finom, vékony csigavonallal díszített oldal[119] *(4. tábla 5.)*. Barna, szürke törésű, tört kaviccsal soványított, díszítetlen oldalak.[120]

14/12. szelvényben, 30–60 cm.

Barna, szürke törésű, tört kaviccsal soványított, alig megvastagodó, lekerekített bográcsperem[121] *(1. tábla 10.)*. Barna, egyenletes szürkére égetett, tört kaviccsal soványított, kihajló, lekerekített szélű fazékperem[122] *(4. tábla 2.)*. Barna, szürke törésű, tört kaviccsal soványított, vízszintesre levágott szélű fedőperem.[123] Barna, szürke törésű, tört kaviccsal soványított, díszítetlen oldalak.[124]

14/13. szelvényben, 0–30 cm.

Barna, szürke törésű, tört kaviccsal soványított, kifelé megvastagodó bográcsperem.[125] Világosbarna, egyenletes égetésű, tört kaviccsal soványított, kifelé megvastagodó, karéjos lyukkiképzésű bográcsperem[126] *(1. tábla 5.)*. Barna, szürke törésű, tört kaviccsal soványított, megvastagodó és lekerekített, behúzott bográcsperem.[127] Barna, szürke törésű, tört kaviccsal soványított, díszítetlen oldalak.[128]

14/13. szelvényben, 30–60 cm.

Barna, kívül kormos, szürke törésű, tört kaviccsal soványított, enyhén kiszélesedő, vízszintesre levágott tetejű bográcsperem.[129] Barna, szürke törésű, tört kaviccsal soványított, vékonyfalú oldaltöredékek. Egyiken vízszintes vonaldíszítéssel.[130]

14/14. szelvényben, 0–30 cm.

Barna, szürke törésű, tört kaviccsal soványított, kifelé megvastagodó bográcsperem.[131] Barna, szürke törésű, tört kaviccsal soványított, kisebb bográcsperem-darabok.[132] Barna, szürke törésű, tört kaviccsal soványított, díszítetlen oldalak.[133] Barna, szürke törésű, tört kaviccsal soványított, kisebb fenékdarab.[134]

14/14. szelvényben, 30–60 cm.

---

114 Munsell 5YR 6/6. ltsz.: 91.2.352.
115 Munsell 5YR 5/4. ltsz.: 91.2.353.
116 Munsell 5YR 5/2, 5/4, 6/8. ltsz.: 91.2.354. 7 db.
117 Munsell 5YR 5/8. ltsz.: 91.2.359.
118 Munsell 5YR 5/8. ltsz.: 91.2.326.
119 Munsell 5YR 2.5/1, 6/4. ltsz.: 91.2.327.
120 Munsell 5YR 4/1, 5/3, 5/8, 6/4. ltsz.: 91.2.328. 7 db.
121 Munsell 2.5YR 5/4. ltsz.: 91.2.330. A kiszerkeszthető szá.: 24 cm.
122 Munsell 5YR 4/2. ltsz.: 91.2.331.
123 Munsell 5YR 2.5/1. ltsz.: 91.2.332.
124 Munsell 5YR 3/2. ltsz.: 91.2.333. 2 db.
125 Munsell 5YR 3/1. ltsz.: 91.2.248.
126 Munsell 5YR 6/8. ltsz.: 91.2.249. A kiszerkeszthető szá.: 24,8 cm.
127 Munsell 5YR 6/6. ltsz.: 91.2.250.
128 Munsell 5YR 4/2, 5/4, 6/6. ltsz.: 91.2.251. 8 db.
129 Munsell 5YR 6/8. ltsz.: 91.2.254.
130 Munsell 5YR 3/1, 6/6. ltsz.: 91.2.255. 2 db.
131 Munsell 5YR 3/1. ltsz.: 91.2.183.
132 Munsell 5YR 6/4, 6/6. ltsz.: 91.2.184. 2 db.
133 Munsell 5YR 3/1, 5/2, 5/4, 5/6, 6/4, 6/6. ltsz.: 91.2.185. 19 db.
134 Munsell 5YR 4/2. ltsz.: 91.2.186.

Barna, szürke törésű, tört kaviccsal soványított, kifelé megvastagodó, lekerekített bográcsperem.[135] Barna, szürke törésű, tört kaviccsal soványított, ívelt bográcsoldalak. Három egy edényből való. Kívül kormosak.[136] Barna, szürke törésű, tört kaviccsal soványított, díszítetlen oldalak.[137] Barna, egyenletes szürkére égetett, tört kaviccsal soványított fazék aljrésze.[138]

14/14. szelvényben, 60–80 cm.

Barna, kívül kormos, szürke törésű, tört kaviccsal soványított, díszítetlen oldalak.[139]

14/15. szelvényben, 0–30 cm.

Barna, szürke törésű, tört kaviccsal soványított, díszítetlen oldalak.[140]

14/15. szelvényben, 30–60 cm.

Barna, szürke törésű, tört kaviccsal soványított, kifelé megvastagodó, lapos bográcsperem[141] *(1. tábla 7.)*. Barna, szürke törésű, tört kaviccsal soványított, kifelé megvastagodó, szögletes átmetszetű bográcsperem[142] *(1. tábla 8.)*. Barna, szürke törésű, tört kaviccsal soványított, díszítetlen oldalak.[143] Barna, szürke törésű, tört kaviccsal soványított, kívül erősen kormos díszítetlen fazék aljrésze. Nem dönthető el, hogy a fenekén látható kiemelkedések korongnyomok-e, vagy esetleg bélyeg részlete.[144] Barna, szürke törésű, tört kaviccsal soványított, díszítetlen oldalak, egyik biztosan bográcsból való. Kormosak.[145]

14/20. szelvényben, 0–30 cm.

Barna, szürke törésű, tört kaviccsal soványított, kifelé megvastagodó bográcsperem, a karéjosan kiszélesedő függesztőlyuk metszetével.[146] Vörösesbarna, szürke törésű, tört kaviccsal soványított, kihajló, függőlegesre levágott szélű fazékperem kicsi darabkája.[147] Barna, szürke törésű, tört kaviccsal soványított, díszítetlen oldalak.[148]

14/20. szelvényben, 30–60 cm.

Barna, szürke törésű, tört kaviccsal soványított, másodlagosan világosszürkére égett, mindkét irányba megvastagodó bográcsperem[149] *(3. tábla 3.)*.

15/6. szelvényben, 0–30 cm.

Barna, szürke törésű, tört kaviccsal soványított, ívelt bográcsoldalak.[150] Barna, szürke törésű, tört kavicscsal soványított, díszítetlen oldalak.[151]

15/6. szelvényben, 30–60 cm.

Barna, szürke törésű, tört kaviccsal soványított, díszítetlen oldalak.[152]

15/7. szelvényben, 0–30 cm.

---

135 Munsell 5YR 5/4. ltsz.: 91.2.190.
136 Munsell 5YR 4/2, 5/4. ltsz.: 91.2.191. Összesen 4 db.
137 Munsell 5YR 5/2, 5/4, 5/6, 7/4, 7/6. ltsz.: 91.2.192. 10 db.
138 Munsell 5YR 2.5/1. ltsz.: 91.2.193.
139 Munsell 5YR 4/2. ltsz.: 91.2.195. 2 db.
140 Munsell 5YR 3/1, 6/4. ltsz.: 91.2.100. 5 db.
141 Munsell 7.5YR 6/6. ltsz.: 91.2.106. A kiszerkeszthető szá.: 26 cm.
142 Munsell 5YR 4/1. ltsz.: 91.2.107. A kiszerkeszthető szá.: 24 cm.
143 Munsell 5YR 2.5/1, 5/4, 5/6. ltsz.: 91.2.108. 9 db.
144 Munsell 5YR 5/6. ltsz.: 91.2.109.
145 Munsell 5YR 4/1, 4/2. ltsz.: 91.2.112. 2 db.
146 Munsell 5YR 4/3. ltsz.: 91.2.465.
147 Munsell 5YR 5/6. ltsz.: 91.2.466.
148 Munsell 5YR 4/2, 5/6, 6/4, 7/4. ltsz.: 91.2.467. 8 db.
149 Munsell 5YR 6/1. ltsz.: 91.2.470. A kiszerkeszthető szá.: 24 cm.
150 Munsell 5YR 5/4, 6/4. ltsz.: 91.2.410. 2 db.
151 Munsell 5YR 5/4, 6/4, 6/8. ltsz.: 91.2.411. 7 db.
152 Munsell 5YR 5/3, 5/6. ltsz.: 91.2.415. 2 db.

Vörösesbarna, szürke törésű, tört kaviccsal soványított, kifelé megvastagodó bográcsperem.[153] Barna, egyenletes égetésű, tört kaviccsal soványított, kifelé megvastagodó bográcsperem.[154] Barna, szürke törésű, tört kaviccsal soványított, díszítetlen oldalak.[155] Szürke, szemcsés anyagú kézimalom kövének darabja. Egyik lapja sima, másik érdesebb.[156]

15/7. szelvényben, 30–60 cm.

Barna, szürke törésű, tört kaviccsal soványított, mindkét irányba megvastagodó bográcsperem.[157] Barna, szürke törésű, tört kaviccsal soványított, díszítetlen oldalak.[158]

15/8. szelvényben, 0–30 cm.

Világosbarna, szürke törésű, kavicsos soványítású, kifelé megvastagodó, szögletes átmetszetű bográcsperem.[159] Barna, szürke törésű, kavicsos soványítású, befelé megvastagodó, lekerekített bográcsperem.[160] Barna és szürke, szürke törésű, kavicsos soványítású, díszítetlen oldalak.[161]

15/8. szelvényben, 30–60 cm.

Sötétbarna, szürke törésű, tört kaviccsal soványított, kifelé megvastagodó bográcsperem.[162] Barna és sötétbarna, szürke törésű, tört kaviccsal soványított, díszítetlen oldalak.[163] Barna, szürke törésű, tört kaviccsal soványított, díszítetlen oldalak.[164]

15/9. szelvényben, 0–30 cm.

Barna, szürke törésű, tört kaviccsal soványított, befelé megvastagodó bográcsperem.[165] Barna, szürke törésű, tört kaviccsal soványított, kihajló, megvastagodó és lekerekített szélű fazékperem.[166] Barna, szürke törésű, tört kaviccsal soványított, díszítetlen oldalak.[167]

15/9. szelvényben, 30–60 cm.

Barna, szürke törésű, tört kaviccsal soványított bográcsoldal, a függesztőlyuk részletével.[168] Barna, szürke törésű, tört kaviccsal soványított díszítetlen oldalak.[169]

15/10. szelvényben, 0–30 cm.

Sötétbarna, egyenletesen átégett, illetve barna, szürke törésű, apró kaviccsal soványított, mindkét irányba megvastagodó, befelé ferdén levágott szélű bográcsperemek[170] *(2. tábla 1–2., 3. tábla 4.)*. Barna, szürke törésű, tört kaviccsal soványított, kifelé megvastagodó bográcsperemek.[171] Barna, szürke törésű, tört kaviccsal soványított, ívelt bográcsoldal törésvonal mentén eltört nagyobb darabja.[172] Barna, szürke törésű, tört kaviccsal so-

---

[153] Munsell 5YR 5/6. ltsz.: 91.2.419.
[154] Munsell 5YR 4/2. ltsz.: 91.2.420.
[155] Munsell 5YR 4/2, 5/4. ltsz.: 91.2.421. 9 db.
[156] ltsz.: 91.2.422.
[157] Munsell 5YR 5/6. ltsz.: 91.2.426.
[158] Munsell 5YR 3/1, 5/6. ltsz.: 91.2.427. 4 db.
[159] Munsell 5YR 5/4. ltsz.: 91.2.54.
[160] Munsell 5YR 5/4. ltsz.: 91.2.55.
[161] Munsell 5YR 3/1, 5/6. ltsz.: 91.2.56. 5 db.
[162] Munsell 5YR 3/3. ltsz.: 91.2.64.
[163] Munsell 5YR 2.5/1, 3/1, 4/4. ltsz.: 91.2.65. 5 db.
[164] Munsell 5YR 5/4. ltsz.: 91.2.431. 2 db.
[165] Munsell 5YR 5/4. ltsz.: 91.2.437.
[166] Munsell 5YR 6/6. ltsz.: 91.2.438.
[167] Munsell 5YR 5/1, 5/2, 6/4. ltsz.: 91.2.439. 4 db.
[168] Munsell 5YR 5/4. ltsz.: 91.2.443.
[169] Munsell 5YR 2.5/1, 5/4. ltsz.: 91.2.444. 3 db.
[170] Munsell 5YR 3/1, 5/6. ltsz.: 91.2.386. 3 db. Közülük kettőnek szájátmérője is kiszerkeszthető: 24 illetve 27,6 cm.
[171] Munsell 5YR 6/4. ltsz.: 91.2.387. 3 db.
[172] Munsell 5YR 5/4. ltsz.: 91.2.388.

ványított, díszítetlen oldalak.[173] Barna, szürke törésű, tört kaviccsal soványított fazékaljak.[174] Vörösesszürke, szemcsés anyagú malomkő nagyobb darabja. Ép felülete szépen csiszolt.[175]

Nagyobb, egyik oldalukon sima felületű, deszkalenyomatos, és kisebb, alaktalan paticsdarabok.[176]

15/10. szelvényben, 30–60 cm.

Vörösesbarna, egyenletes égetésű, homokos kaviccsal soványított, mindkét irányba megvastagodó, befelé ferdén levágott bográcsperem[177] *(2. tábla 3.)*. Barna, szürke törésű, tört kaviccsal soványított, kifelé megvastagodó bográcsperem.[178] Barna, szürke törésű, tört kaviccsal soványított, kihajló, ferdén levágott szélű fazékperem.[179] Barna, szürke törésű, tört kaviccsal soványított, díszítetlen oldalak.[180]

15/11. szelvényben, 0–30 cm.

Barna, szürke törésű, tört kaviccsal soványított, karéjos lyukkiképzésű bográcsperem.[181] Barna, szürke törésű, tört kaviccsal soványított, karéjos lyukkiképzésű bográcsperem.[182] Barna, szürke törésű, tört kavicscsal soványított, kifelé megvastagodó bográcsperem.[183] Barna, szürke törésű, tört kaviccsal soványított, kisebb bográcsperem darabok.[184] Barna, szürke törésű, tört kaviccsal soványított, díszítetlen oldalak.[185]

15/11. szelvényben, 30–60 cm.

Szürkésbarna, egyenletesen átégett, finom kaviccsal soványított, gyorskorongolt, kihajló, ferdén levágott szélű fazékperem.[186] Barna, szürke törésű, csillámos homokkal soványított, másodlagosan átégett, kihajló, lekerekített szélű fazékperem.[187] Barna, szürke törésű, tört kaviccsal soványított, kifelé megvastagodó bográcsperem.[188] Barna, egyenletesen átégett, durva kaviccsal soványított fazék aljrésze.[189]

15/11. szelvényben, 60–80 cm.

Barna, szürke törésű, tört kaviccsal soványított, kifelé megvastagodó bográcsperem.[190] Barna, szürke törésű, tört kaviccsal soványított, díszítetlen oldalak.[191]

15/12. szelvényben, 0–30 cm.

Barna, szürke törésű, tört kaviccsal soványított, befelé megvastagodó, karéjos lyukkiképzésű bográcsperem.[192] Barna, szürke törésű, csillámos homokkal soványított, gyorskorongolt oldal, melyen ritka közű széles csigavonalminta látható[193] *(4. tábla 4.)*. Barna, szürke törésű, tört kaviccsal soványított, díszítetlen oldalak.[194] Barna, szürke törésű, tört kaviccsal soványított fenékdarabok.[195]

---

[173] Munsell 5YR 2.5/1, 4/1, 5/1, 5/4, 6/6. ltsz.: 91.2.389. 19 db.
[174] Munsell 5YR 2.5/1, 6/4. ltsz.: 91.2.390. 2 db.
[175] ltsz.: 91.2.391.
[176] ltsz.: 91.2.392. 9 db.
[177] Munsell 2.5YR 5/6. ltsz.: 91.2.396. A kiszerkeszthető szá.: 30 cm.
[178] Munsell 5YR 5/6. ltsz.: 91.2.397.
[179] Munsell 5YR 5/1. ltsz.: 91.2.398.
[180] Munsell 5YR 3/2, 5/6, 6/4. ltsz.: 91.2.399. 10 db.
[181] Munsell 5YR 5/4. ltsz.: 91.2.362.
[182] Munsell 5YR 4/2. ltsz.: 91.2.363.
[183] Munsell 5YR 5/4. ltsz.: 91.2.364.
[184] Munsell 5YR 5/4, 6/4. ltsz.: 91.2.365. 2 db.
[185] Munsell 5YR 3/1, 5/4, 5/8, 6/2, 6/4. ltsz.: 91.2.366. 13 db.
[186] Munsell 5YR 4/2. ltsz.: 91.2.373.
[187] Munsell 5YR 5/4. ltsz.: 91.2.374.
[188] Munsell 5YR 5/4. ltsz.: 91.2.375.
[189] Munsell 5YR 5/3. ltsz.: 91.2.376.
[190] Munsell 5YR 5/4. ltsz.: 91.2.381.
[191] Munsell 5YR 5/4, 5/6. ltsz.: 91.2.382. 2 db.
[192] Munsell 5YR 5/4. ltsz.: 91.2.335.
[193] Munsell 5YR 4/2. ltsz.: 91.2.336.
[194] Munsell 5YR 2.5/1, 4/2, 5/3, 5/6, 6/4. ltsz.: 91.2.337. 10 db.
[195] Munsell 5YR 3/2, 5/6. ltsz.: 91.2.338. 2 db.

15/12. szelvényben, 30–60 cm.

Barna, kívül helyenként kormos, szürke törésű, tört kaviccsal soványított, kifelé megvastagodó bográcsperem[196] *(1. tábla 11.)*. Barna, kívül helyenként kormos, szürke törésű, tört kaviccsal soványított, kifelé megvastagodó bográcsperem[197] *(1. tábla 9.)*. Barna, szürke törésű, tört kaviccsal soványított, kifelé megvastagodó bográcsperem.[198] Barna, szürke törésű, tört kaviccsal soványított, mindkét irányba megvastagodó bográcsperem.[199] Barna, szürke törésű, tört kaviccsal soványított, díszítetlen oldalak.[200] Barna, szürke törésű, tört kaviccsal soványított, fazék egyenes fenékdarabja.[201]

15/13. szelvényben, 0–30 cm.

Barna, szürke törésű, tört kaviccsal soványított, kifelé megvastagodó, karéjos kiképzésű bográcsperem.[202] Barna, szürke törésű, tört kaviccsal soványított, díszítetlen oldalak.[203]

15/13. szelvényben, 30–60 cm.

Barna, szürke törésű, tört kaviccsal soványított, díszítetlen oldalak.[204]

15/14. szelvényben, 0–30 cm.

Barna, szürke törésű, tört kaviccsal soványított, kifelé megvastagodó, vízszintesre levágott tetejű bográcsperem.[205] Barna, szürke törésű, tört kaviccsal soványított, díszítetlen oldalak.[206]

15/14. szelvényben, 30–60 cm.

Barna, szürke törésű, tört kaviccsal soványított, díszítetlen oldalak.[207]

15/15. szelvényben, 0–30 cm.

Barna, szürke törésű, tört kaviccsal soványított, karéjos lyukkiképzésű bográcsperem,[208] egy ugyanilyen anyagú egyenes peremdarabka,[209] továbbá egy csillámos tört kaviccsal soványított palack kicsiny nyaktöredéke[210] valamint barna, szürke törésű, tört kaviccsal soványított díszítetlen oldalak.[211]

15/15. szelvényben, 30–60 cm.

Barna, szürke törésű, tört kaviccsal soványított, megvastagodó bográcsperem,[212] egy másik hasonló darabon a függesztőlyuk karéjos.[213] Ezen kívül barna, szürke törésű, tört kaviccsal soványított, díszítetlen oldalak[214] is voltak a leletanyagban.

15/15. szelvényben, 60–90 cm.

Kívül kormos, barna, szürke törésű, tört kaviccsal soványított, díszítetlen oldal[215] és egy egészen kicsi tapasztásdarab[216] került csak elő.

---

[196] Munsell 5YR 5/4. ltsz.: 91.2.341. A kiszerkeszthető szá.: 28 cm.
[197] Munsell 5YR 6/6. ltsz.: 91.2.342. A kiszerkeszthető szá.: 28 cm.
[198] Munsell 5YR 5/4. ltsz.: 91.2.343.
[199] Munsell 5YR 5/6. ltsz.: 91.2.344.
[200] Munsell 5YR 4/2, 5/1, 5/3, 5/4, 5/6, 5/8, 7/6. ltsz.: 91.2.345. 17 db.
[201] Munsell 5YR 7/8. ltsz.: 91.2.346.
[202] Munsell 5YR 5/6. ltsz.: 91.2.272.
[203] Munsell 5YR 3/1, 4/2, 5/1, 5/6. ltsz.: 91.2.273. 5 db.
[204] Munsell 5YR 5/8, 6/6. ltsz.: 91.2.276. 2 db.
[205] Munsell 5YR 5/4. ltsz.: 91.2.199.
[206] Munsell 5YR 2.5/1, 4/1, 4/2, 5/4. ltsz.: 91.2.200. 18 db.
[207] Munsell 5YR 5/4, 5/6. ltsz.: 91.2.204. 4 db.
[208] Munsell 5YR 6/6. ltsz.: 91.2.117.
[209] Munsell 7.5YR 6/6. ltsz.: 91.2.118.
[210] Munsell 5YR 5/3. ltsz.: 91.2.119.
[211] Munsell 5YR 3/1, 4/3, 6/4. ltsz.: 91.2.120. 13 db.
[212] Munsell 5YR 5/4. ltsz.: 91.2.123.
[213] Munsell 5YR 5/6. ltsz.: 91.2.124.
[214] Munsell 5YR 4/2, 4/3, 5/4, 5/6. ltsz.: 91.2.125. 10 db.
[215] Munsell 5YR 4/2. ltsz.: 91.2.128.
[216] ltsz.: 91.2.129.

15/20. szelvényben, 0–30 cm.

Barna, szürke törésű, tört kaviccsal soványított, talán mindkét irányba megvastagodó bográcsperem[217] *(3. tábla 2.)*, két barna, szürke törésű, tört kaviccsal soványított, kifelé megvastagodó bográcsperem,[218] barna, szürke törésű, tört kaviccsal soványított, díszítetlen oldalak,[219] továbbá vörösesbarna, szürke törésű, csillámos homokkal soványított, díszítetlen oldalak.[220]

15/20. szelvényben,30–60 cm

A barna, szürke törésű, tört kaviccsal soványított, díszítetlen, apró oldalak[221] mellett egy vasból készült halpecket említhetünk meg[222] *(6. tábla 1.)*.

Leletanyag

A négyhetes szondázó ásatáson összesen 700 m² felületet tártunk fel. Az ásatás során talált minden egyes leletdarabot megőriztünk, selejtezésre csak a mosás és a restaurálás után került sor. Ekkor is csak az egészen kicsi, értékelhetetlen darabokat és az apró paticsokat selejteztük ki. Ezek után – a csontok nélkül – összesen 1513 leletdarab került a TSM régészeti leltárába. Ennek típusok szerinti megoszlása a következő:

Edénytöredék	1136
Kerámiából készült tárgy (orsókarika, nehezék, stb.)	4
Vas	18
Patics	267
Kő	68
Egyéb (salak, tapasztás, tégla, stb.)	20
Összesen:	1513

Míg az edénytöredékek 42,8%-a (648 db) Árpád-kori, addig a vastárgyak mindegyike, a paticsok és az egyéb leletek többsége, a kődaraboknak pedig valószínűleg csak a kisebb hányada sorolható az Árpád-korba. Tekintettel arra, hogy a kerámián és a vason kívül mindegyik lelet valóságos kora kétséges lehet, és a másodlagos felhasználás sem kizárt, ezért a továbbiakban csak a két lelettípussal foglalkozom.

A fémleletek közül kiemelkedő a teljesen ép ekevas, mely ugyan nem egyedi és keltező értékű lelet, de feltűnő épsége, főleg bolygatott rétegből, mindenképpen szokatlan.

Nehéz helyzetben vagyunk, ha pontos párhuzamokat keresünk leletünkhöz. Müller Róbert 1982-ben készült összeállításában hat lelőhelyen talált ekevasról gondolta biztosan, hogy azok Árpád-kori leletek, és további ötről valószínűsítette ezt.[223] Többségüknél azonban bizonytalan a korhatározás, sok esetben kronológiai értelemben határeseteknek számítanak (pl. 9–10. század, 8–10. szd., stb.) Feltűnő az is, hogy arányait tekintve lényegesen több 10. századi datálással találkozunk, mint az a hasonló korú települések esetében előfordulhat. Müller Róbert szerint a lapát alakú, vállas, szimmetrikus ekevasakat még az Árpád-korban is használták, de a késő középkorra teljesen kiszorították az aszimmetrikus ekevasak.[224] A biztosan az Árpád-korra keltezhető ekevasak közül a katalógusban

[217] Munsell 5YR 6/4. ltsz.: 91.2.474.

[218] Munsell 5YR 4/3, 5/4. ltsz.: 91.2.475.

[219] Munsell 5YR 5/4, 6/2. ltsz.: 91.2.476. 3 db.

[220] Munsell 5YR 6/4, 6/6, 6/8. ltsz.: 91.2.477. 3 db.

[221] Munsell 5YR 5/3. ltsz.: 91.2.480. 2 db.

[222] ltsz.: 91.2.482. H.: 4; Sz.: 0,4 cm.

[223] *Müller* (1982) 430.

[224] *Müller* (1982) 427.

Szabadka, Hinga-halomról,[225] Szabolcs, Kisfaludról[226] határozottan jobboldalas; Ecsenyből,[227] Gádoros, Érpartról[228] és Orosháza, Bónumból[229] jobbvállas aszimmetrikus példányt írt le.

Joachim Henning monografikus feldolgozásában ugyancsak részletes összeállítást közöl a DK-európai 7–10. századi ekevasakról, de a keltezési nehézségek itt is hasonlóak. (Így lesz pl. az orosházi lelet is 10. századi, éppúgy mind a garadnai.) Henning kizárólag a felerősítés módját véve alapul, szigorú tipológiai rendbe sorolta az ekevasakat: A: köpűs ekevasak; B: nyeles ekevasak; C: nyélformájú köpűs ekevasak. A DK-Európából ismert valamennyi keltezhető leletet elterjedési térképre vetítve megállapította, hogy lényegében valamennyi típus használatban volt a Kr. u. 1–4. századtól kezdve. A minket érdeklő köpűs ekevassal ugyanez a helyzet. Henning érdekes grafikonokat készített, mellyel meggyőzően cáfolta az ekevasak szimmetriájának datáló szerepét: Megállapította, hogy a 3–6. századra keltezhető ekevasaknál is megfigyelhető bal- illetve jobboldali aszimmetria, mely néhány kivételtől eltekintve nem több 1 cm-nél. Az ekevasak szélessége 10 és 25 cm között mozog, legtöbb azonban 15 cm körüli. A 7–10. századra keltezett példányoknál viszont már egyértelmű és határozott baloldali aszimmetria figyelhető meg (71:19) mely sok esetben a 2 cm-t is eléri. Az ekevasak szélessége is változik: a legtöbb 10 cm körüli szélességű. Hasonlóképpen határozott eltérés mutatkozik a két periódusban az ekevasak hosszúságának és szélességének arányában is. A késő antik periódusban a leletek többsége a 25–35 cm pengehosszúságú tartományba esik, a 7–10. században pedig a 10–25 cm közé.[230] Az endrődi ekepapucs egyik periódus jellemző tartományába sem sorolható be a 24 cm-es teljes-, illetve 16 cm-es pengehosszúságával és 15 cm-es vállszélességével.

Összességében megállapítható, hogy az endrődi ekevas a Kárpát-medence 10–13. századra keltezett ekevasai közül formai szempontból a Békési Múzeumban őrzött két, lelőhely nélküli darab közül az egyikkel mutat csak szorosabb hasonlóságot.[231] A szepessümegi (Smižany, Szlov.) alakját és arányait tekintve talán hasonlónak látszik, viszont lényegesen kisebb az endrődinél, és a kerámia kísérőleletek is korábbi keltezést sugallnak.[232] Ugyanez a helyzet a Nyitra megyei Jókút, Csépángát II. lelőhelyen (Kúty, Szlov.), illetve a morvaországi Ivanovice (okr. Vyškov, Cseho.) mellett talált vaseszközleletben lévő ekevasakkal is.[233] Ezzel szemben a 12–13. századra keltezett baráthelyi (Bratei, Ro.) telepen talált szimmetrikus ekevas – tegyük hozzá: csoroszlyával és lánccal együtt, feltűnő épségű példánya – a felsoroltaknál nagyobb méretű.[234]

A háromszög alakú domborított sarokveretek, a kampós vaspántok és a zárszerkezet együttes előkerülése minden bizonnyal azt jelenti, hogy ezek a darabok egyetlen tárgy szerelvényei voltak. Azt azonban, hogy ez mi lehetett, megfelelő párhuzamok nélkül erről a tulajdonképpeni szórványleletről megmondani nem lehet.[235] A belülről domborított sarokvasalások, a hurkos-kampós pántok, il-

---

225 *Müller* (1982) Kat. No. 768.

226 *Müller* (1982) Kat. No. 777.

227 *Müller* (1982) Kat. No. 1127.

228 *Müller* (1982) Kat. No. 1140.

229 *Müller* (1982) Kat. No. 1268.

230 *Henning* (1987) 54–57. Az azonban nem világos, hogy mennyire vannak elkülönítve ebben az összeállításban az aszimmetrikusra gyártott, illetve az így megkopott példányok.

231 BJM ltsz.: 55.265.1. Teljes h.: 22,2 cm, váll sz.: 10,5 cm, a köpű h.: 8 cm. Először közölte: *Balassa* (1973) 275–276. Vö. MRT 10, 1/v. címszó.

232 *Budínský-Krička* (1963) 146. Hossza 15,7 szélessége 8, köpű hossza 5,7, szélessége 7,9 cm.

233 *Bartošková* (1986) 19–22. Az itt közölt adatokból csak az ekevasak teljes hosszát tudhatjuk meg: valamennyi kisebb az endrődinél.

234 *Ioniță* (2009) 80., 62. tábla. H.: 32; legnagyobb sz.: 15,6; köpű h.: 11; váll sz.: 10 cm.

235 A belülről való domborítás technikája nagyon emlékeztet a pilisszentkereszti apátság területén talált, és 12–13. századra keltezett könyvvereteknél látható megoldásra. *Gerevich* (1984) 72. tábla.

letve a zárszerkezet – amennyiben valamennyi egyetlen tárgyról származott – leginkább láda részei lehettek.

A halpecek azért tekinthető fontos leletnek, mert Árpád-kori leletanyagból eddig nem ismert, és cáfolja azt az elterjedt nézetet, miszerint ezt az eszközt csak az őskorban használták volna.[236]

Kerámia

A 648 db Árpád-kori cserép statisztikai elemzése a viszonylag kis esetszámtól eltekintve azért sem látszik indokoltnak, hiszen jelentős hányaduk szórvány, és csupán 54 db (8,3%) származik a hiteles objektumok valamelyikéből. Típusok szerinti megoszlása a következő:

	Darab	%
Bográcsperem	102	15,7
Bográcsoldal	47	7,2
Fazéktöredék	21	3,2
Egyéb oldaltöredék	478	73,7
Összesen:	648	

A 21 db felismert fazéktöredéknek pontosan egyharmada (9) peremdarab, melyek ugyancsak mind szórványból származnak. Nincs közöttük díszített, viszont a gyűjteményben lévő két gyorskorongolt cserép közül az egyik ide tartozik. A másik egy oldaltöredék, mint ahogyan az egyetlen kicsiny, az Árpád-kori fehér kerámiához sorolható darab is az.

Egyetlen bordázott nyakú edény darabját ismertük fel a 11/20. szelvényben, 30–60 cm mélyen talált cserepek között. Ez vörösesbarna, szürke törésű, finomra őrölt kaviccsal soványított, díszítetlen.

A soványítás tekintetében a Körös-vidékre leginkább jellemző, apróra tört kaviccsal történő soványítás az uralkodó, melynek számszerű adatait a bográcsokat bemutató táblázat szemlélteti.

Az égetés minősége szempontjából ugyancsak egyöntetűnek látszik az anyag: túlnyomó többsége ugyanis redukciós-oxidációs égetésű, kívül a barna valamilyen árnyalatát mutatja, az anyag belseje viszont szürke. Ugyanakkor a lelőhelyen talált kerámiaanyagról általában elmondható, hogy az edények színe kívül sokkal sötétebb (MUNSELL 5YR 2.5/1–4/3), mint belül, ami a tartós használat, tűz eredménye lehet. Ezért legtöbbször az edény belső oldalának színértékét adtam meg, amely sokkal jobban megőrizte az edény eredeti színét. Természetesen ez nem vonatkozik a kifejezetten kormos példányokra, azt a leírásban külön megemlítettem.

Díszített cserép mindössze egy van: a 13/13. szelvény szántott rétegében talált bográcsperemen mélyen benyomott széles vízszintes vonal látható. Ez a darab anyaga és égetése tekintetében is eltér az átlagostól.

Amennyiben valóban díszítést jelent a Körös-vidéki bográcsperemek némelyikén megfigyelt vörös elszíneződés, akkor erre lelőhelyünkön is akad két példa. A 12/14. szelvényben, 30–60 cm mélységben talált bográcsperemnek nemcsak a tetején, hanem a külső oldalán, a korom alatt is jól látható. Azonban ennek az elszíneződésnek a díszítéssé való minősítésében különös gondossággal kell eljárni, melyre a 14/11. szelvény szántott rétegében talált példány az intő példa. Ennél ez a vörös szín – az edények külső színéről fentebb írottak alapján – lehet, hogy a külső pörkölődés kezdeti állapotát jelenti.

---

[236] Magyar Néprajzi Lexikon. Főszerk. Ortutay Gyula. Bp. 1979, II. 450. Csontból készült pontos – őskori – párhuzamát közli Herman (1887) 38. oldal 6. ábra. Mellette, a 7. ábrán látható újkori, közepén bevájt megfelelője is.

Bográcsok

Az Árpád-kori leletanyag túlnyomó többségét kitevő bográcsperemek képviselik az egyetlen olyan lelettípust, melynek más lelőhelyek anyagával való összehasonlítása később talán némi eredménnyel kecsegtethet. Azonban ebben az esetben is hátrányos körülmény, hogy csak 2 db (2%) származik objektumból, a többi szórványból. Ezért az alábbi táblázatban az összes felismert bográcsperem számarányait adom meg az anyag, az égetés, a díszítés és a peremkiképzés szempontjából.

Összes bogrács 102 db			
		db	%
Anyag			
	Homokos	2	1,9
	Kavicsos	100	98
Égetés			
	Barna, belül szürke	81	79,4
	Vörösesbarna, egyenletes	2	1,9
	Szürke, egyenletes	4	3,9
	Barna, egyenletes	3	2,9
Díszítés			
	Széles csigavonal	1	0,9
Peremkiképzés			
	Befelé megvastagodó	13	12,7
	Kifelé megvastagodó	52	50,.9
	Mindkét irányba megvastagodó	35	34,.3
	Lapos perem	4	3,9
Függesztőlyuk			
	Csúcsos	1	0,9
	Karéjos	15	14,7

Mint a táblázatból is látható, a tört kaviccsal soványított, kívül barna, törésében szürke, díszítetlen, kifelé megvastagodó bográcsperem képviseli az uralkodó típust. Kevesebb a mindkét irányba megvastagodó, és még csekélyebb a csak befelé megvastagodó peremek száma. Egyedi darabnak számít a 15/10-ben talált két, befelé ferdén levágott bográcsperem.

Egyetlen olyan bográcsdarab[237] került gyűjteményünkbe *(2. tábla 5.)*, melynél az egész edény kiszerkeszthető volt. Ez a példány peremkiképzését tekintve nem tartozik a többségi csoporthoz. Szájátmérője 31 cm, oldalmagassága 8,1 cm, fenékmagassága nem lehet több 7 cm-nél.

Több (17) olyan darab van, melynél legalább a szájátmérő biztonsággal kiszerkeszthető volt. Ezek megoszlása a következő:

20 cm (12/14. szelvény, 30–60 cm, ltsz. 91.2.140.)
24 cm (14/15. szelvény, 30–60 cm, ltsz. 91.2.107.)
24 cm (12/14. szelvény, 30–60 cm, ltsz. 91.2.141.)
24 cm (14/12. szelvény, 30–60 cm, ltsz. 91.2.330.)
24 cm (15/10. szelvény, 0–30 cm, ltsz. 91.2.386.)
24 cm (14/20. szelvény, 30–60 cm, ltsz. 91.2.470.)
24,8 cm (14/13. szelvény, 0–30 cm, ltsz. 91.2.249.)
26 cm (14/15. szelvény, 30–60 cm, ltsz. 91.2.106.)
26 cm (12/14. szelvény, 30–60 cm, ltsz. 91.2.140.)

[237] ltsz: 91.2.163.

26 cm (13/14. szelvény, 30–60 cm, ltsz. 91.2.165.)
27 cm (12/12. szelvény, 30–60 cm, ltsz. 91.2.286.)
27,6 cm (12/14. szelvény, 30–60 cm, ltsz. 91.2.386.)
28 cm (15/12. szelvény, 30–60 cm, ltsz. 91.2.341.)
28 cm (15/12. szelvény, 30–60 cm, ltsz. 91.2.342.)
28,6 cm (14/11. szelvény, 0–30 cm, ltsz. 91.2.351.)
30 cm (15/10. szelvény, 30–60 cm, ltsz. 91.2.396.)
31 cm (13/14. szelvény, 30–60 cm, ltsz. 91.2.163.)

Látható, hogy a leggyakoribb a 24 cm-es szájátmérő (5), utána következik a 26 (3), majd a 28 cm-es (2). Hat bogrács ettől eltérő nagyságú szájátmérője 1–1 példánnyal van képviselve. Ha ezt összevetjük a Körös-vidékről ismert bográcsok hasonló adataival,[238] azt tapasztalhatjuk, hogy a Tiszántúl nyugati felében (Békés, Csongrád és Szolnok megyében), minden lelőhelyen a 24–28 cm közötti szájátmérő a leggyakoribb (az átlag 27,6 cm). Az oldal átlagos magassága 8,9 cm, a fenék/oldal magasságaránya pedig 0,6–0,8 között fordul elő a legsűrűbben. Lelőhelyünk bográcsai tehát ebből a szempontból is abba a műhelykörzetbe illeszkednek, melyet Takács M. 1986-ban körvonalazott.[239]

Összefoglalás

Már a lelőhely leírásánál utaltam arra, hogy lelőhelyünket az END0006 lelőhelytől mintegy 150 m széles leletmentes mélyedés, egykori vízjárta terület választja el. Ezért már a topográfiai terepjárások idején úgy gondoltuk, hogy a többi környező, hasonló korú lelőhellyel (END0109, END0160) együtt ez a terület is a 6. lelőhely Árpád-kori falujához tartozott. A szondázó ásatás eredményeként azonban megállapítható, hogy itt nem falu jellegű település létezett, hanem rövid ideig használt felszíni építmények, tűzhelyek, néhány gödör és árok. Ez természetesen nem zárja ki azt, hogy a 6. lelőhely falujának lakói, vagy közülük néhányan bizonyos időszakokban ezen a területen tanyáztak. Nagyon valószínű, hogy intenzív állattartás folyhatott itt, erre utal a számottevő foszfát feldúsulás.

Fontos körülmény, hogy a leletanyagban a bográcsperemek túlsúlya döntő, noha ennek magyarázatát ma még nem tudjuk.

A lelőhely pontosabb keltezése a leletek alapján ma még nem oldható meg. Az a tény azonban, hogy ugyanúgy hiányoznak a kora Árpád-kori datálást alátámasztó leletek, mint a 13. századi, vagy későbbi jellegzetes töredékek (az egyetlen bordázott nyakú fazék, továbbá a két gyorskorongolt és egy fehér színű oldal ennek nemigen mond ellent), arra enged következtetni, hogy legnagyobb valószínűséggel a 12. századot jelölhetjük meg. Ha pedig abból indulunk ki, hogy a felszínhez közeli, egyrétegű objektumok legfeljebb néhány évig lehettek használatban, akkor ma még csak annyit mondhatunk, hogy a feltárt teleprészleten a 12. század folyamán valamikor néhány esztendeig emberi tevékenység, valószínűleg állattartás folyt. Ezt a vasleletek lelőkörülményei sem cáfolják, melyek alapján akár raktárleletre is gondolhatunk. A fémleletek ismert és keltezhető darabjai is ezt a feltételezést erősítik.[240]

---

238 *Takács* (1986) 30–76. oldalakon közölt katalógus, továbbá az END0170 és END0182 lelőhelyek ásatásból ismert bográcsainak méretadatai alapján.

239 *Takács* (1986) 95–100.

240 12–13. századra keltezhető kulcslyukvédőt ismerünk például Váchartyán, Várhegyről. *Miklós* (1978) 95–105.

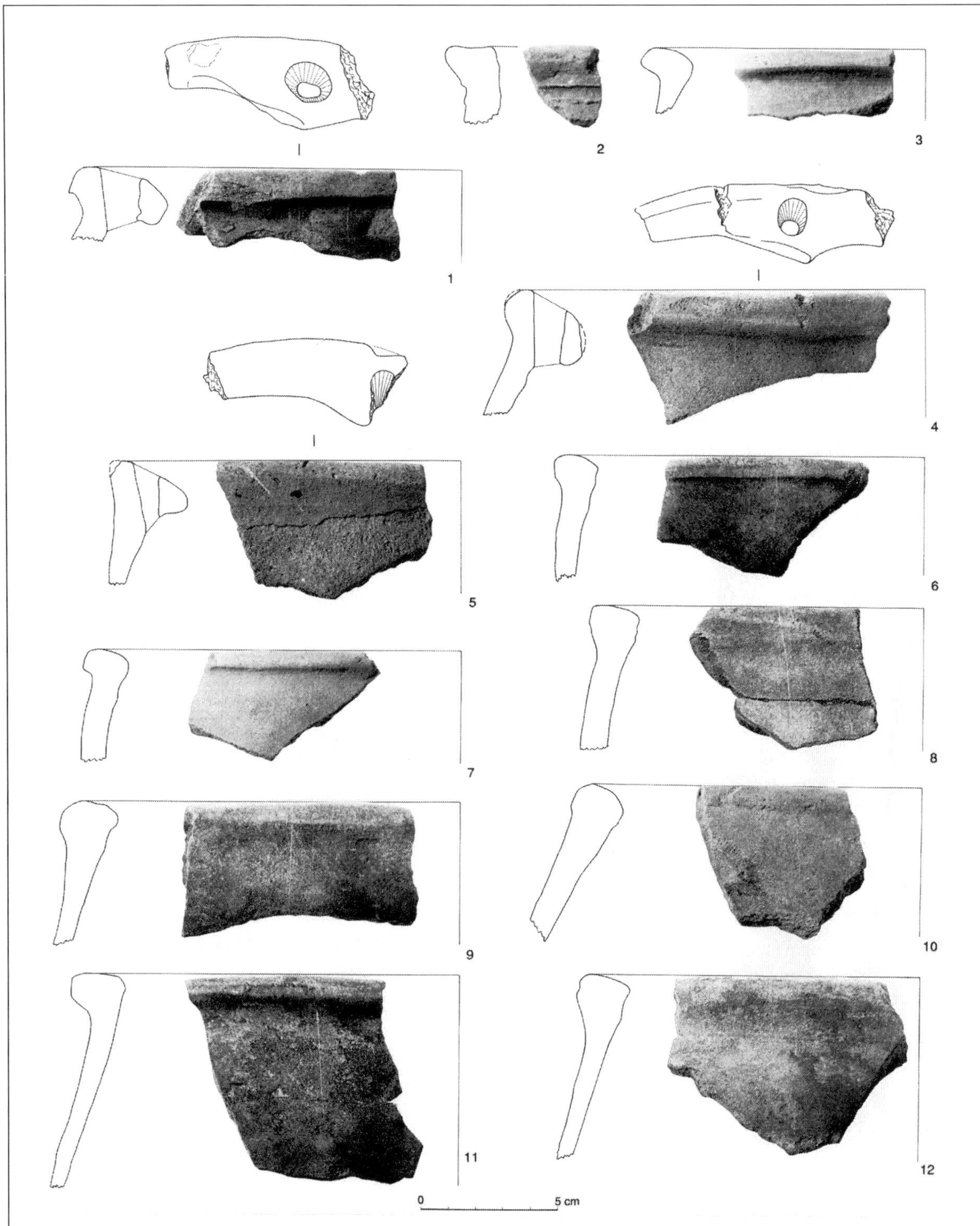

1. tábla: Bográcsperemek. *1:* 12/12. szelvény, 30–60 cm, ltsz.: 91.2.286. *2:* 13/13. szelvény, 0–30 cm, ltsz.: 91.2.211. *3:* 12/14. szelvény, 30–60 cm, ltsz.: 91.2.140 *4:* 14/11. szelvény, 0–30 cm, ltsz.: 91.2.351. *5:* 14/13. szelvény, 0–30 cm, ltsz.: 91.2.249. *6:* 12/14. szelvény, 30–60 cm, ltsz.: 91.2.140. *7:* 14/15. szelvény, 30–60 cm, ltsz.: 91.2.106. *8:* 14/15. szelvény, 30–60 cm, ltsz.: 91.2.107. *9:* 15/12. szelvény, 30–60 cm, ltsz.: 91.2.342. *10:* 14/12. szelvény, 30–60 cm, ltsz.: 91.2.330. *11:* 15/12. szelvény, 30–60 cm, ltsz.: 91.2.341. *12:* 12/14. szelvény, 30–60 cm, ltsz.: 91.2.141

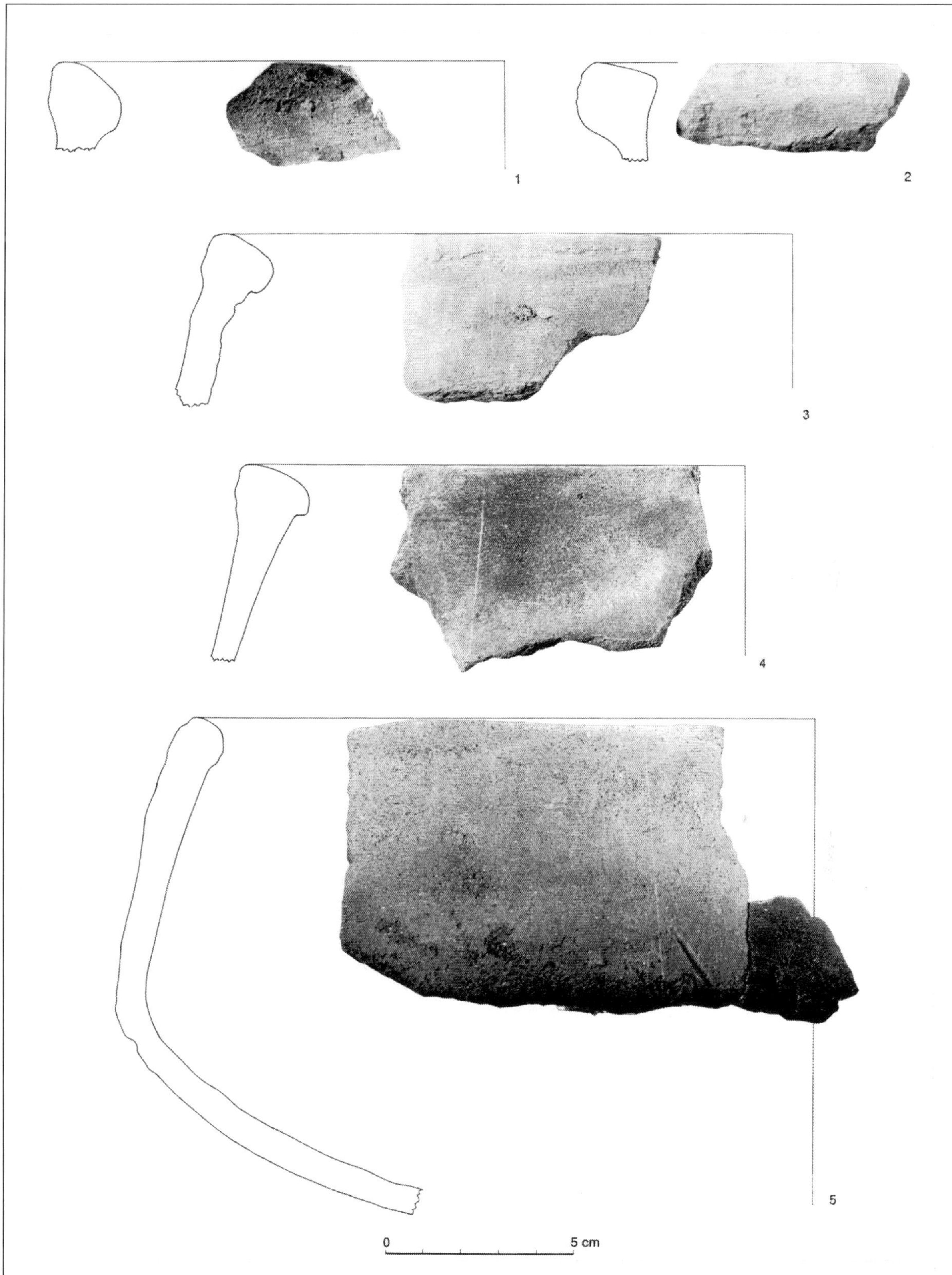

2. tábla: Bográcsperemek. *1–2:* 15/10. szelvény, 0–30 cm, ltsz.: 91.2.386. *3:* 15/10. szelvény, 30–60 cm, ltsz.: 91.2.396. *4:* 13/14. szelvény, 30–60 cm, ltsz.: 91.2.165. *5:* 13/14. szelvény, 30–60 cm, ltsz.: 91.2.163

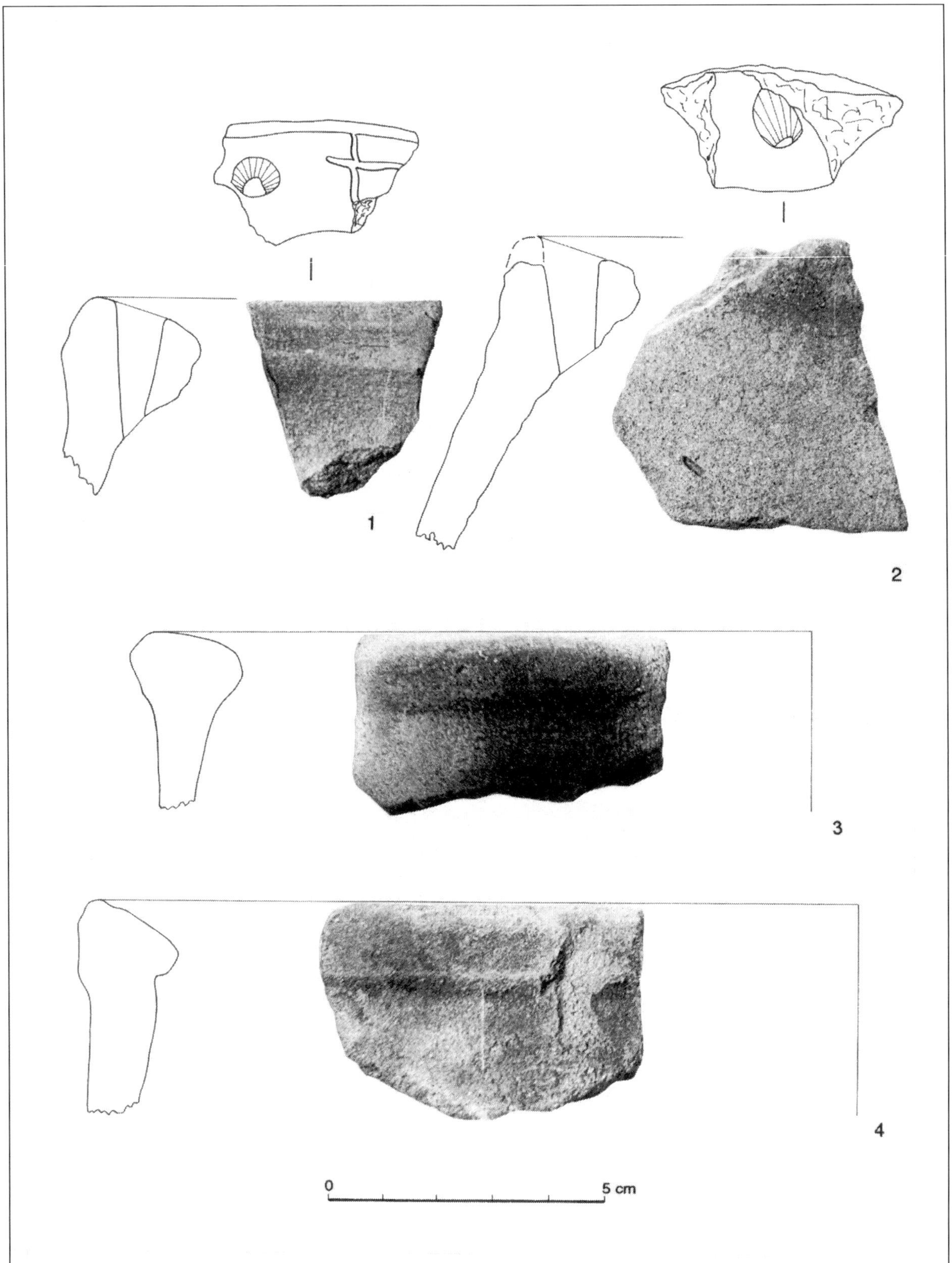

3. tábla: Bográcsperemek. *1:* 13/14. szelvény, 30–60 cm, ltsz.: 91.2.164. *2:* 15/20. szelvény, 0–30 cm, ltsz.: 91.2.474. *3:* 14/20. szelvény, 30–60 cm, ltsz.: 91.2.470. *4:* 15/10. szelvény, 0–30 cm, ltsz.: 91.2.386

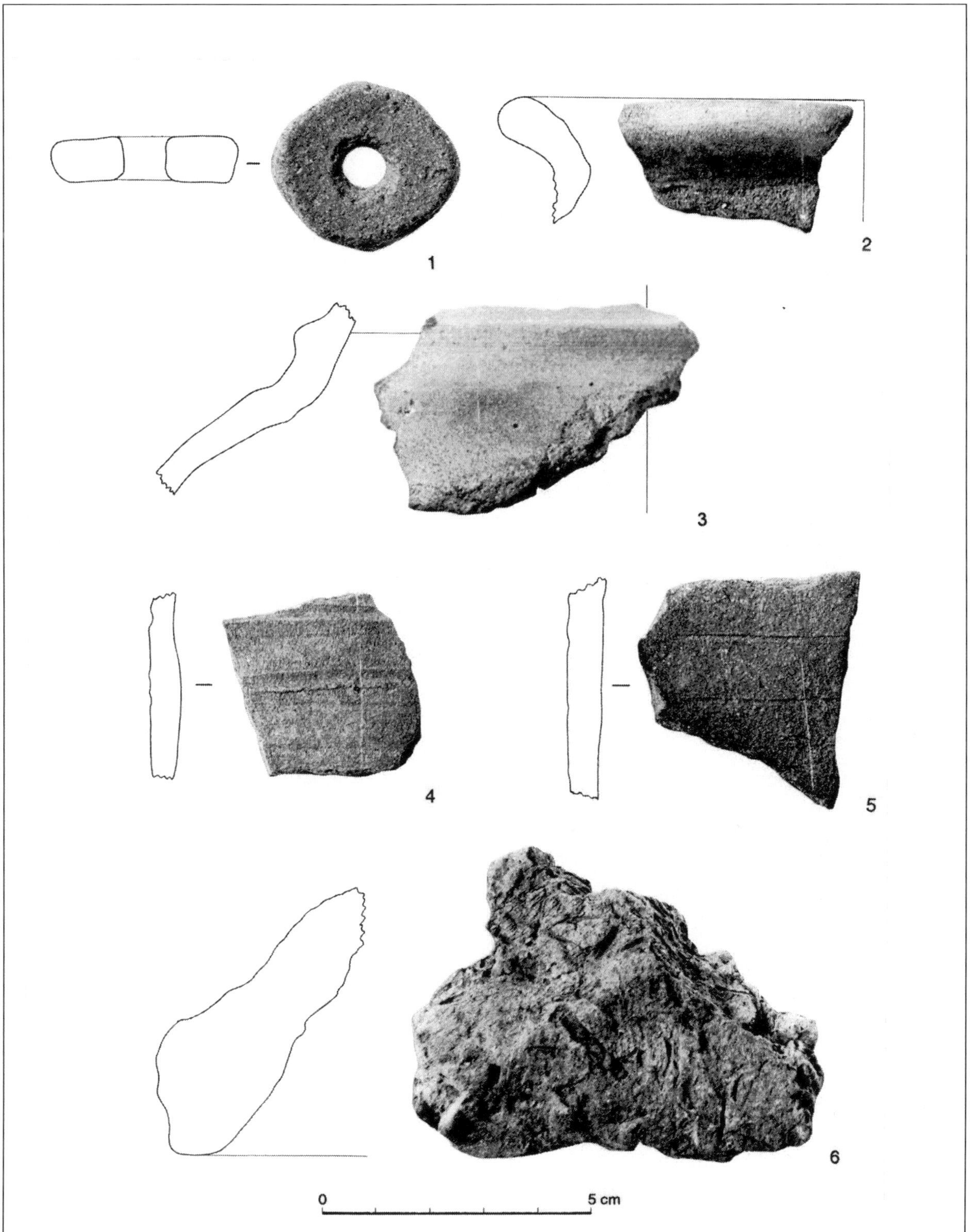

4. tábla: Kerámialeletek. *1:* 12/14. szelvény, 0–30 cm, ltsz.: 91.2.135. *2:* 14/12. szelvény, 30–60 cm, ltsz.: 91.2.331. *3:* 11/20. szelvény, 30–60 cm, ltsz.: 91.2.30. *4:* 15/12. szelvény, 0–30 cm, ltsz.: 91.2.336. *5:* 14/12. szelvény, 0–30 cm, ltsz.: 91.2.327. *6:* 5. objektum, ltsz.: 91.2.222

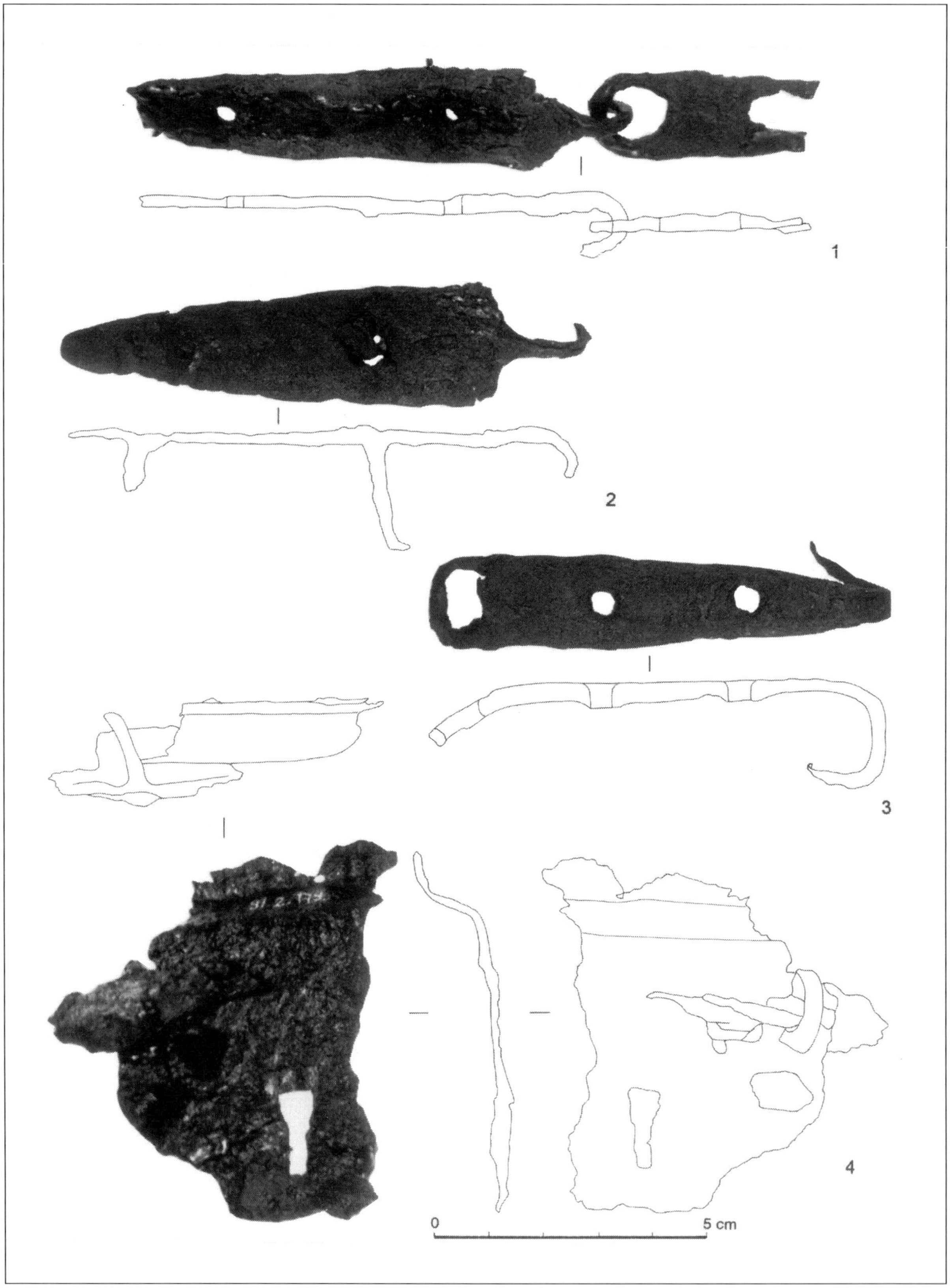

5. tábla: Vastárgyak a 13/14. szelvényben, 30–60 cm.
1: ltsz.: 91.2.177. 2–*3:* ltsz.: 91.2.175. *4:* ltsz.: 91.2.179

6. tábla: Vastárgyak. *1:* 15/20. szelvény, 0–30 cm, ltsz.: 91.2.482. *2:* 13/14. szelvény, 30–60 cm, ltsz.: 91.2.180. *3:* 13/14. szelvény, 30–60 cm, ltsz.: 91.2.178. *4:* 9. objektum, ltsz.: 91.2.350. *5–6:* 13/14. szelvény, 30–60 cm, ltsz.: 91.2.176. *7:* 12/13. szelvény, 30–60 cm, ltsz.: 91.2.324. *8–11:* 13/14. szelvény, 30–60 cm, ltsz.: 91.2.178

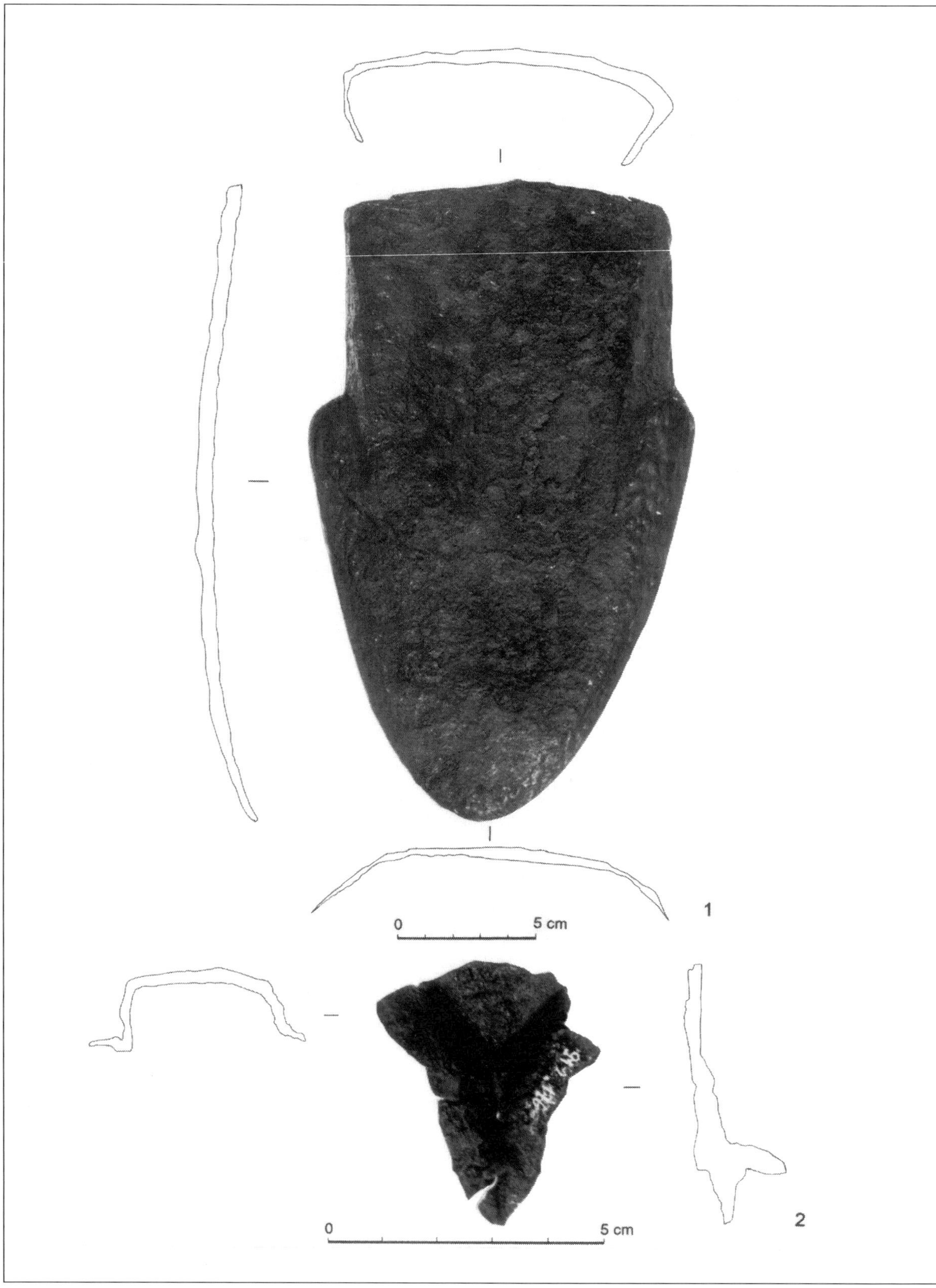

7. tábla: Vastárgyak. *1:* 13/14. szelvény, 0–30 cm, ltsz.: 91.2.161.
2: 13/14. szelvény, 30–60 cm, ltsz.: 91.2.176

1.4. SZONDÁZÓ ÁSATÁS AZ END0182 SZÁMÚ LELŐHELYEN

Gyomaendrőd község határának déli felében, a Kondorosra vezető országúttól nyugatra, a sík, csaknem teljesen tagolatlan mezőben terül el a lelőhely *(1. ábra)*. Itt a régészeti topográfia terepjárása alkalmával, 1979-ben egyetlen Árpád-kori objektumcsoportra utaló felszíni leletanyagot gyűjtöttünk.[1] A lelőhelyhez legközelebb eső élővíz, a Hármas-Körös medre, innen északra kb. 8 km-re esik. Közvetlen közelében nem található semmilyen határozottabb egykori vízfolyásra utaló nyom, mindössze annyi látható, hogy alig fél m magas, észak felé lejtő kiemelkedés peremén helyezkedik el *(2–3. ábra)*. Ugyancsak viszonylag távol esik más hasonló korú Árpád-kori lelőhelyektől: K-re mintegy 400 m-re található a legközelebbi (END0176), DNy felé pedig 800-850 m-re találjuk az END0183 lelőhelyet, illetve azt az ÖRM0014 jelű Árpád-kori faluhelyet, melynek templomát ugyancsak az alföldi mikroregionális program keretében 1992-ben tárta fel Szatmári Imre.[2] Nyugat és észak felé még ennél is távolabb helyezkednek el a legközelebbi régészeti lelőhelyek, és ez érvényes nemcsak az Árpád-korra, hanem a korábbi vagy későbbi korszakokra is. A terület teljes egészében a Maros pleisztocén kori törmelékkúpjára esik, ami annyit jelent, hogy nemcsak az élővizektől esik távol a tagolatlan felszínű sík vidék, hanem tengerszint feletti magassága a 85 m-t meghaladja (az említett kiemelkedés 85,5 m magasságú), és a vastag, üledékes csernozjom kiváló termőtalaj, mely nagyban megkönnyíti a felszíni és felszín alatti régészeti megfigyeléseket is.

A sík, tagolatlan mezőben elfoglalt magányos helyzete, a felszíni nyomok alapján feltételezhető kis kiterjedése, és a teljes egészében Árpád-kori leletanyag miatt választottuk ki szisztematikus felszíni gyűjtésre, illetve szondázó ásatásra.

Felszíni gyűjtés

A lelőhelyen 1990 májusában szisztematikus felszíni gyűjtést végeztünk, amely a terület részletes szintvonalas felmérésével kezdődött. Az előzetes bejárás alkalmával megállapítottunk, hogy a lelőhelyet É–ÉNy-ról egy széles, erősen feltöltődött meder határolja, és ennek partján a leletek sokkal nagyobb területen szóródnak, mintsem hogy csak egyetlen objektumcsoportra gondolhatnánk. A lelőhely felszínén három kisebb kiemelkedést is megfigyelhettünk, melyet a szintvonalas felmérés is jól érzékeltet. Ezeken a kiemelkedéseken már első látásra is több lelet volt, mint egyebütt. Ugyanakkor a szintvonalakkal is ábrázolt belső mélyedés keleti szélén a talaj szürkésebb, hamusabb volt, itt azonban nem látszott több lelet *(3. ábra)*.

A szisztematikus felszíni gyűjtést 5 x 5 méteres négyzetekben végeztük. A négyzetháló kitűzését a lelőhely nyugati szélén haladó dűlőúttól 50 méterre keletre kezdtük, és déli, illetve keleti irányban addig haladtunk, amíg a leletek teljesen el nem fogytak. Sajnos arra már nem volt idő, hogy észak felé az érmeder széléig, illetve a nyugaton a dűlőútig is eljussunk. Ebben a két irányban ugyanis már az előzetes bejárás során világossá vált, hogy a lelőhely határai a geomorfológiai alakzatok mentén meghúzhatók, míg kelet és dél felé, a sík mezőben határozott határokat nem lehetett megfigyelni.[3]

---

1 MRT 8, 179.

2 RégFüz 46 (1994) No. 107., részletesen e kötet 1.6. fejezetében.

3 Mivel a gyűjtés nyugatról haladt kelet felé, ezért a dűlőúttal párhuzamos szelvényszámozás jelenti az első (oszlop) számot, míg az erre keresztirányban növekvő második szám a sor száma, a szelvények jelölése tehát pl. 14/26.

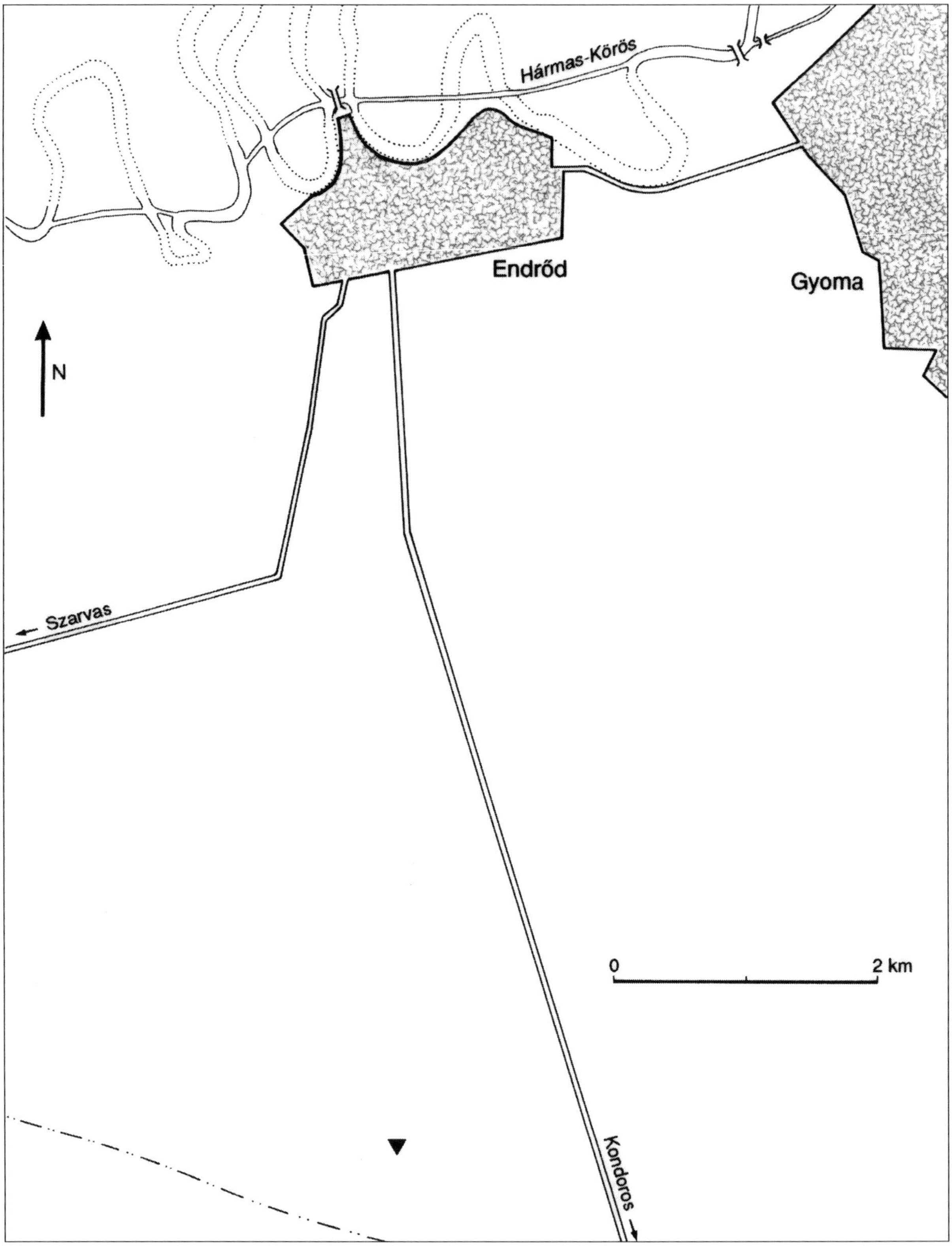

1. ábra: A lelőhely elhelyezkedése Endrőd határában

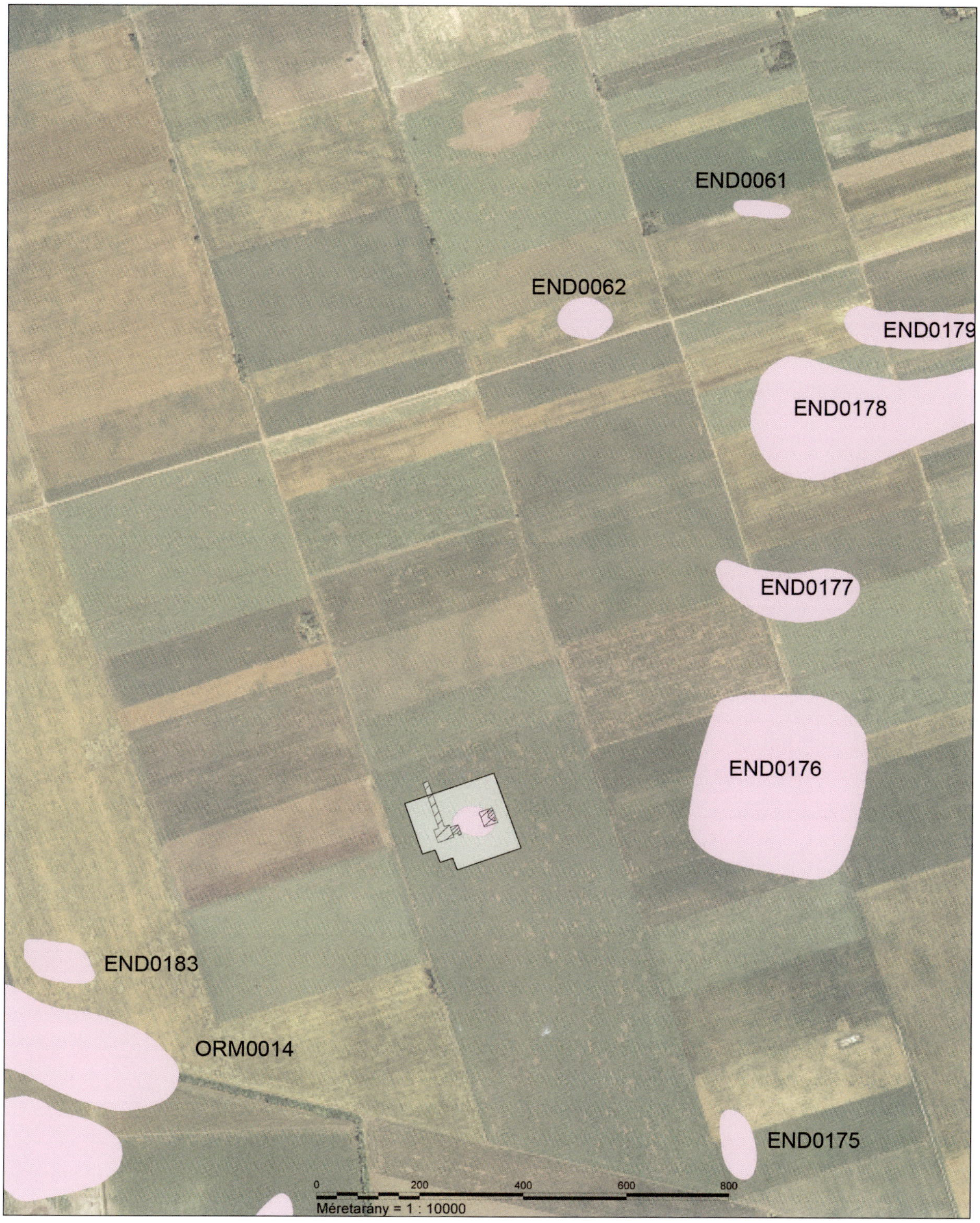

2. ábra: A lelőhely helyszínrajza a környező lelőhelyekkel

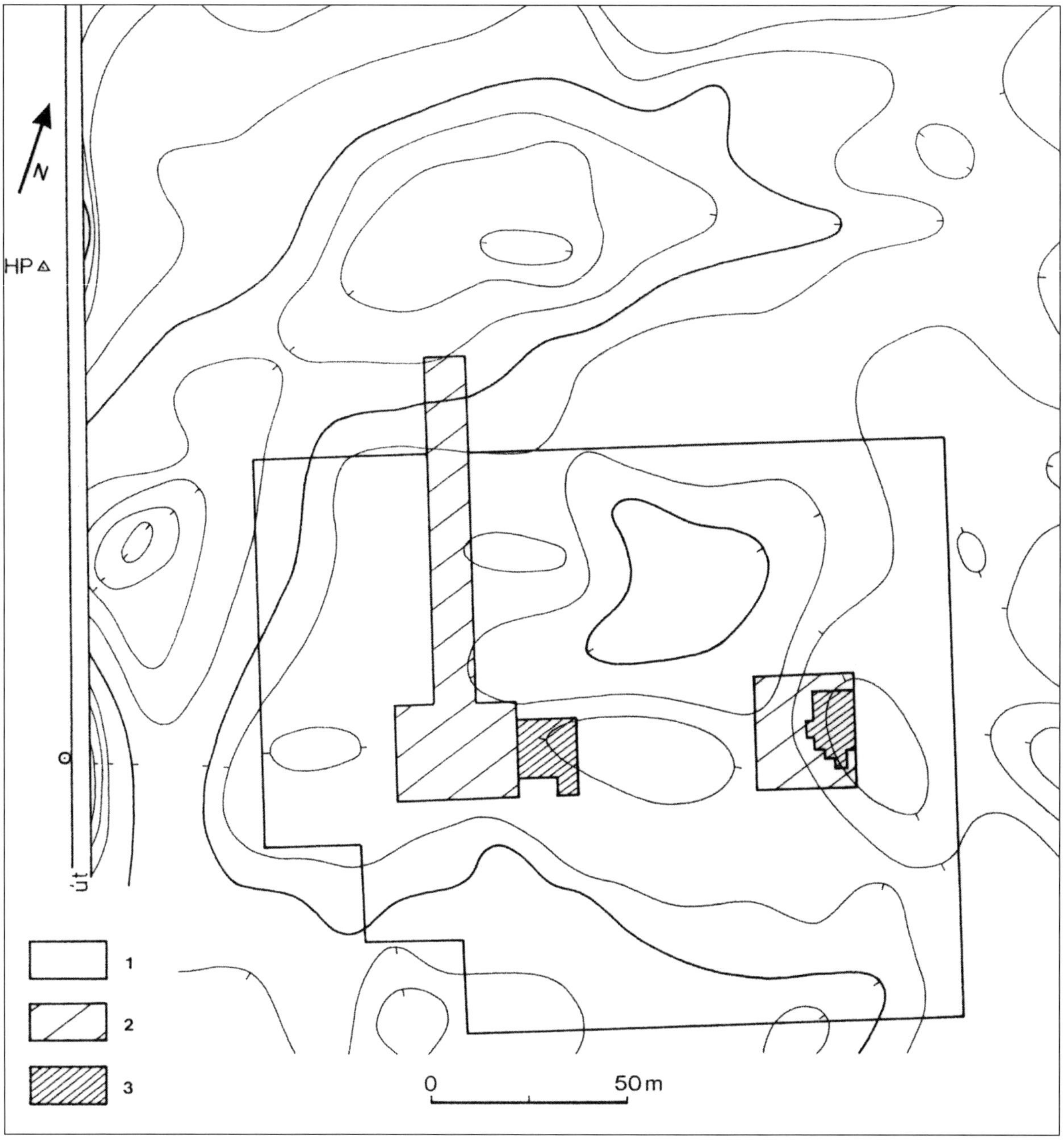

3. ábra: A lelőhely helyszínrajza a szintvonalas felméréssel a felszíni gyűjtések és az ásatás helyével. *Jelkulcs: 1:* 1990. évi felszíni gyűjtés *2:* 1991. évi felszíni gyűjtés *3:* ásatás

Négy munkanap alatt 24375 m^2 nagyságú felületet vizsgáltunk át *(4. ábra)*. A más lelőhelyeken már alkalmazott gyakorlat szerint méretétől és minőségétől függetlenül minden olyan tárgyat felszedtünk, amelyről megállapítható volt, hogy régészeti lelet.[4]

A leletek súlyát is lemértük. A két adatcsoport területi eloszlása a kiemelkedően magas értékek tekintetében csaknem azonosnak mutatkozott *(5. ábra)*. Ennek alapján két, viszonylag zártabb, intenzív leletcsoport tűnt ki a környezetéből, mindkettő a már említett kisebb kiemelkedések valamelyiké-

[4] *Jankovich* (1992) 110.

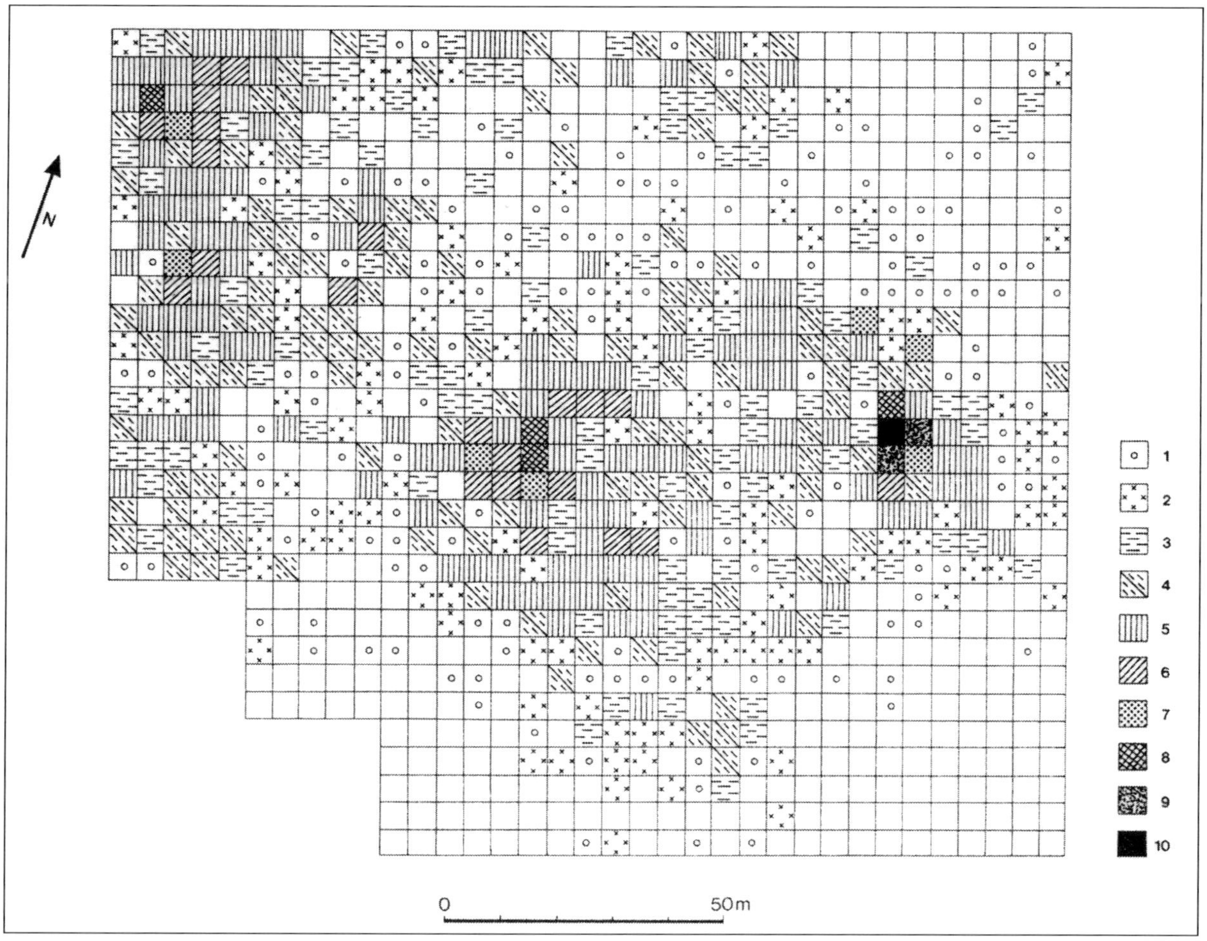

4. ábra: Az 1990. évi felszíni gyűjtés leleteinek eloszlása. *Jelkulcs: 1:* 1 *2:* 2 *3:* 3 *4:* 4–5 *5:* 6–10 *6:* 11–15 *7:* 16–20 *8:* 21–30 *9:* 31–50 *10:* 51–100 darab

re esett. A harmadik, magasabb értékeket mutató terület a felmérés ÉNy-i sarkában, az előző kettőnél nagyobb területen szóródva mutatkozott. A korábbi terepjárási anyaghoz képest új korszakot nem találtunk, valamennyi cseréptöredék az Árpád-korba tartozott.

Összes négyzet:	975
Összes lelet:	2708
Összes súly (g):	33920
Lelet/négyzet:	2,78
Súly/négyzet:	34,78
Súly/lelet:	12,52

Leletszám	Szelvény	%
0 lelet	342	35,07
5=> lelet	480	49,23
10=> lelet	117	12,00
20=> lelet	29	2,97
20< lelet	7	0,71

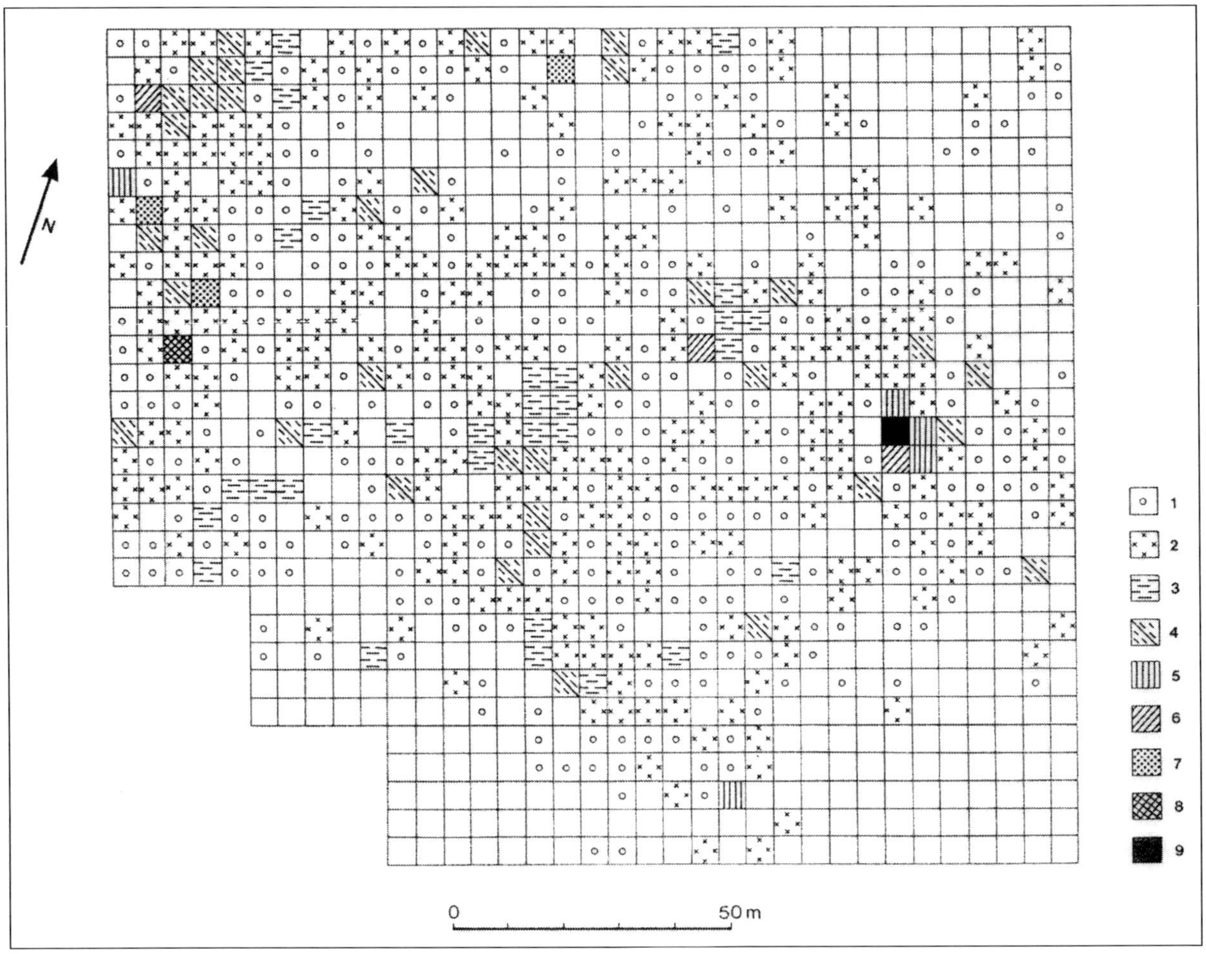

5. ábra: Az 1990. évi felszíni gyűjtés leleteinek súly szerinti eloszlása.
Jelkulcs: 1: 0–3 *2:* 4–5 *3:* 6–10 *4:* 11–20 *5:* 21–30 *6:* 31–50 *7:* 51–80 *8:* 81–100 *9:* 101–200 gramm

Az ásatás

1991 májusában a mikrorégiós kutatások keretében szondázó ásatást végeztünk a lelőhelyen.[5] Az előző évi felszíni gyűjtés alapján két leletkoncentrációt szemeltünk ki, ahol az ásatást terveztük. Ezen a területen a felszíni gyűjtést is megismételtük. A leletgyűjtés tapasztalata az volt, hogy ezúttal is pontosan azokban a négyzetekben találtunk kiugró értékeket, ahol 1990-ben, és a csökkenés is ahhoz hasonló arányban ismétlődött *(6–7. ábrák)*. Ugyanakkor megállapíthattuk, hogy az ismételten begyűjtött 101 négyzet 54,4 %-ában több, 28,7 %-ában kevesebb, és 16,8 %-ában ugyanannyi darab leletet találtunk, mint az előző évben. A teljes felgyűjtött terület 111 négyzet, azaz 2775 m^2.

Összes négyzet:	111
Összes lelet:	644
Összes súly:	5865
Lelet/négyzet:	5,80
Súly/négyzet:	52,83
Súly/lelet:	9,10

5 RégFüz 45 (1993) No. 99/2.

Leletszám	Szelvény	%
0 lelet	7	6,30
5=> lelet	62	55,85
10=> lelet	27	24,32
20=> lelet	9	8,10
20< lelet	6	5,40

A több leletet tartalmazó négyzetek viszonylag magas aránya minden bizonnyal az előző évihez hasonló kitűnő látási viszonyok (sima, esőverte felület, gyér növényzet) következménye.

A fenti eredmények alapján a lelőhelyen két területet jelöltünk ki ásatásra:

A 39–40. szelvénysorokban hat szelvényt választottunk ki azon a területen, ahol a felszíni leletek összesített (1990+1991) darabszáma szelvényenként 10 fölött volt, egy szelvényben pedig a 100-at is elérte *(8a ábra)*. Ugyanitt a leletek súlya is kiemelkedő értékeket mutatott, többségük ugyanis patics- és tégladarabokból származott *(7. ábra)*.

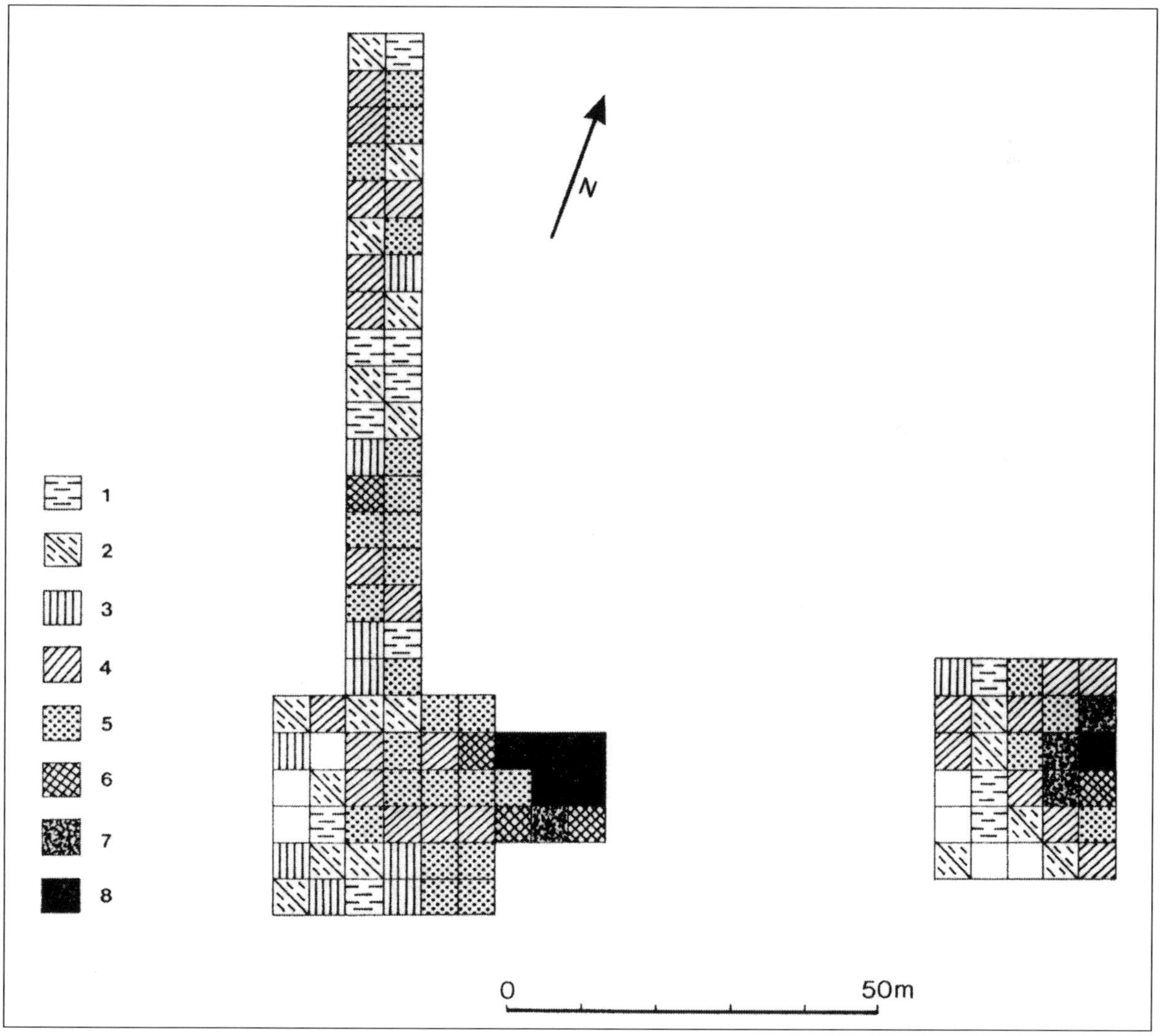

6. ábra: Az 1991. évi gyűjtés leleteinek eloszlása.
Jelkulcs: 1: 1 *2:* 2 *3:* 3 *4:* 4–5 *5:* 6–10 *6:* 11–15 *7:* 16–20 *8:* 21–30 darab

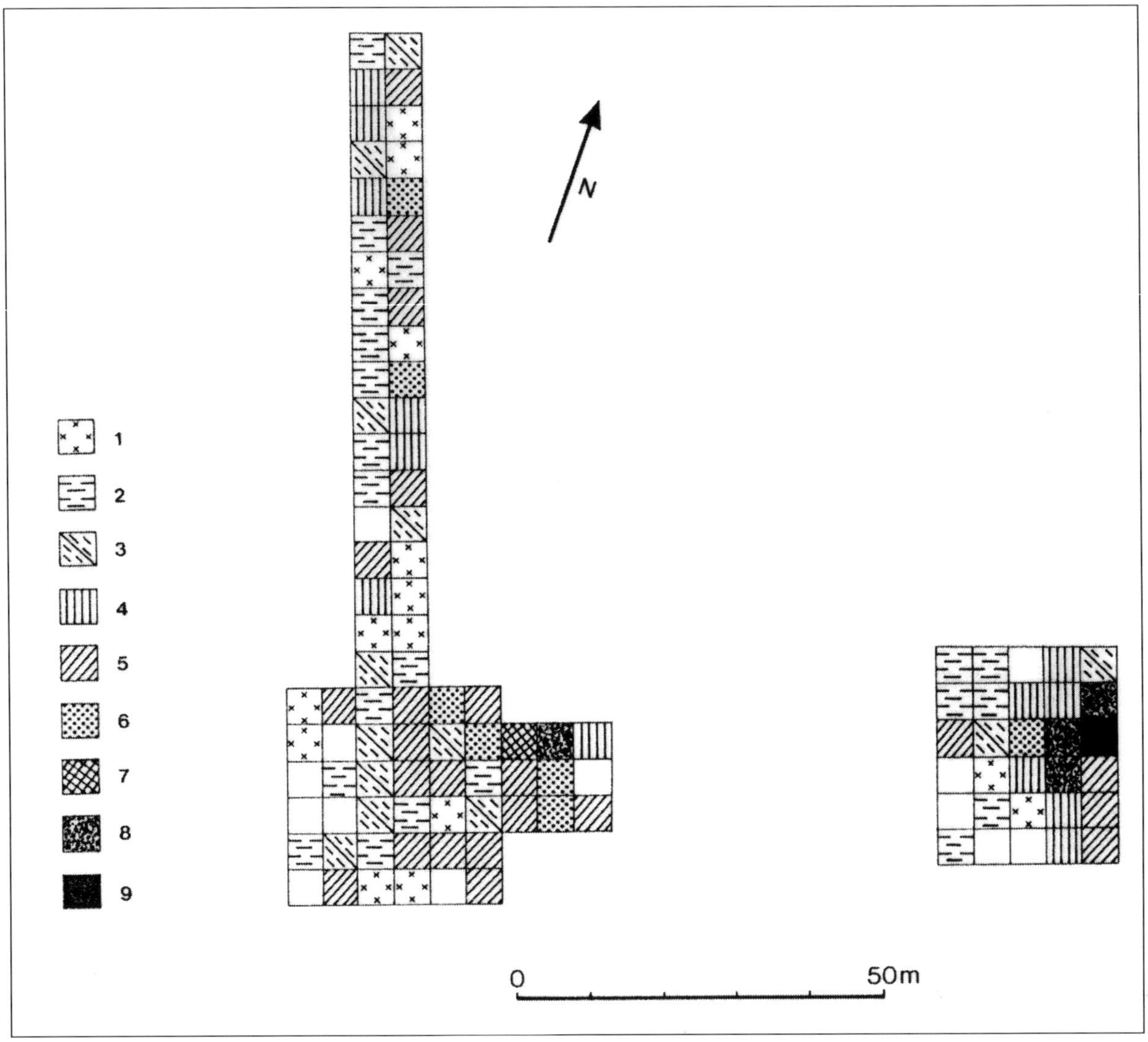

7. ábra: Az 1991. évi gyűjtés leleteinek súly szerinti megoszlása. *Jelkulcs: 1:* 0–10 *2:* 11–20 *3:* 21–30 *4:* 31–50 *5:* 51–100 *6:* 101–150 *7:* 151–200 *8:* 201–300 *9:* 301–400 gramm

8. ábra: A 14–17/39–40. szelvényekben végzett feltárás részletes ábrázolása:

A szántott réteg (0–30 cm) leletszámában továbbra is magas értékeket figyelhettünk meg, noha a kiugró számok a felszínhez képest kicsit „átrendeződtek" a szomszédos szelvényekbe *(8b ábra).*

A leletanyagból mindössze egyetlen vörösesbarna, egyenletes égetésű, vékonyfalú, díszítetlen kis oldaltöredék tekinthető jellegzetes darabnak, melyre a 14/39. szelvényben bukkantunk.[6] A 15/40. szelvényben ebből a rétegből csak három kisebb tégladarabot vettünk leltárba,[7] az apróbbakat, melyek száma 27, súlya 510 g, kiselejteztük. A 16/40 és 17/40. szelvényekben talált leletekből szintén csak a kisebb, válogatott tégladarabokat őriztük meg.[8] Az apróbbakat, melyek száma 111 db, súlya 1850 g, illetve 12 db, súlya 108 g, kiselejteztük.

[6] ltsz.: 91.1.72. E lelőhely feldolgozása során még nem állt rendelkezésre színskála, így az egyes kerámiák színét nem tudom megadni. A leletek a szarvasi múzeumban (TSM) vannak.

[7] ltsz.: 91.1.103.

[8] ltsz.: 91.1.105–106. Összesen 11 db.

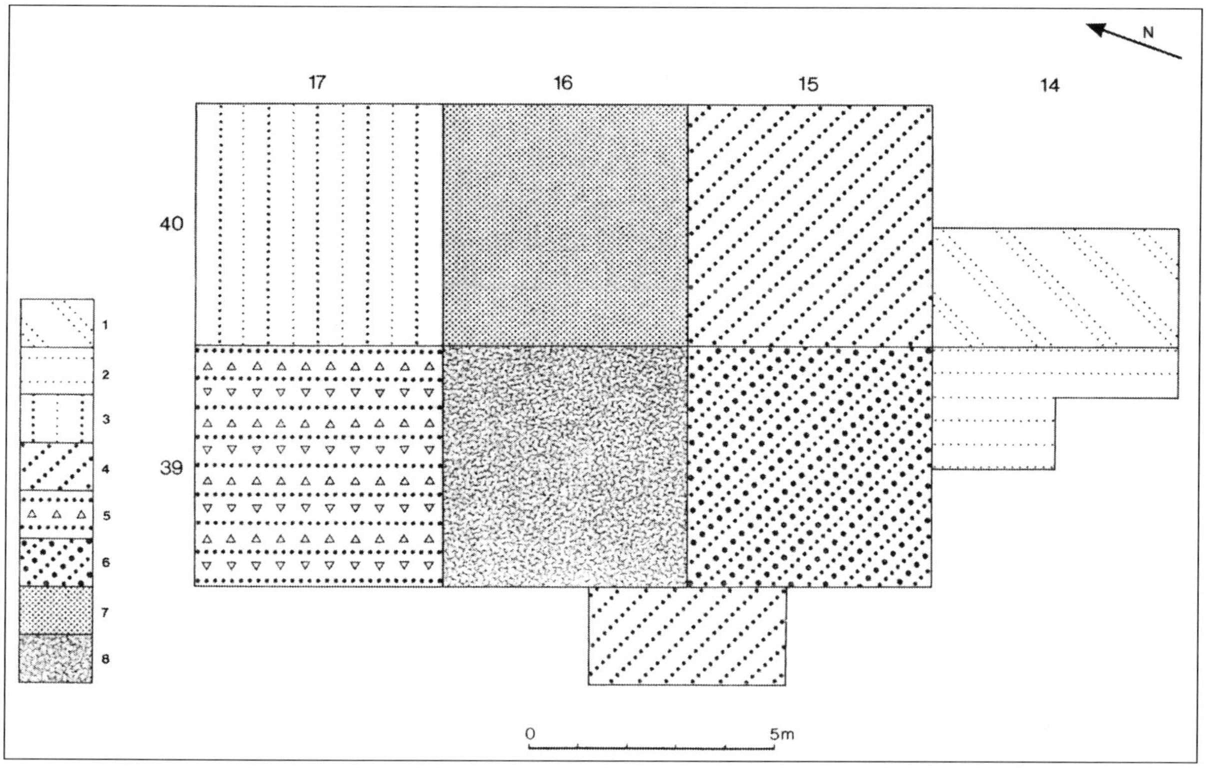

8a ábra: Felszíni összes lelet.
Jelkulcs: 1: 0–15 *2:* 16–20 *3:* 21–30 *4:* 31–35 *5:* 36–40 *6:* 41–50 *7:* 51–60 *8:* 61–100 db

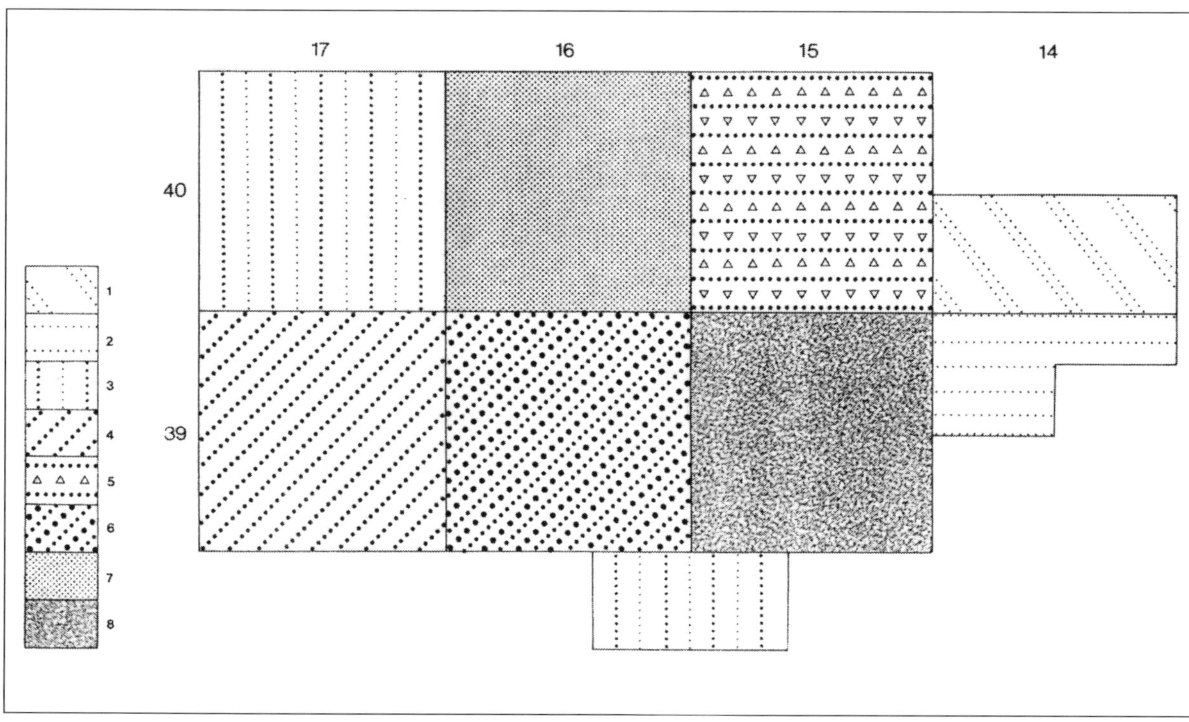

8b ábra: Összes lelet 0–30 cm mélységben.
Jelkulcs: 1: 0–5 *2:* 5–10 *3:* 11–20 *4:* 21–30 *5:* 31–40 *6:* 41–90 *7:* 91–120 *8:* 121–160 db

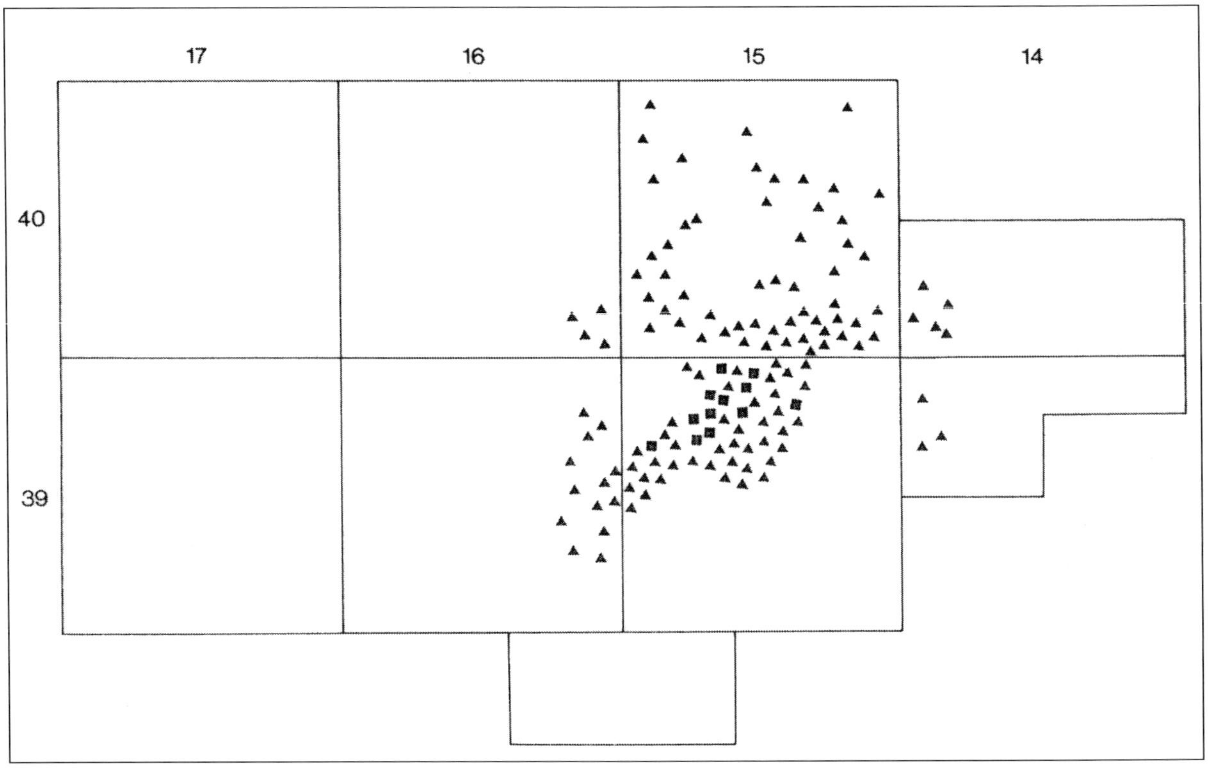

8c ábra: A leletek eloszlása 30–60 cm mélységben (jelkulcsot lásd a 11. ábrán)

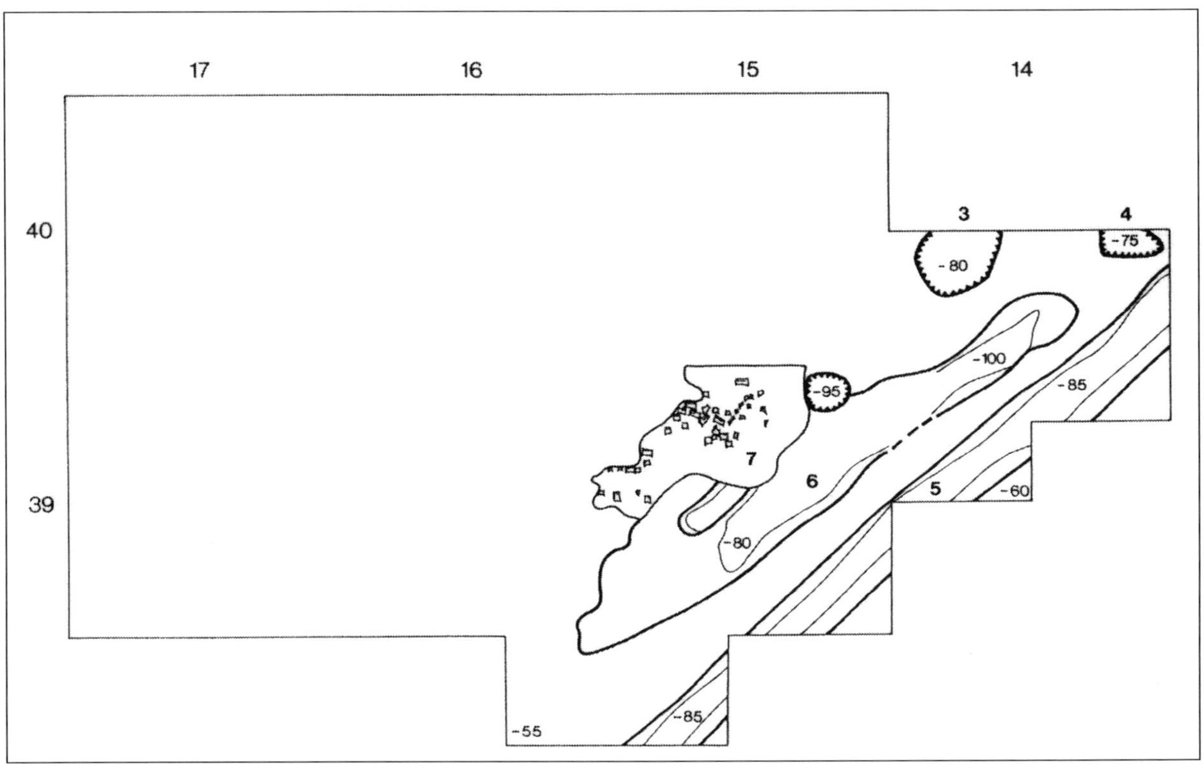

8d ábra: A feltárt objektumok -60 cm alatt

30–60 cm-es mélységben *(8c ábra)* a 15/39-es szelvény keleti felében összefüggő felületben nagy tömegű patics- és tégladarab került napvilágra (7. objektum). A szelvény területéről három világosbarna, szürke törésű, kavicsos soványítású, mindkét irányba megvastagodó, a függesztőlyukaknál karéjos bográcsperem,[9] egy ugyanilyen anyagú, de befelé megvastagodó, a függesztőlyukaknál ugyancsak karéjos kiképzésű bográcsperem származik.[10] Előkerült még egy sötétszürke, egyenletes égetésű, kavicsos soványítású, díszítetlen oldal,[11] egy világosbarna, szürke törésű, homokos soványítású, és hét db ugyanilyen színű, de kavicsos anyagú, díszítetlen oldal és egy fenék.[12] Megemlíthetjük még egy szürkésbarna, szemcsés anyagú, valószínűleg malomkő kisebb darabját is.[13]

A szelvényre a 7. objektum körülhatárolása érdekében két rábontást nyitottunk. Dél felé a 14/40. szelvény nyugati felét, illetve a 14/39. szelvény ÉK-i sarkát tártuk fel, Ny felé pedig a 15/39–es szelvényt bővítettük ki.

A 14/39. szelvényben egy világosbarna, szürke törésű, kavicsos soványítású, mindkét irányba megvastagodó, csúcsos lyukkiképzésű bográcsperemet *(2. tábla 1.)*, és két barna, szürke törésű, kavicsos soványítású, díszítetlen oldaltöredéket találtunk.[14]

A 15/39. szelvény nyugati rábontásából több lelet is előkerült: három világosbarna, szürke törésű, kavicsos soványítású, mindkét irányba megvastagodó bográcsperem,[15] négy darab világosbarna illetve barna, szürke törésű, kavicsos soványítású, díszítetlen oldal,[16] továbbá egy sötétszürke, egyenletes égetésű, kavicsos soványítású, díszítetlen oldal.[17]

Ezek a leletek ugyan tartozhattak a 6. objektum (árok) betöltéséhez is, de sokkal inkább a 7. számú objektumhoz.

A 15/40. szelvényben a felszínhez hasonlóan mindenütt sok patics és kevés kerámia volt. 30–60 cm között szinte kizárólag paticsokat, illetve csigahéjakat találtunk. A bontási szint alján viszont már a sárga altalaj jelentkezett.

A 16/39. szelvényből csak kisebb tégladarabokat őriztünk meg.[18]

A 17/39–40. szelvényekben a leletek 60 cm mélyen teljesen eltűntek, és a sárga altalaj jelentkezett.

* * *

A másik ásatási területet a 24–26-os szelvénysorokban jelöltük ki, ezen a részen a két felszíni gyűjtés egyesített leletszáma mind a kilenc szelvényben húsz és ötven darab között mozgott *(3. és 6. ábra)*. A szántott rétegben a leletsűrűség nagyjából azonos értékeket mutatott, két szelvény kivételével, ahol 10 alá csökkent. A 30–60 cm-es mélységben a leletsűrűség tovább szűkült, immár három szelvényre, az azonosítható régészeti objektumokat pedig e három szelvény egyikében találtuk meg. A leletek súlyának változása is korrelál a darabszámmal, és mélységben lefelé haladva egyre inkább közelít az objektumhoz *(9a–c ábra)*.

9. ábra: A 13–16/24–26. szelvényekben végzett feltárás részletes ábrázolása:

---

9 ltsz.: 91.1.79. 3 db.

10 ltsz.: 91.1.80.

11 ltsz.: 91.1.81.

12 ltsz.: 91.1.82–84.

13 ltsz.: 91.1.85.

14 ltsz.: 91.1.74.–75. A bogrács kiszerkeszthető szájátmérője 25 cm.

15 ltsz.: 91.1.86.

16 ltsz.: 91.1.87.

17 ltsz.: 91.1.88.

18 ltsz.: 91.1.104. 3 db.

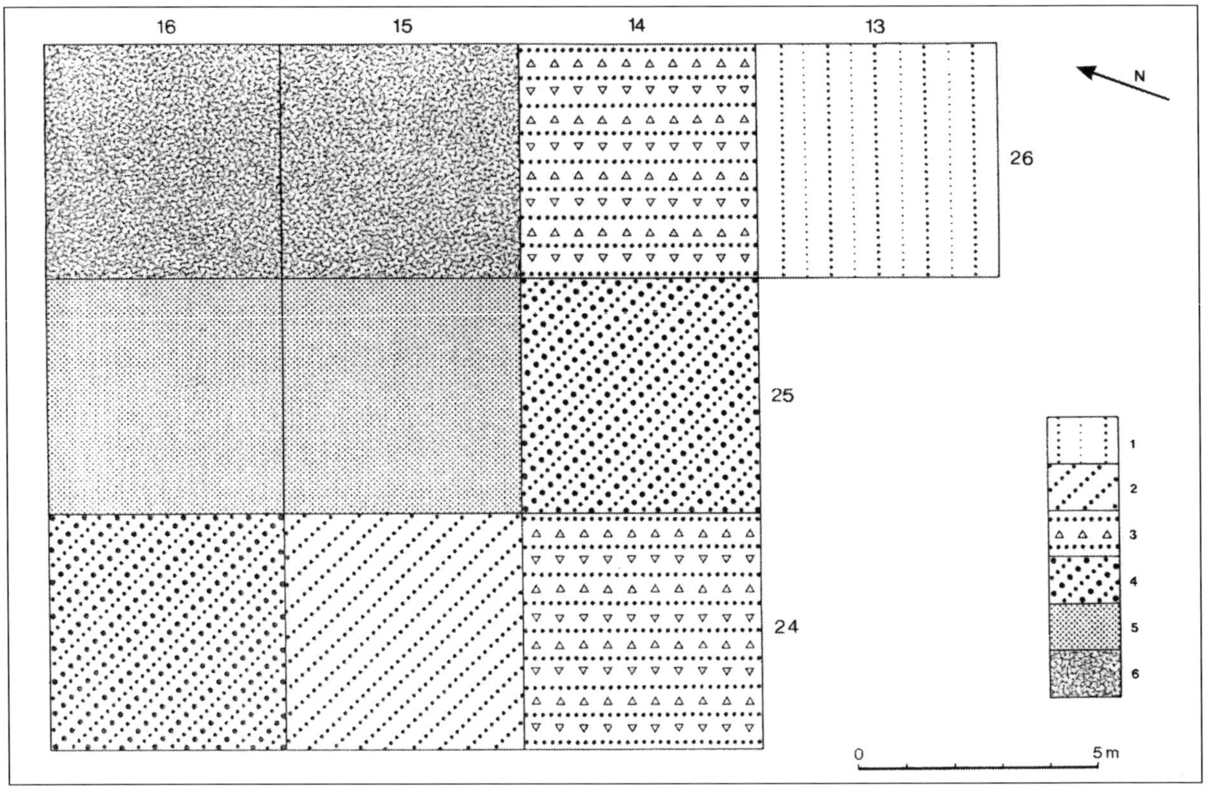

9a ábra: Felszíni összes lelet. *Jelkulcs: 1:* 0–10 *2:* 11–25 *3:* 26–30 *4:* 31–35 *5:* 36–40 *6:* 41–50 db

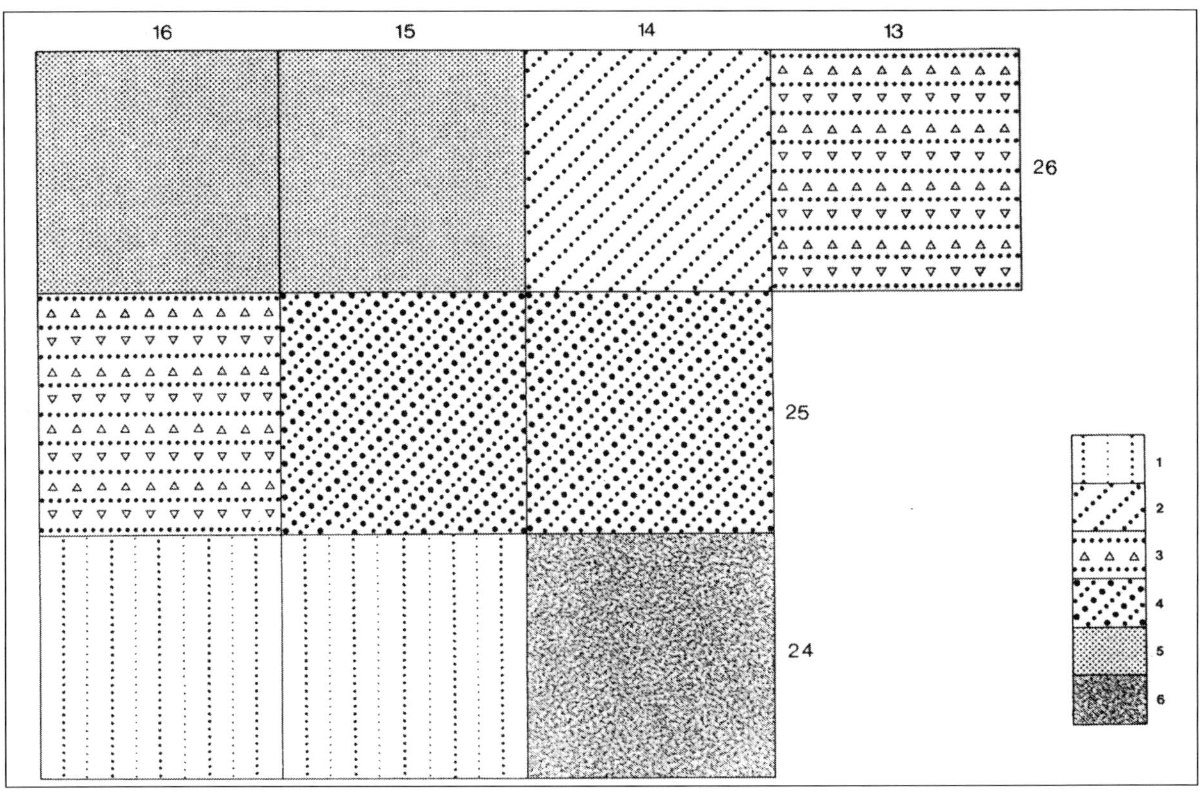

9b ábra: Összes lelet 0–30 cm mélységben. *Jelkulcs: 1:* 0–10 *2:* 11–20 *3:* 21–25 *4:* 26–30 *5:* 31–35 *6:* 35–50 db

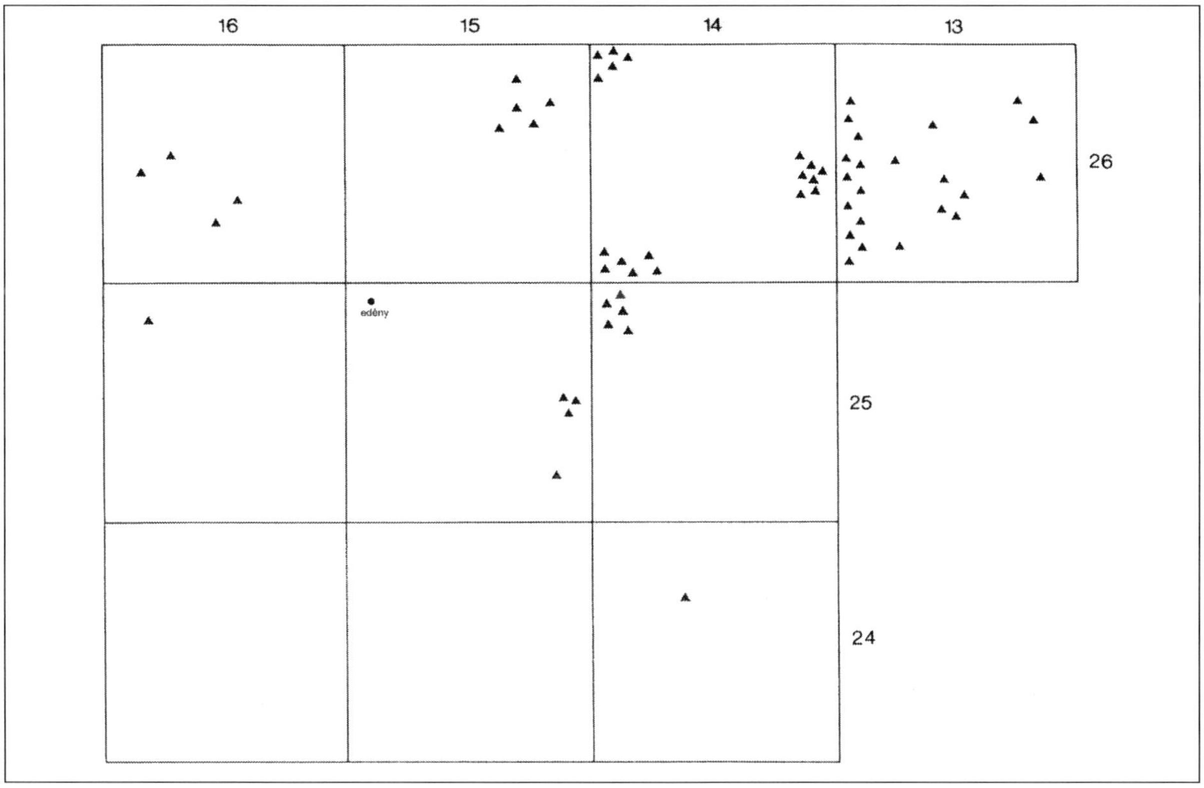

9c ábra: A leletek szóródása 30–60 cm mélységben (jelkulcsot lásd a 11. ábrán)

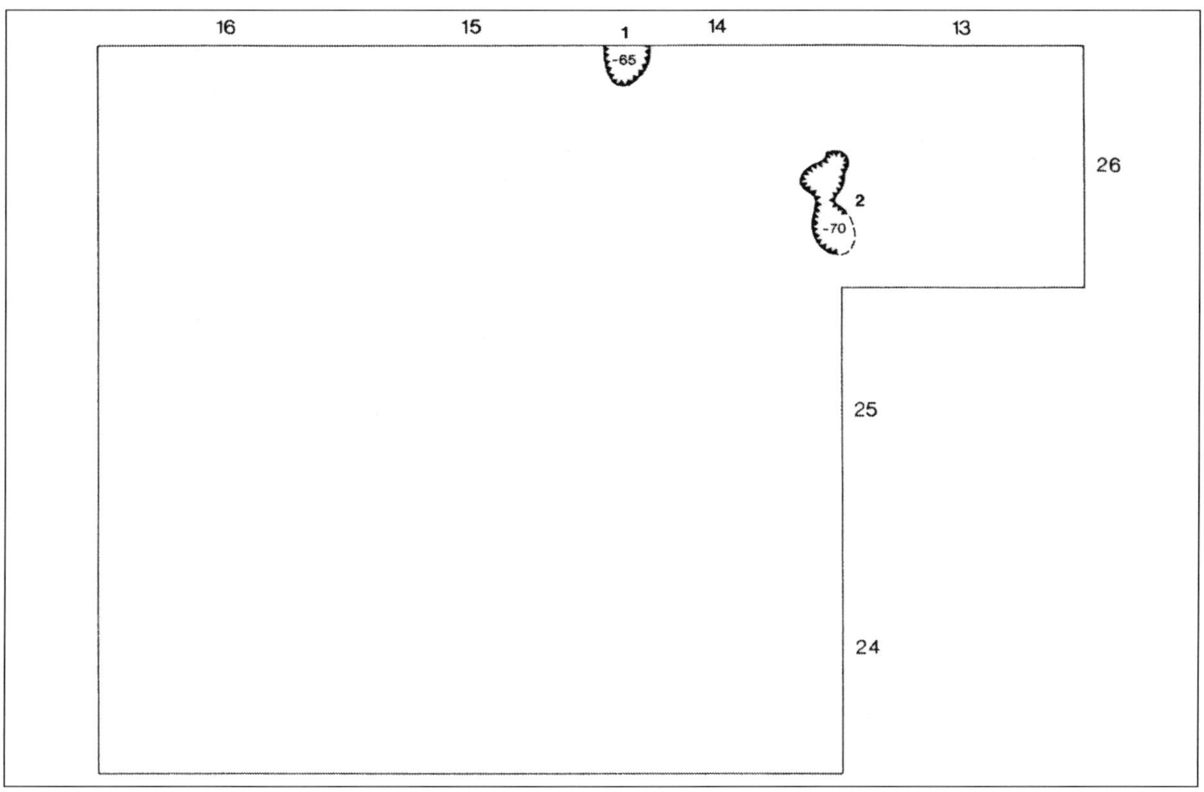

9d ábra: Feltárt objektumok -60 cm alatt

0–30 cm mélységben a 13/26. szelvényben hat darab világosbarna, szürke törésű, kavicsos soványítású bográcsperemet találtunk. Többségük a mindkét irányba megvastagodó típusba tartozik, mindössze egy van, ahol csak kifelé hangsúlyozott a perem. Ennél a függesztőlyuk karéjos.[19] A 15 db barna, szürke törésű, díszítetlen oldalak közül csak egynek az anyaga homokos, a többi kavicsos soványítású.[20] Itt került elő még egy kézimalom-kő kisebb darabja.[21]

A 14/26. szelvényben két világosbarna, szürke törésű, kavicsos soványítású bográcsperemet találtunk. A nagyobbik mindkét irányba megvastagodó, a függesztőlyuk körül karéjos, a kisebb szögletes és csak kifelé vastagszik meg.[22] Van egy világosbarna, szürke törésű, kavicsos soványítású vékonyfalú, egészen kicsi, egyenes peremdarabka. Széle vízszintesen levágott, kívül vízszintes párhuzamos vonalak díszítik, valószínűleg fedőperem lehetett.[23] A 12 db világosbarna, szürke törésű, kavicsos soványítású oldaltöredék díszítetlen.[24] Mindössze egyetlen barna, szürke törésű, homokos soványítású díszítetlen oldal került itt elő.[25]

A 14/25. szelvényben egy világosbarna, szürke törésű, kavicsos soványítású bográcsperem volt. A perem befelé megvastagodó, szögletes átmetszetű.[26] A hat darab, mindkét irányba megvastagodó, szögletes illetve kerek átmetszetű bográcsperem vörösesbarna és barna színű, szürke törésű, kavicsos soványítású.[27] Egyetlen világosbarna, szürke törésű, kavicsos soványítású példány van, ahol a perem lapos átmetszetű és szélesen kifelé húzott.[28] Megemlíthetjük még a barna és szürke, szürke törésű, kavicsos soványítású díszítetlen oldalakat, melyek száma 13, közöttük a két szürke színű darab egyenletes égetésű.[29]

A 14/24. szelvényben öt barna, szürke törésű, kavicsos soványítású bográcsperemet találtunk. Közülük kettő mindkét irányba, három a csak befelé megvastagodó típusba tartozik. Kettőn van függesztőlyuk, ebből az egyik karéjos.[30] Külön ki kell emelnünk egy fehér színű, kaviccsal soványított, kihajló fazékperemet, a perem széle vízszintesre levágott, kívül bordával tagolt.[31] A szelvényből húsz darab barna, szürke törésű, kézikorongolt, díszítetlen oldaltöredéket őriztünk meg. Közülük három csillámos homokkal, a többi kaviccsal soványított.[32]

A 15/26. szelvényben hat darab világosbarna és barna, szürke törésű, kavicsos soványítású bográcsperem volt. Három csak kifelé vastagszik meg, másik három mindkét irányba, közülük kettőnek karéjos kiképzésű a függesztőfüle.[33] A két barna, szürke törésű, kavicsos soványítású vízszintesen kihajló fazékperem közül az egyik széle kissé felhúzott, a másik szögletesre levágott[34] *(4. tábla 1–2.)*. Különleges darab a vörösesbarna, szürke törésű, finom homokkal soványított palack bordázott és benyomott széles vízszintes vonallal díszített nyaktöredéke[35] *(5. tábla 2.)*. A barna, szürke törésű, kavicsos soványítású díszítetlen oldalak száma 18, és van két ugyanilyen színű és anyagú fenékdarab is.[36]

---

19 ltsz.: 91.1.32.
20 ltsz.: 91.1.33.
21 ltsz.: 91.1.34.
22 ltsz.: 91.1.16.
23 ltsz.: 91.1.18.
24 ltsz.: 91.1.17.
25 ltsz.: 91.1.19.
26 ltsz.: 91.1.6.
27 ltsz.: 91.1.7.
28 ltsz.: 91.1.8.
29 ltsz.: 91.1.9.
30 ltsz.: 91.1.1.
31 ltsz.: 91.1.2.
32 ltsz.: 91.1.3.
33 ltsz.: 91.1.48.
34 ltsz.: 91.1.49. A kiszerkeszthető szá.: 15 cm
35 ltsz.: 91.1.50. A kiszerkeszthető belső átm.: 4 cm.
36 ltsz.: 91.1.51–52.

A 15/25. szelvényből négy világosbarna, szürke törésű, kavicsos soványítású bográcsperem került elő. Egy mindkét irányba, kettő csak kifelé, egy csak befelé vastagszik meg. A függesztőlyuk kettőnél van meg, mindegyik karéjos.[37] Innen származik még egy világosbarna, szürke törésű, kavicsos soványítású lekerekített szélű, behúzott tálperem, amennyire ezt a kis darabról meg lehet ítélni[38] *(5. tábla 1.)*. A világosbarna és barna, szürke törésű, kavicsos soványítású ívelt bográcsoldalak száma három, az egyéb oldaltöredékeké tizenhat.[39]

A 15/24. szelvényben ebben a mélységben öt világosbarna, illetve barna, szürke törésű, kavicsos soványítású bográcsperemet találtunk. Három a befelé, kettő a kifelé megvastagodó típusba tartozik.[40] Van ezen kívül még egy kívül barna, belül vörösbarna, szürke törésű, kavicsos soványítású ívelt bográcsoldal és egy kívül barna, belül szürke, szürke törésű, kavicsos soványítású díszítetlen oldal is.[41]

A 16/26. szelvényből egy vörösesbarna, szürke törésű, kavicsos soványítású, mindkét irányba megvastagodó bográcsperem származik, mely a függesztőlyuk körül csúcsos kiképzésű.[42] Van azonban négy barna, szürke törésű, kavicsos soványítású, mindkét irányba megvastagodó bográcsperem is, a függesztőlyuk körül karéjos kiképzéssel.[43] További négy világosbarna, szürke törésű, kavicsos soványítású, bogrács peremdarabja a kifelé megvastagodó típusba tartozik.[44] A 15 db világosbarna, szürke törésű, kavicsos soványítású, díszítetlen oldal[45] mellett van egy homokos soványítású darab is.[46] A három vörösesbarna és barna, egyenletesen átégett, kavicsos soványítású, vékonyfalú, díszítetlen oldal[47] mellett találunk még egy világosbarna, szürke törésű, kavicsos soványítású fenékdarabot is.[48]

A 16/25. szelvényben a szántott rétegben négy világosbarna, szürke törésű, kavicsos soványítású bográcsperem volt. Kettő a csak kifelé, kettő a mindkét irányba megvastagodó típusba tartozik. Utóbbiak egyikén a fül karéjos.[49] A két világosbarna és barna, szürke törésű, kavicsos soványítású ívelt bográcsoldal[50] mellett van 11 db világosbarna és barna, szürke törésű, kavicsos soványítású díszítetlen egyéb oldaltöredék is.[51]

A 16/24. szelvényben egy világosbarna, szürke törésű, kavicsos soványítású mindkét irányba megvastagodó, karéjos lyukkiképzésű bográcsperemet[52] és hét db barna, szürke törésű, kavicsos soványítású díszítetlen oldalt találtunk.[53]

---

[37] ltsz.: 91.1.42.
[38] ltsz.: 91.1.43.
[39] ltsz.: 91.1.44–45.
[40] ltsz.: 91.1.38.
[41] ltsz.: 91.1.39–40.
[42] ltsz.: 91.1.62.
[43] ltsz.: 91.1.63.
[44] ltsz.: 91.1.64.
[45] ltsz.: 91.1.65.
[46] ltsz.: 91.1.66.
[47] ltsz.: 91.1.67
[48] ltsz.: 91.1.68.
[49] ltsz.: 91.1.57.
[50] ltsz.: 91.1.58.
[51] ltsz.: 91.1.59. 11 db.
[52] ltsz.: 91.1.53.
[53] ltsz.: 91.1.54–55. Az 54. számú töredék egyik darabja a szomszédos 16/25. szelvényből, azonos mélységből jött hozzá.

30–60 cm mélységben a leletek száma lényegesen megfogyatkozott, egyes szelvényekből teljesen eltűnt, míg másokban már az objektumoknak megfelelően csoportosult *(9c ábra)*:

A 13/26. szelvényben két világosbarna, szürke törésű, kavicsos soványítású bográcsperem került elő. Az egyik erőteljesen befelé húzott, a másik mindkét irányba megvastagodó, karéjos típus.[54] A 15 db világosbarna, kavicsos soványítású, díszítetlen oldal szürke törésű, mindössze négy darab égetett egyenletes sötétszürkére.[55]

A 14/26. szelvényben egy világosbarna, szürke törésű, kavicsos soványítású bográcsperem volt, melynek széle egészen kicsit vastagszik meg mindkét irányba, a függesztőlyuk körül karéjos.[56] A két világosbarna és barna, szürke törésű fazékperem közül a nagyobbik homokos a kisebb finom kavicsos soványítású. A perem vízszintesen kihajlik, teteje fedőhornyos, széle elkeskenyedő[57] *(4. tábla 4.)*. A világosbarna és barna, szürke törésű oldalak kavicsos soványításúak és díszítetlenek.[58] Van köztük egy fazékváll is[59] *(4. tábla 5.)*. Két pelyvás tégladarab is van, mindegyiknél mérhető a vastagság.[60]

A szelvény ÉK-i sarkában hamus, faszenes, kicsiny, kerek folt mutatkozott (1. objektum, „A" gödör). A gödör foltja jól látszott a profilban is, ahol a szántott réteg aljától követhető, betöltése a széle mentén mindenütt paticsos, kormos volt.

A szelvény déli oldala mellett, illetve a DNy-i sarokban mutatkozó másik két „foltnál" nyitottuk a 13/26. szelvényt, majd elbontva a tanúfalat, alatta feltárhattuk a 2. objektumot („B" gödröt), mely csak pár cm-t nyúlt át a 13/26. szelvénybe. Kettős gödör, mindegyik részében egészen enyhe tűznyomokkal. A tűznyom 1 cm vastag, egészen gyengén átégett föld és korom formájában jelentkezett. Mindkét részében volt korongolt bográcstöredék, a nyugati oldalon ehhez egy igen rossz megtartású sütőharang fele (füle sárga, nem átégett agyag) továbbá egy lókoponya alsó állkapcsa is társult. A sütőharang mögött egy nagyobb sárga agyagtömböt is dokumentálhattunk, amely valamilyen tüzelőberendezés része lehetett *(10. ábra)*.

A 14/25. szelvényben két barna, szürke törésű, kavicsos soványítású bográcsperem került elő, egyikük külső oldala vörösesre égett. Az egyik pereme kifelé, a másiké mindkét irányba megvastagszik.[61] Innen származik még egy barna, szürke törésű, kavicsos soványítású vízszintesen kihajló, függőlegesen levágott szélű fedőhornyos fazékperem és kisebb vállrész[62] *(4. tábla 3.)*, továbbá barna, szürke törésű, kavicsos soványítású díszítetlen oldalak.[63]

A 15/25. szelvényben egy világosbarna, szürke törésű, kavicsos soványítású, kifelé megvastagodó, karéjos lyukkiképzésű bográcsperemet,[64] továbbá barna, szürke törésű, kavicsos soványítású, díszítetlen oldalakat[65] találtunk.

A 16/26. szelvényben egy barna, szürke törésű, kavicsos soványítású, mindkét irányba megvastagodó bográcsperem[66] és egy barna, szürke törésű, kavicsos soványítású, díszítetlen oldaltöredék[67] volt.

---

[54] ltsz.: 91.1.35.
[55] ltsz.: 91.1.36.
[56] ltsz.: 91.1.20.
[57] ltsz.: 91.1.21. A kiszerkeszthető szá.: 16 cm.
[58] ltsz.: 91.1.22. 15 db.
[59] A kiszerkeszthető váll- illetve has átmérő 16, illetve 19 cm.
[60] ltsz.: 91.1.24. 9 x 4,8; 9,4 x 4,5 cm.
[61] ltsz.: 91.1.12.
[62] ltsz.: 91.1.13.
[63] ltsz.: 91.1.14. 5 db.
[64] ltsz.: 91.1.46.
[65] ltsz.: 91.1.47. 2 db.
[66] ltsz.: 91.1.69.
[67] ltsz.: 91.1.70.

A 16/25. szelvény ÉK-i sarkában, a 30–60 cm mélységben *(9c ábra)* egy csaknem teljesen ép, világosbarna, szürke törésű, csillámos-kavicsos soványítású, kézikorongolt fazékra bukkantunk. A kihajló perem széle lekerekített, kissé felhúzott. Tömzsi, széles vállán három sorban fogaskerék-minta látható. Alsó része ívelt, feneke kissé profilált[68] *(4. tábla 6.)*. Az edény álló helyzetben került elő, csupán a pereme sérült meg a szántás következtében. A felszínhez ennyire közel, gyakorlatilag a szántás alján semmilyen objektumot nem lehet megfigyelni, de a környéken, sőt mélyebben sem került elő egyetlen további lelet sem.

Az ásatással egyidejűleg a lelőhelyen talajmintákat is vettünk, melyekből Dr. Füleky György foszfát-elemzéseket végzett. A mintákat a felszíni gyűjtéssel már feltérképezett területről, 25 x 25 méteres négyzetek közepén ásott 05 x 1 méter nagyságú gödörből három helyről vettük: a szubhumusz tetejéről (kb. 40 cm), a szubhumusz aljáról (kb. 70–100 cm között) és a sárga altalaj (120–130 cm) szintjéről. A 23/28. szelvényben ásott talajszondából, 70 cm mélyről az alábbi leleteket gyűjtöttük:

Két világosbarna, szürke törésű, kavicsos soványítású, mindkét irányba megvastagodó bográcsperem, a függesztőlyuk kiképzése karéjos.[69] Barna, szürke törésű, kívül kormos, kavicsos soványítású, befelé megvastagodó bográcsperem,[70] barna, szürke törésű, kavicsos soványítású, díszítetlen oldalak,[71] szürke, szemcsés anyagú kézimalom alsó kövének peremdarabja,[72] továbbá egy nagyobb vörös, és egy kisebb, sárga tégladarab.[73]

Összefoglalva az ásatás eredményeit, feltártunk egy téglából és paticsokból álló, egyelőre meghatározhatatlan objektumot, két telepárkot, négy gödröt, és egy „szabadban elrejtett" fazekat. Valamennyi lelet Árpád-kori, de bizonyos tekintetben belső, relatív kronológia megfigyelésére is nyílott lehetőség: a téglából készült 7. objektum akkor épült, amikor már az ugyancsak Árpád-kori árkok betemetődtek. Ugyanakkor egy cölöplyukkal ennek a téglalétesítménynek a maradványait is „átvágták".

Ami a telep rétegviszonyait illeti, bizonyos, hogy erózió okozta pusztulással kell számolnunk, de ennek mértékét meghatározni nagyon nehéz. Nem találtunk ugyanis olyan objektumokat, melyeknek meglévő maradványai alapján következtetni lehetne az elpusztult, szétszántott részek magasságára. Abból a tényből azonban, hogy 40 cm mélyen álló, csaknem ép edényt találtunk, arra kell gondolnunk, hogy az erózió nem lehetett nagyon jelentős. Ezt támasztja alá a leletanyag szóródása is, akár a felszíni viszonyokat, akár a szántott, vagy mélyebb rétegeket nézzük.

A felszíni lelettérképekből megállapítható, hogy a leletanyag ismétlődően azonos, „csomós", csoportos elhelyezkedése egyértelműen felszín alatti objektumok meglétére utal. Erre a legjobb példa a paticsfolt esete, ahol ott találtuk az objektumot, ahol a legtöbb felszíni lelet volt. A szántás következtében ezek a leletdarabok természetesen nagyobb területen vannak szétszórva, mint maga az objektum. A szóródás mértéke azonban jól körülírható: a szántás irányával egyezően[74] 20–25 méter, arra keresztben pedig 5–10 méter. Természetesen nem állíthatjuk azt, hogy ahol a felszínen nincs lelet, ott bizonyosan nincs semmi, de fordítva mindenképpen pozitív az eredmény: lelőhelyünkön a kiemelkedő leletkoncentráció eltemetett régészeti objektumot jelez. Más kérdés persze, hogy milyenek ezek az objektumok. Ekkora leletanyag alapján a régész már földbe ásott házat, nagyobb objek-

68 ltsz.: 91.1.61. fá.: 10; m.: 13; szá.: 13 cm.
69 ltsz.: 91.1.107. 2 db.
70 ltsz.: 91.1.108.
71 ltsz.: 91.1.109. 4 db.
72 ltsz.: 91.1.110.
73 ltsz.: 91.1.111.
74 Ez lelőhelyünk esetében a nagyüzemi gazdálkodás óta (70-es évek) bizonyosan É–D, előtte pedig évszázadokig valószínűleg K–Ny volt.

tum-együttest is várhatna. A paticsfolt kétségkívül jelentős létesítmény, a másik ásatási helyen talált kisebb gödrök viszont egyáltalán nem azok. A belőlük felszínre, illetve a szántott rétegbe került relatíve gazdag leletanyag az objektumok felső rétegének pusztulására enged következtetni.

Objektumok

1. objektum („A" gödör a 14/26. szelvényben).

Ovális alakú, sekély gödör, melynek keleti felét nem tártuk fel *(9d ábra)*. A szelvénybe eső rész 90 x 60 cm. Oldala és alja csaknem egyenes, oldalában, a betöltés szélében paticsszemeket, az alján néhány mm vastag koromréteget lehetett megfigyelni. A profilban már 30 cm mélységben jól láthatóan elkülönült a gödör paticsos széle a környező tömör, szürkésbarna, de még bolygatott talajtól. Ennek megfelelően mélysége legalább 30 cm, de nem lehet pontosan tudni, hogy felső részéből menynyit szántottak el. Leletet nem találtunk benne, de a szelvénynek ebben a sarkában, 30–60 cm mélységben térképezett cserepek minden bizonnyal ehhez az objektumhoz tartoztak.

2. objektum: („B" gödör a 13/26 és 14/26. szelvényben).

Ovális, kettős gödör, melyre pontosan a két szelvény közötti tanúfal alatt bukkantunk. Legnagyobb mérete 210 x 90–100 cm. Nyugati felének déli részén a gödör széle 60 cm mélységben már nem volt észlelhető. A gödörben mindenütt enyhe tűznyomokat lehetett megfigyelni, mely 1 cm vastag, gyengén átégett föld és korom formájában nyilvánult meg. A gödör szélét a keleti oldalon mintegy 5 cm, a nyugati oldalon pedig kb. 10 cm magasságban lehetett csak észlelni. Ugyanakkor a tanúfal elbontása előtt készített metszetrajzon jól látszik, hogy betöltése a szántott réteg alatt néhány cm-el már elkülönült a szürkésbarna, laza, sok állatjárással bolygatott környező rétegtől. E metszet alapján viszont inkább egyenes oldalú gödörnek látszik. Alja is egyenes, a két gödröt elválasztó, a bolygatatlan altalajból „meghagyott" gát magassága ugyancsak 5 cm körüli. A kettős gödör nyugati felében egy gyengén átégett, felfordult sütőharangot, alatta pedig korongolt bográcsperemet találtunk. A gödörrész közepén lévő, erősen hamus folt nyugati oldalán egy ló alsó állkapcsa, keleti szélén pedig egy nagyobb sárga agyagtömb került elő. A keleti gödörrészben is volt hamus folt, ennek környékén kövek, korongolt bográcsperemek és tégladarabok voltak *(10. ábra)*.

A gödör leletei:

Barna, helyeként vörös foltosra égett, szürke törésű, kavicsos soványítású bogrács teljes profilja. Az edény közel fele maradt meg. Lapos pereme kifelé vastagszik, a függesztőlyuknál csúcsos.[75] Alacsony oldalú, lapos aljú típus *(1. tábla 2.)*.

Világosbarna, szürke törésű, kavicsos soványítású bogrács teljes profilja. A perem mindkét irányba megvastagszik, lekerekített. A vállrész a törésvonal egy kis darabkájáig maradt meg, ennek alapján az alacsony, lapos aljú típusba tartozik[76] *(3. tábla 2.)*

Világosbarna, helyenként kormos, szürke törésű, csillámos-kavicsos soványítású nagyobb bográcsperem. A perem mindkét irányba megvastagszik, lekerekített[77] *(3. tábla 4.)*.

Világosbarna és barna, szürke törésű, csillámos-kavicsos (4), illetve homokos (3) soványítású díszítetlen oldalak.[78]

---

[75] ltsz.: 91.1.25. A kiszerkeszthető szá.: 27 cm, az oldalmagasság 11,3 cm.

[76] ltsz.: 91.1.26.

[77] ltsz.: 91.1.27. A kiszerkeszthető szá.: 21 cm.

[78] ltsz.: 91.1.28. 7 db.

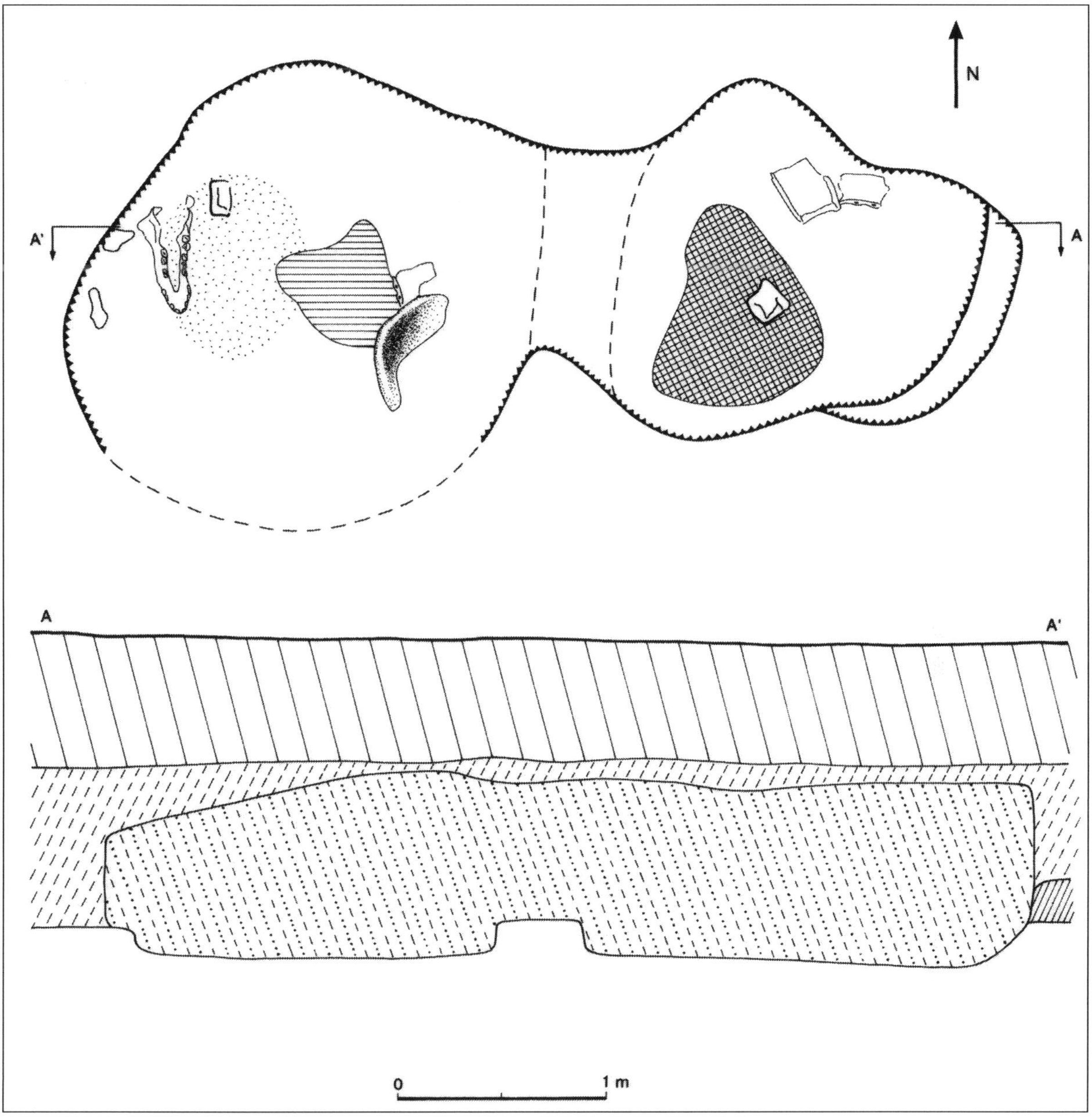

10. ábra: A 2. objektum alap- és metszetrajza (jelkulcsot lásd a 12. ábrán)

Világosbarna, korongolatlan, ormótlan sütőharang. Pelyvás agyaggal és tört cseréppel soványított, közepe alig égett át, átmérője kicsi, boltozata alig, fala aránytalanul vastag[79] *(1. tábla 1.)*.

Szürke kézimalom-kő nagyobb és kisebb darabja. Előbbinél a szélének köríve, és egyik síkja látható.[80]

Pelyvás, lapos tégla fele, és egy másik kisebb darab.[81]

Lemezes vaspánt-darabkák, egyikben kúpos fejű szegecs van, mely több lemezt fog össze.[82]

---

[79] ltsz.: 91.1.29. A kiszerkeszthető szá.: 30 cm, külső magasság 15,8 cm, belső magasság 3,5 cm.

[80] ltsz.: 91.1.30. 12,5 x 7; 9,3 x 3,5 cm.

[81] ltsz.: 91.1.31.

[82] ltsz.: 91.1.125.

3. objektum („A" gödör a 14/40. szelvényben).

Legnagyobb szélessége 120 x 150 cm, kb. egyharmadát, mely a szelvény keleti fala alá nyúlt, nem tártuk fel. Oldala D–DNy felől lejtős, az északi oldalon meredek. Az észlelés szintjétől (65 cm) számítva mintegy 25 cm mélységű. Lelet nem volt benne, mindössze egy kisebb tégladarabot találtunk a fenekén a keleti szelvényfal mellett *(8d ábra)*.[83]

4. objektum („B"gödör a 14/40. szelvényben).

Lekerekített sarkú háromszöghöz hasonló, lejtős oldalú, kerek aljú kisebb gödör, melynek a keleti szelvényfal alá eső részét nem tártuk fel. Az észlelés szintjén (65 cm) mérhető legnagyobb méretei: É–D irányban 115 cm, K–Ny-i irányban 50 cm. Mélysége mindössze 20 cm *(8d ábra)*.

A gödörben talált leletek: egy világosbarna, szürke törésű, kavicsos soványítású, kifelé megvastagodó, karéjos lyukkiképzésű bográcsperem[84] *(3. tábla 1.)*, továbbá egy barna, szürke törésű, kavicsos soványítású, befelé megvastagodó, a függesztőlyukaknál nem tagolt bográcsperem[85] *(3. tábla 3.)*.

5. objektum („A" árok a 14/40. és 16/39. szelvényben).

A 6. számú árokkal párhuzamos, vagyis ÉNy–DK irányú árok, mely minden irányban túlhalad a feltárt területen *(8d ábra)*. Szélessége 95–100 cm, oldalai lejtősek, alja egyenes. Relatív mélysége 20–40 cm között ingadozik. Ebben az árokban nem találtunk leletet.

6. objektum („B" árok a 14/40–16/38. szelvényekben).

ÉNy–DK irányú árok, mely a 14/40. szelvényben, lépcsőzetesen mélyülve kezdődik, és a 16/39. szelvény felé fokozatosan emelkedve, ÉNy-i vége a 30–60 cm között szubhumuszban ér véget *(8d ábra)*. Teljes hossza tehát 11 m, legnagyobb szélessége 210 cm, mélysége az észlelés szintjétől számított 10–40 cm között váltakozik. A legmélyebb része a DK-i végéhez közel található, itt közel 2 m hosszan függőlegesre és egyenesre vágott szélekkel éri el a 40 cm-es relatív mélységet. Ebben a szakaszban találtuk a leletek többségét: cserepeket, állatcsontokat és tégladarabokat. Enyhe lejtésű É-i oldala a téglaomladék alá húzódik (a kettő között 25 cm vastag laza töltésföld volt), és ott, ahol a legnagyobb szélességet éri el, egy téglalap alakú, 5–8 cm mély kisebb belső mélyedés tagolja *(11–12. ábra)*.

Az árokból származó leletek:

Négy világosbarna, szürke törésű, kavicsos soványítású, mindkét irányba megvastagodó bográcsperem,[86] egy ugyanilyen színű és anyagú, de csak kifelé megvastagodó bográcsperem.[87] Kívül-belül és törésében is egyenletes szürke, kaviccsal soványított, mindkét irányba megvastagodó bográcsperem. A szín valószínűleg másodlagos, a sok használattól ered.[88] Világosbarna és barna, szürke törésű, kavicsos soványítású, díszítetlen oldaltöredékek.[89]

Nagyobb tégladarabok.[90]

Szürke kézimalom felső kövének nagyobb darabja.[91]

---

[83] ltsz.: 91.1.76.
[84] ltsz.: 91.1.77. A kiszerkeszthető szá.: 23 cm.
[85] ltsz.: 91.1.78. A kiszerkeszthető szá.: 24 cm.
[86] ltsz.: 91.1.96. 4 db.
[87] ltsz.: 91.1.97.
[88] ltsz.: 91.1.98.
[89] ltsz.: 91.1.99. 16 db.
[90] ltsz.: 91.1.101. 5 db.
[91] ltsz.: 91.1.102.

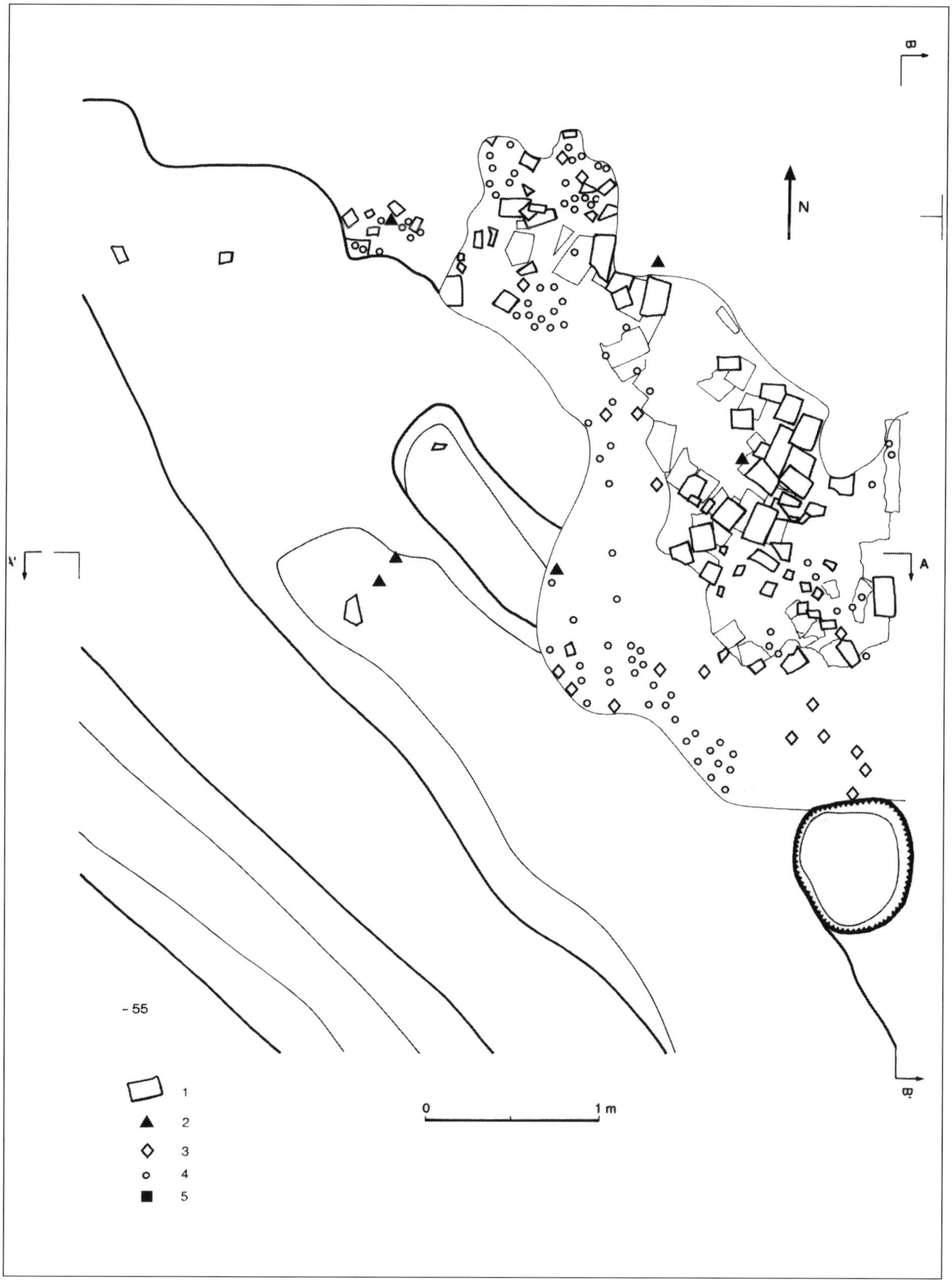

11. ábra: A 6. és a 7. objektum alaprajza. *Jelkulcs: 1:* tégla *2:* cserép *3:* csont *4:* patics *5:* kő

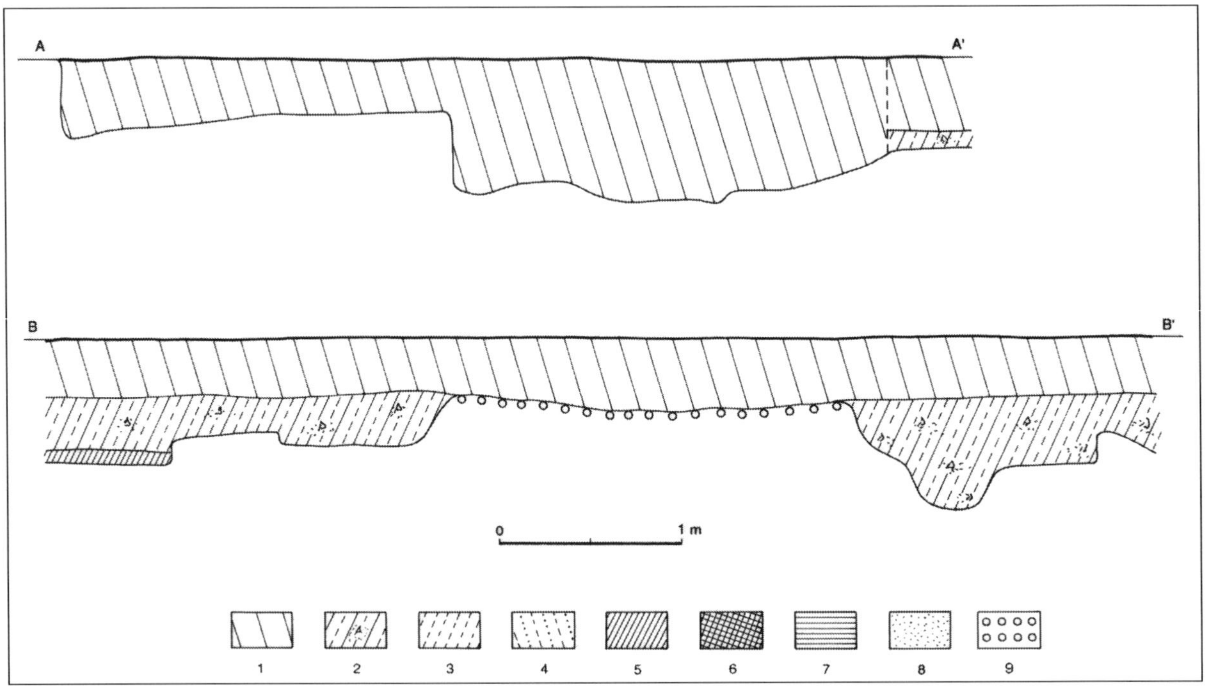

12. ábra: A 6. és a 7. objektum metszete. *Jelkulcs: 1:* szántott réteg *2:* szürkésbarna, tömör, kevés paticcsal *3:* szürkésbarna, laza, sok állatjárással *4:* feketésszürke, laza *5:* sárga altalaj *6:* égett felület *7:* sárga agyagtömb *8:* hamus felület *9:* paticsdarabok

Egészen kicsi vasdarabkák, minden bizonnyal szegek maradványai.[92]
Vörösesbarna, ívelt üvegdarabka[93] *(5. tábla 6.).*

7. objektum (Téglaomladék a 15/39. szelvényben.)

Egyelőre megfejtetlen annak a kiterjedt, paticsos téglaomladéknak az eredeti funkciója, melyből a legtöbb lelet ezen a területen a felszínre került, és amelynek felületeit a 15/39. szelvényben feltártuk. Legnagyobb hosszúsága kb. 4,5 m, legnagyobb szélessége 2,2 m. A szabálytalan körvonalú felület kisebb méretű paticsdarabok, továbbá Árpád-kori téglák egy rétegben, 30–40 cm mélyen elterített halmazából állt, közöttük néhány Árpád-kori edénytöredékkel illetve állatcsonttal *(11. ábra).* A körülásás illetve tisztítás során megállapítottuk, hogy a paticsok és téglák földben voltak, alattuk nem volt járószint, vagy akár keményre döngölt föld. Ugyanakkor nem lehet azt mondani, hogy csak a szántás (bár az is), tett volna tönkre valamilyen épületet vagy járószintet, hiszen voltak szabályosan egymás mellett fekvő téglák is. Semmiképpen sem volt azonban fal, mert egymáson egyetlen tégla sem volt, csak egymás mellett.

A kevés lelet, ami a bontás során előkerült, az mind az omladékokból, a téglák közül származott. Alatta semmi nem volt, noha kb. 10 cm vastag „házföld"-re emlékeztető összetételű (világosbarna, laza szerkezetű, egészen apró patics és koromszemcsékkel kevert) réteget figyeltünk meg. Ebben azonban semmi értékelhető lelet nem volt, és felszedve, cölöplyuknak sem leltük nyomát. A felszedett téglák legtöbbje szétporladt, töredezett. Eredeti helyén nem volt ép darab, de a restaurálás során sikerült többet összeragasztani. Egyiken az agyagba ujjal bemélyített kereszt látható. Valameny-

92 ltsz.: 91.1.122. 3 db.
93 ltsz.: 91.1.123.

nyi pelyvás soványítású, lapos, nem túl keményre égetett. Szélességük 13–14 cm, vastagságuk 4,5–5 cm, a legnagyobb mérhető hossz 30 cm.

Egyetlen konstrukciót lehet csak feltételesen összefüggésbe hozni ezzel a törmelékhalommal, egy 80 x 70 cm nagyságú, 35 cm relatív mélységű, lekerekített aljú gödröt a szelvény DK-i sarkában, ez azonban mintegy „átvágta" a paticsfoltot, felette ugyanis egyetlen leletet sem találtunk.

Az omladékot képező nagyszámú téglatöredék[94] közül a restaurálás során három egész darabot sikerült összeragasztani, illetve kiegészíteni:

1. Két darabból ragasztott, egyik oldalán mindkét hosszanti élét már kiégetett állapotában egyenetlenül levésték[95] *(7. tábla 2.)*.

2. Három darabból ragasztott, jelentős kiegészítésekkel. Egyik hosszanti keskeny oldalát ferdére formázták, ugyanitt koromfoltos[96] *(7. tábla 3.)*.

3. Több darabból ragasztott, kiegészített[97] *(7. tábla 4.)*.

Három további olyan faragott tégladarabot leltároztunk be, melyek megmunkálása arra vall, hogy részint a szárítás, részint az égetés után idomtéglát akartak belőlük készíteni:

1. Háromszög alakúra formázott, de még égetés előtt egyenetlenül utána igazított, élszedett töredék, két lapján és egyik hosszanti oldalán mészhabarcs nyomaival[98] *(6. tábla 3.)*.

2. Ugyancsak háromszög alakúra, de az előbbinél keskenyebbre formázott töredék, melynek ívelt oldalát már az égetés után faragták ki[99] *(6. tábla 2.)*.

3. Hasonló alakú lehetett egy másik kisebb darab is, melynél a faragás nyomait utólag lecsiszolták[100] *(6. tábla 1.)*.

A nem kiegészíthető darabok közül ki kell emelnünk egy hosszabbik, keskeny oldalán ferde síkúra faragott töredéket, melynek közepén 15 mm széles ujjal benyomott, kb. 130 mm magas, 80 mm széles kereszt látható[101] *(7. tábla 1.)*, de van még egy kisebb darab, melynek egyik hosszanti oldalát ferde síkúra formázták.[102]

Valamennyi tégla pelyvás anyagból készült, világos vörösbarnára (Munsell 2.5YR 6/4), illetve vörösessárgára (Munsell 75YR 7/6) égetett, oldalaik egyenetlenek, alakjuk szabálytalan, a méreteik közötti csekély különbségek ellenére azonos kéz munkáinak tarthatók.

Minden bizonnyal ehhez az objektumhoz tartoznak az alábbi leletek, hiszen részben a téglák közül, részben azok alól kerültek ki:

Egy világosbarna, szürke törésű, kavicsos soványítású, kifelé megvastagodó, szögletes átmetszetű bográcsperem, melynek külső oldalán és a perem tetején összefüggően, belül foltokban, a peremtől lefelé mintegy 5 cm mélységig vörös elszíneződés látható[103] *(2. tábla 2.)*. Hasonló vörös festéknyomok láthatók egy másik, mindkét irányba megvastagodó, lekerekített szélű bográcsperemen is[104] *(2. tábla 3.)*. Egy barna, szürke

[94] ltsz.: 91.1.114. 28 db. 13 x 4,5 x 7,5–20,6 cm; ltsz.: 91.1.115. 3 db. 14 x 4 x 14–23 cm; ltsz.: 91.1.116. 14 x 5 x 14,2 cm; ltsz.: 91.1.117. 15 x 4,5 x 15,3 cm. Kiselejteztük azokat a darabokat, melyeknek nem volt meg legalább két sarka. 730 db, 55300 g

[95] ltsz.: 91.1.112. 13 x 4,5 x 31 cm.

[96] ltsz.: 91.1.113. 13,2 x 4,7 x 31 cm.

[97] ltsz.: 91.1.113. 13 x 4,5 x 30,5 cm.

[98] ltsz.: 91.1.119. v.: 4,8; sz.: 12 és 7; h.: 13,5 cm.

[99] ltsz.: 91.1.120. 4,5 x 17 x 6,5 cm.

[100] ltsz.: 91.1.120. 10,5 x 4,5 x 3,5 cm.

[101] ltsz.: 91.1.118. 12,5 x 4,5 x 21,6 cm.

[102] ltsz.: 91.1.121. 4,5 x 13,5 x 6 cm.

[103] ltsz.: 91.1.89. A kiszerkeszthető szá.: 24 cm.

[104] ltsz.: 91.1.90. A kiszerkeszthető szá.: 22 cm, az oldalmagasság 10 cm.

törésű, kavicsos soványítású, mindkét irányba megvastagodó bográcsperem,[105] két világosbarna, kavicsos, de csak kifelé megvastagodó bográcsperem,[106] 15 db világosbarna illetve barna, szürke törésű, kavicsos soványítású, díszítetlen oldal,[107] három sötétszürke, egyenletes égetésű, kavicsos soványítású, díszítetlen oldal,[108] továbbá egy világosbarna, szürke törésű, kavicsos soványítású cserépből faragott lapos orsókarika harmadrésze[109] (5. tábla 3.). Ugyaninnen származik egy téglalap átmetszetű, laposfejű vasszeg.[110]

A leletanyag

Az ásatás során összesen 450 olyan leletdarabot találtunk, mely megőrzésre alkalmas volt.[111] Ezek kivétel nélkül Árpád-koriak. Ebből 337 db (74,8 %) az edénytöredék, de a kerámia kategóriájába tartozhat a sütőharang és az orsókarika is. A 70 db tégla (15,5 %), a 24 db patics (5,3), az 5 db kő (1,1 %) a 4 db malomkődarab (0,8 % és az 5 fémdarabka (1,1 %) mellett megemlíthetünk még egyetlen kicsiny üvegtöredéket is. A téglák és a paticsok száma azonban nem tükrözi kellőképpen ezek arányát, hiszen belőlük jelentős tételeket kiselejteztünk.[112] Hozzá kell azonban tenni, hogy ezek mind a 7. objektumból származtak.

Ha a kerámiaanyagot típusok szerint vizsgáljuk meg, akkor két számottevő csoportot lehet elkülöníteni: bográcsokat és fazekakat. Az egyéb edénytípusokat (tál, sütőharang, fedő) egy-egy töredék képviseli. A típusok szerinti elkülönítés természetesen csak a peremek esetében végezhető el teljes bizonyossággal, az oldaltöredékek néhány kivételtől (pl. ívelt bográcsoldalak, felismerhető fazékvállak, vagy egyenes fenékdarabok) eltekintve bármelyik típushoz tartozhatnak, sőt az sem dönthető el, hogy a peremekkel azonos, vagy esetleg másik edényből származnak. Az így végzett elkülönítés figyelemre méltó érdekessége, hogy a bográcsok száma lényegesen felülmúlja a fazekakét. A 84 db bogrács az összes kerámia 24,9 %-át teszi ki, míg a 7 db fazék csupán 2,0 %-ot jelent. Az ásatáson feltárt 7 objektum közül négyben volt bográcsperem, és sem ezekben, sem a többi objektumban nem találtunk egyetlen fazékdarabot sem. A hét fazékperem mindegyike – beleértve a 16/25. szelvényben elásott teljes fazekat is – a 2. gödörtől nyugatra eső szelvények felsőbb rétegeiből, szórványból került elő.

Valamennyi kerámiatöredék lassú korongon készült, túlnyomórészt apróra tört kaviccsal soványított, barnára égetett (Munsell 5YR 5/4), törésében szürke színű.

Ha a bográcsperemeket vizsgáljuk, megállapítható, hogy valamennyi kavicsos soványítású, döntő többségük kívül-belül barna, szürke törésű. Nincsen egyetlen díszített példány sem. A peremkiképzés tekintetében a mindkét irányba megvastagodó típus *(2. tábla 1., 3., 3. tábla 1–3.)* képviseli a többséget, jelentős arányban találunk csak kifelé megvastagodó peremeket *(1. tábla 2., 2. tábla 2.)*, míg a csak befelé kiszélesedő példányok száma a legkevesebb. A függesztőlyuk karéjos kiképzése döntő túlsúlyban van a csúcsos példányokkal szemben. Mindössze két lapos, kifelé húzott peremdarabot találtunk.

---

105 ltsz.: 91.1.91.
106 ltsz: 91.1.92.
107 ltsz.: 91.1.94.
108 ltsz.: 91.1.95.
109 ltsz.: 91.1.93.
110 ltsz.: 91.1.124.
111 Az 1 cm^2-nél kisebb cserepeket, a paticsokat és a tégladarabok alább részletezett hányadát selejteztük ki.
112 15/40. szelvény 0–30 cm: 24 db, 510 g; 16/40. szelvény 0–30 cm: 111 db, 1850 g; 17/40. szelvény 0–30 cm: 12 db, 108 g: 15/39. szelvény 60 cm: 730 db 55300 g. Összesen 880 db, 57768 g.

Összes bogrács 84 db		objektumból (16 db) db	%	szórványból (68 db) db	%
Anyag:					
	Kavicsos	16	100	68	100
Égetés					
	Barna, belül szürke	15	93,7	65	95,5
	Vörösesbarna, belül szürke	0	0	3	4,4
	Egyenletes szürke	1	6,2	0	0
Peremkiképzés					
	Kifelé megvastagodó	6	37,5	17	25,0
	Befelé megvastagodó	1	6,2	11	16,18
	Mindkét irányba megvastagodó	9	56,2	39	57,35
	Lapos perem	1	6,2	1	1,4
Függesztőlyuk					
	Csúcsos	1	6,2	2	2,9
	Karéjos	1	6,2	20	29,4

A bográcstöredékek közül két darab ad teljes profilt, ezek az alacsony oldalú, lapos aljú típusba tartoznak. További öt perem alapján a szájátmérőt lehet kiszerkeszteni. Ezek méret szerinti megoszlása az alábbi:

21 cm (2. gödör, ltsz. 91.1.27.)
22 cm (15/39. szelvény, ltsz. 91.1.90.)
23 cm (4. gödör, ltsz. 91.1.77.)
24 cm (4. gödör, ltsz. 91.1.78.)
24 cm (15/39. szelvény, ltsz. 91.1.89.)
25 cm (14/39. szelvény, ltsz. 91.1.74.)
27 cm (2. gödör, ltsz. 91.1.25.)

A fazékperemek esetében a túlságosan kevés darabszám nem sok következtetésre ad alkalmat. Megoszlásuk anyag, szín, díszítés és peremkiképzés tekintetében a következő:

Összes fazék 7 db		db	%
Anyag:			
	Homokos	1	14,2
	Kavicsos	6	86,0
Égetés			
	Barna, belül szürke	7	100
	Fehér	1	14,2
Díszítés			
	Fogaskerék	1	14,2
Perem állása			
	Kihajló	2	28,57
	Vízszintesen kihúzott	5	71,4
Perem széle			
	Lekerekített	1	14,2
	Levágott	3	42,8
	Felhúzott	2	28,5
	Elkeskenyedő	2	28,5
Egyéb jellemzők			
	Fedőhornyos	3	42,8
	Bordával tagolt	1	14,2

Látható, hogy a bográcsokkal ellentétben itt előfordul egy homokos soványítású darab is, ugyanakkor a szokványos színűre égetett példányok mellett van egy fehér töredék. A fazékdarabok is díszítetlenek, egyetlen kivétel a 16/25. szelvényben elásott teljes edény.

Mindössze három darab peremátmérőjét lehetett kiszerkeszteni:

13 cm (16/25. szelvény, ltsz. 91.1.61.)
15 cm (15/26. szelvény, ltsz. 91.1.49.)
16 cm (14/26. szelvény, ltsz. 91.1.21.)

A többi kerámiatípus közül egyedül a sütőharang érdemel részletesebb figyelmet. Vaskos, majdnem teljesen tömör formája miatt tulajdonképpen alig nevezhető harangnak, inkább súlyos fedőnek. Gyengén kiégett volta, alacsony kupolája az endrődi Árpád-kori lelőhelyekről ismert sütőharangokkal rokonítja,[113] de ha lehet mondani még az END0170 lelőhely példányánál is vaskosabb, tömörebb. Kiszerkeszthető peremátmérője 30 cm, külső magassága kb. 15,8 cm, kupolájának belső magassága legfeljebb 3,5 cm lehet.

Összefoglalás

A lelőhelyen feltárt hét objektum alapján a település szerkezetéről az alábbi megállapításokat tehetjük. Az egymástól távol eső sekély gödrök, a kisebb árokszakaszok szokványos, de bővebben nem értékelhető telepobjektumok. A szisztematikus lelőhely felmérés során azt sikerült megállapítani, hogy a telep bizonyosan nagyobb, mint egy szállás, ugyanakkor falu semmiképpen sem lehetett. A közel 2,5 hektáron szóródott leletanyag korántsem ugyanekkora településből származik, de legalább három, egymástól 50–60 méterre eső, nagyobbrészt felszíni objektumcsoport állhatott a területen. Az ásatás során kiderült, hogy a „laza szerkezetű" telep sem egyrétegű, azaz az egymástól távol eső objektumok nem egyidőben voltak használatban. A talányos 7. számú objektum esetében a malteres, különböző formájúra faragott téglák alapján esetleg egy elpusztult (kormos téglák) templom vagy udvarház maradványaira gondolhatunk. Azonban ebben az esetben sincs magyarázat az alapozás nyomainak teljes hiányára.

Téglából épült, a szokványosnál nagyobb Árpád-kori falusi épületet eddig kettőt ismerünk: a kardoskútit és a turait. Mindkettő a 13. századra keltezhető, és részben földbe mélyített épület volt.

A kardoskúti, döngölt agyag alapozású, cölöpszerkezetű, de habarcsba rakott téglákból épült, félig földbe ásott falusi udvarház 7 m hosszú és 3,8 m széles volt. A téglák egy részét már törött állapotban falazták be. Az épület falainak helyét legtöbb esetben csupán 10–15 cm vastag habarcs- és törmelékréteg jelezte. A téglák és a habarcs összetétele összefüggésbe volt hozható a 450–500 méterre feltárt templomban találtakkal.[114] Ezekkel kapcsolatban érdemes megjegyezni, hogy a kardoskúti templom romjai közül is kerültek elő idomtéglák. A kétperiódusú templom falazótégláinak méretei különböztek egymástól (5x 16 x 28; illetve 5,5 x 15 x 30 cm), de akadtak ezeknél kisebbek is.[115]

A turai udvarház is téglából épült, legalább 35–40 cm-re a földbe mélyítették. Méretei: 13,3 x 4,6–5,1 m. A téglaméretek: 27,5 x 15 x 5, 28 x 13,5 x 5, 25 x 13,5 x 4,5.[116]

Az Endrődön talált omladékok mindkettőnél kisebb méretű, de kétségtelenül jelentősebb épületre (idomtéglák) utalnak. Amennyiben teljes pusztulását az erózió más helyeken egyébként nem tapasztalt rovására írjuk, az alapozás teljes hiánya alapján csak teljes mértékben a föld felszínére épített épületre gondolhatunk.

---

113 *Jankovich* (2011) 147.
114 *Méri* (1964) 19–27.
115 *Méri* (1964) 6–7.
116 *Miklós* (1991) 434.

Még nehezebb a település korának pontosabb meghatározása. A leletanyagban legnagyobb számban képviselt bográcsok peremdarabjai alkalmasak erre a legkevésbé. A két kiegészíthető bogrács alakját tekintve ugyan azonos típusba (alacsony oldalfal, lapos alj) tartozik, de a peremkiképzés tekintetében már jelentős a formaváltozatok gazdagsága még akkor is, ha bizonyos (mindkét irányba, illetve kifelé megvastagodó) típusok túlsúlya számottevőnek látszik. Az is megfigyelhető, hogy a peremkiképzés kevéssé tagolt vagy hangsúlyozott, függetlenül attól, hogy melyik típusba tartozik. Ez érvényes a függesztőlyukak körüli megformázásra is. Az alacsony oldalfalú, lapos aljú bográcsok (esetünkben a peremátmérő és az oldalfal magasságának aránya 2,2 illetve 2,3) Takács Miklós gyűjtésében „közepesen magas oldalfalú" elnevezéssel (2/a típus) a korai 10–11. századi formák között szerepelnek, ugyanakkor a mindkét irányba megvastagodó peremkiképzést a 12–13. századra, a lapos, kifelé húzott változatot viszont az Árpád-kor első két évszázadára tartja jellemzőnek.[117] Tény, hogy Takács M. kronológiai megállapításait elsősorban a kisalföldi bográcsokra tartja érvényesnek, továbbá hogy lelőhelyünkön az említett lapos peremkiképzés összesen csak két példányban van jelen, ezért ennél sokkal nagyobb arányú megfelelés esetén alkalmazhatnánk csak párhuzamként. A környékbeli ásatásokból azonban híjával vagyunk az összehasonlító anyagnak, ezért a bográcsok alapján a telep kronológiai besorolása nem oldható meg.

A lelőhelyen összesen négy bográcsdarabon figyeltük meg vörös festés több-kevesebb nyomát. A festett bográcsok párhuzamait elsősorban a Dél-Alföldön találjuk:

Jánosszállás, Katona-parton a 11–12. századra keltezett 2. gödörben talált egyik bográcsperem „felszínén okkerpiros festés nyomai vannak, melyek a perem belső szélén és még a függesztőlyukban is láthatók."[118]

Béres Mária Nagymágocson talált külső oldalukon vörös festésű bográcsokat és fazekakat, melyek párhuzamait a szegedi, csongrádi és szentesi múzeumok – közöletlen – anyagában is fellelte.[119]

Vályi Katalin a szeri településen négy db szürkés-fekete függőleges sávokkal festett fazékoldal töredéket talált. A bográcstöredékek között vörös, illetve fekete sávos festésű töredékek is előfordultak, és ennek alapján úgy vélekedett, hogy a kerámia festését már a 12. században alkalmazták.[120]

Tura, Szentgyörgy-parton, 12–13. század fordulójára keltezett nemesi udvarház leletanyagában függőleges piros festésű hengeres palacknyak, vörös festésű, fényezett felületű korsó és más töredékek vannak.[121]

Számos, a peremén „vörös polírozású" bográcstöredék került elő Örménykúton, Décse falu templomának feltárása során.[122]

Függőleges vörös sávokkal festett, 10. századra keltezett nagyobb fazék darabját ismerjük az Al-Duna vidékéről.[123]

A legrégibb festett edényként az 1235–1240 között földbe rejtett, vörös alapon függőleges fehér sávokkal festett cserépkorsót ismertük.[124]

Takács Miklós a tiszántúli bográcsok jellemző színeként a világos vagy sötét halvány vöröses narancssárgát jelölte meg. A korábban megfigyelt[125] vöröses bevonatot azonban nem festéssel, hanem

[117] *Takács* (1993b) 457–458., *Takács* (1996a) 167–169., 16. ábra.

[118] *Bálint* (1971) 298–299.

[119] *Béres* (1989) 67., 12. lj.

[120] *Vályi* (1986) 234–235.

[121] *Miklós* (1991) 436., 8. tábla, 9. tábla 7. A korsó azonban minden bizonnyal nem a festett, hanem a fényezett (polírozott) kerámia csoportjába sorolható. Vö. MRT 11, 47. tábla 5.

[122] Lásd Szatmári Imre közleményét e kötet 1.7. fejezetében.

[123] *Florescu et al.* (1958) 28. ábra.

[124] *Parádi* (1963) 208., 223.

[125] *Méri* (1964) 46., *Bálint* (1971) 298.

díszítő célzattal felhordott, más összetételű agyagmáz bevonattal magyarázta, és a példákat számos új adattal támasztotta alá. Az új példák – az egyetlen kecskeméti darab kivételével a Tiszántúlról, illetve a Kisalföldről származtak.[126]

Takács M. szerint is egyes bográcsok felületén engobe vagy slip látható. Ezekben az esetekben az edényt egy rongydarab segítségével bekenték vörösebb agyagpéppel, hogy ezzel csökkentsék a felület porozitását. Azt is számításba kell venni, hogy csak díszítési céllal vonták be agyagmázzal az edények felületét. Ezt az bizonyítja, hogy csak igen ritkán és csak a külső oldal perem alatti része, néhány cm magasságban van így kezelve, és ez kölcsönzött sötétebb színt ennek a területnek, mint az edény többi részének. Az agyagmáz alkalmazása más Árpád-kori edényeken csak szórványosan fordul elő, és eddig csak a Tiszántúlon és a Kisalföldön sikerült kimutatni.[127]

A leletanyag érdekes darabja az erősen kopott kicsiny palacknyak-töredék. Amilyen kicsi a darab, viszonylag olyan nagy edényből származik, hiszen a belső átmérő 4 cm. Az enyhén ívelt oldal alapján a nyak és a váll találkozására eshet a megtalált kis darab *(5. tábla 2.)*. Különlegessége abban áll, hogy nemcsak bordával tagolt, hanem e borda vízszintes vonallal díszített is. Hasonló kiképzést a Kárpát-medencei anyagban eddig az egyetlen zirci példányt leszámítva nem ismerünk.[128] A Kárpát-medencén kívül sem túl gyakori: bordázott nyakú palack, vagy inkább amfóra egy-egy példánya a szaltovói kultúra,[129] illetve Dridu telepéről ismert.[130] Ugyancsak távoli és bizonytalan párhuzamként kezelhetők azok a morva- és csehországi rövid hengeres, vagy tölcséres nyakú, hordóformájú palackok, melyek nyakát egy vagy két borda tagolja, esetenként bevagdosott, vagy hullámvonalas díszítéssel.[131] Valamennyi párhuzam a 10–11. századra keltezhető, ami azért nem mond ellent a többi lelet későbbi datálásának, mert kicsiny, erősen kopott töredékről van szó, mely szórványként akár más lelőhelyről is ide kerülhetett.

A 6. objektumból („A" árok) származó kicsiny üvegdarabka támpontul szolgálhat a teleprészlet keltezéséhez. Megállapítható ugyanis, hogy a rozsdabarna színű töredék egy a 13. század második felére jól keltezhető golyvás nyakú, kettőskónikus üvegpalack felső részéből származik, melynek teljesen ép, pontos párhuzama a budai várból ismert.[132] Rekonstrukciós rajzunk *(5. tábla 6.)* is e példány alapján készült. Ezek az üvegek korábbi ismereteink szerint a 13. században még igencsak drága import terméknek számítottak, de a 14–16. században hazai utánzatok formájában már széles körben elterjedtek falutelepüléseken is.[133] A legújabb feltárási eredmények (Buda, Diósjenő, Visegrád) azonban már a 13. században is valószínűsítik a hazai gyártást és a szélesebb körben való elterjedést.[134] Az endrődi kistelepen való felbukkanása nemcsak földrajzi szempontból számít újdonságnak, hanem a teleprészlet, különösen a 7. objektum értékelését helyezheti új megvilágításba, amennyiben egy ilyen palack tulajdonosa csak vagyonos ember lehetett. Nem kizárt tehát, hogy a 7. ob-

---

126 Az arányokra azonban az jellemző, hogy a szarvasi járás átvizsgált bográcsainak 7 %-án, míg a pápai járás 229 bográcsa közül csak öt darabon találta agyagmázas bevonat nyomait. *Takács* (1986) 83., 464a és 465. lábjegyzetek. A vörös polírozással ellátott edényekről lásd további példákkal, részletesebben *Takács* (2000) 28–33., illetve e kötet 1.1. fejezetében írottakat.

127 *Takács* (1986) 83. Különbséget kell azonban tenni az eltérő színű agyagbevonat (slip), a polírozás (a felület téglával vagy kővel történő átdörzsölése) és a festés között. Vö. *Takács* (2000). Álláspontom szerint az endrődi lelőhelyeken talált bográcsokat festették. Lásd még az 1.1. fejezetben felsorolt adatokat is.

128 Vö. *Takács* (1996a) 170–173., Abb. 20:1, *Takács* (1996c) 337–338.

129 *Krasil'nikov* (1990) 207., 234.

130 *Zaharia* (1967) XXVI. t.

131 *Váňa* (1956) 119–122. IIe típus. Több esetben ugyanis kérdéses az analógiák pontos kora.

132 *H. Gyürky* (1987) 49., 51., Abb. 2.

133 *H. Gyürky* (1991) 25–27. Ezúton is megköszönöm H. Gyürky Katalinnak a lelet meghatározását és Holl Imrének az értelmezésben nyújtott segítségét.

134 *Mester* (2010) 651–652.

jektum végül is egy gazdagabb földesúr udvarházának romjait jelenti. Tény azonban, hogy nemcsak a 7. objektumban, vagy akár a lelőhelyen, de annak tágabb körzetében sem bukkantunk semmilyen olyan egyéb nyomra, ami ezt a feltételezést megerősíthetné.

Az üvegdarabka keltezése azonban egybevág a lelőhely három objektumából vett C14 minta kalibrált adataival:[135]

2. objektum:	1278–1306
	1354–1382
5. objektum:	1278–1306
7. objektum:	1264–1294
	1366–1374.

A lelőhelyen talált leletanyag összessége alapján minden bizonnyal kizárhatjuk a keltezésből a 14. század második felére mutató adatokat, és ezek után megállapítható, hogy a feltárt teleprészlet a 13. század második felében létezett, a megtalált objektumok mindegyike elhelyezhető ebben az időkeretben, ugyanakkor az is bizonyos, hogy nem egyidőben volt valamennyi használatban.

Az endrődi lelettel ismét szaporodott eggyel az Árpád-kori telepeken elásott fazékleletek száma. Ezeket Takács Miklós a kajárpéci lelet kapcsán értékelte.[136] A szaporodó leletek és az egyre pontosabb megfigyelések alapján ma már valóban különbséget tehetünk az épületek falaiba, alapozásába, földházak padlója alá elrejtett edények, illetve az Árpád-kori településeken az egyes telepobjektumok közötti üres térségeken elásott leletek között. Utóbbiak közé sorolja Takács M. Keszthely, Dobogó, Keszthely Fenékpuszta, Esztergom, Szentkirály leletei mellett a Kajárpéc, Pokolfa-dombon, Kajárpéc, Kispécen, Gyarmaton, Győrszemere, Tégla-dombon, Árpás, Dombi-földön, Bőnyrétalapon, Szekszárd, Palánkon talált edényeket is. Ugyancsak egyetérthetünk a szerzővel abban a tekintetben, hogy a relatíve nagyszámú lelet ellenére még nem körvonalazódik a nyilvánvalóan rituális, babonás célzaton túl pontosabb magyarázat. Az edények többsége ugyan állatcsontokat, pontosabban szárnyas csontokat rejtett, de nem ritka társlelet a vasdarab vagy a tojáshéj sem, és a változatos lelőkörülmények, gondolok itt elsősorban a fazék helyzetére, sem könnyítik a megfejtést.

A Takács M. által ismertetett kisalföldi példányokat kiegészíthetjük további hasonló leletekkel az ország más tájairól is. A Babócsán elásott három edényből egy, esetleg kettő tartozhat ebbe a csoportba:

1: kutatárokban, 30 cm mélységben, gödör széléből kihajló peremű, fogaskerék mintás díszítésű sárga cserépfazék volt álló helyzetben, benne 36 db szárnyas (kakas) csonttal és egy átfúrt gyönggyel.

2: 140 cm mélységben 36 cm magas, sárgás színű, kétfülű kancsó, amfóra, vonalkázott díszekkel, ugyancsak álló helyzetben, üresen.[137]

Tiszaeszlár, Bashalmon a telepobjektumokon kívül, 60 cm mélyen talált fazékba apró hegyes szögeket rejtettek.[138] Jászágón ismét szárnyascsontok (tyúk) és tojáshéj voltak a fazékban.[139] A középkori Décse falu temploma mellett egy gödörben szájával lefelé fordított bogrács alatt vastárgyak és juhcsontok voltak.[140]

---

135 A C14-es kormeghatározásokat *Hertelendy Ede* (ATOMKI, Debrecen) végezte 1992-ben.

136 *Takács* (1993a) 207–208. Kifejezetten az építőáldozatokról (házakba beépített edényekről) írt összefoglalást *Pölös* (2001).

137 A tanulmányban említett harmadik edény kétségkívül épülettel állt összefüggésben, míg e kettőnél ez nem látszik bizonyítottnak. *Magyar* (1994) 87–88.

138 *Kovalovszki* (1980) 47.

139 *Fodor* (1986) 139–145.

140 Szatmári Imre közleménye e kötet 1.7. fejezetében.

Csobajon kelta temető feltárásakor Árpád-kori edényt találtak, benne tojással. Sajóládi, Kemejen 1 méter átmérőjű gödörben 266 cm mélyen szájával nyugat felé fordított ép palackot, mellette sertés és lócsontot, továbbá egy emberi csontot is találtak.[141]

Hejőkeresztúr, Vizekköze lelőhelyen, ahol autópályás leletmentés során egy Árpád-kori település közel 12 ezer négyzetméter nagyságú felületét tárták fel, Wolf Mária a település különböző pontjain, a telepobjektumoktól távol eső területeken négy, szájával lefelé fordított fazekat talált. Alattuk vasszögek – esetenként a földbe szúrva – illetve baromficsontok voltak.[142]

Karos, Tobolyka-dűlőben a 11–12. sz. fordulójára keltezve, a 3. ház melletti ovális gödörben fazékalj mellett tojáshéjakat, kissé távolabb ismét tojáshéjakat és ló állkapcsot,[143] Szikszó, Vadászpatak partja lelőhelyen szájával lefelé fordított edényt talált Wolf Mária.[144]

Ordacsehi, Csere-föld lelőhelyen bronzkori urnatemető sírjai közé beásva találtak egy magányosan elásott Árpád-kori edényt, melyben vasszegek voltak.[145]

Vác, Székhegy-dűlő, Pogány-vár nevű lelőhelyen bronzkori gödör alján kirajzolódó cölöplyukban szájával felfelé állított ép fazék volt.[146]

Szajol 18. lelőhelyen, Árpád-kori ház padlója alá rejtett cserépbográcsban szárnyascsontok voltak.[147]

Kána faluban 22 esetben találtak szájjal lefelé fordított fazekat, alattuk állatcsont, tojáshéj, vasdarabok, bronztű fordultak elő. A fazekak épek, láthatólag erre a célra készültek, viszont többnek kiütötték az oldalát.[148]

Mindmáig egyetlen, nem telepen, hanem köznépi temetőben elföldelt fazekat ismerünk: a tímári 1. temetőben, 40 cm mélyen, álló helyzetben, magányosan elásott cserépfazék felső része került elő. Kavicsos soványítású. Tagolatlan, vízszintesen kihajló peremmel, vállán hullámvonal-köteggel, alatta valószínűleg csigavonal-mintába karcolt vízszintes vonalköteg-szalagokkal van díszítve.[149]

---

141 *Wolf* (1989) 59.
142 *Wolf* (1997) 141.
143 *Wolf* (1985) 588.
144 *Wolf* (1993) 545.
145 *Gallina – Molnár – Somogyi* (2007) 205.
146 *Kővári K.* RKM 1999, 259.
147 *Madaras – Pintér – Polgár.* RKM 1999, 246.
148 *Terei* (2010) 92.
149 *Kovács* (1988) 145., 12. kép. Nem sorolható ide a keszthely-dobogói temető feltárása során talált edény, hiszen Sági K. világosan írja, hogy az útnyomok mellett több Árpád-kori települési objektumot is talált, így tüzelőgödröt, kemencét. A lelet kétségtelenül a késő római sírok közötti üres területen került elő, 40 cm átmérőjű, 80 cm mély gödörben volt a fazékkal lefedett tojás és vasszeg. *Sági* (1967) 55.

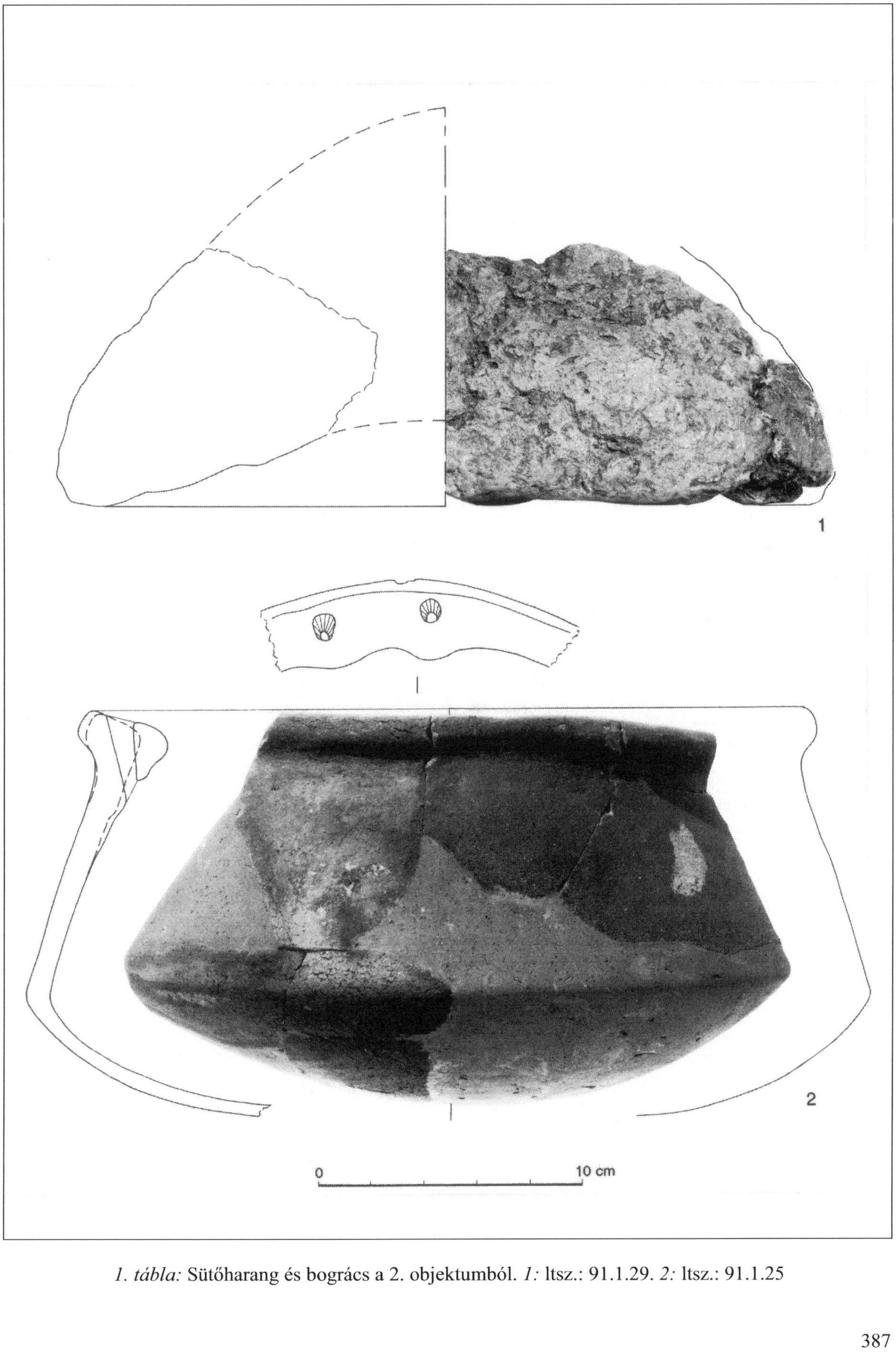

1. tábla: Sütőharang és bogrács a 2. objektumból. *1:* ltsz.: 91.1.29. *2:* ltsz.: 91.1.25

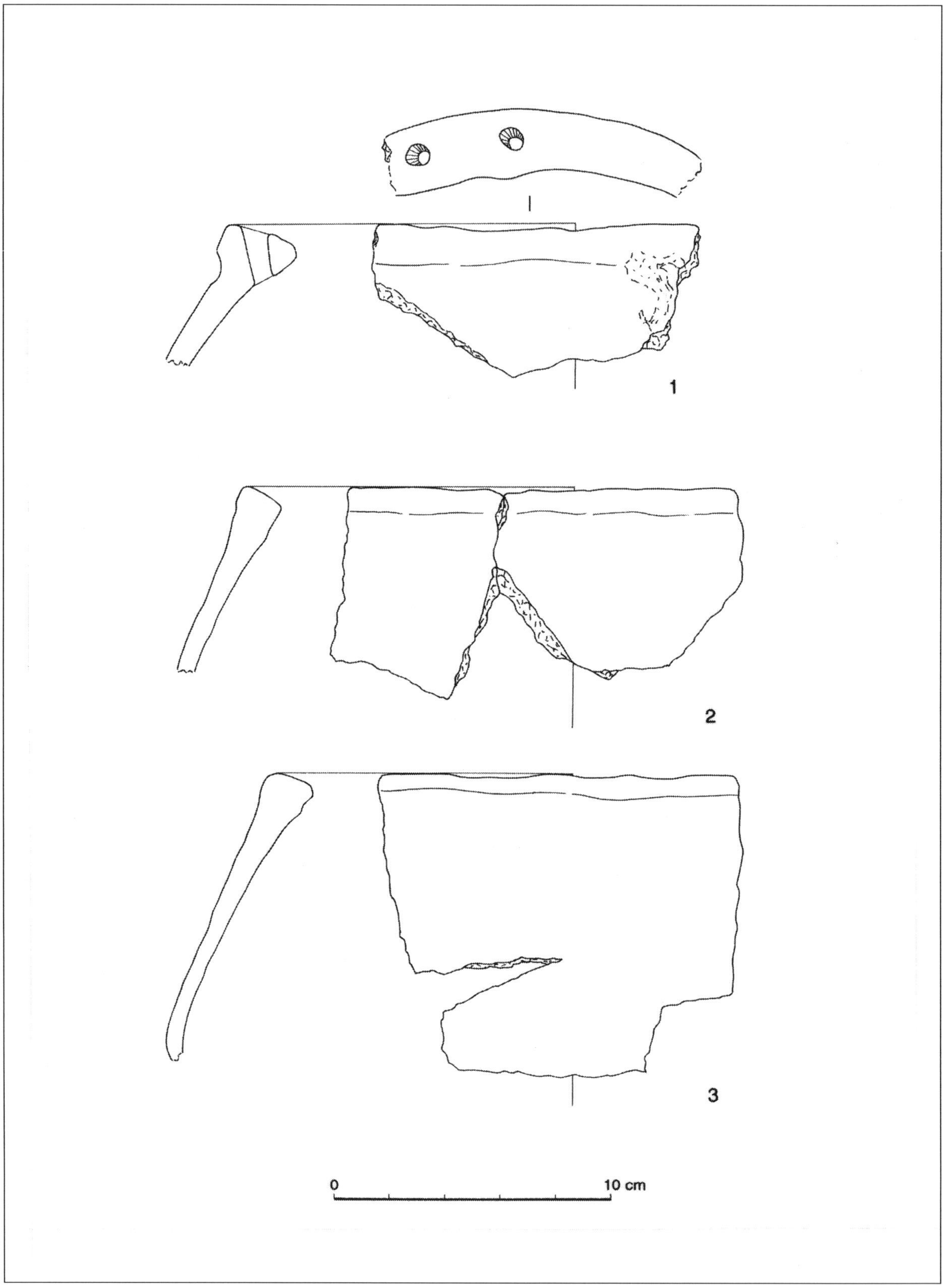

2. tábla: Bográcstípusok. *1:* 14/39. szelvény 30–60 cm, ltsz.: 91.1.74. *2:* 15/39. szelvény ltsz.: 91.1.89. *3:* 15/39. szelvény ltsz.: 91.1.90

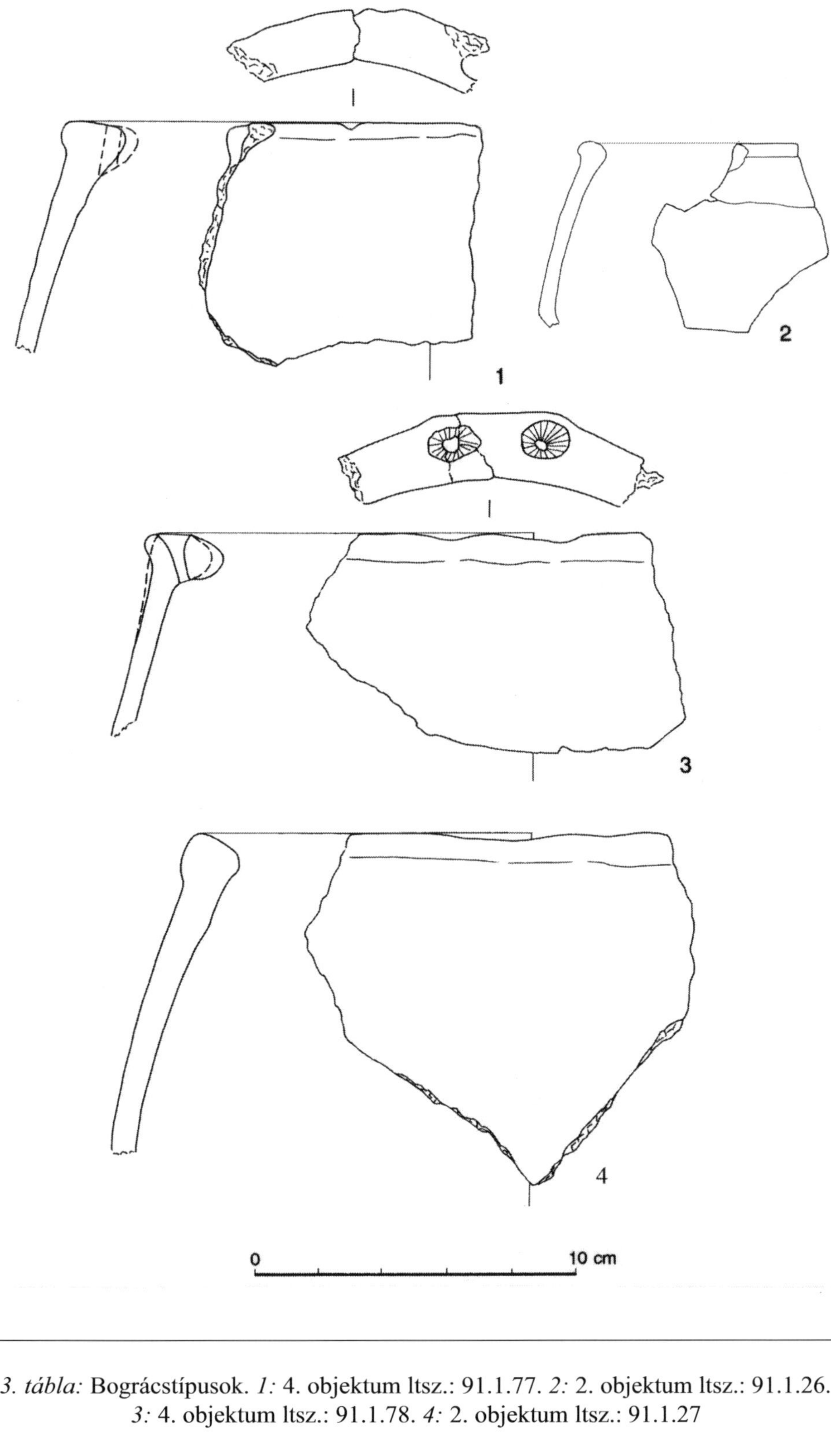

3. tábla: Bográcstípusok. *1:* 4. objektum ltsz.: 91.1.77. *2:* 2. objektum ltsz.: 91.1.26. *3:* 4. objektum ltsz.: 91.1.78. *4:* 2. objektum ltsz.: 91.1.27

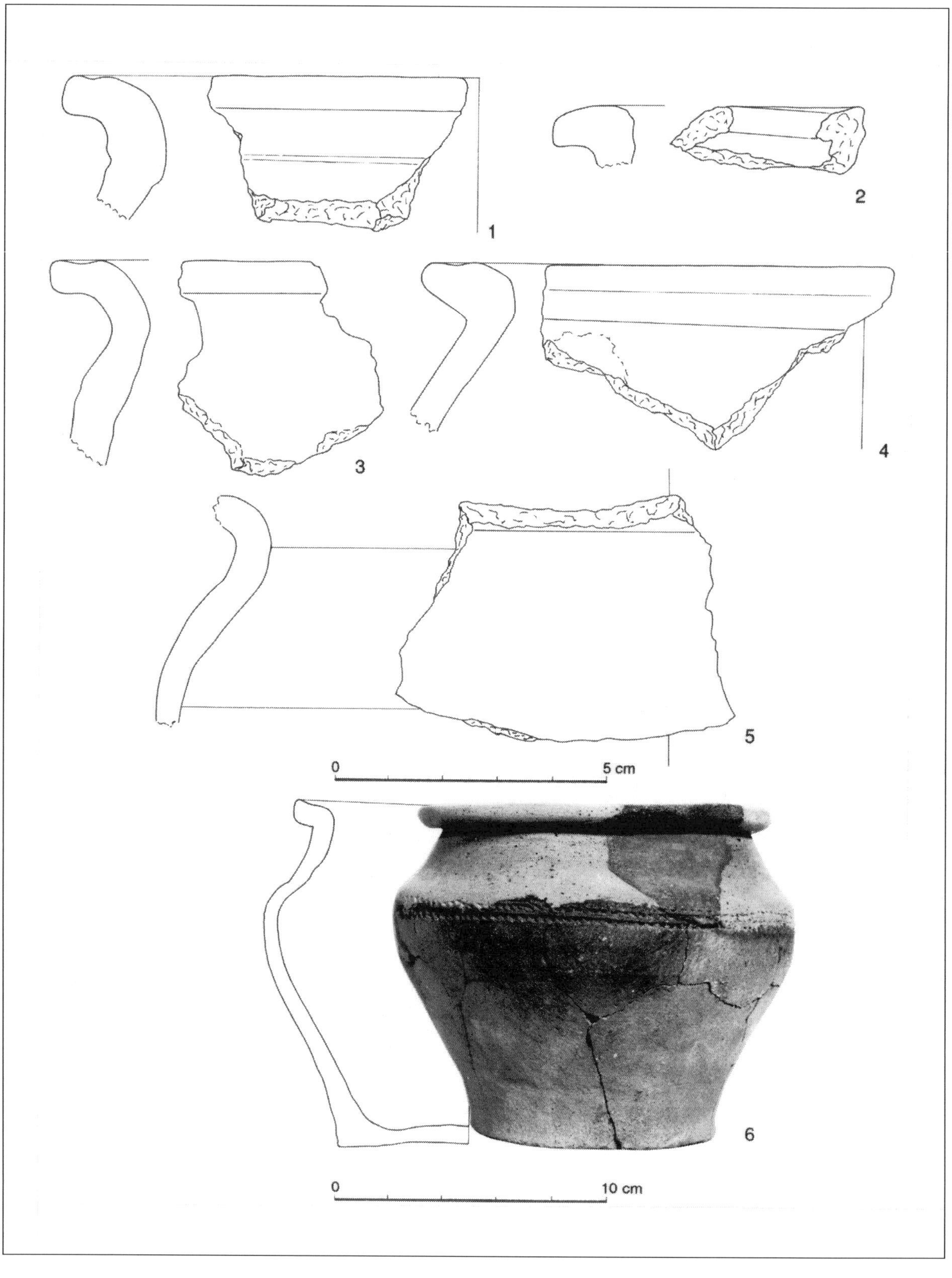

4. tábla: Fazéktípusok. *1–2:* 15/26. szelvény 0–30 cm, ltsz.: 91.1.49. *3:* 14/25. szelvény 30–60 cm, ltsz.: 91.1.13. *4:* 14/26. szelvény 30–60 cm, ltsz.: 91.1.21. *5:* 14/26. szelvény 30–60 cm ltsz.: 91.1.22. *6:* 16/25. szelvény 30–60 cm, ltsz.: 91.1.61

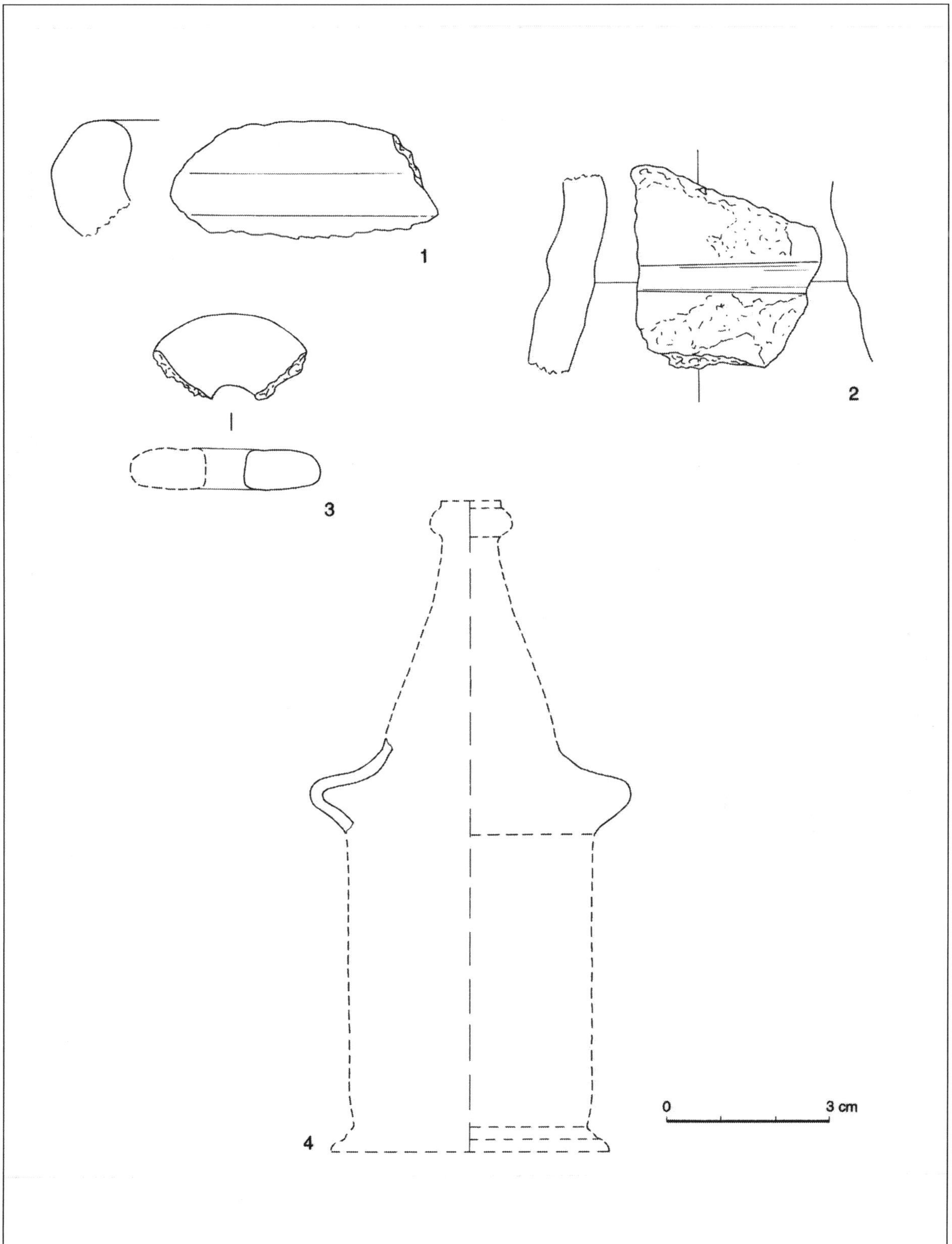

5. tábla: 1: Tálperem a 15/25. szelvény 0–30 cm, ltsz.: 91.1.43. *2:* Palack nyaktöredéke a 15/26. szelvény, 0–30 cm mélységből, ltsz.: 91.1.50. *3:* Orsókarika darabja a 7. objektumból, ltsz.: 91.1.93. *4:* A 6. objektumban talált üvegtöredék (ltsz.: 91.1.123.) rekonstrukciós rajza

6. tábla: Faragott téglák a 7. objektumból. *1–2:* ltsz: 91.1.120. *3:* ltsz: 91.1.119

7. tábla: Téglák a 7. objektumból *1:* ltsz: 91.1.118. *2:* ltsz: 91.1.112. *3–4:* ltsz: 91.1.113

1.5. EGYÉB KISEBB ÁSATÁSOK ÁRPÁD-KORI LELETEI

A mikrorégiós ásatások során természetszerűleg több korszak emlékanyaga került felszínre. Ebben a kötetben négy különböző lelőhelyen feltárt Árpád-kori telepmaradvány közlésére nyílt mód, közülük három neolitikus telep, egy pedig avar temető kutatása során látott napvilágot.

1.5.1. END0035 lelőhely

Az Öreg-szőlők zártkerti részén, a Hazug utcától északra, egy K–Ny irányú egykori vízmeder déli, a meder felé lejtő, alacsony, alig tagolt partján van a lelőhely *(1. ábra)*. Az említett medernek lelőhelyünk keleti oldalán egy sekélyebb kiágazása van dél felé, és ez választja el a 36. lelőhelytől is. A lelőhely kb. 210 x 120 méter nagyságú területet foglal el. Az 1974. évi topográfiai terepjáráson mindössze két Árpád-kori cserepet találtunk a felszínen, az 1975. évi ismétlés alkalmával pedig egyáltalán nem került elő ilyen korú anyag.[1]

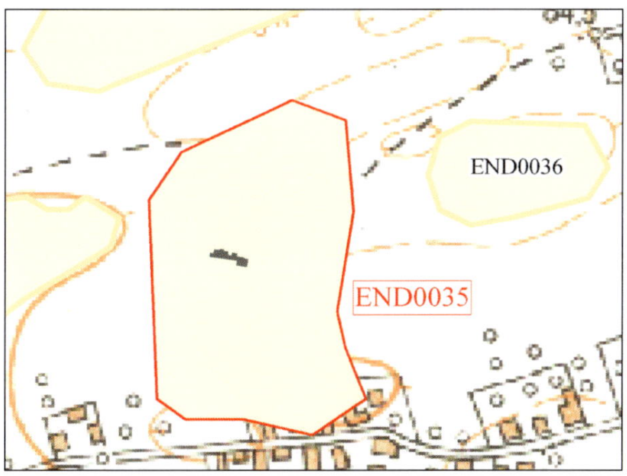

1. ábra: Az END0035 lelőhely helyszínrajza az ásatási szelvénnyel. Makkay J. ásatása

1975. augusztusában Makkay János a neolitikus telep szondázása céljából ásatást végzett a lelőhelyen, Porubcsánszki Mátyás Hazug u. 140. számú telkén,[2] és 93 m^2 nagyságú felületet tárt fel (*2. ábra*), melynek őskori leletanyagát közölte.[3] Az ásatáson Árpád-kori objektumok is napvilágot láttak. Az alábbiakban az Árpád-korra vonatkozó ásatási megfigyeléseket ismertetem.

Az ásatás során 0–20 cm-es mélységben is a neolitikus leletek voltak többségben, de akadt néhány szarmata és Árpád-kori cserép is.

Az I. szelvény (kutatóárok) III. számú objektuma egy Árpád-kori kemence volt, melynek sima felületű tapasztása 37 cm mélyen jelentkezett. A 2–3 cm vastag tapasztásban sűrűn egymás mellett

[1] MTA RI Tj 5366/80. A topográfiai kötetbe be sem került ez a szórványadat. MRT 8, 141.

[2] A telket 2010-ben újólag azonosítottuk, ekkor Kör u. 25. számmal volt azonos és Pelyva Lajos tulajdonában állt, aki Porubcsánszki Mátyástól vette a házat, és tudott az ásatásról is.

[3] *Makkay* (2007) 94–99., *Makkay – Starnini* (2008) 237–250., 454., 514., 534–535., 538., 540., 546., 553–554., 576–577., 586. Makkay János ásatási dokumentációja: MTA RI adattár 4/1976. Ezúton is megköszönöm Makkay J. szívességét, hogy ásatási adatait, leleteit és dokumentációját rendelkezésemre bocsátotta.

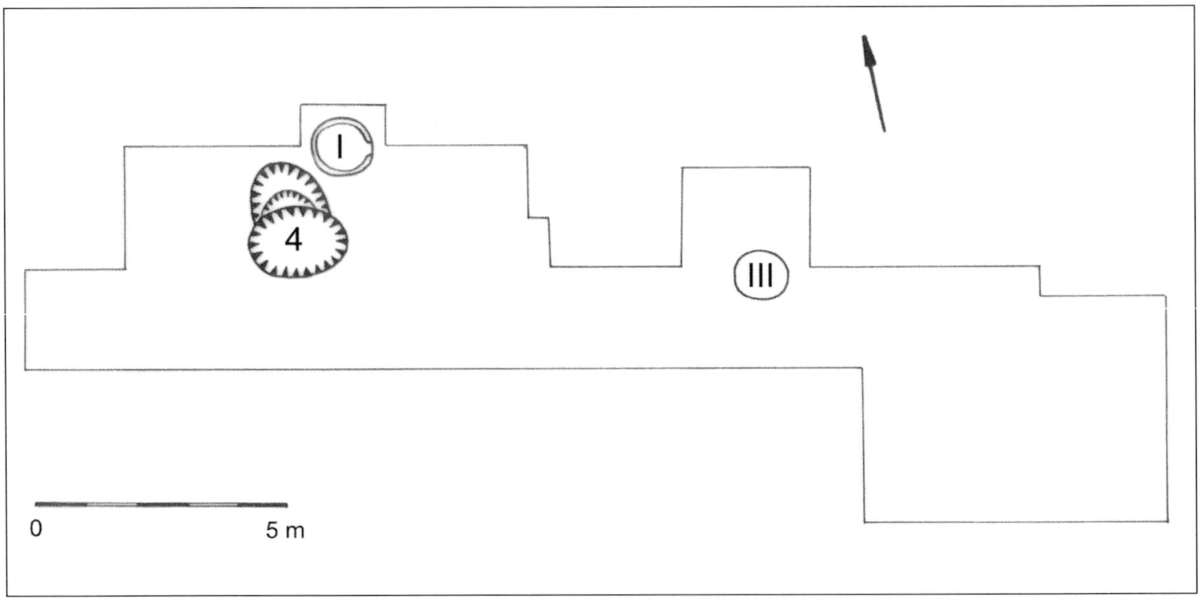

2. ábra: END0035 lelőhely. Összesítő alaprajz a feltárt Árpád-kori objektumokkal

sok állatcsont és cserép feküdt. A tapasztás alatt 7–8 cm vastag, igen kemény földréteg volt, melyben hamu, szórványos cserepek és állatcsontok egyaránt előfordultak. Ez alatt következett kb. 15 cm vastag, helyenként sárga agyagos barna humusz, majd a sárga altalaj.[4] A megmaradt tapasztás 75 x 105 cm nagyságú, a kemence felmenő falai elpusztultak, a hamuzógödröt, ha volt ilyen, nem lehetett megfigyelni (*3. ábra*). Tekintettel arra, hogy a kemence megmaradt sütőlapja közvetlenül a szántott réteg alján került elő, bizonyos, hogy a település Árpád-kori rétege az erózió következtében már jelentős károkat szenvedett.

A II. szelvényben feltárt (I.) kemence ugyancsak Árpád-kori. Csaknem szabályos kör alakú, legnagyobb (külső) átmérője 130 cm, tapasztására kb. 70 cm mélységben bukkantak.[5] 3–4 cm vastag boltozatából a nyugati oldalon mintegy 20 cm magas rész megmaradt, 23 cm széles szájnyílása a keleti oldalon volt. Fenéktapasztását egyszer megújították. Az alsó, eredeti tapasztás enyhén vörösre átégett, rajta 6–8 cm vastag sárga agyagos, de feketével kevert föld volt, majd erre került a felső tapasztás, mely kőkeményre és feketére átégett, felülete kormos volt, és a kemence oldalfalához illeszkedett. A két tapasztás közötti rétegbe cserepeket, kisebb paticsdarabokat és állatcsontokat helyeztek[6] (*4. ábra*).

Bizonytalan a II. szelvényben talált 4. számú gödör kora. Makkay J. megfigyelése szerint a gödör szélei 70 cm mélységben jelentkeztek teljes bizonyossággal, de talán már 35–45 cm-es mélységben is rekonstruálhatók (*5. ábra*). Legnagyobb mélysége 180 cm, alakja ovális. Betöltése igen laza szerkezetű, feketés színű, tulajdonképpen egynemű föld volt. Ebben másodlagos helyzetben lévő neoliti-

---

4 Makkay J. ásatási naplója 6–7. oldal. A naplóból nem derül ki a kemence kora ("A tűzhelybe épített cserepek között ugyanis egyetlen darab korongolt töredéket is találtunk." – Ásatási napló 7. oldal.), a dokumentációhoz mellékelt fényképes táblán azonban már egyértelmű az Árpád-kori kormeghatározás, ugyanakkor a közleményben épített tűzhelyként szerepel, és a kora nincs megadva. MRT 8, 141.

5 Makkay J. ásatási naplója 9. oldal.

6 Makkay J. ásatási naplója. 11. oldal. Vö. RégFüz 29 (1976) 65.

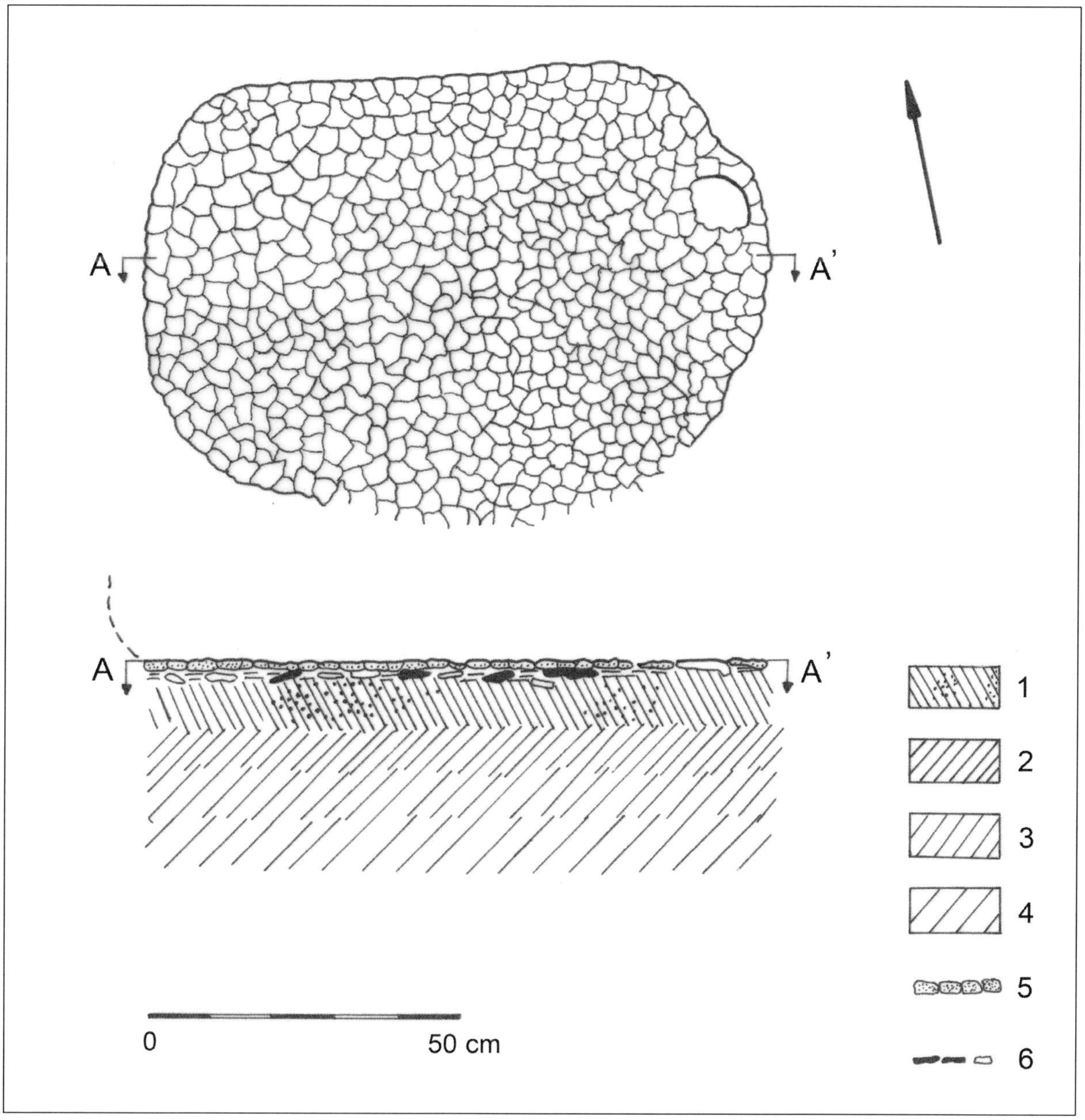

3. ábra: END0035 lelőhely. III. kemence alaprajza és metszete. *Jelkulcs: 1:* szürkésfekete, hamus föld *2:* altalaj kezdete *3:* kevert altalaj *4:* tiszta altalaj *5:* átégett tapasztás *6:* cserép, csont

kus edénytöredékek mellett „egy sérült szarvasmarha-koponyát" talált Makkay J., „ferde helyzetben. A gödör korát nem lehetett pontosan megállapítani, de nem kizárt, hogy Árpád-kori."[7]

Az *Árpád-kor*i objektumok tehát:
I. szelvény (árok) III. kemence;
II. szelvény I. kemence;
II. szelvény 4. gödör, marhakoponyával.

[7] MRT 8, 141.

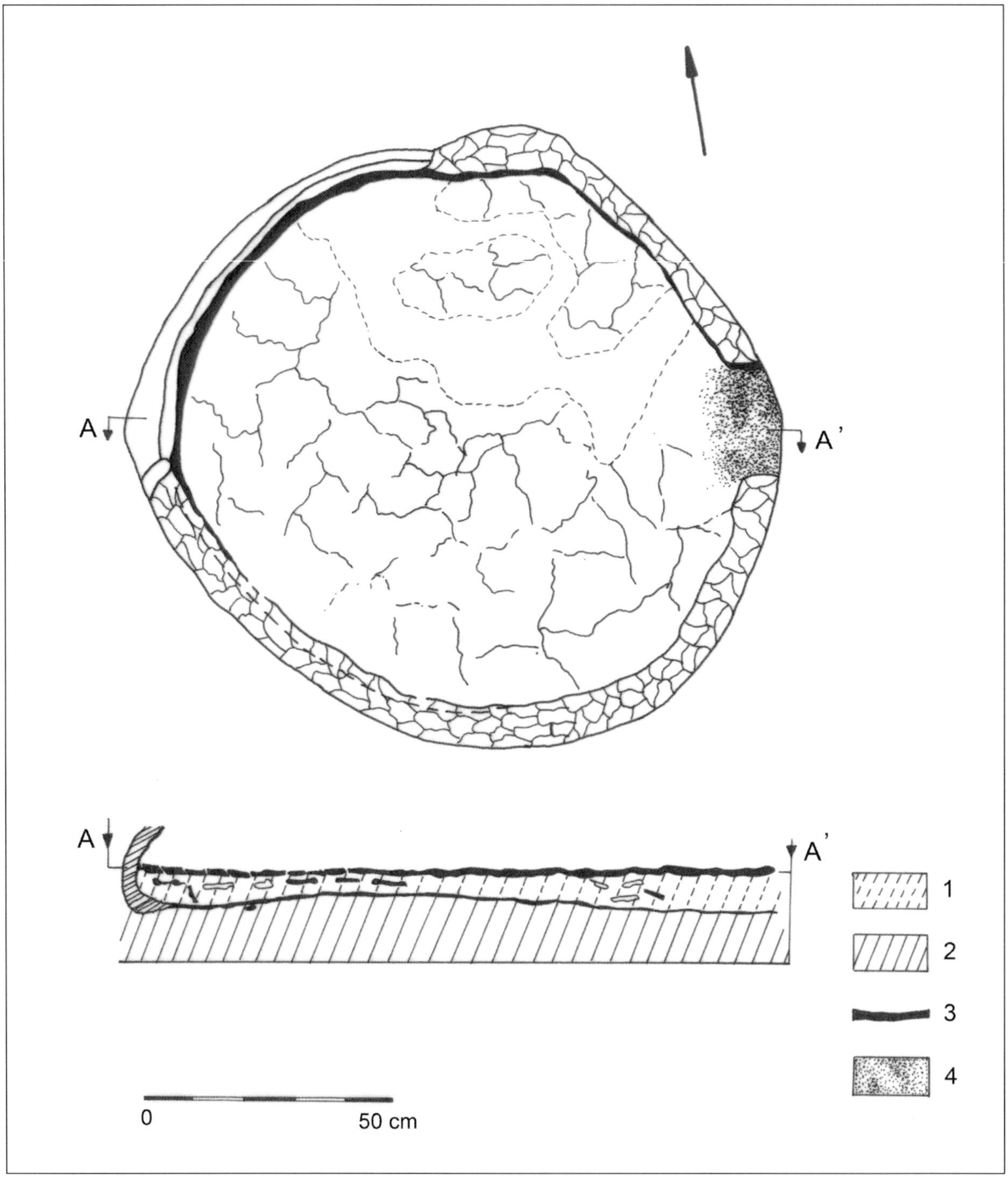

4. ábra: END0035 lelőhely. II. szelvény, I. kemence alaprajza és metszete. *Jelkulcs: 1:* sárga föld a két égett réteg között, cseréppel, csonttal *2:* barna, puha föld *3:* fekete sártapasztás *4:* fekete, kormos

A leltárba került anyagban mindössze egyetlen olyan leletcsomag van, melyben Árpád-kori cserepek találhatók. Ez a II. szelvényben talált kemence két tapasztása közötti rétegből származik:

Barna, szürke törésű, csillámos homokkal soványított vékony falú fazék váll- és oldaldarabjai. Feltehetően vízszintesen kihajló, elkeskenyedő szélű pereme volt, bár nincsen ép peremdarab. Az

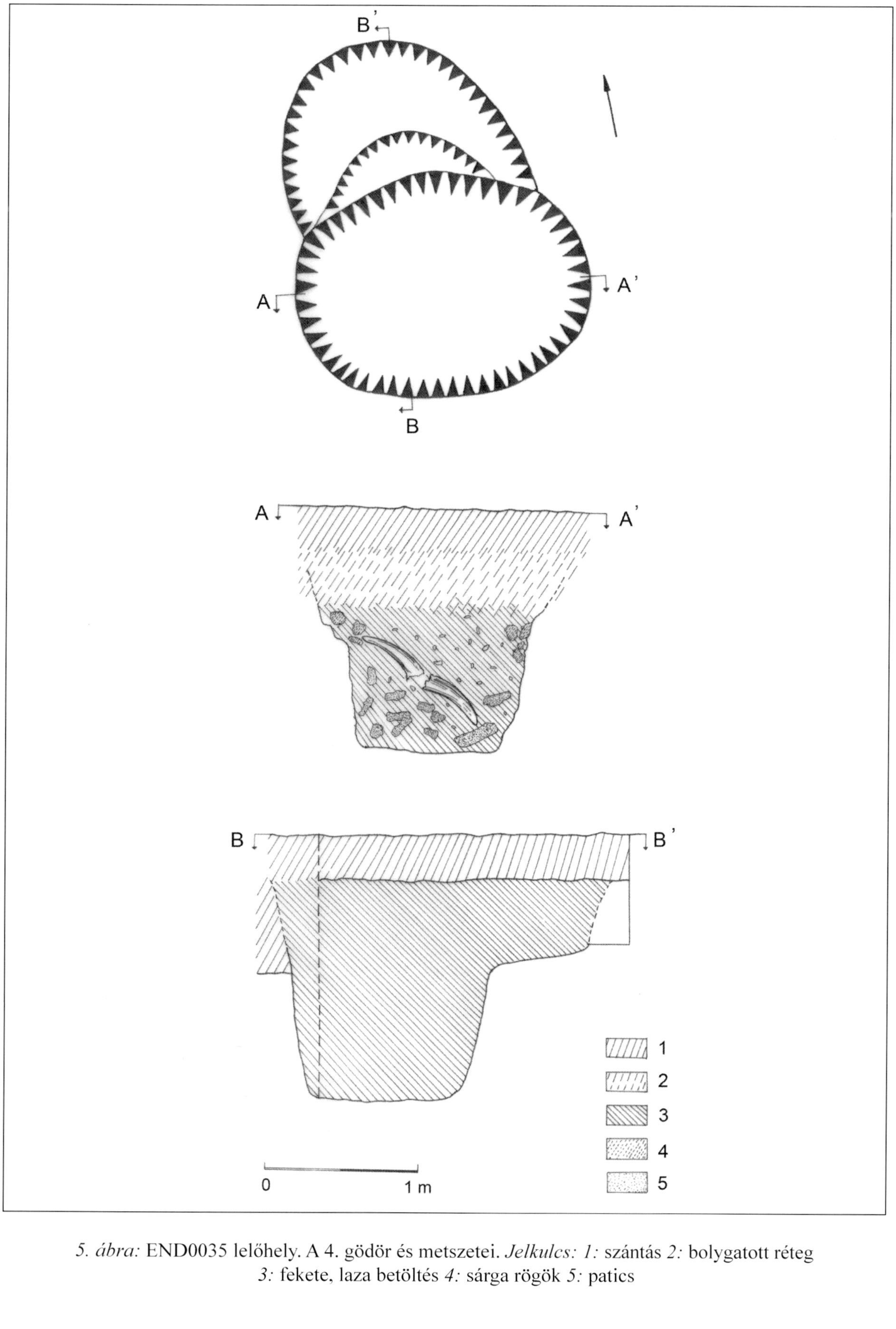

5. ábra: END0035 lelőhely. A 4. gödör és metszetei. *Jelkulcs: 1:* szántás *2:* bolygatott réteg *3:* fekete, laza betöltés *4:* sárga rögök *5:* patics

edényt ritka közű vékony csigavonal-minta díszítette. Az öt darabból kettő összeillik[8] *(2. tábla 2., 12.)*.

Barna, szürke törésű, csillámos homokkal soványított vékonyfalú fazék peremdarabkája. A tölcséresen kihajló perem széle ferdén levágott[9] *(1. tábla 1.)*.

Barna, fekete törésű, csillámos homokkal soványított nagyobb fazék oldaltöredéke, ritka közű csigavonallal díszített, két darabból ragasztva[10] *(1. tábla 4.)*.

Természetesen sem az objektumokból, sem a leletanyagból nem lehet messzemenő következtetéseket levonni. Tény, hogy a két kemence – melyek minden bizonnyal szabadban álló kemencék voltak – és az egy gödör viszonylag kis területen, egymáshoz közel került elő. Bizonyosnak látszik az is, hogy az Árpád-kori objektumok a jelenleg szántott rétegben, vagy afölött helyezkedtek el, az erózió tehát jelentős részüket elpusztíthatta. Ennek ismeretében a felszínen talált igen kevés Árpád-kori lelet arra enged következtetni, hogy nem lehetett jelentős település az Árpád-korban ezen a lelőhelyen.

Itt kell megjegyezni, hogy a szarvasi múzeumban egyetlen leletet leltározhattam be a szomszédos END0036. lelőhelyről. Ez egy lócsontból készült csontkorcsolya, jég okozta hosszanti kopásnyomokkal, talpi felülete a használattól kifényesedett, de itt is álltak rá[11] *(1. tábla 5.)*. A lelőkörülményeket nem ismerjük, Makkay János 1975-ben és 1978-ban itt folytatott ásatásáról Árpád-kori lelet nem ismert,[12] ezért csak feltételezhető, hogy a csontkorcsolya Árpád-kori.

1.5.2. END0045 lelőhely

Az Öreg-szőlők nyugati széléhez közel eső lelőhely ugyananannak a K–Ny-irányú medernek az északi partján terül el, amely mentén az END0035, END0037, END0157 és END0170 lelőhelyeket találjuk *(6. ábra)*. A topográfiai bejáráson itt néhány Árpád-kori töredéket lehetett gyűjteni.[13]

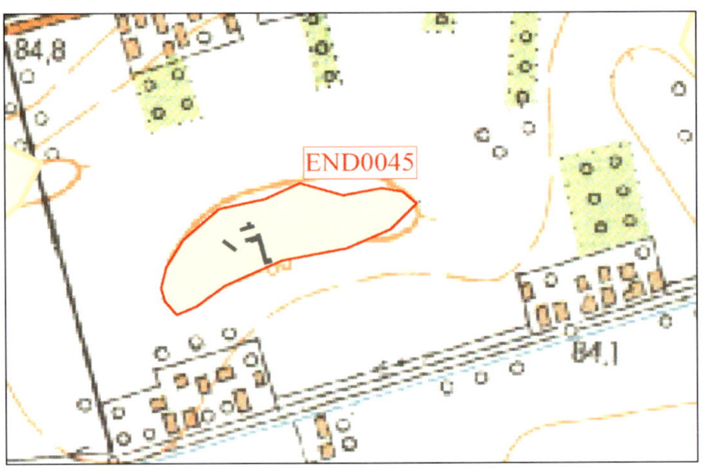

6. ábra: END0045. A lelőhely helyszínrajza az ásatás helyével

[8] Az ásatás leletanyaga az MMM leltárában található. ltsz.: 78.257.1.

[9] ltsz.: 78.257.2.

[10] ltsz.: 78.257.3.

[11] ltsz.: 91.9.1. A meghatározást és a leírást Bartosiewicz Lászlónak köszönöm.

[12] MRT 8, 142.

[13] MRT 8, 148.

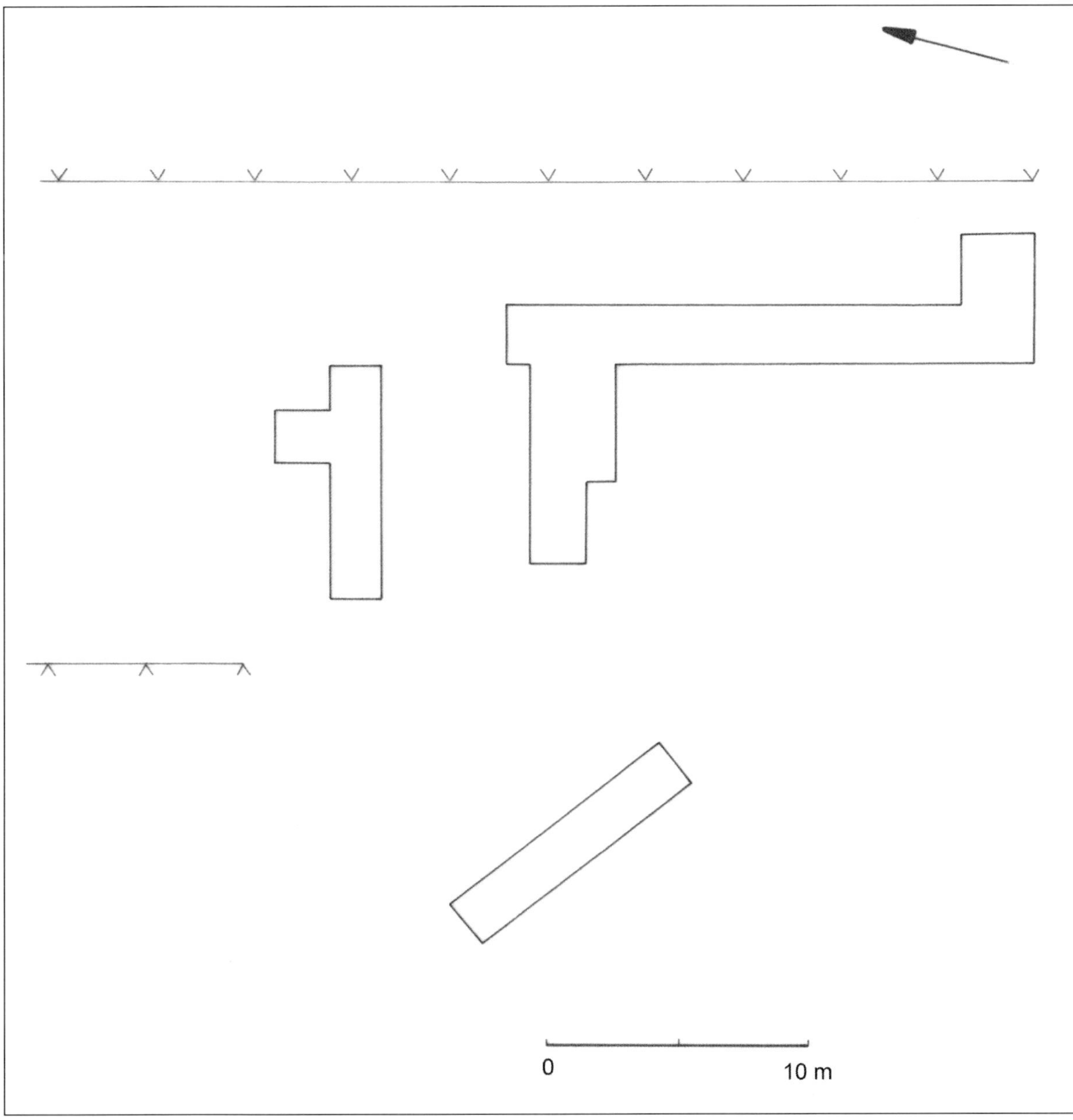

7. ábra: END0045. Az ásatási szelvények elhelyezkedése

A lelőhely kiemelkedő dombján 1975-ben Makkay János végzett szondázó ásatást, melynek eredményei első alkalommal a topográfiai kötetben voltak olvashatók,[14] de utóbb az őskori leletanyagot részletesen is közölte.[15] A hat szelvénnyel illetve kutatóárokkal 128 m²-nyi, nem összefüggő felületet tártak fel (*7. ábra*).

[14] MRT 8, 148. Ezúton is köszönöm Makkay Jánosnak, hogy a dokumentációit megtekinthettem, és adatait felhasználhattam.

[15] *Makkay* (2007) 189–193., *Makkay – Starnini* (2008) 332–333., 452., 488., 493., 497., 506., 512., 515., 524., 539., 552–553., 555., 559–560., 562., 565., 569., 572–573., 576–577.

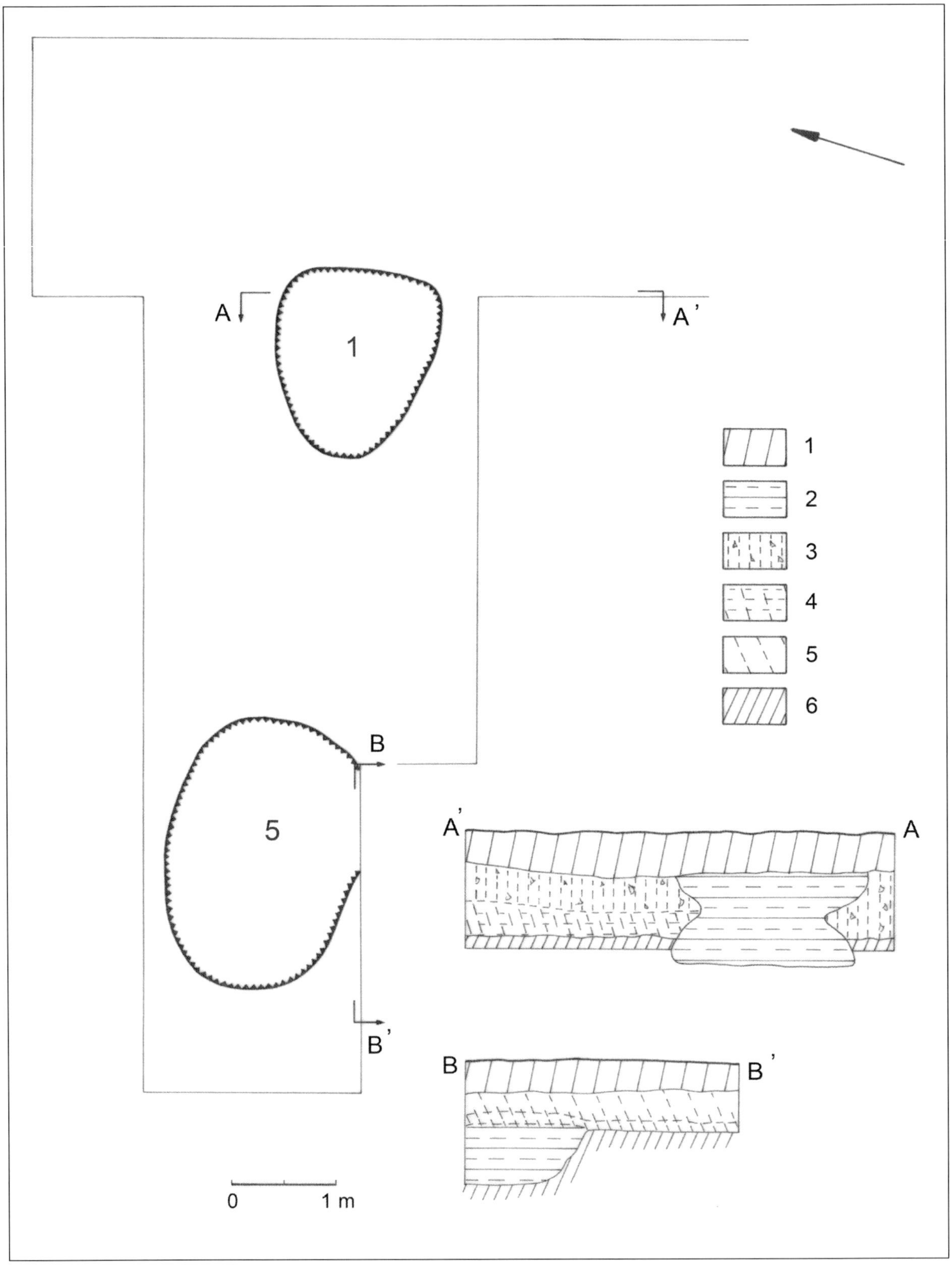

8. ábra: END0045. A IV. szelvény alaprajza az 1. és 5. gödörrel és metszeteikkel.
Jelkulcs: 1: humusz *2:* sötét, omladékos föld *3:* szürke kultúrréteg (kagyló) *4:* szürkéssárga kevert föld
5: világosabb, sötétebb kevert föld *6:* altalaj

Árpád-kori objektumok (*8. ábra*):

1. gödör (IV. szelvény) felülnézetben ovális, átmérője 150 cm, méhkas alakú, 123 cm mély gödör, melynek laza töltésföldje szürkésfekete színű.[16] A gödörből neolitikus edénytöredékek és állatcsontok mellett egyetlen Árpád-kori cserép került elő.

5. gödör (IVa. szelvény) 265 cm átmérőjű, 125 cm mély, lefelé szűkülő falú gödör, melynek betöltése az előbbivel azonos összetételű. Datáló értékű leletet nem tartalmazott.

A III. szelvény ÉNY-i felében, 30–60 cm mélységben szórványos Árpád-kori töredékek is előfordultak.[17]

A feltárás során tehát két gödörről, és néhány szórványleletről lehetett bizonyítani, hogy Árpád-kori.[18]

1.5.3. END0119 lelőhely

A határ DNy-i szélén, a szarvasi országúttól délre, egykor vízjárta területekkel övezett, kb. 50 m átmérőjű, 1 m magas kiemelkedésen van a lelőhely *(9. ábra)*. A topográfiai terepbejárások során a kis dombocskán a Körös kultúra sok lelete mellett egyetlen Árpád-kori bográcsperemet is találtunk.[19]

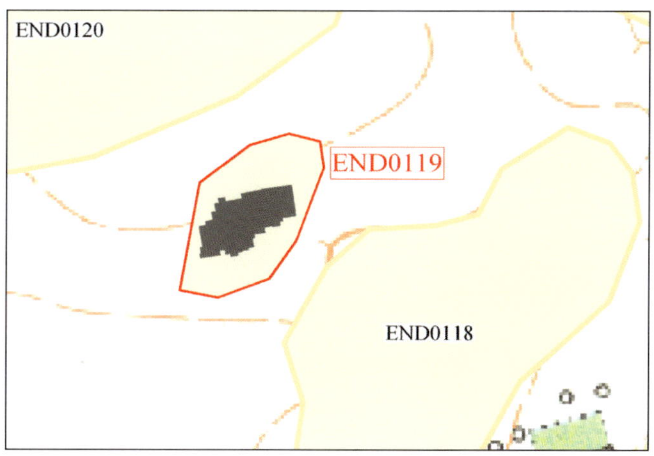

9. ábra: END0119. A lelőhely helyszínrajza az ásatás helyével

A lelőhelyen 1986–1989 között Makkay János ásatott. A kutatás célja a Körös-kultúra kistelepének lehetőleg teljes feltárása volt. A munkálatokról előzetes közlemény[20] és részletes leletközlés már

16 MRT 8, 148. Az ásatási napló 7–8. oldalán található leírás szerint viszont a betöltés „színe vöröses-barnás".
17 Ásatási napló 6. oldal.
18 Bizonytalan az 1. és az 5. gödör közötti részen, továbbá a II. szelvényben talált „paticsfolt" keltezése. A dokumentációhoz mellékelt jelentésben a II. és IV. szelvényekben észlelt paticsfoltot Makkay J. a Körös kultúra házának tartotta, a topográfiai kötetben már nem foglalt állást e tekintetben. A metszetrajzokon viszont egyértelműen látszik, hogy az említett paticsfolt a szántott réteg alján, az őskori cserepekkel jellemzett rétegek tetején helyezkedett el, tehát nem kizárt, hogy esetleg az őskornál későbbi objektum. (Hasonló, szarmata kori jelenséget tártam fel a közeli END0170. lelőhelyen.) MRT 8., 148. Ásatási napló 3. oldal. Vö. még RégFüz 29 (1976) 7., ahol csak egy Árpád-kori gödröt említ.
19 MRT 8, 166.
20 *Makkay* (1992) 121–193.

megjelent,[21] itt – az ásató szíves engedélye alapján – a feltárás során napvilágot látott Árpád-kori objektumokat ismertetem.

Az előzetes közlemény szerint 2500 m² felületet tártak fel a lelőhelyből *(10. ábra)*. A földrajzi környezet leírásában Makkay J. az ÉK–DNy irányú dombocskát 70–75 m hosszúnak és 40–50 m szélesnek jelöli, és ennek alapján a 2500 m² nagyságú felület teljes feltárásnak tekinthető.[22] Az 1986-os szezonban a lelőhely keleti felén 400 m² területet jelöltek ki ásatásra,[23] melyet csak egységes szintsüllyesztés után osztottak fel 5 x 5 méteres szelvényekre. A szintsüllyesztés során a 14–15. szelvények területén találtak Árpád-kori cserepeket.[24] 1987-ben a 20–32. szelvényekkel további kb. 400 m² nagyságú területet tártak fel, de az összefoglaló jelentés ekkor nem tesz említést Árpád-kori objektumokról,[25] holott az ásatási napló szerint a 21. szelvény nyugati falában egy Árpád-kori kemence metszetét figyelték meg.[26] 1988-ban a 33–38. szelvények feltárására került sor. Ekkor is találtak Árpád-kori objektumokat (pl. árkokat), de csak a kemencéről (*10. ábra*, O6) jelent meg tudósítás.[27]

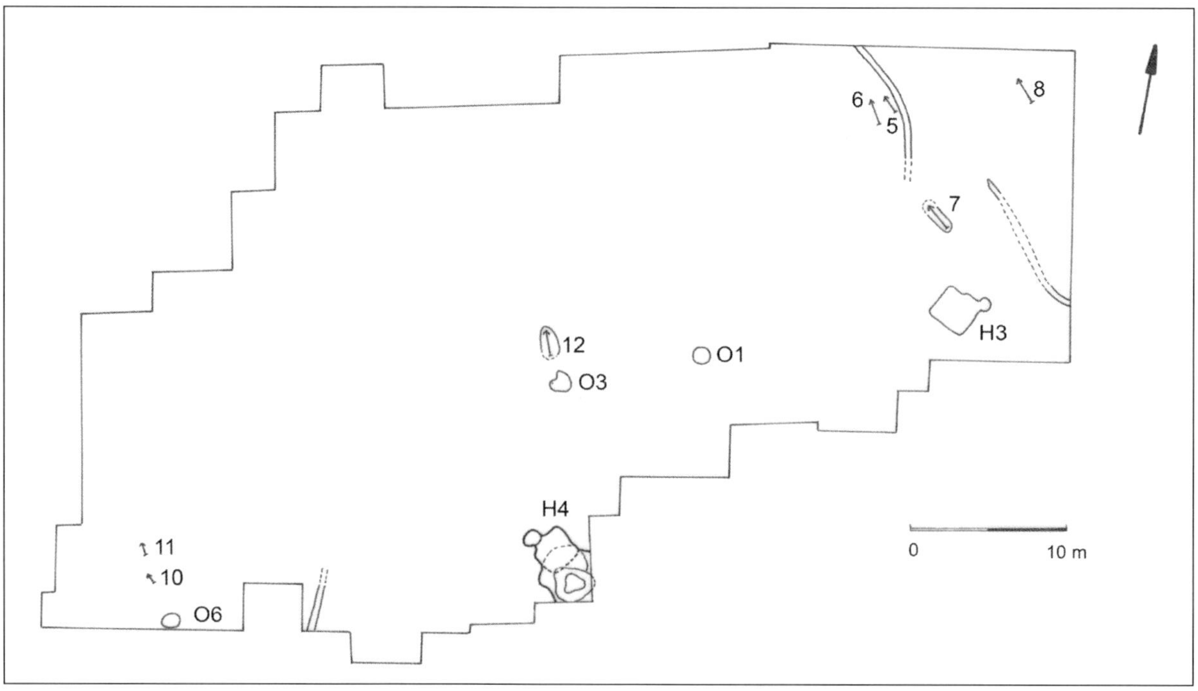

10. ábra: END0119. Ásatási összesítő alaprajz a feltárt terület határaival, az Árpád-kori objektumokkal és sírokkal

[21] *Makkay* (2007) 126–188., *Makkay – Starnini* (2008) 334–391., 441., 446–447., 450–455., 457–458., 460–465., 467., 472–475., 477–479., 482., 485–487., 489–494., 498–508., 510–518., 520–551., 553–557., 559–566., 568–575., 577–588.

[22] *Makkay* (1992) 122. A 9. ábra térképén a lelőhely lényegesen nagyobbra van rajzolva (KÖH), mint azt a terepbejárás során rögzítettük.

[23] RégFüz 40 (1987) 13.

[24] Ez az 5. és 6. sír, továbbá a tőlük keletre eső árok területe. Ásatási napló 4. old. Az ásatási dokumentáció eredetijét Makkay János szívességéből tanulmányozhattam. Fogadja ezúton is köszönetemet segítőkész együttműködéséért és az adatok közlésre való átengedéséért.

[25] RégFüz 41 (1988) 13.

[26] Ásatási dokumentáció: 20/88. Napló 2. oldal. Fénykép is van róla (negatív szám 135228), és ennek tanúsága szerint kettévágták. Felmérése azonban csak az összesítő rajzon található meg (O3).

[27] RégFüz 42 (1991) 14. Az objektumok elnevezésénél az 1992. évi előzetes közleményben alkalmazott jelöléseket használom.

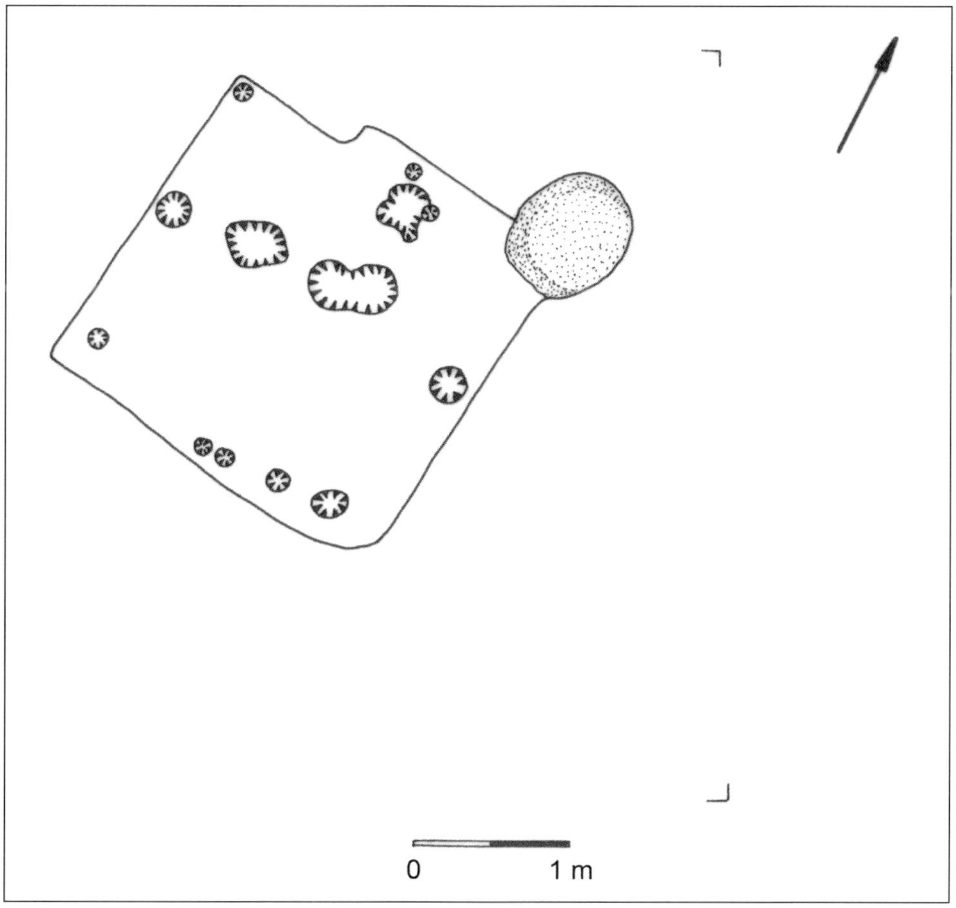

11. ábra: END0119. A H3 jelű ház alaprajza szelvénysarkokkal

A lelőhelyen talált régészeti jelenségek túlnyomó része a Körös-kultúra hagyatéka, de vannak bronzkori és szarmata kori objektumok is. Az alábbiakban azokat az objektumokat ismertetem, melyekről nagy valószínűséggel feltételezhető, hogy Árpád-koriak.

H3 ház (2. szelvényben, 1986., *11. ábra*)[28]

Foltja 70 cm mélyen jelentkezett, körvonalai azonban csak 80–90 cm között rajzolódtak ki pontosan. Betöltése keményre iszapolódott, barna, rögös föld, kis paticsszemcsékkel.

Szabályos négyszögletes (218 x 218 cm), sarkaival a fő égtájak felé tájolt ház, északi és nyugati sarka éles szögben zárul, déli lekerekített. A földbevájt rész kb. 30 cm mély, melyből mindössze 5–10 cm mélyedt az altalajba. Letaposott padlóját jól lehetett érzékelni, de letapasztva nem volt. A keleti sarokban, az alapnégyszögön kívülre vájt kemence kerek sütőlapja 75 cm átmérőjű. Boltozatából semmi sem maradt, az átégés vastagságáról, illetve a tapasztás esetleges leleteiről nem tudunk. A két szelementartó ágasfa helyét az ÉNy-i és a DK-i oldal mentén találták meg, de kisebb cölöplyukak voltak a ház sarkaiban is, sőt a DNy-i fal mentén több is. A ház nem tartalmazott leletanyagot.[29]

28 *Makkay* (1992) 130.

29 Az ásatási napló 9–10. oldalán szó esik leletekről, melyeket a szelvény anyagában lehet megtalálni.

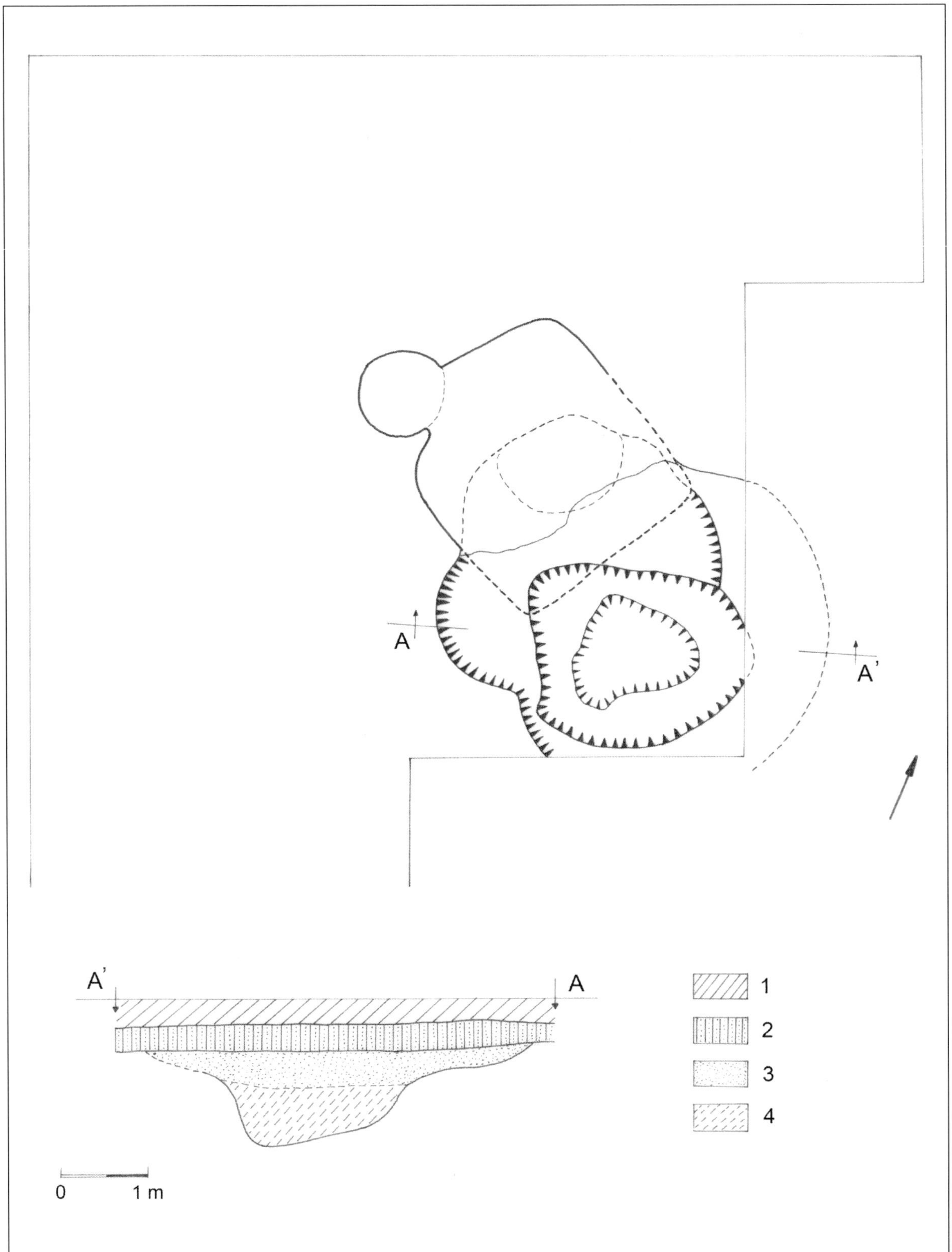

12. ábra: END0119. A H4 jelű ház alaprajza a mellette lévő őskori gödörrel.
Jelkulcs: 1: szántás *2:* fekete humusz *3:* szürke hamu *4:* barna, laza

H4 ház (55. szelvényben, 1989., *12. ábra*).

Bizonytalan körvonalú, sarkaival valószínűleg a fő égtájak felé tájolt ház, melynek egyedül az északi sarkát sikerült pontosan megfigyelni. Szélei 70 cm mélységben váltak láthatóvá. Kiszerkeszthető méretei 250 x 250 cm. A ház DK-i fele ugyanis egy nagyobb őskori gödör fölé esett, ahol körvonalait nem lehetett észlelni. A kerek kemence kétharmad részében esik az alapnégyszögön kívülre, átmérője 100 cm, boltozatáról, tapasztásáról csupán annyi adat van, hogy jól le volt sározva. A ház padlójáról pedig azt tudjuk, hogy a Körös-kultúra gödre feletti része megsüppedt, és széttöredezett. Cölöplyukait nem sikerült megfigyelni. Alját a felszíntől 80 cm mélységben rögzítették, a kemence sütőfelülete ennél valamivel mélyebben, 85 cm mélységben volt.

A házban talált leletek:

Barna, szürke törésű, homokkal soványított agyagból készült orsógomb. Alakja kettős csonkakúp, hullámvonallal, illetve beszurkálások sorával díszített, erősen kopott *(1. tábla 13.)*.[30] Fekete, egyenletesen átégett, csillámos homokkal soványított nagyobb fazék oldaldarabjai, melyek nem illenek össze. Az egész felületet durva, nagyméretű fogaskerékminta-sorok fedik[31] *(1. tábla 7–9.)*. Barna, szürke törésű, tört kaviccsal soványított, ritka közű csigavonallal díszített kicsiny oldaltöredék.[32]

Bizonytalan a H5 jelű ház kora. Makkay J. az ásatási naplóban eleinte Árpád-korinak mondja, később bronzkorinak, a publikációban először annyit ír, hogy a késő bronzkornál későbbi, utóbb azt, hogy Árpád-kori.[33]

Erre a házra a 31. szelvényben bukkantak rá, 50 cm körüli mélységben. Lekerekített sarkú, szabályos téglalap alakú fekete foltként jelentkezett, melyben nem voltak a környezetére oly jellemző, és a Körös-kultúrába tartozó cserepek, paticsok.[34] Valószínű, hogy a ház közvetlenül a szántás alatti fekete rétegből mélyedt le, egészen az altalajig, sőt abba is belenyúlt. A ház mélysége alapján Árpád-kori lehetne, alakja szerint viszont nem. A rendelkezésre álló alaprajz és metszetek alapján kb. 3 m hosszú, 2,2 m széles, az észlelés szintjétől számítva 60 cm mély veremház, melynek semmilyen további részletét nem sikerült megfigyelni, csupán azt, hogy bele van ásva a késő bronzkori gödörbe. Ezek után nem vettem fel az Árpád-kori objektumok közé.

O1. kemence (18. szelvény, 1986.)

A szelvény déli falánál, a nyugati sarokhoz közel került elő, és dél felé kinyúlt a szelvényből. Boltozata nagyon jó állapotban maradt meg, alja viszont nem volt átégve, csak a sározás felső szintje volt kormos. Belseje csak félig volt tele laza, hamus földdel, felül üresnek mutatkozott. Kéménye vagy kürtője egyenesen felfelé állva, jó állapotban maradt meg.[35] Az összesítő alaprajzról leolvasható átmérője: 117 cm.

O3. kemence (21–25. szelvény között 1987., *13. ábra*)

A 21. szelvény nyugati falában bukkantak rá. A metszet alapján sütőfelületének átmérője 120 cm, boltozatának magassága több mint 40 cm lehetett. A sütőlap maradványait a felszíntől számított 70 cm mélységben találták. Fala csak egészen kis részen maradt eredeti helyzetben, jórészt be-

---

[30] Munsell 5YR 7/1. ltsz.: 91.10.1.

[31] Munsell 5YR 2.5/1. ltsz.: 91.10.2. 7 db.

[32] Munsell 5YR 5/3. ltsz.: 91.10.3.

[33] Ásatási napló 1987, 20., 25. oldal; *Makkay* (1992) 131., 135.

[34] Ásatási napló 1987, 20.

[35] Ásatási napló, 29–30. old. A kemence be van jelölve az összesítő alaprajzon, de semmilyen további dokumentációt nem találtam.

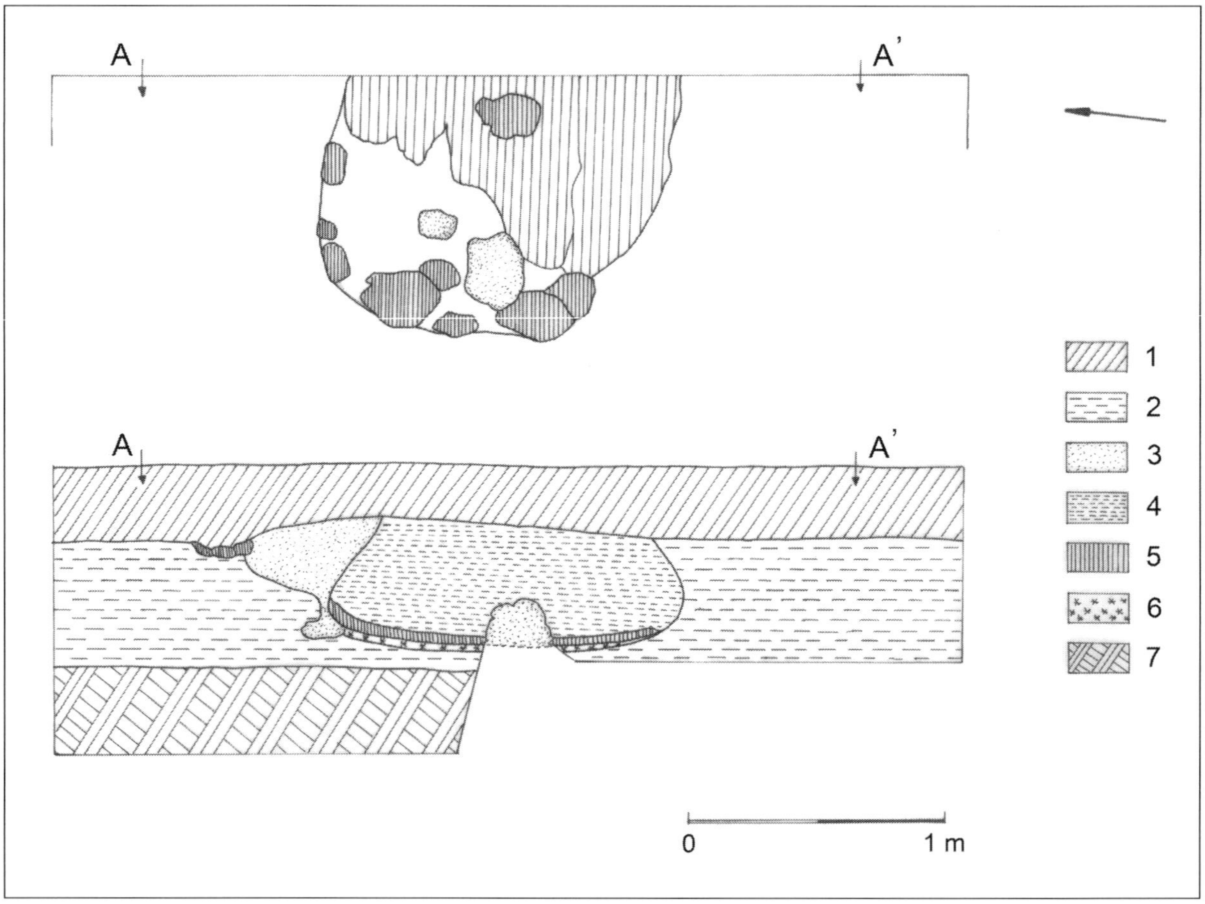

13. ábra: END0119. Az O3 jelű kemence alaprajza és metszete. *Jelkulcs: 1:* szántás *2:* szürke *3:* hamu *4:* sötétszürke *5:* vörös, átégett *6:* sárga, tömör, döngölt *7:* altalaj

omlott, de az üreg más színű, hamus betöltése jól kirajzolta eredeti formáját. A 25. szelvényben 100 x 140 cm-es felületen sikerült a sárga agyag alapozást megfigyelni, melyen az átégett boltozat csekély maradványai hevertek. Az alapozás 2–3–4 cm vastag sárga agyag, amely helyenként égett csak valamennyire át, de állatjáratok azt is alaposan megrongálták. Kerámia töredékeket sem benne, sem a környékén nem találtak,[36] de kora szempontjából fontos körülmény lehet, hogy tőle északra, alig több, mint 50 cm-re volt a 12. számú (részleges lovastemetkezéses) sír.

O6 kemence (37. szelvény 1988, *14. ábra.*)

Az előzetes közlemény szerint a 13. gödörbe ásott kemence Árpád-kori, de nem tárták fel. Az összesítő alaprajz szerint legalább 150 cm hosszú (?), a metszet szerint 120 cm széles (?) lehetett.[37] A meglehetősen jó állapotban lévő vörösre égett falcsonkok teteje 80 cm mélységben jelentkezett. Betöltése laza, barnás, porhanyós föld volt.[38] Makkay J. megfigyelése szerint a kemence fala és szerkezete annak Árpád-kori voltára utal, noha keltező kerámiát nem találtak benne. Viszont már a 35.

[36] Ásatási napló 3. és 9. oldal.
[37] lásd 14. ábra A–A metszet.
[38] Ásatási napló 1988, 13.

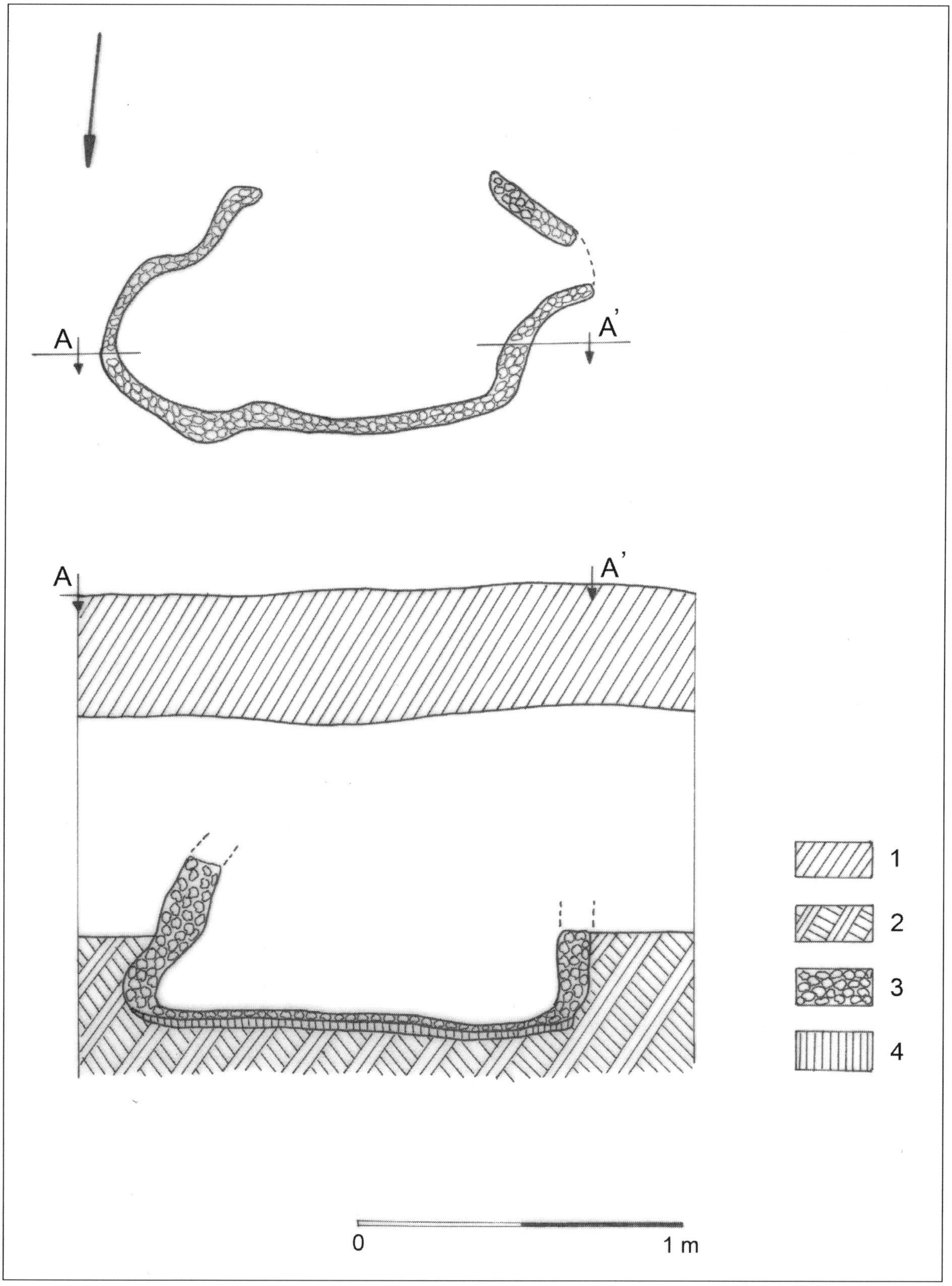

14. ábra: END0119. O6 jelű kemence alaprajza és metszete
Jelkulcs: 1: szántás *2:* altalaj *3:* patics *4:* átégett föld

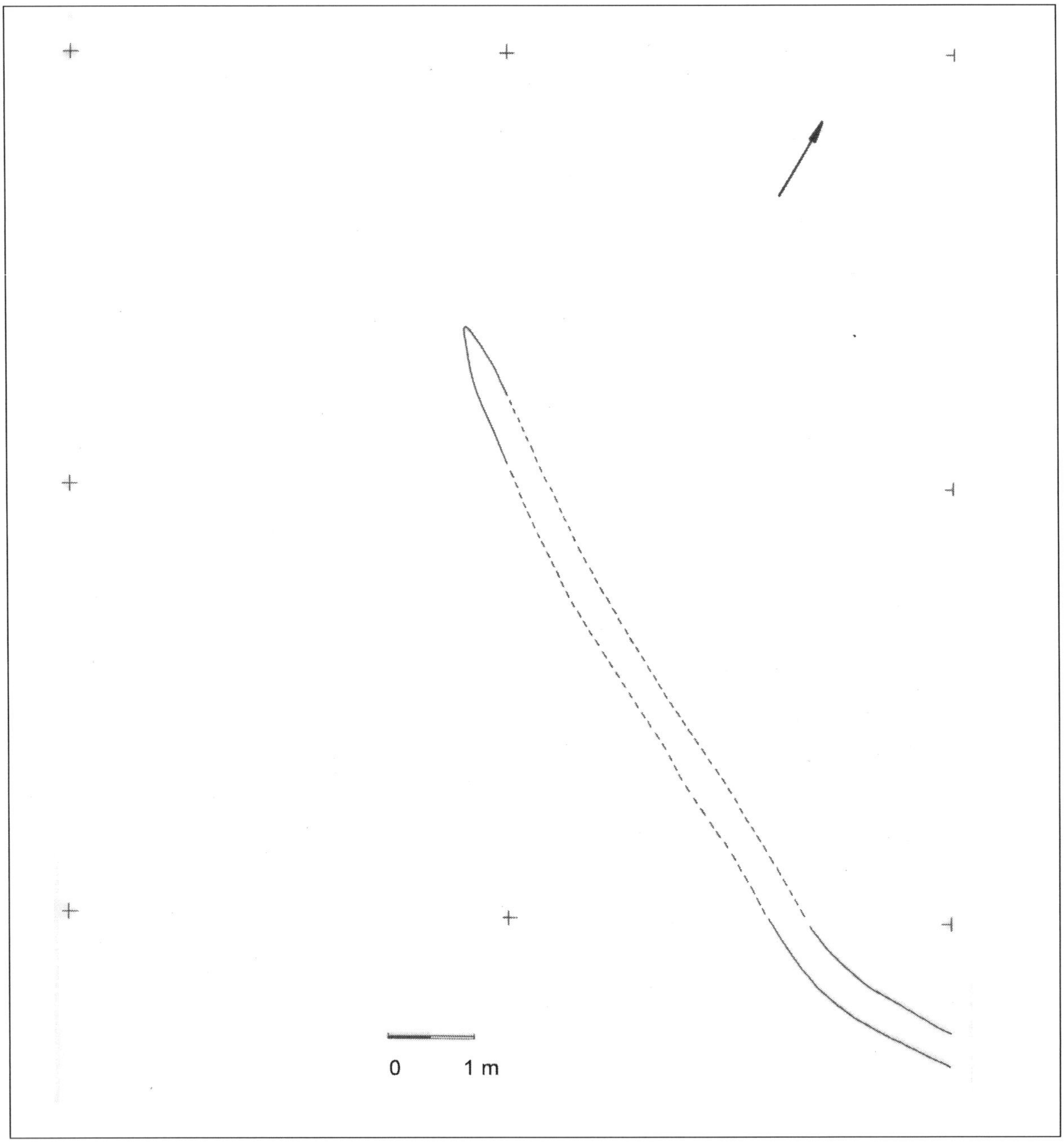

15. ábra: END0119. Árok alaprajza az 1. szelvényben

szelvény déli részén megfigyelték azt a beásást, amely ehhez a kemencéhez tartozott, eszerint nyílása kelet felé lehetett.[39]

A továbbiakban még három árokrészletről feltételezhető több-kevesebb bizonyossággal, hogy Árpád-koriak.

Az ásatási terület keleti szélén, az 1. szelvény ÉK-i sarkában 45–50 cm széles árokrészlet került elő közel 90 cm mélységben, és erről Makkay J. feltételezte, hogy Árpád-kori.[40] Nem kizárt, hogy a

[39] Ásatási napló 1988, 16.
[40] Ásatási napló 1986, 10.

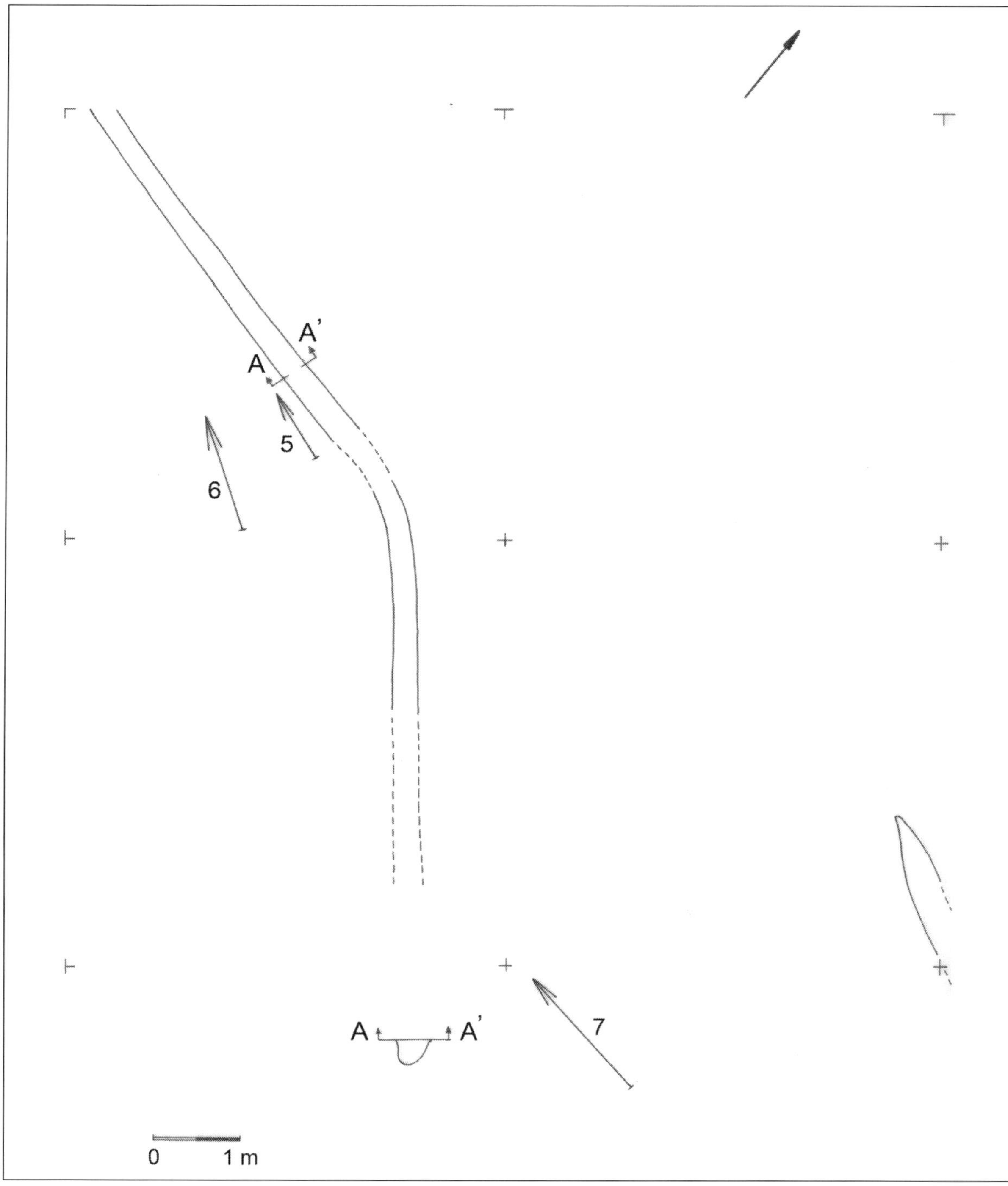

16. ábra: END0119. Árok alaprajza és metszete a 11. és 15. szelvényekben, a környezetében talált sírokkal

10. szelvény DK-i sarkában dokumentált kicsiny árokrészlet ennek a folytatása, bár a közbülső 5. és 6. szelvényben nem észlelték (*15. ábra*.).

A 11. és 15. szelvényben is került elő egy Árpád-korinak tartható árok, melyet 70 cm mélységben észleltek, és ott szélessége már csak 25 cm volt. Az ásatási napló szerint azonban mindkét szel-

17. ábra: END0119. Árok alaprajza a 33. szelvény sarkaival

ványben több Árpád-kori cserepet is megfigyeltek, (40 cm mélységben például bográcsperemek kerültek elő) melyek esetleg ebből az árokból származhattak[41] (*16. ábra*).

A feltárt terület déli szélén, a 33. szelvény nyugati felében 60 cm mélységben egy nagyjából É–D irányú, 50 cm szélességű, fekete betöltésű, árok jelentkezett, mely az ásató szerint „jellegzetes Árpád-kori árok."[42] A 97 cm mélységben készült alaprajz szerint az árok É felé haladva keskenyedik, déli végén 50, északin már csak 30 cm széles és az északabbra eső szelvényekben már nem is sikerült megfigyelni (*17. ábra*).

Az ásatás területéről csak kevés szórványleletet leltározhattunk be. Ezek közé tartozik a 3. szelvényben 50–70 cm mélységben talált egyenes hátú, nyéltüskés vaskés[43] *(1. tábla 10.)*. Az 54. szelvényből két edénytöredék származik: egy barna, szürke törésű, homokkal soványított fazékperem, melynek elkeskenyedő széle kissé felhúzott, így fedőhornyossá lett,[44] valamint egy barna, szürke törésű, homokkal soványított fazék nyakrésze.[45]

Nem lehet tudni hol került elő egy barna, szürke törésű, tört kaviccsal soványított, vízszintes csigavonalmintával díszített kicsiny oldal,[46] egy barna, kívül fekete, szürke törésű, tört kaviccsal soványított, ritka közű csigavonalmintával díszített kicsiny oldal,[47] egy egyenletes barnára, kívül fekete foltosra átégett, homokkal soványított fazék aljrésze,[48] továbbá egy ló lábközépcsont, jelentős faragás- és kopásnyomokkal, két végén átfúrva[49] *(1. tábla 11.)*.

[41] Ásatási napló 1986, 23. old.
[42] Ásatási napló 1988, 2. oldal.
[43] ltsz.: 91.10.10. h.: 10,2 cm.
[44] Munsell 5YR 5/4. ltsz.: 91.10.4.
[45] Munsell 5YR 5/4.ltsz.: 91.10.5.
[46] Munsell 5YR 5/4. ltsz.: 91.10.7.
[47] Munsell 5YR 6/4. ltsz.: 91.10.8.
[48] Munsell 5YR 4/1. ltsz.: 91.10.9.
[49] ltsz.: 91.10.11. A meghatározást Bartosiewicz Lászlónak köszönöm.

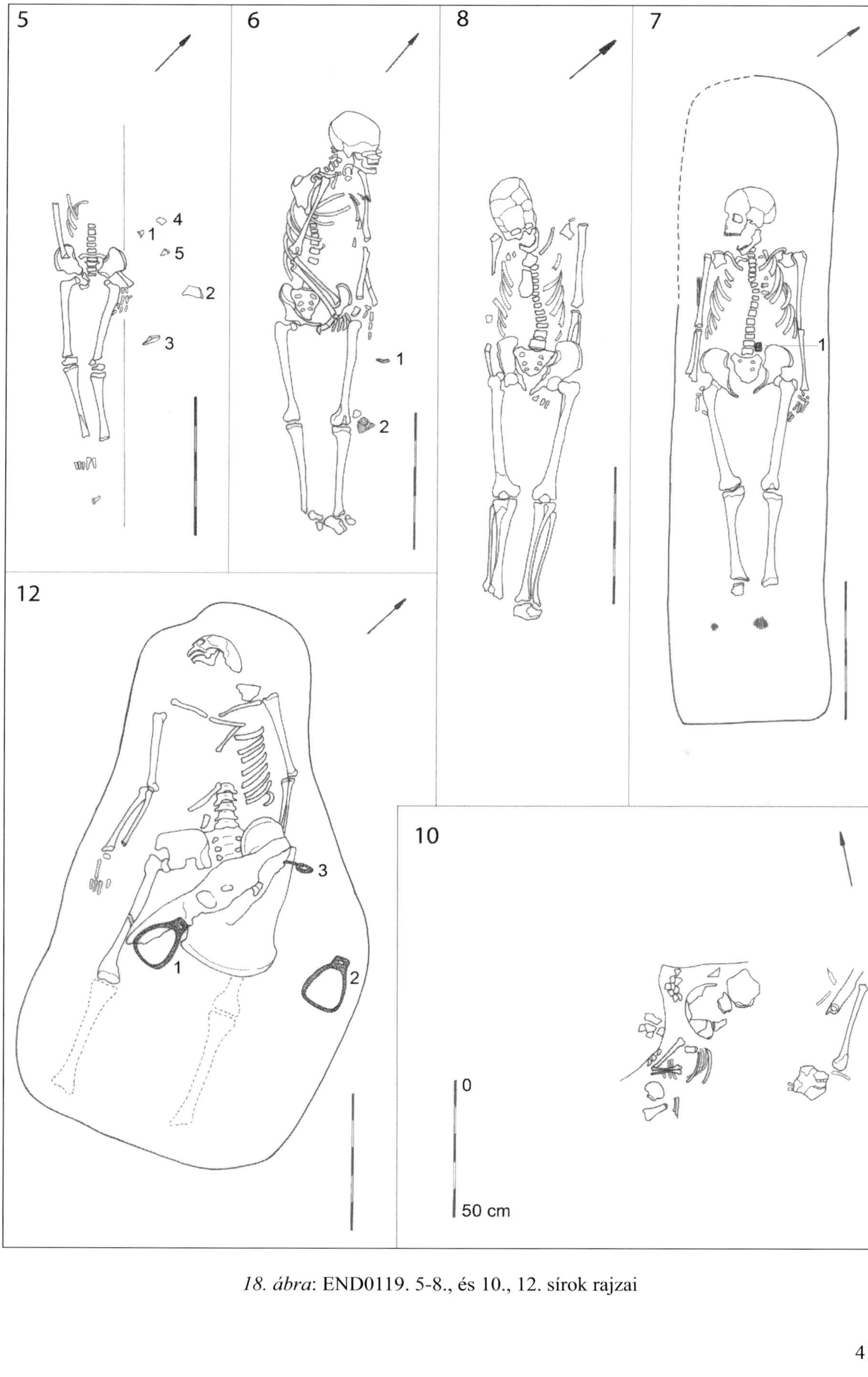

18. ábra: END0119. 5-8., és 10., 12. sírok rajzai

Az ásatás során sírok is napvilágra kerültek, melyek egy része tájolása, illetve a mellékletek alapján az Árpád-korba tartozik:

5. sír (15. szelvény 1986., *18. ábra.*)[50] M: 50–55 cm. ÉNy–DK tájolású, iuvenis, nyújtott váz, lábai térdben kissé felhúzva. A koponyát, a bal oldali kart és bordákat az Árpád-kori árokkal megbolygatták. A sírrajzon feltüntetett „mellékletek" (*18. ábra 1–5.*) az árokhoz tartozó cserepek, csont és patics. 10–11. századi.

6. sír (15. szelvény 1986., *18. ábra*)[51] M: 50–55 cm. Az előző mellett, azonos tájolással, bolygatatlan, melléklet nélküli felnőtt csontváza. A sír helyzete alapján valószínű, hogy az előzővel azonos korszakból származik. A koponya teljesen, a felsőtest kissé bal oldalra fordult. Bal kar nyújtva, jobb könyökben kissé felhúzva. A bal combcsont és a térd mellett egy-egy csecsemőkoponya-darab (*18. ábra 1–2.*).

7. sír (6. szelvény (1986., *18 ábra*)[52] M: 140 cm. Tájolás ÉNy–DK. Sírgödrét az 5. számú őskori gödörbe ásták. A sír széle e gödrön kívül jól megfigyelhető volt, és a lábvégeknél koporsónyomokat is észleltek. Koponya jobb oldalra fordulva, állkapocs leesve, karok a test mellett kinyújtva. Melléklete vascsat a medencetájékon (1).[53]

8. sír (13. szelvény 1986., *18. ábra*)[54] M: 62 cm. Tájolás ÉNy–DK. Sírgödör, melléklet nincs. Nyújtott váz, koponya kissé előre billent. Karok kinyújtva, de mindkét alkar a test alatt volt.

10. sír (37. szelvény 1988., *18. ábra.*)[55] M: 120 cm. Tájolás nem állapítható meg, de inkább tűnik É–D-inek, mintsem Ny–K-inek, amennyiben a felnőtt felkarja és a gyermekcsontok eredeti helyzetükben vannak.

11. sír (37. szelvény 1988.)[56] M: 100 cm. Az előzőtől északra szórvány embercsontok, melyekről semmi továbbit nem lehetett kideríteni.

12. sír (25. szelvény 1987., *18. ábra*)[57] M: 110 cm. Tájolás: ÉÉNy–DDK. Részleges lovastemetkezéses sír a Körös-kultúra teleprétegébe beásva. A lókoponya a váz bal oldalán, a comb magasságában, alatta a ló alsó lábszárcsontjai. A lókoponya két oldalán voltak a kengyelek, keleti oldalán a csikózabla. A jobb humerus közelében, kissé fölötte juh lapocka és juh lábszár feküdt. A felszedés után, a medence alatt 10–15 cm-re vaskés került elő. Sírgödör csak részben volt megfigyelhető. 10–11. századi.[58]

15. sír (54. szelvény 1989.)[59] M: 35 cm. T: ÉNy–DK. Kicsiny gyermekcsontváz. Valószínűleg 10–11. századi. Sírrajz nem készült, és a temetőtérképre sem került fel.

A felsorolt sírok keltezését az 5. sír stratigráfiai helyzete (árok átvágta), a közelében található sírok azonos tájolása, leginkább azonban a 12. sír leletei teszik kétségtelenné. Utóbbi aligha lehet későbbi a 11. század első felénél, de inkább 10. századi. Bizonytalanság csupán az erősen bolygatott 10–11., illetve a 15. sír esetében lehet. Az 5–8. sírok, a 12. sír, és esetleg a 10–11. sírok három „csoportot" rajzolnak ki a feltárt területen *(10. ábra)*. E síгcsoportok egymástól való távolsága kizárja azt, hogy egyetlen, nagyobb temető részei legyenek, hiszen a magányos lovastemetkezéses sírtól ÉK felé 24 m-re, illetve DNy-i irányban 28 m-re helyezkedtek el, és közöttük nem volt temetkezés. Feltűnő viszont e sírcsoportok igazodása a házakhoz. A feltárás ÉK-i részén talált, három, esetleg négy sírból álló csoport 12 méterre északra található a H3 jelű háztól, és majdnem azonos a távolság és az irány a 12. sír és a H4 jelű ház között is. Ezek után nem alaptalan a feltételezés, hogy a sírok és a telepobjektumok között összefüggés lehet.

---

50 *Makkay* (1992) 132.
51 *Makkay* (1992) 133.
52 *Makkay* (1992) 133.
53 A leletet nem sikerült megtalálnom.
54 *Makkay* (1992) 133.
55 *Makkay* (1992) 133.
56 *Makkay* (1992) 133.
57 *Makkay* (1992) 133.
58 Ásatási napló 1989, 7. A leleteket nem sikerült megtalálnom.
59 *Makkay* (1992) 134.

A telepobjektumok kapcsán annyit lehet megállapítani, hogy – ha azok valóban mind Árpád-koriak – két, legfeljebb három ház állt ezen a dombocskán. A harmadik a feltárás DNy-i sarkában talált kemencétől délre lehetett. A H3 és H4 jelű ház között légvonalban mintegy 28 m a távolság. A feltárt két kemence közül az O3 a H4 házhoz esik közelebb (10 m), míg az O1 jelű kürtős kemence egyenlő távolságra (15 m) esik mindkét háztól. A megismert árokrészletek viszont egyik házzal sem mutatnak kapcsolatot, és a sírokkal sem egykorúak.

Sajnálatos módon az Árpád-kori telepobjektumok, de a sírok leletanyaga is olyannyira szegényes, hogy ezek részletesebb elemzésébe nincs értelme bocsátkozni. Korhatározó lelet híján lényegében valamennyi telepobjektum kora bizonytalan, csupán tipológiai és stratigráfiai megfigyelések alapján lehet azokat Árpád-korinak tartani. A keltezésnél azonban legfeljebb még a késő avar kor jöhetne számításba. (A házban talált bikónikus orsógomb alapján Makkay J. is erre gondolt.)

Ennek ellenére ez az ásatás is több fontos tanulsággal, illetve érdekes megfigyeléssel gazdagítja ismereteinket. A lelőhelynek csaknem az egész területére kiterjedő feltárás során kétséget kizáróan bizonyítani lehetett az egy-két földbe ásott házból, szabadban lévő kemencéből és árkokból álló kistelepek létét. Az END0119 feltárásának további jelentős eredménye az Árpád-kor szempontjából, hogy hasonló méretű „kistemetőkkel" is számolnunk kell, valószínűleg éppen azokon a helyeken, ahol az ilyen kistelepek is előfordulnak.

1.5.4. END0157. lelőhely

A községtől DNy-ra, a szarvasi országúttól délre, egy K–Ny irányú feltöltődött hajdani meder északi partján 1977-ben, topográfiai terepbejárásokon fedeztük fel a lelőhelyet *(19. ábra)*. Több más korszak (neolit, szarmata) kopott cserepei mellett kisebb mennyiségű kora Árpád-kori leletanyagot is gyűjtöttünk.[60] A lelőhely pontosan átellenben fekszik az END0170 számú lelőhellyel, attól csupán az említett meder mélyedése választja el, és ott mintegy 200 m szélességben nem lehet leletet találni.

A mikroregionális kutatások keretében a lelőhelyen 1986–1990 között Erdélyi István ásatott.

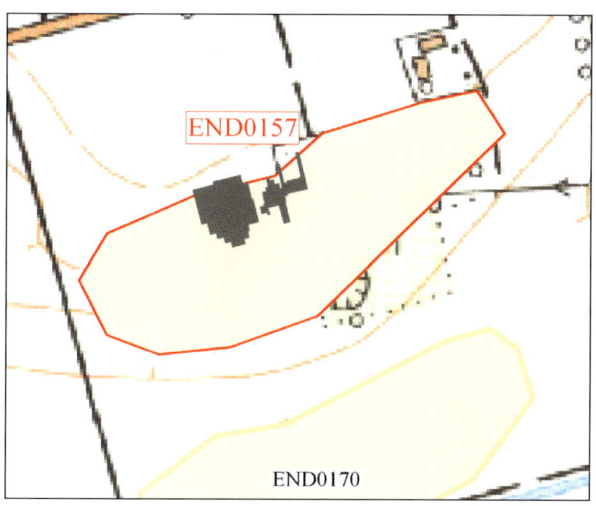

19. ábra: END0157. Az ásatás helyszínrajza

[60] MRT 8, 174.

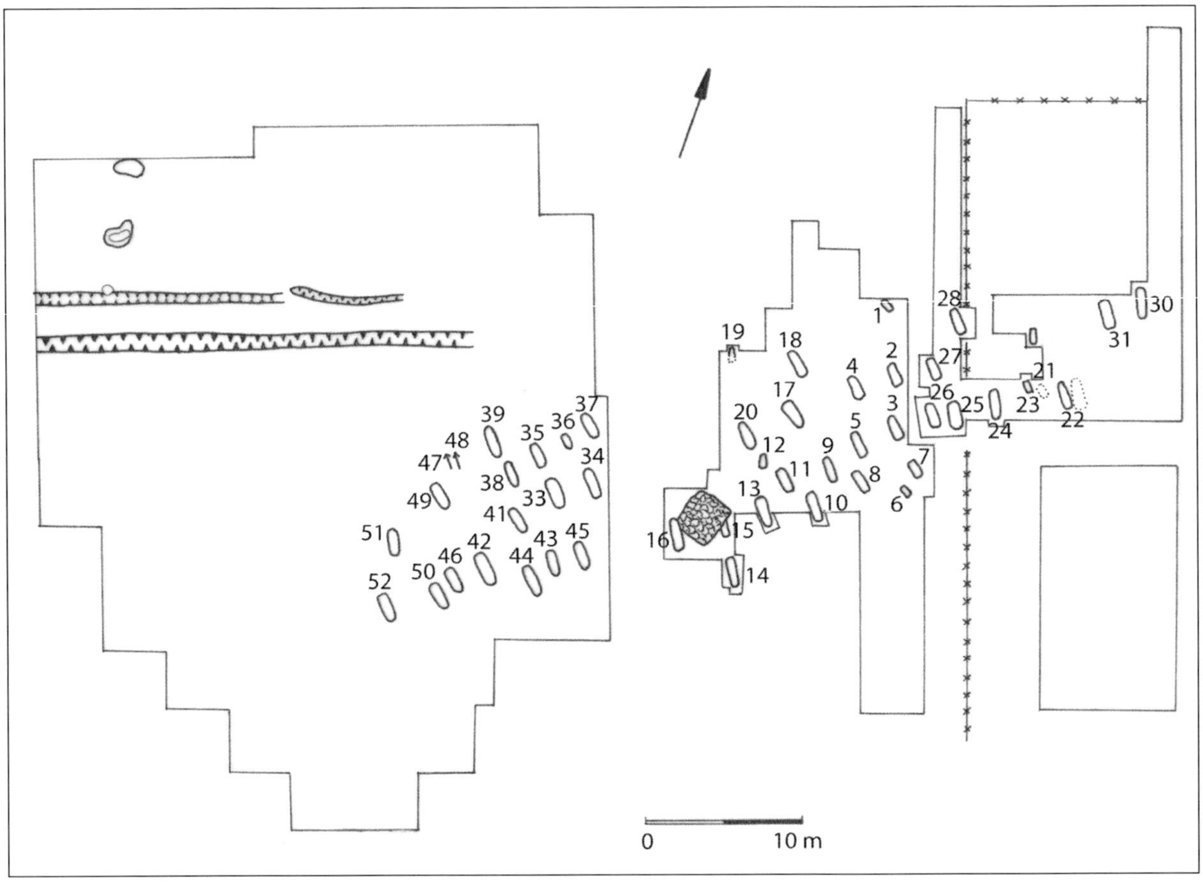

20. ábra: END0157. Összesítő alaprajz a sírokkal és telepobjektumokkal

Az öt szezonban folytatott munkálatok során késő avar temető 53 sírját, egy neolitikus és egy szarmata sírt, valamint neolitikus, szarmata és Árpád-kori telepobjektumokat tárt fel. Az avar temető előzetes közleménye megjelent,[61] itt most – az ásató szíves hozzájárulása alapján – az Árpád-kori leleteket közöljük.

A munka során összesen 1631 m² felületet tártak fel. Mint az összesítő alaprajzról *(20. ábra)* jól látható, a terület nyugati, nagyobb részén egybefüggő felületet vizsgáltak át, míg a keleti oldalon, a Szigetvári-tanya közvetlen közelében kutatóárkos módszerrel dolgoztak. A sírok mintegy felét, továbbá az Árpád-kori házat is itt találták. Az ásatási jelentés beszámol még „A síroktól, valamint a házmaradványoktól É-ra csekély mennyiségű VIII–IX. századi településnyom”-okról,[62] továbbá „csekély Árpád-kori településnyomok (keskeny árok, tűzhely)” jelentkezéséről is.[63]

[61] *Erdélyi* (1992) 370–378. Ezúton is köszönöm Erdélyi Istvánnak a leletanyag és a dokumentáció közlésre való átengedését. A sírleletek a TSM-ben vannak leltározatlanul. Az Árpád-kori kerámia között volt egy szürke, korongolt, duzzadt peremű, profilált aljú szarmata kori tál, oldalán két árokkal, az alsó alatt ferde benyomkodások sora fut körbe. Három kerek, átfúrt lyuk is látható az oldalán. A zacskó felirata szerint a 12. gödörből származik. ltsz.: 95.30.52. Közelebbi szelvény- vagy objektum megjelölése nélkül ugyancsak az Árpád-kori cserepek között volt egy gepida kori barna, korongolt, tört cseréppel soványított, jellegzetes szemcsés anyagú fazék perem- és vállrésze. A kihajló perem megvastagszik, nyakán mélyen barázdált csigavonal, vállán egyes hullámvonal díszítéssel. ltsz.: 95.30.47.

[62] RégFüz 41 (1988) No. 102. p. 51.

[63] RégFüz 44 (1992) No. 78. p. 47. Hibás lelőhelyszámmal.

A leletanyagot mosás és restaurálás után vettem át az ásatótól, majd ezt követően beleltároztam. Nem tudható, hogy előzetesen végeztek-e, és ha igen, milyen mértékű selejtezést a leletanyagban. Az alábbi szelvényekből vehettünk Árpád-kori leleteket leltárba:

A 4. szelvényből, 80 cm mélyről egy barna, szürke törésű, tört kaviccsal soványított, kifelé megvastagodó bográcsperem származik[64] *(2. tábla 2.)*.

Az 5. szelvényben, 0–20 cm mélyen talált cserepek minden bizonnyal az itt feltárt házhoz tartozhattak:

Barna, kívül kormos, szürke törésű, tört kaviccsal soványított, kifelé megvastagodó bográcsperem, melynek külső oldalán ferde körömbenyomás látható[65] *(2. tábla 7.)*. Barna, szürke törésű, tört kaviccsal soványított, kihajló, ferdén levágott szélű fazék perem- és vállrésze. Vállát ferde bevágások alatt vékony vonalakból álló széles vízszintes vonalköteg díszíti. Kívül sötétbarnára égett, de belül is koromfoltos[66] *(3. tábla 3.)*. Barna, szürke törésű, tört kaviccsal soványított fazék vállrésze, melyen ferde bevágások sora látszik. Az előző darabbal mindenben egyezik, de másik edény része volt[67] *(2. tábla 6.)*. Barna, szürke törésű, tört kaviccsal soványított, nagyobb, vékony falú fazék vállrésze, melyen vékony vonalakból álló vízszintes vonalköteg látszik. Kívül a használat következtében sötétbarnára égett[68] *(3. tábla 1.)*. Barna, szürke törésű, tört kaviccsal soványított, díszítetlen oldalak. Kívül a használat következtében sötétbarnára égtek.[69]

Az Árpád-kori telepobjektumok közül csupán az egyetlen félig földbeásott házról rendelkezünk részletesebb adatokkal. Lelőkörülményeiről csak azt lehet tudni, ami a Régészeti Füzetekben megjelent: „A sírok feletti rétegben, úgy, hogy két sírt metszett is, egy XI. sz.-i félig földbeásott lakóház gödre került napvilágra. Tapasztott kemencéje szájánál, vele egykorú, kézzel gyúrt sütőharang került elő."[70]

A dokumentációban lévő rajz *(21. ábra)* alapján leírását az alábbiak szerint rekonstruálhatjuk: a ház az 5. szelvényben került elő, építésekor átvágták a 15. számú késő avar kori sírt, melynek térd feletti része így elpusztult, és melléklete sem maradt. A ház Ny-i sarka ezen felül a 16. számú, ugyancsak késő avar kori sír fölé is benyúlt. A ház alakja majdnem négyzet, 270 x 290 cm nagyságú, sarkai (a rajz szerint) éles szögben fordultak. A szelementartó ágasok a rövidebb oldalak középvonalában helyezkedtek el, így a ház tájolása majdnem É–D. Az ágasfák helyei ovális alakúak, és túlnyúlnak a ház alapnégyszögén. Az északi mélysége, a felszíntől számítva 100 cm, a délié 96 cm. Bejáratnak nem maradt nyoma, az agyagból épített kemence az északi sarokban található, szája DK felé néz. A kemence a ház négyszögén belül esik, trapéz alakú, hossza 80 cm, legnagyobb szélessége (hátul) 50 cm, szájánál kb. 22 cm, az átégés mértékéről és a tapasztott fenék minőségéről, továbbá a tűztér magasságáról nincs adatunk.[71] Mindössze annyit lehet tudni, hogy a kemence alja a ház padlójánál mélyebben, 82 cm mélységben volt. A padló a felszíntől számítva 70 cm mélyen került elő, így a háznak a humusz alatt megfigyelhető mélysége 30–35 cm. ÉNy-i felében, a padlón állatcsontok és cseréptöredékek hevertek.[72]

---

64 Munsell 5YR 5/6. ltsz.: 95.30.46. „Nyugati falnál".

65 Munsell 5YR 5/4. ltsz.: 95.30.1. „A szelvény DNy-i sarka, fekete folt felső rétegéből".

66 Munsell 5YR 5/4. ltsz.: 95.30.2. „A szelvény DNy-i sarka, fekete folt felső rétegéből".

67 Munsell 5YR 5/4. ltsz.: 95.30.3. „A szelvény DNy-i sarka, fekete folt felső rétegéből".

68 Munsell 5YR 5/4. ltsz.: 95.30.4. „A szelvény DNy-i sarka, fekete folt felső rétegéből".

69 Munsell 5YR 5/3, 5/4. ltsz.: 95.30.5. „A szelvény DNy-i sarka, fekete folt felső rétegéből".

70 RégFüz 41 (1988) No. 102. p. 51. Az ásatási naplók az MTA Adattárában 1986/13, 1988/12, 1988/21, 1990/15, 1991/3 szám alatt találhatók. A két sír, melyet a ház átvágott, a 15. és 16. sír.

71 A rendelkezésemre bocsátott ásatási dokumentációban csak rajzot találtam, leírást nem, ezért a méreteket a rajz alapján tudom megadni, és – sajnos – nélkülöznünk kell az ásató személyes megfigyeléseit is.

72 Feltehetően itt voltak, és nem a kemence szájánál azok a sütőharang-töredékek is, melyekről az ásatási jelentés beszámolt. RégFüz 41 (1988) No. 102. p. 51.

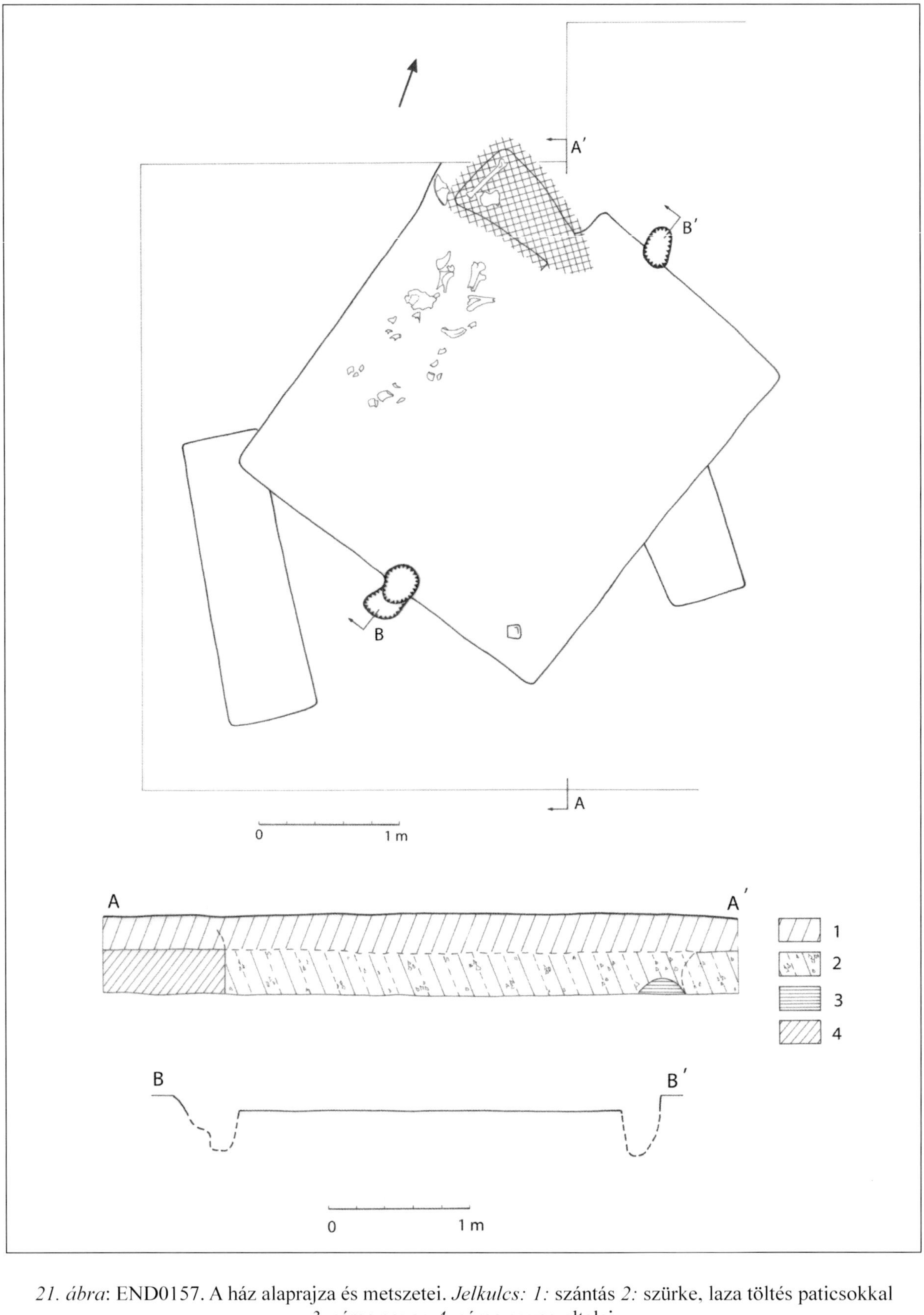

21. ábra: END0157. A ház alaprajza és metszetei. *Jelkulcs: 1:* szántás *2:* szürke, laza töltés paticsokkal *3:* sárga agyag *4:* sárga agyag altalaj

A legtöbb lelet a ház betöltéséből származik, melyek egy részét mélységenként csomagolva találtuk, és ennek megfelelően leltároztuk is.[73]

0–30 cm:

Fehér színű, külső oldalán simára csiszolt, belül henger alakban megmunkált, kifúrt csiszolókő,[74] továbbá két állatcsont, melyek közül az egyik lapos, talán kopott, a másikon vágásnyomok láthatók[75] *(5. tábla 5–6.)*.

0–50 cm

Barna, szürke törésű, tört kaviccsal soványított, kihajló, lekerekített szélű fazékperem[76] *(5. tábla 2.)* és ugyanilyen anyagú díszítetlen oldalak.[77]

20–40 cm

Barna, szürke törésű, tört kaviccsal soványított, kifelé megvastagodó, korongolt bográcsperem[78] *(2. tábla 5.)*. Szürke, egyenletesen átégett, tört kaviccsal soványított, vízszintesen kihajló, ferdén levágott és lelógó szélű fazékperem. A szürke szín valószínűleg másodlagos égés eredménye[79] *(2. tábla 1.)*. Itt kell megemlítenünk még egy szarvasmarha lábközépcsontot, egy ponton enyhe kopással, egy borjú kézközépcsontot kutyarágás nyomaival, továbbá egy fiatal szarvasmarha jobb orsócsontjából készült, durva szerszámmal hegyesre faragott csonteszközt is[80] *(5. tábla 7.)*.

35–45 cm

Barna, helyenként szürke foltos, nagyszemű kaviccsal és tört cseréppel soványított, korongolatlan sütőtepsi. Felülnézetben ovális, oldala tölcséresen kiszélesedik, alja egyenes[81] *(7. tábla)*.

40–60 cm

Barna, szürke törésű, tört kaviccsal soványított nagyobb fazék oldal- és aljrésze. Fenekén kör alakban kereszt, vagy négyküllős kerék mintájú bélyeg részlete látszik. Oldala koromfoltos[82] *(4. tábla 4.)*. Barna, szürke törésű, tört kaviccsal soványított, díszítetlen oldalak.[83] Ugyaninnen származik egy barna, szürke törésű, apróra tört csillámos kaviccsal soványított cserépből faragott lapos orsókarika is, melynek szélei kopottak[84] *(5. tábla 3.)*.

60 cm

Barna, szürke törésű, tört kaviccsal soványított bogrács körkörösen tört aljrésze. Belül teljesen sötétszürkére égett.[85] Barna, szürke törésű, tört kaviccsal soványított, vékony vonalakból álló csigavonalmintával díszített nagyobb fazék oldalrésze. Kívül oxidációs (foltos) égetés nyomaival, belül egyenletesen szürke színű[86] *(3. tábla 2.)*. Barna, szürke törésű, tört kaviccsal soványított, nagyobb fazék aljrésze. A fenékbélyeg kettős koncetrikus

---

73 Csak feltételezhetjük, hogy a 0–30 cm mélységben előkerült leleteket csupán annak a ténynek alapján nyilvánították csomagoláskor az 1. ház leletének, hogy a ház feletti szelvényből származtak.

74 ltsz.: 95.30.6."Tanúfalból."

75 ltsz.: 95.30.48. 20–30 cm mélységből.

76 Munsell 5YR 4/1. ltsz.: 95.30.7. „Tanúfalból."

77 Munsell 5YR 4/1, 5/3. ltsz.: 95.30.8."Tanúfalból."

78 Munsell 5YR 5/4. ltsz.: 95.30.9.

79 Munsell 5YR 3/1. ltsz.: 95.30.10.

80 ltsz.: 95.30.48.–49. 20–40, illetve 36 cm mélyen kerültek elő. A meghatározást Bartosiewicz Lászlónak köszönöm.

81 Munsell 7.5YR 6/6. ltsz.: 95.30.53. Szá.: 33,8 x 39; fá.: 27 x 32,6; m.: 5,8 cm.

82 Munsell 5YR 5/3. ltsz.: 95.30.11.

83 Munsell 5YR 5/4. ltsz.: 95.30.12.

84 Munsell 5YR 4/2. ltsz.: 95.30.50.

85 Kívül: Munsell 5YR 5/3. ltsz.: 95.30.14.

86 Munsell 5YR 5/4. ltsz.: 95.30.13.

körbe húzott nyolcküllős kerék. A mintát nagyon zavarják a korong lenyomatai[87] *(4. tábla 1.)*. Barna, szürke törésű, tört kaviccsal soványított, díszítetlen oldalak. Belül feketére égettek.[88]

65 cm

Barna, szürke törésű, tört kaviccsal soványított fazék kisebb oldal- és aljrésze. Kívül-belül erősen átégett[89] *(5. tábla 10.)*, továbbá egy másik, hasonló anyagú fazék nagyobb oldal- és aljrésze[90] *(4. tábla 3.)*, valamint díszítetlen oldalak [91]

60–80 cm

Barna, szürke törésű, tört kaviccsal soványított nagyobb fazék gömbölyű hasrésze. Díszítetlen, kívül-belül koromfoltos,[92] továbbá egy kicsiny oldaltöredék, vékony szerszámmal bekarcolt csigavonal-díszítéssel, belül szürkére égett[93] *(5. tábla 1.)*. Barna, szürke törésű, tört kaviccsal soványított, díszítetlen oldalak. Némelyik másodlagosan szürkére égett,[94] valamint egy barna, szürke törésű, tört kaviccsal soványított nagyobb fazékalj részlete[95] *(2. tábla 8.)*. Két, barna, szürke törésű, tört kaviccsal soványított, fazékból származó oldal- és aljrész. Szürke foltosak[96] *(4. tábla 2., 5. tábla 4.)*.

Vörösesbarna, pelyvás anyagú, jól kiégetett, viszonylag vékonyfalú sütőharang peremrésze. A perem széle vízszintesre vágott, kívül lekerekített, belül viszont éles szögben hajlik[97] *(6. tábla 4.)*. Vörösesbarna, pelyvás anyagú, jól kiégetett, az előbbinél vastagabb falú sütőharang peremrésze. A perem külső oldala levágott.[98] Sárgásbarna, pelyvás anyagú, jól kiégetett, kisebb, kopott sütőharang peremrésze. A perem belülről élszedett.[99]

85 cm

Barna, szürke törésű, tört kaviccsal soványított, kihajló, szögfejperemű fazék perem- és vállrésze[100] *(2. tábla 4.)*. Barna, szürke törésű, tört kaviccsal soványított, vékony szerszámmal bekarcolt csigavonal, vagy vízszintes vonalköteg-mintával díszített oldaltöredék. Kívül-belül erősen kormos[101] *(2. tábla 3.)*. Barna, szürke törésű, tört kaviccsal soványított, díszítetlen oldalak.[102] Szürke, egyenletesen átégett fazék aljrésze, rajta a korongdeszka lenyomatával.[103]

A házból közelebbi mélységadatok nélkül megőrzött leletek:

Szürke, törésében barna, jól kiégetett, pelyvás anyagú, vastagfalú sütőharang peremrésze. Felülete jól elsimított, pereme kívül-belül élszedett, ami azt jelenti, hogy a perem széle hegyes csúcsban végződik, és a harang ezen a ponton fekszik a talajra[104] *(6. tábla 6.)*. Szürke, törésében barna, jól kiégetett, pelyvás anyagú, vastag falú sütőharang peremrésze. Felülete jól elsimított, pereme lekerekített[105] *(6. tábla 1.)*. Szürke, törésében barna, jól kiégetett, pelyvás anyagú, töredezett felületű sütőharang peremrésze. Felülete jól elsimított, pereme

[87] Munsell 5YR 5/4. ltsz.: 95.30.16.
[88] Munsell 5YR 4/2. ltsz.: 95.30.15.
[89] Munsell 5YR 4/1. ltsz.: 95.30.20.
[90] Munsell 5YR 5/4. ltsz.: 95.30.21.
[91] Munsell 5YR 4/1, 5/3, 5/4. ltsz.: 95.30.19.
[92] Munsell 5YR 5/3. ltsz.: 95.30.23.
[93] Munsell 5YR 5/4. ltsz.: 95.30.24.
[94] Munsell 5YR 5/4. ltsz.: 95.30.25.
[95] Munsell 5YR 5/4. ltsz.: 95.30.26.
[96] Munsell 5YR 5/4. ltsz.: 95.30.27.
[97] Munsell 5YR 5/8. ltsz.: 95.30.28.
[98] Munsell 5YR 5/8. ltsz.: 95.30.29.
[99] Munsell 5YR 6/6. ltsz.: 95.30.30.
[100] Munsell 5YR 5/4. ltsz.: 95.30.31.
[101] Munsell 5YR 5/3. ltsz.: 95.30.32.
[102] Munsell 5YR 4/2. ltsz.: 95.30.33.
[103] Munsell 5YR 3/1. ltsz.: 95.30.34.
[104] Munsell 5YR 5/1. ltsz.: 95.30.35.
[105] Munsell 5YR 5/2. ltsz.: 95.30.36.

lekerekített[106] *(6. tábla 3.)*. Szürke, törésében barna, jól kiégetett, pelyvás anyagú, morzsalékos törésű sütőharang peremrésze. Felülete jól elsimított, pereme lekerekített.[107] Barna, jól kiégetett, pelyvás anyagú, vékony falú sütőharang peremrésze. Peremének széle vízszintesre levágott[108] *(6. tábla 5.)*. Barna, jól kiégetett, pelyvás anyagú sütőharang peremrésze. Pereme lekerekített szélű, és külső oldalán ujjbenyomkodások sora halad körbe, melyet a fényképen nem lehet érzékelni[109] *(6. tábla 2.)*. Barna, jól kiégetett, pelyvás anyagú töredék, mely a sütőharangok anyagával egyezik. Pereme viszont egyenes, ujjbenyomkodásos.[110] Barna, jól kiégetett, pelyvás anyagú oldaltöredékek, melyek a fentebb leírt sütőharangok bármelyikéhez tartozhatnak.[111] A sokféle anyag- és peremkiképzés ellenére lehet hogy valamennyi egy darab része, de ezt még a szerkesztés után sem lehetett eldönteni.

Barna, szürke foltos, kónikus testű, ívelt oldalú fazék. Kihajló pereme lekerekített szélű, enyhe fedőhoronnyal. Vállán ferde bevagdosások, alatta csigavonal minta fut a has aljáig[112] *(3. tábla 4.)*.

Négyszög átmetszetű, teljesen átrozsdásodott vastárgy két darabja[113] *(5. tábla 8–9.)*.

Barna, szürke törésű, tört kaviccsal soványított, díszítetlen oldal.[114] Szemcsés anyagú szürke kőből készült malomkő kocka alakú darabja. Erősen kormos, átégett.[115]

A ház leletei között, 65 cm mélységben, kopott, szürke, korongolt, kihajló peremek,[116] továbbá téglaszínű, korongolt oldalak[117] is voltak, melyek szarmata koriak.

Mindössze négy darab korongolt bográcstöredéket lehetett a leletanyagban felismerni. Közülük kettő szórványból (4. és 5. szelvény), kettő pedig a ház betöltéséből származik, azonban minden bizonnyal az előbbi példányok is a ház anyagához tartozhattak. Három peremtöredék, egy pedig jellegzetes, kör alakban tört aljrész. A peremek mindegyike a kifelé megvastagodó típusba tartozik, anyaguk tört kaviccsal soványított, barna, szürke törésű. Egyik (5. szelvény) díszítve volt, minden bizonnyal ferde körömbenyomások sora haladt körbe a külső oldalán.

A fazekak száma lényegesen több. 17 darabról lehet biztosan mondani, hogy fazékból származik. Ezek, egy kivétellel tört kaviccsal soványítottak, többségük (14 db = 82%) redukált-oxidált égetésű, vagyis kívül barna, törése viszont szürke, és mindössze kettő (11%) egyenletesen szürkére, és egy (5,8%) egyenletesen barnára égetett töredék is.

A szokásosnál nagyobb a díszített töredékek aránya. Két vízszintes vonalköteggel díszített darab (11,7%) mellett 3–3 csigavonalas, és/vagy ferde bevágásokkal ellátott töredéket (17,6%) említhetünk meg.[118] A vonaldíszes darabok közül négy töredéken (23,5%) vékony szerszámmal karcolták be a díszítést. A peremkiképzés egy kivételével kihajló, és egyenlő arányban vágták ferdére, illetve kerekítették le a szélét.

---

[106] Munsell 5YR 5/2. ltsz.: 95.30.37.
[107] Munsell 5YR 5/2. ltsz.: 95.30.38.
[108] Munsell 5YR 5/4. ltsz.: 95.30.39.
[109] Munsell 5YR 5/4. ltsz.: 95.30.40.
[110] Munsell 5YR 5/3. ltsz.: 95.30.41.
[111] Munsell 5YR 5/3. ltsz.: 95.30.42.
[112] Munsell 5YR 4/3. ltsz.: 95.30.43. Szá.: 16,2; fá.: 10,5; m.: 15,6 cm.
[113] ltsz.: 95.30.51.
[114] Munsell 5YR 5/4. ltsz.: 95.30.44. „Tűzhelyből".
[115] ltsz.: 95.30.45. „Padlóról".
[116] ltsz.: 95.30.17.
[117] ltsz.: 95.30.18.
[118] Egy esetben a két díszítőelem egy edényen található.

A sütőharangok kopottak. Különleges, egyedi darab a ház töltelékföldjéből származó teljes sütőtepsi. Az Endrőd környéki telepásatásokon nem került elő még egy ilyen, és az egész ország területén, az Árpád-korra keltezett vagy keltezhető leletegyüttesekben is ritka.[119]

A feltárt ház különlegessége a kemence alakja, helyzete és mérete, továbbá a ház padlóján, illetve töltelékföldjében talált sok sütőharang-töredék, melyeknek a házhoz viszonyított helyzete elég ellentmondásos. Az ásatási jelentésben azt olvashatjuk, hogy a kemence előtt egy sütőharang töredékei voltak, a ház rajzán csak a kemencétől DNy-ra, a padlón találunk edénytöredékeket és állatcsontokat. A leletanyagban viszont 19 sütőharang-darabot találtunk, köztük hét peremtöredéket, ezeknél azonban sehol sincs feltüntetve a pontos lelőhely.

A kemence kiképzése több szempontból is érdekes. A ház alapnégyszögén belül épített tüzelőberendezés ugyanis trapéz alakú, melyhez hasonlót a tiszántúli anyagban nem ismerek. Másik két fontos jellemzője, hogy sütőfelülete a ház padlójánál mélyebben volt, valamint rendkívül kicsi méretű. Mindkét sajátosság a szomszédos END0170 lelőhelyen feltárt 3. számú kemencéjével állítható párhuzamba.[120]

Mindezek alapján természetesen még nem lehet a ház pontosabb keltezését megadni. A kerámia esetében sem a soványító anyag, sem az égetés módja nem különbözik az Árpád-kori lelőhelyeken megfigyelhető általános tendenciáktól. Azonban a felszínen talált bordás nyakú edénytöredék,[121] a vízszintes vonalköteggel díszített oldalak jelenléte, továbbá a vonalminta keskeny volta[122] mégis inkább arra mutatnak, hogy a ház nem lehet a 11. századnál későbbi. Ugyancsak ezt a feltevést erősíti a ház kemencéjének kiképzése és méretei, melyek megint csak a szomszédos END0170 lelőhellyel mutatnak rokonságot. Mindez persze nem jelenti azt, hogy a két telep szükségszerűen egy időben létezett. A ház által vágott sírok (15. és 16. sír) illeszkednek a késő avar temető sírsoraiba, és közülük csak az utóbbiban volt lelet: egy vaskés töredéke a combcsontok között.[123]

Ami a telep nagyságát illeti, természetesen nem lehet kizárni, hogy még néhány objektum, illetve ház feltáratlan maradt. (Erre különösen a Szigetvári-tanya felé eső részen lehet gondolni.) Sajnos az ásatás nem adott értékelhető választ a feltárás ÉNy felében húzódó két párhuzamos árok korára, de az összefoglaló jelentésben említett többi „telepjelenség" mibenlétére sem. Bizonyos azonban, hogy a feltárt területen több Árpád-kori ház nem volt, és figyelembe véve a lelőhely nagyságát, még legfeljebb két házzal lehet számolni. Ezért lehet ezt a lelőhelyet is az Árpád-kori kistelepek közé sorolni.

---

119 *Takács* (1996a) 178–179. Karos, Tobolykán a 10. századra keltezett 1. házból (*Wolf* (1985) 586–587., illetve a 11. századra keltezett szabadban lévő kemencékből ismerünk egy-egy példányt, ezek helyzete azonban lehet másodlagos is. *Simonyi* (2010) 53., 55. Baráthely (Bratei, Ro.) 12. századra keltezett telepén egy ehhez hasonló edény ismert. *Ioniță* (2009) 89. t. 17.

120 *Jankovich* (2011) 50.

121 MRT 8, 174.

122 Hasonló jellegű vonaldíszítést ugyanis a szomszédos END0170 lelőhelyen, illetve a Szarvas, rózsási (SZA0132) telepen figyelhettünk meg. *Jankovich* (1994) 410., 3. kép 3.; *Jankovich* (2011) 16. t. 4.

123 Ásatási napló. MRT Adattára 1988/12.

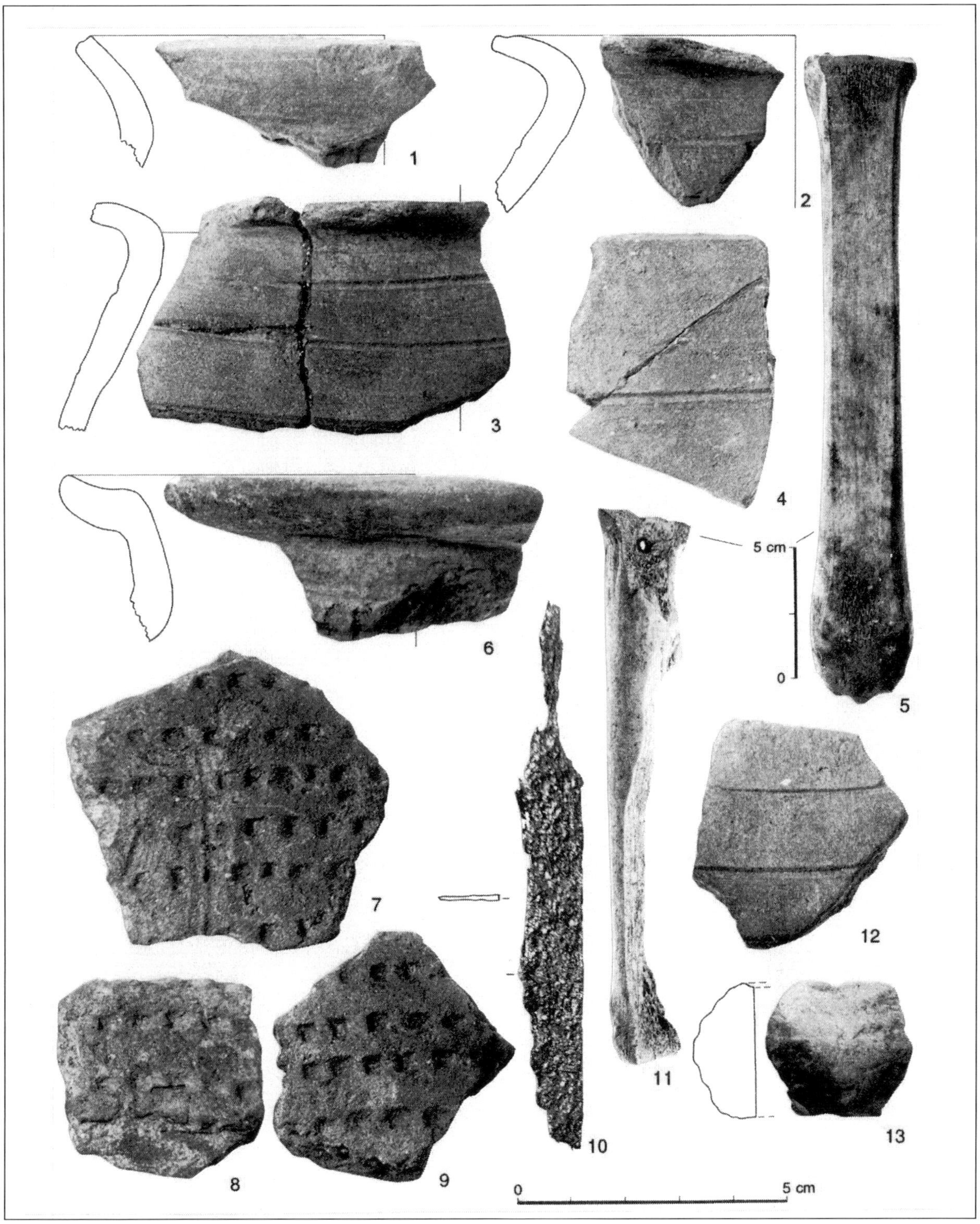

1. tábla: 1: END0035. 1. kemence tapasztásából. ltsz.: MMM 78.257.2. *2:* END0035 1. kemence tapasztásából. ltsz.: MMM 78.257.1. *3:* ltsz.: MMM 78.254.1. *4:* END0035 1. kemence tapasztásából. ltsz.: MMM 78.257.3. *5:* END0036 szórványlelet ltsz.: TSM 91.9.1. *6:* END0119 szórványlelet ltsz.: TSM 91.10.4. *7–9:* END0119, H4 ház. ltsz.: TSM 91.10.2. *10:* END0119 3. szelvény 50–70 cm. ltsz.: TSM 91.10.10. *11:* END0119 ltsz.: TSM 91.10.11. *12:* END0035 1. kemence tapasztásából. ltsz.: MMM 78.257.1. *13:* END0119 H4 ház. ltsz.: TSM 91.10.1

2. tábla: END0157. Bográcsok és fazekak. *1:* 1. ház 20–40 cm, ltsz.: 95.30.10. *2:* 4. szelvény, 80 cm, ltsz.: 95.30.46. *3:* 1. ház 85 cm, ltsz.: 95.30.32. *4:* 1. ház 85 cm, ltsz.: 95.30.31. *5:* 1. ház 20–40 cm, ltsz.: 95.30.9. *6:* 5. szelvény, 0–20 cm, ltsz.: 95.30.3. *7:* 5. szelvény, 0–20 cm, ltsz.: 95.30.1. *8:* 1. ház 60–80 cm, ltsz.: 95.30.26

3. tábla: END0157. Fazekak. *1:* 5. szelvény 0–20 cm, ltsz.: 95.30.4. *2:* 1. ház 60 cm, ltsz.: 95.30.13. *3:* 5. szelvény, 0–20 cm, ltsz.: 95.30.2. *4:* 1. ház. ltsz.: 95.30.43

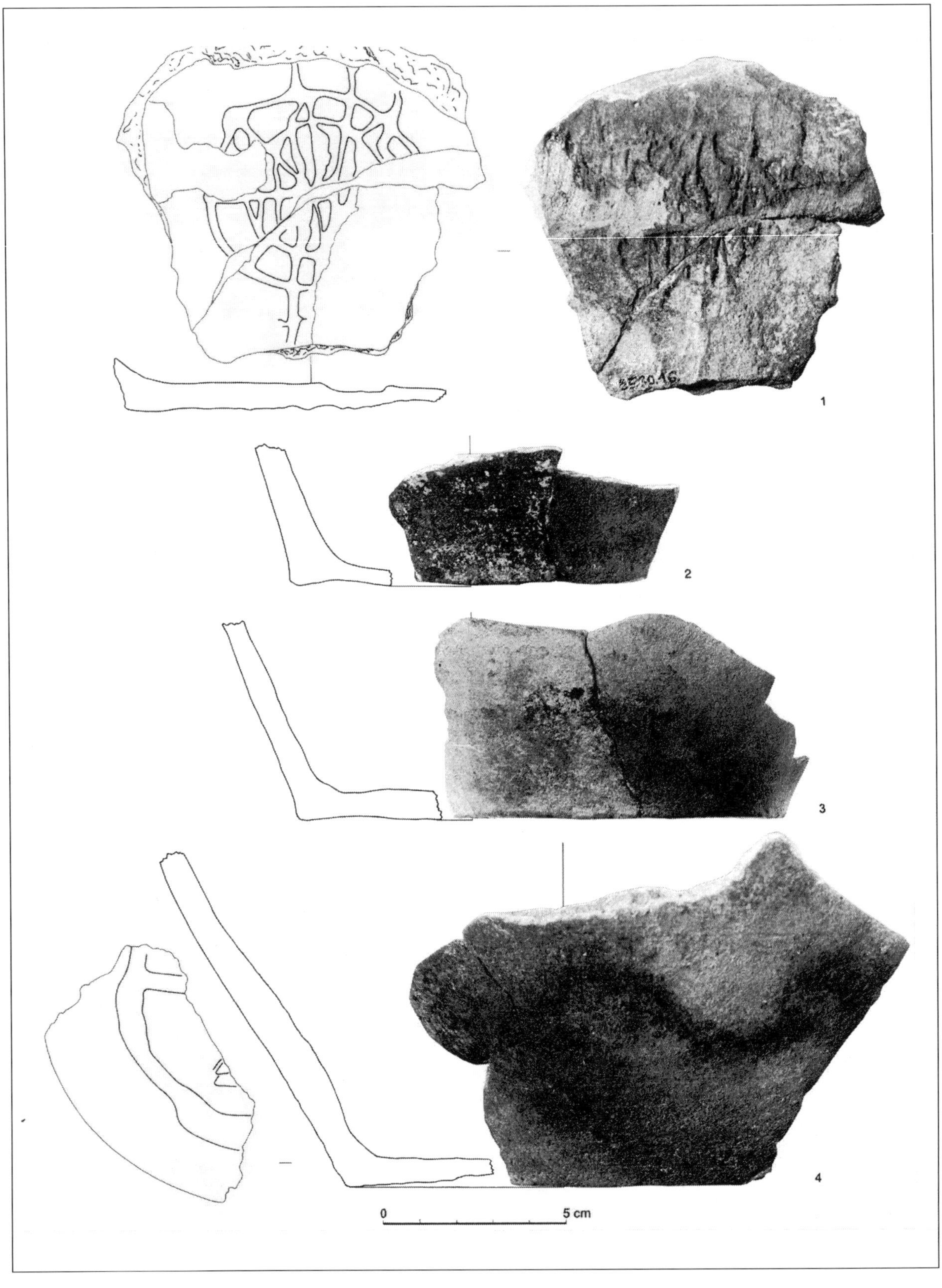

4. tábla: END0157. Fazékaljak. *1:* 1. ház 60 cm, ltsz.: 95.30.16. *2:* 1. ház 60–80 cm, ltsz.: 95.30.27. *3:* 1. ház 65 cm, ltsz.: 95.30.21. *4:* 1. ház 40–60 cm, ltsz.: 95.30.11

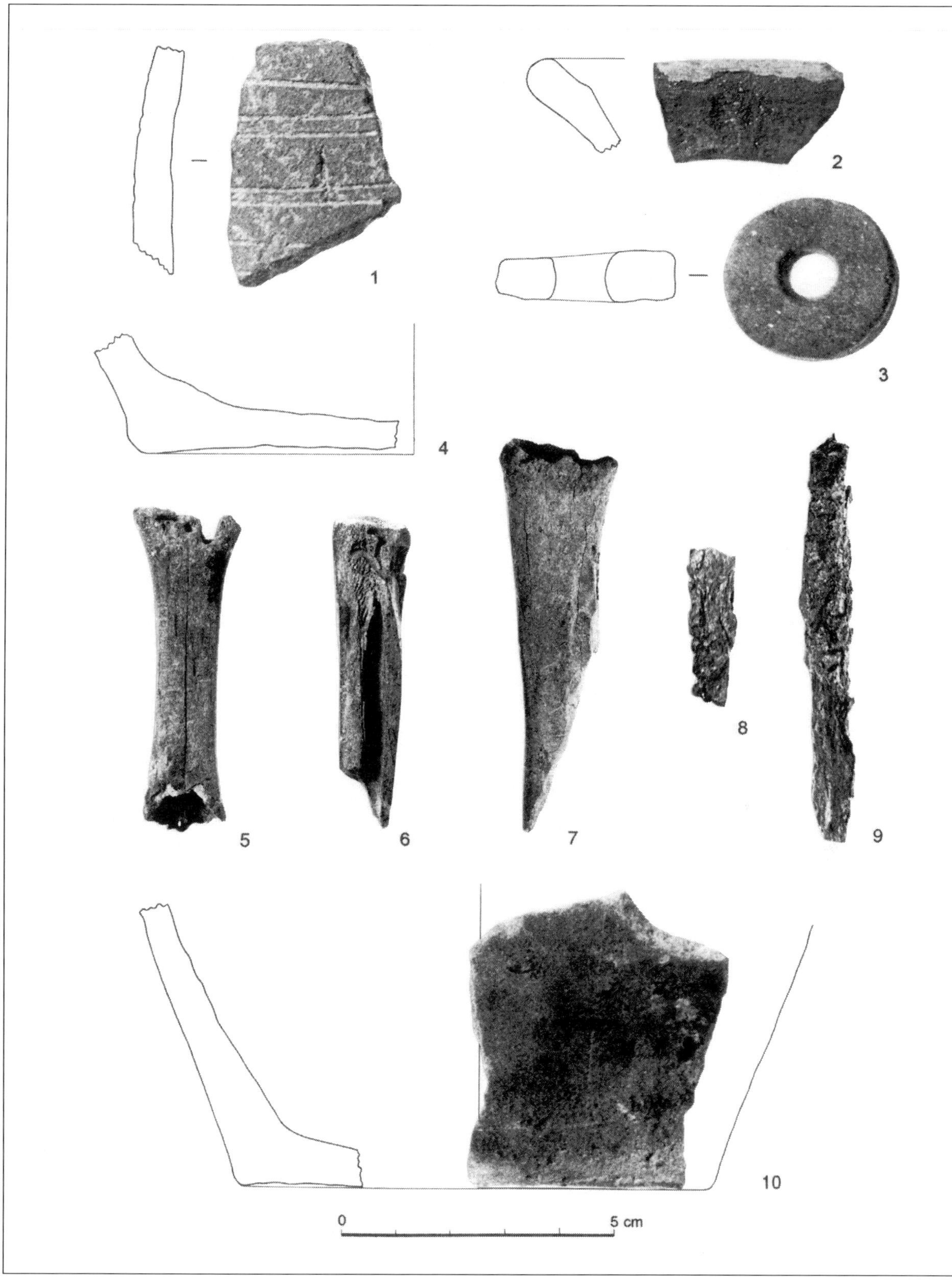

5. tábla: END0157. Vegyes leletek. *1:*1. ház 60–80 cm, ltsz.: 95.30.24. *2:* 1. ház 0–50 cm, ltsz.: 95.30.7. *3:* 1. ház 56 cm, ltsz.: 95.30.50. *4:* 1. ház 60–80 cm, ltsz.: 95.30.27. *5–6:* 1. ház 20–30 cm, ltsz.: 95.30.48. *7:* 1. ház 36 cm, ltsz.: 95.30.49. *8–9:* 1. ház. ltsz.: 95.30.51. *10:* 1. ház 65 cm, ltsz.: 95.30.20

6. tábla: END0157. Sütőharangok. *1:* 1. ház. ltsz.: 95.30.36. *2:* 1. ház. ltsz.: 95.30.40. *3:* 1. ház. ltsz.: 95.30.37. *4:* 1. ház 60–80 cm, ltsz.: 95.30.28. *5:* 1. ház. ltsz.: 95.30.39. *6:* 1. ház. ltsz.: 95.30.35

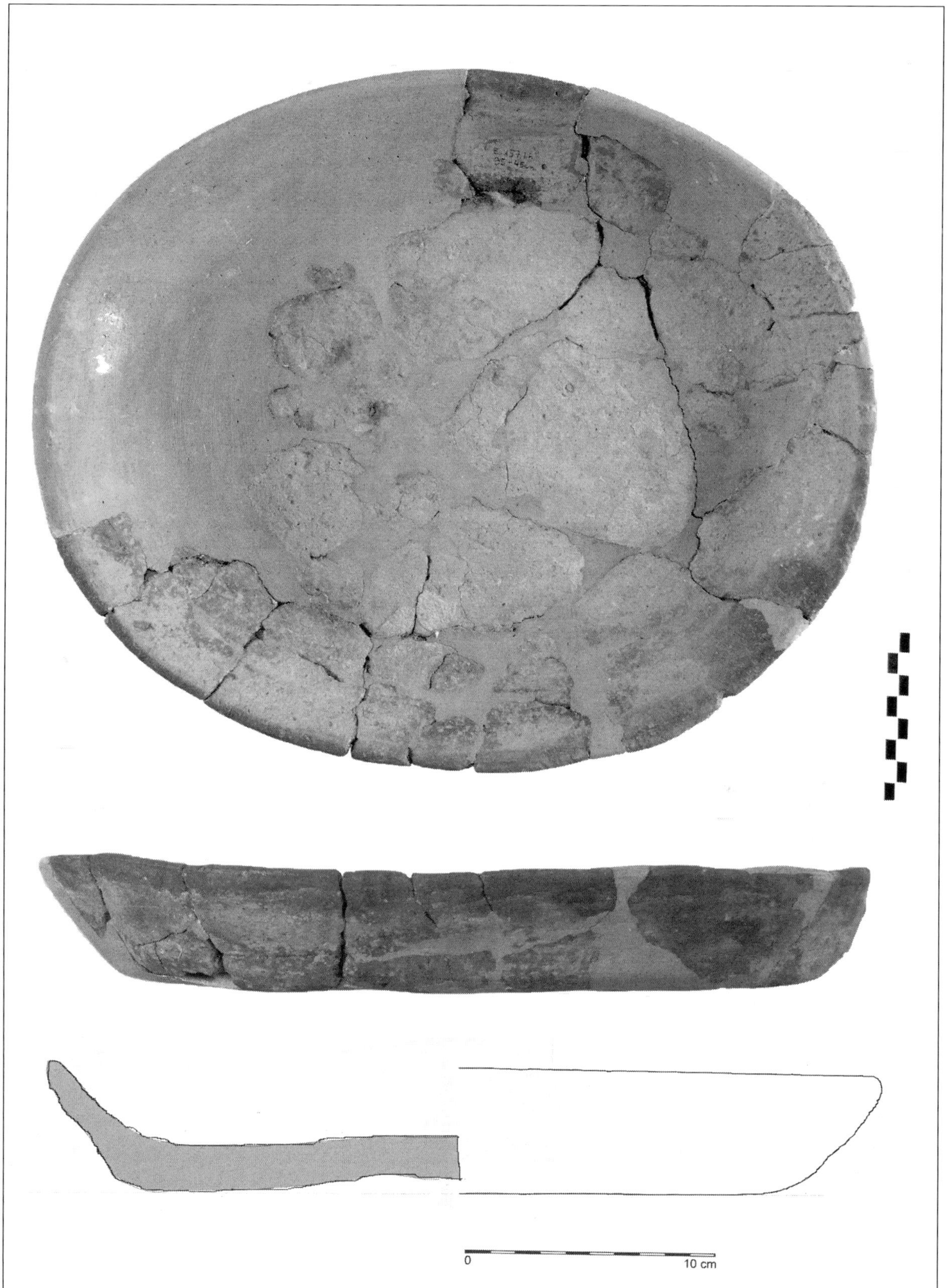

7. tábla: END0157. Az 1. házban talált sütőtepsi: ltsz.: 95.30.53

1.6. AZ ÁRPÁD-KORI BERCSÉNYEGYHÁZA

A Magyar Tudományos Akadémia Régészeti Intézetének szervezésével és anyagi támogatásával, az ún. Békés megyei mikrorégiós kutatások keretében került sor arra az ásatásra, amely egy Árpád-kori település különlegesnek mondható templomát és temetőjének kis részét hozta napvilágra a mai Endrőd és Örménykút határvonalán. Az 1992. május 18-a és június 5-e közé eső feltárás három hete alatt csak az Árpád-kori falu templomhelyének pontos meghatározása, a templom maradványainak felmérése és az alapfalak közvetlen környékén előkerülő sírok kibontása lehetett célunk.[1]

A lelőhely az ásatás időpontjában már nem volt ismeretlen. Ez elsősorban a Szarvas, Endrőd és Örménykút határában végzett régészeti terepbejárásoknak s topográfiai munkáknak volt köszönhető. Az 1970-es és 1980-as évek ilyen irányú munkálatai során térképezték fel ugyanis a felszíni leletek alapján az Örménykút 14. számmal megjelölt lelőhely fekvését, kiterjedését; s ekkor azonosították e lelőhellyel Krecsmarik Endre egyik 1911. évi ásatásának helyszínét is. A terepbejárások során a környéken feltérképezett régészeti lelőhelyeknek és a középkori oklevelekben emlegetett településeknek az egybevetése révén Jankovich B. Dénesnek sikerült a lelőhelyet az oklevelekben emlegetett Bercsényegyházával azonosítania.[2]

Az ásatás helyét tehát már célirányosan az Árpád-kori település templomhelyének feltárása szándékával választottuk ki. Munkánk során azonban soha nem hagyhattuk figyelmen kívül Krecsmarik Endre 1911-ben végzett kutatásait,[3] bár utólag bebizonyosodott, hogy az általunk feltárt területre az akkori ásatás területe nem terjedt ki. Ez valójában nem is csoda, hiszen míg az 1911. évi adatok szerint Krecsmarik Endre csak szarvasi területen dolgozott, addig mi jórészt az endrődi határba eső oldalon, illetve a határvonalat jelentő dűlőút nyomvonalában végeztünk ásatást. A lelőhely területén húzódik ugyanis az a közel északnyugat-délkeleti irányú földút, amely napjainkban az endrődi és az örménykúti határvonalat jelenti. Ez a földút már 1911-ben is határvonal volt, csak éppen Szarvas és Endrőd között, mivel Örménykút később keletkezett, s területét Szarvas határából csak 1952-ben szakították ki.[4] A földút azonban nem véletlenül volt határvonal, hiszen mai nyomvonala nemcsak 1911-ben esett egybe a mostanival, hanem – Huszár Mátyás igen részletes és pontos térképlapjai tanúsága szerint – már 1822-ben is[5] *(1. ábra 1.)*. A határvonal kialakulásának pontos idejét nem ismerjük, adatok hiányában azt a 19. század elejénél régebbre visszavezetni nem lehet. Ez azonban természetesen nem zárja ki annak lehetőségét, hogy léte korábbi időkre is visszanyúlhat.

Krecsmarik Endre kutatása tehát nem terjedt ki az 1992-ben feltárt templom épületének maradványaira, viszont bizonyosan érintette a templom körüli temető területét, a jelek szerint a templomtól délre eső részeken. A fennmaradt adatokból azt tudhatjuk, hogy Krecsmarik Endre szarvasi tanár négy vagy öt diákjával és két napszámossal 1911. augusztus 8-án, egy keddi napon – miután 7-én sikertelenül ástak Zahorec Pál földjén[6] – Tóth Pál Maconka birtokán is folytatott ásatást. Ez a hely azonosítható az Árpád-kori templom közvetlen környékére, annak déli oldalára. Az 1911. augusztus 13-án megjelent újság beszámolója szerint ezen a területen „a síkból alig észrevehetően kiemelkedő

[1] RégFüz 46 (1994) 74. No. 107., ásatási dokumentáció: MNM Rég. Ad. VIII. 75. 1993., MMM Rég. Ad. 2113–1993., MTA RI Dok. 4/1993., fotónegatívok: MMM fotótára, ltsz. 50106–50377., diapozitívok: MMM fotótára, ltsz. 23553–23635., a leletanyag: MMM ltsz. 93.2.1–93.2.90., híradás: Napi Délkelet 1992. június 9.

[2] MRT 8, 344–345.

[3] *Krecsmarik* (1911) 378–379., Szarvas és Vidéke 1911. augusztus 13., 2–3. oldal.

[4] *Maday* (1960) 360., MRT 8, 335.

[5] *Huszár* (1822) 29., 40. szelvény.

[6] Ez azonos a közelben lévő Örménykút 13. számú topográfiai lelőhellyel (ÖRM0013), ahol 10–11. századi temető került elő. Vö. MRT 8, 344., *Liska* (1996) 175–208.

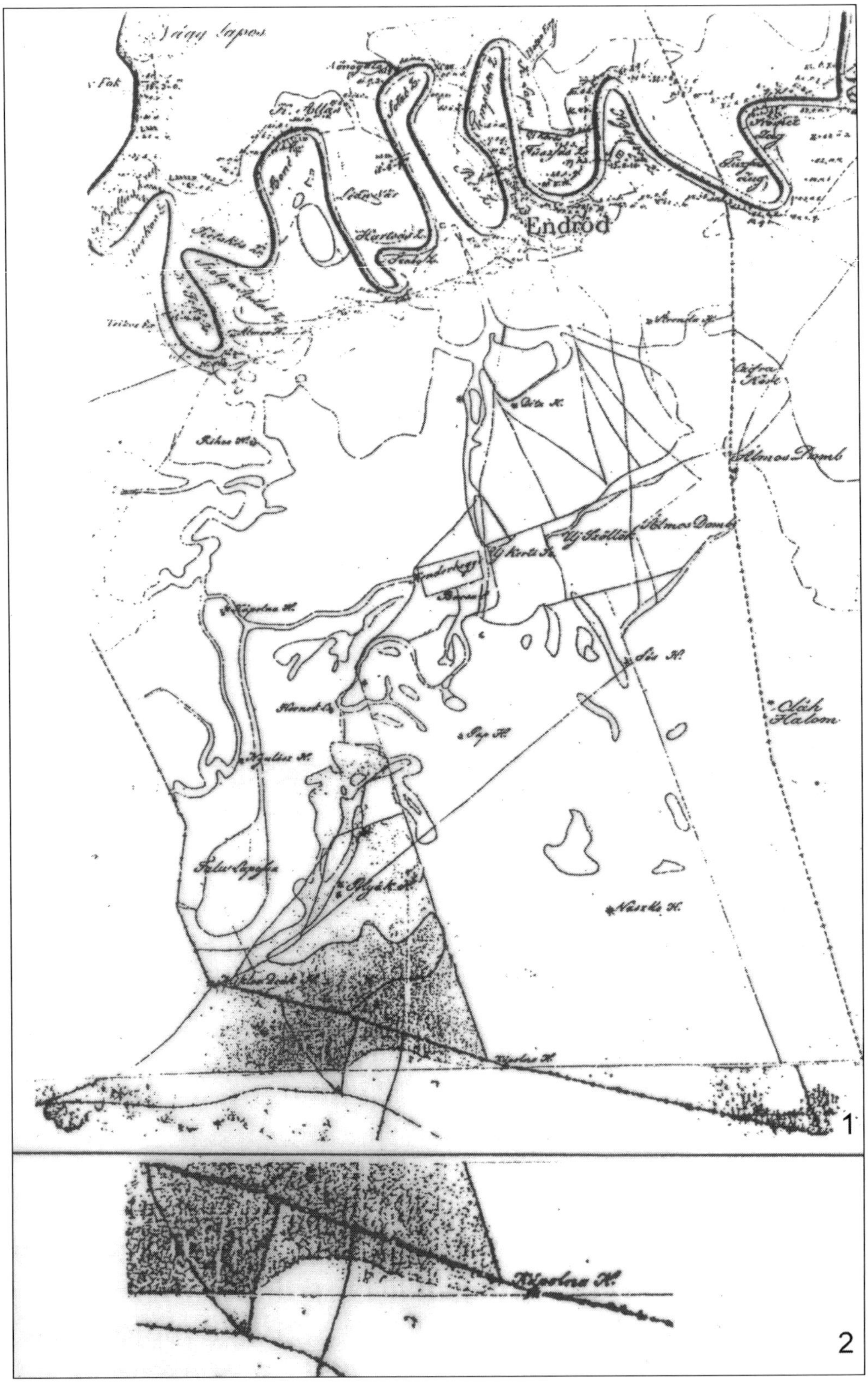

1. ábra: 1: A templomhelyet jelölő Kápolna-halom Huszár Mátyás 1822. évi térképének Endrőd határát bemutató szelvényén. *2:* A templomhelyet jelölő Kápolna-halom kinagyítva és az Endrőd–Szarvas közti határvonal Huszár Mátyás 1822-ben készült térképén

s 1 és fél méter magas domb van, melynek teteje telve van egy egykori épület tégláinak törmelékével." Az ásatás a híradás szerint kb. 15 m^2-es felületre terjedt ki. A második és a harmadik ásónyomban szétszórt, bolygatott embercsontokra leltek. Krecsmarik Endre feltételezése szerint a dombocskán egy Árpád-kori kápolna állhatott, amelyet a török időkben romboltak szét. A szétdobált embercsontokat is a török dúlás idején a kápolna körül lakók lemészárlásával, s ide temetésével magyarázta. A „tömegsír" alatt azonban bolygatatlan sírok is előkerültek, s ebből Krecsmarik Endre arra következtetett, hogy a halom és a kései sírok feldúlása csak egy méter mélységig hatolt a felszín alá.

A bolygatott réteg alatt feltárt sírokból mindössze három olyan lelet került elő, amely keltezésre alkalmas. Közülük kettő bronzhuzalból hajlított halántékkarika volt, a harmadik pedig egy Árpád-kori érem. Ez utóbbi pontos meghatározását a Nemzeti Múzeum munkatársától várták, de előzetesen is valószínűnek tartották, hogy az érem II. Béla király (1131–1141) idejéből származik. A bolygatatlan sírok korát e leletek alapján egyértelműen az Árpád-korra keltezték. A sírokban fából készült koporsók nyomait szintén megfigyelték. A keltezés helyességét bizonyították az előkerülő koponyák dolichokephal jegyei is. Az egynapos ásatás során 22 sírt tártak fel, de nem volt mindegyikben teljes csontváz. A fölsőbb rétegben talált összedobált csontokat is figyelembe véve a sírok számát a feltárt területen összesen legalább harmincra becsülték.[7]

Az 1911. augusztus 8-án végzett ásatásról Krecsmarik Endre ezt követően az Archaeologiai Értesítő hasábjain is beszámolt. Innen tudjuk, hogy a lelőhelyen Tóth Pál Maconka is talált már korábban homokásás közben csontvázakat. Itt írta le Krecsmarik E. a templomhely másfél méter magas, halomszerű kiemelkedésének pontos fekvését is. „E halom – amint írja – tulajdonképpen Szarvas és Endrőd határán fekszik s a két községet elválasztó kocsiút csaknem pontosan szeli ketté." Hozzáteszi azt is: „Én tehát aug. hó 8-án a szarvasi területhez tartozó részét vettem kutatás alá." (Egyértelmű mindebből, hogy a határvonalat jelentő útnak ő a déli oldalán ásott, s bizonyára nem érintette az út nyomvonalát sem. Ugyanakkor az 1992. évi ásatás az út északi oldalára és magára a földút nyomvonalára terjedt ki.) A tudományos folyóirat számára 1911. szeptember 14-én összeállított beszámoló elkészítéséhez – az újságcikkben megjelentetett gyors közléshez képest – Krecsmarik Endre már több kérdésben tájékozódott. Így történt ez például a lelőhely jellegével kapcsolatosan, hiszen a felszínen előforduló lapos téglák formájából és anyagából, valamint az ugyanitt előkerült sírokból már egyértelműen egy középkori templomra és a körülötte elhelyezkedő temetőre következtetett. Nem engedett viszont abból az elképzeléséből, hogy az épületet igen kései időben az ellenség rombolta szét, s a templomba menekülő itteni lakosokat is ekkor pusztították el, s temették a templom mellé. A pusztulás időpontját ezúttal nem a török uralomhoz kötötte, hanem a rácok 1703. évi támadásához.

Fontos részleteket írt le ugyanitt az előkerült sírokról is. Az első bolygatatlan csontvázat a negyedik ásónyomban találta Ny–K-i tájolásban, háton fekvő helyzetben. A koponya jobbra billent, a kezek pedig eredetileg a hason nyugodtak. Az állkapocs oldalán zöld elszíneződés látszott, de a tárgy, ami ezt okozta, nem került elő. A második bolygatatlan sírban idős egyén csontváza feküdt, ugyancsak Ny–K-i tájolásban. A koponya balra billent. Ebben a sírban, a csecsnyúlványoknál került elő az a két, bronzhuzalból hajlított halántékkarika, amelyet már az újságcikk is megemlített. Bizonyos, hogy „az egyiknek visszahajló, lemezes" vége volt, vagyis valószínűleg S-végű lehetett. Ugyanebben a sírban, a fej körül került elő a már szintén említett érem is. Az újságcikk megjelenését követően ennek pontos meghatározását bizonyosan elvégezték, hiszen a magyar obulus korát ezúttal már sokkal óvatosabb keltezéssel csak az 1095–1161 közötti időszakra lehetett besorolni. Kétségtelen tehát, hogy az 1911-ben talált, keltezésre alkalmas három lelet mindegyike ugyanazon sírban került elő. A leletek közül kettő minden jel szerint S-végű karika volt, egy pedig a 12. századra keltezhető halot-

[7] Szarvas és Vidéke 1911. augusztus 13., 2–3. oldal.

ti obulus. A leletek fontossága azért válik igazán jelentőssé, mert sem 1911-ben nem került elő több olyan lelet, amely keltezésre hasonló módon alkalmas, sem pedig 1992-ben. Krecsmarik Endre érdeme, hogy különös figyelemmel fordult a csontanyag vizsgálata felé. Nemcsak azt figyelte meg, hogy a csontvázak gyermekekhez, nőkhöz vagy férfiakhoz tartoztak-e, hanem az életkort, a testmagasságot és a csontbetegségeket vagy a gyógyult csontsérüléseket is igyekezett meghatározni.[8]

Az 1911-ben végzett egynapos kutatást követően sokáig nem került ismét előtérbe a lelőhely. Az 1950-es és 1960-as évekből való hivatkozásokat a régészeti topográfia későbbi munkálatai során figyelembe vették, s ahol arra szükség volt, a pontatlanságokat kiigazították.[9] Az 1976-ban és 1979-ben,[10] majd pedig az ásatást megelőzően 1992-ben[11] végzett régészeti terepbejárások során megállapítható volt, hogy a lelőhely egy ÉNy–DK-i irányú alacsony hátat foglal el, s e kiemelkedést egyik oldalról sem határolja régi vízfolyás határozott medre. A környékben csak kisebb-nagyobb kiterjedésű, sekély mélyedések figyelhetők meg. A lelőhely területe az említett kiemelkedés alakjához igazodik, hosszúsága kb. 460 méter, szélessége pedig 130–180 méter között váltakozik *(2. ábra)*. A lelőhely déli szélén a neolitikumba sorolható edénytöredékek is előfordulnak, az Árpád-kori leletanyag azonban általában mindenütt nagyobb számban gyűjthető.

A határút déli oldalán napjainkban széles, bozótos fasor húzódik, amelynek területén az aljnövényzet eltakarja a felszínen esetleg előforduló régészeti jelenségeket, leleteket. A templom helyét ezért ma már korántsem olyan könnyű a felszínen azonosítani, mint ahogy azt például majd száz évvel ezelőtt valószínűleg lehetett. A templomhely 1911-ben másfél méteresnek említett dombja mára jó, ha a 40 cm-es magasságot eléri. A templomra mindössze a lelőhely ÉK-i negyedében elhelyezkedő eme kicsiny kiemelkedés, s ennek tetején, a földút északi széle mentén a szántásban előforduló néhány pelyvás anyagú, lapos tégladarab valamint kevés habarcstörmelék utal *(4. tábla 1.)*. A tájékozódást nagymértékben megnehezíti az itt haladó széles földút és a déli oldalon ezt kísérő fasor is. Embercsont a felszínen a terepjárások alkalmával soha nem került elő, mindössze egyetlen ujjperc az ásatás kezdetekor. Huszár Mátyás térképe szerint a határúton emelkedő halom a 19. század elején még olyan jelentős volt, hogy egyrészt valamikor nyilván szerepe volt a határvonal, illetve határút kialakításában, másrészt 1822-ben még a nevét is ismerték. A térképen jelölt Kápolna-halom elnevezése egyértelműen utal a hely Árpád-koron belül betöltött szerepére[12] *(1. ábra 2.)*.

Jankovich B. Dénes megállapítása szerint a templomnak helyet adó 14. számú régészeti lelőhely nem önmagában jelentette az Árpád-kori települést, hanem valószínűleg az örménykúti oldalon föltérképezett 13–19, 21–23. számú lelőhelyekkel, s még esetleg a 25. lelőhellyel együtt alkothatott egy nagyobb kiterjedésű falut *(2. ábra)*. A lelőhelyek vagy közülük egyes lelőhelyek élete a 10. századra is bizonyosan visszanyúlik, felső időhatáruk pedig a 13. században lezáródik. A területükön gyűjtött Árpád-kori leletek között leginkább szokványos, viszont változatos formájú cserépbogrács töredékek, illetve jellegzetes típusú és díszítésű fazékdarabok, fenékbélyeges aljtöredékek fordulnak elő, de előkerültek bordás nyakú edények darabjai is.[13]

A 13. számú lelőhely kiemelkedésén – a 14. számú lelőhely Árpád-kori templomhelyéhez hasonlóan – ugyancsak volt ásatás. 1911-ben először Zahorecz Pál ásatta fel az itt lévő halom északi felét, majd az előkerülő sírok hírére Krecsmarik Endre is kutatóárkokat ásatott a halom keleti és déli olda-

8 *Krecsmarik* (1911) 378–379, 382.

9 *Kralovánszky* (1956) 211., *Fehér – Éry – Kralovánszky* (1962) 34., MRT 8, 344–345. – viszont Kálmán király denáráról sincs szó egyetlen dokumentumban sem.

10 MRT 8, 345.

11 Szatmári Imre helyszíni szemléje, 1992. március 11. és április 23., valamint Jankovich Dénes helyszíni szemléje, 1992. április 12.

12 MRT 8, 344–345.

13 MRT 8, 344–347.

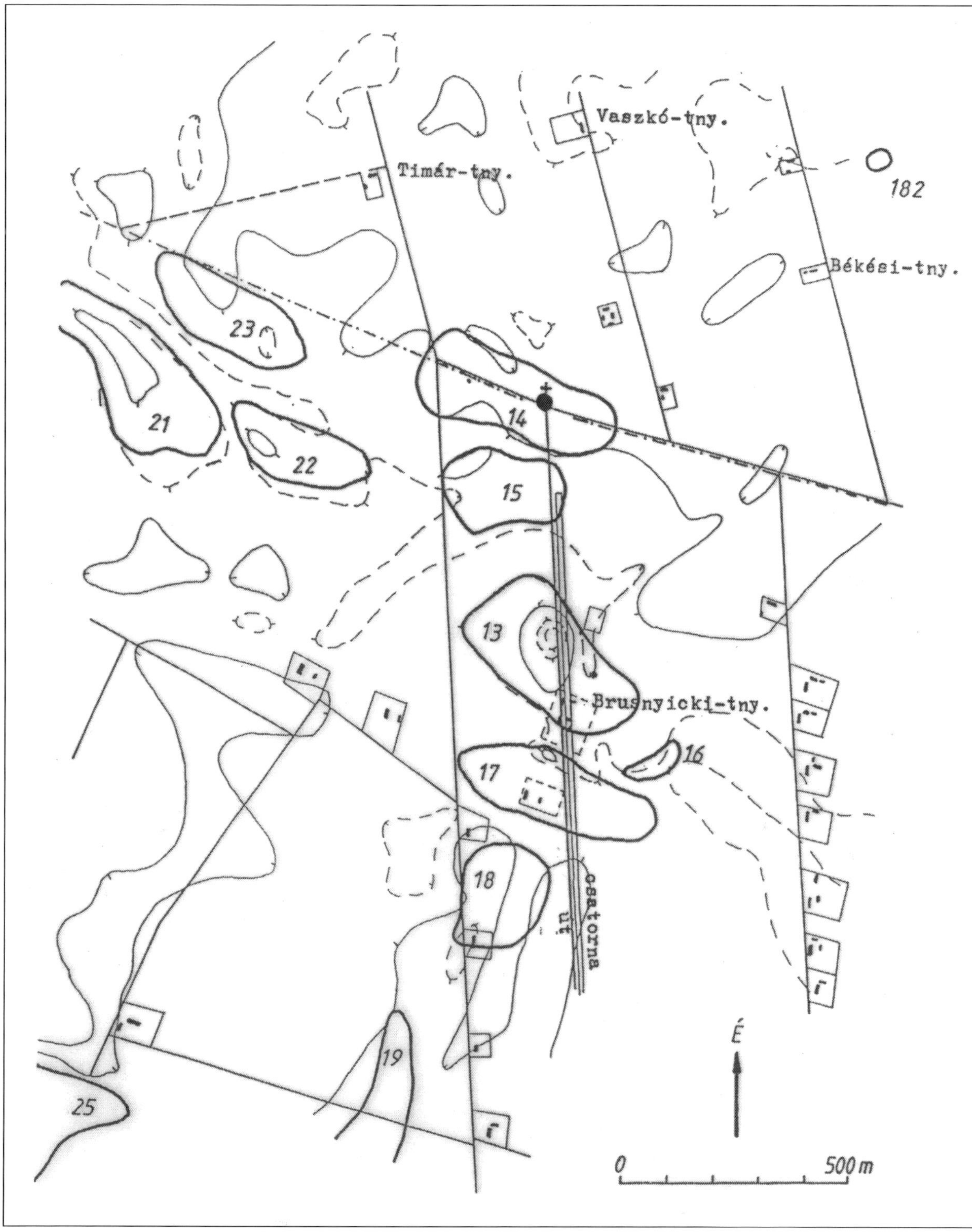

2. ábra: A templomhely környékén feltérképezett Árpád-kori lelőhelyek
(az MRT 8 felmérései, az MMM térképlapjain)

lában. 1989-ben pedig Juhász Irén végzett a domb keleti lejtőjén leletmentő ásatást. A feltárások során először 29, majd 2, illetve 87 sír került napvilágra, melyek közül legalább 85 sír a 10–11. századra keltezhető, s kétségkívül egy kora Árpád-kori soros, köznépi, pogány temetőhöz tartozik.[14] Az egymáshoz térben és időben igen közel eső pogány és templom körüli temető tehát fölveti az itt élő népesség kontinuitásának kérdését, s vallásának, életmódjának és a településszerkezet átalakulása folyamatának vizsgálatát is *(2. ábra).*

Az ásatásunkkal azonos időben (1992. május 10 – június 5. között), a mi munkákkal párhuzamosan végzett talajellenállás-méréseket és talajfúrásokat e lelőhelyen Mauro Cucarzi és kutatócsoportja. A templomhely környékén kijelölt két nagyobb területen – ‚A' terület: a templomhelytől északra és északkeletre, ‚B' terület: a templomhelytől nyugatra – végzett mágneses térerősség-mérések különböző anomáliákat jeleztek. Az ezeket bemutató tematikus színtérkép alapján a templom és temető helyén általában közepes értékű anomáliák mutathatók ki, de a 6–7. számú ásatási szelvényeinktől – vagyis a régészeti módszerekkel feltárt területtől – déli irányban jelentős mértékű anomáliákra lehetett következtetni. Ez utóbbi területen tehát egy nagyobb, 2–3 méter átmérőjű beásás helye valószínű, amely talán kincskereső gödör, de lehet, hogy ezen a területen ásatott 1911-ben Krecsmarik Endre is.[15]

A talajellenállás mérésekkel párhuzamosan végzett talajfúrások 26 fúrásponton történtek, s ezek közül az egyiket – figyelembe véve a meginduló régészeti feltárást – az ásatás közvetlen közelében jelölték ki. E pont később, a feltárt terület nagyobbodásával, a 6. szelvény területére esett, majdnem pontosan a szelvény mértani közepére. A fúráspont itt a templom első periódusának szentélyébe került, éppen egy téglatörmelékes beásás gödrének délkeleti szélére *(5. ábra).* A mai felszíntől számított 140 cm mélyre hatoló fúrás 70–100 cm-es mélység közötti talajmintájából több csontdarabka, illetve jelentős mennyiségű tégla- és habarcstörmelék került elő. Ebből, valamint a mintavétel rétegtani elemzéséből, illetve a már említett – beásásokra utaló – anomáliákból és a már ismert szakirodalmi adatokból a kutatócsoport arra a következtetésre jutott, hogy a fúráspont környékén egy nagyrészt már elpusztult téglaépítmény, egy Árpád-kori templom maradványai találhatók. A geofizikai mérések tehát összhangban voltak ugyan a régészeti terepjárások megállapításaival, azonban a természettudományos terepkutatás e fajtája a templom alapozásának vagy a templom körüli temető helyének pontos meghatározására e lelőhelyen alkalmatlannak bizonyult.[16]

Az ásatást ott kezdtük, ahol a templomhelyre utaló jelenségek leginkább előfordultak. A hely meghatározása azonban nem volt egyszerű, hiszen a lelőhely területén nehezen lehetett azonosítani a templomhelyet. A korábbi terepjárások és térképi ábrázolások méretaránya ugyanis a szelvények helyének kijelölésekor csak hozzávetőleges pontosságot adhatott, s az általuk megjelölt területen az ásatást megelőző, ismételt terepjárások során két foltban is találtunk Árpád-kori, pelyvás anyagú tégladarabokat: közvetlenül a határút északi szélénél, illetve ettől a helytől északkeleti irányban kb. 150 méterre ugyancsak. Végül a közvetlenül az út mellé eső folt mellett döntöttünk, mivel a korábbi megfigyelések, szakirodalmi és térképi adatok egységesen a határvonalra tették a templom helyét. Ezenkívül csak itt volt érzékelhető egy kisebb, mindössze néhány centiméteres kiemelkedés is, amely esetleg korábbi halom – a Kápolna-halom – elszántott maradványára szintén utalhatott *(3. ábra).* Jelentős bizonyítéknak számított az ujjperccsont is, amelyet az ásatás első napján a dűlőút betaposott földjében találtunk. Nehezítette viszont dolgunkat az, hogy a templomhely legnagyobb részét eltakarta a ma is használatos dűlőút, s az annak déli oldalán lévő fasor. Így a templomhelyre utaló jelenségek csak a határút északi oldalán, mindössze 5 méter széles sávban voltak megfigyelhetők *(4. tábla 1.).*

---

[14] MRT 8, 344., *Liska* (1996) 175–208.

[15] *Cucarzi* (1992) 1., 4–7. és 3–4., 6–8. kép.

[16] *Cucarzi* (1992) 7., 9–10. és 4., 10. kép, illetve melléklet.

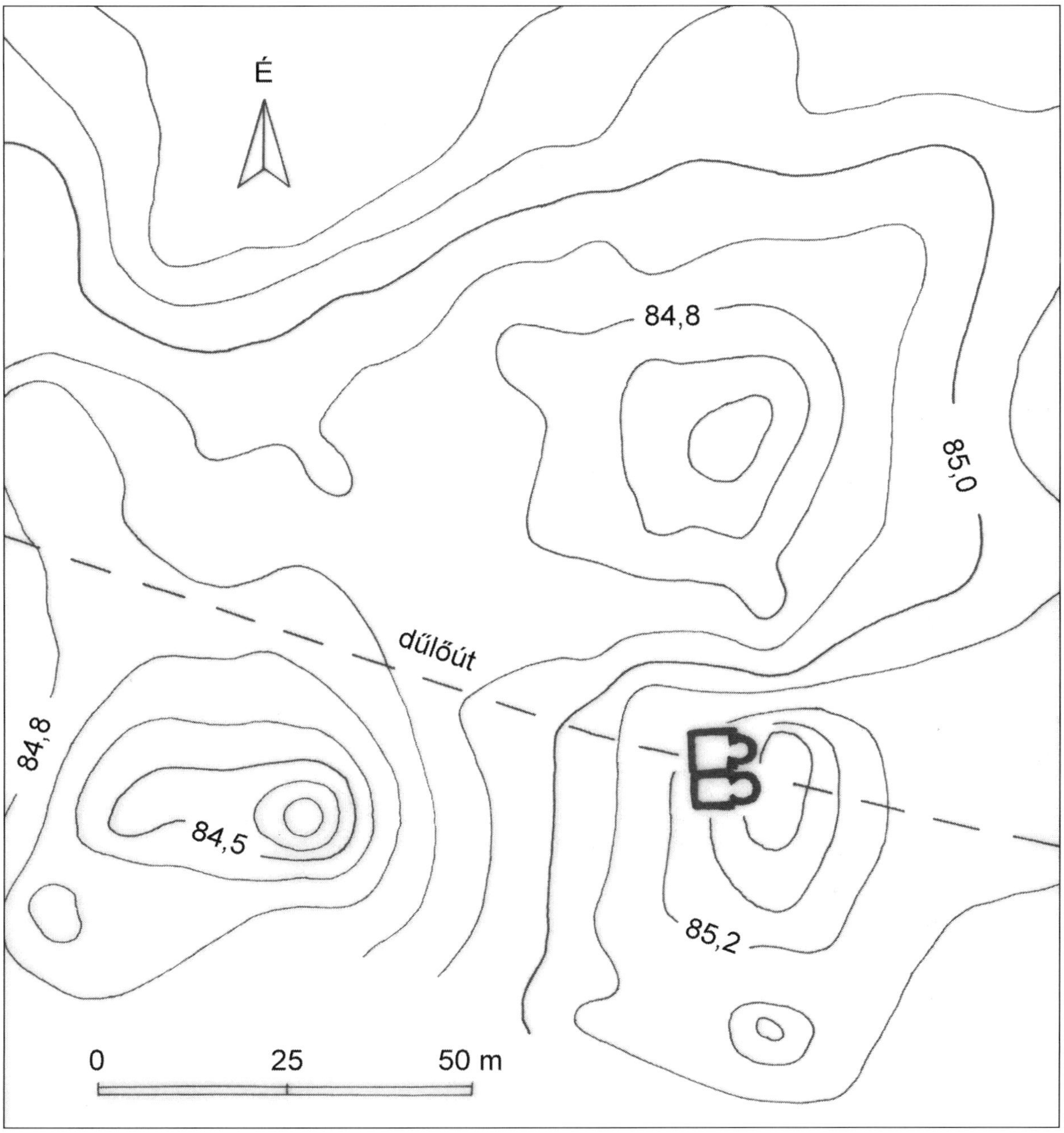

3. ábra: A templomhely és közvetlen környékének szintvonalas helyszínrajza
(*Cucarzi* 1992. 3. kép felhasználásával)

Az első szelvényt egészen a dűlőút északi széle mellett jelöltük ki, mert a terepjárásra alkalmas, szántott területen itt fordult elő legnagyobb számban pelyvás téglatörmelék, s ez volt a szűkebb környék legmagasabb pontja is. Számítottunk természetesen arra, hogy a templomhely és a temető jelentősebb része a határút és a bozótos területére esik, a dűlőutat mégsem akartuk addig feltörni, amíg – bizonyságképpen – legalább a templom mellett várható temető sírjai elő nem kerülnek. Először a szelvény délkeleti sarkában, a szántás rétege alatt találtunk egy téglás felületet. Kiterjedésének tisztázása érdekében jelöltük ki a 2. sz. szelvényünket, de az adott, szántás alatti mélységet elérve nyilvánvalóvá lett, hogy e téglás felület sírgödörhöz (a később beszámozott 23. sírhoz) tarto-

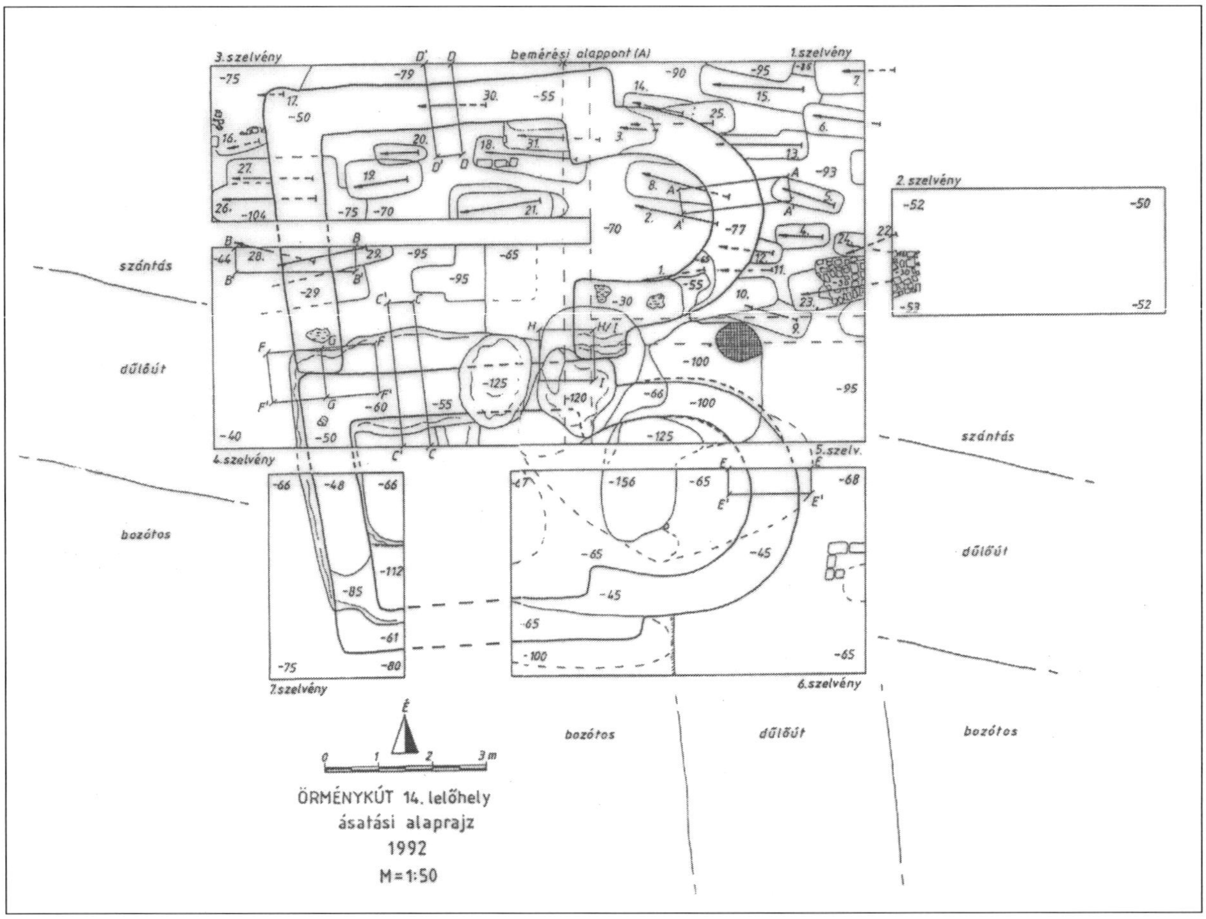

4. ábra: Összesített ásatási alaprajz, 1992

zik, s ennek közvetlenül nem lehet köze a templom alapozásához. A 2. szelvény további mélyítését is felfüggesztettük, mert a templom – a felszíni megfigyelések alapján – ettől a sírtól csakis nyugatra volt elképzelhető *(4. ábra).* Az 1. szelvény közepén és nyugati felében – részben korábbi sírokba ásva, részben pedig későbbi sírok által megbolygatva – ezt követően került elő a II. építési periódus szentélyének döngölt alapozása. A sírok a harmadik ásónyomnál jelentkeztek *(5. ábra, 4. tábla 2.).*

Ekkor természetesen még nem lehetett tudni azt, hogy nem ez az alapozás tartozik az első periódushoz. A szentélyhez csatlakozó északi hajófal helyének meghatározása és feltárása céljából jelöltük ki a 3. sz. szelvényünket; az itt előkerült északnyugati sarok alapján pedig a 4. sz. szelvényt, a nyugati zárófal és a déli hajófal alapozásának kibontása érdekében.

A 4. szelvényben azonban kiderült, hogy az addig feltárt épület déli hajófala helyén nem a már megismert, gyenge döngölésű, sárgásan szemcsés fekete alapozás található, hanem ettől merőben eltérő, erősen döngölt, világossárga agyagból készült alapozás húzódik, amely a nyugati zárófal vonalában derékszögben befordul, s déli irányban halad tovább a szelvényfal alá. Ekkor egyértelművé vált, hogy az addig feltárt épületrész déli oldalán egy annál gondosabban, erősebben alapozott másik épület is elhelyezkedik. A 4. szelvényben találtuk meg tehát a település elsőként épített templomépületének alapozását. Ennek az épületnek az északi oldalához illeszkedve alapozták meg később – sötétebb színű, kevert földből – az 1., 3. és a 4. szelvényünk területére is eső, bővítménynek szánt épületrészt *(5. ábra).*

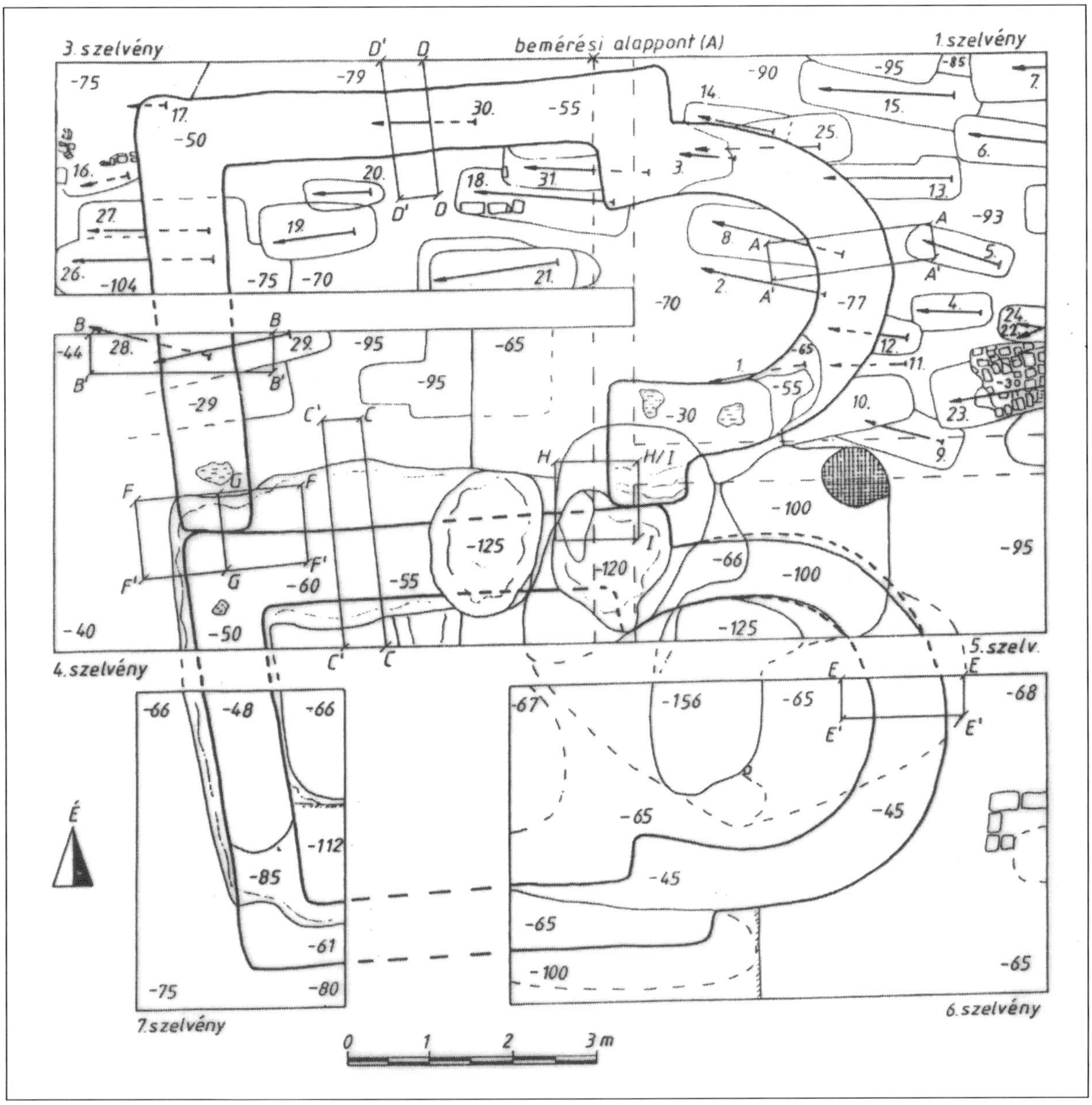

5. *ábra:* A templom és a templom körüli temető feltárt részének ásatási alaprajza, 1992

A két épületrész egymáshoz való csatlakozása és a sárga agyag alappal rendelkező építési periódus alaprajzának tisztázása céljából ástuk ki az 5. sz. szelvényt. Ide esett az I. templom szentélyének északi fala s a két periódus két szentélye között egy nagyméretű, török kori vagy még ennél is későbbi, téglatörmelékes betöltésű gödör. Ez utóbbi jórészt elpusztította a sárga agyagból készült szentélyalapozást is. A beásás északkeleti sarkában kör alakú, ideiglenes tűzhely nyomát figyeltük meg, a gödör betöltéséből pedig annak a kései típusú korsónak a darabjai kerültek elő, amely egyúttal a beásás korát is megadta *(3. tábla 1.)*. A korsó szétszórt darabjai közül néhány a tűzhely hamujában volt. Ebbe a szelvénybe esett a templomhajó északkeleti külső sarka is, de ezt már csak az itt lévő beásás szélén, kis foltban sikerült megfigyelni. Szorosan ehhez illeszkedett a második periódus diadalívének déli alapozása, illetve annak külső széle, amely szintén kibontakozott.

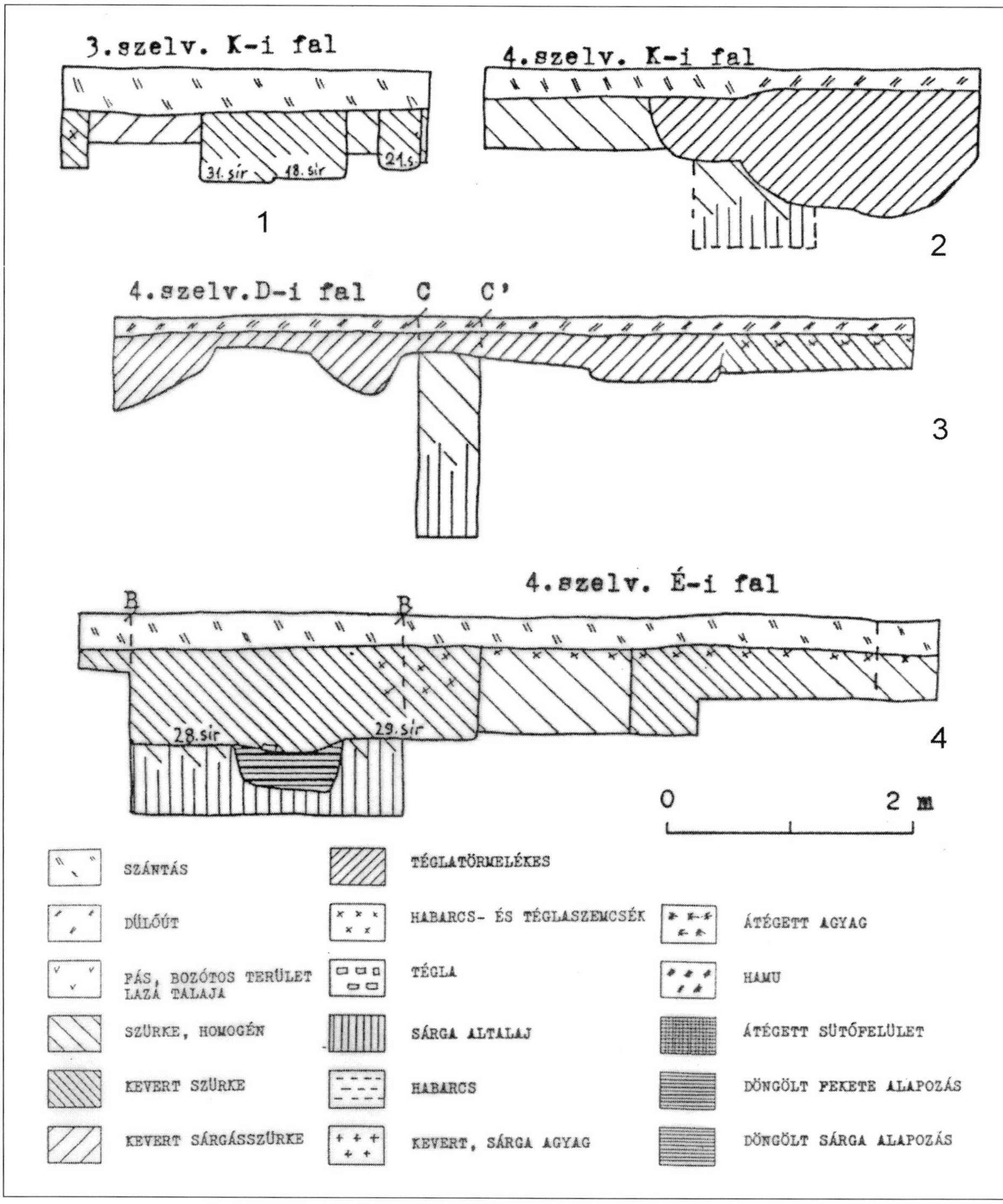

6. ábra: Ásatási metszetek, 1992. *1:* A 3. szelvény K-i fala. *2:* A 4. szelvény K-i fala. *3:* A 4. szelvény D-i fala. *4:* A 4. szelvény É-i fala

Szerencsére maradt még annyi időnk, hogy a 6. szelvény területén föltárjuk az első templom szentélyének déli felét, s a hajó keleti negyedét, a 7. szelvénnyel pedig a nyugati zárófal és a hajó délnyugati sarkának alapozását. Az első templom közvetlen környezetében sírokat nem volt időnk föltárni, mindössze a szentély délkeleti oldalán figyeltük meg egy téglás sír helyét. Mindkét szelvény-

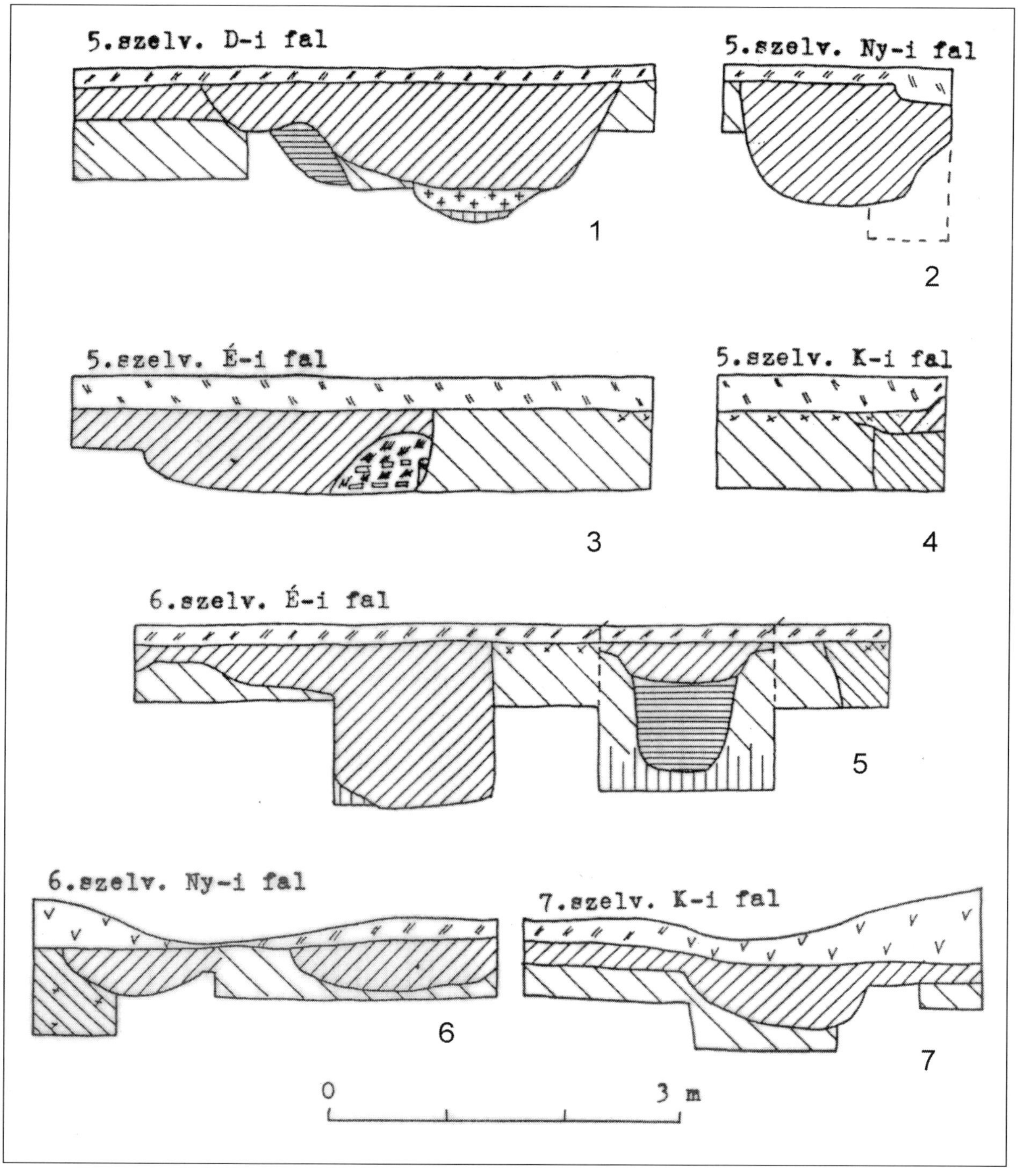

7. ábra: Ásatási metszetek, 1992. *1:* Az 5. szelvény D-i fala. *2:* Az 5. szelvény Ny-i fala. *3:* Az 5. szelvény É-i fala. *4:* Az 5. szelvény K-i fala. *5:* A 6. szelvény É-i fala. *6:* A 6. szelvény Ny-i fala. *7:* A 7. szelvény K-i fala. (Jelmagyarázat a 6. ábrán.)

ben kitűnően látszott a templom alapfala, de a déli hajófal déli szélét és a szentély középső területét jelentős mértékben elpusztították a későbbi beásások.

Az 1. és 3. szelvény, az 1. és 5. szelvény és a 4. és 5. szelvény közötti tanúfal elbontásával, illetve az alapfalak hét pontján készített metszetek segítségével egyértelművé vált, hogy az Árpád-kori település templomhelyén két építési periódusra utaló alapozás található *(5–7. ábra).*

Az első templom egyhajós, feltűnően kis alapterületű, kívül félkörívesnek látszó, belül határozottan patkóíves szentélyzáródású volt. A megmaradt részletek azt sem zárják ki, hogy a szentély északi falának külső oldala esetleg szintén enyhébb patkóívvel zárult. A templom alapozása világossárga színű, keményen döngölt, tiszta agyagból készült *(7. tábla 1.).* Később, a második építési periódust képviselve, ennek az épületnek az északi oldalához egy hasonló nagyságú, szintén egyhajós, kívül egyértelműen félköríves, belül pedig patkóíves szentéllyel rendelkező, másik épületrészt alapoztak meg *(7. tábla 2.).* A két épület között az első periódus északi hajófala képezte a közös falat, vagyis a bővítménynek nem volt külön déli fala, hanem azt az első periódus északi fala jelentette. A közös falszakasz hossza következtében így az új épület egész területének eleve megszabott helye és hossza lehetett, tehát a bővítmény nyugati fala és szentélyének déli válla az első periódus hajójának északnyugati, illetve északkeleti sarkához illeszkedett. A második periódus alapozása is döngölt földből készült, de nem sárga agyagból, hanem gyengén tömörített, sárgásan szemcsés fekete földből. Ezzel az alapozással – mivel azt az első templom körül korábban kialakított temető területébe ásták – több korábbi sírt átvágtak, viszont földjébe későbbi sírok is mélyedtek. Mindkét épületrész hossztengelye csaknem pontosan Ny–K-i tájolású, a szentélyeik egyformán mindössze 0,5'-sal térnek el a keleti iránytól észak felé. (Az általunk használt tájoló 64' beosztású volt.)

Mivel az első templom nyugati zárófala nem pontosan derékszöget zárt be a hajófalakkal, s a bővítmény nyugati falát az első templom nyugati falának meghosszabbított vonalában jelölték ki, így a második periódus nyugati zárófalának alapozása sem derékszögben kapcsolódott a hajófalakhoz. Pontatlanság látható a két épületrész csatlakozásánál, a diadalívek vonalában is, hiszen a második épületrész hajójának délkeleti külső sarka és az első periódus hajójának északkeleti külső sarka között kb. 20–25 centiméteres eltérés tapasztalható. A két építési periódust jelentő alapozások viszont a templomhajók külső, lekerekített sarkainál lényegében meglehetősen pontosan illeszkedtek egymáshoz, s a két szentélyalapozás is szimmetrikusan távolodik el a hajófalak találkozásának vonalától *(5. ábra).*

Az első templom alapfalaira az épület elhagyása után árkokkal ráástak, nyilvánvalóan a falakban lévő téglák kitermelése céljából. Ez a legjobban a hajó északnyugati sarkánál és nyugati zárófalánál látszik. Ugyanakkor egyes helyeken – például a hajó és a szentély északi falánál – a döngölt alapozás földjébe is nagyobb gödröket ástak, amelyek egy része teljesen átvágta, s ezáltal elpusztította az alapozást. E téglatörmelékes beásások egyértelműen bizonyítják, hogy a fennálló falak helyén módszeresen bányászták ki a téglákat. A beásások pontos korára utaló adatokat nem találtunk, kivéve a szentély északi alapfalát elpusztító, már említett gödröt. Huszár Mátyás térképszelvénye alapján a templomhelyen keresztül 1822-ben ugyan már földút vezetett, de önmagában ez sem jelentheti azt, hogy valamennyi beásás korát a 19. századnál korábbra tegyük.

Az első periódus alapozástechnikáját három metszetben figyeltük meg: a C'–C' metszettel az északi hajófalat, az E–E metszettel a szentélyt, az F'–F' metszettel az északnyugati sarkot vágtuk át. Az alapozási árok mindhárom metszetben lefelé enyhén összeszűkülő oldalú, lekerekített sarkú, kissé teknős aljú volt *(5. ábra, 7. ábra 5., 8. ábra 3., 5., 9. ábra 2–3., 5. tábla 1–2.).* A szentély és a hajó alapozását egyszerre, 5–14 cm vastagságú, világos, illetve valamivel sötétebb árnyalatú, sárga agyagrétegekből döngölték.

A két épületrész jellemző adatai:

	I. periódus	**II. periódus**	*megjegyzés*
tájolása:	DNy 48,5'–ÉK 16,5'	DNy 48,5'–ÉK 16,5'	hossztengelyben
külső hossza:	8,85 m	8,95 m	hossztengelyben
külső szélessége:	5,50 m	5,60 m	a hajó Ny-i falánál
	5,50 m	5,65 m	a diadalív vonalában
belső hossza:	7,15 m	7,10 m	hossztengelyben
belső szélesség:	3,70 m	4,70 m	
a hajó belső hossza:	4,20 m	4,55 m	hossztengelyben
	3,90 m	4,30 m	a déli falnál
	(4,25 m)	4,50 m	az északi falnál
a hajó belső szélessége:	3,70 m	4,70 m	
a hajó külső hossza:	5,60 m	6,10 m	a déli falnál
	5,80 m	6,45 m	az északi falnál
a hajó DK-i külső vállának szélessége:	0,40 m	0,60 m	
a hajó DK-i belső vállának szélessége:	0,55 m	1,60 m	
a hajó ÉK-i külső vállának szélessége:	0,55 m	0,75 m	
a hajó ÉK-i belső vállának szélessége:	0,55 m	0,90 m	
a szentély bejáratának szélessége:	2,50 m	2,20 m	
a szentély mélysége:	2,95 m	2,50 m	
a szentély legnagyobb belső szélessége:	3,10 m	2,50 m	
a szentély külső szélessége a hajó vállainál:	4,55 m	4,30 m	
a szentély legnagyobb külső szélessége:	4,60 m	4,30 m	
a szentély alapozásának szélessége:	0,85 m (45 cm-es mélységben)	0,90 m (77 cm-es mélységben)	hossztengelyben
a Ny-i zárófal alapozásának szélessége:	0,85 m (48 cm-es mélységben)	0,90 m (40 cm-es mélységben)	hossztengelyben
az É-i hajófal alapozásának szélessége:	0,90 m (55 cm-es mélységben)	0,8-0,9 m (50–55 cm-es mélységben)	
a D-i hajófal alapozásának szélessége:	0,85 m (61–65 cm-es mélységben)	D-i hajófal nem volt	
a D-i diadalív alapozásának szélessége:	1,00 m	0,95 m	
az É-i diadalív alapozásának szélessége:	(0,80 m)	0,95 m	
a hajó DNy-i sarka 90° helyett:	95,5°	–	
a hajó ÉNy-i sarka 90° helyett:	–	84,5°	

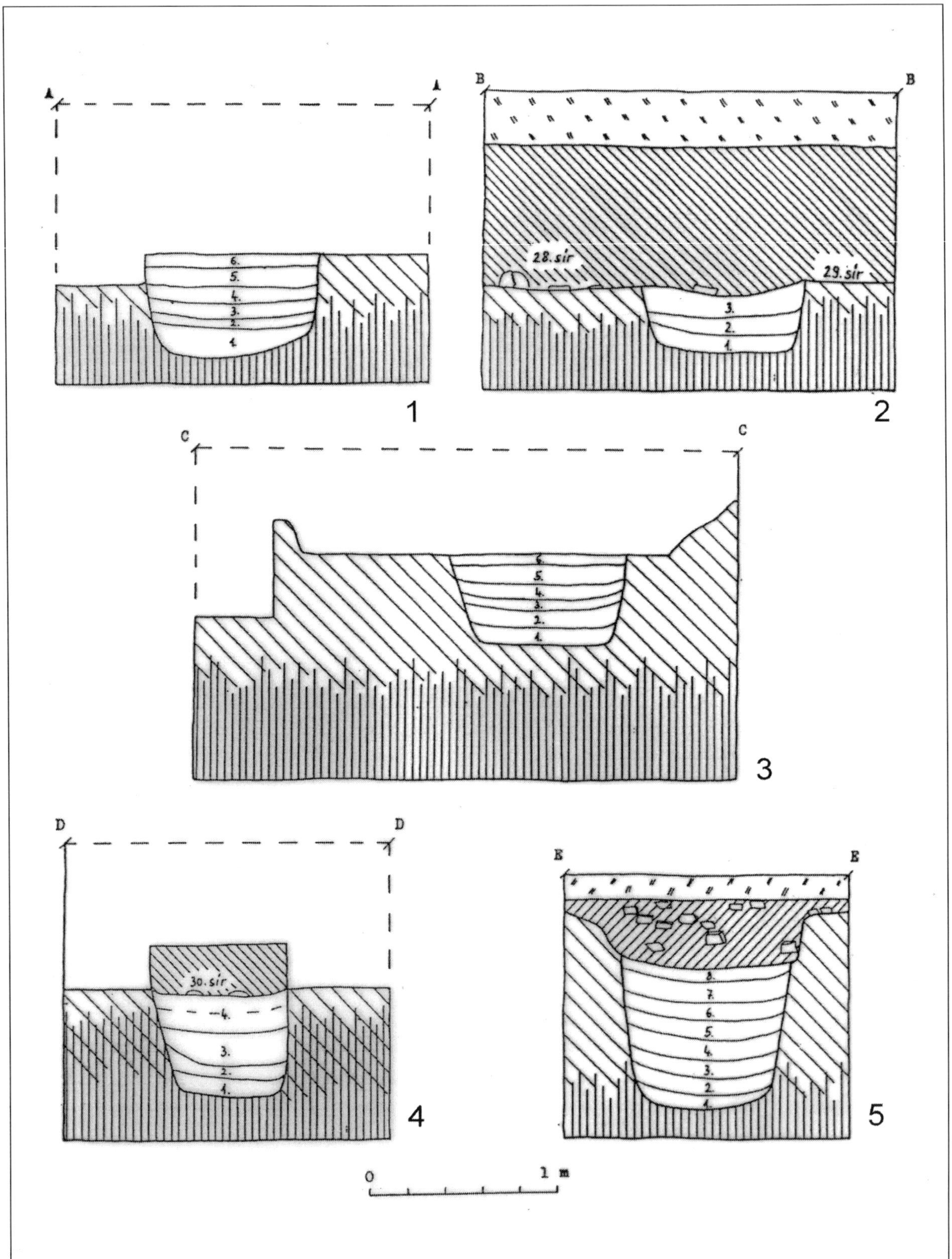

8. ábra: Ásatási metszetek, 1992. *1:* A–A metszet. *2:* B–B metszet. *3:* C–C metszet. *4:* D–D metszet. *5:* E–E metszet. (Jelmagyarázat a 6. ábrán.)

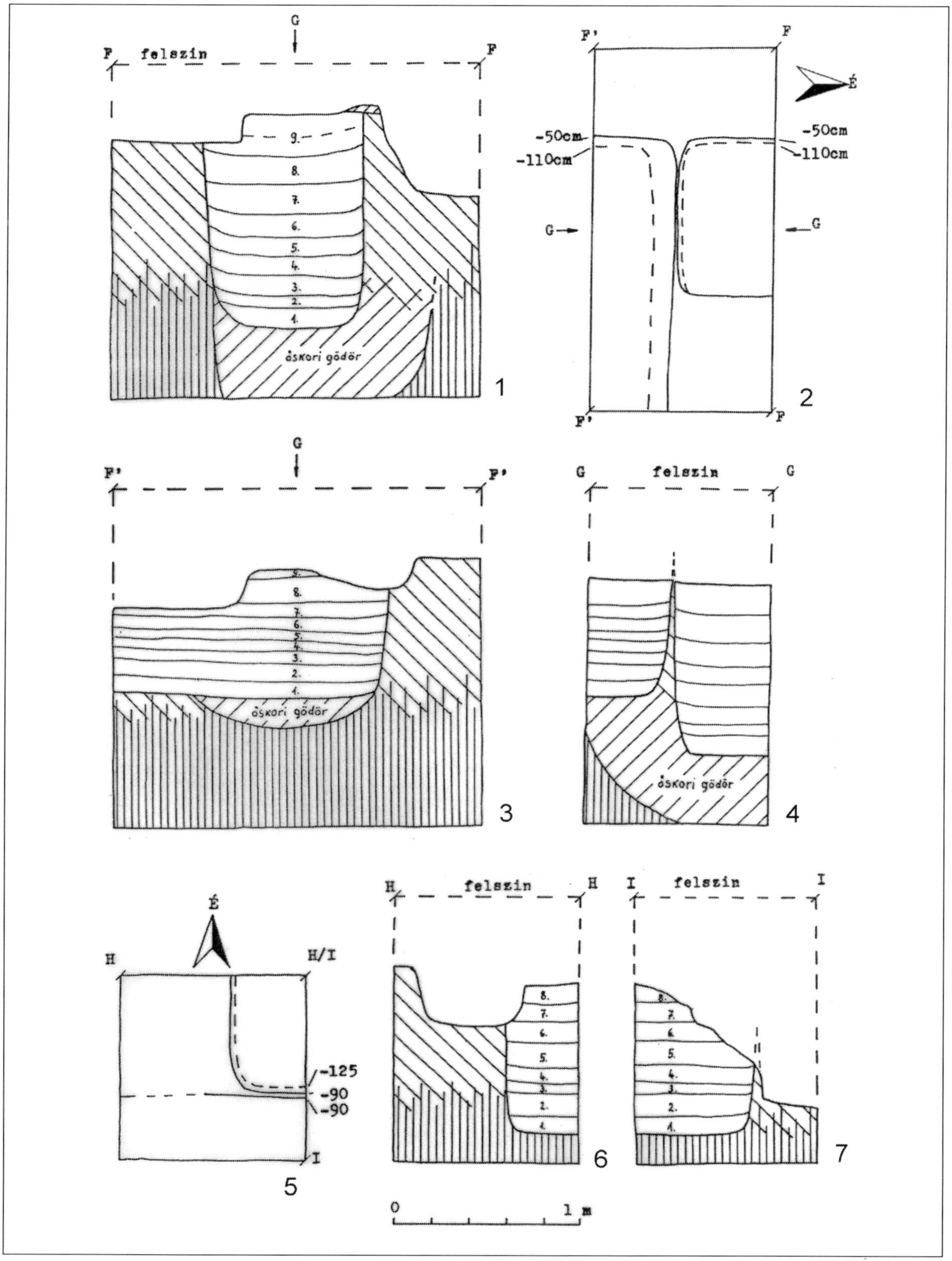

9. ábra: Ásatási metszetek, 1992. *1:* F–F metszet. *2:* Az F–F és F'–F' metszet szelvényének alaprajza. *3:* F'–F' metszet. *4:* G–G metszet. *5:* H–H és I–I metszet szelvényének alaprajza. *6:* H–H metszet. *7:* I–I metszet. (Jelmagyarázat a 6. ábrán.)

Az első periódus alapozásának megmaradt rétegei
(lentről felfelé haladva, középvonalban):

C'–C' metszet	F'–F' metszet	E–E metszet
	9: 4 cm világossárga	
	8: 14 cm világossárga	*8:* 8 cm világossárga
	7: 7 cm sötétsárga	*7:* 11 cm világossárga
6: 5 cm világossárga	*6:* 7 cm sötétsárga	*6:* 9 cm sötétsárga
5: 10 cm világossárga	*5:* 6 cm világossárga	*5:* 10 cm sötétsárga
4: 8 cm sötétsárga	*4:* 6 cm sötétsárga	*4:* 11 cm világossárga
3: 5 cm sötétsárga	*3:* 6 cm sötétsárga	*3:* 10 cm világossárga
2: 11 cm világossárga	*2:* 10 cm világossárga	*2:* 9 cm sötétsárga
1: 8 cm sötétsárga	*1:* 10 cm sötétsárga	*1:* 7 cm sötétsárga
összesen: 47 cm	*összesen: 70 cm*	*összesen: 75 cm*

A második építési periódus alapozását öt metszettel vizsgáltuk: az A–A metszet a szentély, a B–B a nyugati zárófal, a D–D az északi hajófal, az F–F a délnyugati sarok, a H–H metszet pedig a hajó délkeleti sarkának alapozását vágta át. Az alapozási árok ezeken a helyeken is lefelé enyhén összeszűkülő oldalú, lekerekített sarkú, kissé teknős aljú volt, s lényegében megegyezett az első periódus alapozási árkának alakjával *(5. ábra., 6. ábra 4., 8. ábra 1–2., 4., 9. ábra 1–2., 5–6., 6. tábla 1.).* A szentély és a hajó alapozását ezúttal is egyszerre, ugyancsak döngölt földrétegek felhasználásával készítették. A rétegek azonban 6–16 cm (esetleg 6–21 cm) közöttiek, tehát valamivel vastagabbak voltak.

A második periódus alapozásának megmaradt rétegei
(lentről felfelé haladva, középvonalban):

A–A metszet	B–B metszet	D–D metszet
6: 6 cm feketéssárga		
5: 10 cm sárgásfekete		
4: 10 cm feketéssárga		*4:* 20 cm sárgásfekete (egy vagy két réteg)
3: 8 cm sárgásfekete	*3:* 12 cm sárgásfekete	*3:* 17 cm sárgásfekete
2: 7 cm feketéssárga	*2:* 9 cm feketéssárga	*2:* 6 cm feketéssárga
1: 15 cm fekete, fényes	*1:* 8 cm fekete, fényes	*1:* 10 cm fekete, fényes
összesen: 56 cm	*összesen: 29 cm*	*összesen: 53 cm*

F–F metszet	H–H metszet
9: 24 cm sárgásfekete (egy vagy két réteg)	
8: 16 cm feketéssárga	*8:* 8 cm sárgásfekete
7: 16 cm feketéssárga	*7:* 10 cm sárgásfekete
6: 13 cm feketéssárga	*6:* 10 cm sárgásfekete
5: 10 cm sárgásfekete	*5:* 14 cm sárgásfekete
4: 12 cm sárgásfekete	*4:* 11 cm sárgásfekete
3: 10 cm sárgásfekete	*3:* 5 cm sárgásfekete
2: 6 cm fekete, fényes	*2:* 12 cm sárgásfekete
1: 12 cm sárgásfekete	*1:* 10 cm sárgásfekete
összesen: 119 cm	*összesen: 80 cm*

A második periódus alapozását az első periódusénál sokkal gyengébben döngölték, anyaga is jórészt csupán kevés agyaggal kevert fekete földből készült. A rétegek sem voltak olyan egyenletesek, mint az első épület alapozásában. A bővítmény alapozását összességében tehát felületesebben, kisebb gondossággal, gyengébb anyagból készítették. A döngölt alapozás földjébe a korábbi temető megbolygatott sírjaiból embercsontok is kerültek; az A–A metszetben pedig a szentély alapozási földjében egy jellegzetesen Árpád-kori, de pontosabb keltezésre alkalmatlan, cserépedényből származó oldaltöredéket találtunk. Az alapozás földjének színe, keménysége, sőt összetétele is igen hasonló volt – különösen a mai felszíntől számított 50 centiméteres mélységig – a mellette lévő talajhoz, akár a templom körüli temető földje, akár tiszta humusz volt ott. Ezért sok helyen csak száradás után lehetett pontosan megállapítani az alapozás széleit, akkor is csak azért, mert az alapozás földje kissé sárgásabb, szemcsésebb volt a környezeténél.

Jól meg lehetett viszont állapítani, hogy a nyugati fal alapozásának belső széle és a diadalív déli alapozásának belső széle déli irányban egyenesen haladt egészen az első templom sárga agyagból készült alapfaláig, s mindkettő az első periódus északi hajófalához igazodott. A bővítménynek tehát nem volt önálló déli hajófala, s a második építési periódusban a még fennálló első templomot kívánták egy ahhoz hasonló formájú és nagyságú épületrésszel bővíteni. A déli fal hiánya a magyarázata annak is, hogy a két épületrésznél nemcsak a nyugati zárófalak esnek egy vonalba, hanem a templom vállai is pontosan illeszkednek egymáshoz. A második építési periódus önálló déli falának hiányát bizonyította az F–F és a H–H, valamint a C–C metszetünk is *(8. ábra 3., 9. ábra 1., 6., 5. tábla 1.).* A G–G metszet (a templomhajók északnyugati és délnyugati sarkának találkozásánál) és az I–I metszet (a templomhajók északkeletei és délkeleti sarkának találkozásánál) ugyanakkor a két periódus alapozási árkainak egymáshoz való illeszkedésére adott választ. Az alapozások fölső szintjén ugyanis a két periódus döngölt rétegei s azok szélei pontosan érintkeztek, de lefelé haladva a két alapozás árkának oldalai fokozatosan távolodtak egymástól. Ennek oka az, hogy az alapozási árkok oldalai lefelé ferdén összeszűkülőek voltak. Az alapozások között sötétszürke színű, bolygatatlan humuszt találtunk *(5. ábra, 9. ábra 2., 4–5., 7.).*

A két periódus alapozása között nemcsak az alapozástechnika szempontjából van különbség, hanem kisebb eltérés az alapozások mélységadatai között is kimutatható. Szerencsére mindkét periódus alapozásának maradtak meg teljesen ép részei. Az első periódushoz tartozó alapozásnál a hajó északnyugati sarkán, a bővítménynél pedig a hajó délnyugati sarkán és a szentély déli falának alapozása felszínén maradt meg eredeti állapotában a döngölt alapozás fölső szintjét jelentő habarcsréteg. A szintkülönbségekből kitűnik, hogy az első periódus alapozásának a mélysége 109–122 cm, a második periódusé pedig 129–146 cm között mozgott. Másrészt az is jól látható, hogy a második építési periódus döngölt alapozásának a felszíne mintegy 20 centiméterrel magasabban volt.

A megmaradt alapozások felszíntől számított mélységadatai az egyes metszetekben:

	alja	**teteje**
A–A metszet (II. periódus):	135 cm	79 cm
B–B metszet (II. periódus):	140 cm	111 cm
C–C metszet (I. periódus):	109 cm	62 cm
D–D metszet (II. periódus):	136 cm	77 cm
E–E metszet (I. periódus):	122 cm	47 cm
F–F metszet (II. periódus):	146 cm	27 cm
F'–F' metszet (I. periódus):	116 cm	46 cm
H–H metszet (II. periódus):	130 cm	50 cm

A két épületrész relatív időrendi viszonya tehát egyértelmű, s pontosan megállapítható az egyes építési periódusok alapozásainak készítési módja, a két periódus alapozásának különbözősége, illetve az alapozások egymáshoz való csatlakozásának módja is. Nem egyértelmű viszont az, hogy a második építési periódushoz tartozó épületrészt felépítették-e vagy nem. A bővítmény döngölt alapozásának tetején ugyanis habarcsnyomok előfordultak a hajó délnyugati sarkánál és a szentély déli fala helyén is, sőt a délnyugati saroknál a habarcsos felületen két, habarccsal összekötött, falazásra emlékeztető tégla is előkerült. Ez utóbbi azonban már nem volt eredeti helyén, hiszen a döngölt alapozás teteje szinte pontosan a szántás alsó szintjével esett egybe. Ez lehet az oka például annak is, hogy a döngölést lezáró habarcsréteg mindössze az említett két foltban maradt meg. Mindenesetre az biztos, hogy a döngölt alapozás teljes épségben megmaradt. Az ennek felszínén eredeti helyen előkerült habarcsfoltok és a hajó délnyugati sarka fölött megtalált, falazásra utaló, kötésben lévő, de nem eredeti helyzetben előkerült két téglasor alapján a második periódus felépítésére lehet következtetni. Az viszont a bővítmény felépítése ellen szól, hogy több olyan sír is előkerült, amelyeket ennek alapozásába ástak. A sírok kora egyértelműen csak az Árpád-koron belüli időre helyezhető, hiszen az egész település elnéptelenedett még ebben az időszakban. Egyetlen olyan jelenség sem ismert a lelőhelyről és környékéről, amely a terület későbbi lakottságára utalna. A második periódus tehát, ha fel is építették a bővítményt, nem sokáig állhatott.

Valószínű azonban, hogy a bővítmény falait sohasem építették fel, s a döngölt alapozást elkészítve, felszínét habarccsal lefedve, az építkezést félbehagyták. Ennek okát nem ismerjük, de erre mutat az, hogy az első periódus épületének környezetében az elpusztult templomhelyeken már megszokott mennyiségben kerültek elő a tégladarabok, a bővítmény területén pedig ez egyáltalán nem volt jellemző. Itt a számottevő mennyiségű téglatörmelék helyett mindenütt a templom körüli temető jellegzetes sírföldjét lehetett megfigyelni. A falakban vagy a falak helyén található téglák módszeres kibányászására utaló későbbi árkok és gödrök szintén csak az első periódus alapfalai mentén fordulnak elő, a bővítmény területén pedig ilyenek egyáltalán nincsenek. Ennek kizárólagos oka csakis az lehet, hogy falak után kutató beásások pusztán a felmenő falakkal rendelkező épületek esetében fordulnak elő. Bercsényegyházán e beásások az első periódus alapfalait, sőt belső területét is jelentős mértékben tönkretették, a második periódus alapozását és környékét azonban mindössze az alapozásnál későbbi sírok bolygatták meg. A második periódus felépítése esetén tehát annak területén is tégla után kutató árkoknak, beásásoknak a nyomát kellett volna megtalálnunk. Itt azonban ennek nyoma sem volt, mint ahogy az első periódusnál lévő tégla- és habarcstörmeléknek sem. Ennek pedig még akkor is kellett volna a területen maradni, ha a bővítmény épületét még a templom fennállása idején, tehát az Árpád-korban lebontották. Mindez azt mutatja, hogy a második periódusnak szánt épületrésznek csak az alapozása készült el, falazása azonban nem.

A bővítmény felépítése ellen szól közvetve a faluhely kora is. A település temploma használatának becsült időszaka – figyelembe véve a lelőhelyre vonatkozó terepbejárási eredményeket és a kereszténységnek ezen a környéken való elterjedését – legbővebben is csak a 11. század második felétől vagy végétől a 13. század végéig terjedhet, tehát mindössze csak bő két évszázadra tehető. Ebben az időszakban pedig egyáltalán nem volt még jellemző a Délkelet-Alföld falusi egyházépítészetére a templomok átalakítása; ehelyett az egyházi épületek állandósága dominált. Egy-egy templom huzamos időn keresztül való fennállása is rövidíti tehát azt az időszakot, amikor a bercsényegyházi bővítmény felépülhetett volna. Ezenkívül mindenképpen döntő szempont az is a másodiknak szánt épületrész felépítése ellen, hogy alapozásába még az első templom épületének fennállása idején sírokat ástak. Két évszázadnak kellett volna tehát elegendőnek lenni egy fent vázolt, a falusi egyházi épületek tekintetében állandóságot mutató időszakban arra, hogy a településen felépítsenek egy teljesen új templomot, temetkezzenek mellé, ezeket a sírokat részben megbolygatva egy újabb épületet alapozzanak az oldalához, felépítsék a bővítményt, használják azt, majd egy idő után – tovább használva az eredeti templomépületet – lebontsák, s helyére ismét temetkezzenek. Ezenkívül nehéz lenne megmagyarázni azt is, hogy az első periódus idősebb, s nyilván elhasználtabb épülete hogyan maradhatott volna fönn, ha a nála későbbi, de közvetlenül mellette felépített épület elpusztult.

Az ásatás befejezéséig a megkezdett szelvényekben nem értük el mindenütt a sárga altalajt. Az 1. szelvényben egyedül a szelvény északkeleti és délkeleti sarkában maradt egy-egy kibontatlan sírfolt részlete. A legalsó sírok szintje itt 90 cm mélyen jelentkezett. A 2. szelvényt csak a szántás alsó szintjéig ástuk ki. A 3. szelvényben a sárga altalajt 80 cm mélységben értük el, de a szelvény nyugati széle mellett – az északi épületrész nyugati zárófalának alapozása, illetve a szelvény nyugati fala közötti területen – ugyancsak maradt még fel nem tárt terület, s itt további sírok lehetnek. A II. építési periódusnak szánt épület alapozása alatt is előfordulhatnak még sírok elvileg. Az ásatási tapasztalatok alapján azonban ez kevéssé valószínű, mert a sárga altalaj jelentkezése után a sírgödröket általában nem nagyon mélyítették tovább. (A legmélyebb a 24. sz. sír volt, s ennek alját is csak 132 cm mélyen értük el.)

Nem számítva a 15. sír északi oldalánál előkerült sírgödör déli szélét, az 1. szelvény kivételével mindegyik szelvényben lehetne még sírokat feltárni, hiszen az ásatás során nem mindenütt tudtunk kellő mélységet elérni. Több előkerült sírt sem volt már időnk kibontani, például a 3. szelvény nyugati szélénél vagy a 4. szelvényben a II. periódus hajójának déli felében, de ide sorolható az I. periódust jelentő épület szentélyének keleti oldalán megtalált téglakeretes gyermeksír, s ilyen volt maga a 26–27. és 30. sír is. A 31. sír alatt szintén másik sírfoltot figyeltünk meg, de kibontására már nem maradt időnk. Ennek legnagyobb része pedig a II. periódus alapozása alá nyúlik. Ugyanígy sírok lehetnek még a 4. szelvényben a szelvény nyugati szélénél, továbbá az 5. szelvény keleti végében, valamint a 6–7. szelvényben is, a templom falain kívül. Szintén sírok lehetnek még a 3–4. szelvény közti tanúfal alatt is.

Csak a téglatörmelékes betöltést volt időnk kibontani a 6. szelvény közepére eső gödörből is. Ez alatt kevert, agyagos földet figyeltünk meg, amelynek talán a szétrontott északi szentélyfal anyagához, esetleg az első templom oltárának agyagalapozásához is lehetett köze. Elértük viszont a sárga altalajt az 1. szelvény legnagyobb részében, a 3. szelvényben, a nyugati zárófal alapozásától keletre eső részeken, illetve a két szentélyalapozás találkozásának keleti oldalán, valamint az alapfalak helyén előkerült beásások területén.

A feltárás helyén a szántás rétegét nem számítva összesen hatféle talajt lehetett megkülönböztetni. Az elsőként emelt templomépület alapozása egészen világossárga, döngölt agyagból készült, míg az északi oldalához illeszkedő épületrész meglehetősen gyengén döngölt alapozását sárgásan szemcsés fekete föld képezte, a templom körüli temető sírjainak területére pedig a téglaszemcsés, kevert, szürke színű talaj volt a jellemző. A sírok és az alapfalak között egynemű, sötétszürke színű, bolygatatlan humusz volt, a sort pedig a későbbi gödrök jellegzetesen laza, téglatörmelékes betöltésű talaja valamint a sárga altalaj egészíti ki.

Az I. periódus alapozásába kincskereső gödrök és téglák után kutató árkok mélyedtek. Két kincskereső gödör a templom északi hajófalának alapozását jórészt elpusztította: a hajófal közepén és a 4. szelvény délkeleti sarkába eső részen. Az előbbi gödörrel teljesen átvágták a sárga alapozást, s a második gödör alján is csak foltokban lehetett követni az alapozás aljának eredeti vonalát. A templom belsejében, a későbbi gödrök beásásai között mindenütt szürke, bolygatatlannak látszó földet figyeltünk meg.

Az ásatás közben előkerült leletanyag igen szegényes. Néhány őskori edénytöredéket[17] és egy obszidián darabot,[18] illetve egy őskori gödröt (F–F metszet, *9. ábra 3.*) leszámítva a templom idejéhez köthető vagy annál későbbi időkből származó leletek és beásások fordultak elő. A különböző, szórványként előkerült, cserépbográcsokból és fazekakból való Árpád-kori edénytöredékeken[19] *(1. tábla 1–9., 11–12.)* kívül ebbe a korba sorolható egy orsókarika[20] *(1. tábla 10.)* is. Egy barna színű, szintén Árpád-kori, jellegzetes anyagú, szemcsés soványítású edény oldaltöredéke a második építési periódusnak szánt épületrész szentélyének döngölt alapozásából került elő az A–A metszet területén *(5. ábra, 8. ábra 1.)*.[21] Egy bronzhuzalból hajlított, ráhúzott lemezes gömbbel díszített, egyik végén elkeskenyedő, a másikon pedig hurkos karika[22] *(2. tábla 2.)*, valamint egy kékeszöld színű, lapított gömb formájú üvegpaszta gyöngyszem[23] *(2. tábla 1.)* minden bizonnyal szintén ugyanebbe a korba tartozik. Az előbbi a szántás rétegéből került elő az 1. szelvény délkeleti negyedében, az utóbbi pedig valószínűleg a 14. sír betöltéséhez köthető. Az Árpád-kori leletanyagot néhány vasszeg[24] *(2. tábla 3–9.)*, barnásszürke, szürke és vörösesbarna színű márványtöredék[25] és megszokott tégladarab, illetve egész tégla[26] *(3. tábla 2–4.)*, valamint két habarcsdarab[27] egészíti ki. Az utóbbiak egy foltban, az első periódus északnyugati sarka alapozásának tetején, eredeti helyzetben kerültek elő. Innen lehet azt tudni, hogy a döngölt agyagból elkészített alapozás felszínére először habarcsot terítettek, s ezt követően kezdték a téglafalat felhúzni. Az alapozások és falazások szempontjából figyelemre méltó az a két téglasorból álló – mindössze 18 x 16 x 10 cm nagyságú – kisebb faldarab is, amelyben habarccsal egymáshoz kötött pelyvás téglák vannak. Ez a II. periódus alapozása délnyugati sarkának tetején, eredeti állapotban megmaradt habarcsos felületen került elő, de nem eredeti helyzetében.[28] A templom pusztulása utáni időkben – a 16–18. században – keletkezett beásásban kerültek elő olyan edénytöredékek, amelyekből egy szürke színű, egyfülű, vállán sekély, vízszintes vonalköteggel, fölötte pedig girland mintával díszített korsót lehetett hiányosan összeragasztani[29] *(3. tábla 1.)*.

Az ásatás során előkerült minden egyes olyan téglát – összesen 229 darabot, köztük nyolc egészet – lemértünk szelvényenként és objektumonként, amelynek legalább két eredeti mérete megállapítható volt. A templom épületéhez és a templom körüli temető sírjaihoz (18., 23., 31. sír) köthető téglák között éppúgy nem mutatható ki jelentősebb méretbeli eltérés, mint ahogy a feltárt terület, illetve a templomalapozások különböző pontjain előkerült téglák között sem. Az egyes téglák mérete ugyan nem mindig megegyező, de méreteik szélső értékei között csupán kis eltérések tapasztalhatók. Hosszuk 28,5–32 cm, szélességük 14–16 cm, vastagságuk 3,5–5 cm között mozog, a leggyakoribb átlagos méret pedig 29,5 x 15,5 x 3,5 cm. Az előkerült tégladarabok általában egyik lapjukon simítottak, másik lapjukon pedig érdes, pelyvanyomos felületűek. Köztük a lapjukon ujjhúzásos, illet-

[17] MMM ltsz.: 93.2.10.–93.2.51., 93.2.53.–93.2.59., 93.2.62.–93.2.64., 93.2.73.–93.2.74.
[18] MMM ltsz.: 93.2.75.
[19] MMM ltsz.: 93.2.1.–93.2.5., 93.2.8–93.2.9., 93.2.52.
[20] MMM ltsz.: 93.2.6.
[21] MMM ltsz.: 93.2.7.
[22] MMM ltsz.: 93.2.66.
[23] MMM ltsz.: 93.2.68.
[24] MMM ltsz.: 93.2.65., 93.2.67., 93.2.69., 93.2.71.–93.2.72.
[25] MMM ltsz.: 93.2.60., 93.2.70.
[26] MMM ltsz.: 93.2.76.–93.2.79., 93.2.81.–93.2.90.
[27] MMM ltsz.: 93.2.80.
[28] MMM ltsz.: 93.2.81.
[29] MMM ltsz.: 93.2.61.

ve az egyik keskenyebbik oldalukon három-három ujjbenyomásos darabok is előfordultak[30] *(3. tábla 2–4.)*.

Az ásatás közben és a feldolgozás során sem kaptunk sajnos választ arra a kérdésre, hogy miért akartak az első templomhoz egy másik, az előzővel szinte teljesen megegyező épületrészt emelni. Választ találni erre azért is igen fontos lett volna, mivel a bővítmény alaprajza – egyediségénél fogva és a periódusok szerkezeti kapcsolódásának ilyen megoldása miatt – lényegében párhuzam nélküli s nem csak a szűkebb és tágabb régióban. A hasonló építészeti elgondolásra ugyanis az egész középkori magyar egyházépítészetben nem sok példa van, a bercsényegyházi alaprajzi megoldással teljesen megegyező pedig országszerte egy sem akad.

A két belső tér között ugyanis mindössze egyetlen közös fal alapozását találtuk, s ez az első templom északi hajófalához tartozott. A kettős tér viszonylagos belső egységét – ha ugyan a belső templomtér bővítése volt a cél – csakis a közös fal, tehát az első periódus északi hajófalának áttörésével vagy visszabontásával alakíthatták volna ki. Előfordulhat azonban, hogy a tervezett második periódus nem a templom befogadóképességének növelését célozta, hanem – az első periódus északi hajófalát és így az első templom szerkezetét változatlanul hagyva – egy önálló bővítményül szolgált volna. Funkcióját talán a kegyúr szerepe, kívánsága határozta volna meg: esetleg külön istentiszteletek, kijelölt temetkezési hely, megemlékező misék formájában. Hasonló célú bővítéssel e régióban a Gyula melletti Fövenyes falu templomhelyének feltárásán találkoztunk.[31] A bercsényegyházi bővítmény funkciójának kegyúri kápolnaként és temetkezőhelyként való elképzeléséből következik, hogy a II. periódus belsejében előkerült 21. sz. sír, valamint ezzel együtt a sír déli oldalán – alkalmasint a 3–4. szelvény közti tanúfal alatt és a 4. szelvény északnyugati negyedében – elképzelhető sírok, illetve a részben már előkerült sírfoltok esetleg magával a kegyúrral s családjának egyes tagjaival is összefüggésbe hozhatók. Ez azonban csak feltételezés, hiszen erre vonatkozó egyértelmű bizonyíték nem került elő, sőt e sírok többségének a II. építési periódushoz való időrendi viszonya is teljesen bizonytalan.

Mint ahogy nem ismerjük a II. periódus építésének, illetve e szándéknak az indító okát, éppúgy nincs határozott adatunk arra vonatkozólag sem, hogy végül miért nem épült fel a bővítmény épülete. A település pusztulásával ez nem magyarázható, hiszen az új alapozás elkészülte után is tovább használták még az első templomot és a templom körüli temetőt, újabb sírokat ásva a bővítménynek szánt épületrész alapozásába. Az építészeti szándék azonban így is tetten érhető, még akkor is, ha az építkezést esetleg be sem fejezték.

Az örménykúti és endrődi közös határvonalra eső Árpád-kori templom kibővített alaprajzának elgondolásához hasonló elrendezésű egyházi épületet a középkori Magyarország megismert templomai között alig lehet találni. Távoli példaként Gyöngyöspata templomának harmadik és negyedik periódusát említhetjük, hiszen a harmadik periódus épületét a déli oldalához épített, sokszögzáródású hajóval bővítették, amelyet szintén egybenyitottak a templommal, s így kétszeresére növelték annak belső terét. Eltérés a bercsényegyházihoz képest, hogy ezek a gyöngyöspatai építkezések kb. két-három évszázaddal későbbiek (az 1330-as, illetve az 1410-es évekből valók), s a templomok szentélyformái sem egyeznek. Hasonló viszont az építészeti elképzelés: az egyhajós, korábbi templomból kéthajós templomtestet kialakítani, két különálló szentéllyel.[32]

---

30 Például: MMM ltsz. 93.2.79., 93.2.82., 93.2.85.–93.2.88.

31 *Szatmári* (1996c) 33–35.

32 *Levárdy* (1992) 6., 19.

Ugyanez a szándék alakította hasonló elrendezésűre a zalaszántói,[33] a felsődörgicsei,[34] a rakacaszendi,[35] a vörösberényi[36] és talán a szigligeti[37] kettős templomot is. Ezek építési idejét általában a 11. vagy a 12. századra, jelentősebb bővítésüket pedig leginkább a 13. századra határozták meg.[38] Ez esetben a bercsényegyházi templomnak a kettős alaprajzi megoldása is mindenképpen a korai Árpád-kor felé mutat, s így annak első periódusa még biztosabban a korai időkre, esetleg már a 11. századra tehető. Közvetlen adat azonban ezt a keltezést nem erősíti meg.

Nem egyértelmű sajnos a keltezése annak a – felsődörgicsei templom távoli párhuzamaként korábban említett,[39] ma Crna Gora területén található – szvacsi kettős templomnak sem, melynek alaprajzi elrendezése viszont a bercsényegyházihoz szintén igen hasonló. Az albán határhoz és az Adriai-tengerhez egyformán közeli, Szkadartól délnyugatra eső Szvacs fennsíkjának kettős romtemploma ugyanakkor nemcsak építészeti alapelveiben mutat rokon vonásokat a miénkkel, hanem méreteiben is. Emellett Szvacs öt megmaradt templomromja közül az előbb említett 3. számú (két hosszanti templomhajóval kialakított) kettős templomon kívül két másik, a 4. és 5. számú templom is kétosztatú (egyetlen hosszanti templomhajót megbontó) belső térrel rendelkezett.[40] Ez utóbbiak alaprajzi szerkezete pedig a Bánátban előkerült, s leggyakrabban a 11. század elejére vagy második felére keltezett aracsi kő rövidebb oldalán kifaragott templomábrázoláson köszön vissza.[41] A kétosztású, illetve kettős templomok alaprajzi megoldásának eredete azonban ma még kellőképpen nem tisztázott, éppúgy, mint ahogy kérdéses a kettős tér kialakításának magyarázata.

Ugyanígy bizonytalan a bercsényegyházi kettős templomtér kialakításának magyarázata is. Művészettörténeti elemzések szerint ez a fajta alaprajzi elrendezés, vagyis a két külön templomtér valószínűleg a kettős kegyurasággal magyarázható, illetve a kéthajós funkció leginkább a birtokviszonyokból adódott.[42] Az efféle alaprajzokkal emlegetett kettős kegyuraság vagy a birtokviszonyokra való utalás a bercsényegyházi templom esetében sajnos nem támaszkodhat egyértelmű adatokra. Érdekes lehet ugyan ebből a szempontból az, hogy a templom alapjai éppen egy igen régi, bizonyára a középkorig is visszavezethető közigazgatási – és így birtokokat is elválasztó – határvonalon kerültek elő, de ma már nem állapítható meg a templom építésének és a határvonal kialakításának egymáshoz való időrendi viszonya. A korábbi határvonal vagy a határvonal és a templom részben való egyidejűsége összefüggést is jelenthetne a közös kegyúri befolyással, illetve a szomszédos birtokosok közös jelenlétével, de ha a határvonal a templom pusztulása után alakult ki, akkor az esetleges kettős kegyuraság ezzel már nem magyarázható. Nagyon hasonló folyamat játszódhatott le a Gyula és Szabadkígyós mai határvonalán lévő Keresztes-halom tetején feltárt Árpád-kori templom esetében is.[43]

---

33 *Kozák* (1962) 227. 16. kép., *Marosi* (1975) 17.

34 *Éri – Gerőné – Szentléleky* (1964) 109., 92. kép., MRT 2, 85., 12. kép., *Marosi* (1975) 18.a. kép.

35 *Pálóczi-Horváth* (1975) 148. 7. kép., *Pálóczi-Horváth* (1984) 113. 5. kép., 122. 13. kép., *Marosi* (1975) 18.b. kép.

36 *Pamer* (1966) 107–108., *Dercsényi* (1970) 79., *Pálóczi-Horváth* (1984) 129.

37 *Kozák* (1966) 113. 144. kép, 120. 159. kép., *Marosi* (1975) 18.c. kép.

38 Zalaszántó: *Kozák* (1962) 227., 233., *Marosi* (1975) 150., Felsődörgicse: *Éri– Gerőné – Szentléleky* (1964) 102., 112–113., MRT 2, 85., *Marosi* (1975) 17., 146., Rakacaszend: *Pálóczi-Horváth* (1984) 122., 128., *Marosi* (1975) 17., 148., Vörösberény: *Pamer* (1966) 107–108., *Pálóczi-Horváth* (1984) 129., Szigliget: *Kozák* (1966) 116., 129., *Marosi* (1975) 16–17., 149.

39 *Éri – Gerőné – Szentléleky* (1964) 112–113., 97. kép.

40 *Deroko* (1930) 129., 147–150., 1., 18. kép.

41 *Hampel* (1897) 208., 209., IV. ábra, 212., *Divald* (1927) 16., 21., *Gerevich* (1938) 106–107., 169–170., CLXVI. tábla 2., *Csemegi* (1958) 175., 1. kép, 181., 4. kép, 181–182., 187., XLVI. t. 1., *Dávid* (1974) 16–17., *Marosi* (1978) 100–101., *Tóth* (2000) 430., 1. kép, 433., 8. kép.

42 *Dercsényi* (1970) 79., *Marosi* (1975) 17.

43 *Szatmári* (1996a) 353–380.

Az viszont minden kétséget kizáróan bizonyos, hogy a bercsényegyházi két külön templomtér kialakítását célzó alaprajzi megoldás Árpád-kori, s a Délkelet-Alföld korabeli egyházépítészetében ez ideig egyedüli, s példa nélkül való. Ezért ez külön figyelmet érdemel, s egyúttal az Árpád-kori Bercsényegyháza templomának jelentőségét is emeli. Külön jelentőssé teszi a térségben alaprajzát a mindkét épületrész szentélyének külön-külön patkóíves kialakítása is, hiszen patkóíves szentélyű templomot a környéken csak elvétve ismerünk. Elsősorban a Gyula melletti Szentbenedek,[44] valamint a középkori Murony falu[45] és a Kamut határában 1991-ben előkerült, ismeretlen nevű település templomára[46] utalhatunk, amelyek egyformán a 11–12. századra keltezhetők. Megemlíthetjük azonban továbbá a tágabb környékből még a szőregi,[47] a csengelei[48] és a pusztaszeri monostor helyén feltárt első építési periódust jelentő templomot[49] is. Az Árpád-kori templomok patkóíves szentélyű alaprajzi típusához kapcsolódó eddigi – főként az eredetükre, elterjedésük irányára és keltezésükre vonatkozó – elképzelések tisztázását minden valószínűség szerint a bercsényegyházi templom alaprajza is elősegíti majd.

Figyelemre méltó az első periódus világossárga színű, agyag alapozása is, hiszen a régióban nem sok példa akadt eddig hasonló alapozástechnikára, ezért ez egyelőre az átlagostól eltérő alapozási módot jelent. A tiszta sárga agyag alapozású templomokkal kapcsolatban Békés megyében elsősorban a Vésztő melletti Csolt monostor háromhajós, nyújtott szentélyfalas kolostortemplomát említhetjük, amelynek építési idejét Juhász Irén a 12. század első harmadára határozta meg.[50] Sárga agyag alapozású falusi plébánia templom került elő a mai Csökmő határába eső Peterd falu területén és a Medgyesegyháza melletti Bánkút határában is. Mindkét templom használata még az Árpád-kor folyamán megszűnt, ugyanúgy, ahogy Bercsényegyházán. A peterdi templom melletti sírokban előkerült érmek közül a legkorábbi Könyves Kálmán (1095–1114) uralkodása idejéből való, de a többi is 12. századi, s egyik sem későbbi III. Béla király (1172–1196) uralkodásának idejénél.[51] A Bánkúton feltárt templom kora leginkább szintén a 12. századra tehető, de építésének időpontja még a 11. századra helyezve sem elképzelhetetlen, éppen úgy, mint a peterdi templom esetében.[52] Bercsényegyháza első templomának építését tehát ezek az adatok is a 11. század végére, illetve a 12. század elejére keltezik.

A fenti megállapítások azonban csak a templom körüli temető elemzésével együtt kezelhetők. A temető területén összesen 31 sírt tártunk fel.[53]

1. sír: T= DNy 49,5', M= 80 cm. Háton fekvő, nyújtott gyermekváz. Bal oldala alatt faszén nyomai. A jobb felső testét és lábait a II. periódus szentélyének D-i alapozásával elvágták. Sírgödre nem látszott. 1. szelvény *(10. ábra 1.).*

2. sír: T= ÉNy 45', M= 85 cm. Háton fekvő, nyújtott, karok a test mellett. Bokájánál elvágták a II. periódus szentélyének alapozási árkával. Sírgödre nem látszott. 1. szelvény *(10. ábra 2.).*

---

44 *Szatmári* (1996c) 45., 13. kép.

45 MRT 10, 624–628. Murony 10/25. sz. lelőhely.

46 *Szatmári* (1995) 43., 8. kép.

47 *Trogmayer* (1977) 63–64., *Horváth* (1978) 121., 19. kép 6., *Trogmayer* (1980a) 154.

48 *Horváth* (1978) 94–96., 4–6. kép, 121., 19. kép 4.

49 *Horváth* (1978) 121., 19. kép 5., *Trogmayer* (1980b) 163. a. kép., *Trogmayer* (1992) 88.

50 *Juhász* (1980) 445., *Juhász* (1992) 99.

51 Szatmári Imre ásatása 1986, 1988, 1994. – Vö.: RégFüz 40 (1987) 92. No. 164., RégFüz 42 (1991) 57. No. 122., MMM ltsz.: 89.1.45., 89.1.56–57., 89.1.68., 95.14.7–9. Szatmári 2006.

52 *Szatmári – Vágó* (1993) 20., *Szatmári* (1996d) 41.

53 Antropológiai feldolgozás még nem készült. A sírleírásokban előforduló rövidítések: M = a mai felszíntől számított mélység, T = tájolás. (A 64' beosztású tájolónkon az É 32'-nál volt.)

3. sír: T= ÉNy 47', M= 67 cm. Háton fekvő, nyújtott, gyermek. A II. periódus szentélyének É-i alapozásába temették. Lábszárait az ásatási munkások fordították ki. Sírgödre nem látszott. 1. szelvény *(11. ábra).*

4. sír: T= ÉNy 47', M= 95 cm. Háton fekvő, nyújtott, gyermek. Karjai a test mellett voltak. Jól látszott a sír lekerekített sarkú, téglalap alakú gödre, melynek DNy-i sarkát a 12. sír gödrével elásták. Korábbi tehát a 12. sírnál, s mivel a 12. sírt is elvágta a II. periódus szentélyalapozása, így ez a sír is korábbi a II. periódusnál. 1. szelvény *(10. ábra 3.).*

5. sír: T= ÉNy 44', M= 90 cm. Háton fekvő, nyújtott, gyermek. Karjai a test mellett. Dereka alatt faszén nyomai. A sír lekerekített sarkú, a láb felé eső részen elkeskenyedő szélű gödre jól látszott. 1. szelvény *(10. ábra 3.).*

6. sír: T= ÉNy 46', M= 105 cm. Háton fekvő, nyújtott, jobb karja a test mellett, a bal kar a medencén. A koponya jobb oldalánál kisgyermek csontjai. Lekerekített sarkú, kissé szabálytalan téglalap alakú sírgödre jól látszott. Lábszárközéptől lefelé a szelvény K-i fala alatt. 1. szelvény *(12. ábra 1.).*

7. sír: T= Ny 48', M= 95 cm. Háton fekvő, nyújtott, gyermek. Karok a test mellett. A bal alkarcsontok hiányoznak, a váz deréktól lefelé a szelvény K-i fala alatt van. A sírgödör lekerekített DNy-i sarka jól látszott. 1. szelvény *(12. ábra 1.).*

8. sír: T= ÉNy 45', M= 88 cm. Háton fekvő, nyújtott. Jobb kéz a medencében, a bal a hason. Térdtől lefelé a II. periódus szentélyének alapozási árkával elvágták. A csontok alatt faszén nyomai voltak. A lekerekített sarkú, téglalap alakú sír gödre jól látszott. 1. szelvény *(12. ábra 2.).*

9. sír: T= ÉNy 44,5', M= 96 cm. Háton fekvő, nyújtott, gyermek. Jobb karja a test mellett. Koponyáját és bal oldalát a 10. sír gödrével elásták. Korábbi a 23. sírnál is. Sírgödre lekerekített sarkú, téglalap alakú volt. 1. szelvény *(13. ábra 1.).*

10. sír: T= –, M= 123 cm. Bolygatott, a sírgödörben több egyénhez tartozó csontok voltak, teljes összevisszaságban. A lekerekített sarkú, láb felőli részén elkeskenyedő sír gödrét a II. periódus szentélyének D-i falával elvágták. 1. szelvény *(13. ábra 1.).*

11. sír: T= Ny 48', M= 104 cm. Háton fekvő, nyújtott, gyermek. Csak a jobb lábszárcsontok és a lábfej maradt meg. Fölső testét és koponyáját a II. periódus szentélyének alapozásakor dobhatták ki. Sírgödre nem látszott. 1. szelvény *(13. ábra 1.).*

12. sír: T= ÉNy 46', M= 109 cm. Háton fekvő, nyújtott, gyermek. A combcsont közepétől fölfelé elvágták a II. periódus szentélyének alapozásakor. Lekerekített sarkú, téglalap alakú sírgödrével elásták a 4. sír gödrének DNy-i sarkát. 1. szelvény *(10. ábra 3., 13. ábra 1.).*

13/A. sír: T= ÉNy 47,5', M= 112 cm. Háton fekvő, nyújtott, karok a test mellett, nyaktól fölfelé a II. periódus szentélyének alapozási árkával elvágták. Lábán kisgyermek csontjai (13/B. sír). Sírgödre lekerekített sarkú, szabálytalan téglalap alakú volt. 1. szelvény *(12. ábra 4.).*

13/B. sír: T= –, M= 105 cm. A 13/A. jelű csontváz lábán kicsi gyermek összekuszált csontjai. Utólag temették az előző sír gödrébe. Koponyája és az állkapocs az előző csontváz bokáin, a jobb felkarcsont és többi része a 13/A sír gödrének ÉK-i sarkában. 1. szelvény *(12. ábra 4.).*

14. sír: T= ÉNy 45', M= 95 cm. Háton fekvő, nyújtott, gyermek. A bal alkar hiányzik. A csontváz jobb oldalát és koponyáját a II. periódus szentélyének É-i alapárkával elvágták. Lekerekített sarkú, téglalap alakú sírgödre jól látszott. Alatta volt a 25. sír. Lehetséges, hogy az 1. szelvény ÉNy-i sarkában, 75 cm mélyen előkerült gyöngyszem e sír betöltésében volt eredetileg. 1. szelvény *(13. ábra 2., 2. tábla 1.).*

15. sír: T= ÉNy 47,5', M= 90 cm. Háton fekvő, nyújtott, a jobb kar a test mellett, a bal kézfej a medence bal oldalán. Koponyája kissé balra fordult. Korábbi a 6. és 7. sírnál, illetve annál is, amelynek az 1. szelvénybe csak a sírfoltja esett. (Ez utóbbi nem kapott számot.) Mindegyik sírgödrével elvágták a 15. sír lekerekített sarkú, téglalap alakú gödrét. 1. szelvény *(12. ábra 3.).*

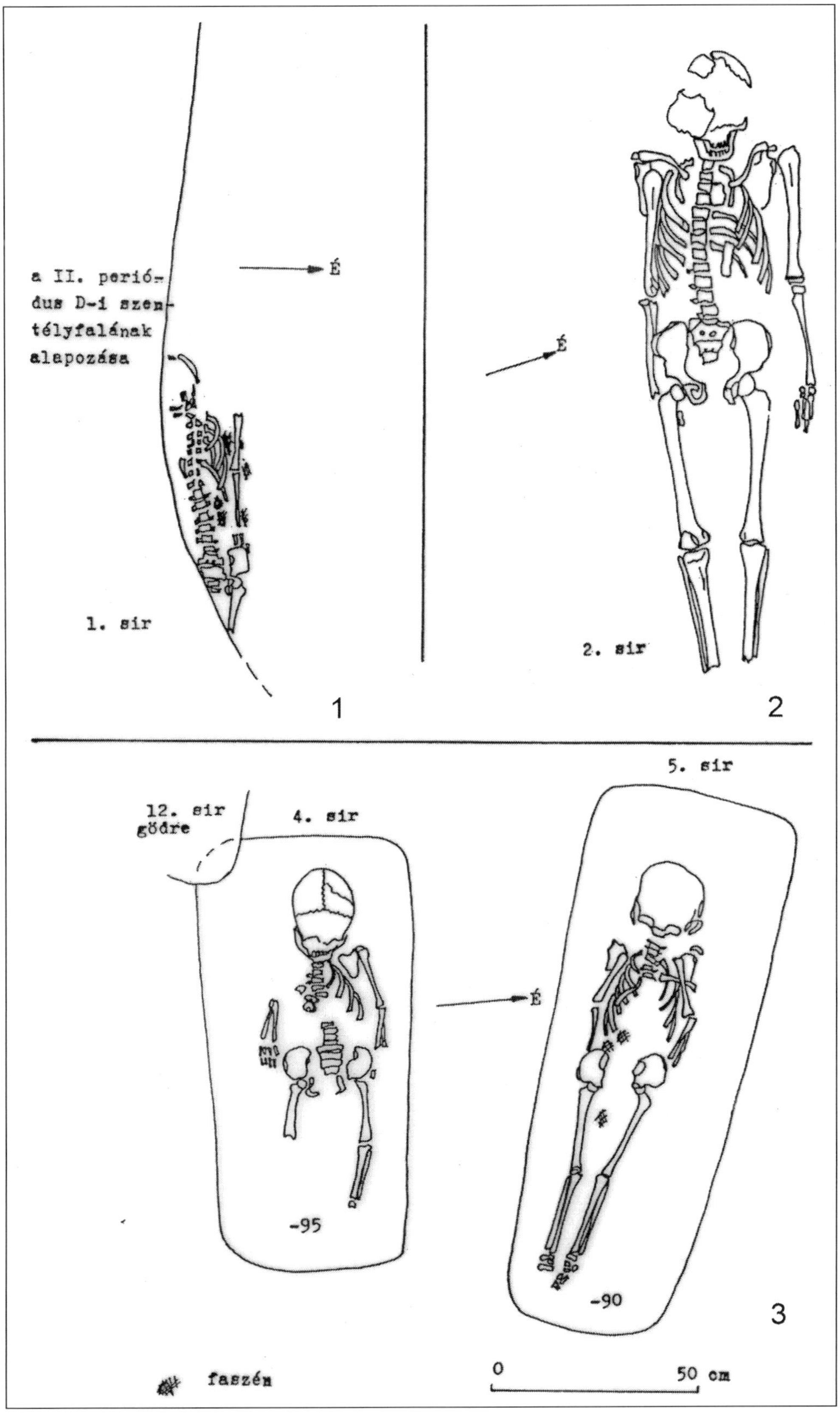

10. ábra: Feltárt sírok, 1992. 1: 1. sír. 2: 2. sír. 3: 4–5. sír

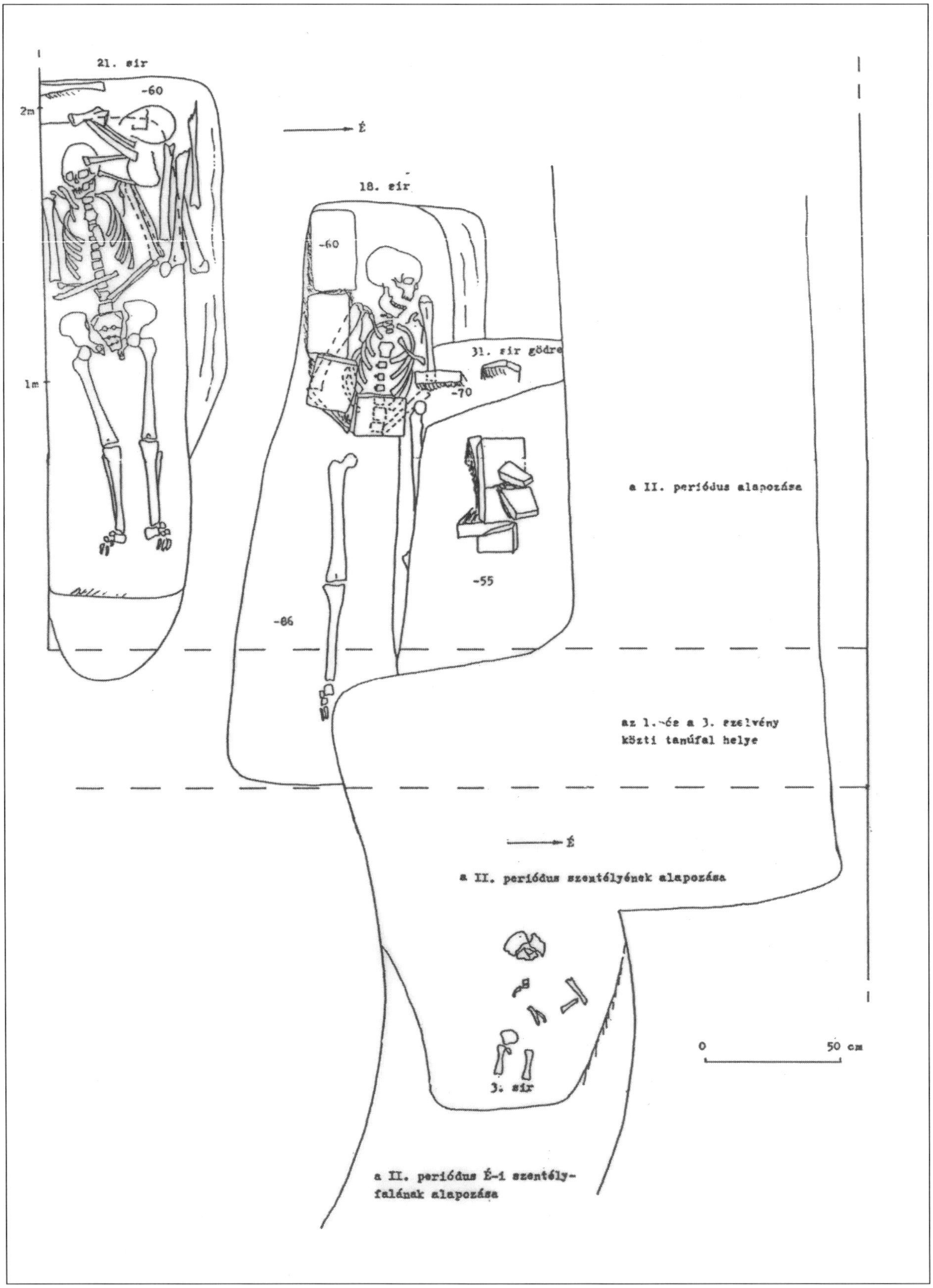

11. ábra: Feltárt sírok, 1992. A 3., a 18. és a 21. sír

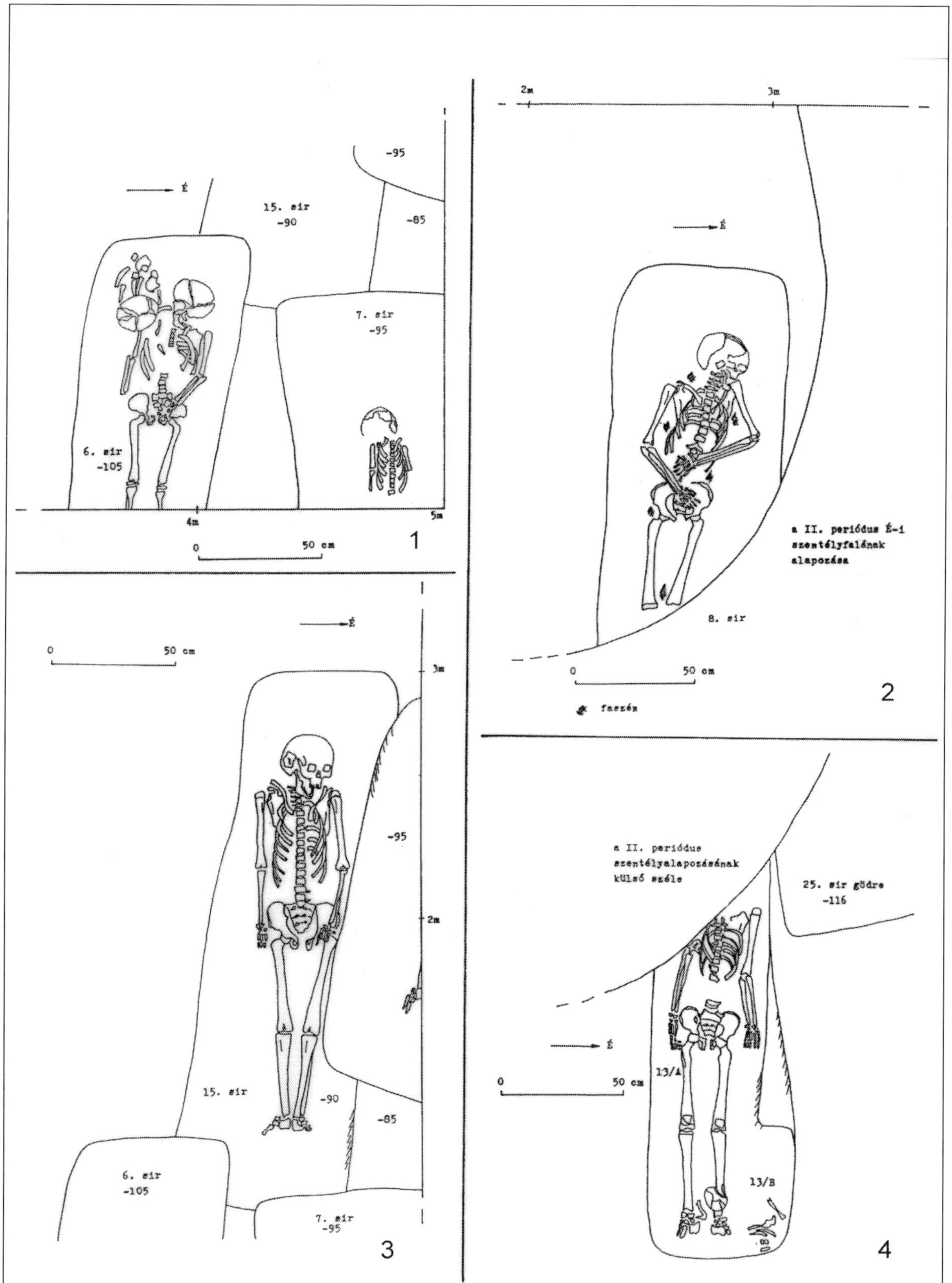

12. ábra: Feltárt sírok, 1992. *1:* 6–7. sír. *2:* 8. sír. *3:* 15. sír. *4:* 13. sír

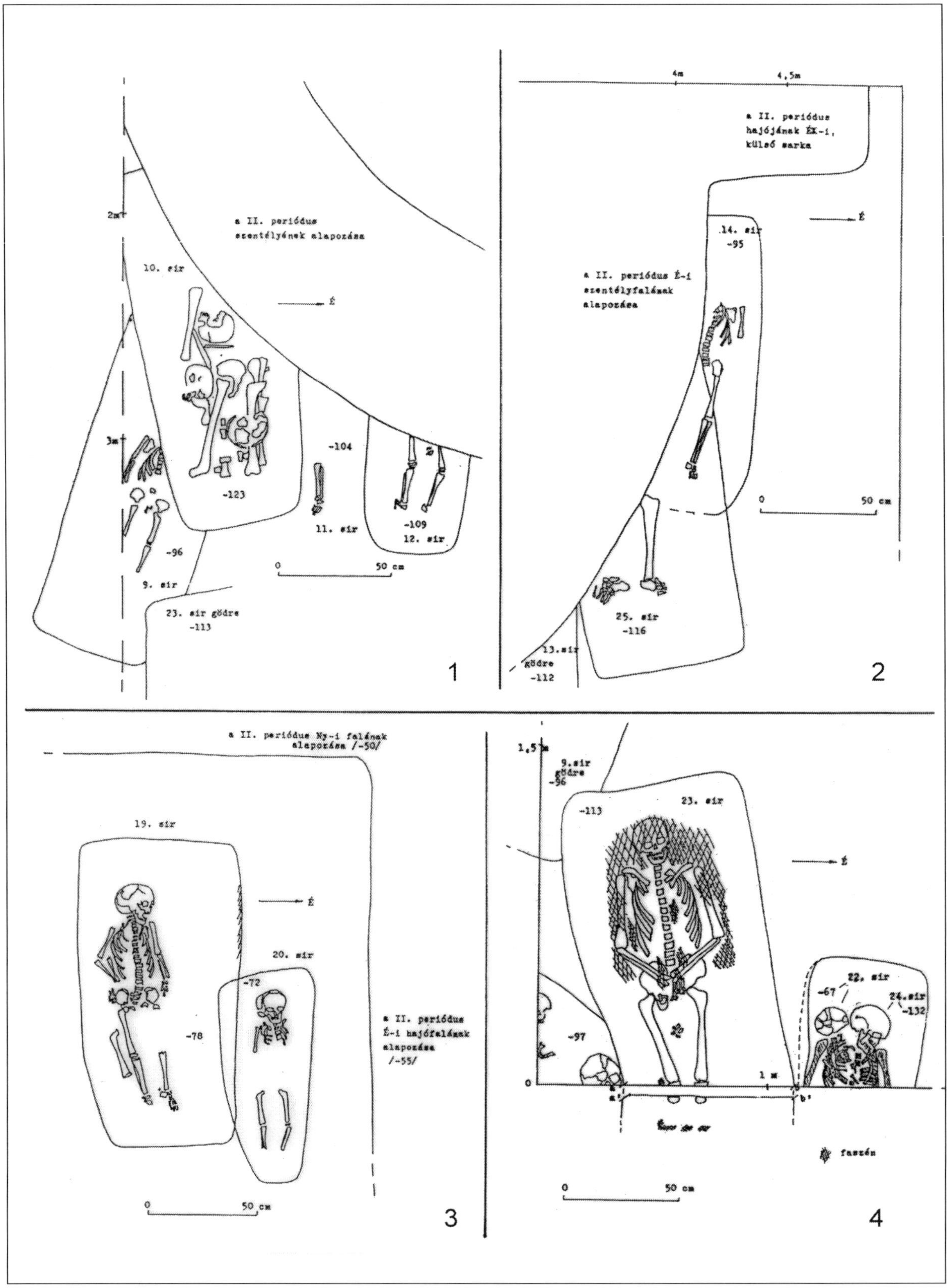

13. ábra: Feltárt sírok, 1992. *1:* 9–12. sír. *2:* a 14. és a 25. sír. *3:* 19–20. sír. *4:* 22–24. sír

16. sír: T= DNy 50', M= 57 cm. Háton fekvő, nyújtott, gyermek. Karok a test mellett. Deréktól lefelé hiányzik. A csontok környékén szabálytalanul fekvő téglák voltak. Sírgödrének vonalát csak részlegesen lehetett követni. 3. szelvény.

17. sír: T= Ny 48', M= 45 cm. Háton fekvő, nyújtott, gyermek. Karok a test mellett. Deréktól lefelé elvágták a II. periódus ÉNy-i sarkának alapozási árkával. Sírgödre nem látszott. 3. szelvény.

18. sír: T= ÉNy 46', M= 86 cm. Háton fekvő, nyújtott, karok a test mellett. Medencecsontjai hiányoznak, de a jobb lábcsontokat eredeti helyükön találtuk. A csontváz fölött a lekerekített sarkú, feltűnően szűk, szabálytalan téglalap alakú sírgödör földjében bolygatott embercsontok kerültek elő. A váz jobb könyöke felett kb. 20 centiméterrel és a hason lapjukon fekvő, végeikkel egymáshoz illeszkedő téglák voltak. A csontváz bal oldalát a 31. sír ásásakor, a sírgödörnek a jobb láb belső oldalára eső részét pedig a II. periódus alapozásakor vágták el. Helyzete és a 31. sírhoz való viszonya miatt korábbi a II. periódusnál. 3. szelvény *(11. ábra, 6. tábla 2.).*

19. sír: T= DNy 49', M= 78 cm. Háton fekvő, nyújtott, gyermek. Karok a test mellett, a koponya bal oldalra fordult, a bal combcsont bolygatott. Sírgödre lekerekített sarkú, téglalap alakú volt. Részben e sírgödörbe ásták a későbbi 20. sírt. 3. szelvény *(13. ábra 3., 6. tábla 2.).*

20. sír: T= Ny 48', M= 72 cm. Háton fekvő, nyújtott, gyermek. Jobb karja a test mellett, a jobb alkar, a bal karcsontok, a mellkas egy része és a medencecsontok elporladtak. A lekerekített sarkú, láb felőli végén elkeskenyedő sír gödrét beleásták a 19. sír gödrének É-i szélébe. (Sírgödrének foltja sötétebb volt a 19. sír gödrénél.) 3. szelvény *(13. ábra 3., 6. tábla 2.).*

21. sír: T= DNy 49', M= 104 cm. Háton fekvő, nyújtott, karjai a hason keresztben. A lekerekített sarkú, téglalap alakú sírra később ráástak, s a sírgödör ÉNy-i sarkába, a 21. sír csontváza fölötti rétegbe (a csontváz fölött 40 cm-rel), összedobált koponyákat és hosszúcsontokat temettek, 60 cm mélyen. 3. szelvény *(11. ábra).*

22. sír: T= DNy 52', M= 67 cm. Háton fekvő, nyújtott, gyermek. Jobb karja a test mellett. A váz bal oldalát a szelvény mélyítésekor ásóval kidobták. Sírgödre nem látszott. A 24. sír fölött volt. 1. szelvény *(13. ábra 4.).*

23. sír: T= DNy 49', M= 113 cm. Háton fekvő, nyújtott, kezek a medencében. Néhány ujjperc a combcsontok között volt. Térdtől lefelé a lábak a szelvény K-i fala alatt. A lekerekített sarkú, szabálytalan téglalap alakú sírgödörben a koporsó famaradványa a váz teljes szélességében, a koponyától egészen a csuklóig követhető volt. A szelvény K-i falában, a lábcsontok fölött 10 cm-rel, 98 cm mélyen a fából készült koporsó metszetének kis részlete is látszott. A sírhant megsüllyedését követően a sír tetejét lapjukra fektetett téglákkal rakták ki: középen egymásra fektetett két sorral, a szélein pedig egy sorban. Az egymás mellé öt sorban, 90–95 cm szélesen elhelyezett téglaborítást az 1. és 2. szelvényben is kibontottuk, a csontvázat azonban csak az 1. szelvényben *(13. ábra 4.).*

24. sír: T= ÉNy 46', M= 132 cm. Háton fekvő, nyújtott, deréktól lefelé a szelvény K-i fala alatt. A váz jobb felkarjának szintjében a lekerekített sarkú, téglalap alakú sírgödörnek 9 cm-es padmalyszerű bemélyedése volt. A 22. sír alatt helyezkedett el. 1. szelvény *(13. ábra 4.).*

25. sír: T= Ny 48', M= 116 cm. Háton fekvő, nyújtott, a jobb bokától, illetve a bal térdtől fölfelé a csontvázat elvágták a II. periódus szentélyének alapárkával. Sírgödre lekerekített sarkú, téglalap alakú volt, fölötte helyezkedett el a 14. sír gödre. 1. szelvény *(13. ábra 2.).*

26. sír: T= Ny 48', M= 104 cm. Háton fekvő, nyújtott, jobb kéz a hason, a bal kéz a medence bal oldalán. Combközéptől lefelé a sírt a II. periódus Ny-i zárófalának alapozásába ásták, de az alapozás vonalának megőrzése miatt lábait nem volt időnk kibontani. A váz alatt mindenütt faszén nyomai látszottak. A váz fölött, 60 cm mélyen, a sírbetöltésben visszadobált embercsontok kerültek elő. Sírgödre lekerekített sarkú, téglalap alakú volt. Későbbi a 27. sírnál. 3. szelvény *(14. ábra 1.).*

27. sír: T= Ny 48', M= 106 cm. Háton fekvő, nyújtott, bal karja a test mellett. Deréktól lefelé a II. periódus Ny-i zárófalának alapozásába ásták, de csak felső testét volt időnk kibontani. A mellkas jobb oldalát és a jobb

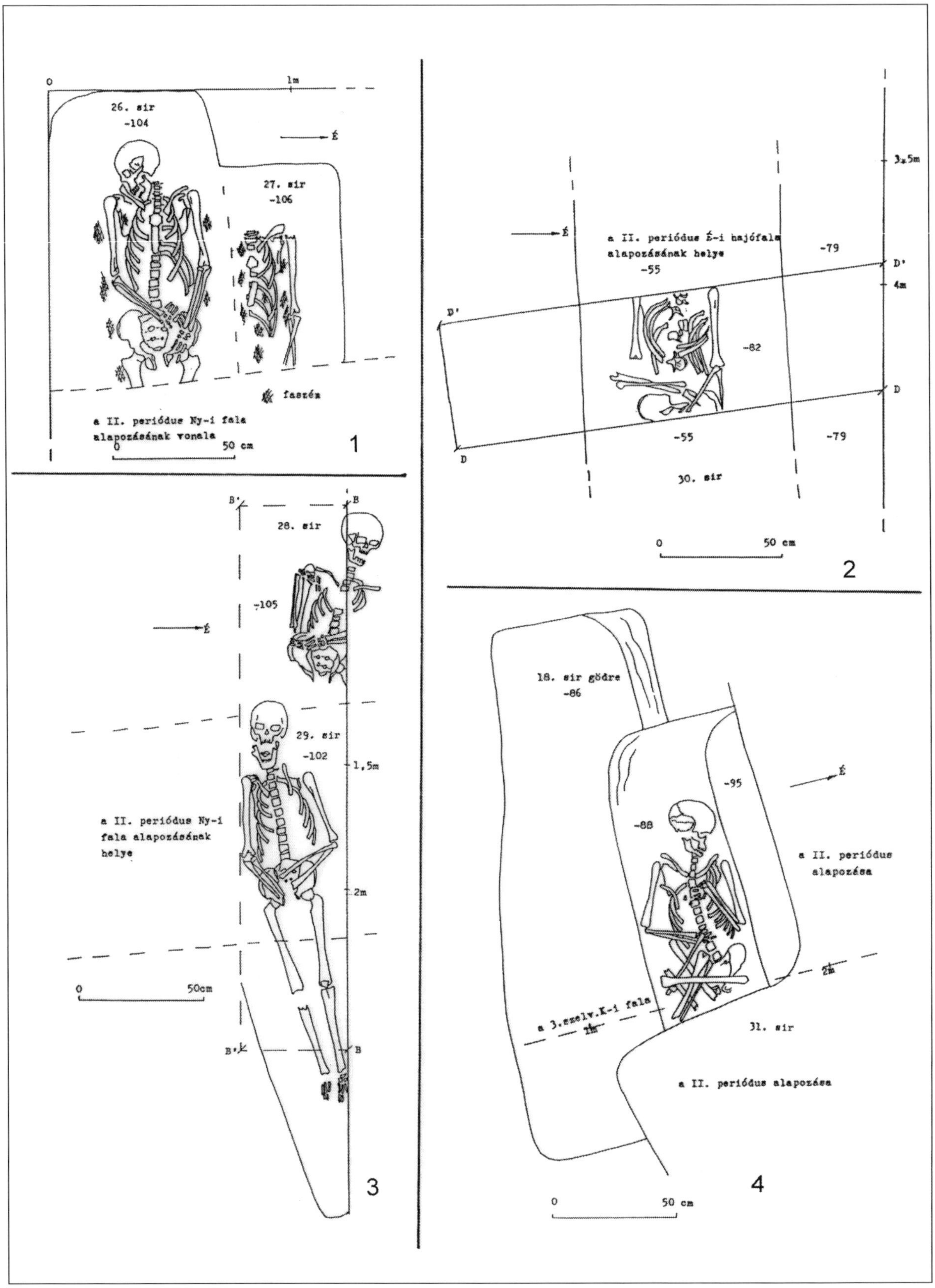

14. ábra: Feltárt sírok, 1992. *1:* 26–27. sír. *2:* 30. sír. *3:* 28–29. sír. *4:* 31. sír

karcsontokat a 26. sír ásásakor dobták ki. A váz alatt faszén nyomait figyeltük meg. Sírgödre lekerekített sarkú, téglalap alakú volt. 3. szelvény *(14. ábra 1.)*.

28. sír: T= ÉNy 45', M= 105 cm. Háton fekvő, nyújtott, koponyája és bal felső teste a 4. szelvény É-i fala alatt. A B–B metszet területén találtunk rá, de sírfoltja nem látszott. Lábait a II. periódus Ny-i falának alapozásával elvágták. Jobb kezét a jobb vállára hajlították. A koponyát kibontottuk a tanúfal alól. Korábbi a 29. sírnál is. 4. szelvény *(14. ábra 3.)*.

29. sír: T= DNy 49,5', M= 102 cm. Háton fekvő, nyújtott, a kezek a medencén. A sírt combközéptől fölfelé a második templomrész Ny-i zárófalának alapozásába ásták, hiszen annak alját itt 140 cm mélységben értük el. Sírgödrét időhiány miatt nem bontottuk ki teljesen, mert az egyrészt a szelvény É-i fala alatt, másrészt pedig a B-B metszet D-i fala alatt folytatódott. Formája valószínűleg lekerekített sarkú, téglalap alakú volt. 4. szelvény *(14. ábra 3.)*.

30. sír: T= Ny 48', M= 82 cm. Háton fekvő, nyújtott. Az egész sírt a második periódus É-i hajófalának alapozásába ásták. Időhiány miatt csak a D-D metszetünk átvágása területére eső részét tudtuk kibontani. Válltól fölfelé és medencétől lefelé a szelvényben maradt. Annak ellenére, hogy a sír betöltése ritkásan habarcs- és téglaszemcsés, kevert volt, a sírfoltja mégsem látszott. 3. szelvény *(14. ábra 2.)*.

31. sír: T= ÉNy 47', M= 88 cm. Háton fekvő, nyújtott. Bal kéz a mellen, jobb kéz a hason. A lábcsontok a medencén, másodlagos, bolygatott állapotban. Ide a II. periódus szentélyének alapozásakor kerülhettek, mert az alapozási árok ásásakor rátaláltak. Bal felkarcsontja mellett másik, kibontatlan sírgödör széle jelentkezett. Relatív időrendjük bizonytalan, de mindkettő korábbi a II. periódus alapozásánál. Későbbi a 18. sírnál. A 31. sír ásásakor kimozdították a 18. sír csontvázának bal lábát, s a 18. sír bal oldalán lévő téglákat. A lábcsontokat a 31. sír déli széléhez tették vissza, a téglákat pedig a 31. sír betöltésébe dobálták. A 18. sír csontvázának bal könyökét viszont eredeti helyén hagyták, hiszen a két sír alja között csak 2 cm volt a szintkülönbség, s itt a 31. sír gödre is lekerekített sarkú, téglalap alakú volt. 3. szelvény *(11. ábra, 14. ábra 4., 6. tábla 3.)*.

A feltárt temetőrész elemzése nyilvánvalóan nem vezethet általánosítható megállapításokhoz, hiszen a temető teljes sírszáma a napvilágra került sírok számának egész biztosan a többszöröse. A feltárt sírokkal kapcsolatban azonban mégis érdemes tenni néhány összesítő megjegyzést, melyek talán segítséget nyújthatnak a közeli 13. számú lelőhelyen feltárt 10–11. századi temető jellemzőinek összevetésében.

A 31 sír embertani anyagának feldolgozása még nem készült el, de pusztán a csontvázak hosszából és a sírgödrök méreteiből is megállapítható, hogy a feltárt sírok igen jelentős részében, legalább a felében gyermekek feküdtek. A kéztartások sokat emlegetett változatosságából messzemenő következtetéseket nem lehet levonni. A sírokban minden esetben háton fekvő, nyújtott helyzetű csontvázak fordultak elő. A karok leginkább a test mellett voltak nyújtva (2, 4, 5, 7, 16, 17, 19. sír), de előfordultak még a következő variációk is: a jobb kar a test mellett nyújtva, a bal pedig a medencén (6, 15. sír), a jobb kéz a medencén, a bal a hason (8. sír), a karok a hason keresztben (21, 26. sír), a kezek a medencén (23, 29. sír), de előfordult példa arra is, hogy a bal kéz a mellen, a jobb pedig a hason volt (31. sír), vagy olyan is, hogy a jobb kart a jobb vállhoz hajlították (28. sír).

A sírok tájolása lényegében igazodott a felépített templom falainak, vagyis hossztengelyének tájolásához, de eltérések így is adódtak. A sírok tájolásának két szélső értéke ÉNy 44' és DNy 52', viszont a legegységesebb tájolás az ÉNy 45' és DNy 49' közé esik, a leggyakoribb tájolás pedig a Ny 48'. Ez utóbbi felel meg leginkább a templom tájolásának is, amely DNy 48,5' – ÉK 16,5'.

A sírok mélysége a mai felszíntől számítva 45–132 cm között mozgott, a legtöbb a 80–110 cm közé esett, ezen belül is a 104–105 cm-es mélység volt a leggyakoribb. A sírgödrök többségének formáját meg lehetett figyelni. Leginkább lekerekített sarkú, téglalap alakú sírgödröket ástak (4, 6–9,

12–15, 18–19, 21, 23–27, 29, 31. sír), néhány esetben viszont lekerekített sarkú, de a láb felé eső részen elkeskenyedő sírgödröket is találtunk (5, 10, 20. sír).

A templom körüli temetőben előkerült sírok közül egyben sem volt olyan tárgyi lelet, amely a keltezésben útmutatást adhatna. Ebből a szempontból egyetlen adatunk Krecsmarik Endre 1911. évi leírása. Ebben egy olyan, a templom körüli temetőhöz köthető sírról számolt be, amelyből két hajkarika és egy I. László és II. Géza király uralkodása közé keltezhető érem került elő. E leletek korának megfelelhet az a kékeszöld színű üvegpaszta gyöngyszem is, amely minden valószínűség szerint a 14. sír betöltéséből való *(2. tábla 1.).* A leletanyagban csupán a fentebb már említett néhány vasszeg található még, amelyek vélhetően a sírokban előforduló koporsókhoz köthetők, de mindegyik vasszeg szórványként került elő *(2. tábla 3–9.).* Keltező értékük azonban e vasszegeknek egyébként sem jelentős.

Koporsó famaradványát mindössze a 23. sírban tudtunk megfigyelni. Három sírban fordult elő tégla: a 16. és 18. sírban rendszer nélküli helyzetben, a 23. sírban pedig szabályos elrendezésben. Faszén nyomai kerültek elő az 1, 5, 8, 26. és 27. számú sírban, a csontok alatt. Egymásra temetést állapíthattunk meg több alkalommal: a 4. és 12. sír, a 6., 7. és 15. sír, a 9., 10. és 23. sír, a 13/A és a 13/B. sír, a 14. és 25. sír, a 18. és 31. sír, a 19. és 20. sír, a 21. sír, a 22. és a 24. sír, a 26. és 27. sír, valamint a 28. és 29. sír esetében.

A keltezésben sajnos az sem visz előbbre, hogy jó néhány sírt egyértelműen köthetünk az első periódus idejéhez, mert sírgödrét közvetlenül vágta a második periódus alapozásának árka, vagy egy olyan sírgödör, amelyet szintén a második periódus alapozásával vágtak el (1–2, 4, 8–14, 17–18, 25, 28, 31. sír). A 8. sír csontváza például térdtől lefelé, a 11. sírban lévő deréktól fölfelé, a 12. sír csontváza pedig combközéptől fölfelé esett az alapozási árokba, míg a 13. sírban a jobb felkarcsontot és a koponyát, a 14. sírban pedig a csontváz jobb oldalát semmisítette meg a második periódus szentélyének alapozási árka. A csontokon több esetben egyértelműen megfigyelhető volt az új alapozási árok ásása közben tett vágás nyoma.

A második építési periódusnak szánt épületrész alapozásába ásták a 3, 26–27, 29–30. sírt, tehát e sírok jelentik a legkésőbbi temetkezéseket. Ez utóbbiak egyúttal arra is bizonyítékot adnak, hogy – a település felszíni leletekből megállapítható Árpád–kori pusztulása alapján – a templom második építési periódusát minden valószínűség szerint nem építették föl, s annak csak az alapozásáig jutottak el. A falak felépítése helyett ugyanis az új alapozás területére ismét sírokat kezdtek ásni. Ez az oka annak is, hogy a második építési periódushoz köthető sírok nem ismeretesek. A síroknak egymáshoz és a két építési periódushoz való relatív időrendjét tehát jól lehet rekonstruálni, de a sírokban egyetlen olyan keltező értékű lelet sem került elő, amely nemcsak az adott sírt, hanem az első templom és a második épületrész alapozásának idejét is meghatározhatta volna.

Bizonytalan az 5–7, 15–16, 19–24. sírnak az egyes periódusokhoz való időrendi viszonya, mivel nincs közvetlen vagy közvetett érintkezési pontjuk az alapozásokkal. A 19–21. sír ugyan a második épületrész hajójában került elő, de mivel az eddigi tapasztalatok szerint az Árpád-korban a templomok belsejébe – leszámítva a kegyúri temetkezéseket – nem temetkeztek, ezek egyaránt tartozhatnak az első templomhoz tartozó temetőhöz és a második periódus utáni időkhöz is. Érdekes megfigyelés volt, hogy az első periódus északi oldalánál, közvetlenül a templom fala mellett nem kerültek elő sírok. Ez kétség kívül azt bizonyítja, hogy a második épületrész alapozása idején a templom mellett, a korábbi templom körüli temető területén még csak ritkásan voltak sírok. Néhány sírt az új alapozással ugyan már átvágtak, de az első épület falai mellett a temető még nem telt meg. Szintén a jórészt egyrétegű temetőre utal az is, hogy a terepbejárások idején és az ásatást megelőzően a felszínen lényegében nem lehetett embercsontokat látni, tehát nem szántottak ki sírokat. Ennek magyarázata a síroknak az átlagosan egy méter körüli mélységében rejlik. Egymásba ásott sírgödrök ugyan előfordultak, de a huzamos időn keresztül használt templom körüli temetőkre jellemző zsúfoltság mégsem alakult ki, s inkább a temető egyrétegűségéről beszélhetünk. Ez pedig egyértelműen a temető rövid ideig tartó használatára utal.

Külön figyelmet érdemel a 23. sír (1. és 2. szelvény), amelynek sírbetöltését lapjukra fektetett téglákkal fedték be *(4–5. ábra)*. A téglák elhelyezkedéséből jól látható, hogy a megsüllyedt sírhant homorú felületét a középen két rétegben, a sírgödör széleinél pedig csak egy rétegben elhelyezett téglákkal egyenlítették ki. Ezt pedig csak úgy végezhették el, ha a sír tetejét jelentő, vízszintesen kialakított téglaborítás szintje az Árpád-kori járószinttel azonos vagy ahhoz nagyon közeli volt. A templomon kívüli Árpád-kori járószint tehát a 23. sír tetejét fedő téglákkal lehetett azonos szinten. Ez a szint megegyezik a II. épületrész alapozásának tetején több helyen megmaradt habarcsfoltok – mai felszíntől számított – 30 centiméteres mélységi adataival is. E szint sajnos napjainkban éppen a szántás legalsó szintjével azonos, így gyakorlatilag teljesen elpusztult.

Összességében tehát elmondható, hogy a templom a 11–12. század fordulója táján épülhetett. Lehet, hogy már Szent László uralkodásának végén, de legkésőbb talán még Könyves Kálmán korában. Mivel a település az Árpád-kor folyamán elnéptelenedett, a templom és temető használatát sem tehetjük két évszázadnál hosszabb időszakra, tehát kizárólag a 12–13. századra. Valószínűleg nem tévedünk akkor sem sokat, ha a második építési periódus alapozásának elkészítését a 12–13. század fordulója tájára helyezzük, hiszen az alapozási árkával már jó néhány korábbi sírt kellett az építőknek megbolygatniuk, ugyanakkor későbbi sírok még az új alapozás döngölt földjébe is kerültek. A falu pusztulásának okát nem ismerjük. A 13. századi okok között megemlíthető a tatárjárás és a meginduló falupusztásodási folyamat is.

A településnek a középkori oklevelekben emlegetett Bercsényegyházával való azonosítására csak igen kevés adat állt rendelkezésre.[54] Ennek legfontosabb oka az, hogy a település még az Árpád-kor folyamán elpusztult, így neve a későbbiekben törvényszerűen kevesebb alkalommal, csak mint határrésznév fordulhatott elő. A település korai pusztulása szintén arra az időre esett, amelyből az oklevelek is csak csekély számban maradtak fenn. Neve először egy 1403. évi oklevélben fordul elő *Bercheneghaz* alakban, de a területe ekkor már prédium, puszta. A korábban már elpusztult falu területét az oklevél a Maróthi János macsói bánnak adományozott gyulai uradalom tartozékaként sorolta fel.[55] Az elnevezés valószínűleg személynévi eredetű, amely később az -egyháza utótaggal bővült, s ilyen formájában a korábban elpusztult település egyházas voltára is utalt.[56] Más vélemény szerint a falunév Bercsény- előtagja talán a szláv eredetű bérc szavunk -ény képzős származéka,[57] de e síkvidéki település esetében a bérc szó *'hegy, hegytető, hegycsúcs'* jelentése miatt valószínűleg mégsem e magyarázat lehet a név megfejtése. A 15. századból (1454, 1498) és a 16. század elejéről (1506, 1510) ismerünk még néhány olyan említést (*Bersen*, *Berchek*, *Borthek*, *Berczecz*), amelyek minden bizonnyal ugyanennek az elnevezésnek a folyamatosan romló névalakjait jelentik.[58]

A rendelkezésre álló okleveles adatok bizonytalansága mellett viszont igen jelentős érdemeket szerzett, és további eredményeket hordoz magában a faluhely környezetének a régészeti topográfia által megvalósított feltérképezése. A templomhely környékének a terepbejárásokon meghatározott Árpád-kori lelőhelyek által jelzett négy évszázados történelme ugyanis igen fontos korszakot tölt ki, s e lelőhelyek együtt képviselik a pogányságról a kereszténységre való áttérés folyamatát. Kiemelke-

---

54 MRT 8, 344–345.

55 *Karácsonyi* (1896) II. 46., *Veress* (1938) 6., *Kristó* (1981) 54.

56 *Karácsonyi* (1896) I. 38., *Györffy* (1961) 35–37., *Kristó* (1983) 450–455., MRT 8, 345.

57 *Blazovich* (1996) 56–57. – Kiss Lajos monografikus művében a *Bercsény* szócikk nem szerepel ugyan, de a *Berche/Berce* itt is számnévi eredetű. (*Kiss* 1988. I. 196.)

58 *Haan-Zsilinszky* (1877) 70., *Veress* (1938) 42., 57., *Kristó* (1981) 78., MRT 8, 345.

dő jelentősége van ebből a szempontból a 13. számú lelőhelyen előkerült pogány magyar temetőnek is, hiszen az még a 12. század kezdete előtt megszűnt, használata Szent László uralkodását követően lezárult.[59] A rendelkezésre álló adatok szerint ugyanakkor az e temetőtől mindössze 400–500 méterre lévő 14. számú lelőhelyen feltárt – Bercsényegyházával azonosított – falusi templom első periódusa a pogány temető felhagyása és a keresztény szokásoknak megfelelő templom körüli temetők megnyitásának folyamatára utal. A temetőváltás és temetkezési szokások változása ez esetben töretlen folyamatnak tűnik, s feltételezhető, hogy a 10–11. században a 13. számú lelőhelyen talált temetőt használó pogány népesség a 11. század végétől vagy a 12. század elejétől keresztény hitre térve a 14. számú lelőhelyen felépített falusi templom mellé temetkezett. Valószínű tehát, hogy a templomhely 1–1,5 km sugarú körzetében található régészeti lelőhelyek alkalmasak az ide betelepülő, 10. századi előzményű pogány népesség keresztény közösséggé fejlődésének részletesebb vizsgálatára.

Mivel a 13. és 14. számú lelőhelyen előkerült két temető leletanyaga közötti időrendi átfedések nem ismeretesek – sőt éppen időrendi egymás utáni voltuk igazolható, hiszen a pogány temető legkésőbbi leletei Salamon (1063–1064) és I. László (1077–1095) király pénzei, míg a templom melletti sírok egyikéből 1095–1161 közé, vagyis I. László és II. Géza uralkodása közé keltezhető érem[60] került elő –, a temetőváltás minden bizonnyal hosszabb átmenet nélkül valósulhatott meg. A templom körüli temető megnyitásával tehát valószínűleg a korábbi temető használata is véget ért, s a két temető párhuzamos használata minden bizonnyal nem lehetett jellemző. A temetkezési szokások megváltozásának vagy a vallásváltásnak a gyakorlati menete azonban ismeretlen. Ennek közvetlen oka lehetett akár egy szigorú utasítás, de az is elképzelhető, hogy Szent László király uralkodása végére az országban általánosan megérett helyzetből következően került sor a templomépítésre e faluban is.

Nem tudhatjuk azt sem, hogy a köznépi temető kései sírjaiba pogány módon vagy a keresztény vallásnak megfelelően temették-e a halottakat. Lehetséges, hogy a templom felépítése idején a temetkezések már a régi temetőben is keresztény szellemben történtek, s az egyházi épület elkészülte csupán a temető áthelyezését hozta magával, s nem az egész hitvilág megváltoztatását. Talán ezt bizonyítja az a hasonlóság is, amely például a korábbi, köznépi temető 19., 28., 32., 34., 37. és 40. sírja, illetve a későbbi, templom körüli temetőben Krecsmarik Endre által feltárt – fentebb már említett – sír között kimutatható. Mindegyik sírban ugyanis S-végű hajkarikák és egy-egy, közel egyidős (Salamon vagy I. László király idejéből származó, illetve a Szent László uralkodását követő évtizedekből való) érem került elő.[61]

További hasonlóság a két temető között, hogy mindkettő halomszerű kiemelkedést foglalt el, bár ez a földrajzi környezet miatt is alakulhatott így. A sírok tájolása lényegében szintén megegyezik: míg a 13. számú lelőhelyen előkerült korábbi temető sírjai közül a legáltalánosabb az ÉNy 45' – DNy 51' közé eső tájolás, a leggyakoribb pedig az ÉNy 47', addig a templom körüli temető sírjainak a tájolása leginkább ÉNy 45' – DNy 49', a legtöbb pedig Ny 48'. A feltárt sírok között a gyermekek százalékos aránya is közeli értékeket mutat: a korábbi temetőben ez hozzávetőlegesen 42,6 % volt, a templom körüli temetőben pedig kb. 43,7 %. Mindkét temetőben ugyanaz a kétféle sírgödörforma fordult elő: a lekerekített sarkú, téglalap alakú és a szintén lekerekített sarkú, de a láb felőli végén elkeskenyedő sírgödör. A templom körüli temetőben azonban az előbbi forma volt a jellem-

---

59 MRT 8, 344., *Liska* (1996) 192–193.

60 Az érem meghatározását – mint láttuk – Krecsmarik Endre kétféle módon közölte. Egy újsághír szerint az érem II. Béla királyé (1131–1141) volt, viszont a mindenképpen tudományosabb publikációnak tekinthető, s az Archaeologiai Értesítőben megjelent ismertetésben már óvatosabb meghatározással találkozunk. Ez utóbbi szerint az érem kora 1095–1161 közé tehető. (Szarvas és Vidéke 1911. augusztus 13., 3. old., *Krecsmarik* (1911) 379.) A kétféle kormeghatározás a különbségek ellenére is megerősíti azonban azt, hogy a két temető időben egymást követte.

61 *Liska* (1996) 177–179, 192.

ző. Igaz ugyan, hogy a korábbi temető feltárásánál nem a jelenlegi felszíntől, hanem a gépek által legyalult szinttől mérték a sírok mélységét, s a legyalult réteg vastagságára nincs adat, mégis, ha a legyalult réteget átlagosan 25–30 cm-nek (a szántás átlagos mélységével azonosnak) számítjuk, akkor a két temető sírmélységei szintén közelítő értékeket adnak. Koporsó a korábbi temető 85 sírja közül háromban (6, 8, 9. sír) volt megfigyelhető, a templom körüli temető 31 sírja közül pedig egyben. Mindkét temetőben háton fekvő, nyújtott testhelyzetű csontvázak kerültek elő. A korábbi temetőben ugyan néhány rendellenes helyzetű csontváz is előfordult, s a későbbi temetőben természetszerűleg (behatárolt sírkertet feltételezve) nagyobb számban mutatható ki az egymásra temetés, mégis a két temető sírjaiban megfigyelt csontvázak helyzete jelentős különbségeket nem mutat. Valószínűleg az sem jelenthet éles különbséget, hogy a templom körüli temető 28. sírjában a jobb kéz a jobb vállhoz hajlítva került elő.

Kétségtelenül különbségnek számít a két temető között az, hogy míg a korábbi temető 85 sírja közül egyikben sem találtak a csontok alatt faszénmaradványokat, addig a későbbi temetőből feltárt 31 sír közül legalább ötben került ilyen elő. A faszénmaradványok az Árpád-kori templom körüli temetők sírjaiban egyébként is általánosan előfordulnak, így ezek minden bizonnyal a magyarországi korai kereszténység előírásainak megfelelően, nyilvánvalóan papi irányítással végzett temetkezési szokásokkal magyarázhatók. A két temető különbségét jelenti természetesen az is, hogy a korábbi temető sírjainak valamivel több mint negyedében kerültek elő mellékletek, a későbbi temetőben pedig a sírmelléklet gyakorlatilag nem volt jellemző. E különbség nyilvánvalóan az egyik temető pogány kori szakaszával és az ebből eredő mellékletadási szokásokkal, illetve a másik temető egyértelmű keresztény voltával, s az ebből adódó egyszerű temetkezési szokással magyarázható.

A két temető megegyező és eltérő adatai összességében kétségkívül azt a folyamatot tükrözik, amely az e térségben letelepedett, s a 10. században is itt élt pogány magyar hitvilággal rendelkező lakosság keresztény közösséggé való átalakulását jelentette. A pogányság és kereszténység váltása további részleteinek megismerését a korai templomok, templom körüli temetők, illetve az ezekhez területileg közel eső köznépi, pogány (?) temetők feltárásától és összehasonlító, elemző feldolgozásától remélhetjük.[62] Egy kialakult keresztény közösség, templommal is rendelkező Árpád-kori település megszűnésének vizsgálata pedig már külön kérdéskörbe tartozik.[63]

---

[62] Ebből a szempontból különösen fontos az antropológiai összehasonlító elemzések elkészítése is.

[63] Ezúton is köszönöm Gábor Gabriella (Munkácsy Mihály Múzeum), Kocsor Julianna (Jantyik Mátyás Múzeum) és Jankovich B. Dénes (MTA Régészeti Intézete) segítségét, amelyet az ásatáshoz nyújtottak. A feldolgozás közben Zorica Divac (SANU, Belgrád) és Ispánovics-Pozsár Márta (Munkácsy Mihály Múzeum) segítségére is támaszkodhattam. Szívességüket szintén megköszönöm. A rajzokat Gábor Gabriella, a tárgyfotókat Krajcsovics Béláné készítette. – A kéziratot (apróbb utólagos kiegészítésektől eltekintve) 1998 februárjában zártam le.

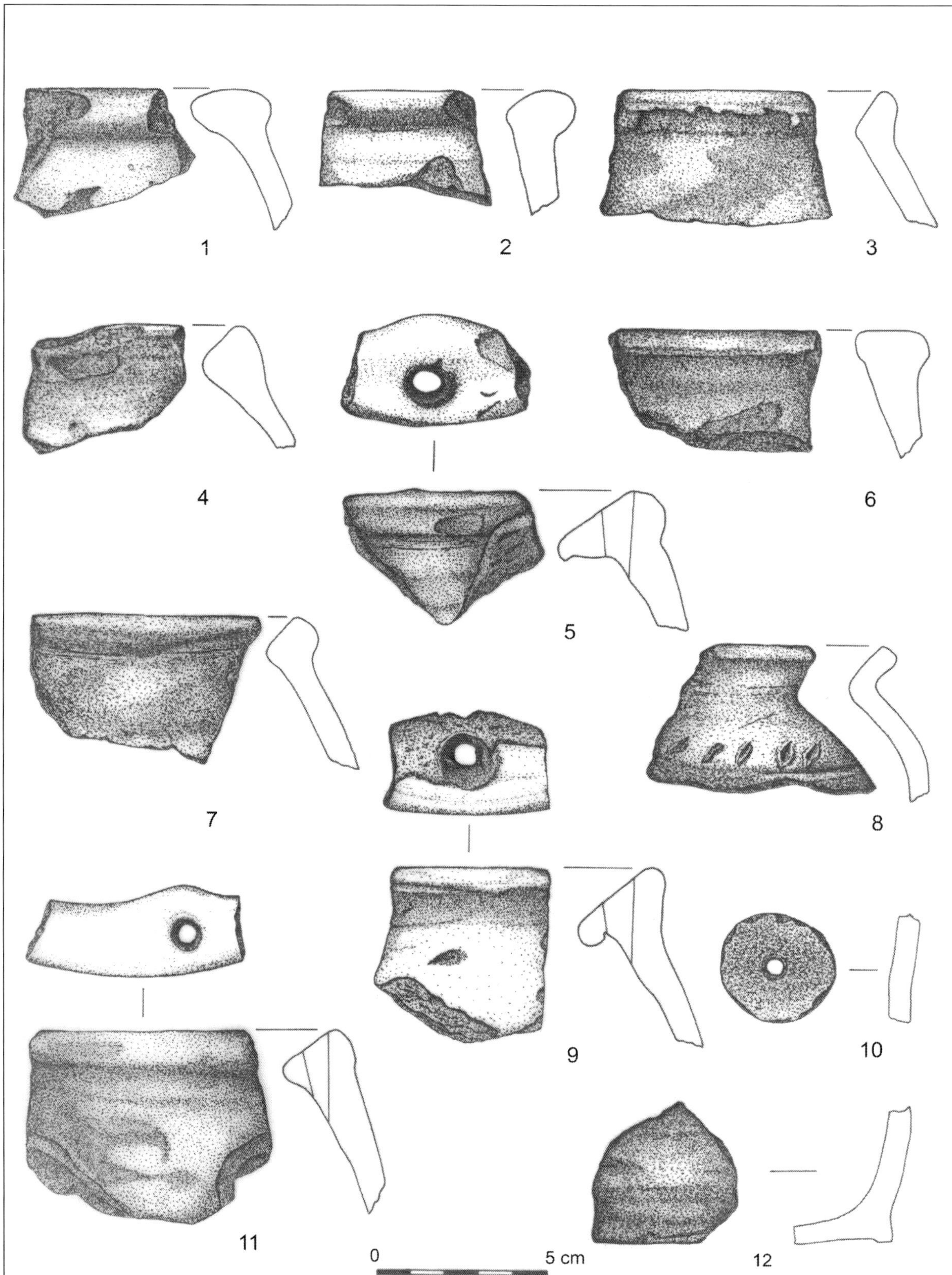

1. tábla: 1–12: Edénytöredékek a lelőhely területéről, 1992

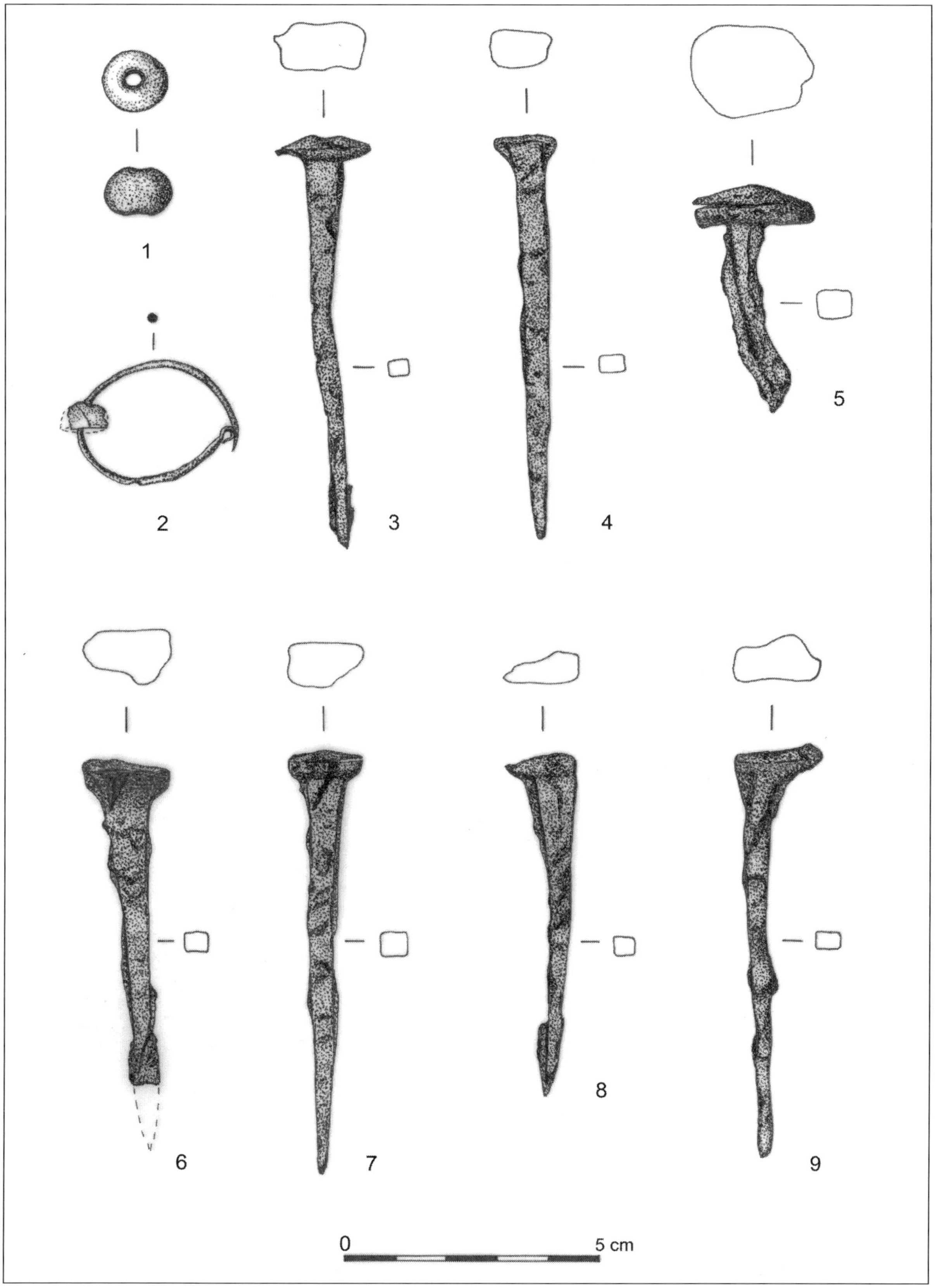

2. tábla: 1–9: Ásatási leletek, 1992

3. tábla: 1–4: Ásatási leletek, 1992

1

2

4. tábla: Ásatási felvételek, 1992. *1:* A templomhely kiemelkedése K-ről.
2: Az 1. és 3. szelvény a II. periódus alapozásával és a feltárt sírokkal ÉK-ről

1

2

5. tábla: Ásatási felvételek, 1992. *1:* C–C metszet. *2:* E–E metszet

1

2

3

6. tábla: Ásatási felvételek, 1992. *1:* H–H metszet. *2:* 18–20. sír. *3:* 31. sír

1

2

7. tábla: Ásatási felvételek, 1992. *1:* Az I. periódus alapfalai K-ről. *2:* A II. periódus alapozása ÉK-ről

1.7. A KÖZÉPKORI DÉCSE TEMPLOMA ÉS TEMETŐJE

Bevezetés

A Magyar Tudományos Akadémia Régészeti Intézetének Békés megyében folytatott mikroregiós kutatási programjának keretében 1993-ban hathetes ásatást végeztünk Örménykút határában, a décsi Telek-halom tetején. A Magyarország régészeti topográfiája sorozatban Örménykút 3. sz. lelőhelyként szereplő lelőhelyen emelkedik a ma kb. 5–6 méter relatív magasságú őskori kurgán, amelyre a középkori Décse falu templomát is felépítették. A település temetője a templom körül helyezkedett el. A falu mintegy négy évszázaddal ezelőtt elpusztult, napjainkban az egész területe szántóföld. Munkánk során feltártuk a templom megmaradt részeit, a temetőből pedig 178 sírt.

Az ásatás időtartama adott volt, s ez eredendően meghatározta a feltárás egész folyamatát és módját is. A korlátozottság ellenére azonban – kihagyva a gyulai ferences rendház,[1] a vésztői[2] és a gerlai[3] nemzetségi monostor, valamint a gyulai törökzugi templom[4] feltárását – az utóbbi fél évszázadban a Békés megyei középkori falusi templomásatások közül ez az ásatás számít a legjelentősebbnek mind időtartamát mind pedig a feltárt terület nagyságát és az előkerült sírok számát tekintve. Az ásatás alábbi, teljességre törekvő, részletes feldolgozását önmagában ez is indokolja, de nem hagyható figyelmen kívül a feltárás helye sem, hiszen Décse a megye középkori történetében – nagysága, termelése, jövedelme, általános szerepe révén – vélhetően mindig meghatározó szerepet játszott, a késő középkorban pedig egyértelműen a legjelentősebb települések egyike volt.

Az alábbi feldolgozás célja elsősorban az anyagközlés, megemlítve a szűkebb környék hasonló ásatásait, leleteit is. A tágabb kitekintés azonban túlnő az itt rendelkezésre álló kereteken, hiszen az ország különböző térségei egyedi vagy általános jellegzetességeinek vizsgálata egy ásatás ismertetésétől merőben eltérő megközelítést kívánna meg. Ezenkívül szembe kell nézni azzal a ténnyel, hogy a templom körüli temetőkből egyébként is meglehetősen kis mennyiségben előkerülő, s legtöbb esetben jellegtelen középkori leletanyag a késő középkorra egyre inkább egységessé vált az egész ország területén, tehát az egyes térségek jellemzőinek összehasonlításához mindenekelőtt a szűkebb területek adatainak közreadására van szükség. Harmadrészt pedig Bálint Alajosnak és Implom Józsefnek az 1930-as években a Délkelet-Alföldön[5] végzett középkori templom- és temetőásatásai, illetve közlései (Makó-Mezőkopáncs,[6] Kaszaper,[7] Mezőkovácsháza,[8] és a Gyula környéki Szeregyháza, Fövenyes, Szentbenedek, Györke, Szabadka[9]), valamint a második világháborút követően Zalotay Elemér gellértegyházai,[10] Méri István kardoskúti,[11] Juhász Irén dombegyházi[12] és csabacsűdi,[13] Kovalovszki

---

1 *Szatmári* (1994a) 409–432.

2 *Juhász* (1980) 440–448., *Juhász* (1992) 95–105.

3 *Jankovich* (1991) 180–190., MRT 10, 410–424.

4 *Jankovich* (1982) 415–426.

5 A helymeghatározást itt – s alább is – a mai Magyarország alföldi területének délkeleti szögletére, lényegében a Körös–Tisza–Maros közére, s nem a Kárpát-medence teljes alföldi részének földrajzi fogalmára értem.

6 *Bálint* (1936) 222–241.

7 *Bálint* (1938) 139–190.

8 *Bálint* (1939) 146–164.

9 *Szatmári* (1996c) 11–15., 23–27., 41–43., 52–55., 61–63.

10 *Zalotay* (1957) 1–59.

11 *Méri* (1964) 4–9.

12 *Juhász* (1974) 183–186.

13 MRT 8, 101–102.

Júlia dobozi,[14] Jankovich B. Dénes endrődi[15] feltárása, továbbá az utóbbi másfél évtizedben végzett ásatások (Gyula-Fövenyes, Gyula-Szeregyháza, Gyula-Szentbenedek, Gyula-Szabadka, Gyula-Györke,[16] Békés-Hidas, Békéscsaba, Megyeri faluhely, Murony-Murvahely,[17] Telekgerendás, Kocziszki iskola,[18] Kamut 67. és 120. lelőhely,[19] Gyula, Keresztes-halom,[20] Medgyesegyháza 1. és 16. lelőhely,[21] Sarkadkeresztúr,[22] Nagyszénás-Faluhely,[23] Nagyszénás, Dózsa-erdő,[24] illetve Örménykút 14. lelőhely,[25] Csorvás,[26] Gyula-Szabadka,[27] Csökmő-Peterd[28]) kitűnő és bőséges lehetőséget adnak arra, hogy a délkelet-alföldi régió középkori falusi egyházépítészetében és temetkezései között a décsei ásatási eredményeket, illetve templomot és feltárt temetőrészt elhelyezzük.

A párhuzamok sorában két további, részletes közlést (Zenta, Pap-halom,[29] Csengele[30]) is érdemes volt felhasználni. Ezek ugyan Békés megye mai határain túli területekről nyújtanak adatokat, mégis jelentőségük, valamint a leletanyag hasonlósága és a lelőhelyek nem túl nagy távolsága miatt szintén jó példákat adnak a régió középkori falusi egyházépítészetére és temetkezési szokásaira vonatkozóan. A leletanyag késő középkori egységessé válásának bemutatására ugyanakkor Szabó Kálmán Kecskemét környéki,[31] Gerevich László csúti[32] és Bálint Alajos nyársapáti[33] ásatásai is elegendő analógiával szolgálnak.

A történeti adatok

A falu neve a szómagyarázatok szerint a *Geysce, Geiche, Geycha, Geicha, Gyejcsa, Geysa, Geyssa, Deycha, Geisa, Geiza* – egyes vélemények szerint Géza jelentésű – írott alakban megjelenő, s az Árpád-korban *Gyeücsa, Gyeicsa, Gyeüsa* hangalakú, török eredetű személynévből magyar névadással, *-csa* kicsinyítő képző hozzáadásával keletkezett. A helynév magyarázatára – annak Géza jelentéséből kiindulva – olyan elgondolás is született, amely szerint Décse falut éppen Géza fejedelem/herceg alapította, s még hatalmi központ is lehetett.[34]

1138-ból származó első említését II. Béla király (1131–1141) szeptember 3-án kiadott dömösi oklevele őrizte meg. Az *in villa Geysce/Geiche*, illetve *Geijca/Geyca* formában említett hely az ok-

---

14 *Kovalovszki* (1986a) 109–113., *Kovalovszki* (1989) 140–142.
15 MRT 8, 126–128.
16 *Szatmári* (1996c) 17–22., 28–39., 44–48., 55–57.
17 MRT 10, 75–79., 170–180., 624–628.
18 *Szatmári* (1996e) 209–255., MRT 10, 673–676.
19 *Szatmári* (1995) 37–56., MRT 10, 466–469., 482–486.
20 *Szatmári* (1996a) 353–380.
21 *Szatmári*–Vágó (1993) 17–20., 27–28.
22 *Szatmári* (1997) 345–379.
23 *Szatmári* (1996d) 7–97.
24 *Szatmári* (2000) 5–128.
25 E kötet 1.6. fejezetében.
26 *Szatmári* (1999) 83–145.
27 RégFüz 42 (1991) 75., *Szatmári* (1996c) 66., 310. jegyzet.
28 RégFüz 40 (1987) 92., RégFüz 42 (1991) 57., RégFüz 48 (1997) 79., *Szatmári* (2006) 55–86.
29 *Foltiny – Korek* (1944–1945) 1–42.
30 *Horváth* (1978) 91–126.
31 *Szabó* (1938) 28–78., 129–135.
32 *Gerevich* (1943) 103–166.
33 *Benkő* (1980) 315–424.
34 *Karácsonyi* (1896) II. 78., *Szabó* (1954) 23–24., *Györffy* (1970) 198., 222., *Kristó – Makk – Szegfű* (1973) 46–47., *Györffy* (1983) 97–99., *Kiss* (1988) I. 68–69., 359., MRT 8, 337–338., 10. jegyzet: a hatalmi központ feltételezése tagadásával, KMTLex. 235., *Blazovich* (1996) 85.

levél szövege szerint részben vagy teljesen a dömösi prépostság birtokai közé tartozott, mivel Álmos herceg 1108 után a falu tizenöt szolgasorban élő és négy szabad lakóját a dömösi egyháznak adományozta. A lakosok között egyenként is felsorolták az itt lakó *Embeldi, Ete, Cene, Olup, Turidi, Kasa, Kacu, Obus, Oba, Kinis, G...?, Dauid, Busco, Fermenis* és *Apa* nevű szolgákat, valamint a *Selle, Kanda, Kuene* és *Sonuk* nevű négy szabadot. A szolgák kötelessége volt 25 köböl gabonát (vagy „márcznak" nevezett méhsört) és kenyeret szolgáltatni a dömösi egyház prépostjának és kanonokjainak.[35]

Ezt követően több mint két és fél évszázadig nem bukkant fel a település neve a forrásokban, majd 1403-ban Maróthi János macsói bán gyulai uradalmának birtokai között találjuk a falut – *possessio Deche* névalakban.[36] Ettől kezdve egészen 1566-ig – Gyula török bevételéig – mindvégig a gyulai uradalom részét képezte, s fekvése igen kedvező volt a település fejlődése szempontjából, hiszen az Arad–Szolnok, illetve Lippa–Buda közti országút mentén helyezkedett el.[37] Már ekkor is meglévő ún. száraz vámjára többen hivatkoztak.[38]

A 15. században többször is említették. 1418-ban például Maróthi János és fia László a csanádi káptalan előtt tiltakozott, mivel egyes birtokaikat, így Décsét (*Deche*) is, illetéktelenek vették használatba,[39] 1425-ben pedig a Szentjános (*Senthianos*) faluból Décse (*Deche*) possessióba vezető helyi útról tettek említést.[40] 1468-ban 13 décsei jobbágy is részt vett a Kétsopron (*Kethsopron*) elleni támadásban. Az ő neveiket – *Veres János, Fodor Bálint, Cseh Péter, Cseh Máté, Morocz Mihály, Fodor Lukács, Cseh János, Szakállas (Zakalos) János, Décsei (Dechey) Mátyás, Toth János, Fekete András, Cseh Miklós, Fekete Bálint* – is megőrizte az oklevél szövege.[41] 1476 után, a Maróthi család kihalását követően, a gyulai uradalom többi egységével együtt, Décse is előbb Mátyás király, majd 1482-től fia, Corvin János birtokába kerülhetett.[42] 1497-ben például *Enyungh-i Therek András* gazdatisztet Corvin János helyi megbízottjaként említették itt,[43] 1498-ból pedig több mint ötven itt lakó jobbágy neve maradt fenn, minthogy ők részt vettek a Donáttornya ellen indított támadásban.[44] Ekkor a falu gazdatisztje *Kis Imre* volt.[45] 1500-ban viszont a décseiek panaszkodtak a simai jobbágyokra, mert sok szarvasmarhát, juhot és 100 lovat hajtottak el.[46]

A 16. század beköszönte utáni időkből egyre több feljegyzés, említés, adat szól Décséről. Az írásbeliség terjedése és a fennmaradt írásos emlékek számának növekedésén kívül ez valószínűleg azt is jelzi, hogy a település fénykora erre az időszakra eshetett.

1506 decemberében II. Ulászló király a gyulai uradalmat – Corvin János, majd fia, Kristóf herceg halála után – Corvin János özvegyének, az időközben Gyulára költözött Frangepán Beatrixnak és lányának, Corvin Erzsébetnek adományozta. A települések között a Békés megyei *Deeche* is sze-

---

35 *Karácsonyi* (1896) I. 38–40., 245., II. 78., *Szeremlei* (1901) 21., *Szabó* (1936) 133., 204., *Györffy* (1963) 505., *Kristó* (1967) 25., *Kristó* (1981) 29–30., *Blazovich* (1996) 86.

36 *Karácsonyi* (1896) I. 219., *Csánki* (1890) 650., *Veress* (1938) 6., 8., *Kristó* (1967) 48., *Kristó* (1981) 54.

37 *Karácsonyi* (1896) I. 247., II. 78–79., MRT 8, 337.

38 *Göndöcs* (1881) 81., *Karácsonyi* (1896) I. 247., II. 79., *Csánki* (1890) 650., MRT 8, 337., *Blazovich* (1996) 86.

39 *Haan* (1870b) 45., *Csánki* (1890) 650.

40 *Karácsonyi* (1896) II. 78., MRT 8, 337–338., 12. jegyzet. – Szentjános falu azonos a Csárdaszállás 19. sz. topográfiai lelőhellyel. (MRT 10, 383–384.)

41 *Karácsonyi* (1891) 114., *Karácsonyi* (1896) I. 203., II. 78., *Veress* (1938) 20., *Kristó* (1981) 63.

42 *Veress* (1938) 24–25.

43 *Karácsonyi* (1896) II. 78., MRT 8, 337.

44 *Karácsonyi* (1896) II. 78., MRT 8, 337.

45 *Karácsonyi* (1896) I. 241., II. 78.

46 *Karácsonyi* (1896) I. 235., II. 78.

repelt.[47] 1510 márciusában azonban – Corvin Erzsébet 1508. évi halálát, majd Frangepán Beatrix és Brandenburgi György 1509. évi házasságkötését követően, illetve minden bizonnyal Frangepán Beatrix 1510 elején bekövetkezett halála után – a gyulai uradalom birtokait Brandenburgi György őrgróf kapta meg, de az adománylevél felsorolásában *Deche* ismét szerepelt.[48]

Egy másik adat szerint ugyanebben az évben, 1510-ben, az aradi káptalan tiltakozott az őrgróf erőszakos birtokfoglalásai ellen, melyeket a Zaránd megyei Simándon, az Arad megyei Meszten és egy bizonyos Békés megyei Décsén (*Deeche in de Bekes*) követett el.[49] Lehetséges azonban, hogy ez az adat a birtoklás 1510 legelején bekövetkezett átmeneti tisztázatlansága idejére utal, vagy pedig téves olvasat miatt került a Décsére vonatkozó adatok sorába, hiszen – az előbbi adat bizonyítja – II. Ulászló király már 1510. március 22-én adománylevelet állított ki a gyulai uradalom s benne *Deche* birtoklásáról Brandenburgi György őrgróf részére.[50] A település a későbbiekben is mindig a gyulai uradalom tartozékát képezte, s Békés megyében Gyula és Békés után éppen Décse volt a legnépesebb és legjövedelmezőbb település.[51]

Az 1520-as években a faluban az állattenyésztés, a gabonatermesztés, illetve a borkészítés egyaránt jelentős volt. Ezt bizonyítják az adózás mértékéről tudósító feljegyzések, de az egyéb említések is bepillantást engednek a falu mindennapi életébe.

1525 februárjában, a gyulai vár és uradalom évi jövedelemjegyzékében a *Döche*, illetve *Doeche* névalakban szerepelő falu vámja például 13 forint 75 dénár jövedelmet biztosított.[52] Két hónappal később, 1525 áprilisában *Decze* két bíráját – *Joannes Kys*-t, illetve *Gregorius Hamos*-t és 18 adózó jobbágyát említették.[53] 1525-ben a gyulai uradalom Décsén lévő ménesének csikósai számára 3 forintot fizettek ki.[54] Ugyanebben az évben 12 dénárt a décsei udvarházhoz szükséges lécek szállításáért is fizettek.[55] Az 1526. évi Szentgyörgy-napi adójegyzékben *Decze* több tétel szerint is a jelentősebb települések közé tartozott.[56] 1526-ban a falu 31 forint hadiadót fizetett.[57] A gyulai uradalom 1524–1527. évi számadáskönyvében *Decze* említése más településekkel együtt többször is előfordul, módot adva az egyes falvak egymással való összehasonlítására.[58] 1527 nyarán a décsei udvarháznak már a zárait készítették, s ezért 1 forintot fizettek.[59] 1528 júliusából való a gyulai uradalom 1527–1528. évi számadáskönyve és a gyulai vár leltára. Mindkettőben jelentős állattenyésztésre utaló adatok maradtak fenn Décsére vonatkozóan. A gyulai uradalomnak ekkor 52 lova és 48 tehene, illetve borja volt a faluban.[60] 1528-ból értesülünk arról is, hogy a décsei bíró továbbította a leveleket Gyula és Buda között.[61] 1529 tavaszán Oláh János és Hava Ambrus a décsei udvarház építésénél, illetve a gyulai vár javításánál díjazás nélkül végzett munkájuk jutalmát kérték Sadobrich Péter gyulai várnagytól. A décsi udvarház építésén több mint 150 napot dolgoztak.[62]

47 *Veress* (1938) 41–42., *Kristó* (1967) 58., *Kristó* (1981) 78.
48 *Veress* (1938) 47., 51., 56–58.
49 *Haan* (1870a) 158., *Haan* (1870b) 111., *Rácz* (1880) 4., 6.
50 *Karácsonyi* (1896) II. 78., MRT 8, 337–338., 17. jegyzet.
51 *Karácsonyi* (1896) II. 79.
52 *Karácsonyi* (1896) II. 79., *Veress* (1938) 87., 90., *Kristó* (1967) 67., *Kristó* (1981) 91.
53 *Veress* (1938) 93.
54 *Veress* (1938) 101.
55 *Veress* (1938) 102.
56 *Veress* (1938) 94.
57 *Karácsonyi* (1896) II. 79.
58 *Veress* (1938) 100–101.
59 *Veress* (1938) 126.
60 *Veress* (1938) 125., 135.
61 *Karácsonyi* (1896) II. 79.
62 *Veress* (1938) 147–148.

A fenti adatokból kiderül, hogy a décsei udvarházat az 1520-as években – valószínűleg 1524–1528 között építhették, hiszen 1525-ben a lécek szállításáért, 1527-ben a zárak készítéséért fizettek, 1529-ben pedig két gyulai polgár az itt elvégzett munkájának fizetségét kérte. 1530-ban Czibak Imre Budáról Gyula felé tartva a településen haladt keresztül,[63] sőt a feljegyzések szerint 1532-ben maga Szapolyai János király is megfordult Décsén, minthogy itt ebédelt, miközben Lippáról Buda felé utazott.[64] Nem lehetetlen, hogy Szapolyai János éppen ebben az udvarházban állt meg ez alkalomból.[65]

A 16. század második felének adatai között egyre többet találkozunk a különböző népességi és adóösszeírásokkal, melyeket a fokozódó török veszedelem és a gyulai vár erősítése tett szükségessé. 1552-ben a gyulai uradalom adólajstroma szerint Décse 64 portája 96 forint adót fizetett.[66] Ebben az évben említették a források először a falu plébánosát is, s az adatból megtudhatjuk, hogy a décsei papi jövedelem az átlagtól eltérve kiemelkedően magas lehetett, hiszen a décsei pap a megyében található plébániák többségénél jóval magasabb összeget, 5 forintot lett volna köteles fizetni a tridenti zsinatra utazó követ számára.[67] 1553-ban a falunak 56 portáját írták össze,[68] s ekkor – egyebek között – a décsei gabonakilenced 25 köböl, az árpa kilencede pedig 60 köböl volt.[69] Boreladásból ugyanekkor 288 forint 70 dénár jövedelemhez jutott Décse.[70] Szintén ugyanebben az évben, 1553-ban a gyulai uradalom cenzusjegyzéke szerint a décseiek Szent György napján (április 24-én) és Szent Mihály napján (szeptember 29-én) egyaránt 31–31 forintot fizettek, s ez Békés és Gyula után a harmadik legnagyobb összegnek számított.[71] 1554-ben kilenced fejében 250 kalangya és 11 kéve búzán kívül 17 gyulai köböl búzát kellett adózniuk.[72]

1556-ban 80 házat írtak össze a faluban,[73] s *Luka János* adórovó kimutatásai szerint Décse első félévi adója 40 forint volt.[74] Az 1557–1558. évi török adóösszeírás Décsét 65 házzal (60 régivel és 5 újjal) az aradi szandzsákba, pontosabban a békési nahijébe sorolta,[75] tehát a törökök ezek szerint 1557-ben 65 családfőt, vagyis dzsizje-adózót vettek számba a településen.[76] 1558-ban Décse borból származó jövedelme 102 forint 81 dénár volt.[77]

Ebben az időben is többször találkozunk a helybeliek nevének említésével. 1559 áprilisában például a gyulai uradalom urbáriuma szerint *Dechyew* falu bírája *Török Mihály* (*Michael Terek*) volt, s rajta kívül 60 adózó jobbágy nevét írták még össze. A nevek között *Szabó, Mészáros, Dombai, Kaiton(r), Balog, Márki, Nagy, Seres, Mívös, Kis, Király, Gál, Veres, Csapó, Tót, Vég, Kovács, Fodor, Torma, Sánta, Hamos, Boldizsár, Dékán, Lökös, Borzika, Borsika, Szegény* családnevekkel talál-

63 *Sörös* (1893) 26., *Karácsonyi* (1896) II. 79.

64 *Haan* (1870a) 158., *Karácsonyi* (1896) II. 79., *Szerémi* (1979) 274. – Az időpontot Szerémi téves leírása alapján 1537-re is szokták tenni, de ez – Czibak Imre szerepléséből adódóan – nyilvánvalóan elírás. Vö.: *Szerémi* (1979) 274–275., 389.

65 MRT 8, 337–338.

66 *Karácsonyi* (1896) II. 79., *Veress* (1938) 175.

67 *Karácsonyi* (1896) II. 79.

68 *Karácsonyi* (1896) II. 79., *Veress* (1938) 238.

69 *Veress* (1938) 233–234.

70 *Veress* (1938) 237., *Csipes* (1976) 46.

71 *Karácsonyi* (1896) II. 79., *Veress* (1938) 238., *Csipes* (1976) 79., *Kristó* (1981) 127.

72 *Karácsonyi* (1896) II. 79.

73 *Karácsonyi* (1896) II. 79.

74 *Veress* (1938) 257.

75 *Velics – Kammerer* (1890) 203., *Karácsonyi* (1896) II. 79., *Virágh* (1960) 13., *Kristó* (1967) 87., *Kristó* (1981) 131.

76 *Káldy-Nagy* (1982) 26.

77 *Veress* (1938) 280., *Csipes* (1976) 46.

kozunk.[78] Ugyanebben a hónapban a gyulai vár lőszeréről és uradalma leltáráról készített lista szerint Décsén (*Dechye*) 18 $^{2}/_{3}$ köböl kölest raktároztak,[79] s ez az adat is mutatja, hogy 1559-ben a gyulai uradalom egyik majorsága Décsén volt.[80] 1559-ben egyébként a décseiek 100 simándi köböl búzát és 9 simándi köböl árpát fizettek tized fejében,[81] s ekkor – szintén *Török Mihály* bírósága idején – a faluban a füstpénz 84 forintot jelentett.[82]

1560 augusztusában a Bornemisza Benedek gyulai várkapitány visszaéléseivel kapcsolatos vizsgálat jegyzőkönyvében a décsei bíró, *Török Mihály* 42 forint kárról számolt be, s őt követően még 27 másik décsei lakos is tanúvallomást tett. A nevek között szintén találkozunk a már korábban is előforduló családnevekkel (*Szabó, Borsika, Tót, Hamos, Kaitor, Mészáros, Dombai, Balog, Márki, Nagy, Gál, Veres*), de új nevek (*Szántó, Buzi, Ványai, Szégyen, Sápi, Borbás*) is előfordulnak. Nem egy esetben ugyanazon személyek szerepeltek a feljegyzésekben, mint korábban.[83] Szintén 1560 augusztusában a gyulai uradalom egyes községeinek adótételét is összesítették. Ebben *Decze* kötelezettsége 130 forint volt, ugyanannyi, mint Békés városáé – messze meghaladva a Békés megyei többi, felsorolt 49 település egyenkénti terhét.[84] Ebben az évben összesen 132 kaput írtak össze a faluban.[85]

Ugyancsak 1560 körül keletkezett a gyulai uradalom azon urbáriuma, amely Décsére nézve előírta, hogy Szent György és Szent Mihály napján (április 24-én, illetve szeptember 29-én) minden telek után 50 dénárt, vagyis éves összegben mintegy 42–42 forintot fizessenek. Ezenkívül karácsonykor fejenként további egy dénárt, egy kenyeret, egy csirkét és tíz tojást, valamint azok, akik disznókat tartanak, fejenként még egy disznót is kötelesek voltak adni – a minden termésből (búzából, árpából, zabból, kölesből) előírt kilenced megfizetése mellett.[86] Az 1560. évi cséplési jegyzék tanúsága szerint Décsén egy kalangya búza szemtermése 0,31 simándi köböl volt.[87] Ugyanekkor a megyében a legnagyobb számban Décsén tenyésztettek juhokat, összesen 1944 darabot, megelőzve ezzel még Békés 1800 darabot számláló juhtenyésztését is.[88]

Az 1560-as évek legelején – Kondoros és Szénás mellett – Décse is az egyik asztagrakó hely volt, s itt 296 kalangyából hordtak össze kölesasztagokat. A gabonaasztag ugyanekkor 614 kalangyát tartalmazott.[89] Az ugyanebből az időből fennmaradt urbárium azt is előírta, hogy aki sertést tartott, annak abból kilencedet vagy tizedet kellett adnia.[90] 1561 végén, a gyulai vár és uradalom urbáriumában ismét sorra vették a várhoz tartozó települések jövedelmét és lakóinak szolgáltatásait, így *Deche* faluét is.[91] Több település mellett Décse lakosai szintén kötelesek voltak ebben az évben a földesúr számára szántani és vetni.[92] 1562-ben 140 adózó portája volt,[93] s 83 gazdának 777 ½ kalangya és 4000 vontató búzája, valamint 910 vontató árpája termett.[94] Ugyanekkor ismét kötelesek voltak a földesúr

78 *Veress* (1938) 292.
79 *Veress* (1938) 302.
80 *Csipes* (1976) 43., 50., 23. jegyzet.
81 *Csipes* (1976) 81.
82 *Karácsonyi* (1896) II. 79.
83 *Veress* (1938) 319.
84 *Veress* (1938) 328.
85 *Haan* (1870a) 158., *Haan* (1870b) 173., *Karácsonyi* (1896) II. 79.
86 *Maksay* (1959) 787., *Kristó* (1967) 89–90., *Kristó* (1981) 128.
87 *Csipes* (1976) 31.
88 *Csipes* (1976) 54.
89 *Csipes* (1976) 30.
90 *Csipes* (1976) 34.
91 *Veress* (1938) 348.
92 *Karácsonyi* (1896) I. 240.
93 *Karácsonyi* (1896) I. 231., II. 79.
94 *Karácsonyi* (1896) I. 243 – az adatot 1563-ra téve, II. 79.

birtokain is szántani, vetni, kaszálni.[95] Más összesítés szerint ekkor a faluban összesen 88 jobbágynak volt vetése, és 19 jobbágynak nem.[96]

1562–1563-ból a sertéstartásra vonatkozó adatokkal szintén rendelkezünk, így tudjuk, hogy Décsén igen sok jobbágy foglalkozott sertéstartással. Az 1562. évi sertéstized-összeírás úgy rendelkezett, hogy 23 jobbágynak kellett disznódézsmát adnia, az 1563. évi sertésösszeírás szerint pedig Décsén 126 jobbágy összesen 512 disznót tartott.[97]

A gyulai uradalom 1563 végén összeállított búza-, bor- és egyéb adójegyzékeiben Décse (*Deczye*) ugyancsak szerepelt.[98] Ebben az évben a Décsén termelt zabmennyiség után a tized összesen 12,5 kaszált boglyát tett ki. Ezenkívül a falu az elért búzatermését tekintve – a beadott 265,5 kalangya tized mennyisége alapján – a megyében az ötödik helyen állt. Ha azonban a kaszával aratott, boglyákba rakott búza tizedének mennyiségét is figyelembe vesszük, akkor Décse – a maga 137 kaszált boglyája alapján – a hetedik helyre szorult vissza. Az árpa tizede ugyanekkor 115 kaszált boglya és 2 kalangya volt. A település szintén jelentős kölestermésére a kilencedjegyzék utal.[99] Az 1563. évi báránytized-jegyzék megint csak azt bizonyítja, hogy Décse a juhok tartása terén még mindig a legnagyobb állománnyal – 2631 darabbal – rendelkezett a megyében. Békésnek is csak alig több mint 2000 db birkája volt ekkor.[100] A fennmaradt adatok viszont azt mutatják, hogy Décsén bár tartottak méheket, az mégsem volt jellemző. 1563-ban például mindössze 15 dénár tizedet fizettek méhek megváltása fejében.[101] A kereszténypénzből ugyanekkor összesen 1,62 forint jövedelem származott a faluban.[102]

1563-ban 170 décsei családfő nevét sorolták fel a török adóösszeírók, s ez alapján a lakosság létszáma közel ezer fő lehetett. Békés megye települései között Gyula és Békés után Décse ezúttal is a harmadik helyet foglalta el.[103] A gyulai uradalom 1565 márciusában összeállított 1563–1564. évi portaösszeírása szerint ugyanakkor Décsén mindössze 118 adózó portát számláltak össze,[104] Csipes Antal pedig az ugyanebből az időből való tizedjegyzék alapján 120 családdal számolt.[105]

Gyula 1566. évi török elfoglalása után az új közigazgatási beosztás szerint Décsét a gyulai szandzsákba, azon belül is a békési nahijébe sorolták.[106] Ezután megkezdődött a település lassú hanyatlása, amely az 1570-es évektől felerősödött.

1567-ben a török adóztatás Décsén még 180 családfőt vett számba, név szerinti bontásban, feltüntetve az egyes családok juhállományát is. A földesúri adók és tizedek családonként fizetett átlaga ekkor 278 akcse, a település éves jövedelme pedig átalányösszegben 50000 akcse volt. A nevek között a régről ismert családnevekkel is találkozunk.[107] Az 1573-ban Décsén lakó s felsorolt családok nevei és az 1563-ban összeírt családnevek közötti hasonlóság még szintén azt bizonyítja, hogy a lakosság lényegében változatlan maradt Gyula 1566. évi török kézre kerülését követően is.[108] 1569-ben már református papja volt: *Ölyvedi Gergely* részt vett a nagyváradi református zsinaton.[109]

---

95 *Karácsonyi* (1896) I. 244., II. 79.
96 *Csipes* (1976) 32.
97 *Csipes* (1976) 34., 55.
98 *Veress* (1938) 375.
99 *Csipes* (1976) 26., 52–54., 83–84.
100 *Csipes* (1976) 54–55.
101 *Csipes* (1976) 56., 84.
102 *Csipes* (1976) 84.
103 *Karácsonyi* (1896) I. 233., 235., II. 79., *Káldy-Nagy* (1982) 26.
104 *Karácsonyi* (1896) II. 79., *Veress* (1938) 402., *Csipes* (1976) 19., 80., *Kristó* (1981) 124.
105 *Csipes* (1976) 19.
106 *Csipes* (1976) 67.
107 *Káldy-Nagy* (1982) 26., 217–220., 222., 397.
108 *Karácsonyi* (1890) 33., *Karácsonyi* (1896) I. 253., *Virágh* (1960) 78.
109 *Haan* (1870a) 158., *Rácz* (1880) 35., *Karácsonyi* (1896) II. 79., *Blazovich* (1996) 86.

1572-ben Décse és Szénás falu Miksa király adományozása révén *Szénássy István* birtokába jutott. A beiktatásra 1573-ban Egerben került sor, mert az Alföldön ekkor a török miatt erre nem volt mód. A beiktatáson jelen volt többek között a décsei *Kis Tamás* falubíró és még két másik décsei jobbágy, *János Márton* és *Surga Bálint* is. Ekkor tehát Décse még lakott volt. Az új földesúr nyolc pontban rögzítette követeléseit a falu lakóival szemben. A décseiek kötelesek voltak ezek szerint a számára egy-egy köböl búzát és egy-egy köböl árpát vetni, s azt be is hordani. Minden jobbágynak kötelessége volt egy-egy hetet kaszálni, fát hordani, kilencedet és tizedet fizetni búzából, árpából, illetve állatok és méhek után. Ezenkívül meg kellett fizetniük az évi adót, s szintén a földesúr javára kimérni harminc félhordó bort.[110] A beiktatás másnapján azonban Szénás eladományozásának ellentmondott *Várkonyi Aba Gáspár*, s elérte, hogy Szénás falu birtokába 1574-ben őt is beiktassák. A pereskedés arra vezetett, hogy 1575-ben *Szénássy István* lemondott Szénás tulajdonjogáról, de mivel hamarosan kiderült, hogy lemondását Décsére is értették, azt még abban az évben visszavonta. 1578 januárjában készült el *Szénássy István* végrendelete, amelyben az egri püspöktől, illetve *Mágocsi Gáspártól* és *Istvánffy Miklóstól* még mindig azt kéri, hogy eszközöljék ki a királynál Décse és Szénás birtoklását az özvegye és gyermekei számára további negyven esztendőre. 1578 áprilisában *Szénássy István* örökösei *Decze* falut 1300 forintért vették zálogba a szepesi királyi kamarától.[111]

A településhez köthető utolsó adatok egyike az 1579. évi török összeírás, amely ekkor a faluban még 157 családot sorolt fel név szerint, s az 1567. évi összeíráshoz hasonlóan ismét számba vette az egyes családok juhállományát is. A gabonatermés családonkénti átlaga ekkor Décsén 350 kilét tett ki, a földesúri adók és tizedek családonként fizetett átlaga pedig 567 akcse volt. A falu jövedelme ugyanakkor évi átalányösszegben 89000 akcséra rúgott. Az adók jogcímei között találunk kapuadót, terméstizedet, külön búzatizedet, kender- és káposztaadót, sertésadót, hordóadót, báránytizedet, méhkasadót, menyasszonyadót, tűzifa- és szénadót, valamint az elbitangolt állatok után fizetett, a hagyatékot terhelő vagy a gazdátlan javakból eredő adót, s büntetéspénzeket is. A felsorolt családok nevei között a régi családnevek továbbra is előfordulnak, mutatva azt, hogy a lakosság a török fennhatóság berendezkedése és megszilárdulása ellenére, az után is lényegében változatlanul megmaradt ősei földjén.[112] Ez volt a falu lakosairól közvetlenül hírt adó utolsó feljegyzés.

1590-ben Décsét Rákóczy Zsigmond egri kapitány váltotta meg az egri vár számára. Később *Szénássy Judit* férje, *Barcsay János* egri alkapitány vette zálogba, s ezt a lekötést 1595-ben további jelentős összegek lefizetésével meghosszabbította. Ezenkívül egyetlen – év nélküli – dokumentum tudósít még arról, hogy *Szénássy István* halála után Szénás mellett Décsét is az ő sógora, *Pásztóhy Gergely* vette zálogba 3000 forintért a szepesi kamarától.[113]

A település pusztulásának okát és időpontját csak találgatni lehet. Legvalószínűbb, hogy a 16. század legvégén, a tizenötéves háború eseményei miatt következett be, talán az 1596. évi tatár támadás alkalmával.[114]

A 17. században a településre vonatkozó említések száma rohamosan megfogyatkozott, a század első feléből nem is maradt fenn róla adat. Bizonyos, hogy 1665-ben már puszta volt. Ezt megelőzően *Barcsay János* unokája, *Fráter István* adta e pusztát haszonbérbe a halásztelkieknek.[115] 1696-ban Décse (*Tetschä*) még mindig szerepelt a Gyulához tartozó községek sorában, de csak azt tudták fel-

110 *Karácsonyi* (1890) 32–33., 38–39., *Karácsonyi* (1896) I. 292., II. 79–80., *Veress* (1938) 435–436., *Virágh* (1960) 61., *Kristó* (1967) 108–109., *Kristó* (1981) 160–162.

111 *Karácsonyi* (1890) 33–38., *Karácsonyi* (1896) I. 285., II. 80., 302–303., *Veress* (1938) 435–436., *Virágh* (1960) 66., *Szatmári* (1996d) 14–15.

112 *Káldy-Nagy* (1982) 26., 220–223., 397.

113 *Karácsonyi* (1890) 37–38., *Karácsonyi* (1896) II. 80.

114 *Karácsonyi* (1896) I. 260., 290., II. 80., *Kristó* (1967) 114., *Kristó* (1981) 170., *Blazovich* (1996) 86–87.

115 *Karácsonyi* (1896) II. 80.

jegyezni róla, hogy valamikor 60 házzal rendelkező nagy falu volt, viszont az összeírás időpontjában már egyetlen ház sem állott.[116] 1733-ban szintén fölkerült még *Nagy Décs* templomhelye is a Békés vármegye területén akkor még meglévő, de már elpusztult templomok jegyzékére. Ebben feljegyezték, hogy – a hagyomány szerint – templomát „a törökök döntötték romba, és anyagát fürdők építése céljából Gyulára és Szarvasra szállították".[117]

A 18. századi változásokat a már feledésbe merülő falu nevét megörökítő décsei határrész különböző bérleményei és felosztásai jelentették. 1715–1723 között Décsét anyai ágon az Érkeserűi Fráter család követelte magának, de 1723-ban *Harruckern János György* kapta meg adományként a királytól többek között Kis- és Nagy-Décse pusztát is. Ezt követően 1780-ban *Fráter Mária* utóda hiába próbálta már megszerezni magának.[118] A 18. századi írásos dokumentumokat a kéziratos térképek is kiegészítik, amelyek – megőrizve és feltüntetve az elpusztult falu nevét – a későbbiekben nagy segítséget jelentettek az egykori település helyének lokalizálásában. A 19. században a pusztán maradt településre vonatkozó híradások szinte teljesen megszűntek.

A 18–19. században Décse nevének továbbélését és az egykori település emlékét így lényegében csak a térképek helynévanyaga őrizte meg. A falu templomhelyével azonos halmot például a térképek az 1770-es évek elején *Telek*[119] *(1. ábra 1.)*,1783-ban *Desze u Tellek Halom*[120] *(1. ábra 2.)*, 1788-ban *Telek*,[121] 1822-ben *Telek H.*[122] *(1. ábra 3.)*, 1863–1864-ben *Telek halom*[123] *(2. ábra 1.)*, 1881-ben *Telekhalom*[124] *(2. ábra 2.)* felirattal jelölték. A régi település nevére utaló *Kis és Nagy Décs puszta* helyét viszont ugyanakkor a 19. század első felében készített térképek ettől északabbra s Szarvastól északkeletre, Halásztelek és Endrőd között jelölték. Ezt láthatjuk *Görög Demeter* 1802-ben készült atlaszán, *Korabinszky János* 1804. évi térképén, valamint *Palugyai Ignác* és *Lukács Ignác* 1855-ben készített térképén is.[125] *Pesty Frigyes* 1864. évi helynévgyűjtése szintén ezt tükrözte.[126] Először talán egy 1858. évi bécsi készítésű, de 1869-ből fennmaradt térképmásolat[127] jelölte jó helyen a décsi pusztát (*Décs P.*), a II. katonai felmérés (1863–1864)[128] és *Mihálfi József* 1881-ből való térképe[129] pedig nemcsak a décsi pusztát (*Décs puszta*) tette megfelelő helyre, hanem ezzel azonos területen jelölte a Telek-halmot (*Telek halom, Telekhalom*) is. Ettől az időtől kezdve a *Décs/Décsi pusztát* Szarvastól keletre tüntették fel a térképek, mint ahogy például *Gönczy Pál* 1888. évi atlasza[130] vagy *Dobay János* 1904–1915 közötti térképe,[131] illetve *Ponyiczky Kálmán* – már szintén a 20. század elejéről való – 1907-ben készített felmérése.[132]

---

[116] *Veress* (1938) 464., *Kristó* (1967) 138.

[117] *Haan* (1870a) 158., *Haan* (1870b) 281., *Karácsonyi* (1896) II. 80., *Kristó* (1967) 127., *Kristó* (1981) 194., *Implom* (1971) 9.

[118] *Haan* (1870a) 158., *Karácsonyi* (1896) I. 420–421., 426., 441., II. 80.

[119] BmT 47.

[120] I. katonai felmérés, Col. XXI. Sect. 24.

[121] BmT 48.

[122] Huszár (1822) 40.

[123] II. katonai felmérés Col. XXXIX. Sect. 56.

[124] MMM ltsz.: Hd. 58.25.15.

[125] *Domokosné – Domokos* (1988) XIII. a–b., XIV., XVII. a. melléklet.

[126] Pesty (1983) 94–95.

[127] MMM ltsz.: Hd. 77.194.10.1.

[128] Col. XXXIX. Sect. 56., *Domokosné – Domokos* (1988) 62.

[129] MMM ltsz.: Hd. 58.25.15., *Domokosné – Domokos* (1988) XXII. a. melléklet.

[130] *Domokosné – Domokos* (1988) XXIII. a. melléklet.

[131] *Domokosné – Domokos* (1988) XXVI. a. melléklet.

[132] MMM ltsz.: Hd. 79.324.1.

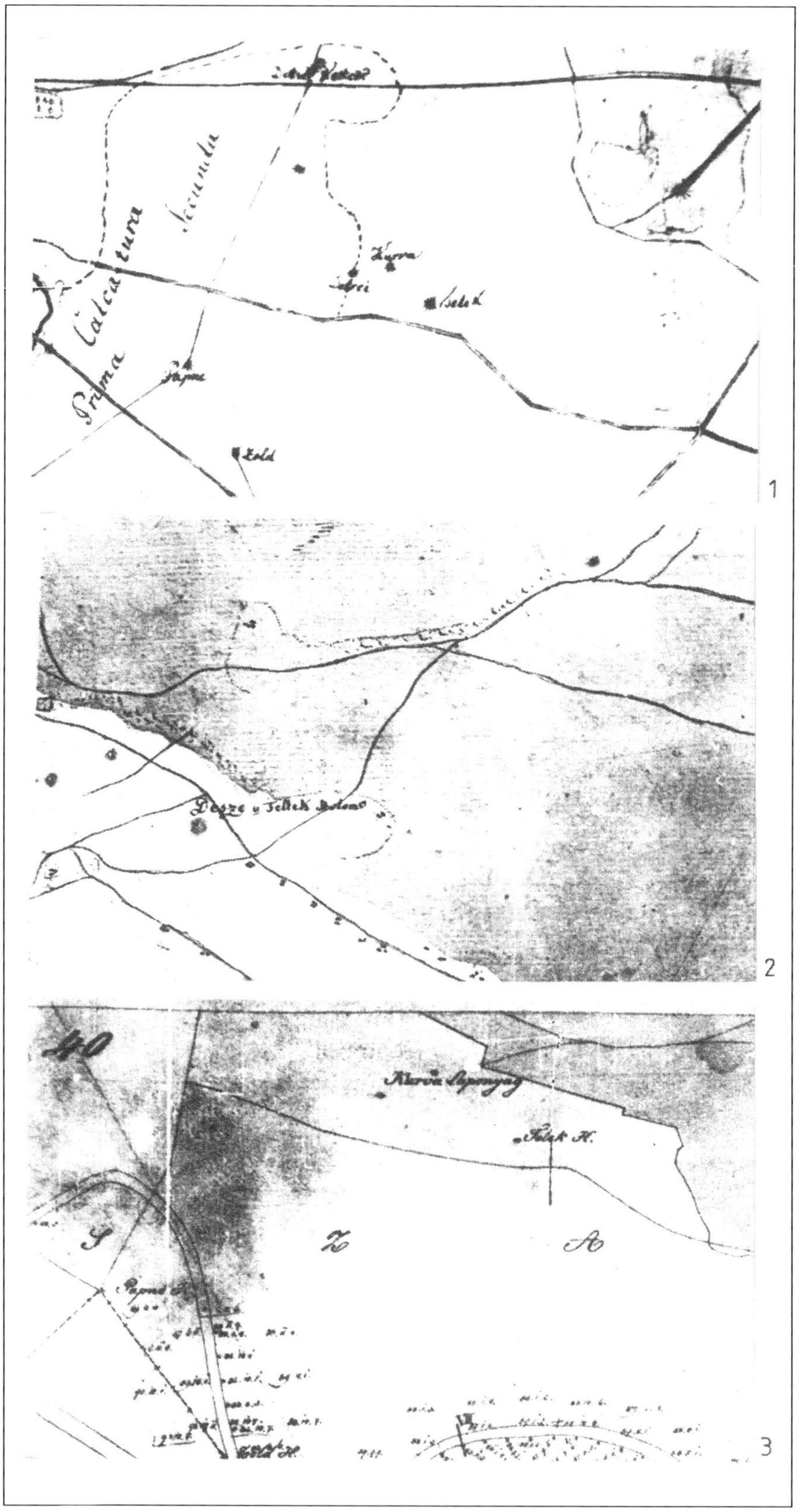

1. ábra: Kéziratos térképek a Telek-halom ábrázolásával. *1:* A Harruckern-család birtoktérképén (1770-es évek). *2:* Az I. katonai felmérésen (1783). *3:* Huszár Mátyás térképlapján (1822)

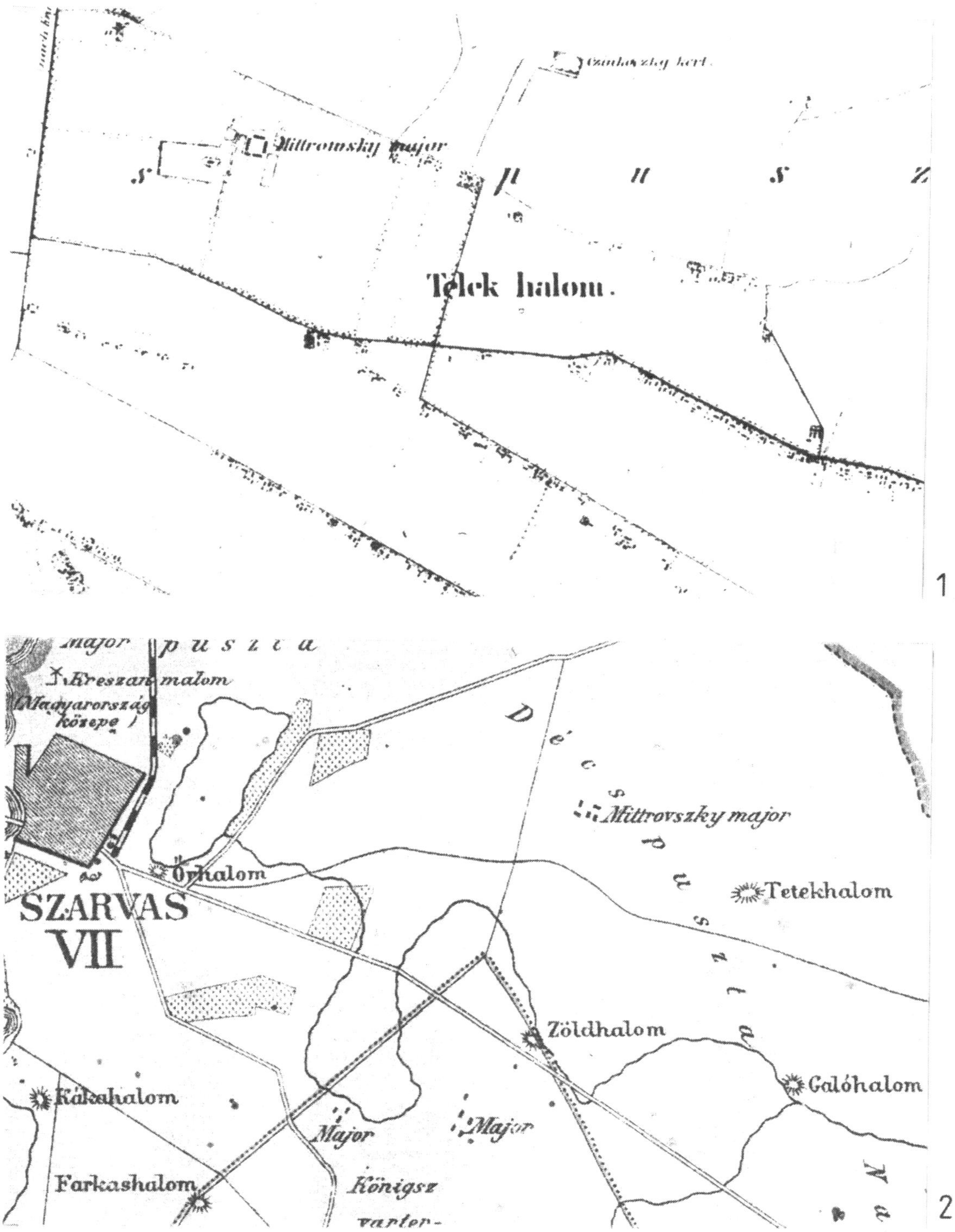

2. ábra: Kéziratos térképek a Telek-halom ábrázolásával.
1: A II. katonai felmérésen (1863–1864). *2:* Mihálfi József térképén (1881)

Az ásatás előzményei

A Telek-halmon először *Krecsmarik Endre* szarvasi tanár folytatott ásatásokat. 1911 őszén a helyi tanítóképző iskola tanulóival egynapos kutatást végzett itt, s a halom legfölső rétegében, az épülettörmelékkel kevert talajban néhány bolygatott, koporsós sírra bukkant. Mindössze fél méter mélyre ástak.[133]

Két évvel később, 1913-ban először március 23-án értesültek a szarvasiak arról, hogy a décsi pusztán egy érdekes kődarab (gipsz) került elő,[134] majd az augusztus 3-i újság tudósított arról, hogy Krecsmarik Endre július 25-én – megint csak egy napig dolgozva – a Telek-halmon 12 kutatóárkot ásatott, összesen 25 m hosszúságban. Ekkor a halom keleti fölső részén, két ásónyom mélységben lapos téglák törmelékére bukkant, továbbá megmunkált, nagyméretű – „több kilogram, sőt mázsás sulyu" – szürkés színű, faragott termésköveket, illetve mészhabarcsot, vakolatmaradványokat talált igen nagy mennyiségben. Az újságcikk szerint a kövek és a 18 cm széles, 35–40 cm hosszú és 4,5 cm vastag téglák egy oszlopos épület részei lehettek. A halom többi részén igen sok bolygatott csontvázat tárt fel, de egy-két esetben Ny–K-i tájolású, bolygatatlan sír is előkerült. Az egyik sírban ekkor egy I. Ferdinánd király idejéből származó, 1555. évi ezüstpénzt találtak. Koporsók nyomait szintén megfigyelték. Ehhez a naphoz, illetve időponthoz köthető a középkori faluhely egy részének régészeti szempontú terepbejárása is, hiszen az újságcikk beszámol arról, hogy a halom tetején téglatörmeléket, embercsontokat, a halomtól északnyugatra húzódó partos vonulat felszínén pedig „erősen téglás helyeket" figyelt meg Krecsmarik Endre. Megállapította azt is, hogy a halom tetején templom állott, s körülötte temető volt, a halomtól északnyugat felé követhető vonulaton pedig lakóházak sorakoztak. A határrész Décsipuszta elnevezése alapján ő azonosította először erre a területre a középkori oklevelekben előforduló Décse falut is. Azt azonban ekkor még nem a Telek-halom környékére határozta meg – ahol ő is ásatásokat folytatott, illetve terepjárást végzett –, hanem a halomtól északnyugatra emelkedő másik halom, a Décsei-halom környékére. A kutatása színhelyét nem azonosította középkori településsel. Véleménye szerint e helyet is – Décse faluval együtt – az 1596. évi tatártámadás pusztította el.[135] A Décsei-halom azonos az Örménykút 38. sz. lelőhelyen emelkedő halommal.[136]

A *Décsei-halom* viszont nem tévesztendő össze a szarvasi határba eső 88. sz. lelőhelyre azonosított *Décsi-halommal*, amelyről 1913 augusztusában egy másik újságcikk, a lap szerkesztője, Krecsmarik Endre kutatásaira hivatkozva szintén azt írta, hogy „Décse falu nem a Décsi halom ... vidékén volt." Ebben a „Hol állott az egykor híres Décse falu?" című, az előzőnél mindössze két héttel később megjelent híradásban nyilvánvalóan ismét Krecsmarik Endre megfontolásaira alapozva s megváltoztatva a korábbi véleményeket, arról olvashatunk, hogy Décsének – Békés és Gyula után a megye harmadik legvirágzóbb településének – a helyét a décsi puszta területén kell keresni. A tudósítás megemlítette, hogy az első adat a településre a 12. századból maradt fenn, s pusztulása 1596-ban következhetett be. Emlékeztetett arra is, hogy Krecsmarik Endre az előző hónapban a décsipusztán emelkedő Telek-halmon végzett ásatást, s – mint olvashatjuk – „ezen alkalommal hatalmas terméskövekre, s épülettörmelékekre akadt és sok rendetlenül

[133] Szarvas és Vidéke XXII. évf. 41. szám. 1911. október 8., 3. oldal. – Az október 8-án megjelenő újságban „... f. hó 26-án Krecsmarik Endre ... régészeti kutatást végzett ..." időpont-meghatározás és ténymegállapítás olvasható, így valószínűleg szeptember 26-án, vagy – sajtóhiba esetén – október 6-án kerülhetett sor az ásatásra.

[134] Szarvas és Vidéke XXIV. évf. 12. szám. 1913. március 23., 3. oldal.

[135] Szarvas és Vidéke XXIV. évf. 31. sz. 1913. augusztus 3., 1–2. oldal. – Bár Krecsmarik Endre ebben az újságcikkben faragott kövekből és téglákból épült oszlopos épületről tudósított, nem nagyon valószínű, hogy ezt az épületet a 16. század első felében emlegetett décsei udvarházzal lehetne azonosítani (MRT 8, 338), hiszen ő a halom területén, tehát a templom helyén kutatott.

[136] BmT 47., BmT 48., MRT 8, 335., 350., 499.

fekvő vázra". Ismét megállapította azt is, hogy a „halom folytatását képező partos vonulaton szintén épületmaradványok vannak a talajban". Az újságcikk ezt követően Krecsmarik Endre gondolatmenetével kapcsolatban így folytatódik: „Ama feltevése, hogy az egykori Décse falu nyomára akadt, annál valószínűbb, mivel az u. n. Décsi halom, mely a Telekhalomtól északnyugotra mintegy 5 kilométernyire fekszik, épülettörmeléket nem tartalmazott, ugy környéke sem. ... Tehát az egykor virágzó békésmegyei Décse falu nem a Décsi halom, de nagyon valószínű, hogy a Telekhalom vidékén volt".[137]

1917 augusztusában a szarvasi újság ismét arról tudósított, hogy Krecsmarik Endre augusztus 13-án újabb ásatást szervezett a halom feltárására, gimnáziumi és tanítóképzőbe járó diákok részvételével. A beszámoló szövegéből itt is kiderül, hogy a korábbi ásatások színhelyét, vagyis a Telekhalmot ekkorra már egyértelműen a középkori Décséhez kötötte, tehát az egykori falu területét a halom környékére (is) vonatkoztatta. Az elpusztult Décse helyének azonosítását ezzel már az 1910-es években helyesen végezték el. Az eredmény az 1917. évi ásatás során sem maradt el. A legrészletesebb megfigyeléseket szintén ennek a kutatásnak köszönhetjük, s ekkor bukkantak a templom falainak nyomaira is. „Ezen alkalommal – fogalmaz a híradás – sikerült felfedezni az egykori templom alapjának nyomait. Az alapfal egy részlete, nyugati baloldali szöglete ki is ásatott. Az alapfal vastagsága 90 cm. Az épülettéglák hossza 35 cm, szélessége 17 cm, vastagsága 5 cm. Az építésnél használt terméskő valószínűleg támasztó falakul alkalmaztatott. Az alapfalat téglatörmelék alapzatra rakták le. A templom hajójának hossztengelye pontosan kelet-nyugati irányú volt, tehát a középkori templomépítési szokásnak megfelelően. Úgy a templom környékén, mint a templomon belül egykori koporsók szétporló fatörmeléke s rossz megtartási állapotú emberi váztöredékek kerültek felszínre".[138] Annak ellenére, hogy Krecsmarik Endre ezen újságcikk szerint továbbra is szorgalmazta az egész templom alapjainak teljes feltárását, ásatásai – a híradások megszűnéséből ítélve – végleg befejeződtek a halom területén. Egy ásatásra azonban – ha nem is Krecsmarik Endre vezetésével – még egyszer sor került itt az adataink szerint.

1927 őszén ugyanis a szarvasi tanítóképző igazgatója, *Kiss Sándor* – nyilvánvalóan Krecsmarik Endre korábbi sikereire alapozva – néhány tanártársával újabb kutatásba kezdett, s ekkor a templomalapozásnak további részére, illetve „újabb egymásra hányt embervázakra" bukkantak. Találtak még „különleges formájú vágó fegyvereket, edényeket, stb." is.[139]

Majdnem ötven évvel később, 1974-ben és 1976-ban keresték fel ismét régészeti kutatások miatt a Telek-halmot, ezúttal már hivatásos régészek, a szarvasi járás topográfiai terepbejárásai során. Mivel időközben (1952-ben) a halmot s annak közvetlen környékét Szarvas területéből kiszakítva Örménykút közigazgatási területéhez sorolták, a halommal jelölt régészeti lelőhely az Örménykút 3., Décsi Telek-halom lelőhelyszámot, illetve nevet kapta *(3. ábra)*. A terepbejárásoknak köszönhetően tudjuk, hogy az Örménykúttól északnyugatra, a Szarvasra vezető kövesúttól pedig északra, egy ÉNy–DK-i irányú, széles, hátas területen elhelyezkedő lelőhelyen több régészeti korszak emlékanyaga előfordult. A kb. 70–80 méter alapátmérőjű, 5–6 méter relatív magasságú – a lelőhely területét jelentő hátas vonulatnak a délnyugati végében emelkedő – halom korát a rézkor időszakára határozták meg a topográfiai munkák során. Ezenkívül a szarmata és avar kori edénytöredékek mellett leginkább a magyar középkor emlékanyagát lehetett megtalálni a felszínen. Az Árpád-kori leleteknél azonban sokkal nagyobb számban fordultak elő késő középkori töredékek.[140] A szisztematikus te-

---

137 Szarvas és Vidéke XXIV. évf. 33. szám. 1913. augusztus 17., 3. oldal., MRT 8, 436., 499.

138 Szarvas és Vidéke XXXIII. évf. 33. sz. 1917. augusztus 19., 1–2. oldal. – A templomnak az újság szövegében szereplő sarka a hajó délnyugati sarkát jelentette, s nem az északnyugatit (MRT. 8, 336), ezt az 1993. évi ásatásunk is bizonyította.

139 Békésmegyei Közlöny 56. évf. 154. sz. 1929. november 17., 4. oldal.

140 MRT 8, 337., 83. t. 1–5., 11., 86. t. 6–7., 19–20., 25.

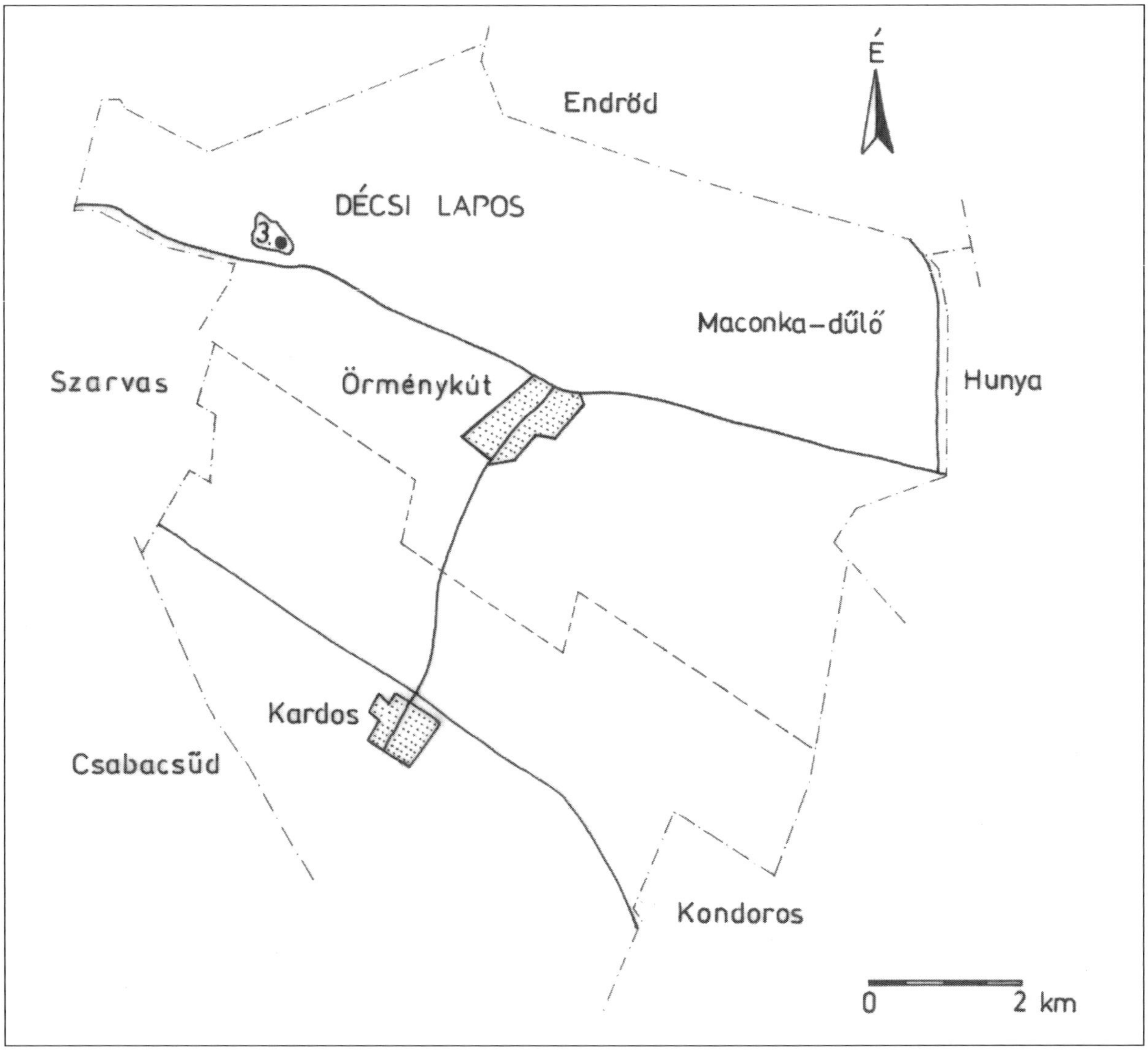

3. ábra: Az ÖRM0003. számú régészeti lelőhely a Telek-halom helyével

repbejárások alapján Jankovich B. Dénes a középkori faluhelyet a középkori oklevelekben emlegetett Décse faluval azonosította, s meghatározta a faluhely területét jelentő egyes régészeti lelőhelyek alapján a település egykori kiterjedését is. Ezek szerint a falu területe a terepjárások során feltérképezett és meghatározott Örménykút 3., 10., 36. és 58. számú régészeti lelőhelyekre terjedt ki. Központja a 3. sz. lelőhelyen volt, s itt épült fel a település temploma is. A falu templomának és temetőjének helyét szintén ekkor azonosították ismét, egy őskori kurgán, a Telek-halom tetején *(4. ábra)*. A felszínen ezt pontosan jelezte a tégla-, habarcs- és kőtörmelék, valamint a rengeteg kiszántott embercsont. A topográfiai feldolgozás során Jankovich B. Dénes nemcsak a halom régi térképes ábrázolásait és elnevezéseit vette sorra, hanem a településre vonatkozó középkori okleveles adatokat is.[141]

A 19. századi, régi folyómedreket is feltüntető kéziratos térképeken kitűnően látszik, hogy a középkori falu területét jelölő Telek-halom és közvetlen környezete a térségben meghatározó szerepet

[141] MRT 8, 335–338.

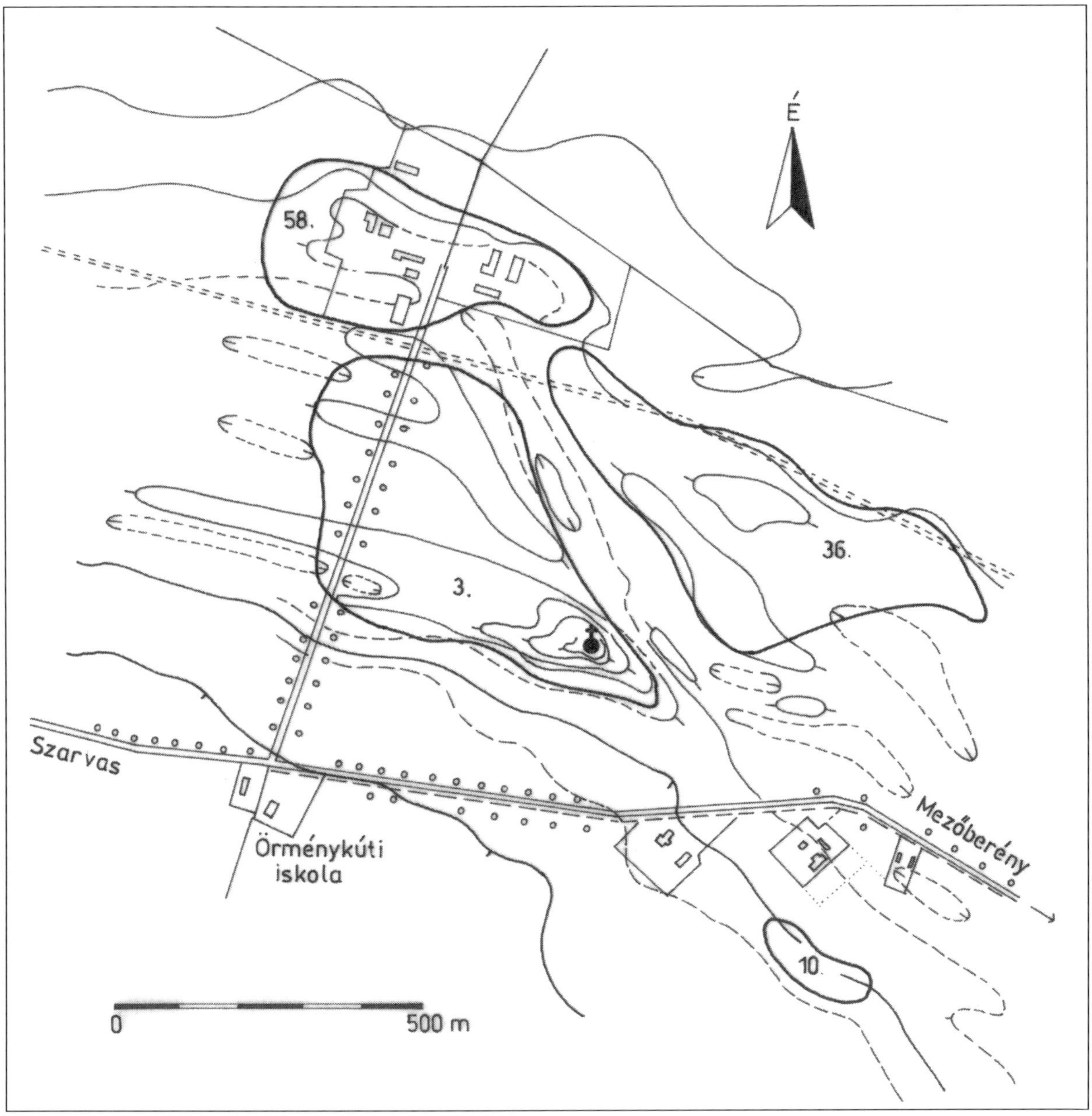

4. ábra: A középkori Décse falu és templomának helyszínrajza az ÖRM0003, ÖRM0036, ÖRM0058. számú régészeti lelőhelyek alapján

játszó Kondoros-értől vagy Kondorosi-völgytől[142] – keletebbre lévő szakaszán Kamut-érnek vagy Kamut-völgynek is nevezett folyómedertől[143] – északra, az ér főmedrétől kissé távolabb helyezkedik el. A Kondoros-ér medre ezen a szakaszán délkeletről nyugat felé húzódik: Kamuttól nyugat felé követve a folyásirányát például elhalad a Galó-halom – eddig terjedően emlegették Kamut-völgy néven –, majd a Zöld-halom, továbbá az Őrhalom mellett, s így éri el Szarvast.[144] A Kondoros-ér és a

[142] *Huszár* (1822) 40.: K. Kondorosi völgy., Mihálfi József 1881. évi térképén: Kondorosi völgy (MMM ltsz.: Hd. 58.25.15)., *Gazdag* (1960) 268., *Györffy* (1963) 494., *Blazovich* (1985) 20.

[143] *Gazdag* (1960) 266–268., *Györffy* (1963) 510., *Blazovich* (1985) 20.

[144] Pl.: *Huszár* (1822) 40., Mihálfi József 1881. évi Békés megyei térképe (MMM ltsz.: Hd. 58.25.15), *Gazdag* (1960) 266.

Kamut-ér elnevezése egyaránt Árpád-kori lehet,[145] s ugyanannak a folyómedernek a különböző szakaszait jelölte. A topográfiai terepbejárások tapasztalatai, a terepmunkák során feltérképezett régészeti lelőhelyek, illetve az őket egymástól elkülönítő vízmedrek és a mai szintvonalas térképek azt is bizonyítják, hogy a középkori Décse szintén egy régi folyómeder partján települt, s ez a mederszakasz délkeleti és nyugati irányban szerves összeköttetésben volt a mindkét égtáj felé egyaránt csak 2,5 km távolságban haladó Kondoros-ér főmedrével. Az érnek az egész középkor folyamán jelentős szerepe volt, s folyása mellett már az Árpád-korban is keletkeztek falvak, pl. a Kamut 120. sz. és a Mezőberény 6. sz. lelőhelyen.[146] Előbbinek a templomát is feltártuk, a másik templomhelyén pedig egy kivételes szépségű, limoges-i mintára készített aranyozott bronz körmeneti kereszt került elő a korpuszával együtt.[147]

Az 1980-as évek végén ismét kutatásokra került sor a környéken. 1989 nyarán az ELTE Geofizikai Tanszékének munkatársai földmágneses méréseket végeztek a lelőhely területén, így a későbbi, 1993. évi ásatás helyszínén is. A mérési eredményeket és azok értelmezését nagymértékben befolyásolta – sajnos negatív értelemben – a halom tetején lévő vasbeton magassági pont. A mérések közben a halmot vertikálisan is feltérképezték. A zavaró tényezők és nehézségek ellenére figyelemre méltó megállapításra jutottak a halom oldalában, illetve lábánál körbefutó kettős körárokra utaló, koncentrikusan elhelyezkedő, két körív alakú pozitív anomáliasorral kapcsolatban, amelyek már a mérések értelmezése idején régészeti objektumokra utaltak. Ennek hatására, illetve hitelesítésére jelöltük ki később az ásatás során az 1. és 2. sz. kutatóárkainkat. A geofizikai mérések a lelőhely tágabb területén csak nagykiterjedésű anomália-vonulatokat tudtak kimutatni, határozott alakú kisebb beásásokat viszont nem lehetett megjelölni.[148]

A lelőhelyet 1993-ban először áprilisban kerestük fel, s szemügyre vettük a középkori templom helyét a tervezett ásatás érdekében,[149] majd ezt követően közvetlenül az ásatás előtt ismét bejártuk az egész lelőhely területét. Ekkor a felszínen újabb középkori leleteket gyűjtöttünk.[150] Ezek közül egy barna színű, mindkét irányban megvastagodó, szélén vörös polírozású bográcsperem-töredék *(1. tábla 1.)* és egy bográcsoldal hasvonalából származó töredék[151] Árpád-kori, a többi pedig a 14–16. századra keltezhető. Az utóbbiak közé tartozik néhány barna vagy szürke színű, profilált fazékperem *(1. tábla 3–4., 8.)* és két egyszerű fazékalj is.[152] Az egyik fenéktöredék belső oldalát zöld máz borítja. Szintén ide tartozik két barna színű, mázatlan kályhacsempe saroktöredéke[153] *(1. tábla 7.)*, két kályhaszemdarab[154] *(1. tábla 5.)* és egy szürke, hengeres, fényezett vonalakkal díszített kiöntőcső darabja is.[155] A két csempetöredék közül az egyik áttört, s a jobb szélén függőleges bordák futnak *(1. tábla 7.)*. A másik valószínűleg zárt előlapú, lapos léckeretes kályhacsempéből származik. A

---

[145] *Györffy* (1963) 494., 509–510.

[146] MRT 10, 482–486., 546–548.

[147] *Szatmári* (1995) 37–42., *Szatmári* (2004) 501–524.

[148] *Abbas et al.* (1990) 4., 17–18., 31., 33., 37., V–VI., IX., XIII. melléklet., átdolgozva: *Székely et al.* (1992) 56–57., Fig. 17–18.

[149] Jankovich B. Dénes és Szatmári Imre terepjárása.

[150] Kocsor Julianna és Szatmári Imre terepjárása.

[151] ltsz.: 95.23.16–17. A megadott leltári számok minden esetben a békéscsabai Munkácsy Mihály Múzeum régészeti gyűjteményére vonatkoznak.

[152] ltsz.: 95.23.18–19.

[153] ltsz.: 95.23.20.

[154] ltsz.: 95.23.21–22.

[155] ltsz.: 95.23.23.

két kályhaszemtöredék közül az egyik szürke színű, négyszögletes szájú, tál alakú kályhaszem pereméből,[156] a másik pedig barna, pohár alakú kályhaszem pereméből származik[157] *(1. tábla 5.)*.

Az ásatás

A 18–19. század folyamán teljesen feledésbe merült faluhelyen a 20. század elején, majd az 1970-es és 1980-as években végzett szórványos kutatásokat, illetve felszíni vizsgálódásokat követően 1993-ban nyílott lehetőségünk arra a korábbiaknál jóval kiterjedtebb ásatásra, amelynek célja a falu templomhelyének és a templom körüli temető sírjainak minél szélesebb körű feltárása volt. Kíváncsiak voltunk a század elején végzett kutatások nyomaira, valamint a geofizikai eredmények és az ásatási megfigyelések összevetésére is.

Az 1993. június 14-e és július 23-a között végzett ásatásra az MTA Régészeti Intézetének köszönhetően került sor az intézet Békés megyében folytatott régészeti mikrorégiós kutatási programjának keretében.[158] Az ásatás eredményeiből eddig három rövid beszámoló jelent meg,[159] ezenkívül pedig csak a temető területén előkerült két honfoglalás kori lovas sír publikációjára került sor.[160]

Az ásatás idején a területen napraforgó nőtt, így felszíni megfigyelésekre csak az ásatás elején volt lehetőségünk. Mivel az eredeti céloknak megfelelően elsősorban a középkori település templomhelyének feltárására törekedtünk, szelvényeinket kizárólag a lelőhelyen emelkedő Telek-halom tetején nyitottuk meg *(25. tábla 1–2.)*. A halom középső, legmagasabb pontján geodéziai háromszögelési pont (HP) helyezkedik el, s ez egy összefüggő terület feltárása szempontjából ugyan akadályt jelentett, de az ásatási beméréseket jelentősen megkönnyítette. A halom felszíne erősen lejtős, így a függőleges irányú méréseknél szintezőt használtunk. Szintezési alappontunknak az 1. szelvény északkeleti sarkának mai felszínét választottuk, mert a feltárások területére eső, mesterségesen épített háromszögelési pont közepe, illetve fölső szintje kb. 1,5 méterrel emelkedik ki jelenleg a halom természetes felszínéből. A szintezéseknél tehát ezért mindig a választott alappontunkhoz viszonyítottunk, de a halom mai, erősen lejtős felszínére szintén figyelemmel kellett lennünk. Ezért a szelvényeink sarkainál minden esetben beszinteztük a jelenlegi felszínt is, sőt egy K–Ny-i és egy É–D-i irányú tengely mentén az egész halom területén rögzítettük a felszín szintezési adatait *(5. ábra)*.

A fő égtájaknak megfelelő tájolású szelvények méretét úgy választottuk meg, hogy először 5 x 5 méteres területűeket jelöltünk ki, majd az alapfalak első részleteinek előkerülése után az ásatásra rendelkezésre álló idő és a teljes alaprajz feltárására való törekvés függvényében határoztuk meg a további szelvények helyét és méretét is. Az egyes szelvények között minden esetben 50 cm széles tanúfalakat hagytunk, de a dokumentálásuk után ezeket is elbontottuk *(6., 9–10. ábra)*.

Az *1. szelvényben* a templom nyugati karzatának köves, meszes alapozása került elő, alatta és körülötte pedig tiszta kurgánföldet találtunk. A szelvény nyugati szélén jelentkező sírok között lévő, szabálytalan négyszög alakú alapozással kapcsolatban csak az ásatás későbbi szakaszában tisztázódott, hogy az épület második építési periódusához köthető, s valószínűleg a karzat megerősítésére készült.

---

[156] ltsz.: 95.23.21.

[157] ltsz.: 95.23.22.

[158] Ásatási dokumentáció: MNM III/32/1994., MTA Régészeti Intézete Dok. II. 8/1994., MMM Rég. Ad. 2132–1994., a leletanyag: MMM ltsz. 94.2.1–94.2.47., 95.23.1–95.23.248., az ásatási negatívok: MMM fotótára ltsz. 51809–52168., a diapozitívok ugyanott: ltsz. 23725–23873. – Vö. még Pesti Hírlap 2. (152.) évfolyam 169. szám, 1993. július 22., 4. oldal., Békés Megyei Hírlap XLVIII. évfolyam 170. szám, 1993. július 23., 7. oldal.

[159] *Szatmári* (1994b) 66–71., RégFüz 47 (1996) 82–83., *Blazovich* (1996) 86.

[160] *Szatmári* (1996b) 162–186.

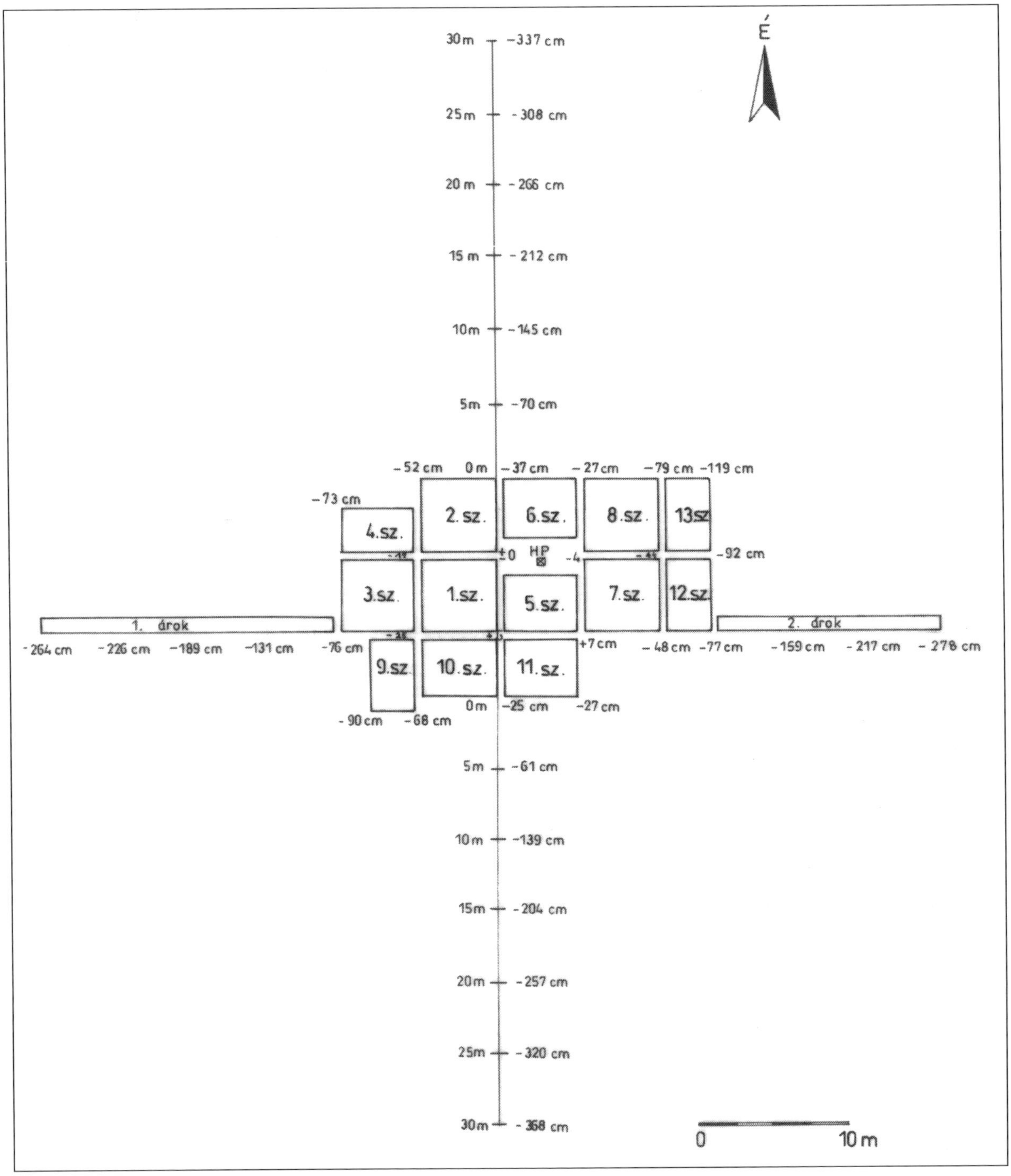

5. ábra: A Telek-halom É–D-i és Ny–K-i tengelyében mért szintezési értékek a feltárt terület kiterjedésével: az 1. és 2. sz. kutatóárok, illetve az 1–13. szelvény helyével

A *2. szelvény* déli szélére esett a templom északi hajófalának nyomvonala, de a halom nagymértékű eróziója miatt az alapozás már csaknem teljesen elpusztult: helyét csupán az alapozási árok legalján foltokban megfigyelhető meszes foltok mutatták. A szelvény délnyugati sarkában viszont, a hajófal vonalának folytatásában, kiszélesedő döngölt alapozást találtunk, amelyről csak a 3. szelvényben derült ki, hogy a templom északnyugati sarkának részét képezi. A hajófal alapozásának északi ol-

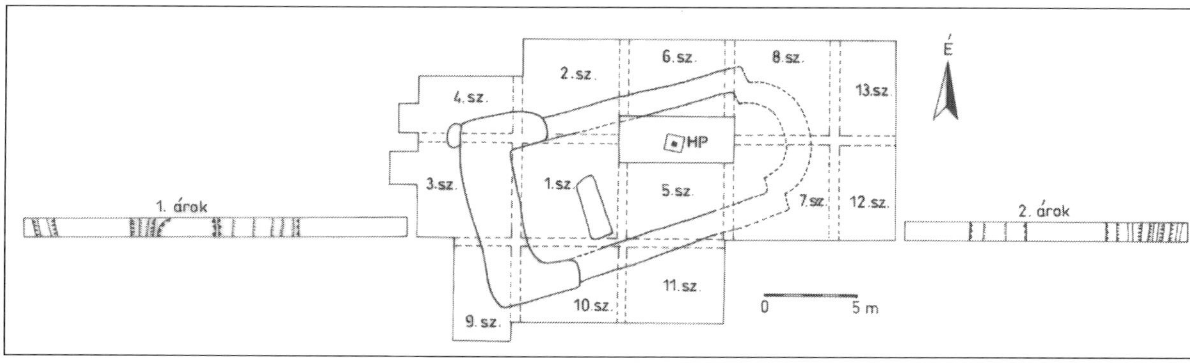

6. ábra: A feltárt terület kiterjedése a templom alapfalaival

dalán sírok kerültek elő, sírfoltjaik – szinte kivétel nélkül – már a szántás alatti szinten kitűnően látszottak. A sírok felszedése után a szelvény északi felében még egy ásónyomot kivettünk, de további sírokra – leszámítva azt, amelyiknek gödre a 4. szelvénybe nyúlt át, s jórészt a szelvény fala alá esett – itt már nem leltünk.

A *3. szelvényünket* az 1. szelvény nyugati oldalára jelöltük ki azért, hogy a 2. szelvény délnyugati sarkában jelentkező döngölt alapozás kiterjedését és az épület nyugati szélét meghatározzuk.

Az eddigieknél kisebb területű *4. szelvényt* a templom itt lévő sarkának teljes feltárására ástuk ki. Délkeleti szögletében és részben a déli fala mellett megtaláltuk a döngölt alapozás északi szélét és sarkát is. A 3. és 4. szelvényben került elő, a templom döngölt alapozásától mindössze 1–1,5 méternyire, két honfoglalás kori lovas sír (34–35. sír), a két szelvény közti tanúfal alatt pedig az I. sz. osszárium. A honfoglalás kori sírok miatt, illetve azért, mert a sírfoltokat a kurgán talajában nem minden esetben lehetett jól elkülöníteni, a döngölt alapozás mellett mindkét szelvény nyugati felében kivettünk még egy ásónyomot az itt előkerült sírok felszedése után, de több sír nem mutatkozott. Az ásatás későbbi menetében ezek a 3–4. szelvényben kivett biztonsági ásónyomok igazolták, hogy a kurgán bolygatatlannak látszó, sárgásbarna, illetve szürkésbarna talajában sírok már valóban nem lehetnek.

A templom északnyugati sarkának és északi hajófalának előkerülése után először az épület szélességét próbáltuk meghatározni, majd keleti kiterjedését tisztázni, illetve a szentélyét megkeresni. Ezért az 1. és a 2. szelvény keleti oldalán, a halom tetején lévő háromszögelési ponttól délre és északra jelöltük ki az 5. és 6. szelvényt, majd ezeknek is a keleti oldalán a 7. és 8. szelvényt.

Az *5. szelvény* területén már az első fél ásónyomban több sír került elő, s mélyebbre ásva is rendkívüli sűrűségben helyezkedtek el a sírok. A magasabban lévő sírréteghez tartozó legtöbb sírnak nem látszott a foltja. Ezek fölött bizonyára szintén igen sok sír volt még, de a szántások során azokat teljesen elpusztították. A mai felszínhez közeli sírok is meglehetősen roncsolt állapotban kerültek elő. A szelvény déli szélén, az első fél ásónyomban nem túl nagy területen fehér, meszes kőtörmelék foltja jelezte a déli hajófal helyét, azonban mindössze két kisebb kődarab maradt meg eredeti helyén, a többit az eke már megbolygatta. A háromszögelési pontot keleti és nyugati oldalról kikerülő ekenyomok itt futottak össze, s találkozásuk szögletében – az alapozási árok legaljának részletei mellett – az árok északi oldalfalának egészen kis szakasza is megmaradt néhány centiméter hosszan. Ez alapján a déli hajófal alapozástechnikája teljesen megegyezőnek látszott az északi hajófaléval.

A háromszögelési pont északi oldalán kijelölt *6. szelvény* déli felében lehetett legjobban követni az északi hajófal kiszedett és szétszántott alapozási árkának vonalát. Főleg az alapozási árok déli széle volt határozott. A templom alapozásából jóformán már semmi sem maradt meg, mindössze az árok északi széle mellett találtunk még eredeti helyén két-három nagyobb kődarabot. Az árok betöltése ugyanolyan meszes, zúzott kövekből állt, mint az 1. szelvényben lévő karzattartó alapozásé. A szelvény keleti tanúfala alatt megtaláltuk a templomhajó északkeleti belső sarkát is, a diadalív beugró alapozásának 30 cm-es szakaszával. A 8. szelvény nyugati szélén azonban, közvetlenül az elbontott tanúfal helye mellett, már csak egy ekenyomot találtunk, amely teljesen elpusztította a diadalív alapozásának többi részét. A tanúfal közepén húzódó másik ekenyom alja szerencsére déli irányban emelkedett, s csak ennek köszönhető, hogy a hajó belső sarka még megmaradt. A templomhajó északkeleti külső sarka viszont már áldozatul esett az eke mélyebb nyomvonalának. A hajó belső sarka határozottan követhető volt, annak ellenére, hogy az alapozási árok oldalfalából mindössze 2–3 cm maradt meg. Az alapozási árok többi részét elpusztító ekenyomot is pontosan ki lehetett bontani. A templom északi hajófalának külső oldalán – ugyanúgy, ahogy a 2. szelvényben, de itt részben szétszántott kőtörmelékkel borítva – csontvázak kerültek elő.

Az 5. szelvény keleti oldalán kijelölt *7. szelvényben* nagyon ügyeltünk arra, hogy az esetleg még megmaradt alapozási árok helyét akár az ekenyomok közeiben is meg tudjuk figyelni. Ennek ellenére nem akadtunk az alapozás nyomára. Feltűnő volt azonban, hogy a szelvény nyugati kétharmadában a szántás alján – az északi hajófal alatt lévőhöz hasonló – a kurgán eredeti felhordásával azonos, szürkésbarna, illetve sárgásbarna talajt találtunk, amelybe sírgödör sehol sem mélyedt. Másrészt a szelvény középső harmadában kisebb foltokban ugyanolyan meszes, habarcsra emlékeztető foltokat lehetett megfigyelni, mint amilyenek a 2. szelvényben is előfordultak a templomfal nyomvonalában. Ezek a foltok, valamint a sírok itteni hiánya – összevetve például a szomszédos 5. szelvényben tapasztalt sűrűségükkel – kétségkívül egykori fal, a szentély helyére utalt. Ettől keletebbre nem lehetett a szentély fala, hiszen a szelvény területén a szántás – a halom lejtőjének megfelelően – ÉK–DNy-i irányú, lépcsőzetes teraszok formájában jelentkezett, s a szelvény keleti széle több mint fél méterrel volt alacsonyabb szinten a nyugatitól. Ezenkívül a templom szélessége és a nyugati végétől számított hosszának egymáshoz való aránya sem engedte meg, hogy a szentély helyét ennél keletebbre képzeljük el. A szelvény északkeleti sarkában előkerült II. sz. osszárium – a templomhajó 6. szelvényben megtalált északkeleti belső sarkával és a szentély abból következő indításával együtt – szintén azt bizonyította, hogy a szentélyfal teljesen elpusztult alapozásának helyét ide határozzuk meg.

Ezt a megállapítást megerősítette a 7. szelvény északi oldalán kiásott *8. sz. szelvényünk* is. Az itt előkerült sírok, a közöttük szabadon hagyott, helyenként habarcs- vagy mészfoltos felületek, az ekenyomok aljára beforgatott kő- és mészdarabkák, valamint a szelvény északnyugati sarkában kibontott gödör helyzete ugyancsak segített a szentély helyének kiszerkesztésében.

A szentélyfal helyének ilyen meghatározása után öt további szelvény feltárására is maradt még időnk: hármat a déli hajófal teljesebb megismerése céljából, kettőt pedig a szentélytől keletre eső részek megnyugtató értékelése miatt jelöltünk ki.

A 3. szelvény déli oldalán kiásott *9. sz. szelvény* északkeleti negyedében így kirajzolódott a templom délnyugati sarkának döngölt alapozása, mellette pedig néhány sírt találtunk. Az alapozás nyugati szélét két sírgödör is megsértette (71–72. sír).

A *10. szelvényt* az 1. szelvény déli oldalán jelöltük ki, s itt már az első ásónyom alján előtűnt helyenként a döngölt alapozás. Tetején szétszántott téglatörmeléket figyeltünk meg. A döngölt alapozás délnyugati belső sarkának vonalát is kitűnően lehetett követni. A fal külső, déli oldalán és belső szögletében sírok jelentkeztek, meglehetősen nagy sűrűségben. Néhányat közülük részben itt is a döngölt alapozás déli szélébe ástak.

A *11. szelvény* a 10. szelvény keleti oldalán és az 5. szelvény déli oldalán helyezkedett el. Legnagyobb területén sírokat találtunk, de a szelvény északnyugati sarkában előkerült a templom déli hajófalának külső széle is, sőt – elbontva az 5. és 11. szelvény közötti tanúfalat – a déli fal helye teljesen kirajzolódott. A sírok sűrűsége hasonló volt az 5. és 10. szelvényben előkerült sírokéval. A szétszántott sírok már közvetlenül a felszín alatt jelentkeztek, s több rétegben kerültek elő temetkezések. A második sírrétegnél már sírgödrök szélei is kibontakoztak. Ugyanígy volt ez az 5. és a 10. szelvényben is. A szelvény keleti fala mellett egy olyan gödröt bontottunk ki, amelybe igen sok követ dobáltak *(27. tábla 1–2.)*. Az egyik kődarabot faragott borda díszítette[161] *(24. tábla)*. A gödörben két nagyobb kőtömb is előfordult. Az egyik akár a templom falának darabja is lehetett, de talán valószínűbb, hogy az alapozásból származott: 55 x 46 x 35 cm-es tömegét több kisebb, oltott mészbe ágyazott kődarab alkotta. Ez az előbb említett faragott kő mellett hevert, helyzetét a 118–120, illetve a 131–132. sírral együtt rajzoltuk le *(24–25. ábra)*. A másik nagyméretű – 40 x 31 x 31 cm-es –, egyetlen tömbből álló követ hasáb alakúra faragták. Kváderkőnek is elfogadható. Ez volt a legnagyobb méretű kődarab, amely az ásatás folyamán előkerült. Mindenképpen jól érzékeltette az egykori templom falainak építőanyagát vagy az alapozásban felhasznált kövek minőségét, formáját. A gödörrel sírokat vágtak el, de a gödör alja alatt is kerültek elő még sírok. A gödör alatt volt például a 165. sír, ez alatt pedig a 166. sír. A 175. sír szintén a gödör alatt került elő, s a sírban talált, Mátyás király korából származó – pontosabban 1482–1486 közé tehető – érem[162] *(16. tábla 5.)* így a gödör korát a 15. század legvégére vagy a 16. század elejére keltezi.

A *12. és 13. szelvény* egyformán a 7. és 8. szelvény keleti oldalán helyezkedett el. Mindkettőben kivettük a szántás rétegét, de ez alatt újabb sírok egyik szelvényben sem fordultak elő. Ezért valószínű, hogy a halom kopása miatt ezen a területen már minden sír elpusztult, pedig ezek is igazolhatták volna a szentély feltételezett helyét. A felszínen még a 12–13. szelvénytől keletre is igen sok embercsontot lehetett megfigyelni, tehát eredetileg a temető erre a területre is bizonyosan kiterjedt. A régészeti objektumoknak, beásásoknak, sírgödröknek a hiányát és a halomnak ezen az oldalán való teljes pusztulását tükrözheti a geofizikai mérések nyomán készített térképnek az a része is, amely a halom keleti és északkeleti oldalát anomáliáktól mentes területként mutatja be.[163]

A lelőhelyen 1989-ben végzett geofizikai felmérés viszont a halmot kerítő kettős árokra emlékeztető anomáliákat is kimutatott. Ezek helyének visszamérése után az eddig említett szelvényeken kívül két kutatóárkot jelöltünk még ki, hogy a korábbi geofizikai mérések eredményét régészeti megfigyelésekkel is össze lehessen vetni, illetve másrészt azért, hogy a temető kiterjedésére vonatkozó adatokhoz jussunk *(6–8. ábra)*.

A 20 x 1 méteres *1. sz. kutatóárkot* K–Ny-i irányban ástuk ki a feltárt területtől nyugatra úgy, hogy az árok déli széle egy vonalba esett az 1, 3, 5, 7 és 12. szelvény déli szélével, folytonos metszetét adva ezzel a halom nyugati lejtőjének és tetejének. Az árok keleti végén már a második ásónyomban csontvázakra bukkantunk, míg az árok közepén – a geofizikai mérések által is megjelölt helyen – széles, tégla- és habarcsszemcsékkel kevert, feketés betöltésű, a kutatóárokra merőleges irányú beásás nyomát találtuk, melynek az alját közel négy és fél méter mélyen értük el – a szintezési alappontunkhoz viszonyítva. Betöltéséből Árpád-kori és késő középkori leletek, leginkább edénytöredékek kerültek elő. Ezen ásatási megfigyelések és a korábbi geofizikai felmérések eredményei alapján biztosan állítható, hogy ez a beásás a templomot és temetőt körülvevő kettős körárok belső árkával azonos. A külső körárok ettől kissé nyugatabbra, a kutatóárkunk nyugati harmadában került elő. A kutatóárok nyugati végében is találtunk egy harmadik keresztárkot, amely szintén lehetett egy körárok része, de ez az előbbi kettőtől jóval keskenyebb és sekélyebb is volt. Mindhárom árok betöltésében kerültek elő sírok, s ez azt bizonyítja, hogy a temető kései szakaszában a korábbi temetőárkok eredeti funkciójukat már elvesztették, betemették őket, s a temető ezek helyére is kiterjedt, hiszen betöltésükbe sírokat ástak. A kutatóárok nyugati végében előforduló sírok ugyanakkor azt is

[161] Lásd alább, az előkerült leletek ismertetésénél, ltsz.: 95.23.15.

[162] ltsz.: 95.23.247.

[163] *Székely et al.* (1992) 56., Fig. 17.

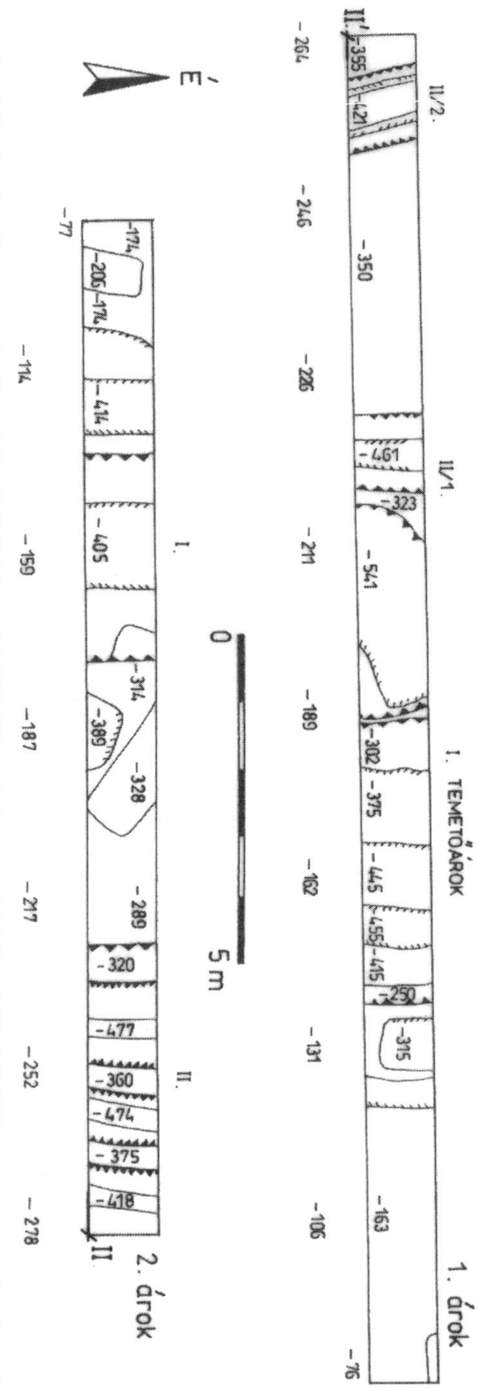

7. ábra: Az 1. és 2. számú kutatóárok a feltárás végén mért mélység- és szintezési adatokkal

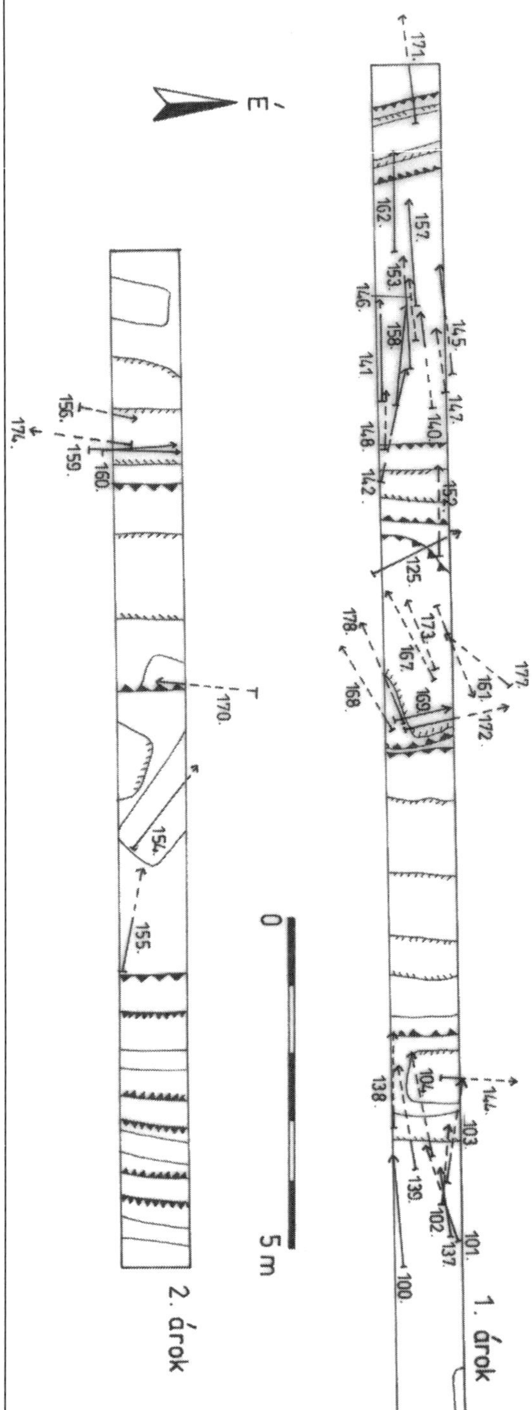

8. ábra: Az 1. és 2. számú kutatóárok az ott előkerült sírokkal

mutatják, hogy a temető legkésőbbi kiterjedését nem tudtuk meghatározni az ásatás alkalmával. Az 1. árokban mindenütt elértük a kurgán homogén, beásásoktól mentes talaját vagy pedig a sárga színű agyagos, helyenként viszont már homokos altalajt.

A *2. sz. kutatóárkunk* 15 méter hosszú, szintén 1 méter széles és K–Ny-i irányú volt. A halom keleti lejtőjében ástuk ki, hasonló célokkal, mint az 1. árkot. Déli széle ennek is egy vonalba esett az 1. árok, valamint a fentebb felsorolt szelvények déli szélével. Ezzel tehát a halomról egy több mint 60 méter hosszú szakaszon csaknem teljes metszetet kaptunk, legalábbis a feltárt terület bontási szintjéig, amely mindenütt elérte a kurgán homogén talaját *(12. ábra)*. Ebben a kutatóárokban is megtaláltuk azt a két, körárokra utaló beásást, amelyet a geofizikai mérések korábban már kimutattak. A belső körárok ezen az oldalon is széles, lefelé fokozatosan szűkülő aljú volt, de a külső körárok lényegében három, egymás mellett lévő keskenyebb árokból állt. A körárkok betöltését itt is szinte fekete vagy legalábbis sötétszürke, habarcsszemcsés talaj képezte. A kutatóárok legnagyobb területén – a külső körárok tömör betöltésének kivételével mindenütt – sírok kerültek elő. Ezeknek a földje lazább, feketéssárga vagy sárgásfekete színű és kevert volt. A belső körárok földjébe is temetkeztek, tehát ezt még a temető használatának idején betemették. Nem biztos viszont, hogy a külső körárkot is betemették, hiszen ez már teljesen a halom keleti lábánál húzódott, ahol a lelőhely szélét jelölő régi, ma már kiszáradt folyómeder haladt.

Valószínű tehát, hogy míg a halom keleti oldalán a megtalált külső körárkot nem temették be, s az mindvégig a temető keleti határát jelentette, addig a folyómedertől távolabb, mint például a halom nyugati oldalán, akár többször is bővíthették a temető területét. Ezt bizonyíthatja az 1. árok nyugati végében előkerült, harmadik körárokra utaló részlet, sőt ez vélhetően a temetőnek még nem is az utolsó bővítését jelentette, mert ennek betemetett földjében szintén sírok kerültek elő. A geofizikai mérések eredményeit tükröző, s a lelőhely totális mágneses terének reziduális komponensű áttekintését nyújtó térképeken ugyancsak felfedezhetők olyan anomáliák a halom északi, nyugati és déli oldalán, amelyek arra utalnak, hogy a temetőárkot ezeken az oldalakon többször is áthelyezték, megnövelve a temető területét. A halom keleti oldalán ugyanakkor a térképeken a vízjárta területek közelsége dominál, ezért itt nem volt sok lehetőség a temető területének bővítésére.[164]

Az egyes szelvények és a két kutatóárok segítségével az ásatási terület és a halom jelentős részének É–D-i és Ny–K-i irányú metszetéről kaptunk képet (I–I' és II–II'. metszet) *(7., 9. ábra, 12. ábra 1–2.)*. Az ásatás során azonban még további négy, különálló metszetet is készítettünk abból a célból, hogy a templom alapozását megtaláljuk, illetve annak helyét ellenőrizzük, valamint azért, hogy a döngölt alapozás szerkezetét, mélységét megismerjük.

Az *A–A' metszetet* a 7. szelvény északi fala mellett az osszárium gödrének mélységéig ástuk ki, a szentély vélt helyén, hogy a köves alapozás alatt esetleg meglévő döngölt alapozást megtaláljuk, s annak segítségével a szentély helyét pontosan rögzíthessük. Alapozásnak vagy más beásásnak azonban semmi nyomát nem találtuk. A szelvény fala a szántás alatt egyforma szürkésbarna színű, jellegzetes „kurgánföld" volt. Ezzel a metszettel bizonyossá vált, hogy a köves alapozási árok alatt hiába keresnénk a falak helyére utaló jelenségeket, s napjainkra a szentélynek semmilyen közvetlenül megfigyelhető nyoma nem maradt *(9. ábra, 13. ábra 1.)*.

A *B–B' metszettel* ezt a megállapítást akartuk megerősíteni egy olyan helyen is, ahol az alapozási árok is azonosítható volt. Ezért a 6. szelvény keleti fala mellett vágtuk át a templomhajó északi falának helyét. A kibontott alapozási árok törmelékes betöltése alatt azonban további alapozásnak – az A–A' metszethez hasonlóan – itt sem találtunk semmi nyomát, s mindenütt csupán a kurgán felhordásának egyforma talaját figyelhettük meg. A templom hajójának északi és déli fala, valamint feltételezhe-

164 *Abbas et al.* (1990) IX., XIII. melléklet., *Székely et al.* (1992) 56., Fig. 17.

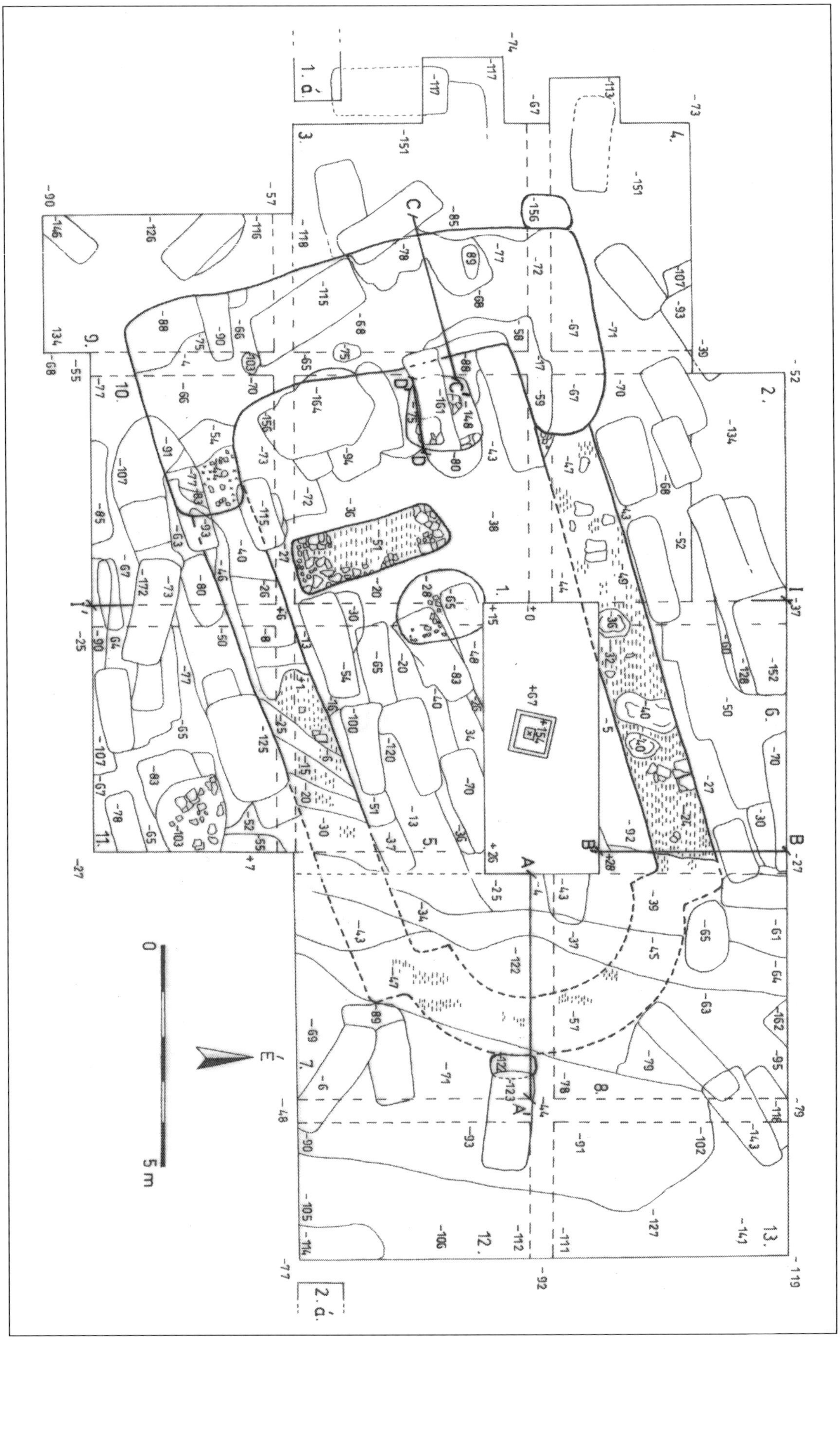

9. ábra: Az 1–13. szelvény. Ásatási alaprajz a szintezési és mélységadatokkal

tően a szentélyének fala tehát ugyanolyan alapozási technikával készülhetett, s a kövekkel kitöltött alapozási árok alatt egyik falszakaszon sem alkalmaztak még döngölt alapozást is *(9. ábra, 13. ábra 2.)*.

Az *C–C' metszet* viszont azt bizonyította, hogy az épület nyugati falát és nyilvánvalóan két nyugati sarkát is döngölt földrétegekből alapozták. A metszetet az alapozás legszélesebb szakaszán ástuk ki úgy, hogy az a templom belsejében, a nyugati fal mellett előkerült másik döngölt alapozás különállóságát is igazolja. A metszet szerint a nyugati fal helyén napjainkra 92 cm mélységű alapozás maradt meg eredeti állapotában, s ebben összesen 14 réteget lehetett elkülöníteni. Az alapozás földjébe habarcsszemcséken kívül embercsont-darabkákat is döngöltek *(9. ábra, 13. ábra 3.)*.

A *D–D' metszetet* a nyugati zárófal belső oldalán, az 1. szelvény nyugati szélén talált, szabálytalan négyszög alakú döngölt alapozás szerkezetének tisztázása, illetve a nyugati fal döngölt alapozásához való viszonyítása miatt, s a kettő összehasonlítása céljából készítettük el. Kisebb különbségektől eltekintve a két alapozás lényegében hasonlónak bizonyult *(9. ábra, 13. ábra 4.)*.

Az ásatás idején nyitott, fent részletezett tizenhárom szelvényben és a két kutatóárokban az ásatás végére mindenütt befejeztük a régészeti jelenségek, objektumok feltárását, a kurgán talajában észlelhető beásások kibontását. A halom alaptemetkezésének felkutatása nem volt célunk, így a középkori településhez köthető beásások kibontása után a kurgán talaját nem is mélyítettük tovább.

Az ásatás során *többféle minőségű, összetételű talajt* ismertünk meg, és különítettünk el, melyek a különböző idejű bolygatások, beásások révén keletkeztek *(12–13. ábra)*. Közvetlenül a *szántás* és a *gyep* rétege alatt helyenként tégla-, kő- és habarcsszemcsés, vékony *pusztulási réteget* figyeltünk meg. Ezeken kívül egyértelmű volt még a *kurgán felhordott földjének* és az alatta – a két kutatóárok területén – elért *sárga, homokos altalajnak* a különválasztása. A kurgán eredeti földje azonban kétféle volt. Az 1. szelvény területén, a karzattartó köves alapozása mellett és a 2. szelvény délkeleti sarkában ugyanis tiszta, homogén, fényes, fekete, darabosan felszakadó, igen kemény talaj formájában jelentkezett, amelynek széle száradás után is alig-alig repedt meg, s környezetétől továbbra is csak színével különült el. Máshol viszont – főleg az alapfalak és a sírgödrök közötti részeken, illetve a sírok közötti tiszta felületeken – ugyancsak tiszta, egynemű, kemény, de inkább szürke, szürkésbarna, sőt (pl. a 3–4. és 9. szelvényben) sárgásbarna színű volt.

A középkori beásásokhoz, illetve újkori bolygatásokhoz köthető talajféleségek közé tartozik a templom északi és déli hajófalához, illetve a karzattartóhoz tartozó *alapozási árokban* talált kőtörmelékes, meszes, habarcsos, laza, szürkés betöltés, valamint ezenkívül a nyugati fal helyén és annak belső oldalán lévő *döngölt alapozás* is. Ez utóbbi igen kemény, szürke vagy szürkésfekete színű, habarcsszemcsés, rétegesen döngölt. Még a kurgán fényes, fekete talajánál is keményebb. A fölötte lévő szántás és a szántás alatti pusztulási réteg könnyen elvált tőle. A döngölés megmaradt felszínét a hajszálgyökerek is jelölték, a száradás után pedig széle egészen egyértelművé vált. A *sírbetöltések* földje általában szürkésbarna, tömör, de a döngölt alapozás földjénél és a kurgán felhordásánál mégis lazább, apró habarcs- és téglaszemcsés, a körárkokba ásott síroké pedig még ennél is lazább, feketéssárga vagy sárgásfekete színű, kevert volt. A kutatóárkainkban azonosított *temetőárkok* földjét a tömör, habarcsszemcsés, sötétszürke vagy fekete színű betöltés jellemezte. A különböző gödrök és a templomnál későbbi *beásások* talaja az átlagosnál sokkal lazább, habarcs- és téglaszemcsés összetételével különült el.

A feltárt területen több ilyen *beásás* helyét azonosítottuk *(9–10. ábra)*. Az 1. szelvény délnyugati szögletében, vagyis a templomhajó délnyugati sarkában lévő gödörrel például nemcsak a 17, 18, 19. és 21. sírt vágták át, hanem a templom döngölt alapozásának szélét is. A gödör igen laza betöltéséből középkori vasszegeken és edénytöredékeken kívül egy újkorinak látszó üvegperem is előkerült. A múlt század elején a halom területén végzett ásatásokról megjelent újsághírek tudósításai alapján e beásást minden valószínűség szerint Krecsmarik Endre kutatásainak egyik helyével azonosíthatjuk.

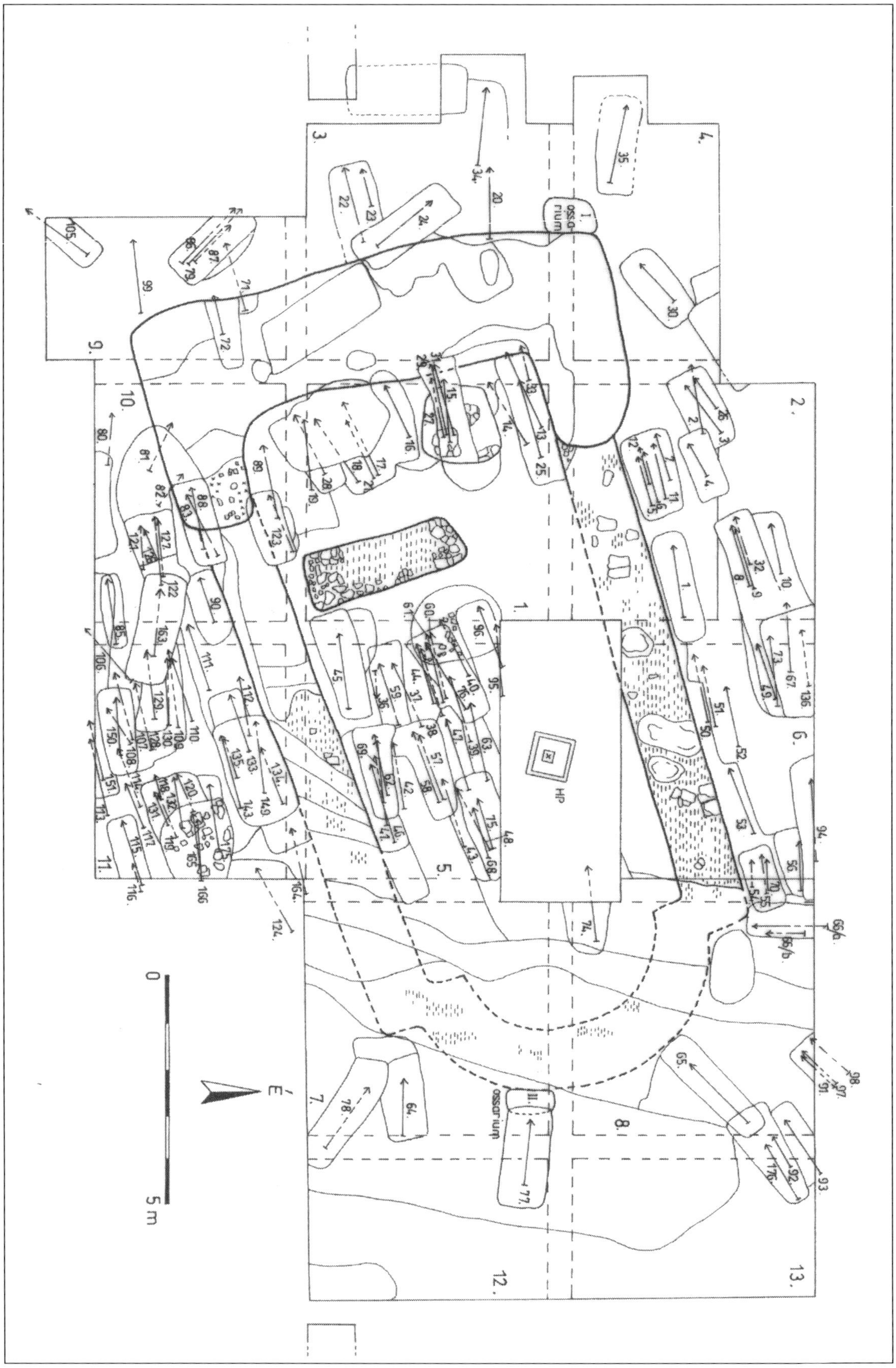

10. ábra: Az 1–13. szelvény. Ásatási alaprajz a feltárt sírok helyével

Az 1. szelvény keleti és az 5. szelvény nyugati szélére esett egy másik beásás gödre is. Betöltésébe tégla- és kőtörmelék került, s ezt a törmeléket később az ide ásott sírok földjébe (pl. 76. sír) is visszatemették. Az építési törmeléken kívül a gödör anyagához tartozott több cserépbogrács-töredék és egy – a későbbi sírok által szabadon hagyott területen előkerült – kiegészíthető, a gödörben szájjal lefelé megtalált cserépbogrács is, amelyben állatcsontok voltak. A gödör kora tehát az Árpád-korra tehető, sőt minden valószínűség szerint egyidős a templom építésével. Ezt erősíti az is, hogy a gödör csaknem a templomhajó mértani közepén helyezkedett el. Később ebbe a gödörbe ásták a 38, 40, 44, 60–61, 76, 95–96. sírt, de a gödör alját nem mindenütt érték el a sírgödrök. A 61. és 76. sírban többek között Mátyás király érmei kerültek elő.

A 3. szelvény délkeleti sarkában is volt egy sírgödörhöz hasonló nagyságú és formájú – a 24. sír tájolásával pontosan megegyező irányítású – beásás, de ebben nem találtunk csontvázat. Helyzete mutatja, hogy eredetileg sem lehetett sír, hiszen a templom falának már nem maradt volna hely mellette. Az alapozásnál viszont mindenképpen későbbi beásás volt, mert egyértelműen a döngölt alapozásba mélyedt, s alján a döngölés alja is előkerült. A gödör nagyon laza, bedobált embercsontokkal és tégladarabokkal kevert, törmelékes betöltése szintén kései voltát bizonyítja. Feltehetően a hajó délnyugati sarkában lévő gödörhöz hasonlóan ez is a 20. század elején végzett kutatások nyomát őrzi.

A 10. szelvényben, valamint az északi hajófal alapozási árkának alján, illetve a döngölt alapozás széleinél megfigyelt szabálytalan alakú beásások szintén újkoriak lehetnek, s részben a templom építőanyagának elhordása és alapozásának módszeres kibányászása idején keletkeztek, vagy kisebb részben Krecsmarik Endre ásatásaihoz köthetők.

A két osszárium biztosan a késő középkorban keletkezett, viszont nem lehet pontosan meghatározni a szentély és az északi hajófal találkozásának külső oldalán előkerült gödör, valamint a 11. szelvény keleti széle mellett feltárt beásás korát. Az előbbi keletkezésének idején a templom falai még nyilvánvalóan álltak, az utóbbiról pedig csak annyi bizonyos, hogy a 15–16. század fordulójánál későbbi. A gödör alatt ugyanis egy olyan, fentebb is említett sír került elő, amelyben Mátyás király 1482–1486 között vert pénzét találtuk (175. sír).

A templom

A feltárás területe kétségkívül kiterjedt az egykori templom elhelyezkedésének teljes területére *(6., 9–10. ábra)*, mégis több, jelentős kérdésben bizonytalanság maradt az épülettel kapcsolatosan. Ez egyrészt az egységesnek látszó alaprajz és az előkerült, különböző alapozástechnikára utaló jelenségek ellentmondásossága miatt van, másrészt pedig a halom felszínének eróziója következményeként az alapfalak nagyfokú rongálódásával, sőt teljes eltűnésével magyarázható. Az egyik ilyen bizonytalan pontja az épület értelmezésének *az építési periódusok* számának megállapítása.

Egyértelműen látszik ugyanis, hogy a nyugati oldalon, az északnyugati és délnyugati saroknál, illetve a teljes nyugati zárófalnál valamilyen ok miatt döngölt földrétegekből igen erős, összefüggő alapozást készítettek, míg máshol a falak helyén ennek nyoma sincs. Jól megfigyelhető volt, hogy az északnyugati saroktól kelet felé az északi fal alapozása még egy kisebb távolságon a nyugati fal alapozásával megegyező, de a 25. sír keleti harmadától ez a döngölt alapozás megszűnik, s ettől keleti irányban már csak habarcsfoltos, szürkésbarna – helyenként szürkésfekete – talaj található, amely a kurgán eredeti földjével, felhordásával azonos. A habarcsfoltok mutatják, hogy itt volt az északi fal többi részének a helye, de mivel ennek ezen a szakaszon csak sokkal sekélyebb alapozási árka volt, a halom eróziója és a szántás miatt az alapozási ároknak csupán a legalja maradt meg, az is csak foltokban. A 2. szelvényben a szántás alsó szintjén követhető északi fal helyén azonban nemcsak habarcsfoltok maradtak meg, hanem az 1. és az 5–7. sír gödre mellett helyenként sejthető volt az alapozási árok külső falának indítása is. Ezek a pontok egyenes vonalba estek a 6. szelvényben követhető fal északi szélével is. A 2. szelvény déli szélén ugyanakkor a fal alapozásának eredeti szélességét már egyáltalán nem lehetett megállapítani, vagyis a 2. szelvény területén a kiszedett alapozás déli szélének helye teljesen bizonytalan volt. A szelvény keleti falában viszont, a jelenlegi felszín alatt 30–35 cm-rel, kirajzolódott a kiszedett fal helyének metszete, de csak azért, mert a háromszögelési pont közelsége miatt a szelvény keleti széle már füves területre esett, s így itt az eke is kevesebbet fordult.

A 6. szelvény területén azonban, ahol a háromszögelési pont miatt szintén nehezebb volt szántani, s leginkább ugyancsak füves volt a felszín, az alapozási árok aljából több maradt meg, mint például a 2. szelvény területén. A szántás itt még nem semmisítette meg teljesen az alapozást, s az északi fal itteni szakaszánál a gyep alatt egyértelműen jelentkezett a kőtörmelékes betöltésű, kiszedett északi fal helye. Az alapozási árok alján, a fal északi széléhez igazítva három nagyobb – 25–35 cm-es –, szemcsés szerkezetű kő is megmaradt eredeti helyén. Kettőnek a külső széle pontosan az alapozási árok külső szélének vonalát adta meg. Ebben a szelvényben máshol is elég jól lehetett követni az északi hajófal helyét. Az alapozási árok oldalfalából mintegy 5–10 cm magas rész maradt meg. A falszakasz teljesen azonos megjelenésű volt bontás közben azzal az alapozással, amelyet az 1. szelvény délkeleti sarkában tártunk föl. Az alapozástechnikájuk tökéletesen megegyezett. Ezek szerint az alapozási árokba először szabálytalan alakú köveket és meszet raktak, majd ezeket vízzel leöntötték, s így készítették el az alapozást. A 6. szelvény keleti széle felé, vagyis az intenzívebben szántott terület irányába haladva, az alapozási árok oldalfala fokozatosan, egyre inkább eltűnt, s végül már csak az alapozási árok alja volt érzékelhető. (A 8. szelvény nyugati szélén már ez sem). Az alapozási árok alja kissé egyenetlen volt, középső szakaszába a kövek kibányászásakor bele is ástak. Minden kődarab szürke színű, egyenes rétegek mentén sima felülettel hasadó kő volt.

A déli oldalon, a 10. szelvényben szintén jól kirajzolódott a déli hajófal helye, s pontosan megfigyelhető volt a templom délnyugati sarkának döngölt alapozása és a sekélyebb alapozású déli falszakasz csatlakozási pontja is. Éppen úgy, ahogy az északi oldalon látszott: a döngölt alapozás végének széle ívesen záródott, mintegy másodlagosan belemélyedve a sekélyebb alapozású falszakasz alapozásába, és igazodva annak belső vonalvezetéséhez. A déli hajófal keskenyebb és sokkal sekélyebb alapozási árkából azonban ezen a részen már szinte semmi sem maradt meg, csak a fal alatt lévő, így annak helyét is mutató tiszta, kemény talaj. A 6. szelvényben megfigyelt részletek alapján vélhetően itt is köves alapozás húzódhatott. A kétféle falszakasz találkozásánál, részben a döngölt alapozás, részben pedig a köves alapozású falszakasz helyének déli szélébe ásták meg a 88. sz. sírt. Ebben a csontváz alatt és a sírgödör északi falában egyaránt pontosan kirajzolódott a döngölt alapozás habarcsszemcsés földje. Keleti széle határozottan elvált a köves alapozás alatt lévő tiszta, bolygatatlan talajtól. Az utóbbi tetején már sehol sem maradt meg a köves alapozási árok alja, annál tehát néhány centiméterrel alacsonyabb szinten tudtuk csak követni a fal helyét. A döngölt alapozás fölső szintjén viszont szétszántott téglatörmelék habarcsos foltját figyeltük meg. Nem állítható egyértelműen, hogy ezen a szinten lehetett eredetileg is a döngölt alapozás felszíne, de a szétszántott téglatörmelék mindenképpen arra utal, hogy nem sok szintkülönbség lehetett az alapozás megtalált és eredeti felszínének szintje között. A köves alapozási árok aljánál tehát mélyebben lehetett a döngölt alapozás fölső szintje, ebből pedig az következik, hogy a templom nyugati zárófalát a köves alapozási árok aljánál mélyebben kezdték el téglával fölfalazni. A feltárás közben a döngölt alapozás déli szélét szintén pontosan lehetett követni. Feltűnő volt, hogy bár az itt előkerült sírokat részben vagy szinte teljesen az alapozás földjébe ásták, mégis a sírgödrökkel mindig csak az alapozás szélét, leginkább a külső, déli vagy nyugati szélét sértették meg. Ez egyrészt azt jelenti, hogy a sírgödrök között érintetlenül hagyott sáv nemcsak a felmenő fal helyét mutatja, hanem annak vastagságát is (60–65 cm), másrészt pedig elárulja, hogy a fal az alapozás belső széléhez közelebb húzódott a megmaradt alapfalak mentén mindenütt.

A déli hajófal vonalát, illetve helyenként az alapozási árkának legalját az 5. és 11. szelvényünk területén is sikerült rögzíteni. A szántás észak-déli irányú barázdái között, a halom lejtős felszíne ellenére, ezen az oldalon ugyancsak megmaradtak azok a habarcsos felületek, foltok, amelyeket korábban a 2. és 6. szelvény területén is megfigyeltünk. Az alapozási árok oldalaiból azonban szinte semmi sem maradt meg. A déli hajófal nyomvonalában, az 5. szelvény déli szélén, a kiszedett és szétszántott alapfal helye köves, habarcsos, törmelékes omladék formájában jelentkezett, a kövek alatt pedig a kurgán tiszta talaját találtuk. Az alapozási árok ide eső alja nagymértékben roncsolt állapotban maradt meg, s már csak a nyomait lehetett megfigyelni. A templomhajó déli fala alapozásának alja az északi hajófaléhoz hasonlóan kelet felé szintén fokozatosan emelkedett, valószínűleg a domb korabeli lejtős felszíne miatt.

Sajnos a szentély alapozása is teljesen elpusztult, néhány habarcsfolton és a beásások által szabadon hagyott területen kívül semmi sem utalt pontos helyére. Ezen a részen, a halomnak már a keleti oldalán, a felszín meredeken lejt, a szántás alatti szinten pedig csupán a kurgán egynemű talajába mélyedő ekenyomok vonalait lehetett megfigyelni. Pontosan tudtuk követni annak az ekenyomnak is a szélét, amely az északi hajófal és a szentély csatlakozási pontját rombolta szét. A templomhajó északkeleti belső sarkából azonban így is megmaradt egy 30 cm-es szakasz a 6. és 8. szelvény közti tanúfalban, illetve a 8. szelvény nyugati szélén.

A főfalak alapozásán kívül a templom szerkezeti felépítésére utal a templomhajó délnyugati belső sarkában, illetve a nyugati végében lévő két alapozás is. Ezek készítésmódjának technikai kivitele szintén meghatározó szerepet játszik abban, hogy a templom épületének építési szakaszait, fázisait vázolhassuk. A két alapozás ugyanis merőben eltér egymástól, viszont mindegyik hasonlóságot mutat a főfalak alapozástechnikájával.

A templomhajó délnyugati sarkában lévő hosszúkás, téglalap alakú alapozás készítésmódja teljesen megegyezik a 6. szelvényben is megfigyelt köves alapozásával: helyben oltott mésszel erősen kötött, szabálytalan alakú kövekből áll. A templom alapozásából származó legtöbb kődarab is itt maradt meg eredeti helyén. Ennek egyrészt az a magyarázata, hogy az alapozási gödrét néhány centiméterrel mélyebbre ásták, mint a főfalak alapozási árkát, másrészt pedig az alapozásban lévő építőanyag újkori kitermelését is jobban elkerülte, hiszen nem esett a főfalak nyomvonalába. Szélessége (110–130 cm) lényegében szintén megfelel az északi és déli hajófalak szélességének (125–130 cm). Mindebből látható, hogy ez az alapozás egyértelműen a templom északi és déli falával mutat egyezést, s a jelek szerint egyszerre is készítették őket.

A másik belső alapozás a nyugati zárófal mellett, a hajó északnyugati sarkában került elő. Szabálytalan négyzet alakú, lekerekített sarkokkal és oldalakkal. Készítésmódja a nyugati fal döngölt alapozásához hasonlít – vékony föld- és habarcsrétegek váltogatják egymást benne –, de az egyes földrétegek vastagsága és a habarcsrétegek eloszlása eltérő a főfal alapozásától. A belső alapozást ezenkívül 20 cm-rel sekélyebbre is ásták. Összességében és megjelenésében azonban az alapozás kétségkívül a nyugati fal döngölt alapozásának felel meg, s nem a hosszanti hajófalak alapozásához köthető. Készítésének időpontja így minden valószínűség szerint a döngölt nyugati faléval egyezik meg.

A templomhajó belsejében talált, s elsőként említett alapozás funkciójának meghatározását megkönnyítik az e térségben is előforduló, hasonló elrendezésű templomok, ahol a nyugati zárófal belső oldalán karzattartó alapozások fordulnak elő.[165] Kétségtelen, hogy jelen esetben a hasonló alapozás inkább a hajó délnyugati felét foglalja el, s nem szimmetrikusan a hajó közepére esik, továbbá

[165] *Szatmári* (2005) 46–47.

a nyugati faltól való távolsága is nagyobb a megszokottnál, mégis ennek szerepe itt minden bizonnyal szintén a templomhajóban, ezúttal annak délnyugati sarkában megépített karzattal függött össze. Ehhez igazodott az alapozás hosszúkás alakja és a nyugati, illetve déli főfalhoz viszonyított elhelyezkedése is. A karzat feljárója – a szerkezeti elemek elrendezése alapján – valószínűleg a hajó északi felében lehetett.

Nem ilyen egyértelmű viszont a másik alapozás szerepe. Alakjából és elhelyezkedéséből arra lehet következtetni, hogy a templommal egyszerre épített karzatot a későbbiek folyamán az északi oldalon, nyilván a feljáró felől, meg kellett erősíteni, s ezért készítették ezt a pilléralapozást. A nyugati főfal alapozásával való hasonlósága és vélhető egyidejűsége is azt igazolja, hogy készítése nem a templom építése idejéhez köthető, hanem annak későbbi korszakához. A pilléralapozás készítése ezek alapján a nyugati fal átépítése – s vele a szerkezetileg közvetlenül hozzá tartozó karzat megszűnése, illetve tervezett újjáépítése és megerősítése – miatt vált szükségessé.

Nem lehet azonban biztosan tudni, hogy a nyugati fal újjáépítését követően újra felépítették-e a karzatot is, hiszen a pilléralapozásba sírgödör mélyedt, s abban több csontvázat is föltártunk *(10., 17. ábra)*. Ezt figyelembe véve a karzatot az új nyugati fal és a pilléralapozás elkészítése után vagy fel sem építették újra, vagy pedig akkor felépítették ugyan, de a pilléralapozásnak mégsem jutott szerep. Egy harmadik és egy negyedik lehetőség sem kizárható. A harmadik lehetőség, hogy a karzatot az északi pillérrel megerősítve ismét megépítették, de később lebontották, s így ezt követően a pillér döngölt alapozásába is áshattak sírokat. A negyedik lehetőség szerint a pilléralapozás földjébe ásott sírgödör nem jelenti egyúttal a pillér használaton kívül helyezését, mert a sírgödör északi oldalán egy pillér az alapozás megrongálása ellenére is funkcionálhatott, akár a templom fennállásának egész időszakában. Erre utalhat az, hogy a templomhajó nyugati végében, a karzat alatt megásott sírok a pilléralapozás északi harmadát nem sértették meg, hanem azt mintegy kikerülték. Feltűnő az is – s ez bizonyosan szintén a templomhajó nyugati végének belső építészeti kialakításával függ össze –, hogy a késő középkori templombelsőkben megszokott zsúfolt temetkezésektől eltérően az eredeti karzattartó alapozás északi oldalán sírok nem fordultak elő. Ez minden bizonnyal azzal magyarázható, hogy a karzat feljárója mindig itt helyezkedett el. Ha viszont ez így volt, akkor a karzat huzamos, az egész késő középkoron át tartó használatát kell feltételeznünk, hiszen ellenkező esetben a feljáró helyére is sírokat ástak volna. Figyelemre méltó ebből a szempontból továbbá, hogy mind a nyugati falnál, mind pedig az 5. szelvényben – s igen nagy sűrűségben, több rétegben – jelentkező sírok szigorúan igazodtak a karzatot tartó eredeti alapozáshoz, minden esetben kellő távolságot hagyva annak szélétől.

Mindent összevetve a legvalószínűbb, hogy a nyugati fal újjáépítésével a karzatot is újra felépítették, de az északi pilléralapozásra mégsem volt szükség, mint ahogy nem volt eredetileg sem. A karzat meggyengülését a nyugati fal megrongálódása okozhatta, s annak kijavításával a karzat is újra visszanyerte stabilitását. [166]

---

166 Biczó Piroska lektori véleményével összefüggésben felvetette annak a lehetőségét, hogy a karzatra vezető lépcsőt a nyugati falban is kialakíthatták, hiszen a fal vastagsága erre lehetőséget kínált. Ellent mond azonban ennek a 72. sír elhelyezkedése, s az sem biztos, hogy a döngölt alapozás szélességével azonos volt a felmenő fal vastagsága. A felvetés ugyanakkor arra az eddig nem kutatott témakörre irányítja a figyelmet, hogy az alföldi területeken a falusi egyházak belsejében épített karzatok gyakorlati szerkezetét a középkor folyamán pontosan hogyan alakították ki. Az eddig előkerült karzattartó alapozások és hajófalak alapozásainak szélességére gondolva mindenesetre a falban kialakított feljárók nem lehettek jellemzőek e vidéken, s e tekintetben a décsei templom nyugati záró fala alapozásának szélessége egyedinek, kivételnek tekinthető. Biczó Piroska másik felvetése is elgondolkodtató: a templomokkal kapcsolatban nyugati (tehát a templom teljes szélességét elfoglaló) karzatokról szoktunk beszélni, s valószínűleg a décsei templomnál is így kellene erről említést tenni, nem pedig csupán a hajó délnyugati sarkára támaszkodó belső építményről. Valóban különös a két ún.

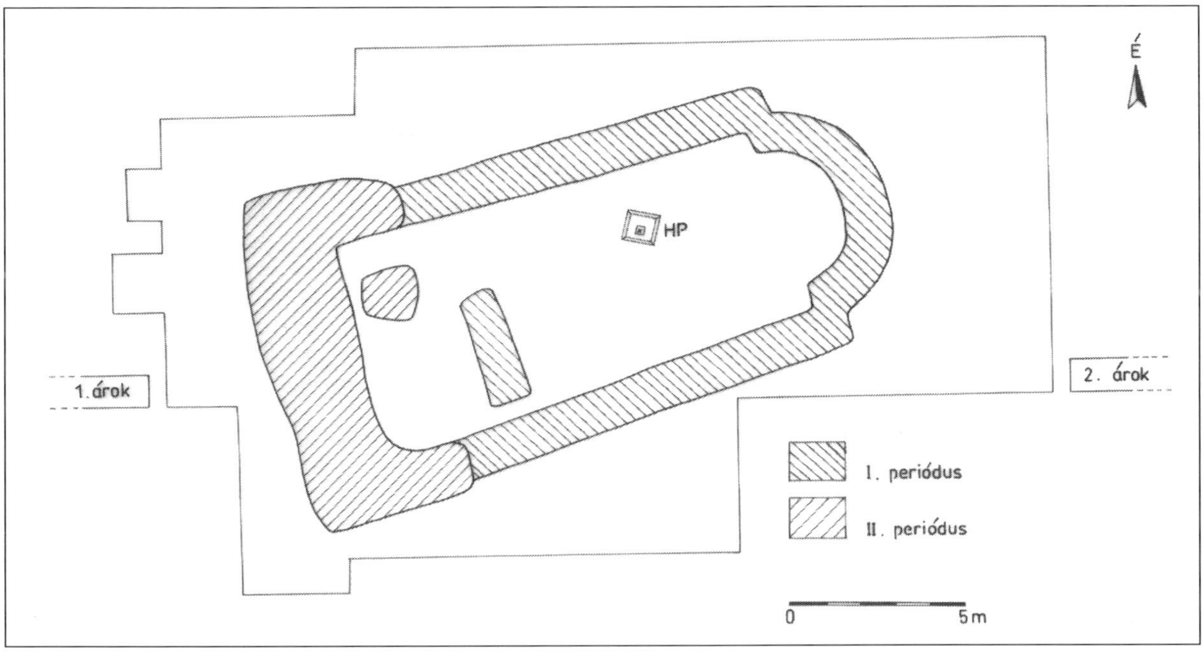

11. ábra: A templom kiszerkesztett alaprajza az I. és II. építési periódussal

A fentiekből következik, hogy az épületnek két építési periódusa, pontosabban egy felépítését követő és egy nagyszabású javítás utáni időszaka lehetett. Az épület átépítése azonban csak a templom kijavítását, nyugati falának újjáépítését célozta, s ez nem járt az épület küllemének jelentős megváltozásával. Ezért a két építési periódus kifejezés a décsei templommal kapcsolatban nem a klasszikus – egymástól jelentősen vagy merőben eltérő megjelenési formákra utaló –, hanem csupán korlátozott értelemben használható *(11. ábra)*.

Magából az alaprajzból tehát, ha nem is feltétlenül következik a két építési periódus – hiszen a megmaradt alapfalak alapján az épület szerkezetileg egységesnek látszik, s nincsenek visszabontott falakra vagy teljesen új épületrészekre utaló alapozások –, a templom alapozási különbségei mégis két építési szakaszt különítenek el. A két építési periódus elkülönítése mellett szól a nyugati zárófal helyén lévő széles, döngölt alapozás és a belső oldalán talált lekerekített sarkú, ugyancsak döngölt földrétegekkel készített alapozás. A nyugati falnak a többi főfalétól eltérő alapozása és a karzat döngölt pilléralapozásának fenti értékelése egyúttal azt is bizonyítja, hogy a döngölt alapozás volt a későbbi. A nyugati fal megtalált alapozásának későbbi voltát bizonyítja az is, hogy ennek földjében nemcsak habarcsszemcsék fordultak elő, hanem helyenként embercsontok is. A döngölt alapozásba ugyanis habarcsszemcsék csak a korábbi építési törmelékből (pl. a teljesen kiásott első, meszes, köves alapozásból), embercsontok pedig nyilvánvalóan csak a korábbi sírokból kerülhettek. A nyugati falat alátámasztó döngölt alapozás helyzete szintén ennek utólagos készítésére utal. Ha ugyanis a nyugati falat annak sérülése után újra kellett alapozni, akkor a fal biztonságos bekötését az északi és déli hajófalhoz csak úgy lehetett elvégezni, ha az északnyugati és délnyugati sarkok alapozását is elvégzik. Ellenkező esetben a sarkoknál szétnyílt volna az épület fala. A döngölt alapozás széleinek lekerekítése is mutatja, hogy ez az alapozás igazodott az északi és déli hajófal eredeti alapfalához, ezt vágták bele másodlagosan a régi alapozásba, s nem pedig fordítva történt.

karzattartó alapozás templomhajón belüli elhelyezkedése, s ehhez hozzátehetjük, hogy a korábbi, hosszabb, köves alapozás is távolabb helyezkedik el a nyugati faltól, mint ahogy az általában megszokott.

A két periódus elkülönítését azonban néhány adat kétségkívül gyengíti is. Az egyik az, hogy amennyiben a nyugati fal döngölt alapozásába az alapozási árok ásásakor elpusztított sírok csontanyaga került, akkor a döngölt alapfal mellett nagy valószínűséggel olyan síroknak is lenniük kellett volna, amelyeket eredetileg az első, a templom építésével egyidős nyugati fal mellé ástak meg, s amelyeket a későbbi alapozási árokkal elvágtak. Ehhez képest a döngölt alapozás szélén csak olyan sírok kerültek elő, amelyek későbbiek a döngölt alapozásnál, mert minden esetben a sírokat ásták az alapozás földjébe. Másrészt a döngölt alapozásba nemcsak a felépített templom melletti temető korai sírjai kerülhettek, hanem a templom építését megelőző időben itt lévő honfoglalás kori temető sírjai is. Ezenkívül a döngölt alapozás földjében téglaszemcsék sincsenek, pedig egy bontást követő alapozásnál erre is lehetne számítani. A másik ilyen látszólagos bizonytalansági tényező, hogy csak közvetett bizonyítékokkal rendelkezünk az alapozások eltérő időbesorolására. Végső soron tehát nem zárható ki egyértelműen, hogy a nyugati fal döngölt alapozása a déli és északi főfalak alapozásával egyszerre is készülhetett, hiszen a két periódus feltételezésekor nem támaszkodhattunk az első nyugati fal alapozásának egyetlen kicsi maradványára sem, mert abból semmi nem maradt meg. Ez esetben a nyugati fal döngölt alapozását eleve a sekélyebben alapozott hosszanti falak nyomvonalához illesztették. Nem zárható ki teljesen ezen az alapon tehát az sem, hogy a nyugati falnak mindjárt a templom építésekor komolyabb alapozást készítettek, mint a többi falnak, s a feltételezett korai nyugati fal egyáltalán nem is létezett. A kétféle alapozás így egyetlen alapozási művelet két különböző, de egyidejű fázisaként is készülhetett: előbb a döngölt, s közvetlenül ezt követően a köves alapozás. Talán így értelmezhető az is, hogy a döngölt alapozás fölső szintje azonos szinten volt a köves alapozás aljával, s ez szintén lehet az oka annak, hogy a feltételezett első periódusba sorolt nyugati falnak semmilyen nyomát nem találtuk.

Nem hagyva figyelmen kívül a bizonytalansági tényezőket sem, a kétféle alapozástechnika, a döngölt alapozás kialakítása, a benne előforduló habarcsszemcsék és embercsontok, az alapozás tetején megfigyelt téglanyomok, a karzat északi megtámasztására készített belső, döngölt alapozás és annak a nyugati főfalhoz való viszonya, valamint a köves karzattartó alapozástól való különbsége mégis egyaránt azt bizonyítja, hogy a templom nyugati végét teljesen újjá kellett építeni, s ez kétségkívül két építési periódust is jelent.

Az *első periódus* alapozása a lekerekített sarkú, valószínűleg lefelé összeszűkülő aljú alapozási árokba rakott, s helyben megoltott mésszel összekötött kövekből állt, de ezeket a köveket szinte teljesen kibányászták az épület pusztulását követően. A megmaradt alapozási árok betöltése kőtörmelékes, habarcsos volt *(9. ábra, 13. ábra 2.)*. A főfalak mellett egy karzattartó alapozás is tartozott még ehhez a periódushoz, a templomhajó délnyugati sarkában. Ennek kiásott alapozási árkába szintén kisebb-nagyobb köveket raktak, amelyeket mésszel szórtak le, s a meszet helyben oltották meg. Az itt lévő kövek nagy részét korábban ugyancsak kibányászták, de az árok két végében még eredeti helyükön is megmaradt jó néhány darab *(9. ábra)*. A karzattartó alapozási árkának habarcsréteggel borított alján fekete színű, s nagyon kemény talajt találtunk. Ezt az alapozási árkot idő hiányában ugyan nem tudtuk átvágni, de az alapozástechnika megegyezése alapján feltételezhető, hogy a főfalakhoz hasonlóan ez alatt sem készült döngölés (A–A', B–B' metszet) *(13. ábra 1–2.)*. Az északi és déli hajófal alapozásának szélessége 120–130 cm között mozgott, a karzattartó alapozásának szélességét pedig 115 cm-nek mértük. A főfalak alapozási árkának alja nem volt vízszintes, hanem – minden bizonnyal a halom felszínéből, s az árok korabeli mélyítési módjából eredően – a nyugati irányban fokozatosan és enyhén lejtett.

Az épület *második építési periódusát* jelentik azok a változások, amelyek a nyugati fal megsérülése után az épület kijavítását tették szükségessé, s amelyek a karzat újjáépítését is bizonyosan megkövetelték *(11. ábra)*. A sekély s talán nem túlságosan erős alapozású templom nyugati falának megsérülé-

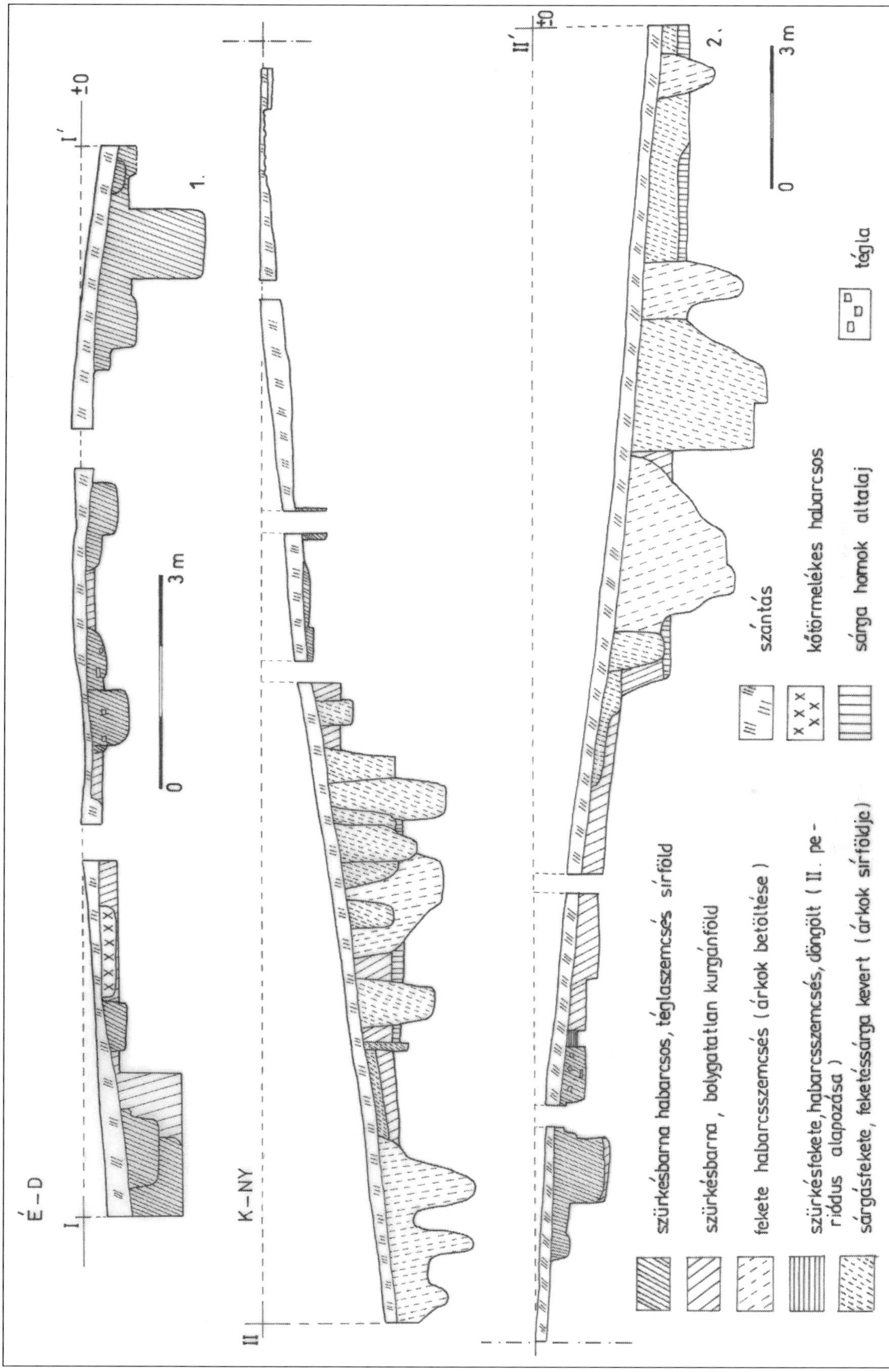

12. ábra: A feltárt terület É–D-i, illetve K–Ny-i irányú metszete (I–I' és II–II' metszet)

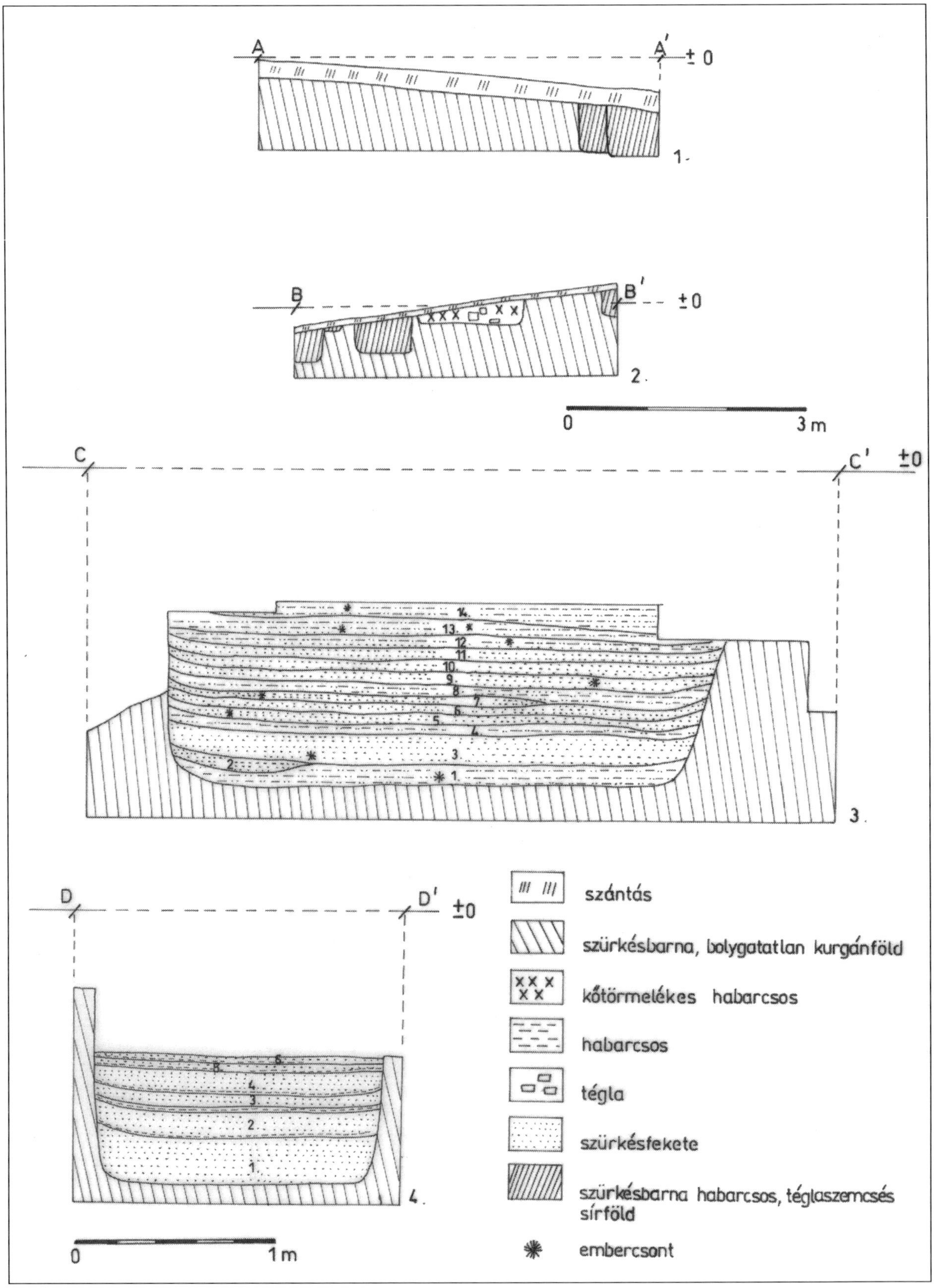

13. ábra: Az A–A', B–B', C–C' és D–D' metszet

se miatt ekkor az egész nyugati falat elbonthatták, s a korábbi alapozását teljesen kiásva annak helyén sokkal szélesebb és mélyebb alapozási árkot ástak, amelyet döngölt földrétegekkel töltöttek föl a korábbi köves alapozási árok aljának szintjéig *(9. ábra, 13. ábra 3.)*. Ennek az új és a korábbinál erősebb alapozásnak a további részét – illetve a falakat is – téglákból rakhatták. A templom megújított nyugati fala azonban nyilván nem volt olyan széles, mint az alapozása, így fordulhatott később elő, hogy több sírgödörrel megsértették az alapozás szélét (16, 20, 22, 24, 29, 31, 33, 71–72, 81–84, 88, 123. sír). Az I. sz. osszáriumot viszont pontosan a döngölt alapozás külső széléhez illesztve ásták ki, legvalószínűbben az új alapozás közben előkerült korábbi sírokból származó csontok elhelyezésére, az alapozás elkészülte vagy a falak felépítése után *(10. ábra)*. Ezekből a sírokból kerülhettek embercsont-darabkák a döngölt alapozásba is *(13. ábra 3.)*. Kétségtelen ellentmondás van azonban e lehetőség és a fentebb tett megállapítás között, miszerint a döngölt alapozás által vágott korábbi sír nem került elő. A megfejtést az is jelentheti, ha a döngölt alapozás külső szélét az új fal elkészülte után jelölte valami, amihez igazodva kiáshatták a későbbi sírokból előkerült csontok elhelyezésére az osszáriumot.

A II. periódus *alapozásához* – az első temploméhoz hasonlóan – ugyancsak lekerekített sarkú, lefelé összeszűkülő oldalú, egyenes aljú alapozási árkot ástak, de ezúttal az alapozás rétegenként döngölt földből készült. A 25. sír függőleges nyugati és északi falánál, a 24. sír keleti sarkában, valamint az I. sz. osszárium gödrének oldalánál pontosan meg lehetett figyelni a döngölt alapozás jellegzetes, vízszintes habarcsrétegekkel tagolt külső szélét. A II. periódus döngölt alapozásának külső és belső sarkát egyaránt lekerekítették, de nem egyformán, hanem kisebb-nagyobb ívek mentén. Keleti széle az északi és déli hajófalhoz való csatlakozásánál szintén törésmentes ívelődésű. Földjébe döngölve nemcsak habarcsszemcsék, illetve habarcsrétegek fordulnak elő, hanem helyenként embercsontok is.

A II. periódus döngölt alapozása szerkezetének megismerése céljából a nyugati zárófal legszélesebb pontján átvágtuk az alapfalat (*C–C' metszet*). Ennek segítségével figyelhettük meg, hogy itt a 280 cm széles alapozási árok oldalfalai lefelé fokozatosan, enyhén összeszűkültek, az egyenes alja pedig lekerekített sarkú volt. Az alapozást vékony földrétegekből döngölték. A döngölt rétegek vastagsága 3–17 cm között mozgott, az átlagos vastagságuk pedig 5–8 cm körüli volt. Az alapozás 92 cm-es mélységben maradt meg, s ez 14 rétegből állt. A mindenkori ±0 cm-es alappontunktól számítva az alapozás alja 160 cm-es, felszíne pedig 68 cm-es szinten húzódott, illetve maradt meg. Az alapozási árkot a kurgán szürkésbarna színű, bolygatatlan talajába ásták, s földjében itt is habarcsszemcséket és embercsont-darabkákat figyeltünk meg *(9. ábra, 13. ábra 3.)*. Az egyes rétegek alulról fölfelé haladva az alábbiak szerint váltakoztak. (A 2. réteg az alapozásnak csak a nyugati szélén különült el.)

	a réteg teljes szélességében	*az alapozás középvonalában*
1. réteg (szürkésfekete, habarcsos):	5–10 cm	10 cm
2. réteg (szürkésfekete):	6–8 cm	—
3. réteg (szürkésfekete):	14–17 cm	16 cm
4. réteg (szürkésfekete, habarcsos):	4 cm	4 cm
5. réteg (szürkésfekete):	4–6 cm	5 cm
6. réteg (szürkésfekete):	5 cm	5 cm
7. réteg (szürkésfekete):	3 cm	3 cm
8. réteg (szürkésfekete, habarcsos):	5–8 cm	5 cm
9. réteg (szürkésfekete):	6–7 cm	6 cm
10. réteg (szürkésfekete):	7 cm	7 cm
11. réteg (szürkésfekete):	5–6 cm	6 cm
12. réteg (szürkésfekete, habarcsos):	5–6 cm	5 cm
13. réteg (szürkésfekete, habarcsos):	5–10 cm	10 cm
14. réteg (szürkésfekete, habarcsos):	10–16 cm	10 cm
összesen:		*92 cm*

A nyugati fal új alapozásával egy időben a karzat északi részének megerősítését is egy hasonló módon döngölt alapozással készítették elő.

Ennek a nyugati fal belső szélétől mindössze néhány centiméterre elhelyezkedő döngölésnek a szerkezetét, készítéstechnikáját a *D–D' metszettel* vizsgáltuk, amely egyébként adott volt, hiszen a 31. sír gödrének ásásakor ezt már elkészítették, s az a sírgödör déli falában a feltárás közben is kitűnően látszott. A sírgödör északi oldalán ugyanakkor sötét színű, helyenként még eredeti állapotban lévő, nagyobb döngölt rögök maradtak meg. Ugyanilyen rögöket találtunk a sírgödör keleti végének alján, de ezek már másodlagos helyzetben is lehettek. Az alapozás metszetét tehát nem lehetett a középvonalban vizsgálni *(9. ábra, 13. ábra 4., 17. ábra)*. A döngölés szélessége a D–D' metszetben 145 cm széles volt, de a meglehetősen szabálytalan négyszög alakú alapozás eredeti szélessége és hosszúsága sem haladhatta meg a 170 x 170 cm-es alapterületet. Az alapozási gödör kialakítása nagyon hasonló volt a templom nyugati falának alapozási árkához, bár apró eltérések is jelentkeztek. Az alapozási gödör oldalfalai – hasonlóan a nyugati fal alapozási árkához – lefelé szintén fokozatosan szűkültek, a sarkokat lekerekítették, a gödör alja pedig egyenes volt.

Az alapozást is ugyanolyan kemény, rétegesen elváló és ugyanolyan összetételű, döngölt földrétegekből készítették. Ezeknek a rétegeknek a vastagsága azonban nagyobb eltéréseket mutatott, hiszen itt ez 4–23 cm között mozgott. Alul vastagabb, fölfelé haladva pedig vékonyabb rétegeket terítettek egymásra. A nyugati zárófal alapozásával összehasonlítva, ennek az alapozásnak az alja 20 cm-rel magasabban húzódott a mindenkori ±0 cm-es alappontunkhoz viszonyítva, mert azt 140 cm mélyen értük el. A döngölés fölső szintje 75 cm-es mélységben került elő, az alapozás megmaradt mélysége tehát 65 cm volt. Ebben összesen hat döngölt réteget lehetett egymástól elkülöníteni. Az alapozás gödrét eredetileg itt is a kurgán szürkésbarna színű, bolygatatlan talajába ásták, de földjében a metszetünk helyén csak habarcsszemcsék fordultak elő, embercsontot pedig nem találtunk. Jól látszott viszont, hogy minden egyes döngölt réteg felszínét vékony habarcsréteggel terítették le, s a döngölt rétegek földjében habarcsszemcsék szinte elő sem fordultak. A D–D' metszetben a döngölt földrétegek az alábbiak szerint követték egymást, alulról fölfelé haladva, az alapozás metszetének középvonalában *(13. ábra 4.)*.

1. réteg (szürkésfekete, felszínén vékony habarcsréteg):	23 cm
2. réteg (szürkésfekete, feszínén 2 cm-es habarcsréteg):	16 cm
3. réteg (fekete, felszínén vékony habarcsréteggel):	7 cm
4. réteg (fekete, felszínén vékony habarcsréteggel):	11 cm
5. réteg (fekete, felszínén vékony habarcsréteggel):	4 cm
6. réteg (fekete, felszínén vékony habarcsréteggel):	4 cm
összesen:	*65 cm*

Az eddig elmondottakból látható, hogy a II. periódushoz tartozó alapozás az I. periódusénál több mint egy méterrel mélyebb volt, s átlagos szélessége is meghaladta az első templom alapozásának kétszeresét.

A megmaradt alapfalak elhelyezkedése alapján egészen bizonyos, hogy *a templom szentélye* a 7–8. szelvény területére esett. A karzattartó köves alapozás két oldalán előkerült sírok elhelyezkedése is mutatja, hogy a sírgödrök szükségszerűen igazodtak az alapozáshoz, ezért ilyen alapon az is joggal feltételezhető, hogy a szentély falának helye a 7. és 8. szelvénynek a nyugati felébe esett. Az itt előkerült különböző – nyilvánvalóan még az épület falainak fennállása idejében keletkezett – beásások és sírok (64–66, 74, 77–78. sír) ugyanis pontosan kijelölik a szentély falának helyét. A sírok sugárirányú elhelyezkedéséből ráadásul félköríves szentélyre lehet következtetni, hiszen a hosszanti falak mellett a sírok tájolása a falakéhoz igazodott volna, de ezen a részen sugárirányban helyezkedtek el (64–66, 77–78, 91–93, 97–98, 176. sír). A szentély íve is elférhetett a két szelvény területén *(9–10. ábra)*. Ebből a szempontból érdemes megemlíteni a gyulai Törökzugban feltárt templom első periódusát.[167] Nagyságát tekintve valamivel ugyan hosszabb épület volt a décseinél, mégis a décsei templom inkább a gyulaival társítható, s nem a kisebb Árpád-kori falusi templomokkal. Hasonlóvá teszi őket alapozástechnikájuk s karzatuk megléte is. A gyulai templom első periódusának szentélyéhez lehetett a décsei is hasonló, vagyis a hosszú templomhajóhoz kisebb diadalívpillér után félkörben elhelyezkedő, esetleg enyhén „lapos" ívű szentélyfal csatlakozhatott. A 8. szelvény északnyugati negyedében talált köves és habarcsos betöltésű gödör, illetve a II. számú osszárium helye pontosan megfelel ennek a feltételezésnek. Mindkét beásás a szentélyfal külső oldalához illeszkedhetett. A középkori templomoknál általános és igen gyakori jelenség, hogy különböző gödröket találunk a falak mellett. A décsei templom nyugati fala mellett előkerült I. számú osszárium szintén az alapozás külső széléhez igazodott.

A különböző adatok és lehetőségek figyelembe vételével tehát elég nagy biztonsággal megrajzolható a szentély helye. A *templom részletes méreteit* így – a kiszerkesztett részek figyelembevételével – az alábbiak szerint adhatjuk meg. Természetesen a megadott méretek az épület második építési periódusát tükrözik, de az első periódus méretei sem térhettek el ettől jelentős mértékben, hiszen mint láttuk, változásokra az épület használatának idején csak a nyugati fal esetében került sor, s akkor is az eredeti fal helyén.

A templom tájolása a 64'-os skálán ÉK 19' – DNy 51' volt, a szentély tehát 3'-sal tért el a keleti iránytól észak felé. Az épület külső hossza a hossztengelyben 18,10 m, belső hossza pedig 14,20 m, ebből a hajó belső hossza 12,45 m, a szentélyé pedig 1,75 méter körüli lehetett. Az épület külső szélessége a döngölt alapozás vonalában 10,10 méter volt, az I. periódus hajójánál pedig a keleti oldalon 8,20 m, illetve a nyugati oldalon 8,80 méter. Az északi és déli fal tehát nem volt teljesen párhuzamos egymással, s a hajó keleti vége irányában a falak egymáshoz való távolsága kismértékben csökkent. Ennek megfelelően a hajó belső szélessége is változott, a keleti oldalon 5,70 m, a nyugati végében pedig 6,40 méter volt. A kiszerkesztett alaprajz szerint a szentély legnagyobb külső szélessége 6,20 m, legnagyobb belső szélessége pedig 4,10 méter körül mozoghatott.

Az északi hajófal teljes külső hossza 15,35 m lehetett, de ebből a döngölt rész 4,65 méter volt, míg ugyanezek a méretek a déli falnál 16,05, illetve 4,70 méterre módosultak. A szentély külső vállának beugrása az északi oldalon vélhetően 0,90 m, a déli oldalon 0,85 m, míg a szentély belső vállának beugrása az északi oldalon 0,70 m, a déli oldalon pedig 0,75 méter körül mozoghatott. A nyugati fal döngölt alapozásának szélességét az épület hossztengelyében 2,55 méternek mértük, legnagyobb szélessége ugyanakkor 2,80 méter volt – szintén a nyugati fal helyén –, az északi hajófalnál viszont csak 1,90 m, a déli hajófalnál pedig mindössze 1,70 méter. Ehhez viszonyítva az I. periódus hajófalának alapozását 1,20–1,30 méternek mértük, s a szentély alapfala sem lehetett 1,35 méternél szélesebb.

Az I. periódus karzattartó alapozásának hossza 3,30 m, szélessége 1,15 m, a déli faltól mért távolsága 0,50 m, a nyugatitól 3,20 m, az északitól pedig 2,50 méter volt. A II. periódushoz köthető karzattartó pilléralapozás alapterülete 1,55 x 1,65 m lehetett, s szélei a nyugati faltól mindössze 0,30 méterre, az északi faltól pedig 1,10 méterre húzódtak.

Az I. periódus alapozásának alját az északi hajófal keleti végében 24 cm-es, a fal középső szakaszán 32 cm-es, a nyugati végében pedig 47 cm-es mélységben értük el, a mindenkori alappontunkhoz viszonyítva. Az alapozási árok alja tehát – bizonyára a halom eredeti felszínének megfelelően – nyugati irányban lejtős volt. A II. periódus nyugati fala döngölt alapozásának alját az C–C' metszetben

[167] *Jankovich* (1982) 416–417., 2. kép.

160 cm mélyen, az ugyancsak döngölt pilléralapozásnak az alját pedig a D–D' metszetben 140 cm mélyen találtuk meg. A döngölt alapozás megmaradt részének legnagyobb mélysége 92 cm volt.

Az *épület fala* leginkább téglából és kőből készülhetett, de napjainkra erre utaló törmelék is alig–alig maradt a templomhelyen. A 10. szelvény északnyugati szögletében viszont a döngölt alapozás délnyugati belső sarkának felszínén az eke által erősen megbolygatva téglatörmeléket találtunk. A döngölt alapozáson tehát ezek szerint biztosan téglafal volt. Az ásatási területen eddig előkerült téglatöredékek végtelenül kis száma, s a kövek nagyobb mennyisége – bár ez is meglehetősen csekély – viszont azt mutatja, hogy a többi fal esetleg ugyanolyan kövekből épülhetett, mint amilyeneket az alapozási árokban is felhasználtak. Nem lehetetlen tehát, hogy az első periódus falai kövekből épültek, de mivel ezek számára meglehetősen gyenge alapozást készítettek, a nyugati fal egy idő után megmozdulhatott, s balesetveszélyessé vált. A nyugati zárófal szükségessé váló újjáépítésekor azután a korábbi alapozásnál erősebb, igen széles, döngölt alapozást készítettek, s erre a falat valószínűleg már nem kövekből, hanem téglákból húzták föl.

Az egykori falak vastagságára – az alapozási árkok szélességét is figyelembe véve – a döngölt alapozás belső és külső szélébe mélyedő sírgödrök között meghagyott érintetlen sáv szolgálhat útmutatással. Feltételezhető ugyanakkor, hogy az alapfalakat megsértő sírgödrök széleit esetenként a fal alá is bevájták. Ezek alapján a falak vastagsága mintegy 80–90 cm lehetett, amely kb. 2,5–3 középkori tégla hosszúságának felelt meg. Mivel a döngölt alapozás felszínén lévő elmosódott habarcsos téglatörmelék azt jelezte, hogy a döngölt alapozás legfölső szintjéből valószínűleg nem pusztult el semmi, s ez a szint azonos lehetett az I. periódus alapozási árkának aljával, nyilvánvaló, hogy a templomnak sem az *egykori járószintje*, sem pedig a *bejáratának helye* nem maradt meg. A középkori járószint akár egy méterrel vagy még magasabban is lehetett, a bejáratnak pedig – a középkori egyházi építkezések szokásainak megfelelően – a nyugati vagy a déli (esetleg mindkét) oldalon kellett lennie.

A templom épületéről tehát *összességében* elmondható, hogy egyhajós volt, s hossza kb. 18 méter, szélessége átlagosan 8,5 méter, szentélye pedig félköríves lehetett. A templom I. periódusának 120–130 cm széles alapozása helyben oltott mésszel egymáshoz kötött kövekből készült. A hajó délnyugati sarkában ugyanilyen technikával készített karzattartó alapozás került elő. A II. periódusban a nyugati zárófal helyén vékony földrétegekből 2,30–2,80 méter széles alapozást döngöltek, s ezzel egy időben a karzat északi oldalát egy ugyancsak döngölt földből készített pilléralapozással is meg akarták erősíteni *(11. ábra)*.

Az alapfalaknak a halom lejtős felszínének megfelelően csak a középső, legmagasabban lévő szakasza, s főleg a II. periódushoz köthető alapozás maradt meg. A halom lejtőjén nyugatabbra haladva viszont az utóbbiból is már egy-egy döngölt réteggel kevesebbet találtunk. Az épület szentélye – amely eredetileg a halom közepétől keletebbre, a meredekebb részeken helyezkedett el –, az erózió és a szántás következtében már teljesen elpusztult, de helye a különböző beásások által szabadon hagyott területen kiszerkeszthető volt. A halom felszínének jelentős pusztulására utal az is, hogy sírok a mai felszín alatt már néhány centiméterrel jelentkeztek, illetve az, hogy a sírgödrök sok esetben már itt kitűnően kirajzolódtak. Ez ugyanis azt jelenti, hogy a templom körüli temető magasabban lévő, jó részt egymásba ásott sírokból álló sírrétegei már szintén elpusztultak. Ezt megerősítette, hogy a felszínen rengeteg embercsont-töredék hevert minden terepjárás alkalmával és az ásatás idején is.

Hasonló templomra csupán Békés megye területéről is több példa sorolható.

Félköríves szentélye volt például a mezőkopáncsi,[168] a kaszaperi,[169] a kovácsházi,[170] a csabacsűdi,[171] a csorvási,[172] a mezőmegyeri,[173] a kétsoproni,[174] a szénási,[175] a hidasi,[176] az endrődi,[177] a kamuti[178] és a Gyula határában, a Keresztes-halmon feltárt templomnak,[179] valamint a gyulai Törökzugban előkerült templom első periódusának,[180] illetve a kardoskúti templom második periódusának.[181]

Köves alapozással építették meg a törökzugi templom első periódusát,[182] a csabacsűdi[183] és a Gyula, illetve Szabadkígyós határvonalára eső templomot,[184] de döngölt alapra rakott kövekből készítették az alapozást a kaszaperi,[185] a Gyula, szeregyházi,[186] és a csorvási[187] templomnál is. A mezőkovácsházi[188] és györkei[189] templomnak csak a második építési periódusánál használtak köveket, a fövenyesi[190] templomnak pedig csak a harmadik periódusát alapozták kövekből.

A décsei döngölt alapozáshoz hasonló módon készített templomalapokat lehet a legtöbb esetben találni. Ilyen alapozástechnikával készült például a nagyszénási,[191] a telekgerendási,[192] a két kamuti,[193] a medgyesegyházi,[194] a sarkadkeresztúri,[195] a muronyi,[196] az endrődi,[197] a bercsényegyházi,[198] a hidasi[199] templom és a fövenyesi első és második periódusa is.[200]

---

168 *Bálint* (1936) 226., 3. kép.
169 *Bálint* (1938) 165., 19. kép.
170 *Bálint* (1939) XXI. t. 2.
171 MRT 8, 102., 1. kép.
172 *Szatmári* (1999) 119–120., 7–8. kép.
173 MRT 10, 176–177., 31. kép.
174 *Szatmári* (1996e) 231., 2. kép.
175 *Szatmári* (1996d) 57–61., 10–14. kép.
176 MRT 10, 77., 8. kép.
177 MRT 8, 128., 7. kép.
178 *Szatmári* (1995) 38., 3. kép.
179 *Szatmári* (1996a) 369., 1. kép 2.
180 *Jankovich* (1982) 416–417.
181 *Méri* (1964) 2. kép.
182 *Jankovich* (1982) 416–417.
183 MRT 8, 101–102.
184 *Szatmári* (1996a) 355.
185 *Bálint* (1938) 164.
186 *Szatmári* (1996c) 17., 19., 4. ábra.
187 *Szatmári* (1999) 124., 12. kép.
188 *Bálint* (1939) 147.
189 *Szatmári* (1996c) 53.
190 *Szatmári* (1996c) 36.
191 *Szatmári* (1996d) 24.
192 *Szatmári* (1996e) 212.
193 *Szatmári* (1995) 38., 45.
194 *Szatmári – Vágó* (1993) 18.
195 *Szatmári* (1997) 349.
196 MRT 10, 624.
197 MRT 8, 126.
198 E kötet 1.6. fejezetében, 4–5. ábra.
199 MRT 10, 76.
200 *Szatmári* (1996c) 31.

A templomhajóban megépített karzatra utaló alapozások – a décsein kívül – a kardoskúti templom második periódusánál,[201] valamint Kamuton[202] és Sarkadkeresztúron[203] kerültek elő. A Gyula, törökzugi templom első periódusának karzatát nem az előzőkhöz hasonló, összefüggő alapozástömb tartotta, hanem két, egymástól különálló pilléralapozás.[204]

A décsei templom egyes jellemző részleteihez tehát igen sok hasonló példa említhető. Sokkal kevesebb viszont azoknak a száma, amelyeknél több jellegzetesség együtt is előfordul. Félköríves szentélyű, ugyanakkor köves alapozású és karzattal is rendelkező templomot – mint amilyen a décsei – csak egyet ismerünk, a gyulai Törökzugban feltárt épületet, de karzatalapozása ennek is eltérő megoldású.[205] Olyanra viszont egy példa sincs, hogy az első, köves alapozású periódushoz később döngölt alapozást készítettek volna. Kevés a száma azoknak is, amelyek félköríves szentélyűek, és alapozásuk kőből készült. Ezek közé csak a kaszaperi, a csabacsűdi, a Gyula, törökzugi, a csorvási, illetve a Gyula és Szabadkígyós között feltárt templom sorolható.

A temető

A feltárt sírok leírása

A temető területén feltárt 178 sírban – a 170. sír kivételével – háton fekvő, nyújtott helyzetű csontvázakat találtunk. Antropológiai vizsgálatokra még nem került sor. A sírleírásban alkalmazott rövidítések: T = a csontváz tájolása, M = mélység. A mélységre vonatkozó első adat mindenkor a ±0 centiméteres alappontunkhoz – vagyis az 1. szelvény északkeleti sarkánál, a jelenlegi felszínhez – viszonyított szintezési értéket, a második, zárójelbe tett adat pedig az adott helyen a halom jelenlegi lejtős felszínétől mért mélységet jelenti. Tájolónk 64' beosztású volt, amelyen az északi irány a 32'-sal megegyező.

1. sír. T: DNy 49', M: -61 cm, (40 cm), 2. szelvény. A jobb alkarja hiányzik. A koponyája összetört, bal alkarja a hason keresztben feküdt. A sírgödör keleti vége a szelvény keleti fala alá esett. A koponyatető mellett egy *kődarab*, a jobb combcsont alatt pedig egy foltosan barna színű, szemcsés anyagú, késő középkori, profilált *fedőperem* töredéke került elő[206] *(9. tábla 1.)*.

2. sír. T: DNy 50', M: -68 cm, (33 cm), 2. szelvény *(14. ábra)*. A koponya, a két lábfej csontjai, valamint a jobb lábszár alsó része hiányzik. Az utóbbiakat valószínűleg a 4. sír gödrének ásásakor dobhatták ki. A jobb kéz csontjai a szeméremíven, a bal kéz csontjai pedig a medenceüregben kerültek elő. Sírfoltja nem látszott, részben a 3. sír gödrébe temették. Könyöktől fölfelé a 2. szelvény nyugati fala alatt folytatódott. A sír korábbi a 4. számú sírnál. Legkorábbi tehát a 3. sír, ennél későbbi a 2. sír, s ennél is későbbi a 4. sír. Melléklet: 1. Eredetileg két félgömbből forrasztott bronz *fülesgomb* fölső fele a bal csukló helyén. Füle hiányzik, de a megmaradt töredéken textilnyomok is láthatók[207] *(9. tábla 10.)*. A fülesgomb teljesen hasonló azokhoz, amelyek a 3. sírban kerültek elő. 2. Vékony bronzhuzalból hajlított hurok a jobb szeméremív fölött, valószínűleg *ruhakapocs* volt, de több darabra tört.[208] 3. Kétszálas, sodrott, zöld színű *cérna* a jobb könyök alatt – elporladt. 4. Bronz

---

[201] *Méri* (1964) 2. kép.
[202] *Szatmári* (1995) 43., 8. kép.
[203] *Szatmári* (1997) 363., 3. kép.
[204] *Jankovich* (1982) 416–417.
[205] *Jankovich* (1982) 416–417.
[206] ltsz.: 95.23.101.
[207] h.: 0,5 cm, átm.: 1 cm, ltsz.: 95.23.102.
[208] ltsz.: 95.23.103.

fülesgomb, füllel lefelé, a másik – hasonló – fülesgomb mellett, a bal csuklónál. Ezt is két félgömbből forrasztották, alul pedig domborítással díszítették. Fülében textildarabkák is megmaradtak[209] *(9. tábla 9.)*.

3. sír. T: DNy 54', M: -89 cm, (54 cm), 2. szelvény *(14. ábra, 26. tábla 2.)*. A jobb felkarcsont vállízülete, a bal kar csontjai és a két kézfej hiányzik. Koponyája jobb oldalra fordult. Jobb karját könyökben behajlították, alkarját pedig a medence irányában helyezték el. Kézcsontjai a medencén lehettek. A csigolyák és a medence egy része elporladt. Sírfoltja délkeleti sarkát a 4. sír gödrével elásták, tehát a 3. sír korábbi a 4. sírnál. A bal kar csontjait talán a 26. sír ásásakor szedték ki, de az is elképzelhető, hogy a két temetkezés egyidős. A 26. sír csontvázának jobb könyöke mindenesetre a 3. sír csontváza fölött helyezkedett el.

A 3. sír betöltéséből egy bronz *fülesgomb* fölső, félgömbös töredéke került elő, amely a sírban talált többi fülesgomb típusával megegyező darab[210] *(9. tábla 4.)*. Mellékletek:

1. *Szalagpárta*, amely a koponya homlokrészét teljesen körülfogta. Két végét a tarkón varrták össze. A pártához először sásból hármas fonású koszorúalapot készítettek, és ezt bordó színű textillel (vászonnal) vonták be. Erre szintén hármas fonású díszítőszalagot varrtak. A szalagfonat mindegyik ága négy (két-két) szál fonalból készült. A középső két – egyforma vastag, fehér színű – szálat S-irányban összesodorták, majd vékony ezüsthuzallal, szintén S-irányban, ezt is körülcsavarták. Az így kapott fonalpár két oldalán, a fonat két szélső ágában két-két vékonyabb szálból Z-irányban sodrott, bronzhuzallal S-irányban körbecsavart cérna haladt. A párta szélessége kb. 1,5 cm volt.[211] A Békés megyei szalagpárták csoportjába tartozik[212] *(9. tábla 15.)*.

2. *Csontból faragott veretekkel díszített öv* a csontváz derekán. (Az 1:1 méretaránnyal készített részletrajzon az 1–19, 21–26, 31, 34–40. számú leletek tartoznak hozzá – *14. ábra, 26. tábla 1.*) Az öv eredeti anyagát nem lehetett megállapítani, valószínűleg bőrből készült. A csatot, a szíjvéget és az összesen 33 darab övdíszt egyaránt csontból faragták *(21. tábla 1–35.)*. A csatot és a csattestet egy darab csontból faragták ki, s bevágással és párhuzamos vésett vonalakkal díszítették. A *csattest* végét két vasszeggel fogatták az övhöz. A csatkarikában a pecek csontból lehetett, de napjainkra már elporladt. Eredetileg vaspálcával rögzítették.[213] A kopott *szíjvég* elkeskenyedő, faragott vége virágot mintáz, s bevágott vonalak díszítik. Tövét két vasszeg üti át.[214] Az *övveretekn*ek három típusa van. Az egyikbe négy darab, kör alakúra esztergált, lyukvédő veret tartozik, melyeket két-két vasszegeccsel rögzítették.[215] A másik típusba 24 darab, az előbbieknél kisebb, szintén kör alakú, középen egy-egy vasszegeccsel rögzített övveret tartozik. A szegecsek két vége alatt egy-egy kör alakú, bronzlemezből készített alátét is volt.[216] A harmadik típusba négyszögletes veretek sorolhatók, melyeknek a széle bevagdosott, közepüket pedig kör alakú, kerek lyukkal átfúrt, kiemelkedő felület díszíti. Oldalukat középen négy-négy kerek lyukkal fúrták át – az egyiknél a középső kerek kiemelkedő dísz nagysága miatt nem maradt hely a furatok számára, kettőnél pedig nem mindegyik furat hatolt át teljesen az övdíszen. E típusba két kisebb (2,1 x 2,1 cm) és két nagyobb (2,7 x 2,5 cm), négyszög alakú, valamint egy közepes (2,7 x 2,2 cm), téglalap alakú veret tartozik. A három nagyobbikat mind a négy sarkán, a két kisebbet pedig két-két sarkán vasszegecsek erősítették az övhöz. Az öv rekonstrukcióját – a tüzetes ásatási megfigyelések és az 1:1 méretarányú helyszíni részletrajz alapján – Gábor Gabriella készítette el, textilalapra varrva az öv egyes részeit.[217]

---

[209] h.: 1,2 cm, átm.: 1,2 cm, ltsz.: 95.23.104.

[210] h.: 1 cm, átm.: 1 cm, ltsz.: 95.23.112.

[211] A megmaradt töredékek h.: 6 és 8 cm, sz.: 1,5 cm, ltsz.: 95.23.105.

[212] *Gábor* (1996a) 387., 398., 7. kép 6. – A növény-meghatározást Kertész Éva, a párta vizsgálatát pedig Gábor Gabriella végezte el.

[213] A csat h.: 6,9 cm, sz.: 4,1 cm, v.: 0,6 cm.

[214] h.: 7,5 cm, sz.: 2,7 cm, v.: 0,6 cm

[215] átm.: 1,6 cm, v.: 0,3 cm

[216] átm.: 1,2 cm, v.: 0,2 cm

[217] Az övrekonstrukció h.: 86,5 cm, sz.: 2,8 cm, ltsz.: 94.2.26.

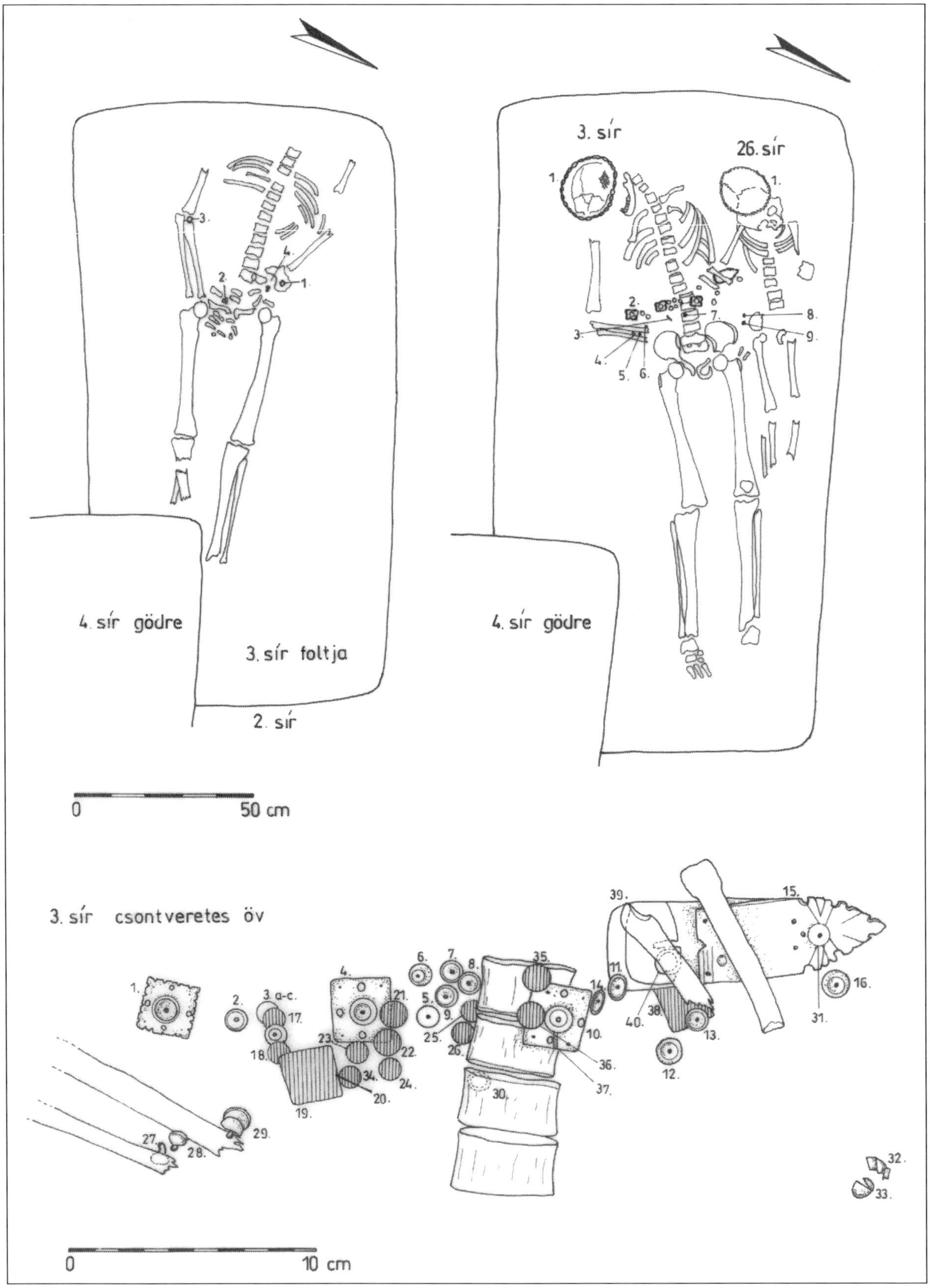

14. ábra: A 2–3. és 26. sír rajza, illetve a 3. sírban előkerült öv eredeti elhelyezkedése

3. *Bronhuzal* töredéke a gerincoszlop jobb oldalán, az övveretek között. (Az 1:1 méretaránnyal készített részletrajzon a 20. számú lelet – *14. ábra.*) Vékony, hosszúkás, két vége hiányzik. Funkciójának meghatározása bizonytalan, elsősorban előkerülési helye alapján állítható, hogy az öv része lehetett[218] *(9. tábla 8.).*

4. *Bronz fülesgomb* a jobb csukló helyén. (Az 1:1 méretaránnyal készített rajzon a 27. számú lelet – *14. ábra.*) Két félgömbből áll, belülről domborított díszítésű: a hasvonalról induló pontozott félkörök közepén egy-egy pont, a hasvonalon pedig ferde bordák helyezkednek el, alul és fölül pedig nyolcszög közepén virágminta figyelhető meg[219] *(9. tábla 2.).*

5. *Bronz fülesgomb* a jobb csukló helyén, az előző mellett. (Az 1:1 méretarányú részletrajzon a 28. számú lelet – *14. ábra.*) Az előzőhöz hasonló, a domborított díszítés viszont ezen jobban látható: a hasvonalról induló pontozott félkörök közepén itt is egy-egy pont látható, a hasvonalon pedig szintén ferde bordák helyezkednek el, alul és fölül ugyanakkor nem nyolcszög, hanem hatszög közepén látható a virágminta[220] *(9. tábla 3.).*

6. *Bronz fülesgomb* a jobb csukló helyén, az előző kettő mellett. (Az 1:1 méretarányú rajzon a 29. számú lelet – *14. ábra.*) Az előzőkhöz hasonlóan ez is két félgömbből áll, a felületén pedig domború díszítések láthatók. Fülének tövén eredeti cérna maradt meg[221] *(20. tábla 12.).*

7. *Bronz fülesgomb* a gerincoszlop alatt, az övveretek között. (Az 1:1 méretarányú rajzon a 30. számú lelet – *14. ábra.*) Az előző darabok típusába tartozik[222] *(9. tábla 5.).*

8. *Bronz fülesgomb* töredéke a bal csukló helyén. (Az 1:1 méretarányú rajzon a 32. számú lelet – *14. ábra.*) Az előző darabok típusába tartozik[223] *(9. tábla 7.).*

9. *Bronz fülesgomb* töredéke a bal csukló helyén, az előző mellett. (Az 1:1 méretarányú rajzon a 33. számú lelet – *14. ábra.*) Az előző fülesgombokkal azonos típusba sorolható[224] *(9. tábla 6).*

4. sír. T: DNy 53', M: -100 cm, (65 cm), 2. szelvény *(15. ábra, 26. tábla 3.).* Gyermek. Jobb karjának csontjai, bordái, a csigolyák és a lábfejcsontok hiányoznak. A csontok nagy része elporladt. A koponya összetört, bal alkarját a mellére hajlították. Sírfoltja jól látszott, mint ahogy jól meg lehetett figyelni a halott fölött és mellett azt a fából készült, ládaszerű *koporsót*, amelyet a kisgyermekre borítottak a temetéskor.[225] A felszedett famaradványok meghatározása szerint a koporsót a kocsánytalan tölgy (Quercus petraea/Matt./Lieblein) fájából készítették.[226] A sír betöltéséből egy ép, T-fejű, szögletes szárú *vasszeg* került elő[227] *(9. tábla 16.).* Melléklet: 1. T-fejű *vasszög* a jobb váll helyén, visszahajló hegyével a koponya felé[228] *(20. tábla 31.).* 2. Bronzhuzalból hajlított *párizsikapocs pár* kampós fele a nyak magasságában [229] *(9. tábla 11.).* 3. Rövid vasszög, a jobb combcsont jobb oldalán, a csont közepe táján, hegyével a koponya felé. T-fejű, kissé hajlott, famaradványok borítják.[230]

5. sír. T: DNy 50,5', M: -69 cm, (36 cm), 2. szelvény. A koponya, a csigolyák egy része, a bal karcsontok, a medence, a jobb combcsont, valamint a lábujjak hiányoznak. Jobb alkarja a medence helyén került elő. Sírfoltja nem látszott.

---

[218] h.: 2 cm, v.: 0,1 cm, ltsz.: 95.23.106.
[219] h.: 1,5 cm, átm.: 1 cm, ltsz.: 95.23.107.
[220] h.: 1,4 cm, átm.: 1 cm, ltsz.: 95.23.108.
[221] h.: 1,5 cm, átm.: 1 cm, ltsz.: 94.2.14.
[222] h.: 0,9 cm, átm.: 1,1 cm, ltsz.: 95.23.109.
[223] h.: 0,5 cm, átm.: 1 cm, ltsz.: 95.23.110.
[224] h.: 1,1 cm, átm.: 1 cm, ltsz.: 95.23.111.
[225] A faminta ltsz.: 95.23.115.
[226] Az ásatáson felszedett növényi eredetű szerves maradványok mintáinak vizsgálatát az ELTE Növényszervezettani Tanszékén Babos Károly végezte el. Szakértői véleménye: MMM Rég. Ad. 2262–1999.
[227] h.: 6,8 cm, fejének sz.: 2 cm, ltsz.: 95.23.114.
[228] h.: 6,1 cm, fejének sz.: 1,9 cm, v.: 0,5 cm, ltsz.: 94.2.27.
[229] h.: 1,1 cm, sz.: 0,8, ltsz.: 95.23.113.
[230] h.: 3,2 cm, fejének sz.: 1,1 cm, v.: 0,8 cm, ltsz.: 94.2.28.

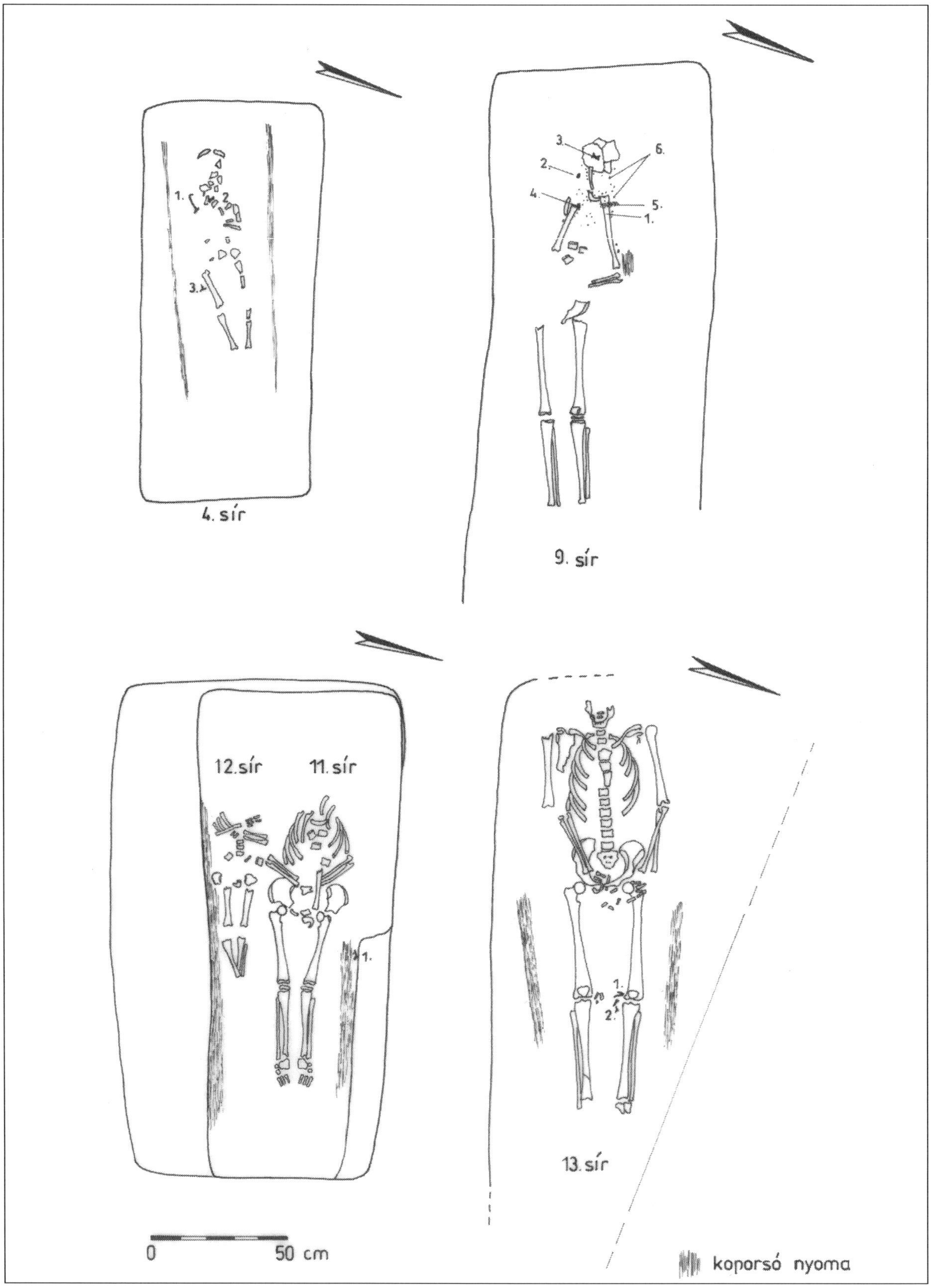

15. ábra: A 4., 9., 11–13. sír rajza

6. sír. T: DNy 50,5', M: -78 cm, (45 cm), 2. szelvény. A csontvázból csak a jobb oldalon maradt meg a felkarcsont és a lapocka egy-egy darabja, valamint a combcsont és a szárkapocscsont. Sírfoltját a 7. sz. sír foltjától nem tudtuk elkülöníteni. Mélységük különbözősége miatt a 6. sír mégis későbbi a 7. sírnál. A csontváz jobb oldalán, a karcsont mellett *koporsó* maradványait lehetett megfigyelni. A fa anyagának meghatározása szerint a koporsót tiszafából (Taxus baccata L.) készítették.[231]

7. sír. T: DNy 50,5', M: -92 cm, (59 cm), 2. szelvény. Csak az összetört koponya, a bal felkar- és a bal lábszárcsont, valamint néhány apró csont maradt meg. Sírfoltját a 6. sz. sír foltjától nem tudtuk elkülöníteni. A két sír eltérő mélysége alapján azonban a 7. sír lehet a korábbi. A bal combcsont helyén *koporsó* maradványát figyelhettük meg.

8. sír. T: DNy 50,5', M: -73 cm, (48 cm), 2. szelvény. A koponya, a csigolyák és a bordák nagy része, a jobb alkar, a kézfejcsontok, térdtől lefelé a két láb csontjai, valamint a jobb combcsont kétharmada hiányzik. Sírgödre azonos a 9. sír gödrével, de ez a későbbi, mivel mélysége kisebb volt, s a 9. sír csontváza fölött került elő. Későbbi a 10. sírnál is.

9. sír. T: DNy 50,5', M: -91 cm, (66 cm), 2. szelvény *(15. ábra).* Az arckoponya, a csigolyák és a bordák, a jobb alkar, valamint a jobb medencelapát és a keresztcsont hiányzik. A váz jobb oldala megsüllyedt. A bal alkart a hasra fektették. Sírfoltja azonos a 8. síréval. A sír a 8. sír alatt került elő, ezért annál korábbi, későbbi viszont a 10. számú sírnál. Melléklet: 1. Bronzhuzalból hajlított *párizsikapocs pár* kampós fele a szegycsont helyén. A huzalt egy nagyon keskeny lemez hosszanti szélének visszahajlításával készítették[232] *(9. tábla 12.).* 2. *Vasszög* az állkapocs alatt, hegyével a nyak felé. T-fejű, szára derékszögben meghajlott.[233] 3. Bronzhuzalból hajlított *párizsikapocs pár* a koponya homlokcsontja alatt[234] *(9. tábla 13.).* A kapocspár kampós vége lapított. 4. Bronz *fülesgomb* a jobb felkarcsont vállrészénél, a bordák felőli oldalon. Két félgömbből áll, alul dudoros díszű, de egy kisebb töredék is tartozik hozzá[235] *(20. tábla 13–14.).* 5. Aranyozott ezüst szállal bevont láncfonalból és egyszerű, két szálból sodrott cérnából, vászonkötéssel készített – talán szemfedőből származó – vékony *textildarab* a bal felkarcsont felső részén.[236] A szövés sűrűsége 10/10 szál/cm^2. 6. *Üvegpaszta gyöngyök*, elszórtan a mellkas felső részétől egészen a koponyáig, a csontok alatt és fölött egyaránt. Talán a szemfedőt díszítették. A gyöngyszemek sárgás színűek, szabálytalan alakúak, átmérőjük átlagosan 0,3 cm. Összesen 621 db ép gyöngyszemet találtunk[237] *(18. tábla).*

10. sír. T: DNy 50', M: -74 cm, (49 cm), 2. szelvény. Koponyája összetört, az arckoponya és a csontváz bal alkarja hiányzik. A jobb alkart a hasra hajlították. Sírfoltja jól látszott. A 9. sír gödre vágta ezt a sírt, annál tehát korábbi. A mellkas bal oldalán és a bal combcsonton *koporsó* nyomait lehetett megfigyelni.

11. sír. T: DNy 50', M: -99 cm, (66 cm), 2. szelvény *(15. ábra).* A koponya, a nyakcsigolyák többsége és a jobb felkarcsont hiányzik. Az alkarokat a medencére hajlították. Sírfoltja közös a 12. sz. síréval, egymáshoz való időrendi viszonyuk azonban bizonytalan. Temetésük talán egyszerre történt. A sírfolt és a csontváz északi oldalán *koporsó* nyomai is megmaradtak. Melléklet: 1. Szögletes szárú, T-fejű *vasszög* a bal oldalon, a combcsont közepének vonalában, a sírgödör alján[238] *(9. tábla 25.).*

12. sír. T: DNy 50,5', M: -97 cm, (64 cm), 2. szelvény *(15. ábra).* Gyermek. A koponyája, a nyakcsigolyák, a két felkarcsont, valamint a két lábfej csontjai hiányoznak. Karjait a mellre hajlították. A sírgödör déli oldalán *koporsó* nyomait lehetett megfigyelni. Sírfoltja közös a 11. sz. síréval, talán egyidősek, esetleg a koporsójuk is közös volt.

---

[231] Babos Károly meghatározása. A múzeumba vitt faminta ltsz.: 95.23.116.
[232] h.: 1,7 cm, sz.: 1,2 cm, ltsz.: 95.23.117.
[233] h.: 5,2 cm, feje: 1,1 x 2,3 cm, ltsz.: 94.2.29.
[234] h.: 1,3 és 1,3 cm, sz.: 0,6 és 0,8 cm, ltsz.: 95.23.118.
[235] h.: 1,1 cm, átm.: 0,7 cm, ltsz.: 94.2.15.
[236] h.: 9 cm, sz.: 1 cm, ltsz.: 95.23.119.
[237] ltsz.: 94.2.1.
[238] h.: 3,4 cm, sz.: 1,1 cm, ltsz.: 95.23.120.

13. sír. T: DNy 52', M: -76 cm, (58 cm), 1. szelvény *(15. ábra)*. Koponyája és a lábujjak hiányoznak. A kézcsontokat a medencén találtuk meg. Sírfoltja közös volt a 25. sz. síréval, de annál ez későbbi, mert magasabban került elő. Későbbi a döngölt alapozásnál és a 14. sírnál is, de korábbi a 33. sírnál. Medencétől lefelé a váz két oldalán *koporsó* nyomait figyeltük meg. Melléklet: 1. Szögletes metszetű, két végén visszahajlított s közepén hurkos kialakítású *vastárgy* a bal térd belső oldalánál[239] *(9. tábla 17.)*. 2. Az előbbi mellett két szögletes szárú *vasszög* töredéke, rajtuk famaradványokkal. Fejük hiányzik[240] *(9. tábla 18–19.)*.

14. sír. T: DNy 53', M: -43 cm, (25 cm), 1. szelvény. Csak a jobb lábszár csontjai maradtak meg. Sírfoltja nem látszott. Későbbi a 25. számú sírnál.

15. sír. T: DNy 49,5', M: -83 cm, (65 cm), 1. szelvény. A jobb oldali bordák és a két lábfej csontjai hiányoznak. Koponyája jobb oldalra fordult, a bal kéz csontjai a medencében kerültek elő, a jobb alkart pedig a hason keresztbe fektették. Sírfoltja azonos volt a 27., 29. és a 31. sír foltjával. Későbbi a döngölt pilléralapozásnál. A jobb láb mellett, a sír déli oldalán *koporsó* nyoma maradt meg.

16. sír. T: DNy 52', M: -53 cm, (35 cm), 1. szelvény. A felkarcsontok, a lapockák és a két lábfej csontjai hiányoznak. Koponyájának és bal alkarcsontjának csak darabjai maradtak meg. Karjait a hason egymáson keresztbe fektették. Sírfoltja a csontváz bal oldalán és a fejnél jól látszott. A sírgödör nyugati végét részben a döngölt alapozás keleti szélébe ásták.

17. sír. T: DNy 52,5', M: -68 cm, (48 cm), 1. szelvény. Csak térdtől lefelé maradt meg a csontváz. Sírfoltja sem látszott. A 21. sír csontváza fölött került elő, annál tehát későbbi. A jobb lábszár alatt és közvetlenül mellette *koporsó* nyomait lehetett megfigyelni.

18. sír. T: DNy 54', M: -50 cm, (30 cm), 1. szelvény. A csontváz csak térdtől lefelé maradt meg. Sírfoltja nem látszott.

19. sír. T: DNy 49', M: -64 cm, (44 cm), 1. szelvény. Mindössze a combcsontok térd felőli vége, a két lábszár és a lábfejek maradtak meg. Sírfoltja nem látszott.

20. sír. T: Ny 48', M: -83 cm, (33 cm), 3. szelvény. Koponyája hiányzik, a csontvázat az eke erősen megbolygatta. Sírfoltja nem látszott. Későbbi a döngölt alapozásnál.

21. sír. T: DNy 52,5', M: -76 cm, (56 cm), 1. szelvény. A csontváz csak térdtől lefelé maradt meg. Sírfoltja nem látszott. Közvetlenül a 17. számú sír alatt volt, annál tehát korábbi.

22. sír. T: DNy 50', M: -89 cm, (34 cm), 3. szelvény *(16. ábra)*. A koponya, a bal karcsontok és a medence részben elporladt, térdtől lefelé a lábcsontokat a 24. sír ásásakor dobhatták ki. Sírfoltja jól látszott, a sírgödör láb felőli végét a 24. sír gödrével elásták. Korábbi tehát a 24. sírnál. A 23. sírral viszont vagy egyidős, vagy annál későbbi. Melléklet: 1. Rövid, töredezett fejű, szögletes szárú, görbe *vasszög*, rajta famaradványokkal, a bal vállnál[241] *(9. tábla 20.)*. Ugyanehhez a sírhoz tartozhatott eredetileg az a másik hat darab hasonló, részben töredezett, részben pedig kúpos fejű vasszeg is, amelyek a 22. és 23. sz. sír csontvázai között, a csontok szintjén kerültek elő[242] *(9. tábla 21–24., 26–27.)*. Mellettük találtunk egy belül világosbarna színű, kívül kormos, szemcsés anyagú, késő középkori edényből származó *oldaltöredéket* is.[243] A csontváz jobb combcsontja alatt finom szövésű *textil* maradványai kerültek elő, de ezek a levegőn elporladtak.

23. sír. T: DNy 50', M: -89 cm, (34 cm), 3. szelvény *(16. ábra)*. Gyermek. Koponyája, a jobb oldali bordák, a jobb kar csontjai és bal felkarcsontja, valamint a lábfejcsontok hiányoztak. Sírfoltja azonos volt a 22. sírral, egymáshoz való időrendi viszonyuk azonban nem egyértelmű. Egyidősek is lehetnek, de a hiányzó csontokat esetleg a 22. sír ásásakor is kiszedhették. Ez esetben korábbi a 22. sírnál. Biztosan korábbi viszont a 24. sírnál.

---

239 h.: 5,7 cm, sz.: 1,5 cm, ltsz.: 95.23.121.

240 h.: 2,1 és 3,7 cm, sz.: 0,5 és 0,5 cm, ltsz.: 95.23.122.

241 h.: 2,1 cm, sz.: 0,6 cm, ltsz.: 95.23.123.

242 h.: 2,5–2,9 cm, sz.: 0,8–1,2 cm, ltsz.: 95.23.124.

243 ltsz.: 95.23.125.

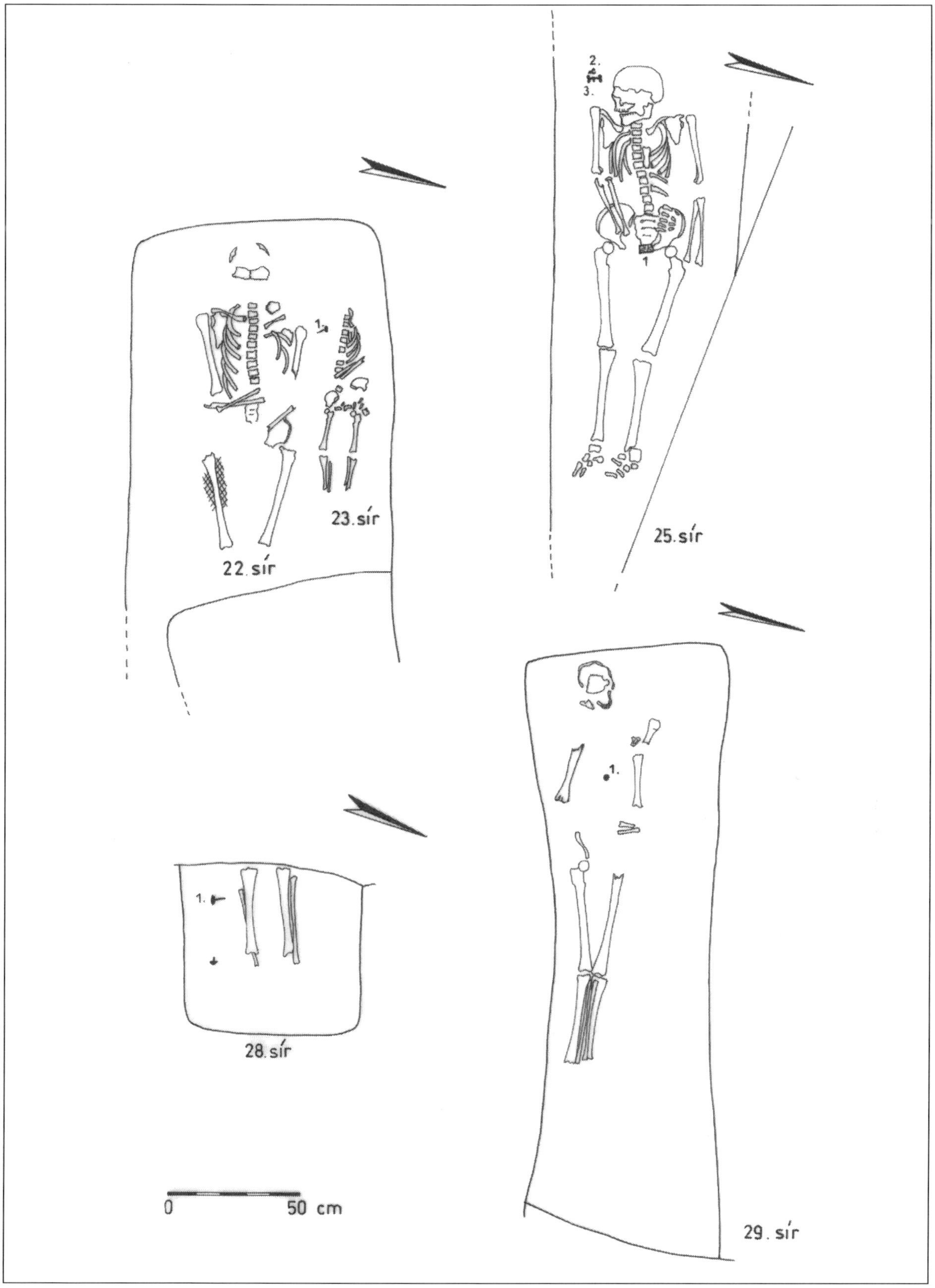

16. ábra: A 22–23., 25., 28–29. sír rajza

24. sír. T: ÉNy 39', M: -122 cm, (77 cm), 3. szelvény. Csak a hosszúcsontok maradtak meg, a többi elporladt. Sírfoltja jól látszott, gödrének keleti sarkát a templom második építési periódusa döngölt alapozásának nyugati szélébe ásták. A sír helyzete eltér a megszokottól: tájolása éppen merőleges a többi sírra. Későbbi a 22. és a 23. sírnál is. A sír betöltésében egy barna színű, szemcsés anyagú, Árpád-kori edény *oldaltöredéke* került elő,[244] a csontok alatt pedig finomszövésű *textil* maradványait figyeltük meg, de ezeket már nem lehetett felszedni. A sírfolt északkeleti oldalán *koporsó* maradványait találtuk.[245] A famaradványok fajmeghatározása szerint a koporsót a kocsánytalan tölgy (Quercus petraea) fájából készítették.[246]

25. sír. T: DNy 51', M: -102 cm, (84 cm), 1. szelvény *(16. ábra)*. Koponyája kissé jobbra fordult, a jobb kéz csontjai a medencén, a bal pedig a test mellett nyújtva került elő. Sírfoltja jól látszott, a sírgödröt pontosan a templomhajó északnyugati belső sarka döngölt alapozásának szögletébe ásták, mindenütt szorosan az alapozás mellett haladva lefelé. A sír betöltésében egy keskeny bronzlemezből huzallá hajlított *párizsikapocs pár* hurkos felét találtuk[247] *(9. tábla 14.)*. Melléklet: 1. Széles, derékszögben meghajlított, két szeggel átütött *koporsóvasalás* a szeméremíven, belső oldalán famaradványokkal[248] *(9. tábla 28.)*. 2. *Koporsóvasalás* a csontváz jobb oldalán, a koponya magasságában. Kétszeresen kiszélesedő, egyik vége hajlott hegyű[249] *(20. tábla 30.)*. 3. Bronzhuzalból hajlított *párizsikapocs pár* az előbb említett vaskapocs mellett, a koponya közelében. Kampós fele lapított[250] *(20. tábla 15.)*.

26. sír. T: DNy 54', M: -85 cm, (50 cm), 2. szelvény *(14. ábra, 26. tábla 2.)*. Gyermek. Koponyáját a föld szétnyomta. A bordák és a csigolyák egy része, a jobb felkarcsont fölső vége, a bal felkarcsont könyökrésze, a bal alkar és a kézfejcsontok, a bal medencelapát, valamint a lábfej csontjai hiányoznak. A jobb alkarcsont két darabja a 3. sír övéhez tartozó szíjvégen feküdt, és sírfoltja is azonos a 3. számú sírral. A sír ez alapján talán egyidős a 3. sírral. Melléklet: 1. A koponyát *szalagpárta* fogta körül. A kb. 2 cm széles párta koszorújának anyagát sáslevélből[251] készítették, külső oldalára pedig a párta alapjával azonos szélességű bronzlemezt vagy vereteket erősítettek. A párta csaknem teljesen szétporladt, mindössze két kisebb töredékét lehetett felszedni.[252] A párta a Békés megyei veretes párták csoportjába sorolható.[253]

27. sír. T: DNy 50', M: -85 cm, (67 cm), 1. szelvény. Csontjai medencétől fölfelé hiányoznak, csak a medencéje és combcsontjai vannak meg. A 31. számú sír gödrének padmalyában volt. Későbbi a döngölt pilléralapozásnál és a 29, illetve a 31. sírnál is.

28. sír. T: DNy 53', M: -115 cm, (95 cm), 1. szelvény *(16. ábra)*. Csak lábszárai maradtak meg. Ettől fölfelé a sírt gödör vágta el. A sírfolt láb felőli vége jól látszott. Melléklet: Két szögletes szárú *vasszög* a jobb lábszár jobb oldalán. Az egyiknek a feje kúpos, a másiké hiányzik[254] *(10. tábla 1–2.)*.

29. sír. T: DNy 50', M: -135 cm, (117 cm), 1. szelvény *(16. ábra)*. A mellkas csontjai, az alkar és kézcsontok, a medence és a lábfej csontjai hiányoznak. A bal alkar a hason lehetett. Sírfoltja azonos a 31. sír foltjával. A 15. és 27. sír alatt volt, azoknál tehát korábbi, a 31. sírnál és a döngölt pilléralapozásnál viszont későbbi. Melléklet: 1. A teljesen szétporladt bordák helyén töredezett szélű, valószínűleg 15. századi *ezüstdénár*. Nagy Ádám meghatározása szerint ilyen típusú dénár Zsigmond király (1387–1437) és V. László király (1453–1457)

[244] ltsz.: 95.23.126.
[245] Múzeumba vitt darabjának h.: 10,5 cm, sz.: 4,5 cm, ltsz.: 95.23.127.
[246] Babos Károly meghatározása.
[247] h.: 1,7 cm, sz.: 1,3 cm, ltsz.: 95.23.129.
[248] h.: 6 cm, sz.: 4,5 cm, v.: 2,2 cm, ltsz.: 95.23.128.
[249] h.: 3,2 cm, sz.: 1,2 cm, ltsz.: 94.2.30.
[250] h.: 1,2 és 1,2 cm, sz.: 0,8 és 0,9 cm, ltsz.: 94.2.16.
[251] Kertész Éva meghatározása.
[252] h.: 1,5 és 2 cm, sz.: 0,5 és 0,6 cm, ltsz.: 95.23.130.
[253] *Gábor* (1996a) 381–382.
[254] h.: 5,5 és 5,8 cm, sz.: 1,6 és 0,5 cm, ltsz.: 95.23.131.

uralkodása közötti időben fordult elő, de ezt az érmet – rossz állapota miatt – pontosabban keltezni lehetetlen[255] *(10. tábla 3.)*.

30. sír. T: DNy 55,5', M: -108 cm, (58 cm), 4. szelvény. A csigolyák, a jobb oldali bordák, a jobb kar csontjai, valamint a lábfejek és a kezek csontjai hiányoznak. Koponyája töredékes, bal alkarját a hasra hajlították. Sírfoltja jól látszott.

31/a. sír. T: DNy 50,5', M: -158 cm, (140 cm), 1. szelvény *(17. ábra)*. Koponyájának bal oldala hiányzik, csontvázának nagy része is elporladt. Csak a hosszúcsontok maradtak meg, azok is hiányosan. A padmalyos sír foltja jól látszott. A temetéskor egy korábbi sírra (31/b. sír) ástak rá, s a megtalált csontokat a sírgödör déli falának aljába vájt padmalyba és a sírgödör keleti végébe helyezték el, a koporsó mellé. A sír későbbi a döngölt pilléralapozásnál is. A csontok mellett *koporsó* nyomai maradtak meg. A sír betöltésében T-fejű, négyszögletes átmetszetű és hajlított szárú *vasszeget* találtunk.[256]

31/b. sír. T: nem mérhető, M: -158 cm, (140 cm), 1. szelvény *(17. ábra)*. A csontokat a 31/a. sír halottjának temetésekor, annak koporsóján kívül elhelyezve, a sír láb felőli végében, a padmalyba temették vissza. Korábbi tehát a 31/a. sírnál, de későbbi a döngölt pilléralapozásnál. Melléklet: 1. I. Mátyás (1458–1490) *ezüstdénára* a bolygatott váz koponyájának homlokrészén[257] *(20. tábla 27.)*.

32. sír. T: DNy 50,5', M: -106 cm, (81 cm), 2. szelvény. Gyermek. Koponyája hiányzik. Felsőtestének csontjai elporladtak, csak medencéje és két combcsontja maradt meg. Sírfoltja jól látszott. Melléklet: 1. Vastag, szögletes szárú *vasszög* a bal combcsont közepe táján, annak külső oldalán. Feje hiányzik, szárán famaradványok látszanak[258] *(10. tábla 6)*. 2. Kisméretű, félgömbös bronzlemez a sír betöltésében. Valószínűleg *fülesgomb* része volt[259] *(10. tábla 4)*. 3. Világossárga színű, üvegpaszta huzalból csípett és hajlított *gyöngyszemek* – összesen 54 darab – a bronzgomb mellett, a sír betöltéséből[260] *(10. tábla 5.)*.

33. sír. T: DNy 50', M -71 cm, (53 cm), 1. szelvény. Gyermek. Csak jobb combcsontja és a két lábszárcsontja maradt meg. Sírfoltja azonos a 13. sz. síréval. A 13. sír csontváza mellkasának bal oldala fölött volt. Későbbi a döngölt alapozásnál, illetve a 13. és a 25. sírnál is.

34. sír.[261] T: ÉNy 47', M: -117 cm, (43 cm), 3. szelvény. Koponyája hiányzik, a bordákkal együtt a szántás pusztította el. Jobb karja a test mellett nyújtva, a bal kéz a bal combnyakon. A jobb oldalon megmaradt két bordán és a kézcsontokon égés nyomai figyelhetők meg. Sírfoltjának csak fej felőli része látszott. A combcsontok térd felőli végén lóállkapocs, a bal lábszár mellett két lóláb, a másik két lóláb pedig a csontváz lábának végénél. Melléklet: 1. Rombusz alakú vas *nyílcsúcs* a jobb kéznél, hegyével a láb felé fordítva. 2. *Kova* a nyílcsúcs alatt. 3. *Csiholóvas* a kova alatt. 4. *Vaskarika* a bal boka fölött. 5. *Nyílhegy* a jobb csukló helyén, nyéltüskével a medence irányában.

35. sír.[262] T: ÉNy 46', M: -113 cm, (40 cm), 4. szelvény. Koponyáját a szántás szétroncsolta, és eredeti helyéből elmozdította. Jobb karja könyökben kissé behajlítva a test mellett, bal keze a bal combnyakon. Sírfoltja csak részben látszott. A bal lábszár külső oldalán, a lábcsontok szintjében ló koponyája és állkapcsa került elő. A négy lólábat, melyek részben a lókoponya alá nyúlnak, az ízületnél választották le. Három pata a koponya alatt volt, a negyedik (legfölső) pedig a sír keleti vége irányában helyezkedett el. A jobb lábfej fölött bir-

---

[255] átm.: 1,3 cm, ltsz.: 95.23.132.

[256] h.: 8,9 cm, feje: 1 x 1,9 cm, ltsz.: 94.2.31.

[257] átm.: 1,6 cm, Vs.: M·MAThIE·R·hVNGARIE, Rs.: PATRON - VNGARIE, Mzz.: B–Ω, ltsz.: 94.2.35., CNH II. 233/A vagy 235/A., *Huszár* (1979) No. 717 vagy 720.: 1468–1490.

[258] h.: 4 cm, sz.: 0,8 cm, ltsz.: 95.23.133.

[259] átm.: 0,6 cm, ltsz.: 95.23.134.

[260] átm.: 0,3 cm, ltsz.: 95.23.135.

[261] A sír és mellékletei részletesen közölve: *Szatmári* (1996b) 163–164., 177–178., 183., 186., 4. kép, 5. kép 1–5., 10. kép 1–3., 13. kép 1–5.

[262] A sír és mellékletei részletesen közölve: *Szatmári* (1996b) 164–166., 177–181., 184–186., 4. kép, 5. kép 6–10., 6–8. kép, 11–12. kép, 13. kép 6–12.

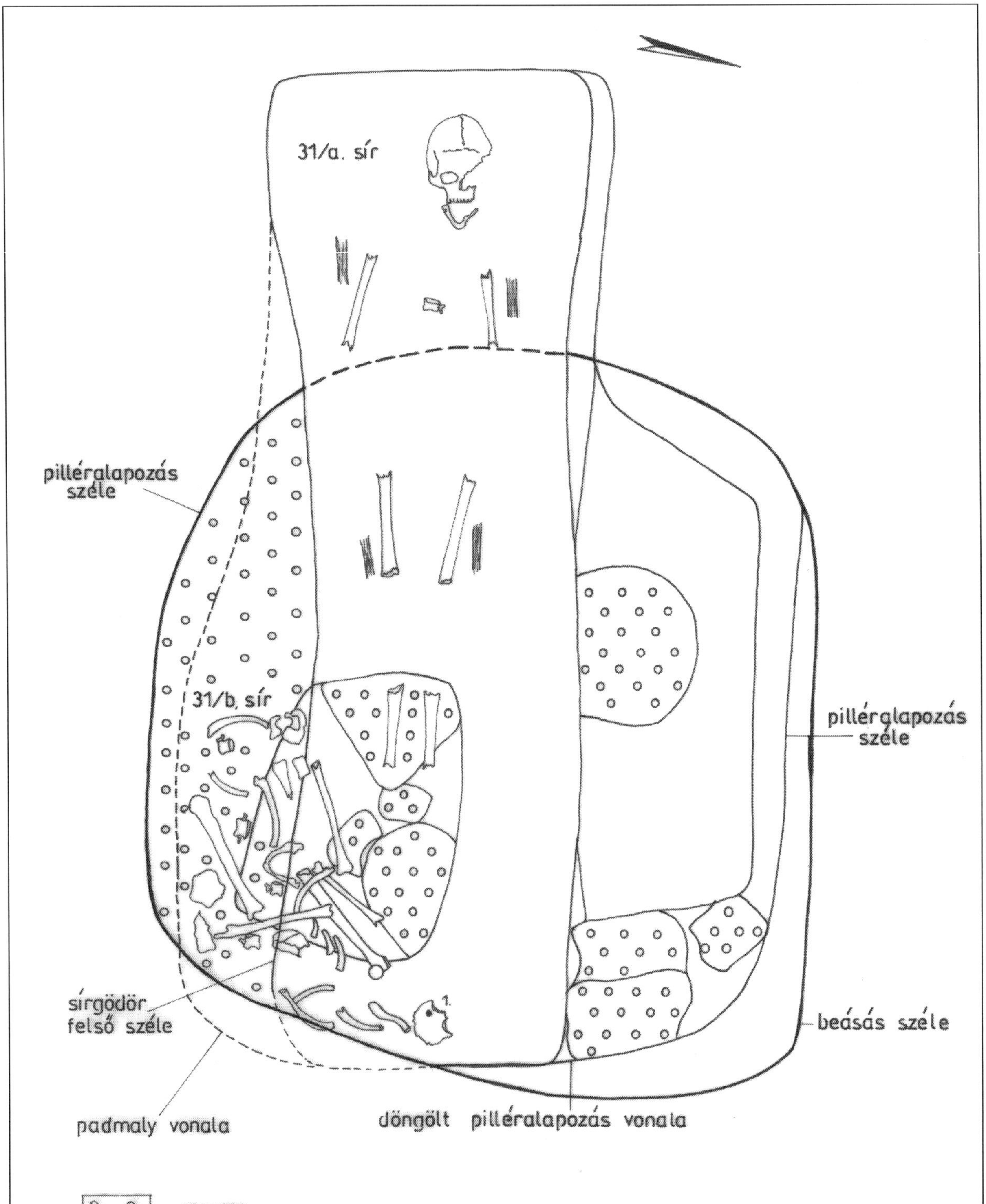

17. ábra: A 31/a és 31/b sír rajza a döngölt pilléralapozás helyével

kacsontot találtunk. A sír fenekén néhány faszéndarabkát is megfigyeltünk. Melléklet: 1. *Vaskés* a bal combnyak külső oldalán, hegyével a lábfej felé. 2. *Tegez* három nyílcsúccsal a jobb karra fektetve, a válltól a combcsontig. 3. Vas *hevedercsat* a jobb boka külső oldalán. 4. *Vaskengyel*, füllel ferdén lefelé a másik kengyelben, a jobb lábujjak fölött. 5. Másik *vaskengyel*, vízszintesen, füllel a bal láb, illetve a lólábak felé, a jobb lábujjakon.

36. sír. T: ÉK 17', M: 0 cm, (8 cm), 5. szelvény. Gyermek, fordított tájolású. A kezek, a medence és a lábcsontok hiányoznak. Koponyája töredezett. Két karja könyökben kissé behajlítva. Sírfoltja nem látszott. Helyzete alapján későbbi a 37. sírnál.

37. sír. T: DNy 52', M: -15 cm, (23 cm), 5. szelvény. Csak koponyája, felkarcsontjai, két borda és a lapocka töredéke maradt meg. Sírfoltja nem látszott. Korábbi a 36. sírnál. A csontok fölött, a sír betöltésében egy csontból faragott, szélén bevagdosással, középen pedig bevésett körökkel díszített, illetve rátett kerek dísszel tagolt, négyszögletes *övdíszen* kívül[263] *(20. tábla 23.)* két kiszélesedő fejű, szögletes szárú, famaradványokkal borított *vasszeg*[264] *(10. tábla 7–8.)* és egy széles, lapos lemezből készített *koporsóvasalás*[265] *(10. tábla 9.)* került elő.

38. sír. T: DNy 51', M: +10 cm, (2 cm), 5. szelvény. Az összetört koponya, néhány borda, illetve csigolya, a bal lapocka és a két kulcscsont maradt meg. Sírfoltja nem látszott. A 44. sír csontváza fölött került elő, annál tehát későbbi. Korábbi lehet viszont a 39. sírnál.

39. sír. T: DNy 51', M: 0 cm, (13 cm), 5. szelvény. Bal vállcsontja, a medence egy része és a két láb csontjai hiányoznak, kivéve a jobb combcsont fölső végét. Koponyája kissé jobbra fordult, alkarjait a hason keresztbe fektették. Sírfoltja nem látszott. Melléklet: 1. Lekopott kúpos fejű, szögletes szárú *vasszög* a medenceüregben[266] *(10. tábla 15.)*.

40. sír. T: DNy 52,5', M: -2 cm, (14 cm), 5. szelvény. Csak bal felkarcsontja, jobb oldalán pedig az alkarcsontok, a medencelapát és a láb hosszúcsontjai maradtak meg. Sírfoltja nem látszott. Melléklet: 1. Bronzhuzalból hajlított *párizsikapocs pár* lapított, kampós fele a medenceüreg jobb oldalán[267] *(10. tábla 13.)*. A 39. és a 40. sír között, lényegében szórványként került elő egy ehhez hasonló, ugyancsak bronzhuzalból hajlított, lapított párizsikapocs párból való hurkos tag[268] *(10. tábla 12.)*. Erről a sírban való elhelyezkedése alapján ugyan nem lehetett eldönteni, hogy a két sír közül melyikhez tartozik, a 40. sírban előkerült kampós megfelelője alapján azonban valószínű, hogy ez is a 40. sír leletei közé sorolható, s azzal együtt alkotott egy kapocspárt.

41. sír. T: DNy 50', M: -10 cm, (20 cm), 5. szelvény. Csak a medence jobb oldalának kis darabja és a lábak hosszúcsontjai maradtak meg. Sírfoltja ugyan nem látszott, de helyzete alapján valószínűleg későbbi a 42. sírnál. A sír betöltéséből származhat egy kopott, töredezett szélű, talán I. Ferdinánd király (1526–1564) uralkodásához köthető *dénár* hamisítványa (anyaga erősen réz ötvözetű)[269] *(10. tábla 14.)*. Ugyanitt került elő két T-fejű, szögletes szárú *vasszeg* is[270] *(10. tábla 10–11.)*.

42. sír. T: DNy 49,5', M: -25 cm, (35 cm), 5. szelvény. Mindössze a két combcsontja és a bal lábszár csontjai maradtak meg. Sírfoltja nem látszott, valószínűleg korábbi a 41. sírnál. Melléklet: 1. A jobb combcsont térd felőli részén növényi eredetű (talán gyékény) maradvány, közvetlenül alatta bronzlemez, ez alatt pedig barna színű *textil* darabja került elő. A bronzlemezt eredetileg a textilre dolgozták rá. A textil maradványaiból megállapítható, hogy vászonszövéssel készült, s négyszirmú virágfejeket idéző mintasorral díszítették. Egyik szélét visszahajtották. A szövés sűrűsége: 10/20/cm^2, a vetülékfonal a vékonyabb, a láncfonal a vastagabb. Nagyrészt szétporladt, de néhány kisebb darabot sikerült felszedni.[271]

---

[263] h.: 2,3 cm, sz.: 2,3 cm, ltsz.: 94.2.25.
[264] h.: 7,6 és 10,6 cm, sz.: 1,2 és 2,1 cm, ltsz.: 95.23.137.
[265] h.: 7 cm, sz.: 5,1 cm, ltsz.: 95.23.138.
[266] h.: 3,5 cm, sz.: 1,9 cm, ltsz.: 95.23.139.
[267] h.: 1,6 cm, sz.: 1,4 cm, ltsz.: 95.23.141.
[268] h.: 1,5 cm, sz.: 1,2 cm, ltsz.: 95.23.140.
[269] átm.: 1,3 cm, ltsz.: 95.23.142. Nagy Ádám szerint lehetetlen pontosabb meghatározását adni.
[270] h.: 4 és 4,8 cm, sz.: 1 és 1,6 cm, ltsz.: 95.23.143.
[271] h.: 3,3–4,6 cm, sz.: 1,7–1,8 cm, ltsz.: 95.23.144.

43. sír. T: DNy 51', M: -32 cm, (45 cm), 5. szelvény. Mindössze a bal felkarcsont, az alkarcsont kis darabja, a bal medencelapát és két ujjcsont maradt meg. Sírfoltja nem látszott.

44. sír. T: DNy 50,5', M: 0 cm, (12 cm), 5. szelvény. A koponya, a csigolyák, a bal oldali vázcsontok (kivéve a bal lábszár csontjait) és a lábfejek hiányoznak. Jobb kéz a combnyakon. Sírfoltja nem látszott, de a sír korábbi a 38. sírnál. A csontok mellett *koporsó* nyomait figyeltük meg, a sír alatt pedig egy Árpád-kori cserépbogrács hasvonalából származó *oldaltöredéket* találtunk.[272] Az edénytöredék minden bizonnyal a szelvény északnyugati sarkában elhelyezkedő, illetve az 1. szelvény területére is átnyúló Árpád-kori gödör anyagához tartozik. Melléklet: 1. Vasból készült *párizsikapocs pár* lapított, kampós fele a jobb medencelapáton[273] *(20. tábla 19.).*

45. sír. T: DNy 49', M: -49 cm, (57 cm), 5. szelvény *(18. ábra).* A bordák és a medence egy része, valamint a kéz- és lábujjak hiányoznak. Koponyája kissé balra fordult. Jobb karját a hason keresztbe fektették, bal keze pedig a medence jobb oldalán került elő. Sírfoltja jól látszott. A famaradványokból a *koporsó* alakja is jól követhető. Melléklet: 1. Szögletes szárú, T-fejű, illetve töredékes *koporsószögek* – összesen öt darab – a koponya körül és a sír betöltésében[274] *(10. tábla 16–20.).*

46. sír. T: DNy 51', M: -51 cm, (61 cm), 5. szelvény *(18. ábra).* A csontok nagy része szétporladt, jobb állapotban csak a hosszúcsontok maradtak meg. Két karja a hason keresztben. A sírfolt fej felőli végét valószínűleg az 57. sír gödrének déli kiszögellése vághatta el. A sírbetöltésben került elő egy T-fejű, szögletes szárú *vasszeg*[275] *(10. tábla 21.).* Melléklet: 1. Bronzlemezekkel és bronzcsattal díszített, finom textillel bevont *bőröv* a térdek alatt. Az övet a sír aljára tették, a halott lábai alá, de csak töredékeit – a csaton és csatlemezen kívül összesen 6 övdarabot és 5 övdíszt – lehetett már felszedni[276] *(11. tábla 3–8.).* Az öv rossz állapota miatt már nem volt egyértelműen megállapítható, hogy az övet becsatolva, vagy megoldva helyezték a sírba. A csat trapéz alakú, lapos, a pecek is bronzból készült, s szintén lapos. A bőrövre bronzszegecsek fogatták fel a préselt, domborítással díszített, lemezes övvereteket. A csattesthez is préselt bronzlemez kapcsolódott. Az egyik övdísz a szíjvég része is lehetett.[277]

47. sír. T: DNy 51', M: -22 cm, (37 cm), 5. szelvény *(18. ábra).* A koponya egy része, valamint a csontváz jobb karja, a jobb oldali bordák és a lábujjcsontok hiányoznak. Koponyája jobbra fordult, bal keze a medencén került elő. Sírfoltja nem látszott, de bizonyosan a sír betöltéséből való két teljesen ép, kúpos fejű, szögletes szárú *vasszeg*[278] *(11. tábla 11–12.).* A lábszárak mellett *koporsó* nyomát figyeltük meg. Melléklet: 1. Bronzhuzalból hajlított, lapított *párizsikapocs pár* a bal váll magasságában, a kulcscsont mellett[279] *(11. tábla 1.).* A ruhakapocs mellett és a gerincoszlop jobb oldalán, részben a csontok alatt *textil* maradványai is előkerültek. Ezek között van egy ezüsthuzallal körbecsavart fonal kettős szálából horgolással készített ruhaszegély is, amelyet két szélén láncszemekből álló zsinór, közöttük pedig ötszirmú, dudoros közepű virágok díszítenek. A virágok között V-alakban elhelyezkedő levéldíszek látszanak *(11. tábla 2.).* A textilmaradványokat a restaurálás során vászonra varrott rekonstrukció formájában is konzerválni lehetett.[280]

48. sír. T: DNy 53', M: -10 cm, (32 cm), 5. szelvény. A csontok csak medencétől lefelé maradtak meg, a medence is szétporladt. A sírfolt csak a jobb láb mellett látszott. Későbbi a 68. és 75. sírnál, hiszen azok fölött volt.

---

272 ltsz.: 95.23.145.

273 h.: 2,5 cm, sz.: 1,4 cm, ltsz.: 94.2.20.

274 h.: 4,5–9,2 cm, sz.: 0,6–2,1 cm, ltsz.: 95.23.146.

275 h.: 8,4 cm, sz.: 1,8 cm, ltsz.: 95.23.147.

276 ltsz.: 95.23.148.

277 A csattest h.: 3,5 cm, sz.: 2,4 cm, az övdíszek h.: 2,4 cm, sz.: 1,5 cm, a bőröv sz.: 2,3 cm.

278 h.: 9,3 és 10,2 cm, fejük sz.: 2 és 2 cm, ltsz.: 95.23.151.

279 h.: 1,3 és 2 cm, sz.: 1,5 és 1,3 cm, ltsz.: 95.23.149.

280 A rekonstrukció h.: 18 cm, sz.: 3,2 cm, ltsz.: 95.23.150. Gábor Gabriella rekonstrukciója.

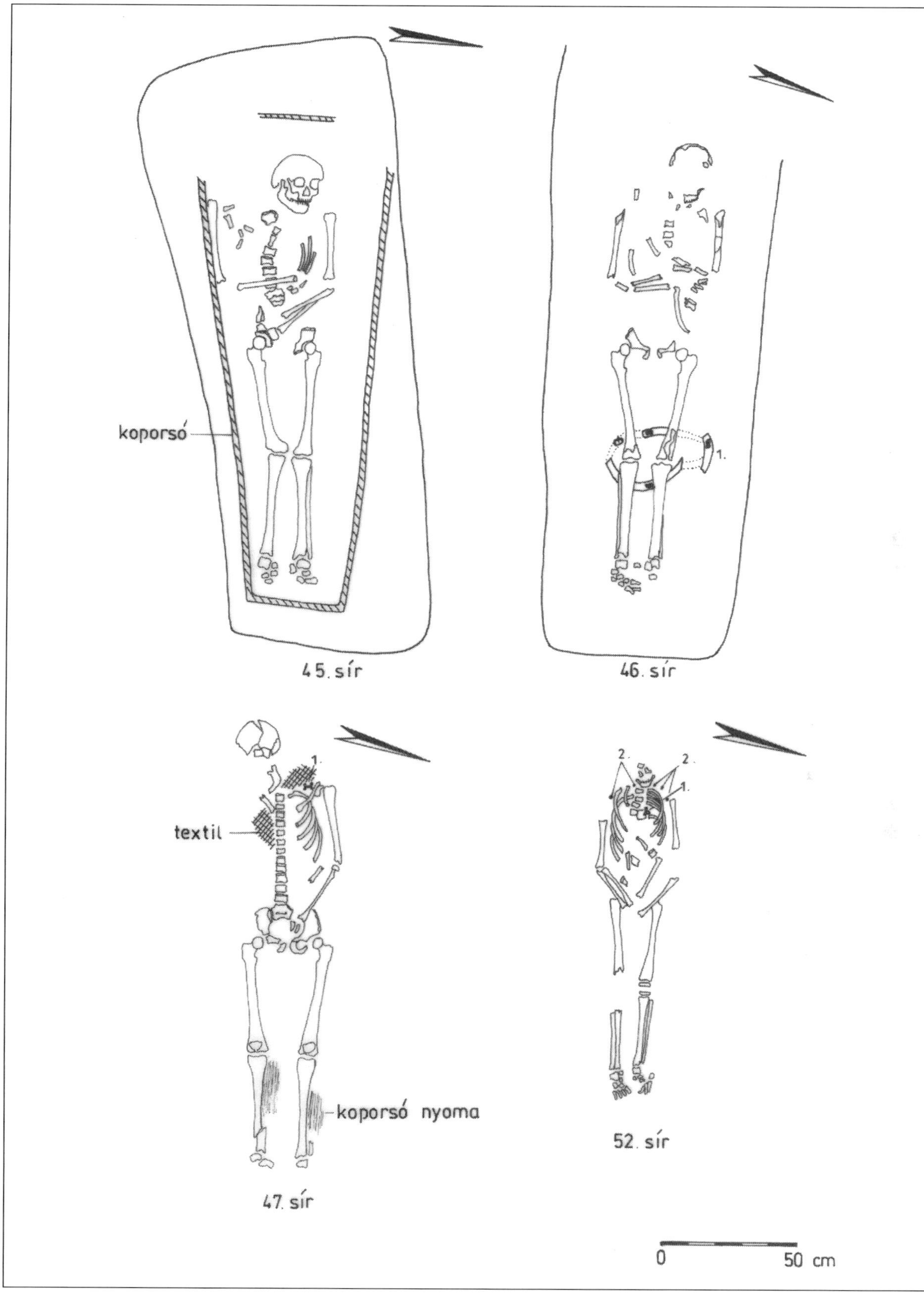

18. ábra: A 45–47., 52. sír rajza

49. sír. T: DNy 51', M: -75 cm, (45 cm), 6. szelvény. Az ujjcsontok kivételével a jobb karja és lapockacsontja hiányzik. Koponyája darabokban került elő, a test bal oldala pedig megsüllyedt. Sírfoltjának északi oldalát a 136. sír gödrével áshatták el.

50. sír. T: DNy 50', M: -16 cm, (3 cm), 6. szelvény. Mindössze térdtől lefelé a lábak és a jobb combcsont alsó vége maradt meg. Sírfoltja nem látszott, de a csontok helyzete miatt a sír későbbi lehet az 51. és 52. sírnál. Minden bizonnyal a sír betöltéséhez köthető egy kúpos fejű, szögletes szárú *vasszeg*[281] *(11. tábla 13.).*

51. sír. T: DNy 50', M: -19 cm, (6 cm), 6. szelvény. Gyermek. Csak a bal comb- és lábszárcsont van meg. Sírfoltja nem látszott. A váz többi részét az 50. sír ásásakor szedhették ki, annál tehát korábbi. Későbbi viszont valószínűleg az 52. sírnál.

52 sír. T: DNy 50', M: -36 cm, (16 cm), 6. szelvény *(18. ábra).* Koponyája nagy része, medencéje és kézujjai hiányoznak. Két karját a medencére fektették. Sírfoltja nem látszott, de a csontok helyzete miatt korábbi lehet az 50. és az 51. sírnál. Melléklet: 1. Bronzhuzalból hajlított, lapított *párizsikapocs pár* a szegycsonton[282] *(11. tábla 10.).* 2. Sárgás színű, lapos *üvegpaszta gyöngyök* – összesen 16 darab – az állkapocs két oldalán és a vállak magasságában[283] *(11. tábla 9.).*

53. sír. T: DNy 51,5', M: -27 cm, (10 cm), 6. szelvény. Az állkapocs, a bal medencelapát és a bal combcsont, valamint térdtől lefelé a jobb láb hiányzik. Koponyája darabokban maradt meg, két karját a hason keresztbe helyezték, egymás mellett. Sírfoltja nem látszott.

54. sír. T: Ny 48', M: -30 cm, (10 cm), 6. szelvény. Gyermek. Csak darabokban lévő koponyája, a jobb oldali bordák és a bal kar hosszúcsontjai maradtak meg. Bal karját könyökben kissé behajlították. Sírfoltja nem látszott. Lehet, hogy egyidős az 55. sírral.

55. sír. T: DNy 49', M: -30 cm, (10 cm), 6. szelvény. Gyermek. Koponyája, a csigolyák és felsőtestének jobb oldali csontjai maradtak csak meg. Jobb alkarját a hasra helyezték. Sírfoltja nem látszott. Lehet, hogy egyidős az 54. sírral.

56. sír. T: Ny 48', M: -30 cm, (5 cm), 6. szelvény *(19. ábra).* Gyermek. Csontjai nagyon porlékonyak voltak. Sírfoltjának déli és nyugati széle jól látszott. Későbbi a 94. sírnál. Melléklet: 1. Bronzból készült, apró, üreges belsejű, alul cseppformájú, gömbös *fülesgomb* a jobb váll helyén[284] *(12. tábla 1.).*

57. sír. T: DNy 51,5', M: -66 cm, (79 cm), 5. szelvény. Csak két combcsontja és bal lábszára maradt meg. Sírfoltja azonos az 58. sír foltjával. Annál azonban ez a sír későbbi, hiszen a csontok az 58. sír csontváza fölött kerültek elő. A csontok mellett *koporsó* nyomát lehetett megfigyelni. Melléklet: 1. I. Lajos király (1342–1382) *ezüstdenára* a sírfolt keleti végében, a bokacsontok magasságában[285] *(20. tábla 28.).*

58. sír. T: DNy 51,5', M: -81 cm, (94 cm), 5. szelvény *(19. ábra).* A bal kar, a lábak hosszúcsontjai, a medence egy része és néhány csigolya maradt meg. Bal alkarja a hason keresztben. Sírfoltja azonos volt az 57. síréval. Az 59. sírnál későbbi, mivel sírgödrével azt metszették. Korábbi viszont az 57. sírnál, mert közvetlenül az alatt feküdt. A sír betöltésében, közvetlenül a csontok fölött találtunk egy négyszögletes, díszítetlen, kerek lyukakkal átütött *bronzlemezt egy bronzszegeccsel*, ez utóbbi bizonyára az egyik lyukból esett ki[286] *(12. tábla 3.).* A lábcsontok alatt gyékényszerű *szerves anyag* maradványait figyeltük meg, amelyből mintát is fel lehetett szedni.[287] A fajmeghatározás szerint a minta keskenylevelű gyékény (Typha angustifolia L.) maradványait tartalmazta.[288] Melléklet: 1. Bronzhuzalból hajlított, lapított *párizsikapocs pár* a jobb könyök helyén[289] *(12. tábla*

[281] h.: 7,9 cm, fejének sz.: 1,5 cm, ltsz.: 95.23.152.

[282] h.: 1,2 és 2,2 cm, sz.: 1,2 és 1,4 cm, ltsz.: 95.23.153.

[283] átm.: 0,3 cm, ltsz.: 95.23.154.

[284] h.: 0,8 cm, átm.: 0,6 cm, ltsz.: 95.23.155.

[285] átm.: 1,3 cm, ltsz.: 94.2.36., CNH II. 89/A., *Huszár* (1979) No. 547.: 1373–1382.

[286] A lemez h.: 1,3 cm, sz.: 1,1 cm, a szegecs h.: 0,6 cm, ltsz.: 95.23.157.

[287] h.: 9 cm, sz.: 3 cm, ltsz.: 95.23.159.

[288] Babos Károly meghatározása.

[289] h.: 1 és 1,3 cm, sz.: 0,7 és 0,7 cm, ltsz.: 95.23.156.

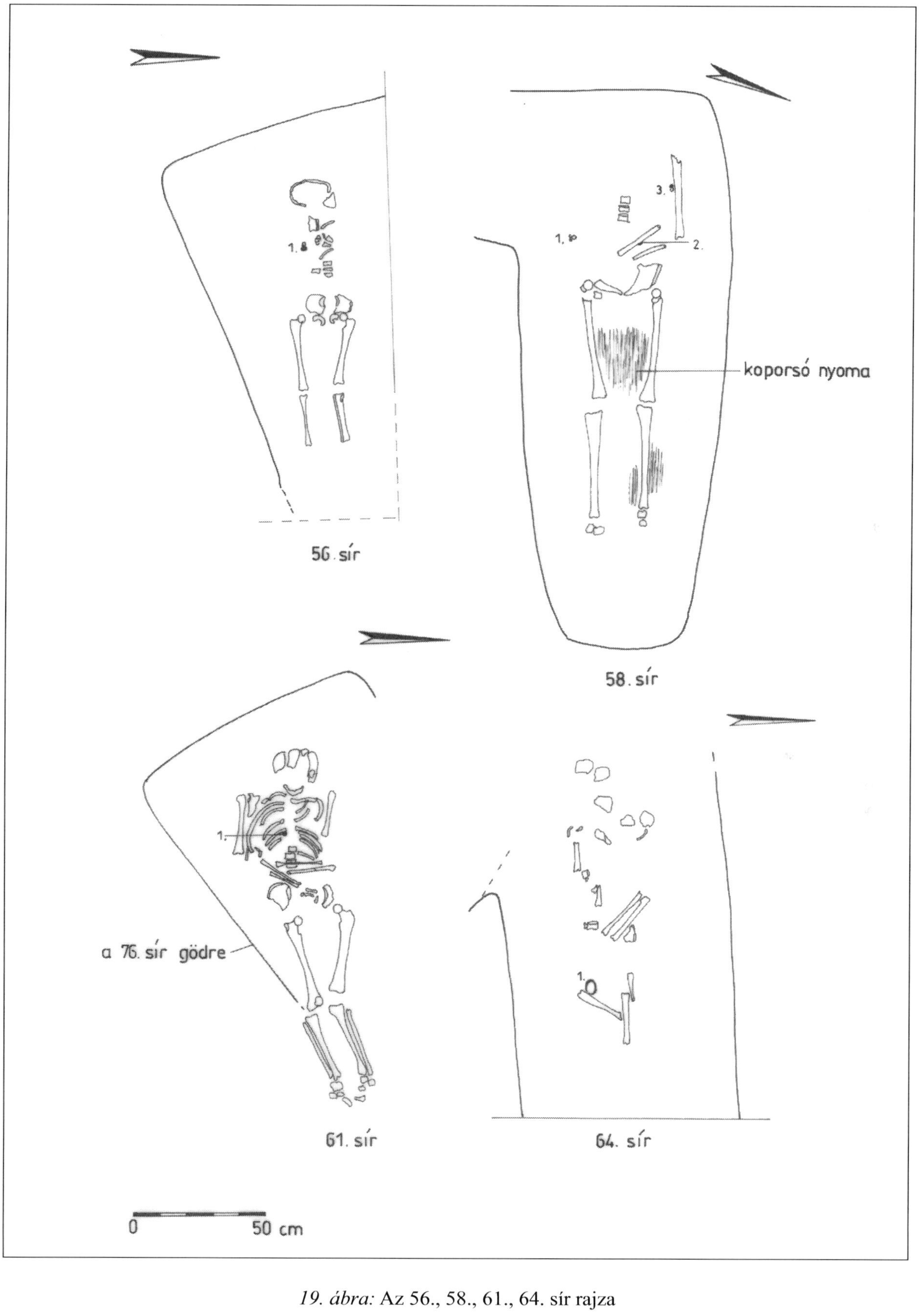

19. ábra: Az 56., 58., 61., 64. sír rajza

4.). 2. Bronzhuzalból hajlított *párizsikapocs pár* összetapadt darabjai a bal alkarcsontok alatt, a csont középrészénél, annak hosszában, kampóval fölfelé[290] *(12. tábla 2.).* 3. Bronz *fülesgomb(?)* a bal felkarcsont belső oldalán, a csont közepe táján – szétporladt.

59. sír. T: DNy 50,5', M: -65 cm, (73 cm), 5. szelvény. Gyermek. Csak koponyája, bal alkarja és combcsontjai maradtak meg, a többi szétporladt. Bal alkarját a hason keresztbe fektették. A sírfolt láb felőli végét az 58. és a 69. sír gödrével elásták, tehát az 59. sír ezeknél a síroknál korábbi. A bal váll helyén *koporsó* nyoma maradt meg.

60. sír. T: DNy 50', M: -25 cm, (37 cm), 5. szelvény. Koponyája, a bal oldali bordák és a felkarcsont, valamint medencétől lefelé a lábak hiányoznak. Két karját a hason keresztbe fektették. Sírfoltja ugyan nem látszott, de biztosan későbbi a 61. sírnál, mert fölötte helyezkedett el. A csontváz jobb oldala mellett *koporsó* nyoma maradt meg, amelynek faanyagából több mintát is lehetett venni.[291] A fajmeghatározás szerint a famaradványok kocsánytalan tölgyből (Quercus petraea) származnak.[292] A sír betöltésében egy Árpád-kori edény *oldaltöredéke* is előkerült, de ez minden bizonnyal az itt lévő Árpád-kori gödör anyagához tartozhat.[293]

61. sír. T: DNy 50', M: -50 cm, (62 cm), 5. szelvény *(19. ábra).* Koponyája összetört, bal karja a hason keresztben, jobb karja a medencében. Sírfoltja nem látszott, alatta a 76. sír gödre rajzolódott ki. Közvetlenül a 60. sír alatt feküdt, tehát annál korábbi. Későbbi viszont a 76. sírnál. Melléklet: 1. I. Mátyás király (1458–1490) 1467 utáni *ezüstdénára* a gerincoszlop jobb oldalán, középen, az egyik bordán[294] *(12. tábla 5.).*

62. sír. T: DNy 50', M: -68 cm, (78 cm), 5. szelvény. Gyermek. Koponyája, bal alkarja, a jobb medencelapát és a lábfejek hiányoznak. Az állkapocs és a nyakcsigolyák az eredeti helyzetükből kimozdítva feküdtek. Jobb alkarja a medencén volt. Sírfoltja szinte teljesen azonos a 69. számú sírral, viszont annál későbbi.

63. sír. T: DNy 50', M: -34 cm, (54 cm), 5. szelvény. A koponya, a bal kar, néhány csigolya és a lábak kivételével a többi csontja elporladt. A koponya kissé balra fordult. Bal karja szorosan a test mellett feküdt, bal alkarja a medence helyén került elő. Sírfoltjának északkeleti része a szelvény északi fala alatt volt.

64. sír. T: Ny 48', M: -76 cm, (36 cm), 7. szelvény *(19. ábra).* Gyermek. A csontváz eke által bolygatott. A bal alkar a medence helyén feküdt. A csontok a sírgödör alakú beásásnak nem a legalján kerültek elő, hanem alattuk is kevert betöltést találtunk. Ebben azonban már csak néhány összedobált csont hevert rendszertelenül. A 64. sírhoz tartozó csontváz alatt a késő középkori sírokban igen sokszor megtalálható, lilásfehér színű, porlékony *szerves anyaghoz* hasonló nyomokat lehetett megfigyelni. A koponya szintén annak a gödörnek a vonalába esett, amelyben összedobált csontok hevertek, de a koponya – és így a sír is – későbbi a gödörnél. A sírt vágta a 78. sír. Melléklet: 1. Vasból kovácsolt, kerek, ovális átmetszetű, zárt *karika* a jobb combcsont helyén[295] *(12. tábla 6.).* Nem dönthető el biztosan, hogy a karika régészeti lelet-e, vagy csak a szántással beforgatott újkori tárgy.

65. sír. T: DNy 55,5', M: -90 cm, (35 cm), 8. szelvény *(20. ábra).* A koponya egy darabja és a láb csontjai maradtak meg. A váz többi része elporladt. Sírfoltja jól látszott. Későbbi a 92. és a 176. sírnál. A sírgödörben a templom alapozásában talált kövekhez hasonló *kődarabok* voltak. A váz két oldalán a *koporsó* alakját jól meg lehetett figyelni. A koporsó csontváz fölötti részéből is sok töredék maradt meg. A beszakadt koporsótető kb. 8–10 cm széles deszkákból készült. A vizsgálatok megállapították, hogy a famaradványok lucfenyőből (Picea abies/L./Karst) származnak.[296] A koponya és a lábcsontok magasabban helyezkedtek el, mint a test középső része. Valószínű, hogy a koporsó két végébe magasítást tettek, hiszen semmi jel nem utalt arra, hogy a váz kö-

[290] h.: 1,4 cm, sz.: 0,5 cm, ltsz.: 95.23.158.
[291] 5 x 5, 4 x 7 és 4 x 4 cm, ltsz.: 95.23.160.
[292] Babos Károly meghatározása.
[293] ltsz.: 95.23.161.
[294] átm.: 1,5 cm, ltsz.: 95.23.162. – Nagy Ádám meghatározása.
[295] átm.: 5,1 cm, v.: 0,5 cm, ltsz.: 95.23.164.
[296] Babos Károly meghatározása. A koporsó múzeumba vitt darabjának h.: 9 cm, sz.: 6,5 cm, ltsz.: 95.23.166.

zépső része megsüllyedt volna. Melléklet: 1. *Vasszög* a jobb váll magasságában, hegyével kifelé. Feje lapos, kör alakú, szára szögletes metszetű, kampós[297] *(12. tábla 7.).*

66/a. sír. T: D 0', M: -79 cm, (49 cm), 8. szelvény. Medencétől lefelé a csontok hiányoznak. A koponya kissé jobbra fordult. Két karja a hason, egymáson keresztben. A sírfolt láb felőli vége a 8. szelvény északi fala alá nyúlt. A jobb combcsont helyének jobb oldalán a 66/b. sírhoz tartozó gyermek lábcsontjai voltak. Valószínűleg a 66/a sír későbbi a 66/b sírnál, viszont korábbi a 70. sírnál, amelynek gödre alatt jól látszott a 66/a. sír foltja.

66/b. sír. T: D 0', M: -79 cm, (49 cm), 8. szelvény. Gyermek. Csak medencéjének jobb oldala és a jobb láb hosszúcsontjai maradtak meg. Az ezek mellett összedobált koponya- és lapockadarabok is ide tartoznak talán. Sírfoltja azonos a 66/a. síréval, annál viszont ez valószínűleg korábbi.

67. sír. T: DNy 49', M: -101 cm, (69 cm), 6. szelvény. A koponyát és könyöktől fölfelé a felsőtest csontjait a 32. sír gödrének ásásakor szedhették ki, vagy a 2. szelvény mélyítésekor az ásatás során dobtuk ki véletlenül. Jobb karja a test mellett nyújtva, bal karja a jobb medencelapáton volt. A sírfolt láb felőli vége jól látszott.

68. sír. T: DNy 51', M: -33 cm, (55 cm), 5. szelvény *(20. ábra, 29. tábla 1.).* Gyermek. A vázcsontok nagy része elporladt. Jobb karja a hasra hajlítva. A sírfolt láb felőli vége a szelvény északkeleti sarka alatt került elő. Korábbi a 48., és későbbi a 75. sírnál. Valószínűleg az 58. sírnál is későbbi, mert gödrét abba áshatták bele. A csontok alatt gyékényszerű *szerves anyag* volt, de felszedni nem lehetett. A test két oldalán *koporsó* maradványát találtuk meg. A koporsó oldalának magasságát mintegy 22 cm-nek mértük, fölső széle 8 cm-rel volt magasabban a koponya fölső szintjénél. A koporsó két hosszanti oldala lefelé egyenletesen szélesedett, az aljuk a csontok mindkét oldalán legalább 5–5 cm-rel volt szélesebb a tetejüknél. A famaradványok a fajmeghatározás szerint kocsánytalan tölgyből (Quercus petraea) származnak.[298] A koporsó tetejét és két végét, illetve alját semmilyen nyom nem mutatta. Melléklet: 1. Gömb alakú, lemezes, üreges bronz *fülesgomb* töredéke a jobb váll helyén[299] *(12. tábla 12.).*

69. sír. T: DNy 49', M: -89 cm, (99 cm), 5. szelvény *(20. ábra).* Koponyája kissé jobbra billent, állkapcsa kifordult. Két alkarját a hason keresztbe fektették. Sírfoltja jól látszott. Későbbi az 59. sírnál. A sírbetöltésben egy barna színű, többszörösen tagolt, késő középkori *edényperem-töredéket*[300] *(12. tábla 19.),* a csontok alatt pedig gyékényszerű *szerves anyagot* találtunk. Melléklet: 1. I. Mátyás király (1458–1490) *ezüstdénára* a jobb könyök magasságában, a bordák végénél[301] *(20. tábla 29.).*

70. sír. T: DNy 48,5', M: -58 cm, (38 cm), 6. szelvény *(20. ábra).* Gyermek. A kéz és a lábfej csontjai hiányoznak. Két karja könyökben behajlítva. Sírfoltja jól látszott, ez alapján későbbi a 66. sírnál. Melléklet: 1. Lapított bronzhuzalból hajlított *párizsikapocs pár* a nyakcsigolyán, kampós végével fölfelé[302] *(20. tábla 16.).* 2. Két darab szögletes szárú, szabálytalan fejű *vasszög* a derék magasságában a csigolyákon[303] *(12. tábla 9–10.).* 3. Szögletes szárú *vasszög* a bal combnyak külső oldalán. A szög fejét talán egy másik szeg rákovácsolásával alakították ki[304] *(12. tábla 8.).*

71. sír. T: DNy 51', M: -77 cm, (35 cm), 9. szelvény. Térdtől fölfelé a csontok hiányoznak. Csak a lábszárak és a két lábfej maradt meg. A csontok alatt a döngölt alapozás széle látszott, vagyis a sírt a döngölt alapozásba ásták. Annál tehát a sír későbbi. Talán korábbi viszont a 79/a–b. sírnál, s esetleg a 86–87. sírnál is.

72. sír. T: DNy 50', M: -90 cm, (47 cm), 9. szelvény *(21. ábra).* Gyermek. A koponya és könyöktől fölfelé a csontok elporladtak. Két kezét a hason keresztbe helyezték. A sírt a döngölt alapozásba ásták, lábai az alapozás földjén voltak. Annál tehát a sír későbbi. Melléklet: 1–2. Két darab *pántgyűrű* a bal kéz egyik ujján. Mind-

---

[297] h.: 6,5 cm, fejének sz.: 1,9 cm, ltsz.: 95.23.165.
[298] Babos Károly meghatározása. A múzeumba vitt faminta h.: 13,5 cm, sz.: 12,5 cm, ltsz.: 95.23.168.
[299] h.: 0,9 cm, átm.: 0,6 cm, ltsz.: 95.23.167.
[300] ltsz.: 95.23.169.
[301] átm.: 1,6 cm, ltsz.: 94.2.37., CNH II. 235/A., *Huszár* (1979) No. 717.
[302] h.: 1,6 és 1,6 cm, sz.: 0,9 és 1,2 cm, ltsz.: 94.2.17.
[303] h.: 2,7 és 3 cm, sz.: 1 és 1,5 cm, ltsz.: 95.23.170.
[304] h.: 3,7 cm, sz.: 2,7 cm, ltsz.: 95.23.171.

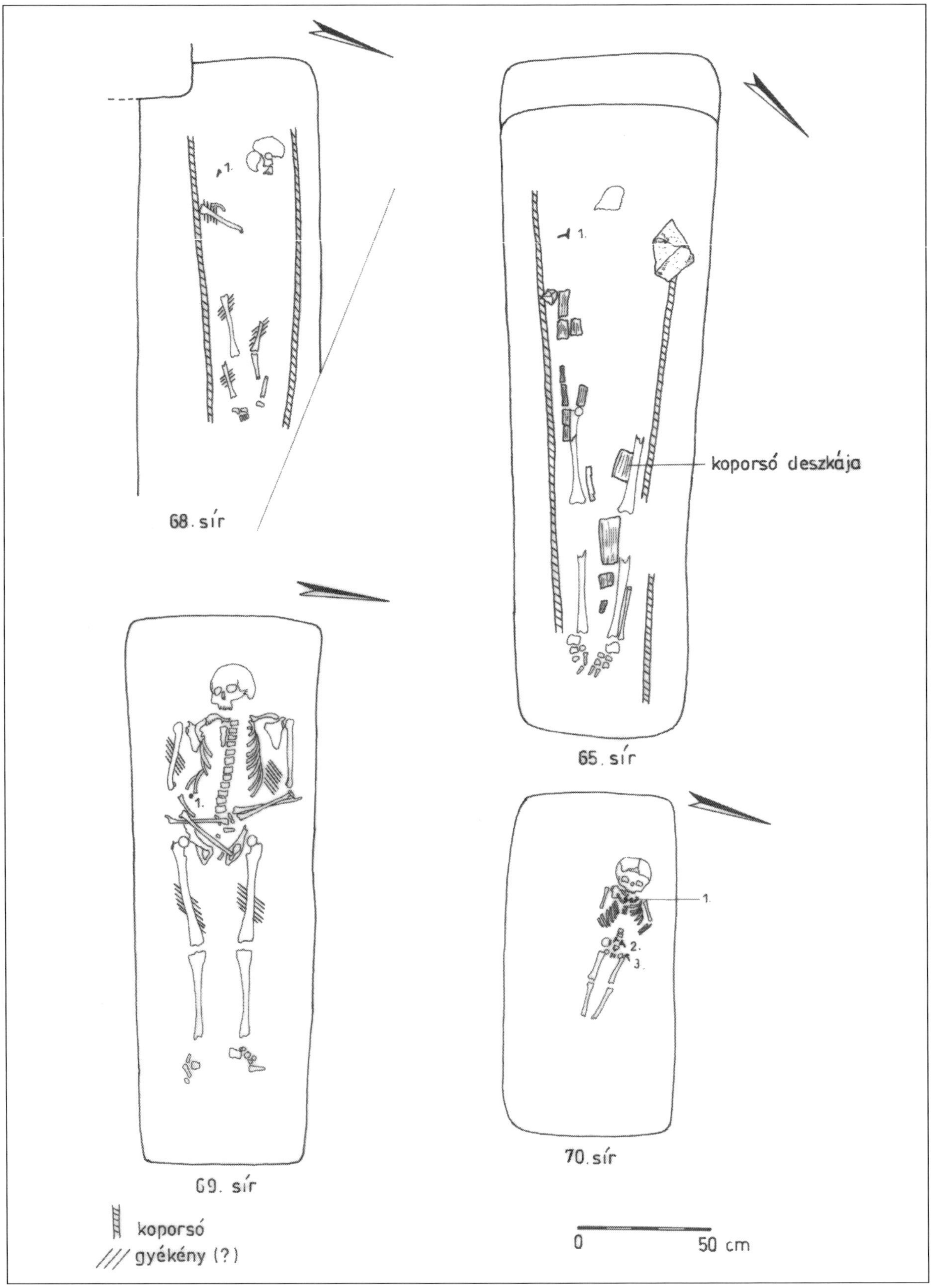

20. ábra: A 65., 68–70. sír rajza

kettő ép, bronzból készült, s felületén borda fut körbe. Az egyik kopottabb. Méretük is pontosan megegyezik[305] *(20. tábla 6–7.)*. 3. Az előbbiekhez hasonló, szintén bronzlemezből hajlított, két körbefutó párhuzamos árokkal, illetve középen bordával díszített *pántgyűrű* a jobb kéz középső ujján[306] *(12. tábla 11.)*.

73. sír. T: DNy 49', M: -128 cm, (98 cm), 6. szelvény *(21. ábra)*. A bordák és a csigolyák elporladtak. Koponyája balra fordult. Két keze a hason keresztben. A sírgödör déli oldalán padmaly volt. A csontváz jobb oldalánál, a sírgödör szélénél, a csontváznál magasabb szinten emberi csontokat raktak a sírgödör déli falához, de ezeket nem szedtük össze. Valószínűleg későbbi a 136. sírnál. A csontváz alatt gyékényszerű *szerves anyagot*, a koponya fölött pedig a *koporsó* famaradványait figyeltük meg. Az előbbit már nem lehetett felszedni, az utóbbi pedig Babos Károly meghatározása szerint lucfenyőből (Picea abies) származik.[307] Melléklet: 1. Három darab, lemezből készült, apró, üreges, gömb alakú, alul cseppformájú dudorral díszített bronz *fülesgomb* az áll alatt, a csigolyák helye fölött[308] *(12. tábla 13–15.)*. Formájuk teljesen azonos az 56. sírban előkerült fülesgomb formájával. A fülesgombok alatt *textil* maradványait is meg lehetett figyelni. Ezek szerint a textil olyan ruhaszegély volt, amelyet talán eredetileg is barna fonallal horgolt alapzsinórból varrással összeállított, négyszirmú virágok díszítettek. A virágok közeiben ezüstszálas fonalból készített függőleges zsinórdíszek sorakoztak.[309] 2. Talán eredetileg is barna színű, vászonkötéssel készült selyemalapra dolgozott *gyöngyöspárta* darabjai a koponyacsontok fölött és között. A pártát viszont biztosan a koporsó külső oldalára, annak tetejére helyezték el a temetéskor, s nem a koponyára. A párta megmaradt töredéke ugyanis a koporsó fájának külső, fölső oldalán került elő, s díszítésének részlete is a koporsófára tapadva maradt meg. A pártakoszorú anyagát nem ismerjük, de szélessége kb. 3 cm lehetett. Díszítése csont- és üvegpaszta gyöngyökből, illetve bronzflitterekből állt, amelyeket a vászonkötésű, 40/40/cm^2 szövéssűrűségű alapra varrtak. A barna, apró csontgyöngyökből egymás mellett elhelyezkedő, három-három virágmintát raktak ki, s a virágsorok közeit cikcakk vonalban flitterekkel és zöld színű üvegpaszta gyöngyökkel díszítették. A virágsorok végeit bronzhuzalból hajlított levélmotívum zárta le[310] *(12. tábla 16–18.)*. Kertész Éva meghatározása szerint a koporsó tölgyfából, valószínűleg kocsányos tölgyből készült. A párta a Békés megyei gyöngyös párták csoportjába sorolható.[311]

74. sír. T: DNy 49', M: -43 cm, (69 cm), 8. szelvény. A lábfejcsontok hiányoznak, medencétől fölfelé a váz többi része a szelvény nyugati fala alá nyúlt. Sírfoltjának déli és nyugati része szintén a szelvényfalak alá esett. A bal combnyakon egy *kődarab* feküdt. Melléklet: 1. Lapos, kissé kúpos fejű, szögletes szárú *vasszeg* a térd fölött, a combcsonton.[312]

75. sír. T: DNy 51', M: -70 cm, (92 cm), 5. szelvény *(21. ábra)*. Gyermek. Bolygatott csontjai szétporladtak. A koponya „in situ", kezek a hason keresztben. A sírfolt északkeleti része a szelvényfalak alatt folytatódott. Korábbi a 48. és a 68. sírnál, hiszen mindkettő alatt volt. Melléklet: 1. *Párta* a koponyán, amely a tarkón öszszeért. A párta alapja sáslevelekből és lágyszárú növény szárából[313] készült koszorú volt, s ezt zsinórokkal díszített, vászonkötésű textillel vonták be. A zsinórozás hullámvonalban futó, először két szálból S-irányban egygyé sodort, és fémszállal szintén S-irányban körbecsavart fonalból, majd két ilyen cérnaszál Z-irányban öszszesodort fonalából, valamint ez alatt haladó, s bronzhuzalból lapos négyes fonással készített fémszálból áll. A fonáson három, egymástól egyenlő távolságban elhelyezkedő, préselt bronzlemezből alakított, félgömb alakú dísz látható. Egy-egy ilyen dísz került a homlokra és a két halántékra. A zsinórozást és a félgömb alakú díszeket varrással rögzítették a textilalapra. A párta tarkó felőli szakaszán hurkolás figyelhető meg, amelyet cérnával

305 átm.: 1,1 cm, sz.: 0,3 cm, v.: 0,1 cm, ltsz.: 94.2.8. és 94.2.9.
306 átm.: 1,6 cm, sz.: 0,4 cm, ltsz.: 95.23.172.
307 A múzeumba vitt darabjának h.: 9 cm, sz.: 3 cm, ltsz.: 95.23.176.
308 h.: 0,9 és 1 és 1,1 cm, átm.: mindhárómé 0,4 cm, ltsz.: 95.23.173.
309 A felszedhető textildarab h.: 8,5 cm, sz.: 2 cm, ltsz.: 95.23.174.
310 h.: 6,5 cm, sz.: 3 cm, ltsz.: 95.23.175.
311 *Gábor* (1996a) 383., 393–394., 2. kép 2a–b., 3. kép 2a–b.
312 h.: 8,5 cm, sz.: 1,5 cm, ltsz.: 95.23.177.
313 Kertész Éva meghatározása.

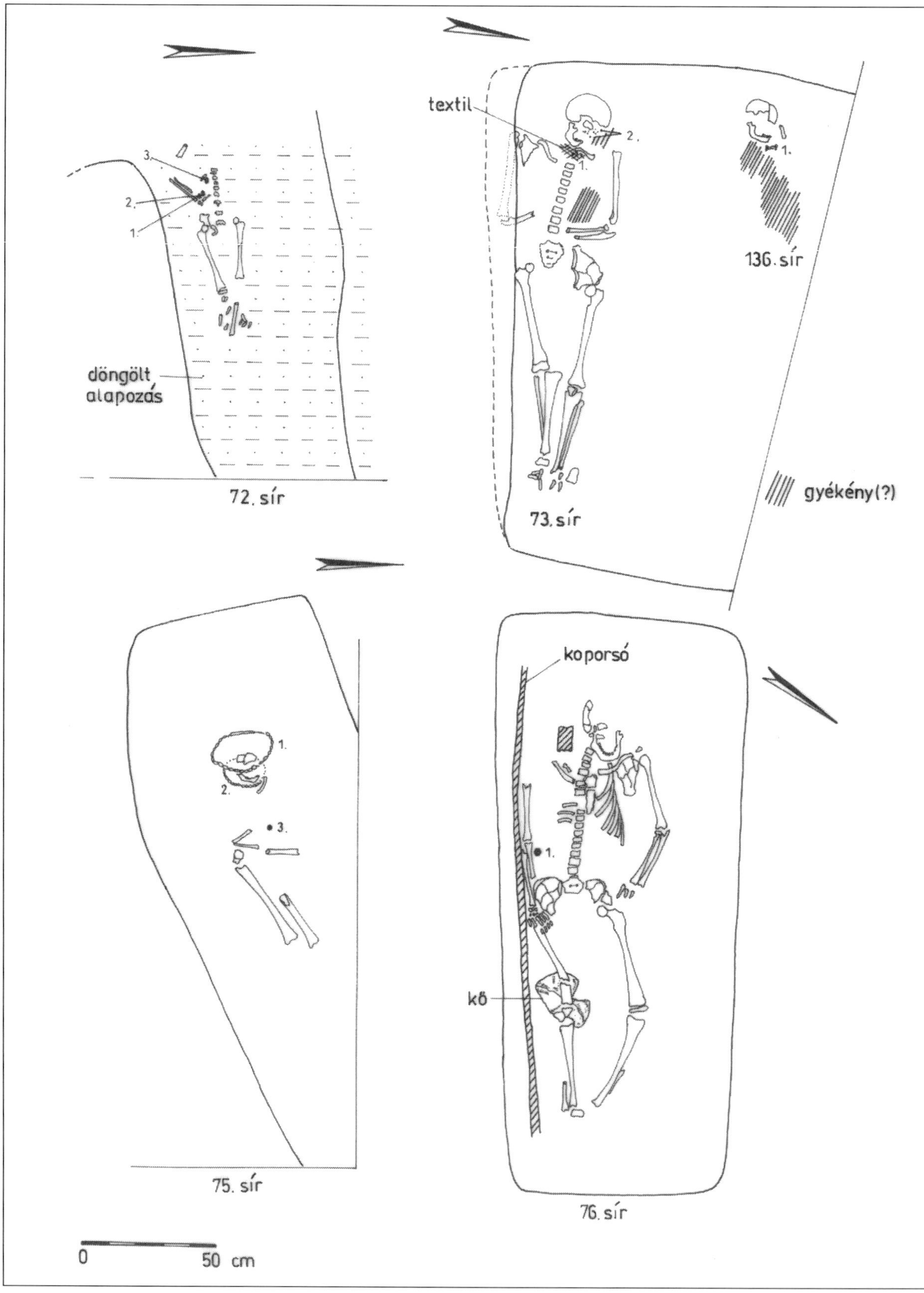

21. ábra: A 72–73., 75–76., 136. sír rajza

fogtak össze. A párta átmérőjét előkerülési állapotában 16, illetve 21 cm-nek mértük (a csontváz tengelyében volt 16 cm). Kerületének teljes hossza az említett hurkolás nélkül 68 cm, de ez hurkolás után 59 cm lett. Szélessége mindenütt 3 cm lehetett[314] *(13. tábla 1.)*. A párta eredetileg felnőtté, bizonyára a gyermek anyjáé volt, s a kislány halálakor a gyermeket az anya pártájában temették el. Ezért kellett a pártát a gyerek fején hátul meghurkolva szűkebbre venni. A Békés megyei szalagpárták csoportjába tartozik.[315] 2. *Ingnyakszegély* a nyakban. Vastag, vörös színű lenfonalból horgolt, V-alakban elrendezett négy pálcasorból áll. A pálcasorok között vékonyabb, ezüstlemezzel körbetekert fonalból horgolt hurkok sormintája helyezkedik el[316] *(13. tábla 2.)*. A ruhakivágást körbefogó horgolt szegély a bal kulcscsont szegycsont felőli végénél szakadt el. Teljes hossza adja az ingnyak kivágásának kerületét. 3. II. Ulászló király (1490–1516) 1500–1502 között vert kopott *ezüstdénára* a has magasságában, a gerincoszlop helyén[317] *(14. tábla 1.)*.

76. sír. T: DNy 53', M: -83 cm, (95 cm), 5. szelvény *(21. ábra)*. Koponyája szétporladt, a bordák egy része és a lábujjcsontok hiányoznak. A kezek a két combnyakon. Sírfoltja jól látszott. A csontvázat az itt lévő Árpád-kori gödörbe ásták bele, a csontváz fölött – valószínűleg az eredetileg is a gödör anyagához tartozó – *tégladarabok* voltak. A sír ugyanakkor a 60. és 61. sír alatt került elő. Betöltésében, a 61. sír alatt találtunk egy Árpád-kori *bográcsperem-töredéket*, amely eredetileg minden valószínűség szerint szintén a korai gödör anyagához tartozott[318] *(12. tábla 20.)*, de ugyanitt került elő még három T-fejű vagy kissé kúpos fejű, szögletes szárú *vasszeg*[319] *(14. tábla 12–14.)*, valamint három darab, barna, illetve szürke színű, kormos és fényezett felületű, késő középkori fazekakból származó *oldaltöredék*[320] is. A csontváz jobb térde alatt az alapozási árkokban lévőkhöz hasonló *követ* találtunk. A váz jobb oldalánál *koporsódeszkát*, a csontok alatt pedig gyékényszerű *szerves anyagot* figyeltünk meg. Melléklet: 1. I. Mátyás király (1458–1490) 1471–1481 között vert *ezüstdénára* a jobb könyök belső oldalán[321] *(14. tábla 2.)*.

77. sír. T: ÉNy 47', M: -120 cm, (75 cm), 7. szelvény *(22. ábra, 28. tábla 1–2.)*. Gyermek. Koponyája, lábszárai szétporladtak. A felkarcsontok hiányoznak. Két karja a hason keresztben. Sírgödrét ráásták a II. számú osszáriumra. A csontok alatt gyékényszerű *szerves anyagot* találtunk, a csontváz két oldalán és a koponyánál pedig koporsó nyomait figyeltük meg, sőt a csontok és a szerves maradványok alatt más jellegű *famaradványoknak* a helyei is jól látszottak. A combcsontok középvonalában, a sírgödör szélétől a csontváz jobb oldalán 26 cm, bal oldalán pedig 20 cm távolságra ugyanis egy-egy 3 cm széles és 8 cm hosszú, téglalap alakú faláb nyoma bontakozott ki. Mindegyik 7 cm mélyen nyomódott a sír aljába. A lábakat 2,5 cm vastag léc kötötte össze a csontok alatt, közvetlenül a sír fenekén. Ilyen keresztirányú léc lenyomatát lehetett látni a térdek alatt is. A keresztlécek 4,5 cm mélyen nyomódtak a sír aljába. Ez alapján a temetkezési szokásokra vonatkozó megjegyzéseket is tehetünk. A halottat ugyanis ebben az esetben a keresztlécekből szerkesztett, és lábakkal is ellátott keretből, illetve az erre terített gyékényből kialakított Szent Mihály lovára fektették. Valószínűleg deszkákból összeállított ládával, koporsóval is leborították, de erre utaló nyomokat ebben a sírban nem találtunk. A jelek szerint viszont a temetéskor az egész szerkezetet a sírgödörbe engedték, s ott is hagyták.

78. sír. T: ÉNy 42', M: -146 cm, (100 cm), 7. szelvény *(22. ábra, 28. tábla 3.)*. Későbbi a 64. sírnál, melynek gödrét ez a sír vágta. A szabályos szélű, laza betöltésű, szögletes sírgödör földjében összedobált koponyákon, egyéb embercsontokon, deszkadarabokon kívül két szögletes szárú, ép *vasszeget* – az egyik T-fejű, a má-

---

314 A múzeumba került részének h.: 68 cm, sz.: 0,4–3 cm, ltsz.: 95.23.178.

315 *Gábor* (1996a) 387., 399–400., 8. kép 3–4., 9. kép 1.

316 h.: 43 cm, sz.: 1 cm, ltsz.: 95.23.179.

317 átm.: 1,5 cm, Mzz.: K–h, ltsz.: 95.23.180., CNH II. 272/C., *Huszár* (1979) No. 809. – Nagy Ádám meghatározása.

318 ltsz.: 95.23.163.

319 h.: 5 és 6,8 és 7,3 cm, sz.: 1,4 és 1,4 és 1,6 cm, ltsz.: 95.23.182.

320 ltsz.: 95.23.183.

321 átm.: 1,6 cm, Mzz.: K–G, ltsz.: 95.23.181., CNH II. 234., *Huszár* (1979) No. 718.

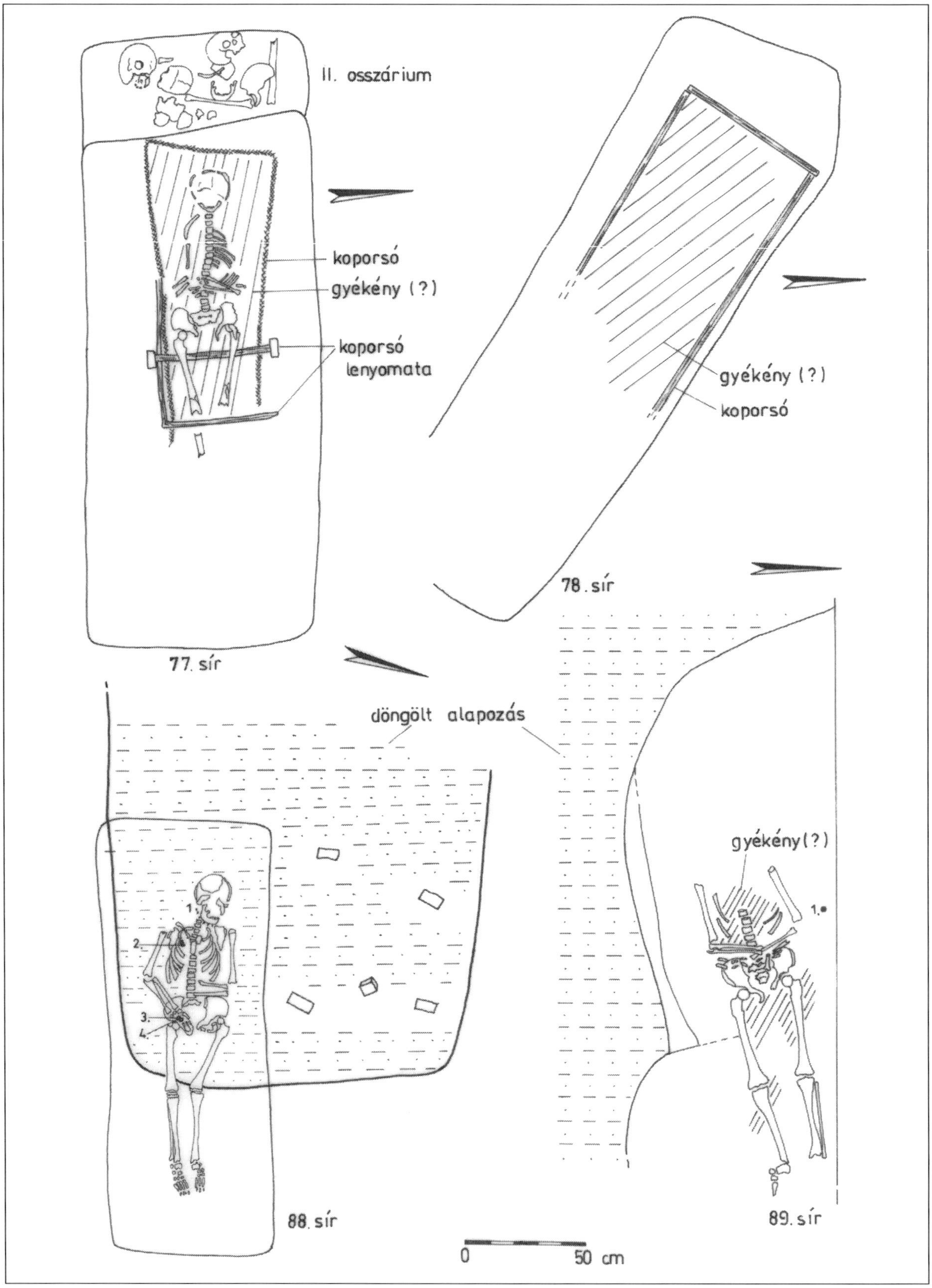

22. ábra: A 77–78., 88–89. sír rajza

sik kúpos[322] – *(14. tábla 15–16.)*, négy darab, barna, homokkal soványított, díszítetlen, kormos, Árpád-kori fazékból származó *oldaltöredéket*[323] és egy sötétszürke, kormos, szemcsés felületű, késő középkori *fedő* palástjának a töredékét[324] találtuk. A sírgödör alján mindössze növényi eredetű és a csontvázból származó, teljesen szétporladt maradványokat lehetett már csak megfigyelni. A csontváznak például egyetlen részét sem tudtuk azonosítani, viszont a csontváz alatt a gyékényszerű *szerves anyag* sok helyen egyértelműen megállapítható volt. A sírgödör alján kitűnően meglátszott a *koporsó* szerkezete is, minthogy a sírgödör alján száradás után kirajzolódtak a koporsó függőleges oldaldeszkáinak lenyomatai. Még az oldaldeszkák és a koporsó végén elhelyezett deszka elcsúszása is kivehető volt. A halottat a jelek szerint ebben a sírban gyékényre fektették, s deszkákból összeállított ládával borították le. Mivel a deszkák élének lenyomata jól meglátszott a sír fenekén, a láda méreteit is meg lehetett állapítani. A deszkák vastagsága 3 cm volt. A koporsó szélességét a fejnél 64 cm-nek, a deréktájon pedig már csak 57 cm-nek mértük, vagyis a koporsó a láb felé fokozatosan szűkült. A 77. sírnál hasonló eljárással találkoztunk, de ott a Szent Mihály lova is a sírba került. A 78. sírnál ez nem valószínű, hiszen a koporsó oldaldeszkáinak lenyomatai a sír fenekén arra utalnak, hogy a gyékény alatt itt sem keresztlécek, sem lábak nem lehettek.

79/a. sír. T: –, M: -75 cm, (25 cm), 9. szelvény. Valószínűleg egy csontvázhoz tartoztak azok az összedobált csontok, amelyek itt kerültek elő. A sírgödör azonos a 79/b. sírral, de ezek a csontok a másik sírhoz tartozó csontváz fölött kerültek elő. A sírgödör azonos a korábbi 86. és 87. sír gödrével is. Talán későbbi viszont a 71. sírnál, de biztosan későbbi a 86–87. sírnál. Bizonyára ehhez a sírhoz köthetők azok a szórványként előkerült késő középkori leletek, amelyek a sírgödör betöltésének fölső rétegéből kerültek elő. Az egyik egy barna színű *zsinórozás* töredéke, amelyet öt szál cérnából készítettek úgy, hogy ezek kötegét egy náluk sötétebb színű hatodik szállal is körbecsavarták. Az öt cérna mindegyikét két-két szálból sodorták.[325] A másik szórványként előkerült lelet egy kékesszürke színű, üvegpasztából készült, nyomott gömb alakú *gyöngyszem*[326] *(14. tábla 5.)*.

79/b. sír. T: ÉNy 40', M: -80 cm, (30 cm), 9. szelvény. Csak a derékcsigolyák, a medence és a jobb combcsont maradt meg. Sírfoltja azonos a 79/a. síréval, az alatt feküdt. A sírgödör azonos a korábbi 86. és 87. sír gödrével is. Talán későbbi a 71. sírnál. Biztosan későbbi viszont a 86–87. sírnál. A *koporsó* nyoma a bal láb helye mellett látszott.

80. sír. T: ÉNy 47', M: -60 cm, (23 cm), 10. szelvény. Gyermek. Csak koponyája és bal alkarcsontjai maradtak meg. Sírfoltja nem látszott. Melléklet: 1. *Párta* a koponya homlokrészén. Növényi szárból – valószínűleg a ligeti szőlő (vitis silvestris) vesszőjéből[327] – készült koszorújára négyesfonatból álló szalagot erősítettek. A szalagban lévő S-sodratú cérnát előbb szintén S-irányban bronzlemezzel tekerték körül, majd ebből az alapszálból kettőt Z-irányban ismét összesodortak, s az így kapott sodort szálakból készítették el a négyesfonatot. A pártának csak kicsiny darabját lehetett megmenteni.[328] A párta a Békés megyei szalagpárták csoportjába sorolható.[329]

81. sír. T: ÉNy 43', M: -60 cm, (30 cm), 10. szelvény. A koponyát elszántották, a bolygatott vázból a mellkas csontjai, a bal felkarcsont, egy combcsont és az egyik medencelapát maradt meg. A sírt a döngölt alapozásba ásták, a csontok alatt is döngölést találtunk. A sír betöltéséből két lapos, kúpos fejű, szögletes szárú *vasszeg* került elő[330] *(14. tábla 18–19.)*.

---

322 h.: 6,2 és 7,2 cm, sz.: 1,5 és 1,7 cm, ltsz.: 95.23.184.
323 ltsz.: 95.23.185.
324 ltsz.: 95.23.186.
325 A megmaradt textiltöredék h.: 18 cm, sz.: 0,2 cm, ltsz.: 95.23.187.
326 h.: 0,9 cm, átm.: 1,2 cm, ltsz.: 95.23.188.
327 Kertész Éva meghatározása.
328 h.: 5 cm, sz.: 1,2 cm, ltsz.: 95.23.189.
329 *Gábor* (1996a) 387.
330 h.: 5,2 és 8,8 cm, sz.: 1,5 és 1,7 cm, ltsz.: 95.23.190.

82. sír. T: kb. ÉNy 41', M: -60 cm, (30 cm), 10. szelvény. A csontvázból csak néhány csontszilánk, a sír alján pedig gyékényszerű *szerves anyag*, mellette pedig *koporsó* nyoma maradt meg. A sírt a döngölt alapozásba ásták, a maradványok alatt is döngölt földet találtunk.

83. sír. T: DNy 52,5', M: -57 cm, (35 cm), 10. szelvény. A szántás megbolygatta. A jobb karja, a bordák egy része és térdtől lefelé a lábcsontok hiányoznak. Bal alkarját a hason keresztben helyezték el. Sírfoltja nem látszott, de részben kétségtelenül a döngölt alapozás földjébe ásták.

84. sír. T: DNy 52', M: -57 cm, (35 cm), 10. szelvény. Eke által bolygatott. Koponyája, bal karja, a csigolyák, a bordák egy része és a lábcsontok hiányoztak. Jobb karját a hasra hajlították. Sírfoltja nem látszott. A csontok alatt és fölött gyékényszerű *szerves anyagot* találtunk.

85. sír. T: DNy 49', M: -67 cm, (45 cm), 10. szelvény. Koponyája, karjai és jobb oldalon a bordái hiányoznak. Sírfoltja jól látszott.

86. sír. T: ÉNy 40', M: -149 cm, (99 cm), 9. szelvény. Koponyája a szelvény nyugati fala alá esett. Csak néhány bordája, két combcsontja és a bal lábszár töredéke maradt meg. Sírfoltja azonos a 79/a., 79/b. és 87. síréval. Korábbi a 79/a–b sírnál, viszont talán későbbi a 71. sírnál. A 87. sír fölött volt, annál biztosan későbbi. Melléklet: 1. I. Mátyás király (1458–1490) *ezüstdénára* a bal váll helyén. Madonnás típusú, de 1471 utáni[331] *(14. tábla 3.)*.

87. sír. T: ÉNy 40', M: -158 cm, (108 cm), 9. szelvény. Csak a két lábszárcsont maradt meg, a többi csont elporladt. Sírgödre azonos volt a 79/a, 79/b. és 86. síréval, de mivel ezek alatt került elő, mindháromnál korábbi. Későbbi viszont valószínűleg a 71. sírnál. A csontok alatt gyékényszerű *szerves anyagot* találtunk,[332] melynek fajmeghatározása keskenylevelű gyékény (Typha angustifolia L.) maradványait mutatta ki.[333]

88. sír. T: DNy 50,5', M: -83 cm, (61 cm), 10. szelvény *(22. ábra)*. Koponyája balra dőlt, bal karját a hason keresztbe, jobb kezét pedig a jobb combnyakra fektették. Sírgödrének több mint a felét a döngölt alapozásba ásták, az alapozás keleti széle a térdek alatt húzódott. A sírgödröt közvetlenül a fal mellé áshatták, hiszen a fal nyilvánvalóan keskenyebb volt az alapozásnál. Betöltéséből való két szögletes szárú *vasszeg*. Az egyik széles T-fejű, a másiknak csak a hegye maradt meg[334] *(14. tábla 20–21.)*. Melléklet: 1. *Gyöngyök* a nyakban. A barnás színű, üvegpasztából készült gyöngyszemek szabálytalan alakúak, átlagos átmérőjük 0,3–0,4 cm. Összesen 448 darabot találtunk[335] *(19. tábla)*. 2. Kisméretű, ép, bronz *fülesgomb* a jobb lapocka belső oldalán. Ezüstözött, a felső harmadán pedig aranyozott, két félgömbből forrasztott[336] *(20. tábla 17.)*. 3–4. A jobb kéz gyűrűs ujján két *bronzgyűrű*. Az egyik bordával díszített pántgyűrű[337] *(20. tábla 8.)*, a másik elkeskenyedő, egymásra hajlított végű, nyitott huzalgyűrű[338] *(20. tábla 9.)*.

89. sír. T: DNy 50', M: -73 cm, (60 cm), 10. szelvény *(22. ábra)*. Koponyája, a szegycsont és attól fölfelé a vázcsontok hiányoznak. Két karja a hason, egymáson keresztbe fektetve. A bal láb kissé, a jobb erősen megsüllyedt. Sírfoltjának csak egy rövidebb szakasza látszott a csontváz jobb oldalán. A sírgödör közvetlenül a déli hajófal belső oldalánál lehetett. A sír betöltéséből ezüstből öntött, áttört, indás, makkot mintázó *ruhakapocspár* került elő szórványként[339] *(20. tábla 18.)*. A csontok alatt gyékényszerű *szerves anyagot* találtunk. Melléklet:

---

[331] átm.: 1,5 cm, Mzz.: ?–P, ltsz.: 95.23.191. – Nagy Ádám meghatározása.

[332] ltsz.: 95.23.192.

[333] Babos Károly meghatározása.

[334] h.: 3,7 és 7,5 cm, sz.: 0,4–2,3 cm, ltsz.: 95.23.193.

[335] ltsz.: 94.2.2.

[336] h.: 0,9 cm, átm.: 0,5 cm, ltsz.: 94.2.18.

[337] átm.: 1,8 cm, sz.: 0,3 cm, v.: 0,1 cm, ltsz.: 94.2.10.

[338] átm.: 1,8 cm, v.: 0,1 cm, ltsz.: 94.2.11. A sír feltárása során 5. sz. mellékletként szedtük fel azokat a bronzgomb mellett előkerült, ismeretlen eredetű és anyagú, apró morzsalékdarabokat, amelyekről a természettudományi, illetve kórházi laboratóriumi vizsgálatok után kiderült, hogy a morzsalék egyszerűen a talaj speciális, szilikátos összetételéből ered.

[339] h.: 1 és 1,3 cm, sz.: 0,9 és 1 cm, ltsz.: 94.2.19.

1. I. Mátyás király (1458–1490) *ezüstdénára* a bal könyök külső oldalánál. Valószínűleg Madonnás típus, tehát 1467 utáni[340] *(14. tábla 4.).*

90. sír. T: DNy 51', M: -80 cm, (70 cm), 10. szelvény. Gyermek. A jobb kar csontjai, a medence és a lábfejcsontok hiányoznak. A felsőtest bolygatott. Sírgödre délnyugati sarkát a 163. sír gödrével elásták, annál tehát korábbi.

91. sír. T: DNy 56', M: -115 cm, (55 cm), 8. szelvény *(23. ábra).* Deréktól lefelé a szelvény északi fala alatt. A koponya jobbra fordult, jobb karját a hason keresztbe helyezték. A sírgödörnek csak a déli sarka esett a szelvénybe. Melléklet: 1. Kicsi, sárgásbarna színű, üvegpasztából készített *gyöngyszemek* – összesen hat darab – a koponya két oldalán[341] *(14. tábla 6.).* Talán pártához tartozhattak. Gábor Gabriella a Békés megyei gyöngyös párták csoportjába sorolta őket.[342] 2. *Ingnyakdísz* a nyakban: ezüsthuzallal körbecsavart selyemfonal kettős szálából, horgolással készült szalag, egyik vége félkörben záródik[343] *(14. tábla 17.).*

92. sír. T: DNy 53', M: -138 cm, (63 cm). Jórészt a 8. és 13. szelvény közti tanúfalban került elő *(23. ábra).* Gyermek. Térdtől lefelé a láb csontjai hiányoznak. Két karja a test mellett, könyökben kissé behajlítva. Sírgödre közös volt a 176. síréval. A 176. sír csontvázának bal felkarcsontján feküdt. Lehetséges, hogy egyszerre temették el őket. Későbbi viszont a 93. sírnál. Melléklet: 1. Lapított bronzhuzalból hajlított *párizsikapocsból* való töredék a bal kulcscsont mellett, a fölső bordák között[344] *(14. tábla 7.).*

93. sír. T: DNy 54', M: -118 cm, (40 cm), 8. és 13. szelvény *(23. ábra).* Koponyája összetört, jobb lábfeje és bal lába térdtől lefelé a 13. szelvény északi fala alatt. Két karja a mellkasra hajlítva. Sírfoltja déli oldalát a 92. sír gödrével elásták, ennél tehát a sír korábbi. Betöltésében három darab kampós végű, szögletes szárú *vasszeget* találtunk, amelyeken famaradványok látszanak[345] *(14. tábla 23–25.).*

94. sír. T: DNy 48,5', M: -70 cm, (40 cm), 6. szelvény. Csak felsőtestének jobb oldala nyúlik a szelvény területére. Többi része a szelvény északi fala alatt folytatódik. Koponyája összetört, sírgödre látszott. Korábbi az 56. sírnál. Melléklet: 1. Spirálisan csavart, vékony, bronz huzaldarabok a koponyacsontok között[346] *(14. tábla 8.).* Bizonyára *párta* részét képezhették. A leleteket Gábor Gabriella a Békés megyei spiráldíszes párták csoportjába sorolta.[347]

95. sír. T: DNy 49', M: -35 cm, (50 cm), 5. szelvény. Koponyája, bordái szétporladtak. A szelvénybe csak néhány csigolya, a jobb oldali karcsont, medencelapát, illetve combcsont esett. A sír többi része a szelvény északi fala alatt folytatódott. Közvetlenül a 96. sír fölött volt, annál tehát későbbi.

96. sír. T: DNy 51,5', M: -50 cm, (65 cm), 1. és 5. szelvény *(23. ábra).* Koponyája és bordái szétporladtak. A bal láb csontjai és a sírgödör északkeleti vége az 5. szelvény északi fala alá esett. Jobb karja a test mellett nyújtva. Közvetlenül a 95. sír alatt helyezkedett el, sírgödre látszott. A sír betöltésében két szögletes szárú *vasszeget* találtunk, melyek közül az egyik T-fejű, a másik pedig szögletesen kiszélesedő, lapos fejű[348] *(14. tábla 26–27.).* Melléklet: 1. Bronzhuzalból hajlított, lapított *párizsikapocs pár* kampós fele a jobb könyök belső oldalán[349] *(14. tábla 9.).*

97. sír. T: DNy 56', M: -162 cm, (102 cm), 8. szelvény. Csak koponyája és a jobb karja esik a szelvénybe. Bordái és a csigolyák hiányoznak, talán a 98. sír ásásakor dobták ki valamennyit. Jobb keze a hason lehetett.

---

340 átm.: 1,5 cm, ltsz.: 95.23.194. – Nagy Ádám meghatározása.
341 átm.: 0,3 cm, ltsz.: 95.23.195.
342 *Gábor* (1996a) 383.
343 h.: 7 cm, sz.: 1,2 cm, ltsz.: 95.23.196.
344 h.: 1 cm, sz.: 0,7 cm, ltsz.: 95.23.197.
345 h.: 2,3–3 cm, sz.: 0,3–0,7 cm, ltsz.: 95.23.198.
346 h.: 0,6–1,1 cm, átm.: 0,3 cm, ltsz.: 95.23.199.
347 *Gábor* (1996a) 384.
348 h.: 9 és 9 cm, sz.: 1,6 és 1,6 cm, ltsz.: 95.23.201.
349 h.: 2,4 cm, sz.: 1 cm, ltsz.: 95.23.200.

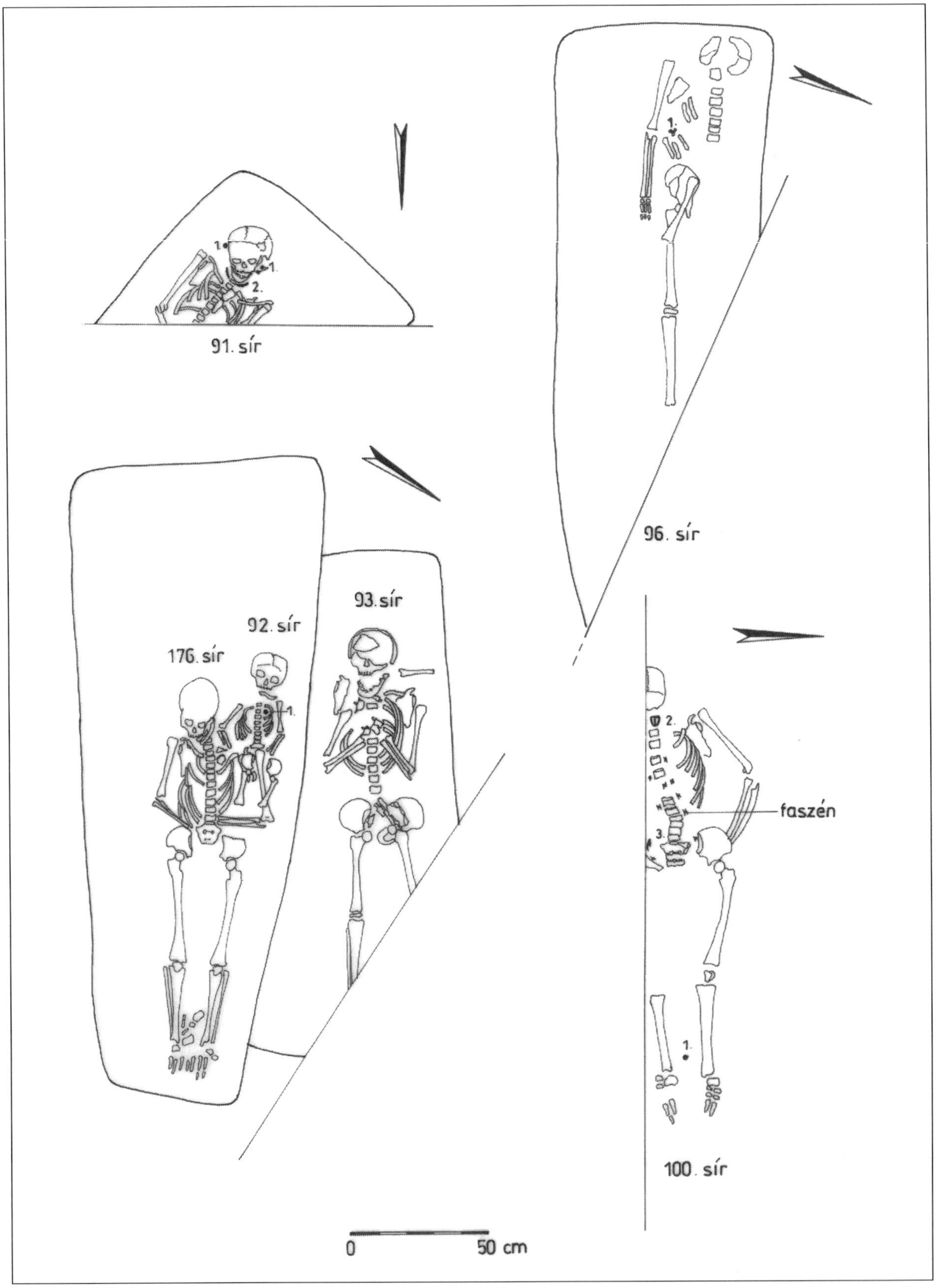

23. ábra: A 91–93., 96, 100., 176. sír rajza

A sírgödör és a váz nagy része a szelvény északi fala alatt folytatódott. Sírgödre azonos volt a 91. síréval, de az alatt került elő. A 98. sír csontvázával viszont azonos mélységben s a jelek szerint közös sírgödörben volt.

98. sír. T: kb. DNy 56', M: -162 cm, (102 cm), 8. szelvény. Csak koponyája esik a szelvénybe. A csontváz többi része a szelvény északi fala alatt folytatódhat. Koponyája jobb oldalra billent. Azonos sírgödörben volt a 91. és a 97. sír csontvázával.

99. sír. T: DNy 49', M: -108 cm, (43 cm), 9. szelvény. Koponyája összetört, a lábujjcsontok hiányoznak. Két karja a test mellett nyújtva, a kezek a combnyakon. Sírfoltja nem látszott. A csontok alatt barna színű, szerves anyagnak tűnő, vékony réteget, feltehetőleg *koporsódeszka* nyomát lehetett megfigyelni.

100. sír. T: DNy 49', M: -139 cm, (31 cm), 1. árok *(23. ábra)*. A koponya és a csontváz jobb oldala az árok déli fala alá esett. Bal karja könyökben kissé behajlítva, a bal kézfej pedig a bal medencelapát alatt került elő. Sírfoltja nem látszott. Helyzete alapján vélhetően későbbi a 101–104, 139. sírnál. A gerincoszlop körül és a medencelapát alatt, a sír alján *faszéndarabkákat* találtunk.[350] Ezekről a fajmeghatározás megállapította, hogy kocsánytalan tölgy (Quercus petraea/Matt./Lieblein.) maradványai voltak.[351] Melléklet: 1. 12. századi, töredezett, kopott *ezüstdénár* a lábszárcsontok boka felőli vége között.[352] 2. *Vascsat* egyszerű vaspecekkel az áll alatt. Karikája a pecek hegye felé háromszög alakban összeszűkül, de itt sem hegyes, hanem lekerekített[353] *(20. tábla 24.)*. 3. Lapos, kúpos fejű *vasszög* a medenceüreg jobb oldalán[354] *(14. tábla 22.)*.

101. sír. T: DNy 51', M: -137 cm, (30 cm), 1. árok. Csak a lábszárcsontok és a jobb lábfej csontjai maradtak meg. Bal lába az árok északi fala alatt. Sírfoltja nem látszott. Helyzete alapján vélhetően későbbi a 104. és 139. sírnál, de korábbi a 100, 102–103. sírnál. A 100. sírban előkerült 12. századi érem miatt tehát valószínűleg ez a sír is Árpád-kori.

102. sír. T: ÉNy 47', M: -137 cm, (30 cm), 1. árok. Csak a jobb lábfejcsontok és a jobb szárkapocscsont maradt meg. A többi csontot a 103. sír ásásakor dobhatták ki. Sírfoltja nem látszott. A csontok alatt *faszéndarabkákat* találtunk. Helyzete alapján későbbi lehet a 101, 104. és 139. sírnál, de korábbi a 100. és 103. sírnál. A 100. sírban előkerült 12. századi érem miatt valószínűleg ez a sír is Árpád-kori.

103. sír. T: ÉNy 46', M: -137 cm, (29 cm), 1. árok. Csak két lába maradt meg, térdtől lefelé. Sírfoltja nem látszott. Helyzete alapján vélhetően későbbi a 101–102, 104. és 139. sírnál, de korábbi a 100. sírnál. A 100. sírban előkerült 12. századi érem miatt tehát ez a sír is Árpád-kori.

104. sír. T: DNy 50', M: -156 cm, (46 cm), 1. árok. Csak a jobb lábszár csontjai maradtak meg. Sírfoltja nem látszott. Helyzete alapján későbbi lehet a 139. sírnál, de korábbi a 100–103. sírnál. A 100. sírban előkerült 12. századi érem miatt valószínűleg ez a sír is Árpád-kori.

105. sír. T: DNy 57', M: -146 cm, (56 cm), 9. szelvény. Könyöktől fölfelé a csontváz a szelvény délnyugati sarka alatt fekszik. Két keze a medencén. A váz jobb oldalán, a sírgödör szélén, valamint a bal combcsont alatt *koporsó* maradványa került elő.

106. sír. T: DNy 55', M: -55 cm, (33 cm), 11. szelvény. Csak a jobb oldali medencelapát és combcsont maradt meg. Sírfoltja nem látszott. Korábbi a 107. sírnál.

107. sír. T: DNy 51', M: -57 cm, (35 cm), 11. szelvény *(24. ábra)*. Koponyája, két karja (kivéve a bal felkarcsontot) és medencétől lefelé a vázcsontok hiányoznak. Későbbi a 106. sírnál, korábbi viszont a 108. sírnál. Sírfoltja nem látszott, de a csontok fölött, biztosan a sír betöltéséből került elő egy ezüstszálas selyemfonalból hármas fonással készített *zsinórdísz* darabja.[355] A csontok alatt gyékényszerű *szerves anyag* maradványait fi-

350 ltsz.: 95.23.204.
351 Babos Károly meghatározása.
352 átm.: 0,8 cm, ltsz.: 95.23.202., *Huszár* (1979) No. 133.
353 h.: 4,1 cm, sz.: 3,6 cm, ltsz.: 94.2.22.
354 h.: 3,1 cm, sz.: 1,8 cm, ltsz.: 95.23.203.
355 h.: 2,2 cm, sz.: 0,4 cm, ltsz.: 95.23.206.

gyeltünk meg. Melléklet: 1. Lapított bronzhuzalból hajlított, töredékes *párizsikapocs pár* a felsőtest bal oldalán, az alsó bordák végénél[356] *(14. tábla 10.)*.

108. sír. T: DNy 53,5', M: -60 cm, (38 cm), 11. szelvény. Gyermek. Bolygatott. Csak a bal lapocka és felkarcsont, valamint a felsőtest csontjai maradtak meg. Sírfoltja nem látszott. Későbbi a 107. sírnál.

109. sír. T: DNy 49', M: -68 cm, (53 cm), 11. szelvény. Csak az egyik lábszár maradt meg a lábfej- és lábujjcsontokkal. Sírfoltja nem látszott.

110. sír. T: DNy 51', M: -62 cm, (50 cm), 11. szelvény. Koponyája, jobb karja és a lábujjak hiányoznak. Bal karját a hason keresztbe fektették. Sírfoltja nem látszott. Valószínűleg korábbi a 111. sírnál.

111. sír. T: DNy 51', M: -50 cm, (40 cm), 11. szelvény *(24. ábra)*. A lábfejcsontok hiányoznak. Jobb keze a bal medencelapáton, a bal a hason keresztben. Sírfoltja nem látszott. A csontok alatt gyékényszerű *szerves anyag* maradványait találtuk meg. Melléklet: 1. Barna színű, hordó alakú, csontból esztergált *gyöngyszem* a jobb kulcscsont és a lapocka között[357] *(14. tábla 11.)*.

112. sír. T: DNy 50', M: -48 cm, (43 cm), 11. szelvény. Csontjai nagyrészt szétporladtak. A koponya kissé jobbra fordult. Jobb karját a test mellett kinyújtották. Sírfoltja nem látszott. A csontok alatt gyékényszerű *szerves anyag* került elő.

113. sír. T: DNy 50', M: -67 cm, (42 cm), 11. szelvény. A csontváz deréktól felfelé a szelvény déli fala alá esett. Bal karja a hason keresztben feküdt. Sírfoltja nem látszott. A bal combcsont alatt *koporsó* maradványát figyeltük meg.

114. sír. T: kb. DNy 52', M: -68 cm, (51 cm), 11. szelvény. Csak a jobb alkarcsontok és a jobb medencelapát maradt meg. Sírfoltja nem látszott. A sírt a 117. sírral elvágták. Melléklet: 1. Belülről domborított díszítésű bronz *fülesgomb* fölső fele a karcsonton. A fülesgombot a hasvonalán pontozott félkörökben elhelyezve egy-egy pont díszíti, s ugyanitt ferde bordák futnak körbe. Tetejét is egy hatszög közepén megformázott virágminta díszíti[358] *(15. tábla 1.)*. Típusa azonos a 3. sírban előkerült fülesgombok típusával.

115. sír. T: DNy 51', M: -78 cm, (61 cm), 11. szelvény. A bal felkarcsont hiányzik. Koponyája balra fordult, bal keze a medenceüregben, a jobb karja a hason keresztben. A sírgödör keleti vége és a két lábfej a szelvény keleti fala alatt folytatódott. A lábszárcsontokon kicsi gyermek csontváza (116. sír) feküdt. Valószínűleg későbbi a 117. sírnál.

116. sír. T: DNy 51', M: -75 cm, (58 cm), 11. szelvény. Gyermek. Koponyája szétporladt, deréktól lefelé a szelvény keleti fala alá esik. A 115. sír csontvázának lábszárain feküdt.

117. sír. T: DNy 52', M: -76 cm, (61 cm), 11. szelvény. Gyermek. Koponyája kissé jobbra fordult, két keze a medencében. Sírfoltja nem látszott. Későbbi a 114. sírnál, s valószínűleg korábbi a 115. sírnál.

118. sír. T: DNy 51', M: -74 cm, (62 cm), 11. szelvény *(24. ábra)*. Gyermek. Koponyája összetört, jobb karja a test mellett kissé behajlítva, bal karja a hason keresztben. Sírfoltja nem látszott. Későbbi a 119. sírnál. Melléklet: 1. Bronzhuzalból hajlított, lapított *párizsikapocs* kampós fele és hurkos párjának fele a koponya alatt[359] *(15. tábla 2.)*.

119. sír. T: DNy 52', M: -74 cm, (62 cm), 11. szelvény *(24. ábra)*. Koponyáját a 118. sír ásásakor kidobták, medencétől lefelé pedig gödör vágta el. Bal karja hiányzik – talán a 132. és/vagy a 120. sír gödrével vágták el –, jobb karja a hason keresztben. Sírfoltja nem látszott. Korábbi a 118. sírnál, s talán a 132. és/vagy a 120. sírnál is.

120. sír. T: DNy 52,5', M: -77 cm, (67 cm), 11. szelvény *(24. ábra)*. Koponyája összetört, jobb alkarcsontja hiányzik, medencétől lefelé pedig gödör vágta el. Koponyája jobb oldalra fordult, bal karja a hason keresztben. Sírfoltja nem látszott. Közvetlenül a 132. sír fölött.

---

[356] h.: 1 és 2,3 cm, sz.: 0,5 és 0,6 cm, ltsz.: 95.23.205.

[357] h.: 0,4 cm, átm.: 0,6 cm, ltsz.: 95.23.207.

[358] h.: 1,1 cm, átm.: 1 cm, ltsz.: 95.23.208.

[359] h.: 0,7 és 1,6 cm, sz.: 0,8 és 1,2 cm, ltsz.: 95.23.209.

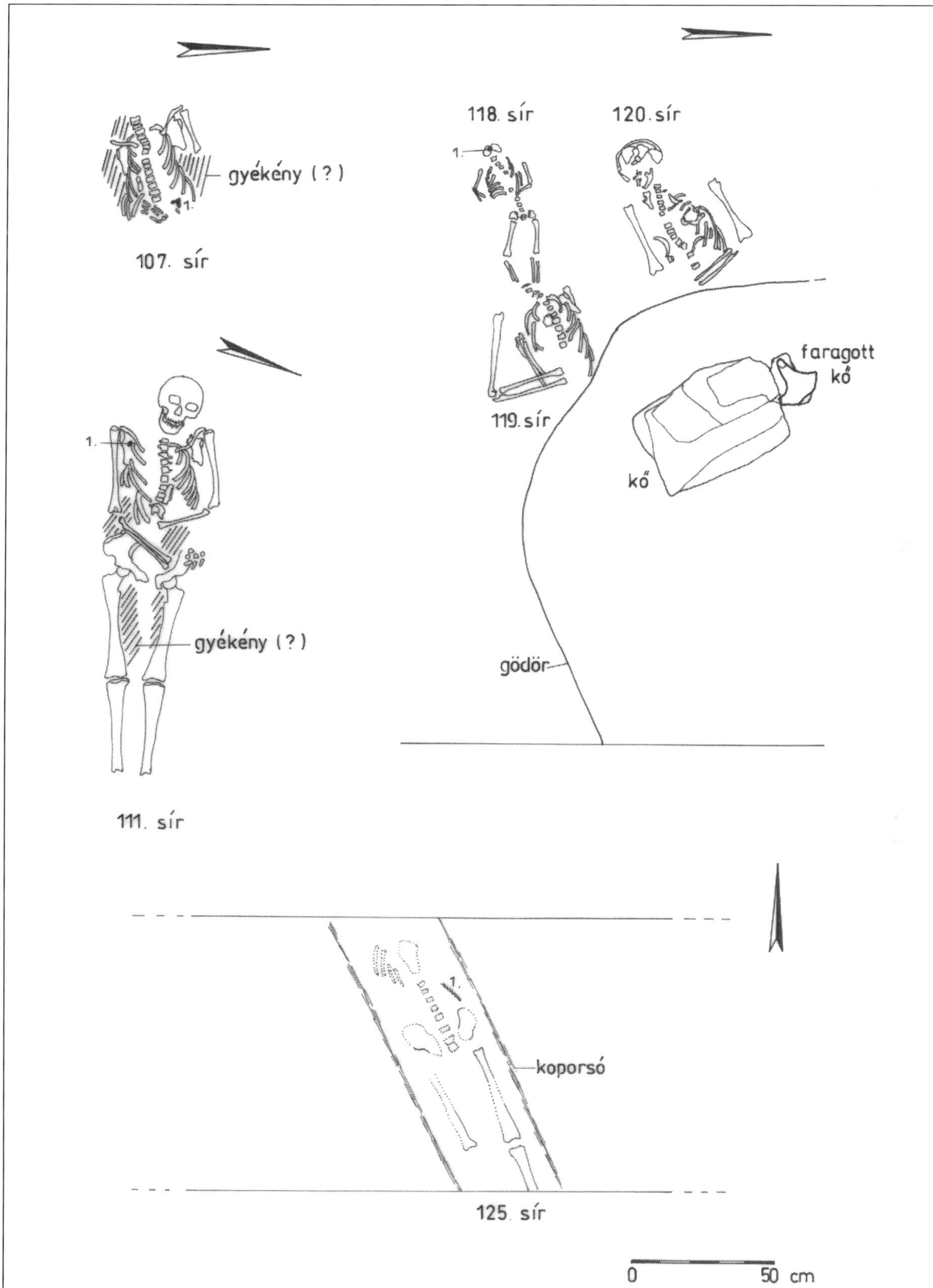

24. ábra: A 107., 111., 118–120., 125. sír rajza

121. sír. T: DNy 49', M: -95 cm, (70 cm), 10. szelvény. Gyermek. Csak a bal karja, medencéje és combcsontja maradt meg. Közös sírgödre volt a 122. sírral. A bal felkarcsont alatt gyékényszerű *szerves anyag* került elő.

122. sír. T: DNy 49,5', M: -95 cm, (70 cm), 10. szelvény. Koponyája, a bal felkarcsontja és térdtől lefelé a lábcsontok hiányoznak. Jobb keze a hason, a bal pedig a medencében került elő. Közös sírgödörben volt a 121. sírral. Térdtől lefelé a 163. sír gödre vágta. A combcsontok alatt és mellett gyékényszerű *szerves anyag* maradványait figyeltük meg.

123. sír. T: DNy 52', M: -107 cm, (98 cm), 10. szelvény. Koponyája, bal karja hiányzik. Csak jobb felkarcsontja, bordái és csigolyái maradtak meg. A sírgödör északkeleti része a szelvény északi fala alatt folytatódott. A sírgödör délnyugati sarkát beleásták a templom döngölt alapozásába, tehát annál a sír későbbi. A sírgödör alján még látszott a döngölt alapozás széle. A sír betöltésében három T-fejű, illetve kúpos fejű, szögletes szárú *vasszeg* került elő[360] *(15. tábla 3–5.)*.

124. sír. T: DNy 53,5', M: -55 cm, (57 cm), 11. szelvény. A szelvénybe csak a koponya és a bal váll esett. Koponyája összetört.

125. sír. T: ÉNy 36,5', M: -326 cm, (111 cm), 1. árok *(24. ábra)*. Csontjai szétporladtak. Koponyája az árok északi, két lába pedig az árok déli fala alá esett. A csontváz két oldalán a *koporsódeszkák* vonala jól látszott.[361] A fajmeghatározás szerint a famaradványok kocsánytalan tölgyből (Quercus petraea) származnak.[362] Melléklet: 1. *Textilmaradványok* a bal oldali bordák helyén. A maradványok egyik fajtája aranyozott ezüstszállal körbecsavart selyemfonalból, horgolással készített zsinór volt, s ez ruhaszegély lehetett.[363] A textilmaradványok másik három darabja két-két szálból sodrott selyemfonalakból álló félbehajtott fonalköteg volt, amelyet aranyozott ezüstszálas selyemfonallal csavartak szorosan körbe. E ruhát díszítő zsinórok közepét három, illetve nyolc fémszálból álló, hármas fonású, turbántekercs formájú dudor díszíti[364] *(15. tábla 6–8.)*.

126. sír. T: DNy 52', M: -111 cm, (86 cm), 10. szelvény. Gyermek. Medencéje és bal alkarcsontja hiányzik. Koponyája összetört, két felkarcsontja eredeti helyéből kimozdult. A sírgödör láb felőli végét a 163. sír beásásával megbolygatták. Együtt temethették el a 127. sírban lévő gyermekkel. A csontok alatt gyékényszerű *szerves anyagot* találtunk.

127. sír. T: DNy 49,5', M: -111 cm, (86 cm), 10. szelvény. Gyermek. Bal oldalon a bordák, az alkarcsont, a medencelapát és a combcsont hiányzik. Koponyája összetört. A sírgödör láb felőli végét a 163. sír beásásával bolygatták meg. A 126. sírban lévő gyermekkel együtt temették el, sírgödrük közös. A csontok alatt itt is gyékényszerű *szerves anyag* került elő.

128. sír. T: DNy 50,5', M: -76 cm, (61 cm), 11. szelvény *(25. ábra)*. A csontváz bal oldalát, illetve középső részét a 129. sz. sírral elásták. Ezért hiányzik a bal karcsont, több bal oldali borda, a csigolyák egy része, a medence és a combcsont. Hiányzik még a jobb alkarcsont és a medencelapát is. Töredékes koponyája bal oldalra billent. Korábbi a 129. sírnál. A csontok alatt gyékényszerű *szerves anyag* maradt meg.

129. sír. T: DNy 49', M: -107 cm, (92 cm), 11. szelvény *(25. ábra)*. Csontjai porlékonyak. Csak a lábcsontok maradtak meg, mert medencétől fölfelé a 163. sír gödrével elásták. Annál tehát korábbi. Későbbi viszont a 128. és 130. sírnál.

130. sír. T: Ny 48', M: -77 cm, (62 cm), 11. szelvény. A csontváz nagy részét a 129. sírral elásták. Csak a bal oldali medencelapát, rajta néhány ujjperc és a bal combcsont maradt meg a térddel együtt. Korábbi a 129. sírnál.

---

360 h.: 2,5 és 4,5 és 6,5 cm, sz.: 1,5 és 1,8 és 1,7 cm, ltsz.: 95.23.210.

361 A koporsóból múzeumba vitt darab h.: 15 cm, sz.: 6 cm, ltsz.: 95.23.213.

362 Babos Károly meghatározása.

363 h.: 6,5 cm, sz.: 0,3 cm, ltsz.: 95.23.211.

364 h.: 4,5 és 5,5 és 6,5 cm, sz.: 0,3–0,6 cm, ltsz.: 95.23.212.

131. sír. T: DNy 53', M: -83 cm, (72 cm), 11. szelvény *(25. ábra)*. Gyermek. Medencétől lefelé egy gödörrel elvágták. Bal alkarja, medencéje és lábai hiányoznak. Töredékes koponyája balra dőlt, jobb karja a hason keresztben. Talán együtt, közös sírgödörbe temették el a 132. sír halottjával.

132. sír. T: DNy 49,5', M: -83 cm, (73 cm), 11. szelvény *(25. ábra)*. Csak medencétől fölfelé maradt meg a csontváz, melyet egy gödörrel elvágtak. Bal alkarja, medencéje és lábai hiányoznak. Összetört koponyája balra dőlt, jobb karja a hason keresztben. Valószínűleg együtt temették el a 131. sírban fekvő gyermekkel. Azonos a sírgödrük is. A csontváz bal oldalán *koporsó* nyoma maradt meg.

133. sír. T: DNy 51', M: -77 cm, (77 cm), 11. szelvény. Csontja igen rossz megtartású. Koponyája töredékes. Csak a combcsontok voltak eredeti helyükön. Térdtől lefelé megbolygatták, a lábak helyén itt három koponyát találtunk. A sírgödör fej felőli vége jól látszott. Egy korábbi sírgödörbe ásták, amelyben a 134–135. sír csontvázai is előkerültek. A csontok alatt gyékényszerű *szerves anyagot* találtunk.

134. sír. T: DNy 51', M: -103 cm, (107 cm), 11. szelvény. Csak a lábak hosszúcsontjai maradtak meg eredeti helyükön. Többi csontja hiányzik. A csontok alatt gyékényszerű *szerves anyag* került elő.

135. sír. T: DNy 52', M: -100 cm, (100 cm), 11. szelvény. Csak térdtől lefelé, a két lábszár csontjai maradtak meg. A csontvázat későbbi beásás bolygatta meg, amelynek földjébe három koponya és néhány hosszúcsont is bele került.

136. sír. T: kb. DNy 49', M -130 cm, (95 cm), 6. szelvény *(21. ábra)*. Csak koponyája maradt meg a 2. és 6. szelvény közötti tanúfalban. A csontváz többi része a 73. sír ásásának eshetett áldozatul, illetve teljesen szétporladt. A szelvény északi fala alatt talán még maradtak meg csontjai. Sírfoltja közös a 73. síréval, annál viszont talán korábbi lehet. A csontok alatt gyékényszerű *szerves anyag* került elő. Melléklet: 1. Öntött bronz, levél alakú, áttört *ruhakapocspár* az állkapocs alatt megfigyelt textildarabok közepén. Kampós fele a teljes korrózió miatt zöld színű, hurkos felének anyaga viszont erős, így sárga színű[365] *(15. tábla 9.)*.

137. sír. T: DNy 50', M: -155 cm, (48 cm), 1. árok *(25. ábra)*. Koponyája, két karja és jobb lábszára hiányzik. Bal lábszára és lábfeje az árok északi fala alatt. Sírfoltja nem látszott. Melléklet: 1. Vékony, T-fejű, szögletes szárú *vasszög* a jobb combcsont mellett, annak külső oldalán, heggyel lefelé[366] *(15. tábla 10.)*.

138. sír. T: Ny 48', M: -185 cm, (52 cm), 1. árok. Az árokba csak a bal lábszárcsont esett. Sírfoltja nem látszott.

139. sír. T: DNy 50', M: -150 cm, (40 cm), 1. árok. Csak a jobb lábfejcsontok és a szárkapocscsont maradt meg. Sírfoltja nem látszott. Helyzete alapján vélhetően korábbi lehet a 100–104. sírnál is, a 100. sírban előkerült 12. századi érem miatt pedig ez a sír bizonyára szintén Árpád-kori.

140. sír. T: DNy 49', M: -272 cm, (42 cm), 1. árok *(25. ábra)*. Gyermek. Két alkarja, medencéje és lábai hiányoznak. Összetört koponyája bal oldalra billent. Sírfoltja nem látszott. Talán korábbi a 142. sírnál. Melléklet: 1. Nyitott, de töredékes végű *bronzkarika* a koponyától 10 cm-re, délnyugati irányban. Készítésmódja megegyezik a hasonló technikájú párizsikapcsokéval: keskeny bronzlemez szélét hosszában visszahajlították, s szögletes metszetűre kalapálták, majd kör alakban meghajlították[367] *(15. tábla 11.)*.

141. sír. T: kb. Ny 48', M: -273 cm, (43 cm), 1. árok. Csak bal karja, a bal medencelapát egy része, valamint bal térde és lábszára esett az árokba. A csontváz többi része az árok déli fala alatt folytatódott. Sírfoltja nem látszott. A 142. sír fölött feküdt, annál tehát későbbi.

142. sír. T: ÉNy 46', M: -279 cm, (59 cm), 1. árok. A bal medencelapát és mindkét lábának csontjai hiányoznak. Koponyája balra dőlt, a váz jobb oldalát a 141. sír ásásakor bolygathatták meg. Sírfoltja nem látszott. Későbbi lehet a 140. sírnál, de korábbi a 141. sírnál.

143. sír. T: DNy 51', M: -113 cm, (108 cm), 11. szelvény *(27. ábra)*. Jobb alkarjának csontjai és a bal oldali bordák hiányoznak. A bal medencelapát eredeti helyéről kimozdult. Koponyája bal oldalra billent, bal kar-

365 h.: 1,8 és 1,3 cm, sz.: 1,2 és 1 cm, ltsz.: 95.23.214.

366 h.: 4,1 cm, fejének sz.: 1,2 cm, ltsz.: 95.23.215.

367 átm.: 1,3 cm, v.: 0,1 cm, ltsz.: 95.23.216.

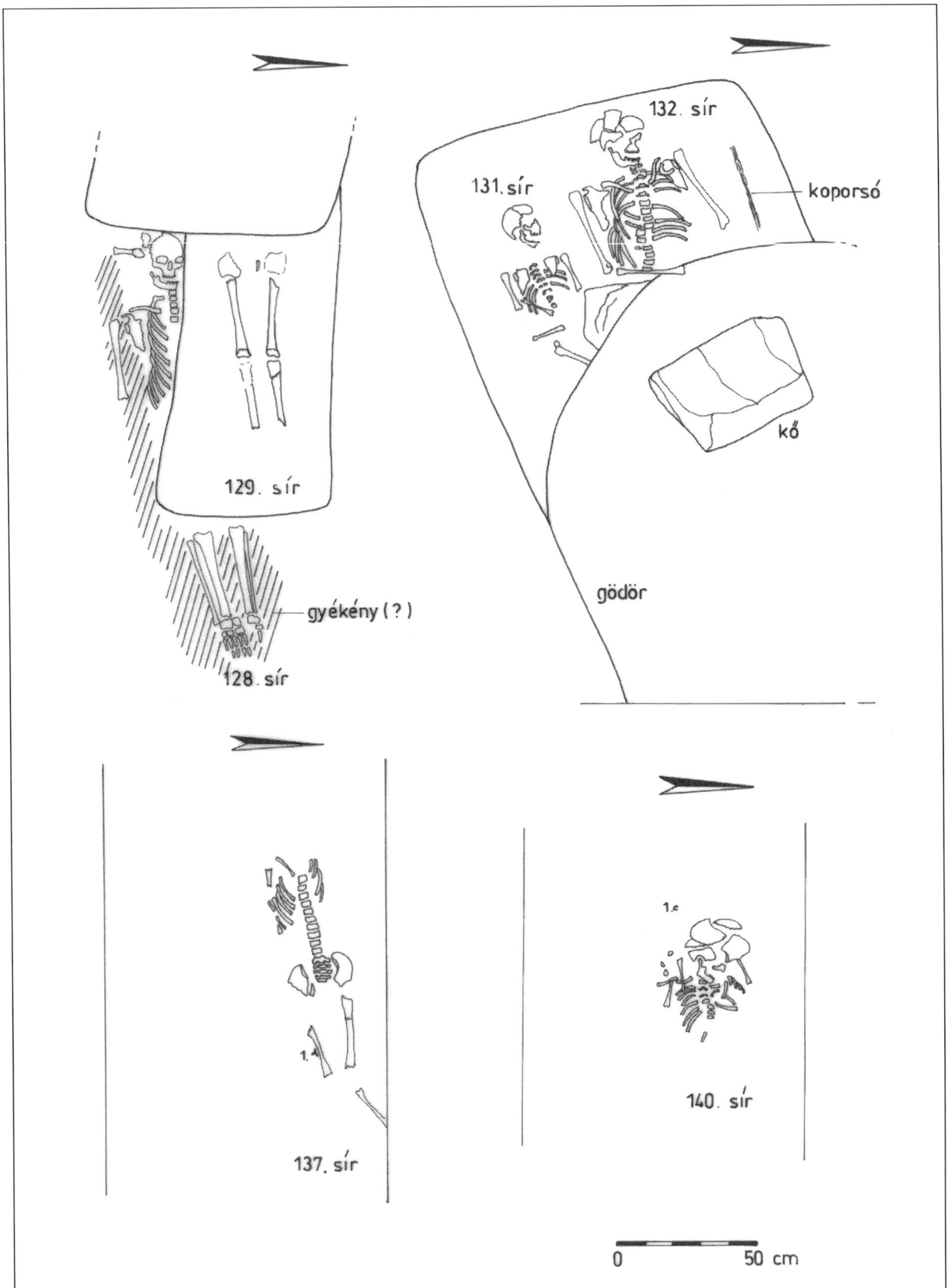

25. ábra: A 128–129., 131–132., 137., 140. sír rajza

ját a hasra hajlították. Sírgödre északi oldalát a 149. sírral elvágták, annál tehát korábbi. A lábszárak között gyékényszerű *szerves anyag* maradványait lehetett megfigyelni. Melléklet: 1. Bronzhuzalból hajlított, lapított *párizsikapocs pár* kampós fele az állkapocs bal oldalán[368] *(15. tábla 12.)*. 2. Két darab *érem*, egymáshoz tapadva a jobb combnyak belső oldalánál, a csonttal azonos mélységben. Az egyik érem meghatározhatatlan, a másik I. Ferdinánd király (1526–1564) 1552. évi ezüstdénára hamisítványának nagyon gyenge anyagú rézötvözete[369] *(15. tábla 13.)*. 3. Bronzhuzalból hajlított, lapított *párizsikapocs pár* hurkos fele a nyakcsigolyák alatt[370] *(15. tábla 14.)*.

144. sír. T: ÉK 31', M: -315 cm, (184 cm), 1. árok. Gyermek. Két lába csak a combcsont közepétől lefelé esett az árokba. A csontváz és a sírgödör másik fele az árok északi fala alatt folytatódott.

145. sír. T: DNy 49', M: -280 cm, (49 cm), 1. árok. A koponya jobb oldala, a jobb kar és néhány borda esett csak az árok területére. A csontváz többi része az árok északi fala alatt. Sírfoltja nem látszott. Talán későbbi a 146–147. sírnál.

146. sír. T: –, M: -283 cm, (52 cm), 1. árok. Valószínűleg egy sírhoz tartozó összedobált csontok.

147. sír. T: –, M: -285 cm, (55 cm), 1. árok. Valószínűleg egy sírhoz tartozó összedobált csontok.

148. sír. T: kb. Ny 48', M: -286 cm, (66 cm), 1. árok. Gyermek. Csak bal oldali bordái látszottak az árokban. A csontváz többi része az árok déli fala alatt folytatódott. Közvetlenül a 141. és 142. sír alatt helyezkedett el.

149. sír. T: DNy 49', M: -117 cm, (118 cm), 11. szelvény. Csontjai nagyon porlékonyak. Csak medencéje és a lábak hosszúcsontjai maradtak meg. Sírfoltjának északkeleti sarka a szelvény északi fala alá esett. A csontok alatt gyékényszerű *szerves anyagot* figyeltünk meg.

150. sír. T: DNy 49', M: -129 cm, (109 cm), 11. szelvény *(26. ábra, 29. tábla 2.)*. Kislány. Koponyája töredékes, jobb karja a test mellett nyújtva, bal keze a medencében. Sírfoltja jól látszott. Későbbi a 151. sírnál, mert gödrét részben annak sírgödrébe ásták. A csontváz két oldalán élére állított *koporsódeszkák* maradványait lehetett jól megfigyelni. A deszkák vastagsága 4 cm volt. A fejnél a koporsódeszkának csak a sír aljába mélyedő lenyomata volt érzékelhető, a lábfelőli végében még az sem. Lábszárcsontjai alatt gyékényszerű *szerves anyag* maradt meg. Melléklet: 1. *Párta* a koponyán. Teljesen körül ölelte a koponyát, elől a homlokon helyezkedett el. Hossza 50–52 cm lehetett, alapja 2 cm széles bőrszalag volt. Ennek külső felületét vékony bronzlemezzel fedték be, erre pedig 2 mm vastag, bronzhuzallal körbecsavart, spárgaszerű cérnából kettős hullámvonal-díszítést tettek, valószínűleg vékonyabb cérnával fölvarrva azt. (A párta sajnos teljesen szétporladt, nem lehetett felszedni.) A Békés megyei szalagpárták csoportjába tartozik.[371] 2. *Bőröv* a derékon. Ez 2 cm széles bőrszíj volt, amelyre bronzból öntött, trapéz alakú csatkarikát, bronzlemezből hajlított csattestet és préselt bronzlemezes, karéjos szélű, áttört szíjvéget, valamint lemezes övvereteket erősítettek. A csatpecek szintén bronzból készült. A bőröv szíjvég felőli harmadában öt darab, egymástól 2,5 cm távolságban elhelyezkedő, szintén préselt bronzlemezből készített, hatszögletű lyukvédő veret volt, az öv többi részén pedig – a szíjvég felőli végén is – legalább 30 db, négyszögletes alapú, de benyomott tetejű, csonka gúla formájú veret sorakozott, szorosan egymás mellé illeszkedve. Az öv egyes részei olyan jó állapotban maradtak meg, hogy az övrekonstrukció elkészítése is lehetővé vált. Ez alapján eredetileg az öv teljes h.: kb. 110 cm, sz.: 2 cm, v.: 0,4 cm volt.[372] Az övet a sírba helyezés előtt a csatkarikán átfűzték, de a csatpecket a csattesten hátrahajlítva találtuk, s nem is a lyukvédő veretek irányában. Az öv becsatolása helyett a csatkarikát a második és harmadik négyszögletes

[368] h.: 2 cm, sz.: 1,4 cm, ltsz.: 95.23.217 – a hurkos fele elporladt.

[369] átm.: 1,6 cm, Mzz.: ?–P, ltsz.: 95.23.218., CNH III. 53., *Huszár* (1979) No. 948. – Nagy Ádám meghatározása.

[370] h.: 1,7 cm, sz.: 1,4 cm, ltsz.: 95.23.219.

[371] *Gábor* (1996a) 387.

[372] A csatkarika h.: 3,2 cm, sz.: 1,9 cm, v.: 0,15 cm, a szíjvég h.: 6,6 cm, sz.: 2,2 cm, v.: 0,2 cm, a lyukvédő veretek h.: 1,5 cm, sz.: 1,3 cm, m.: 0,15 cm, a négyszögletes veretek h.: 2 cm, sz.: 2 cm, m.: 0,8 cm. Az öv ltsz.: 95.23.220. Az övrekonstrukció Gábor Gabriella munkája.

veret közé akasztották be. Az öv tehát túlságosan hosszú lehetett ahhoz, hogy becsatolják, így valószínű, hogy az öv nem is a kislányé volt, hanem egy felnőtté – bizonyára a gyermek anyjáé *(26. ábra)*. 3. Sárgászöld színű, apró, hordó alakú *csontgyöngyök* – összesen 11 darab – a bal combnyak külső oldalánál és az övcsat mellett[373] *(15. tábla 15.)*. 4. Bronz *fülesgomb* a csigolyákon, a gerincoszlop közepén. Két félgömbből álló, belülről domborított díszítésű: a hasvonal mentén pontozott félkörök és ferde bordák haladnak, mindegyik félkör közepén egy-egy ponttal. A fülesgomb tetején és alján hatszög alakú dísz közepén virágminta látszik[374] *(15. tábla 16.)*. Teljesen megegyezik a 3. sírban talált fülesgombok típusával.

151. sír. T: DNy 50,5', M: -107 cm, (82 cm), 11. szelvény *(26. ábra)*. Gyermek. Bal felkarcsontja és a csigolyák egy része hiányzik. Koponyája, jobb karja és jobb oldali bordái a szelvény déli fala alatt helyezkednek el. Bal alkarját a hason keresztbe fektették. A sírgödör északi oldalát a 150. sír gödrével elvágták, annál tehát korábbi. Melléklet: 1. Bronzból öntött, áttört, virág vagy levél alakú *ruhakapocs* kampós fele a szegycsont helyén, de akasztója letörött[375] *(20. tábla 20.)*.

152. sír. T: Ny 48', M: -289 cm, (74 cm), 1. árok. Csak a jobb lábszár és lábfej csontjai maradtak meg. A csontváz többi része hiányzik. Sírfoltja nem látszott.

153. sír. T: DNy 49', M: -280 cm, (44 cm), 1. árok *(27. ábra)*. Koponyája, jobb karja, valamint a lapocka kivételével egész felsőteste, továbbá medencéje és bal combcsontja hiányzik. Jobb karja a test mellett nyújtva feküdt. A sírgödör nyugati végét és északi oldalát a 157. sír ásásakor elvágták, annál tehát korábbi. Melléklet: 1. Nyitott végű *bronzkarika* a jobb térd külső oldalán, a csonttal azonos mélységben, valószínűleg másodlagos helyzetben. Készítéstechnikája megegyezik többek között például a 140. sírban talált karikáéval: először keskeny bronzlemez széleit visszahajlítva kerek átmetszetű huzalt készítettek, majd ezt kör alakban meghajlították[376] *(15. tábla 17.)*.

154. sír. T: ÉNy 41', M: -328 cm, (133 cm), 2. árok *(27. ábra)*. A csigolyák és a bordák hiányoznak. Koponyája és bal válla az árok északi fala alá esik. Jobb karja a hason keresztben feküdt. Sírgödrének északkeleti vége az árok északi fala alatt folytatódik. Sírgödrének foltja az árok metszetfalában a szántás aljától kezdve jól látszott. A csontok fölött fadarabot találtunk, amely minden bizonnyal a *koporsóra* utal.[377] A fajmeghatározás szerint a famaradványok kocsánytalan tölgyből (Quercus petraea) származnak.[378] Melléklet: 1. Vastag bronzhuzalból hajlított, kerek átmetszetű, deformált, törött *karperec* a jobb combnyak alatt[379] *(15. tábla 18.)*.

155. sír. T: ÉNy 46', M: -257 cm, (40 cm), 2. árok. Csak a két láb hosszúcsontjai maradtak meg. A jobb lábfej az árok déli fala alatt folytatódott. Sírfoltja nem látszott.

156. sír. T: ÉK 29', M: -294 cm, (180 cm), 2. árok *(27. ábra, 29. tábla 3.)*. Gyermek. Csontjai rossz megtartásúak. Bal karjának és jobb alkarjának csontjai hiányoznak. Koponyája csak töredékekben maradt meg. Medencétől lefelé a sír az árok déli fala alatt folytatódik. Sírgödrének nyugati oldala jól látszott. A csontváz két oldalán és a fejnél 3 cm vastag, élére állított koporsódeszka lenyomatát lehetett megfigyelni a sír alján. Az árok déli falában jól látszott a *koporsó* formája is. A koporsó deszkákból készített teteje 11 cm-rel volt magasabban a csigolyáknál.[380] A csontok alatt gyékényszerű *szerves anyag* maradványai kerültek elő.[381] A famaradványok fajmeghatározása szerint a koporsó kocsánytalan tölgyből (Quercus petraea) készült, a csontok alatt talált szervesanyag-minta pedig keskenylevelű gyékény (Typha angustifolia L.) maradványait tartalmazta.[382] Melléklet:

[373] h.: 0,3 cm, átm.: 0,4 cm, ltsz.: 95.23.221.
[374] h.: 1,5 cm, átm.: 1,1 cm, ltsz.: 95.23.222.
[375] h.: 2 cm, sz.: 1,9 cm, ltsz.: 94.2.21.
[376] átm.: 1,6 cm, v.: 0,1 cm, ltsz.: 95.23.223.
[377] h.: 20 cm, sz.: 4 cm, ltsz.: 95.23.225.
[378] Babos Károly meghatározása.
[379] h.: 5,8 cm, v.: 0,3 cm, ltsz.: 95.23.224.
[380] A múzeumba került koporsódarab ltsz.: 95.23.230.
[381] ltsz.: 95.23.229.
[382] Babos Károly meghatározása.

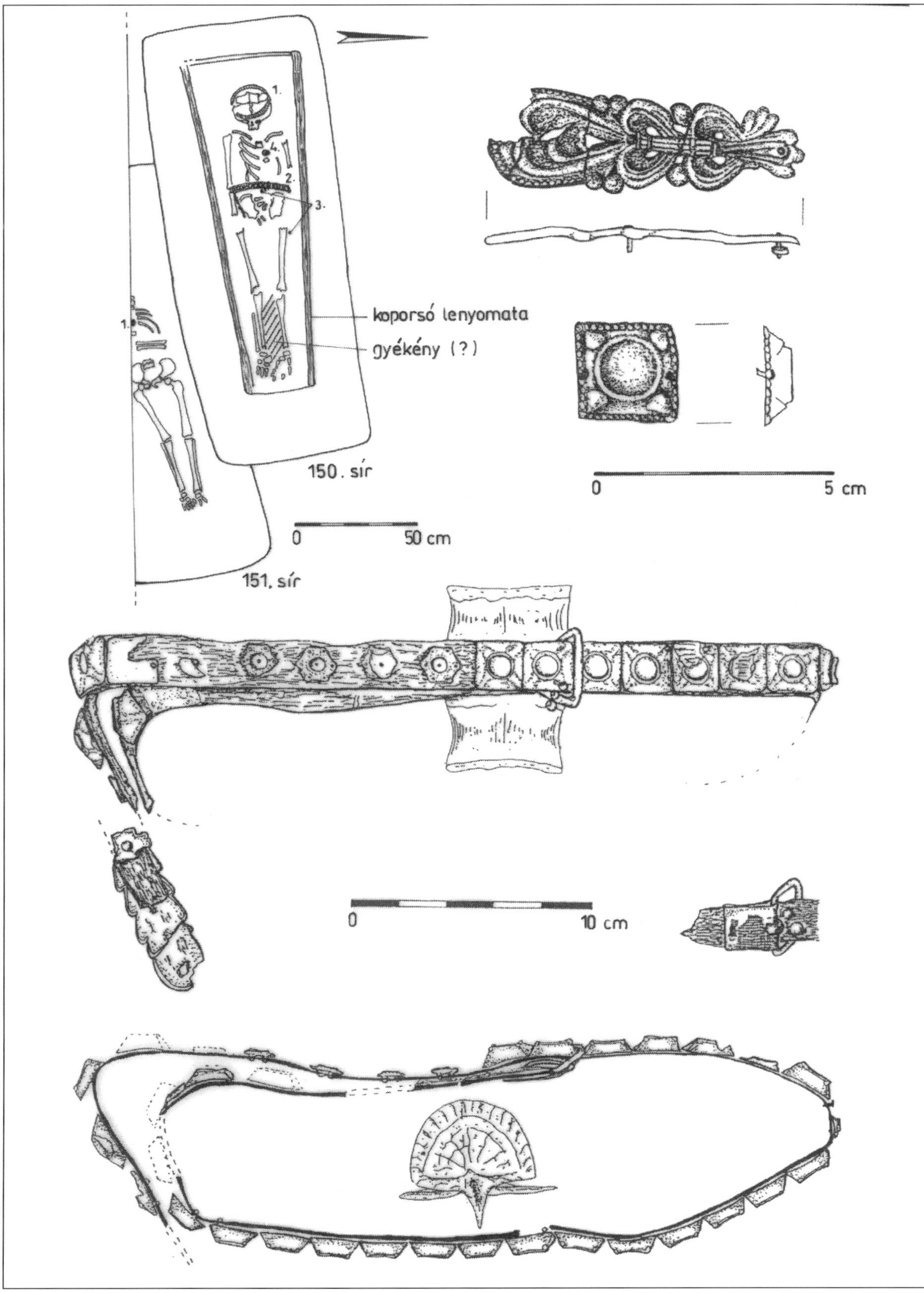

26. ábra: A 150–151. sír rajza, illetve a 150. sírban előkerült öv eredeti elhelyezkedése

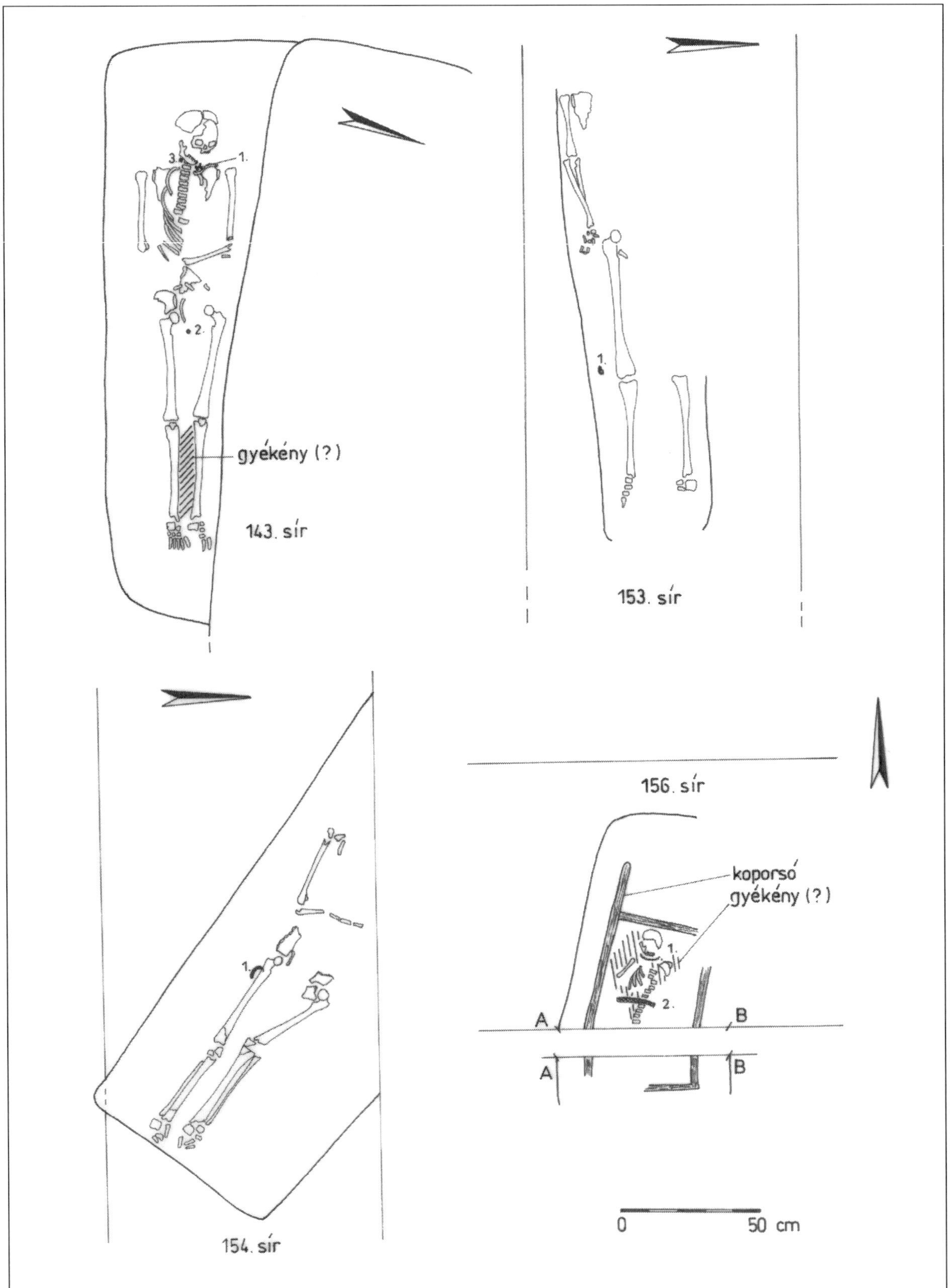

27. ábra: A 143., 153–154., 156. sír rajza

1. *Textilmaradványok* az állkapocs mellett. Közülük kettő *szalagpárta* töredéke lehet. A megmaradt részletekből ítélve a párta 2,5 cm széles volt, s a talán eredetileg is barna színű selyembársony alapjára vert csipkeszalagot varrtak fel, ferde irányú áthurkolásokkal. Az öltések helyei a bársonyon egymástól 0,5 cm-es távolságra sorakoznak. A csipke aranyozott ezüst huzallal S-irányban körbetekert selyemfonal kettős szálából készült. Mintáját csipkeveréssel készített fonatokból álló hálóminta jelenti. A szalag szélén pikósor halad körbe, de a vert csipkeszalagra kör alakban elhelyezett – kettős fémszálból keresztöltéssel készített – csomókat is hímeztek, s az összeérő csomókörök közepén még egy-egy csomódísz van[383] *(17. tábla 3.)*. A Békés megyei szalagpárták csoportjába tartozik.[384] A textilmaradványok másik fajtája valószínűleg *ingnyakdísz* volt. A csipkeveréssel készült hármasfonat szintén aranyozott ezüst huzallal körbecsavart selyemfonalból készült, s a zsinór készítéséhez dupla fonalat használtak[385] *(15. tábla 19.)*. 2. *Bőröv* maradványai a derékon, a csigolyák alatt és fölött. A keskeny bőrszíj egyik végén négy, 0,5 cm átmérőjű, egymás mellett elhelyezkedő lyuk van. Ezek segítségével erősíthették fel azokat az áttört virágdíszeket, amelyek vashuzalból hajlított hármas hurkokból álltak, középen negyedik hurokból kialakított dudorral díszítve. A virágra horgolt zsinórdíszt varrtak, az övre pedig vastag cérnával rögzítették fel[386] *(15. tábla 20.)*.

157. sír. T: DNy 49', M: -297 cm, (51 cm), 1. árok *(28. ábra)*. Koponyája kissé balra billent, az állkapocs is kifordult eredeti helyéről. Két karja a test mellett nyújtva feküdt. Sírfoltja jól látszott. A csontok alatt *faszéndarabokat* figyeltünk meg. Melléklet: 1. Lapos T-fejű, szögletes szárú, famaradványokkal borított *vasszög* a jobb váll és a koponya között, a felkarcsonttal azonos mélységben[387] *(15. tábla 22.)*.

158. sír. T: ÉNy 47', M: -338 cm, (108 cm), 1. árok. Koponyája töredékes, két karja a test mellett nyújtva helyezkedett el. Sírgödrének déli széle az árok déli fala alatt folytatódott.

159. sír. T: ÉNy 32,5', M: -357 cm, (232 cm), 2. árok *(28. ábra)*. Koponyája és a jobb kar csontjai szétporladtak. Bal kezét a hasra helyezték. Sírgödre jól látszott. Közvetlenül a 160. sír fölött volt, annál tehát későbbi. A csontváz két oldalán *koporsó* famaradványát figyeltük meg, a csontok alatt pedig gyékényszerű *szerves anyagot* találtunk.

160. sír. T: É 32', M: -414 cm, (289 cm), 2. árok *(28. ábra)*. A csontváz szinte teljesen elporladt, lényegében nem lehetett fölszedni. Koponyája is csak darabokban került elő. A 159. sír alatt volt, azzal azonos sírgödörben. Annál tehát korábbi. A csontváz bal oldala az itt talált *famaradványokkal* együtt erősen megsüllyedt. A famaradványok csak a csontváz jobb oldalánál és a fejnél voltak jól megfigyelhetők. A csontok alatt 1–1,5 cm vastagságú, gyékényszerű *szerves anyag* maradványainak rétege húzódott. E réteg alatt 0,8–1 cm vastag, sárgásfekete színű beiszapolódási réteget találtunk, amelynek felületében két keresztirányú, 3 cm vastag léc helyének lenyomatát lehetett jól megfigyelni. Az egyik léc a koponya alatt volt, a másik ettől 40 cm-re, a deréktájon. A két keresztirányú léc pontosan – valószínűleg csapolással – illeszkedett egy, a csontváz jobb oldalán megfigyelhető keretléchez. A hosszanti oldalléc alsó éle kb. 1 cm-rel mélyebben nyomódott a sír aljába, mint a két keresztléc. Az oldalléchez a fej felől – már a kutatóárok falában – egy ahhoz hasonló másik keretléc csatlakozott derékszögben, amelynek az alja a hosszanti keretléccel azonos mértékben nyomódott a sír aljába. A keretlécek, a keresztirányú lécekhez hasonlóan, szintén 3 cm vastagok voltak. A vízszintes, keresztirányú léceken volt a gyékény. Melléklet: 1. *Bronzlánc* derékmagasságban, a csigolyák alatt, de a sír alján lévő gyékényréteg fölött. A lánc félbehajtva került elő, körülötte bőrmaradványokat figyeltünk meg. Vékony bronzhuzalból hajlított, nyolcas alakú láncszemekből áll, a szemek között vasrozsda nyomai is megmaradtak[388] *(15. tábla 21.)*. Valószínűleg öv tartozéka, a kapcsoló szerkezet része lehetett.

---

[383] A megmaradt töredékek h.: 8,3 és 8,3 cm, sz.: 2,8 és 3 cm, ltsz.: 95.23.226.

[384] *Gábor* (1996a) 387–388., 398–399., 7. kép 7–8., 8. kép 1–2.

[385] A megmaradt darab h.: 9,5 cm, sz.: 0,5 cm, ltsz.: 95.23.227.

[386] A megmaradt darab h.: 7 cm, sz.: 1–1,3 cm, ltsz.: 95.23.228.

[387] h.: 6 cm, 1,6 cm, ltsz.: 95.23.231.

[388] h.: 15 cm, sz.: 0,5 cm, ltsz.: 95.23.232.

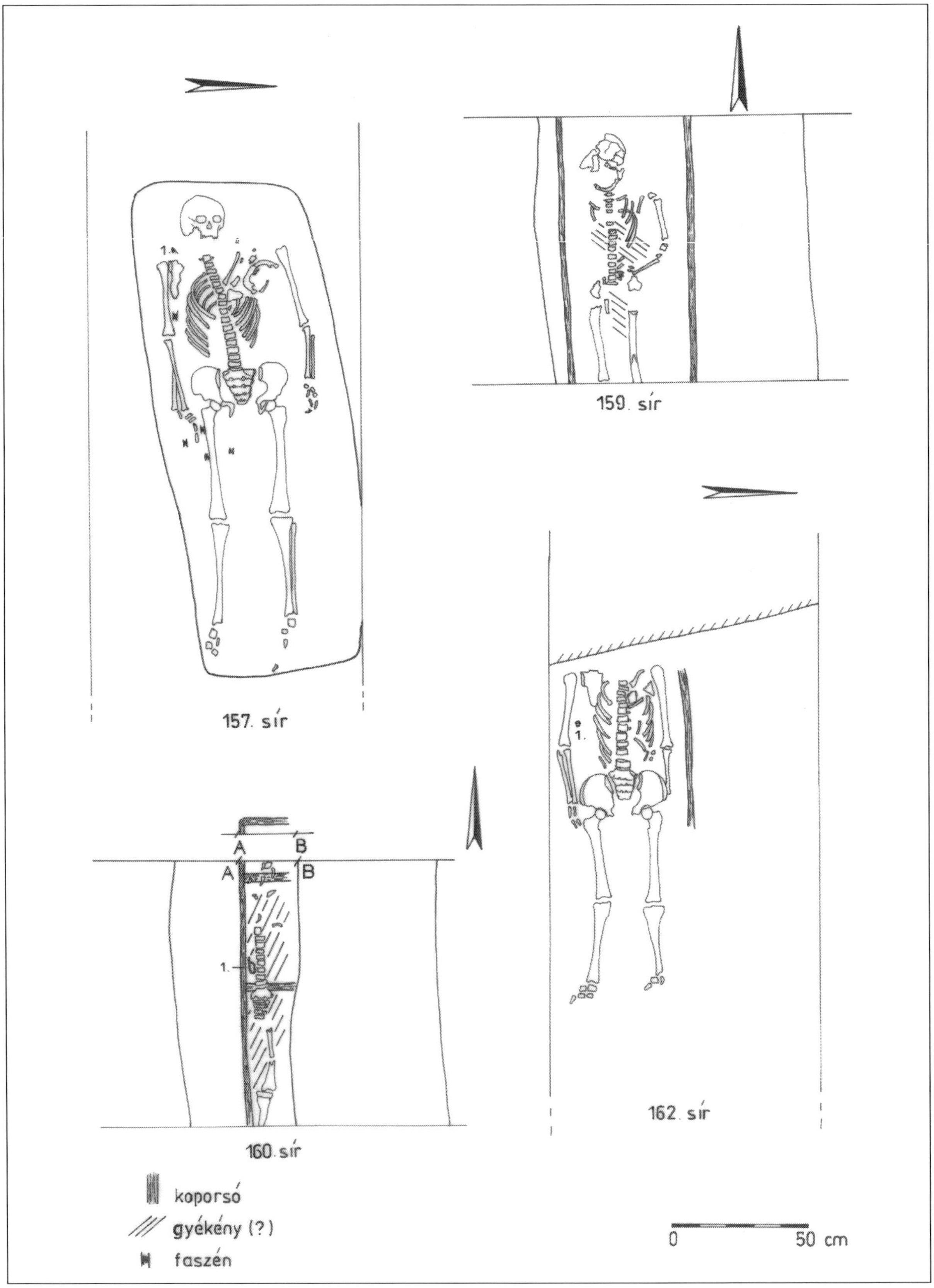

28. ábra: A 157., 159–160., 162. sír rajza

A csontok alatt tehát ennél a sírnál is gyékényszerű szerves anyagot, ez alatt pedig három élére állított s keresztbe tett léc lenyomatát találtuk meg a sír alján lévő beiszapolódott rétegben. A halottat tehát ebben a sírban is gyékényszerű szerves anyagra fektették, de ezt az anyagot a fej, a derék és a lábak alatt keresztbe tett, élükre állított lécekre terítették. A keresztben elhelyezett lécek végeihez fektették a hosszanti léceket, amelyekhez hasonlót már több sírnál megfigyeltünk. A keresztbe fektetett léceket csapolással erősíthették a hosszanti lécekhez, mert koporsószög nem került elő. A sírgödör igen mély és szűk volt, tehát a halottat ezen a saroglyán (Szent Mihály lován) engedhették le a sírgödörbe.

161. sír. T: ÉK 20', M: -396 cm, (191 cm), 1. árok. Csontja szétporladt, nem lehetett fölszedni. Csak bal lábszárcsontja maradt meg. Sírfoltja nem látszott, de bizonyosan ennek a sírnak a betöltéséből került elő néhány lelet. Az egyik egy széles, lapos, vasból kovácsolt, kerek lyukkal átütött *lópatkó*[389] *(15. tábla 23.)*, a másik egy barna színű, nagyméretű, késő középkori fazék kihajló, profilált *peremtöredéke*[390] *(16. tábla 1.)*, s ugyanide tartozik három darab barna színű, homokkal soványított – szintén késő középkori – *edényoldal-töredék* is, melyek közül az egyiken vízszintes, párhuzamos árkok futnak.[391] A csontok bal oldalán jól látszott a *koporsó* oldaldeszkájának vonala.[392] A fajmeghatározás szerint a famaradványok kocsánytalan tölgyből (Quercus petraea) származnak.[393] Melléklet: 1. *Koporsóvasalás* és koporsódeszka töredékei a csontváz lábujjainak magasságában. A vasalás három helyen áttört, egyik vége lekerekített, a másik hegyben végződik. Két szeg üti át az ellentétes oldalak felől, tehát az egyik szeg feje a koporsóvasalás egyik oldalán, a másik szegnek a feje pedig a másik oldalon van. A tárgy a görbe végű szegek hegyével fölfelé helyezkedett el a sírban[394] *(22. tábla)*. Valószínűleg a koporsó láb felőli végét alkotó deszkákat rögzítette.

162. sír. T: Ny 48', M: -350 cm, (100 cm), 1. árok *(28. ábra)*. Koponyája hiányzik, egy itt húzódó árok vágta el. Két karja a test mellett nyújtva helyezkedett el. A bal kéz a bal oldali medencelapát alatt feküdt. Sírgödrének déli széle az árok déli fala alatt folyatódott. A bal kar mellett a *koporsó* részlete látszott. Melléklet: 1. A jobb felkarcsont és a jobb oldali bordák között, 15 cm-rel a csontok szintje fölött, a sír betöltésében egy bronz *pecsétgyűrű* került elő. Kiszélesedő feje ovális, rajta halványra kopott, vonalas ábrázolás látszik, a fej oldalát pedig ferde bevagdosás díszíti[395] *(20. tábla 10.)*.

163. sír. T: ÉNy 47', M: -172 cm, (155 cm), 11. szelvény *(29. ábra)*. Medencétől fölfelé a csontváz hiányzik, szétporladt. A 10. szelvény területén sem csontot, sem szerves maradványokat nem vettünk észre. Sírfoltja jól látszott. A csontváz fölött és alatt *koporsóhoz*, illetve fakerethez tartozó deszkák, valamint gyékényszerű *szerves anyag* maradványai[396] kerültek elő. Legalul, a combcsont fölső vége alatt keresztben, 8 cm széles, félkör átmetszetű deszka feküdt, melynek egyenes felülete fölfelé, domború, kéreggel borított, hántolatlan oldala pedig lefelé nézett.[397] E keresztirányú deszkához, annak tetején áthaladva, hosszanti deszkamaradványok csatlakoztak, melyeket a keresztbe tett deszka erősítette. A hosszanti deszkák között azonban rések lehettek, s nem borították be az egész felületet a csontok alatt. A koporsó aljának vagy a Szent Mihály lovának olyan változata ez, ahol a keretet hosszanti deszkákkal is megerősítették. A deszkákból megszerkesztett alsó keretre gyékényt helyeztek, s erre fektették az elhunytat, kit végül szintén deszkákból összeállított ládával – a koporsó fölső részével – borítottak le. Ez utóbbinak két hosszanti és lábfelőli oldala maradt meg, de bizonyára volt fej felőli vége és teteje is. A múzeumba vitt gyékényszerű szerves anyag mintáról a fajmeghatározás után kiderült, hogy

389 h.: 11 cm, sz.: 2,9 cm, ltsz.: 95.23.233.
390 ltsz.: 95.23.234.
391 ltsz.: 95.23.235.
392 A múzeumba került koporsódarabok mérete: 18 x 4 cm, 14 x 5 cm, 14 x 4 cm, 8 x 2,5 cm, ltsz.: 95.23.236.
393 Babos Károly meghatározása.
394 h.: 13,2 cm, sz.: 5 cm, v.: 0,7 cm, ltsz.: 94.2.32.
395 átm.: 2,3 cm, fejének átm.: 0,8 x 1 cm, ltsz.: 94.2.12.
396 ltsz.: 95.23.237.
397 A múzeumba vitt darab ltsz.: 95.23.238.

keskenylevelű gyékény (Typha angustifolia L.) maradványait tartalmazta, a combcsont alatt talált, félkör átmetszetű deszka pedig vörösfenyőből (Larix decidua Mill.) készült.[398]

164. sír. T: DNy 50', M: -45 cm, (53 cm), a 11. szelvény északi tanúfalában. Csak két combcsontja maradt meg. Térdtől lefelé a láb többi része a feltárt terület keleti fala alatt helyezkedett el.

165. sír. T: DNy 49', M: -113 cm, (103 cm), 11. szelvény *(29. ábra)*. Gyermek. Két karjának, medencéjének és két lábfejének csontjai hiányoznak. Töredékes koponyája bal oldalra fordult. Sírfoltja nem látszott. Közvetlenül a 166. sír fölött feküdt, de mindkettő az itt kibontott köves gödör alatt volt. A sír betöltéséből kilenc *vasszegtöredék* került elő. A szegek kisebb-nagyobb méretűek, szögletes szárúak, fejük pedig T-alakúak vagy kúpos kiképzésűek, illetve kör alakban kiszélesedők[399] *(16. tábla 7–15.)*. Melléklet: 1. Pártaövhöz tartozó, ólomból készített, kissé hajlott, de ép *övmerevítő* a bal oldali bordák végénél. Hosszú, hengeres, két végén pedig két 0,5 cm széles, sekély mélyedés tagolja a végektől 0,7 illetve 0,9 cm-re[400] *(16. tábla 6.)*. 2. Egy-egy ép *koporsószeg* heggyel befelé, a koponya két oldalán.[401]

166. sír. T: DNy 50', M: -124 cm, (114 cm), 11. szelvény *(29. ábra)*. Koponyája összeroppant. Jobb karja a medencére hajlítva, bal karja a test mellett, bal keze pedig a bal medencelapát alatt. A lábszár közepétől lefelé lábai a szelvény keleti fala alatt folytatódtak. A sírgödör déli széle jól látszott. A csontváz közvetlenül a 165. sz. sír alatt volt, annál tehát korábbi. Későbbi viszont a 175. sírnál. Mindhárom sír az itt feltárt köves gödör alatt volt. A sír betöltéséből való három darab kúpos fejű, szögletes szárú *vasszeg*[402] *(16. tábla 16–18.)*. Melléklet: 1. *Textilmaradvány* a koponyatetőtől a tarkóig. Funkciója bizonytalan, valószínűleg a halotti lepel része vagy főkötő volt. A halottat gyékényszerű *szerves anyagba* csavarták, s a megfigyeléseink szerint a textilmaradványok a gyékény külső oldalán helyezkedtek el. A textilt szövéssel készíthették, de a vetülékfonal elporladt. A láncfonal aranyozott ezüst lemezzel körbecsavart, vékony cérnából állt. Mindössze egy 6,5 x 5 cm-es és egy 9 x 3,5 cm-es darabját lehetett felszedni[403] *(17. tábla 1–2.)*. 2. Bronzhuzalból hajlított két *párizsikapocs pár* az állkapocs alatt. Kampós végük lapított[404] *(16. tábla 2–3.)*. 3. Vasból készült, összerozsdásodott *párizsikapocs pár* a bal könyök belső oldalán[405] *(16. tábla 4.)*.

167. sír. T: DNy 53,5', M: -436 cm, (231 cm), 1. árok. Csontjai elporladtak. Csak egy koponyadarab maradt meg. Sírgödre részben követhető volt. A sír déli oldalán jól látszott a *koporsó* vonala.

168. sír. T: DNy 54', M: -394 cm, (202 cm), 1. árok. Az árokba csak lábszárai értek. Többi része az árok déli fala alatt folytatódott. Részben a 169. sír fölött volt, annál tehát későbbi.

169. sír. T: ÉNy 34,5', M: -421 cm, (229 cm), 1. árok. Csak koponyája, medencéje és két combcsontja maradt meg. A koponya egy része az árok északi fala alatt volt. Sírfoltja nem látszott.

170. sír. T: DNy 63', M: -323 cm, (148 cm), 2. árok. Hason fekvő, nyújtott helyzetű. Koponyája összetört. Válltól lefelé a csontváz többi része az árok északi fala alatt folytatódik. Sírfoltja jól látszott. A sír nyugati oldalán *koporsó* maradványát lehetett megfigyelni.[406] A fajmeghatározás szerint a famaradványok lucfenyőből (Picea abies) származnak.[407]

171. sír. T: DNy 49', M: -330 cm, (66 cm), 1. árok *(29. ábra)*. Lábszárcsontjai hiányoznak. Könyöktől fölfelé az árok nyugati vége alatt helyezkedik el. Két karja a test mellett nyújtva került elő. A sír láb felőli végét egy keresztárokkal vágták el. Az árok betöltésében -344 cm mélyen (részbontás mélysége) szórványként egy

398 Babos Károly meghatározása.
399 h.: 2,2–6,3 cm, sz.: 1,2–1,5 cm, ltsz.: 95.23.240.
400 h.: 9,3 cm, átm.: 0,8 cm, ltsz.: 95.23.239.
401 Nem került a gyűjteménybe.
402 h.: 2,9 és 6 és 8 cm, sz.: 1,3 és 1,6 és 1,5 cm, ltsz.: 95.23.244.
403 ltsz.: 95.23.241.
404 h.: 1,3 és 1,8 cm, sz.: 0,9 és 1 cm, ltsz.: 95.23.242.
405 h.: 2,3 cm, sz.: 1,1 cm, ltsz.: 95.23.243.
406 ltsz.: 95.23.245.
407 Babos Károly meghatározása.

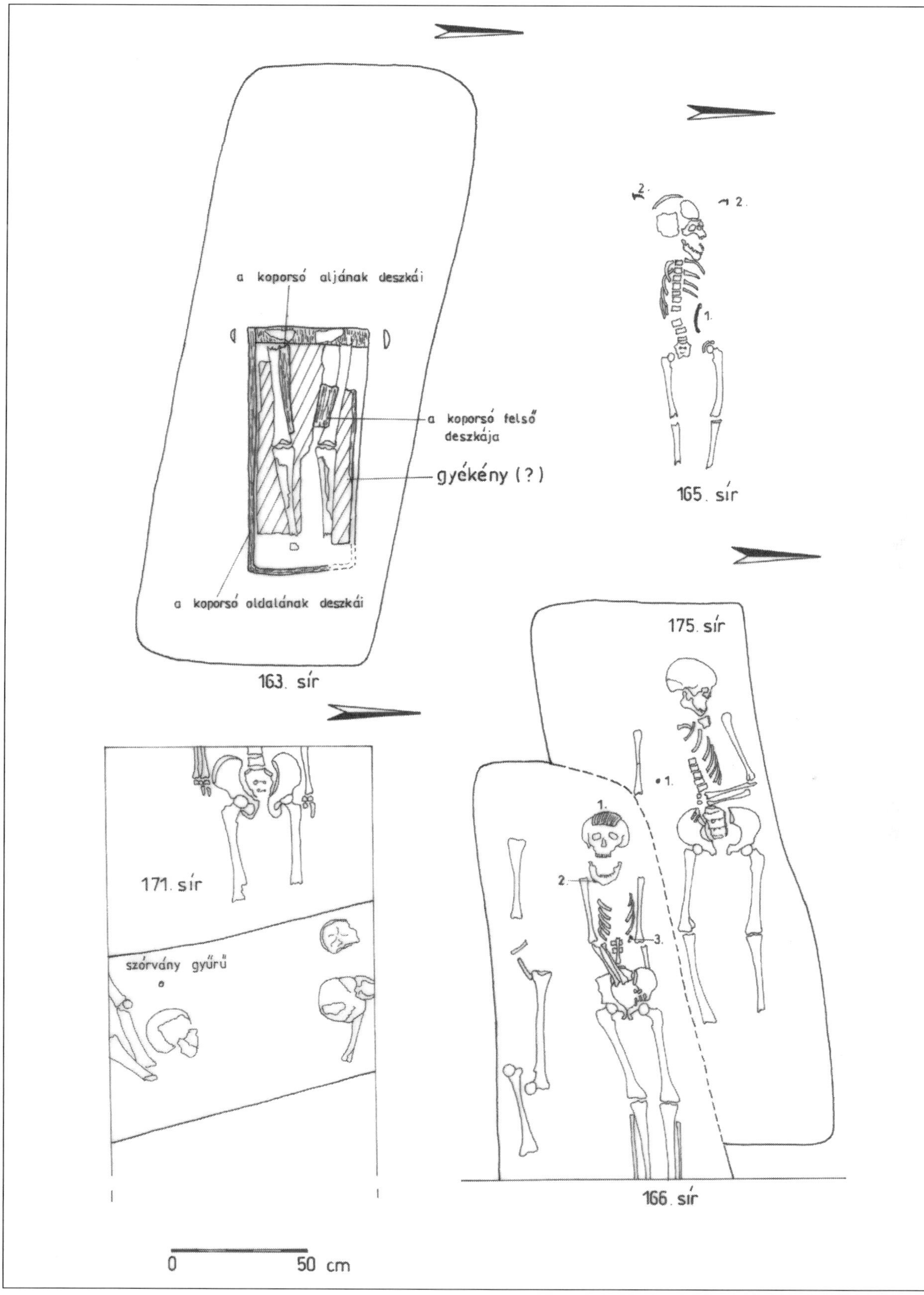

29. ábra: A 163., 165–166., 171., 175. sír rajza

bizonytalan korú, fogaskerék mintákkal díszített bronz pántgyűrű került elő[408] *(20. tábla 1.)*, de ennek közvetlenül nincs köze a sírhoz.

172. sír. T: ÉNy 34', M: -419 cm, (227 cm), 1. árok. Csak medencéje és két lába esett az árokba. A csontváz többi része az árok északi fala alatt folytatódott. A váz két oldalán a sírfolt jól látszott.

173. sír. T: DNy 52', M: -419 cm, (219 cm), 1. árok. Csontjai elporladtak, csak jobb lábszára maradt meg. A *koporsó* maradványa[409] a sír déli oldalán jól látszott. A múzeumba vitt faminta meghatározása szerint a koporsót kocsánytalan tölgyből (Quercus petraea) készítették.[410]

174. sír. T: DNy 62,5', M: -347 cm, (222 cm), 2. árok. Csak két lábszára esett az árokba. A csontváz többi része az árok déli fala alatt folytatódott. A bal lábszár mellett *koporsó* nyomát figyelhettük meg.

175. sír. T: DNy 50', M: -134 cm, (129 cm), 11. szelvény *(29. ábra)*. Koponyája balra fordult, bal karja a hason keresztben. Jobb alkarját a 166. sír ásásakor kidobták. Sírgödre déli szélét szintén a 166. sírral ásták el, annál tehát korábbi. A 175. sír is az itt feltárt köves gödör alatt volt, mint a 165. és a 166. sír. Melléklet: 1. I. Mátyás király (1458–1490) 1482–1486 között veretett ép, de kopott *ezüstdénára* a jobb könyök belső oldalán[411] *(16. tábla 5.)*.

176. sír. T: DNy 53,5', M: -143 cm, (73 cm), 13. szelvény *(23. ábra)*. Koponyája jobbra fordult. Jobb keze a medencében, bal karja a hason keresztben. Bal felkarcsontján feküdt a 92. számú sírhoz kötött gyermek csontváza. Lehetséges azonban, mivel sírgödrük közös volt, hogy egyszerre temették el őket. Biztosan későbbi viszont a 93. sírnál.

177. sír. T: kb. DNy 56', M: -501 cm, (298 cm), 1. árok. Az árokba csak a koponya néhány töredéke esett, de mind elporladt, s nem lehetett fölszedni. Melléklet: Két kúpos fejű, szögletes szárú *vasszeg* a sírgödör délnyugati végében. Az egyik ép, de görbe, a másiknak pedig a hegye hiányzik[412] *(16. tábla 19–20.)*.

178. sír. T: DNy 52,5', M: -480 cm, (287 cm), 1. árok. Csak a lábfej csontjait lehetett fölszedni, a lábszáraknak csupán a helye látszott. A csontok csaknem teljesen elporladtak. A sír északi oldalán jól látszott a *koporsó* nyoma.

A temető értékelése, temetkezési szokások

A feltárásra kijelölt területen csak azokat a sírgödröket nem bontottunk ki, amelyek nagyobb részt a szelvényfalak alá estek: a 6. szelvény északi és a 10–11. szelvény déli széle mellett. Ezeket be sem számoztuk. Tájolása és laza betöltése miatt valószínűleg nem sírgödör, hanem újkori bolygatás nyoma volt az a sírgödör méretű, de É–D-i irányú és habarcsos, téglaszemcsés talajú beásás, amely a 3. szelvény nyugati – a 34. sír miatt nyitott – rábontásában került elő, s az 1. árok keleti végébe is átnyúlt. Ezt szintén nem bontottuk ki.

A feltárt sírok közül igen soknak a gödre kitűnően látszott, különösen ott, ahol a temetőnek már csak az alsó egy-két sírrétege maradt meg (1–4, 6–9. szelvény). Két szelvényünkben viszont egyetlen sírnak sem maradt meg a nyoma (12–13. szelvény). Máshol a szántás és az erózió nem járt ilyen nagyfokú pusztítással, s ezeken a helyeken a sírok egymás alatt több rétegben és igen nagy zsúfoltságban kerültek elő (5, 10–11. szelvény). A halom tetején lévő háromszögelési pont déli oldalán például már az első fél ásónyomban több sírra leltünk. Ezek a körülmények azt is jelentik, hogy a temető sírjainak túlnyomó többsége már elpusztult, gondoljunk csak arra, hogy a halom eredeti felszíne

---

408 ltsz. 94.2.3.

409 ltsz.: 95.23.246.

410 Babos Károly meghatározása.

411 átm.: 1,6 cm, Mzz.: K–P, ltsz.: 95.23.247., CNH II. 239/A., *Huszár* (1979) No. 719. – Nagy Ádám meghatározása.

412 h.: 3,7 és 5,2 cm, sz.: 1,6 és 1,5 cm, ltsz.: 95.23.248.

legalább a templom alapozásának teljes mélységével csökkent. Bizonyos tehát, hogy csupán a legmélyebbre ásott sírok maradhattak meg napjainkra. A halom eredeti magasságának jelentős kopása, illetve a háromszögelési pont felállítása a magyarázata annak is, hogy míg a halom oldalában kiásott szelvényeinkben viszonylag kevés sírt találtunk, s a szántás alatt szinte közvetlenül kirajzolódott mindegyiknek a sírgödre, addig a halom legtetején – ahol a szántás kikerülte a háromszögelési pont betonját és közvetlen környékét – zsúfoltabban kerültek elő a sírok.

A sírok általában meglehetősen bolygatottak voltak, főleg ott, ahol több rétegben maradtak meg *(27. tábla 1–2.)*. A középkori és újkori bolygatások rovására írható, hogy a sírokban fekvő csontvázak többsége csak részletekben került elő. A 17–19, 21. és 28. sír csontvázát például térdtől fölfelé egy gödör vágta el. Előfordult ugyanakkor az is, hogy a sírgödrök éppen a templom döngölt alapozásának szélét pusztították el. Néhány csontvázat viszont közös sírgödörben találtunk meg, melyekkel kapcsolatban a rokonsági kapcsolat is felmerülhet (pl. 79, 86–87; 91, 97–98. sír). A későbbi beásások, bolygatások révén, de több esetben bizonyosan a sír betemetése alkalmával is, a sírbetöltés földjébe szórványként Árpád-kori és késő középkori edénytöredékek, vasszegek, vaskapcsok és viseleti tárgyak, ruhakapcsok kerültek.

A feltárt *sírok mélysége* igen változó volt. Ebből a szempontból a Telek-halom felszínének egyenetlen volta, pontosabban a halom lejtője miatt a szintezési alappontunkhoz viszonyított mélységadatoknál többet árulnak el az egyes síroknak a jelenlegi felszínhez viszonyított mélységei. Ez alapján azt mondhatjuk, hogy a 178 sír mélysége lényegében a mai felszín és a három méteres mélység között ingadozott. Ehhez természetesen hozzá kell tenni azt is, hogy a legsekélyebb sírok jelentős mennyiségét már elpusztították a szántóföldi művelés során. Az ásatás idején a legkisebb mélységben – a felszín alatt mindössze 2 centiméterre – a 38. sz. sír került elő, a legmélyebben pedig – a sír fölötti jelenlegi felszíntől számítva 298 cm mélységben – a 177. sz. sírt bontottuk ki. A feltárt sírok többsége, összesen 148 sír (83%) a fölső 100 cm-es rétegben került elő. Közülük 0–50 cm közötti mélységben volt összesen 73 sír (41%), 51–100 cm között 75 sír (42%), 101–150 cm között 16 sír (9%), 151–200 cm között 4 sír (2%), 201–250 cm között 7 sír (4%) és 251–300 cm között pedig mindössze 3 sír (2%). A leletek és egyéb megfigyelések alapján a sírok mélysége nincs összefüggésben sem az egyes sírok korával, sem a sírokban fekvő egyének életkorával, s vélhetően nemével sem. Így feltételezhető, hogy a sírok választott mélységét mindig az egyedi esetek döntötték el, kivéve az olyanokat, ahol egyértelműen ugyanabba a sírgödörbe egymást követően is temettek. Ezeknél valószínűleg rokoni kapcsolatokkal magyarázható az egymásra temetés. A legmélyebbre ásott sírok az 1. és 2. sz. kutatóárokban, tehát a halom lejtőjében kerültek elő. A 151–300 cm-es sírmélységet mutató sírok közül egy kivételével – ez a 163. sír – valamennyi a két kutatóárokban volt, de ez visszafelé már nem igaz: a két árokban feltárt sírok között is voltak olyanok, amelyeknek mélysége nem volt nagyobb az átlagosnál.

A kibontott *sírok tájolása* – bár igen nagy szóródást mutat – többségében egységes, s igazodik a templom hossztengelyéhez, vagyis a sírokat leginkább az épület hosszanti falai vonalának megfelelően igyekeztek megásni. A templom hossztengelyének tájolása, mint láttuk, ÉK 19' – DNy 51' volt. Négy sírnál a tájolás nem volt mérhető (31/b, 79/a, 146–147. sír), a feltárt 178 sír közül pedig háromban kettős sírt számoztunk (31/a–b, 66/a–b, 79/a–b. sír). Összesen tehát 181 csontvázból 177 esetében lehetett a tájolást megmérni. A két szélső érték ÉK 17' illetve D 0' volt, a legjellemzőbb tájolási érték azonban ÉNy 46' és DNy 56' közé esett. Az utóbbi sávba összesen 155 sír tartozott (87,6%). Ezen belül is a Ny 48' és DNy 52' közötti sírok száma 116 (65,5%), a DNy 49' és DNy 51' közöttieké pedig 89 (50,3%) volt. A legtöbb egyforma tájolás – DNy 50' – 26 sír esetében fordult elő (14,7%). Az átlagos értékek az épület közelében, a nagyobb eltérések pedig a szentély feltételezett helye mellett (65, 66/a–b, 78. sír), a nyugati zárófalnál és a DNy-i saroknál (24, 79, 81–82, 86–87, 105. sír), illetve az épülettől távolabb, a kutatóárkokban fordultak elő (1. árok: 125, 144, 172, 177. sír; 2. árok: 154, 156, 159–160, 170, 174. sír).

A talajadottságoknak köszönhetően néhány esetben igen érdekes megfigyelésekre nyílott lehetőségünk *a korabeli temetkezési szokásokkal* kapcsolatban. Több csontváz fölött és mellett megmaradt ugyanis a koporsók famaradványa, a csontok alatt pedig – szintén több alkalommal – gyékényre emlékeztető, szétfoszló szerves anyagot találtunk. A 78. sz. sírban például a koporsó néhány részletének pontos méreteit lehetett rögzíteni. Feltűnő volt ugyanakkor, hogy a vidékünkön is több helyen – pl. Kardoskúton,[413] Dobozon,[414] Kamuton,[415] Sarkadkeresztúron,[416] Muronyban,[417] a Nagyszénás 1. számú lelőhelyen,[418] a Nagyszénás 2. számú lelőhelyen,[419] Békéscsabán[420] – előforduló téglakeretes sírokra Décsén egyetlen példa sem akadt.

A temetkezési szokásokat három területen vizsgálhatjuk: kizárólag a koporsóra utaló famaradványok alapján, a koporsómaradványok és a gyékényszerű szerves anyagok együttes előfordulása, valamint csak a gyékényszerű szerves anyagok jelenléte alapján.

Azoknál a síroknál, amelyekben *koporsóra vagy más faszerkezetre* utaló famaradványok voltak, a megmaradt részletekből – famaradványokból, koporsószegek vagy vasalások elhelyezkedéséből – legtöbbször nem lehetett a koporsó formájára, szerkezetére következtetni. Az ide sorolható 43 sírból[421] 30-ban a koporsóra utaló famaradványokat csak nyomokban lehetett megfigyelni a csontváz fölött vagy mellett (6–7, 10–13, 15, 24, 31/a, 44, 47, 57, 59–60, 73, 76, 79/b, 82, 125, 132, 150, 154, 159, 161–162, 167, 170, 173–174, 178. sír). Négy sírban ilyen famaradványok a csontváz alatt is előfordultak (17, 99, 105, 113. sír). Kilenc további sírban viszont egyes részleteket is meg lehetett állapítani a temetési módról, illetve a koporsó vagy más, a temetkezésnél használt eszköz szerkezetéről.[422] Ezt a kilenc sírt érdemes külön-külön is sorra venni.

A 4. sírban például azt lehetett megállapítani, hogy a famaradványok csak a csontváz fölött és mellett fordultak elő, vagyis a sírban fekvő kisgyermeket egy fából készült, nyitott tetejével lefelé fordított, ládaszerű koporsóval borították le a temetéskor. A láda oldala nagyjából függőleges, fölülre került alja pedig valószínűleg egyenes volt *(15. ábra, 26. tábla 3.).*

A 45. sír csontváza mellett is mindenütt lehetett követni a koporsó oldalfalainak vonalát. Ez a láb felőli végén keskenyedő, a vállaknál pedig kiszélesedő volt. A jobb oldalon a felkarcsont egészen a

---

413 *Méri* (1964) 8., 2. kép.

414 *Kovalovszki* (1989) 144., 120. kép.

415 *Szatmári* (1995) 43., 49., 8. kép.

416 *Szatmári* (1997) 353–354., 6. kép 2., 8. kép 1–4., 19. kép 2–3.

417 MRT 10, 625., 141. kép.

418 *Szatmári* (1996d) 38., 27. kép 1., 28. kép 1., 48. kép 2.

419 *Szatmári* (2000) 61–63., 37. kép 1., 57. kép 3., 58. kép 1–3.

420 MRT 10, 177., 31. kép.

421 Ezek között nem szerepelnek azok a sírok, amelyekben famaradványt ugyan nem találtunk, viszont koporsóvasalás (25. sír), koporsószeg (165. sír) vagy mindkettő együtt is előfordult (37. sír – ez esetben csak a sír betöltésében).

422 A koporsó szó általában a „holttest eltemetésére való, hosszúkás, fából, ércből stb. készült láda" értelemben használatos. (Vö.: Magyar értelmező kéziszótár. Budapest 1978, 759. – koporsó címszó.) Az örménykúti ásatáson viszont a sírokban előkerült famaradványok – megfigyeléseink szerint – nem minden esetben jelentettek olyan ládát, amelynek teteje, oldala és alja is volt, hanem különböző faszerkezetekre utaltak. A könnyebb értelmezés miatt a fentiekben a sírokban előkerült famaradványokat mindig koporsónak említettem, mert annak pontos szerkezete a tárgyalt összefüggések szempontjából mellékes volt. Az alábbiakban viszont éppen azt kell megvizsgálnunk, hogy a famaradványok milyen koporsóformákra, illetve más faszerkezetekre utalnak, tehát a továbbiakban a koporsó kifejezést különböző – Décse középkori temetőjében előforduló jelenségeken alapuló – megszorításokkal kell értelmeznünk.

koporsó oldalához ért, a koporsó vége pedig a koponyától 13 cm-re helyezkedett el. A csontok fölött és alatt sajnos nem találtunk koporsóra utaló nyomokat, így csak a koporsó „vízszintes metszetét" sikerült rögzíteni *(18. ábra)*.

A 65. sírban nemcsak a csontváz két oldalán maradt meg a koporsó nyoma, hanem a csontváz fölött is. A csontok alatt viszont nem volt famaradvány, tehát itt is nyitott tetejű, ládaszerű koporsóval borították le a halottat, mint a 4. sírnál. A beszakadt koporsótető – vagyis a láda fölülre került alja – kb. 8–10 cm széles deszkákból készült. Mivel a koponya és a lábcsontok magasabban helyezkedtek el, mint a test középső része, és semmilyen jel nem utalt arra, hogy a váz középső része megsüllyedt volna, feltételezhető, hogy a fej és a láb alá magasítást tettek *(20. ábra)*.

A 68. sírban előkerült famaradványokat csak a csontváz mellett lehetett megfigyelni, de itt a koporsó oldalából legalább 22 cm magasságú rész maradt meg. Fölső széle 8 cm-rel volt magasabban a koponyánál. A koporsó két hosszanti oldala lefelé szélesedett, a megmaradt részek alapján oldalainak alja legkevesebb 5–5 cm-rel volt szélesebb a tetejüknél, mindkét oldalon. A koporsó tetejéből, két végéből és aljából semmi sem maradt meg, ellenben a csontok alatt gyékényszerű szerves anyagot találtunk *(20. ábra, 29. tábla 1.)*.

A 77. sírban fekvő csontváz alatt ugyanilyen maradványok voltak, de koporsóra és más jellegű faszerkezetre utaló nyomok is látszottak. A koporsó vonala csak a csontváz két oldalán és a koponyánál maradt meg. Ez is a láb felé szűkült, a vállnál pedig kiszélesedett. A combcsontok külső oldalán, a csontoktól 10–15 cm-re ugyanakkor egy-egy 3 x 8 cm-es téglalap alakú faláb nyomát figyeltük meg, amelyek 7 cm mélyen a sír aljába nyomódtak, s amelyeket 2,5 cm vastag léc kötötte össze a csontok alatt. Ilyen léc lenyomata maradt meg a térdek alatt is. A két keresztléc egyformán 4,5 cm mélyen nyomódott a sír aljába. Mindebből úgy tűnik, hogy a halottat a lécekből szerkesztett és lábakon álló Szent Mihály lovával együtt engedték a sírba úgy, hogy a fakeretre előbb gyékényt terítettek, majd erre fektették a halottat, s végül deszkákból összeállított ládaszerű koporsóval borították le. A temetéskor az egész szerkezetet a sírgödörbe helyezték *(22. ábra, 28. tábla 1–2.)*.

A 78. sír alján – a teljesen szétporladt gyékényszerű szerves anyag és csonttörmelék alatt – kitűnően meglátszottak a koporsó függőleges oldaldeszkáinak, a deszkák élének nyomai. A halottat a jelek szerint itt is gyékényre fektették, s 3 cm vastagságú deszkákból összeállított, ládaszerű koporsóval borították le. A koporsó szélessége a fejnél 64 cm, a medence helyének vonalában pedig 57 cm volt, vagyis a koporsó a láb felé itt is fokozatosan szűkült. A 78. számú sírba a Szent Mihály lovát nem engedték le, ezt bizonyítja a koporsó oldaldeszkáinak folytonos lenyomata a sír fenekén *(22. ábra, 28. tábla 3.)*.

A 156. sírban a csontváz két oldalán és a fejnél lehetett megfigyelni a szintén 3 cm vastag deszkákból készített, tetejével lefelé fordított, ládaszerű koporsó maradványait. Oldalfalainak éle benyomódott a sírgödör aljába, s felülre került vízszintes aljának helye is kitűnően látszott a kutatóárkunk déli metszetfalában. A leborított koporsó deszkákból készített – és a csontváz fölé került – aljának vonala a gerincoszlop fölött 11 cm-rel húzódott. A koporsónak a csontváztól jobbra eső oldala kb. 20 cm-rel hosszabbra nyúlt a koporsó végénél, a vele párhuzamos oldal sarka pedig nem maradt meg. Ez esetben azonban Szent Mihály lovára mégsem gondolhatunk, mert az árok metszetfalában a koporsó tetejének és két oldalának vonala pontosan egybeesett a sír aljába mélyedő vonalak helyével. A láda sarkának e fogószerű meghosszabbítása esetleg a koporsó sírba engedését könnyítette meg, hiszen a sír igen mély, a mai felszíntől számítva is 180 cm volt. A csontok alatt viszont csak gyékényszerű szerves anyag maradványai kerültek elő, így kissé bizonytalan, hogy a halottat pontosan hogyan helyezték a sírba *(27. ábra, 29. tábla 3.)*. A gyékényből font erős szőnyegre fektetett halottat a ráborított ládaszerű koporsóval együtt, a gyékény alá helyezett kötelek segítségével is leengedhették a sírgödörbe, s ehhez nem volt feltétlenül szükség a koporsó fogószerű meghosszabbítására. Mindenesetre a sír aljára kerülő gyékényszerű szerves anyagon fekvő csontvázakra s a fölöttük lévő faládára a temetőben több hasonló példa (68, 73, 76, 78, 82, 150, 156, 159. sír) is előfordult. Ez pedig azt bizonyítja, hogy a gyékényre fektetett halottak koporsóládával való leborítása, befedése általános volt Décsén a 14–16. század folyamán. A 77, 160 és 163. sz. sír alapján ugyanakkor az is nagyon valószínű, hogy a csontváz alatt lévő gyékényt esetenként léckeretre és a csontváz alatti keresztlécekre terítették, s ez a fakeret még inkább megkönnyítette a halottak sírba engedését. Számolnunk kell azzal is, hogy e keret használata – az előbb említett három sír mintájára – esetleg sokkal gyakoribb volt, csak éppen napjainkra semmilyen nyomuk nem maradt meg.

A 160. sírban talált famaradványok látszólag szintén egyedi temetkezési módról árulkodnak a temetőben feltárt sírok között. Megmaradtak ugyanis a Szent Mihály lovának részletei, valamint az arra helyezett gyékényszerű szerves anyag maradványai, amelyen a gyermekcsontváz feküdt. Nem maradt ugyanakkor a halottat beborító koporsóra utaló nyom. A csontváz alatti fakeret részei csak a csontváz jobb oldalánál és a fejnél voltak jól megfigyelhetők, mert a sírgödör alján lévő 0,8–1 cm vastag sárgásfekete színű beiszapolódási rétegben ezek lenyomata megmaradt. A koponya és a derékcsigolyák alatt keresztben egy-egy 3 cm vastag léc helye rajzolódott ki. A lécek végei pontosan illeszkedtek a csontváz mellett megfigyelhető fakerethez, amelyben a lécek vastagsága szintén 3 cm volt. A keret lenyomata a sír alján kb. 1 cm-rel mélyebb volt, mint a keresztléceké. A fakeretnek a sír aljába mélyedő nyomai fölött, de a csontváz alatt, 1–1,5 cm-es rétegben gyékényszerű szerves anyag maradványai kerültek elő. Ezek szerint az igen mély – a mai felszíntől számítva is 289 cm-es – sírgödörbe a halottat egy kb. 3 cm vastag lécekből összeállított, a test alatt keresztlécekkel megerősített fakeretre helyezett gyékényen engedték le. A sírgödör alján lévő sárgásfekete színű iszapréteg is a test és a gyékény alatti fakerettel magyarázható. A keresztléceket csapolással erősíthették a fakerethez, hiszen vasszög nem került elő. A több más sírban is megfigyelt, lefordított ládaszerű koporsóra utaló nyomok itt a test fölött vagy mellett nem maradtak meg *(28. ábra)*.

A 163. sírban észlelt megfigyelések leginkább talán a 77. sírral kapcsolatban rögzített temetési módhoz hasonlíthatók. A combcsont fölső vége alatt keresztben itt is famaradványok kerültek el, amelyek egy 8 cm széles és félkör átmetszetű deszka részei voltak. Ennek domború, kéreggel borított, hántolatlan oldala a sírgödör alján feküdt, egyenes oldala pedig fölfelé nézett. Ennek tetején a csontváz hosszában további deszkamaradványok helyezkedtek el, de biztos, hogy e hosszanti deszkákat nem illesztették szorosan egymás mellé. Mindegyiket az alattuk keresztbe tett deszka rögzíthette, bár szegeket nem találtunk. A test alatt nyilvánvalóan több keresztdeszkának is lennie kellett. A hosszanti deszkákra gyékényt helyeztek, s erre fektették az elhunytat, akit végül szintén deszkákból összeállított, ládaszerű koporsóval borítottak le. A koporsónak megtaláltuk a két hosszanti oldalát és láb felőli végét is, de fej felőli vége és teteje szintén lehetett *(29. ábra)*.

A temetkezési szokások vizsgálatának fentebb említett másik területét – a koporsóra vagy más faszerkezetekre utaló famaradványok önmagukban való értékelése mellett – *a koporsómaradványok és a gyékényszerű szerves anyagok együttes előfordulása* adja, s ide összesen 11 sír sorolható. Ezt az összefüggést figyelembe véve megállapítható, hogy – ott, ahol a sírokban famaradványokon kívül gyékényszerű szerves anyag is előfordult – a gyékényszerű szerves anyag kivétel nélkül mindig a csontváz alatt került elő (68, 73, 76–78, 82, 150, 156, 159–160, 163. sír), a koporsóra utaló famaradványokat pedig mindig a csontváz mellett vagy fölött találtuk, a test alatt sohasem (68, 73, 76–78, 82, 150, 156, 159, 163. sír). Ezek a koporsók tehát csakis nyitott tetejükkel lefelé fordítottak, ládaszerűek lehettek. Három sír esetében a Szent Mihály lovának a sírba helyezésére utaló adatokkal is rendelkezünk (77, 160, 163. sír). Az egyikben előkerült famaradványok kizárólag a Szent Mihály lovának a részét képezték, s itt a testet beborító koporsónak nem maradt meg a nyoma (160. sír). A három Szent Mihály lova három formai típust képvisel, csak abban egyeznek meg, hogy a gyékényre fektetett halottat ennek segítségével, illetve ezzel együtt engedték le a sírgödörbe. A 77. sírban talált, keretlécekből és a test alatt lévő, a kerethez rögzített keresztlécekből álló szerkezetnek lába is volt. Ezen a gyékényre fektetett halottat ládaszerű koporsóval borították le. A 160. sírban ugyanilyen, de láb nélküli keret lehetett, s itt a testet leborító koporsónak sem találtuk nyomát. A harmadik típust adó 163. sírban a léckeretet keresztbe tett deszkákon elhelyezett hosszanti deszkák helyettesítették – ugyancsak láb nélkül –, s itt a halottat borító koporsó nyomát is megfigyelhettük.

A temetkezési szokások értékelésének harmadik megközelítési módja azoknak a síroknak a vizsgálatát jelenti, amelyekben koporsóra vagy fából szerkesztett eszközre utaló famaradványok egyáltalán nem kerültek elő, *csak gyékényszerű szerves anyagok*. Ilyen sír összesen 20 esetben fordult elő, közülük 18-ban a gyékény kizárólag a csontok alatt került elő (58, 64, 69, 87, 89, 107, 111–112, 121–122, 126–128, 133–134, 136, 143, 149. sír), két sírban viszont ezek a szerves maradványok nemcsak a csontok alatt, hanem a csontváz fölött is megtalálhatók voltak (84, 166. sír). A 84. sírnál esetleg a szántás miatt is juthattak ilyen anyagok a csontváz fölé, hiszen a sírt az eke egyértelműen megbolygatta. A 166. sírba viszont a halottat biztosan gyékénybe csavarva temették el.

A fenti adatokból a décsei középkori temetőben legalább *ötfajta temetési módra* következtethetünk, de azt is rögtön meg kell jegyezni, hogy a részletekben megmaradt jelenségek miatt e számot csak megközelítő pontossággal kezelhetjük, sőt az egyes temetkezési módok közötti átfedések sem kizárhatók. Mindenképpen számolnunk kell a szó hagyományos értelmében vett koporsós temetkezésekkel, ami az olyan koporsó használatát jelenti, melynek oldala, alja és fedele is volt. Ide sorolható valószínűleg a 17, 99, 105. és 113. sír. A koporsó nélküli temetkezésre lehet példa a 166. és esetleg a 84. sír, amelyben a halottat gyékényszerű növényből fonott szőnyegbe, takaróba csavarták be. A temetési mód harmadik fajtája az, amikor a halottat a Szent Mihály lován elhelyezve, azzal együtt temették el úgy, hogy a testet gyékényre fektették, s ládaszerű, nyitott tetejével lefelé fordított koporsóval is leborították (77, 163. sír). Ugyanígy, de a ládaszerű koporsó nélkül szintén temethettek (160. sír). A Szent Mihály lovának formájára is különböző példákat szolgáltattak ezek a sírok, amint azt fentebb már láthattuk. A temetési módok ötödik fajtája volt a leggyakoribb, vagyis az, amikor a halottat egyszerűen gyékényre fektették és ládaszerű, alul nyitott koporsóval borították le (68, 73, 76, 78, 82, 150, 156, 159. sír). Előfordulhat, hogy a sírba helyezés megkönnyítése érdekében a gyékény alá egy-egy keresztlécet is felhasználtak, de ezeknek a nyoma napjainkra már nem maradt meg. Azok a sírok pedig, amelyekben gyékényszerű szerves maradványok nem kerültek elő, csak a csontváz mellett vagy fölött lévő famaradványok, egyaránt tartozhattak mindegyik temetési módhoz, leginkább az elsőként vagy az utolsóként leírt típushoz – feltételezve, hogy a csontok alatt a fa- vagy a gyékénymaradványok teljesen elporladtak, s nyomuk sem maradt (pl. a 4, 10, 65, 154, 161. sír).

A középkori temetőkben szinte mindenütt jellemző *koporsóhasználatra* vidékünkön mezőkopáncsi,[423] kaszaperi,[424] mezőkovácsházi,[425] gellértegyházi,[426] csabacsűdi,[427] gerlai,[428] kardoskúti,[429] Gyu-

---

[423] *Bálint* (1936) 226.
[424] *Bálint* (1938) 140.
[425] *Bálint* (1939) 154.
[426] *Zalotay* (1957) 53–54.
[427] MRT 8, 101.
[428] MRT 10, 419–423.
[429] *Méri* (1964) 8.

la, györkei,[430] kamuti,[431] nagyszénási,[432] csorvási,[433] telekgerendási,[434] szentes-kajáni,[435] csengelei,[436] zentai,[437] Kecskemét környéki[438] példák említhetők. A csorvási 3. sír koporsójának maradványai, illetve lenyomata ugyanolyan temetkezési szokásra utal, mint azok a décsei sírok, amelyekben a halottat alul nyitott, ládaszerű koporsóval borították le. A csorvási sír pedig vélhetően Árpád-kori, legalábbis erre utal a csontok alatt és fölött foltokban megtalált faszénréteg, valamint az, hogy a sír a templom második építési periódusához tartozó VI. sz. támpillér alatt került elő, tehát még biztosan az első, korai periódus idejéből származik.[439] Hasonló temetkezési szokás nyomait figyelhették meg a gellértegyházi temetőben,[440] a csecstói temető 15. sírjában[441] és a Szentes, kajáni temetőben[442] is.

Koporsóvasalások és – vélhetően vagy biztosan – *koporsószegeknek* meghatározható vasszegek kerültek elő ugyancsak Makó, Mezőkopáncson,[443] Kaszaperen,[444] Mezőkovácsházán,[445] Kardoskúton,[446] Gerlán,[447] a középkori Fövenyesen,[448] Szentbenedeken,[449] Gyula szeregyházi határrészén,[450] Kamuton,[451] a gyulai Keresztes-halmon,[452] Medgyesegyházán,[453] Nagyszénáson,[454] Csorváson,[455] a középkori Kétsopron temetőjében,[456] Sarkadkeresztúron,[457] valamint Zentán,[458] Kecskemét környékén,[459] Nyársapáton[460] is.

A gyékényre, nádra való fektetéshez vagy ilyen szerves anyagba való becsavaráshoz hasonló temetési módra a Décséhez közeli és távolabbi középkori temetőkben ugyancsak találunk példákat –

430 *Horváth – Szatmári* (1989) 384–386., *Szatmári* (1996c) 57.
431 *Szatmári* (1995) 41., 47.
432 *Szatmári* (1996d) 36., 40., *Szatmári* (2000) 64.
433 *Szatmári* (1999) 100., 125., 13. kép 2.
434 *Szatmári* (1996e) 215–216., 219., 238., 9. kép.
435 *Türk* (2001) 24.
436 *Horváth* (1978) 111.
437 *Foltiny – Korek* (1944–1945) 14.
438 *Szabó* (1938) 54–58.
439 *Szatmári* (1999) 100., 119., 7. kép, 125., 13. kép 2.
440 *Zalotay* (1957) 53–54.
441 *Foltiny – Korek* (1944–1945) 3–4.
442 *Türk* (2001) 24.
443 *Bálint* (1936) 238.
444 *Bálint* (1938) 163., XXI. t. 2., 6., 9.
445 *Bálint* (1939) 157.
446 *Méri* (1964) 8., V. t. 16–17., 25–26., VII. t. 1–2., *Kovalovszki* (1965) IV. t. 16–17., 25–26., V. t. 2: 1–2.
447 *Jankovich* (1991) 189., MRT 10, 419–423.
448 *Horváth – Szatmári* (1989) 379., 387–391., *Szatmári* (1996c) 34–35., 37., 78., X. t. 1–12.
449 *Szatmári* (1996c) 48.
450 *Szatmári* (1996c) 21.
451 *Szatmári* (1995) 49., 52., 15. kép 6–12.
452 *Szatmári* (1996a) 357., 377., 9. kép 10–11.
453 *Szatmári – Vágó* (1993) 20., 53., 34. kép.
454 *Szatmári* (1996d) 42., 34. kép 1–3., 8–10., *Szatmári* (2000) 109., 40. kép 1–27., 112., 43. kép 1–27.
455 *Szatmári* (1999) 103., 127., 15. kép 5–7., 9–12., 139., 27. kép 5–7., 9–12.
456 *Szatmári* (1996e) 219.
457 *Szatmári* (1997) 353–355., 375., 15. kép 1–10.
458 *Foltiny – Korek* (1944–1945) 18., V. t. 1–27., VI. t. 1–33.
459 *Szabó* (1938) 85., 405–409. kép.
460 *Benkő* (1980) 10. t. 4–6., 11–12., 12. t. 5., 13. t. 1–3., 20–27., 14. t. 1., 15. t. 3., 8–9., 15–17., 16. t. 2–5., 7–9., 14–17., 17. t. 1–3., 9–21., 19. t. 16., 21. t. 1–4., 7–12.

Gellértegyházán,[461] Nagyszénáson,[462] Makó, Mezőkopáncson,[463] Kaszaperen,[464] Zentán[465] és Szolnok megyében, a Karcag, asszonyszállási[466] és a Karcag, orgondaszentmiklósi[467] temetőben is –, sőt ennél későbbi időkben szintén előfordult, egészen a legutóbbi évtizedekig.[468] Kiss Lajosnak a vásárhelyiek temetkezési szokásaival kapcsolatos leírása például tökéletesen megfelel a décsei ásatási megfigyeléseknek, mintha csak az évszázadokkal korábbi szokást írta volna le. Eszerint a régi koporsónak nem volt fából a feneke, hanem ehelyett két-három keresztfa volt a fenekén, amire hosszában nádat tettek. Ahogy mondták, így hamarabb emésztődött a test a földben.[469] A kemény fából való koporsó számított a legértékesebbnek, s ha tehették ilyet készítettek, viszont ez azt is jelenti, hogy nem mindig engedhették meg maguknak, s a család anyagi helyzetétől függött a koporsó minősége.[470]

A décsei ásatáson fölvett fa- és szervesanyag-minták vizsgálata, fajmeghatározása szerint a temetéseknél használt farészeket leginkább – 15 mintából 10 esetben (4, 24, 60, 68, 100, 125, 154, 156, 161, 173. sír) – a *kocsánytalan tölgy* (Quercus petraea/Matt./Lieblein.), kisebb részt pedig – a 15 mintából 3 esetben (65, 73, 170. sír) – a *lucfenyő* (Picea abies/L./Karst.) fájából készítették. Egy-egy adatunk azonban a *vörösfenyő* (Larix decidua Mill.), sőt a *tiszafa* (Taxus baccata L.) felhasználására is utal (6. és 163. sír). Figyelemre méltó, hogy a kocsánytalan tölgy ugyanazon fajtáját (Quercus petraea) nemcsak a biztosan – vagy feltételezhetően – a késő középkorra keltezhető sírok famaradványai között találjuk meg, hanem a néhány évszázaddal korábbi, s 12. századi éremmel keltezett 100. sírban előkerült faszéndarabkákban is. A csontvázak alatt több helyen megfigyelt gyékényszerű szerves anyag néhány fölszedett és fajmeghatározás alá vont mintája (58, 87, 156, 163. sír) bizonyította, hogy a halottat ezekben az esetekben *keskeny levelű gyékényre* (Typha angustifolia L.) vagy ebből font szőnyegre, pallóra fektették.

A sírokból előkerült faminták, illetve fajmeghatározásaik azt is mutatják, hogy a koporsóknak használt faanyagokat kisebb részben távoli vidékekről szerezték be a décseiek, hiszen ebben a korban a sírokban kimutatott fafajták, a kocsánytalan tölgy kivételével, nem voltak jellemzőek e tájegységre – mint ahogy napjainkban sem. A keskeny levelű gyékényhez viszont helyben is könnyen hozzájuthattak.[471] A fa szállítására, mint láttuk, a vízi út a Kondoros-völgyön adott volt, s valószínűleg a távoli vidékekről hozatott fa,[472] illetve a helyi kocsánytalan tölgy kemény és tartós faanyagának drágasága – és ritkasága (?) – hozzájárult ahhoz, hogy igen sok sírban találkoztunk a helyben, egyénileg is könnyen beszerezhető, és olcsóbb gyékény maradványaival. Ez alkalmasint helyettesíthette az értékesebb faanyagot. A temetkezési szokásokat tehát kétségtelenül befolyásolhatták a rendelkezésre álló anyagok, éppen úgy, mint az említett néprajzi párhuzamok esetében.

---

461 *Zalotay* (1957) 54.

462 *Szatmári* (1996d) 38., 75., 95., 28. kép 1., 48. kép 2.

463 *Bálint* (1936) 226.

464 *Bálint* (1938) 140.

465 *Foltiny – Korek* (1944–1945) 14.

466 *Selmeczi* (1973) 110., *Selmeczi* (1974) 23–24., *Selmeczi* (1992b) 14.

467 *Selmeczi* (1992b) 36–38., 14–15. kép.

468 *Balassa – Ortutay* (1979) 183., *Bartha* (1985) 449., *Balassa* (1989) 34–36., *Örsi* (1993) 779 – továbbá Ando György és Cs. Szabó István szóbeli közlése a békéscsabai szlovákokra és a Békés megye északi részén, illetve a szomszédos Hajdú-Bihar megyei területeken lévő településekre (Gyoma, Dévaványa, Körösladány, Szeghalom, Füzesgyarmat, Sárrétudvari, Szerep) vonatkozóan.

469 *Kiss* (1958) 179. – Vö. még: *Beck* (1975) 520.

470 *Beck* (1975) 521.

471 Babos Károly és Kertész Éva szíves szóbeli közlése. Vö. még: *Simon* (1992) 77–78., 81., 628., 789., *Csőre* (1980) 36–37., 98–102., 106–109., 118–119., 232–233.

472 A bihari hegyekből Békés megye területére vízi úton történő faúsztatásra korábban Povázsay László is utalt. Vö.: *Povázsay* (1989) 354., 356–358.

A Békés megye területén előkerült középkori sírokból származó faminták vizsgálatára vonatkozóan a décseieknél néhány évvel korábbi eredményekkel is rendelkezünk. A mai Gyula és Békéscsaba között található középkori települések, Fövenyes és Györke, egy-egy sírjából vett faminta fajmeghatározását Horváth Ernő végezte el. Ez alapján tudjuk például, hogy a középkori Fövenyes templom körüli temetőjének 76. sírjában talált koporsót a kocsányos tölgy (Quercus robur L.) kemény fájából készítették. Ez a fafajta a középkorban a Gyula környéki erdőkben előfordulhatott, tehát Fövenyesen a koporsónak felhasznált fa szintén helyi származású anyag volt. A koporsóvasalásokon megmaradtak a házi lenből (Linum usitatissimum L.) készített szemfedő textilanyagának darabjai is. A sírt egy 13. századi érem keltezte az Árpád-kor kései szakaszára.[473] A györkei templom körüli temető 16. sírját viszont textilre varrott, bronzlemezekkel díszített szalagpárta, illetve textillel borított, bronzveretes bőröv utalja a 14. századnál későbbi időkbe. A sírból fölszedett koporsómaradvány a vizsgálati eredmények szerint a jegenyefenyő (Abies alba MILL.) fájából származik, amely – a décsei, hegyvidékre jellemző társulásokból származó faanyagokhoz hasonlóan ugyancsak – az erdélyi területekről kerülhetett Gyula környékére.[474]

A Gyula, valamint a Szarvas környékén felhasznált fafajták (Quercus robur L., illetve Quercus petraea L.) eltérő volta kétségkívül összefüggésben van a két terület – a Körösök völgye és a Maros hordalékkúpja – geográfiai viszonyainak különbségével, s így a vízrajzi, talajtani eltérések mellett különbségeknek kellett lenniük a középkori fafajták előfordulásában is.[475] E két természetföldrajzi kistáj elkülönülése a középkori régészeti lelőhelyek előfordulásában és jellegében szintén kimutatható,[476] sőt a fenti tapasztalatok alapján elmondható, hogy az egykori táj a települések életterét jelentő környezet szempontjából kétségkívül és bizonyíthatóan meghatározó is volt.

A décsei temetkezési szokásokkal kapcsolatos megfigyelés az is, hogy a 75. sírban és a 150. sírban olyan kislány feküdt, akinek fejére, illetve derekára felnőttek – minden valószínűség szerint az anyjuk – pártáját és övét adták. A 75. sírban talált *pártát* annak bő volta miatt a kislány tarkóján szűkebbre hurkolták, a 150. sírban előkerült *övet* pedig a kislány derekán szorosra húzták ugyan, de hossza miatt azt már nem lehetett becsatolni, így a szíjat csak átfűzték a csatkarikán. Szerencsére a 75. sírt érem is keltezte: II. Ulászló 1500–1502 közötti dénára. Ebben a korban tehát Décsén előfordult, hogy a kislányoknak nem voltak díszes viseleti tárgyaik, s haláluk esetén – a szeretet jeleként – az anyjuk egy-egy kiegészítőjét vitték magukkal a sírba.

Valószínűleg ugyanebben az időben használhatták azt az aranyozott ezüst fémszálas fonalból szőtt, több száz gyöngyszemmel díszített *szemfedőt* is, amely a 9. sírban került elő. A 166. sírban talán szintén halotti lepel maradványai kerültek elő. Hasonló leletekre utaló megfigyeléseket tettünk a nagyszénási 83. sír feltárásánál is.[477]

Bizonyos mértékig a temetkezési szokásokhoz kapcsolható az ásatás közben előkerült *két osszárium* is. Az egyiknek a gödrét a templom északnyugati külső sarka mellett, a másikét pedig a szentély külső oldalánál ásták meg. A bennük lévő csontok nyilvánvalóan a temető korai szakaszából, vagyis a falu lakosságának legkorábbi generációjának sírjaiból származhatnak. A csontok közül az épület északnyugati sarkánál egy ezüstből készült S-végű hajkarika is előkerült. Az Árpád-kori leletek meglehetősen kis száma és e hajkarikának az előkerülési körülménye Décsén azt mutatja, hogy a korai sírokat legnagyobbrészt eltüntették a késő középkori sírok beásásaival. A késő középkort is megért falvak több száz éven keresztül használatban lévő temetőinél ez általános, ugyanezt le-

---

473 *Horváth – Szatmári* (1989) 378–384.
474 *Horváth – Szatmári* (1989) 384–386.
475 *Blazovich* (1985) 17–28.
476 *Jankovich* (1991) 156., 167–168.
477 *Szatmári* (1996d) 40., 29. kép 3., 49. kép 2., 50. kép 3.

hetett megfigyelni például a középkori Szénás,[478] Kétsopron,[479] Murony,[480] Hidas,[481] Megyer,[482] Fövenyes,[483] Szentbenedek,[484] Györke[485] falu temetőjében. A temető zsúfoltsága osszáriumok létesítésével járt együtt, melyekből több is előkerült környékünkön: pl. a középkori Kaszaper templomának falánál egy,[486] Kovácsháza temploma mellett kettő,[487] Szénás falu templom körüli temetőjében kettő,[488] Megyer falu temploma mellett kettő,[489] Kétsopron temploma mellett három,[490] Csorvás templom körüli temetőjében egy.[491]

A *temetőt kerítő árok* vagy árkok felderítésére kiásott két kutatóárkunk igazolta a korábbi geofizikai mérések során kimutatott anomáliákat, amelyek a régészeti értékelés alapján is a templom korai és későbbi időszakában ásott temetőárkokkal azonosíthatók.[492]

Az első temetőárok a templom falaitól nyugati és keleti irányban is egyforma távolságban, mindössze 9–10 méterre húzódott, s igen széles – a templomtól keletre kb. 3 méter, az épülettől nyugatra eső szakaszán pedig több mint 4 méter – volt. A mélysége a mai felszíntől számítva is 2,5–3 méter körül mozgott, meglehetősen szabálytalan oldalai pedig lefelé ívelten összeszűkültek. Az alja teknős volt ugyan, de itt is igen felületesen, szabálytalan formában mélyítették ki.

A második temetőárok a jelek szerint az elsőnél is szabálytalanabb alakú és szerkezetű volt. Az 1. sz. kutatóárkunkban, a templomtól nyugatra eső területen ez a temetőárok két nyomvonalra vált szét, de lehet, hogy a külső árok tulajdonképpen harmadik volt a sorban. A legkorábbi temetőároktól ugyanis 2,5–3 méterre egy 1,5–2 méter széles, és a mai felszíntől mérve 2,5 méter mély körárok részletét, ettől pedig 4 méterre nyugatra egy újabb, mindössze 1 méter széles, és – szintén a mai felszíntől számítva – 1,5 méter mély temetőárok helyét bontottuk ki. A templomtól keletre eső területen, a 2. sz. kutatóárkunkban a második temetőárok a korábbitól szintén négy méterre húzódott. Szélességét nem lehetett pontosan megállapítani, mert keleti széle a kutatóárkunk végétől is keletebbre volt, de legalább 4,5–5 méter lehetett. Aljának kialakítása eltért a korábbi temetőárokétól, mivel az árok alja itt hármas tagolású volt: két mélyebb és egy sekélyebb árok futott benne. A két mélyebb belső árok szélessége 1 méter körüli, mélysége pedig a mai felszíntől számítva több mint két méter volt külön-külön. A harmadik, külső árok szélessége is 1 méter körüli lehetett, mélységét viszont csak 1,5 méternek mértük. A második temetőárok mindegyik szakaszának oldalfalai – az elsőhöz hasonlóan – lefelé összeszűkültek, az aljukat pedig teknősre alakították.

Az 1. sz. kutatóárkunkban előkerült sírokból ítélve nemcsak az első, hanem a második vagy harmadik temetőárkot is betemették még a temető használata idején, s később helyükre is sírokat ástak. A templomtól nyugatra biztosan így történt, a halom keleti oldalában viszont az itt húzódott folyómeder közelsége miatt a temetőbővítésre minden valószínűség szerint nem kerülhetett sor.

---

[478] *Szatmári* (1996d) 28.
[479] *Szatmári* (1996e) 218–219., 221.
[480] MRT 10, 625.
[481] MRT 10, 76–77.
[482] MRT 10, 176–177.
[483] *Szatmári* (1996c) 37–38.
[484] *Szatmári* (1996c) 42., 48.
[485] *Szatmári* (1996c) 53–55.
[486] *Bálint* (1938) 20. kép.
[487] *Bálint* (1939) 154., XXI. t. 2.
[488] *Szatmári* (1996d) 43., 12., 16. kép.
[489] MRT 10, 176–177., 31. kép.
[490] *Szatmári* (1996e) 218–219., 231., 250., 2. kép, 21. kép 1., MRT 10, 647., 151. kép.
[491] *Szatmári* (1999) 101., 119., 7. kép.
[492] A körárkok a halom felhordásában nem játszhattak szerepet, mert a felszíni megfigyelések alapján egyértelmű, hogy a halmot az északkeleti oldalán lévő területről kitermelt földből építették.

A magyarországi középkori templom körüli temetők kőből vagy téglából rakott fallal való bekerítésére már régóta vannak adataink.[493] Az Alföldön viszont a szilárd építőanyag hiánya a temető körülárkolásához vezetett.[494] Békés megyében ugyanilyen temetőárkok részleteit tártuk fel Gyula mai határában, a középkori Boldogfalva temetőjénél,[495] valamint Nagyszénáson[496] és Muronyban[497] is.

A leletek

Az ásatáson előkerült leletanyag két nagy csoportba különíthető el. Az egyikbe a sírokhoz nem köthető, a másikba pedig a sírokból előkerült leletek tartoznak.

A *templom körüli, de nem a sírokhoz köthető leletek* leginkább szórványként kerültek elő, így keltező értékük is csekélyebb, s csak közvetett megállapításokra alkalmasak. Az alábbiakban először ezeket vesszük sorra.

Kétségkívül közéjük tartoznak a *felszíni leletek*. A halom tetejéről származik például egy vörösesszürke, lyukacsos *kődarab*, amelynek két oldala sima, a többi pedig töredezett.[498] Domokos Tamás meghatározása szerint riolit, melynek legközelebbi előfordulási helye a bihari hegyekben található. Szintén a halom felszínén gyűjtöttünk egy szivárványos színű, lekerekített sarkú kocka alakú, üvegpasztából készült *gyöngyszemet*[499] *(8. tábla 5.)*, egy keskeny és hosszú, két végén behajlított *vaskapcsot*[500] *(8. tábla 17.)* és négy darab, különböző vastagságú és hosszúságú, négyszögletes szárú, T-fejű *vasszeget*[501] *(8. tábla 11–14.)*.

Az *1. szelvény* mélyítése közben az első ásónyomból került elő két pelyvás, habarcsos *tégladarab*. Az egyiknek a keskenyebbik oldalán két ujjbenyomás látható.[502] Ugyanebben a szelvényben, a templom első periódusának karzattartó alapozásában volt – többek között – két szürke, rétegesen elváló szerkezetű, kissé meszes *kődarab*,[503] illetve egy másik, szintén habarcsos, szürke színű, az előbbiektől kissé eltérő anyagú *kődarab* is.[504] Domokos Tamás meghatározása szerint az előbbi két kő andezittufa, az utóbbi pedig tufa, s legközelebb ezek is a bihari hegyekben fordulnak elő.

A szelvény keleti szélénél talált Árpád-kori gödör betöltéséből, de még az első ásónyomból, összetört, csaknem teljes *cserépbogrács* töredékei kerültek elő. A kiegészített bogrács pereme vörös polírozású, világosbarna színű, kormosan foltos, s négy kerek függesztőfüle van[505] *(23. tábla)*. Szájjal lefelé helyezkedett el, s alatta egy, az egyik végén laposra kalapált, a másik végén pedig Y-alakú, ívesen kétfelé hajló *koporsóvasaláson*[506] *(4. tábla 1.)* kívül három T-fejű, szögletes szárú *vasszeg*[507] *(4. tábla 2–4.)*, valamint 14 darab *állatcsont*[508] volt *(4. tábla 5–16.)*. Az utóbbiak között Vörös István meghatározása szerint leginkább juhcsontok fordulnak elő, de vannak közöttük sertés- és szar-

493 Pl.: *Szabó* (1938) 130., 621. kép., *Gerevich* (1943) 109., 2. kép.

494 *Méri* (1964) 8.

495 RégFüz 42 (1991) 75., *Szatmári* (1996c) 66., 310. jegyzet.

496 *Szatmári* (1996d) 28–29., 10., 12., 15–16. kép.

497 MRT 10, 624., 141–142. kép.

498 h.: 21 cm, sz.: 11,5 cm, m.: 10 cm, ltsz.: 95.23.1.

499 h.: 0,5 cm, átm.: 0,6 cm, ltsz.: 95.23.98.

500 h.: 5,3 cm, sz.: 0,7 cm. ltsz.: 95.23.99.

501 h.: 2,5–9,5 cm, fejük sz.: 0,8–1,7 cm, ltsz.: 95.23.100.

502 Mindkettő mérete: ? x ? x 4,5–5 cm, ltsz.: 95.23.5.

503 Az egyiknek a h.: 20 cm, sz.: 12 cm, m.: 10 cm, a másiknak a h.: 17 cm, sz.: 12 cm, m.: 7 cm, ltsz.: 95.23.6.

504 h.: 16 cm, sz.: 10 cm, m.: 7,5 cm, ltsz.: 95.23.7.

505 m.: 19,3 cm, szá.: 23,4 cm, hasának átm.: 28,5 cm, ltsz.: 95.23.53.

506 h.: 9,8 cm, sz.: 1,7–5,3 cm, ltsz.: 95.23.54.

507 h.: 7,7 és 8,5 illetve 8,9 cm, fejüknek sz.: 1,3 és 1,9 illetve 1,5 cm, ltsz.: 95.23.55.

508 ltsz.: 95.23.56.

vasmarhacsontok is. A gödör átnyúlik az 5. szelvény nyugati szélére, s itt több sírgödör mélyedt betöltésébe. Ugyanebből a gödörből – az 1. szelvény területéről – való egy sötétszürke színű, kormos, karéjos kiképzésű, kerek függesztőlyukkal rendelkező *bográcsperem-töredék*[509] *(5. tábla 9.)*, illetve 60 cm mélyen további három vastárgy is előkerült. Az egyik egy négyszögletes átmetszetű, vékony vaspálcából a két végét visszahajlítva kialakított *hurkos fejű vastárgy*[510] *(5. tábla 3.)*, a másik kettő pedig T-fejű, szögletes szárú *vasszeg*[511] *(5. tábla 1–2.)*.

A szelvény délnyugati sarkában lévő gödör betöltésében 60–70 cm mélyen, szórványként került elő egy barna színű cserépbogrács szögletes átmetszetű *peremtöredéke*[512] *(3. tábla 10.)*, néhány más *bográcsoldal*,[513] egy csillámos anyagú – szintén Árpád-kori – *fazékalj*[514] *(3. tábla 13.)*, továbbá néhány középkori vastárgy is. Az utóbbiak közé tartozik egy kerek lyukkal átütött, vékony *vaspánt*[515] *(3. tábla 9.)*, egy másik, hosszúkás, hurkos végű *vastárgy*, amelynek a hegye hiányzik[516] *(3. tábla 7.)* és két szögletes átmetszetű *vasszeg*[517] *(3. tábla 6., 8.)*. A gödör betöltésében 80 cm mélyen volt egy kerek fejű, szögletes szárú vasszeggel átütött keskeny, hosszúkás *vaspánt*[518] *(3. tábla 5.)*, a beásás alján pedig egy olyan hegyes, hurkos végű *vastárgy* is előkerült, amelyiknek a szárát a hosszú vas két végének visszahajlításával alakították ki[519] *(3. tábla 4.)*.

A szelvény nyugati szélének közepén, 40 cm mélyen, tehát a szántás alsó szintjén – esetleg az itt lévő 15–16. sír betöltéséhez tartozóan – néhány Árpád-kori és késő középkori *edénytöredék*, illetve három vörös színű, éles törésű, szabálytalan alakú, kisméretű *kődarab* került elő. A korábbi leletek közé egy barna színű, kívül kormos, megvastagodó bográcsperem[520] *(5. tábla 6.)* és három ugyanilyen, de kavicsos anyagú bográcsoldal tartozik.[521] Egy kormosan szürke, és bekarcolt vonallal díszített edényoldal 13–14. századi lehet[522] *(5. tábla 12.)*, egy barna, foltos, profilált fedőperem[523] *(5. tábla 8.)*, egy ugyanilyen, de fedőhornyos edényperem[524] *(5. tábla 11.)*, egy szürke, szemcsés anyagú edényoldal[525] és egy kívül kormos, belül világosbarna színű, egyszerű fenéktöredék[526] *(5. tábla 7.)* pedig a késő középkorra (a 14–16. századra) keltezhető. A kődarabok anyaga Domokos Tamás meghatározása szerint tömött jura-mészkő („márvány"), amely legközelebb a Bihari-hegységben fordul elő[527] *(5. tábla 10., 13.)*.

---

509 ltsz.: 95.23.57.
510 h.: 5,7 cm, sz.: 1,6 cm, ltsz.: 95.23.58.
511 h.: 2,7 és 8,5 cm, sz.: 1 és 1,9 cm, ltsz.: 95.23.59.
512 ltsz.: 95.23.45.
513 ltsz.: 95.23.46.
514 ltsz.: 95.23.47.
515 h.: 4 cm, sz.: 3 cm, ltsz.: 95.23.48. – talán koporsóvasalás lehetett.
516 h.: 3,9 cm, sz.: 1,2 cm, ltsz.: 95.23.49.
517 h.: 4,5 és 5,2 cm, v.: 0,5 cm, ltsz.: 95.23.50. – fejük hiányzik, az egyiken famaradványok látszanak.
518 h.: 6 cm, sz.: 1,7 cm, ltsz.: 95.23.51.
519 h.: 8,6 cm, sz.: 1,6, ltsz.: 95.23.52. – rajta famaradványok nyoma látszik.
520 ltsz.: 95.23.60.
521 ltsz.: 95.23.61.
522 ltsz.: 95.23.62.
523 ltsz.: 95.23.63.
524 ltsz.: 95.23.64.
525 ltsz.: 95.23.65.
526 ltsz.: 95.23.66.
527 Méretük: 2,5 x 2,5 x 2,5 cm, 4 x 2,5 x 2,7 cm, 5,3 x 4,2 x 3,2 cm, ltsz.: 95.23.67. – két töredék egymással összetartozó darab.

Az 1. szelvény északnyugati sarkában, az első ásónyomban találtunk egy barna színű, karéjos kiképzésű, két kerek függesztőlyukkal rendelkező *bográcsperem-töredéket*[528] *(5. tábla 4.)* és egy világossárga színű, szemcsés anyagú, késő középkori *fenéktöredéket*[529] *(5. tábla 5.).*

A *2. szelvényből* szórvány leletként került elő egy pelyvás anyagú, habarcsos felületű, az egyik lapján érdesebb *tégladarab*,[530] valamint a szelvény északkeleti sarkában talált összedobált csontok közül – esetleg a 8–10. sír betöltéséből – egy sárga színű, spirálisan csavart, és elcsípett üvegpaszta szálból való *gyöngyszem*[531] *(6. tábla 5.).*

A *3. szelvény* területén, a szántás rétegében szórványként találtuk meg Zsigmond király (1387–1437) *ezüstdenárát*[532] *(20. tábla 25.)*, valamint egy olyan ezüstözött *bronzveretet*, amelynek pontos meghatározása bizonytalan[533] *(6. tábla 2., 30. tábla).* Ez utóbbi Gedai István véleménye szerint – az előlap alapján – 13. századi, friesachi hatás alatt készült pénznek az egykorú hamisítványa lehet, hátlapján pedig a CNH I. 101. típusra emlékeztető, keleties feliratnak tűnő ábra látható. Nagy Ádám meghatározása szerint a veret – ha egyáltalán érem volt – talán 14–16. századi lehet. E két vélemény mellett megemlíthetjük még II. Szulejmán akcséját is, amelyre az örménykúti lelet jellege szintén emlékeztet.[534] Az első ásónyomból került a múzeumba két pelyvás anyagú, habarcsos *tégladarab* is.[535]

Az *5. szelvényben*, az első ásónyomból került elő szórványként egy ép, lapított végű *vasszeg*[536] *(6. tábla 6.)*, egy ovális, közepén szögletes lyukkal átütött *bronzlemez* s mellette egy bronzhuzal, amely talán a lyukba illeszkedett[537] *(6. tábla 3.)*, továbbá egy bronzlemezből hajlított, pödrött, külső oldalán pedig bordákkal díszített *csövecske*[538] *(6. tábla 4.)* és három kúpos fejű, szögletes szárú *vasszeg*[539] *(6. tábla 7–9.).* A szelvény közepén, 35 cm-es mélységből származik, s szintén csak szórványként értékelhető egy bronzhuzalból hajlított, csavart szárú *párizsikapocs pár*[540] *(20. tábla 11.).* Ugyancsak ebből a szelvényből való, és 50 cm-es mélységben került elő szórványként egy pelyvás, habarcsos, pirosra átégett *tégladarab*.[541]

A szelvény északkeleti sarkában, 50 cm mélyen és szórványként találtuk meg I. Mátyás (1458–1490) *ezüstdenárát*[542] *(20. tábla 26.).*

A szelvény délnyugati sarkában, szintén 50 cm mélyen – ismét csak szórványként – egy-egy csontból faragott *szíjvég* és *csat* együtt került elő. A szíjvég szélének megmunkálása virágra emlékeztet, felületét pedig bevésett vonalakkal és körökkel díszítették[543] *(20. tábla 22.).* A csatkarika és csattest félbetörött[544] *(20. tábla 21.).* Ugyaninnen származik egy T-fejű és egy kúpos fejű *vasszeg*[545]

528 ltsz.: 95.23.68.
529 ltsz.: 95.23.69.
530 ? x 16 x 4,5 cm, ltsz.: 95.23.8.
531 átm.: 0,3 cm, ltsz.: 95.23.70.
532 átm.: 1,2 cm, ltsz.: 94.2.33., CNH II. 121., *Huszár* (1979) No. 576.: 1390–1427?.
533 átm.: 2 cm, ltsz.: 95.23.71.
534 Ezúton köszönöm Gedai István és Nagy Ádám segítségét. Vö. még: MK 3. 124.
535 Mindegyiknek a mérete: ? x ? x 5 cm, ltsz.: 95.23.9.
536 h.: 5,9 cm, átm.: 0,3 cm, ltsz.: 95.23.72.
537 átm.: 1,2–1,4 cm, a huzal h.: 1,4 cm, ltsz.: 95.23.73.
538 h.: 0,6 cm, átm.: 0,4 cm, ltsz.: 95.23.74.
539 h.: 5,5 és 5,5 illetve 7,8 cm, sz.: 1,1 és 1,5 illetve 1,6 cm, ltsz.: 95.23.75.
540 h.: 1,5 és 1,5 cm, sz.: 0,8 és 1,2 cm, ltsz.: 94.2.13.
541 ? x 15,5 x 5 cm, ltsz.: 95.23.10.
542 átm.: 1,6 cm, Mzz.: K–P, ltsz.: 94.2.34., CNH II. 239/A., *Huszár* (1979) No. 719.: 1482–1486.
543 h.: 6 cm, sz.: 2,5 cm, ltsz.: 94.2.23.
544 h.: 4,8 cm, sz.: 1,2 cm, ltsz.: 94.2.24.
545 h.: 4,7 és 5,4 cm, sz.: 1,5 és 1,8 cm, ltsz.: 95.23.76.

(6. tábla 10–11.), egy eredetileg kör alakú *bronzlemez*, amelynek a teljes felületét szűrőszerűen kerek lyukakkal törték át[546] *(6. tábla 1.)* és egy lapított bronzhuzalból hajlított *párizsikapocs pár*[547] *(7. tábla 4.)*.

A szelvény északnyugati sarkában – 20 cm-es mélységben – kopott, töredezett szélű *érem* került elő, amely talán I. Ulászló király (1440–1444) korából való hamisítvány, de pontosabban nem lehet meghatározni[548] *(7. tábla 1.)*. Ugyanitt, 35 cm mélyen találtunk két T-fejű, szögletes szárú *vasszeget* is[549] *(7. tábla 9–10.)*. Ezeknek a tárgyaknak az itt lévő gödörrel való viszonya bizonytalan, inkább a sírok betöltéséhez köthetők. Az Árpád-kori gödör anyagához tartozhat viszont az a belül barna, kívül kormos, cserépbogrács hasvonalából származó *oldaltöredék*, amely közvetlenül a 44. sír alatt került elő,[550] valamint az a szintén barna, kívül pedig kormos, szürke törésfelületű, ugyancsak cserépbográcsból való *oldaltöredék*, amely a 60. sír betöltésében volt.[551] Ugyanide kell sorolni azt a barna színű, karéjos kialakítású, kerek függesztőlyukkal ellátott *bográcsperem-töredéket* is, amelyet a 61. sír alatt, a 76. sír betöltésében találtunk.[552] A gödörhöz köthető leletek – a teljes cserépbogrács és más bográcstöredékek, valamint a templom alapozásában előkerült kövekkel megegyező anyagú kő pl. a 76. sír alján, illetve más tégladarabok – alapján a gödör kora megegyezhet a templom építésének idejével, s talán az építés idején keletkezett. Később pedig sírokat ástak bele.

A *6. szelvényben*, az első ásónyomban találtunk egy pelyvás, habarcsos *tégladarabot*,[553] s az alapozási árok szelvénybe eső szakaszából való a múzeum gyűjteményében lévő öt szürke, réteges törésű *kődarabon*[554] és két világosszürke színű, szabálytalan alakú, habarcsos *kődarabon*[555] kívül három vékony, szögletes szárú, lapított fejű *vasszeg*[556] *(7. tábla 6–8.)* is. Domokos Tamás meghatározása szerint a kövek mindegyike tufa, s ilyen kőzet a lelőhelyhez legközelebb a Bihari-hegységben fordul elő.

Ugyanennek a szelvénynek az északnyugati sarkában – nyilvánvalóan az itt lévő sírok kevert betöltéséből – igen sok lelet került elő szórványként. Ezeknek azonban az itt talált sírokhoz való tartozása teljesen bizonytalan, sőt egyes esetekben egyértelműen kizárható. Még a szántás rétegében, 20 cm-es mélységben találtunk például két szögletes szárú *vasszeget*, melyek közül az egyik T-fejű, a másik kúpos[557] *(7. tábla 11–12.)*. Ezek alatt, 50 cm mélyen volt egy bronzhuzalból hajlított, lapított *párizsikapocs pár* hurkos fele[558] *(7. tábla 2.)* és egy lemezes végű, textilmaradványokkal borított *pártaöv* négy, egymással azonban össze nem illő töredéke is. A pártaöv textil anyaga egyszerű vászonkötéssel készült, melyre fémszálas szalagot varrtak. A szalag vastag, S-sodratú, len láncfonalból és vékony bronzhuzal vetülékéből állt. Mintáját három-három szál keresztezésével, panamakötéssel készült kazettaminta jelentette. Az övszalag végén visszahajtott bronzlemez van, melynek hátoldala sima, előoldala pedig préselt sakktáblamintás. A minta szélén a lemezt farkasfoghoz hasonló vonal mentén vágták el. A lemezhez eredetileg bronzhuzalból hajlított, bordás díszű hurok kapcsolódott, de

[546] átm.: 5,5 cm, ltsz.: 95.23.77.
[547] h.: 1,8 és 1,8 cm, sz.: 1,1 és 1,3 cm, ltsz.: 95.23.78.
[548] Anyaga erősen réz ötvözetű, átm.: 1,5 cm, ltsz.: 95.23.80. – Nagy Ádám meghatározása.
[549] h.: 7,1 és 8,1 cm, fejük sz.: 1,5 és 1,5 cm, ltsz.: 95.23.79.
[550] ltsz.: 95.23.145. – biztosan nem tartozhat a 95.23.53. leltári számú bográcshoz.
[551] ltsz.: 95.23.161. – a 95.23.53. leltári számú bogrács része is lehetett eredetileg, de ez nem bizonyos.
[552] ltsz.: 95.23.163. – biztosan nem tartozhatott a 95.23.53. leltári számú bográcshoz.
[553] ? x 15 x 4,5 cm, ltsz.: 95.23.11.
[554] h.: 8,5–19 cm, sz.: 7,5–15 cm, m.: 4–7 cm, ltsz.: 95.23.12.
[555] h.: 13,5 és 23 cm, sz.: 10 és 9 cm, m.: 6 és 6,5 cm, ltsz.: 95.23.13.
[556] h.: 2,5 és 3,4 illetve 5,1 cm, v.: 0,2–0,3 cm, ltsz.: 95.23.82.
[557] h.: 7,3 és 6,4 cm, v.: 1,1 és 1,6 cm, ltsz.: 95.23.81.
[558] h.: 1,7 cm, sz.: 1,3 cm, ltsz.: 95.23.83.

ennek már csak az egyik fele maradt meg.[559] *(7. tábla 3.)* Még lejjebb ásva, 70 cm-es mélységben került elő egy másik, szintén bronzhuzalból hajlított, lapított *párizsikapocs* hurkos fele[560] *(7. tábla 5.)* és egy keskeny, hosszú *vaspánt* is, amelynek egyik vége háromszög alakban levágott, s kerek lyukkal átütött[561] *(7. tábla 24.)*.

Ugyanitt, a szelvény északnyugati sarkában, a kevert földben szórványként előkerült, fentebb említett vasszegeken, ruhakapcsokon, vaspánton és pártaövtöredéken kívül, 92 cm mélyen – szintén szórványként – egy kisméretű *arany S-végű karikát* is találtunk[562] *(20. tábla 3.)*. A beásás alján lévő sír és a karika között nincs semmilyen összefüggés.

A *7. szelvény* területéről való egy olyan hosszú és lapos *vastárgy*, amelynél a két végét egymásra kalapálva középen hurkot hagytak, s ebbe hasonlóan kialakított vascsuklót kapcsoltak[563] *(7. tábla 23)*.

A *8. szelvény* területén az első ásónyomból, még a szántás rétegéből került elő két barna színű, kormos, csillámos anyagú, késő középkori *fenéktöredék.*[564]

A *10. szelvényből* származik két szórványként előkerült, pelyvás, habarcsos *tégladarab*,[565] és öt négyszögletes szárú, T-fejű vagy kúpos fejű *vasszeg*[566] *(7. tábla 13–16., 22.)*. A szelvény déli feléből, az előbbiekhez hasonlóan szintén az első ásónyomból való öt másik, az előbb említettekkel azonos típusú *vasszeg*[567] *(7. tábla 17–21.)* és egy téglalap alakú *csattest* is, amelyiknek a hátoldala vasból készült, széle előre hajlított, s előlapjában indás-virágos, préselt bronzlemez kicsiny töredéke helyezkedik el[568] *(8. tábla 2.)*. Ugyanitt találtuk meg egy nagyméretű bronz *párizsikapocs* lapított, hurkos felét[569] *(8. tábla 3.)*, valamint egy öntött, áttört, aranyozott ezüst *ruhakapocs* kampós felét, rajta indás gumóval, illetve három- és négylevelű virágdísszel. A négylevelű virágmintát piros kőberakás is díszíti[570] *(8. tábla 1.)*.

A *11. szelvény* területéről, részben pedig a második ásónyomból való az a 11 darab kisebb-nagyobb *vasszeg*, amelyek szögletes szárúak, T-fejűek vagy kúpos végűek[571] *(8. tábla 6–10., 15–16., 18–21.)*. A szelvény északnyugati sarkában, az első ásónyomban találtunk egy késő középkori, szürke korsóból származó, széles *szalagfültöredéket*[572] *(8. tábla 22.)*, a szelvény északi széle mellett pedig, a második ásónyomból került elő szórványként egy ép, de kopott, bronzból készült *pecsétgyűrű*, amelynek kiszélesedő ovális fején kard és talán U–U monogram látszik[573] *(20. tábla 5.)*. A szelvény keleti széle mellett lévő gödörbe dobált sok kődarab között volt egy szürke színű, habarcsos *faragott kő* is. Egyik lapja sima, a másik ívelt, s ebből egy háromnegyed kör átmetszetű borda indul[574]

[559] A lemez h.: 2 cm, sz.: 3 cm, az övszalagdarabok h.: 1,3 és 2,2 illetve 2 cm, sz.: 1 és 1 illetve 3 cm, ltsz.: 95.23.84.

[560] h.: 2 cm, sz.: 1,5 cm, ltsz.: 95.23.85.

[561] h.: 15,2 cm, sz.: 1,3–1,6 cm, ltsz.: 95.23.86.

[562] átm.: 1,2–1,4 cm, v.: 0,1 cm, ltsz.: 94.2.5.

[563] h.: 12,7 cm, sz.: 2,3 cm, ltsz.: 95.23.87.

[564] ltsz.: 95.23.88.

[565] ? x ? x 5,5 cm, ? x 17,5 x 5 cm, ltsz.: 95.23.14.

[566] h.: 5,3–7,3 cm, fejük sz.: 2 cm, ltsz.: 95.23.89.

[567] h.: 5,1–8 cm, fejük sz.: 1,4–2,4 cm, ltsz.: 95.23.90.

[568] h.: 3,3 cm, sz.: 2,6 cm, ltsz.: 95.23.91.

[569] h.: 2,8 cm, sz.: 1,4 cm, ltsz.: 95.23.92.

[570] A kapocs h.: 1,7 cm, sz.: 1,2 cm, ltsz.: 95.23.93.

[571] h.: 3,8–8,2 cm, fejük sz.: 1–2,1 cm, ltsz.: 95.23.95–96.

[572] ltsz.: 95.23.94.

[573] átm.: 1,9 cm, fejének átm.: 1,3 x 0,8 cm. ltsz.: 94.2.7.

[574] h.: 23,5 cm, sz.: 20,5 cm, m.: 10,5–12 cm, ltsz.: 95.23.15.

(24. tábla). Domokos Tamás meghatározása szerint a kő tufa, melynek legközelebbi előfordulási helye a bihari hegyekben található.

A *12. szelvényben* mindössze egy sárgás színű, csavart üvegpaszta szálból lecsípett *gyöngyszemet* találtunk, mindjárt az első ásónyomban[575] *(8. tábla 4.)*.

Az *1. sz. kutatóárokból* szórványként került elő, az első ásónyomból, egy egyenes hátú, ívelt pengéjű *vaskés* hegye[576] *(2. tábla 3.)*, egy elhegyesedő, szögletes átmetszetű, lapított fokán kerekre kiszélesedő *vastű* töredéke[577] *(2. tábla 4.)*, és egy kopott, barna foltos *ólomgolyó*[578] *(2. tábla 5.)*. Az árok közepén, szintén még az első ásónyomban találtunk szórványként egy négyszögletes *vascsatot* is, vaspecekkel[579] *(2. tábla 1.)*, az árok nyugati végében pedig, a második ásónyomban két pelyvás soványítású, habarcsos *tégladarabot*, melyek közül az egyiknek egy lapja simított, a másik érdes.[580] Az árok nyugati végétől 90 cm-re, az árok déli falától 20 cm-re, a mai felszíntől pedig 80 cm mélyen – összedobált embercsontok mellett – szórványként, egy bronzból készült, törött *pántgyűrű* került elő, amelynek felületét keresztirányban haladó fogaskerékminták díszítik[581] *(29. ábra, 20. tábla 1.)*.

Az 1. árok keleti harmadában, a második ásónyomból való – s ugyancsak szórványként kezelhető – egy vasból kovácsolt, tüskés végű, gúlahegyű, számszeríjhoz tartozó *nyílhegy*[582] *(2. tábla 2.)*. A kutatóárokban megtalált belső temetőárok külső oldalában, a felszíntől 60 cm mélyen találtunk egy sárgásbarna színű, szemcsés anyagú, profilált, késő középkori *edényperemet*[583] *(2. tábla 12.)*. Ugyanitt, a belső körárok betöltésében három apró, gyenge égetésű, erősen pelyvás anyagú, habarcsos *tégladarabon*[584] és egy szürkésfehér színű, csillámos anyagú, kristályos *mészkőtöredéken*, márványdarabon[585] kívül további késő középkori leletek is előkerültek. Közéjük tartozik két szürke, szemcsés anyagú, profilált *fazékperem-töredék*[586] *(2. tábla 13–14.)*, öt darab hasonló anyagú, szürke vagy barna színű *edényoldal*,[587] egy-egy szürke, illetve világosbarna színű, de szürke törésfelületű *fenéktöredék*[588] *(1. tábla 2., 6.)*, egy ívelt hátú *vaskés* darabja, amelynek a hegye és nyéltüskéje hiányzik[589] *(2. tábla 7.)*, valamint két olyan keskeny, hosszúkás *vaslemez* – az egyiknek a vége visszahajló –, amelyek talán koporsóvasalások voltak[590] *(2. tábla 8–9.)*. A kő anyagát meghatározó Domokos Tamás szerint a márványtöredék legközelebbi előfordulási helye a Bihari-hegységben található. Egy *bronzgyűrű* szintén a belső körárok betöltésében volt, de az ott lévő bolygatott embercsontok között, a felszíntől számított 388 cm-es mélységben. A gyűrű pántját vékony bronzlemezből hajlították, fe-

575 h.: 0,3 cm, átm.: 0,3 cm, ltsz.: 95.23.97.
576 h.: 5 cm, sz.: 1,3 cm, ltsz.: 95.23.25.
577 h.: 6,6 cm, fokának átm.: 0,7 cm, ltsz.: 95.23.26.
578 átm.: 1 cm, ltsz.: 95.23.27.
579 h.: 3,5 cm, sz.: 2,8 cm, v.: 0,5 cm, ltsz.: 95.23.24.
580 ? x 18,5 x 5,5 cm, ? x 17 x 4,5 cm, ltsz.: 95.23.2–3.
581 átm.: 2,1 cm, sz.: 0,3 cm. ltsz.: 94.2.3. Korábban, pusztán jellege miatt, a kora Árpád-kori leletek közé soroltam (vö. *Szatmári* 1996b 163.), de ez bizonytalan, mivel pontos, jól keltezhető megfelelője nem ismert. Vö. *Hlatky* (1938), *Lovag* (1980) 221–238. Lásd még a 171. sír leírásánál is!
582 h.: 5 cm, átm.: 0,8 cm, ltsz.: 95.23.29.
583 ltsz.: 95.23.28.
584 Mindhárom: ? x ? x 5,5 cm, ltsz.: 95.23.4.
585 h.: 5 cm, sz.: 2,7 cm, ltsz.: 95.23.38.
586 ltsz.: 95.23.31.
587 ltsz.: 95.23.32., 95.23.36.
588 ltsz.: 95.23.33., 95.23.37.
589 h.: 9,3 cm, sz.: 1,5 cm, ltsz.: 95.23.34.
590 h.: 4 és 8,5 cm, sz.: 3,3 és 3,5 cm, ltsz.: 95.23.35.

jének közepét pedig lapos, hétszögletű üvegpaszta berakással díszítették[591] *(2. tábla 6.)*. A belső temetőárok beásásának legaljáról három darab szürke, késő középkori fazekakból való *oldaltöredék*[592] jutott a múzeumba.

A *2. sz. kutatóárok* nyugati végében, az első ásónyomban, szórványként került elő egy töredékes *bronzkarika*, amely eredetileg valószínűleg S-végű lehetett[593] *(20. tábla 2.)*. Ugyanitt, a felszíntől 45 cm mélyen találtunk egy T-fejű és egy négyszögletes fejű *vasszegen* kívül[594] *(2. tábla 10–11.)* egy olyan kovácsolt *vasszeget* is, amelyiknek a feje kerek, s hurokban végződik[595] *(3. tábla 1.)*. A belső temetőárok ide eső betöltésében, szintén a mai felszíntől számítva, 375 cm mélyen, szórványként került elő egy bronzhuzalból hajlított, két végén törött *karika*[596] *(3. tábla 2.)*, a kutatóárkunk keleti végében pedig, a második ásónyomban, egy bronzlemezből készített kampós *párizsikapcsot* találtunk. A keskeny bronzlemezt a két szélén hosszanti irányban visszahajlítva alakították huzallá, majd ezt követően formázták meg a ruhakapcsot[597] *(3. tábla 3.)*. Ugyancsak a 2. sz. kutatóárok keleti végében, pontosan a szélső körárok betöltéséből került elő két késő középkori, szürke színű, nagyméretű korsókból származó *fültöredék*, melyek közül az egyik fényezett felületű[598] *(3. tábla 11–12.)*.

A templom északnyugati sarkánál kibontott *I. sz. osszáriumban*, az összedobált csontok között, szórványként került elő egy ezüstből készült, ép *S-végű karika* is, melynek vége bordás[599] *(20. tábla 4.)*.

A fentieknél többet árulnak el esetenként *a sírokból előkerült leletek*, hiszen az egyes síroknak a középkoron belüli keltezése nyilvánvalóan jórészt csak ezek alapján lehetséges. A sírok időbesorolása pedig hozzásegíthet a templom különböző építési periódusainak vagy bizonyos temetkezési szokásoknak a keltezéséhez is. Ezért a sírok leleteinek és a sírok elhelyezkedésének értékelése, összefüggései, illetve relatív időrendjük meghatározása különösen fontos lehet a keltezés minden területén.

A feltárt 178 sír közül 68 sírban (38,2%) semmilyen lelet nem volt, 22 sírban (12,4%) is csak koporsóra utaló famaradványokat találtunk, 11 sírban (6,2%) kizárólag gyékényszerű szerves anyag fordult elő, 2 sírban (1,1%) pedig szintén csak koporsóra utaló famaradvány és gyékényszerű szerves anyag került elő, de együtt. Ebből adódóan tipikus régészeti tárgy 103 sírban (57,9%) nem volt, s ilyen jellegű tárgy összesen 75 sírban (42,1%) fordult elő.

Ezek közül sem alkalmas azonban minden lelet a pontos keltezésre. A középkoron belül *nem lehet közelebbi időmeghatározását adni* önmagában több vasszegnek, koporsóvasalásnak és a 154. sírban talált karperecnek sem. A *vasszegek* T-fejűek (4, 9, 11, 137, 157. sír), vagy kúpos fejűek (22, 28, 39, 74, 100, 177. sír), egy kerek fejű (65. sír), néhánynak pedig csak a szára maradt meg (13, 22, 28, 32, 70, 165. sír). Ezeknek a síroknak egy részében (28, 39, 74, 137, 177. sír) semmilyen más lelet nem volt, kettőben (100, 157. sír) az Árpád-korra utaló leletek fordultak elő, a többi (4, 9, 11, 13, 22, 32, 65, 70, 165. sír) korát pedig a késő középkorra keltezik a sírokban előforduló más leletek – ha a koporsómaradványok és koporsóvasalások korát is késő középkorinak vesszük. Ugyanezt bizonyíthatja egyes síroknak a biztosan késő középkori sírokhoz való relatív időrendje is. A vasszegek tehát

591 Több darabból ragasztott, eredeti átmérőjét nem lehetett megmérni, fejének átm.: 0,6 cm, a pánt sz.: 0,3 cm, ltsz.: 95.23.30.

592 ltsz.: 95.23.39.

593 átm.: 2,6 cm, v.: 0,2 cm. ltsz.: 94.2.4.

594 h.: 4,8 és 6,5 cm, v.: 0,5 és 0,8 cm, ltsz.: 95.23.40.

595 h.: 7 cm, fejének átm.: 1,6 cm, ltsz.: 95.23.41.

596 átm.: 2 cm, v.: 0,1 cm, ltsz.: 95.23.42.

597 h.: 1,4 cm, sz.: 0,5, ltsz.: 95.23.43.

598 ltsz.: 95.23.44.

599 átm.: 2,2–2,8 cm, v.: 0,1 cm, ltsz.: 94.2.6.

az egész középkoron keresztül használatban voltak, s önmagukban pontosabb keltezésre alkalmatlanok. A *karperec* korát viszont a késő középkorba utalja a sírban előkerült koporsómaradványon kívül az, hogy a sír beásását a kutatóárok metszetfalában egészen a szántás alsó szintjétől kezdve lehetett lefelé követni, vagyis a sírnak mindenképpen a legkésőbbi sírok egyikének kell lennie. A 13, 25. és 161. sírban talált *koporsóvasalásokat* is a késő középkorra keltezik az egyéb sírleletek: a koporsómaradványok, a párizsikapocs párok és a késő középkori edénytöredékek.

Csak *közvetett keltező értéke* van a sírok betöltéséből előkerült leleteknek is. Árpád-kori edénytöredékek kerültek elő például a 24, 44, 60, 76, 78. sírban, Árpád-kori tégladarabok pedig a 76. sírban. Késő középkori edénytöredékek voltak viszont az 1, 22, 69, 76, 78. és 161. sír, bronz párizsikapocs pár a 25. sír, öntött ruhakapocspár a 89. sír, bronz fülesgomb a 3. sír, csontból faragott övdísz a 37. sír, bronz pecsétgyűrű a 162. sír, bronzlemez az 58. sír és lópatkó a 161. sír betöltésében. A késő középkori, csontból faragott övdísz keltezi a 37. sír betöltésében talált koporsóvasalást is. Néhány sír betöltésében kődarabok szintén előkerültek. Helyzetüket tekintve közülük az 1. sírban lévőt késő középkori edénytöredék, a 65. sírban lévőket a sír 92. sírhoz – s az abban talált párizsikapocshoz – való időrendi viszonya, a 76. sírban talált követ pedig szintén néhány késő középkori edénytöredék és egy Mátyás király korából való dénár keltezi. Kísérő leletek és egyéb adatok hiányában nem lehet pontosan időhöz kötni a 74. sírban talált kődarab földbekerülését. Igen sok vasszeg származik a sírok betöltéseiből: összesen 42 szeget találtunk 24 sír földjében. 21 darab T-fejű szeg volt 12 sír, 13 darab kúpos fejű szeg pedig 7 sír betöltésében. Egy kerek fejű szeg szintén sírban fordult elő, négy sír betöltésében pedig 7 olyan szeg volt, amelyiknek a feje nem maradt meg.

A *legjobban keltező leletek az ásatáson előkerült érmek*. Ezek között is vannak azonban olyanok, amelyek csak szórványként értékelhetők: a 3. szelvény területéről származik Zsigmond király dénárán kívül egy másik, valószínűleg a 14–15. századra keltezhető érem, valamint az 5. szelvényből való I. Ulászló (?) és Mátyás király egy-egy érme is. A többi érem mindegyike sírhoz köthető. Összesen 13 sírban találtunk érmet, az egyikben két darab is volt. Az érmek között van egy 12. századi (100. sír), egy I. Lajos idejéből való (57. sír), egy Zsigmond és V. László kora közé tehető (29. sír), hét Mátyás királyhoz köthető (31/b, 61, 69, 76, 86, 89, 175. sír), egy II. Ulászló által veretett (75. sír) és három I. Ferdinánd uralkodása idejéből megmaradt darab (41, 143. sír – az utóbbiban került elő két érem).

A legkorábbi a 12. századi dénár, ez a 100. sírból származik. Ebben a sírban egy vascsat és egy kúpos fejű vasszeg volt, a sír alján pedig faszéndarabkákat figyeltünk meg. A közelében feltárt sírok közül ennél a sírnál korábbi lehet a 101–104. és a 139. sír.

A többi érem mind késő középkori. I. Lajos király 1373–1382 között veretett pénze volt az 57. sírban. Koporsómaradványokon kívül egyéb lelet nem került elő ebben a sírban, viszont a sír helyzete alapján ennél a sírnál – s egyúttal Lajos király érménél is – korábbi volt az 58. sz. sír, amelyben szegecselt bronzlemez, bronzból készült, lapított párizsikapocs pár, egy bronz fülesgomb (?), a sír alján pedig gyékényszerű szerves anyag került elő. Ennél a sírnál is korábbi az 59. sír, amelyben csak koporsómaradványok voltak. Az 58. sírnál ugyanakkor későbbi lehetett a 68. sír, amelyben szintén gyékényszerű szerves anyag, koporsómaradvány és egy üreges fülesgomb darabja került elő. Az 57. sírnál korábbi volt a 46. sír is, amelyben bronzlemezekkel díszített, bronzcsattal felszerelt bőröv került elő, a betöltésében pedig T-fejű vasszeg. Ezek a leletek tehát az I. Lajos (1342–1382) király – 1373–1382 között vert – érmével keltezett 57. sírnál korábbi sírokban előkerült leletek, koruk tehát vélhetően a 14. századra tehető, de az érmek huzamos használatát figyelembe véve 15. századiak is lehetnek.

Az egyes érmek hosszú időn keresztül való használatára jó bizonyítékot nyújt például a 29. és 31. sír. A 29. sírban ugyanis egy olyan ezüstpénzt találtunk, amely Zsigmond (1387–1437) és V. László

(1453–1457) uralkodása közötti időből származhat. A 29. sír alatt helyezkedett el viszont a 31/a–b. sír, tehát ezek a 29. sírnál korábbiak voltak. A 31/b. sírban azonban mégis egy Mátyás király által veretett érem került elő. A 29. sírban az érmen kívül nem találtunk más leletet, a 31/a. sírban pedig koporsómaradványokat, a betöltésében pedig egy T-fejű vasszeget tártunk fel. Mindkét sír későbbi volt a nyugati fal döngölt alapozásánál, s a szintén a templom második építési periódusához köthető, a karzat északi oldalának megerősítésére szánt döngölt pilléralapozásnál is. A 29. és a 31/b. sírban előkerült 15. századi érmek tehát a templom második építési periódusának meghatározott döngölt alapozások korát a 15. század előtti időkre keltezik. A 29. sírnál egyébként későbbi volt a 15. és 27. sír. Az előbbiben koporsó nyomait találtuk, a 27. sírban pedig nem volt lelet.

Mátyás király (1458–1490) idejéből való érem került elő még hat másik sírban is. A 61. sírban lévő érem 1467–1490 közt készült. Ebben a sírban más lelet nem került elő. Korábbi volt viszont helyzete alapján ennél a sírnál a 76 sír, amelyben szintén volt egy Mátyás király korából való, de 1471–1481 között vert érem. Ezenkívül koporsónyomokat és gyékényszerű szerves anyagot találtunk a 76. sírban, a sír betöltésében pedig Árpád-kori és késő középkori edénytöredéket, továbbá vasszegeket, tégladarabokat és egy követ is. A 61. és 76. sírnál is későbbi volt a 60. sír. Ennek betöltésében Árpád-kori edénytöredékeket, a csontok mellett pedig koporsómaradványokat találtunk.

A 69. sírban szintén Mátyás kori pénz került elő, s a csontok alatt gyékényszerű szerves anyag maradványait figyeltük meg. A sír földjéből egy késő középkori edényperem is származik. A 69. sírnál jóval korábbi volt az 59. sír, de ebben csak koporsónyomok maradtak meg. Az 59. sírnál viszont későbbi volt az 58. sír, amelyet az 57. sírral – és az abban talált I. Lajos kori éremmel – összefüggésben már említettünk. A sírok egymáshoz való viszonyai alapján ezek szerint az 59. sír annyival korábbi a 69. sírnál, hogy tőle későbbi lehet egyrészt az 58., másrészt az 58. sírnál még későbbi 57. sír is.

A 86. sírban talált, 1471 után veretett következő Mátyás kori éremmel nem került elő más lelet. A sír viszont korábbi a 79/a–b. sírnál, és későbbi a 87. s talán a 71. sírnál is. A 79/a. sírban zsinórozás és egy üvegpasztából készített gyöngyszem, a 79/b. sírban pedig koporsó maradványa került elő. A 87. sírban ugyanakkor gyékényszerű szerves anyagot találtunk. A 71. sír biztosan későbbi a templom nyugati zárófalának döngölt alapozásánál, s így későbbi lehet annál a 86. sír is.

A templomhajó délnyugati belső sarkába ásott 89. sírból származó Mátyás kori érmet 1467 után verték. A sírban nem volt más kísérőlelet, de a sír betöltésében ezüstből öntött, áttört, indás díszű ruhakapocspár került elő, a csontok alatt pedig gyékényszerű szerves anyag. Későbbi a 123. sírnál, amelyet részben a templom délnyugati sarkának döngölt alapozásába ástak, s amelyben T-fejű és kúpos végű vasszegek kerültek felszínre.

A hetedik Mátyás kori érem a 175. sírban volt, s ezt a pénzt 1482–1486 között verték. A sírban nem találtunk más leletet. Későbbi volt ennél a 166. sír, amelyben gyékényszerű szerves anyag, textil, valamint egy-egy vas és bronz párizsikapocs pár, a sír földjében pedig három vasszeg került elő. A 166. sírnál is későbbi volt a 165. sír. Ennek betöltésében hét vasszegtöredék volt, a csontok között pedig egy nyolcadik vasszeg és egy ólomból készített pártaöv-merevítő. Mindhárom sírnál későbbi volt az itt megtalált köves betöltésű gödör.

II. Ulászló király (1490–1516) uralkodása idején, 1500–1502 között verték a 75. sírban talált érmet. A sírban párta és ingnyakdísz is napvilágot látott. A 75. sír egyértelműen korábbi a 48. és 68. sírnál, hiszen azok alatt került elő. A 48. sírban nem volt lelet, a 68. sírban pedig gyékényszerű szerves anyag, koporsó maradványa és egy bronz fülesgomb került napfényre. A 68. és az 58. sír között igen nagy időbeli különbség lehet, mivel az 58. sírnál az 57. sír is későbbi, s ebben I. Lajos király 14. századi pénzét találtuk.

I. Ferdinánd király (1526–1564) egyik pénze egy vasszeg kíséretében a 41. sír betöltésében került elő. A sír helyzete alapján ennél korábbi a 42, 46, 62. és 69. sír is. A 46. sírból egy vasszeg és egy bőröv, a 69. sírból pedig egy késő középkori edénytöredék, gyékényszerű szerves anyag maradványa és Mátyás király 15. század második feléből származó ezüstdénára ismert. Az érmek és a sírok egymáshoz való időrendi viszonya ebben az összefüggésben egyértelmű.

A 143. sírban két pénzt is találtunk, de ezek annyira egymáshoz korrodálódtak, hogy csak az egyiket lehetett meghatározni, s korát I. Ferdinánd király uralkodása idejére tenni. Valószínűleg a másik szintén ebből a korból származik. A meghatározásra alkalmas dénár 1552-ből való. A sírban bronzhuzalból készített, lapított párizsikapocs darabok és gyékényszerű szerves anyag maradványai is előkerültek. Ennél a sírnál későbbi volt a 149. sír, amelyben szintén gyékényszerű szerves anyag maradványait találtuk.

A fentiek alapján *a feltárt sírok közül kettő biztosan honfoglalás kori* (34–35. sír). Bennük részleges lovas temetkezést, tegezt, nyílcsúcsokat, csiholó vasat, kovát, vaskést, vaskarikát, hevedercsatot és kengyeleket találtunk. A sírfoltjuk a sárgásbarna, szürkésbarna, egyneműnek látszó kurgánföldben egyáltalán nem látszott. Bizonytalan, hogy a temető feltárt többi sírja közül még melyik tartozhat a templom megépítése előtti korba. A 64. sír gyermek sírja volt, benne vaskarika került elő, ami nem jellemző a középkori, templom körüli temetőkben előforduló sírokra, azonban a karika eredeti funkciója, sőt kora is erősen kétséges. Éppúgy lehet honfoglalás kori, mint újkori. A sír tájolása mindenesetre pontosan Ny–K-i, s ezzel nem tartozik a legáltalánosabb (DNy 49' – DNy 51') tájolási értékekhez, hanem inkább a két biztosan honfoglalás kori sír tájolásához (ÉNy 46' és ÉNy 47') közelít. A sírok túlnyomó többsége viszont a falak vonalát követi, vagyis kissé DNy–ÉK-i tájolású. Az eltérés azonban egyáltalán nem olyan döntő mértékű – s különösen nem az, ha a sírok tájolásának teljes szóródására gondolunk –, amely alapján biztos következtetéseket lehetne levonni a 64. sír pontos korát illetően.

Bizonyos viszont, hogy a 100. sír *Árpád-kori*, hiszen 12. századi ezüstpénz került elő ebből, s ez meghatározza természetesen a sír másik leletének, egy vascsatnak a korát is. A 100. sírhoz viszonyított helyzete alapján nagyon valószínű, hogy szintén Árpád-kori még a 101–104. és a 139. sír is, bár ezekből semmilyen korhatározó lelet nem került elő. Figyelemre méltó ugyanakkor az is, hogy a 178 feltárt sír közül csak néhány sír alján találtunk faszéndarabkákat, s a templom körüli temetőknél ez jóformán csak a korai, Árpád-kori sírokban szokott előfordulni. Megfigyeltük például a Kamut 27. sz. lelőhelyen a 16. sírban,[600] a Medgyesegyháza melletti Bánkúton feltárt templomot körülvevő temető 1, 2, 5, 8, 12. sírjában,[601] a Gyula és Szabadkígyós között emelkedő Keresztes-halmon végzett ásatás 3. és 6. sírjában – itt a 3. sírt 12. századi érem is keltezte,[602] a sarkadkeresztúri temető feltárt 14 sírja közül 10 sírban,[603] a nagyszénási 4, 9, 11. sírban,[604] a csorvási 3. sírban,[605] de korábbi feltárásokból is ismert e vidéken, pl. Kaszaperről,[606] Mezőkovácsházáról,[607] Gellértegyházáról,[608] és a távolabbi temetőkben is előfordult, pl. Csengelén[609] vagy Zentán.[610] Décsén faszéndarabkákat találtunk a 35.

600 *Szatmári* (1995) 49.
601 *Szatmári – Vágó* (1993) 20., 24. kép.
602 *Szatmári* (1996a) 357., 371., 3. kép.
603 *Szatmári* (1997) 353–354., 366–368., 6. kép 1–2., 7. kép 1–3., 8. kép 5.
604 *Szatmári* (1996d) 30–31., 42., 23. kép 2–3., 35. kép 1.
605 *Szatmári* (1999) 100., 125., 13. kép 2.
606 *Bálint* (1938) 140.
607 *Bálint* (1939) 154.
608 *Zalotay* (1957) 52.
609 *Horváth* (1978) 111.
610 *Foltiny – Korek* (1944–1945) 15.

számú, biztosan honfoglalás kori sír alján,[611] a 12. századi éremmel keltezett 100. sír alján és a helyzete, illetve a 100. sírhoz való viszonya alapján szintén az Árpád-korra keltezhető 102. sír alján, továbbá a 157. sírban is. Ez utóbbi sír mélysége (51 cm) lényegében megfelelt a többi, Árpád-korra keltezett sír mélységének (29–46 cm). A sírban talált faszéndarabkák alapján valószínűleg ezt a sírt is az Árpád-korra kell meghatároznunk. A temető feltárt sírjaihoz köthető leletek között ugyanakkor – az eddig említetteken kívül – nincs több olyan, amely az Árpád-korra volna keltezhető.

Vannak viszont olyanok, amelyeknek a korát egyértelműen *a 14–16. századra* lehet tenni. Ezek közé tartoznak a csepp alakú bronz fülesgombok (56, 73. sír), a pontozással díszített bronz fülesgombok (2, 3, 9, 32, 58, 68, 88, 114, 150. sír), a lapított vagy kerek átmetszetű bronzhuzalból hajlított párizsikapcsok (2, 4, 9, 25, 40, 47, 52, 58, 70, 92, 96, 107, 118, 143, 166. sír), a vasból készített párizsikapcsok (44, 166. sír), a bronzból öntött ruhakapcsok (136, 151. sír), a csontból és az üvegpasztából készült gyöngyszemek (111, 150, illetve 9, 32, 52, 79/a, 88, 91. sír), a bronzból készített huzal- és pántgyűrűk (72, 88. sír), a pártamaradványok (3, 26, 73, 75, 80, 94, 150. sír), a cérna- és textilmaradványok (2, 9, 22, 24, 42, 47, 73, 75, 79/a, 91, 107, 125, 156, 166. sír), a csontos, lemezes és egyéb övek (3, 46, 150, 156, 160. sír), valamint egy pártaöv-merevítő (165. sír) is. Ugyanebbe a korszakba tartozhat még az a két bronzkarika is, amelynek az eredeti funkciója és önmagában a kora ugyan bizonytalan, de a készítéstechnikája megegyezik a bronz párizsikapcsokéval (140, 153. sír). A 3. sírban talált bronzhuzal korát szintén a sírban előkerült többi késő középkori tárgy határozza meg. A csepp alakú és a pontozással díszített fülesgombokból egy-egy sírban akár több is előfordult. A 73. sírban például 3 db csepp alakú fülesgomb volt, a 3. sírban pedig a másik fajtából összesen 6 db került elő. A fülesgombokon néhány esetben textilmaradványokat is meg lehetett figyelni (pl. 2, 3. sír). Egyik-másik sírban a párizsikapcsokból szintén több darab fordult elő (a 9, 58, 166. sírban például két pár, a 143. sírban pedig két fél pár). Textilmaradványt találtunk a 136. sírból származó öntött bronz ruhakapcson is. A 9. sírban talált gyöngyöket valószínűleg a szemfedőre varrták fel, a többit vagy nyakláncba fűzték vagy azok is a ruhát díszítették. A 72. sírban összesen három pántgyűrű, a 88. sírban pedig egy pánt- és egy huzalgyűrű került elő. A párták között gyöngyös és egyszerű szalagpárták fordultak elő. A 75. sírban lévő pártát és textilmaradványt II. Ulászló 1500–1502 közötti pénze keltezte.

A sírokban előforduló tárgyakon kívül jó néhány sírban találtunk koporsóra utaló famaradványokat és gyékényszerű szerves anyagot is.

A 178 sír közül összesen 43 sírban (24%) figyeltünk meg olyan famaradványokat, amelyek *koporsók* részei lehettek. Annak ellenére azonban, hogy igen sok sírban kerültek elő famaradványok, a koporsók formáját általában nehéz volt pontosan meghatározni. A 43 sír közül húszban a csontokon és a koporsómaradványokon kívül semmilyen más régészeti lelet nem volt, négy sírban a csontvázon és a koporsón kívül csak gyékényszerű szerves anyag került elő, s mindössze 19 sírban fordult elő a koporsóra utaló fadarabokon kívül egyéb régészeti lelet is. Kettőben viszont egy-egy érem is előkerült: az egyik I. Lajos király 1373–1382 között, a másik Mátyás király 1471–1481 közt veretett ezüstdénára volt (57. és 76. sír). A többi lelet szintén a 14–16. századra keltezhető, illetve bizonytalan korú: bronz párizsikapcsok (4, 44, 47. sír), bronz fülesgombok (68, 73, 150. sír), párta- és textilmaradványok (47, 73, 125, 150, 156. sír), csontgyöngyök (150. sír), övdarabok (150. sír), vasszegek (4, 11, 13, 45, 65, 78. sír) és koporsóvasalások (13, 161. sír) tartoznak ide, valamint egy karperectöredék (154. sír), egy bronzlánc (160. sír) és egy pecsétgyűrű (162. sír). Mindebből kiderül, hogy a temetőben talált koporsók maradványai a 14. századtól egészen a 16. századig biztosan keltezhetők. Korábbi koporsómaradványokra nincs adatunk, legalábbis az előzőekben említettekhez hasonló fa-

[611] *Szatmári* (1996b) 164.

maradványok erre nem utalnak. Az Árpád-korra keltezhető 100. és 157. sírban ugyanakkor előkerültek olyan vasszegek, amelyek akár koporsószegek is lehettek. Ezt figyelembe véve a koporsómaradványok önmagukban nem biztos, hogy keltező értékű adatot jelentenek.

Gyékényszerű szerves anyagot összesen 31 sírban (17%) találtunk. Közülük 11 sírban – a csontokon és a szerves maradványokon kívül – semmilyen régészeti lelet nem került elő. Négy sírban koporsóra utaló fadarabkák is előfordultak, 16 sírban pedig egyéb tárgyakat szintén találtunk. Ez utóbbiak között bronz és vas párizsikapcsok (58, 107, 143, 166. sír), fülesgombok (58, 68, 73, 150. sír), textilmaradványok (73, 107, 136, 156, 166 sír), vasszegek (76, 78, 166. sír), Árpád-kori és késő középkori edénytöredékek (78. sír), bronzból és ezüstből öntött ruhakapcsok (89, 136. sír), bőrövek (150, 156. sír) és párták (73, 150. sír) töredékei találhatók, valamint egy-egy csontgyöngy (111. sír), bronzlánc (160. sír) és vaskarika (64. sír) is. A 16 sír közül négyben érem szintén előfordult – három Mátyás király idejéből (69, 76, 89. sír), egy pedig I. Ferdinánd korából (143. sír) –, de helyzetük alapján még másik három sír is kapcsolatba hozható éremmel keltezett sírokkal. Az 58. sír például korábbi az 57. sírnál, amelyben I. Lajos 1373–1382 közt veretett érme volt, a 68. sír későbbi a 75. sírnál, amelyben II. Ulászló 1500–1502 közötti dénára került elő, a 166. sír pedig későbbi a Mátyás király 1482–1486 között vert pénzével keltezett 175. sírnál. Az adatok tehát ugyanazt bizonyítják a sírokban talált gyékényszerű szerves anyagokkal kapcsolatban, mint a koporsómaradványok esetében: a kísérő leletek szerint a 14–16. században biztosan szokásban volt ezek sírba helyezése. Korábbi előfordulásokra vonatkozó adataink ugyan nincsenek, de ez alapján korai használatuk mégsem zárható ki, hiszen az ásatáson előkerült teljes leletanyagban is meglehetősen kevés az Árpád-kori lelet.[612]

A 178 sír között ezek szerint összesen 74 olyan sír került elő (41%), amelyben gyékényszerű szerves anyag vagy koporsóra utaló famaradványok voltak, 11 sírban (6%) pedig ezek együtt is előfordultak (68, 73, 76–78, 82, 150, 156, 159–160, 163. sír). Az ezekkel kapcsolatos megfigyelések – mint föntebb láthattuk – a halottak sírba helyezésére, a temetkezési szokásokra vonatkozóan is számos új adattal gazdagítottak bennünket.

A décsei ásatáson *előkerült tárgyakhoz hasonló leletek* vagy azoknak egészen pontos megfelelői több korábbi, szintén középkori templom és/vagy templom körüli temető feltárásból ismertek, s nemcsak a szűkebb, délkelet-alföldi régióból, hanem a távolabbi vidékekről is. Néhány ilyen, a décseiekhez hasonló vagy velük pontosan megegyező leletet – a teljesség igénye nélkül is – érdemes e helyen felsorolni, hiszen ezek kitűnően mutatják a középkori tárgyaknak a széles körű elterjedtségét, másrészt pedig hűen tükrözik e használati tárgyaknak az egyre inkább egységesebbé váló formakincsét is. Az Árpád-kori eredetű, késő középkort is megért települések temetőinek feltárásakor ugyanakkor általában az figyelhető meg, hogy az Árpád-kori leletanyag mennyisége meglehetősen elenyésző a késő középkori leletanyag összességéhez képest.[613] Ennek oka lehet egyrészt az, hogy a késő középkori sírok beásásaival többnyire elpusztították a korábbi, Árpád-kori sírokat, másrészt pedig oka lehet az, hogy az Árpád-korban a sírmellékletek számukban és változatosságukban is szeré-

---

[612] Nem fából (deszkából) való, hanem egyéb eredetű szerves anyag (főként gyékény) felhasználására másutt s korábbi ásatások alkalmával is akadt példa: Makó, Mezőkopáncs, Kaszaper, Zenta, Pap-halom, Gellértegyháza. Vö.: *Bálint* (1936) 226., *Bálint* (1938) 140., *Foltiny – Korek* (1944–1945) 14., *Zalotay* (1957) 54. Selmeczi László szerint a „koporsós temetkezések variánsai közül a nádból szőtt lepedőbe csavart holttest, a nádból szőtt lepedő a sírfenéken, a nádszövetből készült aljú deszkakoporsó … a kunok megjelenésével tűnik fel a Kárpát-medencében." Megjegyzi azt is, hogy a „szokás előzményeit az északi Donyec vidékének a XI–XIII. századra keltezhető a sírfenékre fektetett nádalátétes temetkezéseiben találjuk meg." Vö.: *Selmeczi* (1992b) 36. A temetkezési szokás Kárpát-medencei megjelenése és eredeztetése azonban talán sokkal korábbra és más gyökerekre is visszavezethető. Vö.: *Madaras* (1991) 21., 26., 28., *B. Nagy* (1998a) 60., *B. Nagy* (1998b) 53.

[613] *Szatmári* (1996d) 42., MRT 10, 423.

nyebbek voltak, mint a késő középkorban, amikor a viselet egyes részeinek gazdagodásával a sírokban fennmaradó leletek száma is megsokszorozódott.

A korai leletek közé tartozó – bronzból vagy ezüstből, sőt ritkán aranyból készített – S-végű hajkarikák előkerülésére volt példa Kecskemét környékén,[614] Kaszaperen,[615] Mezőkovácsházán,[616] Zentán,[617] Békéssámsonon,[618] Kardoskúton,[619] Medgyesegyházán,[620] Nagyszénáson,[621] Csorváson,[622] Csökmőn,[623] Árpád-kori vascsat pedig például a Medgyesegyházához tartozó Bánkúton került elő.[624]

Késő középkori pártát ismerünk a csabacsűdi ásatás 3. sz. sírjából,[625] Mezőmegyer 41. és 75. sz. sírjából,[626] a kétsoproni temető 8. és 9. sírjából,[627] Szénás temetőjének 27, 58, 88. sírjából,[628] illetve a csorvási 4. sz. sírból,[629] továbbá hasonlók kerültek elő Makó, Mezőkopáncson,[630] Kaszaperen,[631] Mezőkovácsházán,[632] Békéssámsonon,[633] Gerlán,[634] Zentán,[635] Csengelén,[636] Kecskemét vidékén,[637] Nyársapáton[638] és a csúti ásatásokon.[639] A Békés megyei középkori pártákat – köztük a décsei darabokat is – Gábor Gabriella gyűjtötte össze, és rendszerezésüket is elvégezte.[640]

A középkori temetők jellegzetes lelete, az ónból, vasból vagy leggyakrabban bronzból készített párizsikapocs Nagyszénáson több sírban,[641] Csorváson például a 4. sz. sírban,[642] Telekgerendáson a középkori Kétsopron[643] és Gerendás[644] temetőjében, Békéscsabán,[645] Mezőkopáncson,[646] Kaszape-

614 *Szabó* (1938) 51–63., 74–75. kép.
615 *Bálint* (1938) 142., XII. t. 1–3., 5., 7–8.
616 *Bálint* (1939) 154., XXIX. t. 1.
617 *Foltiny – Korek* (1944–1945) 15., I. t. 1–9.
618 *Olasz* (1955) 26., 31., 2. kép 14.
619 *Méri* (1964) 9., V. t. 4–5., 12–14., *Kovalovszki* (1965) IV. t. 4–5., 12–14.
620 *Szatmári – Vágó* (1993) 19–20., 32. kép.
621 *Szatmári* (1996d) 30–31., 42., 35. kép 1–2.
622 *Szatmári* (1999) 126., 14. kép 8., 127., 15. kép 1–2., 138., 26. kép 8., 139., 27. kép 1–2.
623 *Szatmári* Imre ásatása, 1986, 1988, 1994. Vö.: RégFüz 40 (1987) 92., RégFüz 42 (1991) 57., RégFüz 48 (1997) 79., *Szatmári* (2006) 77., 12. ábra 1., 3., 8–9., 11–13., 18., 20–21., 23.
624 *Szatmári* – Vágó (1993) 19–20.
625 MRT 8, 101.
626 MRT 10, 144. t. 1, 3.
627 *Szatmári* (1996e) 215., 219., 8–9. kép, 14. kép 2.
628 *Szatmári* (1996d) 32–33., 40–41., 83., 36. kép 1–3.
629 *Szatmári* (1999) 100–101., 128., 16. kép 1.
630 *Bálint* (1936) 227.
631 *Bálint* (1938) 143–148.
632 *Bálint* (1939) 155.
633 *Olasz* (1955) 26.
634 *Jankovich* (1991) 189., MRT 10, 421–423.
635 *Foltiny – Korek* (1944–1945) 16., II. t. 25., III. t. 1–30., 32–36.
636 *Horváth* (1978) 103., 112., III. t. 17–31.
637 *Szabó* (1938) 59., 330. kép.
638 *Benkő* (1980) 12. t. 1–4.
639 *Gerevich* (1943) 5., 7., 9–11., 19., 33–34. kép.
640 *Gábor* (1996a) 381–401.
641 *Szatmári* (1996d) 42., 82., 35. kép 5–8.
642 *Szatmári* (1999) 100–101.
643 *Szatmári* (1996e) 215–216., 218–219., 14. kép 3–4., 9–11.
644 MRT 10, 160. t. 4.
645 MRT 10, 144. t. 8–10., 17.
646 *Bálint* (1936) 237., LXXIV. t. 4.

ren,[647] Mezőkovácsházán,[648] Békéssámsonon,[649] Gerlán,[650] Dobozon,[651] Gyula környékén a középkori Boldogfalva,[652] Fövenyes[653] és Györke[654] temetőjében, Csengelén,[655] Zentán,[656] Nyársapáton[657] és a csúti temetőben[658] szintén előfordult.

Igényesebb kivitelűek a bronzból vagy ezüstből öntött, áttört díszű ruhakapcsok, melyeket például a nagyszénási 5. és 36. sírból,[659] Csorvásról,[660] a megyeri 41. és 45. sírból,[661] Kaszaperről,[662] Mezőkovácsházáról,[663] Békéssámsonról,[664] Gyuláról[665] és a Gyula melletti Györke[666] és Fövenyes[667] temetőjéből, továbbá Csengeléről,[668] Kecskemétről,[669] Nyársapátról[670] és a csúti temetőből[671] ismerünk. Aranyozott ezüst változata legutóbb Alvincen is előkerült.[672]

Tipikus leletnek számítanak a késő középkori temetőkben a fülesgombok is, melyek lehetnek csepp alakúak vagy két félgömbből forrasztott, gömb alakúak. A décseiekhez hasonló darabok kerültek elő például a nagyszénási 15. sírban,[673] Csorváson,[674] a mezőmegyeri 83. sírban,[675] valamint Makó, Mezőkopáncson,[676] Kaszaperen,[677] Mezőkovácsházán,[678] a gyulai Törökzugban,[679] Györkén[680] és a fövenyesi 4. és 75. sírban,[681] Csengelén,[682] Zentán,[683] a Kecskemét környéki Ágasegyháza és Arany-

---

647 *Bálint* (1938) 160., XIX. t. 7–9., 14.
648 *Bálint* (1939) XXIX. t. 7.
649 *Olasz* (1955) 26., 31., 2. kép 18.
650 *Jankovich* (1991) 189., MRT 10, 421–423.
651 *Kovalovszki* (1986a) 112., *Kovalovszki* (1989) 142.
652 *Szatmári* (1996c) 61., 69., I. t. 14.
653 *Szatmári* (1996c) 26., 38., VI. t. 6–7., IX. t. 11.
654 *Szatmári* (1996c) 57., XII. t. 19.
655 *Horváth* (1978) 116., II. t. 2–3., 9–10.
656 *Foltiny – Korek* (1944–1945) 16., I. t. 10–17.
657 *Benkő* (1980) 10. t. 17–18., 12. t. 12–13., 15., 13. t. 10., 19. t. 17., 19–20., 22–24.
658 *Gerevich* (1943) 131., 19. kép.
659 *Szatmári* (1996d) 30., 34., 42., 35. kép 10.
660 *Szatmári* (1999) 126., 14. kép 1–2., 4., 138., 26. kép 1–2., 4.
661 MRT 10, 144. t. 2., 12–13.
662 *Bálint* (1938) 160., XIII. t. 17., XIX. t. 1–6., 8.
663 *Bálint* (1939) 157., XXIX. t. 9–14.
664 *Olasz* (1955) 26., 31., 2. kép 19.
665 *Jankovich* (1982) 421., 7. kép.
666 *Szatmári* (1996c) 57., XII. t. 18.
667 *Szatmári* (1996c) 38., IX. t. 13.
668 *Horváth* (1978) 100., II. t. 5–6.
669 *Biczó* (1976) 342–343., 345., 12. kép.
670 *Benkő* (1980) 10. t. 15–16., 19. t. 8–9.
671 *Gerevich* (1943) 113., 6. kép.
672 *Rusu* (1998) 66., 131., 26., 28–29. kép.
673 *Szatmári* (1996d) 31., 42., 35. kép 3–4.
674 *Szatmári* (1999) 126., 14. kép 11., 127., 15. kép 3., 138., 26. kép 11., 139., 27. kép 3.
675 MRT 10, 144. t. 45.
676 *Bálint* (1936) 236–237., LXXIV. t. 11–14.
677 *Bálint* (1938) 160–161., XIX. t. 18–22.
678 *Bálint* (1939) 157., XXIX. t. 4–5.
679 *Jankovich* (1982) 421.
680 *Szatmári* (1996c) 55., I. t. 12.
681 *Szatmári* (1996c) 38., IX. t. 7–10.
682 *Horváth* (1978) 116., II. t. 4–4a., 7–8., 8a., III. t. 8., 8a., 34., 34a., IV. t. 15–16., V. t. 1.
683 *Foltiny – Korek* (1944–1945) 16., I. t. 18–23., II. t. 9–10.

egyháza temetőiben,[684] Nyársapáton[685] és a csúti temető 11. sírjában.[686] A décsei fülesgombokkal való hasonlóság különösen a kaszaperi, a nyársapáti és a csúti leletek esetében szembeötlő.

Igen változatosak a sírokból előkerült, csontból faragott vagy bronzveretekkel díszített övek és övtartozékok. A nagyszénási,[687] csorvási,[688] békési,[689] békéscsabai,[690] telekgerendási,[691] gyulai,[692] Gyula környéki,[693] gerlai,[694] dobozi,[695] mezőkopáncsi,[696] kaszaperi,[697] mezőkovácsházi[698] és ismeretlen lelőhelyű Békés megyei[699] leletek, illetve távolabbról a csengelei,[700] zentai,[701] Kecskemét környéki,[702] aranyegyházi,[703] tiszaújfalui,[704] ladánybenei,[705] páhi,[706] lajosi,[707] nyársapáti,[708] csúti[709] analógiák a décsei övmaradványokhoz hasonlóan szintén a késő középkori viselet e részéhez szolgálnak példákkal. A décseiekhez különösen közeli megfelelői a kaszaperi, a Kecskemét vidéki, a nyársapáti és a csúti leletek. A décsei temető 160. sírjában előkerült bronzlánc a párhuzamok – például a zentai 74. sír leletei[710] – alapján is bőröv része lehetett.

A décsei temetőben talált gyűrűk négy típust képviselnek. A legegyszerűbb a bronzhuzalból hajlított gyűrű, igényesebbek a bordával vagy fogaskerékmintával díszített pántgyűrűk, még szebbek a pecsétgyűrűk, és egy üvegpaszta betéttel díszített darab is előfordult. Ezekhez hasonló például a mezőkopáncsi temető[711] és a nagyszénási 31. sír[712] pántgyűrűje, a Csorvásról származó pántgyűrű és pecsétgyűrű,[713] a középkori Kovácsháza területéről való karikagyűrű és két pecsétgyűrű,[714] több tótkomlósi,[715] telekgerendási és más Békés megyei pecsétgyűrű,[716] de megemlíthetők még a

[684] *Szabó* (1938) 46–47., 134–135. kép, 147–150. kép, 155–156. kép, 168–169. kép, 180–202. kép.
[685] *Benkő* (1980) 12. t. 8., 13. t. 8–9., 16. t. 11., 17. t. 4., 19. t. 1–2., 4., 14–15., 20. t. 4., 21. t. 13.
[686] *Gerevich* (1943) 159., 31. kép.
[687] *Szatmári* (1996d) 33., 36–37., 35. kép 13–15.
[688] *Szatmári* (1999) 126., 14. kép 12–15., 18., 138., 26. kép 12–15., 18.
[689] MRT 10, 161. t. 9.
[690] MRT 10, 144. t. 14.
[691] MRT 10, 160. t. 7.
[692] *Jankovich* (1982) 421.
[693] *Horváth – Szatmári* (1989) 383–384., 4. ábra., *Gábor* (1996b) 264–265., 1–2. kép., *Szatmári* (1996c) 43., 57., 59–60., 69., 20–21. ábra., I. t. 10.
[694] *Jankovich* (1991) 189.
[695] *Kovalovszki* (1986a) 112., *Kovalovszki* (1989) 142.
[696] *Bálint* (1936) 227–229., LXXIII. t. 1–8.
[697] *Bálint* (1938) 148–158., XIII. t. 13–16., 18–24., XIV. t. 7–18., XV. tábla.
[698] *Bálint* (1939) 155–157., XXIX. t. 3., 16–18., XXX. tábla.
[699] MRT 10, 161. t. 5.
[700] *Horváth* (1978) 104–116., 15–16. kép, III. t. 1–7., IV. t. 1–13., V. t. 24.
[701] *Foltiny – Korek* (1944–1945) 15–17., 3. ábra., IV. t. 1a–b.
[702] *Szabó* (1938) 48., 64., 214., 338–343. kép.
[703] *Szabó* (1938) 68., 348–349. kép.
[704] *Szabó* (1938) 68–69., 350–351., 353. kép.
[705] *Szabó* (1938) 67., 70., 345–347., 352. kép.
[706] *Szabó* (1938) 71., 356. kép.
[707] *Szabó* (1938) 71., 357. kép.
[708] *Benkő* (1980) 10. t. 1., 7–10., 11. t. 1–7., 16. t. 1., 19. t. 5., 7., 21. t. 15.
[709] *Gerevich* (1943) 143–153., 24–29. kép.
[710] *Foltiny – Korek* (1944–1945) 8., 16–17., 3. ábra., IV. t. 1a–b.
[711] *Bálint* (1936) 237., LXXIV. t. 10.
[712] *Szatmári* (1996d) 33., 35. kép 9.
[713] *Szatmári* (1999) 126., 14. kép 9–10., 138., 26. kép 9–10.
[714] *Szatmári* (1998) 33., 1. kép f–h.
[715] *Kovalovszki* (1965) 55., IX. t. 1–8.
[716] MRT 10, 160. t. 3., 6., 162. t. 1–8.

csengelei,[717] zentai,[718] Kecskemét környéki,[719] nyársapáti[720] pántgyűrűk, illetve egy nyársapáti[721] és egy csúti[722] pecsétgyűrű is. Berakásos pántgyűrűt ismerünk például a Gyula melletti szabadkai határrészről.[723]

Üvegpasztából vagy csontból készített középkori gyöngyök kerültek elő pl. Telekgerendáson,[724] Köröstarcsán,[725] Kaszaperen,[726] Kardoskúton,[727] Csengelén,[728] Zentán,[729] Kecskemét környékén[730] és Nyársapáton.[731]

A décsei leletek között lévő karperec analógiáját például Gyula, Fövenyesen[732] és Zentán[733] találjuk meg, a textilmaradványokkal, ruhaszegélyekkel, zsinórozással kapcsolatban pedig a nagyszénási temető 5, 56, 83. sírjából,[734] Kétsopron temetőjének 4. sz. sírjából,[735] a györkei 15. sírból,[736] valamint a mezőkopáncsi,[737] kaszaperi,[738] kovácsházi[739] és gerlai[740] temetőből ismert leletekre utalhatunk. Számszeríjhoz tartozó nyílhegy szintén a gerlai monostor belsejében feltárt 43. sírban került elő.[741]

A keltezés

A különböző, viselethez tartozó leletek analógiáit és a temetkezési szokásokkal kapcsolatos szerves maradványok, koporsóvasalások, koporsószegek előfordulását végigtekintve megállapíthatjuk, hogy a korai középkor (a kereszténységre való áttérést követően, a 11–13. században), s különösen a késő középkor (a 14–16. század) folyamán a délkelet-alföldi régió mindkét területen egységes képet mutatott, s erre vonatkozóan igen sok adattal rendelkezünk. Egyes kitekintő jellegű, összehasonlító vizsgálatok azt is mutatják, hogy ebben az időszakban e kisebb régió a távolabbi alföldi vidékek viseleti és temetkezési szokásaival is nagyon sok mindenben megegyező hagyományokkal rendelkezett. Az évszázadok során mind egységesebbé váló leletek, viseleti és temetkezési szokások azonban általában lehetetlenné teszik a középkoron belüli pontosabb keltezést, s csak egyes összefüggésekben és kivételes esetekben van arra lehetőségünk, hogy bizonyos tárgyakat vagy jelenségeket adott

[717] *Horváth* (1978) 100–101., 116., II. t. 1–1a., III. t. 32–33.
[718] *Foltiny – Korek* (1944–1945) 16., I. t. 24.
[719] *Szabó* (1938) 55., 297–298. kép.
[720] *Benkő* (1980) 12. t. 6., 9., 19. t. 3., 6.
[721] *Benkő* (1980) 20. t. 5.
[722] *Gerevich* (1943) 110., 3. kép.
[723] *Szatmári* (1996c) 61., 69., I. t. 13.
[724] MRT 10, 160. t. 9.
[725] MRT 10, 162. t. 9.
[726] *Bálint* (1938) 142., 161–162., XX. t. 7., 9.
[727] *Méri* (1964) 9., V. t. 15., *Kovalovszki* (1965) IV. t. 15.
[728] *Horváth* (1978) 100., 104–106., 116., II. t. 11–70., IV. t. 19–80.
[729] *Foltiny – Korek* (1944–1945) 16., III. t. 31.
[730] *Szabó* (1938) 101–105., 136., 141–144., 172., 357. kép.
[731] *Benkő* (1980) 12. t. 11., 16. t. 6.
[732] *Szatmári* (1996c) 74., VI. t. 13.
[733] *Foltiny – Korek* (1944–1945) 15., I. t. 28.
[734] *Szatmári* (1996d) 30., 36., 40.
[735] *Szatmári* (1996e) 214–215.
[736] *Szatmári* (1996c) 57–58., 19 ábra.
[737] *Bálint* (1936) 227.
[738] *Bálint* (1938) 158., XVIII. t. 4., 6.
[739] *Bálint* (1939) 157.
[740] MRT 10, 419., 423.
[741] MRT 10, 423.

évszázadhoz kössünk. Összességében a décsei adatok és az analóg példák áttekintése ezúttal is csak arra nyújt módot, hogy a keltezést általában két nagy korszakon – a 11–13., illetve a 14–16. századon – belül különítsük el, viszont néhány esetben ennél pontosabb keltezés is adható.

A décsei leletek fenti értékelésénél óhatatlanul érinteni kellett például egy-egy esetben az adott lelettel kapcsolatban a keltezés összefüggéseit is, s ez elsősorban az éremmel korhoz kötött síroknál vezetett pontosabb eredményekre. Bizonyos ezek alapján, hogy a *faszéndarabkák* sírban való jelenléte Árpád-kori eredetű, hiszen a 100. sírban előkerült faszénmaradványokat 12. századi érem sorolta a temető korai időszakára.

A *koporsók* késő középkori használatát támasztják alá a 14. századi és annál későbbi érmekkel keltezett koporsós sírok, illetve azok a szintén koporsós temetkezések, amelyek a helyzetük és relatív időrendi viszonyuk alapján még ezeknél is későbbre keltezhetők (pl. a 31/a, 57, 60, 76. sír). A koporsók 16. századi használatát igazolja a II. Ulászló király érmével keltezett 75. sír, s az ennél is későbbi – szintén koporsós – 68. sír. A koporsók Árpád-kori alkalmazására utalnak ugyanakkor – ha Décsén nem is volt biztos adat rá – az olyan templom körüli temetőkben előkerült koporsómaradványok, ahol a települést bizonyíthatóan még a 14. század előtt elhagyták – pl. Kardoskúton,[742] Kamuton,[743] Bánkúton,[744] Sarkadkeresztúron.[745]

A décsei temetőben talált *vasszegek* Mátyás király kora előtti használatára következtethetünk a 123. sírban előkerült darabok és az ennél későbbi 89. sírt keltező Mátyás dénára alapján. A 41. sírban talált vasszegek és I. Ferdinánd érme ugyanakkor a 16. századi alkalmazásukat is megerősíti.

A halottak *gyékényre fektetésének szokása* már a 14. században elterjedt lehetett. Erre utal az 57. sír, s az ennél mindenképpen korábbi 58. sír egymáshoz való viszonya, mert az 57. sírban I. Lajos kori érem, az 58. sír alján pedig gyékényből származó maradványok kerültek elő. Ennek a temetkezési fajtának a 15. századi előfordulását igazolja a Mátyás király pénzével keltezett 69, 76, 89. sír. A Mátyás korát követő időkben való alkalmazására nyújt példát a Mátyás király pénzével keltezett 175. sír, s az annál bizonyíthatóan későbbi 166. sír egymáshoz való viszonya, mivel a 166. sírban szintén előkerültek ilyen jellegű szerves anyag maradványai. A gyékényre fektetés 16. századi szokását bizonyítják a 68. és 75. sír leletei, illetve a két sír egymáshoz való relatív időrendi viszonya is. A 68. sírban ugyanis gyékényszerű szerves anyag maradványi kerültek elő, s ez a sír későbbi volt a II. Ulászló király pénzével keltezett 75. sírnál. Még pontosabb adattal szolgált e temetkezési szokás 16. századi továbbélésére a 143. sír, amelyben a gyékényszerű szerves anyag I. Ferdinánd király 1552. évi dénárával együtt került elő. A 149. sír még ennél is későbbre keltezhető, s ebben szintén előfordultak gyékényre utaló maradványok.

A *párizsikapcsok*, *fülesgombok*, *bronzcsatos bőrövek* 14. századi alkalmazását a 46. és 57–58. sír egymáshoz való viszonya, illetve az itt előkerült leletek és I. Lajos király pénze bizonyítja. A *párizsikapcsok* 15. század végi vagy 16. századi használatára ugyanakkor jó példát ad a 175. sírban előkerült Mátyás kori érem és az ennél későbbi, párizsikapcsot is tartalmazó 166. sír. Biztosan 16. századi az a párizsikapocs, amely a 143. sírban volt, mert mellette I. Ferdinánd érme is előkerült. A *fülesgomb* 16. századi létét bizonyítja a 68. sír, hiszen ez későbbi volt a II. Ulászló király dénárával keltezett 75. sírnál. A 79/a. sírban talált *zsinórozás* szintén 15. század végi vagy 16. századi lehet, mivel ez a sír későbbi volt a 86. sírnál, melyben ugyancsak Mátyás király pénze került elő. Az ezüstből készített, áttört, indát és makkot mintázó *öntött ruhakapcsok* 15. század végi, 16. századi használatát a 89. sír és az abban talált Mátyás király korából való érem bizonyítja. A 165. sírban

[742] *Méri* (1964) 8., V. t. 16–17., 25–26.
[743] *Szatmári* (1995) 41., 47., 15. kép 6–12.
[744] *Szatmári* – Vágó (1993) 20., 34. kép.
[745] *Szatmári* (1997) 354–355., 15. kép 1–10.

talált *pártaöv-merevítőt* szintén a 16. században használták, mivel a sír későbbi volt a 166. sírnál, s még az is követte a Mátyás éremmel keltezett 175. sírt. A 16. századi *pártaviseletre* és *ingnyakdísz* használatára nyújt példát a 75. sír, s a benne előkerült, II. Ulászló király által veretett érem.

A 11. szelvényben előkerült, köves betöltésű *gödör kora* ugyancsak biztosan a 16. századra vagy még annál is későbbi időkre tehető. A gödör alatt bolygatatlan állapotban lévő 175. sírban ugyanis Mátyás király pénzét találtuk meg, s ennél a sírnál későbbi volt a 166. sír, sőt ezt követte még a 165. sír is, a gödör pedig mindhárom sír után keletkezett.

A *décsei templom építési, illetve átépítési idejének meghatározásához* azonban nem rendelkezünk ilyen egyértelmű adatokkal. A válaszhoz ezért az ásatáson előkerült s az alapfalakkal valamilyen módon összefüggésbe hozható sírok, illetve leletek keltezésén és az egyéb ásatási megfigyeléseken kívül figyelembe kell venni a környéken eddig kutatott egyházi építmények időbesorolását, s a településre vonatkozó okleveles adatok értékelésére is szükség van.

A felsorolt *történeti adatok alapján* például bizonyos, hogy a település a 12. század elején már kétségkívül létezett. A térség Árpád-kori településszerkezete, annak struktúrája, valamint a lelőhelyen előkerült avar kori leletek,[746] illetve honfoglalás kori (10. századi) sírok[747] alapján viszont megkockáztatható az a megállapítás, hogy a település területe már a 11. században, sőt talán már a 9. századtól kezdve is folyamatosan lakott volt. Azt viszont nem lehet pontosan tudni, hogy a Décse nevű falu keletkezését a 11. századnál korábbi időre visszavezethetjük-e. Kérdés marad az is, hogy a templom mellett előkerült két honfoglalás kori lovas sír pontosan milyen kapcsolatban áll a középkori település templomával, illetve templom körüli temetőjével. A legkézenfekvőbb, hogy velük kapcsolatban csak a templom építését megelőző temetkezésekről lehet szó, vagyis a keresztény vallás gyakorlását jelképező templom felépítésére mindenképpen a pogány hagyományokat képviselő lovas sírok kora után kerülhetett sor. Ez alapján *a halom tetején a 10. században még pogány magyar temetkezési rítus szerint temetkeztek, a 11. században viszont már felépülhetett a templom, s vele együtt megnyithatták a cintermet is*. A 11. századon belüli keltezéssel kapcsolatban a korai magyar állam általános története azt sugallja, hogy a keresztény vallás korlátlan terjedésére a tágabb régióban inkább csak a Vata-féle lázadást (1046) követően, a század második felében nyílott lehetőség. Ez alapján a település keletkezését, legalábbis az oklevelekben előforduló Décse nevű *keresztény* falu megalakulását, s a templom felépítését a 11. század második felére kell tennünk. Ez azonban csak azt jelentheti, hogy a század második felében a templom már nagy valószínűséggel állhatott, viszont – Szent István törvényének értelmében, hogy ti. minden tíz falu építsen templomot – akár korábban is megépülhetett.

Ezt követően Décse a 16. század végéig vagy a 17. századig folyamatosan lakott hely volt. A 16. századból fennmaradt több forrás bizonyítja, hogy Décse a késő középkor időszakában – s vélhetően már a korábbi századokban is – a gyulai uradalom, illetve Békés megye legnagyobb településeinek egyike volt.[748] *A település pusztulása a 16. század végén, vagy a 17. század folyamán következhetett be*, sok más alföldi település történetéhez hasonlóan.

A décseihez valamilyen jellegzetessége (szentélyének alakja, alapozása, karzattartó alapozás megléte) miatt *hasonló templomok* keltezése leginkább a 11–12. századra mutat: a kaszaperi, a kovácsházi, az endrődi és a fövenyesi a 11. században,[749] a kardoskúti a 11. század végén,[750] a

[746] MRT 8, 337.
[747] *Szatmári* (1996b) 162–186.
[748] *Csipes* (1976) 18.
[749] *Bálint* (1938) 168., *Bálint* (1939) 148., RégFüz 29 (1976) 65., *Pesty* (1983) 113., 91. jegyzet., MRT 8, 127., *Szatmári* (1996c) 35.
[750] *Méri* (1964) 7.

csabacsűdi és a csorvási a 11–12. század fordulóján,[751] a medgyesegyházi, a kétsoproni, a megyeri, a muronyi és az egyik kamuti a 11–12. században,[752] a másik kamuti és a gyulai Keresztes-halom tetejére épített templom a 11. században vagy a 12. század első felében,[753] a sarkadkeresztúri a 11. század második felében vagy a 12. század elején,[754] a Gyula, szeregyházi a 11. század végén vagy a 12. század első felében,[755] a szénási a 11. század második felében vagy a 12. század folyamán[756] épülhetett.

A félköríves szentély és a köves alapozás együttes előfordulására – s így a décseihez leginkább közel álló – példát adó kaszaperi, csabacsűdi, csorvási és a Gyula, szabadkígyósi határvonalon előkerült templom építési ideje szintén beleilleszkedik az általánosnak mondható 11–12. századi keltezésbe. Ezek a párhuzamok külön-külön és együtt is alátámasztják azt, hogy a vidékünkön a 11–12. század folyamán óriási ütemben épültek a kisebb és nagyobb falusi plébánia templomok, a décsei egyház pedig pusztán mérete alapján is kezdettől fogva a jelentősebbek közé tartozhatott. Ez a jellegzetessége, valamint az igen korai első említése (1138), illetve nevének Géza jelentésű magyarázata és a temetőben előkerült honfoglalás kori sírok előfordulása – feltételezve esetleg a temető kontinuitását – azt mutatja, hogy *a templom már a 11. század első felében, akár Szent István uralkodása idején is felépülhetett.* A délkelet-alföldi falusi templomok építését, illetve a kereszténység elterjedését azonban kétségkívül visszavethette a Vata-nemzetség területi uralma, így a templom e korai, a 11. század első felére való keltezését csak megfelelő óvatossággal és fenntartással szabad kezelni.

A környékbeli, késő középkort is megért *templomok átépítésére* ugyanakkor leginkább a 14–15. században kerülhetett sor. A csabacsűdi templomot és a fövenyesi templom harmadik periódusát a 14. században,[757] a nagyszénási és a csorvási templomot a 14–15. században,[758] a kaszaperit, a mezőkovácsházit és a kétsopronit pedig a 15. században[759] alakították át.

Ezek alapján a décsei templom nyugati falának átépítését is a 14–15. századra tehetnénk feltételesen, de ezt a helyi ásatási megfigyelések nem erősítik meg ilyen egyértelműen. Mindenképpen figyelembe kell ugyanis venni ebből a szempontból azokat a sírokat, amelyeket részben, vagy csaknem teljesen az épület második építési periódusának meghatározott döngölt alapozás földjébe ástak, illetve azokat, amelyeknek sírgödrét egyértelműen a döngölt alapozás széléhez igazították. Ezeknek a síroknak a számbavételével és a sírokban előforduló leletek segítségével a templom keltezését is árnyaltabbá tehetjük.

Az alapozás külső szélét megsértették például a 20, 24, 71–72, 81–83, 88. sír beásásakor, valamint minden bizonnyal a 84. sír gödrével is, az alapozás belső szélébe pedig a 13, 29, 31, 33, 123. sír, illetve valószínűleg a 15–16. és a 27. gödre mélyedt. Közülük a 15, 27, 29, 31. sz. sír közös sírgödre a döngölt pilléralapozást is átvágta. A templom nyugati falának döngölt alapozásába, pontosabban annak széleibe mélyedő sírok egyikéről sem állítható azonban, hogy az alapozás eredeti funkciója megszűnése utáni időből való, vagy az, hogy az alapozás és vele együtt a templom használatának megszűnésére utal. Az alapozásba mélyedő sírgödrök közötti terület ugyanis elegendő helyet biztosított a falak számára, amelyek – a megmaradt összefüggő területek szélességét alapul véve, különösen, ha a sírok falak alá való bevájásának lehetőségével is számolunk – hozzávetőlegesen 80–90 cm

---

751 MRT 8, 101., *Szatmári* (1999) 103–105.

752 *Szatmári – Vágó* (1993) 20., *Szatmári* (1995) 38–42., *Szatmári* (1996e) 220., *Szatmári* (1996d) 41., MRT 10, 177,, 624–626.

753 *Szatmári* (1995) 49., *Szatmári* (1996a) 357.

754 *Szatmári* (1997) 359.

755 *Szatmári* (1996c) 21.

756 *Szatmári* (1996d) 43.

757 MRT 8, 101., *Szatmári* (1996c) 35.

758 *Szatmári* (1996d) 43., *Szatmári* (1999) 104–105.

759 *Bálint* (1938) 168–169., *Bálint* (1939) 148., *Szatmári* (1996e) 220–221.

vastagságúak lehettek, s bizonyosan az alapozás belső széléhez húzódtak közelebb. A 25. és 89. sz. sírt, illetve az I. sz. osszáriumot közvetlenül a meglévő alapozás mellett ásták ki.

A döngölt alapozás szélébe ásott 71. sír valószínűleg korábbi volt a 86. sírnál, abban pedig Mátyás király pénze került elő. Így Mátyás király koránál korábbi lehetett a 71. sír, a sírgödör megásásánál pedig még korábban készült a templom nyugati falának döngölt alapozása is. A alapozásba mélyedő 123. sír szintén korábbi volt az ugyancsak Mátyás kori éremmel keltezett 89. sírnál. Ezek az adatok a templom II. periódusának építési idejét feltehetően a 15. század közepénél korábbra helyezik. A 31/b. sírban szintén Mátyás király dénára volt, viszont a 29. sírban egy 50–100 évvel korábbi érem is előkerült. Mindkét sír közös gödrét beleásták a templom nyugati fala alapozásának belső szélébe, valamint a II. építési periódushoz köthető karzattartó alapozás döngölt földjébe, annak is a közepébe. A 29. sírban talált érem 1387–1457 közé keltezhető, *a templom nyugati zárófalának és karzatának a döngölt alapozása tehát a 14. század végénél vagy a 15. század elejénél később nem készülhetett.* A karzattartó döngölt alapozása – mivel a sírt teljesen ennek a közepébe ásták – nyilvánvalóan még ennél is korábban elveszítette eredeti szerepét. Ez a keltezés tehát a karzat északi fele alatt előkerült döngölt alapozásra épp úgy vonatkozik, mint a nyugati faléra, hiszen a pilléralapozásnak a 29. és 31/b. sírhoz viszonyított helyzete, relatív időrendje teljesen megegyezik a nyugati fal döngölt alapozásáéval.

A nyugati fal alapozása melletti osszáriumban talált ezüst S-végű karika jelenti ugyanakkor a döngölt alapozás keltezésének legkorábbi lehetséges időpontját, vagyis a nyugati fal döngölt alapozása az S-végű karika koránál csak későbbi lehet. A hasonló leletek a 10–12. századra keltezhetők, viszont ez a karika már másodlagos helyzetben került elő. Korhatározó értéke tehát a templom nyugati falának döngölt alapozásával kapcsolatban csak a 12. századra vagy még későbbi időre vonatkozhat. Erre utal az is, hogy a 11. századi építésű templomnál az egész nyugati fal újjáépítésére a 12. század előtt nemigen lehetett szükség. Ugyanakkor azt, hogy a két periódus építése között nem sok idő telhetett el, más ásatási tapasztalat is jelzi. Az első nyugati fal helyébe ásott szélesebb alapozási árok mélyítésekor ugyanis sírokat még nem kellett átvágniuk, erre utaló, elvágott sírt nem találtunk. Az alapozás döngölt földrétegeibe került apró embercsontdarabkák azonban néhány sír pusztulását mégis bizonyítják. A templom eredeti nyugati falának környezetében tehát ezek szerint még csak alig-alig temetkeztek, amikor a fal újjáépítésére sort kellett keríteni.

Mindebből kiderül, hogy a templom nyugati döngölt alapozásának készítési idejét, a második építési periódusát a 29, 31/b, 71. sír helyzete viszonylag jól meghatározza, s az időpont felső határának a 14. század végét vagy a 15. század elejét jelöli meg. Épülhetett viszont a döngölt alapozás a 14. század vége előtt s a templom felépülése után bármikor. A décsei templom második építési fázisa – az épületen végrehajtott átalakítás jellege miatt – nem magyarázható a Délkelet-Alföldön a 14–15. században általános templombővítési tendenciával, hiszen ezt a templom jelentős befogadóképessége, eredetileg is nagy méretei ekkortájt sem indokolták. *Az épület átalakításának oka kizárólag a nyugati zárófal meggyengülése lehetett, ez pedig az építkezés után bármikor, még az Árpád-korban is bekövetkezhetett.* Abban az esetben viszont, ha a templom körüli temetőben a temetkezések legkésőbb a nyugati fal előtti területen következtek, az átépítés időpontját a 14. századra is helyezhetjük.

A kétféle karzattartó alapozás közül a döngölt pilléralapozás – melynek alkalmazására a jelek szerint soha nem került sor – kétségkívül az átépítéssel, a köves karzattartó-alapozás pedig egyértelműen a templom I. periódusával egyidős. Az utóbbinak nemcsak az alapozástechnikája, hanem elhelyezkedése is a karzattartó építésének a templommal való egyidejűségét, sőt a templommal megegyező használati idejét bizonyítja, hiszen a templombelsőbe ásott sírok a karzattartó alapozásának keleti és nyugati oldalán egyformán, egyértelműen igazodnak az alapozáshoz.

Összegzés

Összességében elmondható, hogy a décsi Telek-halom nagyon sokat veszített eredeti magasságából, így a középkori Décse falu arra épített templomának alapfalai is csak alig-alig, s mindössze helyenként maradtak meg, a szentély alapozása pedig teljesen eltűnt. A halom felszínének jelentős pusztulása sajnos azzal is együtt járt, hogy a templom körüli temetőnek már csak az alsó egy-két sírrétegét lehetett feltárni. Ez az oka annak, hogy a sírgödrök a szelvényeinkben általában jól kirajzolódtak. Az 5. szelvényben, a háromszögelési pont déli, alig szántott oldalán viszont már az első fél ásónyomban több sír került elő, s ez nemcsak azt bizonyítja, hogy a sírok többségét már szétszántották, hanem azt is, hogy a sírok eredetileg sokkal nagyobb sűrűségben helyezkedhettek el. A halom tetején, a templom épületén belül és kívül 178 sírt tártunk fel a falu temetőjéből.

A templom megtalált alapozásának különbségei alapján az épületnek két építési periódusát lehetett elkülöníteni. A szentélyből a halom felszínének eróziója és a szántás miatt ugyan már semmi sem maradt meg, de a különböző beásások – sírok, gödrök és egy osszárium – által szabadon hagyott területen, valamint az itt elhelyezkedő sírok tájolása segítségével a szentélynek nemcsak a helye, hanem félköríves formája is kiszerkeszthető volt.

Az eredeti templom egyhajós épületének 120–130 cm széles alapozását az alapozási árokban megoltott mésszel kötött terméskövekből készítették. A déli és az északi hajófalak vonalából ítélve a templom hossztengelye a szentély felőli oldalon 3'-sal tért el a keleti iránytól észak felé. Még ebben a periódusban építettek a templomhajó délnyugati sarkában egy karzatot is, a hajófalakéval megegyező alapozástechnikával.

Az épületnek nemcsak a szentélyét, hanem a nyugati zárófalát és két nyugati sarkát sem találtuk meg. Az utóbbiak helyét azonban nem a halom felszínének eróziója tüntette el, hanem azok helyén a templom második építési periódusának idejéhez köthető, földrétegekből döngölt alapozás került elő. A nyugati falnak ez az új alapozása az első periódus idejéből származó főfalakénál átlagosan 130 cm-rel mélyebb s legalább kétszer olyan széles volt. Szélessége elérte a 280 centimétert is. A nyugati zárófal megújított alapozásának idejéhez köthető a karzat északi oldalának megerősítése céljából készített önálló pilléralapozás is, amelynek alapozástechnikája teljesen megegyezett a nyugati fal döngölt alapozásával.

A templom alapfalainak megmaradt részeiből s a szentély helyének kiszerkesztéséből következtetve az épület a délkelet-alföldi falusi egyházak sorában igen tekintélyes méretű lehetett. A hossza elérhette a 18 métert is, szélessége pedig a templomhajó keleti végénél kb. 8 méter, a nyugati falnál pedig 10 méter volt.

A halom tetején az első templomépítkezésre biztosan a 11. század folyamán került sor, lehetséges, hogy a század első felében. A település korabeli jelentősége – 10. századi előzménye (?) – és a templomának méretei alapján az is feltételezhető, hogy a Szent István által elrendelt törvény szerint minden tíz falu összefogásával megépített első templomok egyike a décsei volt. A nyugati falának átépítésére a 11–14. század folyamán bármikor sor kerülhetett, de ennek pontosabb időmeghatározására nem rendelkezünk kellő adatokkal. A település pusztulása a 16. század végén vagy a 17. század folyamán következett be.

A templom épületén belül és azon kívül feltárt 178 sír a temetőnek csak kicsiny részét jelenti. A sírok sűrűsége, többrétegűsége az évszázadokon át használatban lévő temetőkéhez volt hasonló, s az egymásba ásott sírok is a megszokott módon jelentkeztek. Décse középkoron belül betöltött jelentős szerepe, a falu nagysága, lakosainak száma és a település hosszú időtartamú fennállása alapján a sírok mennyiségét akár több ezerre is tehetjük, de a temető jelentősebb része a halom eredeti felszínének kopása miatt már elpusztult. A templom körüli temető sírjai között két honfoglalás kori, 10. századi lovas sír is előkerült, melyek minden bizonnyal a templom építése előtt, ugyanitt használt temetőhöz köthetők.

A sírokban talált, vagy az ásatás során előkerült, de jórészt valószínűleg ugyancsak a sírokhoz köthető, illetve a különböző beásásokból származó leletek a középkori templom körüli temetőkre jellemző módon igen szegényesek voltak. Kisebb számban találtunk az Árpád-korra keltezhető tárgyakat: egy-egy arany, ezüst és bronz S-végű hajkarikát, egy 12. századi érmet, több edénytöredéket s egy darabjaiból összeilleszthető cserépbográcsot is. A leletek többsége viszont egyértelműen késő középkori: párták, gyöngyök, ruhakapcsok, fülesgombok, gyűrűk, érmek és szépen faragott csontlapocskákkal vagy aprólékos kidolgozású, lemezes veretekkel díszített övek sorolhatók közéjük. Bizonytalan a középkoron belüli keltezésük a vasszegeknek és más vastárgyaknak. Famaradványok, egyéb szerves anyagok a falu korai és kései időszakából egyaránt szintén előfordultak. Több esetben megfigyeléseket lehetett tenni a temetkezési szokásokra is.

A szelvényeken kívül két kutatóárok segítségével teljes K–Ny-i metszetet kaptunk a halom fölső rétegeiről. Ezek a kutatóárkok igazolták a korábbi geofizikai mérések során kimutatott anomáliákat, amelyeket a templom korai és későbbi időszakában ásott, s végül betemetett temetőárkokkal azonosíthatunk. A temető szélét azonban valószínűleg csak a keleti oldalon sikerült megállapítani.

Egyértelmű nyomát találtuk a templomhajó délnyugati belső sarkában Krecsmarik Endre 1917. évi ásatásának, az itt kibontott csontvázról ő számolt be a korabeli sajtóban.

Az ásatás során a rendelkezésünkre álló feltételekhez viszonyítva kialakított céljainkat maradéktalanul sikerült ugyan teljesíteni, de csupán a temető teljesebb megismeréséhez is a feltárások folytatására volna szükség. Azt pedig jelenleg csak remélni lehet, hogy egyszer majd a décsei udvarház szintén napfényre kerül, a település néhány lakóházával együtt.[760]

[760] Az ásatás feltételeit az MTA Régészeti Intézete, közvetlenül pedig Jankovich B. Dénes teremtette meg. A lelőhelyen végzendő ásatásokat is ő kezdeményezte, s szorgalmazta mindvégig. Köszönöm, hogy a feltárás lehetőségét átengedte számomra. Munkánk során a kitűnő endrődi kubikusokon kívül Draveczky Balázs, Dukay Bernadette, Gábor Gabriella, Jankovich B. Dénes, Juhász Irén, Kocsor Julianna, valamint Balogh Csilla, Gyucha Attila, Korondán Zoltán, Liska András és Miklós Gergely közreműködésére is számíthattam. A leletanyag restaurálását Gábor Gabriella, a tárgyak fotózását Váradi Zoltán, a táblák tervezését Dukay Bernadette, a publikációs rajzok készítését Fazekasné Bodnár Katalin, a növényi eredetű szerves maradványok meghatározását Babos Károly és Kertész Éva, a kövek meghatározását Domokos Tamás, az érmek meghatározását Nagy Ádám, az állatcsontok meghatározását Vörös István, a békéscsabai Réthy Pál kórházban végzett vizsgálatokat pedig Rácz László főorvos úr végezte el. A 26. kép övrajzát Gábor Gabriella készítette. Segítségüket ezúton is megköszönöm. Az ásatási fotók a szerző felvételei. A kéziratot – apróbb, későbbi kiegészítésektől eltekintve – 1999 tavaszán zártam le.

1. tábla: Kerámialeletek a lelőhely területéről és az 1. számú kutatóárok betöltéséből.
1., 3–5., 7–8: Felszíni gyűjtés. *2., 6:* 1. sz. kutatóárok, a belső temetőárok betöltése

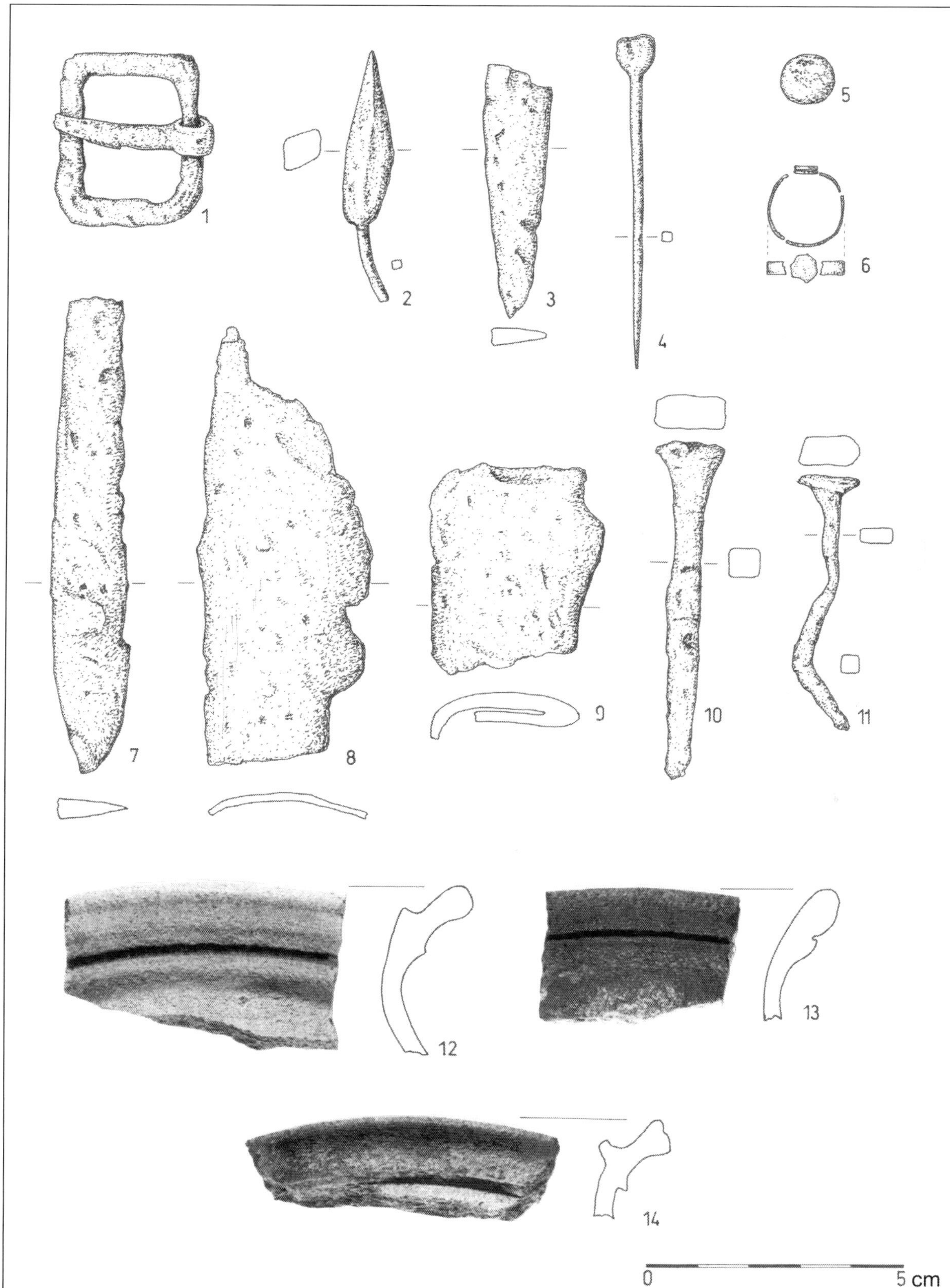

2. tábla: Kerámia- és fémleletek az 1. és 2. sz. kutatóárok betöltéséből. Szórvány.
1–9., 12–14: 1. sz. kutatóárok. *10–11:* 2. sz. kutatóárok

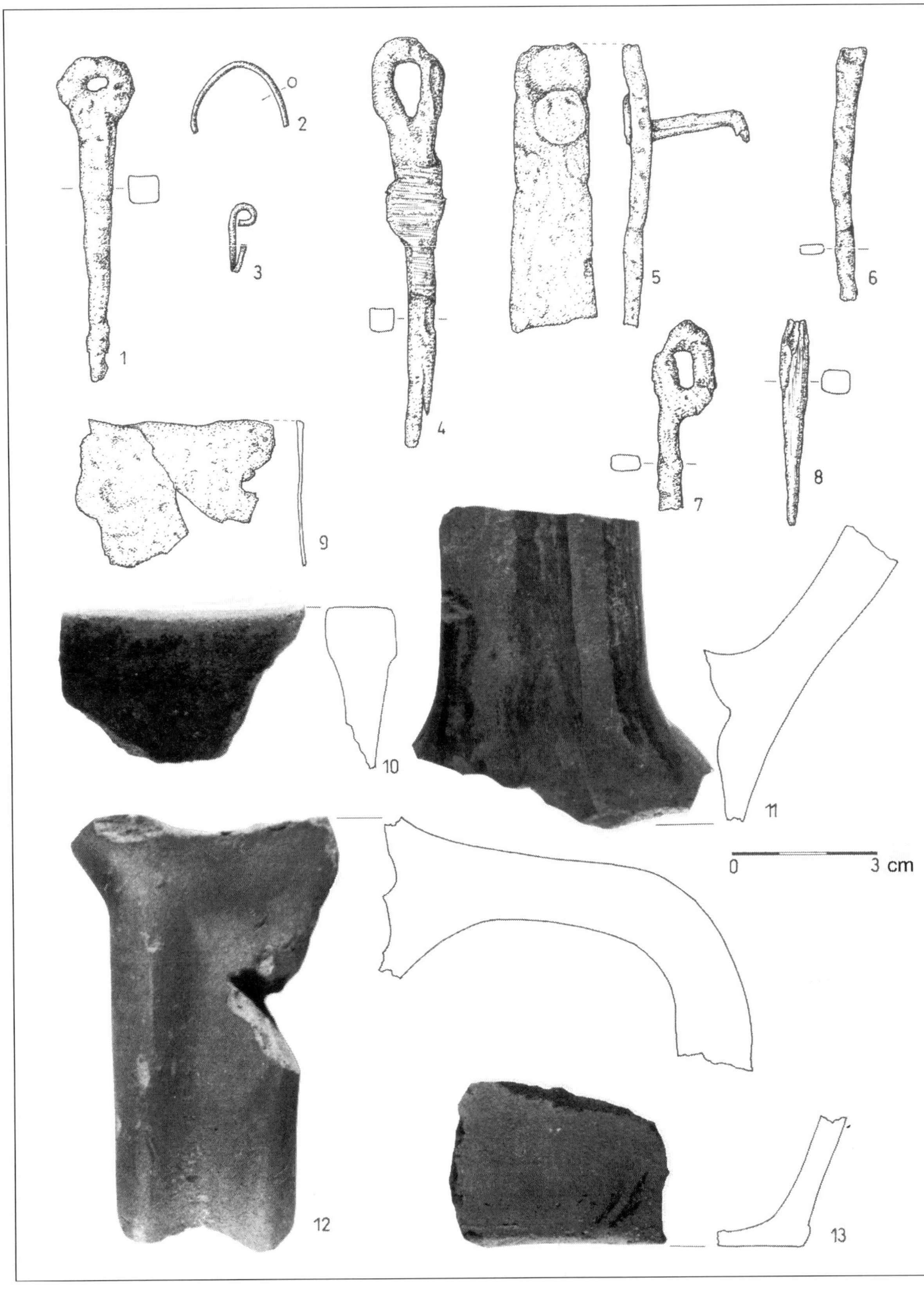

3. tábla: Kerámia- és fémleletek a 2. sz. kutatóárok és az 1. szelvény területéről. Szórvány. *1–3., 11–12:* 2. sz. kutatóárok. *4–10., 13:* 1. szelvény

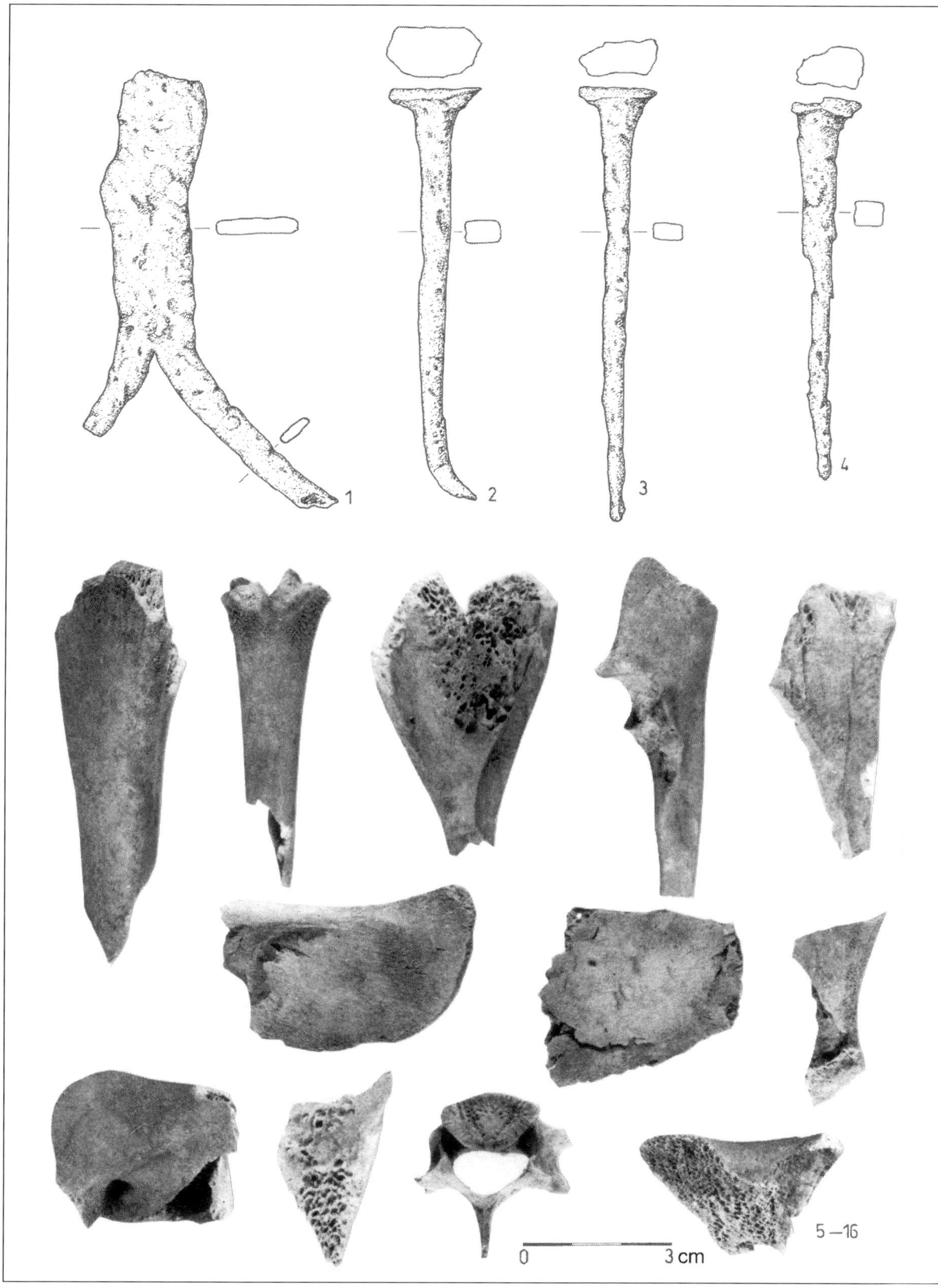

4. tábla: 1–16: Fém- és csontleletek a 95.23.53. leltári számú cserépbográcsból (23. tábla), az 1. szelvény K-i szélén kibontott gödör betöltéséből

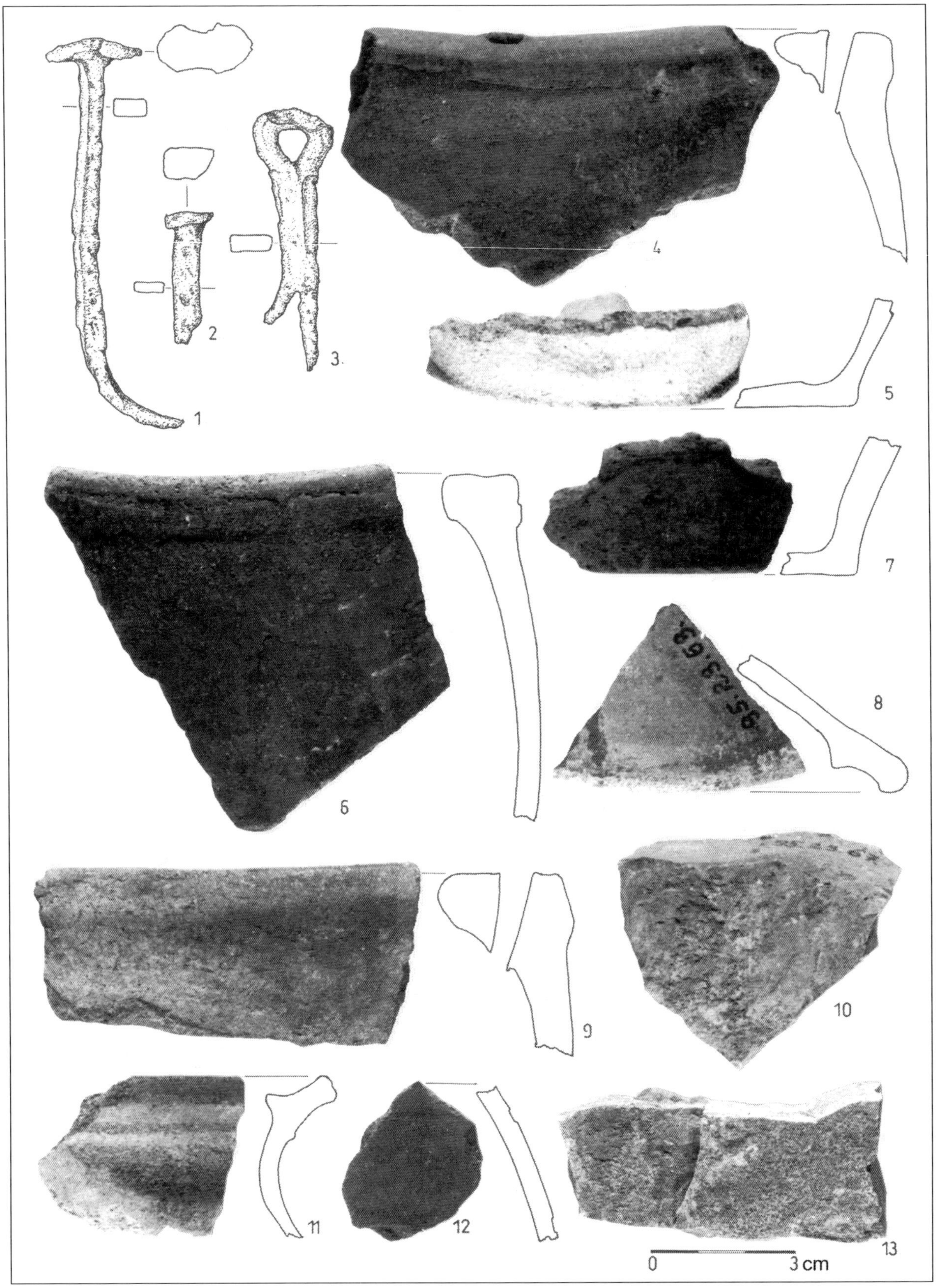

5. tábla: 1–13: Kerámia- és fémleletek az 1. szelvény területéről. Szórvány

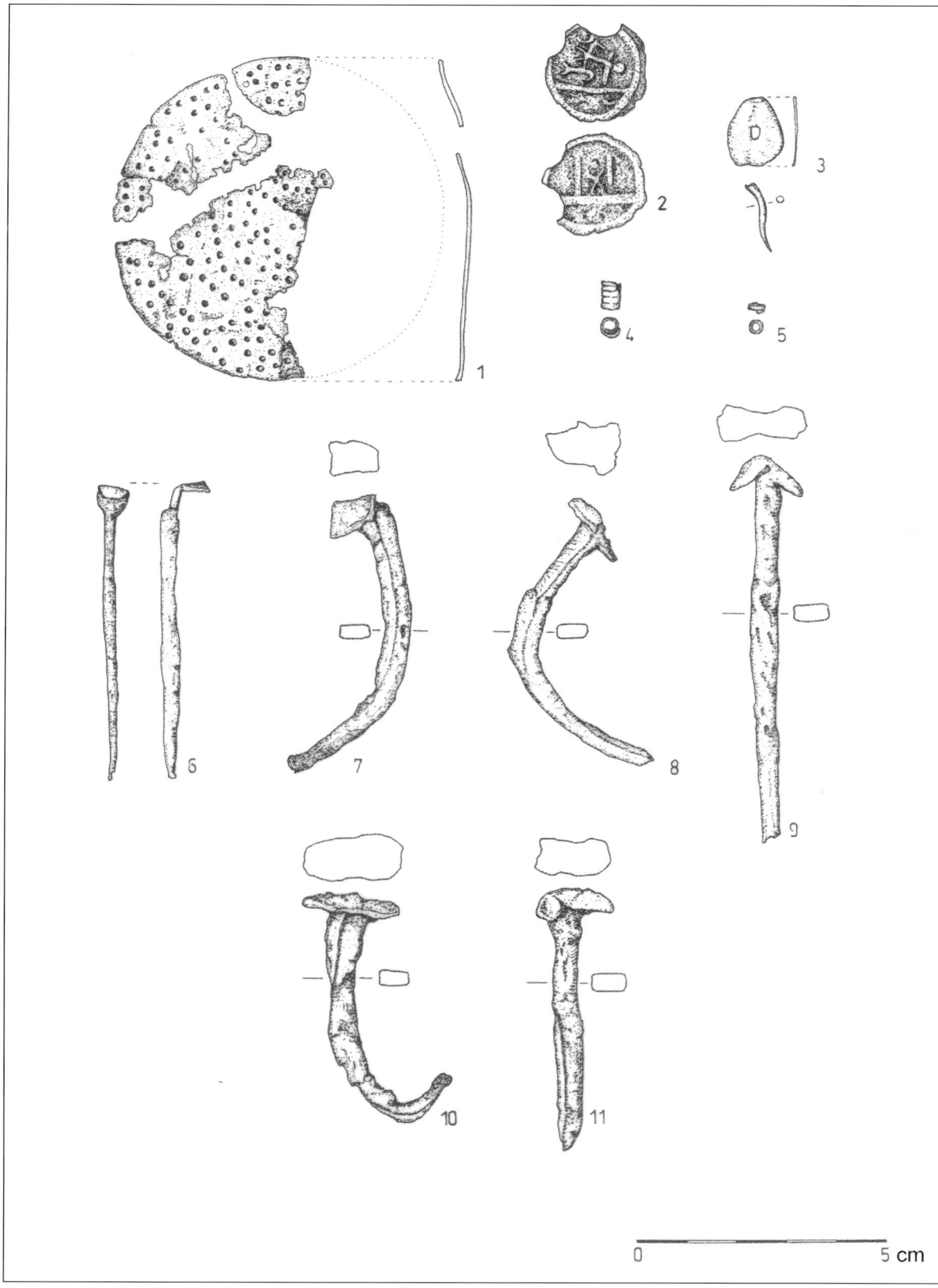

6. tábla: Fémleletek a 2–3. és 5. szelvény területéről. Szórvány.
1., 3–4., 6–11: 5. szelvény. *2:* 3. szelvény. *5:* 2. szelvény

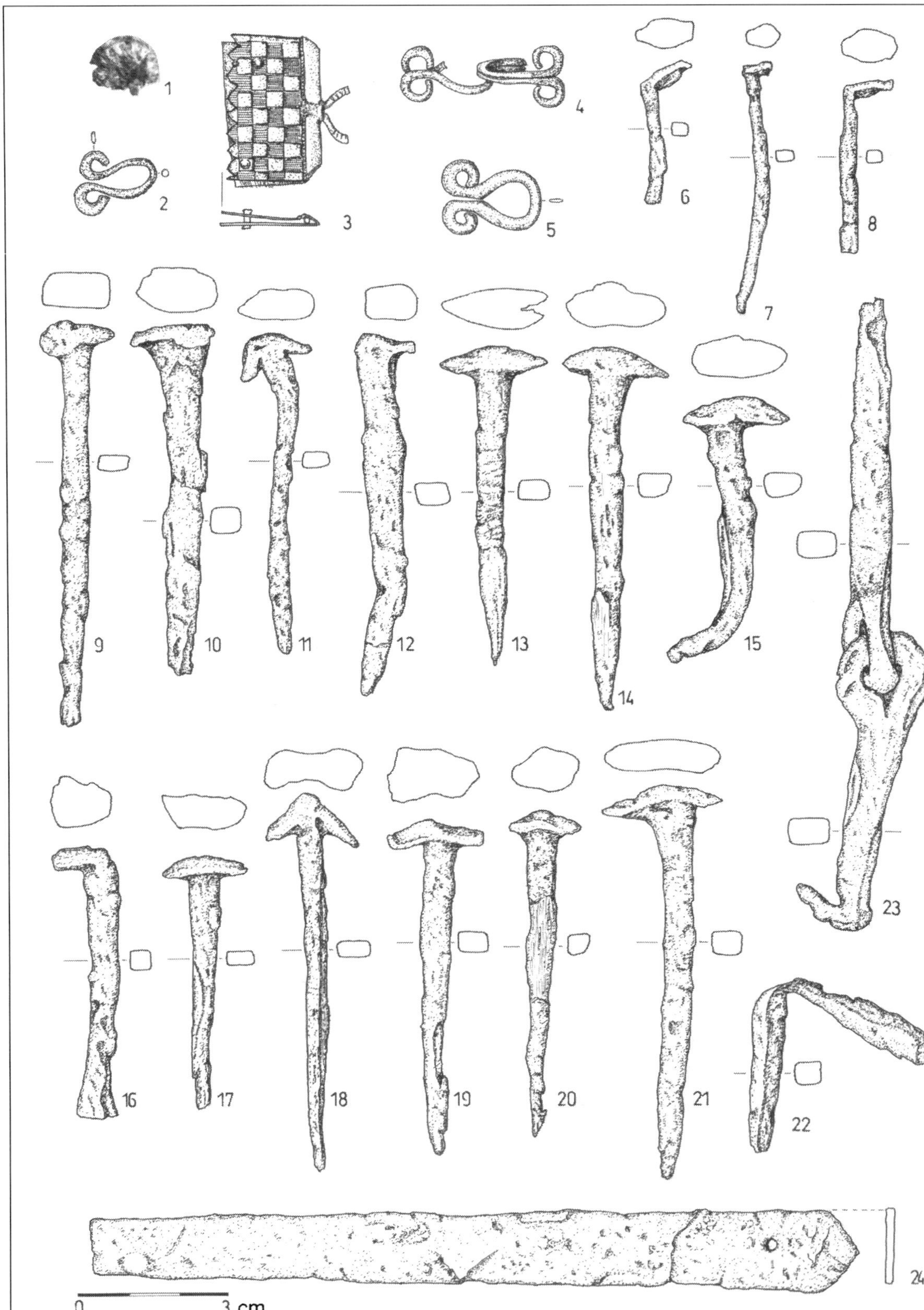

7. tábla: Fémleletek az 5–7. és 10. szelvény területéről. Szórvány.
1., 4., 9–10: 5. szelvény. *2–3., 5–8., 11–12., 24:* 6. szelvény. *13–22:* 10. szelvény. *23:* 7. szelvény

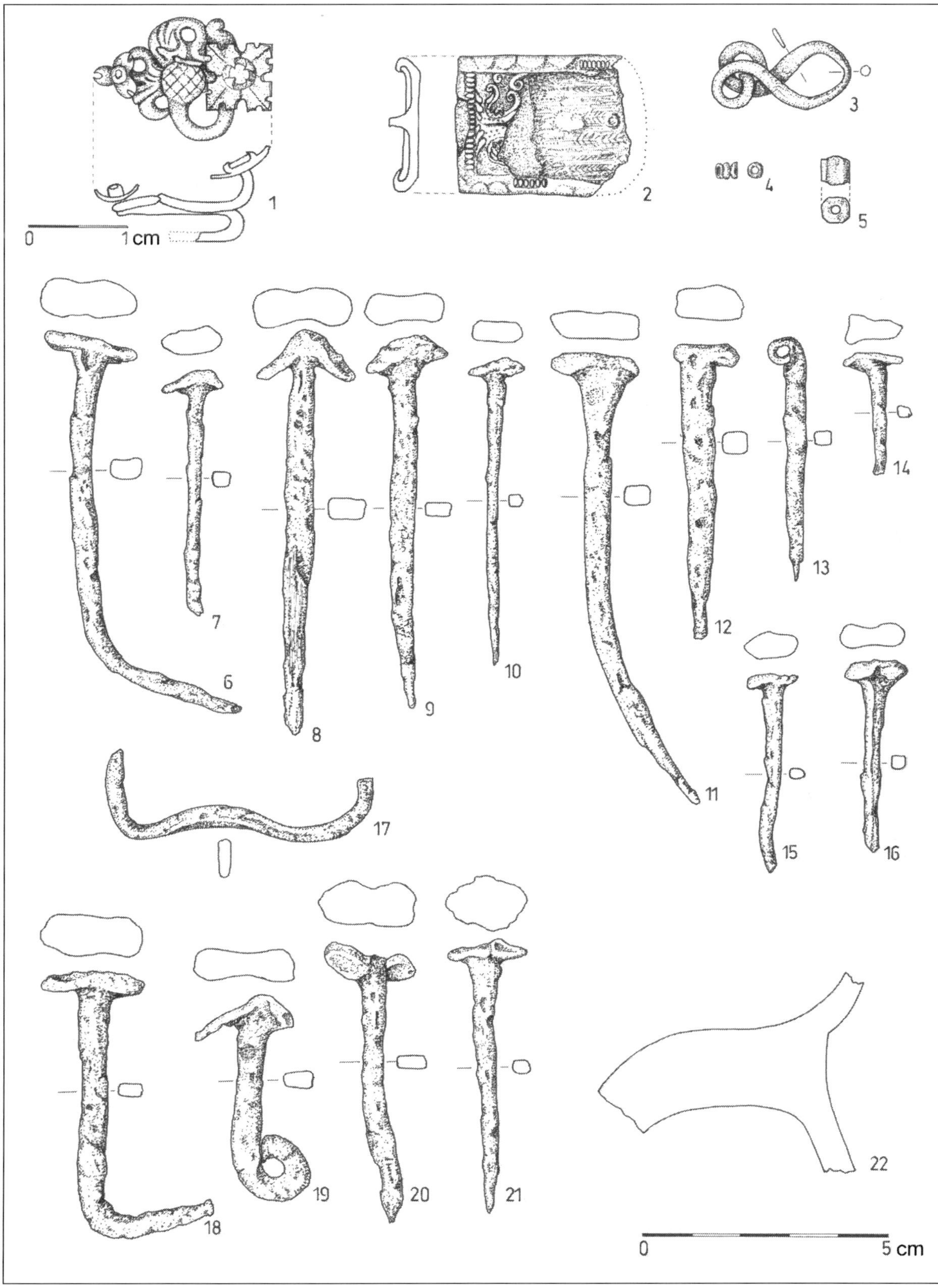

8. tábla: Kerámia- és fémleletek a 10–12. szelvény területéről és a halom felszínéről. Szórvány. *1–3:* 10. szelvény. *4:* 12. szelvény. *5.*, *11–14.*, *17:* Felszíni gyűjtés. *6–10.*, *15–16.*, *18–22:* 11. szelvény

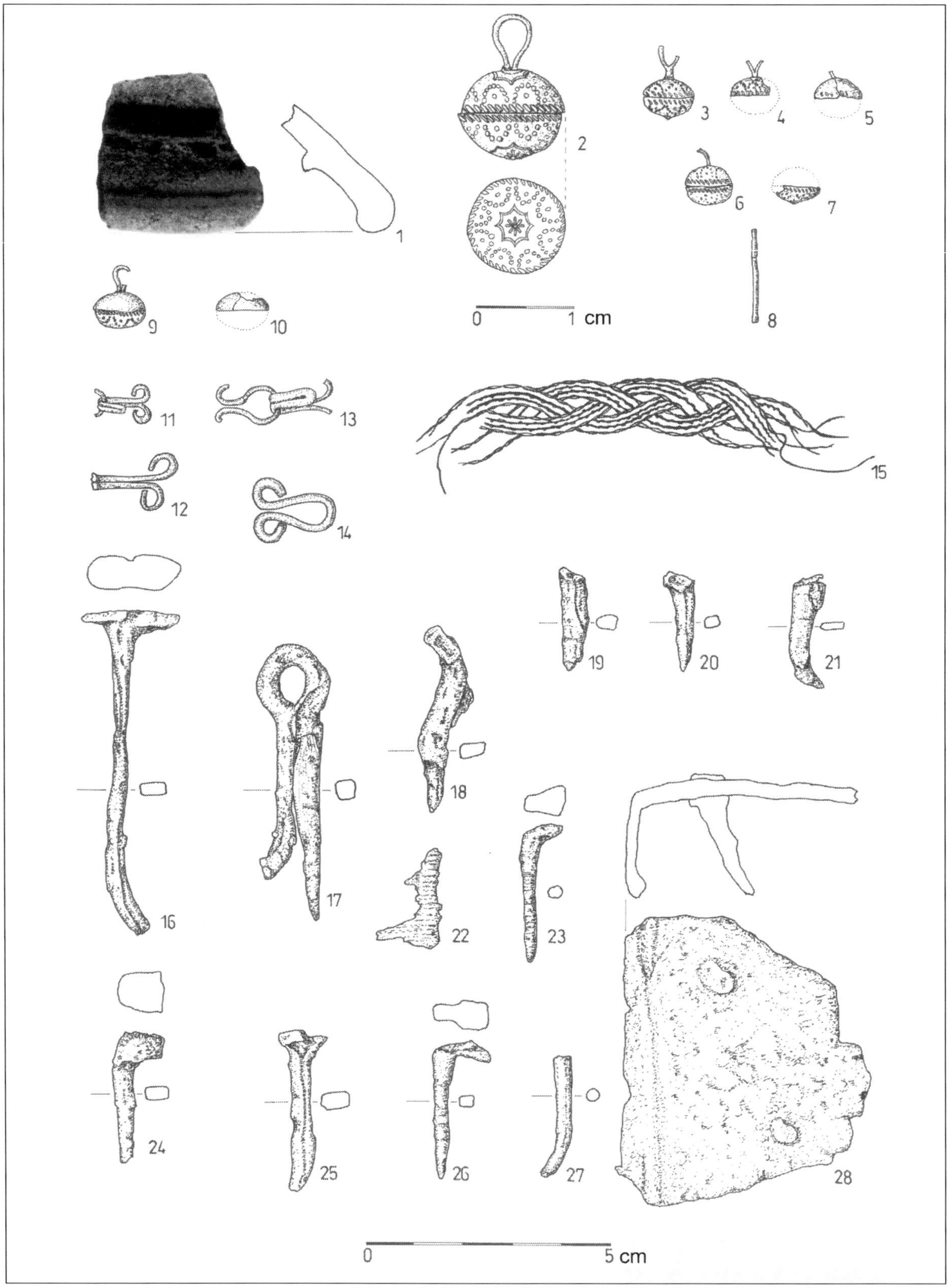

9. tábla: Sírleletek. *1:* 1. sír. *2–8, 15:* 3. sír. *9–10:* 2. sír. *11, 16:* 4. sír. *12–13:* 9. sír. *14, 28:* 25. sír. *17–19:* 13. sír. *20:* 22. sír. *21–24, 26–27:* a 22–23. sír között. *25:* 11. sír

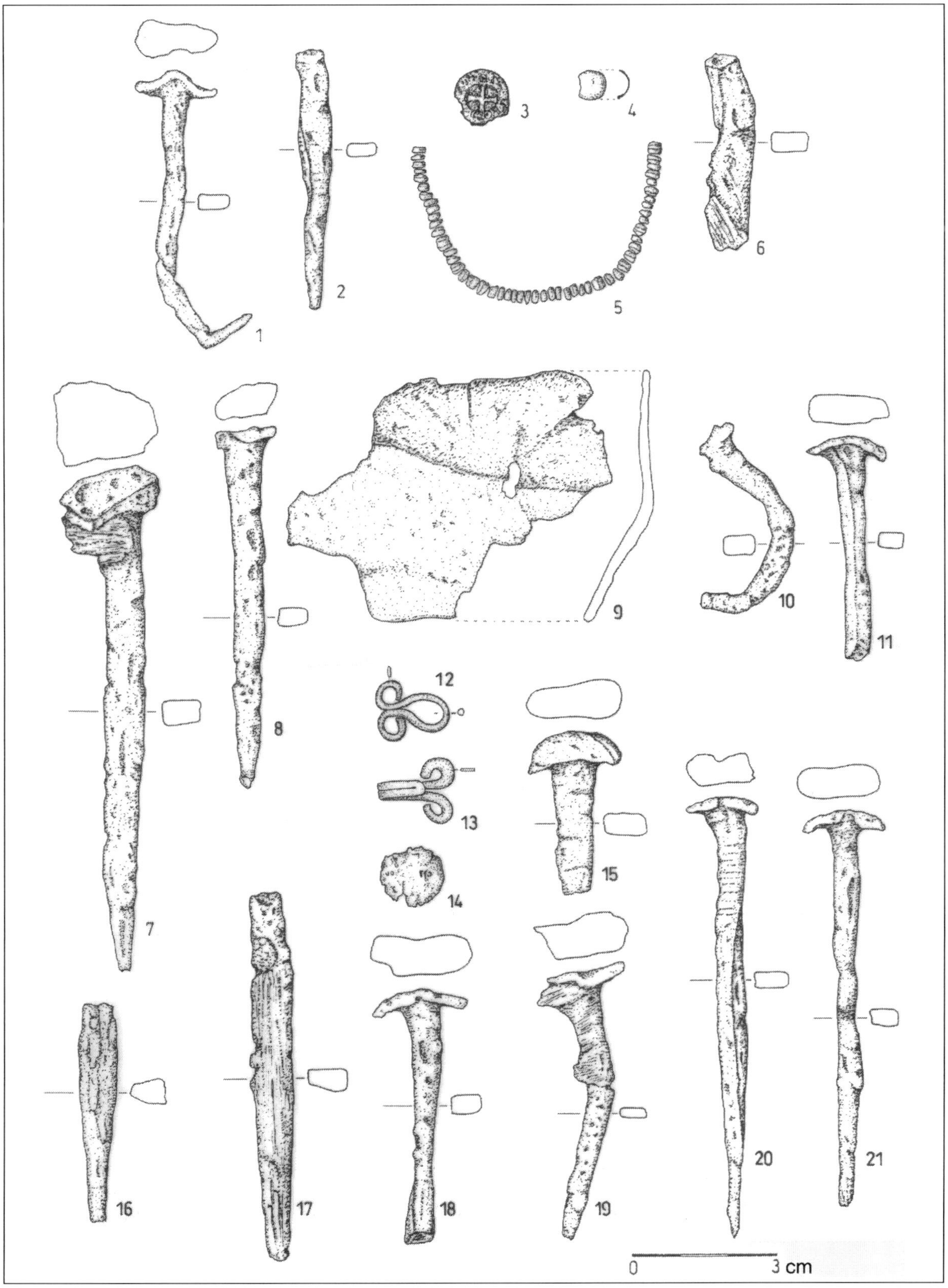

10. tábla: Sírleletek. *1–2:* 28. sír. *3:* 29. sír. *4–6:* 32. sír. *7–9:* 37. sír. *10–11:* 41. sír. *12:* a 39–40. sír között. *13:* 40. sír. *14:* 41. sír. *15:* 39. sír. *16–20:* 45. sír. *21:* 46. sír

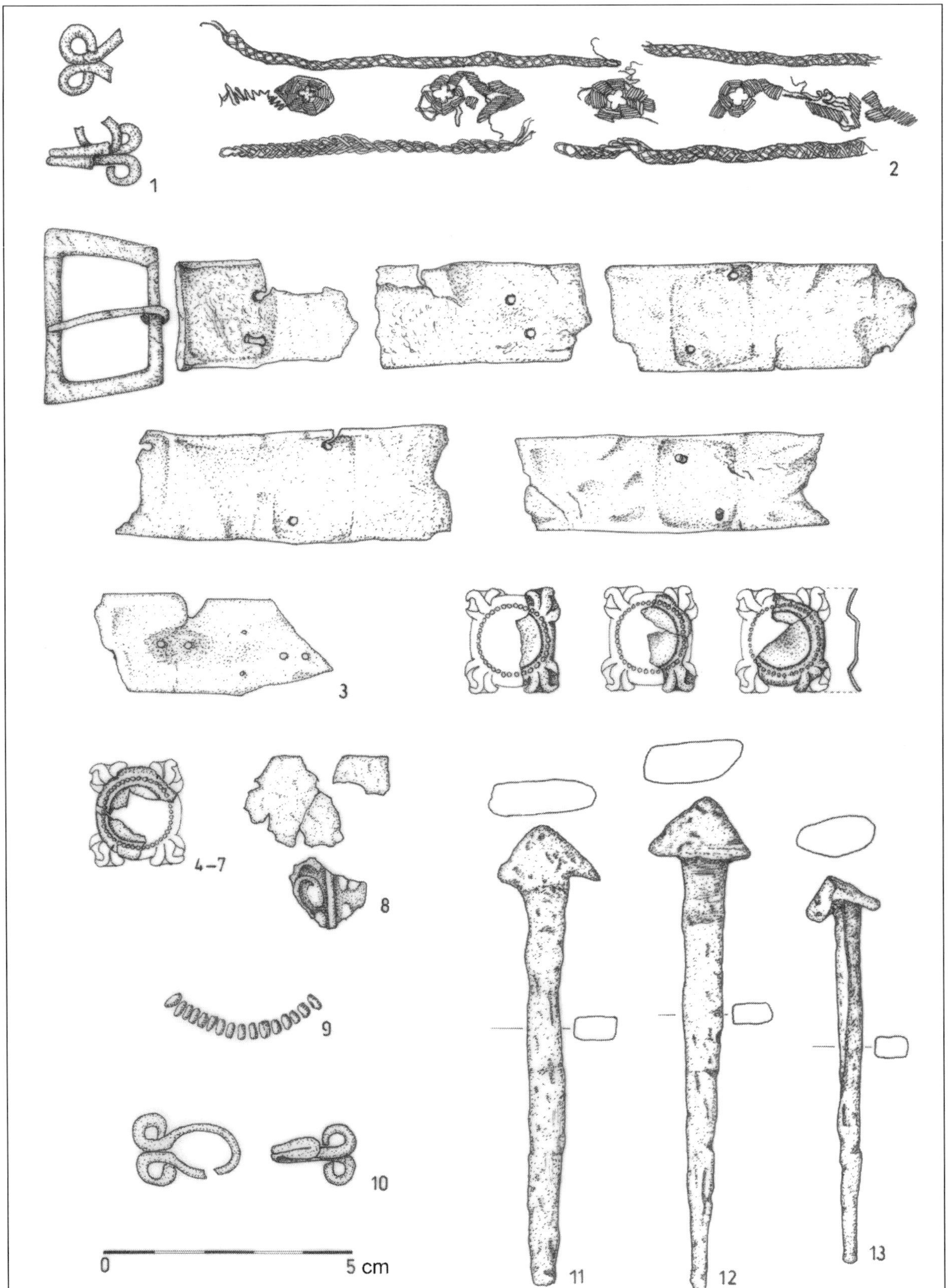

11. tábla: Sírleletek. *1–2., 11–12:* 47. sír. *3–8:* 46. sír. *9–10:* 52. sír. *13:* 50. sír

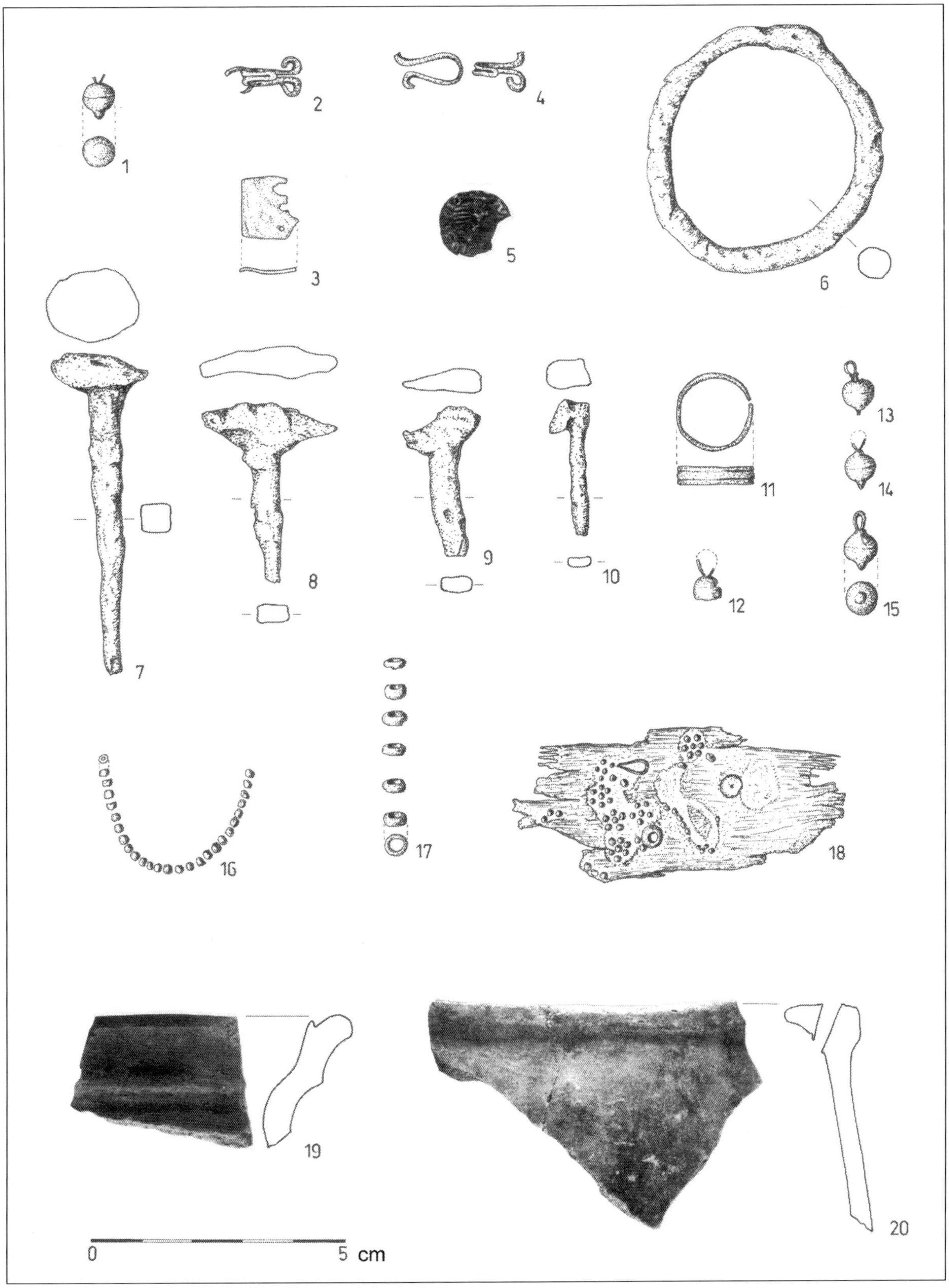

12. tábla: Sírleletek. *1:* 56. sír. *2–4:* 58. sír. *5:* 61. sír. *6:* 64. sír. *7:* 65. sír. *8–10:* 70. sír. *11:* 72. sír. *12:* 68. sír. *13–18:* 73. sír. *19:* 69. sír. *20:* 76. sír

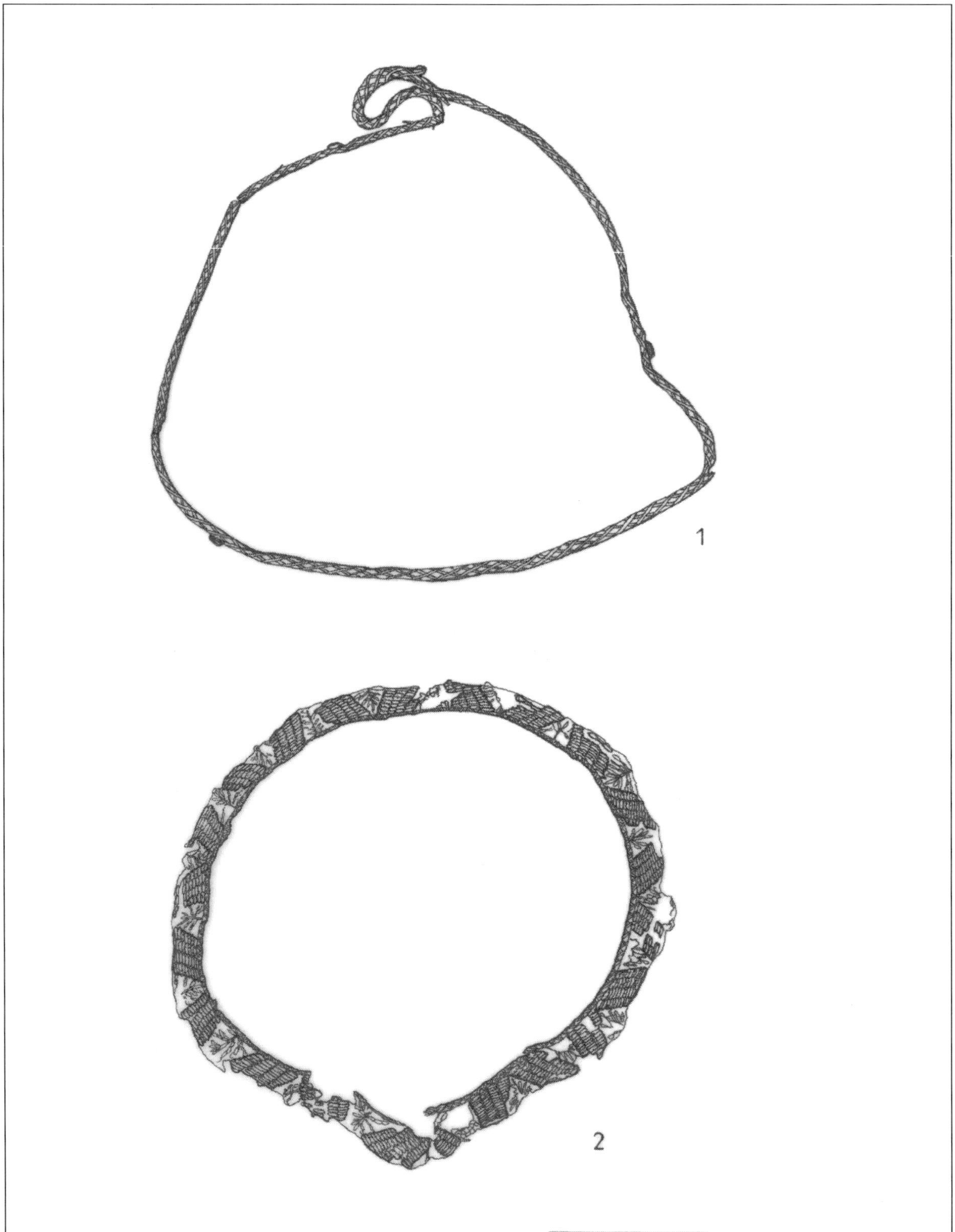

13. tábla: Sírleletek. *1–2:* 75. sír

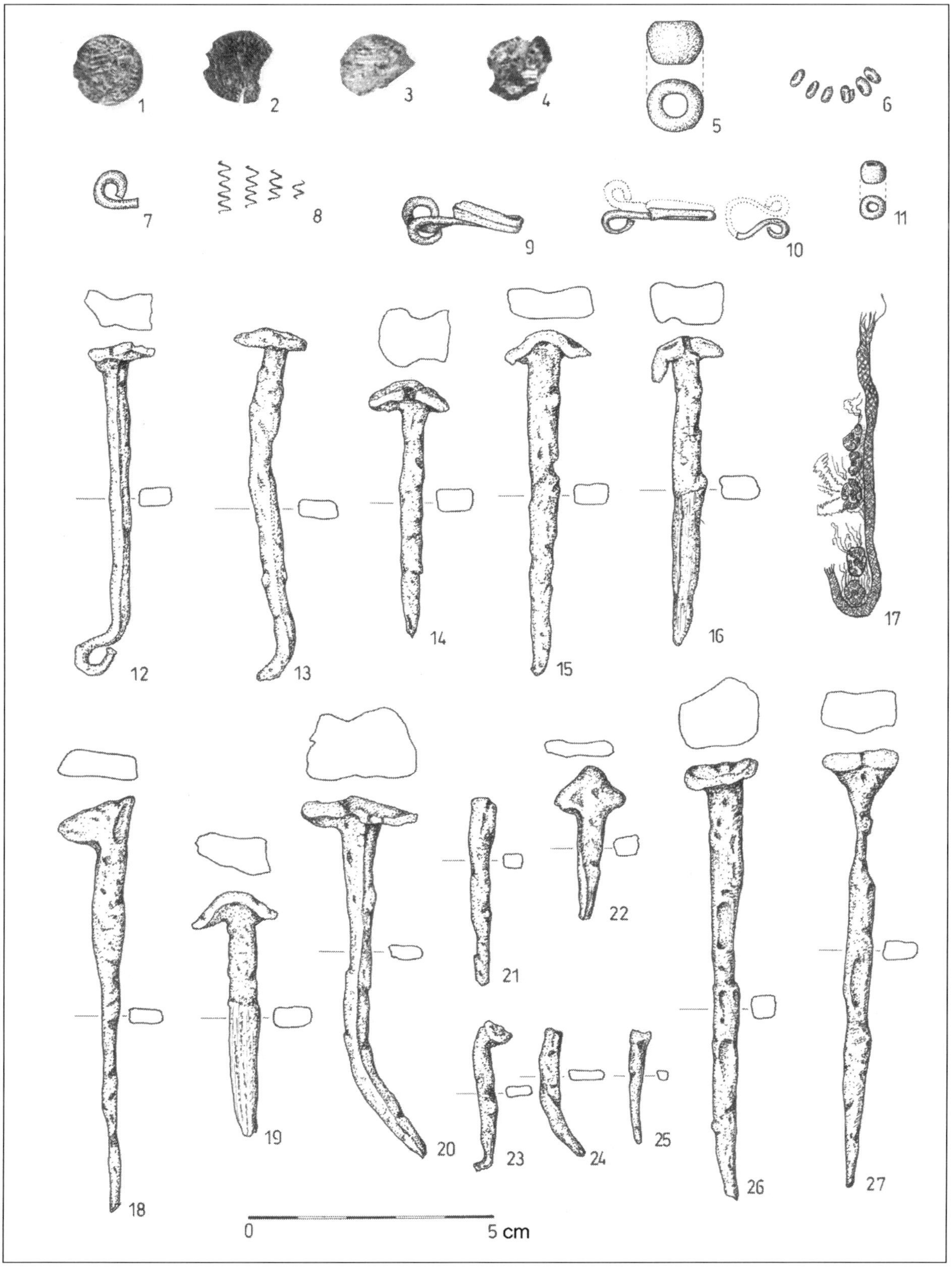

14. tábla: Sírleletek. *1:* 75. sír. *2, 12–14:* 76. sír. *3:* 86. sír. *4:* 89. sír. *5:* 79. sír. *6, 17:* 91. sír. *7:* 92. sír. *8:* 94. sír. *9, 26–27:* 96. sír. *10:* 107. sír. *11:* 111. sír. *15–16:* 78. sír. *18–19:* 81. sír. *20–21:* 88. sír. *22:* 100. sír. *23–25:* 93. sír

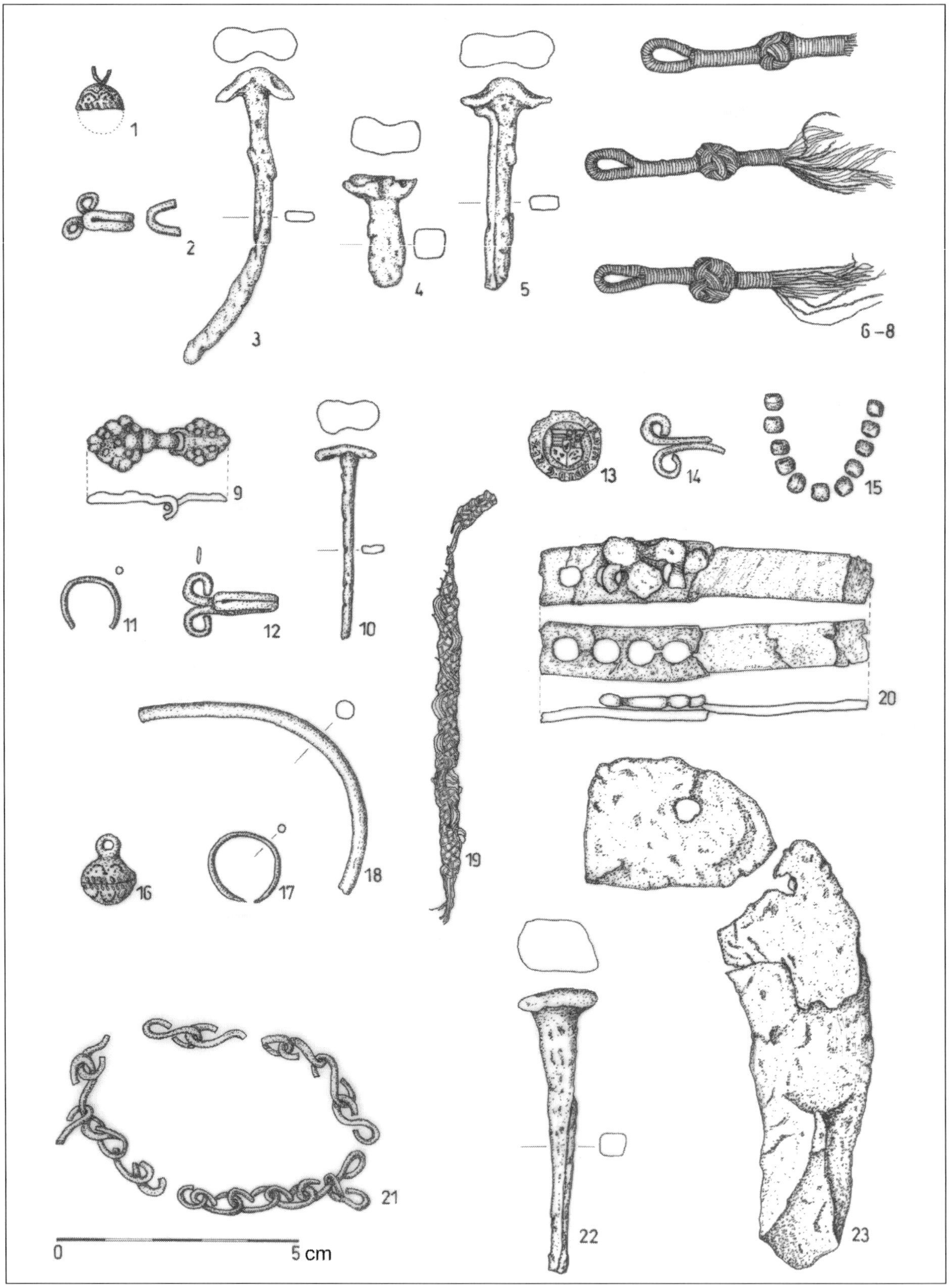

15. tábla: Sírleletek. *1:* 114. sír. *2:* 118. sír. *3–5:* 123. sír. *6–8:* 125. sír. *9:* 136. sír. *10:* 137. sír. *11:* 140. sír. *12–14:* 143. sír. *15–16:* 150. sír. *17:* 153. sír. *18:* 154. sír. *19–20:* 156. sír. *21:* 160. sír. *22:* 157. sír. *23:* 161. sír

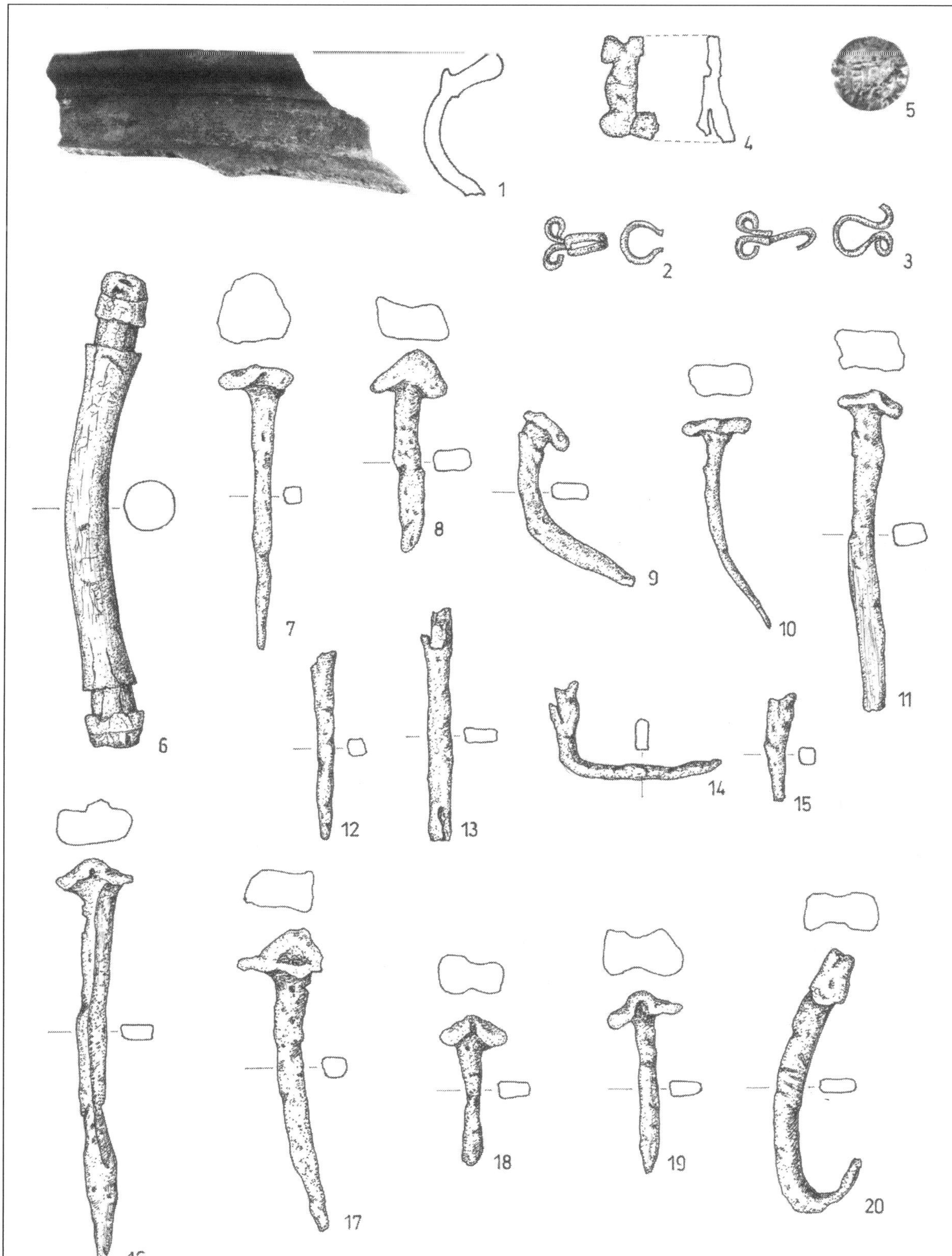

16. tábla: Sírleletek. *1:* 161. sír. *2–4, 16–18:* 166. sír. *5:* 175. sír. *6–15:* 165. sír. *19–20:* 177. sír

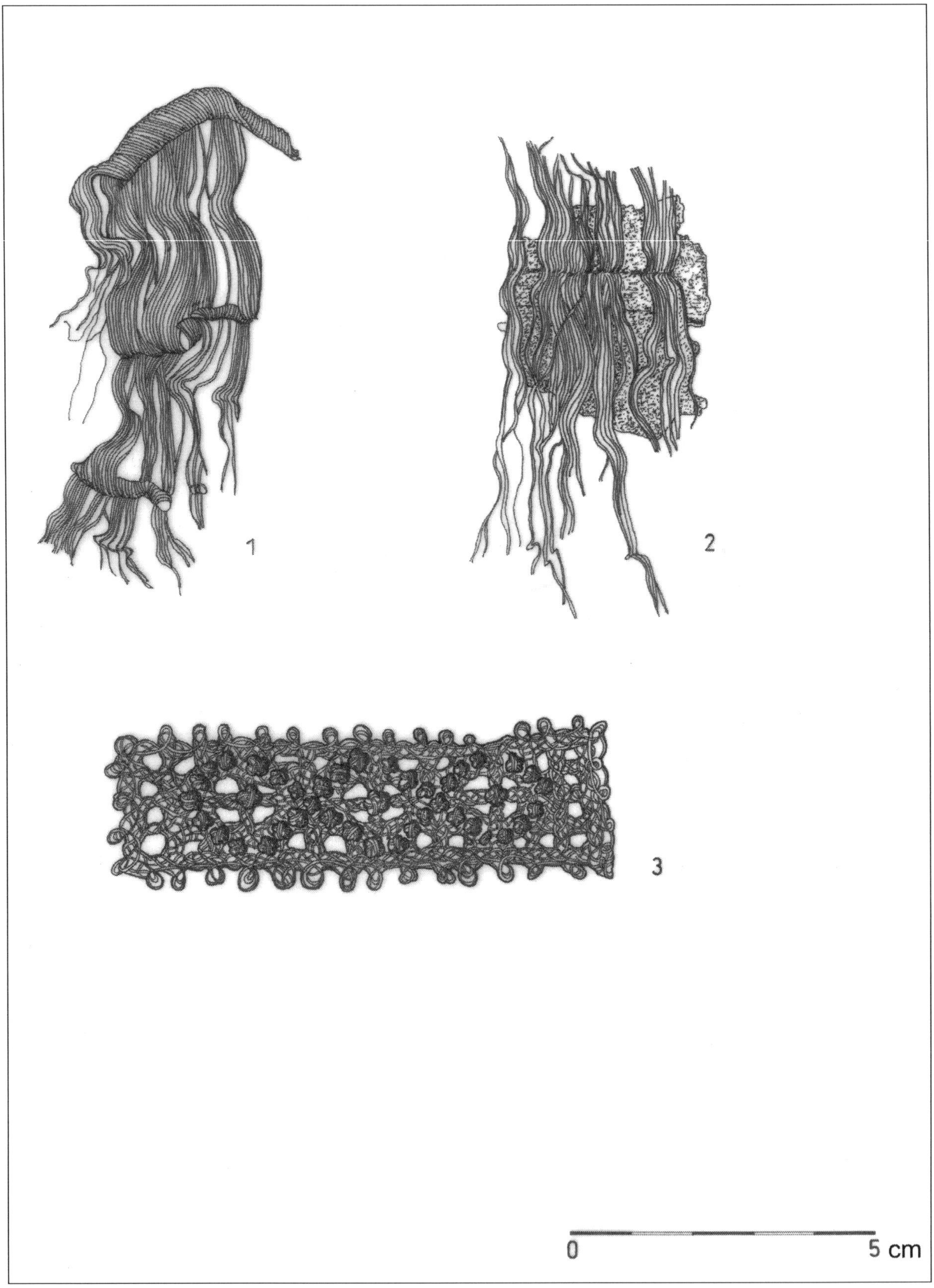

17. tábla: Sírleletek. *1–2:* 166. sír. *3:* 156. sír

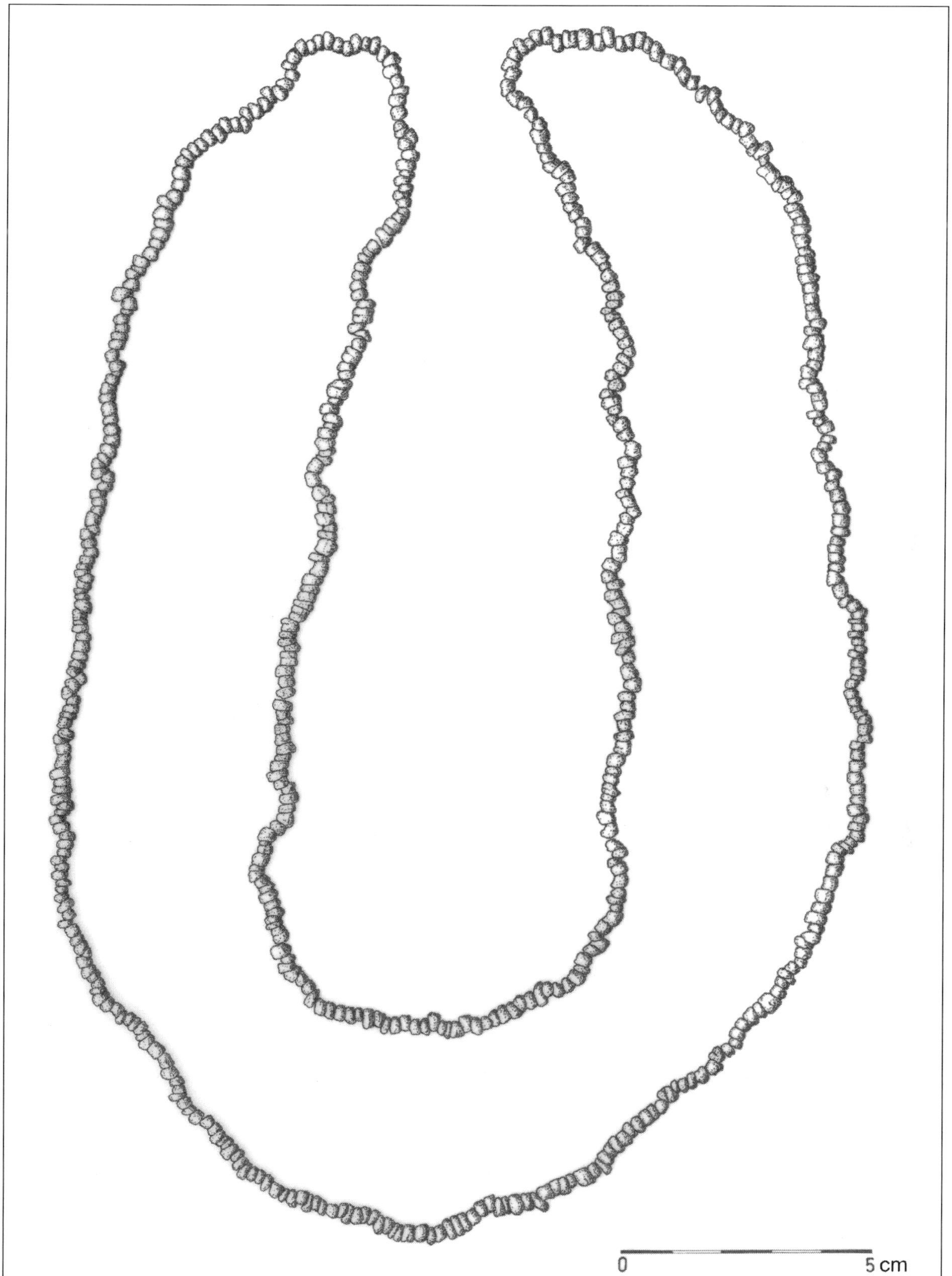

18. tábla: Sírlelet. 9. sír

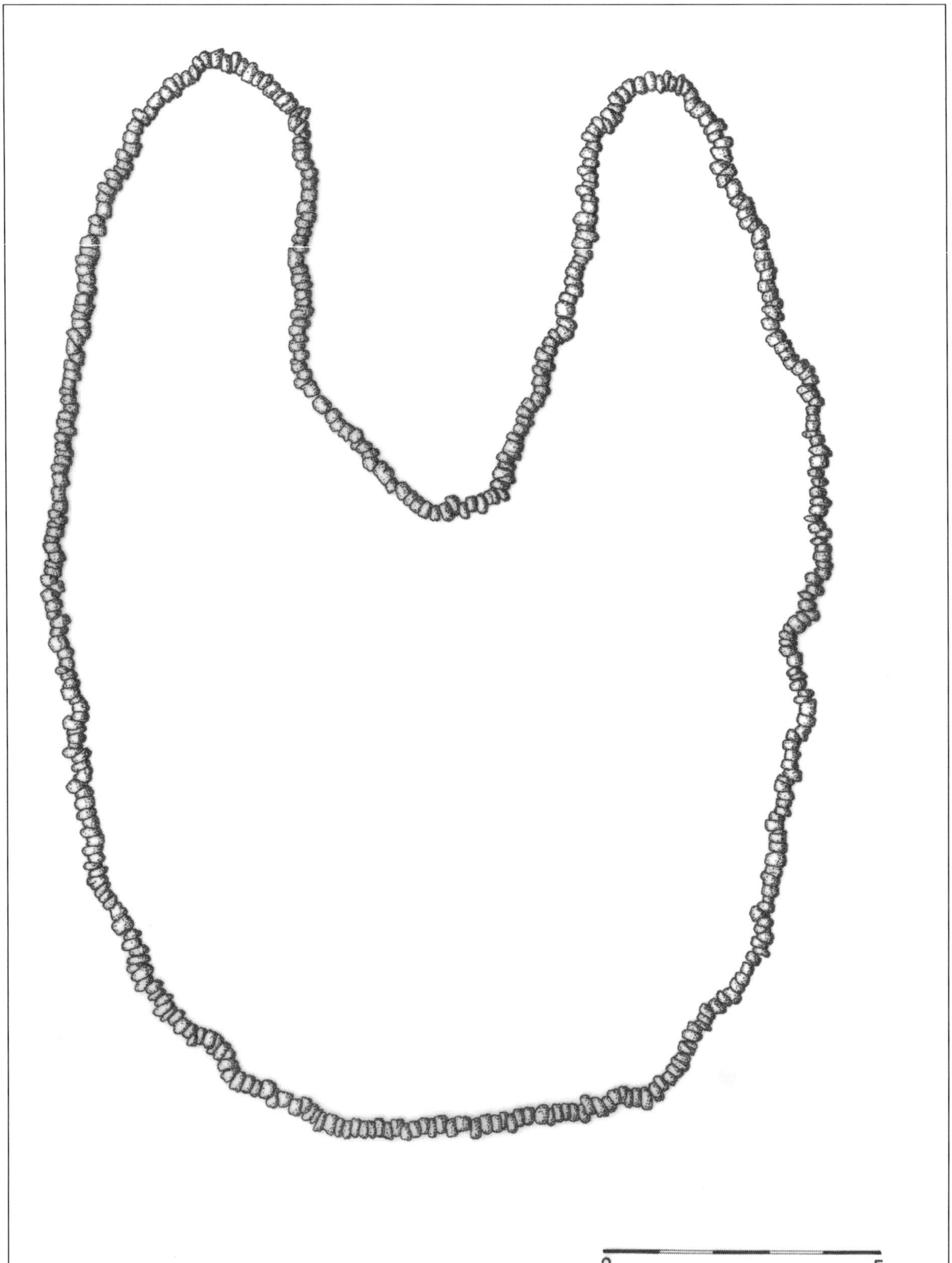

19. tábla: Sírlelet. 88. sír

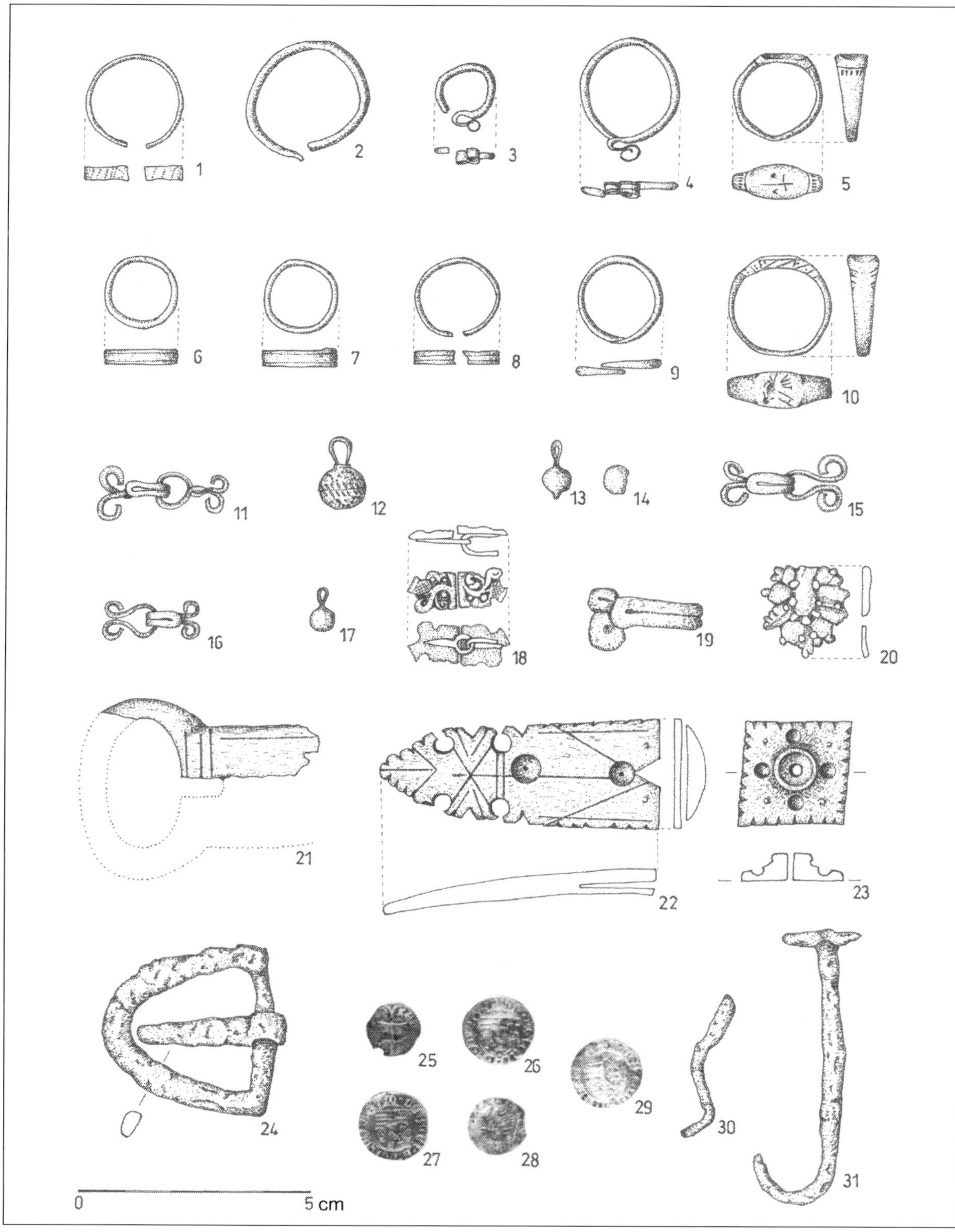

20. tábla: Sírleletek az 1. és 2. sz. kutatóárok, illetve a 3., 5–6., 11. szelvény területéről, valamint az I. osszáriumból és a feltárt sírokból. *1:* 1. árok. *2:* 2. árok. *3:* 6. szelvény. *4:* I. osszárium. *5:* 11. szelvény. *6–7:* 72. sír. *8–9., 17:* 88. sír. *10:* 162. sír. *11., 21–22., 26:* 5. szelvény. *12:* 3. sír. *13–14:* 9. sír. *15., 30:* 25. sír. *16:* 70. sír. *18:* 89. sír. *19:* 44. sír. *20:* 151. sír. *23:* 37. sír. *24:* 100. sír. *25:* 3. szelvény. *27:* 31/b. sír. *28:* 57. sír. *29:* 69. sír. *31:* 4. sír

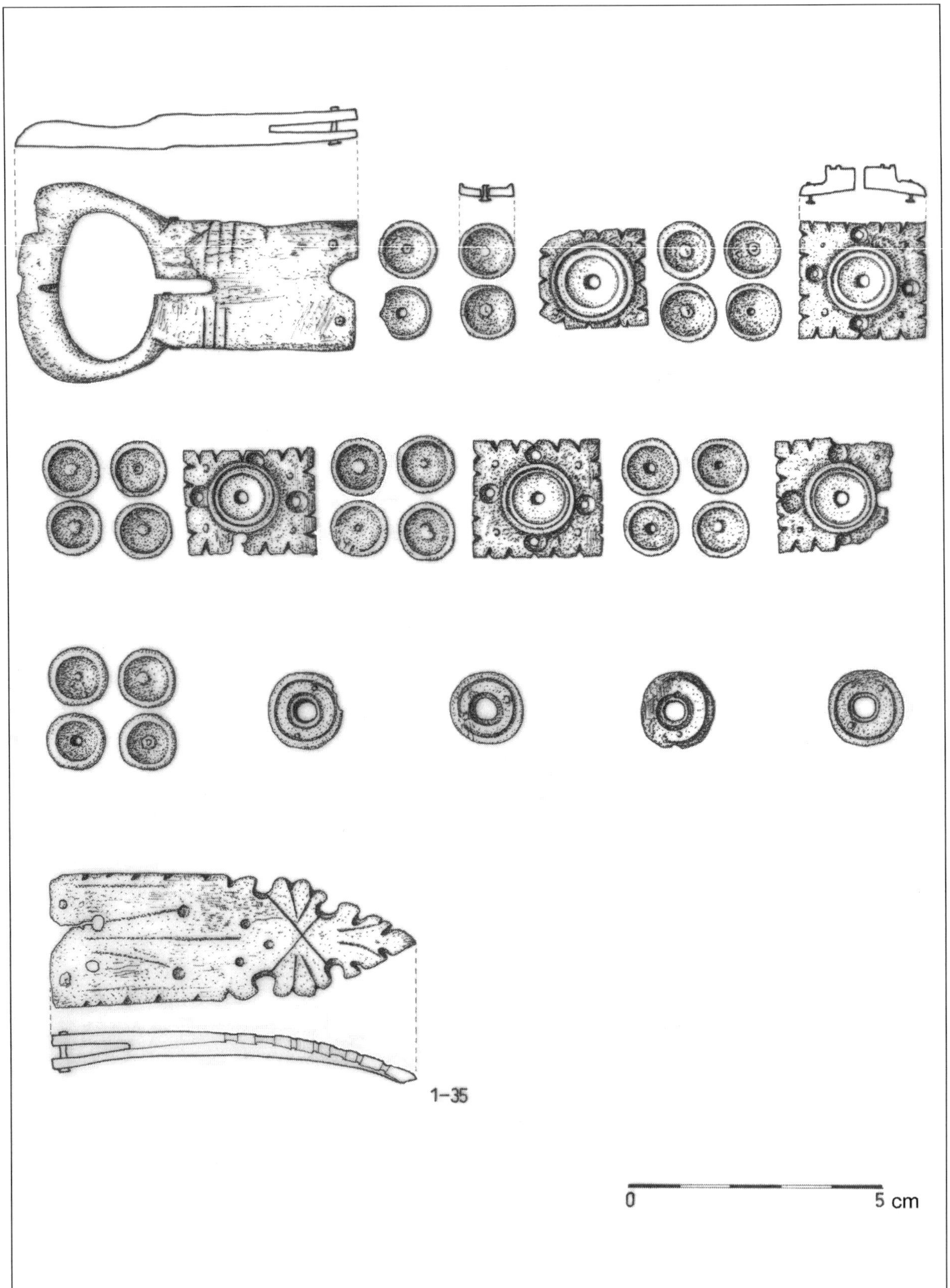

21. tábla: Sírleletek. *1–35:* 3. sír

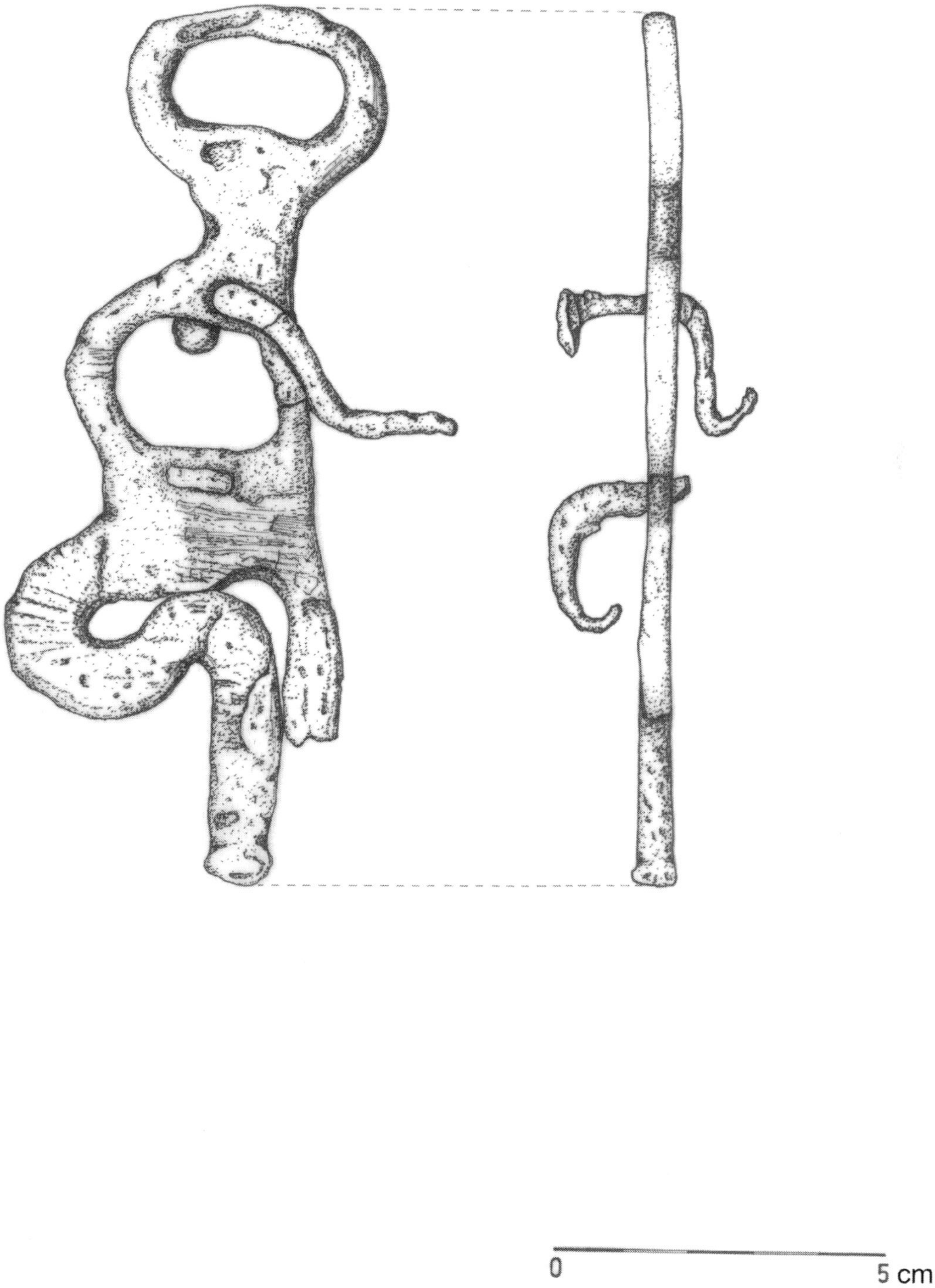

22. tábla: Sírlelet. 161. sír

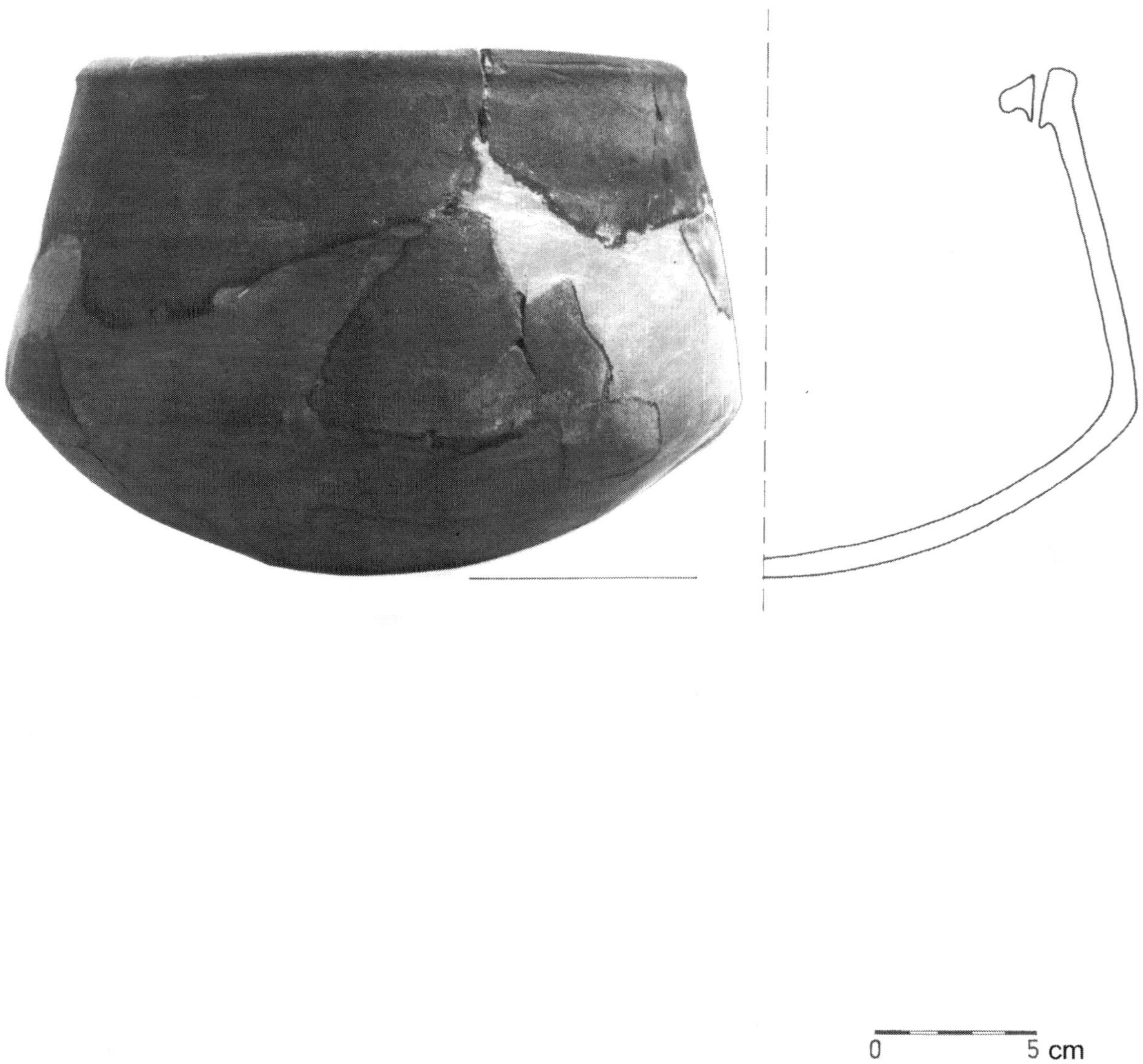

23. tábla: Cserépbogrács az 1. szelvény K-i szélén feltárt gödörből

24. tábla: Faragott homokkő a 11. szelvény K-i szélén feltárt gödörből

1

2

25. tábla: Ásatási fotók. *1:* A Telek-halom és a feltárt terület látképe D-i irányból (légifotó).
2: A templom alapfalai és feltárt környezete DNy-ról, az ásatás befejezésekor

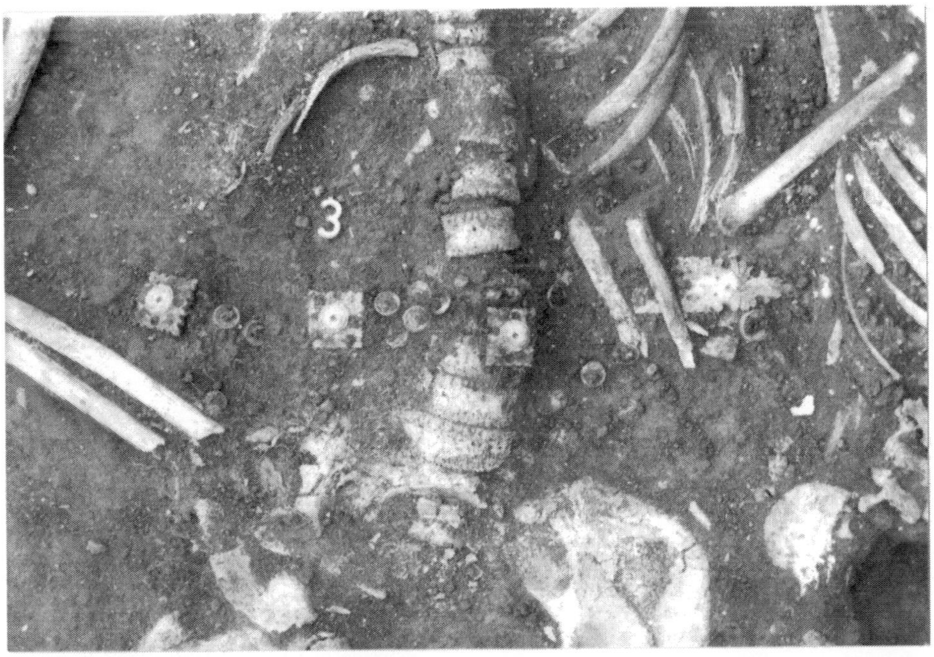

1

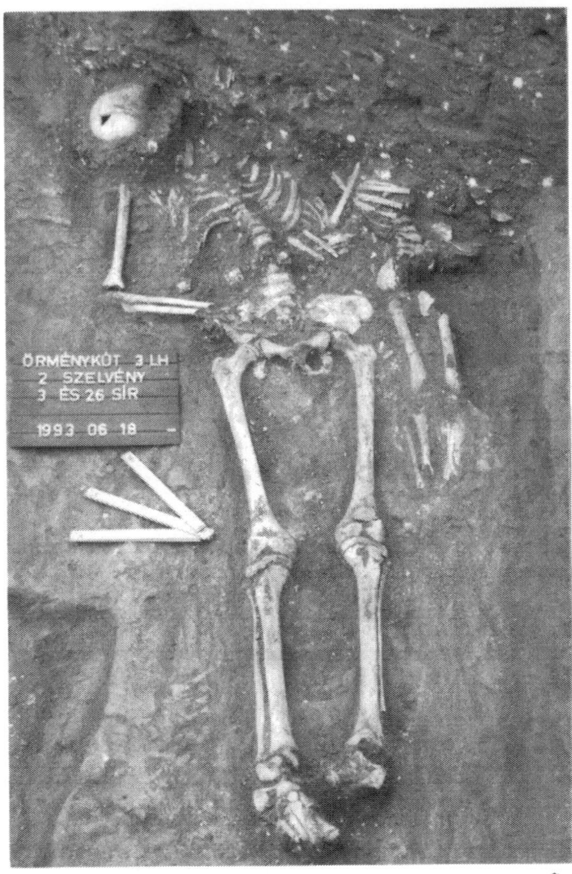

2

3

26. tábla: Ásatási fotók. *1:* A 3. sírban előkerült öv elhelyezkedése. *2:* 3. és 26. sír. *3:* 4. sír

1

2

27. tábla: Ásatási fotók. A 11. szelvény K-ről. *1:* 106–120. sír. *2:* 128–135. sír

1

2

3

28. tábla: Ásatási fotók. *1:* A II. osszárium és a 77. sír. *2:* 77. sír. *3:* 78. sír

1

2

3

29. tábla: Ásatási fotók. *1:* 68. sír. *2:* 150. sír. *3:* 156. sír

30. tábla: A 3. szelvényben talált ezüstözött bronzveret (ltsz.: 95.23.71.) kinagyított fényképe

2. KUTATÁSI EREDMÉNYEK

A mikrorégiós projekt indulásakor hatalmas területet jelöltünk ki annak érdekében, hogy minden régészeti korszak legalább egy feltételezett központi helyét magába foglalja.[1] Tekintettel arra, hogy a mikrorégió eredetileg kijelölt területének jelentős részein a középkor szempontjából tulajdonképpen nem folyt kutatómunka, ezért indokolt, hogy településtörténeti vizsgálatainkat arra a részre szűkítsük, ahol új adatokkal szolgálhatunk. Ez természetesen nem zárja ki azt, hogy éljünk a régészeti topográfia nyújtotta lehetőségekkel, és eredményeinket nagyobb területi összefüggésekben is megvizsgáljuk.

A szűkítést úgy hajtottam végre, hogy elsősorban a terület keleti részét, a gyomai határba eső lelőhelycsoportokat hagytam el. Ennek indoklásához elegendő egyetlen pillantást vetni az MRT középkori lelőhelyeinek elterjedési térképére,[2] ahol jól látható, hogy az endrődi Öreg-szőlőktől keletre jelentősebb üres szakasz van, amely esetünkben csak lakatlan területként értelmezhető. Ugyanakkor nem látszott indokoltnak a régió szűkítése dél és nyugat felé, hiszen csak így biztosítható, hogy a dél felé legközelebb eső késő középkori település helyzete is elemezhető legyen. A szűkítés eredményeként tehát egy 12 x 12 km oldalhatárú négyzetet választottunk, melyen 237 lelőhely van, ami azt jelenti, hogy itt minden egyes km^2-re átlagosan 1,6 régészeti lelőhely esik *(1. térkép)*.

A hét évig tartó terepmunka során (ebbe természetesen nem számítandó bele a topográfiai munka, mely ezt megelőzően további hat év terepmunkát jelentett) ásatásokat és felszíni leletgyűjtéseket végeztünk. Arról szó sem lehetett, hogy akár egyetlen középkori lelőhelyet is teljes egészében feltárjunk. Minden ásatás tehát – még a legkiterjedtebbek is – csak szondázó jellegű volt, de nem ritka a leletmentés sem. Ezenkívül sor kerülhetett néhány lelőhelyen felszíni leletgyűjtésre, geofizikai mérésekre és – lényegében a terepmunka végén – már néhány célzott légi felvétel elkészítésére is. Az alábbiakban ezeket az eredményeket ismertetem.

2.1. Ásatások

Az ásatások esetében természetesen felhasználom a mikroregionális munkák elindulása előtt, a topográfia kapcsán végzett szondázó ásatások eredményeit is. Abban az esetben is kitérek erre, ha az ásatást esetleg más korszakkal foglalkozó kolléga végezte, és a középkorra vonatkozó megfigyelések, adatok alkalmasint esetlegesek. Mindazok az ásatások, melyeket kifejezetten középkori lelőhelyen, a korszak emlékeinek jobb megismerése céljából végeztünk, külön fejezetekben kaptak helyet, melyekre itt csak röviden utalok. Ott található meg azoknak a kisebb feltárásoknak a teljes közlése is, ahol más korszakra irányuló feltárás közben mintegy véletlenül került elő Árpád-kori emlék. (A késő középkor esetében ilyen nem fordult elő.)

A kiválasztott területen 1912–1993 között 40 lelőhelyen *(2. térkép)* összesen 81 ásatás folyt, melyből 38-at végeztünk a mikroregionális program keretében. Ezen felül jelentős ásatási tevékenység zajlott 1974–1978 között is (20 ásatás), ekkor elsősorban neolitikus lelőhelyek szondázása történt.

2.1.1. Templomok

A kiválasztott (leszűkített) mikrorégió területére három templomos faluhely esik (*5–6. térkép*). Közülük kettő (END0006, ÖRM0014) még az Árpád-kor végén elpusztult, a falvak elnéptelenedtek.

[1] *Jankovich* (1989).

[2] MRT 8, 6. térképmelléklet.

Egy késő középkori falu, Décse érte meg a 16. századot. A tágabb összefüggések kedvéért meg kell említenünk továbbá a kiválasztott területen kívül, a Hármas-Körös partján létesült Tölgy és Endrőd falvakat, melyek egymás közelében álltak, Décse pedig a terület DNy-i sarkában, a Mezőségben terült el. A rendelkezésre álló adatok szerint Décse valószínűleg a 16. század végén a török háborúk következtében pusztult el, Tölgy minden bizonnyal csak a török kor végén vált néptelenné, Endrőd pedig kontinuus településnek tekinthető napjainkig.[3]

Az említett öt templom közül a kiválasztott területre eső három templom feltárását elvégeztük. Mindhárom az Árpád-korban keletkezett. A kívül eső két falu egyházai közül az endrődi a 19. század végén pusztult el véglegesen, a Tölgy faluban állott egyházról pedig nincsen semmilyen használható adat.[4]

Időrendben az első az *END0006 lelőhelyen* 1975-ben megkutatott templom. E feltárás összefoglaló eredményeit a topográfiai kötetben közreadtuk, a részletes publikáció e kötet külön fejezetében található.

Az *ÖRM0014 lelőhelyen* található Árpád-kori templomot és a körülötte lévő temető néhány sírját Szatmári Imre tárta fel. A részletes publikáció e kötet külön fejezetében olvasható.

Az *ÖRM0003 lelőhelyen* található Décse falu Árpád-kori és késő középkori templomát ugyancsak Szatmári Imre ásta, és a részletes eredmények e kötet külön fejezetében találhatók.

2.1.2. Temetők

Itt természetszerűleg csak a 10–11. századi temetőkről lehet szó, hiszen a későbbi, templom körüli temetőkről gyűjtött adatok a templomfeltárásokkal együtt találhatók. Nyolc hiteles és két bizonytalan ilyen temetőről szereztünk adatokat *(4. térkép)*.

Az *END0039 lelőhelyen* végzett leletmentő ásatásoknak a 10–11. századi temetőre vonatkozó eredményeit összefoglalóan a topográfiai kötetben közöltük.[5] Eszerint 149 sír tartozott ebbe a korszakba, és közülük ötben volt részleges lovastemetkezés. A sírok mintegy harmadában volt a köznépi temetőkre jellemző ékszer: sodrott nyakperec, S-végű hajkarika, kéttagú bronzcsüngők, bronz fülesgombok, sima huzalkarikák, gyöngyök. A temetőt I. András és Salamon egy-egy, és Szent László öt pénze keltezi. A feltárt sírok általában 80 cm mélyen feküdtek, de sok sír ennél magasabban volt, így az erózió és a szántás által elpusztított sírok számát még megbecsülni sem lehet.

Az *ÖRM0013 lelőhelyen,* Juhász Irén által vezetett leletmentés anyagát Liska András közölte. A feltárt 87 sírból 85 tartozott a kora Árpád-korba, két sír (12. és 20.) pedig őskorinak bizonyult. A sírok tájolása sok esetben eltér a megszokott Ny–K iránytól. A temető 24 sírjában voltak mellékletek (S-végű hajkarikák, sima bronzkarikák, nyakperecek, gyöngyök, karperecek, gyűrűk), az öt pénzleletes sír a temető délkeleti szélén volt. Az érmek közül egy Salamon, négy pedig Szent László király verete. Egy sírban volt lovastemetkezés (86.), egy másikban (5.) viszont csak kengyelpár és hevedercsat találtatott. Liska András a temetkezéseket a mellékletek alapján két kronológiai horizontra bontotta: 10–11. sz., illetve 11–12. sz. fordulója. A két horizont között mintegy 40–50 évnyi hiátust feltételez, melyet véleménye szerint a sírok térbeli elkülönülése is alátámaszt.[6] A temető településtörténeti érdekessége, hogy tőle ÉNy-ra 600 méterre található egy Árpád-kori templom és templom körüli temető (ÖRM0014), melyből II. Béla pénze származik. Liska András feltételezi, hogy a közné-

---

3 Vö.: MRT 8, a megfelelő címszavaknál: Décse 7/3., Endrőd 3/9., Tölgy 3/21. lelőhelyek.

4 MRT 8, 138., 171.

5 MRT 8, 143–146. A leletanyag – leltározatlanul – teljes közlésre vár az MNM által szerkesztett honfoglalás kori korpuszban.

6 *Liska* (1996) 192.

pi temetőt felhagyó népesség temetkezett 1100-tól kezdve a templom köré. Ez természetesen lehetséges, de az sem zárható ki, hogy ÖRM0014 templomos faluja akár párhuzamos, akár teljesen új telepítés legyen.[7]

A harmadik hiteles köznépi jellegű temető (*ÖRM0006*), ettől 3 km-re ÉNy-ra található. Itt 1977-ben Makkay János és Szabó János József végzett leletmentést, melynek során 18 sírt sikerült feltárni. Tájolásuk ÉNy-DK, és három sorba rendeződtek. A leletmentés után még további hét sírt sikerült megfigyelni a pusztuló bányában, a temető többi része ismeretlen számú sírral megsemmisült. Mindössze egy sírban volt lelet: A 7. sír koponyája alól bordázott S-végű hajkarika került elő.[8]

Az *END0123 lelőhelyen* Zalai-Gaál István 1992-ben kutatóárkokkal 272 m^2 nagyságú felületet vizsgált meg, és itt őskori telepobjektumok és sírok mellett tíz kora Árpád-kori sírt is talált, melyek egyikében I. András pénze volt,[9] de több S-végű hajkarika is napvilágot látott.[10] A feltárt sírok leletanyagát Kovács László a Torma István 70. születésnapjára készített kötetben publikálta.[11] Ebben a temetőben a sírok két sorba rendeződnek. Tekintettel a szondázó ásatásra, tág tere nyílhat a találgatásoknak, hogy még hány sír lehetett ebben a temetőben. A dombhát több pontján ásott szelvényekben azonban már nem voltak sírok, sőt a kutatóárkokban sem folytatódtak a sírsorok. Ezért aligha tévedünk nagyot, ha kizárjuk egy akár százsíros temető létét is ezen a kiemelkedésen.

Az *END0119 lelőhelyen* neolitikus telep ásatása közben Makkay János egy részleges lovastemetkezéses sírt, továbbá ettől távolabb összesen hat melléklet nélküli temetkezést tárt fel, melyek 10–11. századiak. A sírok részletes leírását Makkay János szívességéből e kötet 1.5. fejezetében adom.

Az *END0066 lelőhelyen* szondázó ásatás keretében Szőke Béla Miklós a feltehetően őskori kurgán északi lejtőjében hét ÉNy–DK tájolású sírt tárt fel, melyekről – melléklet híján – csak feltételezni lehet, hogy kora Árpád-kori temetőhöz tartoznak.[12] A sírok elhelyezkedése alapján legalább három sírsorral számolhatunk, de a 40 x 60 m alapterületű dombocskán nem lehetett jelentősebb sírszámú temető.

Az *ÖRM0003 lelőhelyen* a középkori templom feltárása során Szatmári Imre két honfoglalás kori lovas sírt talált.[13]

ÖRM0052 lelőhelyen a Vaday Andrea által vezetett szarmata kori telep szondázó ásatása során honfoglalás kori sírok kerültek napvilágra, melyeket Kovács László közölt.[14]

A hiteles adatok hiánya miatt bizonytalan a Szarvas területére eső két temető léte és legfőképpen keltezése. A *SZA0072 lelőhelyen* állítólag 6–7 sír került elő, míg a *SZA0164 lelőhelyen* még az elpusztult sírok számát sem lehetett megállapítani, csupán annyit tudunk, hogy ember- és lócsontokat találtak.[15]

---

7 Erről bővebben lásd Szatmári Imre tanulmányát e kötet 1.6. fejezetében.

8 MRT 8, 339–340.

9 *Kovács* (1997) 103–104.

10 RégFüz 46 (1994) No. 14. Az ásató nagyobb soros temetőt feltételez a lelőhelyen.

11 *Kovács* (2011) 294–300.

12 MRT 8, 151–152.

13 *Szatmári* (1996b) 162–186., illetve e kötet külön fejezetében.

14 *Vaday – Kovács* (2011) 587–637.

15 MRT 8, 430, 463.

2.1.3. Telepek

A mikrorégiós program keretében négy Árpád-kori lelőhelyen végeztünk ásatásokat, közülük három szondázó jellegű volt (END0161, END0170, END0182), és felszíni gyűjtés, egy kivétellel geofizikai mérés is kapcsolódott hozzá, egy pedig mentő feltárásként indult, amennyiben a homokbánya partfalaiban pusztuló emlékeket kellett megmenteni (END0006). Ezen felül négy, más korszakokra irányuló ásatás során kerültek elő Árpád-kori telepobjektumok és/vagy sírok, ezeket az ásatók szívessége folytán módomban áll közölni. Ezen ásatások eredményeit külön-külön alfejezetben ismertetem. Meg kell említeni még a mikrorégiós program előtt végzett telepásatásokat is: Szarvas, Rózsás (SZA0132), illetve Örménykút (ÖRM0054), melyekről már korábban megjelent közlemény.[16]

2.2. Felszíni gyűjtések és geofizikai mérések

A felszíni leletgyűjtések megnövekedett szerepét és régészeti forrásértékét, módszertanát korábban külön dolgozatban tárgyaltam.[17]

Az alábbi fejezetben olyan kutatási eredményekről szeretnék beszámolni, melyek során az extenzív topográfiai terepbejárással felkutatott lelőhelyek közül a mikrorégiós projekt néhányat intenzív vizsgálat alá vett. Erre a vizsgálatra olyan lelőhelyeket választottunk, amelyeken az Árpád-kori településszerkezet jobb megismeréséhez remélhettünk adatokat. Pontosabban szólva, megerősíteni (vagy cáfolni) akartuk azokat a megállapításokat, amelyeket az extenzív terepjárás során megfigyelt nagyszámú lelőhely és eltérő települési struktúra tekintetében korábban megkockáztattunk.[18] Ezért vizsgálatainkhoz úgy igyekeztünk lelőhelyeket választani, hogy azok között legyen falu jellegű település, továbbá elkülönülten álló kistelep is. A kiválasztás szempontja volt az is, hogy a lelőhelyek felszíne hozzáférhető legyen, és lehetőség szerint bolygatatlan is. A bolygatás alatt természetesen ebben az esetben rendkívüli beavatkozásokat értek, hiszen a mezőgazdasági művelés és a természetes erózió egyetlen lelőhelyet sem kímélt meg. 1988 és 1991 között hat lelőhelyen volt alkalmunk felszíni gyűjtést végezni, és közülük három esetében kerülhetett sor ellenőrző ásatásra is (*2. térkép*). Utóbbiak eredményeiről az egyes ásatások ismertetésénél számolok be.

A gyűjtésnél alkalmazott módszereket az egyes lelőhelyeknél részletesen ismertetem, általánosságban csak annyit érdemes megismételni, hogy 5 x 5 méteres négyzethálót használtunk, melyet a lelőhelyen geodéta tűzött ki. A négyzethálót rendszerint a gyűjtés időpontjában fennálló viszonyokhoz igazítottuk, nevezetesen a domborzathoz, a lelőhely alakjához, az utakhoz és a növényzethez. Sarokpontjait bemértük az országos koordináta-hálózatba, így bármikor, évről-évre ismét pontosan kitűzhetővé tettük. A négyzethálót oszlopokra és sorokra osztottuk be. Ennek megfelelően minden egyes négyzet pontos helyét két szám jelölte: az első az oszlop, a második a sor száma (pl. 12/25). Egyidejűleg a lelőhely szintvonalas felmérését is elkészítettük. A kitűzéssel egyidőben, esetenként már előtte, két-három fővel előzetes terepjárást végeztünk, és minden lelet mellé jól látható jelet tűztünk. Az egyes négyzetekben 60 cm-es térközökkel végeztük a terepjárást, ennek során rendszerint újabb leleteket találtunk, melyeket ismét megjelöltünk. Végezetül négyzetenként felszedtük, megszámoltuk és elcsomagoltuk a leleteket. Mosás után ellenőrző számolást végeztünk és a leletek súlyát is lemértük. Az adatokat számítógépre vittük, az áttekintő eloszlási térképeket ugyancsak számítógép segítségével szerkesztettük.[19]

---

16 *Kovalovszki* (1960), *Jankovich* (1994), *Herold* (2004).

17 *Jankovich* (1993).

18 *Jankovich* (1985) 283–288., *Jankovich* (1988) 85–92.

19 Az illusztrációk tisztázati rajzai viszont már kézzel készültek.

A gyűjtés időpontjául az őszi illetve a tavaszi vetés idejét választottuk, amikor a felszín teljesen sima, eső által levert volt. A tájékozódást nagyban segítette a már kikelt, de 10 cm-nél nem magasabb vetemény. A munkában, beleértve a geodétát és segítőit is, 5–6 fő vett részt.

Az END0109 és END0160 lelőhelyek az END0006 lelőhely Árpád-kori falujának közvetlen környezetéhez tartoznak, ezért az eredményeket ott ismertetem. Hasonlóképpen az END0161 és END0182 lelőhelyek, mivel azokon ellenőrző ásatás is történt, külön fejezetben találhatók.

2.2.1. END0196 lelőhely

Ez a lelőhely már nem az Árpád-kori falu szélén helyezkedik el, hanem a Mezőségben, más lelőhelyektől viszonylag távol található. A topográfiában kis területű, szórványos Árpád-kori leletanyagot eredményező lelőhelynek van leírva.[20] Egy hatalmas digógödör keleti oldalán végeztünk fél napos leletgyűjtést. A szántás rögös, poros búzavetés volt, és rengeteg, tanyaromokból származó újkori szemét borította a felszínt. A rossz látási viszonyok ellenére sikerült felszednünk 2025 m^2 nagyságú terület leletanyagát.

Összes négyzet:	81
Összes lelet:	194
Összes súly:	1668
Lelet/négyzet:	0,41
Súly/négyzet:	20,59
Súly/lelet:	8,59

Leletszám	Négyzet	%
0 lelet	31	38,27
5=> lelet	39	48,14
10=> lelet	8	9,87
20=> lelet	3	3,70
20< lelet		0

A kiemelkedő esetszámok itt is az egymással szomszédos szelvényekben jelentkeztek, de a rengeteg újkori szemét miatt a lelőhelynek csak kis részét gyűjtöttük fel, és így az eredményeket nem lehet értékelni.

További három lelőhelyen végeztünk még felszíni gyűjtést, és ezeken a helyeken volt alkalmunk ásatással is hitelesíteni a felszíni leletgyűjtések eredményeit (END0161, END0170 és END0182 lelőhelyek). A feltárásokon elsősorban azt vizsgáltuk, hogy rétegenként lefelé haladva hogyan változott a leletanyag száma, összetétele, elhelyezkedése a felszínen tapasztaltakhoz képest. Ezért a felszíni anyag mellett elkülönítve kezeltük a szántott talajréteget (0–30 cm), majd az újkori bolygatással csak helyenként zavart, többnyire évszázadok alatt megülepedett szubhumuszt (30–60 cm). A régészeti objektumokat eddig a mélységig ugyanis a beásás alapján nem lehetett megfigyelni, akár a Körös-völgyi agyagos vályogban, vagy a Mezőség infúziós lösszel borított felszínén végeztük ásatásainkat. A felszíni leletgyűjtések és a feltárások eredményeit külön fejezetben ismertetem.

Geofizikai méréseket összesen 18 lelőhelyen végeztünk. Pattantyús Á. Miklós (ELGI) az END0020, END0050, END0170, a Fractal Bt. (ELTE) az END006, END0159, END0160, END0164, GyO0133, ÖRM0003, ÖRM0012, ÖRM0052, Mauro Cucarzi (Fondazione Lerici) az END0017, END0019, END0123, END0125, END0128, END0161, ÖRM0014 lelőhelyeken végzett kisebb-na-

[20] MRT 8, 181.

gyobb területen magnetométeres méréseket (*2. térkép*). Ezek eredményeiből néhány megjelent,[21] míg az END0006 és END0161-re vonatkozó vizsgálatok közlésére most kerül sor, a fennmaradók adattári dokumentáció formájában hozzáférhetők. A teljes lelőhely felméréséről csak az END0006 lelőhely bolygatatlan része esetén beszélhetünk, a többi lelőhelyen szondázó jellegű kutatás folyt.

---

21 *Jankovich et al.* (1992), *Jerem et al.* (1992), *Jankovich* (2011) 32–34.

3. A TELEPÜLÉSSZERKEZET KORONKÉNTI VÁLTOZÁSAI

Mint azt már a bevezetésben is említettem, az alföldi mikrorégiót olyan területen tűztük ki, ahol két természetföldrajzi kistáj, a Hármas-Körös völgye, illetve az úgynevezett Békés-Csanádi löszhát érintkezik egymással, és a vizsgált terület mindkét tájegység egy szeletét magába foglalja. Noha a terület kiválasztása inkább a neolitikus, mintsem a népvándorlás- vagy középkori településszerkezet elemzése érdekében történt, kezdettől fogva bizonyos volt, hogy az utóbbi korszakok tekintetében is lesznek olyan eredmények, melyek alapján bizonyítható a települési struktúra és a környezet kölcsönös egymásra hatása, lehetővé válik az eltérések elemzése. Ugyancsak izgalmas lehetőségnek látszott a települési struktúra koronkénti különbözőségeinek elemzése a szarmata és avar korban, továbbá az Árpád-korban és a késő középkorban is.

Magam ebben a tanulmányban csak arra tehetek kísérletet, hogy az avar kor, az Árpád-kor és a késő középkor településeit vizsgáljam. Sok esetben azonban utalok az Árpád-kor és a szarmata kor települései közötti feltűnő hasonlóságokra is, és a rendelkezésre álló szerény adatok engedte lehetőségek határáig megkísérlem a honfoglalás kori (10. századi) települések elkülönítését is.

Mindezek előtt azonban szükséges a mikrorégió legfontosabb természetföldrajzi jellemzőinek bemutatása, a két kistáj közötti hasonlóságok és különbségek rögzítése a geomorfológia, az éghajlat, a talajszerkezet, továbbá az élővilág terén. A mai állapot leírása úgy vélem elegendő az összefoglaló szakmunkák időtálló eredményeinek alapján, míg az egyes korokra vonatkozó történeti rekonstrukciók esetében a régészet nyújtotta eddigi – meglehetősen sovány – eredmények részletesebb ismertetése mellett mindenképpen indokolt lesz a természettudósok által kidolgozott rekonstrukciók ellentmondásaira is felhívni a figyelmet.

3.1. Természetföldrajzi környezet

3.1.1. Kistájak, régiók

1. A Körösök völgye tulajdonképpen egy sekély medence, mely mindössze néhány méterrel mélyebb fekvésű környezeténél. Tengerszint feletti magassága 83–102 m között ingadozik. Felszínét holocén kori folyóvízi üledékek borítják, a folyóhátakon és hordalékkúpokon iszapot és homokot tartalmazó löszszerű képződmények találhatók, közöttük pedig újholocén eredetű áttelepített iszapos lösz, iszapos agyag, réti agyag a jellemző. A tartósan vízjárta részeken tőzeg és iszapos agyag képződött.[22] A felszín képét ma is létező holtágak, elhagyott meanderek és folyómedrek, időszakosan vízjárta helyek, mocsaras területek jellemzik, melyek közül tartós vagy ideiglenes szárazulatok formájában emelkednek ki a folyóhátak, üledékhalmok, átvágott folyóteraszok. A régészeti lelőhelyeket ezeken az 1–3 m magasságban kiemelkedő térszíni formákon találjuk.

Ennek megfelelően a folyószabályozásig sajátos vízivilág volt jellemző erre a tájra.[23] A Körös jobb partján több száz km^2 nagyságú mocsárvilág (Sárrét) terpeszkedett, melyben a betorkolló folyók kanyarogva keresték, váltogatták, sőt sok esetben elvesztették medrüket. A gyakori irányváltozások tovább fokozták az elmocsarasodást, melyet az antropogén hatások csak erősítettek. Ilyenek voltak például a középkor végére mértéktelenül elszaporodott malomgátak, halrekesztékek, vagy

---

22 *Marosi – Szilárd* (1969) 272–274.

23 Sajnos a mikrorégió területének középkori vízviszonyairól nem maradt fenn középkori forrás, azonban minden további nélkül alkalmazhatók a Körös-völgy más területeiről ismert adatok. Vö. MRT 8, 121., 132., 138., továbbá *Jankovich* (1996).

akár a szűk keresztmetszetű hidak.[24] A vízgyűjtő területeken egyre fokozódó erdőirtások pedig az árvizek magasságát növelték. A bal parton azzal a különbséggel figyelhetők meg ugyanezek a jelenségek, hogy itt az ártér, az időszakosan vízjárta terület szélessége sehol sem haladja meg az 5 kilométert, és a térszín fokozatosan emelkedve megy át a Békés-Csanádi löszhátba.

Az egykori jellegzetes mocsári növényzet határait ma is jól elárulják az erősen kötött réti talajok és a lazább tőzegfoltok. A mocsári erdők teljesen kipusztultak, a mesterséges folyószakaszok, illetve csatornák mellett azonban lassan újra teret hódít az ősi vegetáció. Szil-kőris-tölgy vagy fűz-nyár ligeterdők, parti bokorfüzesek az ártéri rétekkel váltakozva kísérik a töltések közé fogott folyómedreket.[25] A mentesített területeken viszont az intenzív mezőgazdasági művelés az ősi vegetációt teljesen átformálta.

Az egykor mocsaras, vízjárta területeken agyagos réti talajokat, a magasabb, csak időszakosan vízborította részeken szikeseket, míg a legkiemelkedőbb térszíneken mezőségi talajtípusokat találunk. Ez utóbbiak minden esetben régészeti lelőhelyek is, míg az előbbiek csak korszerű agrotechnikai eljárások segítségével foghatók mezőgazdasági művelés alá. Ennek megfelelően a szabályozás előtt lényegesen kisebb területen, gyakorlatilag csak a tartósan szárazon maradt folyóhátakon folyhatott szántóföldi növénytermesztés. Egyebütt kaszálóként, legelőként hasznosították az ártereket, illetve halászattal, pákászattal a mocsarakat.

A táj képére lényeges hatással volt a folyószabályozás. Ez 1818-ban Huszár Mátyás felmérő és térképező munkájával vette kezdetét, és ennek során készült el az a 68 szelvényt tartalmazó színes, kéziratos térkép, amely a legrészletesebb, legpontosabb felmérés a szabályozás előtti állapotokról.[26] A munkálatok a múlt század 80-as éveire fejeződtek be, és a szárazra került területeket fokozatosan vették igénybe szántóföldek céljaira. A negyvenes évek második felében történtek az első lépések az öntözés kiterjedt használatára. Ettől kezdve garmadával ássák és temetik be a csatornákat. Napjainkban a mesterséges gátak közé szorított folyó ártereit kivéve az egész terület intenzív mezőgazdasági művelés alatt áll. Mocsaras területek nincsenek, a mélyebb fekvésű területeket halastavak és rizsföldek formájában hasznosítják, a szántott területeken azonban az időszakos belvizek sokszor okoznak jelentős károkat. A vizsgálat alá vont régióban a Körös egykori és mai medrétől délre eső ártér egy darabkáját találjuk, mely 2,5–5 km szélességben kíséri a folyó medrét. A szűk, fiatal meanderek partjain csak szegényes, rövid idejű megtelepedésről tanúskodó lelőhelyek vannak. Csak a 14. században alakultak ki azok a közvetlen folyóparti falvak, melyek már átlagosan 3–5 km távolságra helyezkedtek el egymástól. A mikrorégió területére közülük kettő esik, a török kor végén elpusztult Tölgy falu helye, illetve a modern Endrőd belterületi része, mely jelentős részt foglal el az egykori ártérből. A kiválasztott mikrorégió területén egyetlen, magasabb üledékhalmokkal kísért egykori meder töri át ezt a széles árteret, melynek mindkét partján lelőhelyek sorakoznak, azonban ezek többsége is a bronzkornál fiatalabb *(1. térkép)*. Az ártérnek van egy széles, több négyzetkilométer nagyságú, dél felé kinyúló öble, mely régiónk déli határáig, majdnem a mai Örménykút település széléig kiterjed. Ezt az öblöt a régészeti lelőhelyek minden korszakban kikerülik, délkeleti részének lefűződése a bronzkorban kezdődhetett meg. Ekkor jelennek meg ugyanis az első lelőhelyek a két medencét elválasztó hátságon. Az ártér déli peremén sorakoznak a leggazdagabb régészeti lelőhelyek a neolitikumban és a rézkorban, de a későbbi korszakokban is. Az Árpád-kortól kezdve a lelőhelyek tömörülése, „csomós" szerkezete nyilvánvalóvá válik, mely a késő középkori faluszerkezet kialakulásához vezet. Ez utóbbi azonban az ártér déli partján – ide értve az említett öblöt is – sokkal ritkább, mint az

24 *Jankovich* (1996) 306–307.
25 *Marosi – Szilárd* (1969) 294–295.
26 *Huszár* (1822).

élő folyó közelében. A közel 30 km hosszú partszakaszon mindössze egyetlen késő középkori falu: Décse állott. Ez a falu azonban már másik természetföldrajzi tájegységbe esik.

2. Ez a másik tájegység a Maros-Tisza-Körös közötti terület, melyet régebben Mezőségnek neveztek, de a Békés-Csanádi hát elnevezés is elfogadott. Kb. 80 km sugarú félkörben emelkedik a Körös völgye fölé, átlagosan mintegy 2–3 magasságban. Területünk déli kb. kétharmada erre a vidékre esik. Genetikailag a Maros pleisztocén kori hordalékkúpja ez, a folyó ugyanis a jégkorszakban a jelenleginél sokkal északabbra, a mai Körös-völggyel párhuzamosan haladt és fokozatosan szorult dél felé. A hordalékkúpot az egyes Maros ágak építgették. A folyó visszavonulásával az elhagyott medrek lassanként betemetődtek, ebben jelentős szerepet játszott a szél munkája. A folyami homok és a hulló por keveredéséből létrejött infúziós lösz a mai felszín kialakulásának legfontosabb tényezője.

Az egykori medrek közül jó néhány – bizonyára a legfiatalabbak – ma is látható, nem egy esetben határozott folyóvölgy formájában. Ezenkívül természetesen számtalan kisebb, egykori meder nyomai fedezhetők fel a terepen, sőt nem egy esetben ma már csak a régészeti lelőhelyek sora rajzolja ki hajdani futásuk vonalát. Fontos körülmény a településtörténet szempontjából, hogy mivel a holocéntól kezdve ez a terület folyóvízben nagyon szegény (ma egyáltalán nincs!), vizet csak ásott kutakból, illetve a hajdani medrek fenekén időnként felfakadó talajvízből vagy összegyűlt esővízből nyerhettek. Ezt történeti és régészeti adatok sora támasztja alá.[27] A tájegység felszínének másik jellegzetessége, hogy a sok mély völgy mellett nagy kiterjedésű, tagolatlan, asztal simaságú területeket is találunk.

Felszíni vízfolyások hiányában a folyószabályozás csak annyiban érintette ezt a területet, hogy a kiszakadó folyóvizek útját elzárván, még inkább vízszegénnyé vált. Ezen nem segítenek számottevően az egyre-másra épülő öntözőcsatornák sem.

A tájegység jellegzetes talajtípusa a kiváló termőképességű csernozjom, mely az infúziós löszre települt. Közülük is elsősorban a réti, illetve a mészlepedékes csernozjom az elterjedt. Összességében a holocéntől kezdve minden korszakban jobb termőerővel rendelkezett a vidék, mint a Körös-völgy nagy része. A korszakonkénti időszakos elnéptelenedés tehát más hatások eredményeként következhetett csak be.

Az egykori természetes növényzet teljesen eltűnt, s ma a teljes egészében szántóföldi művelés alatt álló vidék az egyik legjobb búza- és kukoricatermő tájegységünk. Az ősi vegetáció túlnyomórészt az úgynevezett löszpusztarétből állt, és a földrajztudósok bizonyosra veszik a posztglaciális, klimatikus sztyeppe-vegetáció folyamatos továbbélését.[28] Úgy véljük, a valóban csekély reliktumok helyett a történeti források ezt sokkal jobban bizonyítják. Elegendő egy pillantást vetni az I. katonai felmérés lapjaira (1788), ahol szembetűnőek a végtelen füves pusztaságok, és jól látszik a földművelés és betelepülés fokozatos térhódításának üteme. Ez a pusztásodás azonban a holocénban is periodikus, hiszen az őskori (neolit, rézkor) kultúrák hiányát a korai népvándorlás korban (szarmaták), továbbá az Árpád-korban intenzív, sűrűn lakott települések illetve szállások váltották fel, míg az avar korban és a késő középkorban megint lényegesen ritkább településhálózattal találkozunk. Az utolsó hirtelen elnéptelenedés a XVI. század második felében történt, és egyértelműen a török hódítással hozható összefüggésbe.

Ha a kiválasztott mikrorégión belül megpróbáljuk a két természetföldrajzi kistáj határvonalát pontosan megvonni, inkább empirikus megfigyelésekre, mintsem pontos adatokra támaszkodha-

27 *Blazovich* (1985) 23., 48–49.

28 *Marosi – Szilárd* (1969) 317–319. Más kérdés, hogy szerintük az erdős sztyep kialakulását antropogén hatások akadályozták meg a neolitikumban és a bronzkorban. Ma már éppen a topográfiai kutatások alapján tudjuk, hogy ebben a korban, nyilván a vízszerzési nehézségek miatt, lakatlan volt a Mezőség.

tunk.[29] A geomorfológia csak annyiban segít, amennyiben a Körös árterének határait egyértelműen meg lehet jelölni. Azonban az ártér „partrészét”, vagyis azt a sávot, amely talajgenetikailag még a Körösök völgyéhez tartozik, csak nagy sűrűségben felvett fúráspontokkal lehetne meghatározni. Nyilvánvaló, hogy az éghajlati, botanikai és zoológiai adatok még kevésbé segítenek. Kérdés, hogy a régészet és a településtörténet tud-e új adatokkal szolgálni. A topográfiai térképeket nézve, határozott igennel kell válaszolnunk: a Körös-völgy déli, illetve a Maros törmelékkúpjának északi határvonalát minden bizonnyal a neolitikus települési határ mentén vonhatjuk meg. Erre immár két topográfiai kötet tapasztalatai hatalmaznak fel bennünket, melyek alapján bizonyosan állítható, hogy a törmelékkúp északi felén – néhány szigetszerű telepcsoportot leszámítva – neolitikus megtelepedés nem volt. A későbbi régészeti korokban már nem észlelhető ilyen határozott elkülönülés a két kistáj között, de az megállapítható, hogy „benépesülése” fokozatosan történt, és e folyamat „csúcspontját” először a Kr. utáni 2–4. században (szarmata kor), majd a 11–13. században (Árpád-kor) érte el, vagyis a Békés-Csanádi löszhátoń ebből a két korszakból származik a legtöbb telepnyom.[30] Ezt a ma már cáfolhatatlan bizonyítékot alapul véve arra a megállapításra juthatunk, hogy a Körösök árterét délről kísérő partvonulatnak nem több mint 2 km széles, egykori medrekkel és vízállásos részekkel tagolt sávja tartozik a Körösök völgyéhez. Ez erősítik meg az egyes ásatások során tett talajtani megfigyelések is: a Körös-völgyben a szántott réteg alatt minden esetben 30–40 cm vastag „kotút”, vagyis fekete réti agyagot találtunk, míg a Maros törmelékkúpjának felszínén ennél vastagabb, gyakran a 80 cm-t is elérő infúziós löszben találtuk a régészeti objektumokat.

3.1.2. Éghajlat

Nem kétséges, hogy egy pontos és részletes éghajlati rekonstrukció nagyon sokat segítene egy terület települési viszonyainak felvázolásához is. Azonban a történeti korszakokban mérési adatok híján más diszciplínák elszórt adataiból kell ezt a rekonstrukciót elvégezni. E diszciplínák között fontos szerep jut a régészeti feltárásoknak is: a napvilágra hozott – pontosan keltezett – zoológiai és botanikai adatok ezért mindennél becsesebbek. Sajnos az Alföldön mindeddig kevés ilyen gyűjtés és feldolgozás volt, így nagyon kevés adattal rendelkezünk.

Általában a történeti éghajlattannal kevés hazai szakember foglalkozott. Megállapításaik nem terjednek túl az általánosságok szintjén, és többnyire a Kárpát-medence egészére vonatkoznak, és olyan tág időhatárok között mozognak, hogy azok egy mikrorégió településtörténeti formációinak elemzésénél nem használhatók. Az egyes klímaingadozások pontos időrendjében gyakran egymásnak ellentmondó eredmények születtek.[31]

A Körösök völgyének mai éghajlatában még jelentkezik az erdélyi hegyek hatása, amennyiben meleg, de mérsékelten száraz, forró nyarú a vidék éghajlata, szemben az Alföld más területeinek nagyon száraz éghajlatával. A csapadék mennyisége is több, mint az Alföld más területein, de nyugat felé haladva fokozatosan csökken. Az évi átlagos felhőzet viszonylag nagy mennyisége, illetve a napsütéses órák száma is az Erdélyi-szigethegység közelségével magyarázható. A telek hidegebbek, és hosszabban tartanak, mint a környező tájegységekben. Az uralkodó szélirány ÉK. Csapadék-

---

29 Andó Mihály szerint “határa helyenként csak konvencionálisan jelölhető ki.” In: *Marosi – Szilárd* (1969) 300.

30 Más kérdés természetesen, hogy ma még nem bizonyítható, hogy ezek a telepnyomok valamennyien egyidőben léteztek volna. Az azonban kétségtelen, hogy az “időarányos” telepmennyiség minden korábbi és későbbi korszakot felülmúlt.

31 *Járainé* (1969), *Réthly* (1962), *Kretzoi* (1977), *Kordos* (1977), *Kordos* (1982) 99., 123–127., *Somogyi* (1984) 58.

ban szegény, az 550 mm-es átlag maximuma júniusban, minimuma januárban esik le. Ennek megfelelően a hótakaró átlagos vastagsága itt a legkisebb az országban. A Körös-Maros közötti löszhát éghajlata ettől nem tér el lényegesen, csupán annyi a különbség, hogy dél felé haladva minden tekintetben valamelyest enyhébb. Az átlagos évi hőmérsékleti maximum itt éri el a legmagasabb értéket az országban. A csapadék mennyisége DK felé haladva fokozatosan növekszik, míg Szarvas környékén alig éri el az 500 mm-t, a Maros partvidékén már 600 mm körül mozog.[32]

Az interdiszciplináris történeti éghajlattan szerint a népvándorlás korban (Kr. u. 350–700) száraz, meleg időjárás uralkodott, melyet 700–800 között rövid lehűlési szakasz, majd újabb felmelegedés (a „kis klímaoptimum") követett. Ebben az időszakban jelentős szárazság sújtotta Kelet-Európát és a Földközi-tenger vidékét, ami jelentős hőmérsékletnövekedést is eredményezett. 1200–1450 között rövid hűvös periódussal számolhatunk.[33] Rácz Lajos kizárólag a nyugat-európai eredmények alapján írt összefoglalásában a népvándorláskor száraz periódusát egészen a 9. századig tolja ki, míg az ezt követő kis klímaoptimum a 13. század végéig tartott, melyet a 14. század elején erőteljes lehűlés követett.[34]

Györffy György és Zólyomi Bálint ezt a megállapítást – történeti adatok alapján – úgy pontosította, hogy a szárazság a 8. században (720–820) között tetőzött, ezt enyhén csapadékos évtizedek követték a 9. században, míg a honfoglalás idején újra száraz periódus következett, mely az ezredforduló táján enyhült.[35]

3.1.3. Talajtípusok

Aligha tévedünk nagyot, ha leszögezzük, hogy az egyes talajtípusok összetétele és térbeli elhelyezkedése a holocénban nem sokat változott. Ez alól csupán néhány, olyan antropogén hatás által befolyásolt tényező jelenthet kivételt, mint pl. a folyószabályozások vagy az erózió. Ha ezeket a szempontokat figyelembe vesszük, akkor a mai talajviszonyok alapján nagy biztonsággal lehet rekonstruálni az egyes korszakok települést, gazdálkodást befolyásoló talajszerkezetét is.

Az első kérdés tehát, mennyiben változtatták meg az antropogén hatások a talaj felszínét? Azt kell mondani, hogy erre igen változatos adatokkal rendelkezünk, és még a mikrorégió területe is túl nagy ahhoz, hogy általános érvényű megállapításokat tehessünk. Ebből a szempontból a folyószabályozások okozta környezeti változások nézetem szerint csak látszólagosak. A lecsapolt mocsárvidékek ugyan kiszáradtak, elszikesedtek, de a helyükön visszamaradt réti agyag pontosan jelzi egykori határaikat. A kiemelkedő üledékhátak, folyóteraszok használhatóságát a folyószabályozások csak annyiban érintették, hogy korábbi, természetes úton (árvizek) újratermelődött talajerejüket mesterséges úton kellett pótolni. A folyószabályozások előtti állapot a talajtípusok alapján tehát még korabeli térképi adatok híján is könnyűszerrel rekonstruálható. Mikrorégiónk esetében ez a helyzet különösen kedvező: a már említett, Huszár Mátyás által készített térképszelvények adatai szinte méterre egybevágnak a modern topográfiai térképek szintvonalaival (83 m tszfm), illetve az ásatásokon tett talajtani megfigyelésekkel.

Nem ilyen könnyű a helyzet az eróziós hatások bizonyításával. Sajnos erre vonatkozóan a mikrorégiós ásatásokon is kevés megfigyelés történt. Az END0020 lelőhelyen végzett fúrások azt mutatják, hogy az eltemetett régészeti objektumok fölött és mellett nem történt jelentős felszínvál-

---

32 *Marosi – Szilárd* (1969) 275–277, 304–305.

33 *Kordos* (1982) 125–126.

34 *Rácz* (1993) 71–75., *Rácz* (2008) 29–33.

35 *Györffy – Zólyomi* (1994) 17., 28–29. Vö.: *Gyulai* (1994) 249., 251., ahol eltérő kronológiai megállapításokat olvashatunk.

tozás.[36] A GYO0117 (Rigó-halom) fúrási eredményeinek kiértékelése még nem történt meg ebből a szempontból.[37]

Saját feltárási tapasztalataim (END0006, END0171, ÖRM0182, SZA0132) alapján azt kell mondanom, hogy a telepeken az Árpád-kor óta nem történt lényeges változás, vagyis a korabeli járószint a mai közelében lehetett. Az erózió-akkumuláció alaposabb megfigyelésére az END0006 lelőhely talajszondáiban nyílt lehetőség, és ezek alapján megállapítható, hogy az őskori (Körös-kultúra) megtelepedésétől kezdve lényegében csak a telepek saját hulladékából keletkezett feltöltődéssel számolhatunk. Egyáltalában nem biztos persze, hogy más lelőhelyeken is hasonló a helyzet, vagy az egykor magasabb folyóteraszok ne szenvedtek volna eróziós hatásoktól.

A Mezőség löszhát, meszes mezőségi talajjal, vastag infúziós lösszel borítva. Ennek természetes növénytakarója az erdős sztyepp, mely csak gazdagabb vízellátás esetén erdősül be. Erről a Mezőség esetében aligha lehet szó, hiszen ismereteink szerint éghajlati szempontból ez a terület kifejezetten kontinentális, szélsőséges hőmérsékleti értékekkel, és évi 500 mm alatti csapadékmennyiséggel. Ennek megfelelően a holocénben túlnyomórészt löszpusztarétek borították ezt a területet. A tatárjuharos sziki és lösztölgyes maradványok alapján pusztai erdőfoltok létezhettek a magasabb talajvízszinttel rendelkező, csernozjomos talajú területeken.

Bálint Csanád előbb egy tanulmányában, majd a Dél-Magyarország honfoglalás korát tárgyaló monográfiájában külön fejezetet szentelt a talajtan és a botanikai adatok településtörténeti felhasználásának. Ebben kutatástörténeti összefoglalót is ad az ilyen jellegű adatok korábbi interpretációjáról.[38] Bálint megállapítása szerint a Hampel A típusú temetők többsége homokos talajon található, míg a Hampel B. köznépi temetői elsősorban a löszös és vályogos talajokat kedvelik.[39] Ezt a megállapítást a mikrorégió területén végzett feltárások eddig megerősítik, hiszen az agyagos, illetve löszös talajban kizárólag úgynevezett Hampel B típusú temetőket találtunk.

3.1.4. Növényzet

A holocén kori növényzet tekintetében is csak kevés adatra alapozott, általános megállapításokra támaszkodhatunk.[40] Ilyen, adatokkal alá nem támasztott vélemény például, hogy az Alföld pusztásodását, az ősi tölgyesek visszaszorulását elsősorban antropogén hatások okozták.[41] Somogyi Sándor írja: „Ismeretes, hogy a mai felfogás hazánk pusztai növényzetét éghajlatának mai jellegénél fogva nem klimatikus, hanem társadalmi hatás termékének tartja. A pusztai flóra fajainak átöröklődése, fennmaradása az óholocén boreális fázis klimatikus sztyeppidőszakából ugyanis társadalmi hatás következménye. Az erdők elterjedésének legkedvezőbb időszaka az Alföldön is a szubboreális bükk I. fázis lett volna. Ez azonban már nem következhetett be mindenütt, mert a halászat és vadászat mellett rendszeresen állatot is tartó és tenyésztő, sőt földet is művelő őslakosság azt már életmódjával megakadályozta. A pollenképben ugyanis megjelenik – mégpedig tömegesen – a gabonafélék virágpora."[42]

---

36 *Jerem et al.* (1992) 82. Sajnos az ábrához hiányzik a jelmagyarázat, így nem lehet értelmezni az egyes talajrétegeket. Fontos adatokkal szolgálhatott volna ebből a szempontból az egykori folyómederben végzett fúrások eredményeinek közzététele is.

37 *Jerem et al.* (1992) 85.

38 *Bálint* (1980) 35–49., *Bálint* (1991a) 194–205.

39 *Bálint* (1980) 48., *Bálint* (1991a) 205.

40 A botanikai rekonstrukciók elsősorban a glaciális vagy postglaciális periódusokra koncentrálnak. A Tiszántúlt érintő kutatástörténeti összefoglaló: *Szujkó – Lacza* (1991) 7–11., 41–43.

41 *Járainé* (1966) 199–200., *Járainé* (1982) 157.

42 *Somogyi* (1984) 57.

Györffy György és Zólyomi Bálint közös tanulmányában összefoglalta a Kárpát-medence természeti viszonyaira vonatkozó eddigi eredményeket.[43] Ez lényegében nem tér el a földrajztudósok korábbi megállapításaitól, mely szerint a Körös-völgyben folyómenti fűz-nyár ligetek, magasártéri szil-kőris-tölgy elegyes szálerdők, nádas mocsarak, szikesek, sziki tölgyesek, tőzeges rétlápok, míg a Mezőségben füves löszhátak, tatárjuharos, tölgyes foltokkal, törpemandulás cserjések képezték az uralkodó növényzetet.[44]

A mikrorégió közvetlen területéről nemhogy összefüggő erdőségekre, de egyáltalán az egykori természetes növényzetre sincsen semmilyen középkori adat.[45] Mindössze Tölgy falu neve, és a vizsgált terület határain kívül Nyárszeg településneve utalhat az egykori jellegzetes fafajokra.[46] A távolabbi környéken a Körös jobb partján Simánál 1458-ban említenek erdőt, illetve a Mezőségben van egyetlen adat egy Kamut-környéki kisebb erdőre 1515-ből.[47] A termesztett növényeket tekintve a középkori források megerősítik azokat az adatokat, melyek alapján elsősorban a gabonatermelést, másodsorban a rétgazdálkodást, illetve nagyállattartást, továbbá a halászatot tekintik a vidék fő gazdasági ágazatainak. 1138-ban a dömösi prépostság Décsén tizenöt, a jobbparti Kuhte falucskában hét kenyéradó szolgát kapott adományul Álmos hercegtől. A décsiek ezenkívül jelentős mennyiségű (25 köböl) márcot is kötelesek voltak szolgáltatni a dömösi egyháznak[48] 1390-ben a Körös jobb partján Simay Mihály utódainak 300 ekényi földje és 600 kaszányi rétje volt.[49] Décse lakosai 1553-ben és 1559-ben búzából, árpából és kölesből fizettek adót a gyulai uradalomnak. Décse az egyetlen hely továbbá, ahol a 16. században bortermelésről emlékeznek meg a források.[50]

A régészeti ásatásokból származó archaeobotanikai adatok száma is igen csekély.[51] Ezek értékelésénél is figyelemmel kell lenni arra, hogy a hazai talajviszonyok elsősorban a gabonafélék és a gyomnövények botanikai maradványainak fennmaradását teszik lehetővé.[52] A kevés hiteles régészeti adat egymásnak is sokszor ellentmondó megállapításokhoz, nem koherens rekonstrukciókhoz vezetett. Különösen az antropogén hatások szerepének eltérő megítélése okoz hibákat.[53]

Az avar kor, a 9. század és a honfoglalástól az Árpád-korig terjedő időszak legfrissebb összefoglalását Gyulai Ferenc készítette el. Gyulai F. következetesen támogatja azt a nézetet, miszerint „a köles a gyors mozgású, nomád népek jellegzetes gabonája."[54] Avar kori gabonaleletet mindenesetre nagyon keveset ismerünk, az avar kori növénytermesztésre csak közvetett régészeti adatok (szerszámok) utalnak. A sziráki temetőből származó leletek alapján gondolja azt, hogy az avarok fontos kenyérgabonája a köles volt. Ezenkívül csak apró szulák (Szőreg, Vác, Kavicsbánya), továbbá makk (Gerjén, Várad) és szőlő (Keszthely, Fenékpuszta) leleteket említ Gyulai F. az avar korból.[55]

---

43 *Györffy – Zólyomi* (1994).

44 (1994) 21–22. Ezt legfeljebb annyiban pontosíthatjuk, hogy a Mezőségben nincsenek bizonyítékok tölgyesekre.

45 *Jankovich* (1993) 311.

46 MRT 8, 137., 277.

47 MRT 8, 122., *Jankovich* (1993) 314.

48 MRT 8, 133., 337.

49 MRT 8, 121.

50 MRT 8, 338. A Décsére vonatkozó adatokat lásd még részletesen e kötet 1.7. fejezetében.

51 *Hartyányi – Nováki – Patay* (1968) 5–85.; *Hartyányi – Nováki – Patay* (1974), *Hartyányi* (1983).

52 *Gyulai* (2011) 378.

53 *Gyulai* (1994) 252–257.

54 *Gyulai* (2011) 359, 391, 395.

55 *Gyulai* (1994) 250.

A 9. századi leletek között kajszi (Balatonszentgyörgy), dió (Keszthely, Halászcsárda), szőlő (Balatonszentgyörgy, Főnyed) fordul elő. Fonyód, Bélatelepen szinte az egész növénytani spektrum megtalálható, mely önellátó jellegű mezőgazdasági tevékenységre enged következtetni.

A honfoglaló magyar növényleletekben is állítólag a köles dominál, de az egy ismert lelet mellett (Zemplén) inkább vetési búzát találunk (Halimba, Keszthely, Halászcsárda, Biharkeresztes, Ártánd–Nagyfarkas-domb, Esztergom, Kovácsi). Az Árpád-kori telepásatásokon már több a maglelet. Kardoskúton pl. valóban a köles a legtöbb, de van búza és rozs is. A soproni és a honti ispánsági várban a fő termény a búza volt, melyet a rozs követett, és a köles csak szórványleletnek bizonyult. Tiszaörvényben ugyancsak a köles volt a legtöbb. A lelőhelyekből az látható, hogy a köles az Alföldön, a különböző búzafajták pedig a Dunántúlon voltak túlsúlyban, bár ez sem abszolút érvényű (vö. alább: Doboz és Endrőd). A különbségek a 12–13. századra kezdenek kiegyenlítődni, amit Gyulai F. a nomadizálás felhagyásával, a letelepült életmóddal magyaráz. Természetesen sok tévedés adódik a bizonytalan, vagy „globális" (pl. 11–13. sz.) régészeti keltezés elfogadásából, és az ebből levont következtetésekből. Cegléd, Madarász-halom Árpád-kori temetőjében pl. nem volt köles, viszont rengeteg búza, a Doboz, Hajdúirtáson és Endrődön talált növényleletek ugyancsak őszi vetésű cereáliákra utalnak.

Ellentmondás látszik abban a körülményben is, hogy a honfoglalás és az Árpád-korból eddig ismert búzafajták minden esetben az ún. csupasz búzák közé tartoztak, ami fejlettebb agrotechnikát igényel, mint a korábbi évszázadokban termesztett pelyvás búzák. Fontos körülmény, hogy a zab állítólag teljes mértékben hiányzik a 10–13. századi magleletekből. Ennek rögtön ellentmond az END0170, ahol előfordul a zab is.

Konyhakerti növényekre (hüvelyesek) Visegrád, Várkertből van adat, de itt is bizonytalan a keltezés (9–11. század). A gyümölcstermesztésre utaló néhány szórványleletet (őszibarack: Esztergom, Kovácsi, dió: Keszthely, Halászcsárda) leszámítva Gyulai F. feltételezi, hogy az Árpád-korban elsősorban csak az erdőkben vadon is megtermő gyümölcsöket (alma, körte, cseresznye, meggy, mogyoró) fogyasztották. Nem tudni, hogy a méztermelés milyen jellegű volt, az Árpád-kori márcadó mindenesetre méztermelésre utal. A 10–13. századi szőlőtermesztésre egyelőre nincsen botanikai adat.[56]

Az alföldi mikrorégió területén eddig az egyetlen, de a Tiszántúlon is az eddigi legrészletesebb feldolgozás az END0170 lelőhely magleleteiről készült. Ebben az anyagban a telep egykori közvetlen környezetéből származó sás és gyomnövények találhatók. Az ökológiai csoportosítás alapján az látszik, hogy az átlagos erdőszél, gyep, nedves gyep társulások vannak túlsúlyban, legkevesebb a gabonagyom, ennél több a nádas, magassásos és ligeterdei maradvány és még több a ruderália, ami természetes, hiszen a leletek telepről származnak.[57]

Ami a termesztett növényeket illeti, az END0170 lelőhely makrobotanikai leleteiből Gyulai Ferenc azt a következtetést vonja le, hogy „a gabonafélék közül a két- és hatsoros árpát, vetési búzát, tönkét, kölest, rozsot és zabot termesztették. ... A búzák közül a fejlettebb, vetési búza jelentette a fő terményt, a tönke erősen visszaszorult. Az árpa továbbra is fontos, valószínűleg takarmánynövény volt. A rozs és a zab is megtalálható, de termesztése jelentéktelennek tűnik. Konyhakerti növényük a lencse és a borsó, rostnövény pedig a kender volt. A telep egykori lakosai elsősorban őszi vetésű gabonát termesztettek. .... A gyomnövények között pedig elsöprő arányban vannak azok a ruderaliák, melyek a mezőgazdasági növénytermesztés jellegzetes társulásai."[58] A növénytársulások leírása mel-

56 *Gyulai* (1994) 256.

57 *Gyulai* (2011) 394., továbbá 11. ábra, sajnos nincs szétválasztva a szarmata és az Árpád-kor. A részletes publikációt megelőző tanulmányában Gyulai F. úgy vélte, hogy „az egykori természetes vegetációból bekerült elemek egyértelműen erdős steppére utalnak". *Gyulai* (1994) 254.

58 *Gyulai* (2011) 393–394.

lett fontos gazdaságtörténeti megfigyelés, hogy az endrődi gabonafélék alacsony esetszámban, erősen gyomfertőzötten kerültek elő, és a szemtermések metrikusan is elmaradnak más lelőhelyek anyagától.[59]

Gyulai F. összefoglalásában megállapítja, hogy míg az életforma szerinti csoportosításban az egyéves (theropython) növények kiugróan magas értéket mutatnak a szarmata és az Árpád-kori leleteknél egyaránt, a flóraalkotók hőmérsékleti viszonyaiban az átmeneti (montán) klímát, továbbá mésztartalmú, de nitrogénben gazdag talajokat kedvelő, inkább fényigényes fajok vannak túlsúlyban. A nitrogént bőségben tartalmazó (trágyázott) talajt kedvelő növények aránya is jelentős. Az areatípusok nem mondanak semmit, amennyiben közöttük az eurázsiai és a kozmopolita fajok túlnyomó többsége látható.

Gyulai F. adataiból világossá válik, hogy az endrődi telep környékén, ha nem is magas színvonalú, de intenzív növénytermesztés, elsősorban gabonatermelés folyt. A szántóföldeket vizenyős rétek, vízállásos helyek vették körül. Ebben a tekintetben a telep szarmata és Árpád-kori rétegei azonosságot mutatnak, és a vegetáció megegyezett a szabályozás előtti állapotokkal.

Fontos adatokkal szolgált még a Décse falu templománál Szatmári Imre által vezetett ásatás. A templom körüli temető sírjaiban talált koporsó és gyékény-maradványok meghatározása ugyanis arra az eredményre vezetett, hogy a koporsók többsége kocsánytalan tölgyből (Quercus petraea) készült, de előfordult lucfenyő (Picea abies), sőt vörösfenyőből (Larix decidua) készült koporsódeszka is. Különlegességnek számít a tiszafa (Taxus baccata) lelet. Míg a fenyők esetében aligha gondolhatunk helyi termékre (legközelebbi lelőhelye a Bihar-hegység), addig a kocsánytalan tölgy és esetleg a tiszafa nagy valószínűséggel a környékről származik. A koporsó nélkül, gyékényben eltemetett halottakat a keskenylevelű gyékényből (Typhia angustifolia) készített lepelre fektették. Minderről részletesen e kötet más helyén, Szatmári Imre tanulmányában (1.7. fejezet) olvashatunk.

3.1.5. Állatvilág

Az archaeozoológia már évtizedek óta felfigyelt arra, hogy az avar és a honfoglalás kori fauna nagyon hasonlít egymáshoz, ugyanakkor a honfoglalás kori és Árpád-kori összetétel nem teljesen azonos. Az alföldi Árpád-kori falvakban a szarvasmarha és a ló, valamint a kecskefélék magas gyakorisága, továbbá a sertés kisebb aránya a jellegzetes. Bökönyi Sándor ebből arra következtetett, hogy az alföldi pusztaság az ilyen állattartásnak kedvezett, továbbá azt is jelentheti, hogy a korábban nomád népesség még sokáig ragaszkodott nagyállataihoz. A lótartás magas arányát nemcsak a szállítás (lovaglás) és az igavonás indokolta, hanem ebben a korszakban ették is a lóhúst.[60]

A mikrorégió területéről korábban nem volt ismert avar kori állatcsontanyag, és mindössze egyetlen Árpád-kori telep leleteit dolgozta fel Bökönyi Sándor: Szarvas, Rózsásét. A tágabb környékről még a Csongrád, bokrosi, dobozi, kardoskúti telepek leletanyaga volt ismert.[61] Bartosiewicz László közölte legutóbb az END0170 lelőhely állatcsontanyagát, és összehasonlító anyagként ehhez felhasználta a hunyai késő avar és az örménykúti 9–11. századi telep leleteit is.[62] E kötetben pedig az END006 lelőhelyről származó Árpád-kori állatcsont maradványokat közli Lyublyanovics Kyra (1.2. fejezet).

---

59 Ez akkor is fontos körülmény, ha Gyulai F. még nem tud állást foglalni abban a tekintetben, hogy ennek klimatikus, talajtani, vagy termesztési (agrártechnikai, fajtajellegű) okai vannak-e. *Gyulai* (1994) 254.

60 *Bökönyi* (1974) 38–40.

61 *Bökönyi* (1974) 349., 358, 372., 400.

62 *Bartosiewicz* (2011) 321–351.

Az END0170 lelőhelyen feltárt állatcsontmaradványok túlnyomó többsége háziállatból származik. Ezek többsége (46 %) kistermetű szarvasmarha, és Bartosiewicz L. szerint ez jellemző a régió valamennyi eddig ismert leletegyüttesére.[63] Fontos körülmény, hogy a római korból már ismert, nagytestű, tenyésztett szarvasmarhák szinte teljesen hiányoznak, ami összefügg a népvándorlás korban keletről érkező állattartási szokásokkal. A súlycsökkenés az összes tenyésztett állatfajra jellemző ebben az időszakban. A második, legnagyobb számban (13 %) előforduló nagyállat a ló, melynek csontmaradványai elsősorban érett (maturus) példányokból származnak. Bartosiewicz. L. ebből arra következtet, hogy ezen a lelőhelyen lakó emberek is ették a lovat. A birkák és/vagy kecskék aránya 26 + 4 %. A sertéscsontok nem érik el a 10 százalékot, és ez a szarmata kori leletegyüttesben is ugyanígy volt. Ezenkívül kisebb arányban fordul elő kutya, tyúk, liba. A vadak közül az egyetlen őzcsont szórványnak tekinthető, mindenesetre ligetes steppe környezetre utal. A halcsontok között felbukkanó csuka a mocsári állóvíznél jelentősebb vízfolyásra utal a lelőhely környezetében. A halcsontok kis számából arra lehet következtetni, hogy a halászat nem játszott döntő szerepet a telep életében. Bartosiewicz L. az állatcsont-maradványok kor szerinti eloszlásából következtet az állatok felhasználási módjára. Míg a sertéscsontok között jóval több a fiatal egyedé, addig a birkák, kecskék, de legfőképpen a szarvasmarhák és a lovak zöme maturus (öreg) korú, ami azt jelenti, hogy ezeket nem elsősorban a húsnyerés miatt tenyésztették. (Tej, szőr, igavonás). Bartosiewicz L. itt ellentmond saját két oldallal fentebbi állításának, miszerint a lovakat az Árpád-korban is ették. Hangoztatja ugyanis, hogy az öreg lovak magas aránya eme tiltott szokást csak bizonyos rituálisan indokolt esetekre, vagy éhínségre korlátozta, noha a lovak magas számát nem indokolja önmagában a fogyasztás és a bőrkikészítés. (Lyublyanovics Kyra nem osztja a rituális indíttatású lóhúsevésről vallott elképzeléseket, véleménye sokkal realistább: a kiöregedett, vagy egyéb okból kimustrált lovakat egyszerűen megették, és egyéb részeiket is feldolgozták.) Az étkezés szempontjából közepes minőségű húst szolgáltató csontok aránya a legmagasabb valamennyi lábasjószág esetében, a lovakat kivéve, ahol az alacsony minőségű húst szolgáltató csontokat találjuk többségben. Bartosiewicz L. szerint ez inkább a bőr hasznosítására utal, mintsem a húséra. Az utóbbit sem lehet azonban kizárni, mert jelen vannak az étkezésre utaló csontmaradványok is. A közepes minőség dominanciája arra utal, hogy az elsődleges hasznosítás nem az étkezés, hanem más volt. Ugyanúgy, mint az ÖRM0054 lelőhelyen feltárt telep esetében, az elsődleges húsfeldolgozás a telep egy meghatározott szélén történt, a telep egészén feltárt hulladékgödrökben viszont a csak másodlagosan étkezés céljából feldolgozott állatok maradványait találjuk.

Az összefoglalóban Bartosiewicz L. a marhák és lovak magas számát a telep lakóinak jó anyagi helyzetével magyarázza, és a lóhúsevést már mint korlátozottan előforduló lehetőséget említi. A juh-kecske arányát elemezve arra a megállapításra jutott, hogy ennek a két fajnak elsősorban az alföldi környezet kedvezett, mivel minden korszakban (szarmata, avar, középkor) az alföldi lelőhelyeken fordul elő nagyobb számban.

Az END0006 lelőhely, Lyublyanovics Kyra által elvégzett állatcsont-analízise megerősítette a fenti megfigyeléseket. Az Árpád-kori templomos faluhely zoológiai anyagában is első helyen a szarvasmarha áll, és utána a ló következik, és ezektől jelentősen elmarad a többi lábasjószág aránya. Az END0170 lelőhellyel szemben itt jelentősebb mennyiségű halcsont került elő, ami inkább a feltárt terület nagyságával, mintsem kulturális különbségekkel magyarázható az egymástól alig 1 km-re eső két lelőhely esetében. Még akkor sem, ha a két település időrendben nem is teljesen fedi egymást. Sajnos a többi lelőhely állatcsontjainak feldolgozása még nem történt meg, de mindenütt hasonló

[63] *Bartosiewicz* (2011) 323., 1. ábra.

eredményekre számíthatunk: END0182 lelőhelyen is kerültek elő lócsontok, és az END0035 lelőhelyről egy marhakoponyát ismerünk (1.5. fejezet).

Ami a környékre vonatkozó középkori forrásadatokat illeti, abból a fentiekkel egybehangzóan a nagyállattartás (ló és marha) mellett jelentős szerep jut a birkának, de a Körös közvetlen közelében a halászatnak is. 1138-ban az Endrőddel átellenben fekvő Kuhte határában egy azonos nevű halastó volt, melyhez halászok is tartoztak. A forrás szerint ugyanitt a dömösi prépostságnak 800 juha és 50 tehene volt. 1390-ben a Körösben és a Kuhte más néven Gyalmas nevű halastóban a halászat értékét 650 forintra becsülték. 1504-ben, ugyancsak a Körös túlsó oldalán Simay Mihály szekerét összetörték, ökrét elvitték támadói.[64] Jelentős ménest említenek a források 1525-ben Décsén, ugyanitt 1527-ben a gyulai uradalomnak 51 lova és 48 tehene volt.[65] 1425-ből tudunk egy Hosszútó, más néven Zele nevű halastóról is Endrőd és Gyoma között. Ugyanitt halászóhelyet említenek a források 1525–1528-ban.[66]

3.2. Települési sajátosságok az avar korban

Az avar kori lelőhelyek száma ezen a szűkített területen összesen 78, vagyis a lelőhelyek 32%-án találtuk az avar kori megtelepedés valamilyen nyomát. Az avar kori lelőhelyeknek a területre számolt átlaga 0,54/km^2.[67]

Ha az avar koron belül pontosabb időhatárok szerint akarjuk szétbontani a telepnyomokat, a következő megállapításokat tehetjük. A terepbejárási anyaghoz képest újabb kora avar kori telepjelenséget ezen a területen nem találtunk. A biztosan késő avar kori telepek száma 35, öttel több, mint az olyan lelőhelyeké, ahol csak általános avar kort lehetett meghatározni. (A topográfiai terepbejárások során az egész kötetben ez az arány 150:128 volt, vagyis a késő avar kori telepek száma kevesebb, mint a csak általában avar koriaké.)

A mikrorégiós kutatások során az avar kori telepek és temetők számát tekintve lényeges mennyiségi növekedésről nem lehet beszámolni. Tény azonban, hogy sikerült pontosítani néhány lelőhely korát: az END0060 lelőhelyen a terepbejárás során csak néhány szórványos cserép volt a felszínen, melyet nem lehetett az avar kornál pontosabban datálni. A szondázó ásatás nyomán ez a telephely is késő avar kori leleteket szolgáltatott.[68] Ugyanez a helyzet állt elő az END0170-es lelőhelyen is. Az END0130 lelőhelyen késő avar kori árokrendszer részleteit tárhattuk fel,[69] itt korábban ebből a korból gazdag felszíni leletanyagot gyűjthettünk.[70] A kiválasztott terület DK-i sarkában található az a hunyai lelőhely, ahol Szőke Béla Miklós a késő avar kori kerámia meghatározásában alapvető ásatásait folytatta (HUN0016),[71] a terület déli szélén helyezkednek el azok az örménykúti lelőhelyek (ÖRM0011 és ÖRM0054), ahol a Bálint Csanád vezetésével 1982–1986 között folytatott feltárások újabb temetőrészletet és nagy kiterjedésű telepet eredményeztek.

Fontos új eredménynek számít az END0157 lelőhelyen feltárt, és a 8. századra keltezett temető, melyet a terepbejárás során nyilván nem észleltünk.[72] A Szarvas és Örménykút határára eső ki-

---

64 MRT 8, 122.

65 MRT 8, 338–339.

66 MRT 8, 277.

67 Csak az érdekesség kedvéért érdemes megjegyezni, hogy az MRT 8. kötet egész területén az avar kori lelőhelyek aránya az összes lelőhelyhez viszonyítva 22%, a területi eloszlás pedig 0,33 lelőhely/km^2.

68 *Erdélyi* (1992) 369–370.

69 MRT 8, 168–169., RégFüz 48 (1997) No. 11. Zalai-Gaál I. ásatása.

70 MRT 8, 168.

71 *Szőke* (1980).

72 *Erdélyi* (1992) 370–378.

terjedt halastó-rendszer egyik blokkjában néhány avar kori sírt sikerült megmenteni.[73] További adatok hiányában csak szórványként értelmezhető egy összeégett lemezes szíjvég és más töredékek, melyeket Bruno Genito az END0122 lelőhely feltárása során talált.[74] Ennél hitelesebbnek látszik az ÖRM0003-as lelőhelyről 1962–63-ban Nováki Gyula által embercsontok mellől begyűjtött griffes, öntött bronzveret.[75] Ezen túl ÖRM0008 lelőhelyen késő avar kori teleprészlet,[76] ÖRM0011: késő avar kori temető,[77] GYO0133: telep és temető,[78] GYO264: kora avar temetkezések,[79] SZA0075: késő avar temető[80] kisebb nagyobb részleteinek feltárása történt meg különböző időkben.

Negatív eredmény is van. Az END0039. lelőhelyen talált felszíni avar kori leletanyag a kiterjedt felületeket érintő feltárás során nem kapott megerősítést, vagyis nem került elő ebbe a korszakba tartozó objektum.

Ha a lelőhelyeket a topográfiai kötetben megjelent korszakonkénti elterjedési térképnél részletesebb térképen helyezzük el, még szembetűnőbbé válik a telephelyeknek bizonyos vízmedrek mentén történő elhelyezkedése. Ha a szarvasi járás egészét nézzük ugyanis, akkor ez a lineáris elrendeződés nem látszik ilyen világosan, sőt, sok esetben zárt csoportokat lehet egymástól elkülöníteni. Ilyennek látszik például az Örménykút nyugati határszélén, illetve a Szarvas, Rózsási-major környékén, illetve – a mikrorégión kívül – Kondoros határának déli részén látható lelőhelycsoport.[81]

Részletesebb térképünkön (*3. térkép*) azonban az avar kori telepek lineáris, füzér-szerű elrendeződése világosan látható. A lelőhelyek láncolata szinte egy vonalban halad a Köröstől dél felé, majd Örménykút északi szélénél nyugati irányba fordulva Szarvas határában, a Rózsási-major környékén megfigyelhető lelőhely-csoportban végződik. A lelőhely-lánc világos határvonalat szab annak a mély fekvésű, vízállásos területnek, melyet a szabályozás előtt készült Huszár Mátyás-féle térképen láthatunk. Ha nagyobb üres térközökkel is, de ugyanilyen láncolat fedezhető fel az Öreg-szőlők északi peremén kelet felé haladva. Ez a füzér pedig a GYO0133 lelőhely környékén található csoportba csatlakozik. Az is világosan látható, hogy az avar kori, illetve a késő avar kori lelőhelyek regionálisan nem különülnek el egymástól, hanem szinte egymással váltakozva illeszkednek ebbe a láncolatba. A mikrorégiónál nagyobb területet vizsgálva ugyanakkor látni kell azt is, hogy inkább ez az észak-déli irányú település-láncolat tűnik egyedinek, különlegesnek a már említett lelőhely-csoportokkal szemben. A Mezőségben ugyanis még mikrovizsgálatokkal sem fedezhetők fel azok a hajdani vízmedrek, melyek partján, ha mégoly kanyargósan is, de sorakoznának ezek a lelőhelyek. Hasonlóképpen a rózsási, vagy a Gyoma keleti szélén látható lelőhely-csoportokról sem lehet elmondani, hogy lineáris elrendezésűek volnának, pedig ezeken a területeken a vízmedrekhez való igazodás teljesen egyértelmű. Azt kell tehát mondanunk, hogy az avar korban a települések bizonyos nagyobb kiterjedésű, kétségkívül mély fekvésű területek (ilyen pl. a Körös mintegy 3 km széles ártere) partjain lineárisan helyezkedtek el, más területeken pedig határozott csoportokat alkottak. Ezek a csoportok a Mezőségben kisebb területet foglalnak el (2–3 km^2), míg a vízpartokon ennél is „lazáb-

---

73 RégFüz 38 (1985) No. 127/2. *Medgyesi* (1996) 129–156. A feltárás adatai nem kerültek be az MRT 8. kötetébe (új lelőhely). Térképünkön a SZA0202 jelzést viseli. Vö.: *Szentpéteri* (2002) 337. (Szarvas, Horváth-puszta)

74 *Genito* (1994) 180–182., 186–192.

75 MRT 8, 337. Szentpéteri József a temetők közé sorolta a közeli, ÖRM0002-es lelőhelyen (Búzás-tanya) ugyancsak Nováki Gy. által talált avar kori edényt, bár itt sírokról nincsen adat. *Szentpéteri* (2002) 277.

76 MRT 8, 341–342.

77 MRT 8, 343.

78 *Vida* (1996) 323–364.

79 *Somogyi* (1997) 97–116., *Szentpéteri* (2002) 149.

80 RégFüz 44 (1992) 50., RégFüz 47 (1996) 55. *Szentpéteri* (2002) 338.

81 MRT 8, 5. térképmelléklet.

ban", 8–9 km^2 nagyságú területen szóródnak. Csoportokká tulajdonképpen az a körülmény teszi ezeket a lelőhelyeket, hogy 5–10 km szélességű lakatlan területek választják el őket egymástól. A lineáris települési mód esetén ezzel szemben 200–1000 m távolságban találjuk egymástól a telephelyeket.

A vizsgált három csoport mindegyikét két-három ismert temető veszi körül, míg a láncolatban elhelyezkedő lelőhelyek között egy ponton találtunk csak temető(ke)t. A temetkezések, illetve temetők elhelyezkedéséből részletesebb adatok hiányában nem lehet messzemenő következtetéseket levonni, de ha az ismert temetőrészletek helyzetéből indulunk ki, akkor azt lehet mondani, hogy a rózsási és a décsi lelőhelycsoport körül három, az Öreg-szőlőkben legfeljebb két temetővel számolhatunk.[82]

3.3. Megjegyzések a 10. századi településszerkezethez

A vizsgált területen a topográfiai kutatások előtt egy (ÖRM0013), a topográfiai munkák nyomán további kettő biztos (END0039, ÖRM0006) és három valószínű (END0066, SZA0072, SZA0164) olyan temető, vagy -részlet vált ismertté, melyek minden bizonnyal 10. századi, de mindenképpen pogány rítusú, úgynevezett köznépi temetkezéseket rejtenek. A mikroregionális kutatások során ezt három újabb (END0119, END0123, ÖRM0052) temetővel és két, részleges lovastemetkezéses sírral (ÖRM0003) sikerült gyarapítani, továbbá kiterjedt felületeket tártunk fel az ÖRM0013 lelőhelyen a korábbról már – nem hiteles adatokból – ismert temetőből is. A mikroregionális munkák végeztével tehát tízre emelkedett a 10–11. századi temetkezési helyek száma, ami annyit jelent, hogy átlagosan minden 14 km^2-re jut egy temető.

Sajnos egyetlen teljesen feltárt temető sincs köztük. A nagyobbak közé tartozik END0039 149 sírral és ÖRM0013 29+85 sírral. A kicsik közé sorolható ÖRM0006 18+7, END0066 7, END0123 10, END0119 9 és ÖRM0052 12 sírral.

Az ásatások eredményeként a köznépi temetőknek egy új formája jelentkezett: a csupán néhány sírból álló temető. Természetesen nem azokra a lelőhelyekre gondolok, melyek a részleges feltárás következtében tűnnek kis temetőknek, hanem azokra, ahol viszonylag nagy területek feltárása történt meg, és ennek eredményeként kizárható, hogy nagyobb sírszámú temetőhöz tartozna az a néhány temetkezés, ami napvilágra került. Biztosan ilyen az END0119, és valószínűleg az END0123, és END0066 lelőhely is. Mindhárom helyen más korszakra irányuló feltárások során, mintegy véletlenül kerültek elő a 10–11. századra keltezhető sírok. Meg kell persze jegyezni azt is, hogy e sírok esetenként melléklet nélküliek (pl. END0066), tehát datálásukra nincsenek kétségbevonhatatlan bizonyítékok, azonban tájolásuk, stratigráfiai helyzetük minden esetben a 10–11. századi keltezést teszik a legvalószínűbbé.[83]

Ami a temetők topográfiai elhelyezkedését illeti, feltűnő, hogy a Körös-völgyben egyetlenegy sincs, ebben a tekintetben határesetnek számít az END0039, amelyik a Körös-völgy déli szélén található (*4. térkép*). Az eddig megismert, néhány síros temetők (END0119, END0123, END0066) az intenzívebben kutatott területen, az Öreg-szőlők délnyugati szélén láttak napvilágot, és ezek térbeli elhelyezkedéséből egyelőre annyi látszik biztosan, hogy a fent említett távolságot csökkentik, vagyis a nagyobb köznépi temetők között találhatók, és ezen a területen az ilyen korú temetők közötti távolság 1 km-re, egy esetben az alá csökken.

Külön érdemel említést az ÖRM0003 lelőhelyen, templom körüli temetőben, a templom alapfalai közelében talált két pogány rítusú, részleges lovastemetkezéses sír (34. és 35. sírok). Az ilyen

---

[82] Hasonlóképpen a gyomai lelőhelycsoportban is két kisebb temetőrészletet – és egy sírt: GyO0129. – ismerünk.

[83] Hasonló, ugyancsak 10. századi temetőrészletet tárt fel Tarhoson Bóna István: MRT 10, 645–648.

jellegű temetkezések, illetve „temetők” éppen Békés megyében váltak először ismertté.[84] Nem feladatunk itt e temetőtípus részletes tárgyalása, csupán annyit szeretnék megjegyezni, hogy az esetek többségében nem cáfolható a pogány és a templom körüli temetkezések közötti kronológiai hiátus gyanúja, ezért indokolatlannak tartom a „gellértegyházi típusú temető” elnevezést.

Feltétlenül meg kell említenünk azt a jelenséget is, hogy mindegyik köznépi jellegű temetőfeltárás (END0039, ÖRM0006, ÖRM0013) esetében a felszíni gyűjtés alkalmával településre utaló jelenségek (cserepek) is előkerültek. Telepobjektumot azonban a kiterjedt ásatások ellenére sem találtunk egyik helyen sem.

Az intenzív kutatás ellenére kevés Árpád-kori telepről állítható teljes bizonyossággal hogy már, vagy csak a 10. században létezett. Ennek okai közismertek, és ezen a körülményen ásatásaink sem tudtak változtatni lényegesen. A felszíni leletanyag esetében bizonyos kerámiatípusok (bordás nyakú edény – END0157, END0170, END0195, ÖRM0014, ÖRM0019, ÖRM0056; bizánci import kerámia END0170, SZA0132), vagy díszítőelemek (hullámvonalköteg, vízszintes vonalköteg – END0068, END0118, ÖRM0023; teljes felületet borító vonaldíszítés – END0069, END0118, END0170, ÖRM0018, ÖRM0026) előfordulása esetén alkalmaztunk ilyen keltezést.[85] A mikrorégió déli felében, de egy másik projekt keretében folytak az örménykúti ásatások, melyek során az ÖRM0011 és ÖRM0054 számú lelőhelyeken jelentős emlékanyagot, illetve települést lehetett a részben a 10. századra is keltezni.[86] Kiderült, hogy az ásatások során napvilágra került telepobjektumok datálásánál is leginkább ilyen adatokra támaszkodhattunk, stratigráfiai megfigyelésre ritkán nyílt lehetőség, pontos korhatározó lelet pedig ritkaságszámba megy. Mindenesetre tény, hogy azokon a lelőhelyeken, ahol a felszíni leletek alapján 10. századi keltezést is alkalmaztunk, ezt a feltárások eredményei alapján nem kellett módosítani, sőt további adatok erősítették meg a datálást (END0157, END0170, ÖRM0011, ÖRM0054, SZA132.). E tekintetben egyetlen kivételnek számít az END0006 lelőhely, ahol ugyan ásatás során került elő bordás nyakú, kiegészíthető edény, de további adatok nem támasztották alá a 10. századi keltezést. Túl azon, hogy már elég régóta tudjuk, hogy a bordás nyakú edény sem tekinthető kizárólag a 10. századi fazekasság termékének, ez a körülmény is arra figyelmeztet, hogy egy-egy tárgytípus vagy egyéb jellegzetesség alapján nem szabad messzemenő következtetéseket levonni. Mindenesetre a fenti ismérveken kívül más adatot nem szerezhettünk, és ezek alapján a 10. századra keltezhető lelőhelyek száma 21, elhelyezkedésük pedig csomós szerkezetre utal, vagyis egymáshoz viszonylag közel található több is, míg az ilyen csoportok között 4–6 km üres területeket találunk. A 21 telephez köthető lelőhely, még ha valamennyi is biztosan 10. századi lenne, feltűnően kevés a 78 avar és a 96 Árpád-kori lelőhelyhez képest.

Területünkön egyedül az avar kor sajátossága a lelőhelyek füzér-szerű elrendeződése a Hármas-Körös szélesebben vett árterében. Más területeken természetesen ismerjük ezt a jelenséget az Árpád-korban is, de itt feltűnő, hogy a Hármas-Körös és az END0006 lelőhely dombja között húzódó óholocén meder kiemelkedő partjait csak az avar korban szállták meg, később nem. Hasonlóképpen elszórt telepnyomok figyelhetők meg az avar kor különböző szakaszaiból a terület délkeleti harmadában is.

Ha az avar kori, 10. századi és az Árpád-kori lelőhelyek egymáshoz viszonyított térbeli elhelyezkedését vizsgáljuk, az látszik, hogy mindhárom korszakban azonos pontokon alakultak ki úgymond

---

84 *Szatmári* (1996b). Az úgynevezett „gellértegyházi típusú” temetőkről van szó, mely elnevezést az Orosháza, rákóczitelepi templom körüli temető kapcsán Szőke Béla vezetett be a tudományos köztudatba; *Szőke* (1959) 38. Az ilyen típusú temetők számát Kulcsár Mihály vette számba: *Kulcsár* (1995) 227–229.

85 Ezek a díszítőelemek természetesen a korábbi, avar korban is gyakoriak és jellemzőek, viszont a 11. század végére alkalmazásuk megszűnik. Vö.: *Jankovich* (2011) 122–127.

86 *Herold* (2004) 61–62.

„központi helyek". Ezen olyan területeket kell értenünk, ahol kisebb körzeten belül több lelőhely is előfordul, és közöttük jelentős, több km távolságban egyetlenegy sincs. Mindhárom periódusban ilyen a SZA0132, az END0039, az END0068 és az ÖRM0003 környéke.

Egyetlen olyan góc van, mely először a 10. században tűnik fel, és az Árpád-korban is folyamatosan létezik: az ÖRM0014 környéke. Az Árpád-korban azután további csomópontok alakulnak ki, közülük néhány templomos faluvá fejlődik (END0006, ÖRM0003, ÖRM0014), míg mások (END0039, END0068, END0177, SZA0132), bár ugyancsak rendelkezhetnek 10. századi előzményekkel, elenyésznek.

Négy olyan lelőhely van, ahol mindhárom csoport leletét megtaláltuk: END0170, SZA0132, ÖRM0011, ÖRM0018, ÖRM0019 ÖRM0054. További hat lelőhelyen (END0006, END0066, EMD0108, END0134, GYO0006, ÖRM0057) a késő avar mellett csak Árpád-kori megtelepedést tudunk bizonyítani, vagyis az avar és az Árpád-kori település között „hiátus" van. A négy úgymond „folyamatos" lelőhely közül kettőn végeztünk ásatásokat (END0170, SZA0132), de egyik esetében sem lehetett a pontos időrendet megállapítani, mindkét helyen csak horizontális stratigráfiai adatokat szereztünk. Ez azt jelenti, hogy csupán annyi bizonyos, hogy a késő avar korban és a 10. században, vagy később, ugyanazon a helyen telepedtek meg.

3.4. Az Árpád-kor települési struktúrája

A felszíni leletanyag alapján az Árpád-korra keltezhető telephelyek száma 74, a szállásoké 19, a faluké három, a templomoké ezzel megegyezően ugyancsak 3. Ez összesen 96 Árpád-kori lelőhelyet tesz ki, ami azt jelenti, hogy a lelőhelyek 40,5 %-án találtunk Árpád-kori megtelepedést. Összehasonlításul, az eddig megjelent topográfiai kötetekben ugyanis az összátlag 31,5%, de ezen belül Békés megyében Szeghalomnál 25,2, Szarvasnál 38,2, Békésnél 49,4%. A „Békés megyei összátlag" 39,62%. A mikroregionális munkálatok során – szemben a temetőkkel – új Árpád-kori telephelyet nem fedeztünk fel. Az ásatások minden esetben csak erősítették a korábbi felszíni megfigyeléseket, ami a terepjárások alapos voltát igazolja, és mintegy felhatalmazást ad arra, hogy a felszíni megfigyeléseket fontos településtörténeti forrásként kezeljük. (Ezzel szemben néha negatív eredménnyel is kell számolni. A temetőfeltárások esetében ugyanis bebizonyosodott, hogy hiába van a felszínen Árpád-kori cserép, a föld nem rejt telepobjektumokat, csak sírokat. A mikrorégió területén három ilyen esettel találkoztunk: END0039, ahol nagy kiterjedésű ásatás igazolta ezt, a további két példa még bizonyításra szorul: ÖRM0006, SZA0088.)

Az Árpád-kori telephelyek esetében fontos tisztázni a falu, telephely és a szállás fogalmát. Falu alatt azokat a jelentős méretű (egy hektárt meghaladó területű) intenzív felszíni leletanyagú telephelyeket értem, melyeken általában a templom nyomai is felfedezhetők, és esetenként több kisebb telephely veszi körbe. E típushoz tartozik az END006 lelőhely és környezete. A szállás (kistelep) kategóriába azokat a fél hektár körüli területű felszíni leletanyagot mutató lelőhelyeket soroltam, melyek elkülönülten, a többi hasonló korú teleptől nagyobb távolságra helyezkednek el. A telep kategóriába azok a lelőhelyek tartoznak, melyek a két említett típus egyikébe se sorolhatók be. A felszíni leletanyag alapján elkülönített településtípusok (falu, telep, szállás) megnevezését használom, és az így csoportosított lelőhelyek térbeli elhelyezkedését vizsgálom abból a szempontból, hogy ezen a módon nyerhetők-e további támpontok a meghatározásukhoz.

A mikroregionális kutatások során az öt célzott Árpád-kori telepfeltárásból egy falu (END0006) három telep (END0160, END0161, END0170) és egy szállás jellegű (END182) telepre irányult. Más korszak kutatását célzó ásatások során négy esetben (END0035, END0045, END0119, END0157) kerültek napfényre Árpád-kori objektumok. Ezen felül az örménykúti ásatások során is két olyan lelőhelyet kutattunk meg, ahol Árpád-kori telepjelenségek is voltak: ÖRM0011 és ÖRM0054. Ez anynyit jelent, hogy a 74 Árpád-kori telephelyből tizenegynek (14,8%) a területén végeztünk ásatásokat. Egyéb kutatást: felszíni gyűjtést további kettő (END0109, END0196), geofizikai mérést pedig három (ÖRM0003, ÖRM0012 és ÖRM0014) lelőhelyen végeztünk. Ezek eredményeit a megfelelő fejezetekben ismertetem.

A szállás jellegű telephelyek vizsgálatával kapcsolatban figyelemre méltó eredmény az, hogy míg az ásatás során egyetlen esetben (END0182) lehetne a lelőhelyet a szállások közül törölni, addig egy alkalommal (END0119) az ásatás bizonyította a felszíni leletanyag alapján tett feltételezéseket, és további két esetben pedig a korábbi bizonytalan telep meghatározást (END0045, END0157) az ásatás alapján lehetett szállásra módosítani. Az eredmény tehát 3:1 arányban a szállások „javára" dőlt el.

Meggyőződésem azonban, hogy a feltárt és feltáratlan Árpád-kori telepek többségét ebbe a kategóriába lehet sorolni. Mindazok a telepek ugyanis, amelyeken nagyobb területen bár, de legfeljebb két-három objektumcsoport (ház) állhatott, nem tekinthetők folyamatos településeknek. Az eddig megismert házak vagy egyéb objektumok ugyanis nem tanúskodnak hosszabb megtelepedésről, vagy intenzív helybenlakásról. A házak padlója alig észrevehetően letaposott, a kemencék átégése gyenge, a kultúrréteg, az objektumok körül felhalmozódott szemét csekély maradványai, mind ezt a megállapítást támasztják alá. Ennek fényében pedig akár az END0006 lelőhely körüli „satellittelepek" bár a falu részének tekinthetők, aligha lehettek folyamatos használatban tovább, mint 50 év. Az elpusztult, elhagyott földházaktól kissé távolabb rendre újak épültek, és régészeti módszerekkel aligha lehet bebizonyítani, hogy ugyanaz a személy vagy család építette, vagy esetleg más. Nyilvánvaló, hogy ez még fokozottabban érvényes a távolabb fekvő lelőhelyek esetében még akkor is, ha azok esetleg egy lelőhelycsoport részét képezik.[87]

A lelőhelyek elhelyezkedési rendjében az figyelhető meg, hogy azok többsége a templomos faluhelyek környékén csoportosul (*5. térkép*). Ilyen csoportok figyelhetők meg az END0006, az ÖRM0003 és az ÖRM0014 lelőhely körül. Ugyanakkor nincs ilyen csoportosulás a Hármas-Körös partjára települt falu (END0021=Tölgy) körzetében, és vannak olyan csoportok is, melyek centrumában nem jött létre templomos faluhely: END0039, END0059, END0178 környéke, SZA0132. Ilyen szempontból különös az ÖRM0003 helyzete is, amennyiben az Árpád-kori telepek láncolata folyamatosnak tűnik az itteni vízállásos terület déli partján.[88] Bizonytalan, hogy ilyen lelőhelycsoportnak értékeljük-e az ÖRM0056, ÖRM0057, ÖRM0059, ÖRM0075, ÖRM0086 számú lelőhelyeket, melyek ugyan határozottan elkülönülnek tágabb környezetüktől, de a közöttük lévő nagy távolság miatt akár különálló szállásként is értékelhetők.

E településképpel teljesen azonos megfigyeléseket tett Szatmári Imre a Kamut-környéki templomos faluhelyeket körülvevő lelőhely-csoportok esetében is, ahol öt olyan lelőhely-koncentrációt lehetett rögzíteni, melyek alátámasztják a településszerkezetnek ezt a változatát.[89] Minden bizonnyal nemcsak Békés megye, hanem az ország más területein is ki lehetne mutatni ezt a jelenséget, amenynyiben rendelkezésre állnak a teljességre törekvő terepbejárási adatok.

A templomos faluhelyek körüli lelőhelycsoportokban többségében olyan telepeket találunk, melyekről a felszíni leletanyag alapján nem dönthető el teljes bizonyossággal, hogy nagyobb kiterjedésű

---

[87] Hasonló eredményre jutott Béres Mária a Csongrád megyei terepbejárások értékelése során: 805 telephelyet, az összes lelőhely 41%-át sorolta ebbe a kategóriába. *Béres* (1998) 175., 177–178.

[88] Ezeknek a telepeknek ugyanis csak egy része esett a mikrorégió területére, így az ÖRM0003 és az ÖRM0026. lelőhelyek között a térképünkön látható "hiátus" megtévesztő. Vö.: MRT 8, 6. számú színes térképmelléklet.

[89] *Szatmári* (1995) 49–55.

telepekről van-e szó, vagy pedig inkább szállás jellegű lakóhelyeket rejthet a föld. Az ásatási tapasztalatok azonban inkább a szállások, vagy kisebb jelentőségű telepek (END0160, END0161) felé billentik a mérleg nyelvét. Akárhogyan is van, tény, hogy a templomos faluhelyeket más, kisebb telephelyek gyűrűje veszi körül. END0006 esetében ez a „gyűrű" hat (END0109, END0134, END0138, END0139, END0160, END0161), esetleg hét (END0192) lelőhelyet, és 1–2 km^2 nagyságú területet jelent. ÖRM0014 esetében mindenképpen a templomhoz sorolható az END0183, ÖRM0015, ÖRM0021, ÖRM0022, ÖRM0023. lelőhely, és ez 1 km^2 nagyságú területet tesz ki. Kérdés, hogy az ÖRM0013 lelőhely köznépi temetője, illetve az attól délre található öt lelőhelyből (ÖRM0016, ÖRM0017, ÖRM0018, ÖRM0019, ÖRM0025) álló füzér ehhez a telepcsoporthoz sorolható-e. Hasonlóképpen bizonytalan az ÖRM003 lelőhely templomához kapcsolható lelőhelyek köre. Míg az ÖRM0036 és ÖRM0058 számú lelőhelyek esetében ez nem lehet kérdés, addig az ÖRM0038 és ÖRM0040, továbbá a templomtól délkeletre húzódó lelőhely-füzér esetében ez már problematikus.

Teljesen különálló, „magányos" szálláshelyeknek látszanak az END0028, END0052, END0163, END0175, END0195, END0196, ÖRM0071, ÖRM0072, ÖRM0075, SZA0144 lelőhelyek.

A pontos és részletes megfigyelések hiánya miatt nem lehet egyik csoportba sem besorolni azokat a lelőhelyeket, ahol az összefüggések tisztázását a beépítettség (END0035, END0037, END0167, END0168), vagy a „határszéli helyzet" (SZA0076) nehezíti.

A telepek belső rendjével kapcsolatban csak a nagyobb kiterjedésű feltárások nyomán lehet megfigyeléseket tenni. ÖRM0054 lelőhelyen például az egyik feltárási területen nyolc, a másikon négy, a III. fázisba (9–11. sz.) sorolt házat találunk, közöttük 200 méter a távolság. Az egy bokorban lévő házak közül több egymásba van ásva, és egyéb objektumok (külső kemence, gödör, árok) nem található a közelükben. Tájolásuk sem egységes, de többségüknél a szelemen iránya É–D. Érdekes módon az alapnégyszög viszont egy kivétellel azonos irányban lett kiásva: sarkaikkal ÉNy–DK irányba vannak fordítva. A másik munkahelyen is egymás közelében találjuk a házakat, itt a gödör tájolása azonos az előbbivel, a szelemené viszont minden esetben É–D. A IV. fázisba (11–12. sz.) tartozó telepobjektumok a két munkaterület között vannak elszórva és lényegében két szabadtéri kemencebokorból és egy műhelyből áll ez a települési horizont.[90]

Az END0006 lelőhelyen végzett ásatásokon is azt figyeltük meg, hogy a házak gödrei azonos tájolásúak, sarkaikkal minden esetben a fő égtájak felé irányulnak, a szelemeneknél pedig kétféle tájolás érzékelhető. A házak elrendezése inkább soros, mint csoportokba rendezett, bár e kérdésben csak kevés adatra támaszkodhatunk. A házakhoz egy-egy gödör tartozik, a szabadtéri kemencék és tűzhelyek a házak között találhatók, míg az árkokkal kapcsolatban semmilyen összefüggés nem állapítható meg, több esetben keresztezik a házakat.

A mikrorégiós ásatások során négy lelőhelyen összesen 14 házat találtunk.[91] A feltárt házak mindegyike félig földbemélyített, ágasfás-szelemenes tetőszerkezettel. A házak gödre négyszög alakú, a sarkok lekerekítettek, nem ismertek az amorf, kerek, ovális, vagy téglalap alakú házgödrök sem, ilyenek csak az ÖRM0054 lelőhelyen fordultak elő. Egyetlen ház tartozhat az úgynevezett mélygödrű házak típusába, az END0006 lelőhelyen feltárt 9. ház, ahol a gödör mélysége 157 cm, oldala ki volt tapasztva, de lejárat kétségtelen nyomát sem találtuk benne. A tüzelőberendezések általában az alapnégyszögön belül voltak, bár ebben nincs egység. A ház oldalfalába vájták a kerek, vagy ovális alaprajzú kemencéket az END0006 és az END0119 lelőhelyek két-két házában. Az END006 lelőhely 9. házában talált kemencék tartoznak a hagyományosként ismert formájú tüzelőberendezések közé, a többi vagy méretében kisebb, vagy eltérő (téglalap, trapéz) alakú.

[90] *Herold* (2004) 76. és térképmelléklet.

[91] Nem számítottam ide az örménykúti telepen korábban feltárt 31 házat, melyek közül 13 tartozhat a 10–11. századba. *Herold* (2004) 65.

Az END0119 lelőhelyen feltárt két négyzet alakú ház is sarkaival a fő égtájak felé tájolt, a megfigyelhető esetben a tető ÉNy–DK tájolású. A külső kemence alakja kerek, egyik a keleti, másik a nyugati sarokba esett. A H3 jelű háznak nem volt tapasztott padlója, a H4-nek valószínűleg igen.

Az END0157 lelőhelyen talált egyetlen ház jellegzetessége, hogy a majdnem négyzet alakú földbe mélyített rész sarkai éles szögben fordultak. Sarkaival a fő égtájak felé tájolt, a tető tájolása ÉK–DNy. A kemence az alapnégyszögön belül épített, trapéz alakú. Alja a ház padlójánál 12 cm-el mélyebben volt.

Az END0170 lelőhelyen talált két Árpád-kori ház közül az egyik használható összehasonlításra. Az 1. ház négyszög alakú, sarkai lekerekítettek, a szelemen tájolása É–D. A feltűnően kisméretű (50 x 30 cm) tüzelőfülke a déli sarokban volt, és alja a padlószint alá mélyedt. A tájolás és a tüzelőfülke is az ÖRM0054 lelőhellyel állítható párhuzamba.[92] Az END0170 lelőhely kapcsán részletesen írtam a házon belüli, általában a padlószint alá mélyedő kicsiny tüzelőfülkékről, melyek hazai elterjedésére először az ÖRM0054 ásatásán figyelt fel a kutatás.[93] Hasonlót találtunk a 6. házban az END0006 lelőhelyen is.

Az END0006 lelőhelyen feltárt hét Árpád-kori ház mindegyike sarkaival a fő égtájak felé tájolt, a tető viszont tájolását tekintve két csoportra osztható: négy esetben ÉK–DNy, két esetben ÉNy–DK, és egy ismeretlen. Kisméretű (80 cm-nél kisebb) épített agyagkemence volt a 3. és a 4. ház északi, az 1. ház keleti sarkában, vagy padló szinte alá mélyedő nyílt tüzelőhely a 2. ház DK-i és a 6. ház É-i sarkában. A tüzelőberendezések alja a ház padlószintje alá mélyedt az 1. 2. 4. és a 6. házban. Az alapnégyszögön belül épített kemence volt az 1. 3. és 7. házakban, míg a 4. és 9. házak kemencéit a ház oldalfalába vájták be.

A feltárt teleprészletek mindegyikén került elő szabadban álló kemence is. Ezek változatos formájúak, nyilván a funkciójuk is eltérő volt.

Az END119 lelőhelyen három, feltehetően szabadban álló sütőkemence került napvilágra, közülük az egyik kürtős (O3). Az END0170 lelőhelyen egy az eredeti felszínhez közeli tapasztott oldalú, de boltozat nélküli sütőteknőt, és két hagyományos szabadban álló sütőkemencét tártunk fel.[94] A 3. számú kemence érdekessége a szája előtt található kereszt irányú, sárga agyaggal kitapasztott vályú. Az END006 lelőhelyen két felszíni tüzelőhelyet és egy valószínűleg pörzsölő-, valamint egy hagyományos, szabadban álló sütőkemence került napvilágra. Utóbbi az END0170 lelőhelyen megfigyelt, kereszt irányú vályúval készült. Az ÖRM0054 lelőhelyen két szabadtéri kemencebokorra bukkantak. ÖRM0011 lelőhelyen a Dózsa György utcában 9–10. századra keltezhető agyagkemence és két fazekaskemence került elő.[95]

Noha felszíni, vagy kifejezetten felszín közeli házat nem találtunk, számos, ilyen építményekre utaló jelenséget dokumentálhattunk. Külön ki kell emelni a két lelőhelyen (END0170 és END0006) talált három, minden bizonnyal felszíni tüzelőhelyet, melyek tapasztott és átégett sütőfelülete nemcsak a kemencék, de a házak gödrénél is magasabb szinten került napvilágra, és így támpontul szolgálhat az eredeti felszín meghatározásához. Felszíni, vagy az egykori felszínhez közeli objektumok kerültek napvilágra az END0161 lelőhelyen is. Hasonlóképpen, az END0182 lelőhelyen talált téglaomladék is leginkább egy felszíni épület maradványának benyomását keltette. Ki kell emelni az Árpád-kori telepeken nem túl gyakori, itt azonban két lelőhely esetében (END0006 és END0182) szembetűnően magas számban előforduló téglákat. Ez az END0006 lelőhely esetében – templomos

[92] *Jankovich* (2011) 48–49. A másik Árpád-kori ház (3. ház) bizonytalan maradványai nem teszik lehetővé az összehasonlítást. *Jankovich* (2011) 50–51.

[93] RégFüz 36 (1983) 83., *Jankovich* (2011) 98–100, 126.

[94] *Jankovich* (2011) 53–54.

[95] RégFüz 36 (1983) 84., RégFüz 37 (1984) 73.

faluhely lévén – csak azért említésre méltó, mert a téglák tömegeit nem a templom, vagy a kis részletében megtalált téglaégető környékén, hanem az egyik házban találtuk. END0182 lelőhelyen viszont – melyet a felszíni leletek alapján szállás jellegű kistelepnek véltünk – a téglák egy felszíni építményre utaló csoportosulásban kerültek elő, sőt faragott idomtéglák és egy üveglelet is alátámasztja különleges voltát. Hasonló jelenségre figyelt fel Zatykó Csilla, aki a Nagyszakácsi határában végzett terepbejárásai során talált kistelepeket a nemesi jogállású királyi szolgálónépek szétköltözésével hozza összefüggésbe.[96]

3.5. A késő középkori településszerkezet

A késő középkori települési struktúra legszembetűnőbb változása a lelőhelyek radikális csökkenése. Míg 74 lelőhelyen rögzíthettünk Árpád-kori megtelepedést, addig a 13. századnál későbbi lakottságot mindössze 11 lelőhelyen lehetett bizonyítani (*6. térkép*). Ez azt jelenti, hogy a mikrorégió területén a lelőhelyek 4,6 %-án volt megtelepedés s késő középkorban, és ez 89%-os csökkenést jelent az Árpád-korhoz képest. A települések a hagyományos értelemben vett falu jelleget öltötték, az oklevelekkel is azonosítható faluhelyeken kívül csak négy elszórt telepnyomot találtunk.

A vizsgált területre egy késő középkori faluhely esik, a többi határos település a mikrorégión kívül található. Ez az ÖRM0003, melyet a forrásokból *Décse* néven ismert faluval azonosítunk. Első említése 1138-ból való, amikor legalább 19 család lakott benne.[97] A késő középkor századaiban jelentős fejlődésen ment át, népessége többszörösére duzzadt. 1469-ben legalább 13, 1498-ban 53, 1552-ben 64, 1556-ban 80, 1560-ban 132, 1562-ben 140 portát számlált. A tizentötéves háború tatár betörése nyomán (1596) pusztult el, de még száz évvel később is 60 romos házat számoltak össze a helyén.[98]

A mikrorégió területétől északra, a Hármas-Körös egy fiatal, szűk, dél felé nyitott meanderében, közvetlenül az egykori élővíz partján állt a középkorban *Tölgy* falu, melyet ugyan Árpád-kori források nem említenek, de a régészeti leletek egyértelműen bizonyítják, hogy már ekkor is fennállott.[99] Sajnos templomának helyén nem sikerült hitelesítő ásatást végezni, így csak feltételezhetjük, hogy az is megépült már az Árpád-korban. Végső pusztulásának idejét a 17. század legvégére tehetjük, 1696-ban 14 leégett ház nyomát találták a helyén.[100]

Tölgytől közvetlenül keletre, a Körös következő meanderében helyezkedett el a középkori *Endrőd.* A település keletkezésének idejét nem ismerjük, Árpád-kori forrás nem említi, a falu helye templomával együtt a folyószabályozások idején elpusztult, így régészeti adatok sincsenek Árpád-kori eredetére. Ennek ellenére aligha lehet kétséges, hogy egy, ha mégoly csekélyke település itt is volt az Árpád-korban. A késő középkori források alapján folyamatos léte és fejlődése – 1557-ben 35 ház, 1696-ban 20 romos ház volt benne – jól nyomon követhető, és a három évtizedes hiátus ellenére napjainkig folyamatos településnek tekinthető.[101]

Az ásatás ellenére nem ilyen világos a helyzet azzal a templomos faluhellyel, melyet az ÖRM0014 lelőhelyen találtunk és *Bercsényegyházával* azonosítottunk. Az Árpád-korban keletkezett templomos faluhelyen szórványos késő középkori kerámiatöredékeket is lehet találni, oklevelek azonban – igaz mindig pusztaként – csak 15. században és a 16. század elején említik. A folyamatosan romló névala-

96 *Zatykó* (2011) 106–107.
97 *Györffy* (1963) 505.
98 MRT 8, 337–338.
99 MRT 8, 137–138.
100 Hasonlóan Békés megye számos más középkori egyházához. Vö.: MRT 10, 25.
101 MRT 8, 132.

kok azonban azt a feltevést támasztják alá, hogy ez a falu a 15. század végén, 16. század elején már lakatlan volt.[102] Ezt bizonyították Szatmári Imre ásatásai is, lásd e kötet más helyén.

Meg kell említeni még a vizsgált terület DK-i sarkában megfigyelt késő középkori telephelyet, melyet a felszíni leletanyag alapján a gyér forrásokban említett *Pusztakondorossal* azonosítottunk. A 15–16. században említik néhány alkalommal. Árpád-kori előzménye is volt, mely sokkal gazdagabb felszíni leletanyagot eredményezett.[103]

Az Árpád-kori lelőhelytérképpel összehasonlítva szembetűnő a települési struktúra teljes késő középkori átrendeződése. A lakott helyek a folyóparton kisebbek, viszont igen sűrűn vannak egymás mellett, míg a Mezőségben nagy, népes falvakat találunk, tágas határokkal. Míg az Árpád-korban a falvak közötti távolság nem volt több 3–5 km-nél, a Mezőségben 11–15 km-re fekszenek egymástól a települések. Akármilyen népes falvak voltak is, arra aligha gondolhatunk, hogy az egész határt képesek lettek volna intenzív mezőgazdasági művelés alá vonni. A szántóföldek (és szőlők) mellett tehát nagykiterjedésű legelőkkel, „pusztákkal" is számolhatunk, ahol a nagyállattartás lehetett az uralkodó gazdálkodási forma. Ezt alátámasztják a décsi ménesről szóló 16. századi források is.

Az Árpád-kor végén megszűnt falvak és elszórt telepek lakóinak sorsáról, a megszűnés tényleges okairól vajmi keveset tudunk. Az országos – sőt európai – tendenciákat alapul véve azonban biztosak lehetünk abban, hogy nem egyedi esetről van szó. A lakosság a szomszédos falvakba, a jelek szerint inkább a Mezőségen lévő településekre költözött. Az így „kiüresedett" határrészeket pedig az életképes, fejlődő falvak vették igénybe. Adataink szerint a Körös-menti falvak hosszú, keskeny határa a folyóra merőlegesen húzódott kilométereken keresztül, nem ritkán mindkét parton. Nem kétséges, hogy a mostani megyehatáron kívül eső Maráz, továbbá Tölgy, Endrőd, Nyárszeg, Gyoma, Ege, a jobb parton Sima, Őzed stb. ilyen határral rendelkezett a középkorban. Ennek hagyománya egészen napjainkig fennmaradt az elpusztult településeket magába olvasztó Endrőd és Gyoma esetében.

Ennek ellenére nem könnyű rekonstruálni a középkori határokat. A mikrorégió területére eső falvakról egyetlen határjárás sem maradt fenn, ezért a szomszédos területek adataiból kell következtetnünk. A legközelebbi település, melynek határjárását 1397-ből ismerjük, az Sima. Az oklevél megemlíti, hogy a határ *transiret ad fluvium Keres ad locum Menushydzegh.* Az átkelési pont szerencsére azonosítható, és így tudjuk, hogy a Hármas-Körösnek észak felé tartó szakaszáról van szó, egészen közel a mai Mezőtúrhoz. Más oklevelekből tudjuk, hogy Sima határa dél felé a Körösig terjedt, Endrődről tehát nem valószínű, hogy kétparti határa lett volna, vagy ha igen, akkor csak nagyon csekély mértékben terjedhetett át a folyó északi partjára.[104] Gyoma keleti határát 1425-ben írták le. A napjainkig fennmaradt helynevek alapján megállapítható, hogy ez lényegében megegyezett a mai határral, vagyis kiterjedt a Körös mindkét partjára. A Köröstől északra már magába olvasztotta az Árpád-kori Miklóslakát és Őzedet, a folyótól délre pedig *13 km hosszan* benyúlt a Mezőségbe, egészen a Keselyűs-halomig, és ma is itt van határának sarokpontja.[105] Teljességgel bizonytalanok Décse középkori határai. Ha abból indulunk ki, hogy 1767-ben északi határa megegyezett Szarvas mai határaival, és feltételezzük, hogy ez a középkorban is így volt, akkor arra a következtetésre jutunk, hogy Décse nem terjedt a Körös folyóig. Ezzel ellentétben tudjuk, hogy 1403-ban már régi vámhelyként említik, ami arra utal, hogy mégiscsak fontos szerepe lehetett a folyón való átkelésben (szárazvám??). Minden bizonnyal arról lehet szó, hogy a 18. században a virágzó Túr mezőváros lakói már jelentős területeket foglaltak el a több mint száz éve lakatlan Décse területéből. Ha ebből a feltevésből kiindulva vesszük számba a Décsét körbevevő középkori falvakat, akkor északon

[102] MRT 8, 345.
[103] MRT 8, 291–292.
[104] MRT 8, 122.
[105] MRT 8, 274–275.

Gyoma, Nyárszeg, Endrőd, Tölgy és Maráz, továbbá a Körös folyó, nyugaton Halásztelek és Szarvas, délen Csabacsűd és Kondoros, keleten Szentjános és Ege voltak a szomszédai. A szomszéd falvak szinte kivétel nélkül azonos távolságra helyezkednek el: Halásztelek 11,5 Szarvas ugyanennyi, Csabacsűd 10,5, Kondoros 11,5, Ege 15,5, Gyoma 15, Endrőd és Tölgy 11,5 km-re esik (*7. térkép*). Ezen a körön belül csak kisebb jelentőségű, feltehetően a 14. sz. első felében, illetve a 16. század elején fennállt települések (Bercsényegyháza, Pusztakondoros[106]), illetve szórványtelepek léteztek. Ha tehát az átlagosan 11 km távolságot akár mechanikusan is megfelezzük a két szomszédos település között, megállapíthatjuk, hogy Décse esetében a határ egyik irányban sem nagyon terjedhetett túl az 5 km-es távolságon,[107] vagyis a határ minden pontjáról egy órai gyaloglással el lehetett érni a falut. A „nagy, tágas határú" falvak megjelölés tehát csak a Körös-menti, egymástól 1–2 km-re, vagy annál is közelebb eső falvakkal való összehasonlításban állja meg a helyét.

Ami az egyes falvak belső képét illeti, nincsen sok adatunk. Azt láttuk, hogy mindegyiknek volt temploma, közülük a décsi egy kiemelkedő magaslaton, őskori halom tetején állt. A geofizikai felmérés tanúsága szerint a templomtól ÉNy felé haladó utcát sejthetünk, mindkét oldalán házakkal. Az utca iránya megegyezik a Szolnok felé haladó országút feltételezett irányával, amely a falutól északra lévő mély fekvésű, vízállásos területet DNy felől megkerülve fordult északi irányba, a Körös felé. A település központi dombjától ÉK-re, egy belső mélyedéssel attól elválasztva helyezkedett el a falu másik (kisebbik) része, de azt nem lehet tudni, hogy itt is utcás elrendezésben voltak-e a házak. A település részei kiterjedtek még az ÖRM0010 és ÖRM0058 lelőhelyekre is, és ennek megfelelően a falu belterülete 1350 m hosszú és 600 m széles területet, vagyis 81 hektárt foglalt el. Ha ebből levonjuk a házépítésre minden bizonnyal alkalmatlan, mély fekvésű részeket, akkor arra a következtetésre jutunk, hogy kb. 43 hektárnyi terület lehetett ténylegesen beépítve.[108] Sajnos nincsen semmilyen adatunk a házak egymástól való távolságára.[109]

Ennél sokkal kevesebbet tudunk Tölgy és Endrőd településképéről. Előbbi esetben a folyó által körülhatárolt zug, illetve a régészeti leletek alapján viszonylag pontosan behatárolható az a terület, melyet a falu elfoglalhatott. Ez pedig legfeljebb 700 x 200 m, azaz 14 hektár. Endrőd esetében a beépítettség és a folyószabályozás kártételei miatt még ennyit sem mondhatunk, de körülbelül ugyanilyen méretű lehetett. Mindkét falunak közvetlenül a folyó partján állott a temploma, csakúgy mint Gyoma és Ege esetében is.

Gyakorlatilag a sík mezőben, de a település északi szélén állt Bercsényegyháza temploma. A közvetlen környékén elterülő Árpád-kori település 450 x 150 méter, a közelében lévő END0183 mintegy 130 x 80 m, az ÖRM0015 pedig 250 x 150 m nagyságú. A szórványos késő középkori leletanyag alapján arra lehet következtetni, hogy a 14–16. században már csak a templom körüli lelőhely, illetve az ÖRM0015 egyes részein laktak. Ugyanakkor Szatmári Imre ásatásai nyomán megismertük az Árpád-kori templom egyedi alaprajzát, és a szomszédos ÖRM0013 lelőhelyen feltárt köznépi temetővel való összevetés adatokat szolgáltatott a pogány-keresztény temetőváltásnak a 11–12. század fordulóján végbement folyamatára is.

Décse az egyik középkori országos főútvonal (Szolnok–Arad) mellett feküdt. A Köröstől délre az első település volt ezen út mellett, és ezért vámos hely is volt, jóllehet a folyótól jókora távolságra, közel 10 km-re helyezkedett el. Az átkelőhely minden bizonnyal Bánréve környékén lehetett. Décséről kiindulva egy másik utat is említenek a források: ez kelet felé, a Keselyűs-halom mellett

[106] MRT 8, 291.

[107] Ez persze nem minden esetben van így, hiszen például a Körös partján fekvő Gyoma és Ege, valamint legdélibb közös határpontjuk, a Keselyűs-halom között 15 km a távolság.

[108] Etén a lakott terület 21 hektár, Muhiban a mezőváros belső területe 7–8 hektár. *Pusztai* (2010) 131.

[109] Lásd részletesen Szatmári Imre tanulmányában e kötet 1.7. fejezetében.

elhaladva Szentjános faluba vezetett.[110] Ebből az is világosan látszik, hogy az út nyomvonala mintegy 12 km hosszú szakaszon megegyezett a mai Szarvas–Mezőberény közötti országúttal, és Décse e két országút találkozásánál feküdt. Ezenfelül minden bizonnyal ebből a K–Ny irányú országútból ágazott ki észak felé az a helyi jelentőségű út, mely Bercsényegyházán keresztül Tölgyre, illetve Endrődre vezetett. Az út feltételezhető nyomvonalát jól jelzik a mikrorégió területén talált kisebb jelentőségű késő középkori lelőhelyek (ÖRM0015, END0063, END0064, END0125, END0036). Ezek elhelyezkedése alapján nagyon valószínűnek látszik, hogy ez az út a mai Öreg-szőlők keleti felében csatlakozott a jelenlegi Endrőd–Kondoros közötti országút nyomvonalához. A már említett décsi vám mellett Sima környékén is volt révátkelőhely a Körösön. Nincs adatunk arra, hogy közvetlenül az élő folyó partján lett volna országút, de abból kiindulva, hogy egymáshoz egészen közel fekvő falvak láncolata található a folyó mindkét partján, az aligha lehet kétséges.

Nem tudjuk, hogy a Köröst a halászaton kívül másra is használták-e a középkorban. A Hármas-Körös egész szakaszán alig van adat malomra, holott mindhárom ágának középső szakaszán hemzsegtek a középkori malmok.[111] E kevés malom közül az egyik viszont a közeli Nyárszeg mellett volt.[112]

3.6. Összegzés

Az 1985–1993 között végzett mikroregionális kutatások során egy, az Alföld tekintetében igen jól kutatott terület vizsgálatát végeztük. Ezt alátámasztja a korábban elvégzett, és teljességre törekvő topográfiai kutatás, mely 1,6-es km^2-enkénti lelőhelysűrűséget eredményezett, és a munkálatok megkezdése előtt már 19 lelőhelyen összesen 43 feltárás történt. A mikrorégiós kutatások végén arról számolhatunk be, hogy az adott területen eddig 40 lelőhelyen összesen 81 ásatást végzett a magyar régészet. Az ásatásokon kívül 18 lelőhelyen végeztünk geofizikai méréseket, néhány talajfúrásra is sor került, és új vizsgálati módszerként alkalmaztuk a szisztematikus felszíni leletgyűjtést, esetenként kiterjesztve azt a felszín alatti rétegekre is. Bőséges ismeretanyag gyűlt tehát össze, melynek feldolgozása még korántsem ért véget, de az Árpád-korra és a késő középkorra vonatkozó ismeretek és adatok immáron lezártnak tekinthetők.

Az már a topográfiai munkálatok során világossá vált, hogy a Körös-Maros közben rendkívül éles települési különbségek mutatkoznak. A Maros pleisztocén törmelékkúpján például a neolitikum és a rézkor embere egyáltalán nem telepedett meg, viszont annál sűrűbben vannak a szarmata kori és a későbbi korszakok telepmaradványai. E jelenség magyarázatát is vártuk a programtól. Ez nem sikerült minden korszakra nézve azonos színvonalon, mindenesetre a rendelkezésre álló adatok száma jelentősen bővült. Két telepásatás (END0170 és END0006) zoológiai és egy (END0170) botanikai leleteinek feldolgozása, közlése lehetőséget nyújt arra, hogy az Alföldnek erre a területére immáron ne csak más országrészek kutatási eredményeit kelljen általánosítani.

Gyulai Ferenc dolgozatából kitűnik, hogy az endrődi telep környékén, ha nem is magas színvonalú, de intenzív növénytermesztés, elsősorban gabonatermelés folyt. A szántóföldeket vizenyős rétek, vízállásos helyek vették körül. Ebben a tekintetben a telep szarmata és Árpád-kori rétegei azonosságot mutatnak, és a vegetáció megegyezett a szabályozás előtti állapotokkal. Bartosiewicz László az itt lakók viszonylagos gazdagságára következtetett a szarvasmarha és ló maradványok magas arányából, és feltételezi a lóhúsevést is. Feltűnően kevés a sertés aránya és – a környezet sajátosságaihoz képest – a halászatra utaló adat. A fennmaradt igen kevés középkori írásos adat alátámasztja ezeket

[110] MRT 8, 234., 275., 337.; MRT 10, 384., 543.
[111] *Jankovich* (1996) 348.
[112] MRT 8, 277.

a megállapításokat. Semmi sem igazolja tehát a vidék lakóinak kései nomadizálására vonatkozó korábbi nézeteket, ami ugyanakkor nem jelenti azt, hogy a lakosság adott területen belül ne élt volna az ide-oda költözés lehetőségével, noha jelenlegi tudásunk szerint még ezt sem tudjuk bizonyítani.

Településtörténeti vonatkozásban az Árpád-kori lelőhelyek tekintetében Békés megye két természetföldrajzi listája között nem annyira a lelőhelyek számában, mintsem elhelyezkedésükben és sűrűségükben mutatkozik különbség. Természetesen abszolút számukat tekintve is több lelőhely van a délnyugati területeken, mint a Körös vidékén. A terepjárás során azonban a lelőhelyek elhelyezkedésében mutatkozó különbségek szembetűnőek lettek. Megfigyeléseink egyeztek Kovalovszki Júlia korábbi tapasztalataival,[113] miszerint a Körös-völgyben általában a víz közelében, ártérből kiemelkedő szigeteken bukkantunk nyomaikra. Leggyakrabban a part mentén kilométereken keresztül követhető volt, vagy több, egymástól különálló szigeten lévő lelőhelyből tevődött össze az Árpád-kori település.

A Békés-csanádi löszhátun a lelőhelyek csoportokba tömörülnek, melyek közül jó néhány bizonyítottan egy későbbi középkori falu előzményét jelenti (pl. Csabacsűd-1, Telekgerendás-14, vagy Örménykút-3, stb.). Van néhány olyan lelőhelycsoportosulás is, mely feltételesen egy, csak az Árpád-korban létezett faluval azonosítható. Némelyiknek van falu jellegű, intenzív leletanyagú központi lelőhelye, mások viszont sok kisebb lelőhelyből tevődnek össze. Az ilyen településeknek több lelőhelyre való felosztását az őket egymástól elválasztó térszíni formák, vagy ezek hiányában leletmentes területek indokolták. Ezen a területen figyeltünk fel először a különálló, kicsiny, „szállás-", vagy „tanya-szerű" lelőhelyekre, szabatosabban fogalmazva kistelepekre, melyek sajátos csoportot képeztek a hagyományos régészeti lelőhelyek mellett. E lelőhelyek csoportjai nem utalnak egyértelműen falu jellegű településre, mert ahhoz túlságosan nagy területen vannak szétszórva. Ha el is tekintenénk ettől a szétszórtságtól, a lelőhelyek felszíni képe, egymáshoz való viszonya mindenképpen más jellegű településrendszerről árulkodik.[114]

Az egyes lelőhelyek egymáshoz való kronológiai viszonyát még ennyi ásatással sem lehetett rendszerszerűen meghatározni, bár sok időrendi részlet-adathoz jutottunk. Már az örménykúti telepásatáson (ÖRM0054) sikerült az Árpád-koron belül elkülöníteni két megtelepedési réteget (10–11. és 12–13. század).[115] Ezt az elkülönítést megerősítette az END0170 lelőhely, ahol a kiásott objektumok egy részét ugyancsak a 10–11. századra lehetett keltezni, míg néhány objektum inkább a 13–14. század fordulóján létezett.[116] Ezzel annyiban szemben áll az END0006 lelőhely faluja, hogy a 11–13. században folyamatosan fennállt, majd úgy pusztult el, hogy többé sohasem települt újra, bár az egyes telepobjektumok itt sem egyidejűek. A vele szomszédos END0161 lelőhelyen legvalószínűbben a 12. században rövid ideig tartó megtelepedés, leginkább állattartás folyt. Az END0182 lelőhely települési struktúráit egy szerencsés üveglelet segítségével a 13. század második felére kelteztük. Látható tehát, hogy ásatásokkal lehet finomítani a felszíni leletanyag alapján végzett sommás datálásokat, bár még mindig messze vagyunk attól, hogy a leletek többségét kitevő kerámia alapján egyértelműen pontos keltezéshez lehessen jutni. Még sokáig szükség lesz hát egyedi, párhuzamok alapján szorosabb időrendbe sorolható leletekre ahhoz, hogy az egyes lelőhelyek egymáshoz viszonyított időrendjében megalapozottan állást lehessen foglalni. Nagy gondot fordítottunk a kerámia egységes szempontú leírására, melyet a leltározás során végeztünk el. Ezzel lehetővé vált nemcsak az egyes tárgytípusok egymáshoz viszonyított arányának megállapítása, hanem ezen belül a peremkiképzés, a soványítás, az égetés és az egyébként elég ritka és nem túl változatos díszítés összevetése is. Nyil-

---

113 *Kovaloszki* (1965) 183.

114 *Jankovich* (1985) 285–286.

115 *Herold* (2004) 54–76.

116 *Jankovich* (2010) 127.

vánvalóvá vált, hogy a bogrács-fazék arány egyes lelőhelyek között szignifikánsan eltér, ugyanakkor a többi vizsgált tulajdonságban inkább a közös vonások dominálnak.

	END0170 (10–11. sz.)	END0006 (11–13. sz.)	END0161 (12. sz.)	END0182 (13. sz.)
bogrács	6%	11%	22,9%	24,9%
fazék	38,2%	5,3%	3,2%	2%

Ha a négy lelőhely bográcsait hasonlítjuk össze a leggyakoribb soványító anyag, a szín, a perem- illetve a függesztőlyuk tekintetében, az alábbi eltérések tapasztalhatók:

Az összes bográcslelet százalékában	END0170 (10–11. sz.)	END0006 (11–13. sz.)	END0161 (12. sz.)	END0182 (13. sz.)
Apró kaviccsal soványított	98,4	95,12	98	100
Barna, belül szürke	85,9	96,5	79,4	97,5
Kifelé megvastagodó perem	40,6	52,96	50,9	27,3
Befelé megvastagodó perem	–	15,6	12,7	14,2
Mindkét irányba megvastagodó perem	12,5	29,6	34,3	57,14
Egyenes perem	25	2,78	3,9	2,3
Csúcsos függesztőlyuk	4,6	2,4	0,9	3,5
Karéjos függesztőlyuk	6,25	25,7	14,7	25

Látható, hogy míg a soványító anyag és az égetés minősége tekintetében mind a négy lelőhely anyaga egyöntetűnek látszik, addig a perem- és fülkiképzés esetében már szignifikáns különbségek mutatkoznak a különböző századokra datált együttesekben.

A fazékperemek esetében ez az összehasonlítás a következőképpen alakul:

Az összes fazéklelet százalékában	END0170 (10–11. sz.)	END0006 (11–13. sz.)	END0161 (12. sz.)	END0182 (13. sz.)
Apró kaviccsal soványított	100	68	38	86
Barna, belül szürke	78	84	38	100
Hullámvonal	6,1	–	–	–
Vízszintes vonalköteg	2,7	–	–	–
Csigavonal	4,6	2,7	–	–
Bevagdosás	1,8	5	–	–
Fogaskerék	–	0,7	–	14,2

Az összeállításból az tűnik ki, hogy a soványító anyag és az égetés minősége a bográcsokéhoz hasonló, de már nagyobb a változatosság. A nagyon kevés díszítőelemmel kapcsolatban csak annyit érdemes megjegyezni, hogy a legkorábbi együttesben a legváltozatosabb, a legkésőbbiben pedig a fogaskerék-minta látszik egyeduralkodónak. Ezek az észrevételek azonban csak az adott tájegységben, az adott vizsgálati mennyiség összefüggésében használhatók, általánosításra még nem alkalmasak. Úgy tűnik, hogy a soványítóanyag és az égetés minősége az adott tájegységre jellemző lehet, a bográcsok peremkiképzése, illetve a díszített fazekak aránya esetleg nyújthat kronológiai fogódzót, az egyéb vizsgált tulajdonságok viszont nem.

Az Árpád-kori kerámiával kapcsolatban még érdemes kiemelni, hogy a négy megásott lelőhely mindegyikén találtunk sütőharangot, három lelőhelyen bordásnyakú edényt vagy annak töredékét, és mindegyiken előfordult kisebb nagyobb arányban a bográcsperemek vörös festése. Utóbbiról részletesebben az END0006 lelőhelynél írtam.

Új jelenségnek számít az Árpád-kor, néhány objektumból álló kistelepeken előforduló 10–11. századi, köznépi jellegű néhány sírból álló temető, melyre az END0119 lelőhelyen bukkant Makkay János. A lelőhely szinte teljes feltárása kizárja azt, hogy egy nagyobb temető részéről legyen szó, sőt a temető elnevezés sem helyénvaló, hiszen a 12 sír a feltárt terület két végében egymástól több mint 50 méterre lévő két különálló csoportban található, és közöttük középen került elő az egyetlen részleges lovastemetkezéses gyermeksír. A települési objektumok a síroktól délre, egymástól ugyancsak jelentős távolságra, hasonló csoportokban kerültek elő. Csábító lehet arra gondolni, hogy egy előre megtervezett, de időközben felhagyott temető kezdeményével állunk szemben, de ennél valószínűbb az a lehetőség, hogy a különböző időszakokban ezen, és a környező lelőhelyeken (*5. térkép*) megtelepedett népesség itt temette el halottait. Hasonló jelenségről számoltak be az ásatók a Balaton déli partján, egy Árpád-kori kistelep kapcsán.[117]

A késő középkorban, egész pontosan a 14. században drasztikus (89%-os) csökkenés történt a telepnyomok számában, ami nyilván népességcsökkenést is jelent. Ez a jelenség ma már leginkább a klímaváltozással összefüggő falupusztásodás, mintsem a korábban toposzként ismételgetett tatárjárás következménye. Ugyanakkor a Körösök vidékén ez utóbbi okot sem szabad lebecsülni, erre is számos adat utal. Mindenesetre az END0006 lelőhelyen feltárt templomos faluhely megszűnése a 13. század elejére-közepére tehető, noha a feltárás nem bizonyította, hogy erőszakos véget ért volna a település. A másik templomos faluhely (ÖRM0014) esetében halvány nyomok vannak a 14. századi „továbbélésre", de ez a település is hamarosan elenyészik. Az egész késő középkor folyamán egyetlen falu virágzott vidékünkön, és érte meg a török kor végét, melyet a forrásokból ismert Décsével azonosítottunk. Közel húsz kilométeres körzetben egymagában uralta a Maros törmelékkúpjának északi peremét, a Körös partján sűrűn sorakozó aprófalvak hozzá képest jelentéktelenek voltak.

[117] *Mészáros – Serlegi* (2011) 203.

3.7. Színes térképek

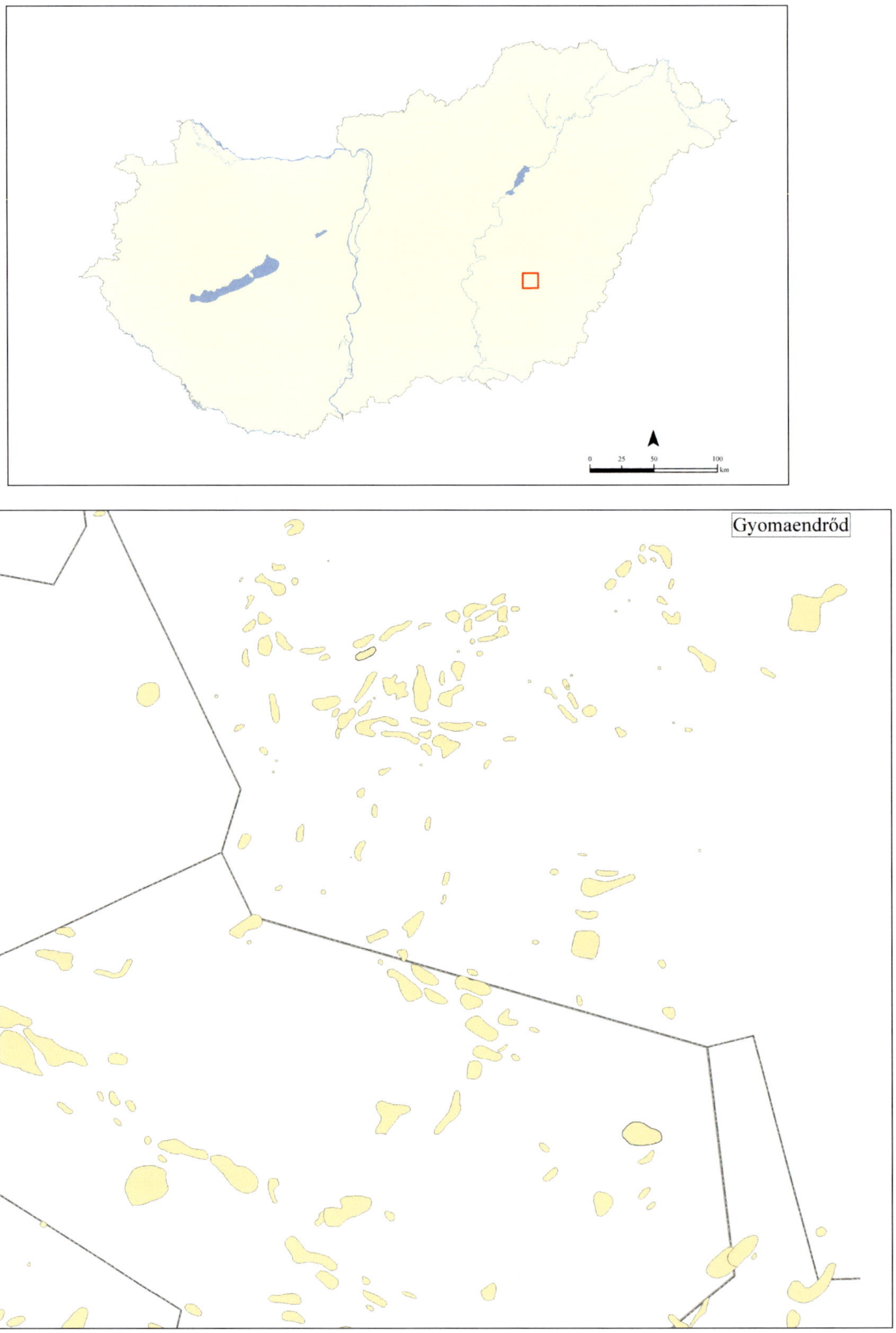

1. térkép: A mikrorégió területe az ismertté vált régészeti lelőhelyekkel

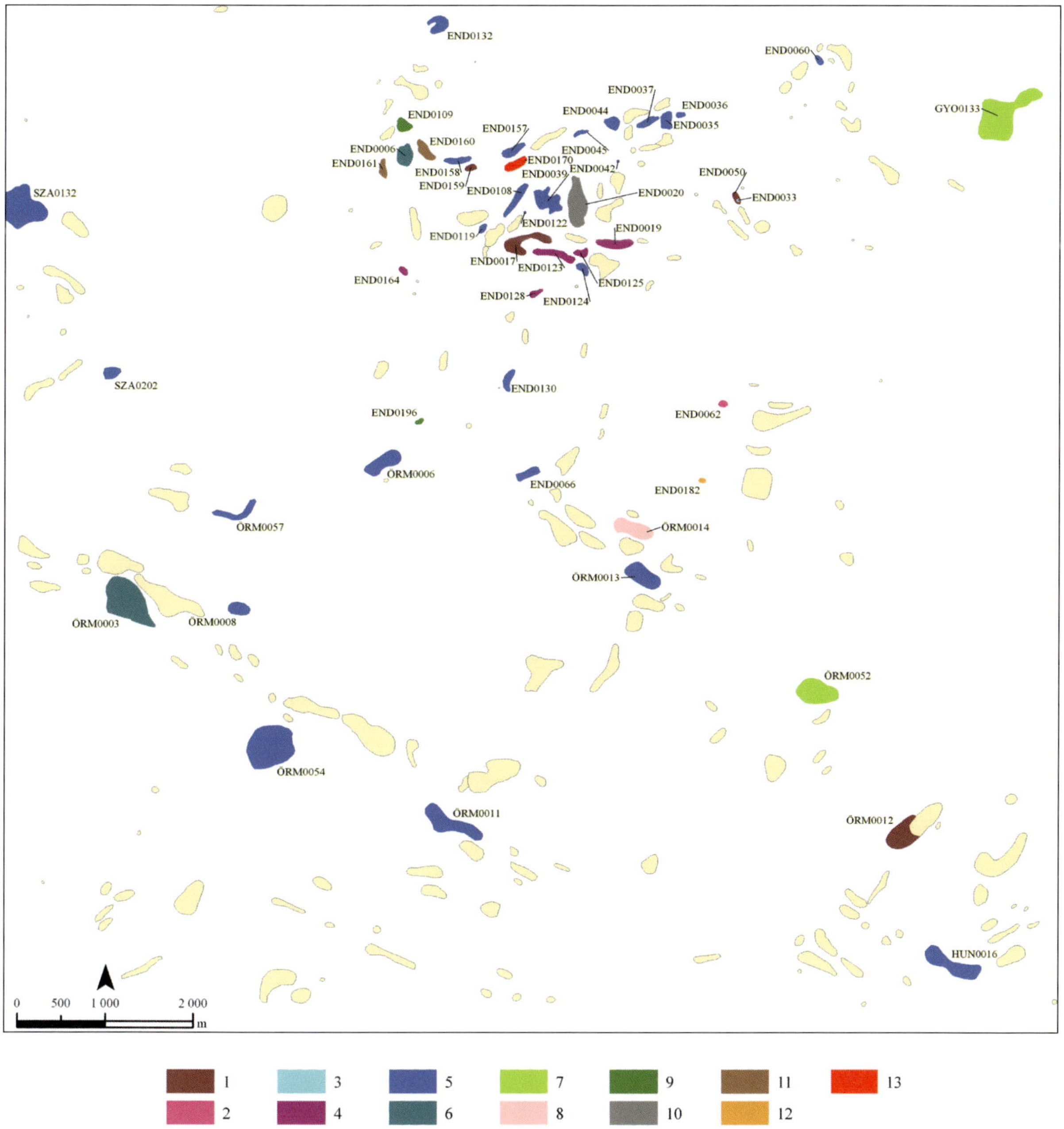

2. térkép: A mikrorégió területén folytatott régészeti kutatások. *Jelkulcs: 1:* geofizikai mérés *2:* talajszonda *3:* talajszonda és geofizikai mérés *4:* geofizika mérés és ásatás *5:* ásatás *6:* légi fényképezés, geofizikai mérés, ásatás *7:* talajszonda, geofizikai mérés, ásatás *8:* légi fényképezés, talajszonda, geofizikai mérés, ásatás *9:* felmérés *10:* felmérés, talajszonda, geofizikai mérés *11:* felmérés, geofizikai mérés, ásatás *12:* felmérés, légi fényképezés, ásatás *13:* felmérés, légi fényképezés, talajszonda, geofizikai mérés, ásatás

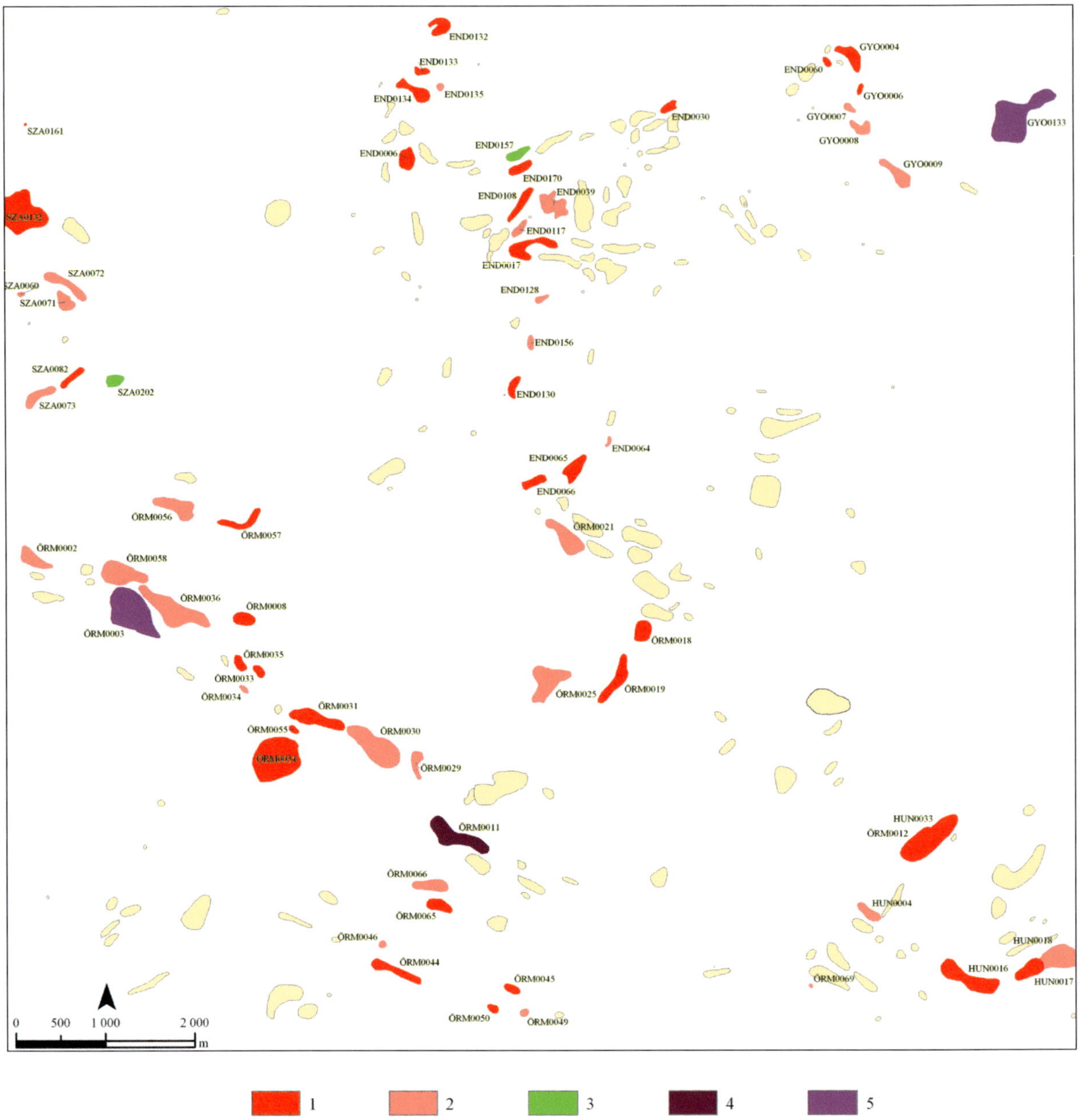

3. térkép: Az avar kori lelőhelyek elhelyezkedése. *Jelkulcs: 1:* késő avar telep *2:* avar telep *3:* avar temető *4:* avar temető és késő avar telep *5:* avar temető és avar telep

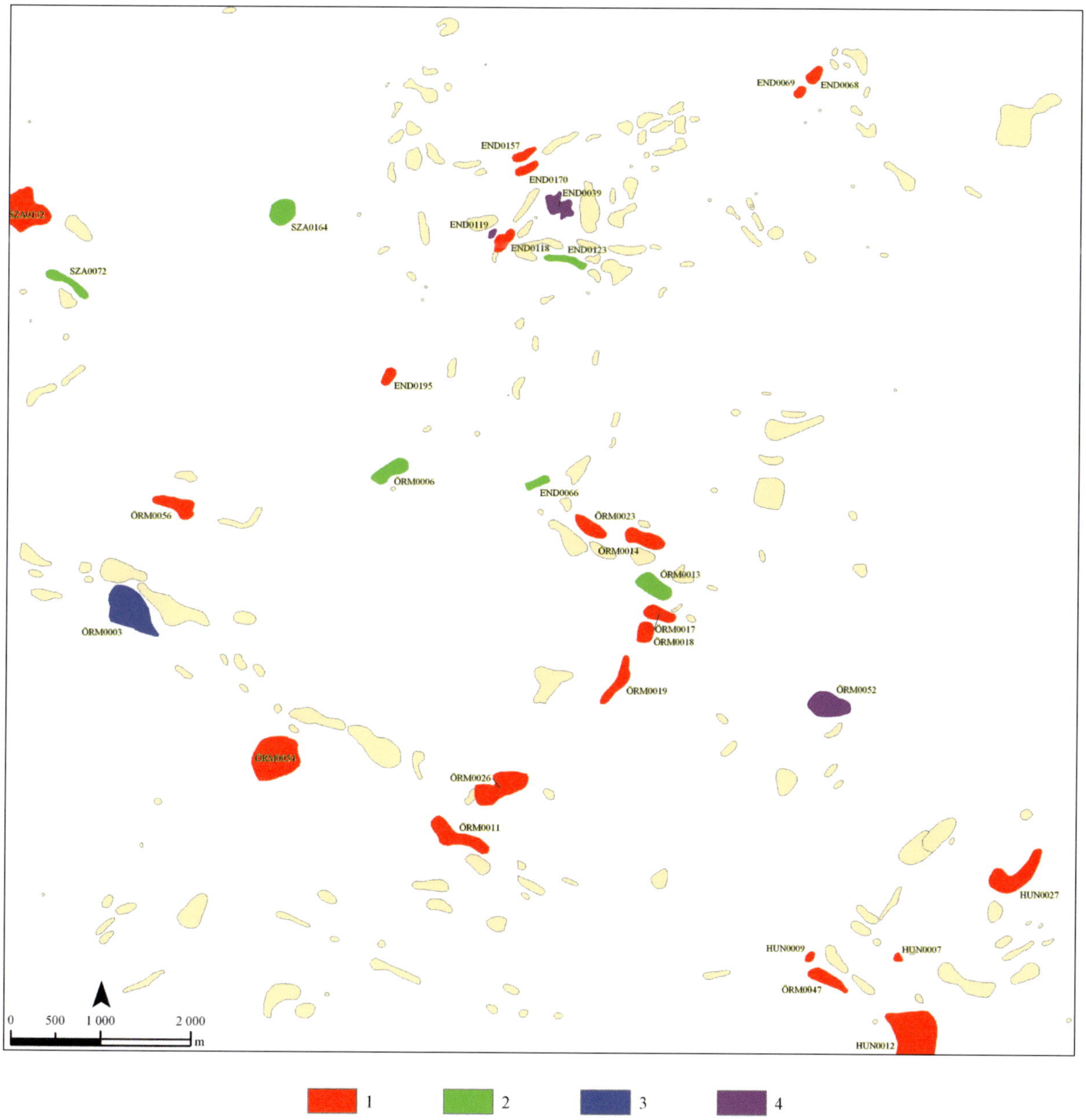

4. térkép: Honfoglalás kori (10–11. századi) telepek és (pogány rítusú) temetők.
Jelkulcs: 1: 10. századi telep *2:* 10–11. századi temető *3:* lovassír *4:* lovassír és 10–11. századi temető

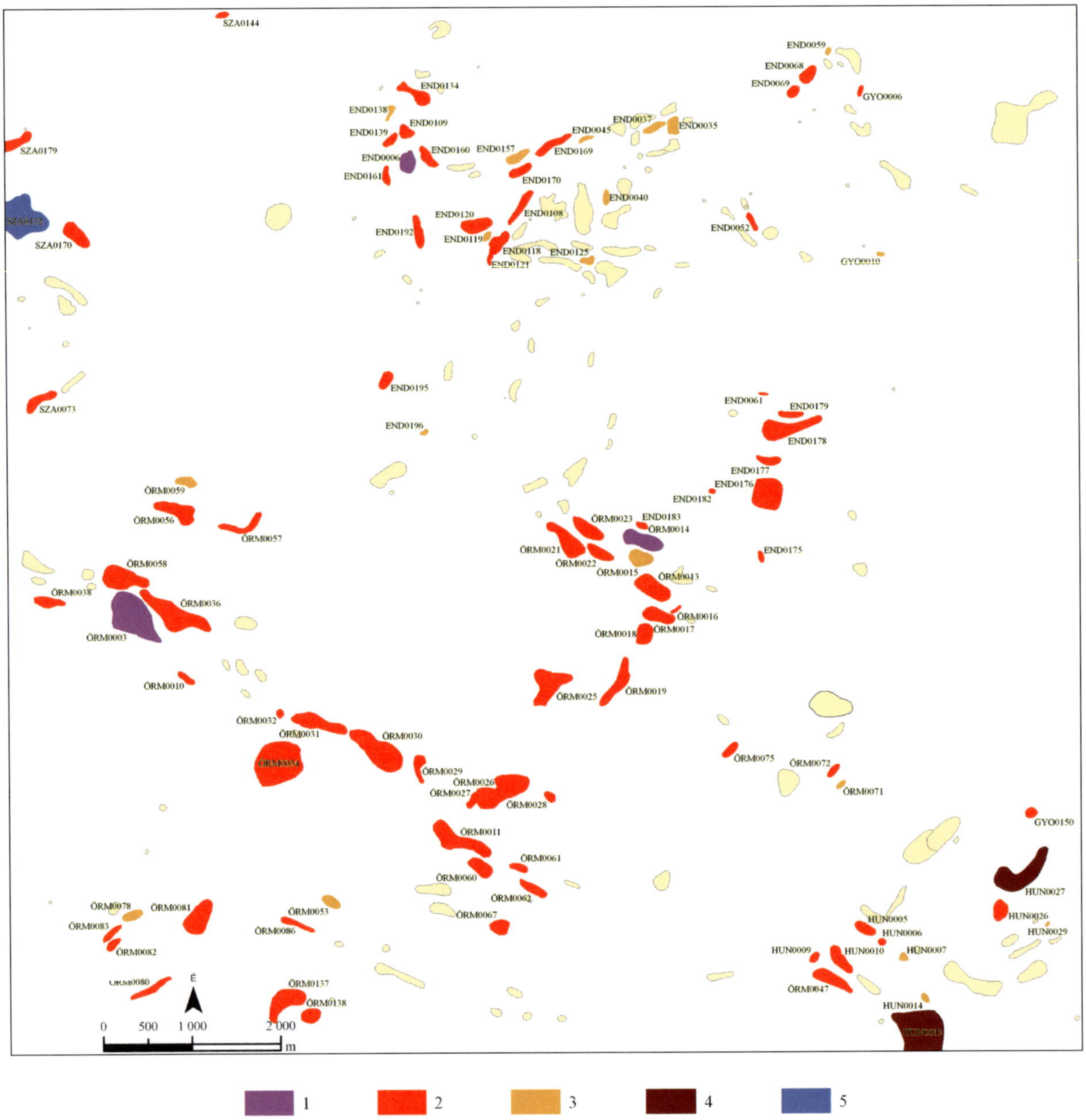

5. térkép: Árpád-kori lelőhelyek. *Jelkulcs: 1:* templomos faluhely *2:* telep *3:* szállás vagy kistelep *4:* templom nélküli faluhely *5:* faluhely? vagy telep?

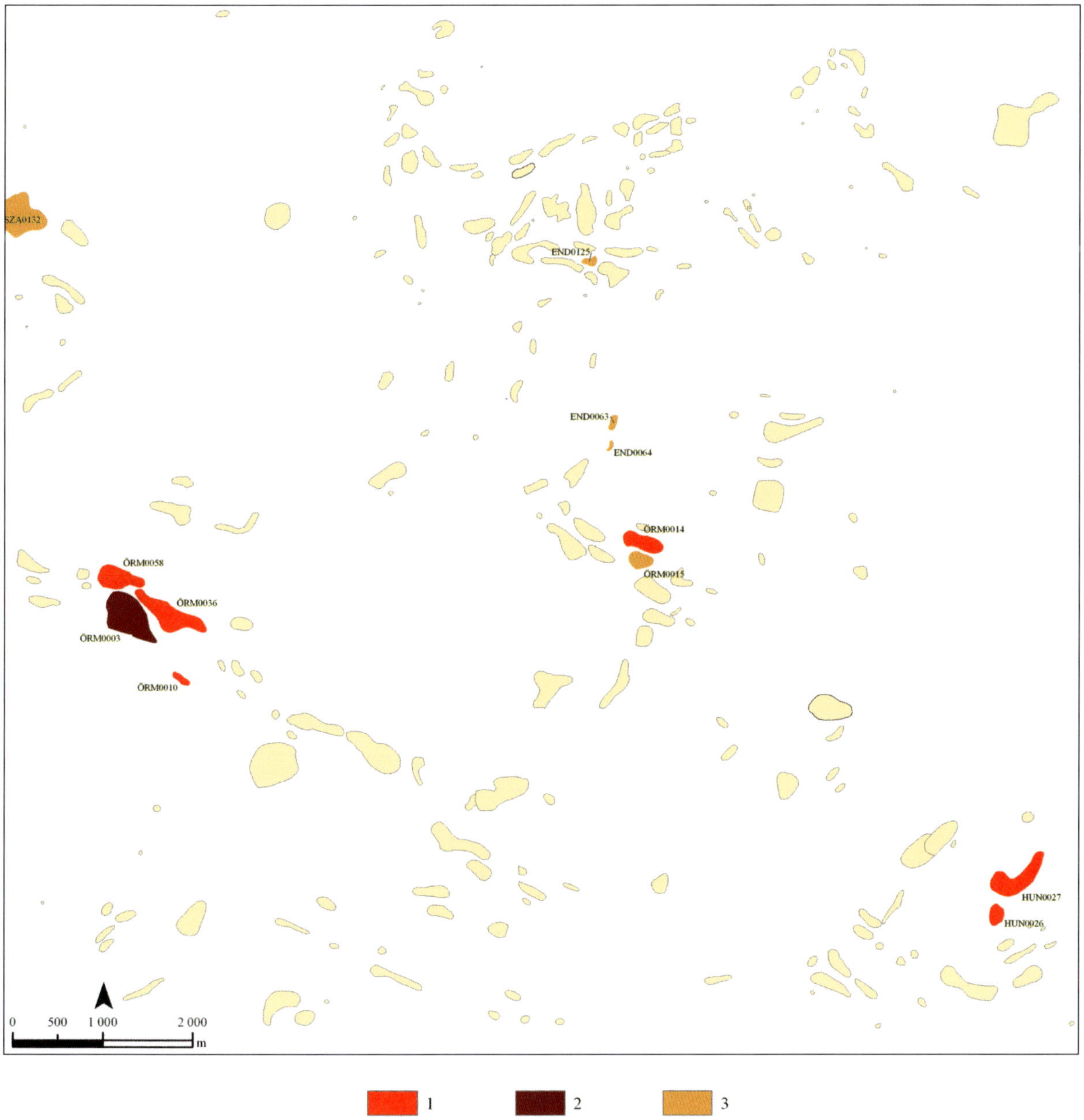

6. térkép: Késő középkori lelőhelyek. *Jelkulcs: 1:* telep *2:* falu *3:* szállás

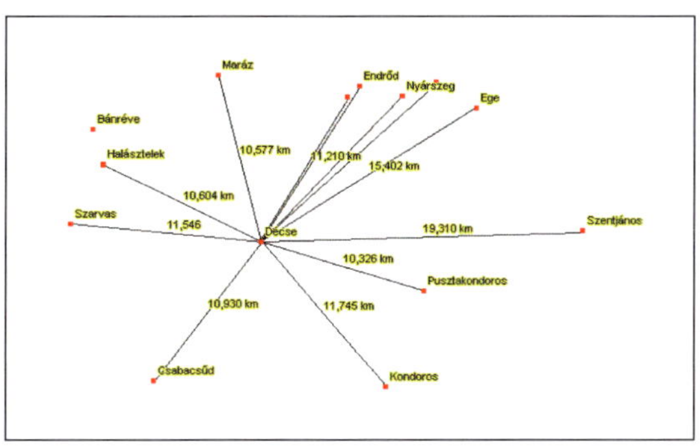

7. térkép: Középkori települések Décse környékén

3.8. Lelőhelyek jegyzéke

MRT	KÖH	MRT	KÖH	MRT	KÖH	MRT	KÖH
END0006	4607	END0070	4671	END0179	4779	HUN0032	4828
END0017	4618	END0071	4672	END0180	4780	HUN0033	4829
END0018	4619	END0072	4673	END0181	4781	HUN0048	44436
END0019	4620	END0104	4705	END0182	4782	ÖRM0001	5936
END0020	4621	END0108	4709	END0183	4783	ÖRM0002	5937
END0030	4631	END0109	4710	END0191	4791	ÖRM0003	5938
END0031	4632	END0110	4711	END0192	4792	ÖRM0005	5940
END0032	4633	END0117	4718	END0193	4793	ÖRM0006	5941
END0033	4634	END0118	4719	END0194	4794	ÖRM0007	5942
END0034	4635	END0119	4720	END0195	4795	ÖRM0008	5943
END0035	4636	END0120	4721	END0196	4796	ÖRM0009	5944
END0036	4637	END0121	4722	GYO0004	4383	ÖRM0010	5945
END0037	4638	END0122	4723	GYO0005	4384	ÖRM0011	5946
END0038	4639	END0123	4724	GYO0006	4385	ÖRM0012	5947
END0039	4640	END0124	4725	GYO0007	4386	ÖRM0013	5948
END0040	4641	END0125	4726	GYO0008	4387	ÖRM0014	5949
END0041	4642	END0126	4727	GYO0009	4388	ÖRM0015	5950
END0042	4643	END0127	4728	GYO0010	4389	ÖRM0016	5951
END0043	4644	END0128	4729	GYO0011	4390	ÖRM0017	5952
END0044	4645	END0129	4730	GYO0012	4391	ÖRM0018	5953
END0045	4646	END0130	4731	GYO0133	4451	ÖRM0019	5954
END0046	4647	END0131	4732	GYO0134	4452	ÖRM0020	5955
END0047	4648	END0132	4733	GYO0150	4468	ÖRM0021	5956
END0048	4649	END0133	4734	HUN0003	4799	ÖRM0022	5957
END0049	4650	END0134	4735	HUN0004	4800	ÖRM0023	5958
END0050	4651	END0135	4736	HUN0005	4801	ÖRM0024	5959
END0051	4652	END0137	4738	HUN0006	4802	ÖRM0025	5960
END0052	4653	END0138	4739	HUN0007	4803	ÖRM0026	5961
END0053	4654	END0139	4740	HUN0008	4804	ÖRM0027	5962
END0054	4655	END0141	4742	HUN0009	4805	ÖRM0028	5963
END0055	4656	END0156	4757	HUN0010	4806	ÖRM0029	5964
END0056	4657	END0157	4758	HUN0011	4807	ÖRM0030	5965
END0057	4658	END0158	4759	HUN0012	4808	ÖRM0031	5966
END0058	4659	END0159	4760	HUN0013	4809	ÖRM0032	5967
END0059	4660	END0160	4761	HUN0014	4810	ÖRM0033	5968
END0060	4661	END0161	4762	HUN0016	4812	ÖRM0034	5969
END0061	4662	END0162	4763	HUN0017	4813	ÖRM0035	5970
END0062	4663	END0164	4765	HUN0018	4814	ÖRM0036	5971
END0063	4664	END0169	4769	HUN0020	4816	ÖRM0037	5972
END0064	4665	END0170	4770	HUN0024	4820	ÖRM0038	5973
END0065	4666	END0171	4771	HUN0025	4821	ÖRM0039	5974
END0066	4667	END0175	4775	HUN0026	4822	ÖRM0044	5979
END0067	4668	END0176	4776	HUN0027	4823	ÖRM0045	5980
END0068	4669	END0177	4777	HUN0028	4824	ÖRM0046	5981
END0069	4670	END0178	4778	HUN0029	4825	ÖRM0047	5982

MRT	KÖH	MRT	KÖH
ÖRM0048	5983	ÖRM0077	6012
ÖRM0049	5984	ÖRM0078	4980
ÖRM0050	5985	ÖRM0080	4982
ÖRM0051	5986	ÖRM0081	4983
ÖRM0052	5987	ÖRM0082	4984
ÖRM0053	5988	ÖRM0083	4985
ÖRM0054	5989	ÖRM0084	4986
ÖRM0055	5990	ÖRM0085	4987
ÖRM0056	5991	ÖRM0086	4988
ÖRM0057	5992	ÖRM0137	5040
ÖRM0058	5993	ÖRM0138	5041
ÖRM0059	5994	ÖRM0139	5042
ÖRM0060	5995	ÖRM0143	5046
ÖRM0061	5996	ÖRM0151	6206
ÖRM0062	5997	SZA0060	6115
ÖRM0063	5998	SZA0071	6126
ÖRM0064	5999	SZA0072	6127
ÖRM0065	6000	SZA0073	6128
ÖRM0066	6001	SZA0074	6129
ÖRM0067	6002	SZA0081	6136
ÖRM0068	6003	SZA0082	6137
ÖRM0069	6004	SZA0132	6187
ÖRM0070	6005	SZA0144	6199
ÖRM0071	6006	SZA0161	6216
ÖRM0072	6007	SZA0164	6219
ÖRM0073	6008	SZA0170	6225
ÖRM0074	6009	SZA0179	6234
ÖRM0075	6010	SZA0202	0
ÖRM0076	6011		

IRODALOMJEGYZÉK

Abbas et al. (1990) — *Abbas Amir – Magyari Orsolya – Steinbach Péter – Székely Balázs – Tóth Tamás*: Régészeti geofizikai kutatások Gyomaendrőd környékén. Az 1987–89-es kutatási időszak zárójelentése. (szerk.): Székely Balázs. Budapest, 1990. Kézirat. MTA RI adattára ltsz.: TTj. 64/93.

B. Nagy (1998a) — *B. Nagy Katalin*: A székkutas-kápolna-dűlői avar temető I. Turán 1998. szept. 59–68.

B. Nagy (1998b) — *B. Nagy Katalin*: A székkutas-kápolna-dűlői avar temető II. Turán 1998. nov. 53–60.

Bakay (1978) — *Bakay Kornél*: Honfoglalás- és államalapításkori temetők az Ipoly mentén. Studia Comitatensia 6 (1978) 197 p.

Balassa (1973) — *Balassa Iván*: Az eke és a szántás története Magyarországon. Budapest 1973, 615 p.

Balassa (1989) — *Balassa Iván*: A magyar falvak temetői. Budapest 1989, 170 p.

Balassa – Ortutay (1979) — *Balassa Iván – Ortutay Gyula*: Magyar néprajz. Budapest 1979, 747 p.

Bálint (1936) — *Bálint Alajos*: A Makó-mezőkopáncsi középkori temető sírleletei. Dolg. XII (1936) 222–241.

Bálint (1938) — *Bálint Alajos*: A kaszaperi középkori templom és temető. Dolg. XIV (1938) 139–190.

Bálint (1939) — *Bálint Alajos*: A mezőkovácsházi középkori település emlékei. Dolg. XV (1939) 146–164.

Bálint (1971) — *Bálint Csanád*: A kutya a X–XII. századi magyar hitvilágban. MFMÉ (1971/1) 295–315.

Bálint (1980) — *Bálint Csanád*: Természeti földrajzi tényezők a honfoglaló magyarok megtelepedésében. Ethnographia XCI (1980) 35–49.

Bálint (1990) — *Bálint, Csanád* (hrsg.): Die Keramik der Saltovo-Majaki Kultur und ihre Varianten. Budapest 1991, 342 p. (VariaArchHung III.)

Bálint (1991a) — *Bálint, Csanád*: Südungarn im 10. Jahrhundert. Budapest 1991, 288 p. (Studia Archaeologica 11.)

Bálint (1991b) — *Bálint, Csanád*: Die spätawarenzeitliche Siedlung von Eperjes (Kom. Csongrád). Budapest 1991, 103 p. (VariaArchHung IV.)

Bánffy (2005) — *Bánffy, Eszter*: Archaeology and settlement history in the Kerka Valley, South-West Hungary. Antaeus 28 (2005) 383 p.

Baran (1983) — *Baran, Vladimir Danilovic*: Složenije slavjanskoj rannesrednevekovoj kul'tury i problema rasselenija Slavjan. In: *Baran*, V. D. (szerk.): Slavjane na Dnestre i Dunaje. Kiev 1983, 5–48.

Bartha (1985) — *Bartha Elek*: Az emberi élet fordulói Bárándon. In: *Balassa Iván* (szerk.): Báránd története és néprajza. Báránd 1985, 437–452.

Bartosiewicz (2002) — *Bartosiewicz, László – Bartosiewicz, Gábor*: Bamboo spine in a Migration Period horse from Hungary. Journal of Archaeological Science 29/8 (2002) 819–830.

Bartosiewicz (2006) — *Bartosiewicz, László*: Régenvolt háziállatok. Budapest (L'Harmattan) 2006, 223 p.

Bartosiewicz (2011) — *Bartosiewicz, László*: Early Medieval animal exploitation at the site of END0170. In: *H. Vaday et al.* (2011) 321–345.

Bartošková (1986) — *Bartošková, Andrea*: Slovanské depoty železných předmětů v Československu. Studie Archeologického Ústavu Československé Akadémie Véd. XIII/2. (1986) 127 p.

Beck (1975) — *Beck Zoltán*: Az élet nagy eseményei. In: *Nagy Gyula* (szerk.): Parasztélet a vásárhelyi-pusztán. Békéscsaba 1975, 499–525.

Behrensmeyer (1978) — *Behrensmeyer, Anna, Kay*: Taphonomic and ecologic information from bone weathering, Paleobiology 4 (1978) No. 2, 150–162: 152.

Benadík (1964) — *Benadík, Blažej*: Slovanské nálezy z vyskumu valu na hradisku v Zemplíne. Študijné Zvesti 14 (1964) 151–159.

Bende – Lőrinczy (1997) — *Bende Lívia – Lőrinczy Gábor*: A szegvár-oromdűlői 10–11. századi temető. MFMÉ – StudArch III (1997) 201–285.

Benkő (1980) — *Benkő Elek*: A középkori Nyársapát. Stud. Com. 9 (1980) 315–424.

Benkő (2010) — *Benkő Elek*: A pilisi ciszterci monostor geofizikai kutatása. In: *Benkő – Kovács* (2010) 401–419.

Benkő – Kovács (2010) — *Benkő Elek – Kovács Gyöngyi* (szerk.): A középkor és kora újkor régészete Magyarországon. I–II. Budapest 2010, 953 p.

Béres (1982) — *Béres Mária*: Egy különleges Árpád-kori kemence típus. Acta Iuvenum III (1982) 6–21.

Béres (1989) — *Béres Mária*: Beszámoló a Nagymágocs – Szendrei major – Hűtőtó területén végzett leletmentésről. MFMÉ (1988-1) 59–72.

Béres (1998) — *Béres, Mária*: Regionale Beziehungen der Dorfsiedlungen Südostungarns im 10. bis 13. Jahrhundert. In: Ruralia II. Památky archeologické – Supplementum 11 (1998) 172–179.

Beschomer – Curschmann – Frenzel (1927) — *Beschomer, Hans – Curschmann, Fritz – Frenzel, Walter* (hrsg.): Deutsche Siedlungsforschungen. Rudolf Kötzschke 60. Geburtstage dargebracht. Leipzig 1927, 297 p.

Biczó (1976) — *Biczó Piroska*: Jelentés a Kecskemét – Kossuth téren végzett ásatásról. Cumania IV (1976) 329–360.

Biczó (1992) — *Biczó Piroska*: Román kori táltöredék Bátmonostorról. Cumania 13 (1992) 87–112.

Biller (2007) — *Biller, Anna, Zsófia*: Vecsés környéki Árpád kori települések csontanyagának állattani vizsgálata. Archeometriai Műhely 2007/1, 45–54.

Binford (1964) — *Binford, Lewis R.*: A consideration of archaeological research design. American Antiquity 29 (1964) 425–441.

Blazovich (1985) — *Blazovich László*: A Körös – Tisza – Maros-köz középkori településrendje. Dél-Alföldi Évszázadok. Békéscsaba, Szeged 1985, 204 p.

Blazovich (1996) — *Blazovich László* (szerk.): A Körös – Tisza – Maros-köz települései a középkorban. Szeged 1996, 353 p.

Bóna (1964) — *Bóna, István*: Der Silberschatz von Darufalva. ActaArchHung 16 (1964) 151–169.

Bondár (1999) — *Bondár Mária*: Rézkori és kora bronzkori településmaradvány Gyomaendrődön. BMMK 20 (1999) 47–65.

Bökönyi (1974) — *Bökönyi, Sándor*: History of Domestic Mammals in Central and Eastern Europe. Budapest 1974, 596 p.

Bökönyi (1992) *Bökönyi, Sándor* (szerk.): Cultural and Landscape Changes in South-East Hungary I. Reports on the Gyomaendrőd Project. Budapest 1992, 384 p.

Bökönyi (1996) *Bökönyi, Sándor* (szerk.): Cultural and landscape changes in South-East Hungary II. Prehistoric, Roman Barbarian and Late Avar Settlement at Gyoma 133. (Békés County Microregion) Budapest 1996, 453 p.

Brinkmann (1924) *Brinkmann, August*: Canidenstudien V–VI. Bergens Museums Årbok 1923/24, Naturvidenskabelig Række 7 (1924) 1–57.

Budínský-Krička (1963) *Budínský-Krička, Vojtech*: Nález pol'nohospodárskych nástrojov na Slovenskom sídlisku u Smižanoch. Študijné Zvesti 11 (1963) 143–151.

Chapman – Laszlovszky (1992) *Chapman, John – Laszlovszky, József*: The Upper Tisza Project 1991: Report on the First Season. Archaeological Reports 1991. Univ. of Durham and Univ. of Newcastle upon Tyne. Durham 1992, 10–13.

CNH II. *Réthy László*: Corpus Nummorum Hungariae. II. Vegyesházi királyok kora. Budapest 1907, 45 p.

CNH III. *Huszár, Lajos*: Corpus Nummorum Hungariae. III. Habsburg-házi királyok pénzei. 1526–1657. Budapest 1974, 168 p.

Cucarzi (1992) *Cucarzi, Mauro*: Exploration with non-destructive methods of the Microregion territorial Entity in the Békés District in Eastern Hungary. Geoarchaeological exploration at Örménykút 14. Campaign 1992. Fondazione Ing. Carlo M. Lerici Prospezioni Archeologiche. Roma. Kézirat. MTA Régészeti Intézete TTj. 7/96.

Cs. Sós (1963) *Cs. Sós, Ágnes*: Die Ausgrabungen Géza Fehérs in Zalavár. Budapest 1963, 425 p.

Csánki (1890) *Csánki Dezső*: Magyarország történelmi földrajza a Hunyadiak korában. I. kötet. Budapest 1890, 788 p.

Csemegi (1958) *Csemegi József*: Az aracsi kő. ArchÉrt 85 (1958) 174–189.

Csipes (1976) *Csipes Antal*: Békés megye élete a XVI. században. Békéscsaba 1976, 93 p.

Csőre (1980) *Csőre Pál*: A magyar erdőgazdálkodás története. Középkor. Budapest 1980, 312 p.

Dahr (1937) *Dahr, Elias*: Studien über Hunde aus primitiven Steinzeitkulturen in Nord-Europa. Lunds Universitets Årsskrift, Avdelningen 2: Medicin samt matematiska och naturvetenskapliga ämnen, 32/4 (1937) 63 p.

Dannheimer (1962) *Dannheimer, Hermann*: Die Germanische Funde der späten Kaiserzeit und das frühen Mittelalters in Mittelfranken. I–II. 1962, 234 p.

Dávid (1974) *Dávid Katalin*: Az Árpád-kori Csanád vármegye művészeti topográfiája. Budapest 1974, 74 p. (Művészettörténeti Füzetek 7.)

Dercsényi (1970) *Dercsényi Dezső*: A román kor művészete. In: *Dercsényi Dezső* (szerk.): A magyarországi művészet története a honfoglalástól 1800-ig. I. Budapest 1970, 13–98.

Deroko (1930) *Deroko, Alekszandar*: U bodinovoj presztonici. Iugopiszne arhitektonszke zabeleske iz Szkadra – Grada Roszafa – i okoline. Starinar V (1928–1930) 128–151.

Divald (1927) *Divald Kornél*: Magyarország művészeti emlékei. Budapest 1927, 255 p.

Domokosné – Domokos (1988)	*Domokosné Megyesi Éva – Domokos Tamás*: Adatok Békés megye térképtörténetéhez (a XVI. század elejétől 1918-ig). Békéscsaba 1988, 86 p.
Dončeva-Petkova (1990)	*Dončeva-Petkova, Ljudmila*: Mittelalterliche Tonkessel aus Bulgarien. In: *Bálint* (1990) 101–111.
Driesch (1976)	*Driesch, Angela von den*: A Guide to the Measurement of Animal Bones from Archaeological Sites. Harvard, Peabody Museum Bulletin 1, Harvard University, 1976, 148 p.
Dumitraşcu (1994)	*Dumitraşcu, Sever*: Biharea I. Săpături arheologice (1973–1980). Oradea 1994, 262 p.
Dunnel – Dancey (1983)	*Dunnell, Robert C. – Dancey, William S.*: The Siteless Survey: A Regional Scale Data Collection Strategy. In: *Schiffer, M. B.* (ed.): Advances in Archaeological Method and Theory. Vol 6 (1983) 267–287.
Endrei (1957)	*Endrei Walter*: Lábítós szövőszék az árpádkori Magyarországon. Magyar Tudomány LXIV (1957) 309–329.
Erdélyi (1992)	*Erdélyi, István*: The excavation of a settlement and a cemetery in the outskirts of Gyomaendrőd. In: *Bökönyi* (1992) 369–378.
Éri – Gerőné – Szentléleky (1964)	*Éri István – Gerőné Krámer Márta – Szentléleky Tihamér*: A dörgicsei középkori templomok. Műemlékvédelem II. 1959–1960. Budapest 1964, 95–118.
Fehér – Éry – Kralovánszky (1962)	*Fehér Géza – Éry Kinga – Kralovánszky Alán*: A Közép-Duna-Medence magyar honfoglalás és kora Árpád-kori sírleletei. Leletkataszter. (szerk.): Szőke Béla. Budapest 1962, 99 p. (Régészeti Tanulmányok II.)
Fehn – Brandt – Deinecke – Irsigler (1988)	*Fehn, Klaus, Brandt, Klaus, Denecke, Dietrich, Irsigler, Franz*: Genetische Siedlungsforschung in Mitteleuropa und seinen Nachbarräumen I–II. Bonn 1988, 875 p.
Florescu et al. (1958)	*Florescu, Grigore, Florescu, Radu, Diaconu, Petre*: Capidava. Monografie arheologică vol I. Bucureşti 1958, 262 p.
Foard (1978)	*Foard, Glenn*: Systematic fieldwalking and the investigation of Saxon settlement of Northamptonshire. World Archaeology 9 (1978) 357–374.
Fodor (1985)	*Fodor István*: Honfoglaláskori bordázott nyakú edényeink származásáról. FA XXXVI (1985) 165–170.
Fodor (1986)	*Fodor István*: Középkori építőáldozat Jászágón. CommArchHung 1986, 139–145.
Fodor (1989)	*Fodor István*: Megjegyzések a középkori magyar lakóház fejlődéstörténetéhez. In: *Balassa M. Iván – Cseri Miklós – Vigh Gyula* (szerk.): Népi építészet a Kárpát-medence északkeleti térségében. Miskolc–Szentendre 1989, 21–45.
Foltiny – Korek (1944–1945)	*Foltiny István – Korek József*: A csecstói középkori templom és temetők. Különlenyomat az Alföldi Tudományos Intézet 1944–1945-i Évkönyvéből, 42 p.
Fridrich et al. (1996)	*Fridrich, Jan – Klápště, Jan – Smetánka, Zdeněk – Sommer, Petr* (eds): Ruralia I. Conference Ruralia I. Prague 8th–14th September 1995. Památky Archeologické Supplementum 5. Prague 1996, 340 p.
Füleky (2000)	*Füleky György* (szerk.): A táj változásai a Kárpát-medencében a történelmi események hatására. Budapest – Gödöllő 2000, 286 p.

Gaál (1966) *Gaál László*: A magyar állattenyésztés múltja. Budapest 1966, 541 p.

Gábor (1996a) *Gábor Gabriella*: Középkori párták Békés megyében. MFMÉ – StudArch II (1996) 381–401.

Gábor (1996b) *Gábor Gabriella*: Egy középkori pártaöv rekonstrukciója. BMMK 16 (1996) 257–265.

Gál (2009) *Gál, Erika*: New bird remains from the prehistoric site of Endrőd 3/6, Hungary. In: *Bartosiewicz László – Gál Erika – Kováts István* (szerk.): Csontvázak a szekrényből. Skeletons from the cupboard. Budapest 2009, 35–45.

Gál (2010) *Gál, Erika*: Animal remains from the multi-period site of Hajdúnánás–Fürjhalom dűlő. Part II. Finds from the Árpád Period (10–13th centuries). ActaArchHung 61 (2010) 425–444.

Gál – Juhász – Sümegi (2005) *Gál, Erika – Juhász, Imola – Sümegi, Pál* (eds.): Environmental archaeology in North-Eastern Hungary. Budapest 2005, 426 p. (VariaArchHung XIX.)

Gallant (1986) *Gallant, Thomas W.*: «Backround Noise» and Site Definition: A Contribution to Survey Methodology. Journal of Field Archaeology 13 (1986) 403–418.

Gallina – Molnár – Somogyi (2007) *Gallina Zsolt – Molnár István – Somogyi Krisztina*: Ordacsehi–Csereföld. In: *Belényesy Károly – Honti Szilvia – Kiss Viktória* (szerk.): Gördülő idő. Régészeti feltárások a 7-es autópálya Somogy megyei szakaszán Zamárdi és Ordacsehi között. Budapest – Kaposvár 2007, 197–206.

Gazdag (1960) *Gazdag László*: Régi vízfolyások és elhagyott folyómedrek Orosháza környékén. SZKMÉ 1960, 257–306.

Genito (1994) *Genito, Bruno*: An Archaeology of the Steppes: Steps towards the identification of Culture–Groups. In: *Genito, Bruno* (ed.): The Archaeology of the Steppes. Methods and Strategies. Papers from the International Symposium held in Naples 9–12 November 1992. Naples 1994.

Gerevich (1938) *Gerevich Tibor*: Magyarország románkori emlékei. Budapest 1938, 843 p.

Gerevich (1943) *Gerevich László*: A csúti középkori sírmező. BudRég XIII (1943) 103–166, 500–513.

Gerevich (1984) *Gerevich László*: A pilisi ciszterci apátság. Szentendre 1984, 31 p.

Göndöcs (1881) *Göndöcs Benedek*: Ujabb adatok a Békésmegye s különösen Gyulavárosa XV. és XVI. századbeli történetéhez. BRMTÉ VII (1881) 56–83.

Gubitza (1902) *Gubitza Kálmán*: A bodrogh-monostorszegi sírleletekről. ArchÉrt 22 (1902) 338–342.

Györffy (1961) *Györffy György*: A tatárjárás pusztításának nyomai helyneveinkben. In: *Györffy Lajos* (szerk.): Emlékkönyv a túrkevei múzeum fennállásának tizedik évfordulójára. Túrkeve 1961, 35–38.

Györffy (1963) *Györffy György*: Az Árpád-kori Magyarország történeti földrajza I. A–Cs. Budapest 1963, 907 p.

Györffy (1970) *Györffy György*: A honfoglaló magyarok települési rendjéről. ArchÉrt 97 (1970) 191–242.

Györffy (1983) *Györffy György*: István király és műve. Budapest 1983, 667 p.

Györffy – Zólyomi (1994) *Györffy György – Zólyomi Bálint*: A Kárpát-medence és Etelköz képe egy évezred előtt. In: *Kovács László* (szerk.): Honfoglalás és régészet. Budapest 1994, 13–37.

Gyulai (1994) *Gyulai Ferenc*: A Kárpát-medence haszonnövényei a 9–10. században. In: *Kovács László* (szerk.): Honfoglalás és régészet. Budapest 1994, 247–257.

Gyulai (2011) *Gyulai, Ferenc*: The archeobotanical study of plant remains from the Sarmatian Period and the Árpád Period recovered at the site of END0170. In: *H. Vaday et al.* (2011) 359–397.

H. Gyürky (1987) *H. Gyürky, Katalin*: Mittelalterliche Glasfunde aus dem Vorhof des Königlichen Palastes von Buda. ActaArchHung 29 (1987) 47–68.

H. Gyürky (1991) *H. Gyürky Katalin*: Üvegek a középkori Magyarországon. BTM Műhely 3. Budapest 1991, 151 p.

H. Vaday et al. (2011) *H. Vaday, Andrea, Jankovich B., Dénes, Kovács, László*: Archaeological investigations in County Békés 1986–1992. Budapest 2011, 640 p. (VariaArchHung XXV.)

Haan (1870a) *Haan Lajos*: Békés vármegye hajdana. Pest 1870, 327 p.

Haan (1870b) *Ludovicus Aug. Haan*: Diplomatarium Békessiense. Pestini 1870, 309 p.

Haan – Zsilinszky (1877) *Haan Lajos – Zsilinszky Mihály*: Békésmegyei oklevéltár számos hazánk beltörténetére vonatkozó adatokkal. Budapest 1877, 275 p.

Halikova (1976) *Halikova, Elena Aleksandrovna*: Ősmagyar temető a Káma mentén, Magna Hungaria kérdéséhez. ArchÉrt 103 (1976) 53–78.

Hampel (1897) *Hampel [Hpl.] József*: Az aracsi dombormű. ArchÉrt XVII (1897) 204–212.

Hanuliak – Kuzma – Šalkovsky (1993) *Hanuliak, Milan – Kuzma, Ivan – Šalkovsky, Peter*: Mužla–Čenkov I. Osídlenie z 9.–12. storočia. Nitra 1993, 367 p.

Hartyányi (1983) *Hartyányi Borbála*: Kora Árpád-korból származó búza a honti ispánsági várból. MMMKözl (1983) 95–113.

Hartyányi – Nováki – Patay (1968) *Hartyányi Borbála – Nováki Gyula – Patay Árpád*: Növényi mag- és termésleletek Magyarországon az újkőkortól a XVIII. századig. I. MMMKözl (1968) 5–85.

Hartyányi – Nováki – Patay (1974) *Hartyányi Borbála – Nováki Gyula – Patay Árpád*: Növényi mag- és termésleletek Magyarországon az újkőkortól a XVIII. századig. II. MMMKözl (1974) 23–73.

Henning (1987) *Henning, Joachim*: Südosteuropa zwischen Antike und Mittelalter. Berlin 1987, 176 p. (Schriften zur Ur- und Frühgeschichte 42.)

Herman (1887) *Herman Ottó*: A magyar halászat könyve I. Budapest 1887, 552 p.

Herold (2004) *Herold, Hajnalka*: Die frühmittelalterliche Siedlung von Örménykút 54. Budapest 2004, 237 p. (VariaArchHung XIV.)

Hilczer-Kurnatowska – Kara (1994) *Hilczer-Kurnatowska, Zofia – Kara, Michal*: Die Keramik vom 9. bis zur Mitte des 11. Jahrhunderts in Grosspolen. In: *Staňa, Čeněk* (hrsg.): Slawische Keramik in Mitteleuropa vom 8. bis zum 11. Jahrhundert. Internationale Tagungen in Mikulčice I. Brno 1994, 121–142.

Hlatky (1938) *Hlatky Mária*: A magyar gyűrű. Budapest, 1938, 130 p.

Hope-Simpson (1984) *Hope-Simpson, Robert*: The Analysis of Data from Surface Surveys. Journal of Field Archaeology 11 (1984) 115–117.

Horedt (1984) *Horedt, Kurt*: Moreşti 2. Grabungen in einer mittelalterlichen Siedlung in Siebenbürgen. Bonn 1984, 75 p.

Horváth (1978) *Horváth Ferenc*: Csengele középkori temploma. MFMÉ (1976–77/1) (1978) 91–126.

Horváth – Szatmári (1989) *Horváth Ernő – Szatmári Imre*: Középkori temetők és szerves maradványaik Gyula határában. BÉ (1989/3) 378–393.

Huszár (1822) Vízrajzi értekezés. Huszár Mátyás leírása a Körösvidékről. Latinból fordította *Lakatos Pál*. Bevezetővel és jegyzetekkel ellátta *Dóka Klára*. Szerkesztette *Kósa Ferenc*. Gyula 1985, 63 oldal, 15 kép, 1. melléklet. A térkép eredetije az Országos Levéltárban található S 86 II. No. 39. jelzet alatt.

Huszár (1979) *Huszár, Lajos*: Münzkatalog Ungarn. Budapest 1979, 365 p.

Implom (1971) *Implom József*: Olvasókönyv Békés megye történetéhez. II. 1695–1848. Békéscsaba 1971, 440 p.

Ioniță (2009) *Ioniță, Adrien*: Asezarea din secolele XII–XIII. de la Bratei. Sibiu 2009, 192 p.

Istvánovits (2003) *Istvánovits Eszter*: A Rétköz honfoglalás és Árpád-kori emlékanyaga. Nyíregyháza 2003, 737 p.

Jankovich (1982) *Jankovich B. Dénes*: A gyula–törökzugi templom feltárása. BÉ (1982/4) 415–426.

Jankovich (1985) *Jankovich B. Dénes*: Archaeological topography. Theoretical and practical lessons. MittArchInst 14 (1985) 283–288.

Jankovich (1988) *Jankovich B., Dénes*: Archaeological topography of Hungary and its result concerning the settlement history of 11–17th centuries. Beiträge zur Mittelalterarchäologie in Österreich 4–5 (1988–89) 85–92.

Jankovich (1989) *Jankovich B. Dénes*: A régészet két nagy vállalkozása Békés megyében. BÉ 24 (1989/1) 18–26.

Jankovich (1991) *Jankovich B. Dénes*: A magyar honfoglalástól a török korig. In: *Jankovich B. Dénes – Erdmann Gyula* (szerk.): Békéscsaba története. Első kötet. A kezdetektől 1848-ig. Békéscsaba 1991, 147–206.

Jankovich (1992) *Jankovich B. Dénes*: A felszíni leletanyag szerepe a településrégészetben. Kandidátusi értekezés. Budapest 1992. Kézirat.

Jankovich (1993) *Jankovich B. Dénes*: A felszíni leletgyűjtés módszerei és szerepe a régészeti kutatásban. Budapest 1993, 62 p. (Régészeti Továbbképző Füzetek 4.)

Jankovich (1994) *Jankovich B. Dénes*: Szondázó ásatás Szarvas–Rózsáson. In: *Lőrinczy Gábor* (szerk.): A kőkortól a középkorig. Tanulmányok Trogmayer Ottó 60. születésnapjára. Szeged 1994, 405–412.

Jankovich (1996)	*Jankovich B. Dénes*: Adatok a Körösvidék középkori vízrajzához és a vizek hasznosításához. BMMK 16 (1996) 305–349.
Jankovich (2011)	*Jankovich B., Dénes*: Archaeological investigations at Endrőd (Site No. END0170). In: *H. Vaday et al.* (2011) 21–157.
Jankovich et al. (1992)	*Jankovich B., Dénes – Kvassay, Judit – Pattantyús-Á, Miklós*: Interdisciplinary survey and trial excavation of a multicomponent site, Endrőd 170. In: *Bökönyi* (1992) 99–120.
Jankovich – Pattantyús (1990)	*Jankovich B., Dénes – Pattantyús-Á., Miklós*: Archaeological and Geophysical Survey of a Multi-Aged Site Endrőd–170, SE-Hungary. Preliminary Report. Prospezioni Archeologiche 1990:1 123–132.
Járainé (1966)	*Járainé Komlódi Magda*: Adatok az Alföld negyedkori klíma- és vegetációtörténetéhez. I. Botanikai Közlemények 53 (1966) 199–200.
Járainé (1969)	*Járainé Komlódi Magda*: Adatok az Alföld negyedkori klíma- és vegetációtörténetéhez. II. Botanikai Közlemények 56 (1969) 43–55.
Járainé (1982)	*Járainé Komlódi Magda*: Történeti növényföldrajz. In: *Hajdú Péter – Kristó Gyula – Róna-Tas András* (szerk.): Bevezetés a magyar őstörténet kutatásának forrásaiba IV. Szeged 1982, 129–189.
Jerem et al. (1992)	*Jerem, Erzsébet – Kiss, Zsuzsa – Pattantyús-Á., Miklós – Varga, András*: The combined use of archaeometric methods preceding the excavation of archaeological sites. In: *Bökönyi* (1992) 61–95.
Juhász (1974)	*T. Juhász, Irén*: Freilegung der Arpadenzeitlichen Kirche in Dombegyház-Vizesmonostor. MFMÉ (1971/2) 183–186.
Juhász (1980)	*Juhász Irén*: A Csolt-nemzetség monostorának története. BÉ (1980/4) 440–448.
Juhász (1992)	*Juhász Irén*: A Csolt nemzetség monostora. Műemlékvédelem XXXVI/2 (1992) 95–105.
Juhász (1996)	*Juhász Irén*: X–XI. századi temetkezések Békés megye északi területén. BMMK 16 (1996) 157–173.
Káldy-Nagy (1982)	*Káldy-Nagy Gyula*: A gyulai szandzsák 1567. és 1579. évi összeírása. Békéscsaba 1982, 746 p.
Kalmár (1971)	*Kalmár János*: Régi magyar fegyverek. Budapest 1971, 430 p.
Kaminská (1982)	*Kaminská, L'ubomira*: Romanska sakrálna stavba v Trebišove. SlovArch XXX-2 (1982) 429–451.
Karácsonyi (1890)	*Karácsonyi János*: Az érkeserüi Fráter család levéltárának Békésmegyére vonatkozó oklevelei. BRMTÉ XIV (1890) 31–42.
Karácsonyi (1891)	*Karácsonyi János*: Kisebb közlések. BRMTÉ XV (1891) 110–114.
Karácsonyi (1896)	*Karácsonyi János*: Békésvármegye története I–III. Gyula 1896, 522, 352, 264 p.
Karsai (1982)	*Karsai Ferenc* (szerk.): Állatorvosi kórélettan. Budapest 1982, 885 p.
Kazakov (1978)	*Kazakov, Evgenij Petrovič*: Pamiatn'iki Bolgarskovo vremen'i v vostočnyh rajonah Tatarii. Moszkva 1978, 128 p.
Kiesewalter (1888)	*Kiesewalter, Ludwig*: Skelettmessungen am Pferde als Beitrag zur theoretischen Grundlage der Beurteilungslehre des Pferdes. Inaugural Dissertation. Leipzig 1888, 38 p.

Kirjavainen – Riikanen (2007) — *Kirjavainen, Heini – Riikanen, Jana*: Changing textile crafts in Turku, SW Finland: from tradition to innovation. In: *Klápště, Jan – Sommer, Petr* (eds.): Medieval Rural Environment. Turnhout 2007, 167–174. (Ruralia VI.)

Kiss (1958) — *Kiss Lajos*: Vásárhelyi hétköznapok. Budapest 1958, 312 p.

Kiss (1988) — *Kiss Lajos*: Földrajzi nevek etimológiai szótára I–II. Budapest 1988, 823 p.

KMTLex. — Korai magyar történeti lexikon (9–14. század). (Főszerkesztő: *Kristó Gyula*, szerkesztők: *Engel Pál* és *Makk Ferenc*.) Budapest 1994, 753 p.

K. Németh (2011) — *K. Németh András*: A középkori Tolna megye templomai. Pécs 2011, 289 p.

Kordos (1977) — *Kordos László*: Holocén klímaváltozások kimutatása Magyarországon a „pocok hőmérő" segítségével. Földrajzi Közlemények 25 (1977) 222–229.

Kordos (1982) — *Kordos László*: Történeti éghajlattan. In: *Hajdú Péter – Kristó Gyula – Róna-Tas András* (szerk.): Bevezetés a magyar őstörténet kutatásának forrásaiba. IV. Történeti természettudományok és térképi források. Szeged 1982, 98–128.

Kovács (1971) — *Kovács László*: A Magyar Nemzeti Múzeum Fegyvertárának csillag alakú buzogányai. FA XXII (1971) 165–181.

Kovács (1988) — *Kovács László*: A tímári (Szabolcs-Szatmár m.) honfoglalás kori temetőmaradványok. CommArchHung 1988, 125–158.

Kovács (1994) — *Kovács, László*: Das früharpadenzeitliche Gräberfeld von Szabolcs. Budapest 1994, 227 p. (VariaArchHung VI.)

Kovács (1997) — *Kovács László*: A kora Árpád-kori magyar pénzverésről. Érmetani és régészeti tanulmányok a Kárpát-medence I. (Szent) István és II. (Vak) Béla uralkodása közötti időszakának (1000–1141) érméiről. Budapest 1997, 406 p. (VariaArchHung VII.)

Kovács (1998) — *Kovács László*: Árpád-kori templom és temető a karcagi Kápolnás-halmon. Szolnok 1998, 114 p. (Szolnok megyei Múzeumi Adattár 34.)

Kovács (2011) — *Kovács László*: Egy-egy apró 10. és 11. századi temetőmaradvány: Gyomaendrőd Kádár–tanya és Ugari–dűlő I. In: *Torma* (2011) 287–301.

Kovalovszki (1960) — *Kovalovszki Júlia*: Ásatások Szarvas környéki Árpád-kori falvak helyén ArchÉrt 87 (1960) 332–340.

Kovalovszki (1965) — *Kovalovszki Júlia*: Orosháza és környéke a magyar középkorban. In: *Nagy Gyula* (szerk.): Orosháza története I. Orosháza 1965, 175–203.

Kovalovszki (1980) — *Kovalovszki Júlia*: Településásatások Tiszaeszlár–Bashalmon. (Bronzkor, III–IV. és XI–XIII. század.) Budapest 1980, 61 p. (Fontes Archaeologici Hungariae.)

Kovalovszki (1986a) — *Kovalovszki Júlia*: Árpád-kori települések Doboz határában. In: *Novák László –Selmeczi László* (szerk.): Falvak, mezővárosok az Alföldön. Nagykőrös 1986, 105–116.

Kovalovszki (1986b) — *Kovalovszki Júlia*: A Visegrád–várkerti Árpád-kori faluásatásról. In: A magyar falu régésze Méri István 1911–1976. Cegléd 1986, 61–63. (Ceglédi Füzetek 23.)

Kovalovszki (1989)	*Kovalovszki Júlia*: Doboz történetének vázlata a legrégibb időktől a középkor végéig. In: *Réthy Zsigmond* (szerk.): Dobozi Tanulmányok. Békéscsaba 1989, 115–147.
Kovalovszki (2000)	*Méri István*: Egy Árpád-kori magyar falu leletmentő ásatása. Tiszalök-Rázom, 1950–53. A szöveget gondozta és a rajzokat készítette: Kovalovszki Júlia. Budapest, 2000, 155 p. (Opuscula Hungarica II.)
Kozák (1962)	*Kozák Károly*: A zalaszántói templom feltárása és környékének középkori története. ArchÉrt 89 (1962) 220–237.
Kozák (1966)	*Kozák Károly*: A román kori egyenes szentélyzáródás hazai kialakulásáról. A szigligeti avasi templomrom feltárása. Magyar Műemlékvédelem III. 1961–1962. Budapest, 1966. 111–133.
Kőrösi (2009)	*Kőrösi Andrea*: Árpád-kori falu állatcsontleletei Gyálon (3. lelőhely). In: *Bartosiewicz László – Gál Erika – Kováts István* (szerk.): Csontvázak a szekrényből: válogatott tanulmányok a Magyar Archaeozoológusok Visegrádi Találkozóinak anyagából, 2002–2009. Budapest 2009, 105–130. (Opitz Archaeologica 3.)
Kralovánszky (1956)	*Kralovánszky Alán*: Adatok az ún. s-végű hajkarika etnikumjelző szerepéhez. ArchÉrt 83 (1956) 206–212.
Krasil'nikov (1990)	*Krasil'nikov, Kliment, I.*: Die Keramik der Saltovo-Majaki-Kultur am nördlichen Mittellauf des Donec. In: *Bálint* (1990) 193–244.
Krecsmarik (1911)	*Krecsmarik Endre*: Szarvasi középkori és őskori leletekről. ArchÉrt XXXI (1911) 378–382.
Kretzoi (1977)	*Kretzoi Miklós*: A löszkorszak ökológiai viszonyai Magyarországon a gerinces fauna alapján. Földrajzi Közlemények 101 (1977) 155–169.
Kristó (1967)	*Kristó Gyula*: Olvasókönyv Békés megye történetéhez I. A honfoglalástól 1715-ig. Békéscsaba 1967, 175 p.
Kristó (1981)	*Kristó Gyula*: Békés megye a honfoglalástól a törökvilág végéig. Nyolcszáz esztendő a források tükrében. Békéscsaba 1981, 264 p.
Kristó (1982)	*Kristó Gyula*: A X. század közepi magyarság „nomadizmusának" kérdéséhez. Ethnographia XCIII (1982) 463–473.
Kristó (1983)	*Kristó Gyula*: Tanulmányok az Árpád-korról. Budapest 1983, 598 p.
Kristó (1995)	*Kristó Gyula*: A honfoglaló magyarok életmódjáról. Századok 129 (1995) 7–60.
Kristó – Makk – Szekfű (1973)	*Kristó Gyula – Makk Ferenc – Szekfű László*: Adatok korai helyneveink ismeretéhez I. Acta Universitatis de Attila József nominatae. Acta Historica 44. Szeged 1973, 95 p.
Kulcsár (1995)	*Kulcsár Mihály*: Az Árpád-kori templom körüli temetők kialakulásának kérdéséhez. SMK 11 (1995) 227–229.
Kuna – Venclová (1995)	*Kuna, Martin – Venclová, Natalie* (eds.) Whither Archaeology? Papers in honour of Evžen Neustupný. Praha 1995, 312 p.
Kvassay (2003)	*Kvassay Judit*: Árpád-kori leletek Nagykanizsa – Billa lelőhelyen. (Egy különleges tárgytípus: az agyaggolyók Zala megyei lelőhelyei). Zalai Múzeum 12 (2003) 143–153.
Laszlovszky (1986)	*Laszlovszky, József*: Einzelhofsiedlungen in der Arpadenzeit. ActaArchHung 38 (1986) 227–254.

Laszlovszky (1991) *Laszlovszky József*: Régészeti ásatások Tiszafüred–Morotvaparton. Árpád-kori és későközépkori objektumok. Szolnok 1991, 317–384.

Lázár (1998) *Lázár Sarolta*: Kora Árpád-kori település Esztergom–Szentgyörgymezőn. Budapest 1998, 88 p. (Opuscula Hungarica I.)

Lázár (2004) *Lázár Sarolta*: 13. századi polírozott palack Esztergom – Örmény területéről. KMMK 11 (2004) 111–121.

Levárdy (1992) *Levárdy Ferenc*: Gyöngyöspata. Plébániatemplom. Budapest, 1992, 16 p. (Tájak–Korok–Múzeumok Kiskönyvtára 156.)

Liska (1996) *Liska András*: X–XI. századi temető Örménykúton. BMMK 16 (1996) 175–208.

Lovag (1980) *Lovag Zsuzsa*: Árpád-kori pecsétgyűrűk. FA XXXI (1980) 221–238.

Lőrinczy (1984) *Lőrinczy Gábor*: Árpád-kori téglaégető kemencék Tiszalök–Kövestelken. Iparrégészet II (1984) 155–162.

Lőrinczy (1990) *Lőrinczy Gábor*: Középkori téglaégető kemencék Csongrádról és Békéscsabáról. MFMÉ (1989/90-1) 159–180.

Madaras (1991) *Madaras László*: A szentes–kajáni temető és néprajzi vonatkozásai. Debrecen 1991, 123 p.

Maday (1960) *Maday Pál*: Békés megye városainak és községeinek története. Békéscsaba 1960, 512 p.

Magyar (1994) *Magyar Kálmán*: A babócsai Nárciszos–Basakert Árpád- és középkori településtörténete a régészeti kutatások alapján. SMMK 10 (1994) 73–91.

Maier (1994) *Maier, Karl Hermann*: Eine mittelalterliche Siedlung auf Markung Urspring. Stuttgart 1994, 97 p.

Majláth (1890) *Majláth Béla*: Az orosházai sírmezők. ArchÉrt X (1890) 417–423.

Makkay (1992) *Makkay, János*: Excavations at the Körös Culture settlement of Endrőd – Öregszőlők 119 in 1986–1989. In: *Bökönyi* (1992) 121–193.

Makkay (2007) *Makkay, János*: The excavations of the Early Neolithic sites of the Körös Culture in the Körös Valley, Hungary: the final report. Volume I. The excavations: stratigraphy, structures and graves. [Trieste] 2007, 284 p.

Makkay – Starnini (2008) *Makkay, János – Starnini, Elisabetta*: The excavations of the Early Neolithic sites of the Körös Culture in the Körös Valley, Hungary: the final report. Volume II. The pottery assemblages. Volume III. The small finds. Budapest 2008, 591 p.

Maksay (1959) *Maksay Ferenc*: Urbáriumok. XVI–XVII. század. Budapest 1959, 890 p.

Marosi (1975) *Marosi Ernő*: Magyar falusi templomok. Budapest 1975, 151 p.

Marosi (1978) *M[arosi] E[rnő]*: Aracs. In: *Tóth Melinda – Marosi Ernő* (szerk.): Árpád–kori kőfaragványok. Katalógus. Székesfehérvár 1978, 100–101.

Marosi – Szilárd (1969) *Marosi Sándor – Szilárd Jenő* (szerk.): A tiszai Alföld. Budapest 1969, 381 p.

Matolcsi (1970) *Matolcsi, János*: Historische Erforschung der Körpergrösse des Rindes auf Grund von ungarischen Knochenmaterial. Zeitschrift für Tierzüchtung un Züchtungsbiologie 87/2 (1970) 89–137.

Matolcsi (1982) *Matolcsi János*: Állattartás őseink korában. Budapest 1982, 332 p.

Medgyesi (1996) — *Medgyesi Pál*: Néhány Békés megyei avar kori és X–XI. századi lelet. BMMK 16 (1996) 129–156.

Meduna – Černá (1991) — *Meduna, Petr – Černá, Eva*: Settlement structure of the early Middle Ages in nortwest Bohemia: investigations of the Pětipsy basin area. Antiquity 65 (1991) 388–395.

Méri (1952) — *Méri István*: Beszámoló a tiszalök–rázompusztai és túrkeve–mórici ásatások eredményeiről I. ArchÉrt 79 (1952) 49–67.

Méri (1954) — *Méri István*: Beszámoló a Tiszalök–rázompusztai és Túrkeve–mórici ásatások eredményéről. II. ArchÉrt 81 (1954) 138–152.

Méri (1964) — *Méri István*: Árpád-kori népi építkezésünk feltárt emlékei Orosháza határában. Budapest 1964, 76 p. (Régészeti Füzetek Ser. II. 12.)

Mersdorf (2007) — *Mersdorf Zsuzsa*: Technológiai nyomok a zalavári Karoling-kori edényeken. CommArchHung 2007, 195–213.

Mester (2010) — *Mester Edit*: Üvegművesség a középkorban és a kora újkorban. In: *Benkő – Kovács* (2010) 643–673.

Mesterházy (1962–64) — *Mesterházy Károly*: Az S végű hajkarika elterjedése a Kárpát-medencében. DDMÉ (1962–64) 95–113.

Mesterházy (1975) — *Mesterházy Károly*: Honfoglalás kori kerámiánk keleti kapcsolatai. FA XXVI (1975) 99–115.

Mesterházy (1983) — *Mesterházy Károly*: Településásatás Veresegyház-Ivacson. CommArchHung 1983, 133–160.

Mesterházy (1985) — *Mesterházy Károly*: Népvándorlás kori cserépüstök. FA XXXVI (1985) 149–161.

Mesterházy (1986) — *Mesterházy Károly*: Az Örsúr nemzetség Váralja faluja. In: *Novák László – Selmeczi László* (szerk.): Falvak, mezővárosok az Alföldön. Nagykőrös 1986, 85–104.

Mesterházy (1994) — *Mesterházy Károly*: Az ún. tokaji kincs revíziója. FA XLIII (1994) 193–239.

Mészáros – Serlegi (2011) — *Mészáros, Orsolya – Serlegi, Gábor*: The impact on environmental change on medieval settlement structure in Transdanubia. ActaArchHung 62 (2011) 199–213.

Miklós (1978) — *Miklós Zsuzsa*: Árpád-kori földvár Váchartyán–Várhegyen. ArchÉrt 105 (1978) 95–106.

Miklós (1991) — *Miklós Zsuzsa*: XIII. századi nemesi udvarház Tura–Szentgyörgyparton. Studia Comitatensia 22 (1991) 433–436.

Miklós (1999) — *Miklós Zsuzsa*: Dombóvár, Szigeterdő, középkori téglaégető. RKM 1999, 155–163.

Miklós – Vizi (1999) — *Miklós Zsuzsa – Vizi Márta*: Előzetes jelentés a középkori Ete mezőváros területén végzett kutatásokról. WMMMÉ 21 (1999) 207–269.

Miklós – Vizi (2002) — *Miklós Zsuzsa – Vizi Márta*: Adatok a középkori Ete mezőváros településtörténetéhez. In: *Gerelyes Ibolya – Kovács Gyöngyi* (szerk.): A hódoltság régészeti kutatása. Budapest 2002, 195–208. (Opuscula Hungarica III.)

MK 3 — *Stemler Gyula* (szerk.): Magyar Kódex 3. Szultán és császár birodalmában. Magyarország művelődéstörténete 1526–1790. Budapest 2000, 459 p.

MRT 2 — *Éri István – Kelemen Márta – Németh Péter – Torma István*: Magyarország régészeti topográfiája. 2. A veszprémi járás. Szerk. Éri István. Budapest 1969, 340 p.

MRT 4 — *Dax Margit – Éri István – Mithay Sándor – Palágyi Sylvia – Torma István*: Magyarország régészeti topográfiája. 4. A pápai és zirci járás. Szerk. Torma István. Budapest 1972, 330 p.

MRT 8 — *Jankovich B. Dénes – Makkay János – Szőke Béla Miklós*: Magyarország Régészeti Topográfiája. 8. Békés megye régészeti topográfiája. IV/2. A szarvasi járás. Szerk. Makkay János. Budapest 1989, 500 p.

MRT 10 — *Jankovich B. Dénes – Medgyesi Pál – Nikolin Edit – Szatmári Imre – Torma István*: Magyarország régészeti topográfiája 10. Békés megye régészeti topográfiája IV/3. Békés és Békéscsaba környéke. Szerk. Jankovich B. Dénes. Budapest 1998, 953 p.

MRT 11 — *Dinnyés István – Kővári Klára – Kvassay Judit – Miklós Zsuzsa – Tettamanti Sarolta – Torma István*: Magyarország régészeti topográfiája 11. Az aszódi és gödöllői járás. Szerk. Torma István. Budapest 2012, 719 p.

Munsell — *Munsell, Albert H.*: Soil color charts. Baltimore 1975.

Müller (1982) — *Müller Róbert*: A mezőgazdasági vaseszközök fejlődése Magyarországon a késővaskortól a törökkor végéig I–II. Zalaegerszeg 1982, 929 p. (Zalai Gyűjtemény 19.)

Nobis (1954) — *Nobis, Günter*. Zur Kenntnis der ur- und frühgeschichtlichen Rinder Nord- und Mitteldeutschlands. Zeitschrift für Tierzüchtung un Züchtungsbiologie 63 (1954) 155–194.

Oláh – Kele – Ács (2010) — *Oláh István – Kele Sándor – Ács Zsófia*: Természetes és mesterséges eredetű építőanyagok Paks–Cseresznyés (M6 autópálya TO18) régészeti lelőhelyről. Évkönyv és Jelentés a Kulturális Örökségvédelmi Szakszolgálat 2008. évi tevékenységéről. Budapest 2010, 197–202.

Olasz (1955) — *Olasz Ernő*: Régészeti ásatások Orosháza környékén. SZKMÉ 1955. 1–32.

Örsi (1993) — *Örsi Julianna*: A magyarok temetkezése. In: *Grin Igor – Krupa András* (szerk.): Békéscsaba néprajza. Békéscsaba 1993, 777–787.

Paládi-Kovács (1993) — *Paládi-Kovács Attila*: A magyar állattartó kultúra korszakai. Budapest 1993, 452 p.

Pálóczi-Horváth (1975) — *Pálóczi-Horváth András*: Rakacaszend román kori templomának régészeti kutatása. Műemlékvédelem XIX/3 (1975) 146–150.

Pálóczi-Horváth (1984) — *Pálóczi-Horváth András*: A rakacaszendi református templom régészeti kutatása. CommArchHung 1984, 109–145.

Pamer (1966) — *Pamer Nóra*: Vörösberény, Ref. templom. RégFüz 20 (1966) 107–108.

Pap (2002) — *Pap Ildikó Katalin*: Téglás és téglakeretes temetkezések a Délkelet-Alföldön. CommArchHung 2002, 177–193.

Pap (2010) — *Pap Ildikó Katalin*: Koporsós temetkezések Szombathely-Kisfaludy utca kora Árpád-kori temetőjében. Savaria 33 (2010) 93–117.

Parádi (1963) — *Parádi Nándor*: Magyarországi pénzleletes középkori cserépedények. ArchÉrt (1963) 205–251.

Pesty (1983) Békés megye Pesty Frigyes helynévgyűjtésében. (Bevezette, jegyzetekkel ellátta és közzéteszi Jankovich B. Dénes.) Békéscsaba 1983, 230 p.

Pluskowski et al. (2010) *Pluskowski, Aleks – Seetah, Krish – Maltby, Mark*: Potential Evidence for Riding and Military Use of Horses at Malbork, International Journal of Osteoarchaeology 20 (2010) 335–343.

Povázsay (1989) *Povázsay László*: Adatok Doboz és környéke erdőhasználatához. In: *Réthy Zsigmond* (szerk.): Dobozi tanulmányok. Békéscsaba, 1989, 337–372.

Pölös (2001) *Pölös Andrea*: Építőáldozatok. In: *Cseri Miklós – Tárnoki Judit* (szerk.): Népi építészet a Kárpát-medencében a honfoglalástól a 18. századig. Szentendre–Szolnok 2001, 467–484.

Pusztai (1996) *Pusztai Tamás*: Muhi középkori mezőváros régészeti kutatásának topográfiai előkészítéséről. HOMÉ 33–34 (1995–1996) 33–59.

Pusztai (2010) *Pusztai Tamás*: Középkori falvak és mezővárosok régészeti kutatása. In: *Benkő – Kovács* (2010) 113–139.

Rackham (1995) *Rackham, D. James*: Appendix: skeletal evidence of medieval horses from London sites. In: *Clark, J.* (ed.): The Medieval Horse and its Equipment, c.1150–1450 London: HMSO, 1995. 169–174. (Medieval Finds from Excavations in London, No.5.)

Rácz (1880) *Rácz Károly*: A zarándi egyházmegye története. Arad 1880, 293 p.

Rácz (1993) *Rácz Lajos*: Éghajlati változások a középkori és kora újkori Európában. In: *R. Várkonyi Ágnes – Kósa László* (szerk.): Európa híres kertje. Budapest 1993, 67–86.

Rácz (2008) *Rácz Lajos*: Éghajlati változások a Kárpát-medencében a középkor idején. In: *Kubinyi András – Laszlovszky József – Szabó Péter* (szerk.): Gazdaság és gazdálkodás a középkori Magyarországon. Budapest 2008, 21–35.

Raczky et al. (1985) *Raczky, Pál et al.*: Öcsöd–Kováshalom. The intensive topographical and archaeological investigation of a Late Neolithic site. Preliminary report. MittArchInst 14 (1985) 251–278.

Raczky et al. (1997) *Raczky Pál – Kovács Tibor – Anders Alexandra* (szerk.): Utak a múltba. Budapest 1997, 200 p.

Reiß (1994) *Reiß, Robert*: Der merowingerzeitliche Reihengräberfriedhof von Westheim. Nürnberg 1994, 428 p.

Reitz – Wing (1999) *Reitz, Elizabeth – Wing, Elizabeth S.*: *Zooarchaeology*. Cambridge 1999, 533 p.

Réthly (1962) *Réthly Antal*: Időjárási események és elemi csapások Magyarországon 1700-ig. Budapest 1962, 450 p.

Révész (2008) *Révész László*: Heves megye 10–11. századi temetői. Budapest 2008, 491 p. (Magyarország honfoglalás kori és kora Árpád-kori sírleletei 5. Sorozatszerkesztő: Kovács László és Révész László.)

Ritoók (2010) *Ritoók Ágnes*: A templom körüli temetők régészeti kutatása. In: *Benkő – Kovács* (2010) 473–494.

Ritoók – Simonyi (2005) *Ritoók Ágnes – Simonyi Erika* (szerk.): »...a halál árnyékának völgyében járok.« A középkori templom körüli temetők kutatása. Budapest 2005, 332 p. (Opuscula Hungarica VI.)

Rusu (1998) — *Rusu, Adrian Andrei*: Gotic si Renastere la Vinţu de Jos. (Documente de cultura materiala din Transilvania secolelor XIII–XVII.) – Gotik und Renaissance in Unter-Winz. (Dokumente der Sachkultur in Siebenbürgen im 13.–17. Jh.) Cluj–Napoca – Satu Mare 1998, 142 p.

Ruttkay (1976) — *Ruttkay, Alexander*: Waffen und Reiterausrüstung des 9. bis zur ersten Hälfte des 14. Jahrhunderts in der Slowakei. II. SlovArch XXIV (1976) 245–395.

Sabján (1999) — *Sabján Tibor*: A veremház rekonstrukciója. In: *Bencze Zoltán – Gyulai Ferenc – Sabján Tibor – Takács Miklós*: Egy Árpád-kori veremház feltárása és rekonstrukciója. Budapest 1999, 131–176.

Sági (1967) — *Sági Károly*: Árpád-kori varázslás régészeti emlékei. VMMK 6 (1967) 55–85.

Schlette (1980) — *Schlette, Friedrich von* (herausg.): Urgesichtliche Besiedlung in ihrer Beziehung zur natürlichen Umwelt. Wissenschaftliche Beiträge der Martin-Luther Universität Halle–Wittenberg, 1980/6. 219 p.

Selmeczi (1973) — *Selmeczi László*: Adatok és szempontok a kunok régészeti kutatásához Szolnok megyében. SZMMÉ (1973) 105–115.

Selmeczi (1974) — *Selmeczi László*: Adatok és szempontok a kunok régészeti kutatásához Szolnok megyében. In: *Bellon Tibor* (szerk.): Karcagi várostörténeti tanulmányok. Karcag 1974, 17–34.

Selmeczi (1992a) — *Selmeczi László*: A négyszállási I. számú jász temető. Budapest 1992, 140 p. (BTM Műhely 4.)

Selmeczi (1992b) — *Selmeczi László*: Régészeti-néprajzi tanulmányok a jászokról és a kunokról. Debrecen 1992, 239 p.

Simon (1992) — *Simon Tibor*: A magyarországi edényes flóra határozója. Harasztok – virágos növények. Budapest 1992, 892 p.

Simon (2006) — *Simon László* (szerk.): Régészeti kutatások másfél millió négyzetméteren. Autópálya és gyorsforgalmi utak építését megelőző régészeti feltárások Pest megyében 2001–2006. Szentendre 2006, 111 p.

Simonyi (2010) — *Simonyi Erika*: 10–13. századi települések Északkelet-Magyarországon és a régió Árpád-kori kerámiája. Doktori értekezés, kézirat. Budapest 2010, 161 p.

Somogyi (1984) — *Somogyi Sándor*: Történeti földrajzi bevezető. In: Magyarország története I. kötet. Előzmények és magyar történet 1242-ig. Főszerk. Székely György, Szerk. Bartha Antal. Budapest 1984, 25–68.

Somogyi (1997) — *Somogyi, Péter*: Drei frühawarzeitliche Bestattungen aus der Fundstelle Nr. 264 von Gyoma. MFMÉ – StudArch III (1997) 97–116.

Sörös (1893) — *Sörös Rudolf*: Szemtanú elbeszélése Gyula várának 1529-iki ostromáról. BRMTÉ XVII (1893) 19–32.

Sporbeck (2001) — *Sporbeck, Gudrun*: Textilherstellung – Zu mittelalterlichen Spinn- und Webgeräten. In: *Lindgren, Uta* (hrsg.): Europäische Technik im Mittelalter 800 bis 1400. Tradition und Innovation. Berlin 2001, 471–479.

Stanojev (1980) — *Stanojev, Nebojša*: Zaštitno iskopavanje lokaliteta Botra kod Bečeja - srednjevekovna lončarska radionica. Rad Vojvođanskih Muzeja 26 (1980) 89–118.

Stanojev (1996) — *Stanojev, Nebojša*: Srednjovekovna seoska naselja od V do XV veka u Vojvodini. Novi Sad 1996, 158 p.

Sümegi – Gulyás (2004) — *Sümegi, Pál – Gulyás, Sándor* (eds.) The geohistory of Bátorliget marshland. Budapest 2004, 356 p.

Szabadfalvi (1991) — *Szabadfalvi József*: A sertés Magyarországon. Debrecen 1991, 201 p.

Szabó (1936) — *Szabó Dénes*: A dömösi prépostság adománylevele (1138/1329). MNy XXXII (1936) 54–57, 130–135, 203–206.

Szabó (1938) — *Szabó Kálmán*: Az alföldi magyar nép müvelődéstörténeti emlékei. Budapest 1938, 135 p. (Bibliotheca Humanitatis Historica III.)

Szabó (1954) — *Szabó Dénes*: A dömösi adománylevél hely- és vízrajza. Budapest 1954, 56 p.

Szabó (1966) — *Szabó István*: A falurendszer kialakulása Magyarországon (X–XV. század) Budapest 1966, 216 p.

Szatmári (1994a) — *Szatmári Imre*: Gyula középkori ferences temploma és kolostora. In: *Haris Andrea* (szerk.): Koldulórendi építészet a középkori Magyarországon. Budapest 1994. 409–436.

Szatmári (1994b) — *Szatmári Imre*: Ásatások a Décsi-halmon. Szarvasi Krónika 8 (1994) 66–71.

Szatmári (1995) — *Szatmári Imre*: Árpád-kori templomok Kamuton. ArchÉrt 121–122 (1994–1995) 37–56.

Szatmári (1996a) — *Szatmári Imre*: Árpád-kori templom Gyula és Szabadkígyós határvonalán. MFMÉ – StudArch II (1996) 353–380.

Szatmári (1996b) — *Szatmári Imre*: Honfoglalás kori lovas sírok Décsén. In: *Wolf Mária – Révész László* (szerk.): A magyar honfoglalás korának régészeti emlékei. Miskolc 1996, 162–186.

Szatmári (1996c) — *Szatmári Imre*: Középkori falusi templomok régészeti kutatása Gyula határában. (Implom József ásatásainak hitelesítése.) In: *Szatmári Imre – Gerelyes Ibolya*: Tanulmányok a gyulai vár és uradalma történetéhez. Gyula 1996, 9–87. (Gyulai Füzetek 8. szerk. Jankovich B. Dénes.)

Szatmári (1996d) — *Szatmári Imre*: A középkori Szénásegyház nyomában. Nagyszénás 1996, 7–97. (Nagyszénás. Fejezetek a község történetéből 4. Sorozatszerkesztő Czeglédi Mihály.)

Szatmári (1996e) — *Szatmári Imre*: Középkori templom feltárása Telekgerendás határában. BMMK 16 (1996) 209–255.

Szatmári (1997) — *Szatmári Imre*: Árpád-kori templom Sarkadkeresztúron. MFMÉ – StudArch III (1997) 345–379.

Szatmári (1998) — *Szatmári Imre*: Újabb leletek a középkori Kovácsháza területéről. MúzHír 1998/2. 31–34.

Szatmári (1999) — *Szatmári Imre*: A középkori Csorvás és temploma. BMMK 20 (1999) 83–145.

Szatmári (2000) — *Szatmári Imre*: Újabb ásatások Nagyszénáson. Árpád-kori település temploma és temetője a Dózsa–erdőben. Nagyszénás 2000, 5–128. (Nagyszénás. Fejezetek a község történetéből 7. Sorozatszerkesztő Czeglédi Mihály.)

Szatmári (2004) — *Szatmári Imre*: A mezőberényi Árpád-kori kereszt. MFMÉ – StudArch X (2004) 501–524.

Szatmári (2005a) *Szatmári Imre*: Békés megye középkori templomai. Békéscsaba 2005, 214 p.

Szatmári (2005b) *Szatmári Imre*: Temetkezési szokások régészeti-néprajzi vonatkozásai a középkori Décse templom körüli temetőjében. In: *Ritoók – Simonyi* (2005) 114–124.

Szatmári (2006) *Szatmári Imre*: Az Árpád-kori Peterd temploma és temetője. In: *Fodor István – Szatmári Imre* (szerk.): A fénylő középkor. Tanulmányok Kovalovszky Júlia tiszteletére. Budapest – Békéscsaba 2006, 55–86.

Szatmári – Vágó (1993) *Szatmári Imre – Vágó Csaba*: Medgyesegyháza területének településtörténete az őskortól a törökvilág végéig. In: *Szabó Ferenc* (szerk.): Medgyesegyháza 1893–1993. Tanulmányok a nagyközséggé alakulás centenáriuma tiszteletére. Medgyesegyháza 1993, 8–66.

Székely et al. (1992) *Székely, Balázs – Magyari, Orsolya – Steinbach, Péter – Tóth, Tamás*: Results of geophysical surveying in the investigation of archaeological sites in the Gyomaendrőd region, Hungary. In: *Bökönyi* (1992) 41–59.

Szekeres (2005) *Szekeres Krisztina*: Temetkezések Edelény–Cseb középkori templomában. In: *Ritoók – Simonyi* (2005) 257–263.

Szentpéteri (2002) *Szentpéteri, József*: Archäologische Denkmäler der Awarenzeit in Mitteleuropa. I–II. Budapest 2002, 436, 700 p. (VariaArchHung XIII/1–2.)

Szerémi (1979) *Szerémi György*: Magyarország romlásáról. Budapest 1979, 402 p.

Szeremlei (1901) *Szeremlei Samu*: Hód-Mező-Vásárhely története II. Hódmezővásárhely 1901, 471 p.

Szőke – Vándor (1987) *Szőke Béla Miklós – Vándor László*: Pusztaszentlászló Árpád-kori temetője. Budapest 1987, 188 p. (Fontes Archaeologici Hungariae)

Szőke (1959) *Szőke Béla*: A Bjelo-Brdo kultúráról. ArchÉrt 86 (1959) 32–46.

Szőke (1962) *Szőke Béla*: A honfoglaló és kora Árpád-kori magyarság régészeti emlékei. Budapest 1962, 118 p. (Régészeti Tanulmányok I. Szerk. Gerevich L.)

Szőke (1980) *Szőke, Béla Miklós*: Zur awarenzeitlichen Siedlungsgeschichte des Körös-Gebietes in Südost-Ungarn. ActaArchHung 32 (1980) 181–203.

Szőke (1995) *Szőke, Béla Miklós*: Borderland of cultures. Settlement history research in the Hahót Basin. Antaeus 22 (1995) 13–33.

Szőke (1996) *Szőke, Béla Miklós* (herausg.): Archäologie und Siedlungsgeschichte im Hahóter Becken SW-Ungarn. Antaeus 23 (1996) 29–319.

Szujkó-Lacza (1991) *Szujkó-Lacza, Júlia*: Reconstruction of the history of the postglacial flora and vegetation in the region between Danube and Tisza and Tiszántúl. Kiev 1991, 79 p.

T. Ruttkay (2005) *T. Ruttkay, Alexander*: A szlovákiai templom körüli temetők kutatásáról. In: *Ritoók – Simonyi* (2005) 31–57.

Takács (1986) *Takács, Miklós*: Die arpadenzeitlichen Tonkessel im Karpatenbecken. Budapest 1986, 162 p. (VariaArchHung I.)

Takács (1993a) *Takács Miklós*: Falusi lakóházak és egyéb építmények a Kisalföldön a 10–16. században. (Kutatási eredmények és további feladatok). In: *Perger Gyula – Cseri Miklós* (szerk.): A Kisalföld népi építészete. Szentendre–Győr 1993, 7–53.

Takács (1993b) *Takács Miklós*: A kisalföldi, Árpád-kori cserépbográcsok pontosabb időrendje. HOMÉ 30–31 (1993) 447–485.

Takács (1993c) *Takács Miklós*: Árpád-kori településrészlet Kajárpéc–Pokolfadombon. CommArchHung 1993, 201–223.

Takács (1996a) *Takács, Miklós*: Formschatz und Chronologie der Tongefässe des 10.–14. Jahrhunderts der Kleinen Tiefebene. ActaArchHung 48 (1996) 135–195.

Takács (1996b) *Takács Miklós*: Honfoglalás és korai Árpád-kori telepfeltárások az M1 autópálya nyugat-magyarországi szakaszán. In: *Wolf Mária – Révész László* (szerk.): A magyar honfoglalás korának régészeti emlékei. Miskolc 1996, 197–217.

Takács (1996c) *Takács Miklós*: Veszprém megye 10–11. századi kerámiája. Pápai Múzeumi Értesítő 6 (1996) 329–350.

Takács (1997) *Takács Miklós*: Kisfazék, bögre, csupor. MMMKözl 1995–1997, 61–72.

Takács (2000) *Takács Miklós*: Polírozott kerámia a kora középkori Kisalföldön. Arrabona 38 (2000) 7–50.

Takács (2010a) *Takács, Miklós*: Das Formenspektrum der Tonkessel im Karpatenbecken. Archäologisches Korrespondenzblatt 40 (2010) 139–154.

Takács (2010b) *Takács Miklós*: Árpád-kori falusias települések kutatása Magyarországon 1990 és 2005 között. In: *Benkő – Kovács* (2010) 1–67.

Tari (2000) *Tari Edit*: Pest megye középkori templomai. Szentendre 2000, 267 p. (Studia Comitatensia 27.)

Terei – Horváth (2007a) *Terei György – Horváth Antónia*: Az Árpád-kori Kána falu vasleletei I. CommArchHung 2007, 215–246.

Terei – Horváth (2007b) *Terei György – Horváth Antónia*: Az Árpád-kori Kána falu vasleletei II. BudRég XLI (2007) 153–192.

Terei (2010) *Terei György*: Az Árpád-kori Kána falu. In: *Benkő – Kovács* (2010) 81–111.

Tomka (2011) *Tomka Péter*: 10. századi település a Győri Vagongyár területéről. In: *Kolozsi Barbara, Szilágy Krisztián Antal* (szerk.): Sötét idők falvai. Debrecen 2011, 267–305.

Torma (2011) *Kővári Klára – Miklós Zsuzsa* (szerk.): „Fél évszázad terepen". Tanulmánykötet Torma István tiszteletére 70. születésnapja alkalmából. Budapest 2011, 347 p.

Tóth (2000) *Tóth Sándor*: Az aracsi kő rokonsága. In: *Kollár Tibor* (szerk.): A középkori Dél-Alföld és Szer. Szeged 2000, 429–447.

Trogmayer (1977) *Trogmayer Ottó*: Szőreg őstörténete. In: *Hegyi András* (szerk.): Szőreg és népe. Szeged 1977, 51–66.

Trogmayer (1980a) *Trogmayer Ottó*: A szeged–szőregi románkori templom feltárása. Műemlékvédelem XXIV/3 (1980) 153–155.

Trogmayer (1980b) *Trogmayer Ottó*: Szer monostora. In: *Trogmayer Ottó – Zombori István*: Szer monostorától Ópusztaszerig. Budapest 1980, 5–69.

Trogmayer (1992) *Trogmayer Ottó*: A pusztaszeri templomrom. Műemlékvédelem XXXVI/2 (1992) 88–94.

Türk (2001) *Türk Attila*: Szentes – Kaján, Temetőhalom régészeti lelőhely 2000. évi feltárása. In: *Erdélyi Péter – Szűcs Judit* (szerk.): Múzeumi Kutatások Csongrád megyében. 1999–2000. Szeged 2001, 21–28.

Vaday – Kovács (2011) *Vaday, Andrea – Kovács, László*: Örménykút Site 52. Section of a cemetery from the Period of the Hungarian Conquest. In: *H. Vaday et al.* (2011) 587–637.

Valter (1987) *Valter Ilona*: Az őriszentpéteri késő középkori téglaégető kemence. CommArchHung 1987, 139–153.

Vályi (1986) *Vályi Katalin*: Árpád-kori falusi építmények a szeri monostor területéről. ArchÉrt 113 (1986) 224–236.

Vályi (1996) *Vályi Katalin*: Bolgár és késő avar kori elemek a pusztaszeri település kerámiájában. In: *Pálfi György – Farkas L. Gyula – Molnár Erika* (szerk.): Honfoglaló magyarság, Árpád-kori magyarság. Szeged 1996, 43–57.

Vályi (2010) *Vályi Katalin*: Szer monostora és települése az elmúlt 27 év kutatásai alapján. In: *Benkő – Kovács (2010)* 387–400.

Váňa (1956) *Váňa, Zdeněk*: Lahvovité tvary v západoslovanské keramice. Památky Acheologické XLVII-1 (1956) 105–141.

Vándor (1981) *Vándor László*: A pókaszepetki kemence. Iparrégészet I. Égetőkemencék. Veszprém 1981, 73–75.

Vándor (1996) *Vándor László*: A királyi hadiút mentén. In: *Költő László – Vándor László* (szerk.): Évezredek üzenete a láp világából. (Régészeti kutatások a Kis-Balaton területén 1979–1992.) Kaposvár–Zalaegerszeg 1996, 143–161.

Vékony (1996) *Vékony Gábor*: Honfoglaló magyar szállás. X. századi magyar falu az Által-ér mentén. Régészeti kiállítás a tatabánya–dózsakerti feltárás anyagából. Tatabánya é. n. [1996] 19 p.

Velics – Kammerer (1890) *Velics Antal – Kammerer Ernő*: Magyarországi török kincstári defterek. Második kötet. 1540–1639. Budapest 1890, 770 p.

Veress (1938) *Veress Endre*: Gyula város oklevéltára (1313–1800). Budapest 1938, 500 p.

Vida (1991) *Vida Tivadar*: Újabb adatok az avarkori „fekete kerámia" és a korongolatlan cserépbográcsok kérdéséhez. MFMÉ (1984–1985) (1991) 390–391.

Vida (1996) *Vida, Tivadar*: Avar Period settlement remains and graves at the site of Gyoma 133. In: *Bökönyi* (1996) 323–364.

Vida (1999) *Vida, Tivadar*: Die awarenzeitliche Keramik I. (6–7. Jh.) Budapest 1999, 324 p., 173 p. (VariaArchHung VIII.)

Vida (2011) *Vida Tivadar*: Sütőharangok és sütőfedők. Régészeti adatok Dél- és Közép-Európa étkezési kultúrájához. In: *Kolozsi Barbara – Szilágy Krisztián Antal* (szerk.): Sötét idők falvai. Debrecen 2011, 701–817.

Virágh (1960) *Virágh Ferenc*: Török hódoltság Gyula térségében. Békéscsaba 1960, 103 p.

Vizi (2011) *Vizi Márta*: Terepbejárások Decs–Ete mezőváros (Tolna megye) területén. In: *Torma* (2011) 87–100.

Vörös (1990) *Vörös István*: Kutyaáldozatok és kutyatemetkezések a középkori Magyarországon I. FA XLII (1990) 117–145.

Vörös (2000) *Vörös István*: Adatok az Árpád-kori állattartás történetéhez. In: *Bende Lívia – Lőrinczy Gábor* (szerk.): A középkori magyar agrárium. Tudományos ülésszak Ópusztaszeren. Ópusztaszer, 2000. 71–111.

Vörös (2007) *Vörös István*: Egy archaeozoológiai rekonstrukciós módszer: állatcsont-maradványok Kretzoi-féle felosztása. Archeometriai Műhely 4/1 (2007) 31–36.

Vörös (2009) *Vörös István*: Adatok a Dunakanyar régió Árpád-kori állattartásához. In: *Bartosiewicz László – Gál Erika – Kováts István* (szerk.): Csontvázak a szekrényből: válogatott tanulmányok a Magyar Archaeozoológusok Visegrádi Találkozóinak anyagából, 2002–2009. Budapest 2009, 131–150. (Opitz Archaeologica 3.)

Wolf (1985) *Wolf Mária*: Előzetes jelentés a Karos határában feltárt 10. századi telepekről. MFMÉ (1984–85/2) 581–614.

Wolf (1989) *Wolf Mária*: Régészeti adatok Észak-Magyarország középkori népi építészetéhez. In: *Balassa M. Iván – Cseri Miklós – Vigh Gyula* (szerk.): Népi építészet a Kárpát-medence északkeleti térségében. Miskolc–Szentendre 1989, 47–59.

Wolf (1992) *Wolf Mária*: Előzetes jelentés a borsodi földvár ásatásáról (1987–1990) JAMÉ XXX–XXXII (1987–1989) Nyíregyháza 1992, 393–430.

Wolf (1993) *Wolf Mária*: Babonás szokások Árpád-kori falvainkban. HOMÉ 30–31:2 (1993) 543–562.

Wolf (1997) *Wolf Mária*: Hejőkeresztúr–Vizekköze. Árpád-kori település a XI–XIII. századból. In: *Raczky Pál – Kovács Tibor – Anders Alexandra* (szerk.): Utak a múltba. Az M3-as autópálya régészeti leletmentései. Budapest 1997, 139–142.

Wolf (2003) *Wolf Mária*: Adatok 10. századi edényművességünkhöz. A borsodi leletek tanúságai. HOMÉ XLII (2003) 85–108.

Zaharia (1967) *Zaharia, Eugenia*: Săpăturile de la Dridu. Bucureşti 1967, 271 p.

Zalotay (1957) *Zalotay Elemér*: Gellértegyházai Árpádkori temető. RégFüz 7 (1957) 59 p.

Zatykó (2010) *Zatykó Csilla*: Természeti táj – emberformálta táj: a középkori környezet rekonstrukciójának lehetőségei. In: *Benkő – Kovács* (2010) 839–850.

Zatykó (2011) *Zatykó Csilla*: Lelőhely és település kapcsolata a középkori Nagyszakácsiban. In: *Torma* (2011) 101–108.

Zatykó – Juhász – Sümegi (2007) *Zatykó, Csilla – Juhász, Imola – Sümegi, Pál* (eds.): Environmental archaeology in Transdanubia. Budapest 2007, 390 p. (VariaArchHung XX.)

RÖVIDÍTÉSJEGYZÉK

ActaArchHung	Acta Archaeologica Academiae Scientiarum Hungaricae (Budapest)
ArchÉrt	Archaeologiai Értesítő (Budapest)
ArchRozhl	Archeologické Rozhledy (Praha)
átm.:	átmérő
BÉ	Békési Élet (Békéscsaba)
BJM	Jantyik Mátyás Múzeum (Békés)
BMMK	A Békés Megyei Múzeumok Közleményei (Békéscsaba)
BmT	A Békés Megyei Levéltár kéziratos térképgyűjteménye (Gyula)
BRMTÉ	A Békésvármegyei Régészeti és Mívelődéstörténelmi Társulat Évkönyve (Gyula)
BudRég	Budapest Régiségei (Budapest)
CommArchHung	Communicationes Archaeologicae Hungariae (Budapest)
DDMÉ	Déri Múzeum Évkönyve (Debrecen)
Dolg	Dolgozatok a Szegedi Tudományegyetem Régiségtudományi Intézetéből (Szeged)
FA	Folia Archaeologica (Budapest)
fá.:	fenékátmérő
h.:	hosszúság
Hd.:	helytörténeti dokumentumok
HOMÉ	Herman Ottó Múzeum Évkönyve (Miskolc)
KMMK	Komárom Megyei Múzeumok Közleményei (Tatabánya)
KÖH	Kulturális Örökségvédelmi Hivatal (Budapest)
ltsz.:	leltári szám
m.:	magasság
MFMÉ	Móra Ferenc Múzeum Évkönyve (Szeged)
MFMÉ – StudArch	A Móra Ferenc Múzeum Évkönyve – Studia Archaeologica (Szeged)
MittArchInst	Mitteilungen des Archäologischen Instituts der Ungarischen Akademie der Wissenschaften (Budapest)
MMM	Munkácsy Mihály Múzeum (Békéscsaba)
MMMKözl	Magyar Mezőgazdasági Múzeum Közleményei (Budapest)
MNM	Magyar Nemzeti Múzeum (Budapest)
MNy	Magyar Nyelv (Budapest)
MRT	Magyarország Régészeti Topográfiája.
MTA Dok.	Dokumentáció az MTA Régészeti Intézete Adattárában
MTA RI	Magyar Tudományos Akadémia Régészeti Intézete (Budapest)
MúzHír	Múzeumi Híradó. A Békés Megyei Múzeumok Igazgatósága tájékoztatója (Békéscsaba)
Rég. Ad.	Régészeti Adattár
RégFüz	Régészeti Füzetek (Budapest)
RKM	Régészeti Kutatások Magyarországon (Budapest)
Ro	Románia
Slov	Szlovákia
SlovArch	Slovenská Archeológia (Nitra)
SMK	Somogy Megyei Múzeumok Közleményei (Kaposvár)

StudCom	Studia Comitatensia (Szentendre)
sz.:	szélesség
szá.:	szájátmérő
SZKMÉ	A Szántó Kovács Múzeum Évkönyve (Orosháza)
SZMMÉ	Szolnok Megyei Múzeumi Évkönyv (Szolnok)
T	tájolás
TSM	Tessedik Sámuel Múzeum (Szarvas)
v.:	vastagság
VariaArchHung	Varia Archaeologica Hungarica (Budapest)
VH	vázhossz
WMMMÉ	Wosinsky Mór Megyei Múzeum Évkönyve (Szekszárd)

AZ ALFÖLDI MIKRORÉGIÓ TÉMAKÖRÉBEN EDDIG MEGJELENT MŰVEK BIBLIOGRÁFIÁJA

1. *Bartosiewicz, László – Járó, Márta – Költő, László*: Water siewing experiment at Örménykút, Site 54. Archaeometrical research in Hungary. Bp. National Centre of Museums. In: The Impact of Geographic Information Systems on Archaeology: an European Perspective. Eds. Lock, Gary and Stancic, Zoran. London 1995, 267–274.
2. *Bartosiewicz, László*: Animal exploitation at the sarmatian site of Gyoma 133. In: Cultural and Landscape Changes in South-East Hungary II. In: Bökönyi 1996, 365–446.
3. *Bondár Mária*: Rézkori és kora bronzkori településmaradvány Gyomaendrődön. BMMK 20 (1999) 47–65.
4. *Bökönyi Sándor*: Definitions of animal domestication. In: The walking larder. Patterns of domestication, pastoralism and predation. Ed. Clutton-Brook, J. One World Archaeology, 2. Boston-Sidney-Wellington 1989, 22–27.
5. *Bökönyi, Sándor* (ed.): Cultural and Landscape Changes in South-East Hungary I. Reports on the Gyomaendrőd Project. Bp. 1992, 384 p. (Archaeolingua 1.)
6. *Bökönyi, Sándor* (ed.): Cultural and Landscape Changes in South-East Hungary II. Prehistoric, Roman Barbarian and Late Avar Settlement at Gyoma 133. (Békés County Microregion) Bp. 1996, 453 p. (Archaeolingua 5.)
7. *Bökönyi, Sándor*: Animaly husbandry of the Körös-Starcevo complex: its origin and development. Budapest (1989) 13–16. (VariaArchHung. II.)
8. *Bökönyi, Sándor*: The early neolithic vertebrate fauna of Endrőd-119. In: Bökönyi 1992, 195–300.
9. *Cattani, M.*: Iron Age Dwellings in Endrőd 19 (SE Hungary). In: The Archaeology of the Steppes. Methods and Strategies. Papers from the International Symposium held in Naples 9–12 November 1992. Ed. by Genito, Bruno. Naples 1994, 209–219.
10. *Choyke, Alice*: Worked animal bone at the Sarmatian site of Gyoma 133. In: Bökönyi 1996, 307–322.
11. *Cremaschi, M*: Geoarchaeology of the Kurgan Endrőd 122 (SE Hungary). In: The Archaeology of the Steppes. Methods and Strategies. Papers from the International Symposium held in Naples 9–12 November 1992. Ed. by Genito, Bruno. Naples 1994, 197–207.
12. *Cucarzi, Mauro*: Exploration with non-destructive methods of the Microregion territorial entity in the Bekes District in Eastern Hungary. Kéziratos jelentés. Róma 1992, 14 oldal és mellékletek.
13. *Cucarzi, Mauro*: The integrated geoarchaeological approach within the territory: the case of the Microregion. In: Bökönyi 1992, 13–40.
14. *Erdélyi, István*: The excavation of a settlement and cemetery on the outskirts of Gyomaendrőd. In: Bökönyi 1992, 369–378.
15. *Gabler, Dénes – Vaday Andrea*: Terra Sigillata im Barbaricum zwischen Pannonien und Dazien. ActaArchHung. 44 (1992) 83–160.
16. *Gál, Erika*: New bird remains from the prehistoric site of Endrőd 3/6, Hungary. In: Bartosiewicz, L., Gál, E., Kováts, I. (eds.) Skeletons from the cupboard. Bp. 2009, 35–45.
17. *Genito, Bruno*: An Archaeology of the Steppes: Steps towards the identification of Culture-Groups. In: The Archaeology of the Steppes. Methods and Strategies. Papers from the International Symposium held in Naples 9–12 November 1992. Ed. by Genito, Bruno. Naples 1994, 177–193.

18. *Genito, Bruno*: The Archaeological Cultures of the Sarmatians with a Preliminary Note on the Trial Trenches at Gyoma 133: A Sarmatian Settlement in South-Eastern Hungary (Campaign 1985) Annali (Napoli) 48 (1988):2 81–126.
19. *Genito, Bruno*: The Endrőd 19 Project. Appendices of Mauro Chremaschi, Mauro Cucarzi. In: Bökönyi 1992, 337–364.
20. *Guidi, A.*: Pottery Sequence and the Scythian Period in Endrőd 19 (SE Hungary). In: The Archaeology of the Steppes. Methods and Strategies. Papers from the International Symposium held in Naples 9–12 November 1992. Ed. by Genito, Bruno. Naples 1994, 221–229.
21. *H. Vaday, Andrea – Jankovich B., Dénes – Kovács, László*: Archaeological investigations in County Békés 1986–1992. Bp. 2011, 640 p. (VariaArchHung. XXV.)
22. *Jankovich B. Dénes*: A felszíni leletgyűjtés módszerei és szerepe a régészeti kutatásban. Bp. 1993, 61 p. (Régészeti Továbbképző Füzetek 4. Szerk. T. Dobosi Viola.)
23. *Jankovich B. Dénes*: A felszíni leletgyűjtés szerepe a településrégészetben. Kandidátusi értekezés. Bp. 1993, 160 oldal.
24. *Jankovich B. Dénes*: A Körös-Tisza-Maros-köz települései a középkorban. Dél-alföldi Évszázadok 9. Szerk. Blazovich László. Szeged 1996, 353 p. Kb. 1 ív összterjedelmű címszó vonatkozik a témában érintett területre.
25. *Jankovich B. Dénes*: A régészet két nagy vállalkozása Békés megyében. Békési Élet 24 (1989):1 18–26.
26. *Jankovich B. Dénes*: Adatok a Körösvidék középkori vízrajzához és a vizek hasznosításához. BMMK 16 (1996) 305–349.
27. *Jankovich B. Dénes*: Szondázó ásatás Szarvas–Rózsáson. In: A kőkortól a középkorig. Tanulmányok Trogmayer Ottó 60. születésnapjára. Szerk. Lőrinczy Gábor. Szeged 1994, 405–412.
28. *Jankovich, B. Dénes – Kvassay, Judit – Pattantyús-Á, Miklós*: Interdisciplinary survey and trial excavation of a multicomponent site, Endrőd 170. In: Bökönyi 1992, 99–120.
29. *Jankovich, B. Dénes et al.*: Archaeological and geophysical survey of a multi-aged site Endrőd-170 in SE-Hungary. (Preliminary report). Prospezioni Archeologiche, 1990/1. 123–132.
30. *Jerem, Erzsébet – Kiss, Zsuzsa – Pattantyús-Á, Miklós – Varga, András*: The combined use of archaeometric methods preceding the excavation of archaeological sites. In: Bökönyi 1992, 61–95.
31. *Jerem, Erzsébet – Varga, András*: Application of multiple archaeometrical methods in prospecting archaeological sites. International Symposium on Archaeometry. Heidelberg, 1990, 101.
32. *Jerem, Erzsébet et al.*: Application of Multiple Archaeometrical Methods in Prospecting Archaeological Sites. In: Pernicka, E. – Wagner, G. (eds.) Archaeometry 90'. Basel–Boston–Berlin 1991, 729–738.
33. *Jerem, Erzsébet – Redő, Ferenc*: Data recording and GIS application ind landscape and intrasite analysis. In: The Impact of Geographic Information Systems on Archaeology: an European Perspective. Eds. Lock, Gary and Stancic, Zoran. London 1995, 85–99.
34. *Juhász Irén*: X–XI. századi temetkezések Békés megye északi területén. BMMK 16 (1996) 157–173.
35. *Kovács László*: Egy-egy apró 10. és 11. századi temetőmaradvány: Gyomaendrőd–Kádár-tanya, Gyomaendrőd–Ugari-dűlő I. In: Fél évszázad terepen. Tanulmánykötet Torma István tiszteletére, 70. születésnapja alkalmából. Szerk. Kővári Klára, Miklós Zsuzsa. Bp. 2010, 225–238.
36. *Kovács László*: Fakés egy honfoglaló magyar női sírban. In: Laudator temporis acti. Tanulmányok Horváth István 70 éves születésnapjára. Szerk. Tari Edit, Tóth Endre. Esztergom 2012, 107–128.
37. *Liska András*: X–XI. századi temető Örménykúton. BMMK 16 (1996) 175–208.

38. *Makkay János*: A Linear Pottery culture refuse pit and two contracted burials from the site of Endrőd-Öregszőlők XI. In: Bökönyi 1992, 313–336.
39. *Makkay János*: Excavations at the Körös culture settlement of Endrőd-Öregszőlők 119 in 1986–1989. In: Bökönyi 1992, 121–194.
40. *Makkay János*: Zwei neuere Opfergruben der Körös-Starcevo-Kultur. In: Bylany Seminar 1987, Collected Papers. Praha 1989, 243–248.
41. *Makkay, János – Starnini, Elisabetta*: The excavations of the early neolithic sites of the Körös Culture in the Körös Valley, Hungary: the final report. Vol. II. The pottery assemblages, and Vol. III. The small finds. Budapest, 2008, 591 p.
42. *Makkay, János*: Diffusionism, antidiffusionism and chronology: some general remarks. ActaArchHung. 37 (1985) 3–12.
43. *Makkay, János*: Kontakte zwischen der Körös-Starcevo-Kultur und der Linienbandkeramik. CommArchHung. 1987, 15–24.
44. *Makkay, János*: The excavations of the early neolithic sites of the Körös Culture in the Körös Valley, Hungary: the final report. Vol. I. The excavations: stratigraphy, structures and graves. With contributions by M. Kaczanowska, J.K. Kozłowski, T. Paluch, I. Pap and I. Vörös. Trieste 2007, 284 p.
45. *Medgyesi Pál*: Néhány Békés megyei avar kori és X–XI. századi lelet. BMMK 16 (1996) 129–156.
46. *Medzihradszky, Zsófia*: Some palynological data for the phytogeographical evaluation of Gyoma 133. In: Bökönyi 1996, 447–450.
    46.1. Recenzió: John M. O'Shea: Antiquity 67 (1993) 932–933.
47. *Somogyi, Péter*: Drei frühawarzeitliche Bestattungen aus der Fundstelle Nr. 264 von Gyoma. MFMÉ Studia Archeologica III (1997) 97–116.
48. *Starnini, Elisabeth – Szakmány, Imre*: The lithic industry of the Neolithic sites of Szarvas and Endrőd (South-Eastern Hungary) techno-typological and archaeometrical aspects. ActaArchHung 50 (1998) 279–342.
49. *Starnini, Elisabeth*: Stone industries of the Early Neolithic cultures in Hungary and their relationships with the Mesolithic background. Societá Preistoria Protostoria Friuli-Venezia Giulia. Qaderno 8. Trieste 2000, 207–219.
50. *Szatmári Imre*: Honfoglalás kori lovas sírok Décsén. In: A magyar honfoglalás korának régészeti emlékei. Szerk. Wolf Mária és Révész László. Miskolc 1996, 162–186.
51. *Szatmári Imre*: Temetkezési szokások régészeti-néprajzi szokásai a középkori Décse templom körüli temetőjében. In:»...a halál árnyékának völgyében járok.« A középkori templom körüli temetők kutatása. Szerk. Ritoók Ágnes, Simonyi Erika. Opuscula Hungarica VI (2005) 114–124.
52. *Székely Balázs* (szerk.): Régészeti geofizikai kutatások Gyomaendrőd környékén. Az 1987–89-es kutatási időszak zárójelentése. ELTE Geofizikai Tanszék 1990, 41 oldal, 21 melléklet.
53. *Székely Balázs et al.*: Results of geophysical surveying in the investigation of archaeological site in the Gyomaendrőd region, Hungary. In: Bökönyi 1992, 41–60.
54. *Székely, Balázs – Puszta, Sándor*: Magnetometric geophysical research at the site of Gyoma 133. In: Bökönyi 1996, 15–26.
55. *T. Biró, Katalin – Sz. Fejes, Ildikó*: GIS Application at the Hungarian National Museum, Department of Information. In: The Impact of Geographic Information Systems on Archaeology: an European Perspective. Eds. Lock, Gary and Stancic, Zoran. London 1995, 261–267.
56. *Takács, István*: Fish remains from the early neolithic site of Endrőd 119. In: Bökönyi 1992, 301–312.

57. *Vaday Andrea*: Fémműves műhelyek a Kárpát-medencei szarmata Barbaricumban. Iparrégészeti és Archaeometriai Tájékoztató X (1992:12) 8–10.
58. *Vaday, Andrea*: Roman Period Barbarian settlement at the site of Gyoma 133. In: Bökönyi 1996, 51–307.
59. *Vicze, Magdolna*: The Prehistoric settlement at the site of Gyoma 133. In: Bökönyi 1996, 27–50.
60. *Vida, Tivadar*: Avar Period settlement remains and graves at the site of Gyoma 133. In: Bökönyi 1996, 323–364.
61. *Whittle, A. – Bartosiewicz, L. – Borić, Dušan – Petlett, Paul – Richards, Michael*: In the beginning new radiocarbon dates for the Early Neolithic in Northern Serbia and South-East Hungary. Antaeus 25 (2002) 63–117.
62. *Zalai-Gaál, István*: Das Rindergrab von Endrőd 130. Neue Angaben zum Tierkult der mitteleuropäischen Kupferzeit. In: Man and the Animal World. Studies in Archaeozoology, Archaeology, Anthropology and Palaeolinguistics in memoriam Sándor Bökönyi. Edited by Peter Anreiter, László Bartosiewicz, Erzsébet Jerem and Wolfgang Meid. Bp. 1998, 545–568. (Archaeolingua 8.)

SUMMARY

The micro-regional research project conducted on the Hungarian Plain between 1985 and 1993 focused on an archaeologically extremely well-explored area, as shown by the earlier topographical research in the area, which indicated a density of 1.6 archaeological sites per every km^2. A total of 19 sites were known in the area and 23 excavations had been conducted already before we began our research project.[1] After concluding the micro-regional research project, we could report 81 excavated locations on 40 sites. In addition to the excavations, we also conducted geophysical surveys and archaeological corings on 18 sites. We tested new survey procedures, one of these being the systematic surface collection of finds and we sometimes applied this procedure in the case of buried deposits too. The report on the Árpádian Age and the Late Middle Ages has been completed; the assessment of the abundant find material from other periods is currently still in progress.

This volume presents the excavations conducted on sites of the Árpádian Age and the Late Middle Ages (Chapter 1), a comprehensive discussion of the region's medieval history (Chapter 2) and an overview of the region's settlement history (Chapter 3).

Chapter 1.1 covers the excavation of the 11th–13th century village and its church investigated at the END0006 site. The remains of the church and its graveyard were largely destroyed by sand mining; only a small portion survived of the church and the burials, while only the village section beyond the sand-mine could be investigated. In 1975, in the last minute, so to speak, we managed to clarify the church's groundplan by a sounding excavation.

In order to salvage and document the various archaeological features in the abandoned sand-mine's wall, we conducted an excavation between 1982 and 1992. Eight seasons of this excavation were part of the micro-regional project on the Hungarian Plain launched by the Archaeological Institute of the Hungarian Academy of Sciences. We managed to salvage various archaeological features that could be seen in the walls of the sand-mine and we excavated a 1900 m^2 large area in the squares opened next to the abandoned sand-mine. As part of the research project, we performed corings across the ridge where the site was located. György Füleky's assessment of the results indicated that phosphate concentrations reflecting human activity could be noted in several locations. The pedological and archaeological assessment of the cores also revealed that with the exception of the small hill on which the church of the Árpádian Age had been erected, natural erosion and the accumulation of anthropogenic deposits over the millennia were more or less balanced, and thus the Árpádian Age occupation was near the current surface.

In addition to the pedological corings, the Geophysical Department of the Eötvös Loránd University performed the magnetometer survey of the site. The map made by Sándor Puszta and Balázs Székely, and the series of small soundings indicated that the locations where intensive occupation could be assumed all lay in three north-east to south-west running zones on the top of the ridge and that the various archaeological features containing a rich material could be assigned to different periods.

The findings of the four excavation seasons on the site of the Árpádian Age village and its church can be summarised as follows: the small church with apsidal sanctuary erected on the top of the Kápolna-halom Hill had a beaten clay foundation and brick walls. Nothing has survived of its walls or its floor, and even the remains extant at the time of the excavation have since perished. The first course of bricks of the main walls was found at a depth of 75 cm from the medieval occupation surface. Although we had found various prehistoric settlement features underneath the church, we

[1] MRT 8.

did not find any traces indicating that the mound had been a Copper Age kurgan as we had previously assumed. The church's orientation diverged from the north to south alignment by 95 degrees, and it thus represents a rarer type in this respect because most of the period's similar churches diverged by 90 degrees or less. The nave had a floor area of *ca.* 23 m^2: it represents a small church type, although not the smallest among the period's currently known rural churches. Nothing survived of its architectural features: the few carved brick fragments found among the church's remains are insufficient for any type of reconstruction. Neither the church, nor the settlement is mentioned in the medieval written sources and thus neither its name, nor its patron saint is known. In 1975, we uncovered 12 burials by the church's northern and southern side. In 1985 and 1987, we excavated an additional 147 graves west of the church. We could also determine the edge of the graveyard in this area: the graveyard's western edge lay 31.75 m away from the church. The known parallels suggest that the graveyard had enclosed the church; if this was indeed the case, the graveyard covered an area of between 1446 and 2100 m^2 and the number of burials probably ranged between 622 and 903. We documented 28 superimposed graves, when an earlier burial had been disturbed at the time a later grave was dug, but we did not find any multi-layer graves with several burials placed one above the other. The density of burials in the completely excavated western part of the graveyard was 0.43 burials per square meter. The depth of the graves ranged between 13 and 76 cm (to which we should add the roughly 50 cm erosion on the top of the hill). 12 graves were exactly west to east oriented, while the majority were aligned in a south-west to north-east direction. We could document twelve variations in the position of the arms, and there were 3 graves in which the feet lay in an unnatural position. Coffin remains were found in 38 graves (23.8%; 34 adult and 3 child burials). Three of these were not genuine coffins, but rather boxes lacking a base that had been placed over the deceased. In Grave 128, the box did not cover the entire body because the lower part of the legs protruded from underneath it *(Fig. 24)*.

Grave goods were recovered from 11 graves (6.9%). The single coin find, an anonymous denarius from the 12th century, the fragment of a filigree and bead earring, a string of beads, six penannular, seven plain and nine ribbed S terminalled lockrings date the use of the graveyard to the period between later 11th century and the mid-12th century.

The number of graves with bricks was quite high. Their number grew substantially with the burials uncovered at this site. It would appear that the custom of depositing bricks in burials was especially widespread in the Körös-Maros interfluve during the Árpádian Age. In nine of the ten graves containing bricks, the bricks were clearly grave goods and only in the case of a single burial (Grave 127) is it possible that the bricks found around and on the grave had been part of a funerary structure. Only one of these ten burials contained other grave goods in addition to the bricks.

The surface finds indicated that the site had been occupied during several periods. The artefacts collected during the field surveys could be assigned to seven different periods.[2] Following the excavation of the site, it became clear that the site had actually been settled during ten different periods (the more precise dating of the prehistoric finds enabled a finer periodisation of the site's occupation history). Of the 53 settlement features uncovered during the excavations, 4 could be assigned to the Avar period, 38 to the Árpádian Age and 11 to different prehistoric periods. These do not include the features that had been excavated by János Makkay and Mária Bondár in the course of another excavation, or the various features noted underneath the graves of the churchyard that remained unexcavated. The 11 features include a Scythian house (House 8) and various pits, of which one could be assigned to the Bronze Age, one to the Migration period, and the rest to various

2 MRT 8, 126.

Neolithic and Copper Age cultures. Five graves with crouched burials were found scattered among the settlement features.

The Avar settlement features (8th–9th centuries) did not form a separate stratigraphical layer distinct from the archaeological features dating from other periods. The identification of the Avar features sometimes ran into difficulties because finds from earlier periods were found in them. The single secure anchor for differentiating between the Avar period and the Árpádian Age features was the lack of typical Árpádian Age artefacts. House 5, Pit 16 and Ditches 10 and 11 underneath the house could be assigned to the late Avar period. These features lay near each other or over one another. The unstratified finds that could not be associated with a particular feature showed a concentration below a depth of 30 cm in Squares 5, 7, 42 and 43, none of which contained any features from this period, even though these trenches all lay in the site's eastern part, in the broader area of Avar period features. In addition to the noted concentration of finds *(Table 1)*, a few Avar pottery sherds were found in almost every excavation trench, suggesting that the Árpádian Age settlement had destroyed the Avar occupation surface to an ever greater extent than it had the prehistoric occupation deposits. The dating of various finds to the late Avar period was based on the occurrence of vessel fragments bearing a grid pattern, hand-thrown cauldrons and vessels tempered with grog. The baking lids and the vessels bearing incised bundles of lines could not, in themselves, be conclusively dated to the Avar period or the Árpádian Age.[3]

An estimated 4.52% of the entire site was excavated. Of the excavated settlement features, 7 sunken houses, 4 open-air hearths, 11 pits and 14 ditch sections could be assigned to the Árpádian Age. The corners of the houses were aligned to the main cardinal directions; judging from the position of the posts supporting the purlin, the roof ridge of four houses had a north-west to south-east alignment, the purlin of Houses 2 and 4 was aligned in an opposite, north-east to south-west direction, while the orientation of House 1 could not be securely established. House 4 probably belongs to another occupation phase, not only in view of its differing alignment, but also because of its proximity to House 3. The settlement's buildings resemble each other regarding both their consistent orientation and their arrangement into rows *(Fig. 80)*. The geophysical surveys indicated that there were major occupation concentrations in three parallel zones on the ridge's north-western side. The seven houses were parts of two such rows.

The heating/cooking installations in the houses varied in terms of their form and location, but their dimensions were remarkably uniform. The installations in six houses had a diameter of less than 80 cm; only the two ovens recessed into the wall of House 9 were of the type current in the Árpádian Age regarding their form and dimensions. The oven of House 4 was similarly recessed into the wall, but its form and size differed considerably. Houses 1–3 and 7 had an oven constructed inside the house, while House 6 had a hearth sunk into the floor, not a domed oven. The location of the installations inside the house varied: the ovens were constructed in the eastern corner in Houses 1 and 2, in the northern corner in Houses 3–4 and 6, and in the northern and southern corner in House 7. The oven in House 9 lay in the southern corner.

Two of the open-air installations were open hearths or fireplaces; one was interpreted as having been used for roasting and one was an open-air oven of the type known from other contemporaneous sites.

In addition to the pits and ditches found on similar rural sites, we also uncovered an unlined well, excavating it down to the greatest possible depth, and we also found a brick kiln on the boundary

3 Tivadar Vida has convincingly demonstrated that baking lids have little dating value because this artefact type was used from the Bronze Age to the post-medieval period for a variety of purposes, and thus also in the Árpádian Age: *Vida* (2011) 730–731.

between the settlement and the graveyard *(Fig. 74, Pl. 11. 2–3)*. Although we could not excavate the kiln, we hope that this feature will survive intact until it will be possible to uncover it.

When preparing the site report, we strove to create a uniform system for describing the pottery finds accounting for 80% of the excavated material, irrespective of whether a ceramic fragment was a stratified find (809 pieces) or an unstratified one (1880 pieces). The two most common vessels were cauldrons (11.1%) and pots (5.3%). A comparison with the ceramic inventory from nearby sites indicated considerable variations in the frequencies of these two vessel types, suggesting that their proportion relative to each other may have some significance. The cataloguing of the pottery wares (including the description of their fabric, their tempering agent, the firing of the vessels, and their decoration) indicated that cauldrons were more-or-less standardised wares not only at the END0006 site, but also on the neighbouring sites. The same does not hold true for pots, which showed a greater variety in terms of tempering agents and firing. The best comparative material for the vessel decorations came from the END0170 site, which yielded a higher number of vessel rims and decorated pieces.

The closer examination of the cauldrons did not yield any results for the creation a finer chronological sequence of this ceramic type. The three pieces that could be assembled from their fragments and the pieces which could be reconstructed from the surviving fragments or based on their diameter *(Pls 17–19)* all came from House 9 and represent the type with conical base. The rim form of these cauldrons is more or less identical. However, the form of the rims with perforations for suspension is standardised to the extent that does not seem to be accidental and thus a comparison with other cauldrons of this type may yield interesting results. The cauldrons are all undecorated, save for the red painting on the outer and inner side of the rim *(Pls 52–55)*. A total of 24 painted rim fragments were found: with the exception of two fragments, they all came from House 9. There has been little interest in these pieces to date: the practical reason for the custom of painting the rims and possible parallels have not been studied, even though it seems undeniable that the colouring of the rims was intentional.

The vessel type with ribbed (cylindrical) neck is represented by one piece that could be assembled from its fragments and a few rim fragments *(Pl. 16)*. The conjoining fragments came to light from the debris of the church, while the other, smaller fragments were scattered across the settlement. The ceramic inventory from most settlements of the Árpádian Age generally includes a handful of fragments of this vessel type. The surface finds collected during the field surveys include sherds from similar vessels found on 8 sites in the micro-region and from 9 other sites in County Békés. Over 80 sites in the Carpathian Basin have yielded fragments of vessels with ribbed neck – it would appear that earlier views on the origins of this vessel type and its possible role in indicating the ethnic background of the communities using it are no longer tenable. The generally accepted dating to the 10th century can also be challenged because it seems that the vessel type was used for longer. The pieces from the END0006 site cannot be dated earlier than the 11th century. The simple, undecorated pieces from this site differ from the fragments known from another nearby site on the outskirts of Endrőd (Site END0170) and the specimens from Rózsás (Site SZA0132).

The other pottery types brought to light during the excavation (bowls, jugs, flasks and baking lids) offer little new information on the period's ceramics. The ceramic inventory also included a few red polished vessels of the type encountered on other sites of the Árpádian Age, as well as a few glazed fragments that were quite rare during this period.

Mention must be made of series of clay artefacts resembling loom-weights or sinkers from House 7 *(Pls 44–45)* whose parallels can be quoted from County Zala. However, neither their exact function, not the reason for their presence in House 7 are known.

Although representing the overwhelming part of the recovered material, the pottery finds are of little help in dating the settlement. Two finds, an iron mace from the debris of the church and a spur from House 9, provide better chronological anchors in view of their parallels, which suggest a date in the 12th or the earlier 13th century.

During the excavation, we mapped and numbered the unstratified finds *(Figs 78–79, Table 1)*, a procedure that, to the best of my knowledge, was first employed at this site. We sought to establish whether there was any association between the find concentrations in the upper, disturbed layers and the settlement features lying deeper. We found that the Árpádian Age finds from the ploughzone accounted for 70% of all finds, while the finds recovered from a depth of 30–60 cm for over 40% of all finds. Most of the unstratified finds came from the area of House 9, which appears to be the settlement's latest building. The distribution of the finds revealed that in 60% of the squares, the presence or lack of Árpádian Age finds could be correlated with the presence or absence of the period's settlement features. Regarding the site's horizontal stratigraphy, one important observation made during the excavations was that although Árpádian Age finds were recovered from the upper, disturbed layer in about 40% of the excavated squares, no settlement features were discovered in these squares. However, it must also be noted that owing to the site's soil conditions, only features with a plastered surface could be identified at this depth. Hearths 1 and 2 indicate that Árpádian Age features can occur at depths of 40–60 cm from the modern surface. Unfortunately, the surface find concentrations did not enable the precise location of these features.

The intercutting features suggest that at least three time dimensions can be distinguished in the settlement's occupation. I would not call these periods or even horizons because the chronology of these superimposed features relative to the settlement's other features is uncertain and because the intercutting features merely indicate that some features post-date the perishing and infilling of two features dug into each other. The open-air hearths, the assignment of House 3 to another time dimension in view of its orientation and its proximity to House 4, and the re-use of the pit of House 9 as a baking oven and, subsequently, its infilling with sooty cauldron fragments and bricks can be fitted into this interpretative framework.

The grave goods from the graveyard's burials suggest that the settlement's occupation falls between the mid-11th and the mid-12th century. The analogies to the spur and the mace are generally dated to the 12th–13th centuries. The settlement section uncovered at the END0006 site was thus probably part of a larger, probably several hectares large village with a church, whose sunken houses with an identical orientation had been arranged into rows in the areas west and north of the church and its graveyard. The house rows occupied an at least 70 m wide zone. The house nearest to the graveyard lay at a distance of 35 m from the outermost grave. The brick kiln lay in the "empty" area separating the houses from the graveyard. The village, its church and its graveyard were established in the earlier 11th century; the settlement was occupied until mid-13th century. However, the name of this settlement remains unknown.

Chapter 1.2 contains the assessment of the Árpádian Age animal bone sample from Site END0006. During the excavations conducted on the site, the remains of a village dating from the Árpádian Age were brought to light. The excavation yielded almost a thousand animal bone fragments. While cattle usually dominates most of the Árpádian Age animal bone samples, at this site cattle only slightly outnumbered caprines, and the ratio of horse and pig was also higher than expected. The age distribution of the remains testified to the intensive secondary exploitation of sheep and goat, with a remarkably small percentage of young individuals. The remarkably high number of cattle killed at a young age may be a reflection of the slaughtering of young bulls. Horse was undoubtedly consumed as shown by a butchered horse tibia fragment; pathological horse bones probably reflect heavy workloads and old age. Intensive pig keeping in this area is evidenced both by the archaeological record and the written sources, and it can probably be explained by the swampy environment suitable for pig raising. The spatial distribution of the finds indicates that animals kept in the village were slaughtered on the household level and that all body parts were used; there were no finds reflecting the presence of professional butchers and their tools, or of a centralised meat market. Only a small number of locally produced, simple bone tools were found. The presence of a dog's head in a pit next to one of the houses might testify to the species' role in superstitions and pagan customs, amply documented in other regions of the Carpathian Basin too during this period.

Chapter 1.3 describes the sounding excavation conducted on the Árpádian Age site lying some 200 m west of Site END0006. The excavation was preceded by a geophysical survey and a phosphate analysis.[4] The two sites are separated by a depression and a formerly waterlogged area devoid of finds. At the time of the topographic surveys, we assumed that together with the other nearby sites from the same period (END0109, END0160), this area had also belonged to the Árpádian Age village of the END0006 site. However, the sounding excavation revealed that this site was not a village-like settlement, but was made up of briefly occupied surface buildings, hearths, a few pits and a ditch. Obviously, this does not preclude the possibility that some of the inhabitants of the village at the END0006 site had lived on this site in certain periods. The high phosphate concentration would suggest that the site's occupants had been engaged in intensive animal husbandry. The finds are dominated by cauldron fragments (principally rim fragments), for which we have no explanation at present. The site's finer dating is not possible at present. The lack of early Árpádian Age finds, as well as of 13th century or later artefacts would suggest a date in the 12th century. Assuming that the single-layer features were used for no longer than a few years, we may interpret the site as a relatively briefly occupied settlement whose occupants were probably engaged in some sort of activity, most probably animal husbandry, during the 12th century. The find circumstances and the date of the iron finds, that may have been part of a hoard, support this interpretation.

Chapter 1.4 describes the field survey and the sounding excavation of an Árpádian Age village located on the Pleistocene alluvial fan of the Maros, lying far from the period's other sites. The seven shallow pits and smaller ditch sections uncovered at this site are settlement features of the usual type, which do not allow a more detailed reconstruction. The site's systematic survey suggested that it was larger than a campsite, but smaller than a village. Although the finds were scattered across a roughly 2.5 ha large area, this does not imply a settlement of the same size. It seems that the settlement features formed three clusters lying some 50–60 m apart. The sounding excavation revealed that the loosely structured settlement was not a single-layer site and that the features lying apart were not used simultaneously. The carved bricks bearing patches of mortar found in Feature 7, an enigmatic feature, and the sooty bricks suggest a perished church or a farmhouse. However, there is no apparent explanation for the lack of any foundations. Two larger than usual rural buildings of the Árpádian Age constructed from bricks are known: one was uncovered at Kardoskút, the other at Tura. Both date from the 13th century and both were sunken.

Chapter 1.5 presents the Árpádian Age finds from various other sites in the micro-region, where the excavations focused on other periods. At the END0119 site, for example, the large-scale investigations focused on the Neolithic settlement, but several Árpádian Age features and 12 graves were also found, the latter including a partial horse burial. The 2500 m^2 large excavated area practically meant that the entire site was excavated, meaning that in addition to smaller settlements, smaller cemeteries were also opened during the Árpádian Age.

4 The finds from the prehistoric features have been published by Mária Bondár (*Bondár* 1999).

At the END0157 site, István Erdélyi found an Árpádian Age house among the graves of the late Avar cemetery. The finds from the house included a baking lid and a wheel-thrown cauldron.

Chapter 1.6 describes the excavation of the church of a village called Bercsényháza that had perished during the Árpádian Age. The location of the church is marked as Kápolna-halom on a map from 1822 *(Fig. 1. 1–2)*. Endre Krecsmarik, a teacher from Szarvas, conducted a one-day excavation in the church's graveyard in 1911. He found two S terminalled lockrings and a funerary obulus that could be dated between 1095–1161 in one of the graves. The location of the church was identified during the field surveys conducted in the area in 1976, 1979 and 1992, before the beginning of the site's excavation. The church lies on the boundary between modern Endrőd and Örménykút. The excavation conducted in 1992 brought to light the remains of a building with two architectural periods and 31 graves of the graveyard around the church *(Figs 3–14, Pls 1–7)*.

The first church was built around the turn of the 11th–12th centuries. Its foundation was of yellow beaten clay, its walls were constructed from bricks. The single-nave church measured 8.85 m by 5.50 m and had an apsidal sanctuary with a semicircular exterior and a horseshoe shaped interior. The village cemetery lay beside the church *(Fig. 5, Pl. 4. 2)*.

It would appear that there had been plans for the church's enlargement on the northern side, probably during the 12th century. The foundations of the enlargement were of a much poorer quality mixed black earth. Several earlier graves were disturbed by the new foundation. The 8.95 m by 5.60 m large new part was designed to have a similar apsidal nave with semicircular exterior and horseshoe shaped interior. It would not have had a separately built southern nave wall, but would have incorporated the northern wall of the earlier church. The two parts would thus have been joined by a shared wall and at the western walls and the north-western and south-eastern corners of the naves, creating a church interior with two large spaces *(Fig. 5, Pl. 4. 2)*. Both parts were almost exactly west to east oriented, with the sanctuaries diverging northward from the east by 0.5 degrees.

Although the foundations for the church's enlargement were completed, it would appear that its walls were never built because the foundation was disturbed by later graves. However, even the latest graves are no later than the 13th century because the settlement was abandoned sometime during the Árpádian Age (i.e. before the 14th century) and the use of the church and its graveyard ceased.

None of the finds brought to light during the excavation allow a more precise dating *(Pls 1–3)*. In addition to the unstratified cauldron and pot fragments, we also found a spindle whorl dating from this period. A brown vessel fragment with mica tempering came to light from the beaten foundation of the sanctuary part of the church's intended enlargement. A bronze earring with a large spherical bead of sheet metal and hook and loop terminals, and a bluish-green, flattened spherical glass bead probably date from the same period. The Árpádian Age finds include a few iron nails, bricks, two lumps of mortar and brownish-grey, grey and reddish-brown marble fragments. The bricks generally measure 29.5 cm by 15.5 cm by 3.5 cm.

The two S terminalled lockrings and the coin minted between 1095–1161 found in the cemetery in 1911 are the most useful chronological anchors among the humble grave goods for dating the graveyard's use-life. The latest finds from the commoners' cemetery found at the Örménykút 13 site, lying no more than 400 m from the church, included coins minted under King Salamon (1063–1074) and King László I (1077–1095) *(Fig. 2)*, indicating that the cemetery was no longer used after the latter's reign. The early cemetery and the first church thus illustrate the process of how earlier pagan cemeteries were abandoned and the Christian custom of burying the dead in a graveyard by the church became widespread. The current evidence suggests that this process can be dated to the turn of the 11th–12th centuries in this region.

Chapter 1.7 describes the six-week excavation of the medieval village of Décse conducted in 1993. The goal was the excavation of the church of the village that had perished some four centuries ago. The church was built on the top of a 5–6 m high prehistoric kurgan known as the Telek-halom mound *(Figs 1–6, Pl. 25. 1–2)*. The settlement's occupants generally buried their dead in the graveyard around the church, although graves were also found inside the church. We uncovered the surviving remnants of the church and a part of the graveyard during the excavations *(Figs 8, 10, 14–29, Pls 25–29)*.

Of the excavations focusing on medieval villages with a church dating from the same period in County Békés, this investigation ranks among the most important regarding its duration, the size of the excavated area and the number of graves. The report presented in this chapter contains a full description of the excavation, mentioning the investigations conducted on similar sites in County Békés before 1945 and during the past decades, as well as the analogies to the village churches, cemeteries and the finds from the Hungarian Plain.

Décse was an important settlement in the broader area throughout the Middle Ages, growing into one of the largest by the 16th century. The names of its inhabitants appear in several documents. The village is first mentioned in 1138, while it last appears in the written sources in 1595. The settlement's memory was preserved by toponyms and maps during the 17th–19th centuries.

In the 1910s, Endre Krecsmarik, a local teacher working in Szarvas, identified the village and its church, and he also conducted several smaller excavations on the site. The systematic archaeological topographical surveys in the 1970s identified the archaeological sites that could be associated with the medieval village of Décse and the exact location of the church. Additionally, the references to the perished village in medieval charters and in the archaeological literature were systematically collected and evaluated. A geomagnetic survey of the church's location was performed in 1989.

In 1993, we opened 13 trenches to investigate the remnants of the church and its graveyard. We uncovered the wall remains and 178 graves along the walls *(Figs 6, 8, 10)*. We found the pit of two ossuaries beside the main walls. The two trial trenches opened to determine the layer sequence of the mound's upper part provided a complete east–west section of the mound *(Figs 6–7, 9, 12)*. The trial trenches confirmed the anomalies indicated by the earlier geophysical survey, which revealed the location of the graveyard's ditches dug during the church's earlier and later phase, which were later infilled. The edge of the graveyard could only be securely identified on the eastern side.

The Telek-halom mound had undergone considerable erosion and thus the walls of the church only survived in some locations, while nothing remained of the sanctuary's foundation. However, the area devoid of various later intrusions (graves, pits and an ossuary) and the orientation of the graves in this area enabled the identification of the sanctuary's location, as well as the reconstruction of its apsidal form *(Fig. 11)*. Owing to the erosion, we could only uncover the lowermost grave layer of the graveyard.

The different foundation techniques *(Figs 9, 13)* allowed the identification of two architectural periods *(Fig. 11)*. The 120–130 cm wide foundation of the first, single-nave church was represented by the bedding trenches filled with stones bound by slaked lime. The axis of the church diverged by 3 degrees from the east to north direction. A gallery was constructed in the nave's south-western corner during this period. Its foundation was made using the same technique as for the main walls.

The second architectural period was indicated by a beaten earth foundation along the western wall and the western corner, which obliterated the traces of the earlier walls in these areas. The new foundation for the western wall lay 130 cm deeper and was twice as wide. Its width was 280 cm in some spots. The foundation for an irregular, quadrangular pillar designed to support the northern side of the gallery was identical with the beaten earth foundation of the western wall. It would seem that the pillar was never erected because various graves had been dug into the foundation *(Figs 9, 11, 13)*.

The surviving walls and the reconstruction of the sanctuary indicated that the church was an imposing building compared to the period's other rural churches in the south-easterly areas of the Hungarian Plain. Its length was around 18 m, while its width was over 8 m at the eastern end of the nave and 10 m by the western wall *(Fig. 11)*.

The first church was built during the 11th century surely, possibly during its first half. The settlement's importance and its possible, perhaps 10th century antecedents, as well as the dimensions of its church suggest that the Décse church was among the first to be built in compliance with the decree of King István the Saint (1000–1038) that a church should be built for every ten villages. The western wall could have been rebuilt any time between the 12th–14th centuries, but a more precise dating is not possible.

The 178 graves uncovered inside the church and in its graveyard represent a small portion of the graveyard *(Figs 14–29, Pls 26–27)*. The density of the graves and the many superimposed burials resemble the conditions in other cemeteries used over several centuries. In view of the settlement's importance during the Middle Ages, the village's size, the number of its inhabitants and its long occupation, it seems likely that there had originally been several thousand graves. The graves included two 10th century horse burials which can probably be associated with a cemetery established in this location prior to the construction of the church.

The finds recovered during the excavation and the grave goods were fairly humble, a typical trait of medieval graveyards. A gold, silver and bronze S terminalled lockring, a 12th century coin, a few pottery sherds and a clay cauldron that could be assembled from its fragments could be dated to the Árpádian Age (11th–13th centuries). The overwhelming majority of the finds dated from the late medieval period (14th–16th centuries): headdresses, beads, loop buttons, finger-rings, coins and belts adorned with finely carved bone plaques or carefully crafted metal mounts *(Pls 1–24)*.

We found coins in 13 graves. One dates from the 12th century (Grave 100), one was minted under King Lajos I (1342–1382; Grave 57), one can be dated between the reign of King Zsigmond and King László V (1387–1457; Grave 29), seven coins were issued by King Mátyás (1458–1490; Graves 31/b, 61, 69, 76, 86, 89 and 175), one was minted by King Ulászló II (1490–1516; Grave 75) and three date from the reign of King Ferdinánd I (1526–1564; Graves 41 and 143).

The iron nails and other iron artefacts cannot be dated more precisely. Wood remains and various organic remains were also recovered. The wood remains found in the graves represent the following species: sessile oak (*Quercus petraea* Matt./Lieblein), spruce (*Picea abies* L./Karst), European larch (*Larix decidua* Mill.) and yew (*Taxus baccata* L.). Remains of organic material made from lesser bulrush (*Typha angustifolia* L.) were often found under the bones in the burials.

Five different burial modes could be distinguished: coffin burials, the wrapping of the body in a shroud, the placement of the body on a mat on top of a bier, a similar placement of the body covered with a chest-like coffin on a bier and the placement of the body covered with a chest-like coffin on a mat. An adult headdress or belt was sometimes deposited in the grave of smaller girls.

Chapter 2 offers a comprehensive overview of the medieval sites investigated and excavated as part of the micro-regional research project conducted between 1985 and 1993. A total of 237 sites were identified in the 12 km by 12 km large area, meaning that the average density of sites was 1.6 per square kilometre *(Map 1)*. These included eight securely identifiable and two uncertain 10th–11th century pagan burial grounds *(Map 4)*. Excavations were conducted on four Árpádian Age sites, three of which were smaller soundings combined with the surface collection of finds (Sites END0161, END0170 and END0182) and a geophysical survey on three of these sites. One excavation started out as a rescue operation for salvaging the finds in a sand-mine (Site END0006). Árpádian Age finds were also brought to light during the investigation of sites from other periods. Mention must also be made of the settlement excavations at Szarvas–Rózsás (Site SZA0132) and Örménykút (Site ÖRM0054) conducted before the launching of the micro-regional research project, whose reports have already been published.[5] An excavation was conducted at the site of the three medieval churches in the study area (Sites END0006, ÖRM0003 and ÖRM0014). All three were built during the Árpádian Age.

Chapter 3 provides an overview of the region's settlement history during the Avar period, the 10th century, the Árpádian Age (11th–13th centuries) and the Late Middle Ages (14th–17th centuries).

The marked differences in the settlement patterns of different periods in the Körös-Maros interfluve were already noted during the archaeological topographical surveys. For example, the Neolithic and Copper Age communities did not establish a single settlement on the Pleistocene alluvial fan of the Maros – in contrast, there was a density of settlement sites dating to the Sarmatian period and later ages in this area. We hoped that the micro-regional research project would provide an explanation for this phenomenon. The assessment and publication of the animal bone sample from two sites (END0170 and END0006) and of the botanical sample from one site (END0170) means that we no longer have to extrapolate the data from other regions for this part of the Hungarian Plain.

Earlier studies have demonstrated that the communities living south of the Körös were engaged in arable farming, principally in cereal cultivation.[6] The fields were surrounded by waterlogged meadows and wetlands. The Sarmatian and Árpádian Age settlement layers showed a remarkable similarity in this respect and the vegetation cover was more or less identical with the one preceding the large-scale river regulations in the 19th century. The high proportion of cattle and horse in the animal bone samples suggests that the area's inhabitants were relatively wealthy and that horse meat was also part of the diet. The proportion of pig is strikingly low, and there is little evidence for fishing, a surprising phenomenon given the wetland environment. The few medieval written sources support the conclusions drawn from the archaeological record. There is no evidence whatsoever to confirm earlier views on the late, 10th–11th century "nomadism" of the region's inhabitants. While this does not mean that the inhabitants did not move from one location to another, there is nothing to support even smaller population movements of this type.

In terms of the settlement history of the Árpádian Age, there are marked differences between the two larger areas with different environments of County Békés regarding the location and the density of the sites. In absolute numbers, there are more sites in the south-westerly areas than in the Körös region. During our field surveys, we found that the sites in the Körös Valley were generally located near water, on elevations rising above the floodplain. An Árpádian Age settlement was often made up of a series of sites lying on separate islets or on the high bluff overlooking the floodplain.

The sites on the Békés-Csanád loess ridge (part of the Pleistocene alluvial fan of the Maros) formed clusters, many of which were demonstrably the forerunners of a later medieval village. Some clusters can be tentatively identified with a single village of the Árpádian Age. Some of these have a more intensely occupied central place-like settlement, while others are made up of several smaller sites. The separation of these settlements into several sites was usually based on the landforms separating them or the lack of finds in the area between them. Small campsite or farmstead-like sites were first noted in this area. These small sites form a distinct category among the traditional archaeological sites. These sites cannot be interpreted as village-like settlements because they are

5 *Kovalovszki* (1960); *Jankovich* (1994); *Herold* (2004).

6 *H. Vaday et al.* (2011).

scattered over a far too large area. In addition to their dispersed nature, the appearance of these sites and their relation to each other definitely reflect a distinct settlement system.[7]

The chronological relation between individual sites could not be precisely established, even if a few finer chronological details could be clarified. The excavation at Örménykút (Site ÖRM0054) enabled the separation of two occupation periods within the Árpádian Age (one in the 10th–11th century, the other in the 12th–13th century).[8] This periodisation was confirmed at the END0170 site, where a part of the excavated features could similarly be assigned to the 10th–11th centuries, while the rest dated from the turn of the 13th–14th centuries.[9] In contrast, the village investigated at the END0006 site was continuously occupied during the 11th–13th centuries, but it was not re-occupied after it perished. However, the different settlement features uncovered at this site were not contemporaneous. The neighbouring END0161 site was briefly occupied during the 12th century and it would appear that the settlement played a role in animal husbandry. A glass find from the END0182 site indicated that this settlement was occupied during the later 13th century. It is clear from the above that the broad dates based on surface finds can be refined through excavations, even if it is still not possible to precisely date a settlement site based on the pottery finds which account for the overwhelming part of the excavated material. We shall continue to rely on unique or unusual finds whose parallels enable a more precise dating in order to establish the chronology of the settlements relative to each other. We created a uniform system for describing the pottery finds during the cataloguing of the finds and we could thus compare the frequencies of various vessel types, as well as their rim forms, their temper, their firing mode and their decoration (which was infrequent and not particularly varied).

The discovery of small graveyards containing but a few burials on the small settlements of the Árpádian Age was a new phenomenon, first observed by János Makkay on the END0119 site. The almost complete excavation of the site precludes the possibility that these graves had been part of a larger cemetery: the 12 graves formed two clusters lying some 50 m apart at the two edges of the site, with the child's grave containing a partial horse burial lying roughly half-way between the two grave clusters.

There was a dramatic drop of 89% in the number of sites during the Late Middle Ages, specifically in the 14th century. This obviously also reflects a decrease in the population. In contrast to earlier views, which cited the devastation of the Mongolian invasion as the main reason for the population decline, it would seem that many villages were deserted owing to a climatic change, even if the destruction brought on by the invasion should not be underestimated in the Körös region. The abandonment of the village at the END0006 site can be dated to the early or mid-13th century, although there was nothing to suggest that the settlement had perished in violence. The other settlement with a church investigated at the ÖRM0014 site appears to have survived into the 14th century, but it was also deserted soon afterwards. The single village flourishing during the whole span of the Middle Ages was the settlement identified as Décse. It ruled the northern fringes of the alluvial fan of the Maros in a roughly 20 km large area: the densely sited small villages along the Körös were insignificant settlements in comparison.

This chapter has seven colour maps, a gazetteer of the sites (together with the site codes of the MRT 8 volume and the identification number of the sites in the site register of the National Office of Cultural Heritage).

The Appendix contains a list of the already published site reports and studies on the micro-regional research project conducted on the Hungarian Plain.

---

7 *Jankovich* (1985) 285–286.

8 *Herold* (2004) 54–76.

9 *Jankovich* (2010) 127.

LIST OF FIGURES

Chapter 1.2

Chapter 1.3

Chapter 1.4

Chapter 1.5

VARIA ARCHAEOLOGICA HUNGARICA

1 (1986) *Miklós Takács*: Die arpadenzeitlichen Tonkessel im Karpatenbecken. 172 pp., 111 Tafeln, 2 Karten

2 (1989) *Sándor Bökönyi* (ed.): Neolithic of Southeastern Europe and its Near Eastern Connections (Conference Szolnok – Szeged 1987). 316 pp. and ill. ISBN 96 73 391-57-6 (sic!)

3 (1990) *Csanád Bálint* (Hrsg.): Der Keramik der Saltowo-Majaki Kultur und ihre Varianten. 342 pp. and ill. ISBN 963-7391-56-8

4 (1991) *Csanád Bálint*: Die spätawarenzeitliche Siedlung von Eperjes (Kom. Csongrád). 103 pp., 34 Tafeln. ISBN 963-7391-59-2

5 (1992) *Benkő Elek*: A középkori Keresztúr-Szék régészeti topográfiája (Zusammenfassung: Die archäologische Topographie des mittelalterlichen Stuhles Keresztúr). 272 pp., 84 Tafeln, 3 Karten. ISBN 963-7391-64-9

6 (1994) *László Kovács*: Das früharpadenzeitliche Gräberfeld von Szabolcs. 227 pp., 93 Abbildungen, 20 Tabellen, 6 Tafeln, 1 Karte. ISBN 963-506-002-5

7 (1997) *Kovács László*: A kora-Árpád-kori magyar pénzverésről. Érmetani és régészeti tanulmányok a Kárpát-medence I. (Szent) István és II. (Vak) Béla uralkodása közötti időszakának (1000–1141) érméiről (Zusammenfassung: Über die ungarische Münzprägung in der frühen Arpadenzeit. Numismatisch-archäologische Studien über die Münzen aus dem Zeitraum zwischen den Regierungszeiten Stephans I. [des Heiligen] und Bélas II. [des Blinden] [1000–1141] im Karpatenbecken). 406 pp., 24 Abbildungen, 99 Tabellen, 20 Tafeln. ISBN 963-7391-72-X

8 (1999) *Tivadar Vida*: Die awarenzeitliche Keramik. Teil I. (6.–7. Jh.). 424 pp., 86 Abbildungen, 175 Tafeln, 8 Farbtafeln. ISBN 963-506-226-5

9 (2000) *Mária Font – Mária Sándor* (Hrsg.): Mittelalterliche Häuser und Strassen in Mitteleuropa (Konferenz Pécs, 1997). 224 pp., ISBN 963-7391-77-0

10 (2000) *Csanád Bálint* (Hrsg.): Kontakte zwischen Iran, Byzanz und der Steppe in 6.–7. Jh. (Tagungsmaterialien Rom, 25–28. Oktober 1993). 329 pp. and ill. ISBN 963-7391-81-9

11 (2000) *Imre Holl*: Funde aus dem Zisterzienkloster von Pilis. Die Ausgrabungen in Pilisszentkereszt. I. 76 pp., 141 Abbildungen, 41 Tafeln. ISBN 963-739-175-4

12 (1999) *Gyula Siklósi*: Die mittelalterlichen Wehranlagen, Burg- und Stadtmauern von Székesfehérvár. 73 pp., 200 Abbildungen. ISBN 963-739-168-1

13 (2002) *József Szentpéteri* (Hrsg.): Archäologische Denkmäler der Awarenzeit in Mitteleuropa. 700 pp. (Teil I–II) ISBN 963-7391-78-9 (Teil I), ISBN 963-7391-79-7 (Teil II)

14 (2004) *Hajnalka Herold*: Die frühmittelalterliche Siedlung von Örménykút-54. 328 pp., 38 Abbildungen, 80 Tafeln, 2 Karten. ISBN 963-7391-84-3

15 (2004) *Eszter Bánffy*: The 6th Millennium BC boundary in Western Transdanubia and its role in the Central European neolithic transition (The Szentgyörgyvölgy-Pityerdomb settlement). 451 pp., 174 figs. ISBN 963-7391-85-1

16a (2004) *Bálint Csanád*: A nagyszentmiklósi kincs. Régészeti tanulmányok. 659 pp., 300 figs. ISBN 963-506-604-X

16b (2010) *Csanád Bálint:* Der Schatz von Nagyszentmiklós: archäologische Studien zur frühmittelalterlichen Metallgefäßkunst des Orients, Byzanz' und der Steppe. 667 pp., 302 Abbildung. ISBN 978-963-506-843-2

17 (2005) *Imre Holl*: Fundkomplexen des 15.–17. Jahrhunderts aus dem Burgpalast von Buda. 180 pp., 116 Abbildungen, 8 Tafeln. ISBN 963-7391-86-X

18 (2005) *Balázs G. Mende* (ed.): Research on the prehistory of the Hungarians: A review. Papers presented at the meetings of the Institute of Archaeology of the Hungarian Academy of Sciences, 2003–2004. 344 pp. and ill. ISBN 963-7391-87-8

19 (2005) *Erika Gál – Imola Juhász – Pál Sümegi* (eds): Environmental Archaeology in North-Eastern Hungary. 424 pp. and ill. ISBN 963-7391-88-6

20 (2007) *Csilla Zatykó – Imola Juhász – Pál Sümegi* (eds): Environmental Archaeology in Transdanubia. 391 pp. and ill. ISBN 978-963-7391-94-1

21 (2007) *Alasdair Whittle* (ed.): The Early Neolithic on the Great Hungarian Plain. Investigations of the Körös culture site of Ecsegfalva 23, County Békés. 809 pp. (vol. I–II), ISBN 978-963-7391-90-3. ISBN 978-963-7391-91-0 (vol. I), ISBN 978-963-7391-92-7 (vol. II)

22 (2007) *Miklós Zsuzsa*: Tolna megye várai (Zusammenfassung: Die Burgen des Komitats Tolna) 481 pp., 412 Abbildungen. ISBN 978-963-7391-93-4

23 (2009) *Gabriella Kulcsár*: The Beginnings of the Bronze Age in the Carpathian Basin. The Makó–Kosihy–Čaka and the Somogyvár–Vinkovci cultures in Hungary. 524 pp., 52 Plates. ISBN 978-963-7391-95-8

24 (2010) *István Zalai-Gaál*: Die soziale Differenzierung im Spätneolithikum Südtransdanubiens. 312 pp., 128 Diagramme, 73 Gräberfeldpläne. ISBN 978-963-9911-13-0

25 (2011) *Andrea H. Vaday – Dénes Jankovich B. – László Kovács* (eds): Archaeological Investigations in County Békés 1986–1992. With contributions of László Bartosiewicz – Alice M. Choyke – Ferenc Gyulai. 640 pp., 164 Plates. ISBN 978-963-9911-21-5

26 (2011) *Gyöngyi Kovács – Gabriella Kulcsár* (eds): Ten Thousand Years along the Middle Danube. 352 pp. and ill. ISBN 978-963-9911-26-0

27 (2012) *Viktória Kiss*: Middle Bronze Age Encrusted Pottery in Western Hungary. 447 pp., 71 Plates. ISBN 978-963-9911-37-6